四湖流域上区田园（2015 年摄）

四湖流域中下区田园（2014 年摄）

长　湖（2014 年摄）

洪　湖（2015 年摄）

四湖总干渠监利段（2015 年摄）

排涝河洪湖段（2014 年摄）

高潭口泵站外景（2010 年摄）

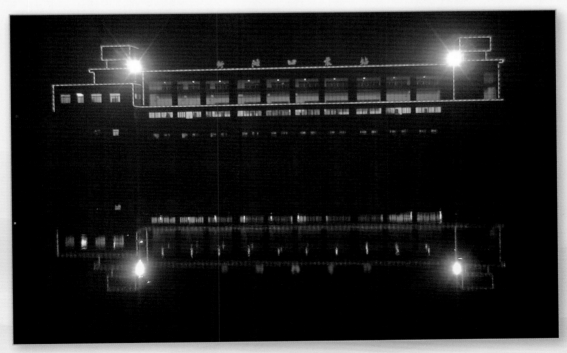

新滩口泵站夜景（2010 年摄）

田关泵站外景 (2014 年摄)

四湖总干渠渠首工程——习家口闸（2010 年摄 ）

引江济汉渠渠首工程——龙洲垸进水闸、泵站（2014 年摄）

太湖港水库大坝（2015 年摄）

大地沉沦 (1935 年)

民众流离 (1935 年)

四湖流域历史上的洪涝灾害

疏挖渠道（1978 年）

人工运土（1978 年）

新中国成立后四湖流域水利工程建设场景（一）

开渠筑堤（1972 年）

堤防加固机械施工（2012 年）

新中国成立后四湖流域水利工程建设场景（二）

暴雨洪水中救灾场景（1996 年摄）

1998 年四湖流域外滩军民抗洪抢险

2011 年四湖流域大旱引长江水抗旱——江陵县荆江大堤观音寺提水现场

2011 年四湖流域大旱引长江水抗旱——监利县荆江大堤西门渊提水现场

沙市红光污水处理厂处理城区污水（2012 年摄）

2014 年洪湖湿地生态恢复——防护林

2014 年洪湖湿地生态恢复——野莲

2014 年洪湖湿地生态恢复——野鸭

湖北省水利志丛书

湖北四湖工程志

《湖北四湖工程志》编纂委员会 编

中国水利水电出版社
www.waterpub.com.cn
·北京·

图书在版编目（ＣＩＰ）数据

湖北四湖工程志 / 《湖北四湖工程志》编纂委员会
编. -- 北京：中国水利水电出版社，2019.7
（湖北省水利志丛书）
ISBN 978-7-5170-7840-1

Ⅰ．①湖… Ⅱ．①湖… Ⅲ．①水利工程－建设－概况
－湖北 Ⅳ．①TV-092

中国版本图书馆CIP数据核字(2019)第155422号

审图号：鄂Ｓ（2019）008 号

书　　名	湖北省水利志丛书 **湖北四湖工程志** HUBEI SIHU GONGCHENG ZHI	
作　　者	《湖北四湖工程志》编纂委员会　编	
出版发行	中国水利水电出版社 （北京市海淀区玉渊潭南路 1 号 D 座　100038） 网址：www．waterpub．com．cn E－mail：sales@waterpub．com．cn 电话：（010）68367658（营销中心）	
经　　售	北京科水图书销售中心（零售） 电话：（010）88383994、63202643、68545874 全国各地新华书店和相关出版物销售网点	
排　　版	中国水利水电出版社微机排版中心	
印　　刷	北京印匠彩色印刷有限公司	
规　　格	210mm×285mm　16 开本　51.75 印张　1649 千字　10 插页	
版　　次	2019 年 7 月第 1 版　2019 年 7 月第 1 次印刷	
印　　数	0001—1200 册	
定　　价	**360.00** 元	

《湖北四湖工程志》编纂委员会

主　任：熊春茂

副主任：熊　渤　卢进步　简文峰　吴建洪　王述海
　　　　刘建华　简发义

成　员：刘思强　姚治洪　于　洪　严小庆　吴兆龙
　　　　刘松青　张爱国　黄奇轩　李治平　李　静
　　　　吴爱清　陈国平　梁江新　余大虎　朱先文
　　　　周　浩　刘林松　周　波

《湖北四湖工程志》编纂办公室

顾　问：易光曙　郭再生　杨伏林　曾天喜

主　任：卢进步

副主任：刘思强

主　编：吴兆龙

编纂人员：吴兆龙　陈少敏　潘立新　杜又生　邓超群
　　　　　刘　玮　陈　婷　查道彬　陈　莉　潘　静
　　　　　周　波　陈　蓉　王前峥

《湖北四湖工程志》评审委员会人员

熊春茂　湖北省湖泊局专职副局长

陈章华　湖北省地方志办公室原副巡视员

黎沛虹　武汉大学教授

王绍良　武汉大学教授

熊　渤　湖北省水利厅宣传中心主任

卢申涛　湖北省地方志办公室省志工作处（市县志工作处）处长

要　威　长江勘测规划设计研究院教授级高级工程师

李洪兵　湖北省水利厅水利经济管理办公室主任

王　晓　湖北省水利厅宣传中心副主任

帅移海　湖北省防汛抗旱指挥部办公室二级调研员

黄发晖　湖北省河道堤防建设管理局处长

杨德才　湖北省水利厅农水处四级调研员

华　平　湖北省湖泊保护中心科长

刘向杰　中国水利水电出版社副编审

向　耘　荆州市地方志办公室总编审

王述海　荆州市水利局总工程师

刘　华　荆门市水务局高级工程师

王建成　荆州市长江河道管理局原党委副书记

简文峰　湖北省田关水利工程管理局原副局长

张　军　湖北省汉江河道管理局防汛办公室主任

周仲华　潜江市四湖管理局副局长

序　　一

四湖者，以流域内原有长湖、三湖、白鹭湖、洪湖合称而得名。历史上，四湖流域为古云梦泽的腹地，南连洞庭，北及襄阳，江汉同渠，孟浩然诗云"气蒸云梦泽，波撼岳阳城"，足见其气势壮观。作为荆楚人文发祥地之一的四湖流域，开发历史悠久，文化底蕴深厚。楚令尹孙叔敖，宣导川谷，堤防湖浦，收九泽之利，是为四湖流域治水之始。至汉已有"稻饭羹鱼"的美称。宋室南渡，人口骤增，官民留屯围垸日兴，湖面日减，洪灾日盛。时至明清，荆江大堤合龙，古云梦泽演变成江汉群湖，四湖乃有其名。由于襟江带汉，众水汇流，造成四湖流域洪、涝、旱、渍灾害交替发生，血吸虫病相伴蔓延，"千村薜荔人遗矢，万户萧疏鬼唱歌。"是其时的真实写照。

新中国初定，百废待兴，治水为先。党和政府对四湖流域周边的长江、汉江、东荆河的堤防进行大规模的整修加固，关上了防洪大门。自1955年开始，对内垸水系进行彻底改造，经60余载的系统治理和持续建设，四湖流域形成比较完整的防洪、排涝、灌溉三大水利工程体系，昔日的"水袋子""虫窝子"变成了"鱼米之乡""天下粮仓"。在开发治理湖泊的过程中，也走过一些弯路，突出的问题是围湖造田、圈湖养殖、占湖建房、污湖排放，导致湖泊的数量锐减，水体污染严重，水生态功能衰退，在取得巨大成就的同时，也付出了沉重的代价。

为研究四湖演变历史，总结治水经验与得失，湖北省水利厅、湖北省湖泊局极为重视修志工作，成立编纂专班，协调流域各市、县（市、区）大力支持，经3年精心编纂，《湖北四湖工程志》终于正式付梓出版。全书记述四湖流域沧海桑田的演变，以及在新中国成立前水患灾害频繁而又严重的苦难历史；重点记载新中国成立以来，四湖流域经过艰苦卓绝的治理而发生的巨大变化；客观记录改革开放新时期，四湖流域湖泊保护生态修复面临的严峻挑战。史料弥足珍贵，真实可信，内容全面翔实，集中展示四湖流域的文化底蕴，科学总结四湖流域治理发展的规律。它的编纂出版，能较好地起到存史、资治、教化的作用。

习近平总书记在党的十九大报告中指出："人与自然是生命共同体，人类必须尊重自然、顺应自然、保护自然。"强调要做好长江大保护工作。四湖是长江水系的重要组成部分，四湖保护在长江大保护中具有重要地位和作用。应以多予少取、先予后取、保护优先的态度，确立大保护、不搞大开发的新思路；在湖泊保护上应以敬畏之心尽情、反哺之心尽力、匹夫之心尽责，推动千湖之省碧水长流，建设美丽富饶的新四湖。

值此志书出版之际，正是河湖长制全面推行之时，谨向志书的出版表示祝贺，对参与志书编纂的各位专家、学者和工作人员表示敬意，数言寄语，冀希开启四湖流域河湖治理与保护的新篇章。

湖北省湖泊保护协会会长　刘友凡

2018 年 3 月

序 二

四湖流域是湖北省最大的内河流域，地处长江中游、江汉平原腹地。流域内人类活动的历史久远，从古至今，生活在这里的人们以自己的聪明才智和勤劳双手，同频发的水旱灾害作斗争，不断改造自己的生存环境，促进不同历史时期的经济社会发展。

新中国成立后，在中国共产党的领导下，各级人民政府组织开展声势浩大的水利建设，四湖流域经过筑堤挡洪关大门、开渠建闸治渍涝、修建泵站灌区保丰收、配套加固增效益四个阶段的治理和建设，逐步消除了境内的洪涝旱灾害，使人民群众能安居乐业，从根本上改变了过去大雨大灾、小雨小灾、无雨旱灾的恶劣环境，水利建设为经济社会发展奠定了坚实的基础。

改革开放的四十年是四湖流域水利建设的辉煌时期，广大人民发扬艰苦奋斗、勇于拼搏、顾全大局、团结治水的精神，先后实施湖泊堤防加固、干渠疏挖、泵站改造、涵闸整治等骨干工程建设，提高流域防洪排涝标准，保障境内500多万人民群众生命财产安全。同期大力开展农田水利建设、加速改造中低产田和建设高产稳产农田，使农民不断增收，给农村带来巨大变化。党的十八大以来，四湖流域水利改革发展更是高潮迭起、亮点纷呈，积极抢抓国家重视水利、投入水利的重大机遇，一些重大水利工程建设快速推进；坚持"生态优先，绿色发展"理念，水生态文明建设迈出坚实步伐；开展长江大保护，实行河湖长制取得重大进展；加大"放服管"和行业监管力度，依法治水管水的能力不断提升，以有效举措加快实现"千湖之省碧水长流"的目标。

党的十九大报告将水利摆在九大基础设施网络建设之首，新时代对水利工作提出新任务、新要求。坚决贯彻落实好坚持人与自然和谐共生，统筹山水林田湖草系统治理，是我们水利人的历史使命与责任担当。希望广大水利工作者以习近平新时代中国特色社会主义思想为指导，努力提供更多优质生态产品，为建设水清岸绿、河畅湖美的美丽家园而努力奋斗。

湖北省水利厅厅长
湖北省湖泊局局长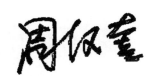

2018 年 4 月

序　三

极目接海天，扁舟入晚烟；荡桨荷中月，恐惊白鸥眠。我的脑海里时常浮现碧水连天、莲花争艳、野鸭成群、鱼儿相戏、藕嫩稻香的洪湖美景，感受到江汉明珠——"灵秀四湖"之美。每当我看到一泓四湖水，就会倍感亲切，身心愉悦。

四湖流域历史上系江汉洪水汇注之所，地势低洼，堤垸分割，堤防矮小单薄，河床淤高堵塞，洪涝旱灾连年发生。千百年来，在这块平原洼地生存、繁衍和发展的人们，开渠垒坝，修筑堤防，兴水利、除水害。但在频繁的自然灾害面前，四湖人民依然改变不了"三年两旱、十年九淹"的悲惨命运。

新中国成立后，党和政府在百废待兴、经济困难的情况下，积极谋划，对四湖水系进行治理和建设。1954 年长江大洪水后，水利建设的重点是筑堤加固，关住"大门"，结束了四湖流域江湖串通的历史，为四湖内垸的治理创造条件。经过 60 多年的艰苦努力，四湖流域经历"修筑堤防，关好水乡大门；挖河建闸，建立排灌系统；兴建泵站，提高排涝标准；续建配套，提高工程效益"四个阶段的水利建设，形成了一个蓄泄兼筹、调度自如的排灌体系。

60 多年来，在四湖流域 11547.5 平方千米的土地上，那一条条通畅的河渠，那一道道坚实的堤防，那一座座拔地而起的闸站工程，正是无数四湖治水人用智慧、力量和忠诚筑起的一道道坚固的防洪屏障。在长期的水利治理中，四湖流域广大干部群众充分发扬战天斗地、吃苦耐劳、敢于牺牲的精神，枯水期长期驻扎施工现场，丰水期日夜坚守防汛一线，抵御外洪，治理内涝，在与自然灾害的斗争中，奏响一曲曲胜利的凯歌。

60 多年来，四湖水利建设经历由除害到兴利、由治标到治本、由单一治理到综合利用、由人治到法治的发展过程。在那不平凡的岁月里，四湖水利建设取得令人瞩目的辉煌业绩，也经历过许多艰难和坎坷；有成功的喜悦，也有失败的教训。四湖水利事业的蓬勃发展，为流域社会、经济、生态建设提供了坚实支撑。

我生长并长期工作在荆州，2007—2011 年任荆州市四湖工程管理局局长，之后调任荆州市水利局局长。作为一个四湖水利人，我曾有机会接触四湖各类水利工程，近距离领略四湖水文化的无限魅力。从上区丘陵到中下区平原，从长湖到洪湖，从河渠到闸站，无不给我留下深刻印象。在四湖工作的几年，我时刻感到四湖水利工作不易，应格外珍惜。每年冬春抢修，到施工现场与干部职工一起研究工程建设；每年汛期，更是亲临防汛抗洪第一线，战斗在哪里，防汛指挥部就搬到哪里；哪里有需要，就出现在哪里。特别是 2010 年外洪内涝、2016 年大汛，那些惊心动魄的日日夜夜，历历在目、历久弥新。

四湖也有过建设低潮期。由于管理体制不顺、经费匮乏，流域工程运行管理面临严重困难，水管单位难以为继。但长期的水利防汛工作凝聚而成的"忠诚、干净、担当、科学、求实、创新"的新时代水利精神，在四湖水利人身上得到充分的体现。

如今的四湖流域，经过开渠筑堤、兴建闸站、垦荒殖地、植树造林、修桥筑路、血防灭螺、废堤并垸、土地整理和精细管理，变成防洪、排涝、灌溉三大工程体系完善，旱涝保收，人民安居乐业的新四湖。经典工程布局，配碧水蓝天，犹如一幅优美的风景画，令四湖更加秀丽、妩媚。四湖水利工程在全省防洪、供水、航运、渔业及旅游等方面发挥着重要作用。流域内的荆州市淡水产品长期稳居全国第一，监利县的水稻产量一直位居全国第一，真正成为"鱼米之乡""国家粮仓"。

如今的四湖流域处于湖北省"一芯两带三区"中江汉平原振兴发展示范区的中心区、连接区，区位优势十分明显。随着长江经济带的加快发展，国家"乡村振兴"战略的全面推进，四湖地区发展前景广阔，水利对经济社会发展的支撑作用将更加凸显。要继续努力把四湖水资源利用好，让碧水润泽荆楚大地；要让更多人了解四湖、关心四湖、支持四湖工程建设与发展。

以史为鉴，可知兴衰。为全面系统、客观真实地反映四湖流域水利工程建设和管理的历史与现状、经验与教训，荆州市四湖工程管理局受省水利厅、省湖泊局委托，凝聚全系统工作人员的智慧和力量，历时 3 载，编纂《湖北四湖工程志》，旨在记录四湖流域的自然地理、历史变迁、生态环境、治理开发、流域特色等各方面的情况，特别是新中国成立以来，四湖地区广大人民群众和水利工作者艰苦创业、顽强拼搏、无私奉献的奋斗历程，为后世留下一部珍贵翔实的历史资料。编纂这部水利专业志书，也承载着对四湖美好未来的期盼。

值此志书付梓之际，欣喜的同时，也借此机会，谨向一直关心和支持四湖工程建设与管理工作的各级领导、同仁及社会各界人士表示衷心的感谢，向参与志书编纂的各位专家、学者和工作人员表示敬意，对《湖北四湖工程志》的问世表示诚挚的祝贺！

荆州市四湖工程管理局原局长

2019 年 2 月

前　言

　　四湖，是古云梦泽演变为江汉湖群水系的典型代表，新中国成立后治理荆江以北地区水系，开挖总干渠连通长湖、三湖、白鹭湖、洪湖四个较大湖泊，因而得名。1955 年长江水利委员会编制《荆北区防洪排渍方案》中已有"四湖"之称谓。四湖是四湖流域（地区）的简称，其名称来源，一是地域属性，二是湖泊特性，三是水系特性。

　　四湖流域是长江、汉水中游受洪水威胁最为严重的地区。自古至今，荆楚儿女在这块土地上垦荒治水，筚路蓝缕，他们依水而居，与水而争，伴水而兴，与水结下不解之缘。春秋时期，楚令尹孙叔敖开"云梦通渠"，沟通江汉航运，得灌溉之利，此为我国最早的人工运河。四湖流域历史悠久，文化灿烂，所诞生的文明与治水血脉相连，人与水密不可分。反映这一地区变迁、总结治水经验与教训，在清代、民国时期的多部志书中有记载，新中国成立后，有更多的新志记述和彰显。但是，这些志书仅记载反映流域内部分区域的治理发展历史。为此，湖北省水利厅研究决定，由荆州市四湖工程管理局承编一部流域水利工程专志，期望能全面系统反映整个四湖流域治水兴水的历史，以填补此前志书之缺憾。为尊重历史与现实，志书定名《湖北四湖工程志》，这是《湖北省湖泊志》的延续，也是修志文化的历史传承。

　　一直以来，四湖流域水利工程的规划、建设和管理始终遵循流域的标准和规律。进入新时代，湖北省委、省政府提出综合治理四湖的目标和要求，更是契合流域治理的特点和实际。为了全面客观、重点突出地反映四湖流域治理工程的特点和内容，本志采用多章节并列分述治理工程，如分设"主体治理工程"章和"综合治理工程"章记之。

　　在本志编纂过程中，我们秉承"去粗取精、去伪存真"的理念，对搜集的大量史料典籍内容进行遴选，并将新时代四湖流域水利研究的新成果用于志书中。编纂此志，旨在反映四湖流域形成，尤其是治理发展的历史全貌，起到存史、资政、教化的作用，为两湖（湖北、湖南）平原地区经济社会发展，特别是湖北江汉平原经济社会发展提供水利支撑依据，为今后治理四湖、利用四湖、发展四湖提供借鉴，为水利工作者提供一部工具书和参考文献。

编者

2018 年 9 月

凡　　例

一、《湖北四湖工程志》以马克思列宁主义、毛泽东思想、邓小平理论、"三个代表"重要思想、科学发展观、习近平新时代中国特色社会主义思想为指导，坚持辩证唯物主义和历史唯物主义观点、立场和方法，实事求是地记载四湖流域历史演变及现状，力求突出河湖治理特点和流域特色。

二、本志是以四湖流域自然区域为记载范围，以河湖治理及环境变迁为主线，以当代四湖流域水利建设与管理为重点，兼及自然环境和人文环境的工程专志。

三、本志结构采用章节体，以章分门类，章下设节，横排竖写。根据实际需要，章、节之下设无题小序，节下适当分设目、子目和细目。全志以志为主体，辅以述、记、传、图（照片）、表、录及辅文等。

四、为完整反映事物的历史和现状，本志记述年代的上限尽可能追溯到事物的起源，下限断至2015年，个别重大事件适当顺延。

五、本志年代表述：民国以前用朝代年号并注明公元纪年；民国年号用汉字并括注公元纪年；1949年10月以后用公元纪年。

六、本志使用的各种称谓，包括人名、地名、官职、党派、社会团体、机构、企业、产品等，均使用资料原文或沿用旧制，使用简称时在首次出现全称后予以提示。

七、计量单位，新中国成立前的按历史上的旧单位记写，新中国成立后的采用国家颁布的法定计量单位。志书中所引用的高程主要采用吴淞高程，个别采用黄海高程的则在其后加括号注明。

八、本志采用现代汉语记述文体，引文照旧。使用简化汉字；注释一般为随文注（括注），特殊情况采用页下注。

九、人物收录为四湖流域治理作出重大贡献者，循例生不立传。人物分人物传略、人物简介、人物表和历史治水名人。去世人物以传略、简介分列入志，以卒年为序排列；人物表录获省级以上表彰者，以获奖时间为序。

十、本志使用的资料主要是历史档案、已出版的专业志书，以及四湖流域各县（市、区）工程管理部门报送的资料，均经审核后采用，不一一注明出处。

目　　录

概　　述

　　四湖流域位于长江中游、江汉平原腹地，以境内有长湖、三湖、白鹭湖、洪湖四个大型湖泊而得名，是湖北省最大的内河流域。流域总面积 11547.5 平方千米，其中内垸面积 10375 平方千米，洲滩民垸面积 1172.5 平方千米。据 2015 年资料统计，全流域耕地面积 718.27 万亩，人口 543.70 万人，全年社会生产总值 1446.80 亿元。四湖流域是湖北省乃至全国重要的粮、棉、油和水产品生产基地，素有"文化之邦"和"鱼米之乡"的美誉。

一

　　四湖流域在历史上属云梦泽的一部分，为长江、汉江洪水的天然调蓄区，由于洪水挟带泥沙的冲积，渐次形成广袤的江汉平原。自古以来，人们在此区域依水而居、围垦劳作，把湖荒建设成田野阡陌、城镇村庄星罗棋布的锦绣大地。

　　四湖一名源于 1955 年长江水利委员会（以下简称"长江委"）编制的《荆北区防洪排涝方案》。此方案将荆江区划分为三部分，即荆北平原区、荆江洲滩区及江湖连接区。荆北平原区以古内荆河为干流，规划进行裁弯取直和扩挖工程，渠道走线穿越长湖、三湖、白鹭湖和洪湖，取名四湖总干渠，故有"四湖流域"之称。

　　四湖流域位于长江中游最为险要的荆江北岸，西北部以荆江大堤连接荆门、荆州丘陵地带自然分水岭及沮漳河为界，东、南、西三面有长江环绕，北面有汉江及其支流东荆河拥抱，介于东经 112°00′～114°00′和北纬 29°21′～30°00′，地跨荆州、荆门、潜江三市。流域内湖泊众多，河渠密布，堤垸纵横，地势平坦，自西北向东南倾斜，最高山峰海拔 529.22 米，最低点在洪湖市新滩镇沙套湖，海拔 18.00 米，地面高程在 34.00 米以下的地区面积约占全流域总面积的 75%。由于长江、汉水和东荆河长期泥沙冲积的影响，形成两边高、中间低的槽形地势，四湖流域长湖以北为丘陵岗地，中下区主要是冲积平原，区内广泛沉积第四纪全新统的松散堆积物，属于江汉断陷盆地。

　　四湖流域属亚热带湿润季风气候，具有四季分明、热量充足、光照适宜、雨水丰沛、雨热同季、气候温和和无霜期长等特征。多年平均年降水量 972.2～1352.7 毫米，汛期 5—9 月降水量占全年降水量的 70%左右。6 月、7 月是四湖流域降水量最多的月份，较多发生局部暴雨和大暴雨。因环流背景、地形等因素影响，年降水量从北到南、从上区到下区呈递增趋势。单站实测年最大降水量 2309.4 毫米（洪湖站，1954 年）。多年平均气温 16.2℃，极端最低气温−16.5℃（1977 年 1 月 30 日），极端最高气温 39.7℃（1989 年 7 月 23 日），高温一般出现在 5—9 月。年无霜期 252～265 天，年蒸发量 1246～1724 毫米。

　　四湖流域三面环水，其过境河流有长江、汉江、东荆河和沮漳河。流域内主要河流有太湖港，龙会桥河、拾桥河、西荆河、内荆河故道。人工开挖的主要干渠有总干渠、东干渠、西干渠、田关河、排涝河、螺山渠六大干渠。"河流弯曲逶迤，湖泊星罗棋布；湖河相通，民垸彼邻"是四湖流域昔日水网面貌的写照。20 世纪 50 年代，四湖流域有大中型湖泊 199 个，总面积 2748.2 平方千米。至 2012 年湖北"一湖一勘"资料成果统计，四湖流域有大小湖泊 92 个，面积 567.57 平方千米，虽较之前减少 79.3%，但仍是全国内陆水域最广、水网密度最高、堤防最长的地区之一。长江在荆州区临江寺有沮漳河汇入，是为长江流经四湖流域的起点，流经荆州区、沙市区、江陵县、石首市、监利县、洪湖市，在洪湖市新滩镇胡家湾出境，流程长 457 千米，多年平均年径流量 6443 亿立方米（螺山站）；沮漳河经四湖流域西部流过，流程长 57.06 千米，多年平均年径流量 15 亿立方米（河溶站）；西北有汉江流过，曲流长 57 千米，沙洋站多年平均年径流量 489 亿立方米；北部及东北部有东荆河流过，河道全长 173 千米，洪水期可分泄汉江下游 1/4 的洪水，多年平均年径流量 47 亿立方米（潜江站）。四湖流域地表水资源丰富，特别是在 5—9 月汛期地表径流量最大。据统计，上区多年平均年降水量 1032 毫米，径流深 415.1 毫米，地表水资源量为 13.45 亿立方米；中下区多年平均年降水量 1230.7 毫米，径流深 418.7 毫米，地表水资源量为 34.78 亿立方米。

四湖流域是一个受洪涝灾害困扰的地区。历史上，此流域原是江、汉二水分流储汇之处。秦汉时期，长江北岸有夏水（亦称沱水）经江津（今沙市）豫章口东中夏口分流；唐宋时期，长江北岸有獐卜穴（今观音寺）、郝穴、庞公渡、赤剥穴（尺八穴）等处分流。汉江在明代之前更是支流甚多。当时江汉境地的汉江有四条分流河道，其中分流入四湖流域的有两条河道：一条名芦茯河（古称潜水，潜江县因此而得名），从芦溪市起，由北向南流；一条名夜汉河（今东荆河）。芦茯河口于清同治年间堵塞。沮漳河直到明朝末年仍可从刘家堤头（今万城）分水入四湖流域。至 1955 年以前，东荆河中革岭以下仍无堤防，汛期江汉洪水倒灌，影响四湖中下区。四湖流域在治理之前，由于受长江、汉江、东荆河和沮漳河环绕，汛期洪水常常高出内垸地面几米至十多米，全靠一线堤防抵挡，时间长达两三个月，有的年份甚至有四五个月之多。在外江洪水高涨时，又是四湖流域普降大到暴雨之季，汛期降水不能自排入江，全靠湖泊调蓄，在湖泊面积足够调蓄洪水之时，尚可自保，一遇大雨时只能靠淹田分洪。"一日暴雨成汪洋""十邑书灾吏胆寒"，乃当时的真实写照。

四湖流域的洪涝灾害，从清朝中期开始日趋严重，到民国时期更加频繁、严重，其主要原因是：江汉堤防频年溃决，而内垸又大量围垦，挤占湖泊面积，当遇到江水倒灌时，排水受阻，在无提排设施的情况下，汛期所有降水全部由内垸自身调蓄，先淹低地，后淹高地。即使内涝灾害不严重，若遇堤防溃决，也会遭受灭顶之灾。民国时期，荆江大堤溃口 6 次，汉江和东荆河堤有 22 年溃口，监利、洪湖长江干堤有 11 年溃口。1931—1949 年的 18 年间，有 16 年遭受不同程度的洪涝灾害，几乎到年年淹水的地步。故而四湖流域有"三年两水""十年九水"和"水袋子"之说，频繁的洪涝灾害给四湖人民带来沉重的灾难。

四湖流域又是血吸虫病流行的重疫区。据 1954 年统计，四湖流域感染血吸虫的病人有 24.96 万人，占当时全流域总人口的 12.9%。因此，人们又把四湖称之为"虫窝子"。

四湖流域虽以水灾为最，但也不乏旱灾的记载。1922 年大旱，"汉江干涸，深水处仅 4～5 尺，自夏至秋，时逾半载，涓滴绝望。"1928 年又大旱，从清明到处暑无透雨，内荆河流域湖泊全部干涸，湖泊飞灰。长湖、白鹭湖可涉足而过，湖底种芝麻，水田绝收，"糠秕吃尽，草木无芽。"面对如此大旱，政府束手无策，各乡只得"打醮求雨"，抬"狗老爷"求雨。

四湖流域在历史上有"水袋子""虫窝子"之称，这既有特定地理环境因素，也是当时国力衰弱和政府无能为力所致。

二

四湖流域及其所在的江汉平原在构造上属第四纪强烈下沉的凹陷地。长江过三峡，进入宽广的凹陷盆地，"山随平野尽，江入大荒流"，泥沙淤积，水系泛滥，逐渐形成浩无涯际的云梦泽。随着长江和汉江挟带泥沙的长期充填，至先秦时演变成平原-湖沼形态的"平原广泽"（《史记·司马相如传》）。根据考古发掘和分布在流域内聚落城邑的历史记载推断，先秦时期，四湖流域内有两大片平原分别分布在江汉地区云梦泽的东西两端。西部平原即江陵以东的荆江三角洲；东部为城陵矶至武汉的长江西侧的泛滥平原。在这两块平原上，已有邑居和聚落，位于荆州区马山镇的阴湘城古城址是一处从大溪文化早期至石家河文化（公元前 2600—前 2000 年）的文化遗存，为长江中游地区迄今为止发现的史前古城址之一，文化堆积深厚，文化内涵丰富，保存基本完好，是研究江汉地区史前时代的社会、经济、文化发展水平和环境情况的重要遗址。另据《水经·江水注》记载，西周武王时所封的州国故城，在今洪湖市黄蓬山。此外，在监利县柳关、福田，洪湖市乌林、沙湖还发现新石器时代遗址，在遗址中发现谷物壳和稻草灰烬，在瞿家湾附近的洪湖中还发现西周时代的墓葬。这说明远在四五千年前，四湖流域早已形成可供人类定居的泛滥平原，人们择其河间高亢之地刀耕水耨，种植稻谷。春秋战国时期，这里的农业已采用牛耕和铁制农具。汉代，江陵城成为全国十大商业都会之一。

周庄王八年（公元前 689 年），楚文王将国都由丹阳迁至郢（今纪南城），历时 411 年，使之成为楚国政治、经济、文化的中心。江陵城成为楚国的诸宫。四湖流域是楚文化的发祥之地。

楚庄王时（公元前 613—前 591 年），楚令尹孙叔敖开凿"云梦通渠"，采用壅水、挖渠等工程措施，将沮漳河水引入纪南城，经江陵、潜江入汉水，不仅沟通江汉之间的航运，还利于两岸农田的灌溉。孙叔敖在四湖流域主持开挖的这条人工运河，后被称为扬水运河，是我国历史上最早的人工运河。

三国时期（220—280 年），东吴大将陆抗令江陵都督张咸于今纪南以北川店一带作大堰，将沮漳河水引入这一带低洼地作水柜以拒魏兵，开创引水御敌的先例。因水域辽阔，形如大海，又处纪南城以北，故称北海。南宋时期有更大的发展，形成上、中、下三海，绵亘数百里，弥望相连，前后近千年，是一项著名的大型军事水工，同时也是中襄河堤（今长湖库堤）堤基之始。

西晋太康元年（280 年），杜预主持疏挖古扬水运河，挖开扬口（今沙洋附近），沟通江汉航运。同时，开挖石首焦山铺到湖南华容塌西湖的人工河道，称为调弦河，沟通江湖，便利漕运。

东晋时期，由于北方人民一部分南迁至四湖流域，侨置的州、县较多，四湖流域人口有所增加。其时县邑、城池、村落和人口大多聚居于流域内水系河畔，开发速度加快，尤其是濒临长江的江陵（今荆州古城）以其独特的地理位置和雄厚的经济、军事实力，成为江汉平原和洞庭湖平原的政治、文化中心，乃至于是全国的重要军事重镇。由于受到长江洪水的威胁，东晋永和年间（345—356 年），荆州刺史桓温命陈遵沿城筑堤防水，谓其坚固，称为"金堤"，为荆江大堤肇基，开四湖流域筑江堤之先例。

唐代，由于长江、汉水泥沙不断淤积，云梦泽已由烟波浩渺的大水域解体成江汉群湖。《元和郡县图志》称："夏秋水涨，森漫若海，春冬水涸，即为旱田"。四湖流域民众已开始在湖沼中的高地围垦成田，修堤从保护城镇为主向保护农田安全拓展，沿江河堤线延长。晚唐至五代时期，南平王高季兴都江陵，将荆州城土城墙改为砖土结合的城墙，于城外沿长江加修"金堤"，谓其坚固，寸寸如金，故名寸金堤。同时"高季兴守江陵，筑堤于监利"（同治《监利县志》）。据清同治丙寅《石首县志》载："东晋始修荆江大堤，唐末五代高季兴割据荆南，将荆江南北大堤基本修成。"后梁明贞三年（916 年）修汉江右岸堤防，人称"高氏堤"。《读史方舆纪要》载，高氏堤在潜江县西北五里，起自荆门禄麻山，至县南沱埠渊，延亘一百三十余里，以障襄汉二水，后累经增筑。此乃汉江右岸堤防修筑的肇始，也是四湖流域北部边缘修筑堤防之始。

南宋时期，经靖康之乱，北方人民为逃避战乱，纷纷随宋朝廷南迁，为生存和支持战争的需要，四湖流域大兴围垸之风，当时有宗纲、岳飞、孟珙主持的军事屯田和营田，也有北方豪强南迁率家丁兴办的垸田。军民一齐兴办，垸田逐渐发展，故有史学家将此时定为四湖流域垸田的发起和兴盛之期。尽管围垸的规模大，但因战事失利，无力加修，大多废弃。

面对日益突显的水患灾害，元朝时期朝廷曾下诏重开江陵、石首、监利古穴之口（江陵郝穴、石首杨林、宋穴、监利赤剥），分泄江水，以解江溢之灾。四湖流域的围垸之风有所减弱。但这种情况未能维持较长时期，至元末，已开的诸穴大多复湮。

明朝是四湖流域筑堤围垸的鼎盛时期。明初为恢复因战争而破坏的农业，朝廷下令从当时的江西、安徽等地迁移大量的移民到江汉平原，史称"江西填湖广，湖广填四川"。由于有政府的鼓励和支持，各地移民纷纷涌入江汉湖区，"插地为标，插标为业"。洪武元年（1368 年），明太祖下令"各处荒田，农民垦种后归自己所有，并免征徭役三年”（朱绍侯《中国古代史》）。湖田税轻，民多利之，加之由江西、安徽而来的移民带来长江下游“圩田”的技术，四湖流域围湖造田，“民必因地高下修堤防障，大者轮广数十里，小则十余里，谓之曰垸”。后因湖泊淤垫增高，围挽民垸日盛。明嘉靖二十一年（1542年）堵塞郝穴口，荆江大堤连成一线，为围湖造田提供更有利的条件，经明清两代的筑堤围垸，四湖流域田之名垸者，已星罗棋布，栉比鳞次，据统计，四湖流域高峰期民垸达913个。

万历元年（1573年），潜江境汉江夜溃口堤溃，次年四月，已升任湖北巡抚的赵贤“习知水利，疏请留缺口，让水止于谢家，两岸沿河修筑堤三千五百丈，中一道为河”。东荆河形成。至此，四湖流域的范围基本形成。

清朝初年，政府为恢复生产，大力发展围垸，顺治初年就制定垦荒办法，规定：“凡州县卫所荒地无主者，分给流民及官兵屯种，有主者令原主开垦，无力者官给牛、种，三年起科。”康熙十年（1671年）清政府下令新垦荒地四年起科，并重申顺治时对乡绅垦田给予奖励的规定。第二年，又将起科的时间放宽至六年。到康熙十二年（1673年），又作出进一步的放宽，“通计十年，方行起科”。特别是康熙年间平定“三藩之乱”后，荆州城的地位得到加强，荆江大堤（万城堤）的培修与管理受到朝廷的重视，加快四湖地区的开发。乾隆皇帝为鼓励围垦，在修订的《大清律例》中增加“各省官员不得再重新丈量农民土地，也不得令农民向官府汇报自己开垦的荒地”。其实就是宣布农民所开垦出来的土地不用给国家交税。“民为邦本，但令小民于正供之外，留一分盈余，即多一分蓄积，所谓‘藏富于民’百姓足，君孰与无不足者，此也”。

由于不断围湖造田，四湖流域几乎无地不辟，防洪形势日趋紧张。乾隆时期就有人对盲目围垦所带来的问题提出意见，乾隆十三年（1748年），湖北巡抚彭树葵言：“人与水争地为利，以致水与人争地为殃。唯有杜其将来，将现垸若干，著为定数，以后不许私自增加。”相反，官私争相围垦，愈演愈烈。大量围垸的结果，致使调蓄洪水的地方逐渐减少，逼水归槽，迫使江河水位迅速上升。明清时期，荆江河段洪水水位年均上升1.39厘米，民国时期年均上升1.85厘米（这种不断升高的趋势到20世纪70年代开始趋缓）。加高堤防的速度赶不上洪水水位上升的速度。长江、汉水上游巨大的来量常常大于荆江和汉江中下游河段自身安全的泄量，加之堤防低矮单薄，隐患多，管理不善，所以常遭溃决。围垸没有排水引水设施，汛期外江水位高出围垸地面几米至十多米，加之江汉洪水倒灌，降雨所产生的径流无法排出，小雨小涝，大雨大涝，无雨受旱。这种状况到了清朝后期更加严重。道光元年至三十年（1821—1850年），四湖地区的江汉堤防有29年溃决，其中荆江大堤有18年溃口；道光元年（1821年）至民国三十八年（1949年）的128年间，江汉堤防有100年溃决，平均1.28年1次，几乎到了年年淹水的地步。尤其是1931年和1935年两次特大洪水，四湖流域大部被淹，损失极其惨重。清末和民国时期是四湖地区洪涝灾害最严重，同洪涝灾害作斗争最为艰难并充满苦难的年代。严重频繁的洪涝灾害，迫使人民背井离乡，流离失所。战乱、洪涝灾害、血吸虫病造成这一地区人口下降，土地荒芜。“千村薜荔人遗矢，万户萧疏鬼唱歌”。至1949年前夕，四湖流域已是一片衰败景象，农业面临崩溃的边缘。1947年湖北省水利局勘测队《荆北水利报告》载：“迫至近代，因兵燹连年，人口皆多星散。虽垸田如数，而塌毁者多。其垸好如初者，又因渍水淹没大半，人力不足，排除匪易，且一经荒地，野草遍地，荆棘丛生，再图开垦，良非易易……是以良田日趋减少，人口愈形星散……而成目前之农村凋敝、地荒人稀之现象。”这便是四湖流域当时状况的真实写照。

三

新中国成立后，党和政府针对四湖流域土地肥沃、水患灾害频发的现状，决心予以全面的治理。治理工程按照统一规划、分年、分地区逐步实施的原则，根据不同时期的经济条件和技术手段编制出多部水利规划。

四湖流域在 1955 年治理之前，存在的主要问题有：①江汉堤防标准低；②上受山洪威胁，下有江水倒灌，排水没有出路；③水系紊乱，水利失修，渍涝灾害严重；④钉螺孳生，血吸虫病流行，血吸虫病患者占当时总人口的 12％（1954 年统计资料）。

长江委于 1951 年即开始对四湖流域进行勘测。1955 年 12 月制定《荆北区防洪排渍方案》（以下简称《方案》），提出四湖治理的指导思想、方针和原则，明确治理的具体措施和任务，成为治理四湖的大纲。

《方案》确定四湖流域治理以防洪排渍为主，并从全面考虑水利和土地资源的综合利用，将全流域分为上、中、下三区，分别对不同区域采取不同的规划方针：即上区"以拦洪为主，考虑济灌济航"；中区"以排渍为主，灌溉为辅"；下区"蓄洪垦殖，兼筹并顾"。这个方案是四湖流域治水的总纲，也成为后几次规划的基础，指导四湖流域的治理。

1959 年 1 月，四湖排水工程指挥部根据荆州地委、专署确定"内排外引，排灌兼顾，等高截流，分段排蓄"的治水方针，提出《荆北水系规划补充方案》，对四湖流域的治理方案进行补充，把引水灌溉提到重要位置。

1961 年 5 月，荆州专区水利工程总指挥部以已有的规划为基础，编制出《荆北地区河网化规划（草案）》。规划在骨干水系形成后，将治理工程向支渠和田间延伸。

1964 年 10 月，以湖北省水利厅设计院为主，省直有关部门及专区和县协助制定《荆北地区水利综合利用补充报告》。补充报告主要内容是在已经开挖的总干渠、西干渠、东干渠和田关河的基础上，开挖支渠配套渠系，规划兴建电力排水站工程。

1965 年 11 月，由荆州专署水利局制定《四湖总干渠中段河湖分家工程规划设计补充报告》。规划将四湖总干渠由福田寺破洪湖直线至小港，即截直内荆河曲流河道，加快渍水下泄速度，实行河湖分家，利用长江水位低的机会抢排渍水，为洪湖腾出蓄洪库容。

1972 年 3—5 月，长江流域规划办公室（以下简称"长办"）及省水利电力局召集四湖流域有关县共同研究，结合长江中游城陵矶—汉口河段防洪及洪湖分蓄洪区工程方案，分担分蓄洪任务 160 亿立方米，制定出《荆北地区防洪、排涝、灌溉综合利用规划》。同年省水利电力局在研究开辟洪湖分蓄洪区的同时，为恢复当地水系，提出《洪湖防洪排涝工程规划》。

1984 年 5 月，湖北省经济研究中心提出《关于以水为主，综合治理四湖地区"水袋子"问题的报告》（以下简称《报告》）。《报告》认为四湖地区生产能力大，基础好、条件好，是湖北省农村经济发展的重要战略基地之一。《报告》提出综合治理四湖地区的原则和具体措施切实可行，其"分区排水，分区调蓄"和"挖潜配套"的治理原则符合实际。《报告》从生态平衡和实际需要出发，提出的调蓄范围和要求适当，确定采取工程措施和生态措施相结合，强调要"统一规划，统一建设，统一调度，统一管理"的原则，提出要解决四个问题：①退田还湖，落实调蓄区，提高调蓄能力；②优先实施流域性排涝工程的配套；③兴建中下区排涝骨干工程；④综合治理，协调发展，促进农牧业、水产、航运和林业发展。《报告》还提出改革水利管理体制、加强统一管理和科学调度以及四湖地区经济发展目标的设想。

1984 年 8 月，中共湖北省委同意并批转这个《报告》，表明湖北省委、省政府对四湖治理的关心和支持。

1984 年 10 月，湖北省水利水电勘测设计院提出《四湖地区水利综合利用规划复核报告》，进一步明确提高四湖流域的治理标准。

1994—1999 年，为提高四湖流域排涝调度和工程管理水平，湖北省水利厅向世界银行申请贷款立项，并组织进行长江流域水资源项目湖北省四湖流域水利排灌工程的更新改造子项目的研究，完成"四湖排水系统实时调度决策支持系统（四湖 DSS）"软件研制。

四湖排水系统优化调度研究成果在实际运用中产生了经济效益和社会效益。鉴于四湖排水系统优化调度研究项目的成功和研究得出的若干结论，世界银行和省水利厅认为，需要进行新的四湖流域水管机构改革和可持续发展的综合研究。2001—2003 年，世界银行委托日本技术产业有限公司（NTI）和加拿大高达集团（GOLDER）提供技术援助，并聘请国内外的有关专家组织一个统一的研究组，进行四湖流域水管理和可持续发展课题研究，完成《四湖流域水管理和可持续发展综合研究报告》。

2007 年 8 月，湖北省水利水电勘测设计院、湖北省水文水资源局、湖北省水利水电科学研究院联合编制《四湖流域综合规划报告》，明确坚持科学发展观、全面贯彻党中央新时期的治水方针，以实施可持续发展战略、保障社会经济发展安全、维持生态环境、改善人居环境与经济社会发展环境为中心，以促进人水和谐和水资源的可持续利用为目标，进一步加强四湖流域水利体系建设，为流域内经济社会的可持续发展提供支撑和保障，推动传统水利向现代水利、可持续发展水利转变，在四湖流域基本建成防洪减灾、水资源综合利用、水生态与水环境保护、流域科学管理四大体系，实现保障防洪安全、有效控制涝水、合理利用资源、维系优良生态四大目标。

四

四湖流域治理按照《荆北区防洪排渍方案》及之后各个不同时期的规划报告，根据"统一规划，统一治理，分期实施"的原则，按以防洪排渍为主，兼顾灌溉、航运、渔业、防治血吸虫病等综合治理的措施，经过 60 多年的建设，累计完成土方 19.88 亿立方米、石方 392.98 万立方米、混凝土 151.83 万立方米，完成投资 57.82 亿元，取得巨大的建设成就。回顾新中国成立以来的四湖流域治理过程，大体上经历 4 个阶段。

第一阶段（1949—1956 年），修筑堤防，关好"大门"，江湖分家，建立防洪保护圈。

四湖流域的防洪大门，即长江堤防（荆江大堤、监利洪湖长江干堤）、汉江堤防、东荆河堤防等周边防洪屏障。新中国成立初期，针对长江、汉江堤防抗洪能力低、洪灾频繁发生的状况，湖北省委、省政府提出"以防洪排涝为主，首先关好大门"的治水方针，对四湖流域周边的堤防进行堵口复堤、加培堤身、清除隐患等方面的建设，堤防的防洪能力得到提高。为解决荆江河段超额洪水的问题，1952 年，举世闻名的荆江分洪工程开工修建，使荆江防洪能力得到进一步加强。1954 年长江发生百年未遇的特大洪水，荆江分洪工程 3 次开闸泄洪，有效削减荆江洪峰，为确保荆江大堤安全发挥了巨大作用。大水之后，江汉堤防防洪标准提高到按 1954 年当地实际洪水位超高 1 米的标准进行全面加高培厚和整险加固。

1955 年 11 月至 1956 年 4 月，由长江委勘测、规划、设计，荆州地区组织监利、沔阳、洪湖 3 县 12.46 万名劳力，兴修从中革岭至胡家湾的东荆河隔堤（称为洪湖隔堤），与长江干堤连接，全长 56.12 千米，同时在新滩口临时筑坝，关闭长江、东荆河洪水倒灌内垸的"大门"，结束四湖流域江湖相通的历史，为四湖流域内部治理创造条件。

第二阶段（1956—1968 年），整治河网，疏通水系，建立排灌系统，实行河湖分家。

1956 年春，以治理内涝为重点的四湖排水工程全面开工。根据规划，在四湖原有水系的基础上，开挖总干渠、西干渠、东干渠为骨干工程，对原有紊乱的水系进行改造。逐步形成新的排水、灌溉系统。长湖以上区域采取疏导措施，由荆门、江陵、潜江 3 县共同对汇入长湖的拾桥河、观桥河、龙会桥河、高桥河 4 条山溪河流进行疏浚、裁弯、加宽、筑堤，扩大河道断面，使排水畅通。同时，为减轻上游洪水对中下区的压力，将长湖作为蓄洪水库，加高加固长湖库堤，并实施等高截流、高水高排的工程措施。1959 年挖通田关河，使长湖水通过田关河直接排入东荆河。

总干渠起自习家口，下至新滩口，全长 185 千米，由原内荆河裁弯取直疏洗扩挖。总干渠于 1955 年 12 月 14 日破土动工，首先在监利县的东港口、周家沟、福田寺等地局部开挖。1956 年 12 月，又组织江陵、监利、洪湖 3 县民工及湖南卖工队和沙洋农场卖工队，在 1955 年施工地段继续施工。1957 年冬至 1958 年春，江陵、潜江、监利、洪湖 4 县的民工，加上河南省南阳、镇平、长垣、新城、杞县、滑县、唐河 7 县以工代赈的民工，开挖总干渠苏家渊（福田寺以上约 1 千米）至洪湖香檀河口段，长 38.4 千米，同时开挖东干渠。1958 年冬至 1959 年春，主要开挖总干渠习家口至福田寺一段，长 85.0 千米。同时开挖西干渠。1959 年冬至 1960 年春，继续对总干渠进行疏挖，并对小港至茶潭部分没有固定河道，以湖代河段进行疏挖。经过 1955—1960 年的努力，总干渠和东、西干渠疏挖工程初步完成，以总干渠和东、西干渠为骨干的四湖地区排水系统基本形成，结束内荆河河道迂回曲折、排水不畅的历史。

长湖以下区域则以内荆河（四湖总干渠）为主干，分区开挖排水干渠，1955—1958 年，先后开挖总干渠、东干渠、西干渠，将渍水下泄排入长江。1959 年在四湖流域尾闾长江干堤上修建新滩口排水闸，1960 年在田关河出口东荆河堤上修建田关闸，并修建一批内垸节制闸。上述工程实施后，四湖流域的自流排水系统初步建立，不仅每年冬春可以畅排渍水，而且汛期可以利用外江洪峰间隙抢排部分涝水，使全流域的内涝灾害比治理前大为减少。

随着排水系统的形成和排水条件的改善，自然湖泊水位下降，湖面逐渐缩小，三湖、白鹭湖、大同湖、大沙湖等湖泊和一些沼泽荒渍地带中的绝大部分被开垦成农田，内垸蓄水量减少，四湖流域的旱灾显露出来。对此，荆州地委、专署确定"内排外引，排灌结合"的灌溉工程建设规划。从 1958 年开始，首先在长江干堤螺山和东荆河堤郭口、小白庙修建 3 座灌溉闸，20 世纪 60 年代又先后在长江、汉江干堤和东荆河堤上修建观音寺、颜家台、万城、西门渊、一弓堤、兴隆、白庙等一批灌溉涵闸，开挖相应灌溉渠道，较好地解决四湖流域的灌溉问题。

1959—1961 年连续 3 年干旱，给农业生产造成严重损失。人们从这 3 年的抗旱斗争中吸取教训，开始重视四湖流域的灌溉工程建设，沿江兴建引水涵闸，垸内开挖灌溉渠道，有条件的地区实行排灌分家；丘陵地区修建水库、塘堰、机电提灌站，抗旱能力不断增强。

四湖流域因地势低洼，渍害低产田分布广、面积大，严重制约农业发展。为解决这个突出问题，20 世纪 60 年代初期就开展改造低产田的研究工作。1963 年成立四湖排灌试验站，并先后在潜江田湖垸以及监利、洪湖等地立低产田改造试点，取得了较好的效果，推动了四湖流域低产田的改造工作。

第三阶段（1968—1989 年），兴建电力排水泵站，提高排涝标准。

自流排水设施的建成，使内涝灾害大为减轻。由于受外江洪水的顶托，汛期许多自流排水设施不能发挥作用，每逢暴雨，渍水不能及时外排，全靠湖泊沟渠调蓄，当湖泊沟渠蓄满之后，多余的径流就只能靠淹没农田来解决。因此，解决向外江提排的问题，便成为治理四湖的一个关键所在。1968 年，四湖流域第一座大型电排站——南套沟电力排灌站动工兴建。1969 年平原湖区大涝，四湖流域 190.67 万亩农田渍涝成灾，而有电排站的地方，灾情大为减轻，从而为治理四湖流域带来新的启示。随着国民经济的发展和工农业生产的迫切需要，必须修建一批电力排灌站，以提高排涝标准，逐步实现旱涝保收。从 1970 年起，陆续在长江干堤、东荆河堤上修建 18 座一级排灌泵站。同时，新开挖排涝河和螺山电排河，使四湖流域形成六大干渠。其中，1989 年建成田关泵站，配合田关河、刘家岭闸等水利设施，对长湖实现控制运用，四湖流域基本实现等高截流、高水高排的目标。在此期间，随着一级泵站建成，内垸先后兴建一大批二级泵站。电排站的兴建既为内垸涝水增加外排出路，又使田间渍水能够及时排出。

1980 年四湖流域遭遇历史上少见的外洪内涝，外滩有多处民垸溃决，农业生产遭受重大损失。造成灾害的主要原因是：外江水位高，一级泵站提排能力差。1983 年四湖流域又发生一次比较严重的内涝灾害。人们认识到必须大力加强一级电力排水泵站的建设，才能减轻汛期不能自排而造成的内涝灾害。

第四阶段（1989—2015 年），工程续建配套，更新改造，改善生态环境，注重综合治理。

20 世纪末，四湖流域遭受 1991 年和 1996 年两次大的内涝灾害，尤其 1996 年的内涝灾害，是自 1954 年以来最严重的一次。灾后反思，除排涝标准没有达到 10 年一遇外，工程不配套、机电设备老化、渠道淤积以及管理不善等也是重要的原因。因此，各地把配套挖潜、更新改造作为提高排涝标准的主攻方向，集中力量抓工程配套，对现有泵站进行更新改造，疏浚排水渠道，充分发挥泵站的排水作用。同时，根据中央"把水利工作的重点转移到管理上来"的指示精神，对各类工程设施进行达标整治，强化工程管理和经营管理，提高管理水平。

自1996年开始，为解决排涝泵站设备老化和建筑物失修的问题，国家先后启动实施《中部四省（湖南、湖北、安徽、江西）大型排涝泵站更新改造规划》，四湖流域内18座大型泵站分四批全线进行更新改造，站容站貌焕然一新，排涝能力也大为提高。这一阶段续建配套工程还有福田寺闸除险加固、习家口节制闸重建、彭家河滩闸除险整治；总干渠、东干渠、西干渠、田关河、排涝河、螺山渠六大干渠及蚌湖渠等渠道扩挖疏浚；长湖、洪湖围堤加固；兴建荆州城区柳门泵站、雷家垱泵站等城市防洪排涝工程；兴建大型灌区、水利血防灭螺工程和农村安全饮水工程；兴建引江济汉工程。同时进行排渍工程建设，加强渠闸工程配套，降低地下水水位，改造冷浸田，促进农业产品结构的改善，取得较好的经济效益。

自20世纪90年代开始，四湖流域水污染日趋严重，受到社会关注。由于城镇人口和工厂企业的不断增加，大部分未经处理的工业污水和城乡居民生活污水直接排入渠道和湖泊，农药、化肥的大量使用（2005年资料显示，四湖地区每亩化肥用量为46.9千克，农药用量为3.2千克），使湖渠水体受到严重污染。水污染经历从城市向农村延伸，从上游向下游延伸，从干支渠向湖泊延伸，从地表向地下渗透的过程。特别是长湖、洪湖大量围网养殖、网箱养殖的副产物，使湖泊水体受到严重污染。密布的网箱严重阻碍水体的自由流动，也影响水体的自净自洁能力，水生浮游生物和底栖生物大批死亡，生物多样性严重丧失。由于网箱密布，竹竿林立，改变湖泊形态，导致候鸟减少。湖区生态环境急剧恶化。

20世纪80年代以来，在湖内浅水区开挖精养鱼池，化大水面为小水面，使部分湖泊成为鱼池，逐渐失去湖泊湖盆形态和湖泊对降水的调蓄功能。1996年四湖流域遭受严重的内涝灾害，灾后反思，认为湖泊调蓄面积减少是其重要原因。湖区围垦作为发展的措施应当结束，过多的围湖削弱了灌溉抗旱能力，减少了自然养殖水面，减少了航运调剂水源，特别是降低了调蓄能力，使降雨径流与河道排水能力失去平衡，导致一遇大雨就大面积受灾。单纯增加装机电排，不可能解决涝灾问题。因此，要求退田还湖，退渔（池）还湖。

2005年，为改善洪湖生态环境，湖北省委、省政府在洪湖市召开加强生态建设现场会，决定以拆除围网为突破口，对洪湖湿地进行抢救性保护。随后，长湖亦开始拆除围网。与此同时，各地加强对城乡污水处理工程的建设，排入渠道、湖泊的污水逐步减少。随着引江济汉工程的建成，适时引进长江水对四湖主要湖泊、渠道进行生态补水，收到了显著的效果。

2012年10月1日起《湖北省湖泊保护条例》正式施行，结束了湖泊保护无法可依的被动局面。湖北省政府《关于加强湖泊保护与管理的实施意见》首次明确水利部门牵头负责湖泊保护工作，湖泊保护与管理进入新的历史阶段。

经过60多年的艰苦努力，四湖流域建成了比较完整的防洪、排涝、灌溉三大工程体系；在治理四湖流域的过程中，开垦湖荒225万亩，创建农场15个；同时，兴建比较完善的水上运输体系，以及水利结合灭螺和城乡安全饮水工程。四湖流域水利工程为区域经济社会发展发挥了举足轻重的作用，取得了巨大的成就。

（1）整修加固荆江大堤182.35千米、监利洪湖长江干堤230.0千米、汉江干堤50.31千米、东荆河堤159.65千米，同时还在流域内建成长江流域蓄水量最大的洪湖分蓄洪区工程，建成沿江的防洪系统，结束了江河洪水肆虐的历史。

（2）建成以总干渠、东干渠、西干渠、田关河、排涝河、螺山渠六大干渠为骨干和一大批深沟大渠相配套的排水渠系，建成新滩口排水闸、新堤大闸、田关排水闸、杨林山深水闸4座沿江河外排涵闸，形成新的排水系统，结束江湖串通、有雨就涝、无雨即旱的历史。

（3）建成以观音寺、颜家台、万城、一弓堤、西门渊、何王庙、兴隆、赵家堤、谢家湾、白庙等沿江灌溉引水涵闸，辅之以灌溉渠道和节制配套工程，组成新的灌溉系统，通过自流和提灌，可基本满足流域内农田灌溉和人畜饮用水的需要。

（4）建成以新滩口、高潭口、田关、螺山等18座一级泵站的电力泵站外排系统，大大地提高了涝水的提排能力，使四湖流域基本达到10年一遇的排涝标准，为确保农业丰产丰收奠定了雄厚的基础。

（5）在修建漳河水库的带动下，四湖流域上游丘陵高岗地区修建一批大、中、小型水库，配合塘堰的修整和电力提水站的建设，形成以漳河水库为后盾，中、小型水库为基础，大、中、小型水库相结合，蓄、引、提并举的灌溉体系，基本解决了丘岗地区农田灌溉和人畜饮水的需要，结束了四湖上区"苦旱"的历史。

（6）对长湖、洪湖进行重点整治，加固湖堤，固定湖面，留湖调蓄，确定调蓄面积和备蓄区，连同其他湖泊，一次可调蓄水量约14亿立方米。

（7）通过四湖总干渠的开挖，改善内垸排水条件，内垸湖泊积水得以排出长江，水落地现，四湖流域1500平方千米的湖泊沼泽被开垦成农田。1956—1963年，四湖流域内共创办国营机械化农场15个，开垦耕地71.51万亩，另有近90万亩耕地被乡村集体开垦，四湖流域共开垦湖荒耕地约160万亩，缓解人口增长对土地需求的压力，促进国民经济的发展。

（8）生态环境持续改善。针对四湖流域渠湖水体污染严重，主要湖泊自然资源受到破坏的情况，采取一系列措施对生态环境进行治理与保护。通过立法保护和实行严格的环保问责制度，树立"绿色决定生死""绿水青山就是金山银山"的理念，由单纯治水向综合治湖转变，从开发利用湖泊向保护湖泊转变，这是四湖流域湖泊变迁的一个重要转折点——以向湖泊索取生活物资为主到开始重视恢复湖泊的生态功能转变；拆除围网养殖；加强湿地的保护、退田还湖、退渔还湖、固定湖面；利用引江济汉工程、沮漳河橡胶坝以及沿江引水涵闸适时进行生态补水。通过以上措施，入渠入湖主要污染物排放量明显下降，主要河渠和长湖、洪湖的水质明显好转，已列入湖北省政府湖泊保护名录的湖泊面积未萎缩、形态稳定。

（9）水利工程建设始终坚持结合血防灭螺，有效地控制血吸虫病的蔓延，改变四湖流域"虫窝子"的旧貌，结束"万户萧疏鬼唱歌"的悲惨局面。

（10）建成新滩口、小港、福田、习家口、宦子口、鲁店、螺山、新城等船闸，利用流域的主要湖泊和六大骨干渠道，建成沟通上、中、下区，连接江汉的水运航线，通航能力可达300吨级。

随着四湖新水系的建成，全流域的抗灾能力不断增强。先后抗御1959—1961年连续3年干旱、1972年、1978年、1988年、2011年大旱和1980年、1983年、1991年、1996年、2016年的严重内涝，把灾害的损失减少到最低程度，促进工农业生产的发展。1949年四湖流域粮食单产亩均91千克，总产量7.5亿千克，2005年粮食单产亩均464千克，总产量25.69亿千克。1949年棉花单产亩均13千克，总产量14.7万担，2005年单产亩均85千克，总产量194万担。1955年油料总产量36万担，2005年总产量862万担。1955年水产品总产量1.2万吨，2005年总产量64.8万吨。据2015年统计，四湖流域粮食产量294.5万吨，占湖北省总产量的15.8%；棉花产量7万吨，占湖北省总产量的24.9%；油料总产量65万吨，占湖北省总产量的18.8%；水产品总产量106万吨，占湖北省总产量的23.2%。四湖流域成为名副其实的鱼米之乡和"国家粮仓"。

经过几十年的治理，四湖水利人积累了宝贵的经验和教训。四湖水系的治理，从一开始就强调四湖流域是一个整体，必须统一规划，统一治理，统一管理，统一调度。打破地域界限，废堤并垸，分区布网，形成新的排灌水系，这是治理四湖水系的指导思想；以排为主，等高截流，内排外引，分层排蓄，河湖分家，排灌分家，留湖调蓄，这是治理四湖水系的基本方针；统一管理，统一调度，分层控制，分散调蓄，风险共担，这是四湖工程运用的基本原则。

做好预案，严格控制主要干渠、湖泊的起调水位，抓好预排，先排田，排田与排湖结合；算好水账，当自排闸向外江自排流量小于电排站流量50%左右时，应关闭自排闸，开启电排站抢排；处理好一级站和二级站的关系；汛期坚持少引（外江水）多排，以排为主，抗旱不忘排涝，主要干渠实行"半肚子"政策等，这些都是四湖抗灾斗争中运用的成功经验。

四湖的治理过程中存在三个问题：①外滩民垸没有纳入统一的治理规划。外滩民垸虽属四湖流域的范围，但建设始终没有纳入统一治理规划，一直由属地管理。至2015年，防洪、排涝、灌溉标准偏低，水利建设相对滞后。②过度围湖造田，湖泊面积大量减少，这是四湖流域治理过程中的一大失误。湖泊面积大量减少的直接后果是调蓄容积直接减少，内涝灾害加重，而且生态环境受到严重影响。③中区原有的大小湖泊全部垦为农田，没有留湖调蓄，兴建大量的二级泵站向干渠抢排，迫使干渠水位迅速抬高，原本可自排的农田需要提排。

五

经过几十年的治理，四湖流域已结束江湖串通、三年两水的苦难历史，旧貌换新颜。四湖流域的排灌水系格局虽已形成，但排涝标准尚未全部达到10年一遇，原来治理规划中所提出的任务并未完全实施，且又出现新的矛盾和问题。四湖流域的水土资源并未得到充分利用，开发还有很大的潜力，需要继续治理。随着三峡工程建成运用和南水北调工程的实施，四湖流域用水格局发生变化。由于荆江河床不断刷深，同流量下水位降低，每年的秋末到来年的春季水位降低明显，四湖流域用水受到影响，这个大的趋势是不可逆转的。必须重新认识这个问题，及早采取措施适应这种变化；加强对水资源的保护，恢复湖泊的生态功能，仍是一项十分紧迫而又艰巨的任务；仍需加强对血吸虫病的防治工作；加强管理，主要是解决统一管理问题。

四湖流域已进入一个新的历史发展时期。四湖的治理应为今后提供可持续发展的自然资源与生态环境，使人与自然保持和谐关系和良性循环，以致把四湖流域建成为水旱无忧、碧水长流、人水和谐的美好家园！

第一章 自 然 环 境

四湖流域即长江中游一级支流内荆河流域。内荆河是以发源于荆门市城区牌凹山白果树沟的拾桥河为主源,于长湖汇集其他支流后,自长湖习家口经内荆河主流,汇集沿途众多湖泊和庞杂的港汊支流后,曲流达新滩口注入长江,构成完整的内河水系。1956年起,先后对汇入长湖的扇形支流和长湖以下的内荆河干流进行裁弯取直、疏浚和重新开挖,以大型人工渠道取代原内荆河弯曲的河道。因人工渠连接长湖、三湖、白鹭湖、洪湖等四个大型湖泊,称四湖总干渠,故有"四湖流域"之称。

四湖流域在地质构造上属中国第二沉降带的江汉凹陷区。在55万~4万年前,古荆江始经陈二口附近向东流入江汉盆地,形成以今七星台为顶点的砾石扇形三角洲,堆积厚度40~50米。在距今12000~5000年前的中全新世早期,世界气候变暖,冰雪融化,加上降水丰沛,使得海面上升,长江的侵蚀基面抬高,河床坡降变缓,从而造成长江的河源堆积。于是由上游带来的大量泥沙在中、下游沉积并导致长江水位的上升。此时地处长江的江汉盆地因积水而形成云梦泽。随着云梦泽的形成,荆江和汉江三角洲便开始发育,因而在四湖流域堆积巨厚的河积和湖积堆积物,在堆积物面之上,形成众多的分流河道及湖泊。

四湖流域由古云梦泽演变而成,孕育出优越的自然环境。有山丘,有平原,土地肥沃、气候温和、雨量充沛,长江、汉水三面环绕,过境客水多;境内河流纵横交错,湖泊塘堰星罗棋布。江河环绕既增加防洪排涝的工作量,也提供丰富的水资源,为区域经济发展和人民生活创造出优越的物质条件。自古以来,四湖流域物产丰富,经济发达,素有"鱼米之乡"的美称,是湖北省重要的农业商品生产基地之一。

第一节 地 理 概 况

一、地理位置

四湖流域位于江汉平原腹地,地处长江、汉水之间。流域区间从荆门市的车桥向南经荆州区的川店、枣林岗,沿沮漳河至临江寺,顺长江左岸至洪湖市的胡家湾,向西北沿东荆河至泽口,溯汉江至沙洋,经烟墩、团林至车桥。流域周围长度为765千米,流域平均宽度为29.81千米。全流域总面积为11547.5平方千米,其中内垸面积(受荆江大堤、长江干堤、汉江干堤、东荆河堤保护,沙洋—车桥—枣林岗为丘陵岗地)10375.0平方千米、外滩面积(包括围垸和河滩地)1172.5平方千米。流域区间介于东经112°00′~114°00′、北纬29°21′~30°00′。

四湖流域按照地势及水系情况,划分为上、中、下三区。

上区:长湖、田关河以上地区称为上区,自然面积3240平方千米,其中丘陵山区面积2360平方千米,占上区面积的72.8%。上区又分为长湖及田北两片,长湖片面积为2265.5平方千米,田北片面积为974.5平方千米。

中区:长湖、田关河以下,洪湖、下新河、排涝河以上地区称为中区,自然面积5980平方千米,全是平原。其中,螺山排水区935平方千米,高潭口排水区1056平方千米,福田寺排水区3446.05平方千米,洪湖及周围排水区542.95平方千米。

下区:洪湖、下新河、排涝河以下地区称为下区,自然面积1155平方千米。

二、地形地貌

四湖流域受长江、汉江挟带泥沙淤积的影响，低洼地区地势相对平坦，河湖密布，垸田广布，是江汉平原有名的"水袋子"。构造格局呈西北—东南向，区内地势西北高而东南低，周边高而中间低，总干渠纵贯中间低洼地带。南北为呈带状的沿江（河）高亢平原，沿江（河）高地之间为一巨大的河间槽形洼地。

四湖流域长湖以上属丘陵岗地，属荆山山脉，河源最高山峰海拔 529.22 米 [5 万分之一地形图，高程为 527.50 米（1985 国家高程基准）]，上游丘陵地带止于长湖最高山峰，海拔 278.7 米。地面高程最高 116.20 米，大部分 40 米左右，自然坡降 1/500～1/1000。长湖以下属平原地区，地貌形态主要表现为冲积平原、冲湖积平原、剥蚀残丘及人工地貌景观，螺山和杨林山海拔最高，螺山海拔 60.48 米，杨林山海拔 78.80 米，流域的最东端沙套湖只有 18.00 米。一般地面高程为 25.00～38.00 米，自然坡降 1/10000～1/25000。流域中下游，三面临江，由于历史上的穴口分流与江堤溃决，江水挟带的泥沙大都淤积于沿堤一带，形成横向纵坡，靠长江一侧为 1/5000～1/10000，靠东荆河一侧为 1/6000～1/12500。流域内丘陵地区占境内总面积的 22.7%，平原面积占 62.8%，洼地面积占 7.2%，湖泊面积占 7.3%。每逢汛期，江水上涨，垸内绝大部分农田处于外江水面以下，低于江水 4～6 米。详见表 1-1。

表 1-1　　　　　　　　　　　　四湖流域（内垸）地形分类表

地形分类	面积/km²	百分比/%
丘陵	2360	22.7
平原	6518	62.8
洼地	742	7.2
湖泊	755	7.3
合计	10375	100

四湖流域西南面是著名的荆江大堤与荆江摆动性河段，由于荆江河段主流的摆动，在荆江大堤及监利洪湖长江干堤以外，形成连片的洲滩民垸；汉江及东荆河环绕四湖流域北部，在汉江干堤和东荆河堤防之外，也有大片洲滩民垸。四湖流域洲滩民垸围垸面积为 1172.5 平方千米，其中长江水系洲滩民垸面积 1053.8 平方千米，汉江水系洲滩围垸面积 118.7 平方千米。地面高程 44.00～29.00 米。各民垸独立自成水系，暴雨渍水能直接排入或提排入长江。

三、地质

江汉平原的腹心之地四湖流域位于秦岭至大别山以南，属海西褶皱带，地壳蓄层主要是海相石灰岩，夹杂一些砂、页岩系。距今 1 亿年前的中生代燕山运动造成相对低下的江汉凹陷，从四周隆起的山岭上冲刷下来的碎屑不断向凹陷区堆积。到距今 6000 万年的第三纪初，其外围地壳再度凹陷，致使内陆湖盆有很大发展。到第四纪初，鄂西区急剧上升，凸起的部分形成山丘，而当时江汉凹陷区的内陆水系活跃，河流侵蚀作用强，挟带大量的沉积物沉入凹陷。到第四纪更新世初，四湖流域下沉特别强烈。全新世以后，由于气候湿暖，降水丰沛，湖泊河床发生强烈淤积，逐渐形成江汉内陆三角洲，湖面不断缩小。在江汉内陆三角洲发育过程中，随着长江、汉水及其支流的不断发育，冲积土不断增长，土质大多为砂壤质和粉砂质，河流自然运动，使两岸滩地不断堆高，形成三角洲上的河涧洼地，演变为一系列的大小湖泊。由于造陆运动经历几度凹陷、淤积、上升、切割等过程，平原湖区的地质条件与长江、汉水的河道地质条件息息相关，一般是下层为砂卵石层，厚达数十米，透水性强；次为中细沙层，厚十数米；地表黏土层较薄。

四湖流域广泛沉积第四纪全新统的松散堆积物，边缘地带除螺山、杨林山及白螺矶等剥蚀残丘上有远古界震旦系及第四系上更新统零星出露外，其余均为第四系全新统地层。地表土壤结构大体是：

丘陵区以白垩土为主，土质疏松肥沃；平原湖区大部分为冲积土壤、沙黏相间，以粉砂质壤土为主，土壤疏松肥沃；山丘之间的过渡带，大部分为马肝土，土质黏重紧密；滨湖洼地，多为湖泥土，土质黏重，含水量大。

四湖流域地质几经凹陷、淤积、上升、切割等过程，加之长江、汉水两大古水系不断把大量的有机物质输入湖盆，而湖内气候干燥，水分蒸发快，致使含盐度逐渐提高，这为盐岩产生创造了有利条件。又由于有机质丰度较高，生油岩与膏盐共生，形成了盐岩、泥质岩组成的韵律层；由北而来的三角洲石岩体直接楔入蚌湖生油洼子的盐韵律层之间，构成独特的生（油）、储（油）、盖（层）组合。巨厚的暗色泥岩是良好的油层，砂岩是储油层，盐岩则是良好的盖层。因此，四湖流域潜江、江陵等地蕴藏着大量的石油、天然气、盐等地下宝藏。

四湖流域属江汉断陷盆地。根据中国地震动参数区划图，四湖流域地震基本烈度为Ⅵ度。

第二节　水　资　源

一、地表水

四湖流域地表水资源丰富，特别是在5—9月汛期地表径流量最大。据统计，上区多年平均年降水量为1032毫米，径流深为415.1毫米，地表水资源量为13.45亿立方米；中下区全是平原地区，多年平均年降水量为1230.7毫米，径流深为418.7毫米，地表水资源量为34.78亿立方米。根据多年平均年降水量、径流量计算，四湖流域年径流系数为0.37，即降水量平均有37%形成径流。

二、过境客水

四湖流域位于长江以北，汉水及其支流东荆河以南，过境客水十分丰富。长江以沙市站为代表，多年平均流量为12400立方米每秒，径流总量为3910亿立方米；汉江以沙洋新城站为代表，多年平均流量为1600立方米每秒，径流总量为505亿立方米，过境客水总量为4415亿立方米。代表站多年平均流量及径流量见表1-2。

表 1-2　　　　　　　　　　　过 境 水 资 源 统 计 表

站名	江河名	多年平均流量/(m³/s)	多年平均径流量/亿 m³
沙市	长江	12400	3910
沙洋	汉江	1600	505
总量			4415

三、地下水

四湖流域地下水极为丰沛。根据地下水的埋藏条件及含水层特征，四湖流域地下水资源主要为第四系松散岩类孔隙水，划分为孔隙潜水和孔隙承压水。中松散岩类孔隙潜水含水层厚3～10米，水位埋深0.5～5米，松散岩类孔隙承压水分布于平原区、伏于全新统（Q_4）孔隙含水层之下。江陵、潜江、监利一带含水层厚50～90米；沙洋一带厚30～50米。水位埋深0～7米，钻孔单位涌水量10～20吨/日。地下水资源总量约为14.2亿立方米。

四、水质

根据水质监测结果，流域内主要水体污染严重，洪湖、长湖、总干渠、西干渠、豉湖渠均受到污染。

洪湖水体质量综合评价为Ⅳ类，总体上已呈中营养型和富营养型。据统计资料，20世纪70年代，洪湖水质类别一直为Ⅱ类。由于接纳上游工业及生活污水和沿岸化肥农药污染，水质呈逐年下降趋势。其中，氨氮浓度由1984年的0.159毫克每升，上升到1991年的0.205毫克每升，pH值也由7.5上升为8.69。

2012年，洪湖全年期水质评价为Ⅳ类，超标项目为总磷。

长湖湖心、习家口水质类别为Ⅳ类，蛟尾、毛李水质类别为Ⅳ类，关沮、后港水质类别为Ⅴ类，主要超标项目为高锰酸盐指数。长湖后港处水体质量较差，其原因主要是受广坪河来水以及毛李镇、后港镇排污影响。长湖水体总体为中营养型，但后港、关沮口处湖区为富营养型。

东干渠渠首、渠中水质为Ⅳ类，渠尾水质为Ⅴ类，超标项目为总磷。

西干渠渠首水质为劣Ⅴ类，超标项目为高锰酸盐指数、氨氮、BOD_5、砷、总磷等；渠中、渠尾水质为Ⅳ类，超标项目为高锰酸盐指数、BOD_5。

玘湖渠中上段水质为劣Ⅴ类，超标项目为高锰酸盐指数、氨氮、BOD_5、挥发酚等，下段水质为Ⅴ类，超标项目为氨氮。

总干渠水体污染严重，水质从习家口至玘湖渠出口何桥水质为Ⅳ类；何桥至西干渠出口汤河口水质为Ⅴ类；汤河口至福田寺水质为Ⅳ类；受沿岸城镇排污影响，洪湖宦子口至小港闸水质为Ⅳ类；小港至新滩口闸水质为Ⅳ类。

五、水资源利用

四湖流域现有沿江、河（长江、沮漳河、汉江、东荆河）引水涵闸50处，可引流量710.54立方米每秒；内垸沿湖引水涵闸26处，可引流量235.5立方米每秒；沿江、河机电灌溉站9处，装机13台，容量21457千瓦，可提流量242.6立方米每秒；沿湖电灌站110处，装机174台，容量22071千瓦，可提流量45.9立方米每秒；机井102眼，可供水量517万立方米。上述水利工程，在频率75%的干旱年，可供净水量41亿立方米，其中监利10.64亿立方米，江陵9.66亿立方米（含荆州、沙市两区），潜江8.15亿立方米，荆门4.2亿立方米，洪湖7.25亿立方米，石首1.1亿立方米，江河客水还大有潜力。

第三节　气　候

一、气象要素

四湖流域气象台站分布在流域内上、中、下各个地区，包括荆州、荆门、监利、洪湖和潜江等气象站，主要观测的气象要素包括气压、气温、降水、湿度、风向风速、地温、蒸发、日照等。

根据气象资料统计，四湖流域多年平均年降水量为972.2～1352.7毫米，汛期5—9月降水量占全年降水量的70%左右，6月、7月是四湖流域降水量最多的月份。从地区分布来看，年降水从北到南、从上区到下区呈递增趋势，单站实测年最大降水量2309.4毫米（洪湖站，1954年）。多年平均气温为16℃左右，高温期一般为5—9月。年无霜期为255～261天。年蒸发量为1246～1724毫米。各气象站气象特性统计见表1-3。

表1-3　　　　　　　　　　　各气象站气象特性统计表

气象要素	单位	荆州	监利	洪湖	潜江	荆门
多年平均年降水量	mm	1079.7	1231.2	1352.7	1135.9	972.2
多年平均气温	℃	16.2	16.3	16.7	16.1	15.9
极端最高气温	℃	38.6	38.3	39.6	37.9	39.8
相应日期			1978年8月2日	1971年7月21日	1961年7月19日	1961年6月22日

续表

气象要素	单位	荆州	监利	洪湖	潜江	荆门
极端最低气温	℃	−14.9	−15.1	−13.2	−16.5	−14
相应日期		1977年1月30日	1977年1月30日	1977年1月30日	1977年1月30日	1977年1月30日
多年平均蒸发量	mm	1285.8	1277.6	1326.9	1246.4	1723.9
多年平均风速	m/s	2.3	2.5	2.7	2.4	3.3
历年最大风速	m/s	16.3	16	20	15.7	20.7
相应日期		1973年4月10日	1981年5月2日	1972年8月18日	1983年5月14日	1976年4月22日
多年平均日照时数	h	1845.7	1944.7	1941.5	1880.3	1931.3
多年平均相对湿度	%	80	82	81	81	74
多年平均无霜期	d	255	254	265	252	261

二、气候特征

四湖流域地处江汉平原腹地，属亚热带季风气候区，具有四季分明、雨量充沛、雨热同季、气候温和、光照充足、无霜期长等特征，适宜粮、棉、油等作物生长，具备优越的农业发展气候条件。

（一）季节特征

四湖流域地处中纬度地区，太阳辐射季节差异较大，四季分明。按气候季节划分标准，5天连续日平均气温稳定低于10℃为冬季，高于22℃为夏季，10～22℃为春秋季。四湖流域多年平均入春日期是3月21日，入夏日期是5月25日，入秋日期是9月24日，入冬日期是11月26日。

春季3—5月是由冬入夏的过渡季节，冷空气强度逐渐减弱北退。低纬度的暖湿空气随之北进。地面和空气层的湿度逐渐回升。由于中高纬度地区的蒙古高压、阿留申低压，副热带地区的北太平洋高压以及印度低压4个东亚大气活动中心都参与该地区的大气环流活动，四湖流域受冷暖空气的变更控制影响，气温时升时降，乍暖乍寒，天气复杂多变。晴、阴、雨不定，境内降水概率逐步增大。强降水、雷雨大风、冰雹龙卷风、寒潮大风以及低温气象灾害性天气也时有发生，长江还会出现春汛（桃花汛）。

夏季6—8月是大陆热源和海洋冷源作用达到最强的时间，进入初夏，印度洋低压发展，西太平洋副热带高压加强北进，四湖流域盛行夏季风，6月中旬至7月上中旬，夏季风通常活跃于长江中下游，冷暖气流常交锋于四湖流域区域上空，形成雨带。此时正值"梅子"成熟季节，故称为"梅雨"。四湖流域梅雨期气候具有高温、高湿和降水多的特点，其中暴雨、大暴雨，连续性暴雨是梅雨的重要组成部分，梅雨期的异常多雨会导致洪涝灾害的发生。随着夏季风向北推移，"梅雨"结束，而后在西太平洋副热带高压控制下，四湖流域进入盛夏（7月下旬至8月下旬），光照强烈，天气炎热，雨量锐减，蒸发强盛，易发生干旱，如遇异常年景，会发生严重伏旱。有时，也因台风低气压的影响，局部出现短时大暴雨，有时也会出现持续的强降雨从而造成洪涝灾害。

秋季9—11月是夏季风向冬季风转变的过渡季节，冷空气开始活跃，暖空气逐渐减弱，境内天气变得秋高气爽，风和日丽，气候宜人。此时若冷暖空气相遇，会产生降水，有时还会造成低温阴雨灾害性天气，对晚稻、棉花等作物影响较大，但若遇少雨也会影响秋播的进行，异常年份也有寒潮早下，"秋分"前后有秋寒发生。

冬季12月至次年2月多受北方冷空气影响，盛行偏北风，是全年气温最低季节。此时气温低、降雨少，若遇强冷空气南下，气温骤降，北风呼啸，产生明显的雨雪天气。寒潮、大风、冰冻和暴雪是冬季主要的气象灾害。21世纪以来，因全球气候变暖，四湖流域时有暖冬出现。

（二）降水

四湖流域多年平均年降水量为1154.34毫米。降水量区域分布是"南大北小，东大西小，由东南向西北递减"。多年平均年降水量最多的地区是洪湖,为1352.7毫米;最少的地区是荆门,为972.2毫米。四湖流域最大年降水量为1954年,最大值为洪湖站的2309毫米,平均值为1905毫米;最小年降水量为1966年,最小值为荆门站的664毫米,平均值为847毫米。各站年降水量的最大值与最小值之比为:江陵2.10、监利2.92、洪湖3.05、潜江2.90、荆门2.17。各站最大、最小降水量对正常年降水量的平均比:江陵42.3和30.9,监利87和36.5,洪湖74.3和42.9,潜江86和35.8。

四湖流域历年降水量见表1-4。

表1-4 四湖流域历年降水量表 单位:mm

年 份	江陵（荆州区）	监利	洪湖	潜江	荆门
1948	—	1788.0	2218.0	—	—
1949	—	2020.0	1702.0	—	—
1950	1395.0	1222.0	1274.0	—	—
1951	967.0	1086.0	1174.0	—	—
1952	1079.0	1194.0	1211.0	956.0	907.5
1953	1060.0	1481.0	1512.0	1134.0	666.0
1954	1854.0	2302.0	2309.0	2070.0	1228.0
1955	1057.0	955.0	1228.0	1040.0	1051.0
1956	1019.0	855.0	1069.0	1080.0	1120.0
1957	1095.0	1134.0	1234.0	959.0	779.0
1958	1327.0	1676.0	1399.0	1425.0	1132.0
1959	1274.0	1295.0	1250.0	1263.0	871.0
1960	1122.0	1147.0	1125.0	983.0	956.0
1961	901.0	1118.0	1302.0	959.0	915.0
1962	1005.0	1251.0	1195.0	1296.0	1103.0
1963	814.0	876.0	943.0	805.0	1070.0
1964	1524.0	1470.0	1455.0	1445.0	1293.0
1965	1115.0	1344.0	1379.0	982.0	1087.0
1966	700.0	973.0	1086.0	714.0	664.0
1967	1242.0	1451.0	1513.0	1268.0	1133.0
1968	973.0	789.0	756.0	1125.0	1058.0
1969	1209.0	1393.0	1694.0	1338.0	1117.0
1970	1197.0	1357.0	1750.0	1299.0	976.0
1971	817.0	929.0	792.0	1049.0	1036.0
1972	1031.0	1075.0	1103.0	1225.0	665.0
1973	1429.0	1480.0	1222.0	1628.0	1438.0
1974	799.0	989.0	954.0	1085.0	818.0
1975	1223.9	1441.4	15.0.5	1149.6	1008.2
1976	858.2	876.3	1019.0	865.7	652.4
1977	1023.0	1418.9	1637.2	1097.7	801.9
1978	771.7	908.5	1089.5	942.5	726.6
1979	1255.8	1223.0	1310.8	1166.4	902.1
1980	1541.3	1646.3	1583.8	1730.9	1504.9

续表

年　份	江陵 （荆州区）	监利	洪湖	潜江	荆门
1981	932.2	1127.0	1567.0	953.0	679.0
1982	1326.8	1212.0	1302.0	1369.0	851.0
1983	1479.3	1596.0	1762.0	1557.0	1348.8
1984	770.7	1130.0	1001.0	754.7	771.3
1985	901.0	1116.0	1199.0	1031.3	941.5
1986	805.0	1175.0	1221.0	1217.4	717.6
1987	1305.0	1516.0	1595.0	1245.6	1231.1
1988	1015.0	1199.0	1488.0	1057.3	659.8
1989	1395.0	1507.0	1666.0	1520.9	1169.7
1990	1160.0	1417.0	1357.0	1182.3	945.7
1991	1108.0	1431.0	1675.0	1435.3	890.7
1992	901.0	1043.0	964.0	1158.5	906.4
1993	888.0	1059.0	1024.0	1301.7	1063.7
1994	808.0	978.0	1133.0	1012.0	1086.8
1995	924.5	1223.5	1524.1	1053.6	756.0
1996	1383.3	1733.9	2004.8	1417.3	1255.6
1997	850.0	1139.6	1271.9	949.2	867.9
1998	1184.8	1628.4	1678.2	1489.5	1021.1
1999	1212.3	1555.9	1614.3	1165.5	868.0
2000	1134.8	1207.1	1129.3	1417.8	942.6
2001	893.2	1136.8	1103.1	903.3	708.3
2002	1500.4	1819.4	1897.3	1330.3	1257.1
2003	1077.4	1330.6	1314.9	1095.4	915.5
2004	1048.7	1390.7	1582.8	1622.6	942.9
2005	866.2	1080.2	1171.1	1011.1	741.9
2006	1099.2	1140.5	1146.8	964.6	922.4
2007	958.5	1064.2	1178.0	784.4	1357.4
2008	979.2	1227.0	1306.9	1212.8	994.9
2009	984.8	1233.8	1282.2	1163.0	834.2
2010	1129.7	1387.4	1953.9	1309.8	925.0
2011	853.6	965.0	1038.7	1180.5	696.9
2012	1045.1	1320.3	1411.2	1251.3	722.4
2013	1074.4	1247.3	1093.3	1323.5	984.6
2014	998.5	1186.0	1373.2	937.4	630.8
2015	1278.7	1472.4	1657.5	1498.2	1005.6

注　1. 1948—1974 年各年降水量摘自《荆州地区防汛水情手册》。

　　2. 1975—1984 年各年降水量摘自《四湖工程建设基本资料汇编》。

　　3. 1985—2015 年各年降水量来自荆州市气象局。

　　4. 江陵（荆州区）：1994 年前为江陵站，1995 年后为荆州区站。

四湖流域降水量丰沛，但年内分配不均。1980 年（汛期）7 月 15 日起至 8 月 31 日止，长达 1 个半月，连续发生 5 次比较集中的降水，间隔 8～12 天。全流域平均降水量为 539.17 毫米，占当年全年平均总降水量的 34%，详见表 1-5。

表 1-5   特殊时段降水量与径流总量统计表（1980 年汛期）

区别	累计面雨量/mm	径流系数	面积/km²	径流量/亿 m³
上区	578.00	0.55	3240.00	10.30
中区	553.50	0.69	5980.00	27.21
下区	486.00	0.66	1155.00	3.70
合计			10375.00	41.21

根据多年气象观测资料统计，四湖流域强降水过程多出现在 5—8 月间，而这期间出现的"梅雨"是夏季降水的一种主要形式，也是四湖流域的一种独特的气象特征。梅雨是由热带气团与极地气团交汇所形成的极锋（梅雨锋），长期徘徊于长江中下游一带所形成的降水带。降水带滞留及来回摆动时间长短会影响梅雨期长短。四湖流域最早入梅期为 6 月 1 日（1971 年），最迟入梅期为 6 月 28 日（1957 年），多年平均入梅期为 6 月 15 日；空梅率为 6%。最早出梅期为 6 月 15 日（1961 年），最迟出梅期为 8 月上旬（1954 年），多年平均出梅期为 7 月 9 日。1998 年出现二度梅的现象。多年平均梅雨量为 279 毫米。洪湖站为平均梅雨量的高值区，为 303 毫米。1998 年梅雨期平均降水量为 670 毫米，占当年全年平均降水量 1216 毫米的 55%。由于梅雨期间降水量集中，造成长江流域全流域型的大洪水。

暴雨是造成夏季渍涝灾害的主要原因，具有明显的季节性和区域性。日雨量 50 毫米以上的暴雨，平均最早出现的时间为 3 月 25 日（最早是监利县 3 月 2 日），最迟出现时间为 4 月 30 日，平均雨量 60 毫米；平均最迟结束时间为 10 月 12 日，平均暴雨量 65 毫米。日雨量 100 毫米以上的大暴雨，平均出现的时间为 5 月 19 日，平均暴雨量为 134 毫米；平均结束时间为 9 月 4 日，平均暴雨量为 120 毫米。1 日最大雨量高值区在监利，低值区在荆州区；3 日最大雨量高值区在洪湖，低值区在潜江；7 日最大雨量高值区在洪湖，低值区在潜江；15 日最大雨量高值区在洪湖，低值区在江陵（荆州区）；30 日最大雨量高值区在洪湖，低值区在江陵（荆州区）。四湖流域不同时段最大雨量见表 1-6。

表 1-6   四湖流域不同时段最大雨量表   单位：mm

站 名	1 日	3 日	7 日	15 日	30 日
荆州	174.3	217.8	263.7	349.6	537.3
监利	233.7	265.5	340.3	412.0	575.9
洪湖	209.2	338.8	486.8	(620.4)	(830.9)
潜江	180.7	181.5	207.2	388.8	585.6

注 括号内数据为坪坊站资料。

（三）日照

四湖流域多年平均日照时数为 1908.7 小时，其中最多日照时数为 1944.7 小时，出现在监利县；最少日照时数为 1845.7 小时，出现在荆州区。日照年际变化显著，夏季最长，全年最多的月份为 7 月或 8 月，平均每天日照达 6.7～8.7 小时，秋季次之，冬季最少，全年最少月份为 2 月，平均每天只有 2.8～3.1 小时。全流域日照充足，为农业生产提供光能优势。

（四）气温

四湖流域多年平均气温为 16.24℃，洪湖多年平均气温较高，为 16.7℃，荆门较低，为 15.9℃。各地出现极端最高气温为 39.8℃（1961 年 6 月 22 日），极端最低温为 -16.5℃（1977 年 1 月 30 日）。一年之内 1 月最冷，多年月平均气温为 4.3～4.7℃，平均值为 4.47℃，较前 30 年（1950—1980 年）3～4℃提高 1℃ 左右。1 月过后气温逐渐上升，到 7 月达到最高，月平均气温为 28.4℃。8 月以后气温逐渐下降，气温的年平均差为 23.8～24.8℃，东部高于西部。全年冬季冷但不严寒，夏季虽热也不少雨，气温较为适宜。

（五）无霜期

四湖流域各地无霜期多年平均为 252～261 天，最长天数为 292 天，最短天数为 226 天。无霜期长，对农作物的生长提供了有利条件。

第四节　动 植 物 资 源

四湖流域依水而生的动物资源较为丰富，为螺、蚌、鱼、虾等生长、活动、栖息与繁衍之地。此外，还有 167 种鸟类，其中黑鹳、白鹳、大天鹅、小天鹅、白琵鹭、鸳鸯等为国家重点保护的珍稀鸟类，四湖流域是长江中下游区重要的珍稀动物资源分布区。

四湖流域沼生植物繁盛，主要为芦苇、蒲草、菰，在浅水区还生长有沼泽化初期的水生植物菱角、莲藕。沼生植物在洪湖沿岸 0.3～1.5 米岸边区域菰呈带状分布，宽度 2000～4000 米，伴生种有金鱼藻、黑藻、菱、芡实、睡莲等。

流域内主要湖泊洪湖湿地是长江中下游最具代表性的湖泊之一，洪湖湿地面积大，生境丰富，景观多样，为众多的物种提供繁殖、生长的空间和食物。20 世纪 70 年代以前，洪湖湿地的水禽就有 112 种及 5 个亚种；根据洪湖 1981—1982 年考察结果与 1996—1997 年考察结果，洪湖地区鸟的种类在 15 年间共减少 2 科 37 种，平均每年至少有 2～3 种从洪湖消失。曾经占洪湖鸟类 67％ 的水禽，到 20 世纪 90 年代下降到 54％，只剩下 70 种左右。据 2015 年调查，洪湖湿地鸟类达到 133 种，其中国家一级、二级保护鸟类为 19 种，其中水鸟仅 17 种。两栖类、爬行类、兽类动物有 31 种；浮游动物有 447 种；鱼类由 20 世纪 50 年代初的 114 种至现在的 57 种；湿地植物有 472 种。

长湖湿地自然保护区有硅藻、蓝藻、绿藻、裸藻、甲藻、黄藻、金藻 7 门，平均数量在 702 个每升。水生植物有 34 科、62 属、98 种、3 变种，有 14 个丛群，其中以莲丛群的生物量覆盖度最大。主要鱼类有青鱼、草鱼、鲢鱼、鳙鱼、鲫鱼、鳊鱼等。

第二章 人 文 环 境

四湖流域地处湖北省中部，区位优势明显，物产丰富，交通发达，产业基础好，是湖北省重要的粮、棉、油和水产品，以及化工、轻纺、石油等生产基地，在湖北省乃至全国经济社会中具有重要的地位和作用。长江自西向东流经四湖流域，使之居于扼长江中上游咽喉的重要位置，又兼有航运之利。

第一节 流 域 政 区

一、地市政区

四湖流域涉及地市行政区划为荆州市和荆门市。

（一）荆州市

荆州市位于湖北省中南部、江汉平原腹地，国土面积 14092 平方千米。荆州一名，最早见于《尚书·禹贡》的"荆及衡阳唯荆州"。乃禹分天下为九州之一州，是为地理区划而不是行政区划，因境内荆山而得名，并沿用至今。春秋战国时，荆州属楚。楚文王元年（公元前 689 年），楚国迁都于郢（今纪南城），都郢 400 余年。秦统一六国后，地方政权实行郡、县制，荆州行政区划现境当时属南郡。汉朝时的荆州已发展成为当时十大商业都会之一，与长安（西安）、洛阳、建康（南京）、番禺（广州）齐名。汉武帝元封五年（公元前 106 年），设立荆州刺史部，是为行政区划之始。当时荆州辖八郡。三国时期，魏、蜀、吴三分荆州，后归吴。晋代荆州治所自永和八年（352 年）起定治江陵辖南郡之地，并一直沿袭到唐初，成为唐、宋及以后荆州行政区的大致范围，故南郡可作为荆州政区的代称。两晋南北朝以后，随着封建王朝中央集权的加强，地方政区相对缩小，名称也有差异。隋代称江陵总管，荆州大总管；唐朝先后称荆州大总管府、江陵府、荆湖北路；元朝称上路总管府、中兴路。从明朝开始到清末，形成以江陵为治所的荆州府，即省以下、县以上的行政区划。清末荆州府治江陵，辖江陵、公安、石首、监利、松滋、枝江、宜都等 7 县。民国元年（1912 年）撤销荆州府，废府存道，为省、道、县三级制，荆州所辖 7 县属荆宜道，民国三年（1914 年）改为荆南道。民国十六年（1927 年）撤销道制，改为省直接领导县。民国二十一年（1932 年），全省设行政督察区，江陵、松滋、公安、石首、监利属第七行政督察区。民国二十五年（1936 年）属第四行政督察区，均治江陵。

新中国成立后，荆州行政区划作过几次调整。1949 年 7 月，成立荆州行政区督察专员公署，治江陵县荆州镇，领江陵、公安、松滋、京山、钟祥、荆门、天门、潜江 8 县；析江陵之沙市建市，属省辖市。1951 年 5 月改为湖北省荆州专员公署，为省政府派出机构。同年 6 月，撤销沔阳专区，将其所辖沔阳、石首、监利以及新成立的洪湖县划归荆州专区。1955 年 2 月 22 日，沙市划归荆州专区，时辖 12 县 1 市。1957 年 1 月，荆州专区改为荆州地区。1960 年 11 月，设立沙洋市，以荆门县沙洋镇为其行政区域；1961 年 12 月，撤销其行政区域并入荆门县。1979 年 6 月，沙市升为省辖市，划出荆州地区。同年 11 月，设立荆门市，荆门县城关镇及附近 35 个生产队为其行政区域，属荆州地区。1983 年 8 月，撤销荆门县，其行政区域并入荆门市，荆门市升格为省辖市，划出荆州地区。此时荆州地区辖天门、京山、钟祥、潜江、江陵、公安、松滋、石首、监利、仙桃、洪湖 11 县（市）。1994 年 10 月 31 日，撤销荆州地区、沙市市和江陵县，设立荆沙市。荆沙市设荆州、沙市、江陵 3

个城市区；辖松滋、公安、监利、京山 4 县，代管石首、洪湖、钟祥 3 市。天门、仙桃、潜江 3 市划为省直管市。1996 年 12 月 19 日，荆沙市更名荆州市，并将京山县、钟祥市划入荆门市。1998 年 7 月，江陵区改制为江陵县。到 2015 年，荆州市辖荆州区、沙市区、江陵县、公安县、监利县，代管松滋市、石首市、洪湖市。

（二）荆门市

荆门市位于湖北省中部，全境以山地为主，南部接江汉平原，介孝感、宜昌、荆州、襄阳、随州 5 市之间。国土面积 12404 平方千米。夏商属荆州之域，西周分属权国、都国，春秋战国归属楚，汉置当阳县，唐立荆门县，宋建荆门军，元设荆门府，明复荆门县，清为荆门直隶州，民国降州为县，新中国成立后续为荆门县，属荆州行政督察专员公署管辖。1960 年 11 月 17 日，经国务院批准，设立沙洋市；1961 年 12 月经国务院批准撤销其行政区域并入荆门县。1979 年，分设荆门县、荆门市。1983 年，荆门县并入荆门市，升为湖北省直辖市，下设东宝区、沙洋区。1996 年，荆州市所辖京山县、钟祥市划归荆门市。1998 年，沙洋撤区设县。2001 年，划沙洋县何场乡和东宝区麻城镇、团林铺镇、白庙街道办事处，与掇刀经济技术产业开发区合并成立掇刀区。2002 年，湖北省五三农场划归荆门市，成立屈家岭管理区。2011 年 9 月，成立漳河新区，托管原东宝区漳河镇、原掇刀区双喜街道办事处。

二、县（市、区）政区

四湖流域县级行政区划 1951 年 6 月以前包括监利和江陵两县、潜江县大部分、荆门一部分、沔阳县东荆河以南的地区，嘉鱼、石首两县及湖南省岳阳县长江以北的部分地区以及沙市市。1951 年 6 月，调整行政区划，撤销沔阳专区，将沔阳县东荆河以南的地区、汉阳县西南部、监利县东部、嘉鱼县长江以北及汉阳以西的地区合并成立洪湖县，连同原来江陵、潜江、监利、荆门、沙市以及石首县长江以北的人民大垸，成为当时四湖流域的县市辖区。1994 年 12 月，撤销江陵县和沙市市，设置荆州、沙市、江陵 3 个城市区。1998 年 10 月，江陵区改为江陵县。至 2015 年，四湖流域地跨荆州、沙市两个城区和江陵、监利、洪湖、石首 4 县（市）以及沙洋县、掇刀区、潜江市共 9 个县（市、区）。共有 111 个乡（镇、办事处、农场），2237 个行政村（居委会），国土面积 11547.5 平方千米。详见表 2-1。

表 2-1　　　　　　　　　　　四湖流域各县（市、区）自然面积表

行 政 区		自然面积/km²	占总面积的比例/%	内垸面积/km²	外滩面积/km²
荆门市	沙洋县	1538.5	13.32	1538.5	0
	掇刀区	559.5	4.84	559.5	0
	合计	2098	18.16	2098.0	0
潜江市	潜江市	1475.2	12.78	1356.5	118.7
	合计	1475.2	12.78	1356.5	118.7
荆州市	荆州区	730.0	6.32	699.5	30.5
	沙市区	433.1	3.75	428.5	4.6
	荆州开发区	64.2	0.56	58.0	6.2
	江陵县	1032.0	8.94	978.5	53.5
	石首市	376.0	3.26	0	376.0
	监利县	3027.0	26.21	2500.0	527.0
	洪湖市	2312.0	20.02	2256.0	56.0
	合计	7974.3	69.06	6920.5	1053.8
合　计		11547.5	100.0	10375.0	1172.5

注　沙市区包含荆州开发区面积。各县（市、区）面积以荆州市四湖工程管理局勘测数据为准。

（一）江陵县

江陵县位于荆州市中南部，地处四湖流域腹地、长江中游荆江北岸。地势自西向东南倾斜，东接监利县，北及东北邻沙市区和潜江市，西及西南隔长江与公安县相望，南接石首市。县治郝穴镇距荆州市中心城区45千米。县域东西最大横距53.5千米，南北最大纵距36.2千米。面积1032平方千米，全境属四湖流域。

今江陵县为1994年新建。春秋时今县境属楚，公元前278年秦将白起拔郢后，分郢置江陵县。其境属之。为今荆州区、江陵县之地。东晋建武元年（317年），为安置北方流民，在今江陵县及附近地区设置定襄、广牧、新丰、云中、九原、宕渠六侨县。自南北朝至唐初，这些侨县屡有合并和新置。唐贞观十七年（643年），将最终撤并而成的紫陵、安兴两县并入江陵。元至元十三年（1276年），将今江陵县大部及今属潜江市的部分地区设置中兴县，县治赤岸（今江陵县白马镇赤岸村），至1368年明朝建立后撤销复归江陵县。明代，今江陵地域属郝穴口巡检司。清代，今县辖区大部分属东南乡郝穴汛，亦称鹤穴汛。民国初年，江陵县沿袭清代五汛设五个保卫团。1931年江陵设6个区，今县辖区主要为第五区范围。1949年5月，中国人民解放军襄南军分区江监石指挥部第七区中队部进驻郝穴，成立郝穴市政府（后为县辖镇），归江陵县人民政府管辖。1994年10月，析原江陵县东南部分设立荆沙市江陵区，治郝穴镇。1998年10月，撤销江陵区，改设江陵县。

县府郝穴镇古为江渚，常有白鹤翔集，人们视为吉祥，晋代始称鹤渚或鹤穴。据《江陵县志》载：晋羊祜任荆州刺史时，常取鹤教之舞，以娱宾客，郝穴乃宋时"九穴十三口"之一。明嘉靖二十一年（1542年）堵塞。明万历年间（1572—1620年）因附近郝姓居民较多，"鹤"与"郝"当地读音相同，逐渐演变成为郝穴。置郝穴司。至清乾隆年间，郝穴日益兴盛，十分繁荣。清乾隆五十四年（1789年）正式命名为郝穴镇。

（二）荆州区

荆州区位于荆州市西北部，夹荆江南北，1994年10月由原江陵县西北部析置，治荆州城。东与沙市区为邻，北交荆门市界，西北及西接当阳、枝江市境，南傍公安县及松滋市。地域南北长60.83千米，东西宽40.52千米，国土面积1045.8平方千米，其中四湖流域面积730平方千米。建区之初，荆州区辖原江陵县的荆州、川店、马山、李埠、弥市5个镇和八岭山、纪南2个乡。1995年2月，撤销荆州镇，以其区域分设东城、西城、城南、荆北4个街道办事处。1995年8月和12月，纪南、八岭山2乡先后撤乡建镇。1998年6月，荆北街道办事处改建为郢城镇。2004年9月全省进行农场管理体制改革，将菱角湖和太湖港两个农场划归荆州区管理。至此，荆州区辖纪南、川店、马山、八岭山、李埠、弥市、郢城7个镇，东城、西城、城南3个街道办事处，太湖港、菱角湖2个农场管理区以及湖北省荆州城南经济开发区。

荆州区治所荆州城，是一座驰名中外的历史文化名城，中国第十大古都。《荆州府志·沿革》记载：公元前689年，楚文王自丹阳徙都郢（今荆州区纪南城）。荆州城地处长江之滨，为楚国郢都的官船码头。公元前671年至前625年，楚成王将官船码头修建成别宫，名曰渚宫，始现最初城郭。公元前221年秦统一六国后，这里成为南郡江陵县治所，故名江陵城。西汉武帝元封五年（公元前106年）设荆州刺史为全国十三州之一，又称部，江陵城成为荆州刺史治所，故又称荆州城。西汉时系全国十大商业都会之一，三国时是魏、蜀、吴争夺的要地，南北朝时与扬州齐名，为梁元帝都，隋为荆州总管府，唐代两度升为南都，五代时为高季兴荆南国都，宋置荆湖北路于此，元为中兴路，明为荆州府，清代设荆州将军府。民国时期先后是湖北省第七、第四行政督察区专员公署所在地。江陵城一直是府县治所地。1949年7月后，先后为荆州地区、江陵县党政军机关和中共荆州市委等机关驻地。1978年荆州城成为对外开放的旅游城市。1982年被国务院首批公布为历史文化名城。

（三）沙市区

沙市区位于荆州市中心城区东部，荆江北岸。城区沿长江自西向东呈带状分布，东与江陵县和潜江市为邻，南与公安县埠河镇隔江相望，西和荆州区接壤，北傍长湖，与荆门市沙洋县隔湖相望。境内地势平坦，西南高，东北低，地域南北最宽相距 26 千米，东西最长相距 29.7 千米，面积 497.3 平方千米（含荆州开发区）。全境位于四湖流域之内。

沙市已有 3000 多年的人文历史，素有"三楚名镇"美誉，有风景名胜 20 余处。春秋战国时属楚地，曾称"夏首"，意为夏水首受长江之处。自秦汉后地属南郡江陵县，东汉名津乡。晋至隋代，名江津。至唐代，始称沙头市，简称沙市，属于山南东道南郡江陵府疆域，系荆州的外港。宋代设沙市镇，属荆湖北路江陵县管辖。南宋咸淳末年（1274 年），沙市建地方行政机构，设置监镇。元至元十三年（1276 年），沙市改属河南行省上路总管府江陵县，并设管理城市的录事司，增筑沙市城；天历二年（1329 年），江陵县改属河南行省中兴路，县治设于沙市。明洪武七年（1374 年），江陵县改属湖广行省荆州府，县治设沙市。明末，《广阳杂记》在写到县属沙市时，乃称"舟车辐辏，繁盛甲宇内，即今之京师、姑苏皆不及也"。明永乐二十二年（1424 年），县治迁荆州，沙市仍属江陵县管辖。清康熙二十二年（1683 年），沙市设巡检司，故称沙市司，属江陵县。雍正元年（1723 年），荆州府通判移驻沙市，设通判厅于青石街（现中山路），俗称"三府"。雍正元年以后，沙市在行政区划上虽属江陵县，但行政机构设置则与县相当，直隶于荆州府。雍正七年（1729 年），荆州府粮盐通判厅移驻沙市。咸丰元年（1851 年），因川盐下运，荆州府同知厅也移驻沙市。光绪二年（1876 年），沙市已改称为南乡，废除巡司，设置汛，故称沙市汛隶属江陵县。光绪二十一年（1895 年）《马关条约》开埠，至 20 世纪初期发展成湖北省第二大良港。民国元年（1912 年），沙市属荆南道江陵县，为江陵县南乡沙市汛。民国十九年（1930 年）县下行政机构废汛设区，沙市改为江陵县第二区，下设 4 镇。1945 年 8 月，抗战胜利，沙市建镇，为江陵县县辖镇。1949 年 7 月，沙市市人民政府建立，为湖北省省辖市。1955 年，改属荆州地区专员公署领导，仍为省辖市。1979 年 1 月，沙市市复由省直接领导。1994 年 10 月，地市合并，撤销沙市市，组建沙市区，荆州市人民政府移驻沙市区。

（四）监利县

监利县位于湖北省中南部，江汉平原南端、洞庭湖北面。南滨长江，与湖南岳阳市隔江相望；北临东荆河，与仙桃、潜江两市接壤；东衔洪湖，与洪湖市一衣带水；西接江陵、石首，距荆州城区 98 千米。县府驻容城镇，面积 3027 平方千米，全境位于四湖流域。监利是湘鄂西革命根据地中心之一，湘鄂西革命根据地的红色首府就曾经设于监利周老嘴镇，中国工农红军第六军诞生于监利汪桥镇。贺龙、周逸群、段德昌等革命先烈曾在监利浴血奋战。

监利县名最早见于三国时期。因"土卑沃，广陂泽"（《读史方舆纪要》），"地富鱼稻"（《湖广总志·荆州沿革》），且西北境内曾产盐，又有长江水道运输之便，于是东吴便"令官监办""监收鱼盐之利"，此为"监利"县名由来，距今已近 1800 年的历史。据传，著名的华容道就在县东北 15 千米处，建安十三年（208 年），魏武军败赤壁，曾途经此地。晋太康元年（280 年）废监利县，五年后（284 年）复置。梁承圣三年（554 年），设监利郡，监利县为郡治。直至元至元十三年（1276 年），复设监利县。此后，虽则战事纷繁，割隶无常，监利的名称再未更改。民国元年（1912 年），废府存道，属湖北省荆宜道（一作荆南道）。民国二十一年（1932 年），属湖北省第七行政督察区。民国二十五年（1936 年），改属湖北省第四行政督察区。1949 年新中国成立后，监利县初属沔阳专署。1951 年 7 月，改属荆州专署，1994 年 10 月后属荆州市。

（五）洪湖市

洪湖市位于湖北省中南部，长江中游北岸，四湖流域的东南端。洪湖县境地历史上属云梦泽东部的长江洪泛平原，东、南、北三面为长江、东荆河环绕，西面的洪湖与荆北水系相连，地势平坦低洼，除黄蓬山、螺山海拔在 40~60 米外，其余地面一般海拔为 23~28 米。因洪水冲积影响，自然地形自西北向东南呈缓倾斜，呈南北高，中间低之势。全境东西最宽处约 94 千米，南北最长处约 62 千米，面积 2312 平方千米，全境为四湖流域。

洪湖市以境内最大湖泊命名。境内为四湖诸水汇归之地，故河流纵横交错，湖泊星罗棋布，河、湖、渠交织成稠密水网，构成四湖水网地区的地理特征。主要河渠除南沿长江、北依东荆河外，区域内还有内荆河、四湖总干渠、排涝河、南港河、陶洪河、中府河、下新河、蔡家河、老闸河等大小河渠113条，总长度达900千米；有洪湖、大沙湖、大同湖、土地湖、里湖、沙套湖、肖家湖、云帆湖、东汊湖、塘老堰、洋圻湖、后湖、太马湖、金湾湖、形斗湖等21个较大湖泊，水域面积约占总面积的30%，故素有"百湖之市""水乡泽国"之称。

洪湖作为地名，最早见于明朝《嘉靖·沔阳志》所载："上洪湖，在州东南一百二十里，又十里为下洪湖，受郑道、白沙、坝潭诸水，与黄蓬相通""夏洪湖大水，湖河不分，容纳无所，泛滥沿岸，诸垸尽没，湖垸不分"。洪湖一带是个具有古老文明的历史地域。史传以来，洪湖疆属屡更，郡县变动频繁，大多与沔阳有分有合，或升或降，其间曾名玉沙县、附廓县、文泉县等。今洪湖市境域，夏商时代为古云梦地，属荆州之域（《战国策·楚一》）。西周时期周武王（姬发）封为州国，都城在今黄蓬山。民国前属沔阳州。民国元年（1912年），改州为县，名沔阳县，属湖北省江汉道。民国十五年（1926年）废道，直属湖北省。民国二十一年（1932年）属湖北省第六行政督察区。民国二十五年（1936年）改属第四行政督察区。抗日战争时期（1938—1945年），日寇侵占洪湖一带，曾在新堤设置伪沔南县，抗战胜利后，废伪县仍为沔阳县。1949年5月新堤解放设市，沔阳专署治新堤。1951年6月，为纪念洪湖革命根据地，经中华人民共和国政务院批准，将沔阳县东荆河以南区域，以及监利县东部、嘉鱼县长江北部、汉阳县西南部的毗邻区域划出，成立洪湖县。1951年7月，沔阳专署撤销，洪湖县属荆州专署管辖。1987年7月，撤县建市，隶属荆州地区。1994年后属荆州市。

（六）潜江市

潜江市位于湖北省中南部，地处江汉平原腹地。东西横距51.3千米，南北纵长64.4千米，国土面积2004平方千米，其中四湖流域面积1475.2平方千米，占总面积的74%。

春秋战国时期，潜江为竟陵，属荆州之域，秦昭襄王二十九年（公元前278年），白起率秦军攻占楚郢都，东下竟陵，并分别设郡建县，潜江为秦南郡竟陵县辖地。汉高帝元年（公元前206年）西汉建立，潜江分属竟陵、华容县。梁元帝承圣三年（554年），萧察西魏时被立为梁帝（史称后梁或西梁），据有江陵周围地域。从此，潜江地属于江陵县，历隋唐而至五代。唐大中十一年（857年）曾以入输纳不便，置征科巡院于白洑（《太平寰宇记》）。白洑在潜江县西北，沿袭至宋初。宋乾德五年（967年）升白洑巡院为县。因境内有河道分流汉水，取"汉出为潜"意，命名潜江。县治设在安远镇（今下蚌湖附近），隶属于荆江北路江陵府。元朝，改江陵府为上路总管府，后又改为中兴路，均领有潜江。至元三十年（1293年），因水患潜江县治迁至斗堤（即今治所在）。明初，潜江属湖广布政使司荆州府。嘉靖十年（1531年）升安陆州为承天府，潜江改属之。清代，潜江属湖北省安陆府。民国元年（1912年），中华民国成立，潜江属鄂北道（后改称襄阳道）。民国十四年（1925年）废除道制，遂直辖于省。民国二十一年（1932年），潜江属湖北省第七行政督察区。民国二十五年（1936年），第七区改称第四区。

1949年7月，潜江解放，潜江县人民政府设于熊口；是年8月，移驻城关（今园林镇），隶属荆州行政区督察专员公署。1988年5月，经国务院批准，同意撤销潜江县，设立潜江市，以原潜江县的行政区域为潜江市的行政区域。1994年10月，潜江市列为省直管市。

（七）石首市

石首市位于荆州市南部。南邻湖南南县、安乡、华容，北抵江陵，东靠监利，西接公安。石首属平原，兼有山冈。长江横贯石首市境，将其分成南北两片，江南片为洞庭湖平原，江北片属四湖流域。石首市国土面积1427平方千米，其中四湖流域面积376平方千米。

西周时期，石首为古濮国地。西晋太康五年（284年）始设石首县，以境内"有石孤立"于城北的石首山得名。自竟陵（今天门）南至大江并无岗陵之阻，渡江至石首，始有山，石首者，石至以而首也。清乾隆《石首县志》载："石首山两面临江，皆有石至巅，故名石首。"宋代太祖乾德二年（964年），石首分为二县，西部为石首县，县城设绣林山，东部为建宁县，县城设槎港山（在石首调关镇境内）石首市东岳寺大门。宋神宗熙宁六年（1073 年），废建宁县并入石首县，县城设在槎港山（在石首调关镇境内）。宋哲宗元祐元年（1086 年），又将石首县一分为二，东为建宁县，西为石首县，石首县城复迁绣林山，建宁县依旧在槎港山（在石首调关镇境内）。宋徽宗崇宁五年（1106 年），再废建宁县复入石首县。南宋建安四年（1130 年），改江陵府为荆南府，石首属之。明清属荆州府。民国元年（1912 年）废荆州府，石首直属鄂军政府。民国四年（1915 年）属湖北省荆南道。民国十八年（1929 年）废道，石首直属省辖。民国二十一年（1932 年）属湖北省第七督察区。民国二十五年（1936 年）改属湖北省第四行政督察区。1949 年 7 月石首县解放后，属沔阳专署。1951 年 6 月，改属荆州专署。1986 年 5 月 27 日，国务院批准撤销石首县，设立石首市（县级）。

石首市江北地域在明朝时便有围垸。清末民初已发展至 19 个围垸。清咸丰十年（1860 年），藕池口溃口，下荆江河段形成"九曲回肠"，河岸崩塌，地处上游的新场堤常溃，民垸损毁严重。新中国成立后，经批准将较大的罗公、梅王张、张惠南以及肇易北四垸合并为一个垸。1952 年春，为解决荆江分洪移民安置问题，经批准堵塞蛟子渊，扩大围垸，称为人民大垸。面积 216 平方千米。长江于 1949 年、1966 年和 1972 年在北碾子、中洲子、沙滩子河段三次裁弯形成三处故道上。洪水季节故道虽不是行洪区，但因江水倒灌，故道两岸堤防仍需防洪，防汛任务重。1993 年经水利部批准堵塞长江故道口门，合垸并堤，形成统一的防洪大圈，面积 447.1 平方千米。

原故道的沙滩子故道成为白鳍豚自然保护区。天鹅洲成为麋鹿自然保护区。

（八）沙洋县

沙洋县位于汉江下游首段西岸，居江汉平原与鄂西北山区结合部，是川、陕、鄂、豫工农业物资集散地。县境最大横距 62.4 千米，南北最大纵距 59.2 千米，国土面积 1999 平方千米，其中，四湖流域面积 1538.5 平方千米，占全县面积的 76％。沙洋地域既有原生山丘的陆地，又有新生的汉江冲积平原，旧石器时代就有荆楚先民留下的痕迹，新石器时代更是留下众多文化遗存。

公元前 12 世纪，商朝分封武丁后裔于汉西建权国取权水（现竹皮河）而名，在马良筑权城。公元前 11 世纪周王室封宗室于江汉间，建鄀国（今十里铺）。西周时期（公元前 1027—前 770 年），荆门北部为鄀国，东部为权国。春秋时期，楚武王克权，迁权于那处（今拾回桥）设权县，沙洋属楚地。秦昭襄王二十九年（公元前 278 年），白起伐楚，占领江汉间，设南郡，荆门全境属之。

沙洋在汉代名汉津渡，逐渐形成渡口集场，成汉江水运的重要港口。汉献帝建安二十四年（219 年）东吴在汉津建城池屯兵。南北朝西魏恭帝（535—556 年）设绿麻县，治于沙洋。隋炀帝大业元年（605 年），绿麻县废，更名为章山县。唐代章山县入长林县，汉津改称长林镇。唐贞观八年（634 年）唐将尉迟恭在汉津口的琼台山修建"沙洋堡"，沙洋之名始于此。五代十国南平王高季兴于开平元年（907 年）据江陵，荆邑尽属，辖治要害百余里，筑堤捍灾害，自沙洋至潜江三江口，统称高氏堤。明洪武九年（1376 年），废长林县入荆门县，沙洋设巡检司。明成化元年（1465 年），沙洋巡检司移驻新城。明代天启年间（1621—1627 年），沙洋为玉州，属荆门。清顺治三年（1646 年）改承天府为安陆府（今钟祥市），荆门属之。顺治十二年（1655 年），安陆府设同州公署于沙洋，新城巡检司迁回沙洋。乾隆五十六年（1791 年）荆门州升直隶州，在沙洋设分府行署，与沙洋巡检司并存。

民国六年（1917 年），荆门直隶州改荆门县，设县佐公署于沙洋。民国十七年（1928 年），沙洋建市，属省管辖沙洋镇，并列为湖北八大重镇（汉口、沙市、宜昌、樊城、老河口、新堤、武穴、沙洋）；民国二十九年（1940 年）撤销。

1948 年 5 月，中国人民解放军攻克沙洋，建立沙洋市人民政府和荆南县人民政府同驻沙洋。同年 6 月 1 日，成立荆门县人民政府，沙洋撤市设镇，属荆门县。1960 年 3 月，成立沙洋市，以荆门县沙洋镇为其行政区域，1961 年撤市复为镇，仍归属荆门县。1983 年成立荆门市辖沙洋区（县级），辖 11 个镇和卷桥街道办事处。1998 年，沙洋撤区设县，辖 13 个镇，1 个省级经济开发区，2 个新区（滨江新区、新港区），248 个行政村，31 个居民委员会。

（九）掇刀区

2001年，划沙洋县何家场乡和东宝区麻城镇、团林铺镇、白庙街道办事处，与掇刀经济技术产业开发区合并成立掇刀区，隶属荆门市。

掇刀区是荆门市重要的粮食和蔬菜基地，通过完成土地整理、中低产田改造、水库加固、渠道清淤及硬化、农业生产条件不断改善，粮食产量实现十连增，2015年粮食总产量9.68万吨。掇刀区有规模化企业34家，其中过亿元的企业3家，另有3家被认定为国家级高新技术企业，区内建有大型化工园，国际商贸城，全区完成在建亿元项目54个，2015年社会生产总值为108.22亿元。

掇刀区辖2个镇，4个街道办事处，80个行政村，31个居民委员会，679个村民小组。全区国土面积616平方千米，其中在四湖流域面积559.5平方千米，占全区总面积的82％。

第二节 经 济 概 况

一、农业

四湖流域地处江汉平原腹地，境内气候温和，雨量充沛，无霜期长，土地肥沃，河湖密布，交通方便，资源丰富，是湖北省重要农业产品生产基地，粮食、棉花、油料、水产品、畜产品总产量位居湖北省前列。

四湖流域境内江河湖泊交汇，水域辽阔，水质优良，盛产鱼、虾、蟹和莲藕、菱角、芡实等水产品，渔业较为发达。据清乾隆《江陵县志》载："荆州旧为鱼米之乡，方言云：鱼贵则米贱，米贵则鱼贱。"在距今约5000年前的新石器时代中、晚期，四湖流域是大溪文化中心，除渔猎外，已开始种植水稻。铁制工具（包括铁镰刀、铁木末耜、铁鱼钩等）已普遍使用，并运用了"火耕水耨"这种适于沼泽地带的水稻耕作法。1975年在纪南城内凤凰山167号墓出土4束粳型稻穗，有一穗谷粒多达72粒，显示了西汉早期四湖流域已具有较高的水稻栽培技术。粮食、棉花、油料生产为四湖流域农业生产的主体，农业种植以粮食为主，水稻为农业生产的一大优势，品种繁多，分早、中、晚三类，播种面积及产量皆居各类作物之首。粟（黍）在旱田地区广为种植，品种有早、中、迟之分，可一岁两熟，产量较高。大麦、小麦、蚕豆等夏粮作物遍及全流域。以高粱、黄豆为主的秋杂粮在江洲河滩种植面积比较大。经济作物以棉花为主，分中棉、洋棉两种。油料作物以芝麻、油菜为主，花生在沙洲地区种植较多。由于地处洲滩、湖滨，水草资源极为丰富，以养猪为主的畜牧业为农户的当家副业。养鸡养鸭也是农民的重要副业。每户少则几只，多则几十只。根据湖区的特点，不少农民养群鸭，并有部分养鸭专业户。养牛多作役用。

新中国成立前，四湖流域内农田、河渠、湖泊水面多为湖霸、地主占有，湖区广大劳动农民、渔民有一半以上的人口靠出卖劳力为生，少地和无地的农民只得靠种租田和当雇工，渔民交纳湖课、船舶费后自行捕捞。租佃有三种形式：一为"定稞制"，即以库定稞，租稞包干；二为"看稞制"，即估产定稞；三为分收制，即佃户经营后，至黄粮成熟时与地主"对开"分收，也有地主收四成、佃户收六成的。流域各县农田耕耘极为粗放，不论水田还是旱地基本上是一年一熟的耕作模式，水旱田很少轮作，旱田作物如小麦、蚕豆、黄豆、苞谷一般不下水田。民国时期，因战祸水灾，土匪横行和血吸虫肆虐，人民流离失所，又有大片田园荒芜。由于当时生产力和生产关系落后以及灾害频繁，农业发展极其缓慢，各种农作物产量都很低。

新中国成立后，四湖流域各县人民政府依照土地改革法进行土地改革，将洪湖、长湖、三湖、白鹭湖等大、中型湖泊收归国有。同时，组织大批人力、物力、财力，兴修农田水利，垦复荒地，陆续办起一些国营或集体的农场、林场和渔场，改善生产条件，推广农业新技术，实现农业合作化，生产不断发展。1956年，四湖流域粮食、棉花、油料等总产量分别比1949年增长47.5％、20.8％和25％。后受"大跃进"和"共产风"的影响，以及连续3年遭受灾害，1959—1961年粮、棉严重减产。1962 年 7—9 月，贯彻中共中央《关于改变农村人民公社基本核算单位问题的指示》和《农村人民公社工作条例（修正草案）》，四湖流域各乡镇农村人民公社开始以生产队（即小队）为基本核算单位，并尊重生产队的自主权。同时贯彻大办农业、大办粮食和"多种、高产、多收"的方针，兴修四湖水利工程，引进推广良种，农业逐步回升。至 1965 年农作物产量超过 1958 年的水平。"文化大革命"期间，农村干部和群众力排干扰，兴建排灌设施，推广农业机械，改革耕作制度，农业得到一定发展。

1978 年 12 月，中共十一届三中全会召开。1979 年 4 月，中共中央工作会议提出"推行各种形式的联产计酬责任制"后，农村开始实行经济体制改革，推行家庭联产承包责任制，逐步调整农村产业结构，1980 年秋，四湖流域各乡镇农村人民公社的生产队实行土地、耕牛、农具按议定标准划分到户，联产到户，农民分户经营和包产到户，增产显著，生产费用降低，社员分配增加。尤其是全年土地收入实行"交齐国家的、留足集体的，剩下的都是自己的"大包干责任制，简而易行。随着生产的发展，各地作物分布也开始发生变化，不再力求品种齐全。为趋利避害，因地制宜地发展生产，1981年，四湖流域各县农业部门以土壤、水利、气候等条件和耕作现状及发展方向为依据，按照"方位、地形、农业生产结构"三结合方式开展农业区划分区工作，作物分布更趋合理。

1983 年，四湖流域各县普遍实行家庭联产承包责任制。至 1984 年，四湖流域各县人民政府向农户颁发土地使用证书，确定以户为基础的包干生产责任制。农村分户经营后，农民取得生产自主权。善经营会管理的农民，形成以商品生产为基本特征，专业从事农、林、牧、副、渔、工的专业户（重点户），有的按劳力、资金、技术自愿联合，组成新的经济联合体。同年，流域各县委、县人民政府出台相关政策，对专业户（重点户）政治上给予鼓励，经济上给予支持，技术上给予帮助，法律上给予保护，有力地促进乡镇企业和其他多种经济蓬勃发展，农业生产向专业化、商品化方向转化，粮食、棉花、油料总产量均创历史最高水平。

随着改革开放的深入，农村改革使农业生产力加快，四湖流域农村经济结构不断调整优化，传统农业正逐步向现代农业转变。同时，通过农业结构调整，形成水稻、棉花、油菜、果蔬、畜牧、水产、林木森工七大优势产业。2003 年，农业部开始在全国范围内推行农产品优势产区建设，出台《全国优势农产品区域布局规划》（2003—2007 年），荆州市的棉花、水稻、油菜、柑橘纳入全国优势农产品区域建设规划；是年，湖北省提出发展农业板块经济，出台《湖北省优势农产品和特色农产品区域布局规划》（2003—2010 年），大力实施农业板块基地建设，荆州市的优质稻、双低油菜、优质猪、优质水产品、速生丰产林、柑橘、优质棉纳入规划建设范畴。至此，四湖流域有荆州区、江陵县、石首市、监利县、洪湖市成为全国、全省的优势水稻、优质棉花、"双低"油菜主产区。

据 2005 年资料统计，四湖流域耕地面积 564 万亩，人口 515 万人，粮食总产量 294.5 万吨，棉花总产量 8.5 万吨，油料总产量 41.5 万吨，见表 2-2。截至 2015 年，四湖流域有人口 543.7 万人，耕地面积 718.27 万亩。全流域粮食总产量 294.5 万吨，粮食总量占全省的 15% 左右，棉花总产量占全省的 20% 以上，油料总产量占全省的 15% 左右，成鱼总产量占全省的 20%，见表 2-3。

表 2-2　　　　　　　　　　　　　四湖流域经济指标统计表（2005 年）

| 地级 | 县级 | 人口/万人 | | | GDP/亿元 | 农业总产值/亿元 | 工业总产值/亿元 | 工业增加值/亿元 | 耕地面积/万亩 | 农田有效灌溉面积/万亩 |
		总人口	城镇人口	非农业人口						
荆门	东宝区	3	1	2	5.0	0.5	2.4	0.8	5	2
	掇刀区	7	2	5	4.9	4.3	2.0	0.7	15	10
	沙洋县	46	9	37	34.8	26.0	24.5	9.6	72	60
	小计	56	12	44	44.7	30.8	28.9	11.1	92	72

地级	县级	人口/万人			GDP/亿元	农业总产值/亿元	工业总产值/亿元	工业增加值/亿元	耕地面积/万亩	农田有效灌溉面积/万亩
		总人口	城镇人口	非农业人口						
荆州	沙市区	56	44	11	89.1	10.5	26.0	6.3	13	12
	荆州区	52	29	22	38.7	17.4	29.5	11.1	38	23
	石首市	18	2	17	13.3	5.7	9.3	3.7	17	15
	洪湖市	90	33	57	56.7	32.3	52.1	18.1	92	91
	江陵县	40	11	29	18.4	16.5	7.2	2.4	57	53
	监利县	139	33	106	56.6	44.9	25.2	10.1	184	143
	小计	395	152	242	272.8	127.3	149.6	51.7	401	337
潜江	潜江市	64	19	44	66.3	30.0	205.9	36.4	71	66
合计		515	183	330	383.8	188.1	384.4	99.2	564	475

表 2－3　　　　　　　　　　　　四湖流域经济指标统计表（2015 年）

地级	县级	人口/万人	耕地面积/万亩	有效灌溉面积/万亩	社会生产总值/亿元
荆门	东宝区	3.00	4.99	2.00	122.63
	掇刀区	20.47	51.07	30.00	108.22
	沙洋县	51.09	82.95	60.00	152.47
	小计	74.56	139.01	92.00	383.32
荆州	荆州区	51.27	38.30	23.00	216.71
	沙市区	51.60	18.30	12.00	277.33
	石首市	17.26	21.61	15.00	43.73
	江陵县	40.73	57.00	50.20	62.21
	监利县	158.39	206.55	144.58	214.78
	洪湖市	85.89	166.50	116.55	182.42
	小计	405.14	508.26	361.33	997.18
潜江	潜江市	64.00	71.00	66.00	373.57
合计		543.70	718.27	519.33	1754.13

注　本表根据 2015 年《荆州年鉴》《荆门年鉴》统计得出。

二、工业

春秋战国时期，四湖流域为楚文化中心。境内有冶炼、制陶等手工作坊，生产漆、木、竹、陶器和丝、麻织物，漆木雕及竹编工艺已达到很高水平，彩绘漆器及丝织品尤为精美。马山一号墓出土的战国丝绸，反映出当时织造、印染技术的高超水平。同时，有发达的造船业。汉代以长安为中心的 4 条陆路交通干线，其中南路便从长安到江陵，再去长沙、广西抵达交州。故古人称其"北据汉沔，利尽南海，东连吴会，西通巴蜀"，"据三楚要害，为九省通衢"。晋时江陵即可建造载甲士千人的大型战舰。四湖流域发达的水陆联运，带来以集散东西南北物资为特点的古代商业的繁荣。元至元年间（1264—1294 年），荆州的印刷业已相当发达，已有套色印刷。至元六年（1269 年）江陵所刻《无闻和尚注金刚经》，经文金色，注文黑色，卷首灵芝图着朱墨两色，是国内目前发现的最早套色印刷书籍。

明中期以后，乡村中土纺土织逐渐普遍，纺织业、铁木竹业、副食品加工业兴盛，以荆缎、荆庄土布、金漆盆盘、九黄饼著称。据清乾隆《江陵县志》载："乡民农隙以织为业者十居八九。其布有荆庄、门庄之别，故川客贾布沙津，抱贸者群相踵接。"清代炉坊铸造业较盛。乾隆五十三年（1788年）清高宗下旨铸铁牛九具，设万城、中方城、上渔埠头、李家埠、中独阳、杨林矶、御路口、黑窑厂、观音矶。咸丰九年（1859年），金火工甘福兴奉荆州知府唐际盛令，铸铁牛置郝穴镇安寺傍乌龙洲江堤上。铁牛采用拼块组合泥模造型，群炉铁水浇铸，外实内空，面向长江，形态逼真，背部铭文至今清晰可辨。咸丰十一年（1861年），长江荆江河段始通轮船。同时，沿内荆河可直达汉沔。陆路交通有古驰道、古驿道纵贯南北。

晚清、民国时期，境内办起棉纺织工业、电气机械修造业、粮食加工工业。家庭手工业几乎遍及每个家庭，手工业作坊以农业为业，主要生产工艺有土纺、土织、麻织、丝织、编席、熬糖、酿酒、轧花、榨油、碾米、磨面、缝纫、印染、抱雏、腌蛋、屠宰、制革、烧窑、建筑及制造竹、木、铁器等，"男耕女织，机杼纺织之声，比户皆闻"。光绪二年（1876年）签订中英《烟台条约》、光绪二十一年（1895年）签订中日《马关条约》后，清朝政府将沙市先后划为对外停靠货轮处和通商口岸，外国殖民者加强对四湖流域及周围地区的经济掠夺，大量输入棉纱、棉布，使流域内城乡棉纺织业等民族手工业受到沉重打击，濒临破产。宣统元年（1909年）《江陵县乡土志》载，近年来，"百物昂贵，民食维艰"，"出境货物向以（棉）花、布为大宗，近则日形减色"。

民国时期，湖北省政府所编《湖北县政概况》记载，江陵由于地租、赋税的"任意浮收勒索"和其他"重利盘剥"，"农民生活，亟为痧苦"，"嗣以洋货充斥，（手工业）营业状况一落千丈"。民国二十九年（1940年）6月，日本侵略军侵占时，工厂有的外迁，有的遭日机轰炸而倒闭。尔后，虽有部分工厂及手工业复工，却远未达到抗战前的生产水平。

新中国成立后，四湖流域乡镇企业，在经历了手工业互助组、合作社及社队企业等演变过程，逐步发展壮大，在国民经济中占有越来越重要的地位。1949—1952年3年国民经济恢复时期，百废待兴，各县人民政府积极扶助手工业匠人、作坊恢复生产，自产自销，自主经营，尤其对与农业生产和人民生活密切相关的铁、木、竹器行业，还从资金、原材料提供上予以重点扶持。1953—1957年，在"发展主体"（社会主义公有制经济）、"改造两翼"（民族资本家、私有经济）的指导思想下，对手工业进行社会主义改造，组织木业、篾业、铁业、皮革、五金、针织、缝纫等合作社。1955年，各县成立县手工业联合社，加强对手工业合作社的统一管理。1958年，集体企业大合大并，一平二调，盲目"过渡"，使大批刚刚建立不久，正在成长、发展中的小型企业经折腾而受遏制。"大跃进"期间，盲目调集农民兴建钢铁厂，所炼钢铁大多报废。各县增建机械厂、水泥厂、农具厂、土化肥厂、农药厂、米厂、酒厂等国营、集体企业，也因产品质次价高而纷纷停办。1961年，党中央提出"调整、巩固、充实、提高"的方针，制定工业"70条"和手工业"35条"等具体政策，各县对工业企业进行调整、消化，工业生产逐步好转。"文化大革命"中的1967—1969年，各县农机配件、内燃机配件、食品加工、小型铁木农具等工业生产处于平缓发展状态。1970年，四湖流域各县开展"工业学大庆"活动，工业始有转机。

党的十一届三中全会以后，随着"改革、开放"的方针贯彻实施，整顿工业企业，着眼市场需要，调整产品结构，为发展企业带来好的机遇。乡镇企业工业发展迅速，同时工厂逐渐由生产型转向生产经营型，多数产品由包销转为自销，工业部门与外地的横向经济联系加强。1983年，四湖流域工业总产值第一次超过农业总产值。1985年后，流域各县工业进一步深化"开放、搞活""转机变型"等一系列经济体制改革，广泛实行外引内联，出现新的工业格局。

随着改革开放政策的深化，四湖流域工业逐渐引进诸多企业管理机制，先后在企业内部进行一系列技术革新与改造，推行厂长负责制，企业上缴利润，递增包干和承包责任制，企业根据市场需求确定生产项目，原材料由计划经济双轨制逐步过渡到以市场调节为主的单轨制，工人工资实行联产计酬，超额分成，工资加奖励、资金，企业设超产奖、节能奖、质量奖、发明奖、安全奖等，诸多机制的引进，逐步把企业引向市场，以增强企业的市场应变力、竞争力。截至1991年，四湖流域已形成以轻工、纺织、食品加工、建筑、机械等为主体，门类齐全的工业体系。流域内的工业在全省也占有重要地位，在纺织、化工、农药、轻工业、制盐和石油开发等方面有着较快的发展。区内拥有江汉油田、沙市电厂等多个大型中央企业，发展数家实力雄厚的上市公司，汇聚一大批蓬勃发展的中小企业。

1994—2005 年，四湖流域各县（市）通过实施工业振兴计划和"工业兴市"战略，加强企业合资、合作和管理，大力推进国有企业民营化改革，调整产业、产品和组织结构，工业经济保持稳步增长。其间探索企业在破产、兼并、联合、股份重组中裂变新生的途径，一批新型工业企业应运而生。2000 年后，民营企业成流域工业经济主体。2005 年全流域 GDP 达 383.8 亿元，工业总产值达 384.1 亿元，见表 2-2。

2005 年后，四湖流域各县（市）着力加快工业技术改造步伐，围绕企业技术创新、产品升级换代、产能扩大、工艺装备上档次，不断增加企业技术改造投入，工业经济进入良性循环轨道，经济效益逐年提高。截至 2015 年，全流域社会生产总值达 1754.13 亿元，见表 2-3。

第三节 人 口 及 城 镇 化

一、人口

（一）人口变动

四湖流域古为沼泽之地，早在五六千年前，境内已有先民繁衍生息。后经沧海桑田变迁，至公元前 689 年，楚国移都纪南城后，人口大量迁入，据有关专家测算，楚纪南城有人口近 30 万人。秦拔郢后，楚国贵族移居秭归及安徽等地。秦以后，户口益增。汉末，北方大乱，人口南迁，"流入荆州者十余万家"。魏晋时期，黄河流域大批移民流入湖北境内，落籍本土。唐"安史之乱"后，中原人口南徙又呈高潮，迁入四湖流域各县者甚多。五代时高季兴驻守荆州，抚民复业，人口复苏。明朱元璋开国，减免赋税，鼓励垦殖，江西、安徽农民涌入江汉平原，于广袤荒泽"插标为业"，境内有大批江西移民"结草为庐"，以草绳为界，圈地开垦。因此，当时有"江西填湖广"之说。

境内居民也有外迁的。江西《石城县志》《熊氏家族谱》《江陵祖图》都记载江西石城与福建丰田的熊氏族人，系南宋前江陵移民后裔。此外，死于洪涝灾害者不计其数。元大德四年（1300 年），境内大水，溺死者十有八九。明嘉靖四十五年（1566 年），黄潭堤防溃决，"民之溺死者不下数十万"。至清代，人口缓慢发展。

清末至民国年间，屡经内战，水旱灾害交加，瘟疫横行，四湖流域境内人口由低速增长变为高出生、高死亡、负增长。民国十七年（1928 年）流域大旱，秋季颗粒无收，糠秕食尽，草木无芽，民多饿死。民国二十年（1931 年），江洪暴涨，堤防多处溃口，洪湖县、监利县一片汪洋，逃荒、外徙者众多，死者无算。抗日战争时期，日本侵略军侵占流域各县，难民死伤惨重。第三次国内革命战争期间，除战争、灾荒外，还因物质条件差、医疗水平低，人口死亡率较高，自然增长缓慢。

新中国成立后，广大人民生活安定，医疗条件改善，人口增长较快，呈现出高出生率、低死亡率和高自然增长率。1950—1956 年年平均出生率为 38‰，出现新中国成立后人口增长的第一次生育高峰。其中，1954 年，由于自然灾害，死亡十万余人。1959—1961 年发生自然灾害，出生率下降，此后，经济形势好转，出现第二次生育高峰。从 1962 年起，人口高出生、高增长持续 11 年之久，呈盲目增长状态。1972—1981 年 10 年间，由于开展计划生育工作，采取控制人口措施，人口的自然增长开始逐年下降。1982—1991 年，由于受人口惯性的影响，1962—1972 年生育高峰出生的人，进入新的生育高峰，尽管计划生育工作不断加强，人口增长又趋回升，显露高峰。此后，人口自然增长率稳定在 10‰以下。随着改革开放的深入，四湖流域各县大批本地人口赴武汉市等大中城市求职打工，域内人口加速向外地流动。同时也有外地人流入，但流出人口远大于流入人口。在辖区内，农村及各乡镇人口呈向县城集中的趋势。2005—2015年，人口自然增长率的波动为4‰～6‰，人口数量增长得以控制，人口再生产实现低增长。

（二）人口分布

四湖流域各县（市）人口分布不均衡，至2015年，从多至少依次为：监利县158.39万人、洪湖市85.89万人、沙洋县51.09万人、潜江市64万人、沙市区51.6万人、荆州区51.27万人、江陵县40.73万人。

（三）人口密度

1995—2002年，四湖流域境内人口密度保持在439～460人每平方千米，变化不大。中心城区与县（市）相比，人口密度相差较大。城区人口密度最高达1110人每平方千米（沙市区，2001年），居全省之冠；而县（市）人口密度最低为345人每平方千米（洪湖市，1998年），二者相差3.80倍。

（四）人口构成

据2000年人口普查统计，四湖流域人口514.5万人，其中城镇人口183.7万人，农村人口330.8万人。四湖流域人口中男性占51.44%，女性占48.56%，总人口性别比为106∶100。1995—2005年，流域内出生婴儿男女性别比一直处于较高水平，最高为130∶100，最低为108∶100。其中，农村出生人口性别比例持续偏高，一孩性别比基本正常，二孩猛增，多孩更高。

四湖流域境内有30多个民族，其中，汉族人口最多，为513万人，占总人口的99.7%。流域内60岁以上人口占总人口的10.29%，65岁以上人口占总人口的6.89%，全流域进入老年型人口地区。

二、城镇化

四湖流域各县所属行政区划多有变异，县境亦有变迁，古代境内集镇多难以考稽。晚清、民国时期，境内集镇多建于水路交通要冲和物资集散地。集镇街道大多弯曲、狭窄，房屋古朴陈旧。乡间村庄多为聚族而居的群户村，一般以族姓冠其地名。宗祠、庙宇、牌坊等建筑物散布城乡。因受经济条件，特别是商品经济发展水平的限制，集镇的规模不大。集镇的功能，在民国时期主要为商品流通的中心，商品生产因产量有限，居次要地位。土产品的贸易以粮食、棉花、土布等居多。据民国二十七年（1938年）调查，集镇建成区的面积均不到1平方千米，多数在0.2平方千米以内。其中，商业、饮食业、服务业的人户约占总户数的63%，手工业户（多是既生产又营业）约占17%，运输业户约占2%，农户约占9%，其他占9%。集镇的分布，由于各地的自然条件、经济状况、人口密度不同，因而分布也不平衡。此外，由于以往陆路运输不便，水运比较发达，加上河岸地势较高，所以集镇多沿河分布。

新中国成立后，随着区划建制的变异，城镇性质也时有变动。除少数集镇因交通线路或行政设置变化而变成普通村庄外，大多保存下来，并得到发展，成为一方的政治、经济、文化中心。随着四湖水系改造工程完工，湖区兴建国营农场，又形成一些新的集镇。此外，由于各干、支渠的水运设施较差，陆路交通成为主要手段，于是新兴或恢复的集镇大都顺公路发展，甚至以路为街，使沿公路分布的集镇不断增加。1985年后，集镇分布的新格局既沿河渠，又顺公路。一旦水运条件具备，可以兼得水陆之利。此时的集镇，从经济上看，既是商品流通的中心，又是工业生产和金融、财税的中心。每个集镇都有医疗措施、文娱设施，小集镇的功能也在发展。各乡镇利用本土资源和地理优势，大力发展镇办企业，带动城镇快速发展，城镇化水平提高。改革开放后，各地充分发挥城镇和农村的资源禀赋优势，引导资金、人才、信息和产业合理流向农村，推进农村产品和服务走向城镇，促进城乡产业化要素融合，为乡村振兴战略实施中的要素集聚、产业振兴奠定基础，疏通渠道，加快农村摆脱贫困的步伐，实现乡镇可持续发展。党的十六大提出"走中国特色的城镇化道路"，各地城镇化发展迅速。党的十七大进一步指出："按照统筹城乡、布局合理、节约土地、功能完善、以大带小的原则，促进大中小城市和小城镇协调发展。"截至2011年，四湖流域各县（市）城镇化率达51.27%。

　　通过 60 多年的发展，四湖流域城镇化进程加快。流域东接武汉通黄石，西邻宜昌达三峡，北依汉水，南滨长江。宜黄高速公路、318 国道从北缘通过，与襄沙公路（207 国道）荆潜公路和荆襄高速公路一起为主共同组成发达便利的公路网络；在铁路运输方面，沪蓉高铁横贯东西，荆沙铁路从西北入境，交汇于四湖流域上区，形成焦柳铁路相通的大动脉；水路交通以长江黄金水道为主干，以引江济汉干渠沟通汉江航线，形成江汉航运大通道。60 多年前，从工业化起步带动城镇化，至 2015 年，四湖流域各县城镇化在与工业、农村、交通等各方面发展的互动中实现着更高水平的跨越。

第三章 河 湖 水 系

四湖流域在历史上是古云梦泽所在地，后因长江及其支流汉江等泥沙淤积，在三角洲平原逐渐扩大以及筑堤围垸等自然与人类经济活动的双重作用下，古云梦泽逐渐萎缩、分解，衍生为由大小不一的湖泊构成的湖泊群。据调查，直到民国时期至新中国成立初期，四湖流域有面积千亩以上的湖泊199个，湖泊总面积为2748.30平方千米。其中，5万亩以上的湖泊11个，湖泊面积为1813.39平方千米，占湖泊总面积的65％。经历20世纪50—60年代的大规模围垦后，1972年四湖流域存有千亩以上的湖泊45个，湖泊面积为1009.20平方千米，分别为新中国成立初期的22％和36％。当围湖造田稳定之后，湖泊数量虽没有减少，但其面积仍在减少。据1999年调查，四湖流域湖泊数量仍为45个，但湖泊面积只有715.98平方千米，减少面积293.22平方千米。及至2012年湖北省实施"一湖一勘"，其成果资料显示，四湖流域有大小湖泊92个，总面积567.57平方千米。其中千亩以上的湖泊13个，湖泊面积为525.07平方千米，较之新中国成立初期，相应的湖泊数量减少186个，湖泊面积减少2223.23平方千米。新中国成立初期的11个5万亩以上的大型湖泊中，仅洪湖和长湖两个湖泊保存较为完好。

在古云梦泽的消亡解体过程中，流经云梦泽的长江、汉江也经历由漫流、分流和塑造统一河床的过程。这两者之间相互依存、相互制约，最后形成四湖流域三面环水，流域内河湖密布的地貌景观。

长江、汉江、东荆河、沮漳河分别绕四湖流域南、北边缘而过，最后在东部相汇，过境江河总长为740千米（其中长江过境流长457千米，汉江过境流长57千米，东荆河过境流长173千米，沮漳河过境流长53千米），年平均过境客水总量4680亿立方米。

四湖流域内以内荆河为主干，发源于荆门市城西牌凹山白果树沟，经车桥水库、拾桥河入长湖，再由四湖总干渠过洪湖，经下内荆河于洪湖市新滩口入长江，总长为358千米。以内荆河为主干，汇集沿途支流，构成庞杂的内荆河水系。内荆河水系经新中国成立以来的治理，及至2015年，承雨面积在50平方千米的河流159条。

河湖交错、数量众多是四湖流域的特点，因而带来四湖流域防洪形势严峻、排涝任务繁重。

第一节 云梦泽演变过程

云梦泽是距今8000～1000年前在江汉盆地内发育的一个巨型古湖泊，由于汉水三角洲和荆江三角洲在湖中不断伸展，大量泥沙在湖中淤积，广阔大湖面被逐步地分解和淤填。古湖泊在经历四五千年的沧桑巨变之后，终于在距今1000年以前被淤积成河湖交错的三角洲分流平原。享誉千年的古云梦泽从地面上消失，而代之的是星罗棋布的四湖群湖、沼泽以及蜿蜒曲折的河流。

一、湖盆构造及环境

古云梦泽所处的江汉盆地位于长江与汉江（简称江、汉）之间，故名江汉盆地。江汉盆地在构造上属于下扬子地槽西部，为一地槽凹陷带，又属于中国东部新华夏系第二沉降带的江汉（云梦）沉积区。在侏罗纪末期，由于受燕山运动的影响，江汉盆地四周发生强烈的褶皱和断裂运动，地壳相对上升，出现雪峰山、幕阜山、荆山、大洪山山脉等一系列山岭。在这些山岭环抱中间，形成相对低下的江汉-洞庭凹陷盆地，为湖盆的主要组成部分。据江汉石油管理局钻探资料，江汉湖盆在这一时期处于内陆咸水、半咸水湖的沉积环境。

在第四纪初新构造运动时期以及距今约 30 万年的冰川时期，江汉-洞庭凹陷盆地在老断裂凹陷的基础上，多次发生沉降运动，并在此期间出现华容隆起（又称墨山隆起）带，将江汉-洞庭凹陷分割成两个相对独立的湖盆。江汉湖盆的范围，大致西起董市，东至武汉，北以黄陂-皂市-马良一线红色黏土阶地为界，南抵华容隆起带。随着气候变暖，雨量丰沛，湖水扩展，出现了水面浩瀚的内陆湖。同样在新构造运动的作用下，江汉湖盆重新陷落，但西部却有抬升之势，并接受长江、汉水的贯通，湖盆的沉积环境已由内陆盆地盐湖为主，转变为外流盆地河湖沉积的形式。从各地沉积物岩相来看，主要为河流期的冲积物，大部分地区的湖沼相沉积层比较薄，而且层位交错，难以比较，说明第四纪以来，江汉湖盆区已呈现河网发育、河湖相间的状态。

进入人类历史时期以后，随着江、汉洪水挟带大量泥沙的淤积，逐渐形成江汉内湖三角洲，湖泊水面变化不定，湖泊位置游荡变化，形成一个十分广袤的水域，这就是历史著名的"云梦泽"，"方八九百里，跨江南北，形如云渺，神若幻梦"（马司相如《子虚赋》）。江河孕育期间，水漫无津、水落成泽，草木茂盛，为人类生存提供条件。湖区出土的古文化遗址证明，早在四五千年前，平原腹地的洪湖、监利一带，已有人类在此定居，从事原始的渔猎与农耕。其后，随着江汉挟带泥沙的继续淤积和人口增长、社会发展、经济活动能力的增强，古云梦泽的面积在逐渐减少，其趋势是由西向东推进。

二、先秦时期的云梦泽

关于古云梦泽的范围，在史学界一直有不同的意见，概括起来有两种观点：一种是认为古云梦泽仅局限于长江与汉水之间的"平原广泽"，称之为"小云梦泽"。另一种是认为云梦泽的范围从地质、地貌上分析，西至松滋口、东接大别山、北越汉水、南入洞庭湖的广大沉降区，其地势低洼自然就成为湖沼发育之地。这就是云梦泽的范围。不管哪一种观点，都认为四湖流域为古云梦泽的一部分。

根据有关学者的研究，云梦和云梦泽是两个既相关又不同的概念，云梦泽只是云梦的一个组成部分，专指云梦区内的湖沼等多种地貌形态的区域，随季节的不同，水位自然消长，全盛时期的水面总面积约为 26000 平方千米。

一般认为历史上所讲的云梦泽是如今的江汉平原。湖北省科技协会 1992 年《江汉平原生态农业综合发展与整治方案建议意见大纲》所指的江汉平原边界划分，是以江汉盆地的坳陷地域为基础的云梦全盛时期的面积为准。其范围包括湖北京山县以南，枝江县以东，蕲春县以西，以及湖南华容县以北的区域，总面积为 6.6 万平方千米。

江汉平原在构造上属第四纪强烈下沉的陆凹地，云梦泽就是此基础上发育形成的。经长江和汉水挟带泥沙长期充填，至先秦时期，云梦泽已经演变成平原——湖沼形态的地貌景观，正如司马相如描述的"平原广泽"。

根据《中国历史地貌与古地图研究》分析："先秦时期的平原有两大片，分布在江汉地区云梦泽的东西两端。西部平原即江陵以东的荆江三角洲，东部为城陵矶至武汉的长江西侧的泛滥平原。在这两块平原上，早有邑居和聚落，如见于《左传》昭公七年的章华台，故址即在荆江三角洲江陵以东百里的汉晋华容城内。见于《左传》桓公十一年和《战国策·楚策》的州国故城，在长江泛滥平原今洪湖县新滩口附近。"除这两片平原外，地貌学家沈玉昌认为还有一片汉江三角洲。"汉水下游三角洲以钟祥为顶点，长江为南缘，西南至沙市，东南至武汉市，总面积约 31000 平方千米，三角洲面倾向东南。"而且还指出"三角洲的水道错综复杂，湖泊众多"（《汉水河谷的地貌及其发育史》，地理学报，1956 年）。综上所述，在先秦时期，云梦泽内已生成荆江三角洲、汉江三角洲和长江泛滥平原三片陆地。陆地上分流水道错综复杂，蜿蜒曲折，这分别有扬水、夏水、涌水，接纳长江和汉江的分流。

此外，在沙洋、柳关、乌林、沙湖等地发现新石器时代遗址，在瞿家湾的洪湖中发现西周时代的墓葬，说明远在四五千年前，江汉三角洲上和长江泛滥平原上早已有人类活动，并从事原始的渔牧和农耕。今天浩渺的洪湖，在当时并不存在，而是此后的地貌变迁逐步形成的。详见图3-1。

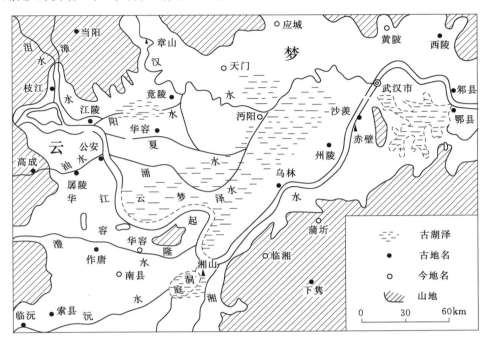

图 3-1 秦汉时期云梦泽示意图

注：资料来源于《中国历史地貌与古地图研究》，张修桂著，社会科学文献出版社，2006 年 2 月。

图 3-2、图 3-3 出处同图 3-1。

三、秦汉时期云梦泽的分割

秦汉时期，长江在江陵以东继续通过夏水和涌水分流分沙，使荆江三角洲不断向东发展，并和来自今潜江一带向东南发展的汉江三角洲合并，形成江汉陆上三角洲。因此，汉代在荆江三角洲夏水北岸自然堤章华台附近，首先设置了华容县。县治的设立，是三角洲扩展、经济发展的必然结果。《史记·货殖列传》载："江陵故郢都，西通巫、巴，东有云梦之饶"，指明云梦在江陵之东。《河渠书》载："于楚，则西方通渠汉水云梦之野，东方则通沟江淮之间。"意指从郢都凿渠东通汉水，中间经过云梦，说明云梦泽在江陵以东的江汉平原上。又《水经·禹贡山水泽地所在》说，云梦泽"在南郡华容县之东"，与《史记》所述一致。《汉书·地理志》云："华容，云梦泽在南，荆州薮。夏水首受江，东入，行五百里。"《后汉书·法雄传》说："迁南郡太守，断狱省少，户口益增。郡滨带江沔，又有云梦薮泽。"这个泽直到东汉末年犹在泽薮中见于记载。建安十三年（208 年）曹操赤壁战败后，在《三国志》裴松之注引乐资《山阳公载记》里作"引军从华容道步归，遇泥泞，道不通"，在《太平御览》卷 151 引王粲《英雄记》里作"行至云梦大泽中，遇大雾，迷失道路"，两书所记显然是同一事件，正可以说明华容道途经云梦泽。

因此推论，秦汉时期云梦泽的主体，由于江汉陆上三角洲的扩展，已被排挤在当时南郡华容县的南境。其东其北，虽属云梦泽，但已以沼泽形态为其主体。

四、魏晋南北朝时期云梦泽开始解体

由于江汉地区新构造运动有自北向南掀斜下降的性质，荆江分流分沙量均有逐渐南移、汇集的趋势。魏晋南北朝时期，随着汉水和荆江三角洲的不断伸展，众多的分流河道和人工开凿溪渎的流入，将云梦泽的大水面分解成若干小湖荡，故云梦泽之名已不见于史籍记载。至《水经》时代，云梦泽主

体已在华容县东。原华容县南所在的云梦泽，则为新扩展的三角洲平原所代替。随着荆江三角洲的扩展、开发，西晋时分华容县东南境，于涌水自然堤上增设监利县（今县北）。所以刘宋盛弘之在《荆州记》中说："夏、涌二水之间，谓之夏州，首尾七百里，华容、监利二县在其中矣。"此"夏州"当指荆江三角洲，"首尾七百里"虽有夸大之数，但说明当时荆江三角洲范围相当广阔，却是无可怀疑的。东晋时期又在今仙桃市治西北和市治附近分别增设云杜县和惠怀县（清嘉庆《大清一统志》卷338），当可说明这一点。

古云梦泽内陆三角洲扩展，县治设立，取而代之的是河湖交错的三角洲分流平原景观。对此，郦道元在《水经注》中作较为详细的记载："沔水自荆城东南迳当阳县之章山东……沔水又东南与扬口合，水上承江陵县赤湖……又东北，路白湖水注之，湖在大港北，港南曰中湖，南堤下曰昏官湖，三湖合为一水，东通荒谷……春夏水盛，则南通大江，否则南迄江堤，北迳方城西。又北与三湖会。三湖源同一水，宋元嘉中通路白湖，下注扬水……扬水又东北流，东得赤湖水口，湖周五十里，城下陂池，皆来会同。扬水又东入华容县，有灵溪水西通赤湖水口，已下多湖，周五十里。又有子胥渎，盖吴入郢所开也。水东入离湖，湖侧有章华台。其水北流注入扬水。扬水又东北与柞溪水合，水出江陵县北，盖诸池散流，咸所会合，积以成川。柞溪又东注船官湖，湖水又东北入女观湖，湖水又东入于扬水，扬水又北迳竟陵县西，又北纳巾吐柘。柘水即下扬水也。巾水出县东百九十里，迳巾城。巾水又西迳竟陵县北，西注扬水。扬水又北注于沔，谓之扬口，中夏口也……沔水又东得浐口，其水承大浐、马骨诸湖水，周三四百里，及其夏水来同，渺若沧海，洪潭巨浪，萦连江沔。沔水又东南过江夏云杜县东，夏水从西来注之，即堵口也，为中夏水……沔水又东合巨亮水口，水北承巨亮湖，南达于沔。沔水又东南，涢水入焉。沔水又东迳沌水口，水南通县之太白湖，湖水东南通江，又谓之沌口。沔水又南至江夏沙羡县北，南入于江"。"夏水出江津於江陵县东南，江津豫章口东有中夏口，是夏水之首，江之氾也。夏水又过华容县南，又东迳监利县南"。"夏水又东，夏扬水注之，水上承扬水於竟陵县之柘口，东南流与中夏水合，谓之夏扬水，又东北迳江夏惠怀县北，又东至江夏云杜县入于沔。"从以上《水经注》的记载中可以看出泱泱云梦泽已成为河湖交错的分流平原。有名称的湖泊有赤湖、路白湖、中湖、昏官湖、离湖、女观湖、大浐湖、马骨湖、巨亮湖和太白湖等。水域较大的大浐和马骨诸湖原是古云梦泽的残存部分，它们已被汉水和荆江三角洲推压到沿长江一带。大浐湖约在今仙桃市西境，马骨湖约在今洪湖的位置。太白湖位于今汉阳南部。明嘉靖《汉阳府志》载："太白湖，在县治九真山南，又名白湖或九真湖""周二百余里，西接沔阳，潜（水）自北来，西湖、李湖、沙湖、四港诸水汇焉；沱（指内荆河）自南来，直步、阳明、黄蓬诸水汇焉，而东南汇于沌水入江。春夏与新滩、马影、蒲潭、沌阳等湖合而为一，秋冬水落，沟洫始分。"太白湖水域极广，横跨汉阳、沔阳，联结四周诸湖，成为群湖之首，成为这一带的第一大湖。详见图3-2。

此外，另据《元和郡县志》复州条记载推断，马骨湖位置相当于今洪湖及附近地区。可见南朝时期，随着江汉陆上三角洲的东南向扩展，云梦泽主体不断被迫东移，城陵矶至武汉的长江西侧泛滥平原，大部沦为湖泽。当时此地区唯一的州陵县的撤销，可能与此有关。由此可见，此阶段的云梦泽已今非昔比，范围不及先秦之半，深度也当较为平浅。

五、唐宋时期云梦泽的消亡

随着江汉内陆三角洲的进一步扩展，日渐浅平的云梦泽主体已大多被填淤成陆地。至唐代，大浐湖和太白湖已不见记载，马骨湖虽见载于《元和郡县志》，已经是"夏秋汛涨，淼漫若海，春冬水涸，即为平田。周回十五里"，太白湖周围也沼泽化，已是一片"葭苇弥望""巨盗所出没"的小湖沼。到了宋代，马骨湖也不见古籍"百里荒"之称。北宋初期，在今监利县东北六十里设置玉沙县，管理和开垦新生成的三角洲平原，历史上著名的云梦泽基本上消失，大面积的湖泊水体已为星罗棋布的湖沼所代替。详见图3-3。

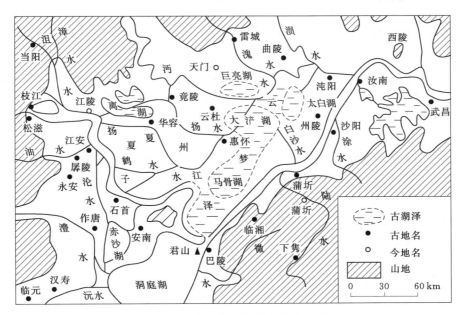

图 3-2 南北朝时期云梦泽示意图

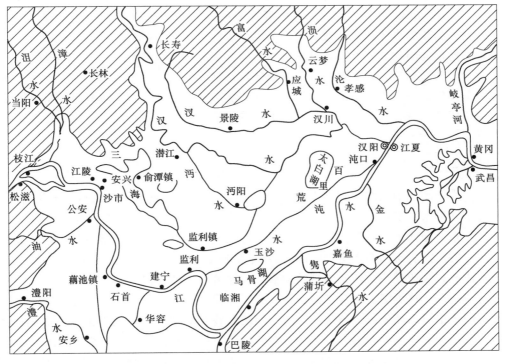

图 3-3 唐宋时期江汉地区水系图

第二节 四湖湖群的演化

一、演化过程

汉水三角洲和荆江三角洲不断地伸展，一方面是将古云梦泽淤浅和肢解成众多的小湖泊；另一方面，在荆江和汉水分支河道间的洼地内以及岗地边缘洼地内又形成许多大小不一的新湖泊。产生这些湖泊的原因是：①江汉盆地新构造运动仍处于不断的下沉中；②明清时期，四湖流域的长江堤防及汉江堤防已基本修筑一体，分流穴口也基本堵塞，加之荆江南岸已形成"四口分流入洞庭"的局面，因而流入四湖流域的水沙量大为减少，当下沉量大于泥沙堆积量时，在局部低洼地区又会重新聚水成湖，或由小湖变为大湖；③人们围湖垦殖的年代不同，接受泥沙淤积的量不同，因而出现"早围十年低一寸，迟围十年高一寸"的情况，一旦出现江堤溃决淹没，早围的民垸排水不畅，又积水成湖。因此，四湖流域的湖泊也是不稳定的，一直处于不断变化之中。一批老湖泊被淤填，一批新湖泊又在新的洼地内形成。

前已提及，太白湖在北魏时期，系由汉水和沌水分流潴汇所成，唐宋时期，湖泊周围沼泽化极其严重，葭苇弥望有"百里荒"之称（陆游《入蜀记》）。随着四湖流域大量水沙在此汇集、排入长江的结果，至明末、清初，在宋代"百里荒"故地上又新出现一个太白湖，周围二百余里，春夏水涨时与附近一些较小的湖泊连成一片，成为当时江汉间众水所归的巨浸（顾祖禹《读史方舆纪要》）。由于泥沙长期淤填的结果，宽浅的太白湖在清末光绪年间《湖北全省分图》上已基本消失，成为低洼的沼泽区。新中国成立后，随着东荆河下游改道工程的实施，太白湖与四湖流域分开成为汉江分洪区。

在太白湖淤填消亡的同时，洪湖地区则因四湖流域排水不畅，逐渐潴汇成湖。其实，洪湖地区在新石器时代至秦汉时期，属云梦泽东部的长江泛滥平原；魏晋南朝时沦为马骨湖，唐宋时期又变湖为田，宋人陆游、范成大舟行经此，均不见浩渺洪湖的存在。洪湖的名称始见于明嘉靖《沔阳州志》，但据清嘉庆《大清一统志·汉阳府》记载，东通黄蓬的上、下洪湖，中间还有陆地相隔，面积也不大。清乾隆二十七年（1762年）曾分沔阳县南境置文泉县，其治所在今洪湖中（《洪湖文史》）。可见到清初，洪湖大面积的水体尚未形成，洪湖的迅速扩展是在19世纪。

四湖群湖的形成与演化过程有着自身的特点，即云梦泽在不断被淤填、消亡的过程中，在其原有的地方又产生众多的新湖泊。尤其是自晋代开始修筑江河堤防至明清时期江河堤防已基本形成一体，长江、汉江逐渐形成明显河道，湖泊与长江、汉江的联系基本上被隔断，湖泊的自然演化进程逐渐被人类活动影响所代替（《中国湖泊志》），江湖不分的云梦泽不复存在，代之而存的是大面积洲滩和星罗棋布的湖群。

二、湖泊类型

四湖流域的大中型湖泊大多为通江敞水湖，即长江、汉江及东荆河与流域内湖泊并没有完全断开，湖泊水位随江河水位变化。小型湖泊水位年变幅1～2米，大中型湖泊3～4米，历年最大水位水差则可达8～10米。因此，一旦江河水涨，湖水泛起，滨湖地区即变成水乡泽国。民众修筑的民垸，垸内湖水上涨也要淹没农田（渍水更难排除），洪水消退后，滨湖农田淤高显露，有些内垸因积水难排，使农田变成或扩大成湖泊。四湖流域的湖泊，大体可分5种类型。

（1）河流遗迹湖。这类湖泊原为江河的一部分，后因河道变迁，自然裁弯或人工裁弯取直，原弯曲河道在裁弯的进出口迅速淤高、埋塞，弯道中间沉积物相对减少而形成湖泊。此类湖泊形如牛轭，俗称牛轭湖或月亮湖。遗迹型湖泊多分布在长江两岸，下荆江尤多。监利县的西湖、老江河、东港湖等属此类型。此外，在江汉平原形成过程中，众多的分流分汊水系被泥沙淤积，使河道变迁淤塞成湖。

（2）河间洼地湖。在古云梦泽的演变及江汉干支流挟带泥沙的淤积过程中，水流所挟带的大量泥沙，沿河床两岸漫滩沉淀，形成滩岸高、中间低的河间洼地，并聚水成湖。这类湖泊大多数湖底平坦，坡度缓和，形如碟状，水浅面大，边界无定，又易于垦殖。四湖流域为荆江与东荆河之间的河间洼地，其间分布的三湖、白鹭湖、洪湖、大同湖、大沙湖等均属此类型。

（3）岗边湖。此类湖泊多位于丘陵山区与平原湖区过渡带。由于山洪所挟泥沙灌潴而成湖。长湖、太湖等属此类型。岗边湖多湖岸曲折，湖岬和湖弯犬牙交错，湖岛兀立其中，湖盆呈锅底形，湖水相对较深，入湖支流众多，呈叶脉状分布。

（4）堤防决口湖。俗称倒口潭子。这类湖泊，出现在堤防兴起之后，因江河堤防决口，洪水冲刷而成，分布在江河两侧临近堤防内脚，多以渊、潭、口命名。沿荆江大堤的木沉渊、闵家潭、祁家渊、龙二渊等均属此类型。

（5）垸内湖。这类湖泊数量较多，居于民垸内的低洼之处，面积不大，大多呈碟形，湖底极平坦，湖泊面积随降水多寡而涨缩。

三、湖泊消减

四湖流域围湖垦殖由来已久，其湖泊的消亡与民垸的围挽成比例，但由于受历史资料的限制，无法将其消减情况调查清楚。至新中国成立初期，经调查四湖流域有面积在千亩以上的湖泊198个，面积为2748.30平方千米。详见表3-1。

表 3-1　　　　　　　　　四湖流域 20 世纪 50 年代初千亩以上湖泊统计表

所属县（市）	编号	湖　名	面积/km²	备　注
四湖流域	总计	湖泊 198 个	2748.30	
荆门县	合计	湖泊 6 个	84.18	
	1	借粮湖	59.50	
	2	彭塚湖	18.00	
	3	虾子湖	2.57	
	4	郑家套	0.73	
	5	西湖	1.38	
	6	南北垱	2.00	
江陵县	合计	湖泊 79 个	597.24	
	1	长湖	229.38	含荆门、潜江
	2	三湖	88.00	
	3	玻湖	14.17	
	4	菱角湖	32.78	
	5	北湖	含菱角湖内	
	6	南湖	含菱角湖内	原名蔡家湖
	7	余家湖	含菱角湖内	
	8	张家山	含菱角湖内	
	9	庙湖	4.09	
	10	泥港湖	2.94	
	11	文村渊	0.89	
	12	楚家湖	2.74	又名赵湖
	13	马脚湖	2.87	即胜利垸
	14	马子湖	0.81	
	15	太湖	5.26	又名沙滩湖
	16	九母湖	2.14	
	17	五谷湖	2.10	
	18	西王湖	1.13	
	19	张家湖	8.17	又名漳湖
	20	白水滩	6.50	又名襄湖垸
	21	玉湖	7.35	

所属县（市）	编号	湖　名	面积/km²	备　注
	22	东港湖	含玉湖内	
	23	五指湖	10.50	又名五嘴湖
	24	谷湖	含五指湖内	
	25	名杨湖	含五指湖内	又名明亮湖
	26	潘泊湖	7.15	
	27	岑湖	含潘泊湖内	
	28	姚场湖	含潘泊湖内	
	29	白渎湖	6.80	又名白大湖
	30	黎湖	3.25	
	31	清明湖	2.88	又名清碧湖
	32	桑梓湖	4.09	又名昌之湖
	33	穆湖	5.67	
	34	鸭子湖	39.72	又名压榨湖
	35	曹夹湖	含鸭子湖内	
	36	梅林湖	含鸭子湖内	
	37	蒿草湖	3.62	
	38	庭湖	7.69	北部属潜江
	39	十家湖	含庭湖内	又名荣家湖
	40	红花湖	含庭湖内	
	41	绿水湖	含庭湖内	
	42	下永湖	2.50	东北属潜江
	43	和尚垸	4.00	
	44	芦湖垸	11.75	含祝家湖
	45	朱家湖	1.06	
	46	陈私湖	0.89	
	47	顶阳湖	2.15	
	48	南北湖	3.81	
	49	西障湖	1.77	
	50	塘泥湖	0.94	
	51	东阳湖	2.31	
	52	孟家湖	1.06	
	53	李日湖	3.61	又名李白湖
	54	第甲湖	含李日湖内	含名荻葭湖
	55	大军湖	2.76	
	56	换渣湖	2.43	
	57	官湖	0.81	
	58	高湖	2.34	
	59	崔家渊	0.80	
	60	陈子湖	5.19	又名沉子湖
	61	茄子湖	1.88	

续表

所属县（市）	编号	湖 名	面积/km²	备 注
	62	北马面湖	4.48	
	63	南马面湖	2.44	又名南马尾湖
	64	姚子湖	2.56	
	65	孟君湖	含姚子湖内	又名孟家湖
	66	杨林湖	2.14	
	67	背时湖	2.37	
	68	台湖	0.81	
	69	北湖	1.37	
	70	长江湖	1.65	又名长仓湖
	71	淤泥湖	14.83	
	72	西藻湖	含淤泥湖内	
	73	沉湖	4.12	
	74	堤岸湖	1.84	
	75	毛李湖	3.43	又名毛梨湖
	76	景塘湖	1.88	
	77	石子渊	0.91	
	78	新兴垸	5.63	（豉湖东）
	79	龙二渊	0.86	又名邹阮渊
潜江县	合计	湖泊39个	233.57	
	1	白鹭湖	78.80	又名白露湖
	2	返湾湖	19.45	
	3	冯家湖	10.87	
	4	后湖	10.00	莫家岭西南
	5	官洲垸湖	7.00	腰河西南
	6	太白湖	1.86	高场以北
	7	淌湖	2.50	要口以东
	8	甘家湖	2.50	高场东南
	9	南湾湖	6.30	小荆河左岸
	10	史家湖	1.39	史南渠北
	11	四望湖	1.00	资福寺东
	12	野猪湖	1.25	宝湾东南
	13	周家湖	1.38	浩口原种场
	14	田家湖	3.56	田湖北部
	15	董家湖	3.56	柴林垸
	16	阴阳湖	16.12	又名运粮湖
	17	半渡（头）湖	4.25	运粮湖农场
	18	新合垸湖	1.81	
	19	莲子垸湖	1.12	观音庵附近
	20	长形垸湖	1.06	洪家垸北
	21	黄庄垸湖	3.12	下西荆河东

所属县（市）	编号	湖 名	面积/km²	备 注
	22	朱家垸湖	1.06	宋家场西北
	23	三合垸湖	2.12	土地口北
	24	冻青垸湖	1.63	竺家场西北
	25	官湖	1.80	土地口东
	26	郑林垸湖	1.03	土地口南
	27	洪马湖	1.13	铁匠沟东北
	28	西湖	2.44	
	29	东湖	2.08	
	30	金家湖	1.81	黄罗岗附近
	31	化家湖	3.86	陈陆河西
	32	马长湖	3.41	瞄新场西
	33	侯家湖	1.41	龙湾以东
	34	太仓湖	7.32	西大垸农场
	35	荻湖	2.87	熊口农场
	36	通盛湖	3.10	张湾渔场
	37	下永湖	6.37	高口以西
	38	上永湖	8.70	肖家场南
	39	黄丝洼湖	2.53	张金农科所南
监利县	合计	湖泊29个	314.62	
	1	沙湖	30.30	
	2	荒湖	58.00	
	3	南湖	含荒湖内	
	4	东湖	含荒湖内	
	5	西湖	含荒湖内	(8.66)
	6	扁湖	含荒湖内	
	7	陈家湖	含荒湖内	(31.63)
	8	四家湖	含荒湖内	
	9	青杨湖	含荒湖内	(10.45)
	10	泊湖	含荒湖内	
	11	王大垸	72.00	
	12	隆兴湖	17.20	
	13	大成池	2.00	
	14	马路湖	9.30	
	15	龚郑垸	4.67	
	16	辛西垸	3.70	
	17	青泛湖	6.92	
	18	马嘶湖	3.67	
	19	赤射垸湖	9.51	
	20	白艳湖	7.20	
	21	刘董湖	12.67	

续表

所属县（市）	编号	湖　名	面积/km²	备　注
	22	格子湖	3.50	
	23	朱梅垸湖	6.52	
	24	官湖	9.44	
	25	范张湖	5.33	
	26	西湖	6.69	
	27	莲湖	8.72	
	28	周城垸	3.33	
	29	东湖港	33.95	
洪湖县	合计	湖泊41个	1487.06	
	1	洪湖	735.19	
	2	大同湖	236.00	
	3	大沙湖	188.47	
	4	洋圻湖	65.70	
	5	万全垸湖	26.50	
	6	五合垸湖	26.00	
	7	磁器湖	19.00	
	8	沙套湖	18.70	
	9	西成垸湖	17.90	
	10	官湖垸湖	16.30	
	11	大有垸湖	13.40	
	12	永丰垸湖	12.20	
	13	还原湖	11.50	
	14	京抵垸湖	9.20	
	15	黄丰垸湖	8.80	
	16	六垸湖	7.50	
	17	郑家垸湖	8.20	
	18	清泛垸湖	5.30	
	19	青漫湖	4.90	
	20	叔公湖	4.20	
	21	车马垸湖	3.90	
	22	天城垸湖	3.80	
	23	仁和垸湖	3.40	
	24	放鱼湖	3.40	
	25	三百三湖	3.40	
	26	王家垸湖	3.30	
	27	提家潭湖	3.30	
	28	雷家湖	3.30	
	29	蔡家套湖	3.20	
	30	冒老垸湖	2.90	
	31	野猫湖	2.90	

续表

所属县（市）	编号	湖 名	面积/km²	备 注
	32	黄福垸湖	2.40	
	33	周老湖	2.20	
	34	郑兴垸湖	2.10	
	35	平塌垸湖	1.40	
	36	合丰垸湖	1.30	
	37	下前镇垸湖	1.30	
	38	民生垸湖	1.20	
	39	丰盈垸湖	1.20	
	40	东作垸湖	1.10	
	41	王岭湖	1.10	
石首市	合计	湖泊4个	22.80	石首市江北部分
	1	朱杨湖	5.40	
	2	大公湖	5.40	
	3	沙湖	5.00	
	4	箢子湖	7.00	

注 资料来源于四湖流域各县（市）水利部门调查统计。

20世纪50年代开始，四湖流域开展了一系列修堤防洪、挖渠除涝的水利建设，防洪排涝条件有很大的改善，推动了围湖造田的发展。特别是四湖总干渠、东干渠、西干渠三大干渠破湖贯垸一线开通，内垸积水排入长江，大量湖泊水落现底。至20世纪60年代，沿渠先后创办万亩以上的农场23个，开垦耕地面积110.86万亩，农村集体成片开垦农田139.92万亩。沿线的三湖、白鹭湖、桑梓湖、荒湖、大沙、大同湖等大量湖泊均已消失。至1972年调查统计，四湖流域千亩以上的湖泊45个，湖泊面积1009.20平方千米，较新中国成立初期减少湖泊154个，减少面积1739.1平方千米。

20世纪80年代至20世纪末，四湖流域湖泊数量变化趋于缓和，其围湖垦殖主要是在长湖、洪湖等湖泊的围堤内进行围挽，至1999年调查统计，全流域湖泊面积由1972年的1009.20平方千米减少至715.98平方千米，减少面积293.22平方千米。详见表3-2。

表3-2　　　　　　　　　　　1999年四湖流域千亩以上湖泊基本情况表

所属县(市、区)	编号	湖 名	地 址	湖底高程/m	湖泊面积/km² 1972年	湖泊面积/km² 1999年	湖泊容积/万m³	控制水位/m 最高	控制水位/m 正常	控制水位/m 最低
四湖流域	总计	45处			1009.20	715.98	241940			
荆门市	合计	湖泊3处			59.90	13.33	2940			
	1	借粮湖	毛李镇南	27.50	17.50	8.00	1800	31.00	29.50	28.50
	2	彭塚湖	毛李、官垱镇交界处	28.00	17.80	4.00	900	32.50	—	29.00
	3	虾子湖	官垱镇	31.00	24.60	1.33	240	33.80	—	31.80
荆州区	合计	湖泊2处			35.26	15.31	2610			
	1	北湖	马山镇	37.40	31.17	11.22	1790	39.50	39.00	38.00
	2	庙湖	纪南镇	28.80	4.09	4.09	820	—	—	—

续表

所属县(市、区)	编号	湖 名	地 址	湖底高程/m	湖泊面积/km²		湖泊容积/万 m³	控制水位/m		
					1972年	1999年		最高	正常	最低
沙市区	合计	湖泊2处			174.24	160.44	68100			
	1	长湖	荆门、荆州、沙市、潜江	27.20	171.3	157.50	63700	32.50	31.00	29.50
	2	泥港湖	观音垱镇	27.30	2.94	2.94	4400	—	—	—
江陵县	合计	湖泊1处			0.89	0.89	450			
	1	文岗渊	马家寨乡	26.50	0.89	0.89	450	—	—	—
潜江市	合计	湖泊3处			74.70	21.33	2000			
	1	白鹭湖	潜江、江陵	24.20	49.00	7.00	560	28.00	27.50	27.20
	2	返湾湖	后湖农场、皇庄东北	25.50	16.90	8.24	820	29.50	29.00	28.50
	3	冯家湖	龙湾镇	24.50	8.80	6.09	620	28.80	28.30	27.50
监利县	合计	湖泊7处			57.56	39.76	11950			
	1	沙湖	福田镇	24.50	5.20	1.05	1050	—	—	—
	2	王大垸湖	龚场、分盐	26.80	8.00	8.00	800			
	3	马嘶湖	汪桥、黄穴	26.00	3.00	1.07	980	—	—	—
	4	西湖		29.00	11.63	6.67	1250	31.50	30.50	29.50
	5	周成垸	福田镇	24.50	5.20	1.67	330	26.00	25.50	25.00
	6	东港湖	尺八镇	23.50	5.33	5.30	1300	26.50	25.50	24.50
	7	老江河	尺八镇、三洲镇	23.00	19.20	16.00	6240	28.00	26.50	24.00
洪湖市	合计	湖泊26处			600.54	459.82	153890			
	1	洪湖	洪湖市、监利县	22.40	426.10	344.43	132300	36.50	24.50	23.40
	2	土地湖	红旗渔场	23.40	10.73	8.28	1070	25.00	24.50	24.00
	3	西马艳湖	下淅河乡	23.20	1.29	1.38	190	25.00	24.50	24.00
	4	东马艳湖	洪湖办	23.30	1.53	1.53	200	25.00	24.50	24.00
	5	三角湖	洪狮渔场	23.30	1.85	1.85	520	26.50	25.00	24.50
	6	太马湖	洪湖办	23.30	7.70	1.50	200	25.00	24.50	24.00
	7	斗湖	洪狮渔场	32.20	1.92	1.92	550	26.50	25.50	25.00
	8	三八湖	洪湖办	23.50	3.40	2.37	480	25.50	25.00	24.50
	9	金塘湖	洪湖办	24.00	1.36	0.86	150	26.00	25.50	25.00
	10	植莲湖	螺山镇	24.00	4.16	3.76	880	26.50	25.50	24.50
	11	汉沙垸湖	瞿家湾	23.40	4.76	4.76	1140	26.50	25.00	24.50
	12	沙套湖	沙套湖渔场	20.20	7.91	7.91	2010	25.40	24.00	23.00
	13	磁器湖	新滩镇	21.80	4.50	1.17	200	24.00	23.50	22.80
	14	大沙子湖	大沙湖农场	20.50	33.5	12.42	3200	23.50	23.00	22.50
	15	夏庄湖	大沙湖农场	21.00	8.80	6.20	1160	23.50	23.00	22.50
	16	鸟湖	大沙湖农场	21.00	9.00	9.00	1500	23.50	23.00	22.50
	17	塘垴堰湖	大沙湖农场	21.20	6.60	6.60	1060	23.50	23.00	22.50
	18	白沙湖	龙口镇	23.00	1.32	1.32	160	24.50	24.00	23.50
	19	云帆湖	大同湖农场	22.20	8.00	3.70	600	24.00	23.50	22.80

所属县（市、区）	编号	湖 名	地 址	湖底高程/m	湖泊面积/km²		湖泊容积/万 m³	控制水位/m		
					1972 年	1999 年		最高	正常	最低
洪湖市	20	肖家湖	大同湖农场	21.80	14.00	7.69	1250	24.00	23.50	22.80
	21	形斗湖	黄家口镇	21.80	12.69	4.90	690	24.00	23.50	22.80
	22	东汊湖	黄家口镇	21.80	3.70	2.60	400	24.00	23.50	22.80
	23	周老湖	黄家口镇	22.00	2.56	2.56	420	24.00	23.50	23.00
	24	永宁湖	黄家口镇	22.10	3.31	3.31	500	24.00	23.50	23.00
	25	里湖	里湖渔场	22.00	16.00	14.20	2580	24.50	24.00	23.00
	26	吊口湖	小港农场	22.50	3.81	3.60	480	24.50	24.00	23.00
石首市	合计	湖泊 1 处			7.00	5.10				
	1	筏子湖	人民大垸	31.00	7.00	5.10	907	34.00	33.00	32.00

注　1. 此表源于四湖流域各县（市、区）水利部门调查统计。

　　2. 洪湖市现有湖泊表中 2～11 号系人工分割洪湖水域而成；14～18 号系人工分割大同湖水域而成；19～26 号系人工分割大沙湖水域而成。

　　3. 跨县（市、区）湖泊在一县（市、区）内统计。

20 世纪末至今，围湖垦殖现象虽大量减少，局部地区还一度提倡退田还湖，但随着区域经济的快速发展，部分城中及城镇近郊湖泊受到一定程度的填埋开发而出现萎缩，有的湖泊乃至完全消失。2012 年 2 月，湖北省人民政府启动湖北省湖泊资源环境调查。经此次调查，四湖流域有大小湖泊 92 个，总面积 567.57 平方千米，见表 3-3。在这些湖泊中，面积达到千亩以上的湖泊有 13 个，总面积 525.07 平方千米，占现有湖泊面积的 92％。其中，洪湖和长湖两个湖泊的面积为 438 平方千米，占总面积的 77％。

表 3-3　　　　　　　　　四湖流域湖泊统计表（2012 年一湖一勘调查）

序号	湖泊名称	湖泊位置	水面面积/km²	湖泊容积/万 m³	正常水位/m	湖底高程/m	备注
	四湖流域合计	92	567.57	281853.07			
（一）	沙洋县	11 个	21.06	38116			
1	西湖	后港镇	0.38	156	31.57	29.57	
2	破港湖	后港镇	0.25	87.5	32.05	28.55	
3	借粮湖	沙洋县毛李镇、潜江积玉口乡	8.90	1405	31.50	27.50	沙洋县、潜江市共有
4	彭塚湖	毛李镇	5.51	790	30.50	29.20	
5	宋湖	毛李镇	0.67	409	29.00	27.60	
6	虾子湖	官垱镇	0.68	178	32.00	31.00	
7	苏家套	官垱镇	0.48	72	32.36	30.86	
8	粮田湖	官垱镇	0.49	98	32.09	30.09	
9	白洋湖	官垱镇	0.28	33.6	31.42	30.22	
10	破港湖	官垱镇	0.25	87.5	32.05	28.55	
11	彭家湖	官垱镇	3.17	495	32.50	31.50	
（二）	荆州区	9 个	14.61	3830.9			
1	菱角湖	马山镇菱角湖管理局	12.90	3447	39.60	38.40	
2	九龙渊	东城街办事处	0.28	139	30.50	28.00	城中湖泊

序号	湖泊名称	湖泊位置	水面面积/km²	湖泊容积/万 m³	正常水位/m	湖底高程/m	备注
3	北湖	西城街办事处	0.23	25	30.50	28.00	城中湖泊
4	龙王潭	城南经济开发区	0.13	130	30.56	21.00	城中湖泊
5	西湖	西城街办事处	0.08	4	29.90	25.00	城中湖泊
6	洗马池	西城街办事处	0.02	2	29.45	28.00	
7	闵家潭	李埠镇	0.29	40.80	31.71	29.30	
8	清滩河	菱角湖管理区	0.59	33.50	36.12	34.00	
9	字纸篓	李埠镇	0.09	9.6	31.26	29.50	
(三)	沙市区	6个	132.62	38175.2			
1	长湖	荆州区、沙市区、沙洋县、潜江市	131.00	38000	31.50	27.20	荆州区、沙市区、沙洋县、潜江市共管
2	江津湖	崇文街办事处	0.42	65	29.10	27.00	城中湖泊
3	闪泊湖	观音垱镇	1.01	101	27.20	25.80	
4	张李家渊	中山街办事处	0.13	2.00	—	—	城中湖泊
5	文湖	解放街办事处	0.04	4.70	—	—	城中湖泊
6	太师渊	胜利街办事处	0.02	2.5	—	—	城中湖泊
(四)	开发区	1个	0.16	2			
1	范家渊	沙市农场	0.16	2	—	—	
(五)	江陵县	13个	4.12	2506.2			
1	龙渊湖	郝穴镇	0.57	164	26.50	24.70	城中湖泊
2	文村湖	马家寨乡	1.23	554	28.85	26.50	
3	背时湖	秦市镇拖船埠村	0.35	361.80	26.95	24.50	
4	车渊湖	熊河镇永固村	0.13	268.00	27.18	23.70	
5	观曲渊	资市镇古堤村	0.09	33.5	27.59	25.00	
6	黑狗渊	马家寨乡贤塞村	0.19	60	30.26	23.50	
7	江北渊	江北农场陈湾村	0.46	241.20	29.69	25.20	
8	平家渊	资市镇平渊村	0.08	30.20	26.82	24.50	
9	石子渊	白马寺镇石渊村	0.22	35.8	27.13	24.60	
10	瓦台垸	六合垸镇四分场	0.22	126.7	23.16	22.00	
11	熊家渊	熊河村熊堤村	0.07	32.00	26.75	24.00	
12	月亮渊	郝穴镇	0.08	387	27.28	24.30	
13	赵家渊	马家寨乡龙桥村	0.43	212	32.70	24.20	
(六)	监利县	19个	35.06	14728.8			
1	老江湖	三洲镇、尺八镇	18.00	10800	29.00	23.00	
2	东港湖	尺八镇	5.85	1340	26.00	23.50	
3	西湖	大垸管理区	5.56	720	29.50	28.00	
4	赤射垸	周老嘴镇、分盐镇	1.65	450	26.20	23.50	
5	周城垸	福田寺镇	1.29	358	25.50	24.00	
6	曾家垸	程集镇三弓村	0.21	240	26.62	24.62	
7	邓兰渊	红城乡姜铺村	0.12	67.00	25.47	15.41	

序号	湖泊名称	湖泊位置	水面面积/ km²	湖泊容积/ 万 m³	正常水位/ m	湖底高程/ m	备注
8	堤套湖	大垸管理区	0.14	40.00	28.65	25.05	
9	高小渊	汪桥镇李湖村	0.12	48.2	25.57	23.09	
10	郝家潭子	尺八镇孙木村	0.09	53.60	25.26	21.15	
11	刘童垸	分盐镇黄蓬村	0.54	93.8	24.33	22.72	
12	梅兰渊	红成乡刘铺村	0.24	35.2	25.52	17.52	
13	彭湖	柘木乡何埠村	0.22	110	25.61	22.61	
14	上剧口潭	白螺镇红灯村	0.09	24.10	25.96	19.96	
15	塘子河渊	程集镇堤头村	0.22	80.4	26.02	21.97	
16	铁子湖	福田寺镇老榨村	0.16	53.60	24.53	22.34	
17	下倒口潭	白螺镇红灯村	0.17	68.7	24.69	20.69	
18	渔栏渊	汪桥镇闸上村	0.19	30.2	26.10	24.10	
19	祝河塘	尺八镇福河村	0.20	134	26.81	18.20	
(七)	洪湖市	26 个	317.95	171882.99			
1	洪湖	洪湖市、监利县	308.00	168900	25.50	23.50	洪湖市、监利县 共管
2	沙套湖	燕窝镇、新滩镇	3091	1230	23.00	20.20	
3	施墩河湖	新堤办事处	0.29	52	24.81	22.50	城中湖泊
4	里湖	汉河镇	1.12	280	24.00	22.00	
5	周家沟湖	新堤办事处	0.03	5.5	25.00	21.50	城中湖泊
6	白沙湖	龙口镇堤街村	0.14	—	22.49	20.70	
7	白塘湖	大沙湖管理区	0.12	—	20.67	19.20	
8	昌老湖	乌林镇黄蓬村	0.15	19.2	23.12	21.50	
9	撮箕湖	新堤办事处	0.27	—	22.07	20.10	
10	港北垸湖	乌林镇吴王庙村	0.22	—	23.50	22.00	
11	还原湖	龙口镇傍湖村	0.27	—	22.95	20.95	
12	后套湖	燕窝镇民河村	0.43	70.35	22.06	20.50	
13	老湾潭子	老湾镇老洲村	0.35	20.1	27.14	22.20	
14	老洲潭子	龙口镇老洲村	0.13	260	22.37	—	
15	民生湖	新滩口镇东湖村	0.14	—	26.44	23.50	
16	南凹湖	汉河镇龙甲村	0.15	—	22.36	21.50	
17	彭家边湖	燕窝镇高峰村	0.08	—	23.98	21.80	
18	硚口潭子	乌林镇硚口村	0.08	14.28	23.65	19.90	
19	双桥潭子	龙口镇双桥村	0.07	70	20.92	—	
20	四百四	燕窝镇边洲村	0.22	101.5	23.35	20.00	
21	太马湖	滨湖办事处	0.09	539	22.40	21.20	
22	土地湖	沙口镇	0.84	—	22.31	21.00	
23	西套湖	新滩镇宦子村	0.29	84	22.07	19.50	
24	虾子沟	燕窝镇公五坛村	0.15	24.64	21.90	18.90	
25	新潭子	乌林镇吴王庙村	0.07	31.5	22.40	19.00	
26	姚湖	燕窝镇头村	0.34	—	23.98	21.50	

序号	湖泊名称	湖泊位置	水面面积/km²	湖泊容积/万 m³	正常水位/m	湖底高程/m	备注
（八）	石首市	4 个	31.56	11470			
1	天鹅湖	天鹅洲开发区	14.80	5920	35.00	32.91	
2	天星湖	小河口镇	11.30	4000	36.00	32.50	
3	筲子湖	大垸镇	4.63	1400	32.00	29.00	
4	大公湖	大垸镇大公湖村	0.83	150	32.50	30.00	
（九）	潜江市	3 个	10.03	1141			
1	返湾湖	后湖管理区	4.29	567	29.50	27.30	
2	冯家湖	龙湾镇	4.74	424	25.96	25.00	
3	郑家湖	龙湾镇	1.00	150	25.80	25.00	

第三节　主要湖泊

新中国成立初期，四湖流域主要湖泊有长湖、三湖、白鹭湖、洪湖、彭塚湖、借粮湖、豉湖、返湾湖、冯家湖、大同湖、大沙湖。经 60 多年的演变，现仅存长湖、洪湖两个大型湖泊（水面面积为 30 平方千米及以上）及 16 个中型湖泊（水面面积为 1～30 平方千米）。

一、洪湖

洪湖位于四湖流域下区，紧依长江与洞庭湖隔江相望，地处长江与汉江支流东荆河之间的平原洼地中。洪湖是中国重要湿地名录中的第 58 个湿地，湖北省第一大淡水湖，现为省级湿地保护区。

洪湖是四湖排水工程体系的重要组成部分，历史上最大湖泊面积 1064 平方千米，新中国成立初期实测面积 735 平方千米。1955—1959 年洪湖隔堤及新滩口排水闸的兴建使江湖分隔，湖面水位降低，为围湖垦殖创造了条件。1958 年开始，沿湖先后围垦三八湖、土地湖、北合垸、撮箕湖、新螺垸等大片湖泊，1965 年面积仍有 635 平方千米。1965 年后福田寺至小港四湖总干渠和 20 世纪 70 年代初螺山渠的开挖，使得原洪湖西片和总干渠以北湖面被逐年围垦，1972 年时洪湖面积只剩下 426.1 平方千米。1980 年大水后加固洪湖围堤形成围堤内 444 平方千米的封闭区。当时确定围堤内除留洪狮大垸、王小垸外，其余在围堤内的内垸和湖泊水面为汛期调蓄水面，面积确定为 402 平方千米。此后，非法围垦、侵占湖面并没有停止，现围堤内内垸有 42 个，占去湖面 111.42 平方千米。据 2012 年湖北省"一湖一勘"成果，洪湖水域面积为 308 平方千米。测量水位为 25.50 时，蓄水量为 8.28 亿立方米。详见图 3-4。

根据长江、东荆河的发育情况和江汉平原的演变过程，据地质钻探资料考证，在史前期，洪湖乃云梦泽的组成部分。秦汉时期，随着长江泛滥平原崛起，洪湖地域成为陆地，其地势南高北低，地表径流汇集沔境太白湖。以后，随着太白诸湖及河道地势渐次淤高，而洪湖地势则相对低下，加之长江沿岸浸坡增高，以及夏水挟带泥沙充塞，形成洪湖一带的河间洼地湖。

南北朝时期，洪湖地域出现大浐湖、马骨湖。大浐湖位于西北，马骨湖在其东南。据《水经注》记载："沔水又东得浐口，其水承大浐，马骨诸湖水，周三四百里，及其夏水来同，浩若沧海，洪潭巨浪，萦连江沔。"唐宋时期，马骨湖已退湖为田。宋乾德三年（965 年）设置玉沙县时，湖区已是成片大小民垸，分属白二、许一、后丰里。明成化至正德年间（1465—1521 年），"南江（长江）襄（东荆河）大水，堤防冲崩，垸塝倒塌，湖河淤浅，水患无岁无之。江堤常溃于车木（今监利县上车湾），更三十年不治，东门尽成水区矣"（明嘉靖《沔阳志》）。洪湖一名，最早出现于明嘉靖《沔阳志》，书中有"上洪湖、官湖、下洪湖"的记载，湖泊面积不大。清光绪《沔阳州志》记载稍详，"上

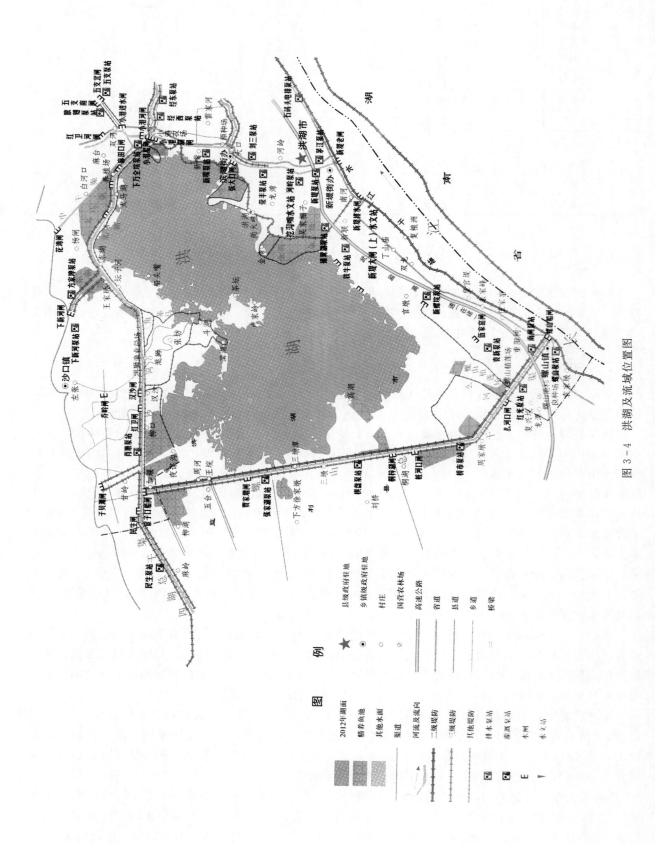

图 3-4　洪湖及流域位置图

洪湖在州南一百二十里，又南下十里为下洪湖，受郑道、白沙、坝潭诸水，与黄蓬湖通"。在上、下二湖之间尚有陆地间隔（即今茶坛至张家坊水域）。当时湖面"东西长约六七十里，南北宽约十里"。清光绪十三年（1887 年）开挖冯姓河后，接纳上游来水入湖，水面则成倍扩大。

清道光十九年（1839 年），长江干堤车湾溃堤，加之湖岸子贝渊溃堤，江汉两水汇集，诸水益广，上下洪湖连为一体，洪湖形成。

晚清至民国时期，洪湖水面达到极盛。清人洪良品曾作《又渡洪湖》诗："极目疑无岸，扁舟去渺然；天围湖势阔，波荡月光圆；菱叶浮春水，芦林入晚烟；登橹今夜月，且傍白鸥眠。"洪湖水面天围势阔，湖内港汊交错、芦苇密丛。20 世纪 30 年代初，洪湖地区曾是湘鄂西革命根据地，贺龙、周逸群、段德昌等带领红军利用洪湖天然屏障开展游击战，洪湖西岸的瞿家湾曾是湘鄂西省苏维埃政府的所在地，至今保存着大量革命遗址。同位于西岸的监利刽口烈士陵园，被列为"全国重点烈士建筑物保护单位"，园内碑塔高耸、松柏簇拥，安葬着数千名为保卫湘鄂西苏区而牺牲的烈士。

1956 年前，洪湖上纳四湖水系来水，下受长江、东荆河洪水倒灌，为敞水型湖泊。湖盆平浅，滨湖地区沼泽湿地广布，湖界不清，湖岸平直，湖面积随水位涨落变化。1839—1949 年间，一般水位条件下，洪湖水深 1.5～2.5 米，最大水深 4.5 米，特殊位置（如清水堡南侧一条）水深 6.5 米，湖泊最大宽度 39 千米，湖长 47 千米，面积 1064 平方千米（《沔阳县图》）。详见图 3-5。

新中国成立初期，经过实测，洪湖湖底高程一般为 22.00 米，当洪湖水位为 23.00 米时，湖面积为 215.5 平方千米；当水位达 27.00 米时，湖面积可达 735.19 平方千米。

新中国成立后对洪湖进行综合治理，洪湖湖水泛滥成灾的局面也随之成为历史。1956—1959 年，洪湖隔堤和新滩口排水闸告竣，使江湖分隔，遏制江河洪水的倒灌，有效降低洪湖水位。自 1958 年开始，洪湖面积逐渐减小。1958 年，湖东岸三八湖围去洪湖面积约 4000 亩；1958 年秋至 1959 年春，洪湖市沙口镇从湖北岸袁家台至粮岭、陈家台、娘娘坟、纪家墩至董家大墩修筑土地湖围堤，割裂洪湖面积 1.5 万亩；1960—1961 年，从螺山至新堤排水闸修筑长约 20 千米的"新螺围堤"围去洪湖面积约 1 万亩；1963 年开挖新太马河裁去洪湖东北麻田口、王岭、东湾、花湾等湖面；1965—1967 年，沿湖北缘开挖福田寺至小港段四湖总干渠，实行河湖分家，总干渠以北湖面成为农田。1971—1974 年，沿湖西部从宦子口至螺山开挖螺山渠道，并修筑洪湖围堤，垦殖洪湖面积约 16 万亩。至此，洪湖基本定形。

洪湖围堤全长 149.125 千米，其中洪湖市辖长 93.140 千米，监利县辖长 55.985 千米。洪湖围堤分为三段：①从福田寺起沿四湖总干渠南北两岸堤长 70.025 千米，其中自福田寺至小港四湖总干渠北长 41.84 千米（洪湖市 30.73 千米，监利县 11.11 千米），子贝渊河堤长 7.25 千米（洪湖市），下新河两岸堤长 8.06 千米（洪湖市），四湖总干渠南岸堤长 12.875 千米（监利县）；②洪湖东南围堤长 47.10 千米，属洪湖市辖；小港湖闸至张大口闸堤长 6.7 千米，张大口闸至挖沟子闸堤长 5.75 千米，挖沟子闸至新堤大闸堤长 10.55 千米，新堤大闸沿新螺垸至螺山渠道堤长 24.10 千米；③洪湖西堤从螺山泵站至宦子口接四湖总干渠南堤长 32 千米（属监利县辖）。由于洪湖围堤的建成和湖口涵闸控制，有效地发挥调蓄作用，并为充分利用湖水灌溉、养殖、航运、旅游等综合功能创造条件。

洪湖地势自西向东略呈倾斜，湖底高程 22.00～22.50 米，正常蓄水条件下，全湖平均水深 1.5 米，最大水深 5 米。湖泊最大宽度 28 千米，湖长 44.6 千米，岸线总长 240 千米。洪湖外表形态以螺山渠堤（洪湖围堤）与四湖总干渠堤为邻边，以与长江平行的湖堤为底边，呈三角形。三角形顶角指向西北，三角形高度为 22.28 千米，三角形底边为 32.45 千米。现有湖泊面积若以沿湖围堤为线，为 402.16 平方千米，若扣除围堤内新老围垸，面积为 344.4 平方千米。

洪湖水位消涨直接受上游来水影响，一般规律是：4 月起降雨增加，流域来水量增多，湖水位逐步上升；5 月长江进入汛期，湖水位加快上涨，7—8 月出现最高水位；9—10 月为平水季节，10 月外江水位消退，内湖开闸排水，水位下降迅速，直至次年 3 月。根据洪湖挖沟嘴站历年水位记载，1959 年以后（新滩口闸建成）历年最高水位 27.19 米（1996 年 7 月 25 日，见表 3-4），最低水位 22.20

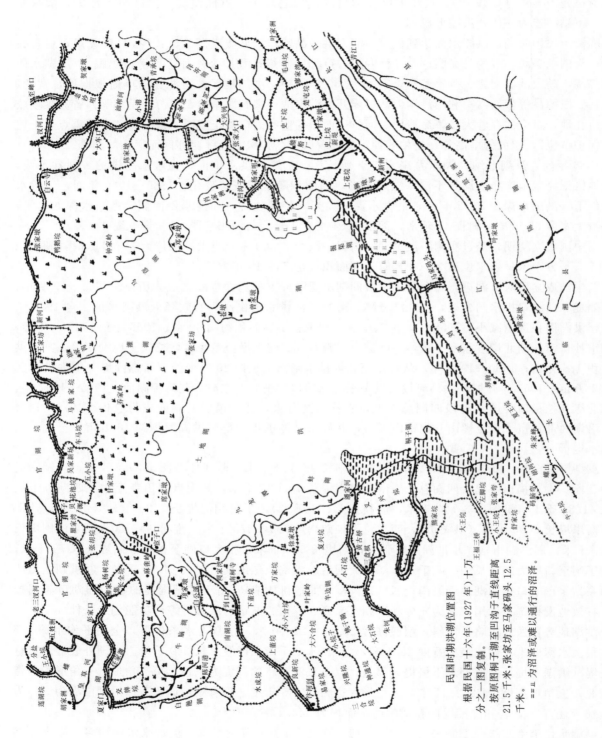

民国时期洪湖位置图

根据民国十六年（1927 年）十万分之一图复制。

按原图桐子湖至回沟子直线距离 21.5 千米，张家坊至马家码头 12.5 千米。≞≞为沼泽或难以通行的沼泽。

图 3 - 5 民国时期洪湖位置图

米（1961 年 2 月 22 日），洪湖基本干涸，正常水位 24.50 米，年高低水位差 4.99 米。多年平均入湖水量为 14.05 亿立方米，5 年一遇丰水年的来水量为 19.51 亿立方米，超洪湖最大容量近 8 亿立方米，全靠电力排水站提排出外江，否则将漫堤溢流，因此，洪湖围堤是四湖中下区的防洪重点。

表 3 - 4　　　　　　　　　　　　　　　洪湖（挖沟嘴站）历年最高与最低水位表

| 年份 | 水 位/m | | | | 年份 | 水 位/m | | | |
	最高水位	时间	最低水位	时间		最高水位	时间	最低水位	时间
1951	26.03	8 月 13 日	23.67	12 月 29 日	1984	24.86	7 月 7 日	23.44	2 月 18 日
1952	28.09	9 月 24 日	22.42	2 月 17 日	1985	24.77	8 月 17 日	23.54	5 月 6 日
1953	25.63	8 月 14 日	22.54	3 月 26 日	1986	25.76	7 月 22 日	23.45	6 月 7 日
1954	32.15	8 月 15 日	23.90	4 月 7 日	1987	25.89	9 月 6 日	23.71	12 月 16 日
1955	27.87	9 月 1 日	24.03	12 月 31 日	1988	26.05	9 月 11 日	23.54	5 月 6 日
1956	24.86	7 月 4 日	22.79	3 月 19 日	1989	26.11	9 月 8 日	23.99	3 月 23 日
1957	25.15	8 月 27 日	22.49	4 月 10 日	1990	25.50	7 月 5 日	23.86	2 月 9 日
1958	26.32	9 月 20 日	22.57	3 月 27 日	1991	26.97	7 月 18 日	23.89	12 月 20 日
1959	25.77	7 月 21 日	23.82	1 月 29 日	1992	25.59	6 月 29 日	23.85	1 月 19 日
1960	25.29	8 月 4 日	22.86	12 月 18 日	1993	26.12	9 月 27 日	23.86	1 月 5 日
1961	25.62	7 月 22 日	22.20	2 月 22 日	1994	25.08	7 月 21 日	23.85	4 月 9 日
1962	25.83	8 月 30 日	23.10	4 月 5 日	1995	25.69	6 月 27 日	23.83	4 月 12 日
1963	24.58	9 月 12 日	23.10	3 月 29 日	1996	27.19	7 月 25 日	23.61	3 月 9 日
1964	26.10	7 月 14 日	23.57	4 月 7 日	1997	25.39	7 月 21 日	23.68	2 月 27 日
1965	25.42	10 月 18 日	23.61	2 月 21 日	1998	26.54	8 月 2 日	23.77	3 月 1 日
1966	24.90	7 月 19 日	23.43	4 月 4 日	1999	26.72	7 月 4 日	23.55	3 月 1 日
1967	25.82	7 月 15 日	23.32	3 月 5 日	2000	25.80	10 月 7 日	23.28	5 月 24 日
1968	25.33	10 月 7 日	23.42	6 月 28 日	2001	25.45	6 月 23 日	23.91	4 月 19 日
1969	27.46	7 月 31 日	23.46	3 月 17 日	2002	26.16	8 月 22 日	24.05	1 月 21 日
1970	26.16	7 月 27 日	23.42	1 月 13 日	2003	26.53	7 月 18 日	23.94	2 月 11 日
1971	24.98	7 月 1 日	23.37	2 月 18 日	2004	26.75	7 月 25 日	23.60	4 月 25 日
1972	24.98	11 月 19 日	23.39	1 月 26 日	2005	25.54	9 月 9 日	23.97	5 月 7 日
1973	26.60	7 月 12 日	23.27	2 月 4 日	2006	24.82	8 月 8 日	23.82	4 月 11 日
1974	24.41	10 月 17 日	23.11	4 月 6 日	2007	25.22	9 月 9 日	23.82	5 月 23 日
1975	25.95	7 月 9 日	23.11	1 月 25 日	2008	25.30	9 月 7 日	23.77	5 月 26 日
1976	24.71	8 月 17 日	23.11	2 月 15 日	2009	25.51	7 月 7 日	23.85	2 月 24 日
1977	25.68	7 月 28 日	23.14	3 月 9 日	2010	26.86	7 月 23 日	24.09	2 月 18 日
1978	25.13	6 月 29 日	22.87	2 月 25 日	2011	25.67	6 月 28 日	23.20	5 月 21 日
1979	25.54	7 月 6 日	23.18	12 月 29 日	2012	25.40	7 月 3 日	24.06	2 月 21 日
1980	26.92	8 月 24 日	23.22	1 月 27 日	2013	25.50	6 月 11 日	24.11	4 月 20 日
1981	25.62	7 月 16 日	23.20	1 月 5 日	2014	25.42	9 月 23 日	24.24	4 月 10 日
1982	25.85	9 月 25 日	23.14	1 月 1 日	2015	25.68	6 月 11 日	24.18	5 月 8 日
1983	26.83	7 月 15 日	23.40	2 月 21 日					

注　1969 年洪湖长江干堤田家口溃口。

洪湖的调蓄作用十分明显。当水位由 24.50 米起调至 27.00 米时，可调蓄水量 8.7 亿立方米（不扒开围堤内民垸），相当于高潭口、新滩口、南套沟、螺山四大泵站机组全开运行 15 天的排水量。

洪湖湖底平坦，淤泥肥沃，气候温和，水深适度，是优良的天然渔场，其水产资源十分丰富，鱼类有74种，常见的鱼类有鲭、鲢、鲤、鲫、乌鳢、鳊及名贵鳜鱼、甲鱼等，还盛产河虾、田螺、螃蟹。洪湖水域的水生植物有92种，分属62属35科，多见有菱、莲、藕、蒿草、芦苇、芡实、苦草、蒲草、黄丝草、金鱼藻、马来眼子菜、软叶黑藻等，其中尤以莲籽最为著名。

洪湖是江汉平原至今保存尚为完好的一块湿地，水草茂密，鱼虾丰富，还是野鸭、飞雁等候鸟栖息觅食、越寒过冬的场所，在品种繁多的野鸭大家族中，有春去冬归，来自北国的黄鸭、八鸭、青头鸭；也有在这里安家落户的蒲鸭、黑鸭、鸡鸭。

洪湖还有着深厚的文化积淀。三国时期曾是"赤壁之战"的古战场；也是元末农民起义领袖陈友谅的故乡；在第二次国内革命战争时期，1931年3月至1932年8月，瞿家湾是湘鄂西革命根据地党政军领导机关的驻地，现为红色旅游经典景区之一，旅游资源极为丰富。

二、长湖

长湖地跨荆州、荆门、潜江三市，系四湖水系的四大湖泊之一，面积居第二位。该湖介于丘陵区和平原湖区的接合部，属岗边湖类型（见图3-6）。

长湖西起荆州区龙会桥，东至沙洋县毛李镇蝴蝶嘴，南至关沮口，北抵沙洋后港。湖泊水面中心地理坐标为东经112°27′11″、北纬30°26′26″，东西长30千米，南北平均宽4.2千米，最宽处18千米。湖底高程27.50米。2012年"一湖一勘"确定湖面积131平方千米。有99个洼，99个汊，湖岸线曲折，周边长180千米。在正常情况下，一般水位为30.00～30.50米，相应水面面积为129.9～142.6平方千米，容积为2.21亿～2.9亿立方米，当水位为32.50米时，相应水面面积为150.6平方千米，相应容积为5.43亿立方米。承雨面积为2265平方千米。详见表3-5。

表3-5　　　　　　　　　　　　　　长湖水位与容积关系表

水位/m	面积/km²	容积/万 m³	水位/m	面积/km²	容积/万 m³
27.00	0	0	30.50	122.500	27100.00
27.50	28.596	428.50	31.00	129.700	33400.00
28.00	49.212	2375.20	31.50	136.600	40000.00
28.50	73.000	54.00	32.00	143.590	46887.00
29.00	98.810	9819.60	32.50	150.600	54300.00
29.50	111.000	15000.00	33.00	157.500	61800.00
30.00	116.660	21062.00	33.50	164.200	69700.00

长湖形成时期较早，据《荆州府志·山川》记载："长湖旧名瓦子湖，在城（江陵）东五十里，上通大漕河，汇三湖之水（《水经注》记述，路白湖、中湖、昏官湖，三湖合为一水）达于沔（今东荆河），其西有龙水口（今太白湖）入焉，水面空阔，无风亦浪，瓦子云者，或因楚囊瓦而名钦。"长湖属河间洼地湖，或为岗边湖，由庙湖、海子湖、太泊湖、瓦子湖等组成，原为古扬水运河的一段。长湖在三国时期（220—280年）的水域仅限于观音垱镇天星观以北，龙口寨以东的水面。三国东吴兴元年间（264—265年），孙吴守军筑堤引沮漳河水设障为险抗魏，原来的扬水运河被水淹没，形成长条形湖泊。

三国归晋以后，战争主要发生在黄河流域，荆州一带没有受到大的战乱影响，于是将所壅之水放干垦为农田。五代后周太祖广顺二年（952年），荆南王高保融又"自西山分江流五六里，筑大堰"改名北海。北宋建隆二年（961年），宋太祖传旨"决去城北所储之水，使道路无阻"，北海复为陆地。南宋绍兴三十年（1160年），李师道为阻止金兵南侵，便又筑水柜，形成上、下海。南宋乾道年间（1165—1173年），由守臣吴猎再次修筑，引沮漳之水注三海，绵亘数百里，弥望相连，又为八柜"。开禧元年（1205年），守臣刘甲"以南北兵端既开，再筑上、中、下三海"。淳祐四年（1244

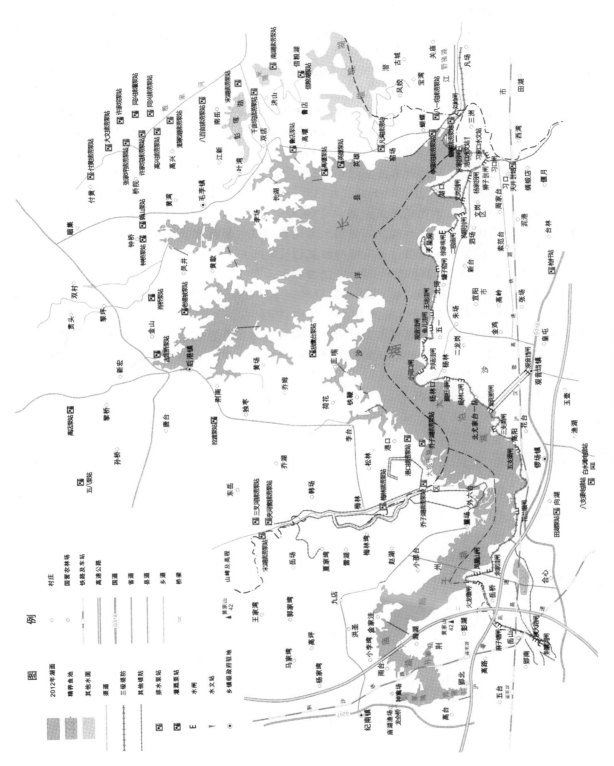

图 3 - 6 长湖及流域位置图

年）孟珙任江陵知府，"又障沮漳之水东流，俾绕城北入于汉，而三海遂通为一，随其高下为蓄泄，三百里间渺然巨浸"。

三国至宋，北海大体在江陵（今荆州区）东北今马山至川店一带，后扩大到纪南城以北的九店附近，筑堰储水，因在纪南城以北，水面又形如大海，故称北海。南宋时期，将北海范围再次扩大，将庙湖、海子湖连在一起，统称"三海"。到宋淳祐年间（1241—1252年），孟珙又多次引沮漳河水经长湖达于汉水，加修湖区堤防，"三海通一，土木之工，百七十万"。沙桥门至关沮口附近堤防形成。明朝初年，战事平息，湖泊南岸的民垸兴起，如小白洲垸、菱角洲垸、马子湖垸等，从沙桥门至观音垱的堤防也已形成。从观音垱至习家口，没有修筑堤防之前，长湖水从内泊湖、陟步桥泄入玉湖、五指湖，再入三湖，还可从习家口排入内荆河，或从西荆河排入东荆河。明代西荆河堤常决，洪水挟带大量泥沙，自东向西、北、南呈扇形淤积，加之沙桥门至昌马垱（观音垱附近）修筑堤防，排水受阻，长湖形成。长湖之名始见明代诗人袁中道："陵谷千年变，川原未可分，长湖百里水，中有楚王坟。"长湖因此得名。此时，长湖泛指瓦子湖、太白湖、海子湖。民国时期长湖位置见图3-7。

长湖东、北、西三面为岗地起伏之区，南靠中襄河堤防挡水。入湖水量经调蓄后，湖水由大路口、习家口自然排泄入内荆河，下泄长江。长湖上游岗丘起伏，汇流快。根据拾桥水文站观测记录，长湖地区多年平均年径流为266毫米，相应年均径流总量为6.023亿立方米，实测年径流量最大总量达12.28亿立方米（1980年），最小为0.95亿立方米。

长湖在历史上曾多次出现高水位。据记载，1848—1949年的100年间，先后4次（1848年、1849年、1935年、1948年）发生高水位的洪水，其中以1848年、1948年两年最高，1935年次之。新中国成立后，在习家口设站进行系统水文观测，1950年习家口最高水位33.38米；2016年7月22日，习家口最高水位33.45米，为长湖有水位记载的最高水位。1951—2012年的61年间，长湖出现33.00米以上水位的大水年有4年，出现29.00米以下水位（干涸）的有6年，最低水位为28.39米（1966年9月30日），详见表3-6。

表3-6 长湖（习家口站）历年最高、最低水位表

| 年份 | 水位/m | | | | 年份 | 水位/m | | | |
	最高水位	时间	最低水位	时间		最高水位	时间	最低水位	时间
1951	30.46	6月3日	29.81	12月28日	1968	32.24	7月27日	28.70	5月1日
1952	30.39	9月24日	29.61	2月27日	1969	32.56	7月18日	29.58	6月7日
1953	29.94	1月1日	29.47	6月21日	1970	32.24	6月11日	29.65	12月1日
1954	32.74	7月29日	29.63	1月4日	1971	30.41	10月10日	29.38	7月23日
1955	31.77	8月25日	29.96	6月8日	1972	31.03	11月15日	29.50	9月1日
1956	30.94	8月6日	29.49	12月31日	1973	32.03	9月18日	30.13	9月5日
1957	30.41	7月8日	29.41	4月9日	1974	30.66	10月17日	29.31	9月7日
1958	31.16	10月25日	29.00	3月11日	1975	31.31	8月14日	30.21	4月15日
1959	30.84	4月14日	29.69	10月25日	1976	30.60	7月20日	29.84	8月30日
1960	30.64	7月15日	29.31	12月30日	1977	32.01	5月20日	29.55	7月10日
1961	29.71	12月28日	28.96	9月20日	1978	30.41	12月10日	29.10	5月7日
1962	30.83	7月17日	29.40	5月5日	1979	31.60	6月6日	29.37	4月28日
1963	31.45	8月28日	29.47	2月14日	1980	33.11	8月6日	29.67	5月30日
1964	31.83	8月7日	29.40	4月10日	1981	30.42	4月8日	29.14	6月8日
1965	30.72	1月4日	29.62	7月20日	1982	32.49	9月21日	29.81	5月26日
1966	30.36	1月11日	28.39	9月30日	1983	33.30	10月25日	29.40	4月25日
1967	31.48	1月26日	29.36	1月15日	1984	30.51	12月31日	28.85	6月2日

年份	水　位/m				年份	水　位/m			
	最高水位	时间	最低水位	时间		最高水位	时间	最低水位	时间
1985	30.68	8 月 1 日	29.38	8 月 12 日	2001	30.70	12 月 11 日	29.57	8 月 6 日
1986	30.97	7 月 25 日	29.04	6 月 8 日	2002	32.25	7 月 27 日	30.24	10 月 11 日
1987	31.99	9 月 11 日	30.20	6 月 26 日	2003	32.15	7 月 24 日	30.01	4 月 21 日
1988	32.50	9 月 20 日	29.33	5 月 6 日	2004	32.31	8 月 25 日	29.64	6 月 3 日
1989	32.62	9 月 4 日	30.31	2 月 12 日	2005	31.58	9 月 21 日	30.16	7 月 26 日
1990	31.77	7 月 7 日	29.94	9 月 20 日	2006	31.22	8 月 14 日	30.12	12 月 6 日
1991	33.01	7 月 13 日	30.07	6 月 29 日	2007	32.74	7 月 28 日	30.14	6 月 8 日
1992	31.21	9 月 27 日	29.76	7 月 21 日	2008	33.03	9 月 3 日	30.51	5 月 27 日
1993	31.48	6 月 29 日	30.19	6 月 2 日	2009	32.37	7 月 4 日	29.90	11 月 2 日
1994	31.15	3 月 11 日	29.51	7 月 14 日	2010	32.24	7 月 25 日	30.19	12 月 3 日
1995	31.77	7 月 13 日	29.99	7 月 16 日	2011	31.40	10 月 28 日	29.16	6 月 9 日
1996	33.26	8 月 7 日	30.24	5 月 2 日	2012	31.37	7 月 2 日	30.24	4 月 3 日
1997	32.97	7 月 24 日	29.39	6 月 6 日	2013	31.88	9 月 30 日	30.49	8 月 21 日
1998	31.87	8 月 5 日	30.01	12 月 21 日	2014	31.33	12 月 4 日	30.30	6 月 22 日
1999	31.67	7 月 2 日	29.82	6 月 21 日	2015	31.51	7 月 25 日	30.24	9 月 25 日
2000	32.49	10 月 4 日	28.95	5 月 24 日					

　　长湖调蓄能力有限，每遇大水则下泄淹及四湖中下区农田。1951—1957 年的 7 年间，首先对沿湖老堤进行整险加固。1955 年，长江水利委员会提出的《荆北地区防洪排渍方案》中，将长湖作为一座综合利用的平原水库，进行综合治理。长湖南面以原中襄河堤为基础，进行改线，加固，形成库堤，东面新修习家口至蝴蝶嘴库堤；1961 年兴建习家口节制闸（亦为四湖总干渠渠首闸），1964 年修建刘岭节制闸和船闸，作为长湖通过田关河向东荆河泄水的主要通道。至此，长湖库堤连成整体，堤长 57 千米。1971 年长湖库堤改线，截断与内泊湖的联系，长湖库堤西起沙市雷家垱，北至沙洋毛李镇蝴蝶嘴，总长 47.94 千米，堤顶高程 34.70 米，堤面宽 4～8 米，迎水坡坡比 1∶3；背水坡坡比 1∶4，地面高程 31.50 米以下的地段筑有内平台，其高程不低于 31.50 米，大部分堤段外坡进行混凝土护坡。长湖库堤为长湖水利枢纽工程的组成部分，多次对库堤进行加高培厚，防洪能力不断提高，长湖由自然排泄转为人为控制，已成为四湖上区重要调蓄湖泊，具有防洪调蓄、灌溉养殖、水运等综合功能，有效防御 1980 年 33.11 米、1983 年 33.30 米、1996 年 33.26 米和 2016 年 33.45 米的高洪水位。长湖不仅可调蓄洪水，作为平原水库，还承担为下游输水灌溉的任务，1966 年出现 28.39 米最低水位，通过从万城闸引水入湖，解决春灌水源不足、供长湖周围及四湖中区近 150 万亩农田灌溉用水问题。长湖一般洪水，可通过田关闸或泵站向东荆河排泄，特大洪水，经批准可由习家口向四湖总干渠分流。

　　在长湖的治理过程中，因围垦水面呈减小趋势，水位为 32.50 米时，1965 年前水面为 215.00 平方千米，1972 年为 171.30 平方千米，现为 150.60 平方千米。1900—1901 年和 1928—1929 年间，长湖曾两次出现干涸，丫角庙处内荆河断流，可涉足而过。2011 年 6 月 9 日，长湖最低水位 29.16 米，相应湖面积 105 平方千米，较历史同期湖面积减少 35 平方千米。2010 年 3 月，引江济汉干渠先后穿越庙湖、海子湖、后港、长湖，均建有水系恢复工程。

　　长湖水面宽阔，水质良好，盛产鱼虾、湖螺、菱藕等，水产养殖十分发达，尤以长湖银鱼、螃蟹享有盛名，湖内航运条件良好，可沟通内河航运，常年通行中小型船只，曾是两沙（沙市、沙洋）运河的连接湖泊。

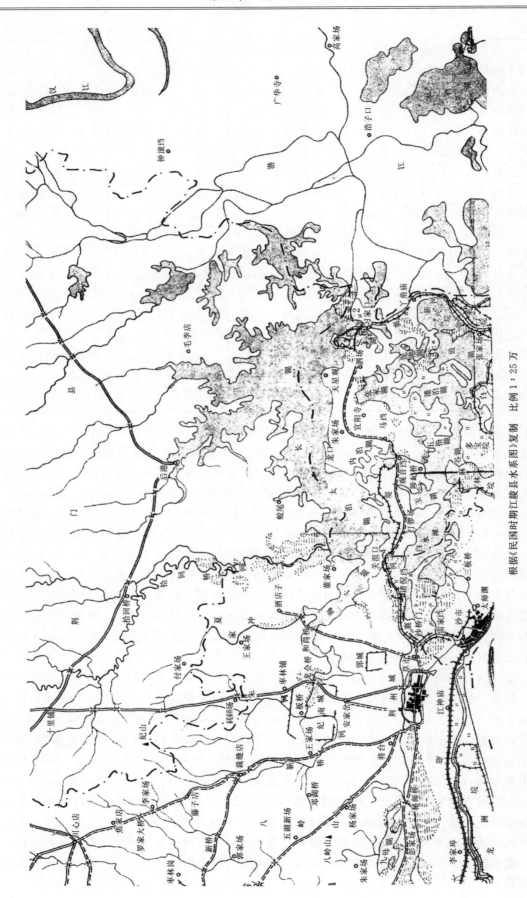

图 3－7 民国时期长湖位置图

根据《民国时期江陵县水系图》复制 比例 1：25 万

三、三湖

三湖位于江陵县东南部，地跨江陵、潜江两县（市），乃四湖水系的四大湖泊之一。《荆州府志·山川》载：三湖，"在城（荆州城）东八十里"。

三湖为云梦泽的遗存湖。泥沙淤积促使离湖解体，由大变小，变成若干个小湖。明朝时，三湖面积约 200 平方千米。明嘉靖三十五年（1556 年）沙洋汉江堤溃，至隆庆二年（1568 年）将溃口堵塞。大量泥沙淤积，迫使三湖向南退缩 15 千米。民国时期称公渡湖，以清水口为界，北部称阴阳湖（现称运粮湖），东北称塞子湖（又称半渡湖），东部称小南海，南部称三湖。详见图 3-8。三湖原由 13 个小湖组成。13 个湖泊中，龚家垸、赵家港、唐朱垸为最大，故名三湖。三湖属过水型湖泊，呈北窄南宽状，湖周皆垸田。湖岸线平直，湖底平浅，高程 27.60 米，南北长约 20 千米，东西宽约 15 千米，原有湖面积 122.5 平方千米。北有长湖水经习家口、丫角庙汇入，西纳沙市及豉湖之水，南有观音寺、郝穴之水入注，东经张金河、新河口下泄入白鹭湖。三湖上受长湖灌注，下因河道阻塞宣泄不畅，雨季湖水暴涨，使沿湖垸田屡受溃涝灾害。

三湖地势低洼平坦，沼泽遍布，盛产鱼虾、莲藕、芦苇。最高点清水口高程为 31.00 米，最低点赵家台高程为 27.30 米，平均高程为 27.80 米。湖底平浅，湖中蒿草茂密，约占湖面的 3/4。新中国成立初期，三湖水位（清水口）为 29.50 米时，湖水面积为 88 平方千米，相应容量 1.67 亿立方米。1959 年为湖北省湖泊管理处三湖养殖场。1960 年春，四湖总干渠挖通，横破三湖为南北两片，湖水下降。同年，三湖养殖场改建为湖北省国营三湖农场（今江陵县三湖管理区）。随着人口和社会经济的发展，经历在湖内挖渠、建闸，兴建二级电排站排涝，以及围湖垦殖、造田等治理过程，三湖已萎缩殆尽，其湖面及周围湖泊已全部开垦成农田，部分低洼地则开辟为精养鱼池。

三湖作为四湖流域原"四湖"之一，现仅存湖名，其湖泊功能已基本消失。

四、白鹭湖

白鹭湖，又名白露湖，跨潜江、江陵、监利 3 县（市），为古离湖遗迹湖。因其"遍地惟渔子，弥天只雁声"，以白鹭鸟（又称白鹭鸶）最多，故名白鹭湖。

白鹭湖一名出自唐代《诸宫旧事补遗迹》："王栖岩自湘川寓居江陵白鹭湖，善治《易》，穷律候阴阳之术。"清初《江陵志余·水泉》记载："白鹭湖上承长夏港水东流南曲，襟带民居。"湖南面有白湖村，原系湖泽，相传晋将军羊祜镇守荆州时，曾在此泽中养鹤，称为鹤泽。湖东南边古井口有濯缨台，相传屈原放逐，至于江滨行吟泽畔，曾在此假设（与渔父）问答以寄意。湖东西面伍家场乃楚伍子胥故里。

白鹭湖古名离湖，湖之北有章华台，《国语·吴语》伍员曰："楚灵王……筑台于章华之上，阙为石郭，陂汉，以象帝舜。"《水经注·沔水》载："（章华台）台高十丈，基广十五丈……，言此渎灵王立台之日，漕运所由也"。章华台规模宏大，殿宇众多，装饰华丽，素有"天下第一台"之称。章华台系游宫，是楚王田猎、游乐之所，搜天下好歌舞的细腰女子以供享乐。又有"细腰宫"之戏称。唐代诗人李商隐有《梦泽》名作："梦泽悲风动白茅，楚王葬尽满城娇，未知歌舞能多少，虚减宫厨为细腰。"章华台地望在何处，史籍记载在古华容县城内，后世推论一说在荆州沙市区，今沙市区章华寺相传即建在楚灵王章华台旧址上；一说在监利天竺山，《大清一统志》谓，古章华台在监利县西北。当代著名历史地理学家谭其骧认为："以方位道理计之，则章华台与华容县故址在今潜江县西南"。1980 年以来，在白鹭湖北缘龙湾镇发现一处面积 200 万平方米的东周至汉代的文化遗址。经考古发掘将龙湾宫殿基址群定名为"楚章华台宫苑群落"居址。故而推断白鹭湖为古离湖的遗迹湖。

白鹭湖水面浩大，明嘉靖三十五年（1556 年），汉江沙洋堤溃，直至隆庆二年（1568 年）将溃口堵复，经 21 年的泥沙淤积，湖面缩减。清朝时湖面南北长、东西宽均约 16 千米，北窄南宽，状若桃形，湖面积 215 平方千米。北有龙湾河纳返湾湖、太仓湖、冯家湖三湖水在陈陆河注入；西有余家

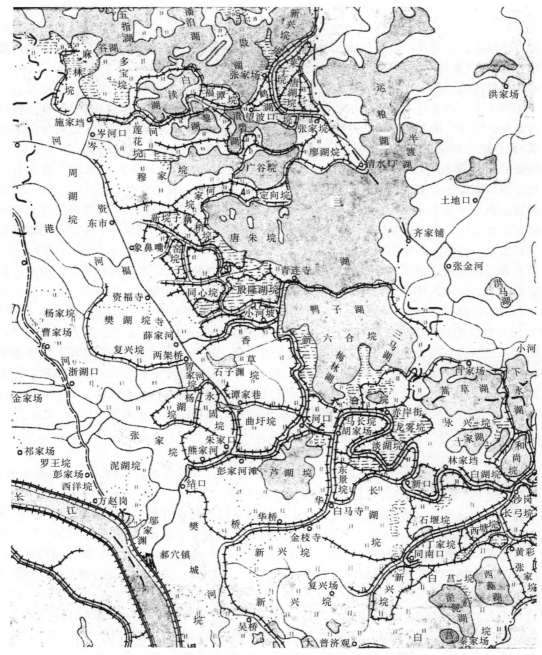

根据《民国时期江陵县水系图》复制　比例尺:1∶25 万

图 3-8　民国时期三湖位置图

沟、陈徐河、彭家台等河受长湖、三湖之水,经张金河汇入,东有熊口河在谭家港分支入湖。湖水经余家埠,古井口二支下达洪湖。后期因汉江堤防频繁溃决,夹带泥沙淤塞,白鹭湖形成西北高东南低的状态,湖面逐渐缩小。1954 年,湖面仅存 78.8 平方千米。民国时期白鹭湖位置见图 3-9。

　　新中国成立初期,当湖水位为 28.00 米时,湖水面积约 78.8 平方千米,相应容积 1.56 亿立方米。1959 年冬,在湖泊北部开挖严李垸至赵家台四湖总干渠,白鹭湖水位大幅度下降,水面锐减。1960 年潜江和监利分别创建西大垸农场和白鹭湖农场。1963 年春,两场合并,改为国营西大垸农场,围垦面积 61 平方千米。1966 年江陵县跨湖开挖五岔河,溃水直接排入总干渠,湖面再次减小。1970年开挖中白渠,增垦农田 2 万亩。1975 年兴建白鹭湖电力排水站。20 世纪 80 年代,白鹭湖仅存 4.2

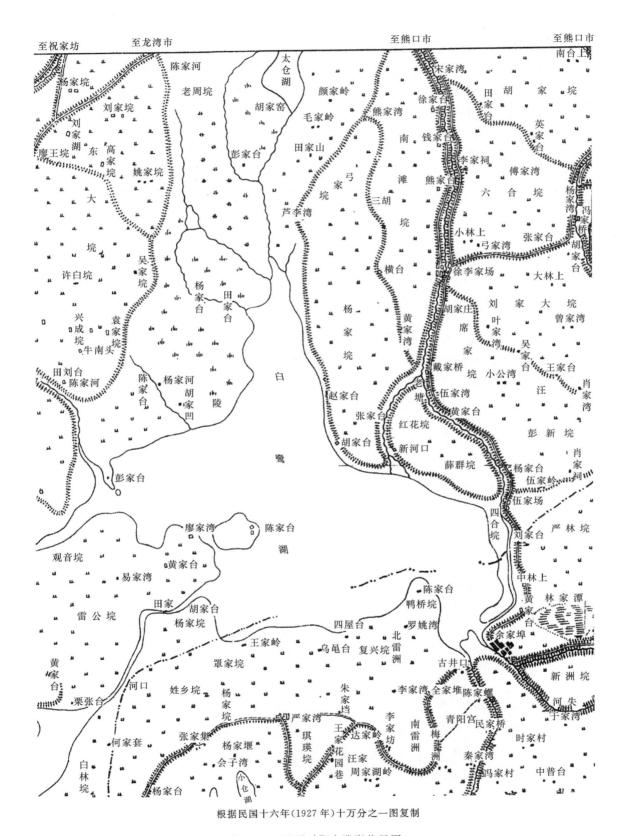

根据民国十六年(1927年)十万分之一图复制

图3-9　民国时期白鹭湖位置图

平方千米水面改造成精养鱼池，已失去调蓄作用。

五、借粮湖

借粮湖位于西荆河与田关河汇合处的三角地带，系荆门、潜江两市共有湖泊。据《荆门州志》（一说《荆州府志》）载："接粮湖，俗称借粮湖。西晋杜预攻江陵，常有船至此接粮，分给兵饷，故名。"借粮湖南段有一条长约 2 千米的天然河道与野猪湖、牛湾湖、四旺湖相通，总承雨面积 311 平方千米。此处地势低下，汇水成湖，最深处达 20 米。明嘉靖、隆庆年间，汉江沙洋堤屡决，泥沙壅滞，湖底逐渐淤高，后又逐渐分解成彭塚湖、洋铁湖、借粮湖。清代时，湖周广 20 多里，中有多汊，其中一汊与积玉口相通，南与枣子湖（汊）、四旺湖相通，汇三汊河水入西荆河。民国时期，湖水面积约 60 平方千米，后几经淤塞，湖面逐渐缩小。湖底高程 27.00 米，当水位为 30.20 米时，湖泊面积 24.8 平方千米，相应容积为 2289 万立方米。1954 年，湖水位曾达 33.50 米，为有记载的最高水位。

1955 年，荆州专区根据借粮湖水域辽阔、饵料丰富的有利条件，建立借粮湖渔场，年产成鱼 25 万千克。1956 年后，荆门、潜江两市沿湖民众开始围湖造田。1958 年，荆州专区将渔场移交荆门县管辖，潜江沿湖社队也参与养殖、捕捞，由于水域辖权之争没得到解决，湖区处于掠夺性捕捞状态，水产品产量极低。1958 年 10 月，经协商达成共同投资、共同管理、共同受益的协议，成立公司专门养殖，借粮湖得以较好地开发利用。

20 世纪 60 年代，随着四湖防洪排涝工程的实施，破野猪湖等湖泊开挖田关河，借粮湖水得以外排，水位降低，为围垦创造条件，潜江所辖的借粮湖东岸大部被垦为农田。围垦后的借粮湖当水位为 30.50 米时，湖泊面积 10 平方千米。2012 年 6 月，荆州市水文水资源局编制《借粮湖形态特征测量技术报告》，实测借粮湖东西长 5.67 千米，南北宽 4.6 千米，堤岸长 40 千米，湖泊面积 8.90 平方千米，湖容 1405 万立方米。详见图 3-10。

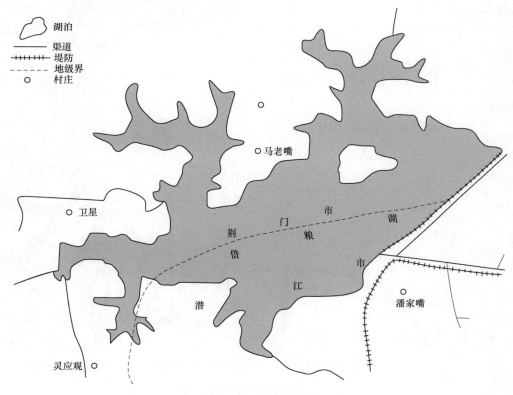

图 3-10 借粮湖位置图

六、老江湖（河）

老江湖位于监利县东南部，地处尺八、柘木、三洲3个乡镇之间。老江湖原为长江主泓道，因其河道弯曲，1909年发生熊家洲自然裁弯，长江主泓南移，此处成为长江故道。1957年堵筑尺八河湾的上下口门，修筑三洲联垸堤防，老江河遂成垸内湖泊，故名老江湖。

老江湖呈牛轭形（月弯形），全长20千米，最大宽度1100米，平均宽度818米，根据2012年湖北省"一湖一勘"资料，湖泊水面面积18平方千米，正常容积1.08亿立方米。湖底高程23.00米，最高水位29.20米，最低水位24.50米，常年平均水深6米。老江湖为半封闭型湖泊，水深质良，为发展水产提供极好的条件。1958年，监利县在此创建国营老江河渔场，年产成鱼20万千克。1990年，经有关专家、学者实地考察论证，农牧渔业部确定老江河为长江水系青、草、鲢、鳙"四大家鱼"种质资源天然生态库。自1992年建成运行以来，每年可向市场提供"四大家鱼"100吨，优质天然鱼种65吨，有效地保存了鱼原种的优良品质，防止鱼类资源衰退。老江河还是三洲、尺八、柘木等地排涝调蓄湖泊和灌溉的水源库。

七、天鹅湖

天鹅湖位于四湖流域堤外洲滩片区，其位置与石首市城区隔江相望，北抵石首横沟市镇，南以长江沙滩子堤为界，西与人民大垸接壤，东与石首小河镇和监利县珠湖口相连。地理坐标为东经112°31′36″～112°36′90″，北纬29°46′71″～29°51′45″。湖长20.9千米，2012年勘定湖泊水面面积14.8平方千米，蓄水量5920万立方米。

天鹅湖原为长江主泓沙滩子湾道，1972年，湾道自然裁弯，遂成长江故道。故道内环绿洲常有天鹅栖息，故称天鹅洲，湖（故道）以洲名，又称天鹅湖。湖区所在的石首天鹅洲长江故道区湿地被列入中国重要湿地名录，属长江中下游保存较为完好的湿地。国家先后在此建立"湖北长江天鹅洲白鳍豚国家级自然保护区"和"湖北省石首市麋鹿国家级自然保护区"，属于湖北省精品旅游区。

天鹅湖于1972年裁弯后，环湖建有人民大垸堤和六合垸堤。1998年大水后，对沿湖堤防进行了加高培厚，形成防洪大圈，并在大垸堤桩号0+175处建成天鹅洲闸，天鹅湖成为与长江半封闭的内湖。天鹅湖有广阔的水域和洲滩，人烟稀少，野草丛生，林木茂密，再加上长江故道鱼类众多，因而吸引大量水鸟栖息。洲滩上还生长水上原始水杨树林，树高3～5米，枝丫蔓延，交相缠绕，盘根错节，与水、草、花、芦苇、鸟、麋鹿形成奇妙景观。

八、天星湖

天星湖位于四湖流域堤外片石首市小河口镇境内，原为长江主泓中洲子湾道，1965年，水电部批复中洲裁弯工程，1966年10月，石首县组织民工实施，新开引河长4.3米，中洲子湾道成为长江故道。因故道中天星洲，以洲名称天星湖，湖区属"湖北石首中洲子长江故道湿地自然保护区"。

天星湖中心地理坐标为东经112°40′6″、北纬29°49′13″，东起长江入口处，西至天鹅洲经济开发区，北靠人民大垸围堤，南临小河口镇黑瓦屋、河沟子、南河洲天星3个自然村，通过江北联垸大堤上的杨波坦闸长江相连，湖长12千米，平均宽1250米。2012年，湖泊面积11.3平方千米，平均水深3.5米，容积约4000万立方米。

天星湖有广阔的水域和洲滩，林木茂密，动植物资源丰富，国家重点保护野生动物2种，包括Ⅰ级保护动物麋鹿1种和Ⅱ级保护动物长江江豚1种。

九、菱角湖

菱角湖古称赤湖，位于荆州古城西北35千米处，发源于荆州区川店镇三界冢，由张家山水库、上北湖、下北湖、余家湖、南湖、柳港河6个湖群组成。北至九冲十一岔，南抵保障垸隔堤，东靠阴湘城堤，西界当阳县草埠湖农场。地跨东经 111°54′～111°44′，北纬 29°54′～30°39′，湖泊面积 12.903 平方千米，容积 3447.9 万立方米。其中，张家山水库面积 3.66 平方千米，容积 2097 万立方米；上北湖面积 4.245 平方千米，容积 553.17 万立方米；下北湖面积 1.818 平方千米，容积 237.07 万立方米；南湖面积 1.798 平方千米，容积 359 万立方米；余家湖面积 1.211 平方千米，容积 158.85 万立方米；柳港河面积 0.171 平方千米，容积 42.7 万立方米。菱角湖平面形态呈不规则条状分布。

菱角湖旧称灵溪水，为沮漳河支流，由于河道变迁，积水成湖。《荆州府志地理》引《通志》载："灵溪水，在县（江陵）西"。《水经注》载："江水北会灵溪水，水无源泉，上承散水，合成大溪，南流注江。江溪之会有灵溪戍。"后因江流淤积，河道南迁，溪之下游，遂成湖沼，而称灵溪湖，后讹为菱角湖。刘宋盛弘之《荆州记》载："昭王十年（公元前 506 年），吴通漳水入赤湖进灌郢都，遂破楚"。赤湖即菱角湖，原菱角湖水面北抵川店樊家垸，西南至沮漳河，东达马山镇双林、蔡桥村，其间尚有蔡家湖、宦日湖、燕子湖、打不动湖、城子湖等湖泊，湖泊面积达 35 平方千米。因其入汇河流携带大量泥沙，年复一年在湖内沉积，湖泊自东北向西南逐渐淤浅，断山口以北部分湖域变成沼泽。

1951 年，菱角湖划为蓄洪区。1958 年 3 月，江陵县对菱角湖进行勘测规划，拟兴办农场；同年 8 月 13 日湖北省水利厅批复同意开荒办场；当年冬修筑蔡家桥滚水坝，将湖面分为南、北两片。1959 年后，开始复堤，建场垦殖。1961 年建立国营菱角湖农场。1962 年重建柳港排水闸。1964 年退堤还滩。1965 年从北至南在 39.50 米高程线上修筑湖堤，控制湖水。1974 年又将围堤向东推移至 39.00 米高程线上。围堤北起断山口，南抵保障垸隔堤，长 8.8 千米，堤顶高程 42.50 米。为了蓄水灭螺、抗旱，在蔡家桥修建滚水坝一座，分为南、北两湖。确定北湖正常水位为 39.50 米，最高水位 41.00 米。正常蓄水量为 2113 万立方米。北部张家山湖泊已建有张家山渔场，养殖水面约 3000 亩，北湖、余家湖已部分建成精养鱼池。围堤以外的原有湖泊荒地开垦成良田。经多年围垦和淤塞，菱角湖水域面积仅为 10.6 平方千米，汇流承雨面积 178.8 平方千米，湖底高程 37.50 米，一般水深 1.2 米，蓄水量为 3447.79 万立方米。

菱角湖地处沮漳河下游左岸，东北为丘陵岗地，西南属平原湖区，地形呈东北高西南低。湖沿岸有进出水口 6 处，其中闸口 5 处，明口 1 处。主要入湖河渠有柳港河、罗家垱排渠等大小 5 条河渠，上承沙港水库泄洪渠，张家山水库溢洪道，当阳市草埠湖管理区排水渠来水也可经菱角湖节制闸通过柳港河过柳港节制闸排入沮漳河。

十、彭塚湖

位于荆门与潜江两市交界处，由北湖（彭塚湖）、南湖（严家湖）、宋湖 3 个小湖组成，是四湖流域上区长湖片自然分蓄湖泊，湖底高程 28.00 米，最低水位 29.00 米，当水位为 33.00 米时，湖面 18 平方千米。此湖承纳荆门市付家场河 228 平方千米的来水，滞蓄后在殷家河口入西荆河。1960—1973 年，宋河及其周边许多湖汊如杨冲、任冲、后冲、张垸、许垸先后被围垦，仅剩湖面 7 平方千米。1974 年冬荆门县后港、李市两区又在彭塚湖主体部分北湖破湖挖河，围垦农田 1.35 万亩，致使付家场河来水无法调蓄（直入西荆河），荆、潜两县曾多次发生水事纠纷。同年，荆州地区革委会明令荆门毁堤蓄洪，但未能执行。1980 年 7 月 6 日至 8 月 14 日两次降雨 388 毫米，洪流湍急，西荆河和田关河水位上涨，形势危急。8 月 5 日，荆州地区四湖防汛指挥部下令扒口分洪，泄洪水量 2500 万立方米，但汛后又堵口复堤。2012 年对其子湖南湖和宋湖实施勘测，有水面面积 5.51 平方千米。

十一、东港湖

东港湖位于监利县尺八镇境内，原系长江干流，明末东港湖自然裁弯，长江主泓南移，此处成为长江故道。东港湖南北长、东西狭，呈椭圆形。湖之西南抵老江河，东北过朱家河连接洪湖，又称

"通江湖"。东港湖南北长 4.4 千米,东西宽 1.5 千米,湖岸线长 10 千米,湖泊面积 5.85 平方千米,蓄水 1340 万立方米,为排涝、灌溉、抗旱、养殖提供条件。

湖泊中心位置东经 113°14′,北纬 29°34′。湖底高程 23.00 米,最高水位 26.50 米,常年平均水深 1.5 米。东港湖建有国营渔场,盛产各种鱼类,尤以银鱼名扬中外。银鱼,头平而扁,双目晶莹。唐代有诗云:"白小群分命,天然二寸鱼。"其鱼身长一指,全身光滑透明,如银白色,故名银鱼。鲜鱼成菜,肉质细嫩,味极鲜美;若晒成鱼干,白如银,细如针,肉松无刺。此鱼在历史上曾为"贡品",现极为罕见。

十二、西湖

西湖位于监利县人民大垸管理区境内,荆江大堤外滩。原系长江主流,后由于长江自然裁弯,江流主泓逐渐南移,此地日渐淤积成洲,至 1911 年,江湖相通,为长江遗迹湖。在长江洪水季节,可分流洪水,枯水时则不与江水相通。1957 年 10 月,湖北省水利厅批准在荆江大堤外围垸建场,将上下口门封闭,修筑外滩围堤,创建国营人民大垸农场。1963 年,大垸农场划定湖泊面积 12.5 平方千米。尔后,因围湖造田,开挖精养鱼池,湖泊水面面积逐年减少,至 1987 年西湖面积只有 5.83 平方千米。2012 年全省"一湖一勘",湖泊水面面积 5.56 平方千米,容积 720 万立方米。

西湖形如弯月,东西长 4 千米,南北宽 1.5 千米,湖底高程 28.00 米,最高水位 31.80 米,最低水位 28.50 米,正常水位 29.50 米,最大水深 3.3 米,常年平均水深 1.2 米。西湖水深适宜,饵料丰富,为鱼类生长提供良好条件,湖中有鱼类 20 余种。西湖除水产养殖外,主要调节大垸农场内渍水,春夏之季作农田灌溉水源。

十三、箢子湖

箢子湖位于四湖流域荆江大堤外滩片区石首市大垸镇北碾垸境内,整个湖区被大垸围堤与北碾围堤所包围,自成独立垸系,通过大垸血防闸与长江相连。

箢子湖在 1949 年前是长江主泓道。1949 年长江自然裁弯,形成北碾子湾故道。1959 年,开始围挽垸堤。1972 年,石首县兴修血防堤,遂成内垸湖泊。据 2012 年全省"一湖一勘",箢子湖湖长 9.1 千米,平均宽 0.51 千米,水面面积 4.63 平方千米,湖泊水面中心地理坐标为东经 112°29′14″,北纬 29°49′31″。湖底平均高程 29.00 米,平均水深 3 米,容积 1400 万立方米。

十四、沙套湖

沙套湖位于四湖流域的最下端,地处洪湖市东北部。湖面东南以虾子沟为界,止于虾子沟桥;西抵仰口并通金泗沟与下内荆河相连;西北面以金泗沟民堤为界,湖面呈虾子形状。

沙套湖,原为长江支流,由于江水在此回旋西流,加之四湖流域诸水汇集到此归入长江,泥沙沉淀淤积,形成沙洲夹套,遗迹成湖。1949 年以前,湖泊面积随江水涨溢而扩大,退水而缩水。汛期高水位时湖泊水面面积 26.5 平方千米,一般水位时为 18.6 平方千米。因常年泥沙淤积,湖底淤高,周边民众围湖垦殖,湖面逐年缩小,至 1968 年湖泊水面面积为 6.37 平方千米。1979 年,湖北省水产局投资修筑 30.5 千米的沙套湖围堤,并在湖中间筑隔堤,将全湖分为南、北两套。南套称"沙套",北套称"李家套"。北套水深养鱼,南套水浅植莲。

沙套湖东西宽 4 千米,南北长 1.2 千米,湖形呈虾状。西部为头,东部为尾,呈西略宽、东略窄、长地貌,湖底坦。大体呈两个半边地貌。湖底高程 20.20 米,南半部较之北半部湖低 0.5~1.0 米,高程在 21.50~22.50 米,北半部高程 22.50 米左右;南半部全部是水面,湖水位 24.50~25.00 米,北部为浅水区域。2012 年全省"一湖一勘",确定沙套湖水面面积为 3.91 平方千米,相应容积为 1230 万立方米。

沙套湖湖底平坦,淤泥肥沃,水生植物茂盛,有蒿草、黄丝草、蒲草、茨实等。有候鸟栖息,盛产各种鲜鱼、螃蟹及莲、藕、菱等水产品。四大家鱼、红莲为主产。

十五、周城垸

周城垸位于监利县福田寺镇与汴河镇交界处地处四湖总干渠南岸,濒临洪湖。周城垸由牛鲁湖、匡家湖、白滟湖组成。

周城垸所在的区域湖沼遍布,以周城垸为最大,汛期群湖相连,并与洪湖相通。冬季时,水位下降自然形成各个子湖。1952 年,周城垸开始兴办渔场。1958 年,四湖总干渠破湖挖成后,大部分积水排出,剩下水面面积 4.8 平方千米。1972 年,螺山排渠开挖接四湖总干渠,周城垸被约束在两渠的夹角地带,其间的积水流向洪湖。1973 年,围湖造田,白滟湖改造成农田。1976 年,开挖沙(湖)螺(螺山排渠)干渠破湖而过,湖泊面积由 4.8 平方千米减少到 2.4 平方千米。尔后,四周修筑了围堤。

周城垸湖泊为长方形,东长 440 米,西长 460 米,南宽 4320 米,北宽 4530 米,湖底高程 24.00 米,多年平均水位 25.50 米,平均水深 1.5 米。据 2012 年全省"一湖一勘",湖泊水面面积 1.29 平方千米,容积 358 万立方米。湖泊中心地理坐标为东经 113°6′44″,北纬 29°52′53″。

周城垸湖泊周边为农田环绕,河渠分割包围湖泊形态保存完好,水质清澈,自 1964 年创办国营渔场以来,养殖草、鲢、鲫鱼等 20 多种。2011 年周城垸被农业部授牌水产健康养殖示范场。周城垸水体来源除自然降水外,主要承接监利县毛市镇、福田寺镇、汴河镇邻近村组降水时的地表径流,对农田起到调蓄作用,可灌溉农田近 666.7 公顷。

十六、文村渊湖

文村渊湖位于四湖中区江陵县马家寨西北部,由上渊和下渊两个渊组成。上渊文村夹位于荆江大堤 733+500~735+500 段,长 1800 米。下渊范家渊位于荆州大堤 731+350~733+500 段,长 2150 米。

文村渊属长江溃口冲刷而形成。据史料记载,明弘治十四年(1501 年),明正德十一年(1516 年),清康熙五十三年(1714 年),清雍正六年(1728 年),清道光五年(1825 年)等年间,文村夹堤段多次溃决,堤内文村、张黄、赵桥等处夷为深渊,且渊渊相连水体面积逐步扩大。清道光二十二年(1842 年)夏,连日大雨,5 月 25 日文村夹堤决口,口门宽 1000 余米,水冲最深处 14 米。水退后,决口口门堵口合龙,并于口门上下,各筑横堤一道,文村渊面积基本圈定,方圆面积约 3 平方千米。

自 1960 年开始,荆江大堤逐年加固,文村渔场仅一次性出让湖泊水面 20 公顷用于加固荆江大堤堤脚。经 20 多年的荆江大堤加固及沿湖村民围湖造田,文村渊湖水面不断减少。据 2012 年全省"一湖一勘",此湖水面面积为 1.23 平方千米,容积 554 万立方米。历年最高水位 30.88 米,历年最低水位 25.88 米,常年水位 28.85 米,最大水深 4.5 米。

文村渊湖内以水产养殖为主,自 1995 年江陵县在此创办文村渔场至今,常规养殖青、草、鲢、鳙四大家鱼,湖边尤以野菱、野莲、野藕为甚,特别是野藕具有较高的加工价值。

十七、里湖

里湖位于四湖流域下游,距洪湖市城区 26.5 千米的南港河畔。

里湖历史上为长江、东荆河、内荆河水汇流之区。明嘉靖《沔阳志》称乌流湖;清光绪《沔阳州属全图》标为乌柳湖;民国时期,沿湖浅滩渐露,湖面缩小,称淤泥湖。1956 年,兴建洪湖隔堤,1959 年兴修新滩口排水闸,结束江河洪水倒灌的历史。1964 年 10 月,洪湖县人民政府兴办国营渔场,将淤泥湖湖水较深一侧围成渔场,始称里湖,中线有一子坝分隔,大水季节又与淤泥原湖连成一体。1971—1986 年,沿江河堤防修建南套沟、高潭口、新滩口等 10 处一级电力排涝泵站和 11 处自排涵闸，使洪湖地域水位得以控制，里湖被定格为一封闭式湖泊，其辖区面积 12.94 平方千米，水产品养殖面积 10.92 平方千米。此后，里湖内逐步开挖成精养鱼池和莲池。据 2012 年全省"一湖一勘"，湖泊水面面积为 1.12 平方千米，相应容积约 280 万立方米。湖泊中心地理坐标为东经 113°35′2″，北纬 29°58′36″。

湖泊成五边形，无汊湾、五边略高、湖底平坦。湖底一般高程 22.00 米。历年最高水位 24.50 米，正常水位 24.00 米，最低水位 23.00 米，湖水深度在 1.5～3 米。

里湖水质优良，湖底平坦，水生植物繁茂，是四湖流域名、优、特商品鱼生产基地，尤以河蟹、鳜鱼、鳖和中华银鲫出名。

十八、内泊湖

内泊湖位于沙市区观音垱镇，东与金鸡、二龙岗相邻，西与新阳村交界，南靠观音垱村，北濒长湖。湖南中心地理坐标为东经 112°22′27″，北纬 30°23′2″。

内泊湖原为长湖的一个汊湾，湖面起大风时，在长湖航行和作业的船只避风停泊于此汊湾，"内泊"一名即由此而来。1958 年，江陵县在此成立内泊湖渔场，此时湖泊水面约 1.6 平方千米，水深 1.5～2.5 米。1971 年，长湖南岸堤线取直，在内泊湖段，新的湖堤由新阳村直抵杨林口，内泊湖与长湖隔开，中间以杨林口相通。1984 年，渔场在湖中筑堤，将部分湖面改造成精养鱼池，湖面缩小至 1 平方千米左右，水深也逐渐减少至 1.0～1.5 米。

内泊湖狭长弯曲，南北长 1200 米，东西最宽处 700 米，岸线总长约 3.8 千米。据 2012 年全省"一湖一勘"资料，湖泊水面面积 1.01 平方千米，水位 27.20 米，水深 1.0 米，容积 101 万立方米。

内泊湖以水产养殖为主，养殖品种除青、草、鲢、鳙四大家鱼外，还有银鱼、乌鳢、河鳗、黄颡鱼等经济价值较高的名优鱼类。

内泊湖地处古云梦泽西部边缘，湖泊周边地势相对较高，自古即有人类居住，位于湖东北角的杨林口，属东周古聚落遗址，南北长 450 米，东西宽 300 米，文化层厚 1 米，已没于水下。此处西距荆州古城和楚都纪南城仅 20 余千米，水运方便，因此成为八岭山之后楚国的另一重要的王室墓葬地，在面积约 10 平方千米的条状网地下面，有一个大型战国古墓葬群，其中部分古墓随千年风浪的淘蚀而没于湖底。

十九、返湾湖

返湾湖位于四湖流域中区潜江市后湖管理（农场）西南部，由云梦泽遗迹湖演变而成。返湾湖所在区域分南北两湖，南部习称前湖，北部则称后湖。返湾湖为前湖，北部（现后湖管理区场部所在地）为后湖。清初，前、后湖承接东、北、西三方来水，水面面积约 42 平方千米，清康熙年间有返湾三湖的记述。清光绪《潜江县志》载，返湾垸有田 1327.27 公顷。清雍正五年（1727 年）沙洋铁牛寺堤溃，未能及时堵复，经年洪水夹泥沙冲积，三湖一带尽淤成田，返湾湖也因此分割成前湖、后湖。清道光四年（1824 年），东荆河右岸长湖垸龚家湾堤溃，返湾湖淤填，湖水面积缩小，且被分割为零星沼泽区。1940 年前，前湖水面面积约 26 平方千米，水深 1.5～2.4 米。

1957 年，后湖农场在此创办养鱼场，靠返湾湖捕鱼，测算湖面有 10 平方千米。自 20 世纪 60 年代初开始，大搞农田水利建设，排除湖渍，湖面进一步缩小，湖水变浅，调蓄能力下降。

1971—1978 年，后湖农场在返湾湖四周筑起一道长 15 千米的围堤，圈定养殖水面面积 7.33 平方千米。同时在湖的北面破湖开挖电排河，挖通中支渠。2012 年全省"一湖一勘"，返湾湖有水面面积 4.29 平方千米，容积 520 万立方米。湖泊水面中心地理坐标东经 112°48′57″，北纬 30°18′51″。

返湾湖自然生态环境良好，1995 年开始旅游开发，有"湖中有岛，岛中有湖，水中有荷，池中有花"的水乡园林和湖区风景特色，是周边地区群众盛夏消暑的胜地。

二十、冯家湖

冯家湖位于潜江市龙湾镇西南部，因湖的北岸有一冯家台地名得名。冯家湖为古云梦泽的遗存部分，形状为不规则梯形。冯家湖是沟通长江，汉水的扬水水道必经之处，长期受长江、汉江的分流影响，逐渐淤塞并分割解体，形成包括冯家湖在内的大小湖泊。冯家湖在明代时由黄家湖、郭家东湖、郭家西湖、华家湖、上湖等子湖组成。北承返湾湖，赵家河，浩子口河来水，南受白鹭湖水顶托，每遇暴雨，河湖相连，白水浩渺。清末至民国时期，冯家湖水面面积为 50 平方千米。1949 年后，因周边郭家东湖、郭家西湖、上湖等子湖湖水降落相继垦为农田。1955 年，冯家湖面积为 10.87 平方千米，水深 1~2 米。1956 年，潜江县在此建立国营龙湾渔场，沿湖面修筑长 11 千米的围堤。1967—1980 年，万福河、龙湾河开通后，冯家湖湖面缩小为 8.8 平方千米。据 2012 年全省"一湖一勘"，湖泊水面面积为 4.74 平方千米，常年平均水位 25.96 米，容积 880 万立方米。湖泊水面中心地理坐标为东经 112°41′2″，北纬 30°12′15″。

冯家湖以渔业养殖为主，养殖有青、草、鲢、鳙四大家鱼及一些名优、特鱼种，湖区内种有莲藕。冯家湖内有大大小小的鱼塘散落其中，周边稻田环绕，稻香鱼肥，尽显鱼米之乡的丰腴。

第四节 古 河 道

长江出三峡进入范围广阔的云梦泽地区，荆江河槽通常被淹没于湖沼之中，河道形态不甚明显，大量水体以漫流形式向东汇注。至先秦两汉时期，由于长江泥沙长期在云梦泽沉积的结果，以沙市为顶点的荆江三角洲在云梦泽的西部形成。荆江在云梦泽西部的这一陆上三角洲上呈扇状分流水系向东部扩张，荆江主泓道受南向掀斜构造运动的制约偏在三角洲的西南边缘。在陆上三角洲中部汇注云梦泽的荆江分流有夏水和涌水。由于南向掀斜运动的影响，主泓道南移而演变成分流水道。荆江三角西北边缘的分流，较早萎缩而不著名，春秋后期，楚利用它东北流的形势，凿渠通汉水使之成运河，其后始有扬水或大夏水之名。

魏晋时期，荆江三角洲在向东发展的同时，也在向南扩，塑造古华容县南境的荆江自身河道。《水经·江水注》记载，石首境内下荆江河床形态已极为清晰，两岸有众多的穴口分流，鹤穴分流便是其中之一。

唐宋时期，江汉平原的云梦泽已完全解体，成为古迹。由于地势的普遍抬高，"萦连江沔"数百里的云梦泽已为星罗棋布的江汉湖群所取代。监利境内云梦泽的消失，使沙市以下荆江统一河道最后塑造完成。

一、夏水

秦汉时期，荆江在江陵分南北两支流，分称南江、北江，中间有梅回洲，见图 3-11。夏水在北江豫章口，分支呈西东向流，汇汉水，东北行再入长江。因其"冬涸夏盈"而称夏水。早在春秋时就有夏水的记载。西汉《汉书·地理志》载：夏水"首受江，东入沔"。详见图 3-11~图 3-13。

据《水经注》载："夏水出江津于江陵县东南，江津豫章口东有中夏口，是夏水之首，江之汜也。屈原所谓过夏首而西浮，顾龙门而不见也，龙门，即郢城之东门也。又南过江陵县南，县北有洲，号曰枚迴洲，江水自此两分，而为南、北江也。北江有故乡洲……下有龙洲，洲东有宠洲……其下谓之邴里洲。洲有高沙湖，湖东北有小水通江，名曰曾口。江水又东迳燕尾洲北，合灵溪水，水无泉源，上承散水，合承大溪，南流于江。江溪之会有灵溪戍，背阿面江，西带灵溪，故戍得其名矣。江水东得马牧口，江水断洲通会。江水又东迳江陵县故城南。城南有马牧城，西侧马径。此洲始自枚迴下迄於此，长七十余里，洲上有奉城，故江津长所治。旧主度州郡，贡于洛阳，因谓之奉城，亦曰江津戍也。戍南对马头岸，昔陆抗屯此与羊祜相对……北对大岸，谓之江津口，故洲亦取名焉，江大自此始

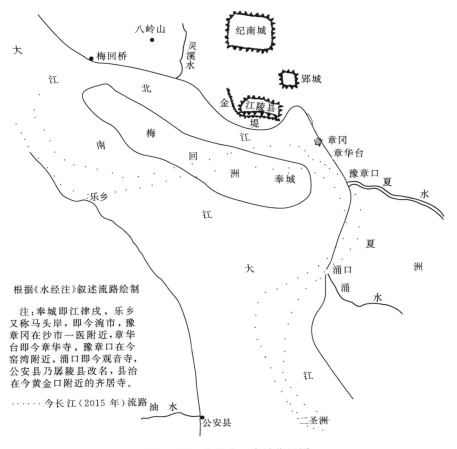

根据《水经注》叙述流路绘制

注:奉城即江律戍,乐乡
又称马头岸,即今沅市,豫
章冈在沙市一医附近,章华
台即今章华寺,豫章口在今
窑湾附近,涌口即今观音寺,
公安县乃孱陵县改名,县治
在今黄金口附近的齐居寺。

······今长江(2015 年)流路

图 3-11 古夏水、奉城位置图

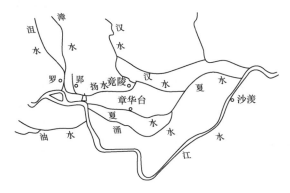

图 3-12 春秋战国时期的夏扬水系图

图 3-13 明清时期的夏水与东荆河

也。······江水又东迳郢城南。江水又东得豫章口,夏水所通也。西北有豫章冈,盖因冈而得名也。或
言因楚王豫章台名,亦未详也。江水又迳南平郡孱陵县乐乡城北,吴陆抗所筑······又东南,油水从东
南来注之。"

关于夏水的源委,刘宋盛弘之所撰《荆州记》亦有所记。南朝时期,临川王刘义庆于元嘉九年
(432 年)出任荆州刺史,盛弘之任临川王侍郎。他对荆州的山水变化情况比较清楚,叙述也更准确。
"云杜县左右有大浐、马骨等湖,夏水盈则渺瀁若海,及冬涸则平林旷泽,四眺烟波。"夏水与沔水会
合的地方云杜、沌阳一带,其范围相当于今内荆河与东荆河交汇地区,新中国成立后辟为汉江杜家台
分洪区。据《沔阳县志》载:"沔阳,汉、晋乃云杜,竟陵地。""梁天监二年,始置沔阳郡设沔阳县,
因郡治在沔水之北而得名。"云杜县乃西汉时置,治所在今湖北京山县,西魏时废。一说故城在今湖

北沔阳西北。晋时云杜县的范围很大,据有京山、荆门、天门各一部分。

战国时期夏水的流经,还可以从战国末年伟大诗人屈原的《哀郢》一辞中略知一二。屈原在《哀郢》中多次提到夏水与长江,辞中"去故乡而就远兮,遵江夏以流亡""江与夏之不可涉""背夏浦而西思兮"等。从上面三句辞赋可以看出:夏水曾作为荆江主泓道,其上、下游与长江干流相连,而并没有提及沔水;再者是把夏水和长江并列。

春秋战国时期,夏水的分流口在沙市,名津,为楚大江津渡。秦汉时期,沙市名津乡,魏晋南北朝时期,沙市名江津,又称奉城(江心洲),但还是一块很小的地方。距今 3000 多年前,长江主泓南移,在现周梁玉桥(距长江边约 2 千米)和沙棉纺织厂等地发现商代遗址,说明长江向北没有越过这些地方。距今 2500 年前后,江水从郢城南边流过,随着人类活动的加强和分流水道的日趋萎缩,江流主泓继续南移,渐渐远离郢城。沙市地域大多淤积成陆,长江在沙市段的主泓位置已经确立。楚灵王七年(公元前 534 年)在江津豫章岗建章华台(今章华寺,距大江约 2 千米)。楚汉之际,沙市已有土城。东汉时(公元 25—220 年)沙市仍名津乡,有津乡城。三国时,名江津。晋太康元年,杜预攻克江陵后在江津置江津戍,筑奉城,设江津长。江津其地在豫章岗附近,随着长江主泓南移和泥沙淤积,江津不断变化,由低变高,地域也逐渐扩大。由此可知,"江水又东迳郢城南"是指的春秋战国时江水的流向,而非晋时的江水流向。南北朝,由于荆州城外长江主泓南移,官船码头已移至江津,成为江陵外港。同时,"江水又东迳郢城南"的故道大部被淤塞成为陆地,只留下荆州城东门外的马河故道一段(如今水面宽约 100 米左右,最大水深 16 米左右)。唐时,沙市的地面仍在不断淤高,堤防已经出现,长江分流进入夏水的流量逐渐减少,夏水口门随之淹塞断流。口门内的原夏水河道演变成砖桥河,汇窑湾、盐卡附近之水入岑河东下。

汉魏时期,由于夏水口门淤塞,分流渐少,河道日渐萎缩,而此时的汉水主泓则离开原天门河而南徙,在当时的云杜县附近,袭夺了水势微弱的夏水下游河道。于是沔汉合一,故汉魏时期有沔汉之称,至此由大别入江改由沿夏水河道在汉口附近汇入长江主干道。故《水经》有沔水"南至江夏沙羡县北,南入于江",或江水"又东北至江夏沙羡县西北,沔水从北来注之"的记载。

东晋时期,杜预利用夏水的故道凿口门于扬口沟通江汉之间的航运,夏水的水源改为汉江,于是有夏杨水之称。古时的夏扬水就是东荆河的前身:"东荆河水道在东晋南北朝(317—589 年)是荆江与汉水之间的一条支流,《水经·夏水注》所谓夏扬水即今东荆河的早期水道。至唐代,下东荆河水系形成,归于沌口注入长江。"

明代中期(15 世纪),夏水的上源发生很大的变化,原扬水入沔口湮塞后,进入夏水,加之源于荆门山丘的建阳河汇入,水势更大,贯穿江陵的长湖、三湖、白鹭湖水系;朝东北向入汉水,见图 3-13,明末清初虽有一部分夏水于沌口入江,仍以入沔为主。清中期(约 18 世纪)以后,由于汉江水势相对增高和入沔口淤塞,夏水改为入江,或出洪湖新滩口,或由沌口入江,脱离汉水,演变为内荆河水系。

二、涌水

涌水,荆江北岸的又一分流河道,早在先秦时期即已存在,《春秋》所载"阎敖游涌而逸",即指此河。《水经·江水》载:江水"又东南当华容县南,涌水出焉"。据刘宋盛弘之《荆州记》记载,夏首南"二十里有涌口,所谓阎敖游涌而逸者也。二水之间,华容、监利二县在其中矣。"据此记载,涌水分江之口当在中夏口之南二十余里,按晋时的里程规制(一里相当于今 415.8 米),涌口当在今观音寺(为古鄡捕穴)附近。涌水于此分流江水,继续向东流,在陆口附近汇入长江。据张修桂《中国历史地貌与古地图研究》:"陆溪口弯道在六朝以前已具雏形,属长江支流。"从而推论此弯道很有可能是由涌水故道演化而来(《江淮中下游淡水湖群》)。三国后期,涌水逐渐淤浅,尤其是到冬季航运常常受阻。到晋代,镇南大将军、都督荆州军事杜预镇守荆州,开凿汉水扬口,起夏(涌)水达巴陵千余里,涌水下游河道被南迁的夏水所夺,涌水因之消亡。

三、郝水

郝水分江流于郝穴，"大江经此分流，东北入红马湖，注潜水合于汉水"（《水经注·江水》）。今江陵县郝穴镇即为其通江穴口，称郝穴（亦作鹤穴）。东汉以后形成鹤穴分流，历史上即为荆江北岸一个主要分流水系，后淤塞，元大德七年（1303 年）重开。明嘉靖二十一年（1542 年）再次埋塞，自此不开。清嘉庆二十三年（1818 年）在郝穴范家堤建砖石结构剅闸，排熊家河渍水入长江。清道光六年（1826 年）因江堤溃决后退挽，闸废，此处再无痕迹。

四、扬水

扬水，又称为杨水、阳水。据《汉书·地理志》载："《禹贡》南条荆山在东北，漳水所出，东（考为江陵刘家堤头）至江陵入扬水，扬水入沔，行六百里。"《水经注》载："沔水又东南与扬口合，水上承江陵赤湖。江陵西北有纪南城，楚文王自丹阳徙此，城西南有赤坂冈，冈下有渎水，东北流入城，名曰子胥渎（注：子胥渎即新桥河），盖吴师入郢所开也。"《江陵志余》载："水经注云：龙陂水（今龙会桥河），迳郢城南，东北流，曰扬水。沮漳水自西来会，流入沔，行六百里，一曰扬夏水，汉书注作阳水，今出郢城北入海子湖"。此处的扬水是指龙会桥河，沮漳水自西来会，指的是观桥河（太湖港）。

扬水横贯东西，沟通江汉。《水经注》中所指的扬口的位置，根据《中国历史地名辞典》载："扬口，在今潜江县西北，即古扬水入沔水之口。"今人多倾向于其地在沙洋附近，而不是泽口附近。灵溪水指的是今天的菱角湖水（古为灵溪水），与沮漳河相通。沮漳河至柳港后分为两支：一支经百里洲鹳子口入江；另一支向东北流，经保障垸、清滩河绕刘家堤头，屈曲经太湖港入离湖。古时离湖范围很大，三湖和白鹭湖都是它的遗迹湖。在晋以前，百里洲还被称为"九十九洲之地"。那时，沮漳水可直接注入长江（《江汉平原古代水利开发及其历史作用》）。

据考，春秋时期楚令尹孙叔敖根据江湖水利条件，采用壅水、挖渠等工程措施，形成人工与天然水道构成的扬水运河，由郢都向东通汉江，便利航道。……扬水通航，船只可以由汉水经运河达到郢都并入长江。楚昭王十年（公元前 506 年），吴军在攻打郢都时，曾循着故楚运河的旧迹加以疏凿，用于兵运，使军队直入郢都。扬水运河，称扬口水道，又称楚渠。

《史记》记载："于楚，西方则通渠汉水、云梦之野；东方则通沟江、淮之间。"西方通渠系指"孙叔敖激沮水作云梦大泽之地也。"孙叔敖所开挖的通渠，其源头就在今之刘家堤头和万城闸附近。从这里引沮漳河水进入纪南城，即今观桥河，是古扬水的一支。通渠即为引进漳水济扬水或入三海的故道。通渠的另一端在今沙洋附近，是连接江汉的一条运河，扬水只是其中的一部分，而并非全部。这条运河既有人工开挖的渠道，也利用沿途的湖泊，到纪南城后，既可从沙市入长江，也可经郝穴入长江。

扬水经纪南城而流，对促进其发展有过很大的作用。纪南城以位于纪山之南为命名，是春秋战国时楚国的都城，当时称"郢"。纪南城不是楚郢都的本名，而是后世对楚郢都废墟的称呼，又因其地处楚国南境，亦称南郢。楚国共有 20 个国王在此建都，历时 411 年之久。

纪南城是用黏土夯筑的，北垣长 3547 米，西垣长 3571 米，南垣长 4502 米，东垣长 3706 米，总周长为 15326 米；其东西长 4.45 千米，南北宽 3.58 千米，城区面积为 16 平方千米，城高 4～4.5 米，面宽 10～15 米。距城垣 20 米处有护城河环绕，河宽一般在 30 米左右。

纪南城由于交通方便，在春秋战国时期是中国南方最大的城市之一，十分繁华。东汉桓谭《新论》称："楚之郢都，车挂毂，民摩肩，市路相交，号为朝衣鲜而暮衣敝。"纪南城不仅是战国七雄之都城中保存最为完整的，也是中国保存最为完好的先秦时期的古城遗址。城内城外，地上地下，都有着春秋战国时期丰富的文化遗存。

公元前 378 年，秦将白起拔郢，国灭城破，扬水运河也随之衰落，加之汉江泥沙淤积的影响，有的河段甚至湮塞。

三国时期，孙吴守军引沮漳河水放入江陵以北的低洼地，以拒魏兵，称为"北海"，扬水部分河道淹没于北海之中。西晋太康元年（280年），驻襄阳的镇西大将军杜预为平定东吴，结束三国分裂的局面，"以巴丘湖，沅湘之会，表里山川，实为险固，荆蛮之所持也，乃开扬口，起夏水，达巴陵，内泻长江之险，外通零桂之漕，百姓歌之（《杜预传》）。"当时的江陵城还是吴国的地盘。杜预为了战事的需要，要向长沙方面用兵以"平吴定江南"，所以他必须找一条捷径的水路。当时从襄阳到长沙要经沔水，过夏水、涌水入长江再绕道至洪山头或城陵矶才能进入洞庭湖，航道弯曲而且航程远。而近路就是利用扬水，扬水虽不是畅通的，但有故道可循，只要把扬口挖开，再把其他地方加以疏浚就可以通航。于是他挖开扬口，而后又在石首的焦山铺挖成调弦河，过调弦河就进入塌西湖（从焦山铺到塌西湖的距离只有10余千米）。在当时，这是一条从襄阳至长沙最近的一条水道，而且也比较安全，无急流险滩之虞。因其当时江汉以及洞庭湖的洪水位上升甚微，高水位的变化相对稳定，比较有利于航行。从塌西湖到长沙，当时的水道里程只有180千米左右，绕道城陵矶要多走水道约110千米。这条线路不但可省100余千米舟师之劳苦，而且可避三江口（洞庭湖出水汇入长江之处，称三江口）之险。若朝发荆州城，不三日即可饮马湘江。杜预正是利用这条水道，从襄阳挥师东下，先袭乐乡（今松滋市涴市镇），生擒吴军都督孙歆，再克江陵。此后"沅湘以后，至于交广、吴之州郡皆望风归命"。

自晋以后，扬水运河有过多次疏挖，一次是晋建武元年（317年）至永昌元年（322年）"王处仲为荆州刺史，凿漕河，通江汉南北埭"；另一次是南北朝宋元嘉二年（425年）"通路白湖，下注扬水，以广漕运"。北宋时期也曾两度沟通江汉水道。一次是宋太宗端拱元年（988年）在原扬夏运河的基础上，又兴荆南漕河工程，至狮子口入汉江，能通二百斛舟载，商旅甚便。《宋史·河渠志》记载："川益诸州金帛及租市之币运至荆南（江陵），自荆南遣纲吏送京师，岁六十六万，分十纲。"第二次在宋天禧年间（1017—1021年），"尚书李夷简浚古渠，过夏口，以通赋输。"经数次疏挖，宋时扬水运河的走向是从沙洋、经砖桥、高桥、李家市、邓家洲，潜江的荆河镇、积玉口、苏家港、蝴蝶嘴至江陵城。

南宋初，为抗拒蒙古兵入侵，筑三海为水柜以作军事屏障。《江陵志余》载："沮水，在城西，旧入于江，水经云：江水东会沮口是也，宋孟珙修三海，障而东之，始于汉"。孟珙将沮漳入江之口堵筑，将水通过太湖港（观桥河）引入三海形成"三百里间渺然巨浸"，东北可通汉江，延绵数百里，宽数里至数十里之间，于是扬水运河发生很大的变化，一部分水道被大水淹没变成湖，估计这段水道的长度有35千米左右，即从关沮口到蝴蝶嘴。但是，漕河入汉江之口仍在沙洋。至明代，长湖形成，扬水的入江之口以循夏水河道下延至新滩口或沌口，称之为夏扬水，而扬水运河的起讫点在沙洋至沙市，因此称为两沙运河。

明嘉靖二十六年（1547年），沙洋关庙堤溃，大水直冲江陵龙湾（今属潜江市）以下，分为支流者九，灾及五县，波及荆州、沙市。嘉靖二十九年（1550年），因关庙溃堤未堵，又大水，复水为灾。当时荆州太守赵贤建议堵口复堤，但未实施。直到隆庆元年（1567年）才堵复沙洋大堤。之所以拖这么久，其原因是多方面的，其中之一就是汉江亦有南北舍谁保谁之争。汉北有民谣云："南边修了沙洋堤，北边好作养鱼池。"由于敞口达21年之久，洪水携带着大量泥沙进入四湖流域，使沙洋至浩口、积玉桥一带地面淤高，一部分河道淤塞。为沟通江汉航运，明朝疏浚沙洋至长湖的运粮河（又称西荆河或上西荆河），再利用长湖至沙市。明万历年间疏浚过沙市草市段，即现在的雷家垱、沙桥门一段。清雍正七年（1729年）曾疏浚过两沙运河，光绪二年（1876年）也对运粮河也进行过疏浚。民国时期曾3次疏挖过运粮河（1936年、1938年、1943年），均因经费不足或战争原因中断施工。

新中国成立后，直至1955年，两沙运河仍在发挥作用。但随着公路运输的兴起和四湖治理工程的实施，有的航道被新开的河渠所切断，运河的功能逐渐丧失。

第五节 周 边 江 河

四湖流域三面环水，其过境河流有长江、汉江、东荆河和沮漳河。

一、长江

长江，古称"江"或"大江"。它是中国第一大河，也是世界著名河流，干流全长 6300 余千米。多年平均年径流量约 9600 亿立方米。

长江干流自枝城进入荆江河段，自松滋市车阳河入荆州市境，于洪湖市新滩口出境，流程 483 千米（《荆江堤防志》）。荆州河段包括荆江河段和城陵矶至新滩口长江河段。荆江河段上起湖北枝城，下至湖南城陵矶，全长 347.2 千米，其间，以藕池为界，按河型分为上下两段，上段称上荆江，长171.7 千米（其中枝城至洋溪约 8 千米河段属宜昌市境）；下段称下荆江，长 175.5 千米。城陵矶至新滩口河段长 154 千米。四湖流域地处荆州河段北岸，自沮漳河出口临江寺起至新滩口止，长 457 千米（车阳河至临江寺段长 26 千米），流经荆州区、沙市区、江陵县、石首市、监利县、洪湖市境。

荆州河段发育于第三纪以来长期下沉的云梦沉降区，随着长江、江汉干支流水系发育，在古云梦泽的解体消亡和四湖地区的形成与变化中，形成分布于两岸的众多穴口和水道，沟通江汉、江湖，清后期形成松滋、太平、藕池、调弦四口分流入洞庭湖的格局。荆州河段，既承受长江上游来水，又受洞庭湖分流和城陵矶出流的影响，江湖蓄泄关系复杂，这一切都构成洪水的威胁，四湖流域是首当其冲的要害区域。

上荆江为微弯分汊型河道，自上而下由江口、沙市、郝穴 3 个北向河弯和洋溪、涴市、公安 3 个南向河湾以及弯道间顺直过渡段组成。河道弯道处有多处江心洲。上荆江河段较平顺稳定。平滩水位时，河道最宽处 3000 米（南兴洲河段），最窄处 740 米（郝穴河段）。最深处 40～50 米（斗湖堤）。据 1965 年测图量算，上荆江顺直河段，平均宽 1320 米，平均水深 12.9 米，弯曲河段，平滩河宽1700 米，平均水深 11.3 米，水面比降为 0.04‰～0.06‰，汛期较大，枯水期较小。

上荆江沙市河湾和郝穴河湾堤外无滩或仅有窄滩，深泓逼岸，防洪形势险峻。

下荆江为典型的蜿蜒型河道，有"九曲回肠"之称。自然条件下，易发生自然裁弯，左右摆动幅度大。下荆江南岸一部分为石首绣林和华容墨山丘陵阶地区，河道抗冲刷能力较强。北岸为冲积平原，河岸为沙层与黏性土壤组成，卵石层已深埋床面以下。河床组成为中细沙，粒径比上荆江细。下荆江迂回曲折，曲折率为 2.79。

下荆江自 20 世纪 60 年代后期至 70 年代初，历经中洲子（1967 年）、上车湾（1969 年）两处人工裁弯以及沙滩子（1972 年）自然裁弯，1994 年石首河段向家洲发生切滩撇弯。下荆江系统裁弯前河长 240 余千米，裁弯后缩短河长约 78 千米，以后河道有所淤长，至 2011 年底下荆江河段长约175.5 千米。由于不断实施河势控制工程与护岸工程，下荆江已成为限制性弯曲河道。历史上，下荆江河道平面摆幅较大，近 200 年来整个河段摆幅达 30 千米，"三十年河东，三十年河西"就是下荆江崩岸频繁的真实写照。

下荆江除监利河段有乌龟洲、中洲子河段有南花洲将河道分为汊道段外，其余均为单一河道。据1965 年测图量算，平滩水位时，下荆江河段顺直段平均宽 1390 米，平滩水深平均 9.86 米；弯曲河段平均宽 1300 米，平均水深 11.8 米，河道最宽处 3580 米（八姓洲河段），最窄处 950 米（窑圻垴河段），最深处水深 50～60 米（调关矶头）。

荆江河段的深泓平均海拔，上荆江为 16.70 米，下荆河为 6.90 米。荆河河段浅滩变化复杂，有多处浅滩，每年枯水季节有 20～28 天不能保证标准航深 2.9 米，常有碍航现象发生。

长江在枝城以上均为山地，出枝城后便进入平原，荆江河段处于长江由山地进入平原的首端。由于荆江两岸地势低洼，汛期洪水常常高出堤内地面七八米至十多米，两岸人民的生命财产安全靠堤防保护。人民依堤为命。

长江的洪患主要在中游，中游又以荆江最为严重。荆江河段是长江防洪最关键的地区。荆江洪水灾害发生次数最多，影响范围最大，损失也最严重。荆江的洪水灾害直接影响到两湖平原的生存和发展，因而受到党中央和国务院的高度重视。据史料记载，从汉代至20世纪90年代2000多年间，曾发生较大洪水200余次，平均10年一次。以荆江大堤为例，明朝时期有30年溃口，其中从1385年李家埠堤溃口至1542年郝穴堵口的157年间，荆江大堤溃口18次，平均8.7年一次，1542—1623年的81年间，溃口12次，平均6~7年一次。清朝从顺治七年（1650年）至光绪三十三年（1907年）的257年间，溃口55次，平均5.6年一次。晚清和民国时期，荆州境内长江、汉江防洪形势日趋严峻，洪水灾害所造成的范围越来越大，损失越来越严重。1931—1949年的18年中，荆江两岸有16年遭受洪涝灾害，几乎到年年淹水的地步。

1788—1998年，荆江河段发生7次特别大的洪水灾害（1788年、1860年、1870年、1931年、1935年、1954年、1998年），其中1860年和1870年属于千年一遇的洪水。

荆江河段沙市站有记录的最高洪水位为1998年8月17日9时，最高水位45.22米，沙市站最大流量55200立方米每秒（1989年7月12日）。沙市站控制安全泄量50000立方米每秒，水位45.00米。

城陵矶以下的长江，从城陵矶接荆江起至胡家湾入武汉市汉南区境，全长154千米，左岸流经监利县和洪湖市。城陵矶为荆江与洞庭湖水交汇处，称之为三江口，水流清浊相交，两色消长，绵延数千米，景色绝妙，蔚为奇观。左岸有内荆河于新滩口汇入，东荆河于新滩口西北注入长江，右岸于赤壁市附近有陆水汇入。

长江城陵矶至新滩口河段河道属分汊型和弯道河型，两类宽窄相同，呈藕节状，平滩水位时，最宽处3500~4000米，最窄处1055米（腰口至赤壁山），螺山站低、中、高水位相应水面宽分别为576米、1577米和1810米。河段最深处51米（官洲村），最浅处3.5米（界牌），平均水深7.9米，多年平均比降为0.0244‰~0.0322‰。螺山站控制安全泄量60000立方米每秒。1954年8月7日24时，螺山站最大流量78800立方米每秒（相应水位33.17米）；1998年8月20日螺山站最高水位34.95米（相应流量64100立方米每秒）。城陵矶（七里山）出湖流量，1931年7月30日57900立方米每秒，为有记载以来最大出湖流量。其次是1935年7月3日，出湖流量52800立方米每秒；1954年8月2日出湖流量20753立方米每秒；1998年7月31日出湖流量14036立方米每秒。

城陵矶至新滩口河段，河道右岸紧靠山冈丘陵；右岸除局部有孤山（白螺矶、杨林山、螺山）均为冲积平原，深泓多居左侧，弯道多偏向右岸，崩岸线较长，城陵矶以下，受隔江对峙的白螺矶和道人矶、杨林山和龙头矶、螺山和鸭栏矶等天然节点控制，约束河道自由摆动，使河道在较长时间内保持稳定。螺山以下有新堤、老湾、大沙3处汊道及簖洲大湾道，其余较为顺直。

荆江两岸均筑有堤防。左岸荆江大堤从荆州区枣林岗桩号（810+400）至监利城南止（桩号628+000），堤长182.35千米；荆北长江干堤全长230千米。从桩号628+000至观音洲（562+500）堤长65.5千米属荆江河段；从观音洲（桩号562+500）至洪湖市胡家湾（桩号398+000）堤长164.5千米，属城陵矶至新滩口河段。从枣林岗至胡家湾堤防全长412.35千米，乃四湖流域防洪的安全屏障（其中从半路堤至湖家湾干堤长226.85千米，属洪湖分蓄洪区围堤）。堤防建设已全部达标（沙市水位45.00米）。

三峡工程于2003年开始蓄水，2009年正式投入运行。经2009—2015年运行情况的检验和实测资料的验证，三峡工程对四湖流域的防洪排涝形势发生明显改善。

三峡水库正常蓄水水位175.00米，相应库容393亿立方米；校核水位180.00米，水库总库容450.1亿立方米；汛期防洪限制水位145.00米，防洪库容221.5亿立方米；枯水期消落低水位155.00米，兴利库容165亿立方米。如此大的防洪库容能控制中游荆江河段以上洪水来量的95%、武汉以上河段洪水来量的2/3左右，特别是能控制上游各支流水库以下至三峡大坝坝址区间约30万平方千米暴雨所产生的洪水，对减轻长江中下游洪水灾害有特殊的控制作用。三峡水库建成后，荆江河段的防洪标准从建库前的 10 年一遇（运用荆江分洪工程为 20 年一遇）标准提高到 100 年一遇标准。发生 100 年一遇的洪水，可使枝城下泄流量不超过 56700～60600 立方米每秒；遇 1000 年一遇的洪水或历史特大洪水（1870 年洪水），控制枝城下泄流量不超过 80000 立方米每秒，在荆江分洪工程的配合运用下，荆江河段可避免洪水任意泛滥造成毁灭性灾害，荆江河段发生大洪水或较大洪水的概率将大大降低，四湖流域防洪的严峻形势得到有效缓解。

当荆江河段遇到 100 年一遇以下标准洪水，通过三峡水库调节，控制下泄流量，可减少荆江河段两岸主要洲滩民垸的淹没机会，即便是一般年景，三峡水库控制下泄流量，保证荆江和城陵矶至新滩口河段不超过或少超过设防以上水位。2012 年，三峡水库最大入库流量 71200 立方米，已接近中等偏大洪水，经三峡水库调蓄后，相应控制出库流量为 44051 立方米每秒，沙市站水位为 42.59 米（设防水位 42.00 米）。按未建库前同等流量计算，沙市站水位应超过警戒水位，每千米按上防守劳力 30 人计算，四湖流域沿长江 412.35 千米的堤防应上劳力 12370 人，若按每工日 100 元计算，每天支付民工工资达 123.7 万元。由于有三峡工程的作用，既节省大笔开支，又减轻防洪负担，防洪效益显著。

同样是三峡工程采用的"削洪增枯"的运用方式，控制荆江河段的水位，增加内垸渍水的自排时间，减少沿江一级泵站在汛期排水因外江水位高出现的高扬程、高水头差引起的停机次数，提高泵站的运行效率，四湖流域的排涝状况获得改善。2010 年 7—8 月，四湖流域出现强降雨，中下区平均降雨达 450 毫米，产水达 44.87 亿立方米。与此同时，长江上游地区因降雨形成特大洪峰，三峡水库入库流量达 70000 立方米每秒，但通过三峡水库调蓄，出库最大流量为 41400 立方米每秒，沙市站水位为 41.06 米。四湖流域防汛指挥部抓住这一有利时机，全力开启流域 8 座一级泵站抢排，有效解除了涝灾的威胁。

由于三峡水库采取"削洪增枯"和"蓄清排浑"的方式，荆江河段来水来沙发生明显的变化。"沙市站 2003 年三峡蓄水运用后，2006 年各级同流量下水位相比三峡蓄水运用前的 2002 年都存在一定幅度的下降，2 万立方米每秒以下下降幅度为 0.5～0.6 米，3 万立方米每秒以上下降幅度为 0.2～0.4 米。三峡工程蓄水运用后，现阶段下游河道水位影响主要在低水位清水下泄冲刷下游河道深槽部分，使得下游河道较长河段低水位下降"（《三峡工程前后长江中下游水位流量变化分析》）。河床冲刷引起水位降低，给四湖流域汛末汛前带来灌溉用水的困难的情况也在显现。以沙市站 1903—1973年汛末、汛前水位与三峡水库建成后相比较，水位是在逐渐降低的，见表 3-7。

表 3-7 　　　　　　　1903—1973 年同 2003 年、2010 年汛末、汛前水位比较

年份	各月平均水位/m							
	10 月	11 月	12 月	1 月	2 月	3 月	4 月	5 月
1903—1973	38.57	36.38	34.55	33.53	33.19	33.51	34.66	36.65
2003	36.33	33.38	33.37	31.24	30.55	31.02	32.20	34.85
2010	34.25	32.88	31.47	31.24	31.27	31.23	31.67	34.66

由于汛末汛前长江水位偏低，特别是汛前春灌时期，正是四湖流域农业春耕生产用水的高峰时期，江水偏低，已建灌溉涵闸按原有水文条件闸底板设计偏高无法引水，内垸湖泊蓄水偏少，这就是 2011 年、2014 年接连干旱的主要原因之一。

二、汉江

汉江，又称汉水。古称江、河、淮、汉为四大名川，汉水流域是中华文明的发祥地之一。

汉江以南源玉带河为正源（《汉江行·汉江寻源》），流经陕西、湖北两省，于汉口龙王庙注入长江，全长 1577 千米。

汉江自沙洋入境流经四湖流域，经沙洋县、潜江市至潜江市泽口出境，河道流长 57 千米。此河段系汉江下游河段，属平原蜿蜒型河道，河道洲滩较多，呈漏斗状。钟祥以上河宽 600～2500 米，沙洋至泽口河宽 600～800 米，泽口以下河宽 300～400 米，愈往下愈窄，至武汉市集家嘴河宽仅 100 米。

汉江干流水量较丰富，呈上游向下游递增的趋势。入境代表站皇庄站多年平均径流深 361 毫米，多年平均径流量 557 亿立方米（《汉江堤防志》）。历年最大洪峰流量为 29100 立方米每秒（1964 年 10 月 6 日），最小流量为 172 立方米每秒（1958 年 3 月 15 日），年内最大变幅为 9.15 米（1960 年）。

汉江来水量大，而汉江下游河道河宽愈向下游愈狭窄，河道泄洪能力逐渐减小，且当长江中游干流处于高水位时，两江洪水相遇，汉江出流受阻，下游平原地区的防洪形势极为严峻。据《潜江水利志》记载，因汉江东荆堤溃决，自清顺治十年（1653 年）至民国三十八年（1949 年）的 296 年中，潜江四湖流域片遭受洪水灾害 110 余次，平均 2.6 年发生一次。

据统计，汉江沙洋站 1951—1997 年的 47 年间出现的最高水位为 44.50 米（1983 年 10 月），最大流量 21600 立方米每秒。此洪水位高出四湖流域中区地面高程 31.00～26.00 米之间的高差达 13.5～18.5 米，一旦发生堤防溃决，其后果非常严重。

沙洋至泽口右岸筑有堤防，称为汉江干堤，亦称沙洋堤，乃荆州之门户，一旦溃决，灾及四湖流域。此堤乃荆州境内汉江最早修筑的堤防。唐末五代，高季兴于 917 年修汉江右岸堤防，人称高氏堤。"高氏堤在潜江县西北五里，起自荆门禄麻山，至县（潜江）南沱埠湖，延亘一百三十余里。后累经修筑"，成为今日之汉江干堤，此段干堤由 3 段组成。荆门市沙洋县汉江干堤长 14.89 千米，自沙洋县与潜江交界处的界址碑至沙洋县农建村李家湾（桩号 256＋689～274＋459），堤长 14.77 千米，至桩号 276＋799 有 2.34 千米被山丘隔开，再向西北，有堤长 120 米（桩号 276＋799～276＋919），合计堤长 14.89 千米。潜江市干堤从界址碑至泽口（桩号 256＋689～222＋850）堤长 38.839 千米。从泽口至沙洋干堤全长 53.729 千米，属 2 级堤防。

2009 年 2 月至 2014 年 9 月，在汉江右干堤桩号 254＋200 处建成兴隆水利枢纽工程。此工程位于潜江境汉江干流上，主要由泄水闸、船闸、电站厂房和鱼道等建筑物组成，是一座以灌溉和航运为主，兼顾发电，无调蓄能力的河道型水库。

2010 年 3 月至 2014 年 9 月，在汉江右干堤高石碑处建成引江济汉输水工程。此工程由引江济汉干渠及其出水闸（桩号 252＋400），船闸（桩号 251＋522）组成。其作用是由长江向汉江兴隆以下河段补充因南水北调中线一期工程调水而减少的水量，改善汉江下游河段的生态、灌溉、供水、航运用水条件。

丹江口水库大坝加高后，汉江下游防洪标准由 20 年一遇提高到 100 年一遇。

三、东荆河

东荆河流经江汉平原腹地，绕四湖流域北部边缘而过，乃汉水的支流，源于泽口，尾出汉南区三合垸入长江，串通汉水、长江，主流全长 173 千米。流经四湖流域的潜江市、监利县、洪湖市。东荆河成河于明朝万历年间。进口和河道位置多有变化。东荆河形成之初，河道十分紊乱。河道两侧有多条支流，主要支流有西荆河（田关）、老新口河、分盐河（新沟嘴）。清道光年间（1821—1850 年），主流经杨林关、预备堤、网埠头、府场至土京口入内荆河北支；在府场有一支分流南下入柴林河，当时，东荆河首汊尾江入内荆河。清同治四年（1865 年）杨林关北堤溃决，直冲潘家坝、朱麻、通城诸垸成河、遂从沔阳境内改道北趋。改道后，东荆河主流从杨林关入烂泥湖，至姚家嘴之南，北口之北，入沔阳朱麻垸，东下一支入通城垸形成新水道，名为冲河。清光绪四年（1878 年），堵塞杨林关老河口，东荆河完全移至冲河。

民国年间，堵塞田关、新沟嘴诸口，河道走向是：上起龙头拐，曲折南流经陶朱埠、田关、莲花寺至老新口，转向东流经渔洋、新沟、杨林关、幸福闸至北口。在天星洲分为两支。旋即汇合于施家港。至敖家洲以下分成南北两支，南支从敖家洲经长河口、花古桥、高潭口、黄家口与中支（协心河）汇合，经南套沟、汉阳沟（与内荆河汇合）、白虎池再北行至曲口与通顺河汇合至沌口入长江。干流全长249.8千米，其中中革岭以上河长117.4千米，中革岭以下河长132.4千米。

1955年，兴建下游右岸洪湖隔堤，东荆河南支与内荆河隔离。1964—1966年，实施东荆河下游改道工程和修建沔阳隔堤，开挖深水河（从棕树湾至三合垸长21千米），切断与通顺河的连接，将入江口移至三合垸出长江，称为新河口，东荆河原北支大部分河段遂废，南支沿东荆河右堤入新河口，小水入河，大水漫滩行洪，干流缩短为173千米。

东荆河两岸均筑有堤防。右堤始于明朝。从龙头拐至中革岭，堤长116.2千米，1955年修筑洪湖隔堤，将右岸堤防延伸至洪湖胡家湾（堤长56.12千米）接长江干堤，全长172.32千米（有的资料显示长度为173.05米）。右岸从雷家潭至田关堤长12.654千米，按旧例划为汉江干堤，东荆河堤长159.647千米。

1972年洪湖分蓄洪区工程实施，东荆河右堤从高潭口（桩号130＋000）至胡家湾止，堤长42.84千米，属洪湖分蓄洪区围堤。

东荆河属冲积平原河流。中革岭以上河宽300～500米，最宽处为1500米，中革岭以下河宽一般为3500～4000米，最宽处为7000米，河底高程15.40（三合垸）～29.00米（龙头拐），纵向坡降0.06‰，河道两岸地势平坦。

东荆河的分流量约占汉江新城来量的1/4。据陶朱埠水文站记载，历年最大流量为1934年7月6日的5340立方米每秒；1964年10月7日最大流量5060立方米每秒；1983年10月11日最大流量4880立方米每秒。东荆河下游常受长江涨水顶托影响，中革岭以下河段尤为明显。

引江济汉工程在东荆河首建有东荆河倒虹吸工程，通过兴隆渠引水入东荆河北岸的潜江市百里长渠。进口处位于汉江右堤（桩号223＋000），出口处位于东荆河左堤桩号0＋600，倒虹吸管长1025米，1孔，3.5米×3.5米，设计流量20立方米每秒。为抬高东荆河下游水位，以利两岸农田灌溉，在马口（东荆河右堤桩号112＋700）、黄家口（东荆河右堤桩号134＋010）、冯家口（东荆河左堤桩号144＋500）等3处建有橡胶坝。

四、沮漳河

沮漳河是沮河和漳河的合称，为长江中游北岸支流，全流域集水面积7340平方千米，在当阳市两河口以上分为东、西两支。东支为漳河，发源于湖北省南漳县西南薛坪三景庄自生桥上游之龙潭顶，海拔1220米，自西北流向东南，流长207千米，集水面积2970平方千米；西支为沮河（古称沮水为雎水），发源于湖北省保康县西南歇关山，海拔约2000米，流长243千米，集水面积3367平方千米。东、西两支至湖北省当阳市两河口（河溶镇下游2千米）汇合，以下称为沮漳河。两河口以下主河道经当阳市、枝江市、荆州区于新河口（观音矶上游）注入长江（河长97.6千米）。1993年实施改道，从鸭子口（谢古垸）改道至临江寺入江。从两河口至临江寺河长79.1千米（四湖流域河长57.06千米，其中荆门市境内流长11.56千米，荆州市境内流长45.5千米），缩短河长18.5千米。鸭子口以下老河遂废。集水面积1003平方千米。

沮漳两水皆源于群峰竞举、山势独秀的荆山，乃楚国立国之地。史称楚人"辟在荆山。筚路蓝缕，以处草莽。跋涉山林，以事天子。唯是桃弧、棘矢、以共御王事"。沮漳河古与长江、汉江并称"江汉沮漳楚之望也"。

沮漳河为半山地河流，其上游河道穿行于丛山间，在两河口汇合后，即进入丘陵平原区。河道多弯曲、自官垱以下至出口，两岸均有堤防。沮漳河多年平均径流量26.5亿立方米。最大径流量53.6亿立方米（1963年），最小径流量5.38亿立方米（1972年）。

沮漳河流域为湖北省暴雨中心之一。洪水多发生在7、8月。具有来势凶猛、峰量集中的特点，多次危害成灾，历史上称沮漳河下游地区为洪泛区。据资料记载，1897—1949年的52年间，沮漳河有33年溃堤，其中灾害最严重的是1935年7月大水（农历六月初四至初六），沮河上游猴子岩洪峰流量 8500 立方米每秒（调查洪水），推算至两河口洪峰流量 5530 立方米每秒（水位 51.88 米），洪水总量 11 亿立方米。沮漳河两岸（包括荆江大堤）堤垸尽溃，损失惨重。1952—2000 年，河溶站流量超过 2000 立方米每秒的有 11 年，沮漳河的草埠湖、菱角湖、谢古垸分别溃口或分洪十余次。

沮漳河经过 1992—1996 年实施下游改道，移堤还滩等治理措施，防洪标准已达 10 年一遇。沮漳河左侧枣林岗，乃荆江大堤的起点。

第六节　内　荆　河　水　系

内荆河位于荆江北岸，东荆河南侧，是四湖流域天然排水河流的总通道。内荆河有南北两源，南源太湖港河，北源拾桥河，两源均汇入长湖。

北源是主流，发源于荆门市城区西北部牌凹山白果树沟（其主峰海拔 529.22 米），经车桥水库、拾桥河、长湖、四湖总干渠（连通三湖、白鹭湖）及洪湖，于洪湖新滩口、新堤及螺山等注入长江。此为主流，其余均为支流。内荆河流经荆门、荆州、江陵、沙市、潜江、监利、洪湖等县（市、区），干流总长 358 千米。河流发育在四湖洼地中，河床出长湖时海拔为 28.00 米，入江口则为 15.00 米。河道迂回曲折，一般宽约百米。内荆河因接纳众多支流，水源丰沛，终年不涸，恩泽四湖大地，收排灌之利、舟楫之便，成为鱼米之乡。

一、水系演变

内荆河所流经地区原为古云梦泽，左汉右江，上有沮漳河水来汇，诸水汇注，春秋战国以前为相对稳定的全盛时期。因接受大量洪水所挟带的泥沙，从而发生充填式淤淀。自秦汉以后，云梦泽已趋萎缩，有"导为三江、潴为七泽"之说。荆江洪水通过众多的分流分汊水道分流分沙，并以三角洲的形式向前推进，北部分流衰退，南部分流加强，至唐宋时期，云梦泽逐渐解体衰亡，其间留下大量洼间河网和遗迹湖。

内荆河是在长江、汉水穴口分流水系的基础上逐渐演变形成的。境内古代有大漕河、扬水、夏水、夏扬水、涌水等水道，沟通长江、汉水。随着穴口分流水系的埋塞，沿江河堤联成整体，内荆河水系也相应发育成型，逐渐成为内河。内荆河的称呼十分复杂。古时称内荆河为夏水。据光绪《沔阳州志》记载，夏水之称始于周朝，《尔雅·释水》谓"江出为沱"。此水冬枯夏盈，故曰夏水，又称长夏河（见《明史 44 卷·地理篇》）。《水经注》云："夏水出江津于江陵县东南，又东迳华容县（今监利境内）南，又东至江夏云杜县（在今沔阳县东南）入沔。"夏水从江津以东分流，经岑河、三湖、白鹭湖、余家埠、黄歇口、小沙口、郑道湖流入沔阳县境，与夏扬水会合进入太白湖（今杜家台分洪区），在堵口（今仙桃市东，又作潜口）入沔水。后由于人类活动和泥沙淤积，沔水不断北移，明嘉靖末年（1566 年前后），东荆河形成，夏水与东荆河合流改由沌口入长江。后随着东荆河下游改道至 1955 年堵筑新滩口，夏水一直是四湖水系演变的主体。夏水接纳南北许多支流港汊，后逐渐演变为内荆河。新中国建立后因其地理位置位于荆州境内，又因东荆河、西荆河之名派生命名为内荆河。或曰：北有东荆河，南有荆江，此河处两河之内，故称内荆河。内荆河各段名称各不相同。上游有中襄河、张金河、长夏河之称，柳关过瞿家湾至沙口称上荆河，亦称小沙口河。沙口以下称柴林河。峰口一带称峰口河。小港段称小港河。小港往南分支至新堤称老闸河。由瞿家湾至新堤整段又称内河和里河。由小港往东方向至洋坼湖（亦称羊坼湖）、黄蓬山以下称复车河。尽管各段名称不同，但都是指的同一条河或统称为内荆河。1951 年荆州专区交通局正式将习家口至新滩口这段水道称为内荆河。

据长江委《荆北区防洪排渍方案》载："内荆河上游水源是以长湖为尾闾的，发源于江陵、荆门、潜江三县丘陵山区的溪流。内荆河自西向东流，沿途汇集两岸的支流，并串通长湖、三湖、白鹭湖、洪湖、大同湖、大沙湖等湖泊和许多垸内湖，构成错综复杂的水道网。除通过螺山闸、新堤老闸和新闸分泄部分水量外，主流出新滩口注入长江，它是长江的一条支流。其支流的分布概况：一级支流在长湖以上者属于扇形分布，在长湖以下为矩形分布。二级支流多数分别汇于各个湖泊然后转入内荆河，属于扇形分布。内荆河干流全长约为 358 千米，自河源至河口间的直线长为 190 千米。河道的总长度（包括干流和支流）约为 3494 千米，流域的河网密度为每平方 0.34 千米。"在《荆北区防洪排渍方案》中，为了便于分区治理，将内荆河流域划分为 3 个片区。即长湖以上地区称内荆河上区；长湖以下洪湖以上为内荆河中区；洪湖及其周围和以下地区为内荆河下区。

内荆河干流从长湖南岸的习家口起，经丫角庙至清水口入三湖，这段河宽 16 米左右，习家口处水深为 1.9 米。三湖以下分为两支：一支从张金河起，经横石剅、易家口、小河口、高河口，至彭家台入白鹭湖，此为主流，又名张金河。另一支从新河口起（在张金河下端），经铁匠沟、下垸湖入白鹭湖。过白鹭湖后又分为两支：一支从余家埠起（左支）、经东港口、黄歇口、陈沱口、碟子湖、关王庙，至彭家口。另一支从古井口起（右支亦称主支），经辣树嘴、黄潦潭、西湖嘴、鸡鸣铺、卸甲河、南剅沟、毛家口、福田寺（古称水港口），至彭家口与左支汇合，再经柳关、瞿家湾、小沙口，再往东北至峰口，分为南北两支，北支经塘嘴坝向东经兰家桥，至东岳庙又分为两支：一支向东经老沟、周家湾、郑道湖（由高潭口分流入东荆河）、黄家口（分流入东荆河、自黄家口以下部分河道以湖代河）、坝坛、官当湖至吴家剅沟，再沿白虎池、湘口、曲口，与通顺河汇合成长河，东下经五豪、七豪、上洪河、杨庄沟，至沌口入长江，此为古河道。东荆河在杨林关处改道后，白虎池至通顺河河道遂废，习惯称呼倒口（东荆河堤桩号 167＋500）以上称东荆河，以下称内荆河。另一支向南经胡家台、汪高、金家湾、简家台至水晶港入大同湖（烧纸湖）。金家湾有网柳河与郑道湖相贯通；另有分支从土京口向北，经红花堤至观音乐再东折，经箳箕潭、沟里头至中革岭入东荆河。

南支经简家口、汉河口至小港，又分为两支：一支从小港经张大口至新堤老闸入长江。另一支向东，经黄蓬山、大同湖、坪坊至新滩口入长江。清咸丰年间（1850—1861 年），为排洪湖渍水，从凹沟子至小港开挖人工河，称为挖沟子河。

清嘉庆元年（1796 年），下中府河淤塞（唐嘴至坝潭），东荆河水经中府河改由峰口迤逦而南至汉河口合内荆河水。而汉河口以下水道曾多次改道，最后经小港入洋圻湖。小港以下，大同湖以上以湖代沟，没有深水河槽。小港至新滩口形成统一的排水河道（含内荆河）则是新中国成立以后。

1955 年以后开始实施的《荆北区防洪排渍方案》，内荆河水系经过全面治理，旧有水系绝大部分经过改造成为人工排灌渠道，有一部分旧河道已失去作用；新的排灌渠系已形成网络。主流内荆河，经过裁弯、改道和疏挖，已成为新的四湖排水总干渠。习家口以上兴建长湖库堤，将丘陵山区来水由长湖调蓄后，经刘岭闸入田关河，过田关闸（或电排站）排入东荆河，一般情况下，上区来水不再经总干渠排泄。总干渠从习家口起，经过丫角庙，横切三湖，腰斩白鹭湖，经黄歇口、周沟、毛市过福田寺闸，进入福田寺至小港沿洪湖北缘新辟的人工河，过小港节制闸后，仍利用老内荆河，从新滩口排水闸或泵站注入长江。现总干渠长 185 千米，既是四湖流域主要排水渠道，又是一条可通行 300 吨以下船舶的人工运河。详见图 3-14 和图 3-15。

二、内荆河干流特征

内荆河干流是指长湖习家口至新滩口之间的主河道，其间河道宽窄深浅不一，且河道十分弯曲，白鹭湖以上河道宽 16 米左右，习家口处水深 1.9 米，白鹭湖以下余家埠河宽 90 米，水深 3 米左右；南剅沟河宽 60 米，水深 6 米；毛市河宽 80 米，水深 4 米；福田寺河宽 70 米，深约 6 米；柳关河宽 50 米，深 4 米；柳关至小港一般河宽为 40～45 米，深 4～4.5 米，自小港至新滩口，一部分是以湖代河，至长江口，河宽 30 米，深 6 米，新滩口河宽 50 米，深 11 米。长湖湖底高程 27.20 米，洪湖湖底高程 22.00 米。习家口至余家埠纵降比为 1：2500；余家埠至柳关为 1：12800，柳关至新滩口 1：1180，内荆河全长 358 千米，其中，长湖以上主干长 126 千米，长湖习家口以下至新滩口流长 232 千米，曲流系数 0.54，福田寺至柳关河段中的猴子三弯，连续 3 个弯道，直线距只有 1400 米，而弯道有 4 千米。据长江委实地勘测估算，内荆河水位、流量见表 3-8。

图 3-14 总干渠福田寺段渠道（2015 年摄）

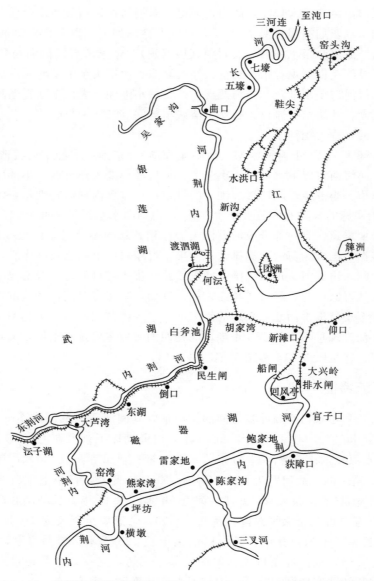

图 3-15 内荆河下段位置图（根据 1955 年航摄，1963 年调绘地图复制）

表3-8 内荆河水位、流量估算表

项目	1952年				1953年			
	水位/m	最小流量/(m³/s)	水位/m	最大流量/(m³/s)	水位/m	最小流量/(m³/s)	水位/m	最大流量/(m³/s)
丫角庙	29.60	7.2	30.55	22.6	29.48	10.0	29.76	13.6
柳关	24.51	18.4	27.45	80.0	23.48	15.4	24.65	75.0
新滩口	—	—	24.00	936.0	—	—	24.78	615.0

注 资料来源于长江委《荆北区防洪排渍方案》。

三、内荆河上区水系

内荆河上区水系呈扇形分布，均以长湖为汇流之所，故又称长湖水系。

(一) 拾桥河

拾桥河，亦名拾回桥河、建阳河，古称大漕河。此河为内荆河正源，发源于荆门市城区西北部牌凹山白果树沟，自北南流，经车桥铺、蒋家集，在五里铺镇双河口汇西支草场河，蜿蜒东南流，于新埠河桥横穿襄沙公路至鲍河口，纳东支鲍河，穿汉宜公路，至拾回桥与东支王桥河来水汇合，南流经韩家场至李家台入长湖。干流长124千米，流域面积1293.1平方千米，其中荆门市汇流面积1267.7平方米，荆州市荆州区汇流面积25.4平方千米。据《荆门州志》记载："建阳河在州南百一十里，河之南有左溪（源出九汊谷）、石牛寺，二水皆自西向东注入拾回桥河，自此迂回七八十里入老关嘴。"自李家河以上多崇山峻岭，坡陡流急，暴雨一至即漫槽而下。李家河以下地势平衍，因而多处常因大水而自行改道。过伍家村以后，地势低下，两岸靠堤防挡水，因河道异常弯曲，河床狭窄，逢河水宣泄不畅，两岸农田常受水灾。

拾桥河流域面积约占长湖来水面积的40%。新中国成立后，三次兴工进行整治，对老河裁弯、扩宽、加筑堤防等措施，提高了防洪排涝标准。

1968年7月，拾桥河地区降雨365毫米，河堤溃决，淹田3万余亩。1969年、1970年由于降雨集中，加之长湖水位顶托，致使拾桥河堤防接连两年溃口，有6万亩农田受淹，倒塌房屋3300栋。

1970年以后，对拾桥河泄洪流量重新进行设计，按930平方千米承雨面积，100年一遇降雨量270毫米计算，桥河应通过流量1409立方米每秒，设计河底宽160米，过水深5米，加安全超高1米。确定从韩场起，河底高程30.00米，按1：4000的纵坡下推，扩展河床、退堤加固。1971年开始实施。拾回桥至长湖的河道由原长30千米缩短为15千米，将河底宽拓宽至20米，堤距为132米。过水断面在杜岗坡为629.3平方米。经1980年7月16日23时拾回桥洪水位37.80米时测算，可通过洪峰流量910立方米每秒。1980年大水后，又对河堤进行加固，基本解除洪水对两岸农田的威胁。

拾桥河与引江济汉干渠于干渠桩号28+180～28+399处平面交叉，建有拾桥河上游泄洪闸，设计流量740立方米每秒，开敞式，8孔，孔口尺寸8米×8.23米；下游泄洪闸，设计流量740立方米每秒，开敞式，8孔，孔口尺寸8米×8.23米；拾桥河倒虹管，设计流量240立方米每秒，孔口尺寸4.8米×5米；拾桥河左岸节制闸，设计流量350立方米每秒，开敞式，6孔，孔口尺寸8.75米×7.5米。

内荆河上区以拾桥河为主干，左右两岸分布有支流48条，其中河长5千米以上的有10条。

1. 左岸

(1) 沙岗河。沙岗河，又称周家河。起于掇刀区掇刀街办事处仙女村西北草庙子沟，止于掇刀街办事处周河村李家嘴，河长8.39千米。

建有沙岗河小（1）型水库，水面面积0.14平方千米，总库容135.0万立方米，承雨面积3.05平方千米。

(2) 草场河。草场河上游称却集河，下游称代家河。起源于荆门东宝区漳河镇夹院村南部烂泥中，过掇刀区，至荆门沙洋县五里镇两河村南双河坝入内荆河新埠河河段。干流全长 42.33 千米，有支流 10 条，流域面积 215 平方千米。

（3）桃园河。桃园河又称双河，起于沙洋县五里镇山林村，至沙洋县十里镇桃园村入内荆河新埠河段，干流长 11.65 千米。

（4）程新河。程新河起于沙洋县十里镇彭场村，至纪山镇程新村入内荆河新埠河段，干流长 18.7 千米。有支流 3 条，其中 5 千米以上的河流有 1 条（黎明河）。流域面积 65 平方千米。

2. 右岸

（1）杨家河。杨家河起于掇刀区掇刀街办事处西杨家冲水库，至团林镇团林村西北刘家嘴南入内荆河车桥河段，干流全长 15.06 千米。主要支流有 3 条，其中 5 千米以上的河流有 1 条（复新河）。

（2）凤凰河。凤凰河起于掇刀区掇刀街办事处凤凰水库，至团林镇团林村西北谢家大垸入内荆河，干流全长 11.42 千米。

（3）杨集河。杨集河起于掇刀区团林镇罗嘴村鸦鹊铺，至沙洋县五里镇十岭村小李家巷入内荆河车桥河段，干流全长 13.33 千米，有支流 3 条。

（4）建阳河。建阳河起于沙洋县五里镇金陵村（杨集）南，至十里镇新桥村入内荆河新埠河段，干流全长 17.26 千米。河长 5 千米以上的支流为潘家垱河。

（5）鲍河。鲍河起于掇刀区团林镇龙王村九家湾，至沙洋十里镇上王场村高家湾北鲍河水电站入内荆河新埠河段，干流全长 49.28 千米。主要支流有 7 条，其中 5 千米以上的河流有青龙河、枣店河、樊桥河等 3 条。流域面积 205.65 平方千米。

（6）王桥河。王桥河起于沙洋县曾集镇紫集村（金鸡水库源头），至拾桥镇入内荆河，干流全长 36.66 千米。主要支流有 8 条，其中 5 千米以上的河流有金鸡河、老山河、董店河等 3 条。流域面积 118 平方千米。

（二）太湖港

太湖港又称梅槐港、太晖港，俗称观桥河，旧称扬水（据民国时期江陵县水系图，梅槐桥以南有湖泊，名太湖），为内荆河的南源。据《江陵志余》记载："江水支流由逍遥湖入此港（梅槐港）迳秘师桥、石斗门达于城西之隍（护城河）。"明末截堵刘家堤头，江水断流。又据《荆州府志》扬水附考："纪（山）西自枣林岗匡桥与八岭山以西之水，会同杨秀桥，历梅槐入沙滩湖，迳秘师、太晖为太晖港，达郡隍迳草市入长湖。"

太湖港源起川心店，南流至枣林岗、郭家场、八岭山西麓至杨秀桥，折西南流至高桥，再南流至丁家嘴、梅槐桥进入沙滩湖（又名太湖），再东流至秘师桥、太晖观桥至荆州城北护城河，复东行达草市，折南行至沙桥门汇沙市便河之水，东行至关沮口入长湖，全长 64.8 千米。此乃观桥河的原状。

太湖港绕太晖观而过。此观为明洪武二十六年（1393 年）朱元璋十二子朱柏所建，建筑雄伟壮观，石柱透雕蟠龙，帏墙镶嵌灵官，殿顶覆盖铜瓦，后被人告发僭越规制，朱柏阖宫自焚。后命名为太晖观，而河港也因观而得其名。太晖观为省级文物保护单位。

1958 年太湖港实施治理，丁家嘴以上拦为水库，丁家嘴以下经裁弯取直，疏浚扩挖后自丁家嘴水库溢洪道起，南行至梅槐桥，沿北坡开渠东行，截坡地溃水，纳金家湖、后湖、联合三水库溢洪之水至秘师桥，沿老港再东至草市，新开渠 1 千米至横大路，纳便河水改道北行，并将沙桥门至横大路河同时开挖，经谢家桥至凤凰山入海子湖（原沙桥门经东关垱至关沮口老河废弃），全长 35 千米，最大河底宽 40 米，过流能力 185 立方米每秒。流域面积 396.6 平方千米，其中荆门市面积 1.16 平方千米，荆州市面积 395.44 平方千米。

太湖港经过 1958 年、1966 年、1970 年和 1986 年 4 次大规模的疏浚和整理，形成中渠、北渠、南渠和总干渠。

（三）龙会桥河

龙会桥河古为龙陂水（扬水另一支），后称龙回桥河，相传有二龙在此相会成河，故名。龙会桥河源于纪山,分东西两支。东支朱河,有两源:东源砖桥河起于纪南东北,东南行,会红花桥支流;西源红花桥支流起纪山之南卓家巷子,南行至上套湾与东源砖桥河会合。两源会合后,南行至朱家河渡槽,穿纪南城北垣至板桥(纪南城中部)与西支新桥河会合。西支新桥河又名板桥河。《水经注》载:"江陵纪南城西南有赤板岗,岗下有渎水,东北流入城,名曰子胥渎,盖吴师入郢所开也。"子胥渎即新桥河,源起纪山西之纪山场,西南行至裁缝店,汇八岭山以东之水,又南行抵纪南城西南垣城角(娘娘墓),绕城南东行进南垣水门(今名新桥)入城,北流至板桥与朱河会合,二水会合后东行出城垣龙会桥,绕雨台山南行折东北流,穿庙湖(因湖旁原有一庙得名。湖底高程 26.80 米)至和尚桥(古为乐壤桥)入海子湖。流长 35.5 千米,汇流面积 190.24 平方千米,其中荆门市面积 29.38 平方千米,荆州市面积 160.86 平方千米。

(四) 西荆河(田关河)

西荆河乃东荆河右岸的分流水道。据《水道参政》(清道光十三年版)载:西荆河又称荆南漕河、荆南运河,形成于北宋年间,与扬水运河联通,清道光年间称西荆河。西荆(田关)河口被堵塞之前属汉江水系;民国二十年(1931 年)西荆(田关)河口被堵塞之后,转属内荆河水系。清代称双雁河、茭芭河、荆河,道光时始称西荆河,田关至张腰嘴一段,俗称运粮河。民国初,此河由田关向西,流经周家矶、保安闸、荆河口、夏家河、张腰嘴,折西向北至腰口,转南到牛马嘴,向西过苏家港至谭家口分为两支:一支向西偏北,经樊家场、野猪湖到刘岭入长湖(经改造后名朱拐河);另一支西南流,经田家河、三汊河,至丫角庙入内荆河。1958—1960 年对田关至刘岭的西荆河进行改造(裁弯取直、破垸),称其为田关河,并在田关建闸控制。田关河水可排入东荆河。由田关至刘岭,全长 30 千米,原入内荆河一支,已成为小沟。

上西荆河原名马仙港河,民国时期名白石港河,现称高桥河,又称新河。据《宋史·河渠志》载:北宋端拱元年(988 年),八作吏石全振发丁夫开浚。源头起于荆门东南山溪,至沙洋塌皮湖分两支,马仙港河即其中的北支,经荆门的砖桥、高桥、李家市、邓家洲至荷花垸入潜江境,再经脉旺嘴、荆河镇、积玉口东流至腰口入西荆河,再西行经苏家港、樊家场、成家场入长湖,全长 53 千米。此河原为两沙运河的上段,腰口以上最窄底宽 12 米,最浅水深 0.9 米。清宣统三年(1911 年),汉江李公堤溃将沙洋至鄢家闸长约 4 千米河段淤成平地,通航受阻。民国时期曾有过 3 次疏挖两沙运河的计划,均未实施。1971 年对河道实施裁弯取直扩宽工程,河长由 30 千米缩短为 22 千米,河底宽由 5~10 米拓宽至 30 米,水深由 1~2 米挖深至 4~5 米,在牛马嘴附近注入田关河,更名为上西荆河,或称西荆河。新河全长 41 千米(其中荆门境内 27 千米,潜江境内 14 千米),主要起排水作用。1980 年对两岸堤防进行加培。为利用西荆河水灌溉农田,在李市牛棚子桥修建牛棚子滚水坝。可灌田 4 万余亩。后因改造航道被拆除。

为解决江汉航道问题,1996 年决定在汉江干堤新城(桩号 267+050)修建船闸(300 吨级),同时在长湖边的鲁店修建船闸(300 吨级)。从新城船闸内闸首向西开挖 3.9 千米的连接河,横穿李市总干渠一支渠、荆潜公路折向南行,经一支渠尾端入西荆河,沿河南下 16.54 千米至支家闸,转而西行朔殷家河而上 2.83 千米至殷家闸,经双店排灌渠(长 3.43 千米)至鲁店船闸入长湖,航道全长 26.7 千米(不含新城船闸、鲁店船闸引航长度)。

新航线建成后,原有河道形成航道,新建的支家闸溢流坝将坝以上西荆河的水位常年控制在 29.1 米以上,按长湖调度方案,当长湖水位达到 31.00 米时,关闭双店闸,殷家河水全部排入西荆河。

下西荆河又称浩子口河,从张腰嘴倒虹吸经浩口至张金河,全长 26 千米,水入四湖总干渠。

上西荆河与引江济汉干渠在干渠桩号 56+129 处交叉,建有西荆河倒虹吸,设计流量 240 立方米每秒,方管型,6 孔,孔口尺寸 4.8 米×5 米;桩号 55+925 处建有西荆河上游船闸,300 吨级,船闸尺寸 12.0 米(宽)×7.52 米(原计划修建下西荆河船闸,后移至后港镇引江济汉干渠东岸桩号 40+000 处建成 300 吨级船闸,直通长湖)。

（五）大路港河

大路港河又名殷家河，源于荆门市沙洋县曾家集西北山谷（今安洼水库中），曲折东南流经千担湾、李家坪、下垸子与其支流东港汇合后，再东流至冯家洲入彭塚湖、南湖，至潜江市荷花垸入上西荆河。

大路港河因古代有一条大路从港上通过而得名，也称公议港、大路港、殷家河。河道长 57.7 千米，起点地面高程 80.00 米，止点地面高程 30.00 米，流域面积 244.61 平方千米，河床最宽处 70 米，最窄处 10 米，可利用水头 14.2 米，已建小型水力发电站 3 处（许岗、公议、雷场），装机容量 114 千瓦，设计年发电量 30 万千瓦时。此港建有雷场、公议 2 座电灌站和安洼、潘集 2 座中型水库，共计灌溉农田 7.3 万亩。

1992—1995 年开挖双店排灌渠，将殷家河洪水分流入长湖。2002 年江汉航线工程开工，殷家河出口约 2 千米河道并入航线。大路港河与引江济汉工程在干渠桩号 150＋864 处交叉，建有倒虹吸管，方管型，设计流量 150 立方米每秒，4 孔，孔口尺寸 4.5 米×5 米。

（六）夏桥河

夏桥河又称夏家冲河，发源于荆门市郭家湾，古时与扬水相通，南流至湖泊岭进入荆州市境，折西南流至王家场，经东风渡槽、夏家桥至双桥子入海子湖。河长 15.40 千米，汇流面积 36.41 平方千米。其中，荆门市面积 9.01 平方千米，荆州市面积 27.4 平方千米。

（七）广坪河

广坪河发源于沙洋县曾集镇白冢村，东南经郭家场，在广坪北汇西支张家湾处来水，经肖家桥在后港镇凤凰村东注入长湖。河源地面高程 70.00 米，入湖口处地面高程 30.00 米，河长 31.27 千米，汇流面积 170 平方千米。主要支流有 5 条，其中 5 千米以上河流有周坪河 1 条。

（八）杨场河

杨场河发源于沙洋县曾集镇雷巷村东，流至后港唐林村入长湖，河长 19.7 千米。有支流 4 条，汇流面积 174 平方千米。

（九）唐台河

唐台河起于沙洋县后港镇殷集村，至后港唐台村入长湖，干流长 8.9 千米。汇流面积 15 平方千米。

四、内荆河中下区水系

内荆河自长湖以下干流串湖纳支，经不断演变，至 1955 年，有主要支流 27 条，分布在左右两岸。

1. 左岸

（1）运粮河。运粮河又名浩子口河，也称下西荆河，从西荆河（今田关河）张腰嘴倒虹吸处分流南下，经浩子口、竹篷嘴、新街、宋家场、土地口、林家祠堂至王宗口入内荆河。河长 26.4 千米，底宽 13 米，一般水深 1.4 米，自 1977 年开始分 3 次将浩子口至张金段开挖成新河，称为下西荆河。

运粮河右侧有运粮湖，河以湖名。湖泊原名阴阳湖，是一片湖沼地，1958 年垦荒建农场时名阴阳湖农场，后改名为运粮湖农场。运粮河有多支分流。一支从竹篷嘴向西，经观音庵、碾盘湾、彭家台入阴阳湖（运粮湖），河长 8 千米。一支名柳泗河，由陈家台经三板桥、孙家桥、邓家到汇于老台河，河长 5 千米。一支由方家嘴经洪家场、瞄新场、至弓家沟又分两支：一支向北通阴阳湖（运粮湖）；另一支向南经魏家桥沿王家垸西之孟家沟通半渡湖。其后再分一支从洪家场向南，经方家桥、艾家桥、雷家场至左家台通半渡湖。一支名甘河子，由甘河剅，经土地垱、张家台，沿青柳垸通半渡湖。一支名王田河，从杨家湾向东经海蓬庵入返湾湖。一支名黄庄河，由黄庄垱向东入返湾湖。一支名韩家河，由甘河到向东至赵家河场，东连士人子河通龙湾河，南连赵家河，长约 7 千米。运粮河在田关未堵口之前，每逢汛期，东荆河水便从西荆河分流入运粮河，严重威胁两岸堤垸的安全。

（2）冯家河。冯家河又名赵家河，开挖于清咸丰二年（1852年），排泄返湾垸一带渍水，经祝家场、冯家湖入白鹭湖。同治八年（1869年）集资建"冯家闸"。光绪十年（1884年）渍水泛滥，上垸民众准备启闸放水，下垸民众阻止，双方发生械斗，引起严重的流血事件，双方死亡37人，轻伤53人，重伤23人。这是四湖流域因水事纠纷发生械斗死伤人数最多的一次。事件发生后，毁闸筑坝，称为冯家垱，光绪十一年（1885年）重建冯家闸，使用9年后废，原水系被万福河取代。

（3）龙湾河。龙湾河起自新杨家场，至黄家桥（有支河通返湾湖），经罗家场（有士人子河向西于赵家河场与韩家河相通，韩家河向西于甘河刴口与运粮河相通），向南经龙湾，公安寺店，孙小河口，于张槽坊汇入白鹭湖。此河已被新开的排灌河与万福河所取代。

龙湾河地处龙湖之中，河道蜿蜒曲折似游龙浮水，龙湾河之名由此而来。后有人聚居于河堤之上，渐成小集。明朝时江陵县为便于"人户输纳"，正式在这里设置龙湖镇，明嘉靖二十六年（1547年）沙洋汉江堤溃口，直至隆庆二年（1568年）才将决口堵塞，龙湖镇淹水21载，经此浩劫，虽然建置仍在，但已衰败。而地面却淤高到海拔28.00～29.00米，呈北高南低状态，紧靠龙湖镇的三湖退缩到了西南15千米之外。后来外出逃荒的农民纷纷返乡，"今之乡区，非昔矣！所谓我疆我理者，已不可考"。遂结草圈地，挽筑民垸。三湖退缩后，集镇的四周成为良田，失去原来的湖泊面貌，街道变得弯曲，于是改"湖"为"湾"，改"镇"为"市"，称龙湾市。清顺治年间，在龙湾市设巡检司，为江陵第二巡检司（沙市、龙湾、郝穴和虎渡），管辖范围600多平方千米。1954年3月划归潜江县，龙湾仍称为乡。1987年更名为龙湾镇。

1984年，潜江县文物普查在龙湾河畔郑家湖发现一处楚文化遗址。2001年，潜江市楚宫殿遗址被国务院批准为"第五批全国重点文物单位"。2010年，潜江市政府修建龙湾国家考古遗址公园。

（4）熊口河。熊口河从刘申口（又名青莲庵）分流，经熊口、黄家桥，至沱子口（有获湖水来汇）、宋家湾、李家祠、徐李家场（今徐李市），有支流入白鹭湖，于春秋末楚国伍子胥故里伍家场入内荆河。河长42.5千米，此河已被新开的东干渠所取代。

龙湾河和熊口河均为龚家渠分支，龚家渠为西荆河支流。清末，该渠从周家矶南约1.5千米的李家坛（已淤塞）分流，南至青莲庵再分支。

（5）杨场河。杨场河起自新杨家场，经马家场，折东经熊家桥、五石桥至何家桥，偏西南经彭家刴、龙湾、陈露河，分别经小河口、易家口入内荆河，全长37.5千米。

（6）潭沟河。潭沟河源于王家台附近（在莲花寺西北约4千米），向南流经徐家台、刘家桥、周家台、向家桥、瓦屋台、公敦场、罗家垱，至监利东港口入内荆河。

（7）老新口河。老新口河又名后河，源于老新口，分东荆河水（民国年间堵塞）经李家桥、柳河口、晏家场、靴尖嘴，至罗家垱入潭沟河。另一支经陈家垱、高桥、易家嘴，至双鸣寺，分为两支：一支向东汇入新沟嘴河；另一支向南经陈沱口入内荆河（左支）。

老新口原为东荆河分流穴口，民国年间堵塞。老新口集镇形成于明朝万历年间，名新口，后监利新沟嘴兴起，亦称为新口，为示区别，称为老新口，今为老新镇驻地。

（8）新沟嘴河。新沟嘴河源于新沟嘴，为东荆河的分流穴口（1931年堵塞），经张家场、胡家场至周老嘴，分为3支：一支从周老嘴起经永正刴、易台，至分盐，转南流经回龙寺、五姓洲，至彭家口入内荆河，此为分盐河；一支从周老嘴起，经罗家湾，南流经唐家刴、皇蓬口，转东流经胭脂河、扒子垱，至浴牛口入分盐河，流长17千米，此河称胭脂河。相传元末农民起义领袖陈友谅驻兵于此，曾"以此河渔利，充侍妾脂粉费"，故称胭脂河；另一支源于周老嘴（称周老嘴河），经玉皇阁、秦家场（秦市）、龚家场（今龚场镇驻地），转东南经下马家滩、高家台、侯家嘴、刘家场（刘市），至渡口入洪湖市境至三汊河入柴林河。全长22.8千米，此河称龙潭河。

新沟嘴河源于东荆河分流穴口，北宋时开始形成小街。以后名称多次变更，称石牌楼、刴口市、七星街、新兴口、新口嘴、新沟嘴。1949年置为县辖镇，今为新沟镇驻地，有著名的民营企业银欣集团。新沟嘴在第二次国内革命战争时期，曾是中共中央分局、湘鄂西军事革命委员会、中国工农红军第三军的所在地。1932 年 6 月，红军将领段德昌在新沟嘴地区指挥部队打败国民党川军第四师师长范绍增部，歼敌 3000 余人，取得"新沟嘴大捷"。新沟嘴河畔立有一纪念碑。

新沟嘴河流经张家场（张场）附近的天竺山，史书记载此处为古华容城遗址，春秋时楚国曾在此筑章华台。天竺村附近有两大墓葬区，古砖碎瓦隐约可见，陶片、刀币时有发现。尚存一土堆，相传为章华台遗址。

新沟嘴河流至周老嘴处。相传清末有周姓老翁来此设渡，故称周老嘴，民国初年始成小街。第二次国内革命战争时期，周老嘴曾一度是湘鄂西革命根据地的中心。湘鄂西特委、省委、省苏维埃政府、省军委会以及红军学校、报社、银行、医院等重要机构均设此处。1932 年柳直荀被诬陷为"改组派"，在周老嘴的心慈庵被杀害，年仅 34 岁。1979 年，监利县人民政府在此修建"柳直荀烈士纪念亭"，同年 10 月李淑一向周老嘴革命纪念馆捐赠 1924 年她与柳直荀结婚时使用的被褥，作为纪念。

新沟嘴河因泥沙淤积，河床不断抬高，渐成为地上悬河，已失去排水作用。1974 年修建新沟电排站，开挖电排渠道取代旧河。

（9）隆兴河。隆兴河在监利境称为隆兴河，在洪湖境称为沙洋河，源于东荆河边刘家场，原为分流穴口，民国年间堵塞。向东经边家剅沟、孙家场、庙剅沟、三圣庵，向南经明剅，至池母垴（有支河与周老嘴河串通），过扒头河、贺家下湾、回龙寺、李家桥，至戴家场，经三汊河入柴林河。

此河主要排大兴垸、隆兴垸一带来水，排水面积大、水量大，对下游造成一定威胁，水事纠纷不断。据《监利水利志》载："1921 年，大兴垸内溃，洪湖贺家湾在沙洋河尾拦河打垱，阻止上游排水，监利大兴垸明剅沟村组织 500 多人强行挖垱，发生械斗，明剅沟 1 人当场被打死。而明剅沟第二天火烧贺家湾 48 家民房，官司打到省城，官府开庭判处大兴垸垸董易琼生、易柯望 2 人死刑。明剅沟人不服再次向省府申诉，省府派员来实地查看，经庭上讲明道理，陈述利害，决定易、柯二人免死，挖开河垱，随后在扒头河兴建排水闸。"

隆兴河绕戴市（戴家场）而过。明朝末年有戴姓手工业者迁此，慢慢形成集市，即称为戴家场，简称戴市。民国十五年（1926 年）10 月，中共党员刘绍南在戴家场建立洪湖地区第一个农民协会，次年他在此地领导"八一五"（农历八月十五）秋收暴动，后因叛徒出卖，不幸被捕，英勇就义。

隆兴河排水已被新开的监北干渠（监洪大渠）所取代。水排入排涝河或洪湖。

（10）中府河。中府河旧名易家河，源于杨林关，系东荆河故道。自杨林关起，东经预备堤、网埠头、府场、曹家嘴（曹市）、谢仁口、武家场至土京口入内荆河北支，后因杨林关以下河道（中府河）淤积严重，宣泄不畅，清同治四年（1865 年）杨林关北堤溃决，东荆河水改由沔阳朱麻通城等垸东流，因溃口久不堵筑，遂成为东荆河主道（即现在东荆河干流）。东荆河改道后，原东荆河故道口门日渐淤高，清光绪四年（1878 年）杨林口门堵筑，原故道变成内河。

中府河至府场有一支分流南下，经高家庙、三官殿、陈家场至戴市与沙洋河来水相会入柴林河。柴林河位于戴市东南部。西至戴电河的汊河（村）起，河床宽窄不均，多弯曲，经新剅、雷湾、卢墩、永安寺东至柴林河（村）入陶洪河，全长 7 千米，流域面积 21 平方千米。柴林河是一条古老的天然河流。明嘉靖《沔阳志》已有柴林河水系的记载。据清光绪《沔阳州志》记载，柴林河曾是一条重要的河道，它西纳由杨林关下泄的汉水（注：指东荆河），经南府河、三汊河、树椿河、沙洋河汇入，并接纳由监利渡口入境的水流，经龙潭河（今龙船河）汇入，然后从柴林河（村）流入内荆河。

中府河源头杨林关初系东荆河边荒滩，明朝末年，有杨、林二姓来此定居，始成村落。清初，官府曾在此设卡收税，人称杨林关。清同治四年，东荆河北垸溃决，将杨林关席卷殆尽。汛后，村民便移居南岸重建家园，杨林关渐成小街。

网市（网埠头），位于中府河之滨。原是大兴垸荒岭，大水时，唯此地不被水淹，来往渔民多在此晒网，人称网埠头。

中府河与柴林河于府场交汇。府场一名见于清时方志："南乡府场，距州三十里，半沔阳，半监利。"早年，府场镇街口有一路碑，上刻"府昌场"三个大字，"府场"一名系由此简称而来。府场镇位于监利、仙桃、洪湖3县（市）交界处，历为边缘地带的贸易中心和物资集散地，市场繁荣。

中府河与内荆河北支于土京口相交汇。土京口原名为土轻口。元末陈友谅起兵势力大增，欲建城池，土轻口与沔城两地民众争相要求建在各自地方，陈友谅举棋不定，故而提出以土质的轻重而定。沔城处的豪绅们暗地掺盐水入土中，所以争得陈友谅在"土重"的沔城筑了城。因此处土轻，故名土轻口，后雅化为土京口。

（11）汉阳沟。汉阳沟位于洪湖市大同湖管理区东部。明、清时为沔阳、汉阳两县分界沟，因其原属汉阳县管辖得名。东南起于内荆河坪坊北，向西北经窑湾、九个湾、大芦湾抵东荆河堤。其河段北又与潭子湖沟相通，经大同湖电排站排水入东荆河。河形曲折。河长4.25千米，面宽80～100米。洪湖隔堤修筑前，为七条河沟之一。汛期长江和东荆河水通过此沟分流入内荆河。汛后，内荆河水亦可经此沟排入长江和东荆河。

2. 右岸

（1）太师渊水。太师渊水，又名章台渊水、台寺渊水，民国时期名太师渊河。据《沙市市志》载：章台渊水"为襄水逆流导闾，受邻近沟汕港汉诸水，由章台渊起，东北行三里有周梁玉桥，又三里有三板桥，又北行四里有腊树角，行十五里过象湖至陟山桥，有东南岑河口之水来汇。"而后再过玉湖，玻湖至丫角庙河，经习（席）家口入长湖，为一河串多湖。

据民国十六年（1927年）绘制的地图所示，太师渊河有两源，南支主流起自章华寺东南侧太师渊，至姗娌桥；北支起自报子庙附近，南流经周梁玉桥、五门桥、至姗娌桥与南支汇合，向北入象湖，经陟山桥、玻湖，至碧福寺附近与岑河汇合，再西行经张家台、唐家台入内荆河，河长33千米。

太师渊河旧时贯长湖，通汉江，在田关河未堵塞之前，是贯通长江与汉江的南北水路要道，凡来往于汉北地区的商船均由此河抵达沙市。据《沙市市志》载："明万历年间，老梅园的剅眼不通，台寺渊一带常闹涝灾，嘉靖三十四年（1555年），告假居家的翰林院编修张居正获悉此事，组织乡民疏通剅眼，并开沟一条至白水滩，沟通沙市与玻湖、长湖、潜江、沔阳乃至汉口的水道。后张官至首辅并为太子太傅，乃改台寺渊为太师渊，直至20世纪50年代部分河段仍可通航。随四湖治理工程的实施，沿太师渊河线进行大规模疏挖。新开玻湖渠直通四湖总干渠，原太师渊水系遂废。"

（2）荆襄河。荆襄河原名沙市河，古称龙门河、便河，亦名漕河。起于沙市市区便河垴（距荆江大堤约200米），北行经便河桥、孙叔敖墓、塔儿桥、金龙寺、雷家垱、沙桥门入太湖港总干渠，全长约8千米。向东经东关垱至关沮口入海子湖。是连接沙市与长湖的重要水道。由东晋（317—420年）荆州牧王敦开凿。便河垴西侧为便河西街，南侧为便河南街，东侧为便河东街。原沙市京剧院位于西街。内河或长江来往船只在此拖船翻堤。此河以雷家垱为界，南段河面宽30～60米，北段河面宽百米。楚故城（土城）自观音矶经金龙寺东折，沿荆襄河南过孙叔敖墓东行至太师渊（今中山公园有土城遗址），南折至荆江大堤文星楼附近，全长约7.5千米。新中国成立后，将金龙寺至沙桥门一段改称荆襄河。1958年修建北京路，拆除便河桥，相继填平便河垴至便河桥、塔儿桥至金龙寺段。1998年后，便河桥以南部分建成便河广场。便河桥、塔儿桥段水域成为中山公园一部分。1971年太湖港总干渠在横大路改道北行，经谢家桥入海子湖。同时新挖沙桥门至横大路新河与太湖港总干渠连接。四湖治理工程实施后，长湖成为调蓄水库，汛期水位抬高，荆沙城区排水受阻。1959年在雷家垱筑坝并建排水泵站（雷家垱为西干渠起点），城区部分渍水排入荆襄河。2005—2011年，实施荆州市城区防洪规划，在荆襄河口建节制闸，防止长湖水倒灌荆襄河（名荆襄河节制闸）。刨毁雷家垱坝并建闸和改造箱涵，泵站排水改道入西干渠。荆襄河辟为湿地公园。

《荆州府志》载："沙市河在县东南十五里，俗名便河。"《江陵乡土志》亦载："沙市河……一名龙门河，又名便河……为扬水分注及襄水逆流之尾闾，其在金龙寺分四支：一支西行七八里（即今荆沙河）达城河，有西北扬水来会；一支北行六七里至草市河，又东北行六七里至东关垱，东南有雷家垱诸水来会；一支北行六七里出关沮口入海子湖（即今荆襄河）……另一支东行至曾家岭处折向南至便河垴（今便河广场）。"

便河历来水运十分繁忙,"北通襄沔,水路便利,故又外江输入之货物岁不下数百万,河身较宽,巨舰均可撑驾"(《江陵乡土志》)。清光绪二年(1876年)曾被疏浚,船舶可由沙市直抵沙洋盐码头,通往陕南、豫南各地。直至新中国成立初期,船只仍可经长湖至便河垴停靠,雷家垱、金龙寺、塔儿桥、便河桥等地皆为帆樯如林的内河码头。清末和民国时期,便河为沙市内河主要航运码头。由沙市经长湖至沙洋,多数船只可载2000~3000千克货物。自沙市至汉口航线:从便河出发,入长湖、三湖、白鹭湖、余家埠、鸡鸣铺、毛家口、柳关、小沙口、小港、洋圻湖、大同湖、潮口至沌口入长江,下行15千米达汉口。冬春季节,内河水浅,经新滩口入长江至汉口。此段航道与长江基本平行,它与长江相比,沿线所经过的大小集镇,是农副产品富饶之地,而且航行风险小、航程短,是极为经济的水上通道。这段水路河面较宽,装载20~30吨的木船可自由航行。20世纪50年代,由于河道淤塞,便河垴至今北京路一段河道被填为陆地,内河码头遂转至雷家垱(荆襄河)和三板桥(豉湖渠)。便河今专指由塔儿桥向东至曾家岭,然后折向南抵北京路(呈曲尺型)长2千米的河段,一般宽为100米,水深2米左右。今之便河地居沙市闹市中心,河的故道扩挖成城中湖,名为江津湖,湖中立有一怪石,传说石为沙石(音:市),是沙市的由来。便河虽无昔日航运繁忙之景象,但湖畔辟有公园(中山公园),湖周边高楼耸立,商业繁华,人称"不夜城",华灯初上时,万家灯火,流光溢彩,平添几分水韵。详见图3-16。

图3-16 沙市便河江津湖畔(2012年摄)

(3)荆沙河。荆沙河东起金龙寺,经荆龙寺桥、古白云桥、太岳路桥、安心桥、码银桥,入马河与荆州城护城河相通,为荆州城区至沙市的水路要道,河长3.3千米,水面宽度约30~50米,见图3-17。20世纪50年代前荆沙两城之间的交通主要依靠此河,50年代后陆路交通发展,遂于60年代后期逐段堵截养鱼,自1984年起,沙市市政府逐段疏浚,现为荆沙城区排水要道。

(4)岑河。岑河原名城河。《江陵县志》载:"城河即岑河口,在城东四十里,东南汇郝穴、化港诸水,东北合白溕(原有面积3.8平方千米,名白大湖,唐开元年间在白大湖东南建寺,将湖改名为白溕湖,今白溕村)诸陂泽,下汇附近安兴港……古安兴县址(隋仁寿年间以广牧县改置,唐贞观十七年废),故曰城河。"岑河以地名为河名,岑河集镇是一座有1500多年历史的古镇,为唐朝著名边塞诗人岑参的故里。岑河易名见于宋,明、清时此处设有岑河田赋征收处,是江陵县3个田赋征收处之一。3条支河流经镇区,渔舟、商船如梭,市场繁荣,有"小沙市"之称。民国时期,周围农副产品在此集散。新中国成立后,属江陵县管辖,1994年划归沙市区管辖。后由于水系的变化,水运萎缩,难见昔日水运繁忙的景象。

岑河口水原为夏水。夏水的分江口门淤塞后,从明至清,其原口门附近的堤防(荆江大堤)发生过16次溃口,大量泥沙随水进入内地,抬高口门附近的地面,夏水随之萎缩,演变成砖桥河,汇窑湾、盐卡附近之水入岑河东下。"东北合白溕诸水,东南会鹤穴诸水,与境内(指原江陵县)东半边水道相连贯,一苇系之,四通八达"。

岑河水分为西、东两段。西段向西行于东岳庙处纳象湖来水(象湖面积约10平方千米)和谷湖、

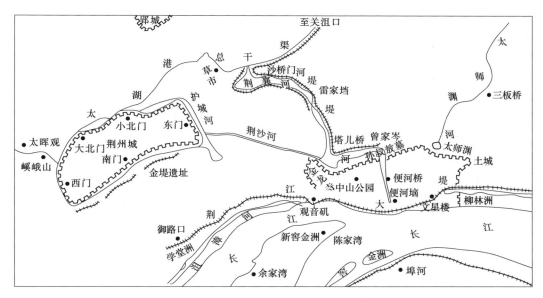

图 3-17 民国时期荆沙河示意图

白溇来水，至碧福寺与致湖水汇合，西行于唐家台入内荆河（中襄河）。从碧云寺向南汇音家河至李家台入内荆河（中襄河），折向东南于清水口注入三湖。从岑河起至清水口河长 24 千米，此为岑河水支流。当中襄河涨水时，水经此河倒灌至岑河以及沙市城区。

河口东段为主流。民国时期，岑河口以下称为资福寺河。过岑河口有砖桥河水来会。砖桥河乃夏水演变而成，源于荆江大堤附近的窑湾、范家渊，汇沟洳港汊诸水，河长 8 千米，在岑河口附近汇入岑河。再至象鼻嘴（因原湖嘴形似象鼻而得名），有化港河来汇。化港河源于荆江大堤附近的木沉渊，经沙口、潘章桥、王家台，于象鼻嘴入资福寺河，全长 14 千米；在滩桥附近注入观音寺河，河长 7.5 千米。下行约 4.5 千米，便是资福寺（今称资市）。据传，唐朝时有一尊佛像用船载往当阳玉泉寺，行至此地，船舱漏水，只得将佛像临时移至岸上。而待船修好，佛像却搬不动。当时此地的东岳庙内正缺一尊佛像，经禀告后将佛像移至庙内。拜佛的人认为这是飞来的佛像，遂将东岳庙改为飞佛寺。后寺院损坏，重修时由一知府捐资，在竣工后改为资福寺，集镇因寺得名，沿用至今。再至薛家河，向左分流至大河口，分为两支：一支向北于青莲寺入三湖，当三湖水涨时，可通过此河倒灌入资福寺河；另一支向南沿新六合垸南下，至大河口与郝穴内河来水汇合。然后至两架桥，有潭子湖、袋儿湖水来汇。潭子湖在今郝穴镇上游的蒋家湾附近。至江家桥有观音寺河来汇。观音寺古为獐卜穴口（今观音寺闸），元大德七年（1303 年）前淤塞，后复开，明初再塞，隆庆时虽议开未果。此处穴口的砂卵石层厚达 90～110 米。水经滩桥、曹家场、浙湖口至江家桥入资福寺河。在浙湖口有荆江大堤附近文村甲来水汇合。主河长 23 千米。

又至谭家港，有郝穴河水来汇。郝穴，古为鹤穴，乃九穴十三口之一。白鹤翔集，人们视为吉祥，遂名鹤穴或鹤渚。明万历十年（1582 年）因镇上郝姓居民居多，"鹤"与"郝"当地读音相同，故称郝穴，置郝穴司。清乾隆年间，郝穴日益兴盛，十分繁荣，清乾隆五十四年（1789 年）命名为郝穴镇。郝穴镇是原江陵县南部地区的经济中心。1994 年行政区划变动后，郝穴成为江陵县治所在地。

郝穴镇不仅有悠久的历史，而且有着光荣的革命传统。1930 年 2 月，郝穴人民以长矛大刀配合主力红军，一举消灭国民党岳维俊部驻郝穴的一个营。同年 5—10 月为中共湘鄂西分局江陵中心县委所在地。

郝穴口于明嘉靖二十一年（1542 年）堵塞。郝穴堵口后，内河水经结口、熊家河、朱家口，然后分为两支：一支北流至谭家港；另一支经彭家河滩至大河口，经胡家场、白马寺、新口、新家垱、沙岗入白鹭湖，全河长45千米（至胡家场另有一支向北，经赤岸街，向南在新口汇合）。新中国成立后，此河亦称内荆河。

郝穴堵口是江湖关系中一个极为敏感的话题，长期以来人们对于此事一直存在争议。有人认为堵郝穴口是担任明朝宰相的张居正下的命令，为舍南救北，或者是为保护他家乡的风水，利用权势把郝穴口堵塞；还有人说是嘉靖皇帝为保护他父母亲葬在钟祥的坟墓等。这些说法尽管流传甚广，其实都是没有根据的。张居正（1525—1582年）江陵草市人，明嘉靖二十六年（1547年）中进士，万历初年任内阁首辅，至万历十年（1582年）病卒。他出任首辅时明王朝像一座"将圮而未圮"的大厦，亟待"振而举之"。张居正实施的改革措施触动大官僚地主的利益，因而遭受既得利益者的强烈反对，张居正死后即遭群起攻讦、抄没家产的报复，直到天启二年（1622年），朝廷才恢复其名誉。郝穴堵口的时候，张居正才18岁，应与郝穴堵口无关系。据推算，嘉靖年间荆江（沙市）的水位高的时候只有38.00米左右，沙市到郝穴的水头差一般是在2.50米左右，郝穴的最高水位只有35.00米左右。即使郝穴溃口，水由下向上倒灌（距离约50千米）也淹不到荆州城。至于讲到郝穴的水会淹到钟祥去，那更是不可能。所以，郝穴堵口是在当时的社会条件下发生的，并不存在"舍南救北"的问题。

岑河水至白马寺，有华桥河水来汇。华桥河上承荆江大堤柳口、金果寺一带散水，经吴桥、华桥、金枝寺，于白马寺与郝穴河水汇合，河长18千米。

江陵设县2000多年，其县治绝大多数时间是荆州城，但元代近百年县城却不知去向。明人孔自来的《江陵志余》及清康熙《荆州府志》、乾隆《江陵县志》皆指，元朝江陵县城在荆州城东南"百二十里之赤岸"。据考证，白马寺镇赤岸村，有一地如荆州城大小、地面均高出四周农田5米以上。此地古称锦溪山，亦称红岸坡，后因曾是小集镇，故名赤岸街。区域内有头陀寺、毕状元墙，有长百米的青石板面街三条。街道功能明晰，分生意区、居民区、书院区。村子里到处散落古代砖瓦及雕花柱石。故有"忽必烈毁荆州地，古都曾迁白马寺赤岸村"之说（《楚天民报》2016年）。

（5）窑湾河。窑湾河源出普济以北的大军湖，排新兴、樊城等垸的水，经同南口至沙岗入白鹭湖。明朝初年，此处是两河之间的一块沙洲，地势较高，故称沙岗。明末清初逐渐形成集镇。因其临河傍湖，来往船只方便，粮、渔交易兴旺。清末、民国初年，是沙岗镇的兴旺时期，"日有千人拱手，夜有万盏明灯"。"土地革命"时期，沙岗是洪湖革命根据地活动中心之一。1926年冬至1927年春，这里就建立中国共产党的地下组织，1926年这里又组织了农民协会。1930年在沙岗镇建立区、县政府，同年湘鄂西省政府由洪湖一度迁到沙岗（后又迁往石首调关）。

沙岗地处四湖腹地，最高点钟家台高程为30.20米，最低点九家湖高程为25.30米，是江陵县东南部的集水之地，内涝灾害最为严重，原有湖泊水面面积近80平方千米。四湖治理实施后，沙岗发生巨大变化，排水通畅，农业生产条件得到明显改善，并有四通八达的公路，彻底改变交通闭塞的状况。

（6）汪桥河。汪桥河源于江陵县普济观，东经刘家剅、谭彩剅（因谭姓居住在原来涂有各种色彩的排水剅旁，故名谭彩剅），至秦家场（秦市）入监利县境，经姚家集、汪桥至官垱，再由辣树嘴入内荆河（右支），河长21千米。

汪桥河之源普济观，是一个历史悠久的农村集镇。相传唐朝时有一道人来此化缘，用其法衣铺地48亩作建观地基，道观建成后，取名铺衣观。后由于释道合流，取梵语"普济众生"之意，更名普济观。由于地处湖区，地势低洼，附近有大军湖、陈子湖等20多个湖泊，水面面积有30多平方千米，新中国成立前是有名的"水袋子"，十年九涝。

汪桥河流至姚家集附近有荆台和荆台观。荆台又称强台、京台、景夷台，乃楚国早期所建，史称"台周四百有余丈"。楚国灭亡后，荆台渐废。

汪桥河以流经汪桥集镇而命名。相传此地原是临河渡口，船主姓汪，他节衣缩食，将省下来的钱在河上建起了一座木桥，人称汪家桥，后简称汪桥。明朝时此地已成小街。第二次国内革命战争时期，汪桥地区是贺龙领导的湘鄂西革命根据地的一部分。中国工农红军第六军诞生于此。

（7）程家集河。程家集河源于江陵县麻布拐，经拖船埠、程家集，在南寨口有堤头水来会，至杨家口有莲台河水来会，经挑担口至西湖嘴入西荆河（右支），河流长21千米。麻布拐是江陵县东南边境的一个小集镇。民国初年，荆江大堤本在拖茅埠（亦称拖茅口），来往船只均从此拖过大堤。麻布拐原是荒滩，1933年拖茅埠大堤溃口，复堤时将新堤向前推移1200米，即今之荆江大堤，防汛时因堤身单薄，用麻袋装土抢险，因名麻布拐。

程家集河以程家集街而命名。南宋嘉定年间，有程姓富户临河建石级码头，开设店铺，沿河一带始成小街，人称程家集。明永乐年间，程家集已发展为一较大集镇。主街铺设青石路面，长约1千米，宽约3米，沿街店铺为清一色的明代"穿斗"砖木结构建筑，至今仍保持得较为完好，并有明朝时建筑的拱形石桥尚存。程家集老街有800余年历史，具有一定的文物保护价值，为历史文化名镇。

程家集河经此处有堤头水来会。堤头又称堤头港，上有江口，下有新冲口（均为古时子夏水）与姣（肖）子渊水相通，新冲口于明嘉靖十八年（1539年）堵塞。至杨家口有莲台河水来会，此水源于荆江大堤附近的堤头至盂兰渊一带的散水汇集而成。莲台河由莲台小集镇而得名。早年此处盛产莲子，湖主唯恐别人盗莲，便于河口筑台'防守'，人称莲台。清初，来此地经营湖产品者日渐增长，逐成小街。1972年由沙市至监利的公路经过莲台，新开友谊渠通西干渠，取代程集河。

（8）蛟子渊河。蛟子渊河又名焦（肖）子渊河，或称消滞渊河，原名菱港（河），亦名车湖港。《长江图说》中则名为蛟子渊河，其上口为石首市蛟子渊，下口为监利刘家沟，即今流港。

蛟子渊河为四湖流域外滩最大的一条河流，本系长江汊道，河面宽108～200米，沿途经大湾、泥巴沱、天字一号、横沟市、季家挖口子、朱家渡，至流港复入长江主流，全长39.15千米，洪水时，有分支沿监利堤头经西湖（长江故道）到杨家湾入长江。

清初，河口与长江主流贯通，汛期分泄江流。当蛟子渊河口水位40.60米时，可分泄长江流量2770立方米每秒。能降低上游郝穴水位0.578米、祁家渊水位0.352米。据民国二十一年（1932年）湖北省水利局档案记载："前石首县堤工委员邓明甫称：因扬子江贯流其间，历年浸削，逐渐洗大，遂成小河，蛟子渊河在汛期通流，为郝穴至监利间航行捷径。"《长江图说》杂说中记有："郝穴又二十五里经蛟子渊，有正沟者，首受江水，东流至堤头港入之。夏月江行，可捷百里。从蛟子渊经石首、调关至流港水道全长116.7千米，经蛟子渊至流港水路比走大江要近70余千米。"

蛟子渊河临荆江大堤，与长江主泓顺流而行，江河之间为江心洲，有沃土大片。清乾隆年间（1736—1796年），荆南道来氏任内，曾堵塞蛟子渊建军马场，后江陵人士主毁，以求泄洪保堤；石首人士主堵，以阻洪保地。近百年来为此争论不休，时挖时堵，伴有械斗发生。新中国成立后，为妥善处理蛟子渊问题，中南区军政委员会水利部于1950年7—8月派员会同长江中游工程局、湖北省水利局，以及江陵、监利、石首3县代表赴蛟子渊实地查勘，于8月19日在监利县中游局第四工务所会商，最后确定刨毁蛟子渊土坝，交由石首县施工。1951年4月13日，省政府对蛟子渊坝提出4点处理意见：①凡干堤外滩民垸溃口后而需要重新修复时，必须经水利主管机关许可；②挖开蛟子渊后，困难很多，群众对民垸培修要求迫切，为照顾群众困难起见，暂准四垸合修，但堤顶高程低于当地干堤1米；③合修经费由当地自筹；④移民费及耕牛问题，由中游局业已解决。蛟子渊于1951年7月12日全部刨毁。1951年8月9日实测坝内水位32.70米，推算流量2700立方米每秒。

1952年3月15日，中南军政委员会作出"关于荆江分洪工程的决定"。为妥善安置蓄洪区内的6万多移民，动员监利、石首、江陵3县5.5万民工，用两个多月的时间，在石首县江北区挽成人民大垸上垸围堤（唐剅子至冯家潭至一弓堤，为石首县管辖），堤防全长49.5千米，同时堵筑了蛟子渊上口（1959年建蛟子渊灌溉闸）。1954年在蛟子渊下口建成人民大闸（3孔、每孔宽4米）。1958年又挽了下垸围堤（冯家潭至杨家湾，为监利县管辖），并在流港兴建了排水闸。至此，蛟子渊河成了围垸内排水河道，而堤头至西湖的支流则辟为蓄水之所，用于养殖。

（9）太马长河。太马长河又称太马长川河，亦称鲁袱江。源于监利容城镇西的庞公渡（今西门渊），沿容城镇的西北，经火把堤、刘家铺、太马河（原名抬马河），由西折向东，经观音寺，至鸡鸣铺入内荆河（右支），河长 37.05 千米，河最宽处 122 米，最窄处只有 12 米，雨季河深 8～10 米。河道弯曲（从庞公渡至鸡鸣铺直线距离为 10 千米），排水不畅，两岸农田常遭渍涝之灾。有民谣："雨三天，叹气喧天；晴三天，锣鼓喧天（指拜神求雨）。"1962 年，新开监新河（从火把堤至鸡鸣铺河长 8.8 千米），排灌两用。1965 年 5 月 19 日国家副主席董必武在湖北省省长张体学陪同下曾视察此河。原太马河的排水功能一部分被监新河取代，一部分排入西干渠。1973 年螺山电排站建成，水系调整，太马长河排水区划入螺山排区，一部分经新桥排入沙螺干渠入螺山电排渠，一部分经林长河入半路堤排渠。原太马长河遂废。

为解决内垸的灌溉用水，1959 年在西门渊（距庞公渡约 1 千米）破堤建闸，新开渠道与原太马长河相通，利用太马长河作为灌溉渠道。因泥沙淤积严重，从火把堤至刘家铺原老河大部分淤塞。如今只保留西门渊至火把堤一段仍作灌溉引水渠。庞公渡为古穴口，是荆江北岸的分流水道，其内河古称中夏水。

太马长河原为监利城关内河航运的主要河道。

相传三国赤壁之战时，东吴鲁肃曾伏兵于此河，故称鲁袱江。明万历八年（1580 年），堵筑庞公渡口，天启二年重开，清顺治七年又堵，从此监利以庞公渡为界的东、西两端的长江堤防连接在一起。堵筑庞公渡口以后，荆江北岸的堤防上从江陵县的堆金台，下至洪湖市的茅江口成为一个整体，长达 300 余千米。今日的荆江大堤和长江干堤的堤线，就是在那个时候的堤线基础之上经过不断培修而形成的。

太马长河流经的火把堤、太马河、鸡鸣铺等地名，与元朝末年陈友谅的活动有关。相传元末陈友谅一次进兵失利，退至此地时天色已晚，便点着火把继续前行，至鸡鸣铺时，已是东方发白，鸡叫之时，至太马河时要抬马过河。

（10）林长河。林长河因沿河两岸林木生长茂盛，故称林长河。有新老林长两河。老河源于监利县城东南，汇附近散水，东经狮子湾、伏虎岭，至师姑桥会沙湖之水后，经太平桥、汴河剅至施家港分支：主流经何家庙会六合垸水，经剅口至南河寺又分支，经邓庙再分支，其主流经二屋墩入洪湖，全长 60 千米。施家渡分支，沿苦李垸入洪湖；邓庙分支，经周家湾，周家墩至何家墩入洪湖。新林长河源于沙湖，汇福田寺闸来水经白沙湖（今周城垸渔场）于何庙附近入老林长河。

清朝时林长河河道畅通，乃监利县城主要内河航道。后因长江干堤多次溃口，泥沙淤塞河道，航运功能逐渐散失。

林长河主流经太平桥，乃三国时赤壁之战后的华容道。华容道起自今曹桥村，止于毛市镇，长约 15 千米，原系泥泞小道，多小河湖汊。相传赤壁之战，曹操战败，带着他的残部经乌林沿江逃至螺山，然后北折入监利（当时称华容县），经过华容城，北退至江陵。当时由于孙刘联军紧追其后，曹操乃走此道，过曹桥后，"遇泥泞，道不通，天又大风"。曹操掷鞭于此，命令"羸兵负草填之"。后人将曹操掷鞭的地方称为"曹鞭港"。当时，曹操的军队人饥马乏，难以前进，又担心追兵，在经过萝卜地时曹操命士兵拔萝卜充饥，因此后人将此处的萝卜地命名为"救曹田"。1982 年，监利县人民政府在曹桥村立有一碑，上书"三国遗址，华容古道"。所谓华容道，据《资治通鉴》注释："从此道至华容县也。"曹操当年赤壁兵败之后，经过华容县的地方，称之为华容道。

林长河流经剅口支汊多分。第二次国内革命战争时期，剅口先后设有监利县苏维埃政府、中共鄂西特委、游击队总部、农军司令部、总工会、红军总医院、红旗报社、兵工厂等重要机构。剅口地区不仅是湘鄂西革命根据地的重要组成部分，而且是红二军团的辎重后方。1930 年，敌人多次重兵围剿，数以千计的红军战士、赤卫队员为保卫红色政权献出自己宝贵的生命。剅口地区的土地浸染革命烈士的鲜血，剅口地区人民为中国革命作出重大贡献。为纪念革命先烈，1965 年在剅口绍虞湾修建一座烈士陵园，埋葬烈士忠骨 3000 多具。1969 年又增修烈士纪念碑和纪念馆。

林长河至邓庙再分多支入洪湖。此处濒临洪湖，第二次国内革命战争初期，湘鄂西洪湖重伤医院本部设在邓庙，与根据地其他医院（一、二、三、四医院）统属省军委管辖。邓庙医院规模很大，有专门的病房、手术室、药房、消毒房、厨房、开水房、图书室、军医讲习所课堂等。医生多数是从武汉和上海等大城市来洪湖参加革命的，他们都有专长。贺龙曾多次带领慰问队、洗衣队前往医院看望伤员，并请民间艺人为伤员演唱。

1972年洪湖分蓄洪区工程主隔堤建成后，原新老林长河上段被截断。螺山电排站建成后，原林长河排区新开沙螺干渠、友谊河、丰收河及新汴河，原老河道遂废。

（11）朱家河。朱家河简称朱河，为监利县东南部最大的一条内河，汇流面积约600平方千米。初名芦陵河，曲折蜿蜒，源远流长，首通长江，尾接洪湖，原有多处通江穴口。

朱家河有三源。一支源于尺八口，称尺八口河，亦称杨林港河，今为尺八镇驻地。尺八口原是九穴十三口之一，史称"赤剥穴"，也有传说此地曾有一尺八寸的流水口，后谐音尺八口。赤剥穴在今尺八口街头西边的何家湖。唐末尺八口附近已有人定居。宋代时，来往商船为避风浪，经尺八口入内河过洪湖至武汉。尺八口因此日渐繁荣，形成小街。清朝和民国时期，尺八口是监利东南仅次于朱河的贸易集镇。两宋时期，尺八口已开始修筑沿江堤防。尺八口于南宋年间第一次堵塞，元至大元年（1308年）重开，以分泄江流，明洪武三年（1370年）再次堵塞。尺八河湾于1909年发生熊家洲自然裁弯（又称尺八裁弯），此处长江成为故道，水运萎缩，小镇盛况随之日衰。1957年将故道上下口堵筑，挽围成三洲联垸，故道辟为老江河渔场。

尺八口河向东经肖家畈、红庙至池口，河长约17千米，南有大城池水来汇。至此分为两支：主流北向为朱家河，经柏木桥（有柏木长河分流入洪湖）、聂家河、何家桥，至三岔河，有祖师庙河与东港湖水来汇，至老人仓有王福三桥河分流，经桥市、庄河口入洪湖（此河长8.5千米）。桥市在元朝末年，有渔民在此居住，经营湖产。明朝时，小河两岸形成小镇，大商户王福三为了便于做生意，投资修建木桥，称"王福三桥"，河亦名"王福三桥河"。第二次国内革命战争时期，这里是湘鄂西革命根据地的一部分。1930年在桥市北吴村创办"洪湖军政学校"，贺龙、周逸群等同志亲赴军校给学员讲课，为革命培养了大批骨干力量。主流经朱河至三盘棋分为两支：右支为主河，经孙滩、菊兰，至桐梓湖入洪湖，主流长约45千米；左支名小河经黄桥、龙湾、南湾，至潘河入洪湖。三盘棋今称棋盘，为棋盘乡驻地。原小河从朱河分流处建有一座石拱桥，年代久远，桥石斑驳。相传有神仙在此对弈，三局过罢世事已历千年，后人便引三盘棋作为村名。1972年修建公路时，此桥拆毁，如今棋盘水陆交通十分便利。

朱家河因排水范围大，河道弯曲复杂，加之年久失修，排水不畅，功能日益萎缩。螺山电排站建成后，按地势高低和行政区划，重新规划，分别进行治理。从东港湖尾端至三岔河、朱河至棋盘，利用老河道疏浚扩挖。棋盘至桐梓湖开挖新渠，仍称朱河，原老河及小河均废。柏木长河对铜丝弯和铁丝弯进行裁弯取直，斗口子以下新挖渠道至幺河口。原引港河则被新开的九大河所取代。

朱家河的入湖处桐梓湖东临洪湖，四周都是蒿草，入夜蚊子特多，人恶之称为虫子湖，后人们来此定居，便谐音为桐梓湖。桐梓湖在螺山渠道开挖和朱河改造之后，其面貌发生根本性变化，四周荒湖变成精养鱼池，养殖的黄鳝和鳜鱼行销上海和广州，渔民的生活日渐富裕。多数渔民弃舟登陆，渔民新村傍河而建，房屋高大宽敞，建筑工艺可与城市媲美。家用电器一应俱全。做饭也彻底告别了烧"蒿把子"的时代。学龄前儿童到朱河镇上幼儿园，早晚有车接送，这里的卫生环境明显改善，交通十分方便。陆路可达朱河镇，沙洪公路相通，随岳高速公路建成后，早发桐梓湖，夕至广州就是易事了。其水路更是便利。螺山电排河经过桐梓湖，河宽70多米，常年水深1.50～2.00米，来往船只繁多。向东过桐梓湖闸可入洪湖，南经螺山船闸可达长江，西经朱河可抵朱河镇，北经宦子口船闸可至四湖总干渠，称得上是四通八达。

朱河镇因朱家河而得名。元大德年间，为行船方便，将朱家河进行过疏浚。明末万历年间，有一名叫朱家河的老人在芦陵河北岸（即今鹿苑庵附近）开设路铺，客商日多，形成小镇，人称朱家河镇。清同治八年（1869年），以胡大润（朱河镇人，曾任山西布政司）为首集资铺设宽3米、长2.6千米的青石板街道。从此朱家河名声大振，芦陵河也改称为朱家河。1939年朱家河开始成为县辖镇。

朱河镇地处监南中心，水陆交通方便，有广阔的农村市场，集市贸易十分活跃，与岳阳商贸往来密切，历来享有"小汉口"的盛誉，是长江中游著名的"鱼市"之一。朱河镇老街上从老人仓，下至鹿苑庵，共长 3.5 千米，人称"七里欠三分"。街道两旁店铺建筑十分精致。但 1954 年大水使店铺损坏严重，重建时未能恢复原貌。

（12）祖师殿河。祖师殿河源于李河，经郭段、孙木、断堤口、团湖，至三岔河汇入朱家河，河长 18 千米。1490—1644 年前后，大江经铺子湾（今新洲垸）入集成垸（属华容县）经蒋家垴、团湖至何弯向南折经蓝铺，沿尺八口（口子河）、熊家洲，在君山旁的壕沟与洞庭湖水汇合。今蒋家垴（古称柳港口）与口子河（古称蓼湖口）均为古穴口。今东港湖为古长江的遗迹湖。东港湖水面面积 6.3 平方千米，湖底高程 23.50 米左右，最高水位 26.50 米左右，最低处水深 5 米左右，常年平均水深 2.00 米左右。湖中遍布藻类，加上浮游生物多，没有工业废水排放，水质好，为鱼类生长提供良好条件。湖中有鱼类 40 多种，以银鱼最为名贵，全身雪白，头生银针，古为贡品。1954 年辟为东港湖渔场。

从口子河起往姜家湾、李家河至周家坟茔，长约 6 千米，长江故道遗迹，河道有宽有窄，宽处有 100 多米，窄处仅几米，汇两侧散水入东港湖后至三岔河入朱家河。

（13）引港长河。因长江边的引港乃拖船码头，凡出入长江和内河的船只均经引港拖船翻堤，故名引港河。从夏家桥分流，经吴家河，渡泊潭入洪湖。

（14）柘木长河。柘木长河从柘木桥分流，经铜丝湾、铁丝湾、天育墩，至斗口子入洪湖。柘木街今为柘木镇驻地。初系临河荒坡，明万历年间，有江西人陆续迁至此地定居，伐沿河一大柘树兴建木桥，称柘木桥。

朱家河由于流域面积大，新中国成立前，沿长江堤一带一部分属湖南岳阳县管辖，而河流尾闾的一部分又属沔阳县管辖，常常为排水发生纠纷，上、下游多次发生械斗，互有伤亡。

（15）螺山闸河。螺山闸河排洪湖水入长江。起自洪湖边的把子棚至螺山闸，河长 6 千米。为抢排洪湖渍水，清道光五年（1825 年）在螺山建闸，闸为单孔，宽 2.50 米，条石拱形，石灰浆砌。由于管理不善，内外引渠淤塞严重，排水效果较差。1959 年 10 月改造螺山闸，由监利县朱河镇负责施工，1960 年 3 月完工。改建后的螺山闸为 2 孔拱涵式，单孔宽 3 米，孔高 4 米，闸底高程 22.17 米，底板及启闭台使用少量钢筋，余为纯混凝土结构，并对内外引河进行疏浚，排水功能明显改善。1970 年螺山电排站开始施工，老闸全部拆除。螺山电排站于 1973 年建成后，装机 6 台×1600 千瓦，后改造为 6 台×2200 千瓦。1997 年在螺山泵站东侧建成螺山船闸（300 吨级），利用螺山排渠与宧子口船闸沟通。

螺山今为螺山镇驻地。螺山镇以山得名，山以其形似螺而得名。螺山原有称市的记载。南滨长江，与湖南临湘隔江相望，水陆交通便利。晚清著名学者王柏心为螺山镇人。

（16）老闸河。老闸河系内荆河的分支，古称"长夏河（今内荆河）南析支河"。源于小港，经张大口、河岭，穿过新堤城区至老闸汇入长江。河长 15.6 千米。老闸历史悠久，清嘉庆十三年（1808 年）在茅江口建闸，名曰茅江闸。因其河在长江大堤内，故称内河。清嘉庆十八年（1813 年），又在老闸上游（距老闸 2 千米）建龙王庙闸，因晚于茅江口闸，故称新闸，闸为单孔，宽 4.1 米。内排水河长 5.3 千米，洪湖水经此闸入江比老闸要快，但此闸在修建时，质量有问题，一直未能很好地发挥作用。1957 年曾进行整修并疏挖内河。随着新堤排水闸建成，新闸乃废。

老闸限于当时的物资和技术条件，采用条石石灰浆砌成。散块木质闸门，启闭十分困难。汛期两道门槽中间用黏土填筑挡水，汛后要清除填土才能放水，费工费时。由于排水时间少，河道淤塞严重，1960 年对老闸进行改建，由原单孔改为 3 孔，钢筋混凝土拱涵 3 米×3 米，并疏浚内河。1979 年利用水头落差，将老闸改建成水力发电站，后因多种原因废弃。内河由于引江水灌溉，淤积严重，加之城关污水排入内河，水质受到严重污染，亟待治理。又因上游建新堤大闸，在冬春时节可以发挥排湖水的作用，故老闸排水作用甚微。

新堤镇为洪湖市驻地。清代以前,今新堤左边的长江沿岸茅草很多,称为茅江。内荆河一支由小港经此出江,此口称茅江口,为"九穴十三口"之一,逐渐形成市镇,称作茅埠。此乃新堤镇的前身。民间俗传"先有茅埠,后有新堤"。由于不断发生大洪水,堤防崩塌,不断退挽修筑,屡筑屡决,故茅埠兴衰不定。直到明嘉靖中"增筑新堤五千三百余丈,自是江堤称巩固矣",嘉靖二十九年(1550年)茅江口溃口,敞口32年,直至万历十一年(1583年)才又将茅江口堵复,复筑新堤。这便是新堤镇名的由来,至今已有400多年的历史。新堤濒临长江,在汉口岳阳之间,背倚洪湖,百货转运,商业繁荣,清初已是沔阳五大市镇之一。1951年6月成立洪湖县,1987年改县设市,新堤镇一直是县(市)的驻地。

老闸河起于洪湖市小港与四湖总干渠相通,止于新堤老闸,与长江相通,其中新堤至蔡家河一段,原系长江从茅江口分流黄蓬湖(现洋坼湖附近)的支流。小港至艾家新嘴一段,原系内荆河主泓经小港冲刷而成,艾家新嘴至蔡家河一段,乃人工新河。新中国成立后,多次疏浚,现为下内荆河通新堤的主航道。1998年以后,再次对老闸和老闸河进行疏浚、整修,将城区部分辟为公园。

(17)蔡家河。蔡家河西起蔡家河大桥与老闸河相连处,接老闸河,洪湖水通过张大口闸泄入,东至乌林镇十字河与总干渠(内荆河)汇合,河底高21.50米,底宽10~30米,全长10.80千米。既是洪湖的排水河道,又是新堤至新滩口入长江的航道捷径。1959年以前为主流河道,自开通下内荆河上段(小港至吊口,破洋坼湖成河)后才由主流变为支流。河流因其河首蔡家村而得名,又因此村所在地为十八窑,又有窑河之称,在雷家河横堤下端至大新河称为小河,小河至洋坼河上段称道德湖,下段称柳河;吊口闸上下称吊口河。在流域管理上统称为蔡家河。

(18)蔡家套河。蔡家套河位于燕窝镇西北部,沙套湖与大沙湖之间。西起新滩镇荻障口,与内荆河相连,东南与幸福河相接。以河边有蔡家套村得名。

此河属原内荆河分支,是燕窝镇境内的一条天然河流。流经北沟、沿河村、南堤村、蔡家边、付家边,全长10千米。河道狭窄多弯,后经过治理,以排涝为主,兼顾灌溉,汇流面积47.6平方千米。

附:四湖流域汇流面积50平方千米以上的河流名录

四湖流域汇流面积 50 平方千米以上的河流名录

一、流域性河流（7 条）：

四湖总干渠、四湖西干渠、四湖东干渠、排涝河、螺山渠道、田关河、引江济汉干渠

二、荆门市掇刀区（6 条）：

拾桥河、却集河、戴家港、鲍河、樊桥河、马集河

三、沙洋县（16 条）：

龙会桥河、夏桥河、唐林河、龙垱河、虾子河、彭家湖河、拾桥河、却集河、鲍河、樊桥河、吴垱河、王桥河、大港河、东港河、西荆河、幸福河

四、荆州区（11 条）：

柳港河、龙会桥河、钱家湾河、夏桥河、太湖港、拾桥河、纪南渠、太湖港北渠、太湖港南渠、荆沙河、尹新河

五、沙市区（12 条）：

太湖港、生益口渠、莲花垸渠、清水口渠、天井剅渠、公路渠、豉湖渠、渡佛寺渠、四湖西干渠、荆沙河、化港河、南北渠

六、潜江市（19 条）：

大港河、荆腰河、长白渠、兴隆河、中沙河、西荆河、运粮河、新干渠、六合主渠、龙湖河、通城河、伍场河、老新电排渠、天井剅渠、曾大河、万福河、龙湾河、五岔河、通顺河

七、江陵县（22 条）：

清水口渠、六合主渠、渡佛寺渠、曾大河、五岔河、中白渠、化港河、红卫渠、两湖渠、老观中渠、南新河、桑树河、熊河、花桥河、万岁河、白柳渠、公路渠、南北渠、北新河、十周河、幸福河、石江渠

八、石首市（5 条）：

蛟子河、石江渠、燎原渠、银海渠、东风渠

九、监利县（36 条）：

伍场河、东风渠、荒湖干渠、五岔河、中白渠、古井渠、监新河北段、荆监河、内荆河、监北干渠、隆兴河、革命河、北丰收河、西湖南站电排渠、公路渠、监新河南段、幸福河、蛟子河、建设河、齐心河、跃进河、全胜河、丰收河、友谊河、新汴河、三八河、朱河、桥市河、中心河、柘木河、飞跃河、九大河、杨林山电排渠、红卫河、沿江渠、沙螺干渠

十、洪湖市（25 条）：

玉带河、万港河、蔡家河、百里长渠、鸭耳河、汉阳沟、彭陈渠、东西大渠、长沟、幸福河、内荆河、监北干渠、南港河、五丰河、中长河、龙江渠、蔡家套河、子贝渊河、全胜河、陶洪河、下新河、中府河、峰白河、九大河、双电河

第四章 水 旱 灾 害

新中国成立以前，四湖流域水旱灾害频繁。其特点是水灾多于旱灾，洪涝同步，有洪必涝，涝渍相随；四湖上区丘陵岗地易旱，平原湖区易涝。

四湖流域水患最早的记载见于清《荆州万城堤志》："江水大至，没及渐台（指江陵）。"所记为楚昭王时期（公元前 523—前 489 年）的事件，之后 300 余年未见水患记载。直至汉高后三年（公元前 185 年），《汉书·五行志》方记有"夏，南郡大水，水出流四千余家"，高后八年（公元前 180 年）夏"南郡水复出，流六千余家"。此后，又历 200 余年，四湖流域水患记录才逐渐增多。至唐代，四湖流域出现围垸垦殖，明清两代，四湖流域人口渐密，围垸增多，蓄水之地渐少，江河水位抬高，洪涝灾害日显频繁与严重，记载也日密。据不完全统计，自汉高后三年（公元前 185 年）起至 1949 年的 2134 年间，发生洪涝灾害 344 年次，平均 6 年发生一次；发生旱灾有 42 年次，平均 50 年一次。明朝（1368—1644 年）277 年间，共发生水旱灾害 69 年次。其中水灾发生 61 年次，平均每 4.5 年一次；旱灾发生 8 次，平均 34.6 年发生一次。清朝（1644—1911 年）268 年，四湖流域共发生水灾 169 次，平均 1.5 年一次；旱灾 9 次，平均 29 年发生一次。民国三十八年（1949 年），四湖流域发生水灾 34 年次，几乎年年有灾。详见表 4-1。

表 4-1　　　四湖流域历史水旱灾害（公元前 185—1949 年）发生年次统计表

朝代	汉	晋	南北朝	隋	唐	宋	元	明	清	民国	合计
年（次）	4	20	5	1	16	32	26	69	178	35	386
水灾	4	20	5	1	15	15	20	61	169	34	344
旱灾					1	17	6	8	9	1	42

新中国成立后，根据四湖流域洪涝灾害严重而频繁的状况，国家投资和四湖流域人民投劳对四湖流域进行治理，经过几十年不懈的努力，兴建大批的水利工程，提高四湖流域抗御水旱灾害的能力，减轻洪涝灾害所造成的损失。1949—2015 年的 67 年间，四湖流域内垸遭受洪灾的年份为 1954 年、1998 和 1999 年，严重内涝灾害的年份为 1950 年、1954 年、1964 年、1969 年、1970 年、1973 年、1980 年、1983 年、1991 年、1996 年、2002 年、2010 年，共 12 年次，发生频率约为 5 年一遇。四湖流域以洪涝灾害为主，但由于降水时空分布不均和湖泊减少，干旱也时有发生。1949—2015 年，出现较严重干旱年 15 年（次），平均 4.5 年发生一次。

洪涝灾害都是由强降雨所造成的，在降雨的过程中有时会出现雷雨大风、龙卷风和冰雹等灾害出现。这种类型的灾害出现是短时间风力强大，瞬间极大风速一般可达 6～7 级，少数可达 10 级以上，刮风时一般伴随有电闪雷鸣、大雨和冰雹出现，破坏力极强。所到之处会造成庄稼倒伏、树木折断、房顶掀翻、人畜伤亡等灾害，其损失程度非常严重。

第一节 洪 灾

四湖流域的洪水灾害主要受长江、汉江、东荆河和沮漳河洪水的影响。

一、长江洪水

长江洪水主要由暴雨或长时连续降雨所形成。四湖流域地处长江中游，属明显的季风气候区，入夏后，夏季风从西南和东南方向海面上带来的大量暖湿气流，若遇到北方南下的冷空气，就会形成降水。每年的5月进入汛期，到10月基本结束。

根据长江委的资料，长江干流宜昌段调查到的历史洪水，1153—2015年的800多年间，洪峰流量大于80000立方米每秒的有8次（1153年、1227年、1560年、1613年、1788年、1796年、1860年、1870年），其中最大为1870年，流量达105000立方米每秒。自1153年以来，几乎每个世纪都出现过比较严重的大洪水。1931年、1935年、1954年、1998年4个大水年，在城陵矶的洪峰合成流量均在100000立方米每秒左右，给长江中下游地区造成重大损失。新中国成立后，局部洪水几乎每隔3~5年发生一次，其中较大的洪水年份有1954年、1964年、1974年、1980年、1983年、1996年、1998年、1999年。这些年份的洪水宜昌的流量都在50000立方米每秒左右。长江宜昌站历史洪水洪峰流量见表4-2。四湖流域长江段主要站点年度水位和流量极值见表4-3。6月中旬至7月中旬常有一段连续阴雨，期间且有历时较长的暴雨天气，称为"梅雨期"。这种梅雨静止锋暴雨常造成长江中游地区严重的洪涝灾害。7月中旬至8月雨带推进到长江上游地区，上游洪水与中游洪水相汇合，荆江河段就会出现高洪水位。上游洪水来量巨大与荆江河段安全泄洪能力不足的矛盾十分突出。一旦洪水来量超过荆江河段的宣泄能力就会导致防汛紧张，甚至造成堤防漫溢溃决，从而酿成四湖流域严重洪水灾害。三峡工程运行前，荆江河段安全泄量为60000~68000立方米每秒，城陵矶以下长江河段的安全泄量为60000立方米每秒。每当枝城站发生超过70000立方米每秒洪峰流量时，沿江地区防洪工程难以承受和抵御巨大洪水压力。防洪标准只有10年一遇，运用荆江分洪工程也只有20年一遇，防洪标准很低。

三峡工程已于2009年建成，荆江河段防洪标准已提高到百年一遇，如果运用荆江分洪工程，可以防御千年一遇洪水，荆江河段可以避免发生毁灭性灾害。

表4-2　　　　　　　　　　　　　长江宜昌站历史洪水洪峰流量表

年　份	水位/m	洪峰流量/(m³/s)	时间	三天洪量/亿 m³	七天洪量/亿 m³
1870	59.50	105000	7月2日	265.00	536.60
1227	58.47	96300	8月1日	241.60	492.50
1560	58.09	93600	8月25日	234.80	479.20
1153	57.50	92800	7月31日	232.70	475.30
1860	57.96	92500	7月18日	232.00	473.80
1788	57.50	86000	7月23日	215.60	441.90
1796	56.45	82200	7月18日	206.00	423.20
1613	56.31	81000	—	203.00	417.30
1896	55.92	71100	9月	184.29	430.01
1981	55.38	70800	7月19日	172.89	336.27
1954	55.73	66800	8月7日	170.12	385.34
1998	54.50	63300	8月17日	152.09	350.48
1999	53.68	57600	7月20日	142.61	292.46
2012	52.64	46700	7月31日	120.26	276.50

二、汉江洪水

汉江流域为中国南北气候分界的过渡地带，南来北往的冷暖空气活动频繁。流域内多年平均降雨量为900~1100毫米。一般5—6月间汉江下游地区雨季开始，极峰即显活跃。7月，随着雨带北移，降雨量大增，雨区以安康以下地区为主。8月雨区主要分布在唐白河、丹江、淘河等地区。9月正值华西地区秋雨季节，暴雨强度大，持续时间长，极易形成洪峰特大的洪水。据记载，汉江流域出现最

表4-3　四湖流域长江段主要站点年度水位和流量极值表

序号	沙市 (>44.00m)				石首 (>39.00m)		监利 (>35.50m)				城陵矶—七里山 (>33.00m)				螺山 (>32.00m)				潜江站（原陶朱埠站）(>39.70m)	
	年最高水位/m	时间	年最大流量/(m³/s)	时间	年最高水位/m	时间	年最高水位/m	时间	年最大流量/(m³/s)	时间	年最高水位/m	时间	年最大流量/(m³/s)	时间	年最高水位/m	时间	年最大流量/(m³/s)	时间	年最高水位/m	时间
1	45.22	1998年8月	53700	1998年8月	40.94	1999年	38.31	1998年8月	45500	1998年8月	35.94	1998年8月	36800	1998年8月	34.95	1998年8月	68600	1998年8月	42.46	1946年1月
2	44.74	1999年7月	18400	1999年7月	40.77	2000年	38.30	1999年7月	41800	1999年7月	35.68	1999年7月	35000	1999年7月	34.60	1999年7月	68500	1999年7月	42.11	1983年1月
3	44.67	1954年8月	50000	1949年7月	39.89	1955年	37.15	2002年8月	37100	2002年8月	35.31	1996年7月	44300	1996年7月	34.17	1996年7月	68500	1996年7月	41.84	1960年11月
4	44.49				39.59	1990年	37.06	1996年7月	37200	1996年7月	34.91	2002年8月	36800	2002年8月	33.83	2002年8月	67200	2002年8月	41.83	1958年7月
5	44.46	1981年7月	54600	1981年7月	39.39	1953年	36.73	1983年7月	37300	1983年7月	34.55	1983年7月	43400	1954年8月	33.17	1954年8月	78800	1954年8月	41.67	1975年1月
6	44.38	1950年7月	44400	1950年7月	39.35	1965年	36.57	1954年7月	35600	1954年8月	34.21	1954年7月	34500	1983年7月	33.04	1983年7月	62300	1983年7月	40.98	1984年1月
7	44.35	1962年7月	53900	1962年7月	39.31	1984年	36.46	2003年7月	35500	2003年7月	33.80	1988年9月	33500	1988年9月	32.80	1988年9月	61200	1988年9月	40.58	1974年1月
8	44.27	1948年7月	44900	1948年7月	39.28	2003年	36.42	1989年7月	—	1989年7月	33.79	1968年7月	33500	1968年7月	32.65	1980年8月	54000	1980年8月	40.45	1956年8月
9	44.20	1989年7月	49500	1989年7月	39.23	1959年	36.36	2012年7月	34900	2012年7月	33.71	1980年9月	28100	1980年9月	32.59	1968年7月	59900	1968年7月	40.20	1954年8月
10	44.19	1956年7月	51900	1956年7月	39.15	1957年	36.22	1993年	38300	1993年	33.68	1995年7月	38900	1995年7月	32.58	1995年7月	52800	1995年7月	40.08	2011年9月
11	44.13	1968年7月			39.12	1982年	36.20	1980年8月	40000	1980年8月	33.61	2003年7月	26600	2003年7月	32.57	2003年7月	58200	2003年7月		
12	44.13	1982年8月			39.09	1983年	36.12	2010年7月	32500	2010年7月	33.60	1991年7月	30300	1991年7月	32.52	1991年7月	57700	1991年7月		
13							36.09	1998年	—	1998年	33.56	1969年7月	38600	1969年7月	32.43	1969年7月	52800	1969年7月		

续表

序号	沙市 (>44.00m) 年最高水位/m	时间	年最大流量/(m³/s)	时间	石首 (>39.00m) 年最高水位/m	时间	监利 (>35.50m) 年最高水位/m	时间	年最大流量/(m³/s)	时间	城陵矶—七里山 (>33.00m) 年最高水位/m	时间	年最大流量/(m³/s)	螺山 (>32.00m) 年最高水位/m	时间	年最大流量/(m³/s)	时间	潜江站 (原陶朱埠站)(>39.70m) 年最高水位/m	时间
14					39.05	1981年	36.07	1968年7月	37800	1968年7月	33.50	1964年7月	39600	32.36	1964年7月	62300	1964年7月		
15							36.00	1991年	37800	1991年	33.34	2012年7月	20900	32.28	2010年7月	48300	2010年7月		
16							35.87	1982年8月	42400	1982年8月	33.32	2010年7月	28700	32.21	2012年7月	53400	2012年7月		
17							35.86	1964年7月	—		33.29	1949年7月	—	32.09	1962年8月	55400	1962年8月		
18							35.80	2007年7月	39200	2007年7月	33.19	1931年7月	57900						
19							35.78	1997年	39900	1997年	33.18	1962年7月	39600						
20							35.77	1981年7月	46200	1981年7月	33.06	1937年8月	45100						
21							35.68	1969年7月	30100	1969年7月	33.05	1973年6月	32900						
22							35.67	1962年7月	—		33.03	1948年7月	35500						
23							35.65	1995年7月	27800	1995年7月									
24							35.61	1987年	—										
25							35.58	1976年7月	—										

大暴雨纪录为 1975 年 8 月 7 日，唐白河上游的郭林站 24 小时最大降雨量为 1042 毫米，3 日暴雨量为 1517 毫米。

汉江洪水来自干流和主要支流，汉江上中游超 5000 平方千米汇流面积的支流有 8 条。干流安康以上河段，流域面积为 4.1 万平方千米，这里暴雨集中，江流狭窄，1949—2011 年洪峰流量达到或接近 2 万立方米每秒的有 6 年，洪峰流量均值为 1.19 万立方米每秒。1983 年 10 月 5—6 日 28 小时中，丹江口入库流量均在 3 万立方米每秒以上，最大入库流量达 3.35 万立方米每秒，比 1964 年最大流量多 1.01 万立方米每秒。丹江口以上河段，流域面积为 9.52 万平方千米，是汉江洪水的主产区，占汉江流域洪水集流的 59.9%，多年平均值为 1.57 万立方米每秒。丹江口至碾盘山以下（皇庄）河段为汉江中游，流域面积为 4.68 万平方千米，流量在 3 万立方米每秒以上时大多造成堤垸溃决。1964 年 10 月实测最大洪峰流量为 2.91 万立方米每秒。汉江流经四湖流域的江段并不长，其主要代表站沙洋站，根据多年水文资料推算，汉江下游河段不同频率所发生的洪峰流量见表 4-4。

表 4-4 汉江下游河段不同频率所发生的洪峰流量表 单位：m³/s

站名	2 年一遇	5 年一遇	10 年一遇	20 年一遇	100 年一遇
皇庄站		22800	28900	35000	46000
沙洋站	15500	17700	21100	24000	31400

注 皇庄站（碾盘山附近）100 年一遇的夏季洪水流量为 49000m³/s，秋季洪水流量为 46000m³/s。

根据多年水文记载成果，流经四湖流域汉江干流沙洋站典型大水年水位和流量极值见表 4-5。

表 4-5 汉江沙洋站典型大水年水位和流量极值表

年份	水位/m		流量/(m³/s)	
	最高	时间	最大	时间
1935	42.90	7 月 7 日		
1937	43.52	9 月 29 日		
1948	43.50	10 月 3 日		
1954	42.89	8 月 11 日	16400	8 月 11 日
1956	42.70	8 月 25 日	16200	8 月 25 日
1958	43.93	7 月 21 日	18000	7 月 21 日
1960	44.15	9 月 10 日	18900	9 月 9 日
1964	44.28	10 月 9 日	20300	10 月 7 日
1974	43.06	10 月 6 日	18000	10 月 6 日
1975	43.75	10 月 5 日	19500	10 月 5 日
1983	44.50	10 月 8 日	21600	10 月 8 日
1984	43.35	9 月 30 日	16000	9 月 30 日
2003	42.16	9 月 6 日	14100	9 月 6 日
2011	42.45	9 月 21 日	13600	9 月 21 日

汉江上游河段为秦岭余脉，南边为武当山脉，河道穿行峡谷之间，坡降陡，落差大，水流湍急，洪水传播速度快。汉江中游穿过丘陵地带，河谷宽一般为 200～500 米，平均比降为 1.9/10000，两岸堤防间断出现，河槽过水能力大。下游河道流经平原，河道蜿蜒曲折，平均比降为 0.9/10000，两岸受堤防控制，断面逐渐狭窄，钟祥碾盘山一带收缩段河宽为 400～500 米，沙洋以下河宽 470 米，仙桃河宽 400 米，汉川河宽 360 米，汉口集家嘴河宽仅 100 米，成为一条典型的"漏斗"形河道。河道愈到下游愈窄，其安全泄量就愈小。各河段的允许泄量见表 4-6。

表 4-6　　　　　　　　　　　　汉江中下游河段的允许泄量

河段	襄阳—碾盘山	碾盘山—沙洋	沙洋—泽口	泽口—杜家台	杜家台以下
允许泄量/(m³/s)	25000～30000	25000～18400	18400～14000	14000～5000	5000～9000

注　1. 泽口—杜家台有东荆河分流，分流量比为沙洋流量的 1/4～1/5。
　　2. 杜家台以下允许泄洪流量范围，前者指汉口水位 29.00m 以下，后者指汉口水位 27.00m 以下。

由此可见，只要汉江沙洋站洪水流量为 18000 立方米每秒，沙洋段堤防防汛就很紧张，而沙洋段汉江干堤又正处于四湖流域的顶部，如悬头之水，一旦溃决，则遭灭顶之灾。据资料统计，1929—2015 年的 87 年间，汉江发生大于 21000 立方米每秒流量的洪水有 29 次，最近的两次是 1964 年 10 月和 1984 年 10 月，下游防洪控制站皇庄站洪峰流量分别达到 29100 立方米每秒和 26100 立方米每秒。

汉江流域受地理环境和气候条件的影响，往往在短时间因集中性暴雨而产生很大的洪水，加之河道自上而下泄洪能力逐渐减小，河道行洪不畅，又常受长江洪水顶托影响，在无法宣泄上游洪水的情况下，破堤成灾。明嘉靖五年（1526 年）至嘉靖二十六年（1547 年）的 22 年间，荆门沙洋堤溃决不堵，灾及荆门、潜江、江陵、监利、沔阳 5 县。洪水挟带泥沙直冲江陵龙湾寺（今属潜江），使龙湾湖泊淤塞，其下游分为支流者九。1935 年 7 月以来发生的最大一次洪水，直接导致汉江中下游干堤溃口 14 处。由于和长江洪水发生遭遇，江汉平原一片泽国。根据资料显示，汉江近两百年来发生的特大的洪水年份有 1832 年、1852 年、1867 年、1921 年、1935 年、1964 年、1983 年；1822—1969 年的 148 年中有 37 年发生溃堤决口 134 处，洪水灾害非常频繁而严重。

自丹江口水库建成调蓄发挥作用后，汉江中下游河段洪水特征较建库前有明显变化，主要表现为洪峰削减调节，历时增长，洪峰由尖瘦型变为肥胖型；其径流特征表现为大流量出现的概率减少，沙洋站大于 5000 立方米每秒的流量出现概率由建库前的 10.3% 下降为 8.7%；水位最大年变幅减小，沙洋站建库前水位最大年变幅 12.03 米，建库后减少至 8.38 米。

三、东荆河洪水

丹江口水库大坝加高后，汉江中下游防洪标准由 20 年一遇提高到 100 年一遇。

东荆河系汉江主要支流，从汉江泽口以西龙头拐分汉江水，绕四湖流域北部边缘流经潜江、监利、洪湖 3 县（市）至武汉市汉南区三合垸注入长江，河长 173 千米。

东荆河洪水主要来自汉江分流，汛期分流量约占汉江新城站流量的 1/6～1/4，所以其水位、流量决定于汉江的涨落。东荆河作为汉江的分流河道，历史上的进水口位置屡有变化。明嘉靖至万历年间，叫夜汉河，又称策（泽）口河，其进水口在谢家湾，称夜汉口或大泽口。清同治八年（1869 年）汉水大涨，洪水从梁滩南侧吴姓宅旁冲成宽数丈的大口，后称吴家改口。吴家改口形成后，汉江的分流河口东移至今龙头拐。汉江溃决冲刷内垸而形成东荆河，分流汉江洪水减轻汉江北岸地区的防洪压力，而给汉江南岸四湖流域荆门、潜江、江陵、监利、沔阳（今洪湖）五县带来洪水灾难，故南北两岸诸县民众一直为堵疏东荆河口争论不休。有案可查的资料表明，清道光二十四年（1844 年）到民国二年（1913 年）其间发生 13 次诉讼官司，有的因此坐牢，有的被斩首示众，官府甚至派兵弹压，勒碑禁止。东荆河口虽固定下来，但由于分流量大，给四湖流域带来的洪水灾害是深重的。

历史上东荆河分流量及水位无资料可查，仅 1950—2015 年超警戒的水位有 10 年。东荆河主要站点年度水位、流量极值见表 4-7。

表 4-7　　　　　　　　　　　东荆河主要站点年度水位、流量极值表

年份	陶朱埠站（>39.80m）				新沟站（>37.00m）		郭口站（>36.00m）	
	水位/m	时间	流量/(m³/s)	时间	水位/m	时间	水位/m	时间
1954	40.20	8月10日	3510	8月10日	36.81	8月10日	—	—
1956	40.45	8月27日	3570	8月26日	37.18	8月27日	—	—

年份	陶朱埠站（>39.80m）				新沟站（>37.00m）		郭口站（>36.00m）	
站点	水位/m	时间	流量/(m³/s)	时间	水位/m	时间	水位/m	时间
1958	41.83	7月22日	4640	7月21日	38.62	7月22日	—	—
1960	41.84	9月10日	4510	9月10日	38.21	9月11日	—	—
1964	42.26	10月9日	5060	10月7日	39.04	10月9日	36.75	10月10日
1974	40.57	10月7日	3680	10月7日	37.37	10月8日	—	—
1975	41.66	10月6日	4460	10月5日	38.49	10月6日	36.30	10月6日
1983	42.09	10月10日	4880	10月10日	39.05	10月11日	36.85	10月11日
1984	40.98	10月1日	3700	9月30日	38.05	10月1日	35.98	10月2日
2011	40.08	9月22日	3010	9月21日	37.45	9月22日	35.93	9月22日

东荆河两岸堤防在新中国成立前系垸民自修自防，堤防标准极低。东荆河河床宽窄变化幅度较大，主河槽两侧，堤距滩岸亦差距很大。枯水期河槽一般宽 100 米左右，最窄处 64 米，洪水期一般宽 500 米左右，最宽处达 2800 米，堤距最宽 2997 米，而最窄处仅为 280 米（杨林关）。东荆河河道蜿蜒曲折，河槽宽窄不一，两岸堤防单薄，在 1964 年前，河道安全泄洪能力仅为 2040 立方米每秒。1964 年大水之后，东荆河堤通过加固退挽，展宽堤距，安全泄量可达 5000 立方米每秒。但是，汛期如果四湖流域和汉南地区与汉江上游同时发生大的降雨，两岸排渍入河，与东荆河洪峰叠加，防洪形势更加严峻。

四、洪水灾害

四湖流域的洪水来自于环绕四周的长江、汉江、东荆河及沮漳河，这四条江河的堤防溃溢，必然引起流域出现洪水灾害。但四湖流域这一地域概念出现较晚，加之史料记载过于简略，难以具体判断流域内受灾的地域和受灾程度，仅能根据流域内各县（市、区）地方志或工程专志的资料，记述一个大致情况。

四湖流域最早的洪水记载为《荆州万城堤志》记有楚昭王时期（约公元前 523—前 489 年），江陵"江水大至、没及渐台"，以及《汉书·五行志》记载，西汉高后三年（公元前 185 年）夏，"南郡大水，流四千余家"，高后八年（公元前 180 年）夏，"南郡水复出，流六千余家"等。及至隋唐以前，四湖流域的洪水灾害记载比较少，这和四湖流域的演变有密切关系。

唐以前，四湖流域除以江陵为顶点的江汉三角洲在古云梦泽内形成陆地外，江陵以东的大片地区则以湖沼的形态出现。云梦泽虽分解为江汉群湖，但由于远没有形成大规模的堤防防洪圈，仍有众多的穴口分流江、汉洪水，其洪水灾害也就不明显。

自唐朝开始，四湖流域上区江陵县（今荆州区）农业已经比较发达，人口稠密，沿沮漳河、荆江的"金堤""寸金堤"已修筑，故而洪水灾害有明确的地点记载。据光绪二年《江陵县志·祥异》载，"德宗贞元二年（786 年）荆南江溢"，"德宗贞元三年（787 年）三月江陵大水"。以此一改之前史料大多泛指荆州大水（当时荆州的范围相当大）专指江陵大水的记载，为确定四湖流域遭受洪灾提供了依据。由此，唐自 618 年立朝，至 907 年为五代十国所取代，其间 289 年，四湖流域有记载的洪水灾害 15 次，平均每 19 年发生一次。

至宋代，随着荆江左岸分流和汉水挟带泥沙的长期堆积，江汉三角洲不断向东、南扩展，古云梦泽逐渐消亡，大面积的整体湖泊沼泽水体逐渐演变为平原湖泊河网相间的地貌形态。至南宋，大批北方民众随朝廷南迁，长江流域成为全国政治、经济中心，为养活南迁的民众和解决军队的粮饷，四湖流域出现大量的"屯田"和"营田"。田的出现又促进大规模地修筑江河堤防和围垦湖泊，两种结果的互为影响，使江河洪水抬高，洪水灾害开始多次出现。南宋（1127—1279 年）153 年间，记载较明确发生在四湖流域的洪灾就有 11 次，平均每 13 年发生一次，宋绍兴二十三年（1153 年）夏季，长江流域发生特大性洪水，宜昌站 7 月 31 日洪峰流量为 92800 立方米每秒（调查洪水），水位据调查推算为 57.50 米（《长江志·自然灾害》）；宋宝庆三年（1227 年），长江上游及三峡区间发生特大洪水，据洪水碑刻及相关记载推算，宜昌站 8 月 1 日洪峰流量为 96300 立方米每秒，水位为 58.47 米，这两次大洪水在历史上是较为罕见的，即使是现有的防洪条件，都难以防御这样的洪水，当时的四湖流域已是一片汪洋。据光绪二年《江陵县志》记载，宋孝宗乾道四年（1168 年）"江陵寸金堤决，水啮城"，这是有关荆江堤防溃决的最早记载。

明清时期（1368—1911 年），四湖流域得到进一步开发，湖土尽辟，堤垸广布，人口大增，随之而来的是水灾日益频繁，损失日益惨重。明清两朝 544 年中有史料记载发生水灾的有 230 年次，平均 2.4 年一次。且洪水灾害连年出现，据资料记载，连续 2 年水灾的有 18 次，连续 3 年水灾的有 9 次，连续 4 年水灾的有 6 次，连续 5 年水灾的有 4 次（1497—1510 年、1565—1569 年、1763—1767 年、1804—1808 年），连续 6 年水灾的有 2 次（1723—1728 年、1744—1749 年），连续 10 年水灾的有 1 次（1657—1666 年）。自明朝中期以后，洪水灾害日益频繁。"正德十一年（1516 年），江汉平原发生明朝以来第一次特大洪水，枝江、公安、江陵、监利、沔阳、钟祥、天门、汉川、应城等 9 个州（县）大部分房屋，田产毁于一旦。受灾面积之广，破坏程度之深都是空前的"（《江汉平原开发探源》）。明嘉靖三十九年（1560 年），长江自金沙江至九江江段干支流大部分地区均有大水记载，主要雨区在金沙江下段和嘉陵江及三峡区间，从重庆忠县存留石刻的洪水痕迹推断，当年八月二十五日宜昌最高水位 58.09 米，洪峰流量 98000 立方米每秒（调查洪水），荆江、洞庭湖大水。江陵"寸金堤溃，水至城下，高近三丈，六门筑土填城，凡一月退"。"江陵虎渡堤，公安沙堤铺，窑头铺，艾家堰，石首藕池等堤溃决殆尽"（《湖北省自然灾害历史资料》）。

明万历四十一年（1613 年）长江上游干流发生大洪水，据历史洪水调查，宜昌站洪峰流量 81000 立方米每秒，水位 56.30 米（《长江志·自然灾害》）。荆江两岸田地沉沦，房屋淹没，民众非葬身鱼腹即饿毙。

清代，长江发生 4 次特大洪水（1788 年、1796 年、1860 年、1870 年），宜昌洪峰流量均超过 80000 立方米每秒（调查洪水），这四次洪水荆江两岸损失惨重。

清乾隆五十三年（1788 年）五月，长江上游岷江、沱江和涪江流域连降暴雨，山洪暴发，各支流洪水汇入干流后，与三峡区间洪水遭遇，形成罕见特大洪水。7 月 23 日（农历六月二十日）宜昌站水位达 57.14 米，洪峰流量达 80000 立方米每秒（长江流域规划办公室 1985 年 3 月《历史上的洪水》）。据湖广总督舒常奏称："监利六月二十五日，二十六日河湖并涨，垸堤一律溃漫，民房坍塌，淹伤人口，有的灾民只好在河堤上搭棚居住。"另据《荆州万城堤志》载："六月二十三日（7 月 26 日），堤自万城至御路口一带决口二十二处，水冲荆州西门，水津门两路入城，官廨民房倾圮殆尽，仓库积贮漂流一空，水渍丈余，两月方退，兵民淹毙万余。号泣之声，晓夜不辍，登城全活着，露处多日，难苦万状；下乡一带田庐尽被淹没，诚千古奇灾也。"其时，刚上任的湖广总督毕沅作诗哀叹："凉飙日暮暗凄其，棺翠纵横满路歧。饥鼠伏仓餐腐粟，乱鱼吹浪逐浮尸。神灯示现天开网，息壤难湮地绝维。那料存亡关时刻，万家骨肉痛流离。"其状之惨，史所罕见。

清咸丰十年（1860 年）据文献资料记载，长江上游万县等地，五月二十七日至五月三十日大雨滂沱，大水入城，滨江街市唯见屋瓦。洪水东下时，三峡区间、清江流域、荆江地区亦发生强度较大的暴雨，致使洪水陡涨，七月十八日宜昌洪峰流量约 92500 立方米每秒（调查洪水）。据湖北巡抚胡林翼奏称："本年以来，荆宜两府阴雨连朝，江水日增，五月下旬，大雨如注，川江来源异常盛涨。"另据清光绪六年《荆州府志·祥异志》记载，五月，大雨如注，日夜不止，二十五日夜，西门城决水灌城，至东门涌入大江，民舍漂没殆尽。堤垸皆溃，沿江炊烟断绝。此年大水，冲开藕池口，大量洪水分流入洞庭湖，形成藕池口分流。

清同治九年（1870 年），长江流域出现千年一遇的特大洪水。根据有关当年洪水水位的石刻标记推算，宜昌 7 月 20 日洪峰流量为 105000 立方米每秒，为历史调查洪水第一位。川水东下，冲溃松滋长江堤防庞家湾、黄家铺，形成松滋河，江南四口分流已成定势。是年"监利邹码头、引港、螺山等出堤溃"。"潜江坨中垸、孙家剅、泗河坊堤俱溃"；"宏恩（今洪湖市）江堤决，峰口以下诸垸亦溃"（《湖北通志》《襄堤成案》、光绪《沔阳志》）。

明清时期，四湖流域不仅长江洪水为患，汉江洪水也是助纣为虐。荆门汉江干堤位于四湖流域上端，其堤防低矮单薄，堤质不佳，隐患丛生，防洪能力低下，素有"网头，铁尾，豆腐腰"之说。据史料记载，汉江干堤荆门段从明正德十一年（1516 年）至崇祯十四年（1641 年）的 125 年间，溃口 7 年次，平均 18 年一溃；清顺治十一年（1654 年）至宣统三年（1911 年）的 257 年间，溃口 10 年次，平均 25.7 年一溃。明嘉靖二十六年（1547 年），"汉江发大水，汹涌澎湃，横冲直撞，沙洋关庙堤决，水势直泻荆州，害及荆门、江陵、潜江、监利、沔阳（今洪湖市）5 县。荆南地区，一片汪洋，田地廛市淹没水中，牲畜禾黍，尽付东流。其浩劫之景，惨不忍睹"（《荆门直隶州志·堤防》）。

直至民国时期（1912—1949 年），四湖流域周边的堤防仍未形成封闭圈，东荆河堤在中革岭至新滩口无堤，汛期江、河洪水倒灌四湖下区。即使已有堤防也是一遇大水则堤溃江溢，民众流离失所。民国时期的 38 年间，四湖流域干支民堤几乎年年决溢，特别是 1931 年、1935 年大水损失更为惨重。

1931 年，长江流域出现 20 世纪受灾范围最广、灾情最为严重的一次全流域性大洪水。当年 7 月，长江流域广大地区普降暴雨，且雨带持续徘徊于流域内，月雨量超过同期雨量 1 倍以上，江湖洪水满盈。8 月 10 日长江宜昌站洪峰流量 64600 立方米每秒，最高水位 55.02 米。枝城最大流量 65500 立方米每秒，沙市站最高水位 43.63 米。长江洪水泛涨，湖北江汉两岸及各内港支流所有官堤民堤，十九非溃即漫，庐舍荡折，禾苗尽淹，人民流离转徙，嗷嗷待哺者，多至数百万（《长江志·自然灾害》）。据《湖北省自然灾害历史资料》记载："（1931 年）七月，长江大水，江陵淫雨倾盆，岑河口一带尽成泽国。沙沟子、一弓堤溃决，监利朱三弓漫溢。溃口水流倾泻而下，在荆北地区上下肆虐。灾民有的用门板、木盆、水桶扎排逃生，有的则爬到树上、房上待救。郝穴、新堤一带堤上，庐棚绵亘，有数十里之遥。"据长江委 1955 年调查，四湖流域淹没面积 6470 平方千米，约占全流域面积的 62.5%。

1935 年，长江流域发生集中性暴雨洪水。据《荆沙水灾写真》等有关史料记载，7 月上旬，三峡区间、清江和沮漳河上游普降大雨、暴雨，连续三昼夜不停。7 月 3—8 日，降雨量超过常年降雨量的一倍多，致江水陡涨，枝城站洪峰流量达 75200 立方米每秒；与此同时，沮漳河上游山洪暴发，两河口水位上涨至 49.87 米，洪峰流量达 5530 立方米每秒，洪水直冲当阳镇头山脚。7 月 4 日，破众志垸、谢古垸，决阴湘城堤；5 日破保障垸，决荆江大堤的横店子，溃决宽 300 米、深 3 米，堆金台与得胜台亦先后漫溃，其中得胜台溃决宽 600 余米；7 日大堤下段的麻布拐又溃决 1200 米。荆州城被水围困，城门上闸，交通断绝，灾民栖身于城墙之上，日晒雨淋。城外水深数丈，沙市便河两岸顿成泽国，草市则全镇灭顶，淹毙者几达 2/3，沙市土城以外亦溺死无数，其幸存者，或攀树巅，或蹲屋顶，或奔高埠，均鹄立水中，延颈待食。此时正值青黄不接，存米告罄，四乡难民凡未死于水者，亦多死于饥，竟见有剖人而食者，致荆北大地陆沉，一片汪洋。据长江委于 1955 年调查，四湖流域淹没面积 6360 平方千米，占全流域面积的 61.4%。

新中国成立之初，举国上下百废待兴，在毛泽东主席的亲自关怀下，1952 年兴建举世闻名的荆江分洪工程。工程建成后不久，1954 年长江流域发生特大洪水。当年 5 月上旬至 7 月下旬 3 个月间，西太平洋副热带高压一直徘徊于长江流域，梅雨期长达 60 余天，不但梅雨期长，而且降雨强度大，四湖流域降雨均在 1500 毫米以上，洪湖站则达 1721.1 毫米，超过同期平均雨量的 2 倍。四湖地区因洪水倒灌、内涝、溃口和分洪淹没面积近 8000 平方千米，尤以洪湖、监利两县受灾最为严重。8 月 7 日，长江枝城站水位达 50.61 米，洪峰流量 71900 立方米每秒。幸得荆江分洪工程建成受益，三次运用荆江分洪工程后，同时有计划地在洪湖蒋家码头、监利上车湾等地扒口分洪，沙市站虽于 8 月 7 日最高水位仍达 44.67 米，相应流量 50000 立方米每秒，但还是保证了荆江大堤的安全。第一次改写了人类在面对特大洪水时束手无策的历史。

1955 年后，根据四湖流域洪涝灾害严重而频繁的事实，国家即着手开展对四湖流域的治理，治理的方针第一步就是关好"大门"，修筑堤防保安全。经过几十年努力在四湖流域四周修筑一道完整的防洪封闭圈。1955—2015 年的 60 年间，除 1969 年洪湖田家溃口而形成的外洪灾害外，经历了 1964 年、1974 年、1980 年、1983 年、1996 年、1998 年、1999 年的大洪水考验，洪水再没有淹没四湖大地。

第二节　涝　　灾

1955 年以前，江水倒灌，排水受阻，这是造成涝灾（包括内部民垸溃决）的主要原因；1956—1980 年前后，汛期外江水位高于内垸河湖水位，没有外排设施，这是造成内涝的主要原因。20 世纪 80 年代后，虽有外排能力，但仍出现个别年份的严重内涝灾害，这与外排能力不足，调蓄面积减少，以及农业生产对水利条件要求提高有密切关系。

1955—2015 年的 60 年间，四湖流域发生洪涝灾害 37 次，其中严重内涝灾害的年份为 1964 年、1970 年、1973 年、1980 年、1983 年、1991 年、1996 年、2010 年、2016 年。

一、涝灾成因

（一）特定的地理位置

四湖流域历史上是长江、汉江的洪泛平原，洪水漫溢泥沙沉积由江河主泓两岸向内垸逐步递减，慢慢形成沿主泓两岸的自然高地，离主泓越远的地方则地势较低。后随着堤防兴起，逼江水归槽，洪水消泄的地方减少，则河槽内的洪水日益提高。为抗御洪水，又加高堤防，如此循环反复，洪水越升越高，堤防也越修越高。至今，沿四湖流域南部及东南部的荆江大堤、长江干堤，其堤顶高程达 50.03（荆江大堤起点枣林岗）～39.75 米（荆江大堤止点，长江干堤起点严家门）～34.98 米（长江干堤止点胡家湾），堤身一般垂直高程 8～12 米，最高的堤段达 18 米；沿四湖流域北部汉江干堤顶高 46.90～45.05 米；东荆河堤 43.38 米（起点陶朱埠）～33.50 米（止点胡家湾），堤身一般垂直高程 8 米以上。每到汛期，外江洪水高出内垸地面几米至十多米，形成"水在屋顶流，人在水中走"之势，直到 9 月至 10 月，待外江水位消退，内垸涝水无法自排入江，全靠内垸湖泊调蓄，一旦出现连续大到暴雨，河湖无处调蓄，就会形成内涝灾害。

（二）降雨的影响

根据气象资料统计，四湖流域多年平均年降水量为 972.2（荆门）～1352.7（洪湖）毫米。但由于四湖流域处于长江亚热带季风气候区，降雨主要集中汛期 5—9 月，降雨量占全年降雨量的 70% 左右，其中 6 月、7 月是四湖流域降雨量最多的月份。长时间、大范围降雨致使产水量猛增。1980 年 7 月、8 月因降雨产水 41.26 亿立方米，而同期的排水量为 19.71 亿立方米；1983 年 7—8 月产水 34.12 亿立方米，排水 25.62 亿立方米；1991 年 7—8 月产水 31.78 亿立方米，排水 17.68 亿立方米；1996 年 7—8 月产水 42.7 亿立方米，排水 23.59 亿立方米。产水量大，排水量小，其多余的涝水必须靠湖泊调蓄和淹没农田解决。

（三）河湖淤积，河道泄水不畅

四湖流域地形趋势是西北高而东南低，周边高而中间低，内荆河纵贯中间低洼地带。历史上，流域内的渍水可以分别通过廖子口、獐卜穴、郝穴、小岳穴、赤剥（尺八）穴和柳子口向长江排泄，江河互通。故有宋以前"诸穴开通，江患甚少"之说。后由于穴口泥沙淤填，疏浚不成，先后湮塞堵筑，内垸渍水的唯一出路是通过众多的支河汇入干流内荆河，再由内荆河转输出新滩口，泄入长江，内荆河经千百年的泥沙淤淀，成为一条宽窄深浅不同的河道。内荆河在张家场和张金河二处的河面宽仅约 18 米，水深不过 3 米，过水断面 33～40 平方米，流量为 9.3～11.1 立方米每秒。因此，张金河成了内荆河上的一个锁口。另一锁口是在白鹭湖边上的余家埠和古井口。余家埠以上地区的来水通过至少有 10 个进水口，集中于白鹭湖，然后经由余家埠和古井口排出。但由于余家埠和古井口淤塞封闭，致使白鹭湖水位抬高，不但白鹭湖及以上的三湖、六合垸大片地区排渍困难，而且湖水常常倒灌加重了渍涝灾害。内荆河流出古井口后，则河道迂曲，流程延长，排水不畅。古井口至南剅沟之间的直线距离为 22 千米。由古井口经英家垱、黄潦潭、西湖嘴、荷叶盖金龟、鸡鸣铺、卸甲河至南剅沟的曲流长度为 38 千米，流程被拉长 1.7 倍。在福田寺至柳家集之间的"猴子三湾"，河道弯曲更甚。人称"猴子三湾"的地方，河道时而折流北上，时而急转南下，直流还过百步之距，曲流却达十里有余。由于河道弯曲过甚，加之河床淤塞，河堤低矮残缺不全，以致积水在田，沿岸低洼之处尽成沼泽。内荆河流入洪湖之后，河道弯曲依旧，其出口处为长江、东荆河的洪泛区，每年从 5 月初起一般延续至 9 月（早则 8 月，迟则 10 月），在此期间，江水由新滩口向内荆河倒灌。倒灌范围，在一般年份到监利县毛家口，较大水年份可达余家埠。东荆河及其南支的水，当汉江来水旺盛时期，通过高潭口、黄家口、南套沟口下穿过大同湖经赤林港、白林河和龙船河注入内荆河；又通过裴家沟、柳西湖沟、西湖沟和汉阳沟直接注入内荆河。因此，使本来就排水不畅的内荆河，更是雪上加霜，加重了四湖流域的内涝灾害。

1955—1960 年，疏浚扩挖内荆河习家口至福田寺段，改称为四湖总干渠，加快四湖上中区涝水的排泄。1965 年又开挖福田寺至小港段河湖分家渠，进一步加快上、中区涝水的排泄速度。但小港至新滩口 61.5 千米的下内荆河仍未得到全面疏浚，成为四湖流域的排水梗阻。

（四）环境变化

四湖流域环境的变化主要包括：田湖垦殖、湖泊衰减、河道整治和渠网化，加速径流的汇流；城镇化的结果，增加垫面的硬化，降低滞留能力，阻隔下渗水流；种植结构调整，使得旱作物种植比重增加，降低农田滞蓄水平；湿地围垦、低洼地开发和土地利用率提高，都会加大降雨径流的形成，减少调蓄容积，加快径流的汇集等。环境变化的集中表现为暴雨径流的峰高、量大，增加排涝闸站的压力，使现有排水设施的排涝标准降低。湖泊面积减少，降低调蓄能力，影响生态环境。

（五）排涝标准偏低，水工程设施老化及配置失当

四湖流域大多数排涝闸站是在 20 世纪 70 年代以前兴建的，经多年运行，渠道淤积严重，混凝土建筑物、机电设备老化损坏，操作性能和效率降低，直接降低工程设施的排涝标准。再者就是在建设这些水利工程时，部分工程功能的设置与配置失当。其中最为突出的有：①流域上、中、下游除涝工程设施配置的失当，突出地表现在上、中游工程设施较少，有违高水高排、高低分排的原则；②地域上一级、二级泵站的规模、功能定位失衡，加剧除涝期间的蓄泄格局的恶化，直接导致现有工程设施整体防治标准和效率的降低；③工程功能单调，综合利用和综合治理的效率不高。排涝标准没有达到10 年一遇和不断挤占调蓄面积，这是四湖流域易受涝灾的重要原因。

二、涝情摘要

新中国成立以来，四湖流域发生大的涝灾有 37 年次，约 2 年一遇。

1950 年入夏以后，降雨过多，民垸溃决甚众，四湖流域县（市）大部受灾，受灾面积 98.5万亩。

1951 年 5—7 月部分县发生暴雨，受灾面积近 10 万亩。

1952 年 5—7 月部分地区降雨过多造成涝灾，成灾近 80 万亩。

1953 年 10 月监利降雨异常，降雨量达 283.6 毫米，超过同期 2.4 倍，使绝大部分冬播农田受渍，面积达 20 万亩。

1954 年长江发生 20 世纪最大一次全流域性特大洪水。5—8 月长江流域大面积持续暴雨，各县降雨量都接近于多年平均值的一倍，江河水位暴涨，湖泊满溢，沙市 8 月 7 日长江水位达 44.67 米，四湖地区因受长江高水位影响，有 479 万亩农田被淹，洪湖、监利县为最重。

1955年6月下旬至7月连降大雨,四湖流域四县一市农田受渍。受灾面积65.16万亩。

1956年夏季降雨偏多,滨湖地区农田受灾,江陵、潜江、监利、洪湖等县受灾面积达41.00万亩。

1957年夏,监利、洪湖、潜江等县降雨偏多,7月上旬,汉江上游连连降雨,河水上涨,杜家台分洪,四湖流域受灾面积48.36万亩。

1958年春夏之交,阴雨连绵,四湖流域受灾面积达30.85亩,洪湖县受灾尤为严重,渍涝面积达22.35万亩。

1962年5—8月,四湖流域普降大到暴雨,内涝成灾,受涝面积达94.39万亩,洪湖、监利、潜江尤甚。

1963年4月监利降雨偏多,受灾面积为15.55万亩。

1964年6月四湖流域连降大到暴雨,降雨量是常年同期雨量的1.7倍,其中洪湖降雨量达545.7毫米,比常年同期多2.5倍,沿江滨湖地区发生严重渍涝灾害,四湖流域受灾面积达86.73万亩。

1968年6月中旬至7月中旬,部分县连降暴雨,北部山区山洪暴发,荆门拾桥河堤溃决,受淹农田6.6万亩。

1969年6—8月,四湖流域普降大到暴雨,雨量大,来势猛。7月20日洪湖长江干堤田家口溃决,溃口宽约620米,进流量约9000立方米每秒,总进水量约35亿立方米。洪湖、监利两县受灾面积达1690平方千米,耕地116.89万亩,灾民26万人,潜江也因雨大时间长,成灾58.78万亩。四湖流域受涝面积达193.47万亩。

1970年5—7月,监利、洪湖、荆门等县连降暴雨,荆门拾桥河有8处堤段先后溃口。洪湖大沙垸于7月22日和25日两次溃口。四湖流域渍涝面积为59.50万亩。

1973年四湖自春末至秋初阴雨持续时间长、雨日多、其间伴随几次暴雨过程,荆门4月下旬山洪暴发。4—6月江陵、监利、潜江、洪湖等县阴雨不断,9月上旬,江陵又连降暴雨。四湖流域受涝面积达117.46万亩。

1974年8月上旬,长江上游相继降雨,江水猛涨,致使洪湖、监利内垸受渍,面积达37.22万亩。

1975年4月,局部暴雨成灾。8月上旬江陵、监利、洪湖3县又降暴雨和特大暴雨,受涝面积59.49万亩。

1976年7月中旬普降大雨,部分农田受渍。

1977年3月下旬至5月上旬,春雨连绵,降雨频繁。4月各县雨量均在220～330毫米,是多年同期雨量的2.3倍,四湖流域受雨水影响,受灾面积达143.61万亩。

1979年6月4—5日,四湖流域普降大到暴雨,南部降雨200～300毫米,江陵县6月降雨达374.1毫米,是常年6月降雨量的2.2倍;6月下旬四湖流域又普降100～300毫米大雨,造成118.29万亩农田受灾。

1980年为大水年。1—8月四湖流域有120多个阴雨天气,平均降雨量1363毫米,超过历史年平均雨量200多毫米。其中7月中旬至8月上旬3次大暴雨,降雨636毫米,比1954年同期平均值多78毫米,且雨量集中、强度大,致使江湖水位抬高,渍水无法排除,全流域受淹面积317.59万亩,洪湖县尤甚。5—9月降雨为1064.8毫米,受淹农田近90万亩。8月11日,第三次暴雨来临,挖沟子水位达26.63米时,先后炸开南塌垸、汉沙垸、洪狮大垸分蓄湖水,8月13日挖沟子水位达26.91米,又分别炸开新螺垸、联合大垸再次分洪,到8月24日分洪面积达158平方千米,蓄水2.73亿立方米,淹没农田13.47万亩,受灾人口达5.76万人。

1981年6—7月两次大雨,四湖流域农田严重受渍面积26.65万亩。

1982年,潜江县暴雨成灾,受渍面积27.07万亩。

1983年为大水年,四湖流域暴雨频繁,外洪内涝十分严重。6—7月降雨均在500毫米,监利县近 700 毫米，全流域受渍面积达 345.98 万亩。特别是洪湖围堤从 6 月 26 日开始防汛，至 11 月 11 日结束，历时 138 天，防汛时间之长为新中国成立以来罕见。围堤外以及内荆河两岸主要民堤溃口 21 个，被淹面积 32.98 平方千米，冲塌房屋 187 间。

1984 年 6 月下旬监利发生特大暴雨，28 万亩农田成灾。7 月 27 日江陵谢古垸扒口分洪。

1985 年 7 月下旬，江陵、监利等县先后遭风雹，暴雨袭击，死伤 45 人。

1986 年四湖流域各县陡降暴雨，两次雨量均在 100 毫米以上，致使部分农田受渍。

1987 年 7 月"沱子雨"不断，四湖流域多数县月雨量超过平均值，洪湖新滩口降雨量达到 447 毫米。成灾面积近 100 万亩。

1988 年 8 月开始降雨不断，8 月 18 日至 9 月 14 日，四湖流域连续 3 次大范围降雨，平均雨量 300～350 毫米，部分地区超过 400 毫米，农田几度受涝，虽经全力抢险，但还有近 100 万亩农田成灾。

1989 年四湖流域降雨量大、渍水严重，仅次于 1980 年和 1983 年，其特点是来得早、去得晚、阴雨连绵、暴雨集中，江陵降雨 1368.5 毫米，监利降雨 1422 毫米，洪湖降雨 1571.9 毫米，潜江降雨 1468.7 毫米，长湖、洪湖水位皆超过警戒，长湖朱家拐等 8 处刽闸封闭。受灾面积达 83 万亩。

1990 年上半年阴雨偏多，四湖流域雨雪天共 99 天，5 月 2 日和 6 月 6 日三次暴雨，受渍农田达 300 万亩。

1991 年 7 月，四湖流域普降大到暴雨，雨量大、范围广，从 6 月 30 日至 7 月 13 日止，全流域平均降雨量达 387 毫米，监利黄穴站达 612.7 毫米，洪湖府场站 610 毫米，洪湖郭口站 7 月 2 日日降雨量为 237 毫米，实属历史罕见。长湖和洪湖水位均超警戒。这次灾害使 387 万亩农田受渍，其中绝收 113.81 万亩，受灾人口 211.4 万人，受伤 2100 人，重伤 1400 人，死亡 27 人，耕牛死亡 594 头，倒塌房屋 12820 间，近 4 万幢房屋进水，史称"91·7"型暴雨。

1992 年 6—7 月四湖流域气候复杂，降雨偏多且时空分布不均，内垸成灾面积近 150 万亩，流域性 3 处泵站抢排渍水 37 天，提排水量为 5.267 亿立方米。

1993 年 7—8 月全流域降雨强度大，分布广，渍水严重，受渍面积 87.5 万亩，监利县尤为严重。

1995 年 5 月 1 日至 7 月 11 日四湖流域先后普降 7 次暴雨，累计降雨 922 毫米，"两湖"设防，处理散浸 6 处，成灾面积 50 万亩。

1996 年四湖流域遭受了自 1954 年以来特别严重的一次内涝灾害。7 月，长江中游继 1955 年大水以后，再次出现由洞庭湖水系与干流区间鄂东北水系洪水遭遇而形成的中游区域性大洪水。自 7 月 19 日以后，长江自监利至新滩口的外江水位均超过有水文记录以来的最高水位，四湖流域沿江大小泵站被迫先后停机，时间长达 15～20 天。四湖流域 7 月、8 月降雨范围大、强度大。洪湖市 7 月、8 月降雨 950 毫米，监利县 7 月、8 月降雨 676 毫米，7 月监利尺八口站雨量 899 毫米为最大，洪湖新堤站降雨量 788 毫米次之。7 月 14 日 2 时至 17 日 2 时，四湖流域 3 日暴雨重现期：中区 5～10 年一遇，螺山区 30 年一遇，高潭口区 10～20 年一遇，洪湖周边 50 年一遇，下区 25 年一遇。新堤站雨量 445 毫米为 200 年一遇，桐梓湖站雨量 354 毫米为 80 年一遇，螺山站雨量 384 毫米为 100 年一遇，监利站雨量 433 毫米为 300 年一遇。7 月 25 日洪湖最高水位 27.19 米。长湖 8 月 8 日最高水位 33.26 米。

由于内垸降雨所产生的径流，无法向外江排出，干支渠及河湖水位均已超汛限水位，为防止洪湖围堤漫溃，被迫于 7 月 16 日 16 时将金塘湖渔场扒口蓄洪，淹 1500 亩。7 月 17 日 3 时，汉河淤洲垸扒口蓄洪，淹 1050 亩。7 月 17 日上午，新螺垸、立新垸、三八湖垸扒口蓄洪，淹 19593 亩。7 月 18 日 8 时潭子河口 28 处蓄洪，淹 1383 亩。7 月 19 日 4 时 40 分，螺山植莲场扒口蓄洪淹 8720 亩。7 月 20 日 10 时滨湖金湾垸扒口蓄洪，淹 7000 亩。7 月 20 日 12 时 30 分汉沙垸沙口部分扒口蓄洪，淹 7700 亩。7 月 20 日 15 时，汉沙垸瞿家湾部分扒口蓄洪，淹 3050 亩，共 12 个民垸扒口蓄洪，被淹面积达 37.65 平方千米，蓄洪范围的成鱼、熟粮、房屋毁于一旦。全流域有 400 万亩农田受灾，其中绝收面积 165.9 万亩。

1997 年 7 月四湖流域降雨偏多，平均降雨 297.8 毫米，比历年同期多 136%，受渍面积近 50 万亩，长湖水位 7 月 21 日陡涨至危险水位 32.99 米。

1998 年长江流域发生大洪水。7 月中旬四湖流域普降大到暴雨，雨量达 430.8 毫米，外洪内涝同时出现，使长湖、洪湖设防达 80 多天，内垸受渍面积达 100 多万亩。监利、洪湖因长江大水影响绝大多数民垸被扒口行洪。

2002 年四湖流域降雨偏多，4—8 月共降雨 63 天，累计降雨量荆门 809 毫米、荆州 737 毫米、潜江 729 毫米、沙市 855 毫米、江陵 842 毫米、监利 724 毫米、洪湖 1110 毫米。流域平均降雨 867 毫米，总降水量 90 亿立方米，其中外排水量 49.4 亿立方米。洪湖水位 3 次超过 26.00 米，长湖水位两次超过 32.00 米。长湖 4 月 9 日设防、洪湖 5 月 2 日设防，两湖同时提前进入主汛期，是历史上有记载以来少有的。水位高、防守时间长。长湖、洪湖设防持续 123 天，防汛时间之长是 1983 年以来所未有的。同时，长江水位暴涨，监利以下长江水位都超过警戒水位，8 月 24 日监利最高水位达 37.13 米，超警戒水位 2.13 米，且持续时间长，形成雨洪同步，外洪内涝，两面夹击，流域内渍水不能自排。

2003 年，四湖中下区从 6 月 22 日至 7 月 10 日有两个时段的集中降雨，降雨主要集中在中区王老河以上（浩口、秦市）及高潭口排区（峰口），福田寺站实测最大流量为 851 立方米每秒，达到了历史最大。总干渠沿线其他站最高水位均突破历史，其中张金达到 30.55 米，比 1991 年高 0.41 米。

2004 年 7 月 17—20 日，四湖流域遭遇大暴雨降雨过程，洪湖 7 月 25 日最高水位 26.75 米；长湖 8 月 25 日最高水位 32.31 米。

2008 年 8 月中旬，四湖流域长湖上区接连遭受强降雨袭击，9 月 2 日长湖最高水位 33.02 米，超过保证水位 0.02 米，为长湖有记录以来第三高水位。在 8 月中旬的两次强降雨中，主要受灾地区是荆州区，受灾面积 30.3 万亩，直接经济损失 3000 万元，还造成部分学校停课，企业停工。

2010 年，四湖流域降雨较常年偏多 4 成。特别是 7 月 8—16 日，流域普降暴雨，局部大暴雨。洪湖市大部、监利县南部平均降雨量在 450 毫米以上，产水 20.6 亿立方米。7 月 19—21 日，流域再次发生强降雨，监利、洪湖部分乡镇降雨量在 100 毫米以上，产水 2.35 亿立方米。两次强降雨，中下区共产水 22.95 亿立方米，导致河湖水位迅猛上涨。7 月 25 日，长湖最高水位 32.25 米，洪湖最高水位 26.86 米。由于大范围，高强度，长时间的多轮降雨，造成流域 300 万亩农田受淹，成灾 276 万亩，绝收 98 万亩，鱼池受灾 55 万亩，倒塌房屋 2342 间，受灾人口 101.5 万人，因灾死亡 6 人，紧急转移安置 4.09 万人，水毁工程 1537 处，各类直接经济损失 30 亿元。

2012 年 5—6 月，四湖流域平均降雨 369 毫米，较往年雨量偏多。7—8 月长江持续超警戒水位，给内垸排涝造成很大压力。7 处统排泵站排渍水 16.26 亿立方米。

2015 年 4 月 3 日至 4 月 7 日四湖流域出现一次强降雨过程，平均降雨 148 毫米，流域性涵闸、泵站全力抢排渍水，腾空库容，迎战可能发生的洪涝灾害。之后又经历 4 次强降雨过程。全年共抢排渍水 38.95 亿立方米。是年，由于防汛准备充足，抢排及时，四湖流域未发生大的涝灾。

第三节 渍 灾

四湖流域因外江洪水高和内垸涝水壅阻，通过地下渗透而造成农田地下水位过高，土壤通气不良而产生渍灾。渍灾是四湖流域的主要水灾害之一，对农作物生长及产量影响较大。据荆州市四湖工程管理局排灌试验站多年观测资料分析，渍害减产的幅度在 30%～50%，在考虑复种指数降低的情况下，可达 60%～80%，其危害程度相当大。

一、渍涝灾害态势

四湖流域洪水和涝渍之间存在相互影响、相互制约、相互叠加的关系。新中国成立前，四湖流域以洪水灾害为主。新中国成立后，持续不断地进行防洪工程建设，形成封闭的防洪工程体系，江河洪水的灾害得到有效控制。在洪灾减轻之后，内垸的渍涝灾害成为水灾损失的主要因素。特别是随着经济的发展和人口压力的增加，在洪水泛滥淹没面积大幅度的减少，洪灾损失比重降低之后，而涝渍面积有增加趋势。究其原因是江河洪水位高，涝水难以排出。即使机电排涝能力在大幅度增加，但由于天然滞蓄洪水水面锐减，排涝时间延长，渍涝的危害性增大。

四湖流域 70％以上面积是平原湖区，地势低洼，地下水位浅，土壤湿度大，加之降雨充沛，超过作物的蒸腾、土壤蒸发和土壤渗漏的总和就极易受渍。据观测，汛期平原湖区日降雨量超过 10 毫米，当日即可达到渍害的水平。

二、渍害田种类

根据调查结果，四湖流域的渍害田主要有以下几类。

（1）贮渍型。田面长期积水致渍的沤水田，冬水田或冬泡田等，此类农田主要分布于大型湖泊周边或民垸的低洼处。20 世纪末，实行退田还湖或退田还渔，大部分贮渍型农田开发成鱼池。

（2）涝渍型。四湖流域平原湖区，由无数个民垸如蜂窝般地构成，每个民垸因围挽的年代不同，早挽十年低一寸，迟挽十年高一寸，因此就形成看似一马平川但实质上是大平小不平。一垸之中，由于接受泥沙淤塞的程度不同，也是周高中低，形如"盆碟"。这样，就导致地势相对低洼的农田排水不畅，形成渍涝伴生的涝渍型渍害田，其分布面积较多，也较为分散。

（3）潜渍型。四湖流域地层结构为地表覆盖一层较薄的黏土或壤土，其下则是沉积较厚的砂石层和砾石层，四周江河河床沉积砂石层高峰水位期间透过砂层渗透到农田地下，从而形成农田地下水位较长时间处于作物根系活动层而致渍的渍害农田。主要分布在临近江河湖的洼地，面积呈带状分布。

（4）泉渍型。指受低温泉水的浸渍或出溢而形成的冷浸、烂泥田，这主要分布在四湖流域上区岗丘地带。

三、渍灾危害

据 20 世纪末调查，四湖流域有渍灾低产田 332.19 万亩，占流域耕地面积 609.35 万亩的54.5％。经多年农田水利建设，已初步治理 137.96 万亩，尚未治理的有 194.23 万亩，见表 4-8。

表 4-8 　　　　　　　　　　　　　四湖流域渍害低产农田调查表　　　　　　　　　　单位：万亩

县（市、区）	渍害低产农田		
	小计	尚未治理	初步治理
沙洋县	27.00	12.00	15.00
潜江市	46.70	10.00	36.70
荆州市郊二区（荆州区、沙市区）	49.76	36.15	13.61
监利县	128.03	78.78	49.25
洪湖市	80.70	57.30	23.40
合计	332.19	194.23	137.96

渍害危害的主要特征是地下水位高，农田长期浸泡，其危害主要反映在以下 3 个方面。

（1）破坏土壤结构，降低地温。四湖地区土壤孔隙含水量高达 80％以上，地温低于正常土壤 1～2℃，土壤通气性不良，造成土壤板结、冷浸。

（2）抑制微生物的活动。有机肥料分解缓慢，速效养分释放量低，由于土壤渗量少，有毒物质蓄积。

（3）渍害田影响农作物生长、发育、增加病虫害的发生，造成农作物减产，严重的甚至绝收。据多年试验对比，渍害田与正常田的同等条件下，每亩单季要减收 150～200 千克。渍害田一般只适合种单季水稻。

第四节 旱 灾

四湖流域受季风气候和地理条件的影响，部分年份也会出现降雨量偏少，降雨时空分布不均的现象，特别是4—9月降雨量偏少时，则会出现旱灾。总的趋势是，四湖上区山冈丘陵地区易旱，平原湖区易涝。一旦出现旱灾，其危害也十分严重。

一、旱情趋势

四湖流域为古云梦泽，地广人稀，加之史料记载有限，纵有旱灾也不能较多地为史籍所反映。清光绪《江陵县志》载："秦始皇十二年（公元前235年），天下大旱，楚同。"这样的记载太过于抽象，难以说明实际情况。所载有明确时间、地点旱情记载的始于西汉惠帝五年（公元前190年）五月、江陵大旱，江河水少，溪谷绝。西晋永嘉三年（309年）大旱，江汉皆可涉。但总体而言，宋以前，史料所记载的四湖流域旱灾还是比较少，至宋雍熙三年（986年），清乾隆《荆门州志》记有荆门大旱。宋淳熙六年（1179年）记有江陵大旱（《江陵县志》光绪二年版）。此后，荆门、江陵两县的旱灾载记则越来越多。宋朝960—1279年，其间320年，有具体记载的旱灾18年次。其中，淳熙八年（1181年）至淳熙十年（1183年）连续三年旱灾；庆元三年（1197年）至庆元六年（1200年），江陵县连旱四年。

元朝于1271年定国号至1368年，共98年，史料有关四湖流域旱灾的记载6年次，每16年发生一次。其间，除有荆门、江陵等地旱灾记载外，元泰定元年，始有"监利旱灾饥荒严重"（清同治《监利县志》）的记载。

明朝自明太祖洪武元年（1368年）至崇祯十七年（1644年），共277年，四湖流域有记载的旱灾8年次，平均每34年发生一次，宣德八年（1433年），始有沔阳州（今洪湖地域）"二至六月亢旱不雨，稻麦皆无"（《沔阳州志》民国十五年重制本）的记载。至明代，四湖全流域均有旱灾发生，并且是"诸湖水竭，鱼荒河涸"。

清朝（1644—1911年）268年间，四湖流域有旱灾记载9次，平均约29年发生一次。清光绪二十六年（1900年）大旱，长湖大部分干涸，行人可涉而过，内荆河干涸。四湖流域旱灾的严重程度有所提高，而且旱灾都伴有蝗灾发生。

民国时期（1912—1949年）的38年间，四湖流域发生较为严重的旱灾是1928年。当年，江陵入春以来，久旱不雨，已植禾苗、青成枯槁，竟至井塘干涸，湖泊飞灰；潜江水稻颗粒无收；监利水田龟裂，收获不及三成。陈黄、新太、城中、窑南窑北、周老、分盐、新沟、东荆河、程集等区迭遭奇旱，夏秋未登一粒，室家空如磬悬，赤地数百里，憔悴三十万家，斗米七千文，糠秕已尽，草木无芽。

新中国成立后的67年（1949—2015年）中，发生旱象的有41年次。其中：1953年、1959年、1960年、1961年、1963年、1972年、1974年、1978年、1981年、1984年、1986年、1990年、1997年、2000年、2011年等15年旱灾比较严重，平均每4.5年发生一次。这些年表现出旱期长、受旱面积广、灾情重的特点，部分年份中还出现先旱后涝，或先涝后旱交替发生的现象。

1949—1960年，四湖流域的治理重点是在修筑堤防和开挖内垸排水干渠，由于沿江没有修建引水涵闸，抽水机械很少，遇旱全靠从湖泊沟渠用水车取水抗旱。通过开挖深沟大渠，湖泊消失，河渠水位降低，不能自流灌溉或用水车取水已不能满足农田用需要，一遇旱则成灾。1959—1961年就是由于外江无法引水而致受灾。人们从这三年的抗旱斗争中吸取教训，开始重视四湖流域的灌溉工程建设，沿江兴建引水涵闸，垸内开挖灌溉渠道，抗旱的能力明显增强。

四湖流域多年平均年降水量1101.3毫米（荆州站），7月多年平均年降水量为157.9毫米，8月多年平均年降水量为149.7毫米，7月、8月合计平均降水量为307.6毫米。1961—2015年的55年中，7月、8月降水量少于50%的有16年，其中1972年7月、8月降水量只有29.6毫米，少于90%，属大旱。1个月降水量（指7月、或8月）少于80%以上的有1974年、1978年、1990年和2015年。在受旱的14年中，长江水位（沙市站）7月、8月最低水位仍有35.40米，沿江大部分涵闸还可直接引水灌溉。但监利城南以下水位偏低，有的年份7月、8月沿江涵闸不能引水。尤其是在5月以前，长江水位偏低，沿江涵闸不能进水，春旱的现象在四湖流域比较严重。1978年5月以前，长江江陵观音寺闸前的水位比闸底低0.70米，比颜家台闸底低0.88米，长江监利城南站4月最高水位只有26.95米，沿江涵闸不能进水；东荆河陶朱埠站4月断流，5月最大流量也仅3.6立方米每秒。南北江河均无水可引，此时又正值春耕生产用水高峰期，因而出现严重的春旱。这种旱情在四湖流域比较多发，特别是在三峡工程建成后，长江河槽刷深，水位降低，春旱的趋势越来越频繁。

二、旱情摘要

1950年5月和10月，四湖流域无雨大旱，受旱面积10.77万亩。

1952年6月，四湖流域降雨普遍比常年同期雨量少2.7倍，8—10月少雨，荆门、江陵、潜江、监利4县受灾63.87万亩。

1953年，四湖流域大部分地区春旱连伏旱，丘陵山区塘堰干涸，受旱面积达54.73万亩。

1956年8月以后，江陵、监利两县秋旱，受旱面积12.16万亩。

1957年自夏至秋，晴霁日多，全流域普遍受旱，旱灾面积29.79万亩，潜江尤甚，受旱15.69万亩。

1959年7月，四湖流域连续60多天未下透雨，有的地方滴雨未下，局部地区大旱100多天，禾苗焦卷，旱灾面积达357.68万亩。

1960年7—9月大旱，7月中旬后，干旱异常，四湖流域各县基本上无雨，8月监利只降雨2毫米。全流域旱灾面积320.86万亩。

1961年，四湖流域春旱连夏旱。春，因上年冬干无雨，塘堰水库干涸，沟渠断流；夏季4—6月，大部分地方没下过透雨，人畜饮水都发生困难，丘陵地区尤为严重，6—8月又出现秋旱。旱灾面积达到324.48万亩。

1962年，夏旱，旱情较重者监利、荆门，受旱面积21.54万亩。

1963年，5月旱情露头，到7月旱情遍布四湖各县，旱灾面积为51.53万亩。

1966年，部分县春旱继秋旱，塘堰干涸，沟渠裂口，全流域受灾面积达34.28万亩。

1967年7月，荆门少雨，15万亩农田受旱。

1968年6月，平原湖区平均降雨40.3毫米，夏旱面积18万亩。

1969年，先涝后旱，江陵受旱10万亩。

1970年夏，江陵旱，受旱面积15万亩。

1971年，全流域春旱。潜江夏旱较重。四湖流域受旱面积为77.02万亩。

1972年，四湖流域出现百日大旱，6月未下过透雨，90%塘堰干涸，干旱面积达123.39万亩。

1973年，四湖流域冬旱，10—12月大部分县降雨在10毫米以下，14万亩农田冬播困难。

1974年，自夏至秋，四湖流域普遍受旱，潜江县尤重，全流域受旱面积69.65万亩。

1975年，洪湖少雨，监利9月秋旱，全流域受旱面积50.49万亩。

1976年，全流域1—9月总降雨少，比正常年少2～3成，旱灾面积89.91万亩。

1977年，全流域夏秋普遍受旱，旱灾面积77.41万亩。

1978年大旱，全流域1—8月总降雨量比常年少300毫米，连续100天没下透雨，观音寺、颜家台闸运行69天，引水近6亿立方米，但还有104.64万亩农田受旱。

1979年春旱继夏旱，部分县秋冬连旱，全流域受旱面积40.69万亩，当年为水旱交错年。

1981 年从 4 月中旬到 9 月中旬，丘陵山区基本无雨，伏旱接秋旱，全流域 1—9 月降雨除洪湖县外，都比历年同期少 100 毫米以上，受旱 51.70 万亩。

1982 年，各县降雨偏少，洪湖尤甚，受旱面积 47.93 万亩。

1984 年，全流域春旱、夏旱连秋旱，降雨普遍少于往年，受旱面积达 161.20 万亩。

1985 年 6—8 月，伏秋连旱，全流域降雨量比多年同期平均值少 40%，受旱面积 58.36 万亩。

1986 年 1—3 月，全流域未下过透雨，加之长江水位低，春旱连夏旱，潜江、监利、洪湖 3 县 230 万亩农田受旱。

1987 年局部受旱，面积 35 万亩。

1988 年为大旱年，入春以后干旱至盛夏，降雨少，且时空分布不均，江河湖库水位低，四湖流域受旱面积近 100 万亩。

1989 年 7 月中旬以后，持续晴热高温，伏旱，流域内受旱面积 75.84 万亩。

1990 年 7—9 月，四湖流域降雨量少，90 天中全晴日达 85 天，使 150 万亩农田受旱。

1992 年，四湖流域普遍春旱，农田 22 万亩无水耕整。

1994 年，四湖流域为大旱年，进入 5 月后，降雨明显偏少，5—6 月以潜江高场站为例，只降雨 217.2 毫米，比多年平均降水量少 3～5 成，加之江湖水位低，使江陵、潜江、监利 3 县 125 万亩农田干裂，近 20 万亩农田无法耕种。

1995 年，江陵、潜江夏秋降雨量少，引起干旱，受旱面积 25 万亩。

1997 年 8 月 1 日至 9 月 15 日，四湖流域出现严重干旱，旱情趋紧，面积达 60 万亩。

2000 年，四湖流域由于降雨普遍不足，蓄水异常偏少，形成历史上罕见的冬春连旱和夏季大旱。天晴少雨，江河水位下降，湖水减量，部分沟渠断流，塘堰干涸，田地龟裂，少数乡镇饮水困难。全流域受旱农田面积 300 余万亩，其中成灾面积达到 80 余万亩，因旱改种作物 1.5 万亩。

2001 年入汛以来，四湖流域降雨偏少，梅雨季节出现"枯梅"，进入 7 月后又长时间晴热高温，7 月底长湖水位降至 29.61 米，洪湖水位降至 24.61 米，东荆河监利段水位接近 26.00 米左右的枯水位，总干渠上游断流。由于降水量减少，持续晴热高温，水蒸发量大，江河水位普遍低下，四湖流域出现严重干旱，其中监利、江陵二县受旱最重，监利受旱农田 85 万亩，江陵受旱农田 79 万亩。

2005 年 5—8 月，四湖流域累计平均水量仅 317 毫米，比历史同期平均降水偏少 6 成，遭遇春夏相连的干旱，且此期平均气温比历史同期偏高，梅雨期晚于常年 10 天左右，造成流域内 100 多万亩农田受旱。

2006 年入春以来，四湖流域春旱连接夏旱，又接着秋旱，总降水量较多年平均少 5 成以上，干旱时间达 150 余天，四湖流域全面受旱，受旱程度达 50 年一遇，受灾面积达 200 万亩。

2011 年，四湖流域遭遇春夏连旱，接着又是旱涝急转，东荆河超保证水位，旱、涝、洪灾交替出现。1—5 月，四湖流域降雨较历史同期偏少 6 成，至 5 月中旬，正值早稻灌水，中稻插播的关键时期，各地水田缺水，旱地缺墒，洪湖创有记录最低水位 23.00 米，长湖最低水位 29.16 米。全流域受旱农田面积 200 万亩。

2015 年，自 7 月 29 日开始，四湖流域持续高温天气，久晴不雨，四湖上区习家口站 8 月雨量仅 24.50 毫米，中区福田寺站 8 月雨量也只有 34.50 毫米，全流域出现严重旱情。沿江万城、观音寺、严家台等灌溉闸共引水 5.43 亿立方米；8 月 12 日首次启用引江济汉工程，通过港南渠、庙湖、拾桥河 3 处涵闸引水 80～100 立方米每秒，向四湖流域引水，满足四湖内垸抗旱灌溉和生态补水需要，旱灾大为减轻。

第五节 其 他 灾 害

四湖流域发生的极端灾害天气有强风（龙卷风）、暴雨和冰雹等，其危害程度十分严重。

1951年5月23日，监利县余埠至北口一带，风雹并致，房屋倒塌，夏粮减收；24日15时，江陵县三湖地区发生龙卷风，损坏房屋100余栋，死7人，伤10余人。

1954年4月5日，监利县桥市发生龙卷风，大树被吹断，倒塌房屋10余栋。

1955年1—2月，四湖流域普降大雪，雪深过膝，洪湖、长湖、白鹭湖、三湖以及其他湖泊全部封冻，湖面均可行人。最低温度－15℃。是年夏，监利县黄歇至中岭发生龙卷风、冰雹。

1956年7月11日晚，潜江县蚌湖、王家场发生狂风和冰雹，倒塌房屋423栋，死36人，受灾农田3590亩。

1958年3月24日，洪湖县燕窝狂风大作，冰雹如注，碗大的冰雹打死小儿2人，伤54人；狂风倒塌房屋265栋，损坏房屋1800余幢，损坏农作物27000亩。4月潜江县张金、老新等地发生雹灾。倒塌房屋200余栋，死5人，伤14人，受灾农田56000亩。

1959年8月2日，监利县、毛市、福田，洪湖县瞿家湾一线雷雨，狂风，冰雹大作，部分房屋倒塌，农作物受损。

1960年5月17日，监利、洪湖一线遭暴风雨袭击，伤457人，死54人，倒塌房屋4456栋，损坏17417栋，灾民209188人。

1962年8月6日，潜江熊口、老新至监利黄歇、毛市一线出现雷雨大风，沿线房屋多栋受损，死1人，伤5人。

1964年4月6日，洪湖大风（最大风力8～9级）吹翻船只49只，损坏房屋900余栋，死2人。8月15日，潜江县浩口等地雷雨大风，倒塌房屋132栋。

1967年4月30日，洪湖县燕窝，新滩口一线遭遇大风、冰雹袭击，中心地区风力达10级，大风夹着冰雹，大如蚕豆。损坏房屋60栋，受损农作物16300亩。

1972年4月24日，监利县城关、红城、毛市、龚场、尺八、朱河、白螺等地遭受10级以上大风袭击，监利港沉没拖轮2艘、机帆船2只、木船10只。5月，监利北部地区再遭8～10级大风和雷、雨，冰雹袭击。倒房屋254栋713间，倒树3400多株，伤80人，死10人，冰雹损坏农作物265亩，雷击损坏通信线路26对，电话中断。7月28日，潜江县王场发生龙卷风，中心风力9～10级，降冰雹达10分钟，倒塌房屋11栋，受灾农田2300亩。

1974年4月6日20时，监利县白螺等地出现10级以上风暴；12日21时左右，龙卷风自洞庭湖上空袭入监利县白螺、柘木等地入洪湖。两次倒房屋41栋，伤6人，死亡1人。

1975年7月23日13—15时，江陵县秦市至监利汪桥、红城一线大风、暴雨、冰雹并至，降水量达110毫米，沿线倒塌房屋284栋511间，重伤18人，死1人。

1977年1月27日至2月3日，四湖流域受严重寒潮影响，大雪纷飞，最大积雪深度15厘米，极端最低气温－16.5℃，大批牲畜冻死。9月5日17时30分至18时20分，龙卷风自洪湖卷入监利桥市，同时降暴雨和大冰块达2小时，3439根树木连根吹翻，1人被风卷入水中溺亡，伤10人。同日雷击监利县棋盘乡刘湾村5只木船并起火烧毁。雷击时可见火球。

1978年8月6日，洪湖县小港遭龙卷风袭击，500多根大树连根拔起，130多栋房屋倒塌。死2人，伤108人。

1979年，四湖流域春、夏、秋三季连旱。4月12日，潜江遭大风（8～9级）袭击，损坏房屋6518栋。4月25日，飑线（指风向突然改变，风速急剧增大的天气现象）和雷暴挟带着冰雹自江陵川店入境，经普济至监利县汪桥、大垸、三洲、尺八、白螺进入洪湖县垸至燕窝，新滩口一线，冰雹最大直径10.5厘米。三县共损坏房屋33220间（其中：江陵县26426间、监利县5294间、洪湖县1500间），死1人，伤112人，受灾人口15.3万人，受灾农田34.99万亩。

1981年5月9日23时，监利县分盐、新沟等地遭大风，雷雨袭击4小时之久，倒塌房屋596栋，折树2040根，伤25人，雷击死1人。10日3时许大风移到潜江白鹭湖，西入六合垸农场，风带宽1000米左右，受害范围长11千米，倒塌房屋387栋，伤17人。

1983年5月14日，江陵县遭受大风袭击，瞬时风速23米每秒（9级），吹损房屋3159间，树木倒伏35852株，倒电线杆696根。4月15日、25日、28日，监利县多地多次受大风、冰雹袭击，倒塌房屋637栋，倒树38400株，倒电线杆173根，压死1人，雷电击死1人，伤143人。

1984年6月30日17时10—25分，监利棋盘、朱河、汴河等地遭受风雹灾害，伤79人，死1人。

1985年5月3日16—19时，监利县汪桥、红城、余埠、毛市、分盐等区遭龙卷风、冰雹、暴雨袭击；7月3日，龚场、网市遭风灾。9日15时，红城、汴河、朱河等地遭风雹大雨袭击；10月11日白螺等地风暴持续半小时，降水量达200毫米。4次受灾农田6万亩，倒塌房屋874间，折断树木2万株，伤428人，死5人。

1986年5月10日21时许，潜江西大垸农场至监利县黄歇、荒湖、新沟等地一线遭受龙卷风袭击，并伴有雷雨、冰雹。沿线损毁房屋312幢。8月6日，监利县红城、毛市至洪湖县瞿家湾、沙口、万全、汉河等地一线遭受龙卷风袭击，毁坏农作物1万亩，倒塌房屋271栋，折断树木2000余株，掀翻渔船317只，死2人，伤63人。

1987年5月1日下午，监利、洪湖两县沿洪湖周边的桥市、白螺、螺山、沙口、峰口、汉河等地遭龙卷风袭击，倒塌房屋2669栋，刮断水泥电线杆120根，折断树1万株，毁围栏养鱼300亩，伤10人，死2人。

1990年7月27日，龙卷风、冰雹、雷雨袭击监利柘木、桥市、朱河等地，死2人，伤146人，刮倒房屋375间、农作物受灾4825亩。

1991年8月5日，潜江龙湾、铁匠沟等乡镇遭到龙卷风、暴雨、冰雹的袭击，风力达7～8级，冰雹直径2厘米，损失农作物3万余亩，毁坏房屋50栋。

1993年5月12日，潜江铁匠沟、龙湾及监利县黄歇等乡镇遭到暴雨、冰雹和龙卷风的袭击，最大风力8级，倒塌房屋145栋，伤15人。

2000年4月13日，洪湖市发生暴雨袭击，倒塌房屋723间，伤23人，死2人。6月1日。江陵县部分地区遭受8～12级龙卷风、冰雹、雷雨袭击，熊河、资市、普济、马家寨4个乡镇13个村受灾，损毁房屋215栋，伤10人，死2人。6月1日，潜江市高石碑、积玉等乡镇遭受龙卷风袭击，损坏房屋864幢，刮折树木15500根，吹倒高低压电线杆155根，150千米线路损坏。

2002年4月3—4日，江陵县部分乡镇遭受龙卷风、冰雹和罕见暴风袭击，最大风力9～10级，最大降雨量186.1毫米，冰雹直径3～4厘米，受灾面积49.5万亩，受灾人口18万人。4月4—5日，监利县、洪湖市十多个乡镇遭遇风速为18.8米每秒（8级）大风袭击，并伴有雷雨冰雹，倒塌房屋286间，死亡1人，伤126人，受灾面积15.3万亩。

2004年4月29日，洪湖市城区及7个乡镇遭特大暴雨大风袭击，最大风速22.5米每秒（9级），总降雨量91.1毫米，倒塌房屋286间，死1人，伤126人，受灾面积15.3万亩。

2007年1月15—16日晚，监利、洪湖遭受历年少有的雪灾，30多人冻伤。6月18日晚11时，荆州中心城区发生强雷暴、冰雹、龙卷风等极端天气，最高降水量达131毫米。死亡1人，重伤7人，轻伤12人。

2015年6月1日晚，长江监利至石首江段发生罕见的强对流天气，出现强风暴雨，瞬间风力12～13级，24小时降雨水156毫米。江面上电闪雷鸣，波浪滚滚，大雨倾盆。21时30分许，从南京驶往重庆的"东方之星"号客轮行至监利大马洲江段遭遇强风暴雨袭击导致翻沉。客轮所载454人中除12人获救外，其余442人遇难，此为长江航运史特别重大的灾难性事件。沉船发生后，国务院总理李克强亲临现场指挥搜救及安排部署善后工作。交通运输部门、解放军、武警部队和公安干警及监利县干部群众开展全方位立体式拉网式搜救。监利县容城镇民众全力以赴、夜以继日、无私地做好善后和遇难者亲属来监利的接待工作，被誉为"小城大爱"的精神。

附：四湖流域历史水旱灾害辑录

四湖流域历史水旱灾害辑录

（公元前 185—1949 年）

汉　　朝

高后三年（公元前 185 年），南郡大水，水出流 4000 余家。

高后八年（公元前 180 年），南郡水复出，流 6000 余家。

永元十四年（102 年），荆州水。

延平元年（106 年），6 州（荆、扬、兖、青、徐州）大水。

晋　　朝

武帝咸宁二年（276 年），荆州大水，漂流人民房屋 4000 余家。

武帝咸宁三年（277 年），七月荆州大水。

武帝咸宁四年（278 年），七月荆州大水。

武帝太康四年（283 年），荆州大水。

惠帝元康二年（292 年），六月荆、扬等 5 州水。

惠帝元康五年（295 年），夏，荆州大水。

惠帝元康六年（296 年），五月荆州大水。

惠帝元康八年（298 年），九月荆州大水。

元帝永昌元年（322 年），五月荆州大水。

明帝太宁元年（323 年，）五月荆州大水。

成帝咸康元年（335 年），八月荆州大水，溢，漂溺人畜。

武帝太元四年（379 年），六月荆州大水。

武帝太元六年（381 年），六月荆、扬、江 3 州大水。

武帝太元十五年（390 年），蜀水大出，漂浮江陵数千家，荆州郡守殷仲堪以堤防防守不严降号为宁远将军。

武帝太元十九年（394 年），荆州大水。

武帝太元十年（385 年），六月荆州大水。

武帝太元二十二年（397 年），荆州大水。

安帝隆安三年（399 年），荆州大水，平地水深 3 丈。

安帝隆安五年（401 年），夏，荆州大水。

南　北　朝

文帝元嘉十八年（441 年），沔阳（今洪湖、仙桃），五月大水，江、汉泛溢，没民舍，害苗稼。

梁武帝天监六年（507 年），荆州大水，江溢堤坏，萧憺亲率府将吏，冒雨赋尺丈筑治之。

陈废帝光大二年（568 年），陈吴明彻攻后梁，破江陵放水灌江陵城。

陈宣帝太建二年（570 年），陈司空章昭达攻后梁，决堤引长江水灌江陵城。

陈宣帝太建十四年（582 年），七月荆州江水如血，自京师至于荆州。

隋　　朝

文帝开皇六年（586 年），江陵大水。

唐　　朝

贞观十六年（642 年），荆州大水。

贞观十八年（644 年），荆州大水。

开元十四年（726 年），秋，荆州大水。

贞元二年（786 年），六月荆南江溢。

贞元三年（787 年），三月江陵大水。

贞元四年（788 年），江陵大水、地震。

贞元六年（790 年），荆南江溢。

贞元八年（792 年），荆襄大水。

永贞元年（805 年），荆州旱。

元和元年（806 年），夏，荆南大水。

元和二年（807 年），江陵大水。

元和八年（813 年），江陵大水。

元和十二年（817 年），六月江陵水，害稼。

太和四年（830 年），夏，荆襄大水，皆害稼。

太和五年（831 年），荆襄大水，害稼。

太和九年（835 年），荆州大水。

开成三年（838 年），江汉涨溢，坏荆襄等州，居民及田产殆尽。

宋　　朝

太平兴国二年（977 年），春雨淫，秋七月复州江水涨，坏城及民舍田庐。

太平兴国五年（980 年），六月复州水涨，舍、堤、塘皆坏。

雍熙元年（984 年），汉、沮并涨，坏民舍。

雍熙三年（986 年），荆门大旱。

淳化二年（991 年），秋，荆江北路江水注溢，浸田亩甚众。秋七月，复州蜀、汉二江水涨，坏民田庐。

咸平元年（998 年），荆湖旱。

咸平二年（999 年），荆湖旱。

建炎二年（1128 年），江陵令决潭陂（即黄潭堤）入于江，既而夏潦涨溢，荆南复州千余里皆被其害。

绍兴三年（1133 年），七月江陵水。

绍兴十二年（1142 年），荆门岁旱饥荒。

绍兴二十三年（1153 年），夏，长江遭遇流域性特大水灾。

绍兴二十六年（1156 年），荆门连岁旱荒，州民流亡。

乾道四年（1168 年），寸金堤决，水啮城。

淳熙二年（1175 年），荆门大旱。

淳熙六年（1179 年），五月荆州水。

淳熙八年（1181 年），荆门大旱。

淳熙九年（1182 年），荆门旱。

淳熙十五年（1188 年），五月江陵水。

绍熙三年（1192 年），七月荆门、江陵大雨逾旬，水潦为灾。

绍熙四年（1193 年），六月荆门、江陵大旱。夏，江陵水，湖北郡县坏圩田。

庆元三年（1197 年），江陵旱。

庆元四年（1198 年），七月江陵旱。

庆元五年（1199 年），江陵旱。

庆元六年（1200 年），荆门、江陵旱。

开禧元年（1205 年），九月汉水溢，荆襄郡国水，坏民庐舍，害稼禾。

嘉定元年（1208 年），七月江陵旱。

嘉定二年（1209 年），夏，江陵旱，五至七月不雨。

嘉定六年（1213 年），江陵旱。

嘉定八年（1215 年），春旱。

嘉定十六年（1223 年），五月湖北淫雨，荆郡水。

淳祐十一年（1251 年），九月江陵大水。

宝祐五年（1257 年），荆门旱，多厉风。

元　　朝

至元二十四年（1287 年），九月江陵江水溢。

至元二十七年（1290 年），七月江陵江水溢。

元贞二年（1296 年），江陵，玉沙（今监利、洪湖一带）大水。

大德元年（1297 年），九月江陵旱。

大德三年（1299 年），五月江陵路（元朝称江陵为中兴路）旱。

大德四年（1300 年），江陵旱，玉沙大水。

大德五年（1301 年），荆门霖雨。九月江陵旱。

大德九年（1305 年），七月玉沙水。

至大三年（1310 年），七月荆门大水，坏官府民居 21829 间，死者 3467 人。

至大四年（1311 年），九月江陵大水。

延祐二年（1315 年），五月荆门水灾，免其民户粮税。

延祐五年（1318 年），六月江陵旱。

延祐六年（1319 年），五月江陵水。

延祐七年（1320 年），五月江陵水。

至治二年（1322 年），江陵路江溢。

至治三年（1323 年），江陵路水。

泰定元年（1324 年），监利旱灾，饥荒严重。

泰定二年（1325 年），五月江陵江水溢，荆门旱。

泰定三年（1326 年），五月江陵水。

致和元年（1328 年），江陵路旱。

天历三年（1330 年），荆门水，漂没田庐。

至顺三年（1332 年），荆门旱，江陵大水。

至正八年（1348 年），四月沔阳大水。

至正九年（1349 年），潜江、监利大水。

至正十五年（1355 年），荆州大水。

至正十九年（1359 年），荆江地区暴雨成灾，漂没居民千余家，溺死 700 余人。

明　　朝

洪武十三年（1380 年），监利、江陵大水，灾民大饥。

洪武十八年（1385年），江陵李埠江堤决，坏民庐舍、田产甚众。

洪武二十二年（1389年），汉水溢，水决城。

洪武二十三年（1390年），江陵八月大水，汉水暴涨，由郢以西而入，庐舍人畜漂流无算。

永乐二年（1404年），七月监利等诸县江溢，坏民居田稼。

永乐三年（1405年），七月江陵、监利、石首诸县江溢、坏居民田稼。

永乐二十年（1422年），沔阳州淫雨，江水泛涨，淹没田地，溺死人民。

宣德元年（1426年），沔阳、监利等县欠雨，江水泛滥，田地、人民淹没。

宣德三年（1428年），沔阳、监利久雨，江水泛溢，襄河水涨，潜江蚌湖、阳洪堤决，荆门、江陵等县，官民屯田多被其害。

宣德八年（1433年），江水泛涨，冲决江陵，沿江堤岸350丈，民田军屯多受其害。

宣德九年（1434年），荆门春夏久旱，陂塘干涸，稻禾焦枯，秋收无望。

正统元年（1436年），六月、七月江水泛涨，冲决河堤，淹没民田。

正统二年（1437年），江、监、潜、沔各县奏：近江堤岸俱水决，淹没禾苗甚多。

正统四年（1439年），四至六月江水流溢堤决，淹没农田，江陵、监利诸县，民多流徙。

天顺二年（1458年），潜江高家垴堤决，冲成县河。

天顺四年（1460年），四至六月江陵、监利阴雨，江水泛溢堤决，没禾苗，民多流徙。

天顺七年（1463年），五月荆州大雨，腐二麦，庐舍漂没，民皆露宿。

成化五年（1469年），江陵施家渊堤决。

成化六年（1470年），潜江白洑堤决。

成化九年（1473年），荆州大旱。

成化十年（1474年），江陵、监利、沔阳大水。

弘治元年（1488年），荆州大旱，人相食。

弘治十年（1497年），沙市堤决，灌城，冲塌公安门城楼，民田陷溺无算。江陵李家埠堤决，淹溺甚众。

弘治十一年（1498年），八月荆州大水，决沙市堤，民田淹没无数。

弘治十二年（1499年），夏，大水江陵李家埠堤决，淹没甚众。

弘治十三年（1500年），荆州府旧有护城堤岸，长50里，近堤崩坏，致江水冲决城门桥楼房屋，为患甚急，江陵李家埠自万城以东为冲决要口，淹没甚众。沔阳大水。

弘治十四年（1501年），荆州大水洗城，江陵文村堤决。

正德四年（1509年），荆州旱。

正德十一年（1516年），沙市堤决，灌城脚。八月荆州大水，江陵文村堤决。

正德十二年（1517年），荆江大水堤决，田庐淹没无计。

嘉靖五年（1526年），荆门沙洋堤决，潜江、监利、沔阳、江陵受其害。

嘉靖六年（1527年），荆州大水，堤溃，市可行舟。

嘉靖十一年（1532年），一至五月旱。夏，荆州大水，江陵万城堤决，江水直冲郢西城，冲毁房屋无数。

嘉靖十八年（1539年），塞祝家垱（监利一弓堤附近），其垱随决。

嘉靖二十年（1541年），夏，沙市上堤而南，复遭巨浸，各堤防荡洗殆尽。

嘉靖二十一年（1542年），江陵万城堤复遭巨浸，各堤防荡洗殆尽。

嘉靖二十三年（1544年），寸金堤决后未修，日圮。

嘉靖二十六年（1547年），秋，潜江塔儿湾决；监利大水堤决。

嘉靖二十八年（1549年），汉水决沙洋堤，洪涛数百里，民尽迁徙；潜江堤溃。

嘉靖二十九年（1550年），江陵万城堤复溃。

嘉靖三十五年（1556年），江水横溢，监利黄师堤决，庐舍田畴荡而为溟渤，死者不可数计。

嘉靖三十九年（1560年），七月荆州大水，江陵寸金堤决，水至城下，高近3丈，六门皆筑土填塞，凡一月退。

嘉靖四十一年（1562年），江陵旱。

嘉靖四十四年（1565年），荆州大水，监利县西40里黄师堤大抵淹没，江陵李家埠堤决。

嘉靖四十五年（1566年），荆州大水，黄滩堤防汇洗殆尽，民众溺者不下数十万。监利堤决。潜江、沔阳大水。

隆庆二年（1568年），荆州大水。江陵逍遥堤决；监利白螺矶溃。

隆庆三年（1569年），江陵、监利大水。

隆庆五年（1571年），江陵、监利大水。

隆庆六年（1572年），江陵、监利大水，伤禾稼，坏庐舍，淹没人畜，死者不可胜计。

万历元年（1573年），七月荆州大水异常，堤坝冲决，洪水横溢，民遭陷溺非止一处。湖北巡抚赵贤疏请留缺口（今东荆河口），让水止于谢家湾，中一道为河。

万历二年（1574年），江陵大水。

万历九年（1581年），江陵旱。

万历十六年（1588年），江陵旱。

万历十九年（1591年），夏，沔阳大水，江陵黄滩堤决，民之溺死者不下数万。

万历二十一年（1593年），夏，江水大涨，江陵逍遥湖堤溃。

万历二十六年（1598年），江水漫沙市堤。

万历二十九年（1601年），六月汉水溢，决堤3丈余，沔阳淹。

万历三十四年（1606年），五月江陵、监利水。

万历三十六年（1608年），江陵房田淹没，监利谭家渊、八老渊堤溃。

万历四十一年（1613年），长江干流特大洪水。

天启二年（1622年），五月沔阳大水，沔阳被淹，溺死人畜甚众。

天启三年（1623年），监利堤头堤溃成潭。

崇祯二年（1629年），八月汉水溢，沔阳全境皆淹。

崇祯三年（1630年），秋，沔阳全境皆淹。

崇祯四年（1631年），汉水涨溢，沔阳淹。江陵大雨。

崇祯七年（1634年），监利江堤溃。

崇祯九年（1636年），潜江操家口堤决。

崇祯十二年（1639年），六月汉水复溢，水淹城南（今洪湖市境内）百余垸。

崇祯十三年（1640年），五月江水盛涨，洪湖江堤南北溃口，小林诸堤（洪湖境内）皆溃。

崇祯十四年（1641年），沙洋关庙堤决。夏秋间大旱，蝗螟食禾，岁大饥。

清　　朝

顺治元年（1644年），荆门大旱，民荒饥。

顺治四年（1647年），监利水旱相因，米贵如珠，布贵如帛，民采野草而食，结鹑而衣。盛夏，诸水骤涨，腾驾堤决，骤长未已，势欲啮城。

顺治五年（1648年），监利水旱相因，荆门旱。

顺治六年（1649年），监利异旱，水泽之地可步履，谷每石2两，后至4两。

顺治七年（1650年），沔阳大水。盛夏，监利诸水盛涨，腾驾堤上（黄师堤等），东西溃决。

顺治九年（1652年），万城堤决，江陵、潜江皆淹。

顺治十年（1653年），江陵万城堤溃，水灌城足，西门倾塌；潜江西南被淹，汉江右岸高家垴堤溃。

顺治十一年（1654 年），长江水位涨，荆州府城部分地方上水；潜江汉堤溃；沔阳大水。

顺治十二年（1655 年），江水上涨，荆州府厉不没者无几，沔阳三月堤溃大水，夏四月水。

顺治十五年（1658 年），监利水灾异常。

顺治十六年（1659 年），江陵、监利、沔阳大水，淹田无数。

顺治十七年（1660 年），江陵大水。

康熙元年（1662 年），万城堤溃，江陵大水。

康熙二年（1663 年），七月江陵大水，所有堤圩尽决。监利、沔阳大水，淹田，溃堤甚众。

康熙三年（1664 年），江陵郝穴堤溃。水患大甚；潜江、沔阳大水。

康熙四年（1665 年），六月沔阳南江堤溃，泆汲沔阳。潜江堤溃，泆汲监利。

康熙六年（1667 年），潜江汉江右岸扬旺堤溃，屯营湾堤连续 3 年溃。

康熙九年（1670 年），监利江水泛溢，新兴垸溃决，水贯北门，内河冲塌。

康熙十年（1671 年），潜江东荆河郑浦垸、白湖堤决。

康熙十一年（1672 年），潜江东荆河张家湖、赤湖决，监利大水。

康熙十五年（1676 年），江陵、监利大水，江陵郝穴、龙二渊人民多死。何家湾、浴家湾、永泰山、新冲河口，小口子堤决。潜江西南被淹。沔阳大水。

康熙十六年（1677 年），潜江大水。

康熙十七年（1678 年），监利东湖港堤决，沔阳大水。

康熙十八年（1679 年），潜江汉堤新丰堤、李汉堤俱溃。

康熙十九年（1680 年），沙市盐卡堤溃，江陵、监利大水，潜江西南被淹。五月，潜江李汉堤复溃。

康熙二十年（1681 年），江决江陵黄滩堤，田庐漂没，死者无算。监利、潜江、沔阳大水。

康熙二十一年（1682 年），六月黄滩堤复决，所谓堤防者，冲荡漂流，于斯为尽。

康熙二十四年（1685 年），江汉水涨，沿江各县俱水灾。

康熙三十年（1691 年），潜江泽口堤溃。

康熙三十一年（1692 年），潜江北部大水。

康熙三十二年（1693 年），潜江杨林外九垸淹没。

康熙三十四年（1695 年），沙市盐卡堤决。

康熙三十五年（1696 年），五月江陵大水，黄滩堤决，潜江西南大水。七月监利、沔阳等县大水。

康熙四十二年（1703 年），五月江陵、潜江、监利、沔阳暴雨成灾，淹田无数。

康熙四十三年（1704 年），二月春雨连绵，监利大水。

康熙四十四年（1705 年），二月监利大水。

康熙四十五年（1706 年），监利大水。

康熙四十七年（1708 年），江陵、监利、沔阳大水。

康熙四十九年（1710 年），监利上车湾堤溃。潜江下东家潭堤决。

康熙五十二年（1713 年），万城、郢城东数百里，茫然巨浸，民多迁徙。监利水灾，中汛潘家棚堤溃。

康熙五十三年（1714 年），江陵文村堤溃，潜江西南被淹。秋，监利大水。

康熙五十四年（1715 年），监利朱河汛瓦子湾、李黄月堤溃。沔阳、江陵、潜江等县大水。

康熙五十九年（1720 年），沔阳大水，潜江溃。

雍正元年（1723 年），潜江汉堤骑马堤溃，岁大荒，饿殍通道。沔水大发，淹数万亩。

雍正二年（1724 年），江陵大水。

雍正四年（1726年），鄂东南大淫雨，遍地行舟。监利、沔阳、潜江大水。

雍正五年（1727年），五月大水，汉水溢，沔受害，长江水涨荆州府堤决；夏，监利江堤溃口。

雍正六年（1728年），五月汉水大涨，沔阳王家湾堤溃，沔城水深数尺，潜江、监利水灾。

雍正十一年（1733年），六月江陵三里司堤（周公堤）决，潜江西南大水。

乾隆元年（1736年），夏，监邑江堤溃决，民间室庐飘没。

乾隆二年（1737年），江陵大水。

乾隆五年（1740年），沔阳柴林、连丰、九合诸垸溃。

乾隆六年（1741年），四月沔阳大水。

乾隆七年（1742年），六月荆门新城下郑家潭堤堤决，田庐漂没，江陵、潜江、沔阳俱属没及。

乾隆十一年（1746年），十月江陵万城堤溃。

乾隆十三年（1748年），五月江陵、监利；沔阳大水。

乾隆十四年（1749年），夏，沔阳水灾。秋，监利、江陵大水。

乾隆十八年（1753年），三月潜江春水。秋，汉水泛溢，潜江沙窝堤溃。

乾隆二十年（1755年），三月荆门淫雨，两月不绝，麦禾尽淹，潜江东荆河团湖垸堤决。秋江陵、监利水灾，沙市堤决，淹及荆州城。

乾隆二十一年（1756年），夏，江陵、监利、沔阳大水，潜江东荆河团湖垸堤复决。

乾隆二十六年（1761年），荆门、沔阳大水。

乾隆二十九年（1764年），江汉发水，监利、沔阳发大水。

乾隆三十二年（1767年），长江大水，江陵、潜江、监利、沔阳水灾。

乾隆三十三年（1768年），荆门、江陵旱。

乾隆三十四年（1769年），十月江陵、监利秋水泛滥，受渍面积数十万亩。

乾隆四十年（1775年），大水，冲决淹及荆州城。

乾隆四十三年（1778年），荆门、江陵大旱，田禾无收，荞麦俱尽，民食树皮。监利大水。

乾隆四十四年（1779年），夏，江陵大水，溃泰山庙堤，逆流转城，乡下田禾尽淹，下游各县俱受水灾。

乾隆四十五年（1780年），沔阳、潜江、江陵俱受水灾。

乾隆四十六年（1781年），江陵观音寺、泰山庙堤溃，江水灌入内河。

乾隆四十七年（1782年），江陵、监利大水。

乾隆五十年（1785年），荆门、江陵大旱。监利大水。

乾隆五十三年（1788年），万城及多处堤决，江陵、潜江、监利、沔阳尽成泽国。

乾隆五十四年（1789年），江陵木沉渊、杨二月堤溃；监利瓦子湾上米黄月堤溃。潜江易家拐仙人堤水浸成潭。

乾隆六十年（1795年），汉江右岸谢家湾溃，潜江、沔阳俱水。

嘉庆元年（1796年），江陵木沉渊、杨二月堤溃。监利狗头湾、程公堤、金库垸决。

嘉庆二年（1797年），沙市以东杨二月堤溃塌百余丈，监利、沔阳诸县复淹。

嘉庆四年（1799年），汉水陡涨，潜江民堤溃决，淹及禾田。监利七月大雨如注，平地水深数尺。

嘉庆七年（1802年），五月襄河水大涨，水至九月始退，六月潜江、江陵连日大雨，汉水骤涨，潜江高家潭堤溃，监利东荆河马家渊堤溃，江陵万城堤六、七节工漫溃80余丈，江水陡涨，监利堤头浸淹，瓦子湾江堤决。

嘉庆九年（1804年），监利狗头湾、程公堤、金库垸江堤溃。

嘉庆十年（1805年），襄河大水，潜江汉堤高家潭决。

嘉庆十一年（1806年），夏，监利东荆河杨林关堤溃，潜江、监利、沔阳被淹。

嘉庆十二年（1807年），江陵、监利大雨，受灾面积近30万亩。

嘉庆十三年（1808年），江陵大水。

嘉庆十六年（1811年），江陵旱。

嘉庆二十年（1815年），襄河大水，潜江受其害。

嘉庆二十一年（1816年），秋，江陵黄灵垱长江堤决，潜江西南被淹。监利南北垸水灾。

嘉庆二十二年（1817年），七月襄水大涨，潜江东墩垸堤溃，潜、沔被淹。

嘉庆二十四年（1819年），潜江东荆河右岸舒家榨堤溃。

道光元年（1821年），秋，潜江大水。监利武家口堤溃决。

道光二年（1822年），六月江水泛溢，堤决江陵郝穴下新闸，监利北垸大水。

道光三年（1823年），长江大水，江陵郝穴堤复决。

道光四年（1824年），监利大水。潜江东荆河右岸长湖垸龚家埠堤溃。

道光五年（1825年），六月江、汉发大水，江陵万城下岗林脑月堤漫溃百余丈，监利北垸水灾，潜江西南部被淹。襄河大水，潜江东荆河凡家窑堤溃。

道光六年（1826年），江陵逍遥湖、文村下吴家堤溃，民多溺死。东荆河郑家蒲垸朱家湾堤溃。

道光七年（1827年），夏，长江大水，江陵吴家湾、蒋家埠堤决。监利大子口堤溃，潜江红花等垸受淹。

道光八年（1828年），江陵万城堤决600余丈。监利南、北垸水灾。潜江汉江右岸蚌湖堤、东荆河右岸诸家场堵溃。

道光九年（1829年），监利北垸水灾。潜江蚌湖堤复溃。

道光十年（1830年），五月长江大水，沙市堤、监利艾家渊堤、盂兰渊堤溃。

道光十一年（1831年），江汉大水，六至七月，监利阴雨20余日，白螺矶堤段溃口，饿死者大半，潜江东荆河右岸长形垸堤溃。

道光十二年（1832年），夏，长江大水，监利江溢堤决。襄北大水，沔阳大水。

道光十三年（1833年），夏，江水决于万城，郢城东数百里茫然巨浸，户遍逃亡。沔大水。

道光十四年（1834年），襄河水涨，潜江大水。

道光十五年（1835年），秋，沔、潜等县153垸受灾，潜江义丰垸堤、岗家拐堤、韩家湾、许家场堤溃。

道光十六年（1836年），监利上汛朱三弓堤，东荆河杨林关堤决，南北垸水灾，汉江潜江谢家湾堤、长一垸堤决。

道光十七年（1837年），潜江东墩垸堤决，六月，东荆河莲花寺堤溃、汉江右岸义丰垸堤溃。

道光十八年（1838年），潜江张家祠堤溃。

道光十九年（1839年），监利上汛官六弓、王家港、九弓月堤决。朱河汛沙城堤、铁翁九堤、何家埠头堤决。汉江大水，潜江朱家横堤、陶家潭堤溃。东荆河潜江深河潭堤、赵家湾堤溃。沔阳大水。

道光二十年（1840年），监利北垸水灾，潜江高家拐、张截港堤复溃。

道光二十一年（1841年），春夏淫雨，五月水涨，田庐淹没，监利北垸水灾，白螺汛界牌上堤溃。

道光二十二年（1842年），五月江陵张家场江堤溃，大水灌城，西门外冲成潭，卸甲山及白马垸城崩。越数日，文村堤溃，上姚头埠堤溃，监利、江陵等28处水灾。潜江汉堤高家拐堤决，东荆河梅家嘴、芦家滩、张家拐、周家竹林、黄獐工等堤俱溃，狮子脑（今名狮子垴）堤溃，沔阳朱麻等垸被淹。

道光二十三年（1843年）秋，荆江大水，江陵李埠堤、阴湘堤、周店堤溃决口。秋，潜江鄢家集汉堤溃，潜江东荆河索埠垸邓宅旁堤、永丰堤、狮子垴堤溃。

道光二十四年（1844 年），七月，江陵大水，李家埠堤溃，万城堤溢，荆州城圮、西门冲成潭。监利螺山崔家堤溃。

道光二十五年（1845 年），江陵李埠堤复溃。潜江西南被淹。

道光二十六年（1846 年），潜江高家拐汉堤决，东荆河狮子脑堤复溃，沔阳汉堤铁匠湾漫溢溃决。

道光二十七年（1847 年），秋，襄河两岸及东荆河溃口甚多，岁大饥，民溺毙无数。

道光二十八年（1848 年），江陵大水，荆属堤尽决，五月，监利昼夜大雨，江水平堤，十八弓堤皆溃。上汛麻布拐，中汛八十工、高子渊，朱河汛瓦子垸、保安月堤、根马头堤、薛家潭堤俱溃，淹没田庐甚众。潜江东荆河魏家拐堤决，沔阳春淫雨，夏大水。

道光二十九年（1849 年），二至七月淫雨，江汉水大涨，荆州府属堤尽溃，江陵大水，阴湘堤溃，监利上汛麻布拐、中汛八十工、高子渊堤溃，朱河汛竹庄河、薛家潭下新挽垸堤俱溃；白螺汛自青泥垸起共溃大小 28 口，中东湾堤决，淹没百余家。沔阳大水，江溢，五月初，大风，波涛震涌，民舍多没，东门城圮、城内行舟。

道光三十年（1850 年），监利天老渊江堤溃，江陵龙王庙堤决。潜江东荆河团湖垸严宅傍堤复溃。

咸丰元年（1851 年），五至六月，大雨连旬，江汉湖河并涨，以致大部分民垸被水淹。江陵、监利民堤亦多漫决，江陵十江埠堤决。夏，潜江汉堤泽口堤溃，沔阳大水，潜江东荆河南耳垸堤、杜家渊堤、蒋家拐堤决。

咸丰二年（1852 年），江陵三节工溃，汉堤潜江张截港、高家拐、杨家月堤溃。

咸丰三年（1853 年），五月、六月，江湖并涨，江陵、监利等县被淹。

咸丰四年（1854 年），监利新毛渊江堤决，潜江东荆河方台堤溃。

咸丰五年（1855 年），京山汉堤吕家潭堤决，淹及潜江。

咸丰六年（1856 年），监利大旱，蝗灾甚重。

咸丰七年（1857 年），秋，监利子贝渊堤溃，沔阳、潜江受灾。江陵亦大水。

咸丰八年（1858 年），潜江东荆河孙家剅堤、深河潭堤决，沔阳四月大雨，城中水深数尺，监利、江陵大水。

咸丰九年（1859 年），监利螺山上张家峰、双龙港堤溃，下垸水灾。夏，潜江深河潭堤复溃，黄汉堤溃。

咸丰十年（1860 年），江陵大水，万城堤决，监利龙潭下永兴渊堤决。夏，沔阳江水溃堤，潜江泽口堤溃。

咸丰十一年（1861 年），江陵饶二工决，监利水连续 8 年。潜江荷叶潭汉堤溃。

同治元年（1862 年），八月，监利杨林关堤溃，东南乡被淹，沔南及潜江东南部受灾，潜江东荆河木头垸、石家拐、黄口彭宅傍堤决。

同治二年（1863 年），闰八月，潜江熊家台东荆河堤决。

同治三年（1864 年），监利预备堤溃，东荆河牌楼渊至新沟嘴堤溃达 28 处，沔阳受灾，潜江熊家台堤复溃。

同治四年（1865 年），监利杨林关堤溃，冲断沔阳潘坝部堤，朱麻、通成破垸成河。

同治五年（1866 年），监利何家埠堤决，潜江沙月堤复溃，夏，沔阳大水，江堤之三总、九总、十三总皆溃，民多流亡。

同治六年（1867 年），五月，潜江高家拐汉堤决。八月，汉水骤涨，潜江朱家湾堤溃，沔阳大水，坏庐舍、垸堤、害稼。

同治七年（1868 年），襄北大水，复汉溢，沔阳大水，潜江沙月堤、沙洋关庙堤溃。

同治八年（1869 年），荆江两岸堤多溃，监利县属余家埠，北六丘堤决，张家峰等 148 垸被水成灾。潜江泽口内梁滩吴宅傍汉堤冲溃一口（名吴家改口），东荆河沙月堤、边家剅、深河潭堤溃，夏，沔阳江堤乌林、八总、李家埠头、汉堤欧阳湾、白家脑、马骨垸并溃全垸受灾。

同治九年（1870年），夏，江汉并溢，监利县属邹码头，引港、螺山等处堤溃，沙城等158垸被水成灾，沔阳峰口以下诸垸尽溃，宏恩江堤决。襄北大水，潜江东荆河深河潭、孙家剅、沙月堤俱溃。

同治十年（1871年），江陵戴家场江堤溃。秋，淫雨、潜江深河潭复溃。

同治十一年（1872年），秋，潜江深河潭堤决，沔阳大水。

同治十三年（1874年）五月，江陵大水，秋，潜江大水，护城西堤赵家潭堤溃，城中水深丈余。

光绪元年（1875年），江陵高家渊江堤溃，监利扬子垸堤决，潜江团湖等垸被淹，东岳庙堤崩溃500米，沔阳全部受灾。

光绪二年（1876年），五月监利东荆河沙矶头堤溃，潜邑团湖等垸复被淹；秋，沔阳汉新堤淤垸溃。

光绪三年（1877年），潜江汉江两岸、东荆河东岸堤溃3处。

光绪四年（1878年，）夏，沔阳淫雨，大水，江汉堤并溃，秋大雨，荆州各县均遭水灾。潜江汉堤吴家改口，杨湖垸堤亦溃，东荆河深河潭、丁家月、直西垸、边江垸堤俱溃。

光绪六年（1880年），潜江汉堤高家拐溃，襄北受灾。六月，沔阳大雨冰雹，屋瓦皆碎，田庐多坏。

光绪七年（1881年），六月潜江东荆河杨家滩堤、蒋家湾堤决，潜、沔200余垸被淹。

光绪八年（1882年），八至九月，淫雨连绵，江陵中襄河堤丫角庙漫溢。

光绪九年（1883年），沔阳朱麻等155处民垸成灾。

光绪十年（1884年），荆州大水，城东门外堤溃。沔阳西南大水。

光绪十一年（1885年），四至五月，大雨，民大饥，沔阳西南大水，潜江东荆河花土地、刘家月堤、邓家月堤、直路河（原属江陵）、黎家垸、都家垸漫溃。

光绪十二年（1886年），夏，沔阳、潜江大水。

光绪十三年（1887年），春，淫雨，夏秋大水，江襄盛涨，沔阳江堤溃于大木林，汉堤溃于禹王宫，汇成巨浸，监利被灾，潜江东荆河两岸王家月堤、花土地堤、鞠家滩堤、许家月堤俱溃。滨河数百垸民多逃亡。

光绪十四年（1888年），六月汉水暴涨，潜江鞠家滩堤复决，冲溃沔阳陶横堤，沔阳宏恩江堤决。八月，潜江熊家河外垸溃口百丈。

光绪十五年（1889年），夏、秋两汛，江河并涨，八月以后，又复大雨兼旬，水势日盛，荆州各府俱遭水淹。监利大水。

光绪十六年（1890年），监利东荆河罗家月堤溃口20余丈，潜江东荆河佛堂庙堤决50丈。

光绪十七年（1891年），荆州大水，七月沔阳汉堤潭洲堤溃决，境内西北受灾。襄北诸县大水，潜江县东荆河舒家榨堤、郑家月堤决。

光绪十八年（1892年），荆州大水。潜江新泗港（今属天门）泽口汉堤溃，天门水，潜江东荆河樊家窑堤决。

光绪十九年（1893年），六月潜江邱家拐堤决。

光绪二十年（1894年），监利东荆河堤新河口溃长20丈，沔阳水，潜江东荆河樊家湾堤漫溃30丈。

光绪二十一年（1895年），江陵中襄河堤溃，五月监利东荆河张家渊堤溃决46丈，荆门汉堤田家湾漫溢溃决，江、荆、潜、监、沔5县受灾。潜江吴家湾、狗腿子湾、泗港堤俱溃，东荆河彭家月堤溃33丈。

光绪二十二年（1896年），江陵高罗湾堤决，中襄河堤复溃，监利大水。五月，东荆河张家渊堤崩溃 48 丈。沙洋毛家港堤溃口 50 丈，江、荆、潜、监、沔 5 邑受灾。

光绪二十三年（1897 年），荆州大水，灾及潜江。

光绪二十四年（1898 年），荆州大水、监利大灾，潜江袁家月汉堤和东荆河龚家湾堤决。

光绪二十五年（1899 年），沔阳夏秋汛猛，川襄并涨，周老湖等 88 处官垸、田地概被淹没。7 月潜江东荆河两岸龚家湾堤、石家窑堤、李家月堤俱溃。

光绪二十七年（1901 年），江汉水溢，监利两岸坏堤防甚众，沔阳东荆河刘家沟堤溃。

光绪二十八年（1902 年），监利东荆河严小垸堤溃长 18 丈，潜江东荆河两岸许家月堤、关木岭堤、大慈阁堤、周家湾堤俱溃，孙家潭汉堤亦决。

光绪二十九年（1903 年），监利东荆河九儿湾堤溃长 105 丈。五月，潜江大慈阁堤、永丰垸堤溃。

光绪三十年（1904 年），潜江东荆河中台堤决。八月监利东荆河陈家渊堤溃。

光绪三十一年（1905 年），潜江东荆河中台堤、马颈项堤、狮子垴堤决，监利陈家渊堤复溃。

光绪三十二年（1906 年），六月潜江东荆河隗家泓堤漫溃 560 丈，棉条湾（原属江陵）堤退挽后，老堤崩溃，将新堤冲倒 53 丈。独佛庵堤决。

光绪三十三年（1907 年），荆州大水。三月江陵山洪决堤，淹没庐舍无算。监利大水成灾，潜江汉江左岸罗汉寺堤崩溃 230 丈，潜江东荆河河两岸棉条湾堤、马家月堤、颜家台台堤俱溃。沔阳大水。

光绪三十四年（1908 年），荆州大水。监利东荆河韩家月堤溃。6 月 29 日，潜江袁家月汉堤漫溃 500 丈，江、荆、监、潜、沔 5 县受灾。潜江东荆河棉条湾堤、剅堤月堤决，沔阳东荆河金家渡砖剅翻溃致灾。

宣统元年（1909），滨江各县大水为灾，各属堤防溃口甚众。江陵、监利等县漂没田庐人畜无算。5 月夏秋汉水两汛，沙洋堤溃，襄水灌入下游，江、荆、监、潜、沔 5 邑受灾。监利河龙庙堤决，东荆河义和场堤溃口，沔阳肖家嘴汉堤决，潜江东荆河马家拐堤决。

宣统二年（1910 年），五月连日大雨，江、襄并涨，潜江东荆河枯树湾堤、关木岭堤、蔡土地堤、马家拐堤、双合口堤、天井剅堤俱溃。监利双湖口、丁家月等 5 处民堤漫溃。

宣统三年（1911 年），六月潜江保发寺堤决，带淹沔阳西部。同月，东荆河汪家剅堤溃口 333 丈，7 月双合口堤溃口 33 丈，沔阳新堤下游 8 里之楚屯垸堤溃。

民 国 时 期

民国元年（1912 年），汉江大水。潜江保安支堤决，荆左天井剅、牧童山和荆右汪家剅、丁家滩堤决。洪湖江堤新堤、上新家码头溃口宽约 600 米。沙洋堤溃决 300 余丈。

民国二年（1913 年），潜江保安支堤决，潜江沙月子、鞠家滩和一家台等处东荆河堤决。

民国三年（1914 年），七月监利田家月大堤决。天门邱家拐堤决。潜江受灾。

民国四年（1915 年），潜江荆左朱家月、永坚坝堤决，监利麦雨兼旬，田地被淹。

民国五年（1916 年），六月襄河水涨，监利东荆河冯家渊堤决。

民国六年（1917 年），夏，淫雨兼旬，川湘各河同时暴涨，濒临江襄等处，堤防多被冲破，四湖流域各县全部受灾。

民国七年（1918 年），入夏后，大雨如注，江河泛涨，沿江各县多受水患。六月二十九日，监利冯家渊堤腰穿漏，江水淹没大片农田。

民国八年（1919 年），夏，淫雨为灾，荆门山洪暴发，上游诸水齐汇鄂江，四湖流域被水成灾。田什物尽付洪涛，灾民数十万。

民国九年（1920 年），八月监利东荆河冯家渊堤决受灾。

民国十年（1921 年），春夏之交，山洪暴发，监利东荆河黄家渊溃口长 460 米，田庐悉成泽国。

下游各县均受其害。

民国十三年（1924 年），七月淫雨连绵，山洪暴发，襄河沿河堤垸，溃决甚多。

民国十四年（1925 年），五月汉江汛涨，江陵中襄河堤决。六月十七日，潜江简家湾堤溃，灾及监利、沔阳等县。

民国十五年（1926 年），夏，江水奇涨。江陵中襄河堤决。七月监利上车湾陶春巷溃决，全县被淹 2/3。

民国十七年（1928 年），江陵、潜江、监利天旱无雨，水田龟裂，收获不及 3 成。监利陈黄、新太、城中、窑南、周老、分盐、新沟、东荆河、北埠集等区，迭遭奇旱。夏、秋未登一粒。室家空如磬悬，赤地数百里，憔悴 30 万家，斗米 7 文，糠秕已尽，斤菜倍价，草木无芽。

民国十八年（1929 年），夏，襄水泛涨，潜江孙家拐堤六月二十九日溃决，口宽百余米，被淹区下至监利，上贯潜城，达 5 县之多。

民国十九年（1930 年），东荆河右岸田关等处溃口，淹江陵，监利六月二十九日荆右田关、打锣场堤决，江陵、沙市受尽其害，部分地区尽成泽国。

民国二十年（1931 年），江、汉两岸及各内港支流，所有官堤、民堤、十九非漫即溃，庐舍荡折，禾苗尽淹，江汉平原一片汪洋，四湖流域无县不受灾，受灾面积 6470 平方千米，受灾农田 385 万亩，死亡近 2 万人。

民国二十一年（1932 年），监利东荆河严小垸堤决。

民国二十二年（1933 年），江汉平原入夏以来，淫雨绵延，江汉暴涨，山洪内冲，江水外灌，四湖垸内多处堤防溃决。江陵、监利、沔阳受灾。

民国二十三年（1934 年），汉江大水，五月荆右赵家月堤溃口，汉右蚌湖、脚猪头堤溃。

民国二十四年（1935 年），七月江汉暴涨，多处堤段溃口。荆江大堤江陵麻布拐堤溃决，洪水横溢数百里，泛溢数县，江汉平原悉成泽国，四湖流域全部受灾，受灾农田 418.7 万亩，受灾人口 25 万人，死亡近 3 万人。

民国二十五年（1936 年），春，荆门河水为灾，麦场未登、钟祥遥堤四工段溃口。七月六日复溃，灾及天门、潜江。潜江汪永剅堤决。

民国二十六年（1937 年），江汉平原入夏以来，江襄迭涨，水势猛涌，七月江陵阴湘堤、耀新场、突起洲相继溃口，受灾 12 万亩。七至八月潜江汉右家靖、新丰、饶家月、五支角、东荆河胡家场、下马拐、萧家月、许家月堤决。

民国二十七年（1938 年），江陵、监利、潜江、沔阳因阴雨不止，漫溢成灾，有的因河水内灌沟港被淤成灾。

民国二十八年（1939 年），七月潜江汪家剅堤决。

民国二十九年（1940 年），潜江五支角、王家剅、饶小垸堤决。

民国三十年（1941 年），天门汉堤鼓家岭溃 8 处，下游 6 县受灾，潜江五支角决 3 次，汪家剅堤决 2 次。

民国三十一年（1942 年），江陵龙洲垸堤溃。五月中旬，监利大雨倾盆，数日乃止，禾苗受损甚巨。

民国三十二年（1943 年），潜江七月十八日朱家月堤决、监利亦溃田无数。

民国三十三年（1944 年），秋，潜江汪家剅、彭家月及监利秦家月堤决。

民国三十四年（1945 年），潜江护城堤、刘公剅等处决口，监利秦家月堤溃口，牵连监利潜江两县，几至淹没殆尽。

民国三十五年（1946 年）七月初，江陵龙洲下垸、定兴垸溃。八月洪水泛滥，民堤多毁，受灾 26 万亩。监利东荆河黄家湾堤溃口，淹田万余亩，秦家月堤溃口，淹及沔田 20 万亩以上。

民国三十六年（1947 年），荆州自七月一日起阴雨不止，五日午后至六日午前，狂风暴雨，此后更阴雨连绵，洪水横流，泛溢无际。江陵七月十日东荆河北堤万家行溃口，八月五日民堤张家榨一段溃口，淹田 5000 余亩。

民国三十七年（1948 年），湖北大雨，以沔阳为最重，受灾面积 129 万亩。江陵七月十日大雨，二十一至二十二日龙洲、谢古等 6 垸溃口，受灾面积 34 万亩；监利肖家台、赵家台垸堤溢溃，谭马五垸均成泽国。

民国三十八年（1949 年），江陵谢古垸、龙洲垸、张家大路堤溃，淹田 35.4 万亩。

第五章　堤　垸　洲　滩

　　四湖流域在历史上为古云梦泽，随着古云梦泽淤塞解体，慢慢由水成陆，周八九百里的泽国演变成江汉群湖，再逐步围垦成农田。四湖流域的开发历史，实际上是一种水陆置换的演变过程。运用工程措施垦田，在四湖流域由来已久。人们为获得耕种土地，先垦田，当受到洪水威胁时，便筑堤保护。也有先筑堤而后垦田的。凡依靠堤防保护的范围称之为"垸"。堤垸的称呼历来并不统一，有的地方叫"垸"，有的地方叫"围"，也有的合称叫"围垸"。洞庭湖地区有的地方叫"障"，长江下游地区则叫"圩"。不过，江汉平原都叫"垸"。"垸"的概念和称谓，为两湖平原所特有。

　　四湖流域所习称的"垸田"，即是沿河道筑堤围田。明嘉靖《沔阳志·卷8·河防》谓"沔（四湖下区）居泽中，地势低下，江溢则没东南，汉溢则没西北，江汉并溢则洞庭沔湖汇为巨壑。故民田必因地势高下，修堤防障之，大者在广数十里，小者十余里，谓之垸。"清乾隆《湖北安郧道水利集案》卷下《禀制宪晏各属水利岁修事例》称："自京山以下，次潜江、次天门、次沔阳，地形愈洼，众水汇归，南北两岸夹河筑堤。其州县民人纠约邻伴，自行筑堤悍水保护田庐，谓之'垸'，各垸之田，少则数百亩、千余亩，亦多万余亩者。"因此，所谓垸田，就是四周以堤防环绕，有效防御洪涝灾害，同时具备排灌工程设施的高产水利田（《两湖平原开发起源》）。

　　据考古发掘，四湖流域早在四五千年前就开始种植水稻。两晋以前，长江、汉水的水位比较稳定，淤溢幅度的变化较小，根据《洞庭湖洪涝治理的探讨》一文指出："荆江水位在近5000年以来已上升13.60米，上升过程分为3个阶段，即：新石器时代，历时约2300年，为相对稳定阶段，上升幅度为0.20米；汉至宋元时代，历时约1400年，为由慢到快阶段，上升幅度为2.30米；宋元至新中国成立初期，历时约800年，为急剧上升阶段，上升幅度达11.10米，上升率为每年1.39厘米，其中1903—1961年的59年间，沙市水位上升1.85米，上升率为每年3.19厘米。"因此，在唐以前洪水对四湖流域的威胁并不是一个很严重的问题。人们只是在已经露出水面的高地上进行耕种。旱田主要是种粟子、高粱、玉米、大豆之类的作物；水稻有种叫"撒谷"的品种（这种稻谷一直到1960年时才消失），只要土地湿润，每年7月可以直播，生长期为几十天，靠雨水滋润，每亩可收100～150千克。在有水的地方也可种"青黏"（迟熟深水稻），一般亩产也有150千克左右。它的特性是可以"泅水生长"，稻谷可在水深0.6～0.8米的水田生长，很适应低洼地栽种。据宁可《汉代农业生产漫谈》一文介绍："我国汉代，粮食亩产70千克，每个劳动力年产粮食约1000千克，全国每人每年占有粮食320千克。"正是这种粗放落后的耕作方式和广种薄收的雨水农业，以及地广人稀，劳动力缺少的情况，人们还没有向湖泊深处垦殖，故只有"堤防湖浦"的简单记载。

　　汉以后，特别是三国时期，荆州已成为全国的军事重镇，加之北方战乱频繁，导致了历史上第一次大规模地由北方向长江流域移民。虽然此时移民的重要地区是长江下游地区，但地处长江中游的四湖流域也不可避免地受到影响，从这个时期江陵境内大量设置侨县安置侨民就可看出端倪。北方人力资源和较先进农业生产技术南移，从而给四湖流域经济、文化发展带来极好的机遇。

　　两晋时期，晋武帝推广"广田积谷"的政策，都督荆州诸军事羊祜利用边境暂时的稳定，采取减免其赋税的政策鼓励人们发展生产，以戍卒垦荒屯田补充军需减轻民众的负担，这是四湖流域最早有文字记载的"屯田"举措。经此后几十年的发展，四湖流域经济已开始繁荣，农业兴盛，人口增加，城镇增多，洪涝灾害也日益严重。为保护江陵城和周边农业生产免受水灾，于是东晋桓温始有培筑江堤之举。它除防洪外，还有军事防守作用。

四湖流域的垸、堤、湖有着密不可分的联系，首先是由水升陆，由陆垦田，有田则须筑堤防洪，堤溃则又由陆成湖。四湖流域的民众首先在淤高的河滩湖洲上撒播稻种，据考古发掘，四湖流域水稻种植史已有 5000 年。到汉代有"稻饭羹鱼""火耕水耨"的记载。至魏晋南北朝，江汉洪水升高，为保住农田就必须修筑堤垸。这样就形成一个一个的民垸，再将无数个民垸临江的一面加高培厚连成一线，这样便出现堤防。但由于洪水不断升高，堤防无力抗御洪水则出现溃决，导致低洼农田积水成湖，或江河水道裁直淤塞成湖。

第一节 堤 防

一、堤防的肇始与发展

四湖流域本为古云梦泽，长江和汉水所携泥沙大量在此淤积，经过长时期的积累慢慢形成湖泊三角洲，并在三角洲上发育出许多分汊水系。这其中较为著名的有夏水、扬水、中夏水、子夏水、鹤水、夏扬水、涌水等。这些分汊水系就是一条条冲击性平原河道，而荆江就是其中最主要的一条。

据资料显示，四湖流域堤防修筑最早的记载有"北海"堤防的修筑。北海起源于三国时期，东吴孙皓时（264 年），陆抗令江陵督张咸作大堤，引沮漳水入江陵以北低洼地，壅水抗魏，称为"北海"[《读史方舆纪要》（卷 78·湖广四）]。此段堤出发点主要是用于军事需要。

魏晋南北朝以前，四湖流域人口较少，水域面积广阔，每当洪水来袭，直接流入湖群调蓄，洪水过程不甚明呈。魏晋南北朝时期，一方面由于北方战事频繁，大量北方豪门及民众为躲避战乱而逃居南方；另一方面也由于江汉之水挟带泥沙的不断淤积，江汉群湖逐渐淤高，为人们定居和垦荒提供条件，其人口日益增加，城镇日益增多，经济更加繁荣。东晋永和年间（345—356 年），桓温任荆州刺史，府治居江陵城，便开始修筑城外的堤防。据最早记载修筑江堤的《水经注》称："江陵城地东南倾，故缘以金堤，自灵溪始，桓温令陈遵监造。遵善于方功，使人打鼓远听之，知地势高下，依旁创筑，略无差也。"据《晋书·桓温传》载：东晋永和年间，桓温任荆州刺史，都督荆州诸军事，驻兵江陵、以江水对城威胁甚大，命陈遵自江陵城西灵溪起，沿城筑堤防水。桓温修筑这段堤曰"金堤"，史学界一致认为这便是荆江大堤的肇始。清光绪五年（1879 年），荆州知府倪文蔚作《荆州万城堤铭》："唯荆有堤，自桓宣武（即桓温），盘折蜿蜒，二百里许，培土增高，绸缪桑土，障川东之，永固吾圉"。然据《荆江堤防志》考证：荆州万城堤初期，实际两段，各长三里有余。陈遵所修金堤实则在荆州城西门约 5 千米的秘师桥附近，其堤线走向是自今荆州城西偏北经太晖观，再由荆州城西门外绕城南，经老南门外西堤街、东堤街、向东至"张飞一担土"（在荆州古城公安门护城河东岸，传说张飞守公安县时，闻筑城，即挑土来助，但行至此，城已筑完，便将土就地倒下，即刻化为土丘，今仍在）。其上段其实早已有之，金堤实则或加筑自然堤或联垸并堤修筑而成，加筑堤段显非新筑的统一堤段。

当时陈遵所筑金堤实际只到荆州城东门外，而沙市仍有通江的穴口。

唐代，四湖流域湖泊进一步淤积解体，沙市的分流穴口已逐步淤塞，沙市已成为重要的埠头。诗人元稹在元和五年（810 年）有"阛咽沙头市，玲珑竹岸窗。巴童唱巫峡，海客话神龙。"之吟，足见沙市商业繁盛，已成著名的商业都市。唐敬宗太和四年至六年（830—832 年），段昌文任荆南节度使，主持修建沙市段堤，荆江堤防得以向下游延伸。据清顺治《江陵志余》和乾隆《江陵县志》记载："菩提寺在城东五里，唐建。依古大堤，堤为节度使段文昌所修，又曰段堤寺。"唐代段堤的走向，据 1994 年出版的《沙市水利堤防志》考证："段堤西接晋代金堤，向东沿菩提寺、赶马台、过龙堂寺南（今崇文街）、九十埠（今胜利街），接章华寺堤。"其志还认为在段堤形成之前，唐代初期沙市江堤已是具有一定规模的垸堤，段堤实则对已有民垸堤作一次较大规模的培修。唐代段堤为什么只修至章华台附近，原因是此处有豫章口穴口。《水经·江水注》云："豫章口，夏水所通也，西北有豫章冈，盖因冈而得名矣，或言因楚王豫章台而得名。"

五代时期，分流荆江洪水的豫章口、中夏口相继淤塞。五代后梁时期（907—923年），荆南节度使高季兴，在荆州建立后梁政权，后唐时期受封南平王。高季兴在位期间，先后主持修筑荆江和汉江堤防，为历代重要文献所载。清嘉庆重修《大清一统志》卷345记载："寸金堤，在江陵县西龙山门外，高氏将倪可福筑。"《读史方舆纪要·卷78》载："寸金堤，在（荆州）府城龙山门外，五代时高氏倪可福筑，以悍蜀江激水，谓其坚厚，寸寸如金因名。"清康熙《监利县志》记载："五代后梁南平王高季兴节度荆南，守江陵筑堤防于监利。"明万历《湖广总志》载："位于县（监利）南五里的古堤垸即为当代（五代）所修，赖防水患。"清嘉庆《大清一统志》也载："五代高季兴节度荆南，筑堤以障汉水，自荆门绿麻山至潜江沱埠渊，延亘百三十里，名高氏堤。"高氏堤被尊为汉江及东荆河堤防的肇基之举，其后都是在此基础上加修和延长堤线。至此，江汉堤防已延伸到了四湖中区。

宋代，四湖流域沿江河修筑堤防更盛，其堤线已延伸到四湖下区的洪湖一带。北宋熙宁八年（1075年）荆州太守郑獬筑沙市堤。据《宋史·河渠志》载："沙市据水陆之冲，地本沙渚，当蜀江下游，每遇涨潦奔冲，沙水相荡，摧地动辄数十丈。熙宁中，郑獬作守，请发卒筑堤，自是地志始以沙市名堤矣。"北宋皇祐时期（1049—1053年）监利已"濒江汉筑堤数百里，民恃堤以为业，岁调夫工数十万，县之不足，取之旁县。"（北宋刘颁《彭城集》）至此，四湖流域长江堤防已延伸至洪湖地区。据《沔阳州志》记载：宋神宗熙宁二年（1069年）"令天下兴修水利，（洪湖）江堤始创其基"。

南宋时期，为拒金人南侵，朝廷将江汉平原、洞庭湖平原作为抗金的大后方，是国赋收入、兵食供应的主要基地，大量屯田营田，进而推动沿江汉滨河广筑堤防。绍兴十八年（1148年）筑黄潭（今盐卡一带）堤。乾道四年（1168年），荆南安抚使张孝祥将寸金堤延长20多里，与沙市堤相接。其下游的监利也于南宋时筑车木堤和瓦子湾堤。据清同治《监利县志》载："宋末大水，一夜，大雷雨，明日得雷车毂于其上，邑人循毂迹为堤，即今上车湾。"车木堤位于监利县城东40里，宋时期常有溃决，为堤防要害。车木堤和位于监利县东南80里的瓦子湾堤（观音洲一带）"皆捍江水上流，防洞庭溢，极为要害（清嘉庆《大清一统志》）"。南宋初期，洪湖境内洲滩筑堤围垸兴起，"恃田屯田，向无保固，一经江水涨发，不足抵御，岁岁溃决"。南宋中期，开始"使用驻军，裁堤并垸，分段照料，逐渐筑成江堤"，即长官堤（《洪湖县志》，武汉大学出版社，1992年版）。

元代政府推行任水自流政策，"皇帝即位之初元，诏开江陵路三县古六穴口，从本路清"。（元·林元《重开古穴碑记》），四湖流域重开江陵郝穴，监利尺八穴。穴口一开，江水泛滥，然则修堤之事记之甚少。

明代经过前期的战乱后，江汉平定，人心思治，朝廷提倡"垦田修堤"，又将大批外省籍民众移居两湖平原，几十年间迁数百万之众。人们在四湖流域大量筑堤围垸，培筑江陵、监利、洪湖等县的长江堤防。四湖流域长江堤防自上而下新筑、加培有阴湘城堤、李家埠堤、沙市堤、黄潭堤、杨二月堤、柴纪堤、文村堤、新开堤、黄师堤、车木堤、瓦子湾堤、界牌至水府庙堤等堤段。明成化初期（约1465—1487年），为防止江水冲刷溃堤，荆江堤防黄潭堤段已经用块石砌护外坡。明嘉靖二十一年（1542年）堵郝穴，筑郝堤，荆江大堤上自堆金台，下到拖茅埠，长约124千米堤防形成整体。据清光绪《沔阳州志》记载：明嘉靖四年（1525年）根据按察副使刘士元自"龙渊（监利、沔阳分界之界牌附近）而下凡九区为要衢，宜先举事"的主张，当年春修筑"龙渊、牛埠、竹林、西流、平放、水洪、茅埠、玉沙滨江者为堤，统万有余丈"，嘉靖十年堵筑茅江口。

嘉靖十八至二十一年（1539—1542年）都御史陆杰、金事柯主持增筑江陵、监利、沔阳、公安、石首等县江堤1700余里，至嘉靖三十九年（1560年）"一遭巨浸，各堤防荡洗殆尽"。汛后修复，但旋筑堤崩。四十四年、四十五年两年又接连发生大水，荆州知府赵贤大力兴修沿江堤防，自龙窝岭（约监利堤头）下至白螺矶凡260余里江堤，"尝一修筑"（明万历《湖广总志》）；四十五年（1566年）修江陵、监利等6县江堤五万四千丈，"务期坚厚"，"经三冬，六县堤稍就绪"（《天下郡国利病书》）。隆庆元年（1567年），赵贤创"堤甲法"，派民夫修守，长江北岸7300人，南岸3850人。

万历四年（1576年），沔阳士绅李森然、刘璠等主持堵筑古塘、竹林湾等穴口，并挽修界牌、茅江、王家洲、胡家洲、范家洲、白沙洲、乌林、青山、牛鲁、小林等处堤防共长90千米。万历八年，堵筑监利江堤庞公渡口（古穴口）。

万历四十三年（1615年），沔阳知州郭侨主持加筑黑沙滩（今龙口镇刘家村附近）至玉沙界（今燕窝镇王家村附近）堤防，使长江堤防下延14千米。

在大力修筑南部长江堤防的同时，明代对北部的汉江堤防也进行修筑。自五代后唐南平王高季兴自荆门沙洋至潜江三江口筑"高氏堤"以来，各代历有加修。荆门州堤要害全在沙洋一带，汉水在绿麻口直冲沙洋，旧有堤连接青泥湖、新城镇，由沈家湾至白鹤寺下搭垴至潜江界，凡20余里，惟沙洋堤势独宽厚。据《荆门直隶州志·仙人堤白鹤寺图说》载："仙人堤向系江、潜、监、沔、荆五邑合修于明弘治（1488—1505年）年间。"另据《天下郡国利病书·卷74》载："荆门州堤考略按，州堤防要害全在沙洋镇一带，夫此镇控荆门、江陵、监利、潜江、沔阳五州县之上流。汉水自芦林口直冲沙洋北岸，旧有堤接连青泥湖、新城镇，由沈家湾至白鹤寺下搭垴至潜江界，凡二十余里，惟沙洋堤势独宽厚，军廛居其上。嘉靖二十六（1547年）堤决，汉水直趋江陵龙湾市，而下分为支流者九，以此五州县岁遭湮没。二十八年，承天有司官修筑，议多异同，乃不塞旧决口而退让二百余步中挽一堤，反成水囊，北浪一入，势虽东回，其堤不一岁再决。旧江身渐狭，南北相对只二十余丈。决口东西相对约三百余丈，反为正派，几不可复障而东矣。隆庆元年（1567年）春，始议承天、荆门二府修筑，至二年秋八月告成。北岸自何家嘴至南岸新堤头，长凡四百四十七丈五尺余，阔凡十四丈许，高凡五丈许，当堤心铸二铁牛镇之。此堤筑成，势可永矣。"

清代，四湖流域江堤在明末江堤的基础上多次加高培厚、整险加固，且屡修屡决，并挽筑一部分月堤，基本形成近代长江堤防的形制。

顺治七年（1650年），监利知县蔺完璋主持加修蒲家台（今杨家湾附近）堤，加筑庞公渡口。康熙十九年（1680年）对监利护城堤（今监利城南）进行培修（同治《监利县志》）。康熙二十四年（1685年），由荆南道祖泽保、郡守许廷试主持，同知陈廷策督工，对万城堤实施加筑，历四月告成，加修"自阮家湾（沙市窑湾）至黄潭，杨二月，柴纪堤止，共长一千五百二十八丈有奇"（光绪《荆州府志》）。

雍正五年（1727年），朝廷又"数动帑金"，"以去年水痕为准"，"重点加修黄滩（潭）、祁家、潭子湖、龙工渊等堤"。十一年（1733年）六月，郝穴下十里堤溃，郡守周钟瑄捐赀（注：赀指资、钱财）修筑。十一月兴工，十二年二月告竣。堤长三百一十六丈，面宽四丈，高一丈七尺，约费八千余金。"经过明及前清时期的多次培修加筑，至雍正时期，荆江大堤初具规模，长度有增加，据《荆州府志·万城堤》载："江北大堤自当阳逍遥湖起，至拖茅埠止，抵监利界，共六十五工，长三万二千二百二十五丈。"（约合107.42千米）

乾隆五十三年（1788年）六月二十日，荆江堤防自万城至御路口，决口二十二处，水冲荆州城西门、水津门两路入城，官廨民房倾圮殆尽，仓库积贮漂流一空，水渍丈余，两月方退。兵民淹毙万余，号泣之声，晓夜不辍。登城全活者，露处多日，难苦万状。下乡一带田庐尽被淹没，成千古奇灾。乾隆皇帝派大学士阿桂查办灾情，并发帑金二百万两以为修理堤工石矶城池兵房及抚恤灾民、修补仓谷之用（《湖北通志·卷42》）。当年，调集宜都、德州、随州、襄阳、武昌、京山、应城、松滋、谷城、枝江、远安、钟祥等12州县民工，各由本州县官员带领参与施工。培修江堤标准，"按照当年水痕加高培厚，自得胜台至万城加高二、三、四尺，顶宽四、五、六、七丈不等；自万城至刘家巷加高四、五、六尺，顶宽八丈；由刘家巷至魁星阁加筑土堰高三、四、五尺；自魁星阁至唐剅横堤加筑土堰，高三四尺"。并另建有杨林洲、黑窑厂、观音矶等石矶。全部土方量约388.5万立方米，工程于当年十二月开工，次年二月竣工，这是长江堤防修筑史上一次被皇帝高度关注并多次下诏兴工的大规模工程。当年大水后，朝廷除拨重金修筑堤防外，还委湖广总督及阿桂等人调查灾情及提出解决荆州水患的办法。经调查，重处购长江外洲植苇牟利，激水北趋，导致堤防溃决的萧姓民户；处分时任湖广总督舒常、前任湖广总督李侍尧、湖北巡抚姜晟、荆宜施道沈世焘、江陵知县雷永清等一批官员；颁布荆江堤防岁修条例。对荆州堤防岁修，乾隆上谕："荆州沿江堤防为保护百姓田庐而设，固应动用民力修筑。此次因受灾较重，业经同意动用国库银由官府办理。荆州地方人口众多，若竟归民修，不由政府经办，则百姓谁肯踊跃从事。即使用井田之制，宜古未必宜今。将未修堤所需费用派之于民，由政府办理"（《湖北通志·卷42》）。其后成为荆江堤防岁修定制。

清中期，又多次重修、加修大水溃口后的堤段，相继有杨二月堤、柴纪堤、渔埠头堤等。据《荆州府志》载："嘉庆元年（1796年），江水泛涨，江陵县知县王垂纪修木沉渊溃口一百十七丈，又补还杨二月堤七十二丈"，"署江陵县知县魏耀修（柴纪堤）一百二十丈，又修杨二月堤二百五丈，筑挑水坝一道一百五十丈"。道光二十五年（1845年），上渔埠头漫溃数十丈，知府程伊湄挽筑外月堤一道，并在上下游修筑横堤一道，历时两月。

清代后期，荆江大堤又有新的加筑，相比雍正时增长约23.28千米。据《荆州府志》载："近年增筑千有余丈，上接马山之麓，总计雍正以来通堤共增至三万九千二百一十丈（约合130.70千米）。"江陵荆江堤防时称江陵万城大堤，分六局管理。

《荆州府志·顺江堤》载：同治年间（1862—1875年），监利"江堤上自江陵交界之拖茅埠，至沔阳界埠止，共长六万七千一百九十二丈七尺"（约合224千米），分上、中、下三汛，亦称三乡，清道光十五年（1835年）县府始设土局，县称总局，上、中汛各设1局，下汛设2局，分段管理堤防。

民国时期，荆江堤防培修整险沿用清例，冬勘春修，无有大的兴工。民国初年，以"堤身所在全属江陵，且土费由江陵一县负担"，定名江陵万城大堤。民国七年（1918年），改称荆江大堤，监利长江堤防于民国时期始称长江干堤，废堤工局，实行按田赋正税十分之一征取堤工捐，上解省府，修防事务由省水利局和江汉工程局主持。民国十五年（1926年），洪湖长江堤升为官堤统称长江干堤。民国十六年（1927年）省水利局从堤工捐中列支组设监利上车湾和洪湖宏恩堤工处，负责上车湾堵口和建宏恩矶，叶家洲1号、2号、3号护岸工程。民国十七年（1928年），设三帝庙工程处，整治监利城南崩岸。民国二十年（1931年），四湖流域遭受特大水灾，灾后，国民政府救济水灾委员会在洪湖设第六工赈局，在监利设第七工赈局，同湘鄂西苏维埃政府水利委员会合作，以工代赈，堵筑修复江堤。苏维埃政府派代表3人，工赈局派代表2人，组成堤工委员会，凡筑堤民工工资麦粮支配及工人管理均由苏维埃政府全权代理，工赈局派监工驻白螺、螺山、新堤、龙口、新滩口等地，负责工程技术指导和土方验收，每完成一方堤土发赈麦3.53千克。"由于共区指挥统一，行动迅速，赈麦分配公平，无营私舞弊之事，工程进展快，质量颇佳"（1932年《申报》）。

东荆河堤防是四湖流域北部的一道重要的防洪屏障。自明初始，由于汉江北岸穴口陆续堵塞，汉水南岸水势变猛，使初建之堤屡次溃决。据记载，明弘治五年（1492年）、明正德元年（1506年）、明隆庆元年（1567年）和明万历元年（1573年），汉江南岸潜江境内夜汊堤先后4次溃口。在明万历元年夜汊堤溃口后，湖北巡抚赵贤不予堵筑，并上疏请留缺口，让水止于谢家湾，以杀汉江水势。从此，夜汊河成为汉江分流河道。后在田关又分为二流，向西南流入江陵者，为西荆河；向东南流入沔阳者，为东荆河。

东荆河破垸成河后，两岸乡民又相继依河筑堤防水。明万历二年（1574年），在夜汊河"两岸沿河修筑支堤三千五百丈"。即今泽口至田关一段，是东荆河顺水堤防的首创堤基。嗣后，田关以下两岸堤防日渐增多，且地域愈广、规模愈大。但因旧挽堤垸零星矮小，一到汛期，上遭汉江洪峰冲撞，下受长江江水倒灌，难以抵挡洪水，连年破垸成灾。故在清代，改设水利专官，由州同、县丞主持堤防调整，"捐俸以为之倡"，实行合堤并垸、依河成堤之法，推动东荆河两岸堤防体系的形成。

（一）左岸堤系

左岸自明初始有堤防，除潜江郑浦垸、沱埠垸及边江垸等早期堤垸外，于明万历二年在夜汊河左岸筑有支堤防水，嗣后又续有兴筑。据《楚北水利堤防纪要》载："清道光二十年（1840 年），东荆河左岸自泽口起至官木岭止，堤长八十余里，计一万四千余丈，"是左岸一段较长的顺水堤。

清同治四年（1865 年），东荆河监利杨林关堤溃，洪水直冲沔阳潘家坝堤（北口横堤），破垸成河。杨林关决口因故屡议修筑未果，致使中府河渐次淤塞，水流遂从杨林关改道入沔阳州境，冲毁沿途各垸。后因洪水冲刷水道扩宽，形成东荆河下游主流，时称"冲河"，于是乡民又沿冲河筑堤御水。

据《沔阳州志》记载："清光绪十三年（1887 年），沔阳知州陆佑勤令举人李汉元、拔贡江玉树修护城堤，从大朱王家口起至唐市陶横堤止，绵亘五十余里，民呼'陆公堤。"次年，"沔阳州同唐志夔、庠生田克亮抢修姚老垸险堤，堵死鄢家沟。"自此，东荆河水不再入州河，为堤防连体创造条件。

民国年间，东荆河左堤续有加修。潜江狮子垴至沔阳姚家嘴原无堤防，据《湖北堤防纪要》载："民国三年（1914 年），林家月堤退挽二百六十号。同年，创修监利东荆河左堤，自狮子垴至姚家嘴，堤长四十余里。"是时，"潜江东荆河左堤，自吴家改口上之龙头拐而东，历官洲、郑浦、沱埠、红西、东耳等垸堤段，经八年大修后颇坚"，此段已为一体。又据《沔阳县长闻百之报告》称："民国四年（1915 年），湖北省政府拨钱四十万串，委吕贤笙修筑东荆河之九合垸"，使原为小朱、张浦、杨庄、三角等民垸的王家口至杨树峰堤，先后连为一线。民国二十一年（1932 年），堵筑王家桥和杨树峰支河与时合垸堤相连。至民国二十三年（1934 年），东荆河左堤上起龙头拐下至太阳垴，已连成一线，堤长 138 千米。

（二）右岸堤系

右岸在明初也有堤防，明万历二年在夜汉河"两岸沿河修筑支堤三千五百丈"，是右岸最早的顺水堤防。在清代续有所筑，据《楚北水利堤防纪要》载："清道光二十年（1840 年），东荆河右岸，自周家矶起至许家口（场）止，堤长三十余里，计五千余丈。"到咸丰初年，江陵上与潜江许家口交界，下与潜江三元殿相交，其间已由芦家垸、长泽垸、西望垸等组成堤线，监利境樱桃垸、罗杨垸、赵家垸、梅林垸、灌车垸、隆兴垸、大兴垸、周城垸等垸垸堤结合，使老新口至预备堤堤防连为一体。清同治四年（1865 年），监利杨林关溃口，改道入沔阳州境，清光绪十三年（1887 年），监利挽筑杨林关至北口堤。是时，沔阳州境的府场河皆有堤垸分布，上自童家刿下至花古桥有四喜等八个民垸，堵塞施家港等五处支流河口后，此段河堤已逐渐连体。

民国时期，东荆河右堤继续加修。据《湖北堤防纪要》载："民国六年（1917 年），监（利）潜（江）合挽大月，上起潜江傅家竹林，下迄监利赵家场，计潜江一百三十丈，监利五十三丈。"又据《沔阳县长闻百之报告》："民国十四年（1925 年），湖北省水利局拨钱十万串，委洗景熙修筑东荆河之芦简堤。"民国十六年（1927 年）东荆河右堤已止于郑道湖之白鱼嘴。民国二十年（1931 年）大水，潜江、监利、沔阳所属之东荆河三县堤防皆溃。次年，潜江田关堤退挽 40 余丈，同年又修筑沔阳王河口堤。民国二十三年，江汉工程局补助工款，对潜江梅家嘴、邓家祠、熊家湾、罗杨垸，江陵直路河、棉条湾（今属潜江），监利三元殿至楠木庙，沔阳姚家嘴至太阳垴及高潭口等处进行加修。自此，东荆河右堤上起官家榨下至高潭口，已连成一线，堤长 134 千米。

至民国二十三年，东荆河左右两岸堤防初成体系。民国二十七年（1938 年）7 月，日军入侵武汉，湖北省政府西迁，东荆河沿堤各县成为战区，直到民国三十四年（1945 年）日军投降，东荆河堤屡遭溃决和军工破坏。全堤无法修复。民国三十五年（1946 年）实施石家窑堵口、民国三十六年（1947 年）实施舒家月和邓家祠挽月工程。至 1949 年，东荆河左堤始自潜江泽口龙头拐止于沔阳（今仙桃市）太阳垴，长 138 千米；右堤上起潜江泽口官家榨下止沔阳高潭口（今属洪湖），长 134 千米；两岸总长 272 千米。除右岸田关、左岸梅家嘴以上 27 千米列为官堤，纳入汉江干堤由江汉工程局统一修防外，余下 245 千米皆为民堤，实行民修民防，并无专管机构与专项经费，堤状较差，且疏于日常维护，沿堤杂草丛生、荆棘遍地、獾穴蛇洞、军工民宅，比比皆是。尤其是自此以下，有河无堤，通称泛区，区内水系紊乱、沟河纵横，管理松散、围垸林立，汛期汪洋，汛后湖荒。

二、重点堤防

（一）荆江大堤

荆江大堤位于荆江北岸，环绕四湖流域南部边缘。上起荆州市荆州区枣林岗，下至监利县城南，起止桩号 810＋350～628＋000，全长 182.35 千米，是四湖流域乃至整个江汉平原的防洪屏障。

荆江大堤肇于晋，拓于宋，成于明清，加固于新中国成立后。自东晋永和年间荆江大堤肇基，到 1949 年的 1600 余年间，按堤身留存段面计算，共完成土方 2900 万立方米，石方 23 万立方米，堆金台以下堤净高一般为 12 米左右，祁家渊堤段最高，与地面垂高 16 米。堤顶高程，从万城至柳口为海拔 44.50～40.00 米，堤面宽一般为 4 米，堤坡比为 1：2.5～1：3。民国二十四年（1935 年）沙市最高洪水位为 43.64 米，堤面仅比水面约高 0.6 米。除堤身单薄外，还存在三大险情：堤身内有许多白蚁巢穴、獾洞、坟墓、阴沟、屋基等隐患；堤基渗漏，堤防背水面覆盖层薄的内脚平台和低洼地带，汛期常出现浸漏管涌；江流顶冲淘空堤脚，造成堤岸崩塌垮坡。

荆江大堤自东晋太元年间（376—396 年）起，至民国二十六年（1937 年）的 1500 余年间，有确切记载的溃决有 97 年次。东晋至元代很长一段历史时期，因资料缺少，有记载的仅 6 次。明代历时 277 年，决溢 30 次，平均 9 年多经历 1 次；嘉靖十一年至四十五年（1532—1566 年），34 年内决溢 10 次，平均 3 年多决溢 1 次。清代历时 268 年，决溢 55 次，平均不到 5 年决溢 1 次；康熙元年至五十三年（1662—1714 年）53 年内决溢 12 次，平均 4 年多决溢 1 次；道光二年至三十年（1822—1850 年）28 年内决溢 18 次，几至无年不溃。此外，民国期间（1912—1948 年）亦 6 次溃决。历年溃决留下多处决溢冲成的渊潭或倒口溃迹，有记载的重大溃决地址 87 处。

"荆江大堤的每一次溃决都给四湖流域人民带来深重的灾害。清乾隆五十三年（1788 年）六月，荆江大水，堤自万城到御路口一带溃决 22 处，水冲荆州西门、水津门两路入城，官廨民房倾圮殆尽，仓库积储漂流一空，水渍丈余，两月方退，兵民淹毙万余，号泣之声，晓夜不辍。登城全活者，露处多日，难苦万状，下乡一带，田庐尽被淹没，诚千古奇灾。"（《荆州万城堤志》）

民国二十四年（1935 年），长江流域发生大洪水。据《荆沙水灾写真》等有关史料记载：是年 7 月上旬，三峡区间、清江和沮漳河上游普降大雨、暴雨，连续三昼夜不停。7 月 3—8 日，降雨量超过平均年降雨量的一倍多，致江水陡涨。枝城站洪峰流量达 75200 立方米每秒，沮漳河两河口洪峰流量 5530 立方米每秒，洪水直冲当阳镇头山脚。7 月 4 日，破众志垸、谢古垸，决阴湘城堤；5 日破保障垸，决荆江大堤之横店子，溃决宽 300 米、深 3 米，堆金台与得胜台亦先后漫溃，其中得胜台溃决宽 600 余米；7 日大堤下段之麻布拐又溃决 1200 米。荆州城被水围困，城门上闸，交通断绝，灾民栖身于城墙之上，日晒雨淋，衣食无着。城外水深数丈，沙市便河两岸顿成泽国，草市则全镇灭顶，淹毙者几达 2/3，沙市土城以外亦溺死无数，其幸存者，或攀树巅，或蹲屋顶，或奔高埠，均鹄立水中，延颈待食。此时正值青黄不接，存米告罄，四乡难民凡未死于水者，亦多死于饥，竟见有剖人而食者。此次洪灾波及江、荆、潜、监、沔等 10 余县，致荆北大地陆沉，一片汪洋。江陵县受灾 35.47 万人，淹死 379 人，倒塌房屋 9707 栋。

新中国成立后，荆江大堤被列为国家 1 级堤防，为确保安全，国家投入大量人力、物力，采取加高培厚，改善堤质、巩固堤基，整治崩岸等措施全面建设治理。1952 年，荆江分洪工程开工，在修建荆江分洪区的同时，对荆江大堤实行全面加修。1974 年，荆江大堤按"备战、备荒、为人民"的要求以"三度一填"（即高度、宽度、坡度，填塘固基）标准进行加修。至 2007 年荆江大堤全面加固历时 33 年之久。此后又进行长达 6 年的综合整治，其防洪能力得到较大的提高，安全防御 1998 年、1999 年长江大洪水，保证四湖流域内垸安全。

（二）长江干堤

监利、洪湖长江干堤是监利城南至洪湖新滩口，沿下荆江和城陵矶至新滩口长江河段北岸的堤防，直接保护四湖流域中、下区。监利、洪湖长江干堤历史上虽早有创修记载，但大多为众零星分散自成一体的堤垸，并未形成完整的堤防体系。每届夏秋洪水盛涨、倒灌内注、洪患连年。五代时期，开始培修部分堤段，由上游向下游扩展，特别是经过两宋时期大规模培修，明清时期堵塞穴口并进一步联堤并垸，在清朝中晚期才初步形成整体的堤防。

监利、洪湖长江干堤上起监利城南严家门（桩号 628＋000）与荆江大堤相接，下迄洪湖胡家湾（桩号 398＋000）与东荆河堤相连，全长 230 千米，其中，监利长江干堤长 96.45 千米（内含杨林山 1.45 千米，狮子山 0.34 千米），洪湖长江干堤长 133.55 千米。

监利、洪湖长江干堤自五代后梁（907—923 年）至 1949 年，历时 1000 余年，经宋、元、明、清各朝加修，至民国时期初具规模，但干堤仍低矮破败、隐患丛生、千疮百孔。据 1949 年大水前调查，监利长江干堤堤顶高程 32.50～36.00 米，其中引港 32.77 米，白螺 33.43 米，观音洲 33.48 米，尺八口 34.35 米，莫徐拐 35.75 米，胡码口 35.73 米；洪湖长江干堤堤顶高程为：螺山 32.86 米、新堤 32.33 米、石码头 32.06 米、龙口 31.73 米、大沙 31.04 米、燕窝 30.55 米、新滩口 30.20 米。除堤身低矮单薄外，仅监利长江干堤沿堤建有 25 条街道和百余个村庄；白蚁洞、狗獾蛇洞、坟墓、树蔸及军工战壕比比皆是；沿堤内脚大小渊潭 123 处，顺堤长 43.5 千米；逼临堤脚的崩岸有 4 处，崩线长 18.6 千米；堤身隐患、堤基渗漏、堤岸崩塌三大险情严重威胁堤防安全。每年 5—10 月，长江水位往往高出堤内数米及至十余米，四湖流域民众生命财产系于一堤。

监利长江干堤从明万历三十六年（1608 年）谭家渊溃决至民国二十四年（1935 年）江堤溃决，其间 328 年，长江干堤溃决（漫溢）有具体溃址记载的年份有 37 年次，平均不到 9 年决溢一次。直到 1985 年，经新中国成立后多年的填塘固基施工，沿堤仍存在有沈家渊、贺家渊、黄家渊、李家月、沱湾、何家湾、郭家湾、官家潭、龙家渊、上车湾等多处溃决遗址，可见堤防实际决溢次数远比史料记载为多。

洪湖地处四湖流域下端，其地势最低，地面高程比江陵低 4～6 米，比监利低 2～3 米，历史上每逢荆江左岸堤溃，洪湖必遭灭顶之灾。明朝以后，洪湖长江堤防出现溃决或因上游溃决而受灾的频次日渐密集。明永乐二年至崇祯十三年间（1404—1640 年）溃决 23 次，清顺治十一年至宣统三年间（1654—1911 年）溃决 56 次，民国年间（1912—1949 年）溃决 16 次。

清道光二十九年（1849 年），监利中车湾堤决，千米范围内农田被冲毁，倾没 100 余家；当年薛家潭新挽堤段全溃，白螺矶一线共溃口大小 28 处。同治九年（1870 年），白螺矶贺沈到荆河垴 10 千米堤段同时溃口 9 处，沙城 158 垸被淹没。民国十五年（1926 年）上车湾堤溃，灾及 6 县，人们逃避不及，往往一家数口缚手系足漂尸水面。民国二十年（1931 年），监利长江干堤与荆江大堤接壤处一弓堤、朱三弓堤溃，平地起水 10 尺，监利逃亡人数达 30 万之众。民国二十四年（1935 年），洪湖外洪内涝，江堤多处决溢，死者枕藉。当年 9 月，湖北省水灾救济分会派出的赈救队赴新堤视察灾情，沿途只见洪水滔滔，汪洋一片。"综计视察所及之处，全成泽国、田园屋宇，均浸于水中，沿江灾民，多麇集江堤未溃之处，茅棚栉比，俨同村落，露天居者，占十分之二三，亦有全家老幼居于船上，均数日不得一餐，内河各处，因无堤坝岗陵之故，灾民多在被淹未倒之屋中，架木居住，亦有树上结巢，灾情之惨，实所罕见。"（《申报》1931 年 9 月 18 刊载）

1950 年和 1951 年，党和政府采取"以工代赈"方式修堤救灾，动员广大群众加固长江堤防。1952 年开始，实行按田亩、劳动力合理负担政策，组织上万劳动力，对长江堤防进行大规模的加高培厚、抛石护岸、整险加固、清除隐患等，堤防面貌得到改善。1954 年、1998 年长江两次大水后，先后实施大规模堤防加培整治，堤质堤貌和抗洪能力得到显著改善和提高。

（三）汉江干堤

汉江干堤位于四湖流域北部边缘，自荆门沙洋的绿麻山至潜江的龙头拐，全长 50.313 千米（其中汉江干堤 37.15 千米，东荆河起点堤段 13.163 千米，列入汉江干堤管理），此段堤防虽不长，但其地位却非常重要，如若溃决，建瓴之水，如头贯顶，直泻荆门、荆州、沙市、江陵、潜江、监利、洪湖等地，淹没整个四湖流域。

四湖流域汉江段堤防修筑记载,最早见于五代南平前期(约 907—927 年)之"高氏堤",之后屡经修治,其堤身仍低矮单薄,隐患遍布。据《潜江水利志》(中国水利水电出版社,1997 年版)刊录:清顺治十年至宣统三年(1653—1911 年)的 258 年间,仅潜江境内汉江右堤(含东荆河堤),溃口 83 次,平均约 3 年一次,如若加上长江堤防溃溢洪水淹没的影响,几乎年年淹水。雍正元年(1723 年),汉江右岸骑马堤溃,岁大荒,饿殍遍野。乾隆七年(1742 年)六月,新城以下郑家潭堤溃,荆州城西境顿成泽国,五州县漂流烟户以万计,淹没农田以数万计。民国时期,四湖流域因汉江干堤或东荆河堤溃决,几乎年年成灾。1931 年入夏,长江洪水暴涨,汉江、东荆河堤相继溃决,四湖全流域遭灾。据《潜江县水灾救济报告》称:"潜江水灾甚于沔阳,不亚于黄安。经深入民间,足迹所至,尽属沙洼不毛之地,亦鲜盖藏,民多菜色,转瞬冬荒,尤为可虑。周家矶向为潜邑较繁荣之乡市,现残破不堪,居民稀少,四壁萧然。"

20 世纪 50 年代,荆门、潜江人民在严重的洪灾威胁下,为恢复和发展生产,根据湖北省政府关于以防洪为重点,首先加固堤防的指示,每年冬春组织劳力对汉江干堤进行加固整险、消灭隐患、改善堤质、提高堤身防洪能力。

1964 年汉江大水,新城站来洪量达 20300 立方米每秒、泽口站水位达 42.64 米、东荆河泄洪量 5060 立方米每秒。洪峰经过四湖流域外围汉江干堤时,江水与堤面平齐,全靠抢筑子堤挡水。从 1970 年开始,按湖北省水利厅提出的汉江干堤"三度一填"修筑标准进行综合治理。至 1990 年验收,汉江干堤已达标,堤顶高程普遍超过 1964 年最高水位 1 米,堤面宽 6～10 米,内外坡比 1∶3,内护堤脚宽 20～30 米,外护堤脚宽 30～50 米,内压浸台低于堤顶 6 米,面宽 6 米,基本达到"三度一填"的标准。自 1954 年以来,再未发生堤防溃溢的情况。

(四)东荆河堤

东荆河位于四湖流域北部,上与汉江干堤相接,下与长江干堤相连,构成了四湖流域外围堤防封闭圈。东荆河堤起自零星民垸,始建于明初,发展于明末清初,形成于清末民初,整治兴建于新中国成立以后,已有 600 多年的历史。历经连堤并垸、堵口塞支、加修续筑、延长加固、逐步形成东荆河堤防体系。

1950 年 10 月,东荆河堤经中央批准,被列为国家重要支堤,由湖北省人民政府水利局接管,设东荆河修防处专管机构,从 1950 年冬开始,东荆河堤进入全面整治、延长加固阶段。1955 年,结合兴办洪湖垦殖区,实施洪湖隔堤工程,将东荆河右堤从高潭口延伸至胡家湾,接洪湖长江干堤,延长 56.12 千米,堵绝长江和东荆河洪水向四湖流域倒灌。1963—1966 年春,结合治理汉南(汉江南岸地区)洪涝,又实施沔阳改道隔堤工程(即东荆河下游改道工程),将东荆河左堤从罗家湾延伸至三合垸,接汉阳长江干堤,延长 36.04 千米,堵绝长江和汉江洪水向汉南地区泛滥。尔后,东荆河堤经过退挽、改线、延长及堤段管辖权的调整,东荆河两岸堤长为 344.225 千米(比 1949 年前延长 92.16 千米),其中左堤 171.175 千米,右堤 173.05 千米。除田关以上两岸长 27.069 千米的堤段被列入汉江干堤外,两岸堤防全长 317.156 千米。左堤起自潜江柴家剅,与东荆河进口段相接,止于汉南新沟,与汉南长江干堤相连,长 157.509 千米;右岸始自潜江田关,止于洪湖胡家湾与洪湖长江干堤相连,长 159.647 千米(其中:潜江境长 31.197 千米、监利境长 37.4 千米、洪湖境长 91.05 千米)。从此,东荆河吞吐自如,两岸已构成完整的堤防体系。

1964 年 10 月 10 日,陶朱埠站出现 5050 立方米每秒的洪峰流量,新沟嘴站最高水位 39.09 米,万家坝水位 35.41 米,东荆河堤经受住这次洪水的严峻考验。1968 年,湖北省水利厅规定东荆河堤按防御 1964 年型当地最高水位安全超高 1 米、面宽 5～6 米、内外坡比 1∶3 标准进行加高培厚,填筑堤身内 20～30 米、外 30～50 米平台。持续加修 23 年,至 1991 年经湖北省水利厅检验合格,东荆河堤成为全省达标堤防。

(五)中襄河堤

中襄河堤是四湖流域内垸的一道重要堤防,其堤线沿长湖(古为汉江分流河道)边缘修筑,在清代称襄河堤。此堤线自古并非濒襄河，因襄河（汉江）水逆灌长湖，对长湖水涨落影响最大而得名。民国时期，为别于襄河堤（汉江堤）而称中襄河堤。

中襄河堤始建年代，在历史文献中无明确记载，仅可从长湖的历史演变中得知形成梗概。三国孙皓时（264年）令筑大堤，壅水抗魏，为此堤肇基之始（《荆州府志》）。南宋淳祐四年（1244年），孟珙知江陵府，引沮漳河水经长湖达汉水，"三海通一，土木之工，百七十万"（《荆州府志》）。此时，沙桥门至滕子头堤段形成。清道光年间，中襄河堤向东延伸，成为江陵四十八大垸的重要屏障。《江陵县志》（光绪二年版）记载："洪家垸、雷家垸、诸倪岗、福堂垸、马子垸旧系民工，道光二十年归官估办。"《楚北水利堤防纪要》（清同治四年版）对中襄河堤的起止地段、长度、官堤、民堤地段有如下记载："自头工（沙桥门）起至十一工止，计二十二里，长三千九百六十丈，自陈（滕）子头至观音垱二十里，皆民垸无工"，"自观音垱至昌马垱计七里，长一千二百六十丈，自昌马垱下首起，至孟屯寺止十七里高岗无堤"，"自上五谷垸起至张家场，计四十余里，长七千五百余丈"。

至此，中襄河堤东段从岑河口附近的施家垱起，经张家场、丫角庙、习家口至泗场街北；西段从昌马垱起经观音垱、滕子头、沙桥门至沙市曾家岭，形成半环，全长57千米。

习家口以东到荆门蝴蝶嘴，原仅有小堤埝，长湖一般水位时靠南洲（长湖南岸一个小民垸）的八里台民堤挡水（从潜江樊家场起，沿南洲抵中襄河堤西湾）。中襄河堤拦截荆州、荆门山丘区洪水，对逆灌入长湖的襄水也具有挡水作用，以保护南岸田垸。新中国成立前，中襄河堤堤身低矮、单薄，堤上两人不能并排行走，溃口成灾频繁。民国时期江陵县堤工委员长祝雄武给县政府呈文称："此堤（指中襄河堤）款项陷入危境，堤身日趋废弛，时虞时溃，自前清丙申、丁酉（光绪二十二、二十三年，即1896年、1897年）到民国十四、十五年（1925年、1926年）溃口达十余次，损失财产不下数百万，而尤以十四、十五两年为最惨。"民国时期，中襄河堤共修筑土方一万五千市方（折合公方556立方米）。新中国成立后，中襄河后经改变堤线，加高培厚，成为长湖库堤。

清末和民国时期，中襄河称为北堤，荆江大堤称为南堤，均属江陵县管理。土费征收有南土费、北土费之分，南土费用于荆江大堤的修筑，北土费用于中襄河及东荆河等堤的修筑费用。

清咸丰八年（1858年），抚部院令荆州府江陵县将中襄河堤改民征民修为官督民修。

第二节 民 垸

四湖流域地势低洼，水网密布，农耕发达。早期农田垦而不围，耕种高亢之地，农作物以旱地作物或撒播水稻为主，在汉朝时期，就有"稻饭羹鱼"的美称。后随着生产水平的提高和湖区人口的增加，农业垦殖逐步向低洼之处，乃至湖滨滩地进军，于是"度视地形，筑土作堤、环而不断、内地率有千顷，旱则通水、涝则泄去，故曰围田。据水筑为堤岸，复叠外护，或高至数丈、或曲直不等，长至弥望，每遇霖潦，以捍水势，故名曰圩田。内有沟渎，以通灌溉，其田亦或不下千顷，此又水田之善者"（《农书》卷3）。四湖流域习称的"垸田"和洞庭湖地区所称的"围田"，一般统称为"围垸"，也就是长江下游地区所说的"圩田"，"垸"与"圩"都是指堤岸。因此，所谓"垸田"就是筑围堤、防御洪涝的水田，堤垸是垸田的标志，其功用主要是防御洪水，它是在人类生产活动中逐步形成的，是土地开发与水利工程紧密结合的产物。

一、垸田的兴起

四湖流域的全面开发是随着垸田的兴起而开始的，一部垸田史就是四湖流域围垦河湖从而引起地理地貌显著变化的发展史。

四湖流域在春秋战国时期，古人就开始在泽之高处筑堤防水，以利垦殖。据《长江水利史略》载："这时的人民沿着河滩湖滨修筑零星的堤防，并开垦堤内洼地，出现圩田。长江中游地区开始利用湖泊中隆起的部分，挽堤为垸，扩大耕地，出现垸田。"

另据林承坤、陈钦銮在《下荆江自由河面形成与演变的探讨》(载《地理学报》第 25 卷 2 期)一文中提出:西晋时,"荆江堤垸开始以较大规模地兴建起来"。其理由是荆江堤防的修筑,开始由保护荆州古城转为保护荆州城周围的农田,不然就没有必要修筑长达 10 千米左右的长堤。

1988 年,武汉大学教授石泉、博士张国雄对两湖平原垸田的兴起与发展进行详尽细致的研究,得出的结论是:两湖地区垸田的兴起,大致在南宋晚期,不迟于 13 世纪中期的南宋端平、嘉熙年间(1234—1240 年)。据石泉、张国雄《江汉平原的垸田兴起于何时》(载《中国历史地理论丛》,1988 年)一文介绍:待至蒙古军队大举进攻的严峻形势下,南宋政府为加强长江中游防务,解决大批军队的粮草之急,于是才从军事的需要出发,对江汉平原肥沃而荒闲的大片湖荒地给予日益增多的关注,至此江汉平原的较大规模开发利用,才提上日程。可是由于江汉平原离前线较近,易受骚扰,又由于开发难度较大,在经始之际,尚未取得明显经济效益之时,豪绅地主及自耕农不会贸然投资出力。所以垸田最初只能由政府出资,运用军队,招募农民,发给粮种和农具而兴建。江汉平原垸田之所以最初以屯田形式出现,无疑与当时特定的军事斗争形式及其开发特点有直接的联系。同时,也唯因如此,军队且耕且战,劳动力供应方面虽已有江南多乡百姓扶老携幼远来请佃,但仍未根本解决。这就不能不限制当时垸田的发展规模,在广袤的平原湖区上,新兴的垸田只是刚刚拉开江汉平原全面开发的帷幕。

日本学者森田明在《清代湖广水利灌溉的发展》(载《东方学》20 辑,1960 年)一文中则认为:江汉平原垸田是随着明代江南移民大量迁入长江中游地区而出现的。此前的两宋时期,荆湖南北路荒田甚多,仅仅以屯田形式开发局部地区,整个农业生产水平尚处在粗放经营阶段。

综合以上各家之言,其实已经勾勒出四湖流域垸田发展的大致轮廓。上古时期,今江汉平原为著名的云梦泽,江河孕育其间。其自然景观正如名称含义,形如云渺,神若幻梦,是个十分广袤的水域,"方八九百里,跨江南北"(司马相如《子虚赋》),水漫无津,水落成泽,草木茂盛,种类繁多,为人类提供赖以生存的物质条件。1989 年,考古人员先后在江陵太湖土岗、鸡公山旧石器时代的遗址,出土一批人类生产生活的石器。人们傍水而居,逐水草而生,经常与水打交道。随着岁月的更易,人口的繁衍和沧海桑田的变化,至新石器时代,云梦泽已出现可供垦殖的高产之地,荆州先民的活动范围扩展。迄今为止,四湖流域已发现多处新石器时代的文化遗址,不论是四湖上区、中区还是下区都有分布。在荆州区的郢城、监利的福田寺、洪湖的黄蓬都发掘出至今已有 4000~5000 年的稻壳遗存物,说明在四五千年前就有农耕活动,已有农田的存在。

春秋战国时期,楚都迁郢之后,郢成为政治、经济、军事、文化中心,是一个人口众多、繁华富庶的南方都会。据考古学家估计,郢都城区的人口已达 30 万人,东汉哲学家桓谭在《新论》中说:"楚之郢都,车挂毂,民肩摩,市路相交,号为朝衣新而暮衣弊。"为供应如此规模的都市人口的粮食,按当时的亩产量,需要众多的农田,这足以证明四湖流域在当时就是农业比较发达的地区。公元前 613—前 591 年间,楚庄王任孙叔敖为令尹(令尹为楚国最高行政长官,统军政大权),孙叔敖在任时,政绩卓著,"治楚三年,而楚国霸"(《韩诗外传》卷 2)。孙叔敖治楚的最大功绩是"激沮水作云梦泽"。《史记·河渠书》也记载:"于楚则通渠汉水,云梦之野。"据《湖北通志志余》云:"孙叔敖治荆,陂障源泉,溉灌沃泽,堤防湖浦,以为池沼,则沧桑变易不独今日然也。"孙叔敖的治水之举,这既是有史料记载四湖流域治水活动的发源,同时也说明要满足郢都的粮食供应必须堤防湖浦,扩大耕种面积,宣导川谷,陂障源泉,改善水利条件作为他治政之要。由此看来,四湖流域早在春秋战国时期,就应该有垸田,当为堤垸兴筑之肇端。

秦汉时期,荆州是历代帝王经略南方的重要基地,也是富饶的鱼米之乡。据西汉史学家司马迁在《史记·货殖列传》记载:"江陵故郢都,西通巫巴,东有云梦之饶",又记:"楚越之地,地广人稀,饭稻羹鱼……不待贾而足,地势饶食,无饥馑之患"。东汉史学家班固在《汉书·地理志》中也称:"楚有江汉川泽之饶……民食鱼稻,以渔猎山伐为业,果蓏蠃蛤,食物常足。"西汉初年,朝廷采取无为而治、与民休息的政策,鼓励农耕,荆州社会出现勃勃生机。从保存在荆州博物馆的一束两千多年前的稻穗中，犹可以看见当年农业丰收的景象。

1973 年，考古工作者在江陵（今荆州区）凤凰山 167 号汉墓陶仓里发现一束稻穗，出土时色泽鲜黄，穗、颖、茎和叶的外形完好，籽粒饱满。经鉴定为粳稻，可能是一季晚稻。它的农艺性状和穗长、千粒重、谷粒形状等与现代粳稻相似，每穗的粒数已达到现代品种的一半，这表明汉代水稻的单位面积产量，可能达到现代的一半左右。由此可知，四湖流域在西汉时粮食产量就已经相当高了，这也可推知当时的农田水利条件也比较完善。

在四湖流域最早以戍卒垦荒屯田的是西晋时荆州诸军都督羊祜。264 年，吴国乌程侯孙皓即位称帝后，命陆抗驻汉口，以图襄阳。为此，晋武帝司马炎诏宣羊祜整点军马预备迎敌。出身名门世家的西晋著名军事家羊祜原在京都长安担任内务高官，直到西晋泰始五年（269 年）才受命都督荆州诸军事、坐镇襄阳，致力于灭吴的准备工作。当年，四湖流域处晋、吴两国军事拉锯地带，连年战事不断，百姓流离失所。羊祜到任后，利用边境暂时的稳定，采取减轻税负的政策，鼓励人们发展生产。并把军队分作两半，一半用来执行巡逻戍守的军事任务，一半用来垦荒屯田补充军需，共垦有良田八百余顷。羊祜到任之初，军队连维持一百天的粮食都不够，到后来他所积蓄的粮食可用十年。羊祜还在边境开办学校，安抚远近。他的这些"怀柔"之策，深得民心，东吴军民十分仰慕他的仁政，时有归附。羊祜还同吴国主帅陆抗互通使节、互赠礼物，发展私交，两人结下较深的个人情谊。据《晋阳秋》记载："抗尝遗祜酒，祜饮之不疑。抗有疾，祜馈之药，抗亦推心服之……于是吴、晋之间粮秣田亩而不犯，牛马逸而入境，可宣告而取之。汈上猎，吴获晋人先伤者，皆送而相还。"羊祜的这些做法，使吴人心悦诚服，大家都十分敬重他，而尊称"羊公"。至今还在白鹭湖一带还留传羊祜到此养鹤和观鱼的美谈，白鹭湖也因此而得名。据刘义庆的《世说新语》记述："晋羊祜镇荆州，于江陵泽中得鹤，教其舞动，以乐宴友。"

南朝梁天监元年（502 年），肖憺励精图治，广辟屯田。自唐以后，随着江汉内陆三角洲的进一步扩展，日渐浅平的云梦泽主体基本上消失，大面积的湖泊水体已为星罗棋布的湖沼所代替。此时的唐朝是中国封建社会的鼎盛时期，长江下游地区的农业生产进入一个逐渐兴盛的重要阶段，其经济发达的程度已与黄河流域不相上下，并有超越黄河流域的趋势。地处长江中游地区的四湖流域，农业生产发展虽不及长江下游地区，但在其影响下，农业生产也有了长足的进步。

唐代中央六部中工部设有水部郎中和员外郎，"掌天下川渠，凡舟楫溉灌之利，咸总而举之"。朝廷又颁布法令《水部式》，收录有关灌溉管理的法令条文，要求执行。此处，还有都监的都水使者，具体掌河渠修理和灌溉事宜。每年农田灌溉时节，各州县都特派官员督察，处理辖地农田水利之事。正是由于从中央到地方的各级政府的重视，唐代的农田开垦活动更是兴盛于前朝。唐朝初年，由于战事平息，原蓄水拒敌的北海其军事作用消失，所堰的土地因水渐干涸而被围垦作耕地。但因地势低洼，经常受涝，不能保证庄稼的收成。贞元八年（792 年），荆南节度嗣曹王皋组织人力将古堰决损修缮一番，将原来北海储水的低洼地围起来，以防涝浸，得良田五千顷，"亩收一钟"，地在江陵东北七十里处（据《新唐书·地理志》）。

据《监利县志》（1994 年版）记载："唐宝历元年（825 年），文宗颁布诏书，提供图样，推广水车，县民最早制造木质水车，用于农田排灌。"水车在四湖流域的推广应用，为开垦湖荒、排除渍水提供技术上的条件，从而推动大面积围垦湖荒。五代时期的高季兴在四湖流域沿江汉大规模修筑堤防，据史料记载的就有江陵的寸金堤、监利县城南五里的古堤垸、潜江沿汉江的高氏堤。堤防修筑的兴起，实际上是民垸围田兴盛的标志。

二、宋代屯田

有宋一代，四湖流域修筑堤防更盛。宋熙宁八年（1075 年）荆州太守郑獬筑沙市堤（《宋史·河渠志》），沙市附近的通江穴口被堵，四湖内垸的分蓄洪水减少，给内垸围垦带来便利条件。沙市以下，沿江筑堤，由小垸连成大垸，连成江堤。北宋皇祐时期（1049—1054 年），监利已"濒江汉筑堤数百里，民恃堤以为业，岁调夫工数十万，县之不足，取之旁县"（北宋刘颁《彭城集》），可见当时监利沿江堤防已具一定规模。位于四湖流域下区的洪湖在北宋时期也开始有筑堤的记载，宋熙宁二年（1069 年）"令天下兴修水利，（洪湖）江堤始创其基"（《沔阳州志》）。堤防的修筑实质上是垸田兴盛的必然结果。《宋史·食货上二》载有"自治平（1064 年）后，开垦岁增"。到宋室南渡之初，荆襄一带"沿江两岸沙田圩田顷亩不可胜计"（《宋会要稿·食货二之七》）。宋室南渡之后，北方民众也纷纷随之南迁，两湖平原人口大量增加。史载 20 年间，南方人口增加 70%，"宋以江南之力抗中原之师，荆湖之费旷，兵食常苦不足。于是，有兴事功者出而划荆南留屯之策，保民田而入官，筑江堤以防水，塞南北诸古穴"（林元《重开古穴碑记》载同治《石首县志》卷 7《艺文志》）。

据《宋史·食货上四》记载："绍兴元年（1131 年）知荆南府解潜奏辟宗纲、樊宾措置屯田……渡江后营田盖始于此。"《宋史·食货上四》还记载，荆襄一带，由名将岳飞主持营田，成效卓著，"其后荆州军食仰给，省县官之半焉"。绍兴二十六年（1156 年），吏、户部又号召各路百姓自愿前往湖北请佃官田，并规定"请佃不限顷亩"，"承佃后放免租课五年"，因而吸引大量劳动力来垦官田，使垸田得到顺利发展。至宋理宗嘉熙四年（1240 年），名将孟珙任京西、湖北安抚使兼知江陵府，"珙大兴屯田，调夫筑堰，募民给种，首秭归，尾汉口，为屯二十，为庄百七十，为顷十八万八千二百八十，上屯田始末与所减券食之数，降诏奖谕"。孟珙举持的"荆南留屯"，很大部分田地的开辟是在江汉平原。从元朝至大元年（1308 年）重开的 6 个因南宋屯田而被堵塞的古穴分布在江陵、监利、石首 3 县这点可推论，"荆南留屯"的重点就是四湖流域。受河湖交错地理环境的影响，这些屯田主要是围湖造田。江陵县周围在开禧二年（1206 年）宋金开战时，由荆南北路安抚使知江陵府吴猎修建当时著名的"三海""八柜"，以湖泊与河流相连，组成防御金人南侵江陵府重镇的水工防线（《宋史》卷 379《吴猎传》）。孟珙在荆南大规模开展屯田，使这里的地理面貌发生较大变化。《宋史·孟珙传》记载孟珙于淳祐五年（1245 年）到江陵，登城望见城外北面原作为城防屏障的"三海"地带竟然"沮洳有变为桑田者"，不禁慨叹，感到这样难于抵御蒙古军队入侵江陵。于是又调整水系，引城西的沮漳河转东流经城北，把"三海"连接为一，从而巩固城防（《宋史》卷 421《孟珙传》）。江陵城北沮洳水险逐渐辟为田地的事实，就是南宋后期变湖沼为屯田的一个缩影。对此，《湖广总志》卷 33《水利志》"三江总汇堤防考"条云："至宋，为荆南留屯之计，多将湖渚开垦田亩"。

三、明清时期的垸田

明朝建立之初，四湖流域尚"地广人稀"，明政府推行"移民宽乡"的政策，江西、安徽等地移民大量涌入平原湖区，沿江湖之地"插地为标、插标为业"。嘉靖《沔阳州志》载：明兴，江汉既平，民稍垦田修堤……湖河广深又垸少地旷。成化年间，佃民日益萃聚，闲田隙土，易于购致，稍稍垦，岁月寝久，因攘为少，又湖田未尝税亩，或田连数十里而租不数斛，客民利之，多濒河为堤以自固。至嘉靖年间，（堤）大者轮广数十里，小者十余里，谓之田垸，如是百余区。据《刘氏宗谱·恒产志》载："江西刘氏在明成化年后移至沔阳邑东白公湖，初定居于湖边高地，领其地于官，标杆以为界"；"后因湖沼淤垫增高，乃于万历末年创挽新胜垸，继而扩大到乐耕垸、永丰垸"。《潜江县志》载：明成化年（1465 年）以前，潜江县仅有五乡一坊，湖垸 48 个，至万历年时已有百余垸。《万历湖广总志》载：监利县"田之名垸者，星罗棋布"。顾炎武在《天下郡国利病书》中写道："监利县……还江湖汇注之势，势甚洼下，乡民皆各自筑垸以居……明朝之初，此穴（即赤剥穴）已淹，乃筑天兴、赤射、新兴等二十余垸。潜江县……周广七百二十八里，皆为重湖地，民多各自为垸。"又据同治《监利县志》记载：明万历九年（1581 年）清查土地，监利县共有田地 9852 顷 70 亩 4 分，比正统八年（1443）的 3954 顷 28 亩 1 分增加 5898 顷 42 亩 3 分，其间不过 144 年而增长速度却为 146%。垸田的迅速发展，经济文化上升，人口稠密，城镇日增，"湖广熟，天下足"的民谚在明朝中期开始流传。

垸田的开垦，大致可以分截河和围湖两类。截河是占水道为田，被占垦的河道，有的是平原上的重要河道，荆江"九穴十三口"的消失就是典型的例证。垸田兴起后，人们为防止荆江的洪水泛滥，减轻其向平原湖区的分流量，缓解江河洪水对堤垸的压力，逐渐人为地堵塞荆江两岸的分流穴口。明嘉靖二十一年（1542年），荆江北岸的郝穴被堵塞，从堆金台到拖茅埠长124千米的荆江堤防连成一线。穴口堵塞，荆江洪水不能自由地流入四湖内垸，分流河道也因此废弃，成为不断围垦的对象。围湖可以分为两种形式：第一种形式是筑堤保护湖滨地区已有的田地。它又分初围和再围两种情况。初围，就是首次在这一湖区修筑垸堤阻挡洪水，使已有的耕地得到保护。初围时，只是在周围高地耕种，中间洼地留为湖荒，调蓄垸内渍水。由于江水频年泛滥带来大量泥沙进入湖泊，在湖内淤积而发育出湖滩，于是，人们随淤筑堤，对湖泊实行再度围垦。在垸外湖区易发生湖垸互换。由于湖与垸接受泥沙淤积量的程度不同，造成四湖流域的平原看似一马平川，实际上高中有低、一垸之中周高中低、大平小不平的特殊地貌。第二种形式是在涸水季节，趁湖干土出时开沟筑堤造田。这些湖泊的湖泥厚、土壤黏性重，土质糊烂不实，缺乏坚固的堤基。头年修的垸堤坍塌坐陷严重，沟渠常被湖泥的移动挤压变得窄浅。因此，第二年又要重新垒高加宽堤防，深挖排水沟渠，如此几年之后，堤渠才能达到防洪排渍的要求。即使到这个时候，土地仍不能马上耕种，还需撂荒几年，继续降低地下水位，通过种植芦苇、荞麦、杂草等改变土壤结构。因此，这种垸田从投资动工到垸成受益，所需的时间比其他类型的垸田要长得多，而且会大大缩小河湖水面。

垸田的出现虽扩大农耕面积，促进农业生产进步，但人水争地的矛盾越来越突出，加上当时治水工程不配套，水患呈加剧之势。明代晚期至清代，四湖流域的水患频繁发生。据清同治《监利县志》记载："宋以前，诸穴开通，故江患甚少。"经宋、元、明三代的围田修垸，四湖流域洪涝灾害日趋频繁。

清代，四湖流域的垸田发展规模更大，垸田猛增，至清乾隆二年（1737年），沔阳南北两江大堤腹内，子垸已发展到1393处（含洪湖县、天门县、汉川县），主要民垸216处，属今洪湖市境的有83个，汉川、天门市境的有5个，仙桃市境的有128个（载《沔阳县水利志》）。据光绪六年《荆州府志》载：江陵县民垸已有179垸，还有部分外江私垸。光绪二年《江陵县志》也载有："江湖之间，筑堤为垸，大垸四十八垸，小垸一百余。"清同治《监利县志》记载：监利有堤垸491处，计有上、中、下等田829507亩，其中垸内704540亩。康熙年间，潜江县分11区，共有156垸；乾隆年间，民垸增到164个；至光绪年间，由于江堤常溃，洪水泛滥，少数民垸合并，全县14个区只余民垸154个（载《潜江水利志》，中国水利水电出版社，1997年版）。

清代堤垸不仅在数量上远远超过明代，且在质量上也大有提高。首先，垸堤的规模、高度、厚度都达到新的水平。雍正年间（1723—1735年）发官帑大修各州县围堤，"高厚倍前"，同时对民垸加高培厚起到促进作用；其次，清代民垸发展进一步系统化，功能也趋向完备。

明代所筑围垸见于记载的多只有堤，可以防水。到清代就大不相同，堤上建有刬闸，刬闸又分排水、进水两种。垸内有湖，有沟渠。湖广总督汪志伊亲募小舟对四湖流域水系实地勘察后，主持修建茅江口、福田寺二闸，使数百万亩渍涝田得以改善。

清同治《监利县志》也记载有，"福田寺闸，嘉庆年间建在福田寺里；螺山闸道光年间建，凿山为闸"。清雍正《湖广通志》记述围垸的情况时说："各围垸内出水积水之区，或则有港，或则有塘，或则请建有闸，或则疏通有沟……港则设之涵口，塘则立有刬沟，闸则因时启闭，以资蓄泄，以资灌溉。"基本上形成有防洪堤、间隔堤，防渍堤、调蓄湖、排灌沟渠、刬管等设置，既能防洪排涝，又能灌溉的水利田。加之清代在堤垸修防上建立的制度比明代更为健全，无疑增所有这些，强堤垸抗御自然灾害的能力。因此，在清前期河湖蓄泄关系相对平衡的条件下，四湖流域呈频遭水灾，但仍有移民前来开发并能获得较好的收成。正如清同治《监利县志》记载："壤则卑下，然其饶沃，阳侯（传说中的波涛之神）不怒，收倍旁邑。"四湖流域民间也流传有："沙湖沔阳州，十年九不收，只要有一年收，狗子不吃糯米粥"。

四、民垸变化

由于民垸的发展，是在盲目围湖、争相霸占、以邻为壑、堵支塞口的情况下进行的，因而也带来水患频繁，同时也出现沧海桑田的变化。清道光五年（1825年），"郝穴堤溃，淤十余里"（《江陵县志》光绪版）。当年，盐卡、文村夹、范家渊等处溃口，沙洲淤积十余里，后世所存有的周湖垸、罗王垸、泥湖垸、樊城垸等垸只闻其名，而垸堤则已淤没不见。反之，由于地远淤不能及之三湖、白鹭湖成为低洼之地，沿湖垸田即沦为湖泊。清道光十九年（1839年），长江堤防车湾溃口，加之内荆河子贝渊堤溃，江汉两水汇集，上洪湖与下洪湖连成一体，原两湖之间的数十个大小民垸被浩瀚的湖水淹没。

四湖流域的民垸受洪水淹没的影响，其数量处于一个不稳定的状况。究其原因是江河泛滥洪水成灾的影响，将大量的民垸又重新沦为了湖泊，使得民垸减少；再者就是各民垸如鱼鳞般相连（见图5-1）。垸与垸之间互相侵占，不考虑排水，农民为生产开沟排水，有损垸内地主的利益，地主便从中作梗，操纵宗族势力，不准开挖，造成人为的洪灾。据调查，江陵芦湖垸有3.7万亩农田，由于渍水无路排泄，2/3变为湖荒，这也是民垸减少的另一个原因。

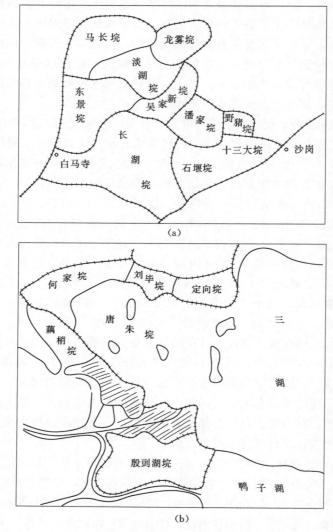

(a)

(b)

图5-1　江陵县白马寺附近局部民垸示意图

民国三十六年（1947年），湖北省水利局勘测队《湖北水利报告》中描述为："泊至近代，因兵燹祸几连年，人口皆多星散，虽垸田如故，而荒芜与年俱增，近湖之垸，新围者少，而塌废者多，其完好如初者，又因渍水淹没，几及大半，人力不足，排除匪易，且也一经荒弛，野草遍地，荆棘丛生，再图开垦，良非易易……是以良田日渐减少，人口愈形星散……而成目前之农村凋疲，地荒人稀之现象。"此外，民国时期，为防御灾害，减轻垸堤修防任务，平原湖区各县开始合堤并垸，小垸通过堵支并流，合堤并垸，被并成较大的民垸。

清朝和民国时期实行自修、自防、自管体制。一垸负责修防事务的为首者，称为垸董、堤董，或称主任，小垸称为堤、垸长，多由垸内的大户或有一定名望的士绅担任，任限不定。新中国成立初期，民垸仍实行修、防自管体制，由受益所在区、乡分管农业的副区长（或生产助理员）、副乡长负责领导修防事务。如遇堤防溃决需要堵复，国家给予适当补助，修建剅闸视工程规模给予适当补助。

至1949年时，四湖流域内垸共有大小民垸913个（另有资料称有民垸678个），其中：江陵县92个，潜江县150个，监利县491个，洪湖县180个，见表5-1。洲滩民垸未计入。

表 5-1 　　　　　　　　　四湖流域中下区民垸统计表（1949年）

县别	编号	垸名	县别	编号	垸名
江陵	1	小白洲垸	江陵	34	同心垸
	2	菱角垸		35	李家垸子
	3	马子湖		36	孙家垸
	4	麻林垸		37	板甲垸
	5	多宝垸		38	王家垸
	6	白渎垸		39	殷剅湖垸
	7	福潭垸		40	黄师垸
	8	菜子垸		41	曾家垸
	9	唐湖垸		42	杨湖垸
	10	鹤湖垸		43	永固垸
	11	莲花垸		44	长形垸
	12	黎湖垸		45	罗王垸
	13	穆家垸		46	西洋垸
	14	郝家垸		47	泥湖垸
	15	广谷垸		48	张家垸
	16	刘毕垸		49	樊城垸
	17	定向垸		50	芦湖垸
	18	周湖垸		51	香草垸
	19	廖湖垸		52	曲圩垸
	20	樊湖垸		53	殷隆新垸
	21	杨家垸		54	六合垸
	22	中心垸		55	宋家甲垸
	23	老均垸		56	马长垸
	24	新垸子		57	龙雾垸
	25	鹅包垸		58	黄姑垸
	26	陈家垸		59	灌湖垸
	27	藕梢垸		60	东景垸
	28	朱郭徐垸		61	吴家新垸
	29	杜家垸		62	长湖垸
	30	窑垸子		63	新兴垸
	31	林章垸		64	孟家垸
	32	四户垸		65	永丰垸
	33	大朱垸		66	千合垸

县别	编号	垸名	县别	编号	垸名
	67	永兴垸		15	皮家垸
	68	和尚垸		16	永昌垸
	69	白湖垸		17	邓家垸
	70	潘家垸		18	冯家垸
	71	野苗垸		19	中洲垸
	72	石堰垸		20	汤家垸
	73	下兴垸		21	樱桃垸
	74	复兴垸		22	松阳垸
	75	窑兴垸		23	赵家垸
	76	侯家垸		24	刘小垸
	77	雷观湖垸		25	梅林垸
	78	雷长垸		26	鸿鹄垸
江陵	79	丁家垸		27	团湖垸
	80	西塘垸		28	斑阳垸
	81	道湖垸		29	梁子垸
	82	白莒垸		30	铁老垸
	83	姓乡垸		31	永固垸
	84	杨林垸		32	刘母垸
	85	阳家新垸		33	湛小垸
	86	天灯垸	监利	34	皮滩垸
	87	太山垸	（中汛垸名137个）	35	学士滩垸
	88	雷湖垸		36	李小垸
	89	花垸子		37	杨家垸
	90	胜利垸		38	黄家滩垸
	91	岳场垸		39	长堤垸
	92	赵湖垸		40	丁家垸
	1	新兴垸		41	戈家垸
	2	禾获垸		42	郭家垸
	3	丫角垸		43	朱家垸
	4	天井垸		44	熊家垸
	5	崇埠垸		45	灌车垸
	6	太马滩垸		46	肖祁垸
监利	7	太马上垸		47	府民垸
（中汛垸名137个）	8	郑家垸		48	北六合垸
	9	黄公垸		49	合城垸
	10	梅家垸		50	徐母垸
	11	庚寅垸		51	大苏湖垸
	12	磐石垸		52	小苏湖垸
	13	铁老垸		53	西湾刘小垸
	14	张家新垸		54	汪小垸

县别	编号	垸名	县别	编号	垸名
	55	孙小垸		95	郭王垸
	56	从家滩垸		96	新洲垸
	57	下太马垸		97	任家垸
	58	油榨垸		98	范四新有垸
	59	王甫垸		99	梅小垸
	60	樊师垸		100	李耳垸
	61	金顶垸		101	夹堤垸
	62	东郑家垸		102	谭家垸
	63	西郑家垸		103	马路垸
	64	禾丰垸		104	永有垸
	65	石螺垸		105	中立垸
	66	六合垸		106	罗家垸
	67	幺母垸		107	马家垸
	68	黄垢垸		108	莲台垸
	69	幺磐垸		109	吉祥垸
	70	新垸		110	北沼垸
	71	黄土湖		111	万家新垸
	72	黄丰垸		112	张小垸
	73	平家新垸		113	明堂垸
监利 (中汛垸名137个)	74	毕家垸	监利 (中汛垸名137个)	114	朱会垸
	75	彭家垸		115	扁花垸
	76	赵家垸		116	青阳垸
	77	官洲垸		117	凡泗垸
	78	薛王垸		118	新建垸
	79	满仓垸		119	白湖垸
	80	月酉垸		120	公郑垸
	81	马保垸		121	仓库垸
	82	杨林垸		122	陈小垸
	83	横水垸		123	严家西滩垸
	84	罗老垸		124	泥泥垸
	85	丙辛垸		125	马公垸
	86	长发垸		126	杨旗岭垸
	87	五福垸		127	扁滩垸
	88	福寿垸		128	胡小垸
	89	赵港垸		129	荒湖垸
	90	唐中垸		130	马子垸
	91	董家垸		131	焦荒垸
	92	刘家垸		132	新登垸
	93	三乡垸		133	王小垸
	94	南大兴垸		134	塌湖垸

县别	编号	垸名	县别	编号	垸名
监利 （中汛垸名 137 个）	135	巴代垸		175	彭家垸
	136	戴家垸		176	蔡家垸
	137	陈家湖垸		177	大叽垸
监利 （朱河汛垸名 138 个）	138	新挽垸		178	三兴垸
	139	固城垸		179	周城垸
	140	南阳林垸		180	文固垸
	141	北阳林垸		181	南固城垸
	142	大石垸		182	安土垸
	143	小石垸		183	瓦子垸
	144	神童垸		184	金鸡垸
	145	黄老垸		185	樟湖垸
	146	河港垸		186	温家垸
	147	上杨叶垸		187	高家垸
	148	下杨叶垸		188	杨金垸
	149	上荣湖垸		189	老狮垸
	150	河耀垸		190	杨树垸
	151	三汊垸		191	唐至垸
	152	中洲垸		192	小陈垸
	153	长垸		193	高湾嘴垸
	154	大王家垸	监利 （朱河汛垸名 138 个）	194	永丰垸
	155	小王家垸		195	徐家垸
	156	白滟垸		196	小徐家垸
	157	马儿垸		197	大董家垸
	158	丹家垸		198	小董家垸
	159	舒家垸		199	蒲草垸
	160	沙滩垸		200	莫家垸
	161	左脚垸		201	万家垸
	162	西湾垸		202	梅李垸
	163	固徐垸		203	隆家垸
	164	佘邹垸		204	谢家垸
	165	东郭家垸		205	车马垸
	166	荒垸		206	圪滩垸
	167	小垸		207	高辛垸
	168	南筲箕垸		208	朱刘垸
	169	全胜垸		209	小菜田心垸
	170	墨斋垸		210	傅家垸
	171	菱牌垸		211	余家垸
	172	杨家垸		212	新城垸
	173	东兴新垸		213	李家垸
	174	新垸		214	夏家垸

县别	编号	垸名	县别	编号	垸名
	215	佐陈垸		255	青狮垸
	216	塘林垸		256	汪家垸
	217	北永丰垸		257	㳟麻垸
	218	小湖垸		258	高小垸
	219	兴隆垸		259	董家沙湖垸
	220	六合垸		260	董老湖垸
	221	窖湖垸		261	林长垸
	222	双湖车垸		262	长金垸
	223	吉老垸		263	交牌垸
	224	黄金垸		264	湖南垸
	225	枪湖垸	监利 (朱河汛垸名138个)	265	姚家垸
	226	荷林垸		266	救苦垸
	227	梅林垸		267	王家垸
	228	毛坡垸		268	杨林垸
	229	北箅箕垸		269	老观垸
	230	荷湖潋垸		270	龙孔垸
	231	冯家垸		271	金花垸
	232	六途垸		272	沙城垸
	233	河南垸		273	侯家垸
	234	常张垸		274	彭家垸
监利 (朱河汛垸名138个)	235	张家三合垸		275	潋湖垸
	236	易家垸		276	曲尺垸
	237	良心垸		277	潘太垸
	238	何家垸		278	莲荷垸
	239	陈家垸		279	馒豆垸
	240	朱家垸		280	永丰垸
	241	双车垸		281	西兴垸
	242	护交垸		282	马鞍垸
	243	郭家垸		283	西张家垸
	244	夹湖垸		284	宋庄垸
	245	斗湖垸	监利 (窑圫垸名89个)	285	丰城垸
	246	长湖垸		286	板剅垸
	247	杜婆垸		287	城林垸
	248	雁湖垸		288	大理垸
	249	吴家垸		289	大台垸
	250	花市垸		290	吃哺垸
	251	道周垸		291	汤家垸
	252	曹家垸		292	古堤垸
	253	张家垸		293	浒潮垸
	254	王家垸		294	边家垸

县别	编号	垸名	县别	编号	垸名
	295	洪泥		335	王福垸
	296	李家垸		336	赵老垸
	297	搭耳垸		337	鸦鹊垸
	298	塌耳垸		338	甘棠垸
	299	王老垸		339	杨李垸
	300	东张家垸		340	沙湖垸
	301	沧湖垸		341	小沧湖垸
	302	琦瑛垸		342	马嘶垸
	303	南雷洲垸		343	建鱼垸
	304	北雷洲垸		344	崇林垸
	305	杜家垸		345	沉沙垸
	306	毛老垸		346	毕家垸
	307	艮山垸		347	东阳垸
	308	范侯垸	监利	348	鸭桥垸
	309	丁家垸	(窑圻垸名89个)	349	石公垸
	310	温桂垸		350	永固垸
	311	五桂垸		351	胡麻垸
	312	逢城垸		352	南新垸
	313	陈家垸		353	梁家垸
监利	314	邬家垸		354	潘兴垸
(窑圻垸名89个)	315	熊家垸		355	青皮垸
	316	彭家垸		356	吴家小垸
	317	大铜罐垸		357	西湖小甫垸
	318	小铜罐垸		358	西湖宗徐垸
	319	百亩圻垸		359	萧家垸
	320	官湖垸		360	小马嘶垸
	321	枚林垸		361	杨堤垸
	322	兴复垸		362	邓家垸
	323	姚夹垸		363	陈小垸
	324	四车垸		364	粪筐垸
	325	沙洲垸		365	新创垸
	326	三角垸		366	铁黄垸
	327	胡赵垸		367	顾小滩垸
	328	杨林垸		368	洪沙垸
	329	青滟垸	监利	369	黄潭垸
	330	河东垸	(分盐汛垸名86个)	370	大钱家垸
	331	藕湖垸		371	小钱家垸
	332	龚家垸		372	周城垸
	333	王位垸		373	周利垸
	334	十金垸		374	河帮垸

县别	编号	垸名	县别	编号	垸名
	375	陈小垸		415	古福垸
	376	刘小滩垸		416	方城垸
	377	合尚垸		417	仰家垸
	378	大兴四角垸		418	金库垸
	379	南旺垸		419	王小垸
	380	张七垸		420	仁和垸
	381	柳家垸		421	王大垸
	382	杜家垸		422	菜子垸
	383	永丰垸		423	五合垸
	384	小心垸		424	朱枚垸
	385	万安垸		425	宝林垸
	386	青泛垸		426	龙市垸
	387	杨港垸		427	太阳垸
	388	灵台垸		428	任小垸
	389	老贯垸		429	新筑垸
	390	东湾垸		430	永定垸
	391	官湖四角垸		431	龙湖垸
	392	碾盘洲垸	监利 (分盐汛垸名86个)	432	塌湖垸
	393	五姓洲垸		433	戴丰垸
监利 (分盐汛垸名86个)	394	文家洲垸		434	张桃垸
	395	杨家洲垸		435	牛射垸
	396	邓李垸		436	桃村垸
	397	宋尹垸		437	地统垸
	398	李家洲垸		438	花果垸
	399	董老湖垸		439	大林董小垸
	400	姚家洲垸		440	东港垸
	401	鸡公湖垸		441	八分垸
	402	沤麻湖垸		442	台湖垸
	403	麦莲湖垸		443	锅底筲箕湖垸
	404	三义垸		444	菜子湖垸
	405	渔泡湖垸		445	箩筐圈垸
	406	大兴垸		446	泥潘垸
	407	龙兴垸		447	官马湖垸
	408	辛酉垸		448	孟家洲垸
	409	天井垸		449	二房湖垸
	410	董家垸		450	黄小垸
	411	赤射垸		451	梁公垸
	412	莲荷垸	监利 (白螺汛垸名41个)	452	杨公垸
	413	官山垸		453	青泥垸
	414	永丰垸		454	下茶湖垸

县别	编号	垸名	县别	编号	垸名
	455	近池垸		4	长四垸
	456	姜心垸		5	光泽洲垸
	457	新庄垸		6	古埠垸
	458	黄婆垸		7	坦丰垸
	459	薛家垸		8	獐湖垸
	460	沙沟垸		9	荷花鱼池垸
	461	华家垸		10	栗林垸
	462	游老垸		11	芦花北耳垸
	463	锡老垸		12	丁卷垸
	464	王小垸		13	青洋垸
	465	长赵垸		14	南湖垸
	466	北溪垸		15	社林垸
	467	上达垸		16	双家垸
	468	筲箕垸		17	董家垸
	469	燕湖垸		18	毛中垸
	470	越子垸		19	白洑垸
	471	许家垸		20	坨中垸
监利	472	彭家垸		21	田洲垸
（白螺汛垸名41个）	473	邓家垸		22	三台垸
	474	张谢垸	潜江	23	长泊垸
	475	王家套垸		24	花兰垸
	476	曾家垸		25	黄景垸
	477	殷公垸		26	感林垸
	478	清水垸		27	彭仲垸
	479	杨林垸		28	官庄垸
	480	牛车垸		29	梁滩垸
	481	郑家峰垸		30	官洲垸
	482	张家峰垸		31	白湖垸
	483	倪家峰垸		32	陈王垸
	484	双峰垸		33	新丰垸
	485	毛段家滩垸		34	永靖垸
	486	双龙港垸		35	淌湖垸
	487	歇湖垸		36	棠梨垸
	488	永胜垸		37	蝴蝶垸
	489	夏家垸		38	七里垸
	490	蚌湖垸		39	浩增垸
	491	下永胜垸		40	柴林东垸
	1	长一垸		41	柴林西垸
潜江	2	长二垸		42	安返湾垸
	3	长三垸		43	府返湾垸

县别	编号	垸名	县别	编号	垸名
	44	乡林垸		84	报恩垸
	45	龚家渠垸		85	赵家垸
	46	砖桥垸		86	社家垸
	47	红庄垸		87	金城垸
	48	长亭垸		88	永兴垸
	49	红水垸		89	永锡垸
	50	葵芭垸		90	和尚垸
	51	中务垸		91	天保垸
	52	永丰垸		92	荻湖垸
	53	涂家洲垸		93	高河垸
	54	范家垸		94	苏河垸
	55	长湖垸		95	冻青垸
	56	三合垸		96	乐客垸
	57	牛踏垸		97	东刚垸
	58	大白湖垸		98	观湖垸
	59	郑林垸		99	泥刚垸
	60	刘王垸		100	元李垸
	61	孝顺垸		101	向年垸
	62	司张垸		102	中洲垸
潜江	63	望庄垸	潜江	103	向阳垸
	64	马长垸		104	朱家垸
	65	罗田垸		105	长风垸
	66	曹田垸		106	斑竹垸
	67	杨堤垸		107	新河垸
	68	严东垸		108	红花垸
	69	陈大垸		109	杨湖垸
	70	六合垸		110	龙湖垸
	71	潘徐垸		111	大友垸
	72	暴头垸		112	王小垸
	73	周家垸		113	船舟垸
	74	长湖垸		114	杨家垸
	75	塌湖垸		115	长丰垸
	76	赵河垸		116	赛龙垸
	77	老洲垸		117	汤义垸
	78	西城垸		118	杨大垸
	79	西明垸		119	六家垸
	80	化溪垸		120	曾宋垸
	81	黄皮垸		121	莲子垸
	82	苏河垸		122	林家垸
	83	傅李垸		123	田家垸

县别	编号	垸名	县别	编号	垸名
潜江	124	通盛垸	洪湖	14	大兴垸
	125	新河垸		15	双楚垸
	126	马南河垸		16	楚平垸
	127	堤湖垸		17	小垸子
	128	半边垸		18	铁老垸
	129	大兴中洲垸		19	曾家塌垸
	130	何新彭垸		20	东红垸
	131	南鸥垸		21	陈小垸
	132	深水垸		22	大有垸
	133	马长金家垸		23	小垸子
	134	喇塌垸		24	红花垸
	135	新丰垸		25	新垸
	136	唐家垸		26	北耳垸
	137	蒋新龙湖垸		27	白沙垸
	138	黄庄垸		28	楂湖垸
	139	瓦壶垸		29	义新垸
	140	均縢垸		30	周兴垸
	141	吴王垸		31	鸣呼垸
	142	金洲垸		32	黄兴垸
	143	汪毛垸		33	仓浦海垸
	144	王总垸		34	高家塌垸
	145	宋家垸		35	新垸子
	146	让柳垸		36	陈家垸
	147	长形垸		37	上六合垸
	148	东洲垸		38	张家垸
	149	良丰垸		39	杨家垸
	150	孙家小垸		40	四合垸
洪湖	1	牛车垸		41	永丰垸
	2	大沙垸		42	衙门垸
	3	复兴垸		43	王家垸
	4	上郑垸		44	下六合垸
	5	仁和垸		45	丰乐垸
	6	三合垸		46	户部垸
	7	护镇垸		47	金城垸
	8	颜小垸		48	同心垸
	9	任家淌垸		49	五合垸
	10	六合垸		50	范家垸
	11	金堂垸		51	陀土垸
	12	曹家垸		52	王家新垸
	13	张李垸		53	种子垸

县别	编号	垸名	县别	编号	垸名
	54	三合垸		94	夏家矶头垸
	55	王家垸		95	北合丰垸
	56	鼎新垸		96	郑兴垸
	57	又新垸		97	南合丰垸
	58	高桥垸		98	前西永湖垸
	59	花苦垸		99	六垸
	60	上大木林垸		100	大有垸
	61	三百二垸		101	盈林垸
	62	下大木林垸		102	破岭梅家垸
	63	田字号垸		103	泛渔垸
	64	恩字号垸		104	万宝垸
	65	永字号垸		105	四合垸
	66	同乐垸		106	恒继垸
	67	丰乐垸		107	白水湖垸
	68	独立垸		108	王小垸
	69	和兴垸		109	天成垸
	70	补松垸		110	白小垸
	71	薄兴垸		111	济美垸
	72	三民垸		112	黄湖垸
洪湖	73	同乐垸	洪湖	113	永隆垸
	74	大有垸		114	首兴垸
	75	新丰北垸		115	固小垸
	76	北洲垸		116	荒垸
	77	江里垸		117	大兴垸
	78	天祐垸		118	乐盛垸
	79	四合垸		119	前盛垸
	80	五福垸		120	京城垸
	81	永和垸		121	岭南五垸
	82	下三垸		122	冒老垸
	83	团洲垸		123	永利垸
	84	五合垸		124	高肖冯张垸
	85	西城垸		125	桃泛垸
	86	黄丰垸		126	梅公垸
	87	东作垸		127	前所垸
	88	东作小垸		128	小垸子
	89	下丰垸		129	姚家垸
	90	唐丰垸		130	三总垸
	91	庆丰垸		131	梭子垸
	92	三合垸		132	合成垸
	93	刘小垸		133	王家垸

县别	编号	垸名	县别	编号	垸名
	134	清泛垸		158	董小垸
	135	老鸥垸		159	民权垸
	136	永丰野苗湖垸		160	五小垸
	137	曾农长春垸		161	唐成垸
	138	平塌垸		162	民生垸
	139	危小垸		163	洋圻垸
	140	小沙垸		164	徐家耙垸
	141	清泛湖垸		165	青林垸
	142	关湖垸		166	杨家垸
	143	万全垸		167	青林小垸
	144	关湖小垸		168	和丰垸
洪湖	145	仁合垸	洪湖	169	张家垸
	146	新三垸		170	姚家垸
	147	草马垸		171	曾家垸
	148	方小垸		172	草塌垸
	149	将军淌垸		173	鸭儿垸
	150	闵小垸		174	永太垸
	151	长丰垸		175	保丰垸
	152	姚家垸		176	金城垸
	153	车马垸		177	横堤头垸
	154	王家垸		178	白沙垸
	155	永丰垸		179	杨家垸
	156	芦花垸		180	北垸
	157	王小垸		总计：913	

五、新中国成立后民垸整治

1949—1955 年这段时期，由于江水依旧向内垸倒灌，民垸仍然担负着防洪任务，故而对民垸堤防进行加修。1954 年大水，各级防汛指挥部一方面集中主要精力防守长江和东荆河堤防，同时也要防守民垸堤防。尽管有相当多的民垸内涝成灾，但为保护群众居住的墩台不淹水，使人民有栖身之地，要求民垸堤尽可能"溃而不溃"。四湖流域民垸在 1954 年时大部分都遭到毁坏，因决口和长江干堤上车湾分洪，民垸长约 2 个月遭受风浪冲刷，致使有的堤段几乎被夷为平地。汛后，为防洪对民垸进行联堤并垸、堵口复堤以及整修。

1955 年，长江委编制《荆北地区防洪排渍方案》，将四湖流域列为长江中游平原区防洪整体方案的组成部分，大力修筑荆江大堤、长江干堤、汉江干堤和东荆河堤，形成外围的防洪屏障，利用四湖流域下游受江水倒灌的洪湖地区，兴办洪湖垦殖工程。具体的方法是：在新滩口建闸阻止江水倒灌，在自然情况下常受到倒灌的范围，以洪湖、大同湖、大沙湖为基础，把个别地势低洼伸入湖内的垸子归并在内划为蓄渍区。在汛期闭闸期间，容蓄全流域渍水。同时在新堤建闸，汛后新滩口、新堤两闸先后开闸泄水。在四湖上区控制长湖，拦蓄长湖以上山地、丘陵径流以减少长湖以下渠道泄水负担，便于长湖以下广大农田排水。在四湖中区调整排水渠系，以内荆河为主，作为总干渠在内荆河以东、西沿坡地与平原交界地点，布置东、西干渠。

由于方案的实施，在洪湖隔堤（1956 年建）、东荆河下游改道堤（1966 年建）建成以后，四湖水系实现了江河分家、江（河）湖分家，形成以大面积内垸防洪圈为主体，原有大部分防洪垸堤作用消失。另一方面，从 1955 年开始，平原湖区开始大规模治理内涝，开挖深沟大渠，一河两堤，改造原有河道，建立涵闸、泵站，内垸排涝条件得到改善，原有大部分内垸防涝堤也为新的排水渠堤、湖泊防溃堤所代替，以防溃堤保护范围划成不同的排水区、片。1966 年，四湖流域农田进行园田化改造，以排水干支渠将农田划为一块块面积为 500 亩的方形农田。民垸的作用已被新的四湖水系所取代，从唐朝（618—907 年）起存在了近 1400 年之久的民垸终于完全消失。民垸的堤防或成为墩台，或成为公路，或成为林场。四湖流域已很难找到一个完整的老民垸。

第三节　洲　滩　围　垸

四湖流域自然面积 11547.5 平方千米，除内垸面积 10375 平方千米外，还有防洪堤外洲滩围垸面积 1172.5 平方千米。

环流四湖流域而过的荆江是典型蜿蜒型河道，素有"九曲回肠"之称。江流游徙无定，"洲地塌淤不常，兴废多变"。在荆江河道的漫长形成演变过程中，首先是在河道两岸堆积成高阜地，民众很早就择高围田，其后又筑堤御水拓地垦殖。随着古云梦泽逐渐淤塞解体，民垸也逐渐向内地和下游发展，沿江主干道的垸堤连体修筑成江河防洪堤防，而处江河堤防之外的洲滩因逐渐淤高扩展又被围挽成洲滩围垸。

蜿蜒型河道最典型的特征是河道走势极不稳定，或因水流紊乱而冲刷左岸，右岸则回流落淤成洲；或因水流冲刷右岸而致左岸成洲；或上游冲刷，下游落淤成洲。再者就是河流弯道一旦发展成极度弯曲后，就有可能发生自然裁弯的现象，被裁掉的河道成故道，又成新的洲滩围垸。

据清同治《监利县志》载：清咸丰九年丈量洲滩 42 处，计有田地 68212 亩。此为四湖流域荆江堤外洲滩围垸的最早记载，但并不是全数。新中国成立后，经长江委 1954 年实地勘察，统计荆江有大小洲滩 70 处。1975 年勘察统计，主要洲滩有 42 处，其中上荆江 20 处，下荆江 22 处。

堤外洲滩历为民众私相围挽，在一般洪水情况下尚可保收，其收获颇丰。但在较大洪水年，围垸则严重阻碍泄洪。自清代中后期至民国时期，围垦洲滩民垸被官府禁止，但由于受利益的驱动，实际上是禁而不止。

新中国成立后，中南军政委员会于 1951 年发文规定：荆江两岸大堤之间所有洲滩民垸一律作为蓄洪垦殖区，即大水时用以蓄洪，小水时用于垦殖。尔后，荆江大堤，长江干堤不断加高培厚，形成统一的防洪体系。堤外的洲滩围垸不断并堤联垸，使其数量有所减少。据统计，分布于荆江大堤沿堤的民垸 9 处，分布于长江干堤堤外的民垸 5 处。

据《潜江水利志》记载：潜江境内汉江、东荆河两岸，有面积较大的漫滩洲。几经兴废，位于汉江右岸和东荆河右岸的洲滩民垸有 10 处，其中张新民垸面积最大。

1998 年大水时，长江沿线洲滩民垸在行洪中相继先后扒口或漫溢溃决行洪，在洪水中损失较大。灾后，荆州市在大规模加强堤防建设的同时，还实施移民建镇、平垸行洪工程。对长江干流行洪影响较为严重的碍洪洲滩民垸实施平垸行洪，其中对一些洲滩民垸实施退人退耕（双退）、退人不退耕（单退）措施，现保存的主要民垸如下。

一、菱湖垸（众志垸、保障垸）

菱湖垸位于沮漳河左岸，荆江大堤外滩，上起凤台与当阳草埠湖垸堤相连，下抵荆江大堤桩号 794+650 处，南北长 6.5 千米，东西宽 5 千米，垸内面积 43.33 平方千米。菱湖垸围堤（又是沮漳河左岸堤防），长 24.23 千米，保护菱湖管理区和荆州区马山镇部分耕地，共 3.8 万亩。堤顶高程 47.50～46.80 米，堤面宽 3 米，坡比 1∶2.5～1∶3，堤上建有柳港闸，夏家闸等 7 座闸站。

菱湖垸由原保障垸和众志垸组成。明隆庆元年（1567年），由垸民常万里、葛登氏（女）领修垸堤，并上十段、下四垸（香炉垸、关殿垸、打不动湖、燕子湖）为一垸，称众志垸。从镇山头到柳港为众志垸堤，从柳港到梅花垸为保障垸堤。民国二十年（1931年）二垸外围零星小垸联成一体，同年成立修防处，分上、中、下三段管理，按田亩收费统一岁修和管理。民国二十四年（1935年）农历六月初五，保障垸于诸家口、杨家口和刘家口3处溃决。众志垸溃决则多达48处，溺死百余人。此外，众志垸还先后于民国十九年（1930年）、二十年（1931年）、二十二年（1933年）、二十五年（1936年）、二十六年（1937年）、二十八年（1939年）、三十一年（1942年）、三十四年（1945年）溃决。新中国成立后，又先后于1950年、1953年、1954年、1956年、1958年、1962年、1963年汛期7次溃决。

1951年5月，中南军政委员会决定将众志垸和保障垸划为蓄洪垦殖区。1959年在此区域筹建菱角湖农场，开始复堤。1961年，垸内农场划归省管后，垸堤得到培修加固。1964年进行退堤还滩，两垸合并，统称菱湖垸堤。到1982年，堤面高程为46.30～46.50米，面宽3～5米，内外坡比1：2.5～1：2.7。堤上建有涵闸，电排站7座，其中郭家闸始建于清乾隆十四年（1749年），改建于民国十二年（1923年）和1965年；柳港闸建于清光绪二十六年（1900年），改建于1963年；夏家闸则系1965年在原刓闸的基础上改建；金台闸和夏家闸分别建于1977年和1978年。

1984年，省水利厅以鄂水防〔1984〕430号文复函菱角湖农场，同意在农场场部所在地柳港建一安全区，兴建安全区堤，即保障垸隔堤，分洪安全区堤上接荆江大堤（桩号801＋550），下抵菱湖沮漳河堤柳港闸（桩号3＋000），长6.3千米，堤顶高程44.00米，面宽3米，内外坡比1：2.5，完成土方47万立方米，完成投资120万元。安全区堤形成后，将菱湖垸堤改为菱湖沮漳河堤。

1989—2004年，菱湖沮漳河堤先后进行全线堤身加培；阮家台退挽；贾家垴、龚家台崩岸砌护、陀江寺、清河游渔场等险段抛石护岸；0＋000～2＋700段平台吹填等工程建设。共完成土方72.5万立方米，石方1.12万立方米，混凝土1700立方米，完成投资863.29万元。菱湖沮漳河堤抗洪能力明显提高。

二、谢古垸

谢古垸位于沮漳河左岸，荆江大堤外滩，垸内面积16.5平方千米。谢古垸堤两端分别与荆江大堤桩号776＋800和790＋100相接，原堤长18.81千米，1979年冬加固时，陈家土地和谢家闸以下堤段裁弯取直，垸堤缩短至13.37千米。堤顶高程46.25～46.50米，面宽4米，内外坡比1：3，垸内耕地12411亩。堤上建有谢古电排站1座和网船、闵潭、新闸、新潭电灌站闸4座。

明隆庆元年（1567年），此处始筑有古梗、由始、谢家三垸。民国十四年（1925年），垸内富户李竹轩将三垸合一，定名为谢古垸。并自任垸长，雇用役员，设工局办公，登记田户，按田亩摊派土费。其后，改设修防处管理垸堤。历史上，堤垸溃决频繁，垸内有历年溃决遗留的渊塘20处，据光绪《江陵县志》记载："古梗垸上接保障垸，下至李家埠长20余里，屡经札饬刨毁有案。"以致垸堤加培甚少，至1949年前，堤顶高程41.00米，面宽1.5米。1948—1950年连续3年溃口。1951年划为蓄洪区，1952年扒口分洪，1958年方堵口复堤。谢古垸河段两岸堤距过窄形成"卡口"，沮漳河洪水下泄受阻，堤防漫溃的灾情时有发生。1968年和1984年，沮漳河中下游遇到暴雨，峰高流急，谢古垸进行两次有计划的分洪：1968年7月16日18时，谢古垸水位44.36米，相应万城水位45.27米，沙市水位44.31米，谢古垸扒口分洪，分洪后万城水位43.62米，下降1.65米；1984年7月27日8时30分，万城水位44.15米，沙市水位42.28米，垸堤炸口分洪，口门宽100米，深2.5米，最大进洪流量1970立方米每秒，直接经济损失1974万元。

谢古垸作为沮漳河下游的一个"卡口"，行洪能力与上游来量不相适宜，两岸民垸常遭溃口，而且直接威胁荆江大堤安全。水利部和湖北省政府决定进行沮漳河下游综合治理，首先在谢古垸实施移堤退垸工程。1992年湖北省提出沮漳河治理工程措施，主要是裁弯取直，展宽堤距，谢古垸退堤长

14400 米，两岸堤距 450 米；河口改道上移至鸭子口，挖新河长 2300 米至临江寺出长江。1992 年冬开始实施，江陵县采用以资代劳、机械施工的办法，组织 500 台（套）机械施工，至 1997 年元月 15 日，土方工程全面竣工，完成土方 366.62 万立方米，搬迁房屋 527 户，占用耕地 5200 亩，填压堰塘 62 口，退筑新堤 14.5 千米，新建谢古垸电排站 1 座，电灌站 4 座，工程投资 4049 万元，其中国家补助资金 1180 万元，江陵县采用以资代劳办法向群众筹措资金 2869 万元。退挽后，沮漳河堤防达到 10 年一遇的防洪标准。

三、龙洲垸

龙洲垸地处荆州城西南 10 千米，南依长江，北靠沮漳河故道，西望下百里洲，东连新华垸。此处原系长江、沮漳河两水相江的淤洲。北宋天圣元年至嘉祐七年（1023—1062 年）间，公安人张景答仁宗皇帝问，有"两岸绿杨遮虎渡，一湾芳草护龙洲"的诗句。据此推断，早在北宋时期前龙洲垸即已成为沃洲。

清嘉庆元年（1796 年），挽筑龙洲垸，后又挽新垸、天鹅垸、故又称"天鹅龙洲垸"。民国二十五年（1936 年）成立修防处，公举主任一名，报县政府委任，垸堤培修及管理费用按田亩摊派。旧时龙洲垸连年水灾，非洪即涝。1935 年，堤决 8 处，1942 年再溃陈家芦苇，此后又先后溃决槐树庙、周家潭、马家潭、双潭等处。据史载，1946—1955 年 10 年间连溃不断。1961 年因抗旱挖口引水亦造成溃决。尔后，不断培修加固，至 1982 年，堤顶高程达 45.00～46.00 米，面宽 3～4 米，坡比 1：3。

新华垸堤挽筑于民国二十四年（1935 年），垸堤长 4.8 千米。1993 年沮漳河改道，新修学堂洲围堤，同时将龙洲垸堤和新华垸连成整体，统称龙洲垸堤，新华垸堤名不复存在。

1998 年长江大水，龙洲垸堤抢筑 4 千米子堤挡水方能度汛。1999 年，龙洲垸堤加固工程列入沮漳河下游综合治理工程项目，荆州区组织机械施工，加固堤长 9.5 千米，完成土方 30 万立方米。至此，龙洲垸位于沮漳河左岸，上于鸭子口接谢古垸堤，下于新华垸接学堂洲堤，长 11.32 千米，堤顶高程 46.50～47.00 米，面宽 4 米，坡比 1：3。围垸面积 24.89 平方千米，耕地 1.8 万亩。

新中国成立后，沿堤修建排灌涵闸 8 座、电排站 3 座。

2009 年引江济汉工程之渠道枢纽工程在垸堤上端动工兴建，将龙洲垸分为上、下两垸。龙洲垸现存面积 19.39 平方千米，耕地 1.94 万亩。其中，上垸堤长 3.5 千米，面积 11.29 平方千米，耕地 1.09 万亩；下垸堤长 3.2 千米，面积 8.1 平方千米，耕地 0.85 万亩。

注：龙洲垸上、下垸堤系沿江堤，不含引江济汉渠堤。

四、学堂洲

学堂洲原为古沮漳河的出口处，后沮漳河口上移。1993 年，对沮漳河下游实施改造，根据沮漳河改道工程规划，为安置谢古垸移民，经省水利部批准开始围挽学堂洲。

学堂洲围堤位于荆江左岸，西接龙洲垸堤，东至新河口抵荆江大堤，长 6.4 千米，堤顶高程 44.50～46.20 米，堤面宽 8 米，外坡比 1：3，内坡比 1：4，保护范围 11 平方千米。

学堂洲原为荒洲，沮漳河故道绕流其间，沮漳河改道工程实施后，入江河道移至上游，故道成为大片荒洲。1992 年冬围挽学堂洲堤，1993 年春完工，共完成土方 413.89 万立方米、混凝土 2648 立方米、浆砌石 1100 立方米、干砌石 1100 立方米、标工 432.78 万个，完成投资 2707 万元。为解决垸内排渍，1993 年兴建学堂洲电排站。

学堂洲围堤在围挽之初主要考虑用地的需求，以致围堤南端外滩的宽度仅定为 40～50 米，最窄处（桩号 4+970～5+550）外滩仅 14～35 米；加之又是沮漳河南岸与长江之间的最窄处，水流湍急，受葛洲坝和三峡大坝清水下泄影响，荆江河段河床刷深，主泓道北移，学堂洲围堤外滩部分滩岸发生崩退，最大崩宽 130 米，危及围堤安全。1993 年汛期，在围堤外滩长 600 米的岸段实施水下抛石护脚，抛石 3 万立方米，抛护效果较好，崩岸稳定，抛石部位汛后落淤厚 0.5 米。尔后，又多次实施抛石镇脚和混凝土护坡工程，至 1998 年，学堂洲围堤桩号 0＋800～3＋800 护岸段共完成石方 63418 立方米。

1999 年，学堂洲围堤整险加固列入沮漳河下游综合治理计划，实施 5 项工程：处理管涌；筑平台长 200 米，平台高程 41.00 米，完成土方 4 万立方米，国家投资 48 万元；高喷灌浆长 200 米，国家投资 40 万元；沮漳河故道吹填长 1800 米，吹填高程 39.00 米，吹填方量 80 万立方米，清除故道内 20 处管涌隐患，国家投资 800 万元；在学堂洲围堤桩号 0＋820～2＋760 段实施水下抛石工程，抛护长度 340 米，抛石 4138 立方米，投资 29.79 万元；在黑窑厂油库附近进行护岸，长度 500 米，完成投资 145 万元。

2004 年 5 月 9 日，国务院总理温家宝赴学堂洲围堤险段视察。是年冬，荆州区自筹资金 200 万元，对重点险段采取削坡减载，抛石固基等防护措施，完成削坡土方 2 万立方米，抛石 3.5 万立方米。

学堂洲围堤筑成后，虽经多年整治，但长江主弘北移，江流逼岸，围堤外滩逐渐萎缩，局部宽度仅 5 米左右，基本无滩可守；加之沙市河段河势不稳，已守护段多次崩塌。学堂洲崩岸治理殊为重要。

五、柳林洲

柳林洲位于沙市区荆江大堤文星楼至盐卡堤段外滩，1969—1970 年始建围堤，分别与荆江大堤桩号 756＋300 处和桩号 748＋000 处相接，堤长 6.8 千米，堤顶高程 44.50～46.20 米。围垸面积 4.5 平方千米，地面高程 39.00～41.00 米，垸内建有专用码头，厂房库房密布，起重设备林立，是沙市及工业园区各类物资的集散地之一。

柳林洲围挽之初，以桩号 754＋000 处为界，分上下两洲，上洲为码头及工企业区，下洲滩面较宽，地面高程一般为 39.00 米，内有一老河套，柴林密布，后经对围堤培修和对垸内填筑，下洲垸内建有自来水厂。

柳林洲围堤自修筑以来，因堤身顺直，堤内地势较高，垸堤土质较好，经多年洪水考验，特别是经历 1981 年、1998 年、1999 年大洪水考验，未出现重大险情，成为荆江大堤桩号 748＋000～756＋300 段的防洪屏障。

六、耀新民垸（青安二圣洲）

耀新民垸又称青安二圣洲，位于荆江大堤外围，上起文村夹接荆江大堤（桩号 733＋500），下抵马家寨接荆江大堤（桩号 722＋695），沿江筑有围堤，长 13.85 千米，垸内面积 32 平方千米，耕地 16995 亩。

耀新民垸由刘家壋、二圣、青安、六总四垸合成。清咸丰七年（1857 年）围挽刘家壋、二圣洲堤，同治年间（1862—1874 年）围挽六总、青安二垸。尔后，各垸堤时毁时修，为减轻民众负担，弃隔堤，实行四垸合一。垸堤加培管理由各垸首负责，1931 年始成立修防处，按田亩摊派费用。因其围堤堤身矮小，经常溃决。据不完全统计，1930 年、1935 年、1937 年、1938 年均告溃决。新中国成立后，垸堤不断有所培修。1969 年冬江陵县调弥市、李埠、太湖等乡镇民工，按干堤标准实施加培整险，投入标工 45.6 万个。此外，1960 年村民沿二圣洲外围私挽围垸 3 处：即长江队垸（面积 1395 亩）、同心队垸（面积 195 亩）、文星队垸（面积 80 亩）。1963 年，江陵县人民委员会限当年 4 月底前彻底刨毁。嗣后同心、文星两垸按要求刨毁，长江队垸则在当年刨口行洪后于 1968 年堵复。为此，荆州地委于 1975 年行文，责令彻底刨毁，但未执行。1981 年漫溃后，冬季又加筑下横堤。1982 年江陵县政府和荆州行署分别发布布告和下达文件，再次责令刨毁，未果。后几经加修，与耀新民垸连成一体。耀新民垸堤经多次加修，堤顶高程达 44.39～44.50 米，面宽 6 米，内外坡比 1：

3，沿堤建有灌溉涵闸 3 座，电力排灌站各 1 座。耀新民垸经受住 1954 年和 1998 年大洪水的考验没有溃口，也是荆江洲滩 1954 年唯一没有溃口的民垸。

从元代至清乾隆二十一年（1756 年）前后，从观音寺到马家寨，长江的主泓紧靠荆江大堤、二圣洲与公安阜湖堤相连接。1953 年在阜湖堤江边挖出一座明代嘉靖年间坟墓，碑文上注明此墓离江八里。清道光十年（1830 年）以后，河势变化，长江主泓南移，二圣洲与北岸洲滩合并。

七、上人民大垸

上人民大垸位于荆江大堤外滩，东连监利，北接江陵，西临长江与公安荆江分蓄洪区相望，南隔合作、北碾等垸遥对长江。1952 年春，根据荆江分洪工程总体规划，为解决分蓄洪区移民安居和生产问题，经中南区批准，堵塞蛟子河口，修筑围堤围挽而成，称为人民大垸，亦称上人民大垸。垸境东西宽 18 千米，南北长 14.5 千米，自然面积 216 平方千米，耕地 16 万亩。

上人民大垸堤东起监利一弓堤搭荆江大堤（桩号 674＋650 处），南行至冯家潭折转向西经笼子口，抵梅王张再弯转北进，至谭刿子搭荆江大堤（桩号 697＋530），堤长 47.578 千米，堤面宽 6 米，堤顶高程 40.87～42.87 米，按 1954 年洪水位超高 1～2 米，内外坡比 1∶3，堤身垂高 3.8～8.5 米，常年挡水堤段 24.17 千米。

上人民大垸围挽前已有众多民垸，其中黄金、顾兴等垸成于明代，永护、肇昌北等垸建于清代。民垸挽筑之初，大都堤埂单薄，一遇大水即溃，故历史上时毁时修。自清代石首新场横堤溃决，至 1931 年蛟子渊再溃"官私数十垸"，"百十里之膏沃悉遭巨浸，连淹九载，几至无年无灾"。新中国成立后，1951 年罗公、梅王张、张惠南、肇昌北四垸联成一垸，名"四明垸"。1952 年为解决荆江分洪蓄洪区移民安置问题，中南区批准堵塞蛟子渊，并由石首、监利、江陵 3 县民工挽成大垸，始称"人民大垸"，定为行洪垦殖区。围垸工程自当年 2 月上旬开工，4 月底竣工，完成土方 134.8 万立方米。1954 年大水期间，在下达分洪命令前，围垸鲁家台堤段先行溃决。此后，垸堤历年有所加修，并在沿堤陆续建有涵闸泵站 6 处。围堤外有北碾子、中洲子、沙滩子 3 处长江故道，河滩面积约 154 平方千米。1993 年经水利部批准堵塞长江故道口门（据测算当石首水位为 38.00 米时，故道最大过流量只有 200 立方米每秒左右，仅占总流量的 0.34％；当石首水位为 39.00 米时，故道最大分流为 1000 立方米每秒左右，仅占总流量的 0.43％。封口后，抬高下游监利站水位 0.01～0.02 米），合垸并堤，形成统一的防洪大圈，面积 447.1 平方千米，人口 19.5 万人，耕地 22.65 万亩，包括人民大垸、合作垸、北碾垸、新洲垸、春风垸、六合垸、张智垸、永合垸等，仍名人民大垸或称江北大圈。一线挡水堤防，上起谭刿子至梅王张，沿合作垸至冯潭二站出水闸，再沿北碾垸、新洲垸，经张智垸（张智垸中段筑预备分洪隔堤）、永合垸的黑瓦屋经中洲子故道抵下人民大垸流港堤，堤防总长 83.04 千米。

上人民大垸内的小民垸如下。

（一）合作垸

合作垸堤位于石首市长江左岸，西、南两面紧邻长江，北连上人民大垸堤，垸堤东起跃进闸，南行至天星堡折向西，经鱼尾洲，过焦家铺再转向北，至梅王张止，全长 16.33 千米，堤顶高程 38.40 米，面宽 5 米，垸内面积 23.4 平方千米，耕地 14275 亩。

合作垸堤修筑于 1956 年冬，因属石首合作乡管辖故名，又因地处上人民大垸外围，亦称人民外垸，1998 年后已并入人民大垸防洪大圈。

（二）北碾垸

北碾垸堤位于石首市长江左岸，东连新洲垸堤，南临长江，西接合作垸堤，北倚人民大垸堤。1949 年裁弯前，此段河段蜿蜒曲折，形如碾槽，故称碾子湾。自然裁弯后，碾槽被裁为南北两半，北部称北碾子湾。1959 年冬，围挽成垸，垸堤东起新码头，南行至柴码头折向西，抵天星堡，全长 13.2 千米，堤顶高程 41.00 米，面宽 5 米。垸内地面高程 35.00 米，面积 29.2 平方千米，耕地 5112 亩。1998 年后经堤防加修并入人民大垸防洪大圈。

（三）永合垸

永合垸堤位于石首长江左岸，东接神皇洲垸堤，西北临长江故道。高水季节，四面环水。此处原为永锡、合兴两垸，后二垸合并，名为永合垸。垸堤南起柳家台，经永合闸、黑瓦屋、南河洲至柳家台重合，堤长 24.7 千米，堤顶高程 39.80 米，堤面宽 5 米。全垸面积 33 平方千米，耕地面积 5795 亩。

（四）六合垸

六合垸堤位于石首市长江左岸，原系独立民垸，四面环水。裁弯取直后南临长江，东、西、北三面依长江故道。

垸堤南起河口，北行经陡岸峡，千字头转折向南，过沙口子至河口重合，堤长 15.57 千米，堤面宽 5 米，内外坡比 1∶2～1∶2.8。堤身垂高 3～5.5 米，沿堤建有复兴闸、陡岸泵站各 1 座。围垸面积 16.3 平方千米，耕地面积 8160 亩。

六合垸堤修筑于 1950 年，1962 年汛期溃决。1972 年 7 月，六合峡自然裁直，江南部分洲滩淤回北岸，洲面淤高，洲体扩大。后陆续有民众迁此垦荒，洲堤随之加固。1996 年 7 月 26 日堤身发生漏洞险情溃口。1998 年 8 月 5 日垸堤扒口分洪，汛后对堤防修筑并入人民大垸防洪大圈。

（五）张智垸

张智垸堤位于石首市长江左岸，东、南、西三面临长江。据传清湖广总督张之洞亲令挽筑，故名张智垸堤。垸堤南起季家嘴，北行至小河口转向南，于季家嘴重合，呈封闭状态，全长 22.81 千米，堤顶高程 38.60～39.00 米，面宽 5 米，坡比 1∶2.2～1∶2.8，沿堤建有黑鱼沟、小河口、金鱼沟、半头岭排灌闸 4 座。垸内面积 16.3 平方千米，耕地 11599 亩。

八、下人民大垸

下人民大垸位于荆江大堤外滩，西、南临长江，滩地内有朱家湖、西湖、鸭子湖、北湖等长江故道遗迹湖；另有横贯东西的蛟子河，原为长江的分汊水系，全长 39.15 千米，河面平均宽 100 米，最深处达 7 米以上，平均水深 3.5 米。蛟子河是由于长江主泓南北摆动留下的故道，水流较为平缓，由监利上行至荆沙的船只多航行于蛟子河，沿河有流港码头。洲滩上芦苇丛生，钉螺密布。

1957 年 10 月 17 日，湖北省水利厅批准修筑下人民大垸堤。同年 11 月正式兴工，由省统一商调河南商丘地区灾民，以及组织监利县民工共 8 万余人挽筑垸堤。工程于 1958 年 5 月竣工，共完成土方 145.72 万立方米，工程投资 186.2 万元。垸堤按防御 1954 年流港水位 37.73 米的标准设计，1958 年挽成时堤顶高程为 36.30～37.30 米。至 1962 年，实测围堤平均下沉 0.4～0.6 米，多处堤身多处裂缝，当年流港水位达 36.71 米时，全线有 4 千米堤顶漫水，有 10 千米堤面齐平水面，经大力抢护才得脱险。是年冬修时，对部分堤段加高培厚，堤顶高程达 37.73 米。1964 年，流港最高水位达 36.99 米，堤身出现险情 736 处，其中严重散浸 164 处。自 1965 年后，逐年进行加高培厚，加筑内外平台，0～3 千米的堤段用块石护坡。1981 年为解决堤面雨天交通问题，投资 21 万元铺设碎石堤顶路面，长 15 千米，至 1982 年，堤顶高程达 38.50～40.00 米，面宽 6～8 米，完成土方 248 万立方米。

1998 年，长江出现大洪水，流港最高水位达 39.09 米，下人民大垸围堤有 15 千米堤段抢筑 2.2 米高的子埝，挡水达 1.8 米高，经全力抢护，才安全度汛。汛后，大垸农场对流港至冯家潭闸 11 千米堤段进行全面加修，堤顶普遍增高 1 米，面宽 6 米，完成土方 62 万立方米。

下人民大垸堤位于荆江大堤杨家湾（683＋970）至冯家潭与石首上人民大垸堤相接（支堤桩号 5＋000），沿江穿过复兴上、中、下垸、益阳垸、流港子、陈家洲、何家埠头、潘家台、陡湾子、抵荆江大堤杨家湾，（桩号 639＋000），堤长 26.7 千米。堤顶高程 38.20～39.00～41.00 米，堤面宽 6～8 米，内外坡比 1∶3，内平台宽 8 米，高程 32.00～34.00 米，堤身垂高 6～7 米，堤外禁脚 50 米，高程 32.00～34.00 米。堤上建有涵闸 3 座、泵站 3 座。从冯家潭至一号堤（荆江大堤桩号 673＋660）

为上人民垸隔堤（东堤），长 5 千米。从一弓堤至杨家湾。利用荆江大堤 34.69 千米，周围共长 66.89 千米。垸内面积 125 平方千米，有耕地 10.64 万亩，人口 3.6 万人，建有属省管的国有大垸农场，2007 年改为大垸管理区，交由监利县管辖。根据长江流域防洪规划要求，围垸区域为蓄洪垦殖区，在特大洪水年按照指令扒口蓄洪。

外滩有柳口垸，四面环水，为大垸农场柳口分场，耕地 7300 亩，人口 2100 人。距流港 10.5 千米，距长江边 1.5 千米。堤长 9 千米。与柳口分场交界的复兴洲民垸，属石首市管辖，1976 年围挽，面积 2 平方千米，人口 400 人。

九、财贸围垸

财贸围垸位于荆江大堤监利西门渊至药师庵（大堤桩号 631＋400～632＋903）外滩，围堤长 1.82 千米，堤顶高程 38.50 米，面宽 2 米，垂高 5～6 米，内外坡比 1∶2，面积 1 平方千米。此处初系芦苇堆放场地，每年 5 万～10 万个防汛备用芦苇堆码在大堤身上。为防洪安全，经批准于 1975 年挽筑围堤堆放芦苇，初时取名柴组围堤，后来围垸下端荆江大堤 631＋400～631＋550 处外滩建有粮食专用码头。上首 632＋100～632＋903 外滩建有生资、煤炭专用仓库和碎石场。中间建有监利县第二水厂，首尾堤连成整体，故将柴组围堤改名为财贸围堤。1998 年大水，围堤漫溃，国家粮食储备仓库损失严重。汛后，对围堤进行全面加修，防洪能力得到提高。

十、工业围垸

工业围垸位于监利新市街至小东门，荆江大堤桩号 627＋107～628＋510 段外滩，1971 年围挽堤防，堤长 1.6 千米，堤顶高程 38.50 米，堤面宽 3 米，内外坡比 1∶2，建有排水闸 1 座。堤内建有水泥、预制、造纸等工厂和石油仓库等，面积 1 平方千米。

十一、新洲围垸

新洲围垸位于监利长江干堤胡家码头至半路堤（桩号 619＋790～624＋500）段外洲，围垸堤西起小龟洲沿长江河道东筑，东南至达马洲、新矶窑，全长 24.85 千米，堤顶高程 38.00～38.50 米，堤面宽 4 米；堤内平台宽 20 米，高程 31.00～33.80 米；外平台宽 30 米，高程 33.00～34.00 米；一般地面高程 29.30～31.00 米，堤身垂直高程 5～7 米；内坡比 1∶2，外坡比 1∶2.5。垸堤上有涵闸 2 座、电排站 4 座。垸内总面积 34.74 平方千米，耕地 3.14 万亩。

新洲垸原系监利县城下端的上南新洲、下新洲和天鹅洲三个洲滩，其盛产芦苇，以供城镇居民烧柴。1926 年在新市首围一垸取名"种子垸"，又称"义成垸"。尔后逐渐围挽横岭等 4 个小垸。

1970 年联垸围挽成新洲围垸，至 1972 年围挽成堤。新洲围堤紧沿铺子湾河弯，上车湾人工裁弯新河河口，崩岸非常严重。1974—1978 年崩滩宽度达 500 余米，损毁农田 1.7 万余亩，1975—1995 年 20 年间，共大小退挽围堤 15 次，退挽堤长达 60 千米。完成退挽土方 170 万立方米。

1977 年 6 月 21 日，新洲围堤水位（新洲泵站前）33.61 米，内外水位差 4 米。坐落在围堤上的一座装机 4×95 千瓦的泵站在开机运行时，发现左侧刺墙内漏水，运行人员只作了简单的反滤处理。21 日晨 3 时左侧泵房倾斜，至 5 时左右全部倒塌，造成溃口，最大进流量 40 立方米每秒。

1980 年 8 月 29 日，监利城南水位 36.20 米，在新洲垸堤的新沟子闸（桩号 3＋500 处）挖口泄洪，新洲垸被淹。

1983 年 7 月 18 日凌晨 3 时，监利城南水位 36.73 米，新洲堤段 0＋350 处溃决，口门宽 200 米，新洲垸再次被淹。

1998 年 8 月 5 日监利出现第五次洪峰时，监利城南水位 38.16 米，省防汛指挥部命令新洲围垸扒口行洪，5 日 16 时，在围堤桩号 2＋800 处破堤行洪。扒口后，全线堤防无人防守，任其自由漫溢，溃决堤口 12 处，溃口全长 2550 米，在堤内形成冲刷坑 12 处，最大坑深达 11 米，堤防毁坏严重。

1998年后，新洲垸被列入平垸行洪、移民建镇工程建设项目，将垸内居民悉数迁移至监利县容城镇三闾村建镇安置，围垸土地继续耕种，采取小水即收，大水即丢的耕种方式。当年冬进行堵口复堤，完成土方60.31万立方米。1999年按防御当地最高水位38.24米设计的标准进行培修，全堤普遍加高1~2米，完成土方112.36万立方米。

十二、三洲联垸

三洲联垸位于监利长江干堤外滩。明万历年间始挽有唐家洲垸、孙良洲垸，后发展到有18个民垸。清光绪三十三年（1907年），尺八河湾自然裁直，长江主泓南移。新中国成立后，湖南、湖北两省以长江主泓道中心线为界，原属湖北省监利县的广兴洲划归湖南，湖南省岳阳县在长江北岸的属地划归监利县。1950年7月成立盐船、何堡、中洲三乡属尺八区。1957年10月，湖北省水利厅以（57）堤防字第3090号文，批准堵长江故道上下口门，合堤并垸，将三个洲堤连成一体。堵筑口门工程于1957年冬兴工，按防御1954年当地实有最高洪水位超高0.5米的标准实施，完成土方57.4万立方米，筑新堤长3984米。

唐家洲、中洲、孙家洲实施并堤联垸后，垸堤上起长江干堤陶家市（桩号599+400），下连长江干堤万家搭垴（桩号560+648），堤长50.56千米，垸内东西顺堤长19千米，南北纵深10千米，自然面积186.13平方米，耕地13.64万亩，内有长18千米长江故道，水面2.9万亩，是一座水质优良的天然湖泊。

联垸初期，堤身低矮单薄，沿堤内外渊塘计有232个，堤身隐患多，每逢汛期险情层出不穷，是监利县防洪的重点堤段。自1969年上车湾人工裁弯后，三洲联垸的崩岸日益加剧，崩岸线长达32千米，迫使围堤连年退挽，1962—2000年，共退挽堤段44处，退挽堤段长47千米，崩失农田4.1万亩。为保障堤防安全，三洲堤年年进行整险加修。

三洲联垸自1954年以来，曾发生两次溃（扒）口事件。1980年8月28日17时30分，垸堤上端与长江干堤搭垴处发生溃口。溃口时上游监利站长江水位36.00米，下游孙良洲水位33.53米，溃口处水位约35.00米，口门宽454米，推算最大进洪流量1500立方米每秒。溃口处堤段位于长江干堤598+300处，为1968年退挽的一道新堤，长1130米，堤顶高程35.50米，面宽4米。新堤的前面原老堤未废弃，两堤之间形成一小垸，中间有一道隔堤将其一分为二，上称大耳朵垸，下称小耳朵垸，面积分别为349亩和750亩，新堤一直未挡水。1980年8月25日，小耳朵垸发生险情，为防止溃口冲刷新堤，先是抽水反灌，后挖口放水，放弃防守，随后隔堤溃决二处，大耳朵垸进水，退挽新堤开始挡水。28日17时，新堤后的堤套中出现浑水，后又发现距堤脚3米的棉田有一直径4厘米浑水漏洞，随即扩大到8~10厘米，接着在出险堤坡下游3米处发现穿堤漏洞并迅速扩大，呈裂缝射水，堤面下陷决口，初时口门宽10米，后迅速向两侧扩大，已危及长江干堤的安全。当即抢运块石裹头，并在口门右侧实施爆破，扩大进流，防止水流贴刷长江干堤，至当日22时，左侧口门稳定，口门宽454米，洪水涌进三洲联垸，全垸遭灾，估算最大进流量1500立方米每秒。

1998年8月9日，监利城南水位38.16米，省防汛指挥部指令三洲联垸扒口行洪。19日15时45分在三洲围堤2+850处炸口行洪，扒口时水位35.92米（当年最高水位36.20米）。初时口宽15米，深2米。后由于水位落差大，以及围堤无人防守，除人工炸口1处外，另自行漫溃口门4处，5处溃口全长1662米。其中严重的是人工爆破口门，口宽640米，堤内冲成长450米、宽350米、平均深22米、面积达15.7万平方米的冲刷坑。桩号45+358处因无人防守自行漫溢，口门宽642米，为行洪后第7天溢溃冲刷而形成，冲坑长620米，宽375米，平均深度18米，面积23.25万平方米。从坑内翻溢的细砂覆盖农田5000亩，迫使两个村汛后迁徙他处。是年冬，对溃决堤段进行堵口复堤，长2300米，同年对重点险工险段进行整险加固，挖泥船对冲刷坑进行吹填。次年春又在全堤上加筑宽2米，高1米子堤以备度汛。1999年，长江出现与1998年"姊妹型"洪水，监利城南最高水位

38.31 米,三洲虽能度汛,但险象环生。是年冬,对三洲围堤进行全面加修,按防 1998 年当地最高洪水设计,全堤普遍加高 0.5～1.5 米,加固工程于次年春完工。2000 年,又退挽团结闸 1.2 千米堤段。自三洲联垸形成至 2000 年,每年都要对堤防进行整险加固及加筑内外平台,累计完成土方 2478.2 万立方米,石方 9259 立方米。1998 年大水后,确定三洲联垸为蓄洪垦殖区,并建有分洪口门。

三洲联垸堤经多年加修,长达 50.56 千米。垸堤顶高程 36.00～38.00 米(上搭埫 1000 米,高 38.20 米,下搭埫 500 米,高 36.40 米),堤面宽 6 米;内平台高程 29.80～31.00 米,宽 15～20 米;外平台高程 30.00～33.00 米,外平台宽 30 米;堤身垂直高度 7 米;内坡比 1∶2.5,外坡比 1∶3。沿堤曾建有上河堰闸(桩号 46＋114)、孙家埠闸、龙家门闸(桩号 34＋820)、枯壳岭闸(桩号 22＋495)、熊家洲闸(桩号 14＋740)、孙良洲老闸(桩号 6＋020)、孙良洲新闸(桩号 5＋965)。今仅存孙良洲新闸,其他闸因建筑质量及汛期险情等问题封堵。为解决抗旱水源和排涝的问题,沿堤主要建有沟子口、上河堰泵站。

十三、丁家洲垸

丁家洲垸位于监利长江干堤狮子山至荆河垴段(桩号 549＋650～561＋490)外滩。垸堤长 9.27 千米,堤顶高程 36.00～36.50 米,堤面宽 5～6 米,内外坡比 1∶2,内平台高程 29.60～30.80 米,堤上建有狮子山灌溉闸和丁家洲退洪闸。垸内面积 18.20 平方千米,耕地 22995 亩。

据挖掘出的石碑记载:丁家洲围垸始挽筑于清嘉庆年间(1796—1820 年)。1929 年苏维埃白螺区政府曾带领群众对围堤进行加修,长 13 千米,完成土方 8 万立方米。新中国成立后,白螺镇政府屡次对丁家洲堤进行修筑,1951—1999 年累计完成修筑土方 1044.20 立方米,完成标工 650.5 万个。

新中国成立以来,垸堤有 8 年溃(扒)口:

1950—1952 年连续 3 年溃决。

1954 年溃决。

1955 年 7 月 1 日因堤身出现清水漏洞,采用泥土堵塞漏洞,致使险情恶化,于 7 月 3 日 4 时溃口。

1962 年,在桩号 0＋650 处溃决,口宽 300 米。

1968 年 9 月 12 日扒口分洪,当时水位 33.30 米,堤高 32.50 米,在水涨之时,垸民抢筑子埝 1 米多,可挡水 0.6～0.7 米。9 月 10 日,桩号 0＋340～400 处,发生顺堤脱坡,情况危急,白螺区决定扒口分洪,并向县、省政府请示,省政府根据电文所述情况,同意分洪。就在准备挖口之时,当天水退 0.3 米,第二天江水退至正常水位,而丁家洲仍因分洪全垸被淹。

1986 年 7 月 23 日,王岭子(桩号 5＋100)因管涌险情溃口,溃口时狮子山水位 34.63 米。

1998 年大水,沿江洲垸或扒、或溃口行洪,丁家洲却保存下来。是年冬,此垸确定为“单退”洲垸,洲垸居民迁出,另建村安置,洲田耕种。

1940 年侵华日军曾在丁家洲垸建有飞机场(混凝土跑道)。大部分跑道已崩入江中,尚存指挥塔。

十四、茅江垸、大兴垸

茅江垸为洪湖新堤城区干堤外围垸。从新堤大闸外引渠起沿江至干堤上,面积 0.52 平方千米,堤长 1.54 千米,垸内有湘鄂西革命烈士陵园、工厂企业、街道等。大兴垸为洪湖市龙口镇工业园,面积 2.85 平方千米,堤长 2.5 千米,1958 年围挽,1998 年溃决,汛后复堤。

十五、张新民垸

张新民垸位于汉江右岸洲滩,属潜江市管辖,面积 32.8 平方千米,耕地 2.2 万亩,人口 1.7

万人。

　　张新民垸原名聂吕民垸，原位于汉左（北岸），清道光七年（1827年）至九年，河床被冲刷，主河道逐渐北移4000多米，于是在南岸（汉右）逐渐形成一个大沙滩。农民开始围垸，先围老滩垸，次围聂滩垸。咸丰十一年（1861年）围黄小垸。同治元年（1862年）围张小垸、墩钵垸堤。较低的吕家垸（原名晒网滩）于光绪二十一年（1895年）围成。5个小垸历经68年时间，至民国三十六年（1947年）合成一个大垸，统称为聂吕垸。1954年汉江大水，聂吕垸等5个小垸俱溃。1955年将聂吕垸更名为张新民垸（属张新乡），1975年仍为独立洲滩围垸。1975年12月28日，湖北省水利电力局以鄂革水堤字〔1975〕第3号文批复："当新城来量20000立方米每秒，汉江南北两岸大堤防汛抢险紧张时，要在该堤进行有计划、有准备的分蓄洪。"确定在上端高石碑陈家台搭接江右干堤（桩号246＋600），下端在蚌埠马家巷搭接汉右干堤（桩号230＋950）。围堤长16.24千米，掩护干堤长15.2千米。现有堤顶高程43.40～44.50米，堤面宽6米。垸内地面高程37.60～38.50米。

　　潜江市在汉江右岸洲滩还有永丰（面积4030亩，堤长5.2千米）、长市（面积4800亩，堤长12.0千米）、黄场（面积1600亩，堤长5.2千米）、杨林洲（面积5300亩，堤长4.8千米）等外滩民垸，汛期按泽口水位进行控制。

第六章 治 理 规 划

四湖流域演变至1949年，存在的主要问题是：①长江、汉江及东荆河堤防防洪标准低，经常溃口漫溢成灾；②流域内上受山洪威胁，下有江水倒灌，排水无出路壅积在田，积水成湖；③内垸水系紊乱，水利失修，渍涝灾害严重；④钉螺孳生，血吸虫病患者占当时总人口的12%（1954年统计资料）。因此，解决四湖流域洪灾和渍涝灾害是人民迫切要求和经济发展的需要。治理应当坚持规划为先。

新中国成立后，荆州地委和专署提出"关好大门，截断江水倒灌，整治紊乱水系，逐步建立新的排灌系统"的指导思想。1951年，长江水利委员会即开始对内荆河流域的治理进行勘测，1955年12月提出《荆北区防洪排渍方案》。这既是一部系统治理内荆河流域的规划方案，也成为后期治理内荆河流域的大纲。此后，在治理内荆河流域的过程中，内荆河被四湖总干渠（以一渠连接长湖、三湖、白鹭湖、洪湖而得名）所替代。四湖流域的名称取代内荆河流域。

1955年12月《荆北区防洪排渍方案》虽确定四湖流域治水方略总纲，但偏重于防洪排渍。在内部排水骨干渠网形成后，却又接连出现旱灾。1959年，四湖排水工程指挥部根据荆州地委、专署确定的"内排外引，排灌兼顾，等高截流，分段排蓄"治水方针，提出《荆北水系规划补充方案》，规划兴建灌溉工程。

1961年5月，荆州专区水利工程指挥部根据已建成的骨干排水体系，以已有规划为基础作出《荆州地区河网化规划》（草案），实施大规模农田水利建设。

1964年10月，以省水利设计院为主，省直有关部门及专区、县水利部门协作制定《荆北地区水利综合利用补充规划》，把治水提升到综合治理、综合利用的高度。

1965年11月，由荆州专署水利局制定《四湖总干渠中段河湖分家工程规划补充设计报告》，对内荆河的中下段进行改道，实行河湖分家。

随着四湖治理工程的实施，四湖流域的水环境发生很大改变，内垸耕地面积大量增加，自流排灌的治水标准已不适应农业生产的要求。1967年11月，湖北省水利厅水利勘测设计院编制出《湖北省四湖下区电力排灌站补充规划》，开始四湖流域发展农田电力排灌的新阶段。

1972年3—5月，长江流域规划办公室及省水利电力局召集四湖流域有关各县共同研究，结合长江中游防洪及洪湖分蓄洪区工程分担蓄洪任务160亿立方米的方案，制定出《荆北洪湖地区防洪排涝工程规划》。

1984年8月，湖北省委以鄂文〔1984〕29号文批复同意省政府意见《关于以水为主，综合治理四湖地区"水袋子"问题的报告》，明确四湖流域治理、管理、改革、发展的总纲，强调"统一规划、统一建设、统一调度、统一管理"是四湖流域必须遵循的原则。

1984年10月由湖北省水利水电勘测设计院按《关于以水为主，综合治理四湖地区"水袋子"问题的报告》要求，提出《四湖地区防洪排涝规划复核报告》。

1992年世界银行贷款长江水资源项目，对四湖排灌区的建设项目进行复核计算，确定一批贷款建设项目，并同时进行"四湖排水系统优化调度研究"和"平原湖区涝渍地改造研究"，对四湖流域的治理和管理有很大的指导作用和应用价值。

2003年5月，由世界银行委托日本技术产业公司和加拿大高达集团聘请日本、加拿大、中国的专家和其他国际咨询专家组成研究组进行专题研究，编制出《四湖流域水管理和可持续发展综合研究报告》，对四湖流域的治理规划和工程运行管理进行模式验算和论证，确定四湖流域防洪、排涝标准和提出进一步扩建改建工程方案与水管理监测通信系统方案的建议；同时提出四湖流域水管理机构系统改革与发展设计。其最终目的是帮助世界银行贷款项目四湖子项目区获得预期的良好效益。

2007年9月，省水利水电勘测设计院、省水文水资源局、省水利水电科学研究院合作编制《四湖流域规划报告》，研究制定流域治理、开发和保护的原则和目标，科学制定防洪减灾、水资源综合利用、水生态与水环境保护、流域调度与管理等规划方案，提出防洪除涝、供水灌溉、航运及河道整治、水资源保护、水土保持、水利血防等专业规划的总体布局。

四湖流域各个时期的治理规划，体现各个时期的社会管理体制、社会生产力和经济基础的发展变化，反映出不同时期水利发展状况和需求，对治理四湖流域建设发展有极大指导性作用。但是，由于受不同时期生产条件和认识水平的制约，有些规划也有明显的局限性。

第一节　防　洪　排　渍　方　案

1950年9—10月，湖北省水利局组队勘测长湖至洪湖的水道；1951年3—7月间，施测内荆河峰口以上水道地形。1952年10月至1953年1月，长江水利委员会派遣查勘队进行江汉平原综合性查勘，同时派遣测量队施测长湖以下地区1：25000地形图。自1951年开始，沿内荆河设置丫角庙、张金河、余家埠、柳家集、峰口、小港口、张大口、平坊等水文水位站，兼测雨量。经过4年对基本资料的收集和整理，为内荆河流域治理的研究工作提供资料基础。

为配合长江中游平原整体防洪规划和解决内荆河流域洪渍灾害的问题，长江水利委员会于1951年开始粗略地估算长湖、洪湖水系的渍水量，1952年着手研究荆北区分洪轮廓计划。1953年10月成立长江、汉江流域轮廓规划委员会后，正式设置荆北平原规划组，研究以防洪排渍为主的规划方案。经两年的调查研究，1955年12月编制完成《荆北区防洪排渍方案》。

《荆北区防洪排渍方案》分析内荆河流域洪涝灾害的成因及其严重后果，阐述治理内荆河流域的重要性和紧迫性，以及治理的指导思想方针和原则，明确治理的具体措施和任务，是治理内荆河流域的大纲。治理后的流域工程，经过几十年的运用检验，证明《荆北区防洪排渍方案》是基本正确的。

一、规划缘起

内荆河流域东南西三面均被长江环绕，上起江陵县（今荆州区）下至胡家湾；北滨汉江及其分支东荆河，上起沙洋下至胡家湾，西北则以沮漳河及荆门山脉为界。流域在历史上原是云梦泽的一部分，为调蓄江汉洪水的天然场所之一，由于洪水挟带泥沙的淤垫，逐渐演变成农田，但由于四周被洪水环绕，垸内地势极低，在长江洪水时期江水位较田面高出4米以上。高差最大的（沙市一带）在10米以上，流域是历史性的水灾区。洪灾在内荆河流域的表现形式是：江左、汉右或东荆河堤防防渍决成灾；长江自新滩口倒灌及东荆河水向流域内分注淹没成灾；长湖上游山洪暴发，漫淹两岸农田成灾。

内荆河流域产生渍涝灾害的原因也有3种：①境内降雨量大，河湖淤塞，河道泄水能力不能满足排水需要，致使农田渍涝不能及时排除。河湖淤塞的主要原因是河湖交错，水系复杂，流向混乱，河道迂回曲折，河滩垦殖与拦河设障阻水。加之江汉连年溃决，洪水挟带泥沙的淤积，也是造成河湖淤塞的重要原因。②长江自新滩口倒灌和东荆河河水分注，抬高河湖水位，洪湖附近及内荆河流域的中部地区渠道的排水因受尾水顶托而宣泄不畅。③长湖的自然调蓄量有限，长湖以上山地、丘陵地区的径流经常自习家口通过内荆河下泄，使长湖与三湖间内荆河水面长期高于两岸农田，影响农田排涝。

内荆河流域由于洪涝灾害频繁，形成1500平方千米的垸内湖沼和渍荒地区。另有面积约1500平方千米的自然湖泊，因未加控制，不能充分利用。内垸农田也因洪涝灾害影响，农业生产效率低，长期处于十分低下而不稳定的状况。农田不能及时排除渍涝，形成大片渍荒地区，不但荒芜了大量土地，而且血吸虫病普遍流行，对内荆河流域人民的生产与生命财产安全产生严重的影响。因此，迫切需要解决内荆河流域的洪灾和涝灾。

二、规划方针

根据内荆河流域当时存在的突出问题是防洪和排涝，规划确定的指导思想是修筑堤防"关好大门"，截断江水倒灌，整治紊乱的水系，逐步建立新的排灌系统，以适应农业生产发展的需要。具体措施是从流域的实际情况出发，全面考虑水利与土地资源的综合利用，近期治理与远景开发计划相结合，考虑需要与可能，权衡轻重缓急，分别对区域的上、中、下区采取不同的规划方针。

（1）上区按"以拦洪为主，考虑济灌济航"的原则进行规划。利用长湖，培修加强其堤防，在高家场、习家口和塔儿桥建渠道节制闸，控制蓄泄，以提高长湖的调蓄作用（平原水库）；储备相当的水量以接济灌溉和航运，保留部分库容，在一定时期内拦蓄山洪，为水库以下的农田提供排渍的机会；农田排水完毕后，再启闸泄洪。

（2）中区按"排渍为主，灌溉为辅"的原则进行规划。整治现有河道，增辟必要的渠道，改善白鹭湖以上渍荒最严重地区的排涝状况，扩大耕地面积，同时兼顾灌溉的需要，提高抗旱能力。

（3）下区按"蓄洪垦殖，统筹兼顾"的原则，在长江中游平原区防洪排渍计划的统一指导下，以洪湖、大同湖、大沙湖及其周围洼地为蓄渍区，原受江水自然倒灌的泛区为蓄洪区。培修加强蓄洪区和渍蓄区的围堤，在螺山、黄蓬山或新滩口选择其中最有利的一处建造进洪闸，在新堤和新滩口建泄水闸。当遇到长江发生非常洪水年份时，启闸分洪与长江中游的其他湖泊配合运用，从而达到减免洪水灾害的目的。在不分洪的年份，容蓄渍水，从而改善排涝状况。同时进行垦殖，扩大播种面积，发展农业生产。

三、防洪排渍标准

（一）防洪标准

长江中游平原区防洪以 1954 年的洪水为设计标准。根据长江洪水特性的分析，要求内荆河流域防洪标准有以下几种不同方案。

（1）洪湖最高蓄洪水位为 30.00 米，螺山进洪闸外正常设计洪水位为 33.27 米，闸外非常洪水位为 34.26 米，最大进洪处流量为 12200 立方米每秒。

（2）洪湖最高蓄洪水位为 31.35 米，螺山进洪闸外正常设计洪水位 33.34 米，闸外非常洪水位为 33.73 米，最大进洪流量为 12200 立方米每秒。新滩口扒口外吐，内外水位差 0.5 米，内水位 31.35 米，外水位 30.85 米，相应外吐流量 12200 立方米每秒。

（3）洪湖最高蓄洪水位为 30.00 米，螺山进洪闸外正常设计洪水位 33.27 米，闸外非常洪水位 33.82 米。

（4）洪湖最高蓄洪水位 31.25 米，螺山进洪闸闸外正常设计洪水位 33.27 米，闸外非常洪水位 33.27 米。新滩口扒口外吐，内外水位差 0.5 米（内水位 31.25 米，外水位 30.75 米），最大相应外吐流量 12200 立方米每秒。

（二）排渍标准

（1）长湖水库的排渍作用为在春季作物生长期拦蓄山洪使之不危害农田排渍，其设计标准为 30 年一遇 3 日暴雨拦蓄 7 天，然后在 9 天内泄至初始情况。

（2）中区排灌渠道暂按 10 年一遇 1 日暴雨（相当于 3~4 年 3 日暴雨）于 7 天内排完标准设计，使春季作物生长期可能遭受渍灾的面积尽量减少。将来视实际需要情况提高此项标准。

（3）湖水排水渠、闸应结合区域地形予以决定，使渠、闸尺寸不致偏小。

四、防洪排渍的主要措施

洪灾是造成内荆河流域渍灾的重要原因之一，解决洪灾的同时为解决流域渍灾创造有利条件，但并非完全解决渍灾的问题。因此，在解决洪灾的同时，要将防洪排渍作为整体方案研究，并结合考虑灌溉、航运、渔业、卫生等各方面。

（一）防洪主要措施

内荆河流域防洪规划为长江中游平原区防洪整体方案的组成部分之一。解决洪灾的主要措施是利用流域下游受江水倒灌的洪湖、大同湖、大沙湖等湖泊低洼地区兴办蓄洪垦殖工程（以下简称洪湖蓄洪垦殖工程），在与1954年同大洪水时配合长江中游平原区其他湖泊分蓄洪水。具体办法是：在新滩口建闸阻止江水倒灌，以在自然情况下常受倒灌的范围为基础，根据整体要求并结合地形及堤线情况，适当扩展、修筑堤防划为蓄洪区。蓄洪水位考虑30.00～31.35米，在1954年情况下的有效蓄洪量为57亿～81亿立方米。分洪闸选在螺山，最大分洪流量12200立方米每秒。泄洪口选在新滩口与虾子沟之间，泄洪量12200立方米每秒。

（二）排渍主要措施

解决渍灾的主要措施是：隔绝江水倒灌，降低洪湖水位亦即降低排水渠道的尾水位；控制长湖拦蓄山洪及整理疏浚排水渠道，逐步统一排渍。

（1）建立蓄渍区。在新滩口建闸杜绝江水倒灌。建闸控制后，以洪湖、大同湖、大沙湖为基础，并把个别地势低洼伸入湖内的垸子归在内划为蓄渍区，在汛期闭闸期间，容蓄全区渍水，为争取冬耕时间，在新堤同时建闸。汛后新滩口、新堤两闸先后开闸泄水，控制蓄渍区最低水位23.00米。

（2）堵塞东荆河通向内荆河流域的高潭口、黄家口、南套沟、裴家沟、柳西湖沟、西湖沟、汉阳沟等7条河沟，修筑中革岭至胡家湾隔堤。为解决堵塞7条河沟对东荆河的泄水负担。初步估计把东荆河南叉展宽200～250米。至于长远计划，汉江要求扩大东荆河下泄量，可结合东荆河整治方案一并解决。

（3）控制长湖。拦蓄长湖以上山地、丘陵地区径流，以减少长湖以下渠道的泄水负担，便于长湖以下广大农田排水。具体工程为修筑长湖水库堤防，兴建习家口、高家场、塔儿桥节制闸等。

（4）整理排水渠系。中部以内荆河为主，作为总干渠，自福田寺入湖全长约97千米，在福田寺建闸节制。为减轻内荆河排水负担及考虑到改善排水后的灌溉需要，在内荆河以东、以西沿坡地与平原交界地点，布置东、西干渠。东干渠长约62千米，西干渠长97.7千米。下游以中府河、龙潭河、周老嘴港为主，整治排水渠系，自小港及小沙口入湖。中府河下段五合垸地区渍水直接自返口入湖。

（5）新滩口建闸后，有4个方面的影响，必须着手解决：①必须修建蓄渍区长430千米、堤顶高程28.00米的堤防，把径流容蓄在蓄渍区以内，以减少渍淹面积；②必须同时修建新堤排水闸；③控制新滩口后，隔断此区与长江的航运联系，为航运的需要，修建新滩口船闸或白庙船闸；④新滩口控制后，隔断了自然鱼类的来源，应发展人工养鱼计划。

五、防洪排渍效益

防洪效益 洪湖蓄洪垦殖工程兴办后，按1954年降雨情况，如采取分洪措施，当蓄洪水位为30.00米时，有效蓄洪量为57亿立方米；如蓄洪水位31.35米时，有效蓄洪量为81亿立方米；最大分流量12200立方米每秒。如配合长江中游各湖泊（洞庭湖、西凉湖）联合运用，利用蓄洪区吞吐，可以在与1954年同大洪水时保证武汉水位不超过29.73米，不会增加洪湖蓄洪区以外的淹没损失。如在1000年一遇的非常洪水情况下，扩大洪湖蓄洪区蓄洪范围，使用备蓄区，蓄洪水位31.35米，可以减少其他湖泊地区的淹没灾害。

垦殖效益 全部工程实施后，在一般年份（2年一遇）可以增垦农田153万～168万亩，改善农田排水面积最大可达271.7万亩。

灌溉效益 为保证灌溉水源，考虑在沙市修建进水闸引江水灌溉，并暂以长湖以下中部排水渠的集流面积为灌溉范围，灌溉面积约为330万亩。

航运效益 结合渠系整理规划，沟通内荆河和两沙运河的航运，以长湖水库供应其水量，保证终年通航，因而可以沟通江汉航运，较绕行长江、汉江的航线缩短 738 千米。

血防效益 采取排渍措施后，基本上消除渍荒地区，这样不但可增加大面积垦地，兴办国营农场，同时为根治血吸虫病创造必要条件。

第二节 水 系 规 划 补 充

在《荆北防洪排渍方案》的指导下，内荆河流域的治理工程自 1955 年冬开始到 1958 年春止，先后兴修洪湖隔堤及堵筑新滩口，从而降低洪湖水位 2~4 米，解决历史上江水倒灌的威胁。在内部开挖总干渠和东干渠的一部分，解决潜江、监利两县 50 万亩农田的渍涝问题。由于外面堵塞江水倒灌，内部疏通渠道，减轻渍灾，先后兴办熊口、周矶、东大垸、广华寺、漳湖、沙洋 7 场、江北、荒湖、后湖等农场。开垦农田 40 万亩，已初步呈现出治理工程的效益。1955 年长江水利委员会拟订的方案，基本上是以防洪排渍为主，随着湖泊面积减少和农田面积增加，流域内的旱情有所加重。为此，经荆州地委、荆州行署三次专门会议研究，最后确定内荆河流域治理方针是：以排为主，排灌兼顾，内排外引，等高截流，分段排蓄，综合利用。要求保证 120 天不下雨不受旱；1 日 300 毫米暴雨不受渍；1954 年型最大降雨量，农田基本不受灾。1958 年 1 月，四湖排水工程指挥部依此编制出《荆北水系规划补充草案》。

一、规划比较

长江水利委员会和湖北省水利厅前期提出的规划方案：长湖水库按 30 年一遇 3 日暴雨量，拦蓄 7 天，然后在 9 天内通过总干渠、东干渠、西干渠泄入洪湖，使水库水位仍保持经常水位 31.20 米。中游渠道以 3 条干渠为纲及若干支渠，按 10 年一遇 1 日暴雨量 7 天排完。如灌溉或泄洪量大于排泄流量时，按其大者为标准，并分片发展灌溉，提高抗旱能力。下游以洪湖、大同湖、大沙湖为基础，建立蓄渍区，以蓄纳内荆河流域在汛期不能排入长江的渍水，并在新滩口及新堤建排水闸。

四湖排水工程指挥部根据荆州地委、专署确定的方针，提出的具体规划是长湖泄洪基本不通过 3 条干渠，另由长湖经高家场到田关开挖泄洪渠出东荆河，按 1 日暴雨 300 毫米 11 天排完设计，以降低长湖渍水位。中区长湖以下，洪湖以上，利用三湖、白鹭湖及江陵、潜江、监利三县大小自然湖泊、沟渠河网蓄渍，但在长江水位不高的情况下，能排则排，以便蓄纳暴雨径流量。下游仍按原规划不变。

二、排水规划

（1）长湖泄洪由长湖经高场到田关，开挖泄洪渠一条，引长湖水出东荆河。渠长 30.5 千米，设计泄洪流量 264 立方米每秒。

（2）在东干渠下游潜江境内赵家垴，开挖一条排水渠，在监利新沟嘴或新沟嘴以下的北口入东荆河，使赵家垴以上、新城以下，约 627 平方千米的 1.13 亿立方米径流量排入东荆河。

（3）中区集流面积 4530 平方千米，按 1 日暴雨 300 毫米、径流系数 0.6 计算，径流总量为 8.16 亿立方米，解决办法是赵家垴以上 627 平方千米的 1.13 亿立方米径流量由新沟嘴或北口出东荆河；中区湖泊渠网蓄纳 5.3 亿立方米，剩下的 1.73 亿立方米由总干渠南剅沟以下 6 天排完。

（4）兴建新堤排水闸，拟定闸宽 50 米，闸底高程 20.00 米。

三、灌溉规划

（1）规划各县中小湖泊蓄水面积 375 平方千米，蓄水深 2.0~5.0 米，可蓄水 3.34 亿立方米（其中江陵 1.45 亿立方米，监利 1.39 亿立方米，潜江 0.50 亿立方米）。

（2）拟定计划三湖蓄水水位 29.50 米，白鹭湖蓄水水位 28.50 米，两湖各净容量约 1.0 亿立方米。

（3）洪湖蓄水水位从 23.00 米起 27.00 米止，相应面积为 54.44～735 平方千米，相应容积为 0.136 亿～22.480 亿立方米。

（4）干、支渠完成和河网化实施，可分别蓄水 0.797 亿立方米和 2.91 亿立方米。

以上方面，除洪湖外，三湖、白鹭湖、中小湖泊、干支渠和河网等总蓄水量为 9.047 亿立方米。假定 4 月中旬以后不降雨，根据灌溉制度设计，能保证一次灌溉。此后边灌边利用沙市、观音寺、西门湖、蒋家垴、新城 5 个进水闸，共计进流量 280 立方米每秒，另在郝穴增建进水闸 1 座，计划进流量 30～40 立方米每秒，并结合建立合理用水、节水制度，在 120 天不下雨的情况下，保证灌溉水源。

四、公路规划

结合排水干支渠开挖，利用渠堤修建沙市至潜江、沙市至汉口、沙市至监利、沙市习家口沿总干渠至新沟嘴再顺东荆河堤到新滩口、沙市至沙洋 5 条公路干线，再把 3 条干渠及二、三、四级渠道的堤面修成符合标准的道路，则荆北地区的陆路交通，可以四通八达。主要与次要交通路线共长达 39000 千米。但要达到这一计划，尚须修建公路桥及增设渡船。

五、工程效益

排灌效益　将长湖以上 2000 平方千米，以及赵家垴以上、新城以下 600 多平方千米的集雨面积的径流，分别排入东荆河，不但对中区 4000 多平方千米的面积排水提供有利条件，而且大大地降低洪湖渍水位，保证农业生产 1 日降雨 300 毫米不渍涝。内湖适当蓄水，外引江水，保证 500 万亩农田的灌溉，120 天不下雨保丰收。

航运效益　工程实施后，两沙运河可全部畅通，对江汉间物资交流，不必绕道汉口，可缩短航程 700 千米，总干渠形成后，可通行 400～500 吨轮船，由沙市直达汉口，较走长江缩短航程 180 千米。从汉口经内荆河到长湖接沮漳水系可到远安，田关泄洪渠开通和沙洋船闸兴建后，可通汉江及其支流东荆河。河网化竣工后，荆北地区内部形成蜘蛛网式的水运网，上到长湖，下到洪湖，北抵东荆河，南到长江，四通八达，交通便利。

其他效益　洪湖蓄洪垦殖工程，保证水产面积 842 平方千米，并可结合植莲；渠网可植树 1050 万株；挖新渠填旧河，变死水为活水，消除荒渍地，消灭钉螺，为消除血吸虫病创造条件。

第三节　河　网　化　规　划

根据 1955 年《荆北地区防洪排渍方案》和 1958 年 1 月《荆北水系规划补充草案》，到 1960 年止，内荆河流域修建洪湖隔堤，挖通总干渠（亦称中干渠）、东干渠、西干渠、田关河干渠四大骨干渠道，疏浚部分支渠；并修建新滩口、观音寺、田关、西门渊、王家巷、新堤等大中型排灌涵闸；同时兴办 16 个国营农场，开垦农田 90 万亩；扩大自流灌溉面积 292 万亩，改善排水面积 500 多万亩，使整个荆北地区可以安全宣泄 10 年一遇 1 日暴雨 140.8 毫米，基本消除严重的渍涝灾害。

在严重的渍涝灾害初步解决以后，特别是经历 1958 年、1959 年、1960 年连续三年干旱后，随之而来的是灌溉问题。但由于河湖控制涵闸尚未兴建，不能抬高水位灌田，而已建灌溉涵闸在江汉低水位时期又难以引水，因此灌溉水源比较困难，加之这 3 年冬春季降雨较小，部分地区严重春旱，影响插秧播种。此时，如何解决灌溉水源已上升为荆北地区的主要矛盾。1961 年 5 月，荆州专区水利工程总指挥部根据内排外引，排灌兼顾，等高截流，分段排蓄的治理方针，在原有省、地规划的基础上，作出《荆北地区河网化规划草案》。

一、工程规划

总的原则是以总干渠、东干渠、西干渠、田关河四大干渠为纲，打破地域界限，废堤并垸，分区布网，以排灌为主，兼顾渔业、航运、发电、加工和垦殖，要求做到河湖分家，互不干扰，分片引灌，分区排蓄，全面开发，综合利用。具体内容如下。

（一）建立以沙市闸为纲的九大灌区

即：沙市闸灌区 3065 平方千米，观音寺闸灌区 790 平方千米，一弓堤闸灌区 563 平方千米，西门渊闸灌区 340 平方千米，王家巷闸灌区 500 平方千米，北王家闸灌区 194 平方千米，马家头闸灌区 85 平方千米，新堤闸灌区 876 平方千米，新城闸灌区 286 平方千米。

（二）建立两大排水系统

沙市—田关为一排水系统，配合东荆河口控制的运用，以田关闸为出口；沙市—新滩口为另一排水系统，以新滩口闸出口为排水中心，配合螺山、新堤大闸、永安、永乐等闸的联合运用，排泄长湖以下的渍水。

（三）建立三大调蓄区

保证四大干渠安全行洪。上区以长湖为滞洪区，以刘家岭为控制点，先蓄后排；中区以洪湖为蓄洪区，以福田寺为控制点，如沿江涵闸可以自流排泄，则中区雨水不入洪湖调蓄；下区以大同、大沙湖现有湖泊为蓄洪区，控制调蓄面积 185 平方千米，其中，大同湖 124 平方千米，大沙湖 61 平方千米。

（四）固定湖面，以利垦殖

三湖、白鹭湖不考虑调蓄，可适当开垦，洪湖一般不再围垦，控制长湖养殖面积 19 万亩。

二、实施措施

对全部工程任务采取分年、分批施工，计划用 4 年时间（1961—1964 年）完成规划任务，使荆北地区实现河网化。

（1）以沙市闸为中心修建沙市灌溉闸及雷家垱、刘家岭、习家口、福田寺等建筑物 21 座，开挖疏浚沙市闸引河、新滩口引河等工程。

（2）以开挖沙市闸灌溉渠（沙市—牛马嘴）和沙市闸配套建筑物为主，结合疏浚整理有关主要支渠大小建筑物 42 座。

（3）以整治内荆河及修建干渠两岸配套建筑物为主，结合疏浚，整治有关支渠，共计大小建筑物 70 座。

（4）以开挖两沙运河（牛马嘴—赵家台段）、洪湖河湖分家渠和修建主要支渠两岸配套建筑物为主，结合完成主要支渠的煞尾工程，共计大小建筑物 40 座。

三、工程效益

（1）预计可增垦耕地面积 220 万亩，其中已垦 90 万亩，还可增垦荒地 130 万亩，较原有基本农田 500 万亩（不包括上区 200 万亩）增加 44%

（2）汛期遇到 20 年一遇的 1 日暴雨 158.8 毫米不受渍，75% 的农田可以保种保收，其余 25% 的耕地视降雨时可争取改种抢收。

（3）自流灌溉面积可增加到 580 万亩，占总规划耕地 720 万亩的 80%，其余部分高地可提水灌溉，基本消灭旱灾。

（4）有效养殖面积为 120 万亩，年产成鱼可达 9000 万千克。

（5）发展水运航程 1030 千米，使整个荆北地区水道基本连通，各大小城镇均可以利用水道往来，其中两沙运河可通 500 吨的轮船，内荆河可通 300 吨的轮船。

（6）死水变活水，可以消灭钉螺，保证人民身体健康。

第四节 排灌工程补充规划

四湖治理工程从1955年开工到1963年春止，共完成干支渠道开挖土方8017万立方米，其中开挖四湖总干渠、西干渠，东干渠、田关河四大干渠完成土方5633立方米；修建大、中型建筑物102座，其中，国家投资兴建的共72座，地方筹资及集体兴建30座。通过这些工程的兴修，基本上改变过去易旱易涝的面貌。根据实际运用情况来看，虽大型建筑物及四大干渠工程已初步形成，但由于中、小型控制建筑物与排灌支渠的配套工程跟不上，影响工程效益的发挥。1963年5月，成立不久的荆州专署四湖工程管理局即编制完成《四湖排灌工程补充规划》。

一、规划原则与设计标准

（一）规划原则

《四湖排灌工程补充规划》是以排为主、排灌兼顾、内排外引、分片排蓄、全面治理、综合利用为指导思想进行规划

（二）设计标准

（1）排水渠、闸设计标准。四湖总干渠上段（习家口—福田寺）、东干渠已按原设计标准基本完成，为适应已挖干渠的断面，并考虑到农村劳动力情况，支渠断面暂按10年一遇1日暴雨量143.6~132.3毫米3天排完标准设计，20年一遇1日暴雨5天排完标准校核。因建筑物定型以后，不便扩建，内湖涵闸均按20年一遇1日暴雨160~184毫米3~5天排完标准设计。

（2）引灌渠、闸设计标准。按土地利用率70％、复种指数180％、渠道输水损失按每平方千米引进流量0.07立方米每秒的标准设计灌渠断面。涵闸按2年一遇（50％频率）江水位设计，4年一遇（75％频率）江水位校核。

二、排水规划

（一）排水范围划分

（1）上区。范围为长湖以上，田关河以北，面积3402平方千米，以长湖为滞洪区，以刘家岭闸为控制点，当东荆河水位低能自排时，闭刘家岭闸，先将田关河以北，西荆河以东482平方千米的雨水通过田关河排入东荆河，然后开刘家岭闸，排长湖以上地区2920平方千米的雨水；当东荆河水位超过31.00米时，田关闸不能排水，且持续时间长达4~5个月之久，只能利用洪峰间隙抢排部分渍水；当不能抢排时，即通过总干渠习家口闸、东干渠高场南闸、西干渠雷家挡闸及浩口闸，分别排入洪湖。

（2）中区。范围为长湖以下，监利沙湖以上，监北渠以南，福田寺以上，面积3780平方千米。以总干渠为主要排水道，如长湖水位低，中区雨水在不影响洪湖县（今洪湖市）沙口、汊河区生产的情况下，适当控制福田寺闸，使中区雨水通过彭家口闸经内荆河于新滩口直排入江。如降雨强度大，福田寺闸上游水位超过25.50~26.00米，影响中区农田排渍，同时照顾下游生产适当控制彭家口闸，开启福田寺闸，排水入洪湖再经张大口、小港口闸入内荆河至新滩口抢排入江；如长江水位高，新滩口闸不能抢排时，东荆河汊阳沟闸在满足下游排水以后还有抢排机会，就承排洪湖渍水，待汊阳沟闸也不能抢排时，即由洪湖蓄纳。

中区从田关闸以下到郭口，东二连灌渠以北约300平方千米的范围，在东荆河水位较低时，尽量利用付家湾、北口、郭口等闸向东荆河抢排，以减轻洪湖蓄渍负担。

（3）下区。范围为监北渠以北、新滩口以上，承雨面积1456平方千米，以总干渠（即老内荆河）为界，分别处理。监北渠及总干渠北部、新滩口以上片承雨面积895平方千米，汛期主要利用南套

沟，白庙、汉阳沟三闸抢排入东荆河。按地形及沿河已有排水设施，又可划分为三片。即监北渠以下到丰口一带利用施家港、万家坝、白庙三闸抢排；白庙以下到大同湖以上利用南套沟闸抢排；大同湖以下到新滩口一带利用汉阳沟闸抢排。不能抢排时，丰口以下地区由大同湖及各小湖泊分片蓄纳，丰口以上入洪湖蓄纳。

小港以下，总干渠以南片承雨面积 561 平方千米，在汛期尽量利用新滩口闸及沿江涵闸抢排，新滩口闸和汉阳沟闸均不能承排时，由大沙湖及各小湖泊蓄纳。总干渠水位不降低（张大口、小港闸不能控制），以利待机抢排。

（4）洪湖围堤周围地区。包括监利县尺八、白螺、汴河、朱河 4 个区及毛市、红城区的一部分；洪湖县的洪湖区、郊区、沙口区的一部分及洪湖湖面，面积 1806 平方千米，渍水直接排入洪湖，汛期利用螺山闸（扩大螺山河），及新堤的新、老闸抢排，不能抢排时，由洪湖蓄纳。

（二）渠系布置

根据分片排水的原则，结合四湖流域已有水系现状，渠系规划布置共计有四大干渠，共长 439 千米；支渠 149 条，共长 1192 千米。

（1）总干渠（又称中干渠，包括内荆河）。从习家口至新滩口全长 216 千米，改造后为 198 千米，为荆北地区主要排水道，两岸分置支渠 64 条，共长 619 千米。其中，总干渠上段习家口至福田寺长 85.4 千米，按设计已基本完成；中段从福田寺以下，利用内荆河河道，经沙口绕丰口至小港长 72 千米，河道迂回曲折，河床断面小，河底高，排水不畅。计划从下新河起沿洪湖北部边缘，经东湾、蔌田口至小港开挖新河，长 15 千米，河湖分家，较老新河缩短 18 千米。下段从小港起经黄蓬山、珂理湾、琢头沟、坪坊至新滩长 58.7 千米，利用原有老河，但河道曲折，断面不够，须予疏浚。

（2）东干渠。从荆门李家市起经高家场、熊口、徐李市到冉家集与总干渠汇合，长 64.0 千米，两岸支渠 20 条，共长 121 千米。

（3）西干渠。从沙市雷家垱起经江陵县岑河、熊河、普济、秦场、监利县汪桥、鲢鱼港、西湖嘴、汤河口，于泥井口同总干渠汇合，长 94.7 千米；另有老河经鸡鸣铺、卸甲河至南刽沟与总干渠汇合；两岸支渠 24 条，共长 134 千米。

（4）沙田干渠。即沙市至田关，其中下段从刘家岭到田关为田关河，从沙市经雷家垱、关沮口、习家口、刘家岭、高家场至田关，全长 64 千米，两岸支渠 7 条，共长 87 千米。沙市闸兴建后，沿上述地点在长湖南岸开一条新河接田关河，实行河湖分家，以便有计划地控制长湖水位。

三、灌溉规划

规划灌溉面积 7077 平方千米，灌溉农田 743 万亩（包括规划实现后的增垦面积），实际需要灌溉流量 495 立方米每秒，至 1963 年沿江河已建进水闸及排灌两用闸共有引水流量 654.7 立方米每秒，按设计流量足够有余，但通过实际运用情况来看，除长江的万城闸和汉江的兴隆闸以外，其他各闸存在不同的问题。沿长江的西门渊、王家巷等闸一般要在 4 月上旬才有水可引，沿汉江及东荆河的田关、付家湾、北口等闸一般要在 6 月才有水可引，每逢春旱，引水难以保证。为提高保证率保证春旱有水灌溉，以沙市建闸最为可靠。根据四湖流域地形和已有灌溉设施，将全区划分为 11 个灌区。

（1）万城灌区，面积 238 平方千米，灌田 25 万亩，1962 年已建 3 孔进水闸 1 座，流量 40 立方米每秒。

（2）沙市灌区，面积 3153 平方千米，实际需引水流量 221 立方米每秒，灌田 331 万亩。

（3）观音寺闸灌区，面积 790 平方千米，实际需引水流量 55.3 立方米每秒（观音寺闸设计最大流量 77 立方米每秒），灌田 83 万亩。

（4）一弓堤闸灌区，面积 428 平方千米，实际需流量 30 立方米每秒，灌田 45 万亩。

（5）西门渊闸灌区，面积 340 平方千米，实际需流量 23.8 立方米每秒（西门渊间设计流量 25.32 立方米每秒），灌田 35.7 万亩。

（6）王家巷闸灌区，面积 500 平方千米，实际需流量 35 立方米每秒，王家巷闸设计流量 42.7 立方米每秒，灌田 52.5 万亩。

（7）北王家闸灌区，面积 191 平方千米，实际需流量 13.4 立方米每秒，北王家闸设计流量 20.7 立方米每秒，1962 年又在白螺矶建闸 1 座，设计流量 8 立方米每秒，灌田 20 万亩。

（8）马家码头闸灌区，面积 85 平方千米，实际需流量 6 立方米每秒，灌田 8.9 万亩。

（9）新堤老闸灌区，面积 876 平方千米，引灌流量 61.3 立方米每秒，灌田 92 万亩。

（10）兴隆闸灌区，面积 349 平方千米，实际需流量 24.4 立方米每秒，兴隆闸设计流量 32 立方米每秒，灌田 36.6 万亩。

（11）西荆河灌区，面积 127 平方千米，灌田 13 万亩，需要灌溉流量 9 立方米每秒。

四、长湖控制与运用

拟定长湖死水位 30.00 米，正常水位 30.50 米，正常滞洪水位 31.80 米。按 30 年一遇 3 日暴雨设计，当东荆河能排时，尽量抢排；不能排时分配总干渠习家口闸 50 立方米每秒，东干渠高家场南闸 80 立方米每秒，西荆河浩口闸 24 立方米每秒，西干渠雷家垱闸 40 立方米每秒。如遇 100 年一遇降雨，径流总量 4.335 亿立方米，相应水位 32.40 米，采取边蓄边排办法以减少长湖四周淹没损失。长湖库堤设计堤顶高程 34.00 米，堤顶宽 5 米，边坡比 1：3。

五、洪湖蓄渍垦殖工程

洪湖蓄渍垦殖工程按 10 年一遇标准设计，堤顶高程 27.50 米，堤面宽 3 米，内坡比 1：2，外坡比 1：3。

第五节 水利综合利用规划

1964 年汉江流域出现了自 1935 年以来的大洪水，10 月 9 日东荆河陶朱埠站水位高达 42.26 米，流量达 5060 立方米每秒。四湖流域因东荆河水位高，加之长江洪水顶托，内垸渍水成灾，监利、洪湖两县成灾农田 171 万亩（监利 137.9 万亩、洪湖 33.1 万亩）。

1964 年 9 月 19 日，湖北省人民委员会组织四湖地区（包括汉南地区）综合开发考察团，由省水利厅厅长、著名水利专家陶述曾率水利、科技、农业、农垦、交通、水产、卫生等方面的领导和专家 30 余人，对四湖流域包括汉南地区以水利规划为中心的综合开发进行考察，历时 25 天，编写出《四湖地区综合考察报告》。同年 10 月，省人民委员会接到报告后，即成立荆北地区水综合利用规划领导小组，副省长夏世厚、水利厅长陶述曾分别任正、副组长。由湖北省水利厅水利设计院为主，省直有关部门及荆州专区、四湖流域各县协助制定《荆北地区水利综合利用补充规划》，进一步提出治理方案，根据地势特点，把全区分为上、中、下三片，既分片治理又有机结合。

一、规划标准

（一）排涝

以不低于 5 年一遇为基础，汛期关闸期间（5—10 月）的降雨，用 10～20 天排至冬播生产线；农田排渍按 10 年一遇 3 日暴雨 4 天排完设计；抽水机站设计标准为 5 年一遇，7～10 天排完；渠道建筑物，按 20 年一遇暴雨设计；渠道按 5 年一遇 3 日暴雨 3～5 天排完设计。

（二）灌溉

一律按保证率 80%、抗旱 50～70 天计算，即 5 年一遇标准。四湖流域渍水位与外江水位为 2 年一遇，或为与渍水设计年同一年的外江相应水位。

二、规划内容

（一）长湖控制运用方案

长湖位于四湖上区，总承雨面积 3240 平方千米，湖底高程 27.80～28.30 米，一般水位 30.00～30.50 米，常见洪水位 32.50 米，最高洪水位 1950 年 33.38 米、1954 年 32.98 米，最枯水位在 1928—1929 年及 1900—1901 年两年内丫角庙断流，湖面大部干涸，行人可涉水而过。长湖最低垦殖线 29.50 米。

根据等高截流、分层排蓄的原则，将长湖作为上区的蓄渍区，拦蓄上区的山洪和渍水，以减轻中、下区的渍水威胁。在沙市进水闸未建以前，适当蓄水以备中区部分农田春灌灌溉水源和供应中区干渠航运所需水源。运用的方式及工程措施是：上区长湖排水在一般情况下经刘家岭闸由田关河入东荆河，当田关闸关闭不能外排时，长湖必须调蓄，当长湖超过蓄洪水位 32.00 米时，由高家场闸、习家口闸、雷家挡闸经总干渠泄入洪湖；观桥河来水大，太湖港附近 95.4 平方千米低地（32.00～32.50 米）将受到威胁，需在秘师桥建节制闸防长湖水倒灌，并建电排站排入长湖；西荆河以东、田关渠以北地区（包括小江湖）650 平方千米面积渍水，当田关闸关闭时，在田关建电排站排入东荆河，或在高场跨田关河建倒虹吸管经东干渠汇入洪湖；当特大洪水年份（如 1950 年），需要同时运用紧急蓄洪区时，计划加强豉湖周围堤防，作为紧急蓄洪区，选择在张家湖的丁家嘴与宜阳寺之间的高地扒口泄洪。

（二）东荆河进口建闸控制方案

四湖上区的渍水主要入长湖后经田关渠闸排入东荆河，但由于东荆河进口河床高程一般为 30.00～30.50 米，河口拦门沙坝高程为 31.00 米，当进口汉江水位 32.00 米时，东荆河流量为 260 立方米每秒。因此，东荆河从每年 4 月中旬至 9 月下旬的一般水位均超过 31.00 米，而长湖正常滞洪水位仅 32.00 米，通过田关渠长 30 千米的万分之一的坡降，田关渠河尾最高水位为 30.50 米。在此期间，四湖上区渍水从田关渠闸抢排概率很低，为解决四湖流域的渍涝灾害，拟规划在东荆河进口建闸，控制汉江向东荆河分流，降低东荆河水位，有利于四湖上区长湖及东荆河两岸剅闸的排渍，同时，也有利于汉江在中低水位时的航运和灌溉。

东荆河进口控制闸按 1 级水工建筑物设计，分流量为 5000 立方米每秒。在控制闸建成后，当汉江泽口水位在 36.00 米（或设防水位 38.20 米）以下不开闸分流，超过以上水位时开闸分流，不影响东荆河原有最大泄洪量。

（三）东荆河下游改道方案

东荆河下游河道多支流，在中革岭以下主要分为南北两支，北支经杨林尾至火炉沟与通顺河汇合，南支沿洪湖隔堤在曲口与北支汇合后流入洪泛区，由沌口入长江。南北两支在低水位时尚有河槽可循，高水位时则连成一片，称为东荆河下游洪泛区，共有蓄洪面积 660 平方千米，为防长江倒灌，汉江分洪及东荆河、通顺河诸水下泄停储场所。

东荆河下游北支在火炉沟与通顺河汇合，每年 4—9 月洪水长期占据排水河道，并大量向内河倒灌，影响内垸 1284 平方千米面积的渍水不能外排。对此，长江流域规划办公室曾提出东荆河下游改道方案，沔阳县于 1963 年堵死北支，并从董家挡—大垸子（五湖与莲湖之间）新修隔堤一段，长约 15 千米，同时由大垸子至北支的王家台修筑一通围堤，作为临时隔开的初步措施。为全面实施东荆河下游改道方案，拟定堵死北支，扩大南支，在三合垸开改道口直入长江，并按汉江干堤标准新修改道隔堤与江堤衔接，刨毁洪道内所有民垸；按长江干堤标准加培洪湖隔堤，以及加强险工防冲护岸护坡，防御江水倒灌。为不影响东荆河的排泄，改道出江口的泄洪流量均按原上游来量 5000 立方米每秒设计，改道后使东荆河水直入长江，不入洪泛区，有利于汉南地区排渍及洪泛区的控制作用。改道后的河道缩短，有利于泄洪，加快排水。

（四）沙市进水闸方案

荆北地区已有的灌溉闸中，除沿长江的万城与观音寺闸及汉江的兴隆闸外，其他各闸灌溉保证率很低，一般要在 4 月才能引水，如遇春旱，荆北地区有 7200 平方千米缺乏春灌水源。根据长江 1952—1958 年共 7 年的水位记载，由于 1—3 月沙市水位最低 32.67～33.79 米，因此在沙市建闸引灌，可确保四湖中区 728 万亩农田灌溉水源，还可通过沙市田关干渠保证内荆河与东荆河的通航流量。

（五）增建洪湖排水闸方案

四湖中下区的排水总咽喉是新滩口。为防止江水倒灌，1959 年在此处建大型排水闸一座，设计排水流量 400～450 立方米每秒，通过几年运用，效果很好。但由于种种原因，仍感不够，故拟建新堤排水闸，利用汛期洪峰间隙抢排洪湖渍水，汛后与新滩口闸联合运用，加速排水，保证冬播，尽量利用自然排水，减少机电排水的装机容量。

（六）新滩口排水闸改装方案

新滩口排水闸建于 1959 年，当时对闸的结构设计只考虑防洪排水的需要，只能挡御长江洪水，如果节制抬高内湖水位，即发生闸身安全漏水现象（止水设备安装在上游），故拟定对新滩口排水闸进行闸室稳定、下游隐患及防冲消能、启闭设备、闸门修改等方面的改装及校核。改装后闸内控制水位最高 24.00 米，内外水差不超过 6 米，要求能达到排水、节制两用，以利灌溉和航运。

（七）兴建大型电力排灌站方案

荆北地区地势低洼，汛期外江水位高于内垸地面，渍水无法自排入江，只能滞蓄在湖泊和渠网之内，一遇大暴雨，则淹没农田，渍涝成灾，发展电力排水站是解决关闸期及特大暴雨时不能外排或自流排水不及时的低洼地区涝灾，以及高地灌溉的重要措施。电力排灌站布设的原则是充分考虑到自流排灌条件不好、经利用湖泊沟渠分片调蓄仍不能解决渍涝的地方。计划在田关、螺山、石码头、老湾、新滩口布设 5 处大型电力排灌站。

（1）田关电力排水站。规划控制田关渠北岸、西荆河流域面积 650 平方千米。当东荆河田关闸外水位高，内水不能外排时，根据农作生长季节耐淹程度，开机提排。

（2）螺山电力排水站。计划从洪湖白河潭经殷家墩至洪湖把子棚筑隔堤一道，控制排水面积 1215 平方千米（包括调蓄湖面 119 平方千米），并在隔堤上建一适当排水能力的控制闸，在暴雨后，先排控制范围内的渍水，待控制区解除涝灾威胁后，将控制闸打开，继续抽排洪湖的水，尽可能使湖水位排至一定控制高程（最低达 24.50 米），以便蓄纳二次暴雨径流，以后逐次按此方法进行。

（3）石码头电力排灌站。规划控制排水面积为 1185 平方千米，利用内湖及内荆河调蓄。运用方式为先排区间径流，再开启张大口与小港二闸排洪湖渍水，使湖水位降至控制水位，以便蓄纳再次降雨径流量。规划灌溉面积 58.1 万亩。

（4）老湾电力排灌站。规划控制大同湖以上集流面积为 569 平方千米，并能兼顾沿江高地的灌溉。可利用大同湖调蓄，降暴雨后，先抽排解除生产线 23.50 米以下的渍水威胁，然后配合螺山、石码头站抽排洪湖渍水。

（5）新滩口电力排水站。规划控制集流面积 603 平方千米。当暴雨后，先利用大沙湖和内荆河河道及部分小湖泊调蓄。经调蓄后，农作物生产线 22.50 米以上，仍有滞涝即利用此站抽排出江。等解除农作物渍水威胁后，即配合螺山、石码头、老湾 3 个站抽排洪湖渍水。控制到一定水位，然后关闭张大口与小港二闸，堵洪湖来水，再继续抽排降低大沙湖及内荆河水位，作再次暴雨径流调蓄。

（八）荆北地区排水系统规划

建立两大排水系统。其中田关河为一个排水系统，配合东荆河口控制运用，以田关闸为出口；四湖总干渠为另一个排水系统，自新滩口闸排泄长湖以下来水，为对洪湖实行控制运用，规划实施四湖总干渠和洪湖分开的方案。

（九）荆北地区灌溉系统规划

建立五大灌溉系统。即长湖以上系统（万城、兴隆等闸引水灌溉范围），观音寺闸系统（已建立观音寺闸及拟建柳口闸灌溉范围），沙市闸系统（拟建沙市闸及已建东荆河沿岸各闸引灌范围），监利系统（一弓堤、城南、王家巷等闸引灌范围），新螺系统（沿长江干堤较高地带，已有的小闸保证率低，新增设电灌范围）。

第六节　四湖总干渠中段河湖分家工程规划

1955—1960 年，四湖总干渠习家口至福田寺段已疏挖完成，福田寺以上来水，一部分经内荆河至峰口、小港流入下内荆河，另一部分经福田寺下泄至王家港直接入洪湖调蓄。福田寺至小港的下内荆河河长 67 千米，河道迂回曲折，水流不畅，迫使福田寺以上来水大量直接入洪湖调蓄。水量分散，使小港至新滩口的水面坡降变缓，不利于新滩口向外抢排，减少向外江抢排的水量，挤占洪湖蓄渍的容积。为充分利用新滩口向外江抢排渍水，1965 年 11 月，荆州专署水利局在 1964 年 10 月《荆北地区水利综合利用补充规划》的基础上，编制出《四湖总干渠中段河湖分家工程规划设计补充报告》。

一、规划原则

利用提高新滩口排水闸关闸水位，延长抢排时间；力争高水高排，使中区渍水尽量外泄，减少洪湖蓄水量和吞吐负担；为电力排水工程打下基础，力争做到既是自排系统，也是电力排水系统；尽量避免大量拆迁房屋和挖压基本农田。

二、规划方案

从福田寺入湖闸下游的王家港起，沿洪湖的北缘新开挖排水干渠至小港，全长 47 千米，其中新开挖干渠 42 千米，设计流量 380 立方米每秒，一河两堤，作为总干渠中段，并在南堤下新河附近建一座进出湖两用闸和在福田寺、小港各建船闸一座，实行河湖分家，排灌分家，沟通内河航道。当新滩口自排时，福田寺闸下泄水量不再经过洪湖调蓄，而直接沿渠道至新滩口排入长江，做到高水高排。

在规划的实施过程中，由于沿湖干渠的有些地段淤泥深厚，挖河筑堤困难，只完成北岸堤防，南岸自潭子口以下没有形成完整堤防，河湖分家工程规划未能实现，而老内荆河却已废弃，丧失排水功能，上游来水全部经新挖干渠入洪湖。由于过水能力与上游来量不配套，常常出现水位壅高，于是又在柳口开挖入洪湖的渠道（汉沙河），使福田寺闸的来水能尽快流入洪湖。

第七节　电力排灌工程规划

四湖流域中下区三面环水，地势低洼，汛期绝大部分地面低于平均洪水位以下。由于长江、东荆河发生洪水较早，水位上涨快，新滩口闸一般在 5 月底至 6 月初即要关闭，每年关闸期约为 90 天，最长可达 120 天。一般年份关闸期内来水量在 15 亿～20 亿立方米，仅有洪湖能蓄 10 亿立方米左右，因此容易形成严重渍涝灾害。再者随着四湖流域河网化形成，原本低浅渍荒的湖沼开垦成农田，农业生产线越来越低，对排渍要求也就越来越高。另一方面，随着电力建设的发展，输变电力线路的架设为大型电力排灌站的建设提供必要条件。湖北省水利厅勘测设计院于 1966 年 3 月编制出《四湖地区电力排灌站中下区第一期工程规划》（征求意见稿），并报国家计划委员会审批。1966 年，国家计划委员会以〔66〕计农字 908 号文对《四湖中下地区第一期电力排灌工程规划》作出批复，要求新建泵站不宜过分集中和研究减少新滩口配套装机容量的可能性。对此，省水利厅水利勘测设计院又对规划进行修改，并征求荆州专署、洪湖县水利部门和农垦部门的意见，再次于 1967 年 11 月编制完成《湖北省四湖下区电力排灌站补充规划》。

一、建站原则和规划设计标准

（一）建站原则

（1）充分利用原有自流排水工程，以自流排灌为主，提排提灌为辅，充分利用湖泊调蓄渍水，实行这种措施之后仍不能解决渍涝的地区，可考虑建站。

（2）采取分散排水和统一调度的原则，分散排水是按照四湖中下区自然形成局部盆地条件，就地分散建站，大中小型泵站相结合，在开机排涝时实行统一调度，利用流域内已有联通沟渠，适当修建一些节制涵闸，以便排完暴雨后，关闭内垸闸门，共同排除洪湖渍水，降低洪湖汛期水位，腾出库容，以保下次暴雨来临时以尽可多的调蓄渍水。

（3）综合利用设备，在有条件的地方修建排灌结合站。

（4）各排水区应自留调蓄区，以减少排水时间，减少装机容量。

（二）规划设计标准

（1）泵站排暴雨标准。以5年一遇3日暴雨作为设计标准，暴雨量175～200毫米，径流深均采用100毫米，排水历时以5天计算，即5天之内排除3日暴雨所产生的危害农作物生长的渍水。

（2）水位标准。以关闸期间（4月上旬至10月上旬）5年一遇（相当于1955年，径流深353毫米）来水量，经过内湖调蓄后最高水位不超过调蓄区正常高水位的上限（即内湖最高控制水位）。

（3）排渍标准。以汛期联合运用，经洪湖调节后汛期水位在10年一遇标准年份为26.00～26.50米。作为全局性排水校核标准。建站设计排水流量，以排水面积计算，排水流量模数一般变化范围为每平方千米0.1～0.15立方米每秒。

（4）灌溉设计标准。灌溉保证率为80%，毛灌溉流量模数水田为每万亩0.665立方米每秒，旱地为每万亩0.333立方米每秒。

二、布站方案

1964年10月《荆北地区排涝灌溉补充规划》初列建站分别为螺山、南套沟、大沙湖、大同湖、沙套湖、石码头6处电力排灌站，设计装机容量27123千瓦，排水面积3574.6平方千米，并以螺山、南套沟两站控制调度洪湖最高水位不超过26.00米。

1966年3月编制的《四湖地区电力排灌站中下区第一期工程规划》（征求意见稿）拟兴建新滩口、南套沟、大沙湖、大同湖、沙套湖、土地湖、石码头、小港、监南地区6处、监北地区5处共19处电力排灌站，排水面积2539.44平方千米，设计排水流量420.35立方米每秒，共计装机25624千瓦。其中以新滩口、南套沟、大沙湖3站规模最大，联合运用控制洪湖水位。

1967年11月编制的《湖北省四湖下区电排站补充规划》在满足前述规划设计标准排水与灌溉任务的条件下，对1966年规划中的6座大型泵站的装机容量作出调整，见表6-1。

表6-1　　　　　　　　　四湖中下区各站装机容量规划成果对比表

站名	原方案（1966年）		新方案（1967年）		电泵站特性
	计算装机/kW	选定配套/(台×kW)	计算装机/kW	选定配套/(台×kW)	
新滩口	8750	7×1600	6100	4×1600	排水
南套沟	5205	10×570	6240	4×1600	灌溉
大沙湖	2045	4×570	2900	20×155	灌溉
大同湖	1880	5×400	1490	10×155	灌溉
沙套湖	438	5×115	1030	6×180	灌溉
石码头	1050	2×570	1190	8×155	灌溉
总计	19368	22895	18950	19770	

注　新滩口排水站在1966年规划配套装机为8台×1600kW，但报送设计任务书为7×1600kW，故表中以后者为准。

三、站址选定及工程规模

(一) 新滩口电力排水站

规划建设在洪湖县新滩口船闸左侧老河堤上，主要担负排除自彭家口至站前 26.00 米高程以上截流面积的渍水任务，总面积 538.63 平方千米，一次设计暴雨总来水量为 5386 万立方米，调蓄容积 1200 万立方米，5 天排泄水量 4186 万立方米，设计排水流量 96.8 立方米每秒，排水效益 53.86 万亩。

(二) 大沙湖电力排灌站

拟建在洪湖县长江左岸的彭家码头。规划泵站任务：①排除大沙湖地区集水总面积 302.24 平方千米（26.00 米高程以下）的汛期内涝渍水，排水效益 22.4 万亩；②配合其他泵站联合调度，降低洪湖汛期水位；③在夏秋干旱期间提水灌溉大沙湖农场及附近农田 24.41 万亩，另有可垦水田 5 万亩，总计灌溉面积 29.41 万亩。规划确定内湖最低水位 22.50 米，控制水位 22.80 米，农业生产线 23.00 米以下。泵站按 3 日降雨量 200 毫米、径流深 100 毫米、经过大沙湖蓄调后水位在 22.50～22.80 米、5 天排水量 1238 万立方米的标准，设计排水流量 28.7 立方米每秒。

(三) 大同湖电力排灌站

拟定大同湖电力排灌站建于东荆河右岸洪湖县汉阳沟。规划排涝面积为肖家湖、磁器湖两湖集水面积 153.6 平方千米；在田水排除后，与新滩口等泵站联合调度，排洪湖渍水，降低洪湖汛期水位；在夏秋干旱期间提水灌溉农田 14.74 万亩。规划确定内湖控制水位为 22.80 米，最低水位 22.00 米，泵站按 3 日降雨量 200 毫米、径流深 100 毫米、经过内湖调节后水位在 22.00～22.80 米，设计排水流量 17.04 立方米每秒。

(四) 南套沟电力排灌站

拟定南套沟电力排灌站建于洪湖县东荆河堤南套沟。规划泵站承担任务：①排除大同湖地区和万全垸等地区集水面积 578.9 平方千米的汛期内涝渍水，排水效益 31.2 万亩；②配合新滩口、大沙湖等泵站降低洪湖汛期水位；③在夏秋干旱期间提水灌溉已有农田 21.38 万亩，另有可垦农田 6 万亩。规划确定内湖最低控制水位为 22.80 米，最高水位为 23.50 米，泵站按 5 年一遇 3 日暴雨量 200 毫米、经过大同湖调蓄后 5 天排水量 3369 万立方米的标准，设计排水流量 78 立方米每秒。

(五) 石码头电力排灌站

拟定石码头电力排灌站建于长江左岸洪湖县石码头。规划泵站承担任务：①排除洪湖县郊区 97.56 平方千米面积中 26.00 米高程以下 49.85 平方千米的汛期暴雨渍水，受益农田 49850 亩；②灌溉农田 86644 亩；③配合新滩口、大沙湖等泵站统一排除洪湖汛期部分渍水，降低洪湖汛期水位，泵站设计排水流量 11.6 立方米每秒。

(六) 沙套湖电力排灌站

拟定沙套湖电力排灌站建于洪湖县新滩口镇的虾子沟，规划承担任务是：①排除总面积 120.0 平方千米中 26.00 米高程以下，面积 78.58 平方千米的汛期暴雨渍水，受益面积为 78580 亩；②通过内荆河和金泗沟闸取洪湖汛期蓄水灌溉农田 107937 亩；③配合新滩口、大沙湖等泵站统一排除洪湖汛期部分渍水，降低洪湖水位，设计排水流量 12.18 立方米每秒。

(七) 监北地区建站

监北地区位于福田寺以下，内荆河以北，东荆河以南之间，自然面积 570 平方千米。其排水出路主要由监北干渠（亦称监洪渠）经子贝渊闸出洪湖，沿东荆河堤岸建有北口等排灌两用闸，可排除部分高地渍水。区域地面高程 25.00～30.00 米，26.00 米以下面积占 20%，沿东荆河地势较高，靠洪湖边缘较低。建站的排水出路曾有两种考虑，如建站排水出东荆河，引水工程不能充分利用已有排水渠道，建截流工程困难，打乱已建排水系统，装机容量比采用入湖的措施要增加 3 倍。

采用分散建站等高截流排入洪湖，可充分利用已建成排水系统，并可争取多自流排水。故确定监北区的建站任务是建二级站，排除高程 26.00 米以下民垸渍水入（内荆河）湖。初拟建青泛湖（垸）站、碟子湖（垸）彭家口站、王大（下）垸站、官王垸站、民生垸站等 5 处，合计面积 153.3 平方千米，设计流量 35.75 立方米每秒，计算装机容量 890 千瓦。

（八）中府河、柴林河地区建站

中府、柴林河地区位于子贝渊闸以下，东荆河以南，内荆河以北之间，两河合计自然面积为 315 平方千米，地面高程为 25.00～30.00 米。自流排水出路是由内荆河经下新河闸入洪湖，沿东荆河堤岸建有白庙等排灌两用闸，可在东荆河低水时期排除部分高地渍水。为提排渍水，曾考虑单独建站出东荆河，站址选在朱新场（或合并南套沟站），这样布站打乱排水系统，不能高低分排。故拟建土地湖电力排灌站，排水面积 95.11 平方千米，调蓄容积 600 万立方米，一次暴雨来水量 951 万立方米，5 天排水量为 351 万立方米，排水流量 8.13 立方米每秒，装机容量为 340 千瓦。

（九）监南（监螺）地区建站

监南（监螺）地区位于长江边缘，上起监利县城郊，下至螺山（新堤），北界四湖总干渠，地势东倾，排水河道尾闾入洪湖，自然面积 1055 平方千米。地面高程 24.00～30.00 米，其中地面高程 26.00 米以下面积 380 平方千米（占 36%），洪湖水位达到 2～5 年一遇就不能排入洪湖，需建电排站解决。建站布置曾有直接排江和入湖两种考虑，后经装机容量、电量、电费、土方、投资等方面的比较，规划采用分散建站的方案，即依水系情况将监南地区（包括螺山—新堤间）分为 6 片排水区，分别在汴河、朱河、幺河口等处建 6 个二级泵站，按 26.00 米高程截流，低地建站提排入湖。排水面积共 562 平方千米，流量 127.75 立方米每秒，装机容量为 5138 千瓦。

四、工程效益

（一）排水效益

电力排灌站的排水效益，有直接效益和间接效益两部分。直接效益是指在排水区较低的地面，由于不建站就无法进行农业生产，还要投入大量种子、农药、化肥及抗灾的人力和物力，四湖中下区地势低洼，未建泵站前还达不到 2 年一遇的排涝标准，规划实施后，四湖中下区的排涝按 10 年一遇标准设计，农业生产保证率提高。间接效益是指由于建站后，可降低地下水位，降低排暴雨洪水位，减轻排涝任务，提高单产，改种经济作物，这对棉产区尤为显著。同时，由于降低内湖水位，有利于冬季农作物下水田，可提高农田的复种指数。

四湖中下区排水效益面积 3378.14 平方千米，耕地 268.6 万亩，其中直接受益面积 77.01 万亩，间接受益面积 191.59 万亩。

（二）灌溉效益

电力排灌站实施后，可解决凡自流灌溉无法解决或引水量不足地区的水源，灌溉有效面积 77.01 万亩。

第八节　洪湖地区防洪排涝工程规划

1972 年 3—5 月，长江流域规划办公室及湖北省水利电力局召集四湖流域有关县共同研究落实洪湖承担长江 160 亿立方米蓄洪任务的工程方案，制定出《荆北地区防洪排涝灌溉综合利用规划》。湖北省水利电力局认为如按此方案实施，必定对四湖原有水系有较大的影响，为恢复因洪湖分蓄工程的施工而打乱的水系，提出《荆北洪湖地区防洪排涝工程规划》。

一、规划缘由

1952 年荆江分洪工程建成，为保护荆江大堤安全，起到重要的作用。1954 年大水后，荆北地区以加固堤防为重点，对四湖流域四周以荆江大堤为重点的主要干堤，逐年进行加高培厚和整险加固工程，到 1972 年春止，完成土方 1.3 亿立方米、石方 357 立方米，种植防浪林 490 万株，消除大量的白蚁等隐患，改善了堤质，堤身高度基本上达到或超过 1954 年实际洪水位 1.5 米，普遍提高了抗洪能力。

在内垸治理方面，先后开挖四湖总干渠、西干渠、东干渠、田关渠四条排水干渠；兴建新滩口、新堤、田关等大型排水闸和观音寺、严家台、万城、兴隆等 23 座灌溉闸，以及南套沟、螺山、大同、大沙等大中型电力排灌站，完成土方 1.5 亿立方米。至 1972 年四湖流域旱涝保收农田已达 360 万亩，占总耕地面积的 50%。结合兴修水利，消灭钉螺面积 90 万亩。与 1949 年比，四湖流域人口增长 1.87 倍，粮食增长 2.55 倍，棉花增长 4.36 倍。

随着人口的增长、农业生产的发展、社会的进步，四湖流域的防洪排涝标准及能力与之已不相适应。反映在防洪方面的是四湖流域防洪标准偏低，如遇到 1954 年型的洪水时，防洪形势非常严峻，在非常情况下，必须采取有计划的分洪措施，确保荆江大堤和武汉以及江汉油田的安全。

在内部治理方面，由于四湖流域地势低洼，雨量充沛，汛期江水上涨，沿江涵闸关闭期达 3～4 个月之久，湖泊洼地调蓄能力有限，排涝灌溉标准仍然较低，大部分地区还经常受到渍涝灾害的威胁，直接影响农业生产的稳产、高产。

1971 年 11 月 20 日至 1972 年 1 月 25 日，水利电力部在武汉市召开长江中下游规划座谈会，要求在 1971—1975 年期间，"达到农业人口每人一亩旱涝保收、高产稳产农田，促进粮食产量达到或超过'纲要'（长江中下游地区粮食亩产达到 500 千克），在一般洪水情况下保证两岸平原安全，确保荆江大堤、武汉市堤、无为大堤等重要堤防的安全，积极开展水利综合利用，发展水运水产和水电，基本消灭血吸虫病"。座谈会议还规定："在提高防御水位的条件下，遇到和 1954 年同样大的洪水，中下游尚需分蓄约 490 亿立方米的洪水，荆江分洪区分蓄 54 亿立方米，洞庭湖区分蓄约 160 亿立方米，洪湖区分蓄约 160 亿立方米，武汉地区分蓄约 68 亿立方米。"

为具体落实在洪湖地区计划分蓄洪 160 亿立方米的任务，还要继续以排涝为重点，完善现有的排灌系统，疏浚和挖通总干渠、西干渠等大型排水渠道，增建必要的电力排灌站，逐步提高排涝抗旱标准，为建设旱涝保收、高产稳产农田创造有利条件，积极开展综合利用，控湖调蓄，疏通河道，增建必要的通航船闸，发展水运水产，以达到"分洪保安全，不分洪保丰收"的目的。为此，洪湖地区防洪排涝工程规划便应运而生。

二、设计标准

（一）防洪标准

根据长江中下游防洪规划座谈会议提出的要求，洪湖地区分洪工程以 1954 年发生的洪水作为防御标准，各控制站提高后的设计防御水位为：沙市 45.00 米，城陵矶 34.40 米，汉口 29.73 米。以此推算，洪湖分洪工程措施范围内各站防御水位见表 6－2。

表 6－2　　　　　　　　　　洪湖分洪工程措施范围内各站防御水位表　　　　　　　　　　单位：m

站名	无量庵	监利	上车湾	螺山	新堤	龙口	新滩口
水位	40.30	37.30～37.50	37.00	34.00	33.46	32.65	31.44

在堤防防御水位的前提下，洪湖地区的分洪水量为 160 亿立方米，并考虑在特殊情况下，与荆江分洪区、人民大垸联合运用，降低沙市水位到 44.49 米，确保荆江大堤安全。

（二）排涝标准

大面积排涝标准按 1964 年或 1969 年实际水文年设计，略大于 5 年一遇的标准。小面积排涝标准，采用 10 年一遇 3 日暴雨 5 天排完。

（三）灌溉标准

灌溉保证率采用 80%，中稻每亩需灌水量 400 立方米，双季稻 600 立方米，棉花 100 立方米，春灌水量 120 立方米。

（四）通航标准

主航道和船闸，通航标准按 5 级航道 300 吨位级设计。

三、洪湖地区分（蓄）洪工程方案

（一）分洪区范围

分洪区以原有的湖泊如洪湖、大同湖、大沙湖为主体并适当扩大，自监利县长江干堤半路堤起，经杨家场、福田寺、沙口、峰口至东荆河堤的花鼓桥，兴建主隔堤；又自长江干堤上车湾附近起经渊头港、郭铺、桥市至螺山兴建南隔堤。长江干堤与南隔堤之间为朱河保护区，主隔堤以南除朱河保护区和新堤安全区以外，作为分洪范围，全部面积为 2370 平方千米，拟定蓄洪水位 32.50 米，有效容积 160 亿立方米。分蓄洪区范围以内耕地面积 109.4 万亩，人口 53.01 万人（1971 年统计）。其中：监利县耕地 25.7 万亩、占全县耕地面积的 12%，人口 13.3 万人、占全县人口的 13.7%；洪湖县耕地 83.7 万亩、占全县耕地面积 69.9%，人口 39.8 万人、占全县人口的 62%。为适应各种不同类型洪水的分洪量需要，尽量减少分洪时的淹没损失，采取分片蓄洪，有利于安全转移，拟在蓄洪区内兴建两条分格堤：一条自螺山至子贝渊；一条自沙口、汉河口、小港至新堤安全区，将蓄洪区分为三大片。

（二）分蓄洪工程措施规划

1. 隔堤、格堤

主要堤线，经初步实地调查，尽可能选在较高地面，避免湖沼洼地和减少房屋搬迁。

主隔堤 自监利长江干堤半路堤沿东北方向过沙湖、白艳湖之间较高地形，接总干渠南何家场，从福田寺过总干渠，经柳关、子贝渊、沙口、峰口至东荆河堤之花鼓桥，挖河做堤，渠、堤间距 150 米。

南隔堤 自上车湾附近姜刘墩经郭铺、桥市至下斗口以南折向螺山，全长 44.1 千米，结合修堤挖排水渠一道与螺山电排站相衔接。

分格堤 格堤的作用，针对不同的洪水采取分区运用，有利于人口安全转移，减少不必要的淹没损失。

（1）螺山至子贝渊穿湖格堤，全长 36.3 千米，沿已有螺山电排渠东侧修堤，考虑到穿湖地面高程较低，堤身高达 10 米以上，且两面临水，为安全计，堤内禁脚宽 150 米。

（2）沙口经汉河口、小港至新堤格堤，全长 36.0 千米，沙口至汉河口堤线，大部沿下新河北岸定线，汉河口至新堤堤线基本与新堤和白庙公路线平行，终点与新堤安全区堤相接。

2. 长江及东荆河堤加高加固工程

长江防御水位比 1954 年实际最高水位略有抬高，在洪湖蓄洪工程范围内的长江干堤、东荆河堤均按长江防御水位和蓄洪水位标准进行加培。

（1）长江干堤自螺山至东荆河口胡家湾，全长 128 千米，堤顶高程按长江防御水位超高 1.5 米，或蓄洪水位加高 2.2 米（风浪爬高 1.5 米，安全超高 0.5 米），两者取其高值进行加培，堤身断面顶宽 6 米，边坡比 1∶3。

（2）东荆河堤自中革岭至胡家湾，全长 55.4 千米，中革岭以上，受东荆河洪水控制，中革岭以下，受长江洪水顶托影响，因这段堤防外江水位低于蓄洪水位，故按蓄洪水位标准进行加培，堤身断面同长江干堤。自花鼓桥至南套沟长 22 千米堤段，采用块石护坡防浪。

3. 安全区围堤工程

洪湖县城安全区围堤，自新堤大闸，沿洪线堤北行至巫家嘴，东南至老观庙接长江堤，安全区面积 21.5 平方千米，围堤长 14 千米，分洪时计划转移人口约 8.4 万人（1971 年有城镇人口 3 万人）。除洪湖安全区外，为保护重要区镇，便于分洪区人口转移，选择沿江有利地形，另建黄蓬山、龙口、大沙、燕窝、新滩口等 5 处安全区，将来或者根据有利地形条件，在长江外滩结合整险加固，重点采取围堤固滩的措施，开辟新的安全区。5 处安全区总面积为 17.0 平方千米，分洪时约容纳 20 万人，安全区兴建电排站 5 处，装机 1225 千瓦。

4. 螺山分洪闸工程

螺山分洪闸拟建在长江干堤螺山镇附近，闸长 983 米，67 孔，每孔净宽 12 米，设计分洪流量 12000 立方米每秒，螺山分洪闸在正常情况下，能抗御 1954 年型洪水，与其他分洪工程配合，有效地控制沙市水位不超过 45.00 米，城陵矶水位不超过 34.40 米，汉口水位不超过 29.73 米。如遇到特殊情况，采取荆江分洪区、人民大垸、上车湾扒口进洪和洪湖分洪工程联合运用的方式，降低沙市水位至 44.49 米。

5. 电力排灌站工程

长江中下游防洪规划座谈会纪要对平原湖区近期治理提出的要求是："保证抗御普通旱涝灾害，做到高产稳产，在特大洪水下，有计划牺牲一部分，确保一部分，垦殖服从蓄洪。"治理涝灾的原则是："在统一规划下，高地自流排水，洼地利用内湖调蓄，适当增建大型电排站。"因此，兴建必要的电力排灌站是分蓄洪区内部建设的一个重要组成部分。在不分洪年份，做到遇旱有水，遇涝排水，保证尽快地达到高产稳产的要求；在分洪以后，可以提高排除渍水，恢复生产，减轻国家负担。

在 1954 年设计洪水情况下，区域内 5—7 月平均降雨量达 1500 毫米，由于洪湖、大同湖、大沙湖等已次第蓄洪，四湖中上游广大面积渍水无出路，分洪前势必造成严重的涝灾，增建必要的电排站，不仅可以减少灾害，也有利于安全转移，降低底水，增加蓄洪量。

电力排灌站选点，原则上应以自流排水为主，充分利用湖泊洼地的调蓄作用，采取集中与分散、大中小相结合、排灌相结合的方式。规划四湖中下区增建排灌站共 20 处，装机 58130 千瓦。其中较大型的电排站有花鼓桥站，装机 10 台共 16000 千瓦；新沟嘴站装机 5 台共 8000 千瓦；洪湖地区兴建中小电力排灌共 9 处，装机 22095 千瓦。增建小型污工泵，总装机 7635 千瓦，加上已建和正在兴建的电力排灌站 7 处，装机 22440 千瓦，共 27 处，总装机 80570 千瓦。

6. 主要附属建筑物和配套工程

由于蓄洪区隔堤、格堤和围堤的兴建，打乱原有的排灌系统，个别堤段阻塞原有水陆交通，因此，需兴建一些必要的排灌涵闸和交通桥梁工程，其规模较大的有子贝渊排水入湖闸、小港防洪闸等 12 处涵闸工程，峰口等 11 处大小桥梁工程，子贝渊船闸工程。

7. 长江干堤及东荆河堤涵闸和电排站加固工程

蓄洪区内长江干堤，东荆河堤上已建有大小涵闸 20 多处，电力排灌站 3 处。有的由于原来施工质量不良，需要加固处理；有的由于蓄洪后设防水位变化，需要接长加固。经过调查了解和初步核算，新堤大闸将利用其分洪（部分代替螺山分洪闸分洪流量）或吐洪的能力；新滩口闸作为吐洪闸，需要改建和扩建其消能防冲设施外，另有 17 处小型涵闸需要加固处理。南套沟电排站电机层高程为 32.25 米，低于蓄洪水位，为避免电器设备淹水损坏，其厂房拟改成封闭式。且在厂房下部增设充水设备，提高厂房结构在分洪时期的浮动稳定性。大同、大沙等中小电排站的电器设备，拟在分洪期拆迁转移。

（三）安全转移与汛后恢复生产

为了适应各种不同类型的洪水，有利于安全转移和减少淹没损失，将分洪区以格堤分划为三片，采取分片运用的方式。其程序如下。

第一片，洪湖片（以洪湖为主），面积 692.8 平方千米，有效蓄洪量 34.8 亿立方米，需要转移人口 63900 人，有效预报期为 3 天。

第二片，桐梓湖和上车湾洪道，面积 454.0 平方千米，有效容积 32.3 亿立方米，转移人口 12.88 万人。根据预报需要继续分洪时，在洪湖片蓄洪水位至 32.00 米以后，格堤扒口蓄洪，其安全转移时间为 5～6 天。

第三片，大同大沙湖片，面积 1223.2 平方千米，有效容积 92.24 亿立方米，人口 33 万人。当第一、第二片蓄洪水位到 32.00 米后，预报需继续分洪时，格堤扒口进洪，其安全转移时间为 8～9 天，考虑到此片人口较多，设有黄蓬山、龙口、大沙、燕窝、新滩口 5 处安全区，总面积为 17.1 平方千米，短期内可容纳 20 万人。

汛后恢复生产根据水文演算，在 1954 年洪水情况下，当年 8 月 15 日汉口水位已下降到 29.10米，并逐步继续下降，这时即可利用新滩口闸和新堤大闸吐洪。由于 1954 年长江退水缓慢，利用两闸吐洪，基本上可适应外江退水的速度，扒口吐洪效果不显著，因此洪湖分蓄洪区初步不采取扒口吐洪，在 10 月底前可以排出面积为 300～400 平方千米，冬播面积可争取 30 万亩。中上区和朱河保护区，可以充分利用已建的螺山电排站和规划的花鼓桥、新沟等电排站的作用，排干渍水，增加冬播面积约 100 万亩。

四、排涝、灌溉综合利用规划

四湖流域总来水面积 10754 平方千米（未计垸外滩地），按分层排水的原则分为三区。上区以田关渠为排水骨干，中区以四湖总干渠为排水骨干，下区则以洪湖调蓄和利用老内荆河排泄入长江。至 1971 年，总干渠上段（习家口—福田寺）和主要配套工程（如西干渠）未能按标准挖通，排灌系统不完善，排灌不分家，彼此互为干扰，不能充分发挥排水效益，灌溉也得不到保证。总干渠下段自洪湖经小港至新滩口出长江，为原内荆河道，未能全面疏浚，与新滩口闸排水能力不相适应，中上区来水壅阻下区排水，因而多处建闸控制，造成上下矛盾、阻碍通航等现象。同时，四湖流域汛期降雨量大，单靠湖泊（大部分湖泊已被围垦）不能蓄纳。1964 年为一般来水年，5—10 月径流量约为 20.4 亿立方米，除去湖泊渠网容蓄和蒸发外，尚有 10 亿立方米水量无处容纳，造成大面积渍灾。根据 1971 年长江中下游防洪规划座谈会议纪要要求，结合荆北地区实际情况，拟定以下 5项工程措施。

1. 自排为主，疏挖总干渠、西干渠，扩大排水能力，改善航运条件

第一阶段，疏挖总干渠习家口—福田寺段，渠长 85 千米，同时挖通西干渠，雷家垱—泥井口段，渠长 94.7 千米，以改善 27.00 米高程以上农田排水条件，使其排水畅通，及时泄入洪湖。福田寺以上承雨面积为 3470 平方千米，设计标准为 5 年一遇，最大设计流量为 384 立方米每秒，设计水位为25.70 米，相应洪湖调蓄水位为 24.50～25.50 米，有效调蓄容积 4.32 亿立方米。

第二阶段，福田寺—花鼓桥结合分洪工程主隔堤兴建，筑堤挖河，长 47 千米。其中，福田寺—子贝渊一段长 15 千米，渠道设计流量 384 立方米每秒，是连接福田寺以上来水泄入洪湖的一段河道；子贝渊—花鼓桥一段长 32 千米，当花鼓桥水位为 23.50 米时，设计流量为 200 立方米每秒，是以花鼓桥大型电排站排水引渠的设计流量拟订。

第三阶段，兴建花鼓桥排水闸，设计流量 300 立方米每秒，并疏浚东荆河下段低水位河槽，全长43.3 千米。在长江水位低的情况下，以便中上区来水不经内荆河出新滩口，而是直接排入东荆河。低水河道设计标准，花鼓桥处拟订水位为 25.00 米，同心垸水位（东荆河与长江汇合处）拟订水位为24.00 米，设计流量为 300 立方米每秒。

以总干渠为主的上中下三段排水系统形成后，不但中区 5370 平方千米的排水条件得以改善，而且也可以形成一条由长江入东荆河到沙市通航 300 吨级船位的 5 级内河航道，使汉口至沙市的航程缩短 217.0 千米。结合东西干渠和排水支渠开挖，还可以改善和提高 12 条 6 级航道（河渠）的通航能力，全长 645 千米，逐步建成一个内河水运网。

2. 兴建机电排灌站，分层排灌

上区 充分发挥长湖调蓄和田关渠的排水作用，以自排为主，部分低洼地区分别在秘师桥、凡场、张义嘴、花白渠、长心渠、高场 6 处分散兴建电排站，排水入长湖和田关渠，排水面积 385 平方千米，受益田亩 33.1 万亩，总装机 5530 千瓦。

中区　在花鼓桥兴建一座排水流量为 200 立方米每秒、装机 16000 千瓦的大型电排站与洪湖联合运用排水入东荆河，受益面积为 4258 平方千米（扣除螺山电排区面积）。此泵站除在一般年份担负中区的排渍任务，且在 1954 年情况下，也能正常运行，对于降低洪湖分蓄洪区底水和汛后恢复生产作用显著。

为解决新沟—白庙一带 106 万亩耕地的灌溉问题，减轻上游来水对下游的压力，拟在新沟兴建一座电力排灌站，装机 8000 千瓦，设计排水流量 85 立方米每秒。新沟电力排灌站充分利用内部径流进行灌溉，减少引用江水灌溉而增加的内部径流。花鼓桥和新沟两电排站基本能满足分洪年份中区的排水要求。

除上述骨干电排站外，尚有 1005.6 平方千米低洼地区还需兴建 16 处二级泵站，提水入总干渠，总装机 6040 千瓦，设计总排水流量 127.7 立方米每秒。中区总装机 30040 千瓦。

下区　由于地势狭长，灌区分散，不宜引灌，因此建站需排灌结合。规划分别在虾子沟、白虎池、龙口、大沙角、新堤、姚家坝、蒋椿湖、高家潭口兴建 8 处 1 级电力排灌站和 5 处 2 级电排站，总装机 23690 千瓦，总排水面积 808 平方千米，总排水流量 250 立方米每秒，排灌受益面积 75.7 万亩。

3. 留湖调蓄，综合利用

四湖流域湖泊众多，由于过度围垦，严重地影响内垸渍水调蓄，对水产养殖业也带来不利的影响。因此必须固定湖面，留湖调蓄，综合利用。

长湖承纳荆北地区上区 3470 平方千米的来水，经调蓄后由田关渠排入东荆河，与东荆河建闸工程相结合，完全可以做到分层排水，减轻对中下区的压力。规划固定长湖湖面 170.7 平方千米，正常调蓄水位为 32.50 米，32.50～30.50 米之间调蓄容积为 2.67 亿立方米。在中区灌溉系统未完成以前，长湖还负担中区 154 万亩农田的春灌任务，提供春灌水源 1.54 亿立方米。灌溉水位定为 30.50 米，长湖湖底一般为 27.50 米，以 29.50 米为最低养殖水位，面积为 106.7 平方千米，容积为 1.57 亿立方米。

洪湖是中区最主要的调蓄湖泊，与计划兴建的花鼓桥、新沟等电排站联合运用，可增加中下区 500 万亩耕地的保收程度。洪湖又是重要的水产基地，有水面面积 438.8 平方千米，养殖最低水位定为 24.00 米（湖底高程一般为 22.80 米，最低为 22.40 米），相应水面面积 403.1 平方千米。容积为 2.98 亿立方米，可以供给 90 万亩耕地的春灌水源。由于新堤大闸等工程的兴建，可以提高越冬水位，每年春季引长江水灌溉，繁殖鱼类，发展水产水运。洪湖设计运用水位为 25.50 米，从 24.50～25.50 米有效调蓄容积为 4.32 亿立方米。

除长湖、洪湖外，中下区尚有 14 个中小湖泊，面积为 132 平方千米，这些湖泊应一律停止围垦，固定湖面，开辟人工养殖场，增建必要的水利工程设施，把蓄渍和养殖结合起来，使湖泊能蓄、能排、能引，发挥综合作用。

4. 内排外引，排灌（渠道）分家

多年来，四湖流域沿江汉干堤先后修建一些灌溉闸和排灌两用闸。通过实际运用，特别是 1971 年的抗旱实践，除万城、观音寺、颜家台及汉江干堤上的兴隆闸能在春灌时引水外，其他涵闸因江水位低，保证率不高。特别沿东荆河堤各闸，因上游打坝截流供水很小，更是无水可引。沿东荆河的龚场、新沟、曹市、峰口一带旱灾最严重。已建涵闸由于配套工程没完成，排灌不分，工程效果不能充分发挥，甚至造成上下游水事矛盾和排灌、航运互为干扰的现象。针对这些情况，此次规划研究，以结合荆北放淤工程在盐卡建闸为主，实行排灌分家，形成完整的排灌系统。下游以计划兴建 10 处电排站为主，抽低水（洪湖和内荆河的水）灌高田（长江和东荆河两岸），排灌结合。

5. 兴建东荆河控制闸，防洪排渍两利

东荆河是汉江下游的一条重要支流，担负新城来水量 1/4 的泄洪能力，使汉江洪水在泽口以上提前流入长江，保证汉江下游安全泄洪。同时，它还担负荆北地区的泄洪排渍任务。四湖上区长湖水系

3470 平方千米的来水，全部是通过田关渠由东荆河排出。当东荆河来水流量超过 250 立方米每秒时，田关闸即须关闸。自 1969 年开始，四湖流域民众在东荆河口筑坝控制。1970 年 7 月，长湖地区猛降暴雨，由于打坝的效果，田关闸可以自流排水，控制长湖水位，渍灾大为减轻。根据近 18 年汉江实测水位资料分析，东荆河口控制后（泽口控制水位 37.90 米），在不影响汉江正常泄洪的条件下，东荆河分流日期平均由 158 天缩短为 19 天，可使长湖增加 139 天的排水时间，为了避免临时打坝、扒坝过分频繁，浪费劳力太大，而且扒口不及时，影响汉江下游防洪安全等情况发生，因此有必要建闸控制，一劳永逸。

建闸控制运用条件，以不影响汉江下游安全泄洪为前提，在不增加下游防洪负担和杜家台分洪区运用的条件下，选定当泽口控制水位为 37.80 米、新城流量大于 800 立方米每秒时开闸泄洪。

东荆河控制闸，设计闸底高程 31.50 米，堤顶高程 43.70 米，闸孔净宽 252 米，最高分洪水位 42.25 米，最大分洪流量 5000 立方米每秒。此闸的建成可减轻长湖的防汛压力，改善长湖上区以及汉南地区和四湖中区共 200 万亩耕地的自流排水条件。

第九节 防洪排涝（复核）规划

1980 年、1983 年，四湖流域接连两次遭受严重的内涝灾害，农业生产出现大幅度的减产。面对这种四湖流域经多年的治理，但其抗内涝能力仍然较弱的状况，湖北省经济研究中心在对四湖流域进行实地调查研究的基础上，于 1984 年 5 月提出《关于以水为主，综合治理四湖地区水袋子问题的报告》（以下简称《报告》）。同年 7 月由省政府组织对这个报告进行讨论，8 月，湖北省委同意并批转此报告。《报告》认为四湖流域具有丰富的自然资源和优越的气候条件，农业增产的潜力大。因此，尽快综合治理四湖流域"水袋子"问题就显得十分重要而迫切。治理"水袋子"应在正确处理好江河防洪与内湖治理、排水与调蓄、自排与提排、新建工程与配套挖潜、上下游兼顾与分区治理、排地表水与排地下水、调蓄与发展水产养殖、治水与植树造林、治水与发展水运事业、治水与血防灭螺这十大关系的基础上，以治水为主，综合治理，力争在经过 5 年的努力后，使四湖流域基本上达到抗御 10 年一遇的标准。为落实《报告》中所提出的四湖流域经济发展目标，湖北省水利勘测设计院在省水利厅和荆州地区行署的委托下，经多方调查研究，于 1983 年 11 月提出《四湖地区防洪排涝的初步设想》（以下简称《初步设想》），认为四湖流域排涝大纲已基本形成，有待进一步完善提高。造成 1980 年严重灾情的原因主要是上区排水出路没有解决好。设想如果没有上区来水，再加上老新泵站、新沟泵站的建设和高潭口泵站的合理调度运用，从水量平衡上看，中下区的防洪形势虽然会全面紧张，但灾情是可以大大减轻的。《初步设想》提出的对四湖地区防洪排涝治理措施为：建设两湖三站，即建设洪湖、长湖，兴建田关、付家湾、新滩口电排站。

《初步设想》编制印发后，进一步征求荆州行署水利局和荆州地区四湖工程管理局意见和进行专家评审。1984 年 10 月湖北省水利勘测设计院根据《关于以水为主，综合治理四湖流域"水袋子"问题的报告》，提出《四湖地区防洪排涝规划复核要点报告》。

一、规划原则及设计标准

（一）规划原则

规划的主导思想是遵循自然规律和经济规律的统一，治理所采用的措施以及提出的设计标准都应适应国民经济发展的水平，实行工程措施和非工程措施并举，综合治理统筹兼顾。其具体原则如下。

（1）以水为主，综合治理，对防洪排涝工程措施的选择必须考虑水产、水运、农垦、卫生、血防等多部门的效益兼顾，实行统一安排，投资分摊。

（2）湖区排水除涝措施必须是综合措施，包括工程措施和非工程措施两个方面。排涝措施的一级站和二级站、一级站枢纽和渠道的排水能力、调蓄区的调蓄能力必须相平衡，不完全依赖于建一级站。调蓄区分布必须是集中和分散相结合，上下游分布的比例要适当。

（3）防洪排涝工程措施可因地制宜，划片分区治理，其设计标准要与此相适应，在安全的前提下统一安排；内部防洪与排涝要相互兼顾，防山洪要有必要的措施。长湖水库，遇到特大洪水年，除采取必要的分洪外，为确保安全，必须向中、下区分泄。

（4）管理要统一，特别是1级排水站及调蓄区节制闸坝工程的管理必须统一管理、统一收费支付，研究科学管理及运行调度方案。

（5）在解决排地表水、减轻农业生产大起大落的前提下，还必须继续开展农田田间建设，降低地下水水位，改良土壤，为农业高产创造条件。

（二）设计标准

平原湖区排涝标准，以降雨量作为统计基础，一般选择5～10年一遇作为设计标准；平原湖泊型水库防洪标准，按50年一遇设计，200年一遇校核；具体工程按工程类别及运行条件区别对待。

（1）具有流域性参加统一排水并直接排出外江的泵站（简称一级站），按10年一遇3日暴雨结合调蓄区调蓄，10天排完（暴雨间隔期8～12天），排至调蓄区起排水位。相应需留调蓄区容积以吞纳一次洪峰来水量的40%～60%作为留用面积的初步规模。在完成控制面积来水排除后，再参与区域内联合统一调度运用。

（2）不参与流域性统一排水且水不能直接进入外江的排水泵站（简称二级泵站）及渠道，涵闸工程，一般按10年一遇3日暴雨5日排完的流量值作为工程设计流量，排水区内必须利用沟渠、湖泊或分蓄区调节来水量的30%～40%。

二、四湖上区治理工程规划

四湖上区的来水主要是通过田关渠排入东荆河，但东荆河为汉江分流河道，当汉江新城站流量达2550立方米每秒、东荆河陶朱埠分流量为300立方米每秒时，长湖水位32.00米时就无自排机会，只得强行向中区泄放，以致造成一水淹三县（江陵、监利、洪湖）的状况。治理上区的规划是一般情况下，上区水不下泄，就地解决；同时，上区治理还要考虑较大洪水（如50年一遇）的防洪安全问题。

（一）东荆河进口龙头拐建闸

东荆河控制闸拟建在汉江与东荆河的交汇处，设计闸净宽276米，过闸最大分流量5000立方米每秒。一般情况下，关闭涵闸，以争取田关渠的排水机遇。当汉江新城站流量超5000立方米每秒、汉川站达到警戒水位29.00米时，则开启闸门恢复分流。同时，田关闸相应关闭。

（二）田关建提水泵站

为使四湖上区来水在田关闸关闭后有外排的能力，排除与汉江洪水遭遇的影响，拟在田关闸右侧250米处建电力排灌站。装机6台2800千瓦机组，总容量16800千瓦，设计排水流量220立方米每秒。泵站建成后，当长湖水位达31.00米时，若田关闸自流排水流量小于100立方米每秒即开机排水；当长湖水位达到32.20米，田关闸自排流量小于180立方米每秒时，亦需开机排水。

（三）提高长湖运用水位

长湖按50年一遇33.60米防洪水位设计，200年一遇34.80米水位进行防洪校核，加固防洪库堤长32.00千米，堤顶高由34.50米加高至36.20米。同时，对长湖内部水系进行整治建设。①加强对荆州古城的防护和太湖港整治，解决荆州古城防洪排渍问题；②修建田关渠以北内垸电力排水站，解决四湖上区低洼地的排渍问题；③加固荆门市后港镇4.1千米防洪堤，解决后港镇农田免受淹的问题；④建设借粮湖蓄洪区，当遇到紧急情况，可向借粮湖分蓄洪水1亿～1.2亿立方米，降低长湖水位0.6～0.7米；⑤加高和整治西荆河24千米渠堤，防渍水漫溢，另开辟彭塚湖分洪区。

（四）向四湖中区下泄

在四湖上区遇到特大暴雨，田关建泵站排渍后，仍不足以保证长湖防洪安全，则从习家口闸、田关渠以北向中区分别下泄 70 立方米每秒和 120 立方米每秒流量溃水，然后在中区设置工程解决。

三、四湖中下区治理工程规划

四湖中下区存在的主要问题是总干渠、西干渠、东干渠过水能力小于来水量，导致内涝灾害。1980 年主要干渠均出现高水位情况，有大量的耕地面积处于洪水线以下，沿渠堤有漫堤的危险，防汛形势非常紧张。加上一级外排站的装机容量少，二级泵站向干渠排水进一步抬高水位，最后被迫将沿线二级泵站停机，致使大片农田被淹。因此规划方案和工程布局，根据分区治理原则的实际状况，中区的暴雨洪涝水量，应力争在中区解决。

（一）洪湖治理及围堤加固工程

洪湖规划调蓄面积 413.07 平方千米，规划围堤顶高按 28.00 米加固，堤面宽 6 米，外加平台，护坡 20 千米，改建涵闸 20 处。对蓄水区内部围垸必须废堤蓄水，已建成渔场面积较大的围垸计划建闸控制运用。初步拟定需建涵闸 13 处。

（二）建付家湾泵站，开辟白鹭湖调蓄区

（1）付家湾泵站。规划装机 4 台 2800 千瓦机组，共 11200 千瓦，设计排水流量 140 立方米每秒。引渠自总干渠伍场（五岔河口）下 1 千米处至付家湾长 12.4 千米，站前渠底高 22.00 米，底宽 45 米。

（2）白鹭湖调蓄区。白鹭湖是中区的主要湖泊，原有湖泊面积 85.4 平方千米，历史上是伍场以上来水屯蓄地。湖区地势低洼，湖底高程 25.80 米。根据 1960 年围垦后的具体情况，1973 年《荆州地区排涝灌溉综合利用规划》规定：留湖 20 平方千米作为调蓄区。此次规划定为 20.9 平方千米，其中白鹭湖渔场 5.22 平方千米。调蓄区范围北靠总干渠，南临五岔河，东沿杨家渠，北接白鹭湖泵站西排渠，经赵台渠与总干渠相接，西端以田阳一渠东岸为堤，接陈家垸、杜家垸堤至九湖闸止。规划最低水位为 26.50 米，排涝调节水位为 28.00 米，湖容 2400 万立方米；分洪最高水位 28.50 米，调洪容积 3400 立方米，可削峰流量 130 立方米每秒。在总干渠田阳处建进水闸，设计流量 100 立方米每秒，交界河处建退水闸，设计流量 30 立方米每秒，同时建三岔河、十周河闸等工程，围堤顶高 30.00 米、长 13 千米，土方 144.2 万立方米，返迁 1700 人，退田还湖 12000 亩，破除精养鱼池 1000 亩。

（三）建新滩口泵站

新滩口泵站利用老内荆河作为排水渠，可照顾全流域排水。泵站选择 10 台 1600 千瓦机组，设计排水流量 220 立方米每秒。新滩口泵站建成后，与高潭口泵站联合运行，构成中下区排水系统的总体。将把洪湖水位控制在 25.95 米，可保证洪湖安全度汛。

（四）疏浚内荆河黄丝南—小港段河道

疏浚黄丝南—小港长 16.54 千米内荆河河段。将主隔堤内排涝河与小港下内荆河沟通，使上下区域间自排和提排运用灵活，降低此河段水位，改善低洼农田排水。

（五）南套沟泵站运行条件改善

南套沟泵站建于 1970 年，装机 4 台×1600 千瓦，设计流量 84.0 立方米每秒，主隔堤建成后排水面积为 283 平方千米，其中湖泊面积 33 平方千米。泵站在安装时，设计内水位为 23.40 米，实际安全运行水位在 24.00 米，而排区内地面高程在 24.00 米以下的面积约占总面积一半。为此，又先后已建成二级泵站 9 处，装机 2954 千瓦，设计流量 40.6 立方米每秒，控制面积 155 平方千米，尚需解决的面积有 123 平方千米。其解决的方案是：①兴建南套沟二站，采取一级排水，承担排水面积 119 平方千米，设计流量 38.8 立方米每秒，装机 5 台×800 千瓦；低洼地还需建 2 级站 4 处。②兴建 2 级站 8 处，排水面积 136.9 平方千米，设计流量 47.6 立方米每秒，参加南套沟泵站统排。

（六）一级泵站续建配套

1980 年四湖流域一级外排泵站，由于没有完全配套，工程没有充分发挥作用，估计少排水量 3 亿～4 亿立方米，主要是引渠没有和总干渠、洪湖接通参加统排所造成的。

（1）扩挖半路堤泵站引渠长 13 千米，底宽 40 米；建何家场进水闸，引渠沿线配套建涵闸 12 处。

（2）疏挖湖口至排涝河、下新河两段引渠，扩建子贝渊闸。

（3）兴建杨林山泵站调蓄区，规划面积 58 平方千米。

（七）渠道疏挖配套工程

四湖流域的干支渠道工程是 1972 年按当时分析成果 10 年一遇的设计流量进行全面规划。此后，由于大量兴建 2 级站、开挖 3～4 级支分渠，引起汇流速度加快，洪峰流量增大。因此，规划时的 10 年一遇流量比原设计的要增加 30％～50％。按新规划标准，有大量渠道需疏挖到位，规划在 5～7 年内完成总干渠、习家口—南剅沟段、王家港—子贝渊的扩挖任务和下内荆河琢头沟裁弯取直工程，计划土方 1227 万立方米；东干渠疏挖结合上下区必要时下泄的综合作用，安排疏挖土方 280 万立方米。

（八）新滩口闸加固工程

新滩口闸建于 1959 年，由于当时设计没有考虑节制内水位抬高，加之当时施工质量差，对闸基深层含沙透水层没有认真处理好，导致在运行中出现下游消力池毁坏，闸身出现裂缝等现象。为确保安全，满足灌溉通航抬高水位至 23.00～23.50 米的要求，在未兴建洪湖分蓄洪区新滩口退水闸之前，对新滩口闸实施加固方案。

四、田间农田基本建设规划

四湖流域经多年治理，大型骨干排水渠道、涵闸泵站工程已形成，但不能促进农业单产大幅度提高。田间的农田基本建设则相对滞后，故规划以治水改土为中心，进行水、土、田、林、渔等综合治理。工程措施的重点是开挖深沟大渠，建设园田渠网化，降低地下水位，改造冷浸低产田。根据实践经验，平原湖区每亩耕地面积需挖土方 60～100 立方米。沟渠水面占自然面积 4％～5％，渠网调蓄容积每平方千米为 3 万～4 万立方米。在开挖深沟大渠的同时，改造土壤，平整田块，植树造林，建设鱼池和农村交通道路，进行综合治理，保护生态环境。

五、工程效益

（一）经济效益

此规划的工程项目建成投入运行之后，可以基本消除类似 1980 年的涝灾，保证农业正常生产，不出现大起大落的状况。以 1980 年粮食减产 3.11 亿千克、棉花减产 30.74 万担、油料减产 33.32 万担为基数，推算设计水平年（降雨量 10％）的增产值，其经济效益是十分显著的。

（二）综合效益

四湖流域以水为主进行综合治理，发展农业生产，水利建设不仅为农业生产创造必要条件，而且带有为社会各个部门服务的性质，创造社会的综合效益和良性循环的生态环境。

（1）四湖流域地势低洼，由于水利工程实施河湖隔绝，建立电力提排站，降低（控制）内湖河渠水位，保证农业增产丰收。但由于盲目过度围湖造田，造成中小湖泊水浅干涸，剩下的长湖、洪湖等较大湖泊，也由于冬春季水位过低，水草丛生，湖滩裸露，正向沼泽化发展。因此，此次规划对越冬水位作了明确地规定，并适当地提高，这既有助于防止沼泽化的发展避免湖泊消亡，更有利水产养殖和水运交通。湖泊水位的提高对已有成效的滨湖低洼农田排水带来的副作用，则采取工程措施弥补。同时有计划退出一部分耕地作为调蓄区，扩大水面，发展水体农业。

（2）利用洪湖新堤大闸改造，对洪湖有效地灌江纳苗，有效地增加鱼苗种类，为洪湖建立自然保护区提供条件。

（3）利用预留调蓄区，进行必要的工程建设，使之达到调蓄的作用，同时也可以利用调蓄区水量解决灌溉用水和发展水体农业。

（4）利用河滩地、沟渠两旁河堤、弃土弃空地经营水利林业，起到防风、防浪、保护水利工程，调节气候，解决薪柴林等作用。

（5）湖区的河渠开挖，对航道进行改造，提高通航能力，增加通航时间；由于渠网的开通，改善湖区用水卫生条件。

（6）水利兴修结合灭螺，消除血吸虫病的传播途径，对血吸虫病的防治起到重要作用。

第十节　水管理和可持续发展综合规划

20 世纪 90 年代，四湖流域先后遭遇 1991 年和 1996 年两次特大的内涝灾害、防御 1998 年和 1999 年的长江大洪水。通过 1991 年和 1996 年两年严重涝渍灾害的检验，暴露出四湖流域排水系统存在的严重问题。

（1）1 级泵站排水能力严重不足，洪湖水位迅速上涨、超蓄。为确保洪湖围堤安全，采取内垸扒口分蓄、停排二级站等措施，使内垸干渠沿线农田受淹。

（2）干渠过水断面不够，流水不畅，水位壅高。

（3）二级排水站和田间排灌系统标准不高，已规划为二级排水的地区二级站容量未达到规划目标。

（4）城市工业、生活污水未经处理直接排入排灌渠系，造成地表水严重污染。

（5）湖泊和沼泽地的过度围垦，不仅加重流域排水负担，同时也造成农田排水不畅，成为渍害低产田；湖面的大量围垦也造成鸟类栖息面积紧缩，鸟类数量大幅度下降，水生物种类和数量大幅度减少，有的甚至消失。

（6）水资源的配置和布局存在不合理的现象。这涉及诸如灌溉和排水关系的处理，地表水资源和地下水资源的开发利用配置，防洪和排涝的关系，上游和下游工程的均衡等等问题。

（7）缺少在全新思想指导下进行资源开发、利用和保护的综合研究及全面规划，问题的严重性还在于人们（包括许多地方政府和制定规划、建设决策人员在内）还没有充分认识或接受保护生态环境对于当代、对于子孙后代的重要性，还在或多或少地按原有观念来进行流域的规划、建设和管理。

针对存在的问题，湖北省水利厅向世界银行申请贷款立项进行长江流域水资源项目湖北省四湖流域水利排灌工程的更新改造子项目（简称四湖项目）的研究，为帮助四湖项目的完成和提高工程管理水平，世界银行还提供技术援助，赠款进行四湖优化调度研究项目。1994—1999 年进行四湖排水系统优化调度项目研究，完成"四湖排水系统实时调度决策支持系统"软件研制。

四湖排水系统优化调度研究项目在实际运用中产生较好的经济效益和社会效益，特别是在 1998 年和 1999 年汛期的检测、试用和正式运用中，发挥实际效果。鉴于四湖排水系统优化调度研究项目的成功和研究得出的若干结论，世界银行和省水利厅认为，需要进行新的四湖流域的水机构改革和可持续发展的综合研究。随后，世界银行和省水利厅开始启动四湖流域水管理和可持续发展综合研究，并阐明其研究的需求：四湖流域水利工程系统，特别是防洪排涝系统，需要进一步改进、完善，以提高防洪排涝标准；四湖水管理机构系统迫切需要改革和发展；需在发展水管理监测和通信系统的基础上，改进流域水管理和提高排水调度系统应用的效率。

世界银行委托日本技术产业有限公司（NTI）和加拿大高达集团（GOLDER）给省水利厅提供技术援助，由 NTI 和 GOLDER 聘请日本、加拿大、中国的专家和其他国际咨询专家组成一个统一的研究组来进行四湖的研究。这项研究于 2001 年 11 月开始，至 2003 年 5 月完成《四湖流域水管理和可持续发展综合研究报告》（以下简称《研究报告》）。

一、排水系统扩大建设规划方案研究

（一）研究对象

《研究报告》的主要对象是四湖中下区排水系统扩建方案。对四湖流域复杂的水利系统特别是排水系统，尽管经历了多次的研究和规划设计，多年的建设和管理实践，但仍有若干认识不一致的问题，主要从以下方面进行研究。

（1）四湖流域的防洪排涝能力够不够，如果能力不够，还需要多大规模的工程，增加多少外排流量；需研究四湖系统现已达到的标准和规划应采用的标准。

（2）扩建工程（如一级泵站），放在哪个地点更合适；需研究各种工程规划布置方案，准确地模拟系统水流运动规律，用数据回答关于工程布置、规模、投资、指标和综合影响等问题。

（3）如何处理上下游和行政区划之间的排水矛盾，解决好排田（排涝）与排湖（防洪）的矛盾；需要以市场经济思维方式和可持续发展的观点，结合管理研究和技术研究的成果，解决好方案的评价和选择的问题。

（4）面对实际状况，需研究四湖流域是否还有退田还湖的必要，退田还湖是否可能；还需要研究四湖流域水生态环境的修复和社会经济发展的有机结合，以及对子孙后代的影响。

（5）四湖水利系统怎样才叫可持续发展，怎样达到理想的排灌系统；研究流域水资源系统的管理体制改革与工程规划的关系；研究外部环境和形势（包括长江防洪和南水北调）发展，提出系统规划方案。

（6）四湖流域扩建和运行维护的资金需求量大，如何解决四湖系统扩建、可持续发展的资金问题，迫切要求研究扩建方案和流域管理的问题，用市场经济的观点来分析选择方案。

（二）研究方法

《研究报告》的方案选定包括系统的工程布置、系统的工程规模、系统的运行规则。通过对不同时期的不同方案的收集和研究，对研究出的方案进行系统运行模拟演算，并经过经济评价、环境评价、社会和管理因素影响评价之后，再予以筛选，选定最优方案。

二、规划方案和运行规划

（一）规划方案

四湖治理问题从 20 世纪 70 年代开始，省、地区（市）、县行政主管部门及各级规划部门，曾提出过一些治理方案，四湖研究经综合分析，初步确定 7 个大的系统方案。

1. 新建或扩建一级泵站方案

根据四湖流域每逢遇到大暴雨就出现内涝的现状，要求新建一级泵站，提高外排能力。建站地点有老新、北口、高潭口、新堤、幺口和黄家口 6 处，依此提出中区等高截流及洪湖周围建一级泵站两类方案。

（1）中区等高截排方案。中区等高截流方案的构思是在总干渠 44＋000 处，建造一个排蓄兼施的排水梯级。枢纽由建在总干渠上的伍场节制闸、白鹭湖调蓄区、扩建老新二站和开挖泵站排渠，以及引西干渠水进入白鹭湖调蓄区的十周河所组成。东干渠、西干渠、总干渠三条渠的来水，经伍场节制闸的控制，有计划地进入白鹭湖调蓄区调蓄，经老新二站外排，部分涝水经节制闸下泄。由于白鹭湖调蓄容积较少，调蓄区的作用一是削减洪峰；二是屯积涝水向老新二站供水，延长开机时间，抽取更多的水量，提高泵站的利用率。一级站及调蓄区的配合使用，可以削减洪峰流量，降低总干渠水位，以致达到降低洪湖水位的目的。

（2）洪湖周围建一级泵站方案。洪湖周围建一级泵站的方案是综合各水行政主管部门历次提出的建站方案，以及洪湖分蓄洪东分块工程规划拟在洪湖周边北口（二站）、高潭口、幺口、黄家口、新堤增建或扩建一级泵站，增大流域的外排能力，提高降低洪湖水位速度，增加洪湖调蓄容积。另一方面，在高潭口排区或在新滩口排区增建一级站，均能提高两个排区的排田标准，充分做到排田、排湖兼顾。`

2. 排水干渠疏挖及控制建筑物改建

拟对四湖总干渠、西干渠、东干渠、下内荆河进行疏挖。重点是下内荆河茶壶潭—琢头沟 9.7 千米河段的裁弯取直，小港大桥—新滩口三汊河的扩挖工程及两岸堤防加固工程，彭家河滩闸扩建工程，福田寺节制闸改造工程。

3. 洪湖退田还湖方案

洪湖内有民垸共计 42 个，其中洪湖市 23 个，监利县 19 个，总共面积 111.423 平方千米。除洪狮大垸及王小垸系老围垸外，其余均是 20 世纪 60 年代围垦的新围垸。这些围垸大面积占据洪湖水面，减少洪湖调蓄能力。为增大洪湖的调蓄能力，修复洪湖的生态环境，计划实施洪湖退田还湖工程。其方案有两类：一类是除保留洪狮大垸、王小垸外，其余 40 个围垸全部扒除，作为洪湖调蓄面积，洪湖面积扩大 94.32 平方千米，经退田还湖保证洪湖调蓄面积为 402 平方千米，进而达到 427.041 平方千米；加筑洪湖围堤，减少人类的干扰，使之成为水、鱼、鸟及水生植物和谐共生的场所；另一类是维持现状运行方式，当洪湖水位达到 26.80 米时，全部扒除 40 个围垸，但在平时仍保留原有运行方式。

4. 河湖分家工程

河湖分家有两类方案：一是加堤方案，将洪湖与总干渠分隔开；二是改道方案，将福田寺排区来水绕排涝河至下区排入长江。

（1）加堤方案。将总干渠子贝渊—小港段的南堤按洪湖围堤的标准加高加固。在围堤上修建子贝渊进湖闸、下新河进湖闸、小港进湖闸。将洪湖与总干渠隔开，在总干渠抢排阶段，涝水可以不进洪湖，增加抢排机会。在不能自排时三闸全开，总干渠与洪湖联通。

（2）改道方案。在抢排阶段，福田寺排区来水经福田寺节制闸进入排涝河，然后用 3 条排水通道进入下内荆河。由于通道的不同，形成 3 个方案：涝水经金船湾闸进入幺口泵站排渠，汇入下内荆；涝水经高潭口闸进入黄家口泵站排渠，汇入下内荆河；涝水经黄丝南闸及扩建闸进入黄丝南—小港的内荆河扩挖段，汇入下内荆河。

5. 二级泵站增容

至 2000 年四湖中下区建有二级泵站（单机在 50 千瓦以上）408 座，装机 15.0 万千瓦，设计排水流量 1950 立方米每秒，排水面积达 4353 平方千米。但由于站点分布不均衡，各个排区达到的排水标准不相同。为分析排区已达到的排水标准，根据已建二级泵站的调查，分别统计排水面积、排水流量及达到的排水模数，与两种标准（10 年一遇，15 年一遇）的排水模数进行比较，分别确定所需增容的流量。

6. 螺山排区增建调蓄区

螺山排区沿洪湖一带地势低洼，极易受涝，农业生产不稳定。但如果将这部分低洼面积还原为调蓄区，进行水体农业开发，则可以成为经济效益较好的地区，同时又可以达到好的生态环境的效果。增加调蓄面积后，螺山排区其他农田的排水标准也得到提高。因此，初步考虑划出一定面积的调蓄区。调蓄区分布在螺山渠右岸，距渠道 3~5 千米的范围内。

7. 扩建工程布置方案

采用上述措施的搭配，形成综合方案，可以使流域治理降低洪湖水位、降低总干渠水位的两大目标能够更好地实现。由于各种方案的组合不同，所产生的效果及经济投入和产出也不尽相同。经对上述方案的不同组合研究，拟定了 29 个系统扩建工程方案，后经实地调查和研究，删掉 9 个重复或不现实的方案，最后选定 20 个布置方案。再将这 20 布置方案与洪湖内垸保持现状和内垸退垸还湖两种湖容情况进行组合，则形成 40 个扩建方案。再通过对这 40 个方案的模拟演算，找出各种工程措施和不同方案布置的水流运动规律，进行技术、经济分析和综合评价，最后推荐兴建高潭口二站、北口排区区域站及老新二站和洪湖内垸全退方案。

（1）建高潭口二站，装机 5 台×1800 千瓦，设计流量 105 立方米每秒；同时，扩建子贝渊闸，下新河闸，设计流量各 50 立方米每秒，扩挖两闸配套渠道，保持同等的过流能力。

（2）建北口排区区域站，北口 1 级站装机 5 台×1100 千瓦，设计排水流量 28.8 立方米每秒；2级站排水流量 30 立方米每秒，监北干渠道建闸，设计流量 60 立方米每秒。

（3）建老新二站，装机 4 台×1800 千瓦，设计流量 86.8 立方米每秒；总干渠建伍场节制闸，设计流量 44 立方米每秒；刘渊闸重建。

（4）洪湖内垸全退，进而向恢复洪湖原貌的方向发展，形成以洪湖为中心的生态保护区；白鹭湖退田还湖综合开发。

（二）运行规划

《研究报告》根据不同的扩建工程布置方案模拟演算 10 套运行规则，即流域排水系统（洪湖内垸维持现状）运行规则、白鹭湖调蓄运行规则、白鹭湖调蓄与老新二站配合运行规则、北口站运行规则、建东隔堤运行规则、河湖分家（改道）运行规则、河湖分家（加堤）运行规则、上区向中下区泄洪运行规则、老新二站运行规则、流域排水系统（洪湖内垸全退）运行规则。对于每一个布置方案，对应都有一组运行规则。

三、水管理监测与通信系统研究

四湖流域布设有众多的水文站网，按通常的划分可分为水文站、水位站及雨量站、气象站。按管理体制及防汛时间的长短来分，可分为国家站和工程站。其中国家站由水文及气象部门管理，各市、县（市、区）都设有气象站，有荆州、潜江、荆门、监利、洪湖 5 个正规站。工程站由水利部门管理，报汛站则仅为汛期提供水情。《研究报告》主要针对工程站进行研究，归纳存在的问题，并提出改进的措施。

（一）工程站存在的问题

1. 雨量站

四湖流域的雨量站共有 46 个，其存在的问题是：

（1）雨量站的密度不够。按一个站控制 700 平方千米面积的标准（相当于半径为 15 千米的面积）计算，四湖现有雨量测站基本上有效地覆盖全流域，但仍需增设站点。

（2）信息采集时间长及输送速度慢。雨量站观测的精度不能满足国家标准的要求，特别是一些委托站不能及时得到雨量情报，信息传递手段落后，且时间长；报汛站与上级调度中心的通信不畅，通信手段落后，不能双向交流。

2. 水位站

四湖流域用于内垸排涝系统报汛的水位站共有 31 个，主要存在的问题是：

（1）在总干渠、西干渠、排涝河及下内荆河沿线，缺乏水位观测站，干渠沿途的水位情况缺乏信息。

（2）重要测站水位测报的时间长，防汛紧张时间，要求随时反馈水位资料，现有设施难以满足要求。

3. 流量站

四湖流域的流量站共有 30 个，存在的问题是：

（1）现有流量站已经能控制流域边界上的水量进入、流出的情况，但对 3 个排区的进出水量则缺乏测量资料，分区之间水量交换情况不清楚，各分区之内缺乏径流测量资料，产流及汇流的情况不清；各干渠沿程流量变化情况不清楚。

（2）控制性建筑物的流量变化难以及时掌握，诸如洪湖周围的小港、张大口、子贝渊、下新河等闸的闸门开启情况变化后，流量及水位的变化不能及时传递信息，且测报的流量也不准确。

上述三类站点均存在观测质量及报讯速度的问题，因此，从工程调度需要的角度来看，改善工程站点的测报质量及速度，显得更为紧迫。

（二）监测站网的布置

1. 规划布设原则

（1）工程调度必需的重要信息是湖泊水位变化，一级泵站特别是流域泵站的开机情况、主要控制性涵闸的运行情况、流域暴雨特征点等，这些网点必须进入布设范围。原已建成的网点作为改进信息质量和传输手段予以改造，尚未布点的增设信息点。

（2）对于老测站更新改造，改善观测手段，加密信息量，加快传送速度。

（3）在流域排水调度矛盾突出的地点布设网点。四湖流域内分属多个行政辖区，各辖区均会有自己的调度需求，在四湖的上区和中下区也有分区调度与统一调度的规划。为实行统一调度，对一些控制性建筑物必须按统一的运行规则执行调度指令。对于具有排水矛盾的控制建筑物，更需要及时反馈信息、及时处理矛盾，这就依赖于遥测网点的布设来实现。

（4）为水文预排及时提供径流测试资料的，这包括控制建筑物及干渠的水位、流量等方面。

（5）建在控制建筑物的测站，应具有应召功能，这些设备可以作为遥控站设施的一部分，也可作为流域排水（灌溉）分片计量站设施的一部分。

（6）调度点（调度中心、调度分中心和控制点）根据流域统一调度与日常管理的信息化需要而设置。

2. 监测调度点和通信网络的布设

四湖流域内已由水文部门设置 37 个遥测站点，且已形成通信网络。为避免重复建设，浪费资金，对由水文部门设置站点的资料取得，拟采用直接从水文中心网站获取，不再建站。

《研究报告》包括工程规划和机构改革两大块，在机构改革方案中初步拟定为全流域统一管理的体制，作为服务于流域机构的水管理监测与通信系统，在设置中除应遵循布设原则外，还应根据不同的机构方案进行相应设置，为对应统一管理的体制，重新核定需工程建设的站点 66 个；通信网络方案拟订了互联网方案和专线方案，经综合比较，推荐四湖流域水管理监测与通信流的通信网络技术方案为互联网方案。

（1）监测点。对已有站点的升级改造和重新在控制性泵站、涵闸、渠道等，骨干重点工程设置监测站 66 个，主要进行水位、雨量、闸门开度、流量测量，流量测量又因测量方法对象不同，分为泵站测流、涵闸测流、河段测流。

（2）互联网方案。此方案以互联网为网络基础，在荆州设置一个服务器，作为数据存储点，同时也是全流域的调度中心。服务器可以访问，实现资料共享。各个监测点利用现有公共网络连接当地 JSP，拨入互联网，将数据上传至服务器。各个重要控制建筑物则通过专线与荆州调度中心直接连接而使数据和调度指令得以实时、准确传递。同时各市、县水利局设置网络视讯会议系统，通过宽带接入互联网与调度中心形成一个网络视讯会议系统。

四、水管理机构发展研究

四湖流域水管理体制形成于 20 世纪 60 年代，当时整个四湖流域都属荆州地区的范围，故设置荆州地区四湖工程管理局，实行统一管理，但随着行政区划的变动，四湖流域分属荆州、荆门、潜江三市的范围，四湖工程管理局管理的范围却只限于荆州市的范围。即使在同一行政区划内，也因政府的职能部门增设，也没法实行流域内水资源的统一管理。如流域内重要的水资源载体——湖泊，先后经历水产部门管理、林业部门管理、湿地部门管理。就是在水利部门内部也因不同的水利项目建设，流域内的工程设施也分属长江河道管理部门和洪湖分蓄洪区工程管理部门管理。四湖流域现状水管理体制，是中国传统计划经济体制下水资源管理的缩影，水资源行政区域分割管理的模式，严重违背水的自然规律和管理社会的一般原则，与市场经济体制和水资源可持续利用的要求极不适应。因此，改革四湖流域现行水管理体制势在必行。

《研究报告》通过认真分析四湖流域现有防洪、排涝、灌溉工程体系，分析水管理现状及存在的问题，总结多年来流域治理的经验和教训，查找现有管理体制的弊端和流域水管理中的主要矛盾，弄清四湖流域水管理所面临的主要任务，明确改革现行水管理体制的必要性和紧迫性。同时，根据国内外适用的流域水管理的基本理论，结合研究国内有关流域管理模式，确立建立具有四湖流域特色水管理机构发展的原则和指导思想。在此基础上，按照"统一、精简、效能"的基本原则，提出四湖流域水资源统一管理体制改革意见。

（一）四湖流域水管理现状

1. 工程管理情况

（1）流域水行政管理。湖北省水利厅作为全省水行政主管机构对四湖流域水行政管理负总责，但省水利厅以下的水行政管理是随行政区划的不断调整变化而变更。

四湖流域在荆州地区行政区划内时，荆州行署水利局行使对四湖流域的水行政管理职能。后荆门县从荆州地区划出成立荆门市，对四湖流域行使水行政管理职能是荆州行署水利局、荆门市水利局和沙市市水利局。

1994 年荆州、沙市合并成立荆州市，潜江市从荆州地区划出成为省管市，对四湖流域行使水行政管理职能有：省水利厅、荆州市水利局、荆门市水利局、潜江市水利局。四湖流域原工程管理单位四湖工程管理局没有上收为省管单位，仍属荆州管理，其职能不断萎缩、削弱。鉴于四湖流域行政区划变更，多头水行政管理，考虑到四湖流域防洪调度需要，省政府批准成立"湖北省四湖地区防洪排涝协调领导小组"，作为四湖流域没有统一的工程管理单位的一种补充。

（2）工程管理体制。四湖流域水利管理在原荆州地区时实行的是统一管理，管理机构是四湖工程管理局。1983 年、1994 年行政区划调整，荆门、潜江分别从荆州划出成为省辖市，四湖工程管理局原管理的四湖流域上区的水利工程分别由荆门市、潜江市管理，田关水利工程管理处和刘岭闸管所划归省水利厅管理，潜江四湖工程管理段归属潜江市水利局管理，荆州市四湖工程管理局管理在荆州市内的四湖流域中、下区流域性的水利工程，湖北省洪湖分蓄洪区工程局负责洪湖分蓄洪区的水利工程管理，湖北省长江河道管理局负责长江堤防和涵闸管理，湖北省汉江河道管理局负责汉江、东荆河堤防和涵闸管理。

2. 四湖流域水管理存在的问题

（1）交叉分割管理，流域无法统一调度。四湖流域通过治理，已基本形成一个工程布置和运用具有很强联系的整体排灌系统。省政府批准的调度方案由流域性管理机构四湖工程管理局具体严格执行取得很好的效果，行政区划调整后，取而代之的是各行政区划、各部门、各专业的分散管理，从而造成影响是：多行政区划分割管理，使四湖流域调度方案难以及时有效地执行，流域上、中、下区不协调，行政区划以邻为壑，汛期上区洪水无节制地下泄中、下区，造成中、下区的防汛紧张，增加防汛负担，使危险性增大。多头多属管理，使调度决策的下达、执行过程迂回延缓，贻误战机。四湖流域缺乏流域性的权威管理机构，在总体上表现出严重的松散状况，在个体上表现出强烈的地域性特征，因而造成整体大局观点淡薄、局部利益膨胀，使决策难以集中统一，由于没有统一的流域管理机构，一项具体指令的执行需层层请示、层层通知，往返迂回才到达具体执行单位，执行落实情况又要再沿下达程序逆向返回才到决策作出部门。因此，再好的决策很难在全流域有效及时地贯彻执行。流域性工程调度运用不协调，工程效益难以充分发挥。由于管理多头多层，互不协调，各成壁垒，造成流域性系统工程不能全盘指挥、全盘调度，更谈不上统筹兼顾，有机结合，发挥系统工程的系统作用。

（2）经费严重不足，水管单位运行困难。四湖流域水管单位是跨行政区划的社会性公益事业单位，但其经费来源主要是水费。由于历年水费征收不到位，加之工程运行维护经费渠道不合理，工程管理经费计划不足，导致四湖工程管理单位的经费严重不足。

（3）投资体制不顺，抗灾能力难以提高。四湖流域工程建设主要依赖于国家的投资，国家基本建设投资减少，四湖流域无自身造血功能。再者由于行政区划变更的原因，本来属于四湖工程管理局管理的四湖工程项目及资金被切块到各地行政区域，由各地自行管理。这种各自为政的局面一方面导致许多工程项目不按规划无序上马，重复建设，浪费国家大量投资；另一方面则是许多年久失修、设备老化的工程争取不到资金，无力进行更新改造。

（4）开发多于保护，生态环境破坏严重。

湖泊过度围垦　四湖流域在 20 世纪 50 年代有湖泊 199 个、面积达 2748 平方千米；至 20 世纪 90 年代末仅存 45 个湖泊，湖面 715.98 平方千米，湖面减少 73％，留存湖面不足内垸总面积的 7％。随着水系变化和围垦开发，四湖只存长湖、洪湖两湖，但围垦仍在继续，湖面仍在萎缩之中。

水域污染严重　城镇工业生产和生活污水不经处理直接大量排放，农业过量使用农药化肥等化学产品，造成水体严重污染。四湖流域水环境、生态环境的恶化，使水资源难以实行优化配置，有效利用，也不利于水利工程的良性运行和发展。

水资源的所有权和经营权不分　四湖流域没有实行水资源的严格管理，所有权和经营权不明确，各行政区划的各利益主体的经济关系缺乏明确界定，利益的冲突及管理权限不清楚，以致造成无偿利用水资源，盲目取水，任意排放污水，不仅造成水资源的严重浪费，同时也危害水工程系统的安全，损坏水质，影响水土保持。

（二）四湖流域水管理机构发展方案

四湖流域现状水管理体制是在计划经济条件下逐步形成的，具有典型的计划经济特征，在计划经济时期，也曾一度发挥其应有的积极作用。但随着市场经济在中国的建立与发展，这种水管理体制现状，已经不适应市场经济的要求，不适应水资源可持续利用和水利工程可持续发展以及水利现代化建设与管理的要求，应建立以流域为单元对水资源进行综合开发与统一管理的体制。

1. 四湖流域水管理机构发展的指导思想

《研究报告》确定四湖流域水管理机构发展的指导思想是：克服现行水管理体制存在的诸多弊端，按照"流域管理与行政区域管理相结合"，即统一管理与分级负责的要求和"统一、精简、效能"的原则，改革创新流域管理体制，积极探索用（排）水户和利益相关者参与水管理，建立适应流域水资源自然规划的权威、高效、合作、统一的具有四湖流域特色的水管理体制和水工程良性运行机制，为实现水资源的可持续利用、支持全流域社会可持续发展提供安全保障。

流域管理的重点是强调流域的统一，即统一规划、统一建设、统一调度、统一管理。既反对政出多门，分割管理，又要防止脱离实际的大包大揽。

与行政区域管理相结合，就是按照工程界面将工程系统分为流域性的控制工程、区域性的骨干工程和地方性的配套工程，分别由流域机构、区域机构和群管机构各自负责行使按《机构发展方案》所确定的管理职能。区域管理不是搞各自为政，而是各司其职，各负其责，协调运转。

2. 四湖流域水管理机构发展的目标与任务

四湖流域水管理机构发展的目标与任务，即通过机构改革，建立权威、高效、合作的流域水管理体系，建立公平、公正、公开透明的科学决策体系，积极倡导和推动农民用水者协会的建立，逐步实现依法管水，民主管水；通过水费体制改革，建立公益性水利工程科学合理的补偿机制，逐步实现水工程的良性运行；通过产权制度的改革，按照"产权清晰，权责分明，政事分开，管理科学"的要求，建立起政府、流域管理机构，用水户和利益相关者之间"责、权、利"关系明确的管理体制和充满活力的运行机制。

3. 四湖流域水管理机构发展方案设计原则

根据管理学组织结构设计的一般原理，结合四湖流域实际，水管理机构结构设计所遵循原则是：改革方案与四湖流域实际相结合，既有远景目标又有近期要求，在技术上可行，经济上最优，利益各方赞成，积极稳妥，循序渐进；按"统一、精简、效能"的原则，建立权威、高效、合作、统一的流域管理机构；倡导用（排）水户和利益相关者参与水资源管理与开发建设，兼顾各方利益，充分体现各受益人代表的广泛参与；以现行管理格局为基础，以区域部门为依托，保留合理，消除摩擦，理顺关系，抓住流域性控制工程，建立经济自立的群管组织管理小区工程，尽量保证受益者各方面都比现状效益有所提高。建立新机构以不增加四湖流域农民负担为前提，以有共同遵守的法则、有科学严谨决策的程序、有优化的水资源管理和灌排工程调度方案为目的，实现水资源优化配置和水工程安全运行。

4. 四湖流域水管理机构发展方案框架设计

四湖流域水管理机构发展方案，通过与有关市、县水利局和主要工程管理单位座谈讨论，在调查研究的基础上，酝酿维持现状管理体制不变；维持现状体制的同时采取应急对策；撤销荆州市四湖工程管理局，业务归口行政区域管理；上区统一管理，中下区维持现状；上区和中下区分片独立组建统一管理体制；四湖全流域按流域统一管理体制，县市仍按行政区域保留管理段；四湖全流域按流域统一管理体制，流域性控制工程效益相应管理单位；流域统一管理机构与用（排）水户协会二级管理体制共8种框架设计方案。后经组织多国专家的科学论证，依据世界水资源管理的先进经验和结合四湖流域实际，推荐出近期方案和远期方案。

（1）近期方案。四湖流域面积大，涉及范围广，工程系统十分复杂，面临着重大的建设与管理任务。因此，吸收国内外工程管理的先进经验，结合中国政治体制和四湖流域的实际，按照完整的管理体系设计，满足管理系统具有相对独立运作能力的要求，并为产业化（远期方案）打下坚实的组织基础。提出四湖流域水管理体制三级方案即流域管理与行政区域管理和群众管理相结合的水管理体制方案。其组织结构设计框架见图 6 - 1。

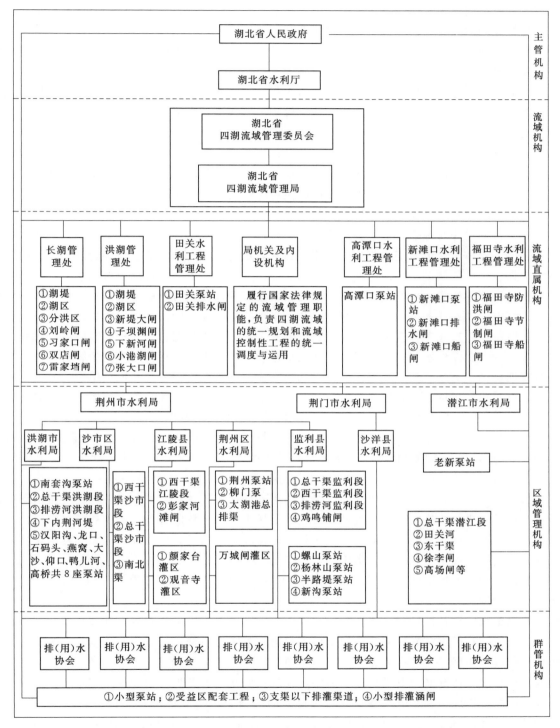

图 6 - 1　湖北省四湖流域统一管理体制（近期方案）组织结构设计框架图

流域管理机构　设湖北省四湖流域管理委员会和湖北省四湖流域管理局。

管理委员会为四湖流域水管理的战略领导层，向省人民政府水行政主管部门和四湖流域全体人民负责，对整个四湖流域水管理工作行使决策职能。设置此机构是对原"湖北省四湖地区防洪排涝协调领导小组"职能的扩大和规范，也是为远期方案的实施，有利于委员会向董事会的形式演变。

管理委员会的主要职责是根据四湖流域国民经济发展计划和水利产业政策及有关法律、法规,审定流域规划(包括综合规划和专业规划);审定工程建设方案;审定工程调度方案;审定工程管理办法;协调处理流域内重大水事纠纷;审议防洪、排涝、除渍、灌溉、航运等服务费征收标准;审议四湖流域工程管理局的工作及财务预决算;审议四湖流域管理局领导人选;领导四湖流域水管理咨询部和受益区代表年会工作,同时对管理系统特别是流域局在经营管理方面重大问题进行决策,并进行必要的指导和监督。

委员会的主要任务是:接受湖北省人民政府水行政主管部门的委托,有效地对四湖流域水工程系统,实行统一规划、统一建设、统一调度、统一管理,发挥流域水资源的最大综合效益。

委员会主任是由省水利厅担任;副主任委员由四湖流域管理局担任;常务委员由荆州、荆门、潜江三市人民政府担任;成员由荆州、荆门、潜江三市水利局,四湖流域所涉各流域工程管理单任,各县(市、区)人民政府,各利益相关单位组成。秘书长由流域管理委员会选聘,委员会的议事制度是民主集中制,年终召开例会。办公地点常设四湖流域管理局,设一专职秘书处,下设湖北省四湖流域水管理咨询部和湖北省四湖流域受益区代表年会。

四湖流域管理局为管理委员会下属的流域专管机构,在整个管理系统中为主要执行机构,受省水利厅直接领导,具体负责流域工程管理与运用,并受省水行政主管部门的委托和管理委员会的要求对全流域的规划、建设、调度、管理行使业务管理职能,并具体负责。管理局设置局机关、局属事业单位、局直属工程管理机构。局机关设局长、副局长、总工程师以及若干职能处室;为切实履行管理的职责,完成规定的工作任务,局下属设立调度和信息中心、排灌试验研究所、水质监测所及科技培训部4个事业单位;局直属工程管理机构主要是管理6个控制性工程即长湖管理处、洪湖管理处、田关水利工程管理处、高潭口水利工程管理处、新滩口水利工程管理处、福田寺水利工程管理处。

区域管理机构 荆州、荆门、潜江三市人民政府为四湖流域管理委员会成员单位,其所属水利局也是委员会下属执行机构之一,通过对所属县(市、区)水利局的领导,管理所属工程,原有的各县(市、区)四湖工程管理局(处、段)随之重组或撤销。区域性的四湖工程如下。

一级外排泵站及排水主渠:四湖流域共有一级外排泵站17处(不含外滩石首冯家潭站),其相应排水主渠有17条,包括流域性的6大干渠,总长共464千米。一级外排站中,除田关、高潭口、新滩口3处泵站由流域管理局管理外,其余14处均由各县(市、区)水利局管理。

二级泵站及排水支渠:四湖流域共有二级泵站408处,主要排水支渠138条,通过排水支渠汇流田间涝水,再经二级泵站排入干渠。流域内二级站及排水支渠工程的管理,除少数跨乡镇受益的工程由县(市、区)水利局管理外,一般由乡镇水利站或村级组织负责具体管理。这类工程的管理将通过改革,逐步移交给农民用水者协会自主管理。

引江灌区:四湖流域引江灌区有34处,设计灌溉面积417万亩,各灌区均由受益所在地的市、县、区水利局管理。

群众管理组织 在长期计划经济体制下,四湖流域基层水管理虽然有专业管理与群众管理相结合的组织形式,但群管组织在农村实行联产承包到户的改革之后不健全,机构不落实,人员不固定,产权不明晰,职责不明确,大多有名无实。所辖排灌工程维护经费不落实,工程年久失修,设施老化,效益减退。这是水管体制必须要进行改革的重点和难点所在。方案提出的改革基本思想路是以国家改革的政策为依据,推广"湖北省经济自立排灌区"研究成果,建立经济自主的群管组织——农民用(排)水者协会。协会依法到当地县(市、区)民政主管部门注册登记后具有法人资格,有严格的章程和制度,财务上实行独立核算,并按谁受益谁负担的原则,筹集水利资金,解决工程运行维护费用等。政府按分级管理的办法,将协会所辖排灌区工程设施的使用权和管理权移交给协会,协会依照国家有关法律法规与政府合作、开发、改善和管理辖区的排灌工程,保证资产的保值增值。

排灌区内所有受益户通过自愿申请加入用(排)水者协会。协会管辖范围以水文边界为基础,划定用(排)水组,选举产生用水户代表,通过召开用水者代表大会选举产生协会的主席、副主席和若干名执行委员，组成协会执行委员会，协会主席为用（排）水者协会的法人代表。执委会员是协会的办事机构，行使与排供水公司、乡镇政府和村委会协商，制定排供水计划、工程维修计划、用工计划、集资办水利计划；编制年度财务预算、决算报告；执行用（排）水者代表大会决议；组织指导用（排）水者代表管理，维护所辖工程设施；负责辖区用水调度，解决有关水事纠纷；征收用（排）水水费，管理使用水费等职权，并将计划和执行情况提交代表大会审批及报告。

（2）远期方案。借鉴许多国家对江河、水资源主要由流域机构管理，地方政府不设专门机构的做法，并设想在中国随着政治体制改革的推进，国家经济实力增强，可能逐渐淡化各级地方政府在水资源管理中的职能职责乃至撤销，相应的提出远景目标的思路，即四湖流域统一管理机构与用水户协会二级管理体制发展方案。其组织结构设计框架见图6-2。

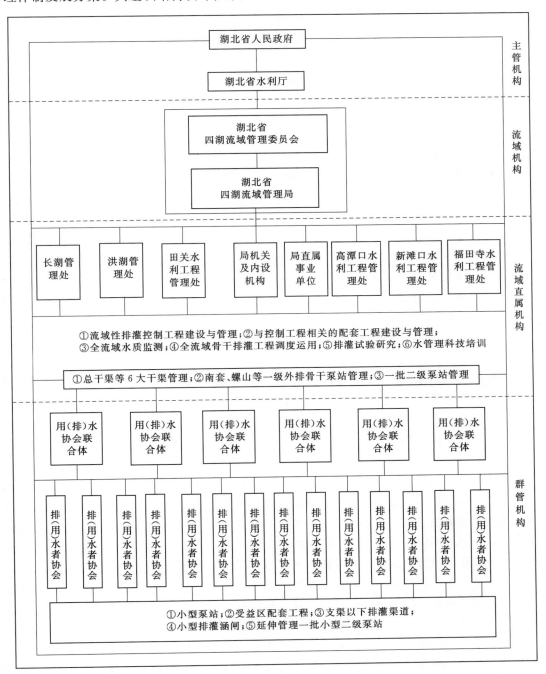

图6-2　湖北省四湖流域二级管理体制（远景）组织结构设计框架图

远期方案流域管理机构的组建基本与近期方案相似,所不同的是四湖流域管理局下属的控制性工程管理要扩大管理权限,即把原由各县(市、区)水利局管理的有关区域骨干工程和配套工程统一管理起来。此外,为充分发挥流域水资源的综合效益,履行流域水管理中经营性职能,四湖流域管理局下属的 6 个(远期可能不止这个数)工程管理机构还要设置相应的水务公司,分别经营和管理各自范围内相应的涉水工程。每个公司具体经营和管理的范围,由四湖流域管理局划定。

二级管理体制方案的核心是取消县(市、区)行政区域管理层次,过去由县(市、区)水利部门管理的排水泵站、排水干渠等工程都应由流域机构统一管理。

用(排)水户协会的组建方案与近期方案相同,按支渠以下的排灌水系划分单元,用水户协会作为社会团体法人,独立经营,自负盈亏。各县(市、区)水行政主管部门对用水户协会进行宏观管理,流域工程管理单位对其进行业务指导,并通过合同关系建立用排业务往来,随着用(排)水户协会的发展壮大,可以按灌区或排区组建若干个联合体,延伸管理范围。

第十一节 综合治理规划

四湖流域在 1984 年《四湖流域水利综合利用规划复核报告》的指导下,经过多年治理,形成比较完善的排水、灌溉系统,但仍然存在内部河湖防洪标准不高、水环境恶化及血吸虫病危害严重等突出问题。随着社会经济的发展,原有规划已难以满足经济社会发展和人与自然和谐相处的需要,迫切需要按照新的治水理念对四湖流域综合治理规划进行修编和完善。2007 年 1 月 27 日、30 日,省政府两次召开专题会议研究四湖流域综合治理和洪湖生态建设保护工作,分别形成省政府专题会议 14 号、15 号纪要,将四湖流域综合治理确定为"十一五"全省"五个专项治理"之一,确定在"十一五"期间,预算安排资金 4 亿元用于四湖流域综合治理;要求省水利厅组织做好四湖流域综合治理规划的编修工作。对此,省水利厅组织省水利水电勘测设计院、省水文水资源局、省水利水电科学研究院,在全面调查研究和收集整理基本资料的基础上,摸清水利设施现状、水资源状况和存在问题,充分利用多年来对四湖流域治理研究的成果,按照科学发展的要求,针对存在的问题,历时半年,于 2007 年 9 月编制出《四湖流域综合规划报告》。

一、编制过程

随着社会经济的发展及其对新时期水利的需求,省水利厅根据省委、省政府的部署和全国流域综合规划修编工作会议的要求,2007 年 2 月省水利厅以鄂水利计函〔2007〕136 号发文,要求在全面调查研究和收集整理基本资料的基础上,摸清水利设施现状、水资源状况和存在问题,充分利用多年来对四湖流域治理研究成果,按照科学发展观的要求,针对存在的问题,对四湖流域进行水利综合规划,研究制定流域治理、开发和保护的原则与目标,科学制定防洪减灾、水资源综合利用、水生态与水环境保护、流域调度与管理等规划方案,提出防洪、除涝、供水、灌溉、航运及河道整治、水资源保护、水土保持、水利血防、渔业等专业规划的总体布局,并明文委托省水利水电勘测设计院组织开展四湖流域综合规划编制工作,省水利水电科研所、省水文水资源局及相关地市有关部门密切配合。2007 年 2 月底,省水利厅对《四湖流域综合规划工作大纲》进行评审,并明确各单位的工作分工,省水利水电勘测设计院负责防洪除涝、灌溉供水、水土保持、航运渔业与水利协调规划;省水文水资源局负责水资源及水生态保护规划及其专题研究;省水利水电科研所负责水利血防规划、水管理体制研究及其规划;省水利水电勘测设计院负责汇总规划成果,编制完成四湖流域综合规划报告。

2007 年 3 月,各参编单位根据编写要求,全面开展编制工作,在进行测量、调研、监测、分析计算和专题研究等工作的基础之上,于 6 月提出《四湖流域综合规划中间成果》。6 月 20—22 日,省水利厅组织召开中间成果研讨会。按研讨会提出的修改意见,各编制单位对报告进行认真的修改和补充,于 2007 年 8 月提出《四湖流域综合规划报告》(送审稿)。

2007年9月13—14日，省水利厅在武汉组织召开会议，对《四湖流域综合规划报告》（送审稿）进行初步审查。编制单位根据初步审查意见再次进行修改，于2007年9月编制完成《四湖流域综合规划报告》。

二、规划缘由

四湖流域自20世纪50年代开始，建设一大批水利工程设施，形成防洪、排涝、灌溉三大工程体系，对治理四湖流域起到重大作用。但是，随着社会经济的发展，流域治理与发展中存在的各种矛盾也逐渐显现出来。

（一）过度围垦，蓄泄格局失衡

四湖流域围湖造田，虽耕地面积扩大，但调蓄洪（涝）水的面积减少，原先本可以进入这些被围垦湖泊调蓄的洪水只能汇入总干渠和围垦所剩湖泊之中，在没有足够外排出路的情况下，势必抬高湖渠水位进行蓄洪平衡，引起垸内水位普遍抬高，使得内湖总干渠和湖水位不断上升。20世纪70年代以后，汛期5—9月洪湖日平均最高水位抬高0.53米，长湖水位抬高1.03米，四湖总干渠福田寺拦洪闸上游水位平均比设计水位抬高近2米，1996年最高水位比设计水位抬高2.82米，1980年抬高2.45米，因而加重四湖总干渠两岸的防洪排涝压力。总干渠水位壅高后，各围垸之间为保住垸田的农作物，只得建二级电排站向总干渠抢排以求自保，二级电排站越建越多，站址越建越高，以致建到总干渠渠首。流域内一级电排站虽年年在建，但因赶不上二级电排站的建设速度，至2007年，全流域一级电排站的装机流量为1004.8立方米每秒，二级电排站的流量为1894.26立方米每秒，二级电排站是一级电排站的1.88倍。其中，四湖中下区一级电排站装机流量784.8立方米每秒，而二级电排站流量却达1663.44立方米每秒，二级电排站排涝流量与一级电排站排涝流量相比达到2.12倍，比例严重失调。一旦遇到暴雨，二级电排站开机排涝，涝水迅速汇入总干渠，使渠水位迅速抬高，在调蓄和外排能力有限的情况下，造成全线防汛紧张，有时不得不强行断电停排二级电排站，造成农田严重受涝，损失惨重。致使四湖流域的治理陷入围湖造田、调蓄区减少、渠湖水位抬高，建一级电排站排水、进一步围湖造田、建更多二级电排站再抬高河渠水位，再以排涝要求新建一级电排站的恶性循环之中。

（二）局部地区排涝标准偏低

至2007年，四湖流域内垸排涝一般都达到10年一遇标准，但仍有高潭口排区未达到设计标准。四湖福田寺以上高潭口排区原来的排水出路为排入洪湖和一部分滞留于一些低洼地区。随着白鹭湖、三湖围垦殆尽，流域内调蓄能力越来越小。1972年兴建洪湖分蓄湖工程主隔堤并开挖排涝河，福田寺以上及高潭口排区的排水能通过福田寺闸、子贝渊闸、下新河闸入洪湖调蓄。随着洪湖水位的提高，其超过26.00米时，只有福田寺以上总干渠的来水还可以进入洪湖调蓄，而高潭口排区的来水受排涝河水位（排涝河允许最高水位26.00米）及下新河闸和子贝渊闸过流能力的限制，涝水不能顺畅泄入洪湖，因此，只有通过高潭口泵站提排。高潭口泵站设计流量210立方米每秒，排区面积1056平方千米，排涝模数仅为每平方千米0.199立方米每秒，排涝能力明显偏低。再加上排区内监利县分盐镇一带地势低洼，沿排涝河二级电排站不足，排涝河水位稍高涝水便不能排出，一遇暴雨便溃涝成灾。

（三）流域排水能力有待提高

四湖流域内部洪、涝水并不能严格区分开来，洪灾和涝灾同样难以区分，通常将10年一遇以上称为洪水，10年一遇以下称为涝水。1980年和1996年四湖流域出现严重的洪涝灾害，尤其是1996年，四湖中下区低洼之处汪洋一片，暴露出排水系统存在着调蓄能力下降、外排能力不足、渠道过水能力不够等方面的问题。

（四）水生态环境日益恶化

四湖流域曾是水清鱼肥、荷花飘香的水乡田园，但随着城市生活和工业污水排入渠道的污染和农村施用化肥、农药流失引起的面源污染，导致境内河流、渠道、湖泊水体严重污染，水环境质量呈现Ⅳ～Ⅴ类状况，湖泊富营养化现象突出。

（五）血吸虫病疫情回升

四湖流域是血吸虫病流行的重疫区，素有"全国血防看两湖（湖南、湖北），两湖重点在四湖"之说。由于血吸虫主要是依赖水体生存繁殖与传播，虽经多年水利建设结合灭螺，对血吸虫病情有所控制，但经过1996年的内涝和1998年的洪水的影响，四湖流域血吸虫病疫情回升显著，表现为血吸虫病人增多，急性感染人数呈上升趋势，局部地区钉螺扩散明显，感染性钉螺分布范围逐渐扩大，2005年流域钉螺面积为28100.74平方米，血吸虫患者87321人，人群感染率6.49％。

（六）干旱缺水问题依然严峻

四湖流域是湖北省有名的"水袋子"，但由于特殊的地理位置和水文条件，干旱缺水的问题也很严重。经多年建设，已形成引水和内部蓄水相结合的灌溉系统，但由于外江水位在春季比较低，沿江涵闸引水困难；夏季外江水位常高出堤防警戒水位，涵闸引水又受到限制，常引起春旱和伏旱。灌区经多年运行，大多已老化失修，加上渠系配套不完善，使得一方面缺水严重，另一方面又造成水资源浪费。另外，随着三峡水库的建成运行，长江中下游的水沙条件发生较大的变化，某些时段水位降低将使沿长江的引水灌区引水更加困难，缺水问题将更加严峻。

（七）管理体制的分割，给工程统一调度管理带来不便

四湖流域水利工程在荆州地区时期是实行统一规划、建设、调度和管理，后随着行政区划的变更，四湖流域水利工程分属荆门市、荆州市、潜江市管辖，各市均设立管理机构，在调度运行出现矛盾时，则由省水利厅协调解决。这种条块分割的管理体制，使得流域工程无法实现统一调度，造成上下游之间、行政区划之间的矛盾。同样也由于各自为政，带来运行管理经费、工程建设和维护经费不足，致使涵闸泵站老化失修，排灌渠道淤积严重，排涝灌溉标准降低，排灌效益受到影响。

三、总体规划

（一）指导思想与原则

四湖流域作为湖北省重要的粮、棉、油和水产品，以及化工、轻纺、石油等生产基地，在湖北省经济社会中具有重要的地位和作用。根据这一定位，以及对流域经济社会发展及其对水利建设与管理的需求的预测，针对四湖流域水利工程现状，以整个四湖流域为范围，确定综合治理的指导思想是：坚持科学发展观，全面贯彻党中央新时期的治水方针，以实施可持续发展战略、保障经济社会发展安全、维护生态环境、改善人居环境与经济社会发展环境为中心，以促进人水和谐和水资源的可持续利用为目的，进一步加强四湖流域水利体系建设，推动传统水利向现代水利、可持续发展水利的转变。

流域治理遵循资源环境与经济社会发展相协调，治理规划与水资源及生态环境保护规划、区域经济社会发展规划、国土规划、土地利用规划相协调，治理水平与区域经济社会发展的水平和速度相适应的原则，合理预测未来经济社会的发展及其对水利工作的新要求，提前制订对策措施。

遵循以人为本、人水和谐的原则。全面规划，统筹兼顾，突出重点，综合治理。在分析流域自然条件和社会经济发展要求的前提下，正确处理上游与下游、局部与整体、内蓄与外排、治理与保护、建设与管理等方面的关系，合理确定流域任务，着力解决好防洪减灾、水资源合理利用、水利血防和水生态环境保护等水利问题。

遵循防洪、排涝、灌溉与生态环境统筹考虑的原则。既要治理利用水资源，又要保护水资源，因地制宜地提出防洪、排涝、供水、灌溉、航运、水产和生态环境相互促进的综合治理措施，并按轻重缓急逐步实施。

遵循水资源可持续利用的原则。治水把节约水资源、保护水资源放在首位，建立节水型社会作为水利发展的一项长期任务。治水优先治污，合理分析流域的水环境容量，拟定流域水功能分区，从源头治污，注重节水减污、江湖联通和水土保持。

遵循排泄与调蓄合理配比的原则。发挥现有水利工程的作用，扩大提排能力，加强非工程措施和调蓄区建设，使之达到一个合理的配比。

遵循水资源统一管理的原则。加强流域与行政区域相结合的水资源统一管理机制和公众参与机制，以及水利信息化的建设，并以水利信息化推动流域水利现代化建设。

（二）规划任务目标

四湖流域治理规划以 2010 年为近期目标，2020 年为中期目标，2030 年为远期目标。按人与自然和谐共处的治水思路，在四湖流域基本建成防洪减灾、水资源综合利用、水生态与水环境保护、流域科学管理四大体系，实现有效控制涝水、保障防洪安全、合理利用水资源、保证供水安全、控制血吸虫传播、改善水生态环境等规划目标。

1. 防洪、除涝

长湖设计防洪标准达到 50 年一遇，洪湖在不向围堤外分洪的条件下安全防御 1996 年型洪水，总干渠堤防在沿程二级站不超过 10 年一遇排水流量条件下安全防御 1996 年型洪水。在除涝工程方面，近期完成大型泵站更新改造及其配套工程建设，疏挖四湖总干渠、下内荆河、西干渠、东干渠和排涝河，实施洪湖内垸退垸还湖工程。中期目标是二级站控制排区和相对独立的一级站排区，达到 10 年一遇 3 日暴雨 5 天排至作物耐淹深度标准，排区蓄涝（水）率达到 2 万～3 万立方米每平方千米；大区域排水站考虑两次暴雨间隔时间排除调蓄容积，调蓄容积要求占净来水量的 50%～60%，其排涝标准选用 10 年一遇 3 日暴雨 10 天排完，并按 10 年一遇长历时暴雨洪水蓄泄演算复核工程规模。远期目标进一步完善四湖流域防洪除涝体系，全面实现水利现代化。

2. 灌溉、供水

开展大型灌区的续建配套与节水改造，部分示范和推广节水灌溉制度；保障城镇供水安全，完成安全饮水工程建设。至远期目标，全面完成灌区的续建配套与节水改造，各干支渠的渠系水利用系数均达到规定的要求，灌区各片灌溉设计保证均率达到 80%～85%，农业生产全面实现节水高效，全流域农村居民全面实现安全饮水，基本消除城乡供水差别。

3. 水生态与水环境保护

总体目标是防止水污染，改善生态环境，保障区域水资源可持续利用，促进经济社会可持续发展。

2010 年前，流域内地表水体水质状况明显改善，其中现状劣于Ⅳ类的水体达到或优于Ⅳ类水体水质标准，有效削减污染物排放量和入河量；主要河渠水流畅通。洪湖、长湖富营养化有明显控制。区域内局部地下水超采现象得到初步控制，与水相关的湿地退化、湖泊萎缩等生态环境问题不再继续发展。

2020 年前，流域内部所有水功能区达到功能目标，污染物排放量按照限排方案全部得到控制，实现合理开发利用地下水，明显改善地下水生态环境。基本解决与水相关的湿地退化、湖泊萎缩、水体富营养化等生态环境问题。

2030 年前，流域内水环境、水生态呈良性循环，自然环境优美，人水和谐，全面实现水资源的可持续利用，支撑社会经济的可持续发展。

4. 水土保持

近期目标是通过各种预防保护措施，基本消除因生产生活需要对现有林草植被的破坏和生态自我修复能力的制约；健全预防保护和监督管理体系，切实保护好现有林草和水土保持设施，全面贯彻落实水土保持方案报批和"同时设计，同时施工，同时竣工验收"制度，有效控制住人为水土流失；以荆门市沙洋县和掇刀区、荆州市荆州区为重点，开展以小流域为单元的综合治理，重点治理区水土流失综合治理程度达到 34%。

中期目标开展以小流域为单元的综合治理，重点治理区水土流失综合治理程度达到 80%。

远期目标在巩固已有防治成果的基础上，全面推进水土流失综合治理，使重点治理区和重点预防保护区水土流失集中分布区域的治理程度达到 100%，全面完成规划防治任务。

5. 水利血防

水利血防是指水利结合灭螺，即在规划水利工程时结合考虑灭螺阻螺措施。水利血防是血防综合治理措施之一，其各水平年的目标与相关水利工程建设同步。

6. 航运及渔业

在航运方面，根据交通部审查批准的《长江水系航运规划报告》（1993 年修订）、湖北省发展与改革委员会和湖北省交通厅 2005 年编制完成的《湖北省内河航运发展规划（2002—2020 年）》，到 2020 年《四湖流域综合规划》实施后，四湖流域各航线将达到其规划的设计标准，其中江汉航线（即新螺线）上段（新城—宜子口）达到Ⅴ级航道标准，下段（宜子口—螺山）达到Ⅳ级航道标准；两沙运河（引江济汉干渠）为Ⅲ级航道标准；内荆河上段（雷家垱—习家口）达到Ⅴ级航道标准，下段（宜子口—新滩口）达到Ⅳ级航道的标准；近期 2010 年结合总干渠疏挖基本完成新螺航线的航道。

渔业方面，从水资源保护角度，提供各水平年渔业发展限制性要求。

7. 水管理体系

建立权威、高效、合作、统一的流域管理体系，实行公开透明，科学严谨决策，依法民主管理，倡导利益相关方参与；建立公益性水利工程合理的补偿机制，逐步实现水利工程的良性运行。近期建立流域防洪排涝调度决策支持的硬件、软件平台，实现防洪排涝调度信息的自动采集和传输，工程的远程监控和操作、调度决策的全面支持，远期建立流域水务信息的全面支持的硬件、软件平台。

四、规划布局

四湖流域是一个复杂的大系统，防洪与排涝，水资源利用与保护等制约因素错综复杂，相互影响。其规划布局主要妥善处理上游与下游、局部与整体、内蓄与外排、治理与保护、建设与管理等方面的关系，因地制宜地提出防洪、排涝、供水、灌溉、航运、水产和生态环境相互促进的综合治理措施。规划总体布局概括为：疏挖六大干渠，加固两湖堤防，控制污染总量，联通江河湖港，完善排灌系统，推进疫区血防。

（一）疏挖六大干渠

六大干渠指总干渠、西干渠、东干渠、田关河、排涝河和螺山干渠。近期规划疏挖总干渠、西干渠、东干渠高场—冉家集 35 千米段和排涝河半路堤—福田寺段，完成田关河整治和下内荆河琢头沟裁弯取直工程。中期完成下内荆河疏挖整治，并结合泵站配套工程建设，疏浚田关河、排涝河福田寺—高潭口段和螺山干渠。疏挖干渠包括对沿线病险涵闸和危桥进行整险加固和改进。

（二）加固两湖堤防

长湖防洪工程包括长湖湖堤加固、滨湖内垸防洪堤加固、借粮湖与彭塚湖分蓄洪区建设等。

长湖湖堤从沙市区雷家垱—荆门市蝴蝶嘴，全长 47.62 千米，已利用世行贷款和日行贷款对 8.6 千米堤防进行加高培厚，对 3.8 千米堤防进行护坡，修建 11.5 千米堤顶公路和 0.8 千米防浪墙，整修涵闸 5 处；滨湖内垸防洪堤指长湖周边为保护荆州古城的太湖港南堤，保护纪南城的太湖港北堤和纪南防洪堤，保护桥河两岸及重点圩垸的桥河堤、后港围堤、蛟尾围堤和藻湖围堤等，堤防总长 62.27 千米；彭塚湖分蓄洪区为西荆河分蓄洪区，也可直接分蓄长湖洪水，规划蓄洪面积 7.6 平方千米，蓄洪容积 2280 万立方米；借粮湖分蓄洪区地跨荆门市和潜江市，规划蓄洪面积 53.0 平方千米，蓄洪容积 1.2 亿～1.4 亿立方米。规划近期完成长湖湖堤 5 类建配套工程和荆州城区雷家垱闸建设，至中期完成上述长湖防洪工程。

洪湖防洪工程包括洪湖围堤加固，新堤排水闸引河疏浚，洪湖下万全垸、监利螺西分蓄洪区建设等。

洪湖围堤自福田寺起沿洪湖北岸到小港折向西南到螺山，再从螺山起，经幺河口、桐梓湖、三墩潭、周河口到宜子口，再从宜子口西折抵福田寺，闭合一周，全长 149.12 千米，其中洪湖市境 93.14 千米，监利县境 55.98 千米；新堤排水闸引河是新堤排水闸抢排洪湖涝水和洪湖实行江湖联通调度及灌江纳鱼苗的通道，长 7.2 千米，引河入湖处严重淤塞；洪湖发生超 1996 年型洪水时，将视水情依次启用螺西分蓄洪区和下万全垸分洪，规划蓄洪面积为 80 平方千米，规划中期水平年以前完成洪湖围堤加固和新堤排水闸引河疏浚，远期水平年建设洪湖下万全垸和监利螺西分蓄洪区等。

（三）控制污染总量

四湖流域水污染主要是荆州城区等城镇的工业废水、城镇生活污水排放等点源污染及农业生产施用大量的化肥、农药流失造成的面源污染。其水环境恶化的主要原因是流域纳污负荷量大大地超过了其水环境的承载能力，特别是沙市城区未经处理的工业废水和生活污水，直接排入沙市区豉湖渠，并沿四湖总干渠流向中下区，不仅严重污染豉湖渠，还污染四湖流域总干渠和洪湖水体，对长江水质的影响也不容忽视。要修复四湖流域水环境必须采用有效措施控制水污染源和提高水环境容量，重点是控制污染总量。

控制水污染源的措施是在流域水域功能区划的基础上，核算四湖流域主要水体和主要污染物环境容量，制定总量控制方案，提出对工业污染源整治、城镇生活污水集中处理、城镇垃圾无害化处理和生态修复等水污染的综合整治方案。对农业面源污染的治理主要是采取调整农业生产结构，推广农村清洁能源，合理使用农药、化肥等措施。

规划新建城镇生活污水集中处理厂项目 21 个，进行限期治理的工业污染源项目 61 处，实行关停取缔的小造纸企业 10 个，实行关停取缔的印染污染工业企业 5 家，实施规模化畜禽养殖污染治理项目 21 个，建设 1 处面源综合治理试点工程，实施荆州城区水系生态修复工程、洪湖水生态修复工程、白鹭湖水生态修复工程和长湖水生态保护工程。

（四）联通江河湖港

联通江河湖港的目的主要是通过引江河清洁水源，恢复流域内河渠的连续性和流动性，维护河流的健康生命，提高流域的水环境容量。四湖流域三面环水，客水资源丰富，流域内六大干渠相互连通，一条四湖总干渠将长湖和洪湖两大湖泊串联一体，这些都为引清调度提供有利条件。但是，在流域内部，由于沙市区水体污染严重，导致西干渠被人为地分成上下两段，城区排水改流豉湖渠进入总干渠；同时，长湖区域自产水量相对较少，难以为四湖中区提供较丰富的补充水源，限制总干渠和西干渠的流动性。在流域周边，枯水期长江水位较低，沮漳河水量有限，汉江实施南水北调中线加坝调水后，水量难以满足其自身用水要求，这些又为江湖联通和引清调度增加了难度。

规划长湖—洪湖区间以长湖为中心进行引清（水）调度，由长湖保障其生态供水，水量不足时，通过江湖联通由外江补给。近期在维持流域现有工程布局的基础上，通过从沮漳河由万城闸引水经太湖港和由汉江新城闸引水经西荆河向长湖补水，再由习家口闸向总干渠输水；中远期则通过兴建引江济汉工程和雷家垱闸，使长江、汉江、长湖和西干渠连成一体，基本解决总干渠和西干渠的水体不畅的问题。

洪湖是通过水生态修复工程提高其水环境承载能力并通过新堤大闸实现江湖联通，在满足洪湖防洪调度运用的基础上，利用新堤大闸在江鱼洄游、苗化期（4—6 月）择机对洪湖进行生态补水，达到灌江纳苗、补充洪湖生物多样性、兼顾释污的目的。

（五）完善排灌系统

（1）泵站更新改造。近期完成田关、老新、新沟、高潭口、半路堤、南套沟、鸭儿河、汉阳沟、新滩口、仰口、燕窝、大沙、高桥、龙口、石码头、杨林山 16 座内垸一级排水泵站和外垸冯家潭泵站的更新改造。中期一是进行上述泵站的渠闸桥涵等配套工程建设，以充分发挥现有工程设施的效益；二是按设计排涝标准控制和改造二级排水泵站，加强二级排区的建设和管理。

（2）退田还湖工程。为扩大调蓄能力，改善流域自然生态环境，规划近期实施洪湖退垸还湖工程，中期实施白鹭湖退田还湖工程。白鹭湖利用荒湖水面和部分低洼农田，退出 22 平方千米面积调蓄总干渠上段洪（涝）水，规划中期单退，远期恢复湖面；洪湖围堤内退出 40 个围垸，使洪湖水面恢复到 427 平方千米。

（3）高潭口排区增建泵站。高潭口排区为福田寺以东排涝河汇流区，汇流面积 1056 平方千米，至 2007 年排涝标准仅为 6～7 年一遇。按 10 年一遇排涝标准规划，需增建 1 座外排一级泵站，设计流量 55 立方米每秒，规划中期水平年结合洪湖东分块蓄洪工程兴建。

（4）螺山排区增加调蓄。螺山排区为四湖中区一处相对独立的排区，汇流面积为 935.3 平方千米，前期排涝标准尚不足 10 年一遇。排区内有 80 平方千米面积是 20 世纪 70 年代从洪湖中围垦出来的湖沼地，若降低此片区域的排涝标准，发展避灾农业，在其中开辟 40 平方千米面积的调蓄区，调蓄水深 0.25 米，便可将螺山排区排涝标准提高到 10 年一遇，因此，规划在螺山排区内开辟螺西桐梓湖调蓄区。

（5）灌区续建配套与节水改造。重点完成漳河灌区（四湖流域范围内）、兴隆灌区、观音寺灌区、西门渊灌区、何王庙灌区、监利隔北灌区、洪湖隔北灌区共 7 个大型灌区的续建配套与节水改造。其次对颜家台灌区、一弓堤灌区、荆州万城灌区、长湖灌区、沙洋赵家堤灌区、监利王家湾灌区、北王家灌区、洪湖下内荆河灌区、人民大垸灌区、三洲联垸灌区等其他中小型灌区进行续建配套与节水改造。

（六）推进疫区血防

继续执行疫区优先治水，治水结合灭螺的方针。结合水利工程建设，采取清淤护坡，抬洲降滩，修建阻螺设施等水利血防措施，全面推进疫区水利血防工作。

2008—2011 年，在《四湖流域综合规划》指导下，实施完成四湖流域综合治理一期工程。

2016 年 4 月，省发改委以鄂发政文〔2016〕86 号文向省政府报送《四湖流域综合治理总体方案》。同年 5 月 13 日，省政府以鄂政函〔2016〕68 号文批复《四湖流域综合治理总体方案》（见附录6），成为四湖流域综合治理的指南。

第十二节　与四湖流域相关的规划概述

一、洪湖分蓄洪区分块蓄洪工程规划

洪湖分蓄洪区工程于 1972 年开工，历经一、二期工程建设，已形成大的框架，具备分洪运用的初步条件，所能承担的蓄洪任务是：①长江中下游出现 1954 年型洪水时，要求洪湖分蓄洪区蓄纳160 亿立方米超额洪水；②上荆江出现超过 1954 年的更大洪水时，要求承担荆江分蓄洪区不能容纳的超额洪水。随着长江防洪工程体系的建设，特别是三峡水库建成蓄水，长江流域的防洪形势发生一些改变，如果再出现 1954 年型洪水，经三峡水库调蓄后，长江中游城陵矶附近地区有 218 亿～280亿立方米超额洪水，较之 1971 年作规划时的 400 亿立方米超额洪水有所减少。城陵矶附近地区的洪湖分蓄洪区和洞庭湖分蓄洪民垸经多年建设，虽已具备一定的分洪条件，但由于洪湖分蓄洪区面积大、人口多，运用损失大，决策难度大。为妥善处理城陵矶附近地区超额洪水，根据不同年份的洪水实行分块运用，灵活调度，尽量减少分洪所造成的损失，国务院批转水利部《关于加强长江近期防洪建设若干意见》（国发〔1999〕12 号文），要求近期在城陵矶附近地区尽快集中力量建设蓄滞洪水约100 亿立方米的蓄滞洪水。湖南、湖北两省各安排 50 亿立方米（湖北省在洪湖分蓄洪区划出一块先行建设），以缓解城陵矶附近地区防洪紧张局势，确保武汉市堤、荆江大堤的安全。根据这一安排，长江水利委员会于 2001 年 6 月编制完成《洪湖分蓄洪区分块蓄洪工程项目建议书》（以下简称《项目建议书》）。

《项目建议书》选定的方案是在洪湖分蓄洪区的东部划出一块面积为 883.62 平方千米的地方，通过修建分块隔堤与长江干堤、洪湖分蓄洪区工程主隔堤、东荆河堤相连形成一个封闭圈。设计蓄洪水位 32.50 米，扣除安全区、台占用面积后，有效蓄洪面积 836.45 平方千米，有效蓄洪容积 61.86 亿立方米。

东分块蓄洪区工程主要项目包括：新建东分块隔堤及穿内荆河、南套沟节制闸工程，套口进洪闸，补元退洪闸，新滩口泵站保护工程，腰口、高潭口二站泵站工程。

东隔堤的走线为两套方案，方案一是自长江干堤牛头埠起，至主隔堤十八家止，长 25.949 千米；方案二是自长江干堤腰口起，至主隔堤金船湾止，长 24.397 千米。堤防等级 2 级，堤顶宽 8 米，堤顶高程为蓄洪水位加超高 2 米即为 34.50 米。

进洪闸选在洪湖长江干堤套口（桩号 459＋000），分洪流量 10000 立方米每秒；退洪闸选在洪湖长江干堤补元（桩号 404＋500），设计退洪流量 2000 立方米每秒。

在内荆河上建防洪节制闸，设计流量 460 立方米每秒，其旁兴建 300 吨级船闸；在南套沟建防洪节制闸，设计流量 80 立方米每秒，工程总体布置为 3 孔涵闸结构，过流总净宽 18 米，闸室总宽度 22.8 米。

东分块分洪时，新滩口电排站将被淹没，为满足四湖中下区排涝要求，2002 年 11 月，湖北省水利水电勘测设计院编制《腰口、高潭口二站泵站工程单项设计报告书》，提出兴建腰口泵站和高潭口二站泵站作为洪湖分蓄洪区分蓄块工程的泵站还建工程，其中腰口泵站装机 4 台×2700 千瓦，设计流量 110 立方米每秒；高潭口二站装机容量 3 台×2900 千瓦，设计流量 100 立方米每秒。

东分块蓄洪后，新滩口水利枢纽工程全部处洪水位以下，为保证这些工程不被洪水淹水，宜从排水闸左岸起，至船闸止，筑一道长 3 千米的围堤，建一座流量为 250 立方米每秒的防洪闸，用于保护枢纽工程及职工生活区的安全。围堤堤顶设计高程 34.50 米，面宽 8 米。

二、南水北调中线引江济汉工程规划

2005 年 12 月，湖北省水利水电勘测设计院编制《引江济汉可行性研究报告》。此报告对引水线路进行 9 个方案的比较，最后确定为龙高Ⅰ线的方案，规划从长江荆江河段龙洲垸处引水经开挖的人工渠道至高石碑入汉江，渠道全长 67.23 千米，年平均输水 37 亿立方米，其中补汉江水量 31 亿立方米，补东荆河水量 6 亿立方米。工程的主要任务是向汉江兴隆以下河段补充因南水北调中线一期工程调水而减少的水量，改善汉江中下游河段的生态、灌溉、供水、航运用水条件，人工河道也将因此成为沟通江汉间通航运河，使长江与汉江之间的水运距离缩短 600 千米。

引江济汉引水干渠进口为龙洲垸，位于荆州市李埠镇龙洲垸长江左岸江边，干渠线路沿北东向穿荆江大堤（桩号 772＋400），在荆州城西伍家台穿 318 国道、红光五组穿宜黄高速公路后，近东西向进庙湖，穿荆沙铁路、襄荆高速公路，过海子湖后折向东北向穿拾桥河，经过蛟尾镇北，穿长湖，走毛李镇北穿殷家河、西荆河后，在潜江市高石碑镇穿过汉江干堤（251＋320）入汉江。全长 67.23 千米，设计流量 350 立方米每秒，校核流量 500 立方米每秒。

引江济汉引水干渠横切四湖流域上区，对上区的排水及灌溉有直接的影响，故规划布置大批倒虹吸和节制工程以连通和控制，以保证四湖排灌工程系统的完整性。

三、长江流域综合规划（2012—2030 年）

2012 年，长江委编制出《长江流域综合规划（2012—2030 年）》，经国务院以国发〔2012〕220 号文批转执行。此规划将四湖流域的治理编入其中，兹将四湖流域的部分节选如下。

四湖流域位于长江中游左岸，地处江汉平原腹地，因历史上曾有长湖、三湖、白鹭湖、洪湖 4 个大型湖泊而得名，目前仅有长湖、洪湖两个湖泊。流域位于湖北境内，总面积 1.15 万平方千米，其中内垸面积 1.04 万平方千米，洲滩民垸面积 0.11 万平方千米，涉及湖北省荆州、荆门、潜江 3 个市，区内总人口 514.5 万人，有耕地 562 万亩，地区生产总值 455.6 亿元，粮食总产量 318.7 万吨。其治理开发与保护的主要任务是防洪与治涝、水资源保护与水生态环境修复、供水与灌溉、水利血防、航运。

疏挖整治总干渠、西干渠、东干渠、田关河、排涝河和螺山干渠 6 大干渠，整治南套沟排区，加固长湖和洪湖堤防，更新改造田关、老新、新沟等 16 座外排泵站和人民大垸冯家潭泵站及内垸二级排水泵站，新建 1 座外排泵站，完善各泵站配套设施；实施白鹭湖 22 平方千米退田还湖工程和洪湖围堤内 40 个圩垸退垸还湖调蓄区工程。以总干渠补水方案为主线，开展以洪湖、长湖、荆州城区等为重点的水系生态修复，长湖—洪湖区间由长湖保障其生态供水，水量不足时，近期可从沮漳河和汉江向长湖补水，远期则可结合引江济汉和雷家垱闸等工程措施，使长江、汉江、长湖和西干渠连成一体。通过水生态修复工程提高洪湖水环境承载能力，在满足洪湖防洪调度运用的基础上，利用新堤大闸在江鱼洄游、苗化期（4—6 月），择机对洪湖进行生态补水，补充洪湖生物量（多样性），提高纳污能力。进一步完善城乡供水体系，解决农村饮水安全问题；完成已建的 7 个大型灌区和其他中小灌区的续建配套和节水改造。通过水利血防等综合措施，使血吸虫病疫区近期达到传播控制标准。通过航道整治，结合渠化，建设两沙运河（引江济汉工程）、江汉航线和内荆河航线 3 条骨干航道，其中两沙运河为限制级Ⅲ级航道。

第七章　主　体　治　理　工　程

新中国成立后，根据不同时期的治理规划，开展了大规模的治理，经加固堤防，关好大门；理顺水系，开渠建闸，治理内涝；沿江河堤防建闸引水，灌溉农田，解干旱之忧；兴建电力排水泵站，提高排涝标准等几个阶段的建设，形成四湖流域防洪、排涝、灌溉三大水利工程体系，基本上达到"遇洪挡水，遇旱引水，遇涝排水"的治理标准，保障流域经济社会发展和人民生活的需要。此章主要记述堤防修筑、渠道疏挖、涵闸、泵站等主体工程的兴建过程及主要内容，其他综合治理工程项目则分章记述。

第一节　堤　防　修　筑

四湖流域右有长江，左有汉江及其支流东荆河。1949年以前，江河堤防经常溃决，四湖流域常遭洪灾。即便堤防不溃决，一般每年从5月初起，延续到9月（早则8月，迟则10月），在此期间长江水由新滩口向内荆河倒灌。倒灌的范围，一般年份长江水淹到监利余家埠，较大水年份淹到沙市区丫角庙。东荆河南支，当汉江来水较大时，通过高潭口、黄家口、南套沟、裴家沟、柳西湖沟、西湖沟和汉阳沟注入内荆河。江河洪水倒灌壅阻，使内荆河的水宣泄不畅，内垸农田壅渍成灾。因此，治理四湖流域首先要解决外洪和江水倒灌的问题。根据规划，首先是加高培厚长江、汉江堤防，修筑自中革岭至胡家湾的东荆河堤防（称洪湖隔堤）。洪湖隔堤于1955年11月16日动工，1956年1月26日竣工。1956年完成新滩口堵口工程，结束了江水倒灌的历史。

四湖流域除西北部分为丘陵岗地外，大部分为平原。平原地区的面积包括洼地、湖泊，占总面积的77.3%，全赖堤防保护。环绕四湖流域堤防总长637.13千米，其中，荆江大堤182.35千米，监利、洪湖长江干堤230.00千米（监利96.45千米，洪湖133.55千米），东荆河堤159.65千米，汉江干堤65.13千米。1949年以前的沿江堤防，由于是在民垸堤防的基础上渐次修筑而成，堤防低矮残破，隐患甚多，管理不善，防御洪水的标准低。加之旧时代政府不能组织起有效地洪水防御和抵抗，所以，一遇较大洪水，便遭溃决。新中国成立后，鉴于洪水灾害的严重性，特别是荆江河段洪水灾害的特殊严重性，各级党委和政府始终把修堤防洪放在十分重要的位置，对江河堤防年复一年、坚持不懈地进行整险加固。1954年大水后，以防御1954年大水为标准对堤防进行全面整修，基本改变堤防低矮残破、千疮百孔的旧貌。经过几十年整修，四湖流域周边堤防的防洪能力有较大提高，但未全面达到防御1954年大水的标准。1998年，长江出现比1954年洪水位还高的洪水，四湖流域周围的堤防经受了严峻的考验。大水之后，国家投入大量资金，对沿江堤防进行全面培修，堤防的抗洪能力获得明显改善和提高。现状荆江大堤和长江干堤，能安全防御沙市水位45.00米、城陵矶水位34.40米、汉口水位29.73米的洪水；汉江和东荆河堤防以防御1964年洪水为标准，抗洪能力也有改善，但未达到安全防御设计水位的标准。

一、荆江大堤

荆江大堤（图7-1），位于荆江左岸，环绕四湖流域东南边缘，下起监利县城严家门（桩号628+000），上至荆州区枣林岗（810+350），全长182.35千米，是江汉平原重要防洪屏障。

新中国成立后，荆江大堤被列为国家1级堤防。为确保堤防安全，国家投入大量的人力、物力和

图 7-1　荆江大堤（2014 年摄）

财力，对荆江大堤采取加高培厚、改善堤质、巩固堤基、护坡护岸、综合整治等措施进行全面建设，其间经历 6 个阶段。

1. 第一阶段（1949—1954 年）

新中国伊始，主要针对堤防低矮单薄、百孔千疮、隐患众多的状况，进行清除隐患和培修加固。堤身加培是以 1949 年沙市最高水位 44.49 米的相应水面线超高 1 米为堤顶高程、面宽加培至 6 米、内外坡一律按 1∶3 的标准进行加高培厚。同时，清除堤上军工、沟道及堤身内墙脚、暗沟、棺木等。1949 年冬至 1950 年春，重点修复 1949 年大水冲坏堤段，清除民国时期留存在堤上的军工建筑，共完成土方 133.29 万立方米。

1949—1954 年，荆江大堤共处理堤身隐患 4515 处，完成土方 1008.87 万立方米、石方 35.66 万立方米，完成国家投资 1051.6 万元，使堤防面貌初步得到改变。

2. 第二阶段（1955—1968 年）

1954 年长江流域发生 100 年一遇特大洪水，荆江大堤经受严峻考验，但部分堤段损坏严重。汛后，湖北省委提出"堵口复堤、重点加固"的方针。荆州专署组织十万民工，投入堤防修筑施工。根据大堤断面设计要求，长江委在 1954 年大水后编制的《1955 年荆江大堤培修工程设计指示书》中提出的设计是：堤顶高程按沙市 1954 年最高洪水位 44.67 米超高 1 米，堤面宽度 7.5 米，外坡比 1∶3，内坡比 1∶3～1∶5；并具体规定内坡距堤顶垂高 3 米部分按 1∶3，3 米以下按 1954 年汛期出险情况而定；凡未发现险情的堤段，其原有坡比达到 1∶3 者维持现状，坡度不足 1∶3 者加至 1∶3；出现险情的堤段，结合整险加固使堤的坡比达到 1∶5。按照此标准，江陵、监利两县组织劳力利用冬春堤防岁修，连续 14 年对荆江大堤进行加高培厚；拆迁沙市市区堤街、江陵县郝穴镇和平街、劳动街长 1.5 千米堤街，监利县堤头堤街将原有堤背及顶宽 3～5 米的戗台削成 1∶5 的缓坡。

1955—1968 年，荆江大堤共完成土方 1950.08 万立方米、石方 168.06 万立方米，兴建减压井 124 个，消除隐患 6.63 万处，完成投资 3680.88 万元。荆江大堤面貌大有改观，抗洪能力明显增强。

3. 第三阶段（1969—1974 年）

1969 年冬，中央召开长江中下游座谈会议，要求荆江大堤要按"备战、备荒、为人民"的原则进行加高培厚。据此，长办、省水利水电局编制《荆江大堤备战加固设计》方案，其加固标准是："堤顶高程按 1954 年洪水控制沙市水位 45.00 米、城陵矶水位 34.40 米的相应水面线加安全超高 1

米，堤面宽度 8 米，内外坡比仍按过去要求不变。"除按设计标准对堤身高度、宽度、坡度继续加高培厚外，为增强堤基的抗渗能力和稳定性，对堤脚渊塘进行填压以固堤基，故又称"三度一填"工程。经过 5 年施工，截至 1974 年，"三度"标准基本达到，其中沙市市所辖 15.5 千米堤段全部达到设计标准；江陵所辖 119.35 千米堤段达到设计标准的有 93.86 千米，高程未达到设计要求的有 5 段合计长 25.49 千米，分别间断欠高 0.09～0.88 米，宽度未达到设计要求的有 1 段合计长 7.4 千米；监利所辖 47.5 千米堤段，完成加培土方 305.51 万立方米，绝大部分已达到设计标准。

1969—1974 年，国家投资 5110.61 万元，共完成土方 2111.43 万立方米、石方 152.93 万立方米，兴建减压井 9 个，消灭隐患 3.11 万处。1972—1973 年还修建沙市城区堤顶混凝土路面 9.65 千米。

4. 第四阶段（1975—1983 年）

1974 年春，荆江大堤"三度"按设计已基本达到标准，但填塘固基工程未能按设计完成任务。鉴于荆江严峻的防洪形势和堤防建设状况，1974 年 4 月 28 日，国务院副总理李先念批示："建议用大力加强现在的荆江大堤，无论如何要保证荆江大堤不出事，这一点要湖北认真执行，决不能大意。"据此，湖北省水利电力局编制《荆江大堤加固工程简要报告》上报水利电力部。12 月，国家计委以〔74〕计字第 587 号文、水电部以〔74〕水电计字第 227 号文批准《荆江大堤加固工程初步设计简要报告》，荆江大堤加固工程正式纳入国家基本建设计划。从 1975—1983 年，历时 9 年对荆江大堤进行加固（称为一期工程）。一期工程以填塘固基、护岸工程为主，并继续扩大堤身断面，设计标准按 1971 年长江中游防洪规划座谈会要求，堤顶高程按沙市水位 45.00 米、城陵矶水位 34.40 米所对应的水面线，安全超高增为 2 米；堤面宽度，直接挡水堤段，面宽定为 12 米，其余堤段面宽 8 米；内外坡比同前；内外禁脚加宽到 50 米，并筑厚 5～7 米，平台面坡比 1：50。为有利防汛抢险，在部分堤段铺设碎石路面，沙市城区部分堤段铺设混凝土路面。填塘以挖泥船"吹填"为主，辅以汽车、拖拉机等机械施工，先后在监利城南、窑圻垴、谭家渊、龙二渊、黄灵垱、祁家渊、蔡老渊、木沉渊、盐卡、廖子河、肖家塘、水府庙、花壕等堤段实施机械填筑。

1975—1983 年一期工程共完成土方 4035.09 万立方米、石方 242.33 万立方米，消除隐患 637处，完成国家投资 1.18 亿元。

5. 第五阶段（1984—2007 年）

荆江大堤经基本建设工程第一期项目的实施，使堤质堤貌大为改善。1981 年沙市水位达到 44.47米。如按防御 1954 年型洪水的标准衡量，仍存有诸多问题：堤身断面未达标，不能满足防洪安全要求；堤基渗漏严重，有大量堤基渗漏险情出现；坡岸防护工程标准低，存在未实施坡岸防护的堤段；沿堤涵闸设施老化，运用安全性逐年降低，影响防洪安全；部分堤段存在堤身隐患。为解决这些问题，经报请国务院批准，荆江大堤加固工程于 1984 年开始续建（二期工程）。1998 年大洪水后，国家投入力度加大，荆江大堤得到进一步建设。

荆江大堤加固工程防洪标准和设计洪水位按照防御 1954 年型洪水的目标，以沙市水位 45.00 米、城陵矶水位 34.40 米、汉口水位 29.73 米作为控制站推算各控制断面的设计洪水位。荆江大堤在李埠以上，由于有沮漳河汇入长江，大堤外有菱湖垸、谢古垸，堤线虽远离长江主泓，但在沮漳河遭遇特大洪水时，如破围垸行洪，大堤将直接挡水，设计洪水位考虑长江洪水与沮漳河洪水组合的情况，以及下荆江裁弯后的影响，修正原有水面线或再加风浪及安全超高 2.0 米进行加固设计。

荆江大堤沿堤 5 座穿堤涵闸建筑物级别为 1 级建筑物，按闸址所在堤段设计洪水位再加高 0.5米，作为闸身设计洪水位。

荆江大堤堤身加培工程堤顶高程按设计洪水位加安全超高 2.0 米。堤面宽度根据堤身、堤基条件及各堤段挡水情况，堤顶宽度分别为 8 米、10 米和 12 米。其中，常年挡水段堤面宽为 12 米，即监利城南至杨家湾堤段（桩号 628＋000～639＋000）、夹堤湾至马家寨堤段（桩号 696＋665～722＋700）、文村夹至堆金台堤段（桩号 733＋400～802＋000）、杨家湾至文村夹堤段（桩号 639＋000～

733+400）；外有民垸堤，一般年份不挡水堤段为10米，即杨家湾至夹堤湾堤段（桩号639+000～696+665，外有人民大垸）、马家寨至文村夹堤段（桩号722+700～733+400，外有青安二圣洲）；堆金台至枣林岗堤段（桩号802+000～810+350）为8米。堤身边坡，断面外帮，边坡比采用1:3，内坡比不变；断面内帮，边坡比采用1:4，外坡比不变。平台宽度为：荆州区、沙市区、江陵县堤段，外平台为30米、内平台为50米；监利县堤段外平台为50米、内平台为30米。

填塘固基的范围依据渗流计算成果确定。重点险工段一般距堤内脚为200米，堤外有民垸的堤段则采用100米。盖重厚度按渗透稳定需要确定。

护岸工程水上护坡面层采用厚0.30米或0.35米干（浆）砌石，厚0.10米或厚0.12米预制混凝土块（现浇混凝土）；垫层厚度为0.10米；水下抛石，重点险工段枯水位以下坡比按1:2～1:2.5控制；一般护岸段抛护范围为枯水位以外30米，平均厚度1.2米，每米抛石量不足36立方米的补足到36立方米。

堤顶混凝土路面宽6米（沙市城区为7米），路面一般厚度为0.20米。监利城南至井家渊7.50千米、沙市城区段9.65千米、荆州区黑窑厂至白龙桥段长5.50千米（其中，计入此工程的为500米）等重点堤段，堤顶路面按城市二级次干道设计，混凝土路面厚度为0.22米。

荆江大堤加固二期工程主要建设内容包括：①堤身加培，沿原堤线在现有182.35千米堤防断面上进行整险加固，对堤防实施加高加宽、内外平台加培、锥探灌浆等，沙市城区堤段设置9.65千米钢筋混凝土防浪墙；②堤基处理，主要是对沿堤总长45.25千米的渊塘进行填筑，实施平台压渗盖重，修建减压井、排渗沟等；③护岸工程，堤顶路面护岸护坡60.2千米，以枯水平台为界，枯水平台以上为水上护坡，枯水平台以下采用抛石护脚；④在全堤182.35千米修筑混凝土路面，同时根据沿堤居民生产生活需求，沿线在堤坡适当布置上堤路；⑤穿堤建筑物，荆江大堤建有万城、观音寺、颜家台、一弓堤和西门渊5座灌溉涵闸。此次工程建设根据涵闸险情及运行状况，实施重建或加固；另根据荆江大堤西湖堤段吹填工程实际，新建窑圻垴、长渊2座小型泵站，作为西湖堤段堤基加固工程的生产水源补偿工程；新建85座防汛哨屋以及其他管理设施。

荆江大堤二期加固工程从1984年10月开工，2007年12月竣工验收，共完成堤身加培土方2529.69万立方米、堤基处理土方2707.49万立方米、石方179.61万立方米、混凝土28.65万立方米，完成投资85174.13万元。工程按设计和下达的投资计划内容全部完成。

6. 第六阶段（2008—2016年）

2007年荆江大堤二期加固工程竣工验收。水利部办公厅《关于印发荆江大堤加固工程竣工验收鉴定书通知》指出："荆江大堤虽经加固建设，但因其历史原因和限于当时的建设条件，建设标准总体上偏低，堤基尚未进行全面防渗处理，堤身垂高大，部分堤段构筑复杂，大堤依然存安全隐患；三峡水库蓄水后，随着长江上游来沙量的减少，'清水下泄'造成的冲刷影响，荆江河段的河势调整，护岸工程也要不断调整和加强；还存在沿堤人畜饮水困难，工程管理设施落后等问题。鉴此，建议加强观测，做好应急抢险预案，并尽快开展下一步荆江大堤综合整治前期工作。"为解决荆江大堤存在的问题，省发改委、水利厅以鄂发改农经〔2008〕706号文向国家发改委、水利部联合报送《荆江大堤综合整治工程可行性研究报告》（以下简称《可研报告》）。2009年4月，水利部水利水电规划设计院对此《可研报告》进行复审，认为"为进一步巩固荆江大堤加固建设的成果，继续实施荆江大堤综合整治工程是十分必要的"。

2012年12月27日，国家发改委同意实施荆江大堤综合整治工程。2014年9月19日，水利部批复初步设计报告指出："为确保荆江大堤防洪安全，进一步巩固荆江大堤加固建设的成果，消除大堤的安全隐患，保障江汉平原和武汉市的防洪安全，促进当地经济社会发展，在二期工程加固基础上，实施荆江大堤综合整治工程是十分必要的。"同意工程建设任务为："在二期工程加固的基础上，对荆江大堤堤身、堤基、防浪墙等存在安全隐患的堤段进行整险加固，完善工程措施。"并进一步明确指出："根据中共中央、国务院中发〔1998〕15号文，国务院国发〔1999〕12号文和国务院批复的《长江流域规划报告》，通过三峡水库调节和干流堤防加固等，长江干流荆江河段防洪标准至少应达到100年一遇，并应使荆江河段在遭遇类似1870年历史特大洪水时保证行洪安全，南北两岸干堤不漫溃，防止发生毁灭性灾害；城陵矶以下河段，以1954年实际洪水作为防御目标。主要控制点堤防设计水位分别为沙市45.00米、城陵矶（莲花塘）34.40米、汉口29.73米。堤顶设计高程按设计洪水位加2米超高确定。常年挡水堤顶宽度为12米，非常年挡水段为10米，堆金台至枣林岗为8米。"

综合整治工程建设的主要内容和规模为：新建防渗墙长86.15千米（深15.0～20米），堤身灌浆长121.05千米，沙市城区堤顶防浪墙整治长9.65千米，背水侧堤身压浸平台52.713千米，堤身内、外平台修整长97.467千米，临水侧迎流顶冲堤段护坡长29.945千米，背水侧盖重长31.65千米，减压井560眼，导渗沟长4.304千米，排水沟长10.954千米，填塘固基263处，顺堤长34.02千米。对万城闸等4座水闸上下游1.335千米长连接渠实施清淤，改造观音寺等4座水闸金属结构、电气设备及万城闸电气设备。

工程土方量约1700万立方米，总投资18.43亿元，工期3年。

荆江大堤经新中国成立后（1949—2016年）60多年的不断建设，累计完成土方1.61亿立方米、石方770.26万立方米，完成投资29.11亿元，见表7-1。长182.35千米（桩号629＋000～810＋629）的堤防，堤顶高程达40.60～50.40米，堤面宽8～12米，部分堤面宽达12.8米（堆金台），内坡比1：4，外坡比1：3，内平台宽30米，外平台宽50～30米。堤身内外2条林绿树成荫，堤顶混凝土路面宽展畅通。荆江大堤总土方量现已达到1.943亿立方米（含1949年前土方3430万立方米），每米土方量1067立方米，比1949年每米净增879立方米，新增加的土方等于1949年时的4条荆江大堤。荆江大堤典型断面加培示意图见图7-2。

表7-1　　　　　　　　　　荆江大堤历年完成土方、石方投资统计表

阶　段	完成土方 /万 m³	石方 /万 m³	投资 /万元	备　注
第一阶段（1949—1954年）	1008.87	35.66	1051.6	
第二阶段（1955—1968年）	1950.08	168.06	3680.88	
第三阶段（1969—1974年）	2111.43	152.93	5110.61	
第四阶段（1975—1983年）	4035.09	242.33	11800	其中：堤基处理土方2300万 m³
第五阶段（1984—2007年）	5237.18	179.61	85174.13	其中：堤基处理土方2707.49万 m³
第六阶段（2008—2016年）	1700		184300	
合　计	16042.65	778.59	291117.22	

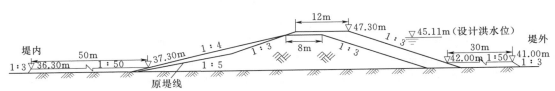

图7-2　荆江大堤典型断面加培示意图（桩号762＋000）

二、荆北长江干堤

荆北长江干堤（图7-3）又称江左干堤、监利洪湖长江干堤。位于长江荆州河段北岸，上起监利县严家门与荆江大堤相接，下迄洪湖市胡家湾与东荆河堤相连，桩号628＋100～398＋000，全长230千米，其中监利长江干堤长96.45千米，洪湖长江干堤长133.55千米。堤防等级为2级，是长江中游防洪体系中的重要组成部分。荆北长江干堤跨监利县与洪湖市，既挡御长江、洞庭湖洪水，亦是洪湖分蓄洪区围堤的组成部分。直接保护四湖中下区，保护整个江汉平原和武汉市安全。直接保护

区自然面积 2782.84 平方千米,保护洪湖市 65% 和监利县 40% 的耕地和人口。保护区土地肥沃,人口密集,是湖北省经济较为发达的商品粮和水产品生产基地。区内辖监利、洪湖两个县(市),3 个县级国营农场,人口 118 万人,耕地 132.75 万亩。一旦堤防溃决,将直接威胁保护区内人民生命财产安全。

图 7-3 荆北长江干堤(2014 年摄)

新中国成立后,党和政府十分重视长江堤防建设,组织沿堤监利、洪湖两县民众对荆北长江干堤进行年复一年的岁修和基本建设工程,堤防的防御能力不断提高,堤防面貌得到改变。

1. 第一阶段(1950—1954 年)

1949 年长江发生大洪水,长江洪湖新堤站水位 31.48 米,洪湖甘家码头堤段溃决,水淹洪湖、监利两县。新中国成立之初,各级政府把防洪保安列为治国安邦之急务,用"以工代赈"的形式,组织灾民按防御 1949 年当地实有最高洪水位的标准对堤防进行培修。1949 年至 1954 年春,监利、洪湖两县完成加培堤身土方 592.83 万立方米,清除獾洞、蚁穴、坟冢、废刂闸等堤身隐患 184 处,拆迁占堤民宅近千户,毁堤栽树种菜等损害堤防的行为初步得到控制。

2. 第二阶段(1955—1969 年)

1954 年长江流域出现 100 年一遇特大洪水,荆北长江干堤损毁严重。7 月 27 日,洪湖蒋家码头扒口分洪,口门宽 1003 米;8 月 8 日监利上车湾扒口分洪,口门宽 1026 米;7 月 13 日 15 时洪湖龙口路途湾溃口,口门宽 1880 米;7 月 14 日燕窝穆家河溃口,口门宽 550 米;同日仰口溃口,口门宽 220 米。由于长江干堤内外被水浸泡达 2 个月之久,风浪对堤身损毁特别严重。

1954 年大水后,湖北省水利局制定新的长江干堤防洪标准:按城陵矶水位 34.40 米、汉口水位 29.73 米为控制水面线,以堤顶超高 1 米、堤面宽 6 米,内外坡比 1:3 为标准,由国家拨款、以工代赈,实施堵口复堤、加高培厚;并于 1956 年建成洪湖隔堤,筑坝堵塞新滩口,结束江水倒灌的历史。1959 年建成新滩口排水闸,洪湖长江干堤下延至胡家湾与东荆河堤相连。至此荆北长江干堤与东荆河堤连成一体。

1958 年,监利县按堤顶超高 1954 年当地最高洪水位(监利城水最高水位 36.57 米),即监利城南至陶市段超高 0.8 米、面宽 6 米;陶市以下堤段超高 0.5 米、面宽 5 米,内外坡比 1:3 的标准实施加培。1960 年,对韩家埠至杨林山等处欠高堤段进行堤身整补、培修。至年底,城南至何王庙、钟家月等处 19.4 千米堤段顶高已超过 1954 年洪水位 1 米,另有 18 千米堤段顶高超过 0.8 米,其余 47 千米堤顶超高不到 0.5 米。

1955 年冬至 1969 年春,洪湖县完成加培土方 940.88 万立方米,全部清除占堤民宅、猪圈、牛栏,整治獾洞、蚁穴、鼠窝等堤身隐患 641 处。据 1965 年汛后普测,除堤面宽度未达到原定要求外,堤顶高程相比 1955 年加高 0.8~1.7 米。

1969 年长江发生较大洪水。7 月 20 日,长江干堤洪湖田家口段因管涌险情发生堤防溃决(桩号 445+700)。推算最大进洪流量 9000 立方米每秒,总进水量约 35 亿立方米,淹没面积 1690 平方千米。溃口后,监利、洪湖两县紧急组织 20 余万名劳力,在人民解放军帮助下,沿洪线堤(监利沿洪湖老民垸堤)、万全垸、下三垸、五西大垸实施二线防守。7 月 21 日实施堵口,8 月 16 日堵口断流,填土 6 万立方米。1970 年春实施复堤工程。

3. 第三阶段（1969—1996 年）

1969 年冬，中央召开长江中下游防洪座谈会，提出对长江中下游堤防按战备的要求进行加固。据此，荆北长江干堤按沙市水位 45.00 米、城陵矶水位 34.40 米、汉口水位 29.73 米的水面线超高 1 米、面宽 6～8 米、内外坡比 1：3 的标准进行加培，并在部分堤内脚实施填塘，称为"三度一填"工程。1969 年冬至 1970 年春，洪湖集中全县 10 万余劳力，除曹市区 1.2 万人堵口复堤外，其余近 9 万人投入彭家码头至韩家埠（446＋800～531＋500）84.7 千米堤段的加培施工，完成土方 385.5 万立方米。与此同时，荆州地区调派沔阳县 4 万劳力支援协修胡家湾至叶家边（398＋000～445＋000）47 千米长堤段，实施七家月堤退挽工程，完成土方 297 万立方米。6 月，洪湖集中劳力完成汪家洲至马家闸长 31 千米的培修任务。1970 年培修加固共完成土方 66.45 万立方米，洪湖长江干堤 135 千米堤防平均每米加培土方 50.7 立方米。1972 年洪湖完成胡家湾至虾子沟、叶家洲至王家门、熊家窑至谢家白屋三段长 39.41 千米加培任务，完成土方 55.4 万立方米。1980 年洪湖龙口上下堤段，又分别按"长江防洪"标准和"洪湖分蓄洪区"标准加修。同时，采取人工、机械运输和吹填的方法，大力改造堤基条件。1982 年实测洪湖长江干堤堤顶高程比设计洪水位超高约 0.9 米，堤顶面宽 6 米，内外坡比 1：3。

1969 年至 1973 年春，监利县每期施工调劳力近 10 万人，经 4 个冬春的施工，完成土方 787.4 万立方米。

经过 1949 年至 1985 年的岁修施工，荆北监利、洪湖长江干堤堤顶高程达到 38.33～34.59 米，超过设计水位近 1 米，少量堤段已超过 1 米，堤面宽 6～8 米，险工险段面宽达 8～12 米；内外坡比为 1：3；险工险段压台宽 10～70 米，重点段压台宽达 220 米，抗洪能力得到提高。

截至 1985 年，监利、洪湖二县共完成土方 7039.47 万立方米，崩岸护坡脚完成石方 189.59 万立方米，国家投资 9832.53 万元，营造防浪林和护堤林约 166 万株。堤身的断面比 1949 年堤身断面增加了 1.4 倍，堤顶高程增高了 3 米。

1986 年后，荆北监利洪湖长江干堤成为洪湖分蓄洪区围堤重要组成部分，又分别按"长江防洪"和"洪湖分蓄洪区"标准，对部分达不到设计标准的堤段进行加固。1996 年监利对韩家埠至白螺矶街（桩号 531＋550～549＋300）、荆河垴至万家搭垴（桩号 561＋450～566＋675）全长 22.975 千米的低矮堤段进行加培，完成土方 154.61 立方米，使之达到设计标准。

4. 第四阶段（1998—2015 年）

1998 年，长江发生全流域性大洪水。荆北长江干堤防汛历时 91 天，经历 8 次洪峰水位的考验。因洪水居高不下，汛期共加筑子堤（堤顶加堤）225.28 千米，占堤防总长的 98%，子堤高 0.7～1.5 米。子堤挡水堤段 57.33 千米（其中监利境内 14.4 千米，洪湖境内 42.93 千米）。汛期共发生各类险情 790 处，其中重点险情 33 处，湖北省防汛抗旱指挥部在汛后核定全省出现重大溃口性险情 34 处，监利洪湖长江干堤就出现 22 处，占当年全省长江堤防重大险情的 2/3。沿堤穿堤建筑物因年久失修，设备老化，高水位时漏水严重，危及堤防安全。防汛时被迫在闸内筑坝蓄水反压，设置闸后防线。监利、洪湖长江河段河岸崩塌严重，在弯曲河段变化较大，深泓逼近，迎流顶冲堤段河岸崩塌已严重危及堤防安全。堤内外渊塘众多，水流渗径偏短，覆盖层较薄，很多管涌险情均发生在距堤脚 200 米范围内，洪湖王洲管涌、监利南河口管涌等溃口性险情即发生于堤后渊塘内。为此，国家投入巨大人力和物力进行抗洪抢险，经防汛大军日日夜夜艰苦奋战，终夺取抗洪胜利。大水后，党中央、国务院作出灾后重建、整治江湖、兴修水利的重大决策，加大以长江防洪工程为重点的水利基础设施建设。鉴于监利、洪湖长江干堤存在诸多险情和隐患，为提高长江堤防整体抵御洪水的能力，监利、洪湖长江干堤整治加固工程被纳入国家基本建设项目实施全面综合整治。

1999 年 9 月，湖北省水利水电勘测设计院编制完成《湖北省洪湖监利长江干堤整治加固工程初设报告》（以下简称《初设报告》）。经审查，长江委于 2002 年 2 月以长计〔2002〕67 号文批复《初设报告》，确定以防御 1954 年型洪水为设计标准，具体以沙市站水位 45.00 米、城陵矶站水位 34.40 米、汉口站水位 29.73 米为水位线推算各堤段控制点设计洪水位，堤顶高程按设计洪水位加安全超高 2.00 米；堤面宽度，监利城南至洪湖龙口段（628＋100～454＋767）为 10 米，洪湖龙口至胡家湾（454＋767～398＋100）为 8 米；堤身内外边坡比为 1∶3；堤身内平台宽为 30～50 米，外平台宽为 50 米。批准建设内容为堤身加培、堤身护坡护岸、填塘固基、建筑物加固、堤顶路面修筑、险工险段整治、水系恢复、防浪林栽植等，工程计划投资 27.28 亿元。

荆北长江干堤整治加固工程于 1998 年 10 月 10 日开工建设。1998 年度施工项目主要是堤身加培、重点险情整治和部分建筑物整险加固；1999 年度实施内外平台填筑、渊塘填筑、防汛哨屋、防护林工程及部分建筑物加固；2000 年开始实施堤顶混凝土路面、上堤路面工程、防汛哨屋及部分建筑物加固工程；2003 年开始实施堤防管理设施、堤身草皮护坡、防浪林及防护林工程；2004 年实施水利通信信息网络及通信广播设施恢复工程、洪湖新堤夹河崩岸整治工程、监利半路堤整治工程；2006 年开始实施杨林山交通桥重建工程。至 2008 年 4 月全部竣工，共完成堤防加高培厚 230 千米，堤身锥探灌浆 322.98 千米，迎水坡混凝土预制块护坡 73.7 千米，浆砌石护坡 92.1 千米，草皮护坡 60.1 千米，背水坡草皮护坡 230 千米，加固、重建和封堵建筑物 27 座（病险涵闸或失效涵闸封堵 8 座、重建 2 座、加固 13 座、替代水源 4 座）。完成主要工程量为：堤身加培土方 6781.13 万立方米（监利 3343.59 万立方米，洪湖 3437.54 万立方米），填塘 1111.41 万立方米，防渗墙 17.0 万平方米，护坡、护岸石方 126.35 万立方米，混凝土 10.32 万立方米，修建堤顶混凝土路面 230 千米；完成投资 23.44 亿元。

荆北长江干堤，经新中国成立后的多年加高培厚，特别是经 1998—2008 年的整险加固建设，堤面宽达到 8～10 米，堤顶高程 39.75 米（严家门）、36.39 米（韩家埠）、32.50 米（胡家湾）；堤身坡内外比均为 1∶3；堤脚内平台宽 30～50 米，高程 30.94 米（严家门）、30.80 米（韩家埠）、27.00 米（胡家湾）。堤防典型断面加培示意图见图 7-4、图 7-5。沿堤建筑物经过整治，闸室外型造型美观，各类设备运行正常，汛期险情减少。

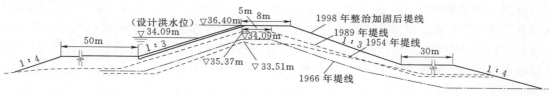

图 7-4　监利段长江干堤典型断面加培示意图（桩号 535＋000）

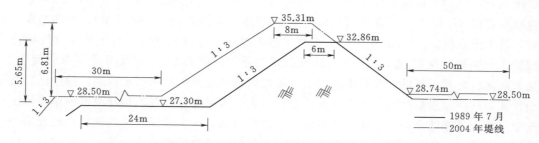

图 7-5　洪湖段长江干堤典型断面加培示意图（桩号 428＋000）

荆北长江干堤从 1949—2008 年，共完成加培土方 1.493 亿立方米，每米新增土方 641 立方米（1949 年时监利干堤本体土方 70～80 立方米，洪湖干堤本体土方 35～45 立方米）。

堤顶建有混凝土防汛路面，晴雨可畅通无阻，有利于防汛劳力和物资设备调运，为提高防汛抢险快速反应能力提供保障，同时也给沿堤人民群众生产生活提供交通便利。

荆北长江干堤的险工险段普遍得到整治，堤防的抗洪能力得到明显地提高。部分重点险工险段经综合整治后还成为长江堤防上的景点，成为沿堤民众的休闲场所。

荆北长江干堤整治加固工程实施后，堤防内外平台上种植防浪林，防护林共 230.95 万株，堤坡植草 1255.2 万平方米，不仅有效地保护堤防工程，还有效地保护生态环境，其工程效益和生态效益十分显著。

三、东荆河堤

东荆河为汉江的分支河流，从潜江泽口分水环绕四湖流域北部边缘而流。1964—1966 年实施东荆河下游改道工程，改从三合垸（新河口）入江，河流曲长 173 千米。东荆河堤分左右岸堤防，四湖流域受其右岸堤防保护。

东荆河堤起自零星民垸，始建于明初，发展于明末清初，形成于清末民初至 1949 年。东荆河左堤始自潜江泽口龙头拐止于沔阳（今仙桃市）太阳垴，长 138 千米；右堤上起潜江泽口官家榨，下止沔阳高潭口（今属洪湖），长 134 千米；两岸总长 272 千米。堤身断面一般为 45～50 平方米，堤身垂高内 4～5 米、外 2～3 米，内外坡比均为 1:2；堤面宽度一般为 2 米，最宽不过 3 米；堤顶高程，右堤田关至高潭口为 39.00～30.60 米，左堤柴家剅至太阳垴为 38.60～28.90 米。除右岸田关、左岸梅家嘴以上 27 千米列为官堤纳入汉江干堤由江汉工程局统一修防外，余下 245 千米皆划为民堤，实行民修民防，并无专管机构与专项经费，工程质量整体上较差，且疏于日常维护，沿堤杂草丛生、荆棘遍地，獾穴蛇洞、军工、民宅，比比皆是。尤其是自堤段止处以下，有河无堤，通称泛区。区内水系紊乱、沟河纵横，围垸林立，汛期汪洋，汛后湖荒。

1950 年 10 月，东荆河堤经中央政府批准，被列入国家重要支堤，由湖北省人民政府水利水电局接管，设东荆河修防处专管机构。从 1950 年冬开始，东荆河堤实施全面地加高培厚、堵口挽月、堤基处理、隐患翻筑、险段整治等一系列的工程建设。

1955 年冬，结合兴办洪湖垦殖区的建设，实施洪湖隔堤工程，将东荆河右堤从高潭口延伸至胡家湾，连接洪湖长江干堤，延长 56.12 千米，堵绝长江和东荆河洪水向四湖地区倒灌。

洪湖隔堤工程是东荆河下游整治工程规划中的一部分，也是四湖中下区治理的主要工程内容。此工程由长江水利委员会规划设计，经水利部审核批准。1955 年 10 月在洪湖县官垱湖成立荆州专署洪湖隔堤工程总指挥部，荆州专署副专员李富伍任总指挥长。下设监利、沔阳、洪湖 3 个县指挥部，分别由闵立坤、王诗章、罗国钧任县指挥长。县辖各区、乡、村相应设立指挥部、大队部、中队部。共调集 3 县劳力 12.46 万人，其中监利 4.43 万人，沔阳 4.44 万人，洪湖 3.59 万人。1955 年 11 月 16 日开工，1956 年 1 月 26 日竣工，共完成土方 514.7 万立方米、石方 5000 立方米，投资 282.59 万元。

在施工过程中，因堤线走向跨河越湖，施工极为困难。广大干部群众一心奋战在工地，不畏艰险，筑新堤、加老堤、破湖港、排深淤，克服重重困难，分别加修筑中革岭至高潭口和芦湾至胡家湾 24.36 千米老堤，新筑高潭口至芦湾 31.65 千米新堤，堵筑高潭口、黄家口、南套沟、裴家沟、西湖沟、柳沟和汉阳沟 7 处河口。其中，以西湖沟堵口工程难度最大，沟内淤泥深达 5.5 米，新堤随筑随挫，当新堤加筑到设计标准时，突然有 600 米长的新堤向内滑挫下沉。有人因此散布封建迷信，妖言惑众。各级指挥部领导立即深入基层，做细致的政治思想工作，破除迷信谣言，使大家重振精神，迎战塌方。为抢筑新堤，广大民工顶风冒雪，日夜奋战，在堤内脚塌方的淤泥上以土赶水、以土挤淤，加筑长 600 米、宽 5～6 米的高平台，使新堤得以稳定。另外，中革岭至高潭口堤线间有长河口、花古桥、龚新场、白鱼嘴、向家渡、刘家渡 6 处急弯迎流顶冲，长达 500 米，水大淤深，要穿过几处湖心，筑起陡高 10 米以上的隔堤，施工难度大。施工的民工没有被困难吓倒，而是想方设法凿冰块、铲淤泥、打木桩、抛石头、堵堤脚、稳堤身，使新堤得以如期完成。

经过 12 万多民工两个多月的艰苦施工，56.12 千米洪湖隔堤全部竣工。1956 年 1 月 10 日，水利部电示长江水利委员会，组织省、地、县有关部门成立"洪湖隔堤验收委员会"，对洪湖隔堤进行全面验收。验收委员会由长江委工程处处长程敦秀任主任，省农林厅办公室主任刘振歧、省水利厅副厅长陈泽荣任副主任。验收结果表明，隔堤绝大部分达到设计标准；并于5月11日向水利部呈送《洪湖隔堤工程验收鉴定书》。

东荆河堤经过退挽、改道、延长汉江堤段管辖范围的调整，至1985年，堤线比新中国成立初延长92.16千米，两岸堤长达到344.23千米。其中左岸171.18千米，右岸173.05千米。除田关以上两岸长27.07千米循旧例被列入汉江干堤外，两岸堤防全长317.16千米。至此，东荆河已变成通江达汉的单一河道，两岸已构成完整的堤防体系，见图7-6。

图7-6 东荆河堤（2014年摄）

1995年前后，东荆河堤防进行过几次大的加固。洪湖分蓄洪区二期工程洪湖东荆河堤段整险加固从1991年开始到2003年结束，加固堤长25.1千米，完成堤身加高培厚、堤基防渗处理、涵闸的改建与加固、险工险段护岸等工程。至2014年，东荆河堤总长为317.16千米，左岸起自潜江柴家剅，与东荆河进口段相接，止于汉南新沟，与汉南长江干堤相连，长157.51千米；右岸始自潜江田关，止于洪湖胡家湾与荆北长江干堤相连，长159.647千米。其中：潜江市境内长85.361千米（荆左13+666～67+830，起自柴家剅止于同心垸；荆右13+403～44+600，起自田关止于廖刘月），监利境内长37.4千米（荆右44+600～82+000，起自廖刘月止于雷家台），洪湖市境内长91.05千米（荆右82+000～173+400，起自雷家台止于胡家湾，因将中革岭117+650作为118+000而减少350米），仙桃市境内因大垸子闸后移出610米，致长度为96.78千米（原桩号不变，荆左67+830～164+000，起自同心垸止于大垸子），汉南区境内6.535千米（荆左164+000～170+535）。

新中国成立后，东荆河堤先后实施加高培厚、堵口挽月、堤基加固、崩岸整治、锥探翻筑和下游改道等一系列工程建设。截至2013年，累计完成土方11633.4万立方米，石方112.65万立方米。工程实施后，不仅使东荆河变成吞吐自如的单一河道，而且使两岸形成整齐划一的顺水长堤，由只能防御1950年陶朱埠水位38.27米、流量2800立方米每秒，逐步提高到能够防御陶朱埠1964年历史最高水位42.26米、流量5060立方米每秒。

四、汉江干堤

汉江干堤分为汉江右堤、汉江左堤，属2级堤防。汉江右堤位于四湖流域西北部边沿，上起沙洋县沙洋镇何家嘴，下至潜江市田关接东荆河堤，全长65.13千米（其中金家拐至田关长13.163千米东荆河堤纳入汉工干堤统一管理），见图7-7。此段堤防位居四湖流域上首，直接受汉江洪水的冲击，一旦发生堤防溃决，水如高屋建瓴，横扫四湖大地，造成灭顶之灾。因此，汉江干堤为四湖流域重要的防洪屏障。

图7-7 汉江干堤（2014年摄）

民国初年，潜江汉江堤防以泽口为界成上、下两段。上游段堤防西自荆门王家潭起，东至东荆河的分流口右岸关家榨止，下游段堤防自东荆河分流口左岸龙头拐起，东至天门多宝垸止，全长54.8千米。民国十五年（1926年）冬，湖北省确定汉江堤防为"官堤"（亦称干堤），由省统一修防。民国二十三年（1934年），民国政府全国经济委员会江汉工程局批准将东荆河左岸龙头拐至柴家剅长15千米和右岸关家榨至田关长12千米的堤段，纳入汉江干堤统一修防。

新中国成立后，对汉江干堤进行逐年有计划地分段治理，1950—1952年按1948年沙洋站水位43.75米超高1米、面宽6米、内外坡比1∶3的标准，培修堤身，填筑堤脚，翻筑隐患堤段，沿堤栽植防浪林。1950年长江水利委员会中游工程局批准将东荆河左岸龙头拐至彭家祠13.666千米和右岸金家拐至田关13.163千米的堤段，仍纳入汉江干堤统一修防。

1953—1958年，按新城站水位44.83米的标准超高1米对堤身进行培修。当时因加修任务重，除荆门、潜江两县全力出动劳力施工外，荆州专员公署还安排京山、天门、沔阳三县协修。五县共完成土方758.25立方米。泽口段堤顶高程达到42.78米，比1949年的堤顶增高3.08米。

1958年8月，湖北省水利工作会议决定："汉江干堤新城以下按长江流域规划办公室拟定的以1954年洪水位为标准，加高1米的方案再作培修。"从此年冬至1964年春，四湖流域外围汉江干堤完成加培土方93.22米，泽口堤顶高程达到43.11米，比原42.78米又增高0.33米。

1964年，汉江流域出现特大洪水。从当年冬起，按长江流域规划办公室提出的按1964年当地最高洪水位超高1米的标准加修汉江堤。至1995年的31年间，荆门、潜江两县（市）进行连续地加高培厚堤身和填筑堤脚，治理崩岸险情和处理堤身隐患，仅潜江就完成汉江干堤加修土方1161.45万立米米。泽口段堤顶高程43.87米，比43.11米再提高0.76米，堤面宽6～10米，堤身内外坡比1∶3，内护脚宽20～30米，外护脚宽30～50米，内压浸台低于堤顶6米，面宽6米。

至2015年，四湖流域以北外围汉江干堤长65.13千米。其中，沙洋境干堤长14.89千米，分上、下两段，上段起于沙洋何家嘴，长120米，俗称御堤，中隔绿麻山；下段起于李家湾，止于界址碑，长14.77千米，俗称干堤。沿堤建有御堤排水闸和赵家堤进水闸。潜江境干堤50.24千米，分汉右干堤和荆右堤防，汉右干堤长36.2千米（桩号222＋80～259＋000），荆右堤防长13.40千米（桩号0＋000～13＋403）。

第二节 渠 道 疏 挖

据新中国成立之初调查，四湖流域中下区有民垸913个。由于民垸鳞次栉比，渠系状如蛛网，民垸之间以邻为壑，相互阻隔，河湖交错，水系复杂，流向混乱，行水不顺，河道迂回，坡坦流缓，故而造成四湖流域除洪水灾害外，内涝就成为最严重而又频繁的灾害。

为治理内垸渍水，四湖流域民众在历史上就有着强烈的愿望。清嘉庆十一年至十六年（1806—

1811年），湖广总督汪志伊到湖区察看灾情，提出治水方略："害在上游者，筑堤堵塞之，害在下游者，用疏泄，或开支河、或疏浚旧河道、或整修旧堤、或堵筑新堤、或建石闸，已达到利用而后已。"并指导开挖了江陵的老头河、冯家湖、人民沟、姜家湖、陈家河等六千七百余丈，监利开挖吴家河、黄土沟，直河口，关庙垱，上、下铁子湖等五千六百余丈的渠道，开四湖内垸治理之先河。

1956年后，四湖流域在"关好大门"、初步解决外部洪灾威胁的同时，大力开展治理内涝。治理之初，鉴于四湖原有水系十分紊乱，内荆河道迂回曲折，排水不畅，河湖串通，主支不分的状况，根据规划对内荆河进行裁弯取直、疏浚扩挖、新辟河道的改造，使之成为四湖流域的总干渠。同时，将内荆河两侧众多的支流改造成东、西干渠，新开挖田关河、排涝河、螺山渠等。在骨干排水渠道形成的前提下，又大力开展深沟大渠和农田渠网化建设，广开干、支、斗、农、毛渠，形成新的排水渠系网络。至2015年，四湖流域有骨干排水干渠6条，长度464.44千米，见表7-2。在六大干渠的基础上，流域内各县（市、区）开挖干、支、斗、农渠14302条，总长度达32791.11千米。其中：各县（市、区）干渠438条、长1572.94千米；支渠1709条、长4778.14千米；斗渠3569条、长7662.93千米；农渠8586条、长18777.10千米，见表7-3。

表 7-2　　　　　　　　　　　　四湖流域六大骨干排水渠道统计表

骨干排水渠名称	长度/km	起止地点
总　计	464.44	
总干渠	185	习家口—新滩口
西干渠	90.65	雷家垱—泥井口
东干渠	60.26	李市—冉家集
田关河	30.46	刘岭闸—田关闸
排涝河	64.82	半路堤—高潭口
螺山渠	33.25	宦子口—螺山

注　资料来源于《四湖工程建设基本资料汇编》，根据实际略有改动。

表 7-3　　　　　　　　　　　　四湖流域排灌渠系基本情况统计表

序号	单位名称	渠系总数		其中：干渠		支　渠		斗　渠		农　渠	
		数量/条	长度/km	数量/条	长度/km	数量/条	长度/km	数量/条	长度/km	数量/条	长度/km
1	沙洋县四湖片	461	1810.68	5	200.68	29	501.76	91	438	336	670.24
2	荆州区四湖片	790	2616.88	7	81.65	32	102.4	126	397.53	625	2035.30
3	沙市区	1177	1945.24	29	106.44	55	87.8	335	523.8	758	1227.2
4	江陵县	1276	4868.06	51	193.6	206	734.4	312	1141.6	707	2798.46
5	监利县	5448	11671.77	220	459.77	878	1892	1332	2778	3018	6542
6	洪湖市	2850	6537.98	115	260.8	459	1043.18	697	1574.8	1579	3659.2
7	石首市四湖片	158	539.5	6	119	29	82.6	41	114.4	82	223.5
8	潜江市四湖片	2142	2801	5	151	21	334	635	694.8	1481	1621.2
	合计	14302	32791.11	438	1572.94	1709	4778.14	3569	7662.93	8586	18777.10

注　资料来源于各县（市、区）上报资料，根据2012年水利普查资料略有修正。

一、四湖总干渠

四湖总干渠系由内荆河改造而成，全长185千米。总干渠源于长湖，自习家口节制闸起经丫角庙、徐李市（东干渠由此汇入）、伍家场、黄歇口、周家沟、泥井口（西干渠自西南汇入）、南剅沟、福田寺止，是为总干渠上段，长85千米；从福田寺闸沿洪湖北缘至小港止，是为中段，长42千米；

从小港至新滩口排水闸止，是为下段，长58千米；从新滩口排水闸至长江，河道长3.5千米。四湖总干渠沙市段渠道见图7-8。

图7-8　四湖总干渠沙市段渠道（2015年摄）

（一）内荆河旧况

内荆河上游发源于荆门市、潜江市和荆州区三地山丘区的溪流，其尾闾汇集于长湖。内荆河中、下游自西向东流，沿途汇集两岸的支流，并串连长湖、三湖、白鹭湖、洪湖、大同湖、大沙湖等湖和众多垸内湖，构成错综复杂的水道网。内荆河来水除通过螺山闸、新堤老闸和新闸分泄部分水量外，主流出新滩口注入长江，它是长江的一条支流。内荆河主源起自荆门市区西北部牌凹山白果树沟，主干于洪湖新滩口出长江，干流全长358千米，自河源至河口间的直线长度190千米，河道的曲折系数为1.884。主干的一级支流在长湖以上呈扇形分布，在长湖以下为矩形分布；二级支流多数分别汇于各个湖泊后转输入内荆河，属于扇形分布，河道的总长度（包括干流与支流）约为3494千米，流域的河网密度为每平方千米面积内有0.34千米的河道。内荆河主干蜿蜒曲折，支流纷繁庞杂，河道宽、窄、深、浅交错，每逢汛期排水受阻。加之此期长江、东荆河洪水从新滩口和东荆河中革岭以下的河口向内荆河倒灌，再遇上大面积降雨，内荆河流域就会遭受渍涝灾害。根据1955年《荆北区防排渍方案》记载，造成渍涝的原因，概括为降雨量大、径流量也大、排泄不及时所形成。排涝之所以不及时，是受到下列各个因素的影响。

（1）河湖淤塞，河道排水不畅。在历史上，内荆河流域的渍水，排泄的出路是通过众多的支河汇入干流内荆河，再由内荆河泄入东荆河和新滩口入长江。但由于干流河道淤浅弯曲，泄水不畅。根据1955年4月查勘，内荆河在张家场和张金河二处水面宽仅约18米，水深不过3米，过水断面分别在40平方米、33平方米，成为内荆河上的两处锁口。另一处锁口是在白鹭湖，上游有10多处入湖河口，而出口仅有余家埠和古井口两口，上游来水量大，而出口受阻，大量渍水滞留在湖中，抬高了湖水位，使得沿湖民垸农田成为渍荒地。

（2）江水倒灌顶托及东荆河水分注干扰，使流域中部及洪湖一带渠道宣泄不畅。根据1951—1953年资料分析的结果，内荆河倒灌开始日期，最早为5月2日，最迟为5月30日；倒灌终止日期最早为8月11日，最迟为10月4日；倒灌时间为5—10月。洪水倒灌的范围，在一般年份到毛家口，较大水年份可达余家埠，甚至达丫角庙。3年之中最大倒灌总量为59.35亿立方米（1952年）、最小倒灌总量为4.28亿立方米，3年平均倒灌总量为25.96亿立方米；新滩口（宦子口）站3年平均出流量82.89亿立方米，年平均倒灌总量占年平均出流量的31%。当汉江来水旺盛时期，东荆河及其南支的洪水，通过高潭口、黄家口、南套沟、裴家沟、柳西湖沟、西湖沟和汉阳沟直接注入内荆河。因此，发生倒灌壅阻，使内荆河的水宣泄不畅，从而影响垸田排渍。

（3）河滩垦殖，拦河设箔，妨碍流水。内荆河流域丰产鱼米，人们利用滩地进行垦殖和拦河张网或设箔捕鱼，是普遍的现象。根据调查，每一个拦河网壅高水位约 0.1～0.2 米；每一道鱼箔，其面积约占河道过水断面的一半，壅高水位 0.3～0.4 米。在观音寺河，几乎每隔 1 千米就有一道鱼网或鱼箔，这些鱼网和鱼箔，在很大程度上妨碍水流。

内荆河流域渍涝灾害发生十分频繁，几乎每年都有渍灾，只是在渍灾损失的程度上有些差别而已。由于频繁的洪涝灾害，20 世纪 50 年代初期，内荆河流域的经济十分滞后。据 1953 年统计，全流域有人口 2086679 人，平均人口密度为每平方千米 202 人。全流域共有耕地 7133858 亩，土地利用率约为 45.8%。流域内有垸内湖及渍荒面积 1500 平方千米，占全流域面积的 14.5%。1953 年内荆河流域水稻播种面积 3872691 亩，占总耕地面积的 54.5%；总产量 7.48 亿千克，平均亩产量 192.5 千克；杂粮播种面积 2523958 亩，占总耕面积 35.4%，总产量 1.905 亿千克，平均亩产量 75.5 千克；小麦播种面积 1023310 亩，占总耕地面积 14.4%，总产量 0.575 亿千克，平均亩产量 56.5 千克；棉花播种面积 1147388 亩，占总耕地面积 16.1%，总产量 0.185 亿千克，平均亩产量 16.2 千克；油料作物以芝麻为最多，播种面积 403951 亩，占总耕地 5.8%，总产量 0.18 亿千克，平均亩产量 44.5 千克。内荆河流域不仅农业生产十分落后，而且还是血吸虫病的流行区域。1954 年的统计资料，血吸虫病患者，占总人数的 12%，其中潜江县最为严重，血吸虫病患者占全县总人数 25%。

为减轻内荆河流域的渍涝灾害，《荆北区防洪排渍方案》提出的措施是：拒江水倒灌，降低洪湖水位，亦即是降低排水渠的尾水位；其次是控制长湖，拦蓄山洪及整治疏浚排水渠道，逐步统一排渍。具体办法是：在流域的下游结合洪湖蓄洪垦殖工程（控制新滩口及隔断东荆河分注洪水的影响），利用蓄洪区内现有自然湖泊容蓄全区渍水，维持比自然情况低的湖水位，以内荆河为主形成总渠整治流域中部排水渠系，为减轻内荆河排渍与泄洪的负担及考虑灌溉的需要在内荆河以东，以西沿平原与坡地的分界修建东、西干渠。

（二）工程施工

按照《荆北地区防洪排渍方案》，总干渠工程从 1955 年 12 月 3 日破土动工，到 2011 年历时 56 年，施工过程大致分为 5 个阶段，共完成土方 9582.91 万立方米，见表 7-4。

表 7-4　　　　　　　　　　　　1955—2011 年四湖总干渠完成土方统计表

阶　　段	完成土方/万 m³	阶　　段	完成土方/万 m³
第一阶段（1955—1960 年）	3602	第四阶段（1993—1996 年）	193
第二阶段（1965—1967 年）	2880	第五阶段（2008—2011 年）	906.31
第三阶段（1973—1980 年）	2001.6	合计	9582.91

1. 第一阶段（1955—1960 年），总干渠初步形成

1955 年 12 月 3 日，成立湖北省四湖排水工程总指挥部，由湖北省劳改局押解沙洋农场劳改犯 1 万人，在监利县东港口、周家沟、福田寺及潜江县熊口等地局部开挖总干渠与东干渠，至 1956 年 10 月结束施工。

1956 年 12 月，成立荆州专署四湖排水工程总指挥部，组织江陵、监利、洪湖三县民工与湖南卖工队和沙洋卖工队 3 万余人（20 世纪 50 年代部分地方的群众为了生活来源，自发地到水利工地参加劳动，获取劳动报酬，称"卖工队"），在 1955 年劳改犯施工地段继续施工，挖通福田寺至香檀河口长 3.3 千米入洪湖的渠道。

1957 年冬—958 年春，组织江陵、监利、潜江、洪湖四县民工 63060 人，及河南省南阳、镇平、长垣、新城、杞县、滑县、唐河 7 县以工代赈（指以参加水利施工领取钱物而达到赈灾目的的一种形式）民工 17884 人，共 80944 人，开挖总干渠 38.4 千米及东干渠上段 58.2 千米。其中，总干渠从苏家渊（福田寺上游约 1 千米）起到洪湖香檀河口止。

1959 年冬至 1960 年春，组织江陵、监利、潜江、洪湖四县民工开挖总干渠习家口至福田寺段，长 85 千米，疏浚内荆河小港至茶壶潭长 23.7 千米以及柯理湾至琢头沟裁弯长 4.5 千米，共计疏挖 113.2 千米。自此，总干渠疏挖工程初步完成。

总干渠习家口至福田寺之间，为缩短河道距离，需要开挖一条破三湖、白鹭湖全长 14.7 千米的新河道，而且要在浮水、篙排、淤泥共 1.5～2.0 米深的湖中开渠做堤，是四湖工程建设中的最难关，加上是冬季施工，天寒地冻，施工条件异常艰难。江陵县民工负责开挖三湖段，潜江县民工负责开挖白鹭湖段。困难没有难住两县人民，他们在实践中总结出"篙排当钢筋、淤泥当砂浆（筑堤方法，将湖里的淤泥、篙排以及用船从湖岸边运来的干土，一层一层的堆叠起来，筑成两条夹堤，再将夹堤内的浮水排出后挖渠）"的施工方法。江陵县郝穴公社 6000 名干部群众，于 10 天内排出渍水 600 多万立方米，完成筑堤任务。潜江县张金公社民工在五天五夜之中也在白鹭湖中完成两条夹堤，并涌现出一批劳动英雄。潜江民工肖国富，他曾经是修建漳河水库的"百车英雄"，腰斩白鹭湖的工程中，在寒风刺骨的情况下，带头跳进齐腰深的水里打篙排、筑围堤，在排淤泥施工中创造高工效，并且大摆擂台，始终保持不败纪录，成为潜江县"学、赶、超"的一面高工效红旗。

在其他施工地段，施工条件也十分艰难，尤其是在开挖总干渠上段期间，时逢三年自然灾害，生活物资极度匮乏，监利县民工在腰斩碟子湖的施工过程中，广大民工在齐腰深的泥水中，冒着严寒，日夜三班轮流施工。夜晚施工时，在工地上挖数处土坑，灌进煤油燃烧照明。为鼓舞士气，工地上摆设大鼓，派人擂鼓呐喊助威。为提高工效，胶轮车、手推车、牛车一起上，一个冬春完成土方 87.74 万立方米。

在四湖总干渠上段开挖的同时，洪湖县于 1959 年组织 3.2 万劳力，完成小港至茶壶坛长 25 千米渠道的疏挖任务，形成小港段底高程 21.50 米、底宽 40 米，茶壶坛段底高程 20.00 米、底宽 50 米，过水能力达 400 立方米每秒的渠道。茶壶坛以下至琢头沟长 12 千米的河道没有裁弯取直，仍利用旧河道。

总干渠历经 6 年艰苦施工，终于初步形成。共完成土方 3602 万立方米。于 1960 年 3 月 9 日在监利县南剅沟炸坝，举行通水典礼。省、地（市）、县各界人士莅临致贺，四湖流域人民拍手称快，湖北电影制片厂摄影师用摄影机留下历史上的难忘时刻。

2. 第二阶段（1965—1967 年），河湖分家工程

在四湖总干渠上段挖成之后，其下段仍利用福田寺以下内荆河河道。为控制四湖中、上区来水进入洪湖和利用总干渠蓄水作为灌溉之用，1962 年在福田寺建成排水节制闸（老闸），四湖中、上区来水，一部分通过福田寺排水闸进入洪湖，一部分仍通过老内荆河，经柳关、沙口、峰口至小港入下内荆河。经运行实践，老河道已远不能适应四湖流域的排水需要。为了便利排水，荆州专署水利局在 1964 年《荆北地区水利综合利用补充规划》中提出河湖分家工程，即在福田寺下游王家港以下洪湖北缘，经麻雀岭、土地湖至小港开挖一条河湖分家渠。渠长 42 千米，比经老内荆河至小港缩减距离 25 千米。上、中区来水不经洪湖调蓄，直接沿河湖分家渠（总干渠中段）至小港入下内荆河，再由新滩口入长江，争取抢排的时间，减少洪湖调蓄压力，便于汛期闭闸时腾出库容调蓄。

注：当时规定，尽管实施了河湖分家工程，但福田寺至峰口至小港的老内荆河还应保持 80 立方米每秒的排水能力。1972 年洪排工程施工，此段内荆河遂废弃。

1965 年冬，福田寺至小港的四湖总干渠下段工程全面展开，从福田寺至纪家墩 24.3 千米，由监利县组织施工；纪家墩至小港 14.3 千里（不包括下新河、子贝渊引渠）由洪湖县组织施工。监利、洪湖两县组织 7.88 万人参加施工，其中：监利 5.61 万人、洪湖 2.27 万人。动用船只 7790 只、排水机具 217 台（套）2872 马力。

沿洪湖边开河筑堤要穿过大量湖汉、沼泽，其施工难度较大。其中最困难的是横穿土地湖，湖中蒿草密布，淤泥沉蒿深达 1.3 米，湖水深 1～2 米，民工无处下脚，抽水机无处安装，干土倒下去化

为泡影。在施工过程中,广大民工于寒风凛冽中跳进齐腰深的泥水中挖渠运泥,并在实践中摸索出一套施工方法:①对水深、淤泥多、土场窄的地方采用三合土挽埂,即用篙排包泥土翻身打埂底,再用篙草或其他杂草裹细土压二层,上面用块土压面;②在水浅、淤泥多、水草多的地段就地取水草裹土转筒挽埂,再在上面填土;③用篙排一层层垒砌出水面,再填土;④挖小坑排水,采用丢矶头的办法,这种办法用于就近有较高但尚未露出水面的土埂,先从中间挖起,周围挽一小埂,边排水边挽,将土挖成大方块型,像丢石头一样丢矶头,循次渐进,挽起堤埂,先排出浮水和淤泥,再就近筑堤,人工起土。经过一冬一春的施工,排干浮水1477万立方米,清除篙排22.41万立方米,筑南北渠堤43千米,共完成土方520万立方米。

洪湖县先以船运土,修筑渠线150米宽范围内左右的拦水土埂各一道,抽干湖水,继而开挖龙骨沟、排骨沟,滤干浮水,为大施工作准备。1956年春,组织大批劳力,采取先按底高20.50米、底宽10~20米进行施工,再逐步拓宽。到4月底,一条长14.2千米、底宽10~20米的渠形基本形成,为秋冬季继续施工创造条件。

1966年10月,洪湖县再次组织2万多劳力继续施工。当遇到开挖困难,采用楠竹草料垫路,布袋装土挑运。但仍边挖边淤,渠床难以形成。渠堤严重塌陷,只得采取挖而又淤,淤而又挖,几经反复,渠底高程接近20.50米标准,但渠底宽度难以达到,而防湖水的南堤更难以达到设计高程。至1967年3月,除1千米最难地段未达到标准,一条底宽70~80米、底高20.50米、长18.20千米(包括下新河引渠4千米)的渠道完成。洪湖县1965—1967年3年施工共完成土方1006.97万立方米,标工2869.18万个。

1967年3月31日,四湖总干渠42千米河湖分家渠,正式挖坝放水,因施工困难,仅河道形成,南堤未按计划完成。1965—1967年监利、洪湖两县3年施工共完成土方2880万立方米。

3. 第三阶段(1973—1980年),总干渠扩挖工程

四湖总干渠经过前两个阶段的施工,全线基本挖成通水,但均未达到设计标准。经过1960—1972年的运用,总干渠为解除四湖流域渍涝灾害发挥了巨大效益,但有些年份由于长江水位高、渍水受江水顶托而不能自排入江,暴雨之后农田渍涝威胁仍在。1973年,湖北省水利厅制订扩大疏挖四湖总干渠和修建电力提排灌站方案。1973年冬,潜江县组织劳力对四湖总干渠张金河至冉家集段实施切岸扩挖工程;江陵县组织11500名劳力对总干渠余家埠段实施扩挖。

1978年冬,荆州行署成立四湖工程建设指挥部,组织江陵、潜江、监利三县劳力对四湖总干渠习家口至宦子口段进行大规模的扩挖工程。1978—1979年,江陵负责习家口至齐家铺段、潜江负责冉家集到五岔河渠段、监利负责王家河至南剅沟段的扩挖任务。1979—1980年,江陵负责南剅沟至毛市段、潜江负责黄歇口至王家河段、监利负责钟家门至宦子口段的扩挖任务。1975—1979年,洪湖县连续5年用挖泥船疏挖小港至吊口河段,长7.6千米。

1973—1980年,连续8年对四湖总干渠习家口至宦子口长95千米的渠段进行疏挖扩挖,共完成土方2001.6万立方米,其中:江陵完成土方487.6万立方米,潜江完成土方402万立方米,监利完成土方1112万立方米。将总干渠渠底高程由27.50~22.10米分别降至25.36~21.10米,扩大渠道的泄流能力。

4. 第四阶段(1993—1996年),渠道疏浚工程

1993年11月至1996年1月,为扩大总干渠的通航和排泄洪水的能力,荆门、荆州、潜江三市组织2.3万人,机械180余台套,挖泥船3艘,对四湖上区西荆河、殷家河、双店渠和总干渠习家口至潜江万福闸段河床进行疏浚。总干渠疏浚长度33.5千米,完成土方193万立方米。

5. 第五阶段(2008—2011年),总干渠习家口至子贝渊河口段综合治理

总干渠工程一河两堤,虽然形成,但河道开挖除中段福田寺上下15千米断面已达设计标准外,其余河道断面和部分渠堤没有达到设计标准,不能满足流域内排大涝、抗大灾的需要。其中以习家口至张金段约24千米、小港至新滩口段约8千米河段尤为突出。总干渠下段坪坊站1980年最高水位

26.40 米，过流断面 704 平方米，仅能通过流量 288 立方米每秒，而新滩口排水闸设计流量为 460 立方米每秒，新滩口泵站设计排水流量 240 立方米每秒，而当洪湖水位达到 24.50 米启排水位时，总干渠下段过流能力仅 156 立方米每秒，阻碍了渍水快速出湖。此外，总干渠中段福田寺至小港湖闸南堤尚未形成，仍有多处缺口与洪湖相通。

省政府将四湖流域综合治理列为全省"十一五"五个专项治理工程之一。2007 年 8 月，湖北省水利水电勘测设计院会同省水文水资源局、省水利水电科学研究院等单位共同编制完成《四湖流域综合规划报告》。同年 10 月，省发改委以鄂发经农经〔2007〕1339 号文下发《关于四湖流域综合规划的批复》批准立项。11 月，省水利水电勘测设计院根据近期规划任务及投资额度安排，编制完成《四湖流域综合治理一期工程可行性研究报告》（荆州部分、潜江部分）。12 月 13 日，省发展改革委和省水利厅在武汉主持召开审查会，确定四湖流域综合治理一期工程任务，主要如下。

（1）总干渠疏浚。范围为起点习家口闸至洪湖子贝渊闸之间，总长 100.5 千米，穿越荆州和潜江两市。荆州市境内穿越荆州区、沙市区、江陵县、监利县四地区，渠道全长 62.237 千米（桩号 0＋000～1＋210、4＋540～9＋230、17＋902～21＋744、48＋041～100＋536），拆除重建 34 处涵闸、1 处泵站，整治加固 9 处涵闸、20 座泵站。潜江市境内渠道长 38.3 千米（桩号 1＋210～4＋540、9＋230～17＋902、21＋744～48＋041），整治加固 19 座涵闸和 17 座泵站。

（2）洪排河半路堤—福田寺渠段整治。疏挖整治 16 千米渠道，拆除重建幸福河尾水闸、海螺上安河闸、清水剅闸和林长河尾水闸，整治加固沙南泵站，新建何家场节制闸及跨河桥。

（3）洪湖围堤监利段加固。洪湖围堤监利县段 27.315 千米（桩号 5＋400～32＋715）堤段加培；整治加固幺河口闸、十字河闸、庄河口闸和贾家堰闸，拆除重建张家湖闸。

四湖流域综合治理一期工程，省水利厅以鄂水计函〔2008〕109 号文核定工程总投资 3.97 亿元。

2008 年 1 月，根据湖北省水利厅下达的实施计划，对总干渠习家口至何桥长 9.593 千米、福田寺闸至子贝渊长 15.898 千米渠段进行试验性疏挖，两段均采用围堰断流机械疏挖；毛市段 1 千米带水疏浚扩挖。共疏挖长 26.491 千米，完成土方 306 万立方米，工程投资 7900.67 万元，工程于 2008 年 5 月完工。总干渠习家口段疏挖施工见图 7-9。

图 7-9　总干渠习家口段疏挖施工（2008 年摄）

2009 年 1 月，在完成试验段工程后，对总干渠 45＋845～78＋600、79＋600～84＋475 两段长 37.63 千米渠道进行疏挖，完成土方 586.61 万立方米，其中，边坡开挖土方 235.00 万立方米，河底清淤土方 351.61 万立方米，工程总投资 6496 万元。工程于 2010 年 1 月完成。

荆州段结合渠道疏挖对沿渠 42 座涵闸（其中，沙市区 6 座、江陵县 5 座、监利县 31 座），21 座泵站（其中，沙市区 3 座、江陵县 6 座、监利县 12 座）进行更新改造，工程投资 4104.05 万元，完成土方开挖 7.2 万立方米、土方回填 6.5 万立方米，完成混凝土 1.74 万立方米、石方 0.41 万立方米；新建管护用房 1040 平方米，加固维修管护用房 1700 平方米，于 2011 年 7 月完成。

2008—2011 年四湖流域综合整治一期工程，荆州段疏挖整治总干渠长 64.12 千米，完成土方 906.31 万立方米，工程总投资 1.85 亿元。

四湖流域综合治理一期工程潜江部分工程于 2009 年 1 月开工，2010 年 12 月完工。疏挖潜江市境内四湖总干渠 38.3 千米（桩号 1＋210～4＋540、9＋230～17＋902、21＋744～48＋041），共完成土方 354.51 万立方米；整治沿线涵闸 4 座、泵站 11 座；新建整治管护用房 2986 平方米。工程总投资 1.18 亿元。

（三）工程现状

总干渠经过多年整治，已成为跨越四湖中下区从西北到东南的骨干渠道。其渠线是：西从沙市区习家口起，经丫角庙行至清水口，东南行经齐家铺、横切三湖进入潜江市，自徐李市东干渠由北汇入；东南行至泥井口，西干渠自南汇入；经黄歇、周沟、毛市至福田寺，是为总干渠上段，全长 85 千米（较原内荆河主流自习家口起，经丫角庙、张家场、清水口，过三湖、齐家铺，走张金河、易家口、高家口、彭家台，过白鹭湖进古井口，经西湖嘴、鸡鸣铺、卸甲河、南剅沟至福田寺，缩短流程 33.3 千米）。至福田寺后，一支东行经柳家集（柳关）、瞿家湾、子贝渊、沙口至高潭口出东荆河南支，此段又称排涝河，长 45.5 千米，其南岸即为洪湖分蓄洪区主隔堤。主支过福田寺防洪闸至小港，经十字河、黄蓬山至新滩口，长 100 千米。渠道设计流量为 70～460 立方米每秒，底宽 30～130 米，渠底高程 23.95～16.00 米。

总干渠经多次疏浚扩挖，已基本达到设计要求，具体见表 7-5。

表 7-5　　　　　　　　　　　　　　四湖总干渠基本情况表

起　点	桩号	设计水位/m	设计流量/(m³/s)	底宽/m		底高/m	
				设计	已达	设计	已达
习家口闸	0＋500	28.46（30.32）	70	30	30	22.08（23.95）	22.08（23.95）
丫角	4＋194	28.14	70	30	30	21.77	21.77
瘀湖渠	9＋748	28.11	150	30	30	21.75	21.75
清水渠	15＋783	27.99	174	40	40	21.71	21.71
渡佛寺	18＋933	27.93	181	40	40	21.67	21.67
小南湖	19＋921	27.92	216	48	48	21.66	21.66
张金河	24＋610	27.82（29.62）	317	48	48	21.58（23.37）	21.58（23.37）
万福闸	33＋040	27.50	334	60	60	31.38	21.38
田阳一支渠	38＋130	27.28	339	60	60	31.25	21.25
东干渠	43＋836	27.14	340	70	70	21.07	21.07
刘渊闸	45＋405	27.11（28.90）	455	70	70	20.98（22.78）	20.98（22.78）
五岔河	49＋574	27.00	462	70	70	20.75	20.75
荒湖	60＋721	26.72	698	90	90	20.13	20.13
西干渠	68＋303	26.50	798	100	100	19.82	19.82
王老河水文站	75＋029	26.23（28.07）	802	110	110	19.59（21.43）	19.59（21.43）
毛市	78＋458	26.08	806	110	110	19.47	19.47
钟家门	83＋581	25.88	807	110	110	19.28	19.28
福田闸上游 90 米	84＋455	25.82（27.82）	808	110	110	19.26（21.26）	19.26（21.26）
福田闸下游 741 米	85＋286	25.68	814	110	110	19.23	19.23

起　点	桩号	设计水位/m	设计流量/(m³/s)	底宽/m		底高/m	
				设计	已达	设计	已达
麻雀岭	90＋472	25.44	820	110	110	19.03	19.03 (19.82)
子贝渊	100＋536	25.16 (27.00)		110	110	18.64 (20.48)	18.64 (20.48)
小港口	127＋000	24.43		130	60	17.66	17.66
十字河	133＋333			54	40	17.29	17.29
新滩口	185＋000		460	54	27	14.16 (16.00)	14.16 (16.00)

注　本表"（）"内为吴淞高程，其他为黄海高程。

总干渠工程一河两堤，河成堤就。但总干渠中段福田寺至小港湖闸段南堤因土源奇缺，仍有多处缺口与洪湖相通，北堤也未达到设计标准，下内荆河仍利用老河道过流，断面达不到设计标准，难以发挥工程的效率。

总干渠中段南堤（以下简称南堤）　南堤起于洪湖市沙口镇嘉堰港桩号 96＋000 处，途经子贝渊、潭子河，破土地湖，过闸口，抵小港闸湖口，长 30.84 千米，因它围绕洪湖北面及东北面，又称其为洪湖围堤。

南堤是 1965 年冬至 1967 年春，开挖四湖总干渠所修筑。原设计标准为：堤面高程为 27.50 米，面宽 3 米，内外坡比 1：3。由于堤基的原因降低设计标准，其中有 4650 米长的堤面高程为 27.00 米，有 8834 米长的堤面高程为 25.50～27.00 米，还有 1000 米堤段只有 25.00 米，仍无法修筑成堤。1980 年再次兴工筑堤，但还是未达到设计标准，而且还有子贝渊河口、潭子口、闸口、小港湖口 4 处没有任何节制性建筑物，在洪湖水位超过 25.50 米时，致使三角湖以下全部被淹。总干渠与洪湖融为一体，此时南堤就失去其"洪湖围堤"的作用，取而代之的是总干渠北堤。

总干渠中段北堤（以下简称北堤）　北堤起于沙口镇加堰港桩号 96＋000 处，途经子贝渊河口、徐家墩、董家墩，破土地湖，马艳湖，过中岭、麻田口，抵小港湖闸，长 30.84 千米。此段堤防是瞿家湾、沙口、汉河三镇防御总干渠水和洪湖水泛滥的重要屏障。

北堤同南堤一样，于 1965 年冬至 1967 年春，开挖四湖总干渠的同时修筑，因而沿洪湖边缘破湖挖河筑堤土源缺乏。近处无土场，只得到 1 千米以外寻找，对一些零星湖墩上的土只能用船装运。在近处无土源的情况下，只好将水深 0.6 米、面积为 1000 亩的筲箕坑挽埫抽水，取土筑堤。堤身采取铺一层蒿草、铺一层土的方法修筑，堤质较差。堤成之后，曾多次进行加高培厚，并做内压台工程。

为使洪湖围堤达到 50 年一遇的防洪能力，经湖北省水利勘测设计院规划，洪湖围堤按防御最高洪水 27.00 米设计，堤顶高程 28.00 米，堤面宽 6 米，坡比 1：3；内压台宽 10 米，高程 26.00 米，坡比 1：3。

从 1994 年冬至 1997 年底，利用世界银行贷款湖北省水利工程项目 600 余万元，按上述设计标准由洪湖市组织劳力整修加培总干渠北堤。由于南堤修筑未达到设计标准，在水位达 25.50 米时，失去其堤防作用，对总干渠来水及洪湖蓄水的防范则全部由北堤承担，北堤成为真正的洪湖围堤。经过多年加修后的北堤，在 1996 年 7 月特大洪水的防御中，险情明显减少，对保护洪湖周边农林牧副渔生产和居民生命财产安全起到重要作用。

总干渠下段（下内荆河）疏挖　总干渠下段渠堤，原本只是沿河两岸的小民垸堤，水涨河漫，河湖不分。经过 1957—1959 年的围湖开垦，洪湖隔堤的修建，以及新滩口堵坝，总干渠下段渠堤及主泓道才得以形成。

1959 年 11 月 25 日至 1960 年 1 月 23 日，由洪湖县组织 11 个区社 3.76 万劳力，对小港至茶壶潭的河道进行人工疏挖，长 25 千米，其中，有两段裁弯取直工程：一段是十字河至黄蓬山，长 7000 米全部竣工；一段是茶壶潭至琢头沟，完成计划任务的 1/3 后放弃。疏挖工程按河底宽 40 米、坡比

1：3施工。工程未能达到设计标准。

二、四湖西干渠

西干渠因位于总干渠西侧而得名，起于沙市区雷家垱，东南行经资市镇平渊村进入江陵县，南行资福寺经彭家河滩至齐家河岭，东行经刘家剅、谭彩剅、秦家场至靳家剅进入监利县，继而东行经姚家集、汪家桥、汤河口至泥井口汇入总干渠，全长90.65千米，其中，沙市区境长23.35千米，江陵县境长36.3千米，监利县境长31.00千米。四湖西干渠沙市城区段渠道见图7-10。

图7-10 四湖西干渠沙市城区段渠道（2015年摄）

根据1955年长江水利委员会编制的《荆北地区防洪排渍方案》，在内荆河治理之时，为减轻内荆河的排水负担及考虑到灌溉用水的需要，在内荆河以东、以西沿坡地与平原交界的地点，布置东、西干渠。西干渠即为总干渠西侧一条排灌两用的骨干渠道，部分河段系在原有河道基础上疏挖而成。

1. 第一阶段（1958—1960年）：渠道形成

1958年10月至1959年4月，江陵县动员滩桥、郝穴、普济3个公社3万多名劳力，开挖从彭家河滩起到秦家场止，长22.3千米的渠段，其中破垸（湖）开渠15.6千米，套挖老河6.7千米。施工前，芦湖垸水面12000亩、水面长3700米，新兴垸的陈子湖水面10200亩、水面长5650米，湖面上白水滔滔。为确保顺利施工，江陵县民工四处挖改口排水，并借用民垸农田排水，7天排除浮水700万立方米。11月正式动工，因施工困难，又缺乏劳力，至1959年4月部分河段仅挖成一条3米多宽的通道，完成土方164.43万立方米。

1959年冬，监利县在开挖四湖总干渠的同时，动员汪桥、余埠、红城3个公社6万多名劳力，从秦家场至泥井口对原汪桥河进行疏浚和部分河段扩挖裁直，计长32千米，完成土方450万立方米。

1960年3月，江陵县在完成四湖总干渠开挖工程之后，组织3万多劳力转战开挖四湖西干渠，完成土方198.51万立方米。

1958年10月至1960年3月，共投入12万劳力（次），先后开挖西干渠彭家河滩至秦家场22.3千米河道、秦家场至泥井口32千米和彭家河滩上段38千米河道（其中利用资福寺老河25千米、谭彩剅老河6.7千米，以及汪桥河部分老河），共完成土方803.94万立方米，其中，江陵县完成土方353.94万立方米，监利县完成土方450万立方米。

2. 第二阶段（1977—1978年）：渠道疏挖

西干渠是沿渠两岸沙市、江陵、监利三县（市）809.35平方千米的主要排水工程，自1960年全线形成之后，部分河道断面未达到设计标准，特别是监利万岁河至鲢鱼港段形成瓶颈，使上游沙市、江陵 460.80 平方千米排水受阻。1977 年冬至 1978 年春，由荆州地区行署组织监利、江陵两县民工对西干渠进行疏挖，其中，监利县疏挖西湖嘴至泥井口，长 24 千米（汤河口至泥井口为开挖新河，缩短流程 1 千米）；江陵县负责对砖桥至西湖嘴止长 66.25 千米的渠道进行疏挖和扩挖。共完成土方 2318 万立方米，其中，江陵县完成土方 1168 万立方米，监利县完成土方 1150 万立方米。

3. 第三阶段（1990—1993 年）：渠道扩挖

1990 年 11 月至 1993 年，江陵县组织 10 万劳力分两次扩挖砖桥至蒋家桥、蒋家桥至复兴场河段，两段共扩挖河道长 38.5 千米，共投资 1692.59 万元，完成土方 398 万立方米。

西干渠地处荆江大堤和总干渠之间，荆江大堤上引水涵闸的引水渠道多与西干渠交叉，且灌溉水流方向与西干渠流向基本一致。引水灌溉时，为达到分层抬高水位、自流灌溉两岸农田的目的，先后在西干渠上修建江陵潭彩剅闸（1961 年建）、彭家河滩闸（1963 年建），以及监利鲢鱼港闸（1961 年建）和汤河口闸（1963 年建）。因西干渠汇流面积大，一旦出现干旱，上游来水不能满足下游用水需求，上游则关闸拦蓄，下游无水可灌；而一旦出现大的降雨，下游则关闸抢排，上游排水受阻。因此，上下游之间经常发生水事纠纷。1977 年冬至 1978 年春，因环境变化及调整排灌溉布局的需要，拆除潭彩剅、鲢鱼港、汤河口三座节制闸，利于河水畅流。

4. 第四阶段（2006—2007 年）：西干渠血防灭螺工程

西干渠作为灌溉渠道，每年要从长江大量引水，导致外滩钉螺随水流进内垸，造成血吸虫病灭而不绝，至 20 世纪 90 年代西干渠汇流地区成为全国血吸虫病高度流行的重疫区之一。据普查，人群感染率达 11.83%。为防治血吸虫病，消灭钉螺孳生源，2005 年 5 月国家发改委、水利部以发改投资〔2005〕2248 号文发出《关于下达湖北省 2005 年水利血防整治项目纳入国家水利血防投资计划的通知》。同年 10 月，荆州市水利水电勘测设计院编制《湖北省荆州市四湖流域西干渠水利血防工程可行性研究报告》。经审核，2007 年 3 月湖北省发改委以鄂发改重点〔2007〕150 号文发出《关于荆州市四湖流域西干渠水利血防工程初步设计的批复》，计划投资 5000 万元。

2006 年 1 月 24 日，荆州市四湖工程管理局成立四湖流域西干渠水利血防工程项目部，江陵县相应成立协调指挥部，展开西干渠水利血防工程全面施工。西干渠水利血防治理第一期工程为扩挖西干渠中江村（桩号 44+450）至潭彩剅（桩号 54+950）长 10.5 千米渠段；工程于 1 月 24 日动工，4 月 29 日完工，完成土方 231.56 立方米，迁移沿渠坟墓 809 座，拆除房屋 1.5 万平方米，砍伐树木 5.26 万株，完成投资 2367 万元。西干渠水利血防综合治理第二期工程于 2007 年 2 月 11 日开工，扩挖潭彩剅（桩号 54+950）至红联河（桩号 59+360）长 4.41 千米渠段，工程于 6 月 10 日竣工；完成土方 78 万立方米，迁坟 529 座，砍伐树木 3.1 万株，拆除房屋 12599 平方米，完成投资 2576.22 万元。

2011 年，针对西干渠 3 处重点滑坡堤段分别进行整治和兴建小型水利恢复工程。年度总投资 1000.38 万元，其中河道整治工程部分投资 937.90 万元，环境保护及水土保持投资 15.59 万元。建设内容包括：①西干渠流砂滑坡处理：西干渠桩号 53+500～55+000 段两岸流砂处理；监利县汪桥段渠道右岸 150 米长滑坡处理；潭彩剅桥处渠道右岸 60 米长滑坡处理；②监利县汪桥段渠道两边坡护砌 700 米（67+500～68+200）；③红联倒虹管除险加固；④小型水利工程恢复：汪桥镇新建 4 座小型提灌站，程集镇新建 2 座小型提灌站，新垸村 600 米渠道整治及硬化，西干渠左岸 2 处老机墩土方清除。

2013 年国家投资对西干渠秦市段进行边坡整形硬化。

西干渠自 1958 年开工，经过 4 次大的开挖和疏挖施工，共完成土方 3829.54 万立方米，见表 7-6。渠道底宽已达到 15～46 米，渠底高程 27.55～22.15 米，过流能力 15～163 立方米每秒，见表 7-7。

表7-6　　　　　　　　　1958—2007年四湖西干渠完成土方统计表

阶　段	完成土方/万 m³	阶　段	完成土方/万 m³
第一阶段（1958—1960年）	803.94	第四阶段（2006—2007年）	309.60
第二阶段（1977—1978年）	2318.00	合计	3829.54
第三阶段（1990—1993年）	398.00		

表7-7　　　　　　　　　四湖西干渠基本情况表

地点	桩号	汇流面积/km²	设计水位/m	设计流量/(m³/s)	底宽/m 设计	底宽/m 已达	底高/m 设计	底高/m 已达
雷家垱	0+000		30.20				27.55	27.55
象鼻垱	23+000	45.44	29.37	15	15	15	26.40	26.40
老观中	32+000	168.24	29.04	40	20	20	25.95	25.95
新河口	36+500	267.13	28.87	72	30	30	25.73	25.73
彭家河滩	38+000	28.82	28.67	95	39	39	25.65	25.65
金枝寺	43+500	393.95	28.39	95	39	39	25.28	25.28
新河桥	50+000	452.17	28.06	105	39	39	24.85	24.85
万岁河	53+000	460.8	27.91	108	39	39	24.65	24.65
红联闸	60+300		27.54	119	40	40	24.15	24.15
永丰垸	61+500	520.81	27.47	119	40	40	24.09	24.09
鲢鱼港	70+736		27.00	122	40	40	23.46	23.46
干北泵站	72+000	547.16	26.94	122	40	40	23.39	23.39
西湖泵站	77+250	537.15	26.67	137	40	40	23.03	23.03
西湖嘴	79+750	700	26.54	151	42	42	22.87	22.87
泥井口	90+065	809.35	26.00	163	46	46	22.15	22.15

三、四湖东干渠

东干渠处于总干渠东侧，是四湖流域排水工程的第二大干渠，上起荆门李家市唐家垴，自北向南流经潜江境，在冉家集汇入总干渠，全长60.3千米（其中荆门境内8千米、潜江境内52.26千米），承雨面积335.4平方千米。东干渠在高场与田关河交叉，分为上、下东干渠，田关河以北河段称上东干渠，长26.3千米，其中从荆门陈家闸至高场北闸长17千米为新开挖渠道，排水流量73立方米每秒；田关河以南从高场南闸至冉家集称下东干渠，长34千米（利用熊口河裁弯取直而成），排水流量83立方米每秒。担负着荆门、潜江境内549平方千米、82.35万亩农田的排水任务，汛期还可分泄长湖、田关河洪水。

1957年10月，东干渠工程全面动工，开挖熊口至新河口段，长7.91千米（利用老河道长2.86千米，开挖新河5.05千米）。同年，沙洋农场开挖熊口以上河道2.82千米和新河口至徐李河河段长11.63千米。至1958年春，完成荆门唐家垴至潜江徐李寺共58.2千米的河道开挖，1958年11月至1959年3月疏挖徐李寺至冉家集长4.49千米的老河道，东干渠基本形成。

东干渠挖通后，沿渠的淌湖、大白湖、小白湖、史家湖、甘家塔、后湖、返湾湖、深水湖、马昌湖、太仓湖、获湖、腊台湖等大小湖泊及洼地渍水得以迅速消泄，潜江县新开垦农田23.5万亩。

1989年11月至1990年1月，鉴于下东干渠河槽淤积严重的问题，经湖北省水利厅批准，潜江市组织10万劳力进行全面扩挖，完成土方340万立方米，投资330万元。

东干渠经过两个阶段的开挖，共完成土方979万立方米。渠底高程30.86~23.08米，底宽7~38米，排水能力达38立方米每秒，见表7-8。

表 7-8 四湖东干渠基本情况表

地点	桩号	汇流面积 /km²	设计水位 /m	设计流量 /(m³/s)	底宽/m 设计	底宽/m 已达	底高/m 设计	底高/m 已达	备　注
李市	0+000	—	—	—	—	7	30.00	30.86	
陈家台	4+000	—	—	—	—	—	—	—	
董家闸	11+000	—	—	—	—	—	—	—	
广幺渠	20+000	—	—	—	—	—	27.50	28.50	
高场北	25+000	213.6	—	73	24	24	—	—	
高场南	25+000	—	29.80	—	34	34	26.74	26.74	
熊口大桥	37+000	—	—	—	—	—	—	—	
赵家垴	43+000	—	—	—	38	38	—	—	
徐李闸	56+000	—	27.88	—	38	38	24.74	24.74	闸上游
			27.44				23.53	23.53	闸下游
冉家集	60+260	335.4	26.99				23.08	23.08	

四、田关河

田关河位于潜江、荆门市境内，系为古西荆河扩挖改造而成，因其出口在东荆河河口田关，故得名。田关河西起长湖刘家岭，东抵田关北入东荆河，全长 30.46 千米。其中荆门境长 1 千米，潜江境长 29.46 千米。田关河是四湖上区田关河以北片及长湖的主要排水通道，亦是四湖流域六大排水干渠之一。

西荆河原为连接东荆河与长湖的河道，当东荆河水位较低时，长湖洪水通过西荆河排入东荆河；当东荆河涨水时，洪水通过西荆河向长湖及中襄河倒灌，不但造成长湖排水受阻，还有汉江洪水倒灌，造成一部分民垸堤决口。因此，1931 年将西荆河口田关堵塞，东荆河与西荆河隔断。长湖洪水全部向中下区排泄，增加中下区防洪排涝负担。1955 年长江委《荆北区防洪排渍方案》中并无开挖田关河的规划，但在规划实施过程中，四湖排水工程指挥部从实际情况出发，按照荆州地委、行署关于"高水高排，低水低排，等高截流"的方针，于 1958 年提出开挖田关河的规划方案，经湖北省水利厅同意实施。

在此之前，潜江县为引长湖水灌溉后湖、周矶等地的农田，于 1958 年 10 月至 1959 年 1 月，开挖黄家店至周矶长 7 千米的河段。1959 年 10 月，潜江县组织 6 万余人对田关河全面开挖，由于施工难度大，未能按计划完成，暂按通过流量 125 立方米每秒，将设计河底宽由 97.4 米减为 50 米，挖通放水。

1960 年 5 月，田关河排水闸（亦名红军闸）建成。1959 年动工，至 1960 年共完成土方 582 万立方米。

1969—1970 年，潜江县组织劳力继续开挖田关河，完成土方 558 万立方米。

1970 年 11 月 8 日至 1971 年 3 月 24 日，荆门、潜江两县组织劳力再继续扩挖田关河。荆门完成刘家岭至荒窑嘴 12.7 千米河段，完成土方 294 万立方米；潜江完成荒窑嘴至田关河排水闸 17.3 千米河段，完成土方 452 万立方米。此次施工，全线河底宽要求按设计 125 米施工，而实挖宽度为 84 米；河底高程：刘家岭为 27.33 米、田关闸为 27.00 米，两岸河堤高程加高至 33.40 米，堤面宽 5 米，竣工后排水量为 204 立方米每秒，相当于设计流量的 91.6%。

1991 年至 1994 年春，省水利厅安排，潜江县组织机械（包括挖泥船）对田关河全线进行扩挖，河底宽由 84 米增至 115 米，河底高程达到 27.70～27.20 米，堤顶高程达到 34.40 米。经 3 个冬春施工，共完成土方 344 万立方米。

1996 年，荆门、潜江、沙市 3 市（区）组织劳力 20 万人，疏挖田关河上段 19.6 千米的河道，完成土方 510 万立方米。1958—1996 年，共累计完成 2257.80 万立方米，见表 7-9。全线基本达到设计标准，刘家岭闸下（桩号 2＋000）设计流量为 250 立方米每秒，河底宽 120 米，河底高 27.47 米；牛家嘴（桩号 20＋000）设计流量为 349 立方米每秒，河底宽 120 米，底高 27.16 米；田关（桩号 30＋460）设计流量为 349 立方米每秒，河底宽 125 米（完成 120 米），河底高 26.99 米，具体见表 7-10。

表 7-9　　　　　　　1958—1996 年四湖流域田关河历次施工完成土方统计表

阶　　段	完成土方 /万 m³	阶　　段	完成土方 /万 m³
第一阶段（1958 年）	20.00	第四阶段（1991 年 10 月至 1994 年 4 月）	344.00
第二阶段（1959 年 10 月至 1962 年 2 月）	582.00	第五阶段（1996 年）	510.00
第三阶段（1969 年 10 月至 1971 年 3 月）	801.80	合计	2257.80

表 7-10　　　　　　　　　四湖流域田关河基本情况表

起　点	桩号	设计流量 /(m³/s)	底宽/m 设计	底宽/m 已达	渠底高程 /m
刘家岭闸	0＋000				27.50
	2＋000	250	120	120	27.47
	4＋000	250	120	120	27.43
	6＋000	250	120	120	27.40
	8＋000	250	120	120	27.36
牛家嘴	9＋000	250	120	120	27.35
	10＋000	349	125	120	27.33
	12＋000	349	125	120	27.30
	14＋000	349	125	120	27.26
	16＋000	349	125	120	27.23
	18＋000	349	125	120	27.19
	20＋000	349	125	120	27.16
保安嘴	23＋000	349	125	120	27.11
	26＋000	349	125	120	27.06
	28＋000	349	125	120	27.02
田关河	30＋460	349	125	120	26.99

长湖及长湖库堤、田关河以及田关闸（站）组成四湖上区防洪排涝系统工程，对于减轻四湖中、下区的内涝灾害关系极大。如何充分发挥长湖的调蓄作用，切实做到高水高排，尽量减少汛期上区洪水向中、下区排泄，这是四湖工程运用中极其重要的方面。

田关河堤从 1958 年开挖田关河时开始修筑，全长 60.46 千米。汛期田关河以北片 974.5 平方千米渍水居高临下，通过上西荆河直泄田关河，田关河水位起涨迅猛，在田关排水闸开闸排水或开启田关泵站抢排上区及长湖渍水时，田关河堤又与长湖库堤一起承受高水位压力，保护数十万亩农田和江汉油田的安全。

五、排涝河

1972 年动工兴建洪湖分蓄洪区工程时，为满足修建主隔堤的土源和四湖流域整体排灌系统建设的需要，在筑堤的同时，沿主隔堤安全区侧150米平行开挖一条大型渠道（主要功能为排涝，故称排涝河），全长64.82千米。上段从监利半路堤至福田寺，称上排涝河，长约16千米，设计排水流量85立方米每秒，以满足半路堤电排站排水需要，河底宽40米，河底高程22.00米，坡比1:3；北岸有沙螺干渠、林长河等河渠与之相通。福田寺至洪湖高潭口河段称下排涝河，全长48.82千米，设计排水流量240立方米每秒，以满足高潭口电排站排水需要，河底宽67米，河底高程19.00米，坡比1:3。北岸有监北干渠、新市支沟、跃进河、戴皮河、陶洪河、柴林河、下内荆河、范峰河、中府河、燕子河、永黄河等河渠与之相通。

排涝河与洪湖分蓄洪区工程主隔堤同步进行施工（即取河道土筑主隔堤），工程于1972年开工。荆州地区先后组织监利、洪湖、江陵、潜江、沔阳、天门6县民工参加施工，高峰期民工有48万人。至1977年，福田寺至高潭口按设计标准完成。由于排涝河原计划只从福田寺至高潭口，从福田寺至半路堤（长16千米）没有挖河计划，开工以后，有的施工单位以没有挖河要求为由，就近取土。监利县考虑到螺山电排站装机容量小（原计划为9台×1600千瓦，后减为6台×1600千瓦），以及一旦分洪后，安全区渍水无处排泄等原因，坚持福田寺到半路堤应按排涝河的标准施工。1975年，监利县在编制恢复被主隔堤隔断的水系规划中提出修建半路堤电排站。1977年经批准同意兴建。在修建福田寺船闸时，留有连接四湖总干渠与排涝河的过流孔，并用闸门控制。同时将福田寺至半路堤的排涝河进行扩挖，底宽40米，半路堤河底高程为22.00米。至此，排涝河全线贯通，全长64.82千米。

1989年，监利县遭受严重的内涝灾害，半路堤泵站排区受灾尤为严重。灾后，监利县组织5万多人，对上排涝河沙螺闸至半路堤泵站长10.32千米的渠段进行疏挖，扩大过流能力，与半路堤泵站相配套，是年完成土方120万立方米。

2012年，湖北省洪湖分蓄洪区工程管理局组织机械对排涝河17+200～17+960、36+300～36+900河段进行疏挖，疏挖长度1360米，完成疏挖土方3.27万立方米。

排涝河自1972—2012年，经开挖和疏挖，共完成土方3368万立方米。河底高程已达22.00～19.00米，底宽40～67米，具体见表7-11。

表 7-11　　　　　　　　　　四湖流域排涝河基本情况表

地点	桩号	设计水位/m	设计流量/(m³/s)	底宽/m		底高/m		备 注
				设计	建成	设计	建成	
高潭口	0+000	23.40	240	67	67	19.00	19.00	
黄丝南	13+319	23.97	240	67	67	19.57	19.57	
下新河闸	21+400	24.32	240	67	67	19.92	19.92	
子贝渊闸	33+189	24.83	240	67	67	20.42	20.42	
福田寺	49+050	25.50	240	67	67	21.10	21.10	福田寺节制闸
			85.0	40	40	22.00	22.00	福田寺船闸
半路堤	64+820	25.80	85.0	40	40	22.00	22.00	

排涝河的形成，改善四湖中区的排灌条件，降低地下水位，使过去的沼泽地变成旱涝保收的良田及水产养殖基地，有效地促进了四湖流域农业生产的发展。

六、螺山电排渠

螺山电排渠，亦称螺山渠道，位于监利县境内，洪湖西缘，北起四湖总干渠南岸的宦子口，经王小垸、永丰垸、新发垸，南抵长江干堤螺山电排站，全长33.25千米（北段宦子口至沙螺干渠出口，南段幺河口至螺山泵站，位于洪湖市境）。

1966年实施洪湖与四湖总干渠分家工程后，洪湖水位降低，洪湖西部沿岸滩地被开垦成农田，但因地势低洼，农田受洪湖水位影响较大，农作物产量低而不稳。1969年12月，监利县呈报《螺山排区的治理规划》，要求兴建螺山电排站和开挖螺山渠道。1970 年初湖北省革命委员会发文批准实施螺山排水工程。

螺山电排渠的走向直接关系到围湖面积的大小，关系到调蓄水面和农田开垦的划分，涉及水和田的比例调整，因此受到地、县水利部门的重视。螺山渠道线路走向，曾经几次反复勘测，最初线路的走向是从螺山泵站经幺河口、东港子、朱家墩至野猫沟附近抵四湖总干渠。因围挽洪湖面积过大，对洪湖调蓄有很大影响，此方案没有得到批准。荆州地区水电局遂派人实地查勘，确定渠道走向由螺山起，沿已围成的新发垸、永丰垸、王小垸等垸堤边缘至子贝渊河口，该方案比监利提出的方案退后约 4 千米；同时提出第三方案，由螺山至王小垸线路不变，经王小垸向西，由老项河至福田寺，即保留文道湖（现周城垸渔场），仍与大洪湖相通。但监利不同意第三方案。后对渠道线路的走向进行反复研究比较，最后确定从螺山经幺河口、桐梓湖、周河至宦子口。1970 年，监利县水利局派出 12 名技术人员于晚秋季节在洪湖中进行测量，白天行进在齐腰深的水中，晚上息宿于木船之上，历时 1 个月拿出施工方案。

1970 年 11 月开始施工，有 11 万干部民工参加，干部民工同吃、同住、同劳动。由于需要破湖开河成堤，工程异常艰难。先用船运土做成子埝，再将需要开挖的断面内的湖水排干，清除蒿草淤泥，最后开挖。淤泥多的地段，干部和民工只能站在泥水中，用盆、桶、布袋装运泥土。时值隆冬，天寒地冻，有的人手脚冻肿或皮肤发裂，仍然坚持施工。工地附近民房极少，干部和民工或在船上住宿，或择附近高地搭盖工棚。参加施工的干部群众怀着挖通螺山渠，修成电排站，告别监利十年九水历史的信念，尽管条件艰苦，也一定要保质保量完成螺山渠道的开挖任务。1971 年 3 月渠道第一期工程完成。1972 年再次组织 6 万人继续施工，渠道基本达到设计要求，共完成土方 817 万立方米。1974 年冬至 1975 年春，对宦子口至桐梓橦湖段进行疏挖。渠底高程宦子口为 22.50 米，螺山泵站为 21.00 米，底宽宦子口为 40 米，螺山泵站为 100 米。

1991 年冬，监利再次组织 12 个乡镇的劳力，对宦子口至幺河口长 27.25 千米的渠道进行疏挖，渠底扩宽 50～100 米，渠堤加高到 28.00～28.50 米，完成土方 90 万立方米。

2002—2003 年，实施江汉航道整治工程，荆州市航运管理局结合航道建设，采用挖泥船对螺山渠全线进行疏挖，平均挖深 1 米，完成土方 160.00 万立方米。将疏挖的泥土加筑洪湖围堤内平台，并在螺山渠与长江交汇处兴建 300 吨级螺山船闸，同时改建螺山渠与四湖总干渠交汇处宦子口船闸，使之达到通航 300 吨级能力。

螺山电排渠右岸汇集主要支渠 14 条，总长 244.39 千米；左岸渠堤（洪湖围堤）上建有幺河口、庄河口、桐梓湖、贾家堰、张家湖（带有泵站）5 座涵闸；汇流面积 935.0 平方千米，与螺山泵站配合运用，构成螺山排区。

七、四湖上区主要支渠

四湖上区主要支渠有拾桥河、太湖港、龙会桥河、西荆河等渠道。

（一）拾桥河

拾桥河是四湖流域上区的主要排水渠道，但由于河道形成历史久远，受自然条件和人为因素的影响，河道蜿蜒曲折，全河找不到 500 米长的直段，素有"五里回头望"之称。自李家河以上，河道多穿行于山冈之间，坡陡流急，暴雨一至，即漫槽而下。李家河以下地势平坦，因而有多处常因大水而自行改道。从拾回桥至出长湖口，河道长 31 千米，直线里程仅 15 千米。由于河道异常弯曲，河床狭窄，每逢山洪暴发，上游洪水汹涌而至，下游长湖顶托，河水宣泄不畅。为抵御洪灾，清咸丰十一年（1861 年）荆门李氏兄弟合修李家台围堤 2 千米，堤高 2.67 米，围田 85 亩。民国时期江陵县（今荆州区）民众从方家斗堰起至老关嘴围有长 15 千米的拾桥河堤防。但堤高仅 2～3 米，面宽仅 1 米左右。加之沿堤修有多座引水刬涵，每至汛期，多有溃口、漫堤发生，十年九灾，且上下游、左右岸水事纠纷不断。

1968年7月，拾桥河上游地区连降大雨，拾桥站日降雨量150毫米，一次连续降雨365毫米。上游山洪暴发，拾桥河水位猛涨至34.00米时堤防漫溃。12月，荆州地区革命委员会召集荆门、江陵两县，协商解决拾桥河的改造事宜，并签订《拾桥河下段改造协议》。协议明确：从麻子湾起至丁家窑一段，以花垸子堤拐外脚处为中心成直线开挖一条新河，利用挖土，荆门、江陵各自筑堤。

1969年夏，拾桥河地区再遭暴雨，拾桥河堤防溃口多处，淹没两岸农田13万亩（其中荆门淹没农田6万亩，江陵淹没农田7万亩），倒毁房屋3300间。是年冬，荆门、江陵两县组织1.2万名劳力，开挖从拾回桥至出湖口的新河，河线长由老河的30千米缩短为15千米，将20米宽的旧河道扩挖成100米宽新河道，河底高程32.00米（拾回桥）～28.00米（出湖口处）。利用挖河土修筑两岸堤防，堤顶宽达到4米。此次疏挖加固，基本解除了洪水对两岸农田的威胁。拾桥河改道见图7-11。

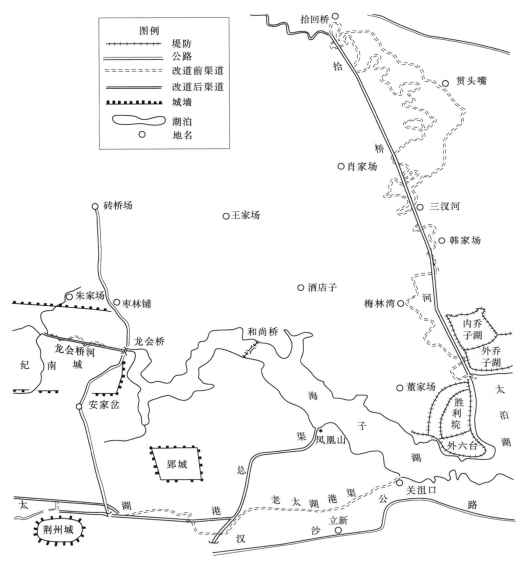

图7-11　太湖港渠、拾桥河、龙会桥河改道图

1980年四湖流域大水后，荆门、江陵再次兴工对各自所辖堤防进行整险加固。江陵县将董场渡口长3千米的堤防重点进行加固，堤顶高程达36.30～33.00米，堤身垂高8米，堤面宽4米。

2009年，拾桥河改造纳入全国中小河流治理工程项目。项目计划下达后，荆州市水利水电勘测设计院编制完成《荆州区拾桥河治理工程初步设计报告》。2012年，湖北省水利厅以鄂水利复〔2012〕797号文下发《关于荆州市荆州区拾桥河治理工程初步设计报告的批复》，批准工程投资

2893.9 万元。

2012 年 7 月，拾桥河治理工程开工，主要建设内容为：堤防加高加固 10 千米；新建堤顶泥结石防汛路面 10 千米（路面宽 4 米）；堤防（堤右 4+700～6+600）迎水面抛石及混凝土护坡 1900 米；重建中小型涵闸 12 座（其中，中型涵闸 4 座，小型涵闸 8 座）。全部工程于 2015 年完工，完成土方开挖 56308 立方米、土方回填 228366 立方米、施工围堰土方 5438 立方米、混凝土 9063 立方米、抛砌石 17036 立方米、泥结石 10345 立方米、砂石垫层 22734 立方米。

拾桥河经多年的治理，开挖拾回桥以下河道长 17 千米，两岸修筑堤防 54.5 千米（其中，荆门市境内 38 千米，荆州市境内 16.5 千米），堤顶高程 35.55～32.87 米，堤顶宽为 3～4 米，边坡比 1：2。下游河堤主要保护荆州市荆州区纪南镇和荆门沙洋县后港镇，保护耕地面积 7.1 万亩。

（二）太湖港

太湖港是新中国成立后四湖上区最早进行水系改造的河道之一。1957 年开始疏挖，经过 1957 年、1958 年、1966 年、1970 年、2012 年 5 次大规模疏浚和整治，形成以丁家嘴、金家湖、后湖、联合 4 座水库，以及中渠、南渠、北渠 3 条干渠道为骨架构成的区域性排灌体系，受益面积 396.60 平方千米，其中，荆州市面积 395.44 平方千米，荆门市面积 1.16 平方千米。丁家嘴、金家湖、后湖、联合 4 座水库大坝共拦蓄承雨面积 189.56 平方千米，占全受益面积的 47.8%。

1. 中渠

原为太湖港主渠道，1957 年冬疏挖从丁家嘴到嵯峨山渠段，长 25.79 千米，渠底高程 30.00～28.22 米，底宽 15～27 米，排水流量 30～155 立方米每秒，完成土方 88 万立方米。1967 年，太湖港农场在梅槐桥上游 800 米处打坝，将太湖港上游渍水和丁家嘴水库泄洪水引入北渠。1975 年又建秘师桥电排站，并从梅槐桥至秘师桥渠段进行扩挖，改造成为中渠，长 12.5 千米，主要排太湖港农场渍水。

2. 南渠

从青冢子至荆州城西门城河，在李家台有支渠与太湖港总干渠相通，全长 29.2 千米。1958 年开挖从边罗嘴至西门城渠段，以后由于高水低排，影响太湖港农场低洼地区排水，便将南渠上段逐年延伸至青冢子，将万城以下沿荆江大堤渍水截流而下，共完成土方 60 万立方米。南渠堤（防洪堤）呈“门”字形，堤顶高程 34.50～35.50 米，面宽 3～5 米，内外坡比 1：2～1：2.5。此堤主要是防御太湖港水库下泄洪水（最大流量 200 立方米每秒），和抵御长湖高水位顶托，是荆州城区防洪的重要屏障。1983 年 10 月 25 日，长湖出现 33.30 米最高洪水位，荆州城淹水平均深达 0.7 米，后对南渠堤进行加高培厚。

3. 北渠

原从金家湖起至秘师桥渠长 11 千米。1958 年沿太湖港北部坡地开渠，截流太湖港北部坡地 56 平方千米的山水和承担金家湖、后湖两水库泄洪，完成土方 33 万立方米。1967 年中渠梅槐桥处堵塞后，又增加丁家嘴水库泄洪流量。因此北渠负担过重，每逢泄洪时，危及两岸农田，需大量劳力防汛抢险。后将北渠延伸从丁家嘴至秘师桥，渠长 17 千米，与引江济汉渠堤、长湖围堤共同形成荆州城北部防洪保护圈。主要保护荆州工业园区、荆北新区、纪南与郢城两镇、八岭山镇部分地区以及 207 与 318 国道、沪蓉高速、襄荆高速、荆岳铁路、沪蓉高铁荆州段等重要交通设施，保护面积 145 平方千米，耕地 7.7 万亩，人口 15 万人。

4. 总渠

原从嵯峨山经荆州城护城河和草市河至关沮口入长湖。1966 年江陵县动员太湖农场、李埠区、将台区的劳力对河道进行裁弯取直和疏挖，但由于劳力不足，当年仅完成嵯峨山至横大路段，新渠道底宽 27～30 米。1970 年再次组织施工，从横大路改道北行，经朱家冲至凤凰山入海子湖，并将沙桥门至横大路同时开挖，共完成土方 71 万立方米。完工后的总渠改从秘师桥起至凤凰山（图 7-11），全长 18.5 千米，渠底高程 29.00～28.00 米，渠底宽 27～40 米，流量 185 米立方米每秒。

太湖港总渠除承排太湖港流域 396.60 平方千米渍水外,其上游已建中小型水库 12 座,共控制面积 195.3 平方千米,总库容 1.29 亿立方米,须由此港泄洪。流域内的灌溉水源,除水库蓄水外,还可通过万城闸引水经太湖港,弥补长湖灌溉水源。

太湖港总渠北岸沿线涉及纪南镇三红、郢城镇新生、太晖、郢南、岳山、黄山等地,多为自然高地和鱼池埂,无明显堤防,堤线高程在 32.50～33.50 米,防洪能力不足 10 年一遇。加之沿河建有大量民宅(经初步调查,有砖混结构房屋 3.65 万平方米,砖木结构房屋 9607 平方米),每年防汛经常出现漫堤现象。

1986 年以前,荆州古城护城河与太湖港总渠在大北门有两段(长 740 米、540 米)河港共道,1980 年 8 月、1983 年 7 月,1983 年 10 月,由于受长湖高水位回水顶托,洪水由河道重合段的远安门(小北门)漫入城区,城区内的荆州地委、行署、江陵县委、县政府机关、民主街、便河等区域受渍严重,给城区的工业生产和人民生活造成很大的损失。1987 年,江陵县组织实施太湖港总渠港河分流工程,在河道重合段筑堤形成防洪封闭圈,至此长湖洪水不再直接灌注荆州城区。

2009 年,太湖港治理工程被水利部、财政部纳入《全国重点地区中小河流近期治理建设规划》之中。2011 年 1 月,荆州市水利水电勘测设计院编制《荆州市荆州区太湖港二期治理工程初步设计报告》。2011 年 10 月 19 日,湖北省水利厅经组织专家审定后,以鄂水利复〔2011〕年 759 号文予以批复,核定概算总投资 2859.98 万元。

太湖港二期治理工程于 2012 年 10 月 8 日动工。荆州市荆州区长湖工程管理局为项目法人,荆州市荆楚水利水电工程建设监理处为工程建设监理单位。工程项目分别由湖北郢都水利水电建设有限公司(1 标段)和湖北楚峰水电工程有限公司(2 标段)施工。荆州市水利水电工程质量监督站负责工程质量监督。工程于 2013 年 8 月 20 日全部完工。

完成的主要工程建设内容为:①完成从太湖港总渠南渠节制闸至三岔河总长 11.45 千米的河道疏挖;②完成对太湖港总渠右岸堤防(南堤)港南渠节制闸至三岔河段 11.45 千米堤防加高、培厚和堤顶泥结石路面修筑;③完成赵元桥段(1+800～2+100)和太晖观桥段(4+700～5+100)共 700 米险情段混凝土护砌,主城区(6+600～8+600)共 2000 米亲水平台修筑,岩棉厂段(4+426～4+683)共 257 米浆砌石贴坡,护城河与太湖港总渠共用堤段 800 米平台挡土墙及干砌石贴坡等;④完成 8 座排水涵闸封堵、2 座泵站更新改造。完成的主要工程量:渠道疏浚土方 131365.7 立方米、土方开挖 250326.1 立方米、土方回填 232734.55 立方米、泥结石路面 43150.84 平方米、浆砌石 2941.34 立方米、混凝土 3929.41 立方米、干砌石 1080.56 立方米。

通过对太湖港总渠(南渠节制闸至三岔河)进行疏挖清淤,对太湖港防洪堤进行加高培厚以及闸站建筑物配套,治理长度 11.45 千米,同时还结合城市建设,修建亲水平台等景观设施,使工程防洪标准达到 30 年一遇,排涝标准达到 10 年一遇,提高城市防洪标准,增大渠道的泄洪能力,减少上游渠道的蓄洪时间,改善城区的渍水现象。对保障太湖港流域人民的生命财产安全,促进区域社会经济发展,改善城市水生态环境和城市景观发挥积极作用,效益十分显著。

(三)龙会桥河

龙会桥河形成年代久远,至新中国成立时,河道排水功能萎缩。

20 世纪 60 年代,先后在龙会桥河上游建成 9 座小型水库,控制面积 16.73 平方千米,配合漳河水库二干渠及万城闸引水灌溉。龙会桥河下游为平原湖区,河窄弯曲,地势低洼,汛期受长湖水位顶托,江陵县纪南镇沿河有 5000 多亩农田遭受渍灾。1975 年冬,将台区调集 8000 多劳力,将板桥至龙会桥 3500 多米长的旧河道裁弯取直为 3000 米,河底宽由 10 米扩挖至 40 米,排泄流量达 79 立方米每秒,完成土方 90 多万立方米,并取土筑堤,防止湖水倒灌时淹没农田。在河道改造(图 7-11)时,在纪南城遗址挖掘出东周时代的古水井(土井、砖井、竹圈井、木圈井、瓦圈井等)250 余座,是中国东周时代城镇古井类型最多的城址。

2012 年,龙会桥河纳入全国重点地区中小河流治理项目。湖北省水利厅以鄂水利堤复〔2012〕

468号文发出《关于荆州市荆州区龙会桥综合治理工程初步设计报告的批复》。因龙会桥河治理工程要穿纪南古城遗址而过，2014年7月21日，荆州市水利局、文物局联合组织对工程项目文物保护实施方案进行审查，并将修改后的实施方案上报国家文物局。2015年，国家文物局以文物保函〔2015〕808号文发出《关于湖北省荆州市荆州区龙会桥河综合治理工程选址及施工方案的批复》，同意龙会桥河综合治理工程的实施。

龙会桥河综合治理工程于2015年2月10日开工建设。工程由湖北楚峰水利水电工程有限公司（1标）、湖北郢都水利水电建设有限公司（2标）承包实施，荆州市荆楚水利水电建设监理处负责工程监理。工程于2016年12月31日完工。

龙会桥河综合治理工程主要是对龙会桥河南支（流）新桥河和支流朱河进行疏挖清理，对堤防进行加高培厚以及闸站建筑物配套，治理长度9.18千米。龙会桥河顶高程按设计洪水位加超高0.6米确定，南支（流）新桥河、支流朱河堤顶高程按设计洪水位加超高0.5米确定，堤顶宽度均为4米。具体建设内容为：①疏挖龙会桥河桩号0＋000～3＋000段，南支（流）新桥河桩号0＋000～5＋628段和支流朱河桩号0＋000～0＋550段，施工长度9.18千米；②对龙会桥河桩号0＋000～3＋000、南支（流）新桥河桩号0＋000～5＋628和支流朱河桩号0＋000～0＋550段两岸进行堤防加固，长度18.36千米；③拆除重建泵站3座、小型涵管3处；④拆除庙湖一桥改建为箱涵。共完成清淤土方65万立方米，开挖回填土方8万立方米、混凝土2100立方米，完成投资2586.77万元。龙会桥河治理工程完成后防洪标准达到20年一遇，排涝标准达到10年一遇。在大幅提高龙会桥河堤防防洪标准和河道行洪能力的同时，通过对河堤、道路植树种草护坡、护路建设，配套建筑物绿化美化，遗址区自然环境和人文景观得到改善。龙会桥河综合治理工程既是防洪治理工程、民生工程，也是文物保护工程、楚纪南古城大遗址区内的水文化景观工程。

（四）西荆河

西荆河的治理工程于1960年开始，当年破堤建闸，将田关至刘岭的原西荆河进行裁弯取直、扩挖，全长30.46千米，称为田关河。下西荆河遂废。

上西荆河由马仙港河扩挖改造而成，自荆门沙洋踏平湖起，流经高桥、江家集、李市、邓家洲和潜江的脉旺嘴、积玉口、腰口、牛马嘴，注入田关河，全长41千米。其中，荆门境内长27千米，潜江蔡家沟至牛马嘴长14千米。承雨面积1075平方千米，流量150立方米每秒。

1969年9月至1971年4月，荆门县疏挖陈字头至江家集、邓家洲至牛马嘴两段。脉旺嘴至积玉口一段，废弃半月形老河，西移1000米。同时，潜江县开挖长7000米的新河道，套挖杜家垴桥至积玉口桥长3000米的王荆河段，取河土筑堤，施工共完成土方213.9万立方米。河底高程：踏平湖31.80米，蔡家沟29.00米，牛马嘴27.80米；河底宽：踏平湖5米，蔡家沟30米，牛马嘴50米；排水流量120立方米每秒；河流纵坡比1：10000。

1980年8月，上西荆河地区连降暴雨，河水猛涨，积玉口站洪峰水位达33.30米，沿河堤防漫溢。1980—1984年，荆门、潜江两县（市）组织劳力对沿河东岸堤防进行加高培厚，堤顶高程达37.22～38.43米，堤宽4米，内外坡比1：2。1989年、1995年，荆门市2次组织劳力对河道进行疏浚对堤身予以加培，堤顶高程达35.50米，面宽3～5米。

八、四湖中区主要支渠

四湖中区主要支渠有豉湖渠、曾大河、五岔河、万福河、监新河、荒湖干渠、监北干渠、沙螺干渠、跃进河、柘木长河等渠道。

（一）豉湖渠

豉湖渠起于沙市区娘娘堤（今江津路与豉湖路交叉处西北角），于沙市区观音垱镇何桥村汇入四湖总干渠，全长24.04千米。因其破豉湖挖渠，故名豉湖渠。

1965年，沙市市和江陵县为解决四湖总干渠以南、荆江大堤以北区域内的渍水，共同组织劳力破豉湖开挖渠道，工程于 1966 年春竣工，完成土方 90 万立方米，渠道挖成之后，即成为沙市的主要排水出路，先后汇集左右两岸 11 条支流。

1980 年，沙市市区遭受严重内涝渍灾。当年冬至次年春实施疏浚扩挖工程，豉湖渠进一步提高排涝标准，渠底高程 26.82～25.50 米，底宽 15～34 米，边坡比 1∶2，纵坡比 1∶20000，排水控制面积 221 平方千米。

1998 年 12 月，四湖水利血防治理项目对豉湖渠南港桥至三板桥段（桩号 13＋800～24＋032）长 10.232 千米的渠道进行疏浚整治，完成土方 35 万立方米，完成工程总投资 545 万元。

2008 年 3—4 月，沙市区豉湖渠水利血防工程，对豉湖渠沿线 22 座涵闸的整险加固（其中新建 1 座、重建 8 座、改建 13 座），分 3 期进行施工，完成工程量：土方开挖回填 6 万立方米，混凝土 3000 立方米，浆砌石 450 立方米；完成工程总投资 510 万元。

2009 年 1—4 月，沙市区豉湖渠水利血防项目（渠道土方）完成豉湖渠低矮及病险堤段的整治加固，完成渠堤加培土方 19 万立方米，完成工程总投资 245 万元。

2013 年 7 月至 2014 年 1 月，沙市区豉湖渠中小河流综合整治工程，对豉湖渠 23.032 千米的渠道进行清淤疏挖，对豉湖渠 48.064 千米左右岸堤防进行加固，对沿堤建筑物进行整治（拆除重建泵站 1 座、涵闸 7 座、维修加固泵站 7 座），完成主要工程量：河道清淤土方 26 万立方米，堤身清基土方 4.3 万立方米，河堤填筑土方 30 万立方米，泥结石路面 1.23 万立方米，建筑物土方 6.4 万立方米，混凝土 3600 立方米；完成工程总投资 2500 万元。

经过近几年的工程治理，豉湖渠的防洪标准已提高到 20 年一遇。

（二）曾大河

曾大河从江陵县樊家桥经小河坡至甩家桥，是排江陵县滩桥、资市、岑河、白马等乡镇渍水入总干渠的河道。1961 年荆州地区四湖工程指挥部为给潜江供水，组织江陵、潜江两县共同开挖从周家剅到甩家桥段，河的进口在四湖西干渠桩号 29＋400 处（文家河），出口在四湖总干渠桩号 25＋500 处（甩家桥），自文家河至周家剅沿老河疏挖。周家剅以下，破六合垸和杨家垸，全长 18.7 千米，渠底宽 9～17 米。1961—1962 年破六合垸通水至南新河。1963 年破杨家垸，水入四湖总干渠。同年在渠首建樊家桥分水闸，渠尾建甩家桥闸。因其渠堤是破湖取土筑堤，堤质较差，每次输入或排水，均需投入大量劳力防守。1964—1966 年又进行扩挖和加固渠堤，共完成土方 110.96 立方米。自 1966 年起实施排灌工程分家后，曾大河则专为西干渠分流排水之用。

曾大河挖成之初，设计标准为 10 年一遇。自建成后，一直没有进行全面的整治和加固，渠道防洪排涝能力日益下降，渠道淤塞严重，工程设施老化损坏。

2013 年 11 月 30 日，省水利厅以鄂水利堤复〔2013〕188 号文批复，同意实施江陵县曾大河综合治理工程，计划总投资 2764.91 万元。

工程主要建设内容：河道清淤疏浚 14.68 千米；渠堤加固 24.45 千米；拆除重建涵闸 20 座、维修加固涵闸 14 座，拆除重建提水站 15 处；拆除重建机耕桥 1 座、维修加固机耕桥 1 座。

工程于 2015 年 2 月 5 日开工，同年 6 月 30 日完工，共治理河道 14.68 千米，完成配套建筑物 51 处，完成土方 66.8 万立方米、混凝土 0.59 万立方米。工程完工后，使渠道恢复到 10 年一遇的排涝标准。

（三）五岔河

五岔河为江陵县西干渠左岸南部主要排水支渠，首起熊家沟分水闸（西干渠桩号 49＋000），经同南口入窑湾河，利用老河疏挖，过沙岗至彭家台后，破白鹭湖抵监利县伍家场汇入四湖总干渠（桩号 49＋100），以破湖起点五岔河命名。

五岔河从 1962 年为引水抗旱开始疏挖，1964 年熊家沟闸建成后，1966—1973 年先后进行了 4 次开挖，1975 年又进行全线扩挖，已达长度 29.18 千米，渠底宽度 7～40 米，渠底高程 25.43～24.21 米，共完成土方 363.70 立方米。

五岔河除排普济、沙岗部分地区渍水外，还承担四湖西干渠的分流任务，在彭家台有支流十周河汇入，分四湖西干渠水，排水面积 327.21 平方千米。沿河建有 57 座泵站，装机 9645 千瓦。

五岔河按 10 年一遇排涝标准设计，经多年运行，渠道淤塞、工程老化严重。为改善渠道两岸农田的排水条件和防洪安全，2009 年江陵县编制《江陵县五岔河综合治理工程初步设计报告》，2010 年8 月省水利厅以鄂水利堤复〔2010〕228 号文发出《关于江陵县五岔河综合治理工程初步设计报告的批复》。批复工程总投资 2317 万元。工程建设内容为：①对 19.1 千米（桩号 0＋000～19＋100）河渠进行疏挖整治及河堤加高，填埋处理钉螺泥土；②对沙岗镇 1 千米（桩号 11＋200～12＋200）进行护坡及环境整治；③拆除重建 4 座排水涵闸，维修加固 26 座排水涵闸。

五岔河综合治理工程分两阶段实施：第一阶段土方工程于 2011 年 1 月 13 日开工，同年 4 月 5 日完工；第二阶段配套工程（水工建筑物和护坡）于 2011 年 11 月 20 日开工，2012 年 3 月 20 日完工。累计完成投资 2347 万元，完成土方 125 万立方米，拆除房屋 1.13 万平方米，砍伐树木 5.58 万株。

2011 年 12 月 31 日，省水利厅根据江陵县五岔河综合治理的实际完成情况，行文批复《江陵县五岔河综合治理二期工程初步设计报告》，工程总投资 2831.98 万元。工程建设内容为：①河渠疏挖整治，对五岔河桩号 19＋100～22＋700、五岔河支渠桩号 0＋000～19＋388 段渠道清淤疏挖，总长22.988 千米；②配套建筑物 31 座。其中，新建涵闸 2 座、拆除重建涵闸 8 座、维修加固涵闸 19 座、拆除重建渡槽 1 座和机耕桥 1 座。

五岔河综合治理二期工程于 2012 年 12 月 8 日开工，2013 年 4 月 30 日完工，累计完成工程投资2831.98 万元，完成土方开挖 142 万立方米、土方回填 18 万立方米，混凝土 3571 立方米。

五岔河通过综合治理，防洪能力从不足 5 年一遇提高到 10 年一遇，改善了渠道两岸农田的排水条件和人畜饮水条件。同时可以蓄水灌溉，缓和上、下游灌排之间的矛盾，利于植树，减少了水土流失，改善水质，保护环境。

（四）万福河

万福河是潜江市境内的一条排水主渠，平行于下西荆河与东干渠之间，北起后湖农场襄西围堤（即浩口枯树港），南至龙湾镇旭光村万福闸入四湖总干渠，全长 23.5 千米，排水面积 107.80 平方千米，设计河底高程 27.00～26.50 米，河底宽 2～30 米，排水流量 43 立方米每秒。

万福河于 1967 年开挖，因上下湖垸之间意见不统一，挖挖停停，历时 13 年，于 1980 年底竣工，共完成土方 194.83 万立方米。河道形成后，实现河湖分开、排灌兼顾的治水原则。返湾湖、冯家湖渍水被排泄，官庄垸、冻青垸荒地被开垦，扩大耕地 5 万亩。后湖农场和浩口东北片共 5.4 万亩农田直接受益。此外，还一举解决潜江和荆门为挖堵冯家垱近百年来的水事纠纷。

2004—2005 年潜江市农田水利基本建设项目对万福河进行全面疏浚，从浩口反修河至万福河闸疏挖渠道长 23.5 千米，完成土方 60 多万立方米。

2006 年在万福河堤上兴建长嘴泵站，装机 2 台，每台 155 千瓦；2009 年对万福河尾水闸进行维修整治；2016 年对前湖泵站进行增容改造，装机 4 台，每台 155 千瓦。通过渠道疏挖和建筑物整治建设，较好地解决万福河沿线农田的排灌问题，提高工程效益。

2004 年，潜江市投资 500 万元，对万福河进行全面疏挖。

（五）监新河

监新河是一条以四湖总干渠为交汇点，贯穿监利南北境的排灌渠道。监新河首起监利县城西郊西门渊闸，尾至新沟嘴镇近邻新沟嘴电力排灌站，串联长江与东荆河，与横贯监利县东西的四湖总干渠至周家沟交汇，并以此称为监新河南北两段。

监新河北段　监新河北段最初由监利县新沟区于 1962 年兴工，当时仅从新沟镇近郊燕湾挖至十三剅，长约 5 千米。1964 年，新沟区再次动员 1 万劳力，将北段河道向南延伸至余埠区老台村和施家拐老河相通，长约 7 千米，为新沟区的主要排水渠道。上水下泄增加余埠区的排水压力。1972 年将河道由老台向西南折转至新河口与四湖总干渠相通，同年 11 月由新沟区完成施工任务。

1977年，新沟电力排灌站建成后，为让其效益得到充分发挥，并参加四湖流域统排，对原监新河老台至新沟电力排灌站段加以扩宽和挖深，而老台至四湖总干渠的河道另行改道，由老台顺直南下至周家沟。同年10月，监利县组织余埠、新沟区近2万劳力参加施工。1978年3月，全线挖成通水，监新河北段全部告竣，由新沟电力排灌站至周沟闸，全长19千米，渠底高23.00米，渠底宽20～25米。

2007年，新沟泵站纳入国家大型排涝泵站首批更新改造规划实施更新改造。为满足泵站改造后的输水要求，2010年对监利河北段进行疏挖，对渠道与四湖总干渠交汇的周沟闸进行整险加固和启闭闸门及启闭设备的更新，渠道过流能力达52立方米每秒。

监新河南段　监新河南段由西门渊闸起北流经火把堤至鸡鸣铺和内荆河故道相汇，再循内荆河北上经卸市至南剅沟和四湖总干渠会合，此段河道除火把堤至鸡鸣铺为人工开挖之外，其上段西门渊至火把堤是利用太马河疏挖而成，其下段鸡鸣铺至南剅沟是利用内荆河疏挖而成。

监新河南段未挖之前，每逢开闸引长江水灌溉时，则要沿着太马河西行45里，再东行45里才流到鸡鸣铺，流程拉长，沿途水流损失大，同时也对排渍不利。1962年，监利县组织红城、毛市两区联合施工，由火把堤至鸡鸣铺直线开挖一条底宽10米、长6.8千米的渠道，1963年，红城区兴工将河底拓宽至15米，河成堤就之后，利用河堤筑成沟通监利境内南北的主干公路。1981—1982年，再次组织劳力对南段进行疏挖，将底宽扩至16～18米，渠底高程23.00米。在鸡鸣铺下仍利用原内荆河河道，长约7千米。1987年冬疏挖火把闸至西门渊3千米渠道，监新河南段计长16.8千米。

2008年，监利县国土部门利用土地整理资金，对监新河南火把堤至鸡鸣铺6.8千米的渠段全部进行硬化。与此同时，监利县水利部门利用国家对西门渊灌区建设投资和监利县政府地方筹资近8800万元，对从西门渊闸至火把堤闸穿监利县城区而过的4.2千米渠段进行块石衬砌和安装混凝土预制护栏，沿河两岸修建混凝土道路及种植花草树木，安装照明路灯，改造或重建跨河4座桥梁，将这条原来污水横流、沿河垃圾密布、臭气熏天的臭水沟，改造成一条集灌溉引水、城区休闲观光的生态之河。

（六）荒湖干渠

荒湖干渠北起荒湖农场陈湖七队，南至黄歇口镇王家河闸注入四湖总干渠，长12.78千米，底宽4～10米，边坡比1∶2，渠底高程23.50米，设计流量15立方米每秒。

1958年1月12日，荒湖农场举行隆重的开荒典礼仪式。垦荒首先是要排除湖水，于是决定先开挖荒湖干渠，排干湖水，垦出荒地，再兴综合治理。是年1月底，农场组织1000多人，率先开始荒湖干渠的开挖工程。挖渠工人在这沉睡千年的湖荒上，钻芦林，穿蒿丛，涉湖水，迎霜斗暑，忍饥挨饿，苦战一年零九个月，一条由北至南纵贯全农场的荒湖干渠终于1959年9月竣工。渠长12.78千米，完成土方58.8万立方米。荒湖农场这一骨干工程挖通，湖中积水顺利排干。继之，又先后开挖与干渠交汇的支渠27条，长达70.2千米，计完成土方193.6万立方米，共开垦荒地4.2万亩，创办机械化国营农场。1989年12月至1990年，荒湖农场组织2600名劳力，疏挖西湖至赵台长7.1千米渠段，完成土方6万立方米。

荒湖干渠初为荒湖农场主要排水出路，后因行政区划相隔，排水不便，荒湖农场在四湖总干渠东港处建泵站提排渍水，荒湖干渠排水功能弱化，2015年荒湖管理区采用泥浆泵，对其境内长3.6千米渠道进行疏挖，投资22.15万元。

（七）监北干渠

监北干渠，亦称监洪大渠，位于监利、洪湖两县的交界处。历史上，监利大兴、周臣等垸约250平方千米的渍水，沔阳（今洪湖市）老鸥、沙洋、平塌、小沙、清泛等垸面积56平方千米的渍水需共同经南府河（又名运粮河）、沙洋河下泄柴林河，再入洪湖，是一条涉及监利、沔阳两县排水的古水道。因河道弯曲流长，每逢大水年份，渍水直压下游，下游地区民众拦河筑坝，上游地区民众则要挖坝排渍，以致水事纠纷不休，清咸丰、同治年间，发生大型械斗，有火烧民房48家的惨案发生。

1958 年，监利县为解决大兴、周臣等民垸的排水，计划疏挖沙洋河，因需要挖压洪湖县的农田和拆迁数百间房屋，当地民众不同意而未能施工。1958 年 11 月，经监利、洪湖两县协商，双方拟定开挖一条自府场回龙寺起，由北向南破青泛湖到渡口，再破官湖垸，横穿内荆河，至甘家岭入洪湖的渠道，渠道全长 21.5 千米。洪湖承担回龙寺至府场河段，开挖完成土方 25 万立方米；监利承担回龙寺至湖口河段，开挖完成土方 225 万立方米。1959 年春渠道挖成，一举解决多年的水事纠纷。

1973 年，监利县再次兴工，将渠道下段改由龙家桥至渡口入内荆河，同时对上段进行疏挖，完成土方 132.89 万立方米。1974 年，洪湖防洪排涝工程建成，监北干渠改由子贝渊入排涝河。至此，渠道由顾庙至子贝渊入排涝河，全长 17.7 千米，底宽 10～20 米，渠底高程 22.00～21.00 米，正常蓄水位 25.00 米，控制面积 259.20 平方千米。

（八）沙螺干渠

沙螺干渠位于监利县半路堤泵站排区，是一条连接半路堤泵站排区和螺山泵站排区的重要渠道。

沙螺干渠于新桥闸破沙湖，尾接螺山干渠，故名沙螺干渠，全长 32 千米，有效控制面积 24 万亩农田。后排涝河挖成，将此河裁为两截，又有沙螺干渠上、下段之分，上段在半路堤排区，下段在螺山排区，以沙螺闸沟通，成为两排区联合运用的通道。

沙螺干渠于 1972 年冬施工。初时，渠道首破沙湖，尾截莲荷垸，挖渠任务非常艰巨，监利县红城、汴河两区 2 万多民工，奋战 1 个冬春，于 1973 年 3 月挖成通水，完成土方 120 万立方米，百里沙湖遂成农田。

1981 年 10 月，监利再次组织红城、汴河、毛市三区劳力对沙螺干渠进行大规模扩挖，历时 1 个冬春，于 1982 年 2 月竣工，共完成土方 157.9 万立方米。并于渠首新桥修建一座节制闸与监新河（南段）相通，在监新河底修建跨河涵洞，承排半路堤排区上片渍水。

1989 年，为扩大渠道过流能力，发挥半路堤泵站效益，监利再一次组织红城、毛市、黄歇等乡镇劳力，对沙螺干渠上段（新桥至沙螺闸）扩挖，完成土方 80 万立方米。沙螺干渠规模见表 7 - 12。

表 7 - 12　　　　　　　　　　　　　　　沙 螺 干 渠 规 模 表

地点	桩号	渠底高程/m	底宽/m	边坡比	渠堤高程/m
新桥	0＋000	22.60	10	1∶3	29.00
双桥	6＋000	22.60	10	1∶3	28.00
沙螺闸上	12＋740	22.60	10	1∶3	29.00
沙螺闸下	13＋000	22.50	10	1∶3	27.50
螺山渠	32＋050	22.50	10	1∶3	28.00

（九）跃进河

跃进河位于监利县分盐镇境内，由郝坡刿接四湖总干渠起，北行至皇蓬村折转东流至凡三刿，全长 24 千米。分盐地区位于四湖总干渠北岸，原为莲湖垸湖、赤射垸湖等民垸湖区，四湖总干渠切莲湖垸湖南缘而过，湖水排干垦为大片农田。由于地势偏低，极易渍涝成灾。1975 年冬监利县组织劳力破湖垸中心开挖跃进河接排涝河，经过 1 个冬春施工，1976 年竣工。河底宽 10～20 米，河底高程 22.50～23.50 米，设计过水流量 50 立方米每秒，受益面积 12.3 万亩。渠成之后，在渠尾修建凡三刿泵站，装机 6 台×155 千瓦，抢排渍水入排涝河。在实际运行过程中，由于沿跃进河修建大量小型抽水站和临时抽水机向渠中排水，而凡三刿泵站因排水能力有限（设计流量 10 立方米每秒），无法将渍水提排入排涝河，反而壅高渠中水位，增加了渠堤的防洪压力。1983 年，分盐区组织劳力对全渠进行疏挖，加筑防渍堤，完成土方 6.3 万立方米。1993 年，将凡三刿泵站的机组迁移他处，留自排孔为节制闸。

2015 年，监利县隔北灌区续建配套与节水改造工程开工，国家投资对跃进河进行全面疏浚整治，重建凡三剅泵站，装机 6 台×195 千瓦，设计流量 18 立方米每秒，共完成土方 4.4 万立方米，总投资 3500 万元。

2016 年 12 月开始实行"河长制"，分盐镇投资 60 万元，对跃进河进行清理整治，河道水清流畅，河岸绿树成荫，成为分盐镇的一道风景。

（十）柘木长河

柘木长河位于四湖中区螺山排区内，南起监利县三洲联垸孙良洲退洪闸接长江，北流穿长江干堤，经柘木乡薛潭村、柘木桥集镇、赤湖口，抵幺河口入螺山渠，全长 35.75 千米，受益面积 13.5 万亩。

柘木长河系一历史自然河流，首受大成池水，由南向北流经柘木桥、团湖、万家潭至渡泊潭入洪湖。河道弯曲流长，水流经监利（河流上段）、沔阳（河流下段）两县，河势头尾高，中间低，若遇暴雨渍水壅积中段，大水漫堤，淹没农田房舍，长期为排水发生争执，甚至发生惨烈械斗。民国三十五年（1946 年），洪湖地区普降大到暴雨，柘木长河河水暴满，为防止河水漫堤，地处长河下游的沔阳县永泰乡民众在许家墩、赤湖口处筑坝拦水下泄洪湖，致使上乡五十四垸严重受渍。为排渍水，上乡民众组织多人强行挖坝，下乡民众则拼死守坝，两者发生械斗，乱斗中致上下两地死 5 人。事后，国民政府曾派员调处，并拨粮食、布匹抵资计划疏浚河道，加筑堤防，后因互指贪扣工赈布、面，双方讼状，无兴工之象，后不了了之。

新中国成立后，原属沔阳管辖的宁泰乡划归监利，上下两垸再无地域行政界限之争，为柘木长河治理创造了条件。

1951 年，监利县白螺区组织劳力对柘木长河尾段治理，疏挖渡泊潭老河段，凿开锄头岭挖新河入洪湖。

1958 年，白螺区组织 1 万名劳力对柘木长河进行全面治理，开挖柘木桥至赤湖口河段，裁弯取直和扩挖新河长 12 千米，河底宽 20～30 米，河底高程 24.00 米。

1969 年冬至 1970 年春，白螺区再次动员 13000 名劳力，将柘木长河由赤湖口延伸至幺河口，送水入洪湖深处，挖长 14.75 千米，渠底宽 25～35 米，渠底高程 22.50 米。

在解决排涝的同时，白螺区于 1962 年开挖北王家闸至新华闸（柘木长河上段）长 9 千米的渠道，引老江河灌溉农田，后因老江河引水不稳定，1968 年又将引渠延伸至孙良洲引长江水灌溉。渠底宽 10～20 米，渠底高程 26.00 米。

1994—1995 年，柘木乡组织劳力对全长 35.75 米的柘木长河进行全面疏浚，共完成土方 75 万立方米。其后，柘木长河下段成为杨林山泵站的统排渠。

九、四湖下区主要支渠

四湖下区主要支渠有南港河、陶洪河、蔡家套河等渠道。

（一）南港河

南港河位于洪湖市境内，是南套沟电排站主排渠，从小港双河进水闸起，破大有垸，经龙甲墩、宋家墩、下白林抵南套沟泵站，全长 21.30 千米。河底高程 20.50～19.00 米，底宽 16～35 米，设计流量 104 立方米每秒。一河两堤，堤顶高程 25.00～26.50 米。左右两岸有 5 条主要支流汇入，其中，中长渠是南港河自排经长河口闸入下内荆河（总干渠）出长江的主道，也是南套沟电排站参加四湖流域统排的主要通道。

南港河于 1970 年冬破大同湖开挖，淤泥深厚，施工艰巨。1971 年春基本竣工，完成土方 430 万立方米。规划受益范围上至白庙，下抵内荆河，东至鳝鱼港，西抵峰口河，总面积为 426 平方千米，1972 年兴建分洪主隔堤，黄丝南至高潭口以北 144 平方千米面积被隔断，实际受益面积为 282 平方千米。南港河挖成后，整个河段淤积严重，排水不畅，严重影响南套沟电排站效益的发挥。2011 年冬，洪湖市组织机械对河段进行全面疏挖，完成土方 101.6 万立方米，疏挖之后的南港河排水效果显著提高。

（二）陶洪河

首起陶家坝附近的新屋台，南接洪湖分蓄洪区工程排涝河，故名陶洪河。河道全长 14.24 千米。河底高程 19.52～20.24 米，底宽 4～7 米。既是府场、曹市全部以及峰口西部地区面积达 159 平方千米的排水主渠，又是以排涝河为水源引灌的主渠。1978 年动工，断续施工，1989 年竣工，完成土方 238 万立方米。建成以后，完全代替而且超过原中府河的排水功能。

原中府河是一条历经数百年的古河，河道弯曲，河床窄浅，排灌效益差。20 世纪 50 年代，经过疏浚、改道，仍难满足曹市、峰口地区的排灌要求。1957 年，曹市组织劳力开挖自武桂湖经跑马岭抵王家台入内荆河的渠道，名为跑马河。使谢仁、野猫湖等垸 13.8 平方千米的渍水泄入内荆河，流程缩短 2 千米，排水条件得以初步改善。1965 年又将跑马河由武桂湖延伸至武家场与中府河相连，从此，曹市区 11 个民垸，以及峰口大公堤一片面积共 100 平方千米的渍水由武家场经跑马河入内荆河，不再绕道峰口，流程缩短，排水条件大为改善。排涝河开成后，洪湖县即规划从陶家坝附近起向南直达排涝河，开挖陶洪河。1978 年后，洪湖组织近万名劳力，自冒垴垸起向南抵苏公剅附近的排涝河，完成陶洪河第一期工程。河底高程均为 22.50 米，渠底宽 10～15 米，完成土方 160 万立方米，完全取代跑马河的排水功能。1983 年峰口区将陶洪河上延 2.3 千米，接新屋台电排站。1984 年，曹市区又自新屋台上延伸至陶家坝附近的东直沟（此段未达到标准），至此，全长 16.3 千米的陶洪河基本完成。

陶洪河又是洪湖县曹市、府场、峰口大部分地区引排涝河水灌溉的主渠。第一期工程竣工时，河底高程 22.50 米，引水偏高。1989 年再次组织曹市、代市、峰口三区劳力，对新屋台至排涝河全长 14.24 千米的河段进行疏挖，使新屋台河底高程达到 19.51 米，排涝河止点高程达到 20.24 米，完成土方 100 万立方米，可以引排涝河水灌溉。至此，陶洪河的排灌效益更为显著。陶洪河自 1990 年以来，多次予以疏洗，确保了排灌通畅。

（三）蔡家套河

蔡家套河位于洪湖市境内，自蔡家套幸福渠起，下行经李家棚、挖沟子至荻障口出内荆河，全长 11 千米，起点底高 22.50 米、底宽 8 米，止点底高 21.50 米、底宽 9 米，受益面积 78 平方千米，流量 72 立方米每秒。大沙农场建场前，燕窝北堤上所有剅闸明口都由南向北排入大沙湖，或者由西向东出沙套湖。1957 年冬，兴建大沙湖农场，为保农场低地有收，实行高水高排，计划由蔡家套起，经李家棚，再顺新丰北垸堤外至荻障口新开排水渠一条，以截蔡家套等地渍水直入内荆河。1964 年出现大涝，燕窝区严重受渍，大沙湖农场和洪湖燕窝区在挖沟子酿成排水纠纷。后经多次疏洗此渠并兴建荻障口排水闸，增建李家棚电排站，扩大排水效益，纠纷方息。2012 年冬，洪湖市筹集资金对渠道进行全面疏浚，完成土方 36.30 万立方米。前后共完成土方 100 万立方米，标工 60 万个。

附：四湖流域主要排灌支渠基本情况表（表 7-13）

表 7-13　　　　　　　　　　　　四湖流域主要排灌支渠基本情况表

县（市、区）	渠道名称	起 止 地 点	长度/km	底高/m 起止	底宽/m 起止	流量/(m³/s)
总计	301 条		4078.86	—	—	—
沙洋县	33 条		825.8			
	桥河	牌凹山白果树沟—李台村	112.1	26.80～34.50	30～150	790
	新埠河	湘龙井坝下—鲍河电站下	41.05			
	冯草河	冯家台—下安全村	37.5	—		
	戴家港	刘家祠—两河口	24			
	却集河	烂泥冲—沈家嘴	23			

续表

县 （市、区）	渠道名称	起 止 地 点	长度 /km	底高/m 起止	底宽/m 起止	流量 /(m³/s)
沙洋县	桃园河	山林村—桃园村	14	—	—	—
	程新河	彭场村—程新村	18.7	—	—	—
	黎明河	石牛村—金桥村	11.9	—	—	—
	建阳河	建阳村—新桥村	17.26	—	—	—
	潘垱河	金陵村—六堰村	13.3	—	—	—
	鲍河	九家湾—高家湾	49.3	27.58～36.50		507
	枣店河	枣店村—赵集村	6.62	—	—	—
	樊桥河	横店村—两港坝	21.95	—	—	—
	合心河	荆港村—合心村	8.25	—	—	—
	马院河	白鹤湾—代垱村	10.02	—	—	—
	王桥河	金鸡水库—王桥泵站	19	35.00～46.00	8～25	130
	金鸡河	官集村—金鸡村	7.75	—	—	—
	老山河	老山水库—大新村	17.7	35.00～50.00	3～12	28
	董店河	雷巷村—董店村	13.4	39.00～52.00	3～10	20
	广坪河	白冢村—毛李钟桥6组	37.3	—	—	90.1
	周坪河	周坪水库—黎坪村	16.7	—	—	—
	杨场河	杨场水库—巨星油厂	16	37.00～47.00	3～15	35
	唐台河	殷集村—唐台村南	8.9	—	—	—
	西荆河	孔家湾—牛马嘴	50.3	25.96～26.74	35～60	211
	大路港	安洼水库—殷家河	47.6	26.02～29.20	25～40	156.4～177.18
	东港	潘集水库—下垸子	30	—	—	—
	西港	安洼水库—公议港坝	20	—	—	—
	郑家套	黄湾水库—亚南泵站	18	—	—	—
	倒垱港	邓家嘴—亚南村	35	—	—	—
	官垱河	三店村—苏家套村	24	—	—	77.1
	卷桥河	沙山村—卷桥桥	12	—	—	—
	辛巷港	王嘴水库—联合村	11.4	—	—	—
	杨辛河	枣林村—沙洋仪表厂	10.4	—	—	—
沙市区	5条		157.05			
	三支渠	赵家洼—跋湖渠	5.50	28.50～27.50	2	1.5
	象鼻垱渠	象鼻垱—观音垱	3.00	29.50～29.00	5	1
	罐子窑渠	罐子窑—下张湖	4.00	28.50～28.10	2	1
	狗眼刽渠	贵田坑—差吉台	4.50	28.50～28.10	3	1.5
	狮子刽渠	习家口—杨家桥	8.00	28.00～27.20	4	5
荆州区	10条					
	总干渠	万城闸—青冢子	2.30	34.50～34.27	10.5～8	50
	库渠分家渠	青冢子—金家湖	3.75	34.27～33.90	8	25
	双城干渠	青冢子—三合冢	12.20	34.07～33.50	8.6～4	20～13
	纪南渠	三合冢—关沮口	23.30	34.50～32.46	3～2	5

县 （市、区）	渠道名称	起 止 地 点	长度 /km	底高/m 起止	底宽/m 起止	流量 /(m³/s)
荆州区	纪北渠	三合冢—张家沟	15.50	33.87～31.67	3～2	6
	龙会桥河	板桥—秦家嘴	4.50	29.00～28.55	40	82
	太湖港中渠	梅槐桥—秘师桥	14.00	30.00～29.50	20	30
	太湖港北渠	丁家嘴—状元桥	23.00	31.10～28.50	15～25	32
	太湖港总渠	太晖观—凤凰山	12.50	28.50～27.40	40	180
	太湖港南渠	青冢子—西门	21.00	34.27～32.17	1～4	5
江陵县	46 条		508.45			
	观中干渠	观音寺—张林垱	7.70	31.06～30.60	16	50.6
	张赤分干渠	张林垱—赤岸街	19.40	30.24～28.19	105～7.4	34.31
	张资分干渠	张林垱—资福寺	7.56	30.57～30.03	7	11.3
	观北干渠	观音寺—余家台	9.50	31.50～30.86	7.9	26.4
	南北分干渠	红桥—观音垱	18.69	31.20～28.80	8～5	20
	木垸分干渠	沙口—三湖	14.90	30.10～28.20	3	8
	观南干渠	观音寺—招商口	24.50	31.80～30.60	7	16.5
	颜总干渠	颜家台—三闸	2.80	30.50～30.30	15	41.6
	颜北干渠	三闸—十周河	16.75	29.83	9.2	24
	新风分干渠	五序岭—窑垸子	11.30	28.00～27.80	3	2.68
	颜中干渠	三闸—新河桥	9.20	29.50～28.23	8	15
	新列分干渠	新河桥—列宁河	5.77	28.54～28.14	5	7.23
	颜南干渠	三闸—杨岔路	10.50	30.30～29.26	3	8.3
	天井剅渠	昌马垱—黄家套	11.50	30.00～28.50	2～7	15
	汉沙公路渠	观音垱—丫角	13.50	29.50～28.50	6～10	—
	强家湾渠	狮子剅—强家湾	2.50	—	1	—
	敔湖渠	娘娘堤—何家桥	24.04	26.82～25.50	15～34	30
	生益口渠	东岳庙—梅庄院	13.10	—	—	—
	莲花垸渠	岑河口—桑梓湖	14.55	26.70～26.00	3～8	6
	清水口渠	刘家桥—清水口	16.10	26.80～26.00	8.3	8
	清南渠	杨马口南—中干渠	5.30	25.50～25.00	8～10	—
	渡佛寺渠	东市—渡佛寺	16.59	27.16	4～12	—
	齐铺渠	齐家铺—渡泗渠	7.75	26.27～25.50		—
	曾大河	樊家桥—甩家桥	18.70	24.64～24.03	9～17	27
	六合主渠	王市—中干渠	9.16	26.15～25.00	4～9	12
	十周河	彭家河滩—彭家台	21.00	26.80～25.10	7～10	—
	五岔河	熊家沟—伍家场	29.18	25.43～24.21	7～40	—
	化港河	木城渊—山鼻嘴	15.50	26.90～28.20	4～6	7
	红卫渠	鲁家台—花桥	11.35	—	—	—
	两湖渠	北闸—翁上美	13.1	30.10～28.30	3～6	15
	三资渠	玉古五组—凡湖	5.1	27.50～27.00	2～3	5
	光辉渠	玉古村—两家桥	5.1	28.00～27.50	5	5

续表

县 （市、区）	渠道名称	起 止 地 点	长度 /km	底高/m 起止	底宽/m 起止	流量 /(m³/s)
江陵县	老观中	观音寺—青龙口	21.7	30.00	—	20
	丁字渠	西桥五队—永固	3.6	28.00	1～2	—
	南新渠	列家桥—新河口	8.3	27.50	—	—
	熊河	郝穴—朱河口	9	29.00～27.00	6	—
	五渊河	和平五队—西干渠	4.5	29.00～27.00	2	1.3
	司马河	明星五队—西干渠	6.2	27.07～26.07	2	1.5
	花桥河	彭家湾—金枝寺	5.2	27.00	6	—
	大兴渠	黄林渠—西干渠	5.8	27.00	6	—
	复兴渠	颜北渠—西干渠	8.7	26.80～26.50	4	—
	林沟渠	田家渊口—西干渠	2.25	27.60～26.80	4～5	2.1
	万岁河	荆堤—祁家河岭	14	25.80～25.50	4～6	6.3
	柳白渠	严中堤—刘家剅	4.8	—	7	7.2
	新沟渠	—	—	26.50～25.95	—	—
	永丰渠	背时湖—西干渠	5	35.40～35.00	4～6	5.2
监利县	65条		761.88			
	监北干渠	顾庙—子贝渊	17.7	22.00～21.00	10～20	—
	新兴隆河	王家台—监北干渠	11.9	23.00～22.00	7	10
	监新河	火把堤—鸡鸣铺	6.8	24.50～23.00	13	—
	新沟电排河	周家沟—新沟	19	22.00～23.00	25～20	—
	荆监河	谢家闸—监新河	12.74	25.00～2450	10～15	—
	伸延河	北口闸—秦家场	11.8	24.50～23.50	15～6	—
	革命河	蒋家剅—监北干渠	14	23.00～21.50	8	—
	老隆兴河	白马寺—渡口	25	25.00～23.00	5～10	—
	预新河	监新河—燎原	8.3	25.00～24.00	10	—
	中府河	杨林—龚场	6.5	27.00	20	—
	中心河	水府—伍场泵站	9.5	24.50～25.00	10	—
	潜监河	杨套垸—板剅闸	7.5	25.00	10	—
	新分河	孟河—关庙	5	24.00	10	—
	建设河	新分河—排涝河	16	22.50～23.50	10～20	—
	跃进河	皇蓬—凡三剅	21	23.50～23.00	6～10	—
	卫东河	大岗—西湖嘴	9.3	24.50	18	—
	沙螺干渠上段	新桥—沙螺闸	12.47	22.60	15～20	—
	沙螺干渠下段	沙螺闸—周河	19.62	22.00	25～30	—
	西门渊灌渠	西门渊—曾家桥	5	26.00～25.00	4～15	—
	红联灌渠	王家垸—龙坛坡	29.50	27.00	20	—
	新螺河	板桥—林长	8	23.00	18	—
	幸福河	万紫台—电排站	7	22.50	8	—
	电排河	尾水河—电排站	4	22.50	20	—
	程联排渠	窑坛嘴—彭家嘴	7.9	25.00	8	—

县 (市、区)	渠道名称	起止地点	长度 /km	底高/m 起止	底宽/m 起止	流量 /(m³/s)
监利县	中心河	段堤子—郑家台	8.5	26.50	10	—
	永东河	红联河—大岗	11.9	25.50	12	—
	西湖电排河	大岗—西湖嘴	13.5	24.50	10	—
	下老长河改道	莲台河—卫东河	8.5	24.00	12	—
	林长河	红虹闸—汴河	7.75	—	14	—
	东湖干渠	火把堤—新禾	7.5	24.50~25.00	9	—
	新河	花木岭—红丝台	9.82	24.00	8	—
	新汴河	汴河剅—张家湖泵站	14.15	22.50~22.00	18~20	—
	三八河	芦河—三墩潭	7	23.20	20	—
	朱河	朱河闸—桐梓湖	17.5	23.30~21.70	28~30	—
	柘木河	柘木桥—杨林总排渠	14.76	24.00~21.00	25~40	—
	杨林总排渠	杨林山泵站—码头湾	8.4	19.00~20.00	50	—
	杨林统排渠	码头湾—幺河口	7.04	21.00	40	—
	杨林内排渠	码头湾—午台	5.6	22.00~21.00	30~20	—
	丰收河	唐保—午台	22.13	23.00~22.00	6~18	—
	友谊河	杨家湾—斗子口	25.7	22.50~22.00	6~15	—
	桥市河	江西垸—螺山渠	13.5	22.30~22.00	8~12	—
	桥市中心河	蔡邵—螺山渠	14.5	22.50~22.00	5~10	—
	九大河	狮子山—幺河口	22.6	25.00~22.00	5~30	—
	西杨林河	合嘴上—幺河口	13	23.00~22.00	5~20	—
	何王庙灌渠	何王庙闸—朱河河	14.5	24.50~22.50	8~10	—
	北王家引渠	孙良渊—柘木桥	11.1	25.50~24.00	8~10	—
	王家巷灌渠北段	左家棚—花园	6.75	24.50~23.50	3	—
	王家巷灌渠南段	左家棚—柳家门	18	25.00	6	—
	王家湾引渠	王家湾—闵家口	6.4	25.50	6	—
	红南引渠	何王庙闸—太平桥	6.85	24.50~22.30	6~10	—
	白螺矶灌渠	白螺矶—韩家埠	16.5	25.00~23.00	4	—
	公路河	北口闸—龚家场	10.5	24.80~23.50	6	—
	长垸河	侯王—螺山渠	8.3	22.00	5~8	—
	团结河	三汊河—朱南河	6	22.50	5~8	—
	朱南河	朱河镇—顺行垸	9	22.00~22.50	8	—
	永红河	永红闸—朱北河	6	22.00	25~30	—
	下朱北河	吴棚—螺山渠	15	22.50~22.00	15~30	—
	增产河	郑拐—兴旺	21	23.00~22.00	5~15	—
	东风河	东风泵站—李场街	8	24.50	10	—
	三支渠	东风林场—西干渠	7.5	24.00	8	—
	魏中河	周沟泵站	6.5	24.50	12	—
	严北河	严场—五岔河	6.1	24.00	10	—
	北干电排河	中岭—西干	5.7	24.00	20	—
	友谊河	人民大闸—蚊子河	10.5	28.80~30.00	16	—
	荒湖干渠	王家河—陈七队	12.8	24.00~23.50	5	—

县 (市、区)	渠道名称	起 止 地 点	长度 /km	底高/m 起止	底宽/m 起止	流量 /(m³/s)
	100 条		776.74			
	内荆河	陶洪河—黄丝南	17.61	21.50～21.50	7～13	80
	何潭河	何潭站—彭合闸	4.5	20.50～20.50	6	24.6
	龚新河	龚新站—彭合闸	2	19.50～20.50	8～6	8.5
	高中渠(中长渠)	高潭口—中岭闸	11.63	22.50～22.50	3	17.6
	马安河	高中渠—张家垱	6.3	22.50～22.50	3	8
	燕子河	马安河—洪排河	9.18	22.50～22.00	2～4	10
	南渠	五河站—管交渠	3.95	20.50～22.20	5～2	9
	前洪河	五河站—曾家合	5.2	20.50～21.50	7～3	17.4
	奂丰河	五河站—中目渠	13.75	21.00～23.00	12～3	24
	奂西站河	奂西站—奂丰河	3.85	21.50～22.50	4	6.80
	大有站河	大有站—奂丰河	4	21.00～21.60	4	6.80
	天城站河	五沟—二洪渠	5.6	22.50～23.00	4～3	7.00
	继五河	鱼剅沟—五沟	5	22.50	4	7.20
	白水电排河	泵站—罗家岭	5.1	22.00	4～3	6.90
	京城堤站河	泵站—天井剅	3	22.50～23.00	4～3	8.00
	中白河	中岭—白庙	7	23.00	4	12.40
	丰白河	丰口—白庙	12.5	22.50	10～10	80.00
洪湖市	陶洪河	新颜河—洪排河	14.5	22.50	25～17	60.00
	公路河	新渠河—陶洪河	9.7	22.50	4	29.00
	施港闸河	施港闸—全胜河	4.9	24.00	3	9.70
	郭口闸河	郭口闸—新剅沟	9.5	24.00	8～6	26.00
	石桥站河	泵站—北干渠	3.95	22.30	8～5	10.10
	全胜河	郭口闸—陶洪河	12.75	22.50	4～6	22.00
	中干渠	郭口闸—施港闸河	8	23.50	3	7.10
	新颜河	郭口闸—陶洪河	12.4	24.00	3	25.10
	代电河	代市站—洪排灌渠	5.9	20.50	6～4	13.20
	王帮站河	泵站—京城底沟	6.5	21.00～22.00	8～4	10.00
	柴林站河	泵站—王帮站河	4.15	21.00～22.00	8～6	20.00
	代荣河	代电河—柴林河	5.49	21.00～23.50	3	11.60
	代清河	代市站—小沙垸	3.1	21.00～22.00	6～3	6.70
	清泛湖底沟	清泛站—监共河	4.3	21.50～22.00	2	6.50
	新回渠	新剅沟—回龙寺	8.25	24.00～23.00	3	10.00
	监洪河	回龙寺—洪排河	7.25	23.00～22.00	15～8	30.00
	九树站河	泵站—西干渠	5	20.50～21.00	15～6	12.40
	吴家棚站河	泵站—洪善庙	6.9	21.50～22.10	3	10.40
	王明口河	官湖站—监洪河	6.5	21.00～22.00	5～3	9.60
	内荆河	瞿家湾—李家垱	20.5	21.00～22.00	40～15	—
	子贝渊河	新子贝渊—总干渠	5	21.50～22.00	20	50.00

县 (市、区)	渠道名称	起 止 地 点	长度 /km	底高/m 起止	底宽/m 起止	流量 /(m³/s)
	下新河	李家闸—总干渠	8.8	21.00	19	70.00
	新堤排水闸河	排水闸—洪湖	4.3	19.60～23.50	85	80.00
	新螺电排河	螺山渠—排水闸	17.21	21.50～22.00	6～5	13.80
	公路河	螺山渠—排水闸	18	23.00～23.60	3	4.00
	瞿家湾站河	泵站—总干渠	4.1	21.00	6～4	6.36
	新场站河	泵站—总干渠	5	20.50～21.00	4～3	5.32
	曾家剅河	内荆河—总干渠	5.69	22.00	4	4.72
	玉带代河	子贝渊河—土地湖	13.7	22.00～20.50	6～2	14.00
	姚家坝站河	泵站—玉带河	3.85	20.20～20.50	10	25.20
	陆庄站河	泵站—玉带河	2.9	19.60～19.80	4	12.00
	建国渠	公路河—围堤	3.13	24.00～23.00	6～2	4.83
	黄堤渠	—	3.1	24.00～23.00	6～2	4.83
	夏家渠	公路河—围堤	2.8	24.00～23.00	6～2	4.83
	正沟渠	公路河—围堤	3.2	24.00～23.00	6～2	4.83
	分洪渠	公路河—围堤	4.6	24.00～23.00	6～2	4.83
	天墩渠	公路河—围堤	3.3	24.00～23.00	3	3.18
	内荆河	黄丝南—小港	17	23.00	20～10	40.00
	老闸河	新堤—小港	15.6	20.00～21.50	20～12	40.00
	蔡家河	蔡家桥—十字河	11	20.50～22.00	15～10	72.00
洪湖市	经西站河	泵站—原种场	3.8	20.00～20.50	6～3	4.90
	经东站河	泵站—蔡家河	5.5	20.00～20.50	6～3	5.70
	河岭站河	泵站—中心河	2.9	21.70～22.20	3	6.00
	撮箕湖站河	老闸河—施墩河	4.75	20.50～21.00	4	7.00
	长渠	新堤—龙口界	19.3	23.00～23.50	6～3	9.00
	石码站河	泵站—总干渠	3.3	20.60～21.00	13～9	19.90
	黄牛湖总干渠	大兴垸—黄牛湖闸	6.5	22.00～21.50	5～3	12.00
	民主河	长渠—蔡家河	3	23.00～22.50	5～3	3.60
	十里长河	东灌渠—蔡家河	4.15	23.00～22.50	4～2	4.70
	刘桥站河	泵站—套河	2.5	20.50～20.80	11～7	13.80
	老湾站引河	丰乐垸—四河垸	8.8	21.00～22.50	4～2	6.80
	付家边站河	泵站—沙套湖	5	21.50	2	5.95
	六号直沟	边洲—公王潭	8.45	23.50～23.00	6～6	5.62
	七二直沟	公路—沙套湖	3.34	21.50	3	3.40
	长沟	仰口站—沙套湖	5.43	21.00	8～5	9.70
	海沟	内荆河—仰口	3.78	22.00	3	6.20
	金泗沟	排水闸—沙套湖	4.12	20.50～21.00	8～6	21.70
	合斗沟	泵站—南堤	2.1	21.00	5	7.10
	七一沟	泵站—万福闸	4.05	21.50～22.00	5	9.48
	幸福沟	泵站—汉民沟	4.49	19.50	8～5	15.05

县 （市、区）	渠道名称	起 止 地 点	长度 /km	底高/m 起止	底宽/m 起止	流量 /（m³/s）
洪湖市	汉阳沟站河	泵站—肖家湖	5.12	29.00	13	18.00
	丰收站河	泵站—肖家湖	2.21	20.50	5	13.10
	柳西湖站河	泵站—肖家湖	2.5	21.00	8	10.20
	围湖河	肖家湖—周帮	11.5	21.00	11	36.30
	龙船河站河	泵站—中干渠	2	20.50	10	6.80
	主干渠	六庄渠—白林河	7.1	20.50	8	4.50
	海沟渠	泵站—主干渠	2	20.50	10	6.80
	中长河	长河口闸—中府河闸	5.47	19.50	25	97.00
	南港河	南套—小港	21.3	19.00～20.50	35～16	104.00
	中府河	西湖—南套河	6	21.50～21.00	5～3	5.30
	汉口河	网抑—南套河	8	22.00～21.00	7～3	6.30
	五丰河	主隔堤—南港河	13.25	21.00～20.50	8～6	37.90
	港白河	南洼—南港河	6.8	21.70～21.00	5～4	6.30
	高汊河	泵站—反口河	5.5	20.00～21.50	10～6	12.00
	沙嘴河	高汊河—南港河	6.63	22.50	4	8.20
	高南灌渠	高潭口—南套	12	23.50	5	10.00
	姚河站河	泵站—中心沟	1.5	19.80～20.00	7～5	3.40
	天潭站河	泵站—五丰河	6.5	19.50～20.00	7～5	6.80
	形斗湖站河	作刀岭—九支沟	3.4	20.50～21.00	2	3.40
	白林南站河	泵站—新河	3.5	20.50	4～3	2.70
	白林北站河	泵站—康乐垸	2.4	20.50	3	2.00
	万港河	小港—主隔堤	15.45	20.00～20.50	24～2	32.00
	太马河	下新河—花湾	6.75	22.00	6	5.95
	36条		467.6			
潜江市	兴隆灌渠上段	兴隆闸—跃进闸	10.6	31.00	18	40
	兴隆灌渠中段	跃进闸—中沙河	26.7	—	10～5	—
	兴隆灌渠下段	中沙河—老新河	24.1	28.80～27.30	3～6	5
	长白渠	王场—龚家台	12	28.90～28.00	2～3	7
	丰收渠	兴隆河—中沙河闸	8.1	28.90～28.00	2～24	5
	宣王渠	兴隆河—高场	12.5	29.10～26.70	3	36
	同心渠	马刿口—东干渠	6.3	31.00～30.60	—	—
	荆腰河	跃进闸—张义嘴	17	30.00～28.50	13	23
	上西荆河	蔡家沟—牛马嘴	14.2	28.50～27.50	30	150
	孙桥河	莲市闸—电排河	18.5	27.70～26.30	3	8.00
	通城河	横河子—刘渊	17.2	26.70～25.00	3～16	15.00
	潜监河	长安村—板刿	9	25.80～24.50	10	27.30
	老新电提排河	老新—龙湖河	5.8	23.10～25.70	7	—
	龙湖河	三益河—范家台	18	26.90～25.00	2～18	28.60
	龙湾河	红星河—关山	22	25.50～26.00	2～10	10.00

县 （市、区）	渠道名称	起 止 地 点	长度 /km	底高/m 起止	底宽/m 起止	流量 /(m³/s)
潜江市	红星河	中沙河—东干渠	4	28.50～27.50	2	3.00
	万福河	枯树港—万福河	23	27.00～26.50	2～30	28.00
	下西荆河	张义嘴—张金闸	27.6	28.00～27.00	10	20.00
	新干渠	军民河—祁家埠	10	27.00～26.00	3～23	21.60
	运粮河	郭窑—魏家岭	16.3	27.80～26.20	6～14	28.20
	朱拐河	朱拐闸—魏家桥	15.5	28.60～27.40	4～2	9.00
	曾大河	周家坊—甩桥	10	26.80～26.20	10～16	21.40
	干南排河	赤岸河—赵家台	15.3	27.00～26.70	6～3	5.20
	南新河	赤岸河—赵家台	16	—	—	—
	两湖渠	荆腰河—东干渠	10	—	—	—
	夏家河	董家湾—田关河	9	—	—	—
	保安渠	兴隆河—保安河	12	—	—	—
	广王渠	广王闸—周农试验站	6	—	—	—
	中支渠	田关河—万福河	10	—	—	—
	排灌河	田关河—三益闸	15.2	—	—	—
	九大河	田关河—中干渠	6.4	—	—	—
	三五河	碾盘湾—中干渠	5.3	—	—	—
	红石剅河	群力一队—横石剅	10.5	—	—	—
	福利河	龙西河—易家口	11	—	—	—
	双合公路河	红旗河—双河泵站	5.7	—	—	—
	姚桥河	姚桥大队—监潜河倒虹管	6	—	—	—
石首市	6条		75.8			
	银海渠	蛟子渊—新码头	26	32.50	4	
	蛟子渠	蛟子渊—横沟市	18	29.50	3～5	
	赵家渠	赵家湾—周家剅	10	33.50	10	
	燎原渠	黄家闸—新沙街	14	31.50	18	40.00
	业家渠	沙滩子—朱家渡	4.8	31.00	8.5	—
	电排渠	朱家渡—冯家潭	3	29.50	32	32.00

第三节　涵　闸　工　程

一、发展概况

四湖流域涵闸修建源于何时，史籍中无明确记载，但与堤垸发展关系密切。据清光绪《荆州府志》载："堤垸皆有闸堰以便泄洪，谓之垱或谓之剅，其实一也。"

明代是四湖流域民垸急剧发展的时期，其涵闸建设也日趋增多。据《江陵县堤垸调查表》［民国三十七年（1948年），孙开明撰］查明：江陵县李家埠闸乃明隆庆年间（1567—1573年）所修，位于谢古垸沮漳河李家埠横堤上，为箱式条石涵闸，长28米、高8米，过水断面2米×4米。其调查表另记载有杜家闸、邱家闸、吴家大闸。

清代，涵闸、剅管建设较明代大有进步。嘉庆十三年（1808年）湖广总督汪志伊遍历四湖流域各州县，到监利沔阳（今洪湖市）交界之处，见河港分歧，湖水荡漾不消；乃奏请拨帑银在监利县福田寺与沔阳之新堤各建一闸，福田寺闸消潜江、监利之水入洪湖，新堤闸（现称老闸），则消洪湖之水入大江。限两闸同时启闭，不得以邻为壑，每年九月上旬开启，以宣积潦，次年三月上旬关闸，以防大汛。清光绪七年（1881年）湖广总督涂宗瀛，仿前汪督办法，督建子贝渊闸与重修长江龙王庙之新闸（新闸为1818年建，因工不坚实，卒至崩溃）。启闭管理与前两闸相同。清末民国时期，四湖流域剅闸修建又得到一定的发展。据1949年调查：江陵县有剅闸184座，监利县有剅闸178座，洪湖县13座，潜江县有剅闸83座。

四湖流域早期所建剅闸为陶管、木剅。明朝时，始建单孔拱式、箱式石闸、木质闸门。清末及民国时期，有双孔涵闸出现。涵闸材料结构基本上可概括为二种：其一为木剅，木质结构，闸底采取打木桩固基，又称打"梅花桩"，再在其上后用木料做成木剅；其二为条石涵闸，涵闸底板及闷墙俱用条石砌筑，石与石缝中以糯米、白矾煞汁和细灰加热灌入，俾得流通融结，同时侧墙砌筑结构还有钉石互相衔接，闸门仍采用木门，这样修筑的涵闸比较坚固耐用。

1952年兴建荆江分洪工程，为安置分洪区民众，于同年在荆江北岸外滩围挽人民大垸。人民大垸围起来后，为排除垸内渍水，于1953年11月在围堤朱家渡段修建一座排水闸，为明槽式钢筋混凝土结构，3孔，宽12米，设计流量73.2立方米每秒，配2扇钢质闸门、2台卷扬启机。1954年3月建成。此闸是四湖流域在新中国成立后最早修建的钢筋混凝土涵闸。

新中国成立初期，四湖流域为防御江河洪水，大力修筑堤防，关好大门，原沿堤的一些低矮短小的石质剅闸被新筑堤防所淹埋，外江与内垸几乎隔绝。1955年，四湖治理工程由重点防洪逐步转到治涝，破垸挖渠，旧有水系被彻底打乱。在新的排涝渠系建成后，其引水抗旱和高水低流水患搬家的矛盾也随之显露出来。《荆北区防洪排渍方案》指出："在排渍工程实施后，渍水位降低，蓄水量减少，如遇天旱，即对人工补给灌溉用水的需要性当较目前更为迫切。"

1958年，洪湖县在长江干堤螺山修建引水闸，名五八闸（后因修螺山船闸拆除），在东荆河堤修建白庙闸。此后在长江干堤建马家、石码、幺口、莒头、老湾、永安、高桥、红卫、仰口9座引水闸，设计流量为69.48立方米每秒；在东荆河堤修建郭口、施港、万家坝、白庙、中革后岭以及高潭口东、西灌溉闸，设计流量为235.73立方米每秒。

1959年在荆江大堤建观音寺、西门渊闸。1961年建万城闸、一弓堤闸。1965年建颜家台闸。5座灌溉设计引水流量241.6立方米每秒，这是四湖流域在荆江大堤的主要引水涵闸。

1959—1961年，四湖流域连续3年受旱。7—9月降雨偏小，但江河水位均高出堤内农田数米，但堤上没有引水涵闸，只能望水兴叹，眼睁睁看着稻田受旱。为缓解旱情，引外江水灌溉农田，于1958年和1960年在长江干堤和东荆河堤开挖明口10多处，还在荆江大堤挖明口。由于堤内没有渠道，只能利用部分老河道引水灌田，引进来的水，灌一部分田，也淹一部分田。在长江堤防上挖明口引水，存在极大的风险，如遇到江水上涨，封堵不及时或封堵质量不好，就有可能发生人为的溃口事件，后果不堪设想。因此，在外江堤上修建引水涵闸便提到重要的议程上来。

1960年后，监利县在长江干堤先后建王家巷（套闸）、北王家、白螺矶、何王庙等引水涵闸，设计流量76.8立方米每秒；在东荆河堤建傅家湾、北口、杨林关、谢家湾闸，设计流量为104.2立方米每秒。

1962年，潜江县在汉江干堤建兴隆闸，设计流量为32立方米每秒。

1979年3月，荆门县在汉江干堤建赵家堤闸，设计流量为15立方米每秒。

2014年为建引江济汉工程，在荆江大堤上建一座兼顾防洪、引水、通航的大型涵闸，设计流量为350立方米每秒。

2015年，四湖流域四周江河堤防上兴建有25座灌溉引水闸（表7-14），设计流量966.25立方米每秒，通过自流和提灌，可基本满足四湖流域农业生产和人畜饮用水的需要，并可通过长江向汉江调水。

表 7 - 14　　　　　　　　四湖流域沿江河干堤主要灌溉涵闸基本情况表

水系	闸名		设计流量/(m³/s)	规模			闸底高程/m	修建年份	备 注
				孔数	宽度/m	高度/m			
长江	万城		40.0	3	3.0	4.36	34.50	1961	荆江大堤桩号 794＋087
	荆江大堤防洪闸		350	2	32	8.5	(26.89)	2014	荆江大堤桩号 772＋400
	观音寺		77.0	3	3.0	3.3	31.76	1959	荆江大堤桩号 740＋750
	颜家台		41.6	2	3.0	3.5	30.50	1965	荆江大堤桩号 703＋532
	一弓堤		20.0	2	2.5	3.75	28.00	1962	荆江大堤桩号 673＋423
	西门渊		34.27	2	3.5	4.95	26.00	1965	荆江大堤桩号 631＋340
	何王庙		34.0	2	3.0	—	24.50	1973	长江干堤桩号 611＋152
	王家巷		10.0	1	3.0	—	24.80	1960	长江干堤桩号 604＋587
	王家湾		10.0	1	3.0	4.0	25.00	1997	长江干堤桩号 584＋650
	北王家		11.7	1	2.5		25.00	1981	长江干堤桩号 571＋890
	白螺矶		9.0	1	2.5	3.75	25.00	1996	长江干堤桩号 550＋500
	高桥		15.25	1	3.0	3.0	24.00	1965	长江干堤桩号 454＋720
	仰口		5.0	1	3.0	2.5	21.95	1962	长江干堤桩号 402＋000
东荆河	高潭口	西	20.0	2	3.0	5.1	25.50	1975	东荆河堤桩号 129＋620
		东	20.0	1	4.0	6.6	24.50	1975	东荆河堤桩号 130＋700
	中革岭		21.1	2	2.0	2.4	24.00	1966	东荆河堤桩号 116＋550
	白庙		60.0	3	3.0	3.5	24.40	1962	东荆河堤桩号 109＋550
	万家坝		9.6	1	2.0	2.5	24.50	1966	东荆河堤桩号 10＋560
	施港		9.6	1	2.0	2.5	24.87	1966	东荆河堤桩号 95＋050
	郭口		26.0	2	3.0	4.0	24.00	1972	东荆河堤桩号 86＋080
	北口		18.0	2	2.5	3.25	24.80	1975	东荆河堤桩号 77＋100
	谢家湾		27.0	2	3.0	4.5	25.00	1973	东荆河堤桩号 63＋900
	杨林关		8.4	1	3.0	3.75	27.00	1964	东荆河堤桩号 61＋980
汉江	新隆新闸		46.0	2	4.5		29.60	2002	汉江干堤桩号 255＋790
	新隆老闸		32.0	3	3.0	3.5	30.80	1962	汉江干堤桩号 256＋700
	赵家堤		15.0	1	3.0	3.0	31.10	1979	汉江干堤桩号 267＋642
合计			970.52						

注　（ ）为黄海高程。

　　1955 年，修筑洪湖隔堤，随之修筑新滩口河堤，堵塞东荆河和长江洪水的倒灌，但同时也堵塞了四湖流域的排水出路。不得已，只得在新滩口汛期筑坝，汛后挖坝，时间长达 4 年，费工费时。1959 年冬始建新滩口排水闸，开启四湖流域兴建排水涵闸之端。后随着四湖流域新的排灌渠系的建成，为切实贯彻"高水高排，低水低排，等高截流，分层排蓄"的治水方针，建成以新滩口、田关排水闸为主，辅以新堤大闸和杨林山深水闸联合运用的自排系统，以及建成小港、张大口进湖闸，福田寺防洪闸和习家口、刘岭、彭家河滩等节制闸，对湖上、中、下区能够分别进行控制，形成了"统一调度，分层控制，分散调蓄，风险共担"的运用机制。

　　据 2015 年统计，四湖流域有各类涵闸 4271 座，其中，排水闸 580 座，灌溉闸 356 座，节制闸 3335 座，见表 7 - 15。

表 7 - 15 　　　　　　　　四湖流域涵闸工程处数总表 　　　　　　　　单位：座

单位名称	涵闸合计	排水闸	灌溉闸	节制闸	涵闸合计其中	
					内垸主要涵闸	沿江涵闸
总计	4271	580	356	3335	195	90
江陵县	185		37	148	46	24
监利县	718	213	121	384	31	24
洪湖县	2612	10	18	2584	79	29
潜江县	613	298	173	142	33	3
石首市	86	4	5	77	6	9
荆门市	57	55	2	—	—	1

注 涵闸合计含倒虹管。

二、沿江河主要灌溉闸

(一) 观音寺灌溉闸

观音寺灌溉闸位于荆江大堤江陵县观音寺，桩号 740＋750，其闸址系古獐卜穴（明朝初塞）旧址，由老闸、新闸联合组成。其老闸是四湖流域在荆江大堤上最早修建的灌溉闸。

1. 老闸

观音寺老闸由荆州地区长江修防处设计，江陵县负责施工，水工建筑由荆州建筑公司承建。江陵县兵役局局长马玉山任指挥长，副县长刘振声任副指挥长，县委书记处书记刘瑛任指挥部党委书记。1959 年 11 月，江陵县组织滩桥公社 2000 劳力破土动工，1960 年 4 月 5 日竣工放水。

老闸系 3 级水工建筑物，3 孔混凝土拱涵，孔宽 3 米，闸底高程 31.76 米，钢质平板闸门，配 25 吨启闭机，设计流量 56.79 立方米每秒，校核流量 77 立方米每秒。

老闸建成运行 1 年后，发现底板沉陷差达 42 毫米，伸缩缝渗水，闸门启闭时发生振动，下游海漫冲刷严重。1961 年 7 月，长办主任林一山、湖北省政府副省长夏世厚实地检查工程，决定在老闸上游围堤另建新闸。老闸作为套闸使用。

2. 新闸

新闸由长办设计，江陵县组织施工，其建筑工程由湖北省水利厅工程四团承建。江陵县县长张美举任工地指挥长，荆州地区长江修防处副处长唐宗英任副指挥长，长办工程师刘崇蓉为技术负责人。工程于 1961 年 11 月动工，1962 年 5 月建成。共完成土方 22.7 万立方米，砌石 4254 立方米，混凝土 1.11 万立方米，国家投资 215.1 万元（含老闸维修 60.3 万元）。

新闸为 1 级水工建筑物，开敞式 3 孔，每孔净宽 3 米，净高 3.3 米，闸底高程 31.76 米，闸顶高程 35.06 米，平板钢质闸门，闸室装有蜗壳螺杆式启闭机 3 台，启闭能力 30 吨，闸后消力池长 29 米，控制运用闸前水位 42.07 米，设计最大流量 77 立方米每秒（1971 年最大引灌流量达 110 立方米每秒）。配套工程有总干渠 1 条，长 0.9 千米；干渠、分干渠 5 条，长 102.4 千米；支渠 32 条，斗渠 331 条。灌溉江陵、潜江、监利、沙市以及江北、三湖、六合农场等 95.3 万亩农田。1986 年抗旱中，观音寺闸开闸引水流量为 90 立方米每秒，向四湖总干渠引水达 1.2 亿立方米，水经排涝河由高潭口泵站提灌洪湖、监利两县部分农田。荆江大堤观音寺闸穿堤灌溉引水情景见图 7－12。

1987 年底至 1988 年初，对观音寺闸进行全面细致检查，发现闸室及前后 U 形槽等部位共有不连续的大小裂缝 99 条，特别是底板检修门槽和工作门槽之间垂直水流方向有一条贯穿整个底板的裂缝。长江委水利水电科学院岩基室于 1988 年 2—4 月 2 次对底板裂缝进行化学灌浆处理。第一次为环氧树脂灌浆，第二次采用甲凝补灌。实施灌浆 2 年后，又发生渗水现象。由于荆江大堤加高培厚，新闸闸室启闭机平台需抬高 1.8 米。1996 年 12 月至 1967 年 5 月对新闸实施整险加固，工程项目主要包括

图 7-12　荆江大堤观音寺闸穿堤灌溉引水情景图（2014 年摄）

裂缝处理、闸室段混凝土拆除与砌筑、堤防加固等。工程总投资 585.78 万元。2009 年 12 月至 2010 年 4 月，再次对新闸实施局部整险加固，更换闸门粘钢，对闸门槽底板及局部闸底板新出现的贯穿性裂缝实施开槽灌浆，并对启闭设备进行维修，完成投资 30 万元。

（二）万城闸

万城闸位于沮漳河左岸、荆州区境内、荆江大堤桩号 794＋087 处，因紧邻古万城遗址而得名。万城闸系引沮漳河水灌溉农田的引水工程，此闸由长办设计，1961 年 12 月由省水利厅工程四团施工，1962 年 5 月建成。共完成土方 14.2 万立方米、砌石 3047 立方米、混凝土 4533 立方米，国家投资 122.6 万元。

万城闸为 1 级水工建筑物，钢筋混凝土结构，拱涵 3 孔，每孔净宽 3 米，净高 4.36 米，平板钢质闸门，闸底高程 34.50 米，闸顶高程 39.36 米，安装蜗壳螺杆式启闭机 3 台，启闭能力 30 吨，控制运用水位 43.67 米，设计流量 40 立方米每秒，校核最大过闸流量 50 立方米每秒。配套工程包括干渠长 3 千米，支渠 5 条、长 82 千米。自沮漳河引水，既可直接灌溉农田，又可补充太湖港水库水源，还可以调水入长湖，增补长湖水源，灌溉荆州区马山、川店、八岭、李埠、纪南、九店和太湖等地 37 万亩农田。万城闸、万城灌渠分别见图 7-13 和图 7-14。

图 7-13　万城闸（2015 年摄）

图 7 - 14　万城灌渠（2015 年摄）

1993 年 10 月至 1994 年 5 月，由湖北省水利水电勘测设计院设计，荆州地区水利水电设计院负责监造，江陵县水利工程队与长江科学院振动爆破研究所共同施工，对万城闸进行改建。改建工程项目内容为：拆除原闸首竖井，改为一节洞身；拆除 U 形槽，重建闸首；闸首前重建 U 形槽和护坦工程；改建下游海漫，新建段 18 米，重建段 38 米。改建后全闸总长 182.24 米（比原闸增长 38 米），闸板高程 34.50 米，设计流量 40 立方米每秒，校核流量 50 立方米每秒，设计洪水位 45.61 米。改建工程完成开挖土方 2.89 万立方米，回填及堤身加培土方 9.62 万立方米，浇筑混凝土 2783 立方米，砌石 2138 万立方米，耗用钢筋 122 吨，工程总投资 525.21 万元。

（三）沮漳河万城橡胶壅水坝

沮漳河万城橡胶壅水坝（图 7 - 15）是四湖流域第一座橡胶壅水坝工程，也是万城闸的配套工程。1997 年 12 月破土动工，1998 年 3 月完工。

图 7 - 15　沮漳河万城橡胶壅水坝（2015 年摄）

此坝位于万城闸下游 100 米处，坝长 82 米，高 4.5 米，坝底高程 33.00 米，坝顶高程 37.50 米，为充水式橡胶坝。充水后坝前水位 37.00 米，通过万城闸（闸底高程 34.50 米）引水进入太湖港水库灌区。坝袋充排水方式为动力式，一次充、排时间均为 3.5 小时。整个工程完成混凝土 3700 立方米，开挖土方 4.5 万立方米，使用钢材 140 吨、木材 50 立方米，总投资 602.28 万元。

沮漳河系天然排水河道，汛期河水暴涨，历史最高水位达到45.53米（万城站），最大洪峰流量2010立方米每秒，而枯水期最小流量只有6.83立方米每秒，水位在34.50米以下。所以，在选择坝型时，既要满足枯水季节拦河蓄水要求，又要保证汛期洪水宣泄畅通。通过对多种坝型比较，最后选择具有造价低、施工期短、结构简单、自重轻、抗震性好、不阻水、止水效果好、不影响行洪等特点的橡胶坝。工程按照"结构简单、布局合理、运用方便、安全可靠"的原则进行布置。橡胶坝袋选用JBD4.00-220-3型，坝袋充水容积为2335立方米，选用2台250QCM-500-10-22型潜水泵。土建部分包括底板4块，顺水流方向长15米，每块分缝宽14.6米，底板厚0.8米；上下游防渗护坦长25米、厚0.5米；下游设消力池，长15米，深0.4米，底板厚0.5米；底板下设土工织物反滤层，池尾端设排水孔，呈梅花状布置，消力池后设长20米、厚0.3米的海漫，两岸边坡用混凝土预制板护坡到38.50米高程，在防渗护坦左岸设蓄水池及充、排水控制系统。进水池与河槽水源采用直径1000毫米混凝土管连接，蓄水池与坝袋采用直径600毫米钢管连接，水泵出水口设直径300毫米闸阀控制，坝袋内采用直径150毫米钢管暗埋至斜墙外38.30米高程处，确保坝袋超压后的安全泄流，坝袋与混凝土基础采用钢压板式穿孔双线锚固定。

橡胶坝建成投入使用后，免除原来每逢沮漳河低水位年份需要组织劳力于河床中修筑拦水土坝、第二年汛期又要组织劳力清除土坝的麻烦，使得蓄引水更加便捷自如。

（四）颜家台闸

颜家台闸位于荆江大堤江陵县郝穴镇颜家台、桩号703+532处，以地处颜家台村而得名。

颜家台闸属于1级水工建筑物，钢筋混凝土结构，拱涵2孔，每孔净宽3米，净高3.5米，钢质平板闸门，闸底高程30.50米，闸顶高程34.50米。闸室装有蜗壳螺杆式启闭机2台，启闭能力30吨，闸后建有消力池和扭曲面护坡，控制运用水位39.70米，设计最大流量为41.6立方米每秒。1970年超设计运用流量达52.7立方米每秒。配套工程有总干渠长2.8千米，分干渠5条、长41.28千米，支渠14条。灌溉江陵县的白马、熊河、普济、沙岗、郝穴等地农田，实际受益面积51.16万亩，并以此闸为引水工程构成颜家台灌区。

颜家台闸由江陵县水利局和江陵县长江修防总段设计，经长江委和湖北省水利厅审批，荆州地区长江修防处和江陵县组织施工。荆州地区长江修防处处长唐宗英任指挥长，江陵县副县长李先正等任副指挥长，工程于1965年12月10日动工，1966年5月1日竣工。共完成土方11.4万立方米、砌石1866立方米、混凝土2930立方米，国家投资43.38万元。

此闸经30多年的运行，由于荆江大堤二期加固工程防洪水位提高，老闸闸身结构不能满足堤身加高、培宽的要求。后经水利部、长江委审定，于1995年冬至1996年春由荆沙市水利工程处负责实施改建工程。改建段为12米，扩建段46米，建筑物总长度比老闸（长150米）增长16米，老闸闸首竖井段上部拆除，改为一节洞身，U形槽拆除后重建闸首，上游重建U形槽和护坦工程，其他设计不变。改建工程拆除混凝土827立方米，浇筑混凝土2350立方米，砌石1746立方米，共完成土方开挖3.24万立方米、土方回填9.34万立方米，总投资706.79万元。

颜家台闸改建后，设计流量为50立方米每秒，校核流量60立方米每秒。改建完成后，为进一步消除安全隐患，2003年更换闸门，2006年拆除、更换门槽及改造闸门启闭设备，并在闸门底部内侧加设可移动的铸铁配重块以减少闸门震动。

（五）一弓堤闸

一弓堤闸位于监利县境内荆江大堤桩号673+423处，系一灌溉涵闸，与外滩冯家潭闸配合运用，引冯家潭长江故道水灌溉监利程集、汪桥、黄歇口等乡镇近25万亩农田，并以此闸为引水工程构成一弓堤灌区。

一弓堤闸初建于1961年11月，1962年5月建成。闸为钢筋混凝土拱涵式，共2孔，每孔宽2.5米，闸身总长82米，闸底板高程28.00米，闸顶高程32.20米，堤顶高程41.26米，控制运用水位37.00米，设计流量20立方米每秒，扩大流量30立方米每秒。共浇筑混凝土2020立方米，开挖土方 41218 立方米，浆砌石 1286 立方米，投工 22.8 万个，总投资 54.46 万元。

一弓堤闸初设为从蛟子渊河引水，后人民大垸围堤相继建成挡水，改从长江直接引水。1964 年在大垸围堤冯家潭段修建冯家潭闸，分为 3 孔，每孔宽 3 米，与一弓堤闸之间挖有一条 5 千米人工渠道相通，二闸可联合运用。

一弓堤闸投入运用以来，对于解决程集、汪桥等地农田的灌溉发挥巨大作用，但由于长江河势变化，荆江大堤历年加高培厚，加之老闸在修建时钢筋数量配置不足，混凝土老化，闸底板沉陷不均，多处开裂，成为病险涵闸，威胁荆江大堤防洪安全。

1991 年，湖北省水利厅以鄂水堤〔1991〕624 号文件批复一弓堤老闸拆除，重建新闸。由湖北省荆江大堤加固工程总指挥部委托监利县水利局承担一弓堤闸拆除重建工程，1992 年 9 月 25 日破土动工，1993 年 9 月 10 日竣工。新闸按 1 级水工建筑物设计，为穿堤拱涵，竖井式闸首，闸室及拱涵均为 2 孔，每孔净宽 2.5 米，底板高程 28.00 米。新闸在拆除老闸基础上重建，闸首及拱涵纵向曲线不变，涵闸全长 173.78 米，堤顶高程由原来的 41.10 米加高到 42.26 米，堤面宽 12 米。设计闸上游最高水位 39.76 米，最高运用水位 37.00 米，设计灌溉流量 20 立方米每秒，扩大流量 30 立方米每秒。工程建设完成工程量为：拆除老闸钢筋混凝土 1825 立方米、混凝土 195 立方米、浆砌石 827 立方米；建新闸浇筑混凝土 4455 立方米、浆砌石 1700 立方米、干砌石 783 立方米，挖填土方 16.72 万立方米，耗用钢材 235.14 吨，总投资 570 万元。

（六）西门渊闸

西门渊闸（图 7-16）位于监利县荆江大堤桩号 631+340 处，是一座 1 级建筑物灌溉闸。引长江水经监新河（南段）灌溉监利容城、红城、毛市等乡镇近 21 万亩农田。以此闸为引水工程构成西门渊灌区。在大旱年景还可经鸡鸣铺闸引水，灌溉监利北部分农田。

图 7-16　西门渊闸（2015 年摄）

1959 年，兴建一座 2 孔、单孔宽 2.5 米的灌溉闸，纯混凝土结构，设计流量 25 立方米每秒，初名城南闸。

1964 年汛后，因老闸设计标准低，影响防洪安全，将其拆除重建新闸，于 1965 年 6 月建成。新闸按 1 级水工建筑物设计，系双孔钢筋混凝土拱涵，每孔宽 3.5 米，闸底高程 26.00 米，拱顶高程 31.55 米，堤顶高程 38.16 米，设计流量 34.27 立方米每秒，扩大流量 50 立方米每秒，设计灌溉面积 47.55 万亩。

西门渊闸运用水位最高为 36.62 米，最低水位为 28.50 米。在枯水年景，4—5 月长江水位仍达不到运用水位，此时正是春耕春播需水期。为解决春灌用水，1989 年冬，兴工修建西门渊提灌站。计划装机 12 台×95 千瓦，于 1990 年 5 月完成一期工程，修建厂房一半，装机 6 台×95 千瓦，投资 150 万元。

西门渊闸运行多年后检测，闸首沉降 10 厘米，与洞身形成 5～6 厘米跌坎，且闸顶堤高也由原 38.16 米加高到 40.00 米，堤面宽由 8 米增加到 14 米，闸洞身长度与堤宽不相适应。1994 年 9 月 22 日兴工改造，外连接长洞身 18 米，重建闸首，1995 年 9 月 30 日竣工。具体改建情况为：爆破拆除老闸竖井 12 米，保留底板及 2.5 米高墙身，改为穿堤拱涵；爆破拆除老闸 U 形槽，改为长 18 米的竖井（即闸室），闸室底板厚 1.5 米。为解决抗滑稳定与地基承载力不足的矛盾，在闸底板下布置混凝土灌注桩 18 根，桩径 1.05 米，单桩设计深 25 米，实际施工深 26～26.5 米；拆除老闸上游浆砌石护底护坡，并开挖土方，改建长为 19 米的 U 形槽，槽宽由上游 16 米渐变至 8.2 米，墙高 5.5 米，底板厚 1.4 米的 U 形槽上游按 20 米长浆砌石及 20 米长干砌石护底坡。施工总长度 89 米。改造后，闸身增长 18 米，仍为 2 孔，每孔宽 3.5 米，闸底板高程 26.00 米，闸顶高程 40.00 米。涵闸改造总投资 750.2 万元。

2014 年，西门渊闸洞身再次出现沉陷的问题，是年将竖井后洞身拆除重建，规模与原闸相同。

（七）何王庙闸

何王庙闸（图 7-17）位于监利县长江干堤桩号 611＋152 处。以其近邻何王庙村而得名。此闸引长江故道水源灌溉监利县上车、汴河、朱河、棋盘、桥市 5 个乡镇 43.95 万亩农田，并以此闸为骨干引水工程构成何王庙灌区。

图 7-17　何王庙闸（2015 年摄）

何王庙灌区始由王家巷闸为引水工程。王家巷闸建于 1960 年，闸型系 3 孔纯混凝土拱涵式，每孔宽 2.5 米，闸底高程 24.80 米，拱顶高程 28.65 米，闸身总长 131.5 米，设计流量 42.7 立方米每秒，设计受益农田 62 万亩。闸建成后实际受益农田 27 万亩。1972 年大旱引水灌溉时，将洞身表层混凝土冲毁，同时暴露出严重的质量问题。汛期过后，只得将王家巷封堵，另在何王庙处建新闸，1973 年 5 月竣工。王家巷封堵后，原由王家巷闸引水灌溉的监利县尺八镇部分农田引水困难，故在其老闸前建新闸与老闸套用。新闸为单孔钢筋混凝土拱涵闸，孔宽 3.0 米，孔净高 4.5 米，闸底板高程 24.80 米，设计流量 10 立方米每秒。

何王庙闸为双孔，每孔宽 3 米的钢筋混凝土拱涵式水闸，闸身总长 134.35 米，闸底高程 24.50 米，拱顶高程 29.60 米，堤顶高程 38.32 米，上游最高运用水位 34.50 米，设计流量 34 立方米每秒，配备 50 吨电动启闭机 2 台。此闸按 1 级水工建筑物设计标准，浇筑混凝土 3656 立方米，开挖回填土方 11.50 万立方米，总投资 48.76 万元。

经多年运行，何王庙闸出现闸门漏水，下游海漫遭受破坏。1987 年，荆州地区防汛抗旱指挥部对此闸作出"重点防守，注意险情变化，严禁在闸附近堆放重物，尽可能用封绝材料进行封缝处理"

的度汛措施。1998 年汛后，省水利厅将此闸列入改建计划，由湖北省水利水电勘测设计院设计加固工程方案。其工程项目为拆除原竖井，接长洞身，新建拱涵。1992 年 12 月 19 日改建工程开工，由湖北省水利水电建筑工程二处承建，2000 年 6 月 30 日竣工。完成工程量为拆除钢筋混凝土 1600 立方米，浇筑混凝土 2700 立方米、浆砌石 158 立方米、干砌石 409 立方米，挖填土方 1.6 万立方米，工程总投资 281.17 万元。

监利县长江干堤还有王家湾灌溉闸（桩号 584＋650），1 米×3 米，流量 10 立方米每秒；北王家闸（桩号 571＋890），1 米×3 米，流量 12.5 立方米每秒；白螺矶闸（桩号 550＋500），1 米×2.5 米，流量 9.0 立方米每秒。

（八）兴隆闸

兴隆闸位于潜江市兴隆镇汉江右岸干堤桩号 256＋750 处，是四湖上区重要的引水工程，并由此构成四湖兴隆灌区，受益面积 48.9 万亩。兴隆闸由荆州地区汉江修防处设计，湖北省水利厅工程四团承建，潜江县组织劳力施工。工程于 1961 年 11 月动工，1962 年 5 月竣工。共完成土方 21 万立方米，浇筑混凝土 4384 立方米，砌石 1908 立方米，工程投资 93.24 万元。

兴隆闸为 1 级水工建筑物，钢筋混凝土结构，拱涵式 3 孔，单孔净宽 3 米，高 3.5 米，闸底板高程 30.80 米，配钢质闸门和螺杆式启闭机，设计流量 32 立方米每秒，闸下游控制水位 34.00～35.20 米。

兴隆闸因地基是沙土，在施工中，积水池有 3 处发生冒砂管涌现象，一昼夜出水量约 1000 立方米。经用草袋装碎石压塞，变为清水管涌。回填时，做 1 米×1.6 米（长×宽）、高 3 米的三级倒滤井与闸底齐平进行了处理，但每遇汉江大水，仍然鼓水翻砂。1966 年和 1972 年，2 次兴建减压井 25 口，测压管 6 个。1974 年仍然涌出大量泥沙。1977 年，在兴隆闸下游 2 千米处跨兴隆河兴建姚家岭防洪闸，完成混凝土 947 立方米，浆砌 433 立方米；闸为开敞式，3 孔，总宽 18 米。汉江大水时，即关闭姚家岭闸，有计划地抬高水位，蓄水反压，使兴隆闸旁及附近兴隆河水域翻砂鼓水现象明显好转。但由于汉江河泓北移，河床下切，闸口淤积，进水流量减少。

为满足灌区用水需要，1998 年经省计委批复，于 1999 年 10 月在距老闸下游约千米处（桩号 255＋790）重建新闸，名兴隆二闸。新闸 2 孔，单孔宽 4.5 米，高 4 米，设计流量 46.0 立方米每秒，闸底高程 29.62 米，堤顶高程 44.82 米。新闸于 2000 年 8 月竣工，共完成投资 1112 万元。

（九）谢家湾闸

谢家湾闸位于监利县东荆河堤桩号 63＋900 处。1964 年在杨林关处建有 1 孔灌溉闸，闸孔宽 3 米，设计流量 12.7 立方米每秒。因闸底板设计偏高，枯水季节无法进水，或引水流量偏小，满足不了灌溉需要。为解决抗旱问题，1972 年在杨林关闸下游 2 千米处重建新闸，即谢家湾闸。谢家湾闸按 1 级水工建筑物标准设计，闸型为拱涵式，钢筋混凝土结构，2 孔，每孔宽 3 米，高 4.5 米，闸底高程 25.00 米，堤顶高程 40.00 米，设计流量 27 立方米每秒，扩大流量 40 立方米每秒，投资 66.3 万元，灌溉监利县新沟、龚场、网市 3 个乡镇共 33 万亩农田。

由于该闸建筑时间久，部分设备老化，2005 年东荆河大洪水期间出现重大险情。2006 年湖北省水利厅投入工程加固专项资金 171 万元，对此闸进行整修。主要项目为重建启闭机房，更换闸门和止水橡皮，新建 100 米防渗墙，洞身碳化处理，消力池拆除重建，浆砌石护坡，堤身加高培厚。加固工程于 2007 年 4 月完工。

2010 年，湖北省财政厅下达粮食主产区水利设施维修补助资金 10 万元，对谢家湾闸外引河进行疏挖，浆砌石护坡 180 米。

（十）北口闸

北口闸位于监利县东荆河堤桩号 77＋100 处，是一座以排涝为主、排灌两用涵闸。始建于 1960 年，因质量问题于 1975 年拆除重建。属钢筋混凝土拱涵结构，2 孔，孔宽 2.5 米，高 3.25 米，闸底高程 24.8 米，堤顶高程 38.49 米，设计流量 18 立方米每秒，排涝受益面积 21.3 万亩，控制水位高程 37.21 米。引东荆河水主要灌溉监利县网市、龚场 2 个乡镇农田。

由于多年运行，使用时间久，闸门锈蚀严重，启闭设施老化，影响安全运行。2006 年，监利县投入 10 万元资金更换闸门。2011 年，湖北省财政厅从中央水利建设基金（应急度汛）中安排 30 万元，更换涵闸启闭机，加固工作桥，以保此闸正常投入使用。

（十一）白庙闸

白庙闸位于东荆河堤右岸桩号 104＋550 处，系钢筋混凝土底板，重力式拱涵结构，共分 3 孔。每孔宽 3 米，孔高 3.5 米，闸底高程 24.50 米，设计引水流量 60 立方米每秒，灌溉农田 11.7 万亩。工程于 1961 年 10 月动工，1962 年 4 月竣工，完成混凝土 1686 立方米、砌石 700 立方米、土方 6.33 万立方米，总投资 41.53 万元。为与此闸配套，将原丰白河改造，以丰口闸与白庙闸两点定线，于 1978 年重新开挖渠道，长 12.5 千米，同时开挖支渠 16 条，建电站 3 座、涵闸 9 座，受益面积 80 平方千米。经多年运行，闸室伸缩缝止水损坏，闸室顶部混凝土有裂缝，内消力池底板破裂，渗径长度不满足防洪设计要求。1996 年修补消力池裂缝，2001 年更换闸门顶止水橡皮，2006 年更换 3 块闸门。2007 年第一孔闸门顶止水橡皮破裂，2008 年全面更换止水橡皮。2012 年对闸门进行除锈喷铝处理。

（十二）傅家湾闸

傅家湾闸位于东荆河堤桩号 49＋080 处，始建于 1961 年春。在修建过程中，由于赶工图快，将开挖闸基土方就近堆放，发生严重滑坡事故，将准备浇筑底板的地基挤压凸起 2.42 米，致工程报废停工，浪费工日 6.5 万个、经费 7 万余元。1962 年，移址重建付家湾闸，闸为 2 孔，设计流量 21.5 立方米每秒，总造价 42.83 万元。后由于新沟泵站建成，可将水源提灌到晏桥一带，荒湖农场自成水系，不需从付家湾闸引水，加之付家湾闸闸室过短，闸底板过高，故显其效益不大，于 1983 年冬废弃封堵。

（十三）五八闸

五八闸位于洪湖长江干堤螺山脚下，为解决新湖市螺山镇袁新等村的灌溉而兴建。涵闸设计底高 26.00 米，底宽 1.5 米，净高 1.75 米，流量 4.63 立方米每秒，钢筋混凝土结构，闸首为竖井式钢质平面闸门，螺杆机械启闭，于 1957 年破土施工，1958 年春竣工。完成混凝土 377.12 立方米、砌石 110 立方米、土方 1.45 万立方米。1996 年废弃。后于 1998 年兴建南闸泵站 2 台，1 台 80 千瓦，1 台 155 千瓦。洪湖市投入 20 余万元，对泵站房屋、副厂房进行改建，以替代五八闸灌溉。

（十四）石码头闸

石码头闸位于洪湖长江干堤桩号 498＋450 处，结构为钢筋混凝土拱涵，1 孔，净宽 2 米，净高 2 米，闸底高程 23.50 米。1964 年冬动工，1965 年春竣工，完成混凝土 425 立方米、浆砌石 185 立方米、干砌石 232 立方米。钢质平面闸门，螺杆机械启闭，控制运用标准为最高水位 30.50 米，流量为 6 立方米每秒。国家投资 5.28 万元，地方自筹 5.08 万元，受益面积 38 平方千米、5.7 万亩。1996 年失效封闭。

（十五）莒头闸

莒头闸位于洪湖长江干堤桩号 483＋780 处，1962 年 6 月兴建。1 孔，净宽 2 米，净高 2.5 米，钢筋混凝土拱涵结构，底板高程 24.00 米，钢质平面闸门，螺杆机械启闭，控制运用最高标准水位 30.50 米，设计流量 5 立方米每秒。完成混凝土 454 立方米、浆砌石 109 立方米、干砌石 80 立方米。国家投资 5.23 万元，群众自筹资金 4.46 万元。受益面积 1.05 万亩。1996 年因失效封闭。

（十六）老湾闸

老湾闸位于洪湖长江干堤桩号 478＋280 处，1963 年 4 月兴建。1 孔，螺杆机械启闭。设计流量为 5 立方米每秒，灌溉面积 2.1 万亩。完成混凝土 573 立方米、浆砌石 123 立方米、干砌石 161 立方米。国家投资 4.9 万元，群众自筹 5.10 万元。2000 年因病险封闭，其灌溉功能由位于内荆河畔的老湾泵站替代。

（十七）高桥闸

高桥闸位于长江干堤桩号454＋720处，1964年兴建，翌年春竣工。结构为钢筋混凝土箱涵，1孔，净高3米，底板高程24.00米，钢质平面闸门，螺杆机械启闭。设计流量15.25立方米每秒，灌溉面积13平方千米。完成混凝土730立方米、浆砌石224立方米、干砌石260立方米。国家投资9.71万元，地方自筹资金0.2万元。另建一级泵站1座，自流与提灌相结合，效益良好。

（十八）红卫闸

红卫闸位于长江干堤桩号433＋050处，1968年兴建。钢筋混凝土拱涵结构，1孔，净宽2米，钢质平面闸门，螺杆机械启闭。完成混凝土507立方米、浆砌石194立方米、干砌石297立方米。设计流量9立方米每秒，控制运用最高水位标准28.50米。国家投资8.70万元，灌溉面积3.3万亩。2000年因病险封闭，其灌溉功能由新建的幸福泵站所替代。

（十九）郭口闸

郭口闸位于洪湖市曹市镇郭口村北900米的东荆河堤上，桩号86＋080，是合成垸出东荆河的排水闸。为适应堤身加高和度汛安全，1954年由东荆河修防处进行改建，孔宽2米改为3米，将木桩基础改为混凝土分块底板，重力式拱涵，采用散块木质闸门。在东荆河行洪期间，此闸可开闸引水灌田，但极不安全。于1958年改装散块木质闸门为整块钢质平面闸门，用螺杆机械启闭，改装后运用效果好。随着农业生产的发展和此闸灌区的不断扩大，其进水量不能适应要求，又于1971年对郭口闸进行扩建。扩建闸孔为2孔，每孔净宽3米，净高3.5米，闸底高程24.00米，设计流量26.00立方米每秒，钢筋混凝土底板，重力式拱涵，钢质平面闸门。此次改建国家投资16万元，受益面积12.9万亩。但由于东荆河水源不稳定，效益难以全面发挥。2008年，洪湖市对此闸进行全面维修，加固上下八字墙，更换闸门止水，进行环境美化等。

（二十）施港闸

施港闸位于东荆河堤右岸，桩号95＋100处，1966年兴建。钢筋混凝土拱涵结构，1孔，净宽2米，净高2.53米，设计流量9.6立方米每秒。钢质平面闸门，螺杆机械启闭，控制运用最高水位标准33.74米。完成混凝土577立方米、浆砌石206立方米、干砌石274立方米，国家投资5.91万元。灌溉面积3.3万亩。1998年汛期，闸室伸缩缝顶柏油脱落，闸门顶止水橡皮漏水。1999年更换闸门顶止水橡皮，处理闸室伸缩缝等。2001年再次更换闸门顶止水橡皮，对闸门严重锈蚀进行清除。2003年更换闸门。在2005年秋汛中，闸门顶止水橡皮破裂，再次予以更换。

（二十一）万家坝闸

万家坝闸位于东荆河右岸桩号101＋600处，因其在朱市附近，又称朱市闸，1967年建成。钢筋混凝土拱涵结构，钢质平面闸门，螺杆机械启闭。1孔，宽2米，孔高2.4米，设计流量9.6立方米每秒。完成混凝土516立方米、浆砌石250立方米、干砌石285立方米，国家投资5.16万元。灌溉面积2.4万亩。1993年、1997年2次进行锥探灌浆。2001年更换闸门顶止水橡皮。2003年更换闸门。在2005年秋汛中，闸门顶止水及下侧止水橡皮封闭不严，遂予更换，并于2008年再次更换闸门顶止水及侧止水橡皮。

（二十二）赴家堤闸

赴家堤闸位于汉江右岸桩号267＋642处。钢筋混凝土拱涵结构，单孔，孔宽4米，孔高3.2米，底板高程31.10米，堤顶高程46.00米，设计流量15立方米每秒，受益面积15.93万亩。此闸于1978年开工兴建，1979年建成，为四湖流域最上游引水涵闸。

三、沿江主要排水闸

（一）新滩口排水闸

新滩口排水闸（图7－18）位于洪湖市新滩口镇长江干堤、内荆河与长江的交汇处，是四湖总干渠的总出口，与新滩口船闸、泵站一起组成新滩口水利枢纽工程。

图 7-18　新滩口排水闸（2010 年摄）

新滩口建闸前为通江敞口，四湖流域的渍水主要通过内荆河由此处排泄入江，同时长江洪水也由此沿内荆河向四湖流域倒灌。1955 年，修筑从东荆河中革岭至长江干堤胡家湾 56 千米的洪湖隔堤后，在新滩口内荆河出口处，从 1956 年起至排水闸竣工止，每年汛期打坝挡水，防止江水倒灌，汛后挖坝排水，耗费人工 15 万个，资金 40 万元。为有效控制四湖流域排水和遏制江水倒灌，1955 年《荆北地区防洪排渍方案》确定在新滩口建闸控制。

1956—1957 年，长办、湖北省水利勘测设计院组织技术人员对新滩口排水闸闸址进行勘测。1958 年相继编制新滩口排水闸初步设计和技术设计，以 1931 年外江水位 29.80 米、内湖水位 24.58 米为设计标准，按 1954 年外江水位 31.25 米、内湖水位 25.40 米作校核，设计此闸排水流量 460 立方米每秒，设计外挡水位差最高为 5.85 米，内挡水位差最高为 3.9 米。闸址选择在距内荆河口上 1.5 千米。宦子口与大兴岭之间的内荆河右岸河湾凸岸，裁弯取直后使河道顺直（原内荆河水从排水闸进水渠道口左拐，沿回风亭村南侧河道至船闸上游右拐，经船闸下游与排水闸下游交汇处左拐流入长江，即从排水闸的进水渠道口，至船闸下游与排水闸下游交汇处的河道被裁掉）。闸基土壤为冲积层，地面高程 26.00 米。排水闸整体布置为 5 个组成部分：①上下游引渠。渠道横贯宦子口至大兴岭的内荆河弯道，裁弯取直，全长 1427 米。在工程竣工后，于内荆河筑拦河坝 1 道，截堵旧河口，导水入长江；②上下游矩形槽及海漫部分，为顺流、阻渗、消能及防渗的主要构件；③闸室部分为采用 4 联 12 孔，净宽为 5 米的连底式结构，上有钢筋混凝土公路桥横贯；④刺墙部分，为闸室与岸堤的连接构件，结构形式为轻型挂壁式挡土墙，左右岸共 4 联；⑤启闭系统，为直升式平面钢质闸门，上设框架式工作台。

为适应地基要求，采取轻型结构，闸室共 4 联 12 孔，每孔净跨度 5 米，闸墩厚 1.2 米，每联之间用伸缩缝连接。底板厚 1.8 米。公路桥全宽 6 米，其中人行道左右各 0.8 米，载重 15 吨。闸顶临江面为平面闸门的起重机台，闸室的两岸接头采用扶壁式挡土墙，即刺墙分 3 联。第一联为 3 跨，长 15.8 米，高 15.5 米；第二联及第三联均为 2 跨，各长 10.2 米，三联全长 36.2 米。为解决上游防渗、下游解决防冲的问题，在闸室上下紧靠闸室各增设 20 米长闸槽一道，下游再接 20 米长的消力池。

底板设计第一断面，校核水位为控制水位，距离底板上游端 1.5 米处；第二断面，无水无浮托力时之底板中点；第三断面，排水闸建成时，距底板下游边缘 1.5 米处。

刺墙设计为减低闸室两端填土防止绕坝端渗流，采取扶壁式挡土墙。刺墙分三联，中间 3 厘米伸缩缝。第一联刺墙底板比闸门底板高 1.8 米。其目的是为节省混凝土量及保持原有地基。在开挖闸室基础时，刻意少挖地面，刺墙迎水面用黏土铺盖，根据混凝土底脚高程，保持接合。消力池全长 20 米，下游海漫 50 米。闸身及引堤土料回填，分层夯实，每层厚度 0.3 米，与混凝土接触部分力求密实。

新滩口排水闸工程于 1958 年 8 月经湖北省水利厅审查批准动工，1959 年 9 月竣工。工程建设由四湖排水工程总指挥部统一领导、组织施工。施工技术工作由武汉市水利公司（后改编为湖北省水利厅工程四团）负责，劳力由洪湖、监利两县组织，历时 1 年，共完成土方 206 万立方米、石方 8459.5 立方米、混凝土 17314 立方米，使用水泥 4136 吨、钢材 1010 吨、用工 230 万个，国家投资 403.7 万元。

新滩口排水闸系轻型浮筏型 3 孔 1 联开敞明槽，共 12 孔，每孔净宽 5 米，全闸净宽 60 米，闸底高程 16.00 米，闸顶高程 33.00 米，闸身纵长 139.92 米，钢质平板闸门，设置 30 吨卷扬启闭机 2 台。

新滩口排水闸建筑在地质条件比较复杂的软弱基础上，地下水源充沛，出水高程一般在 17.00 米，最高达 23.27 米。在进行地基钻探时，由于钻孔封闭不严，给地下水形成通道。1959 年 4 月上旬，当闸基挖到海拔 15.60 米时，出现管涌，经湖北省水利厅领导和专家实地察看，与工地技术人员共同研究决定采用钢筋混凝土压盖管涌处，上设竖钢管减压，下设水平钢管导疏，强制浇灌底板。浇完后，用平管封闭的办法，完成底板浇灌。但地下水仍从伸缩缝中多处溢出，并挟带大量粉砂，为防止沉陷不均，上游护坦板由原设计的四大块改为大小不等的 17 块，下游消力坡由原设计的 4 块改为 8 块。

由于大量翻砂鼓水，闸基存在严重缺陷，成为病闸。1961 年进行第一次检查，发现闸身东西向沉陷不均，相差 14 厘米，上游护坦最大沉陷差为 15 厘米，消力池有长 8 米、宽 0.5 厘米顺流方向的裂缝，下阻滑板内裂缝总长 33 米，缝宽 0.5～0.8 厘米，上游护坦有长 13 米、深 1 米裂缝，全闸各个部位共出现裂缝 79 条。1965 年进行整修时检查，上游护坦板间的沉陷缝由原设计的 2 厘米裂开到 12 厘米，有 4 块护坦沉陷差达 0.72 米，止水被破坏；上游干砌石海漫有 19.6 平方米呈锅底形下陷，最大沉陷 1.09 米，并有 4 处冒水孔，下游海漫分别有直径 6 米和 16 米的深坑，坑深达 1.8 米。针对出现的问题，当年除进行修复止水、填补裂缝、修复下游海漫外，重点是延长上游护坦板并安装钢质浅层排渗管 35 套。

1966 年再次检查，发现 1965 年新浇的上游护坦板混凝土又下沉断裂，排渗管失去作用，对此，为增进基底密实，进行浅层基础灌浆，同时对上游护坦做一排深层减压井 7 个，以降低承压水头，消除地下水对底板的破坏。

1969 年，因洪湖长江干堤田家口溃口，新滩口闸被迫超设计泄洪，流量达 1280 立方米每秒。当年打坝检查，下游海漫翻砂鼓水孔 109 个，当时采用浅层基础灌浆 14.4 吨、海漫砌块石 173 立方米。

1971 年以后，为抗旱和照顾洪湖防洪排涝工程施工物资运输的需要，抬高总干渠下段水位，多次超标准提高内挡水头差，最高达 5.09 米（超标 1.19 米）。1976 年再打坝检查，上游护坦无变化，下游海漫前中部 900 平方米干砌石被水冲毁，大小管涌孔 17 处，合计流量 8 立方分米（公升）每秒，含沙率 70%。当时采取在 900 平方米的冲毁地带浇 10 米×10 米、厚 0.4 米混凝土 9 块，海漫末端砌块石滚水坝 1 道，增加消能水垫，并增设闸门临时吊挂装置，调节闸门开度，改善出流，减少冲刷等措施。

1976 年以后，此闸仍不断出现问题，主要是基础翻砂鼓水严重，几乎年年都要进行修补。经省、地方工程技术人员讨论研究一致认为：只要解决闸室和上下游护坦抗滑稳定，处理好出现的裂缝、管涌、跌窝、消能防冲，降低地下水在上下游渗出部位，可以达到防洪保安、节制内河水位的目的。新滩口排水闸的整险加固工程列入 1987 年度全省大型工程整修计划。1986 年湖北省水利厅以鄂水计〔1986〕590 号文批复新滩口排水闸整险加固工程预算 352 万元；1987 年鄂水计〔1987〕217 号文批复二期加固工程预算 250 万元，总投资 602 万元，将此闸进行整险加固。经湖北省水利厅批准，荆州地区水利局设计，洪湖县于 1986 年 7 月成立新滩口排水闸整险加固工程指挥部，并组织备料，11 月 10 日开始挖土筑坝施工，1988 年 1 月完工。这次整修进行闸室底板加厚 0.65 米，闸门孔口尺寸（宽×高）变为 5 米×5.35 米，孔口高度减少 0.65 米，相应底槛高程增加 0.65 米，变为 16.65 米；重做并延长止水共 2880 平方米，加固和延长消力池 34 米，新增下游压重墩 11 个，上游平衡槽 2 个，新增长 80 米、宽 2.2 米的引桥；加做上、下游海漫土工织物铺盖 5507 平方米。新滩口排水闸经改造后，对闸身安全稳定性有一定改善。1988 年四湖流域遭受历史上少有的干旱，涵闸节制水位差高达 6.22 米，新滩口闸前水位 23.44 米，仅春旱就提供灌溉水源 1.2 亿立方米，节省提灌电费 19.6 万元；30 万亩农田提灌节省扬程 4 米，节省电费 33.1 万元，并有效提供水源，保证农业增产增收。

排水闸自 1987 年整险加固运行 15 年后，出现以下问题：①经对闸身岸墙进行稳定复核计算，抗滑安全系数达不到规范要求，且又出现了一些新的问题；②闸顶高程 33.00 米，达不到按洪湖分蓄洪区分洪水位 32.50 米加超高 2 米的要求；③闸顶公路桥桥顶高程 33.00 米，行车道宽 6 米，人行道宽 2.2 米。洪湖分洪后公路桥桥梁处于 32.50 米以下，不能保障分蓄洪后防汛通道的畅通，6 米宽的行车道是由原设计的 4 米桥面和两侧各 1 米宽的人行道经过简单改造后形成，结构存在严重的隐患；④外江侧左岸滑坡，内外海漫有冲坑，混凝土表面有蜂窝、麻面及露筋现象，混凝土碳化严重，止水损坏，管理、观测、防汛通信设备和机电设备落后，影响防洪度汛安全。

1998 年大洪水后，水利部决定由长江委为业主对新滩口排水闸进行全面整险加固。2002 年 6 月，湖北省水利水电勘测设计院编制《湖北省荆州市新滩口排水闸初步设计报告》。2002 年 10 月，水利部经审核以水总〔2002〕446 号文对初步设计予以批复，批准投资总概算 7247.59 万元（包括排水闸和船闸），两闸后经调整概算，2007 年发改委以发改投资〔2007〕2988 号文核算总投资 8865 万元。2003 年 1 月 28 日，业主长江委与湖北大禹水利水电建设有限公司签订施工合同。2003 年 2 月，工程监理单位长江委工程建设监理中心进场，新滩口排水闸加固工程开工。其主要加固工程内容为：

（1）闸室加固。初步设计的闸室加固方案是将外江侧闸底板及闸墩接长 10 米，闸墩加高高程到 28.00 米。为了解决新老结构沉陷不均的问题，采取两个措施：①在接长部分和原闸室结合处设置宽缝，待接长部分施工完成后再浇宽缝处的二期混凝土；②增加高喷桩，在接长部分的每个闸墩下址布置 5 根直径为 0.8 米的旋喷桩，在接长部分的底板的中部设置一排定喷桩，桩径 1.2 米，间距 0.9 米。定喷桩的作用是取代原混凝土防渗墙，对胸墙部位的裂缝进行处理。由于启闭房存在基础损坏和裂缝，增加启闭房改建。将公路桥加高至 34.5 米，闸顶新建公路桥，设计荷载汽 - 20。同时增加变电房、两岸接线设计和美化绿化内容。在实施过程中发现原外江侧护底与设计图上反映的情况存在较大出入，实际上原外江侧存在两个消力池，且第二个消力池后部原砌石冲毁严重，因此对外江侧护底在维持原设计护底护坡的前提下重新设计护底。外江侧左岸下游 30 米的护坡在实施过程中发现是淤泥质土，发生滑坡险情，因此在坡脚增设 600 根长 6 米的木桩，并将护坡脚槽由 1 米×1 米改为 2 米×2 米，护坡垫层厚度由 10 厘米改为 20 厘米。

（2）左右岸墙加固。对稳定性不满足规范要求的左右 1 号和 2 号岸墙，采用在内湖打抗滑桩的办法，在 1 号岸墙的内湖侧设 8 根直径 1.25 米、长 15 米的钻孔灌注桩，在 2 号岸墙的内湖侧设 4 根直径 1.25 米、长 15 米的钻孔灌注桩，抗滑桩桩顶设厚为 0.8 米的混凝土承台板。

（3）进出口消能及防冲建筑物修复。对内河已加固的钢筋混凝土护坦及外江侧闸后至 1976 年修建的浆砌石低堰（即滚水坝）之间总长约 90 米的砌石，因冲毁重做；对内外海漫已形成的冲坑，采用干砌石填充，在低堰后设置防冲槽，低堰与防冲槽之间用浆砌石护底连接起来，以消除余能；对内河侧高程 22.00 米以下采用厚 0.15 米现浇混凝土护坡，22.00 米以上采用草皮护坡；彻底修复外江侧已被毁坏的海漫，两岸高程 27.00 米以下采用厚 0.15 米现浇混凝土护坡，右岸高程 27.00 米以下均按厚 0.12 米现浇混凝土预制块护砌至高程 34.50 米。

（4）基础处理。排水闸闸室修建基面高程为 14.20 米，闸室坐落于厚层壤土上，按已有地质资料，闸基有 2 个含水层，第一层高程 8.00～10.00 米间有薄砂层，第二层为粉细砂层，含有丰富的地下水。高程在 0.00 米以上，透水性较大。这些是造成两侧岸墙及闸基内外翻砂鼓水的根本原因。虽然经历了 1996 年、1998 年、1999 年 3 年高水位的考验，但最大水头差只达到 5.61 米（1998 年 8 月）。为此，在底板外江侧设置定喷桩形成防渗帷幕墙，同时对老闸底板进行灌浆处理，这样不仅可以截断夹砂层渗漏通道，而且当外江处于高水位时，可以延长渗径，从而减少闸室底板的扬压力。防渗帷幕墙墙底高程定为 4.20 米。为减少渗流对两岸的绕流，在外江侧两岸翼墙和岸墙包围的范围内做防渗铺盖，即将填土挖除 1 米深，铺土工复合膜，后回填黏土。

（5）蜂窝麻面、碳化及局部露筋处理。进出口段、闸墩及胸墙共出现蜂窝麻面及局部露筋近 30 余处。对于较深部位，首先将风化的混凝土凿除并清洗干净，用高标号砂浆填充，再用丙乳砂浆将表面封闭。进口翼墙、闸室、胸墙及出口都有不同程度的碳化，最大深度 22 毫米，表面不平，将其清洗干净后，用丙乳砂浆封闭。丙乳砂浆的厚度在高程 24.50 米以下为 25 毫米，24.50 米以上为 15 毫米。

（6）裂缝处理。接长部分原底板有裂缝，凿开裂缝，重新设止水铜片止水，上面浇筑 60 厘米厚混凝土底板。

（7）止水布置及构造。止水系统包括原已失效止水和重新安设止水。根据工程实际，原进口段止水大部分老化失效，全部拆除重做。闸室外江侧已接长，新设水平止水采用嵌止水铜片。

（8）公路桥及两岸接线。拆除公路桥现有栏杆、人行道盖板、桥上防洪墙和部分人行道基础，重做部分人行道基础，加高闸墩（岸墙部分为肋板）至 33.95 米，在其上浇筑 55 厘米厚的混凝土板，桥面高程 34.50 米，总宽度在闸室段为 8.2 米（桥下游侧为启闭机房，不设人行道），在岸墙段为 9.4 米，行车道宽 7 米，人行道宽 2×1.2 米。

（9）金属结构。此次排水闸加固改造，新增洪湖分蓄洪区吐洪和引江灌溉两项功能，具有防洪、排水、分蓄洪、吐洪、灌溉等功能。对排水闸闸门及埋件主要进行加固整修处理，原 12 台螺杆启闭机进行全部更新。

（10）机电设备。重建供配电系统和闸门启动与控制系统；增设排水闸启闭机集中控制。因排水闸启闭机房拆除重建，故重新安装排水闸启闭机房电气埋件安装、电气设备、启闭机房及公路桥照明、电线电缆铺设、防雷接地及通信消防设备安装；新建排水闸变压器、柴油发电机室及其电气设备布置、照明入接地等。

（11）排水闸启闭机集中控制设备。新滩口排水闸设 1 面集中操作控制柜，集中操作控制柜内装 1 套 Momentum 系列 PLC、1 台 10 英寸触摸显示屏、1 台 24 口网络交换机、1 台 3kVA 不间断 UPS、1 台 24V 直流稳压电源器，以及用于控制电源和柜内照明的若干空气开关等。12 台现地控制单元的 PLC 与集中控制柜内的 PLC 通过网络交换机连接，形成通信协议（TCP/IP）的工业以太网。触摸显示屏与集中控制柜内的 PLC 也通过此以太网连接，组成排水闸人机界面操作和控制。12 个现地控制单元的控制电源均由集中柜内的 3kVA 不间断电源 UPS 单独供给，电源供电接线呈星型结构。

通过整险加固，排水闸由原平面高程 33.00 米，加高为 34.5 米；排水闸闸身下游加长 10 米，增强其抗滑的稳定性；启闭机设备除闸门外，机电设备全部更新，控制设备程序化。

排水闸共 12 孔，每孔净宽 5 米，净高 5.35 米，闸孔共计宽度 60 米；闸底高程 16.65 米，闸顶高程 34.5 米，闸身纵长 139.92 米。车行道宽 7 米，人行道宽 2×1.2 米。每孔配备重 12 吨钢质平板闸门，12 台螺杆启闭机。1 面集中操作控制柜，每孔闸设有 1 套现地控制设备。

新滩口排水闸地处四湖流域最下游，排水效益显著。据多年资料表明，排水闸春季一般可自排到 5 月，下半年 10 月以后，又可继续自排；即使在汛期也常有自排的机会。排水闸设计年排水量 19.8 亿立方米，排渍面积 1 万平方千米，受益农田 710 万亩。

新滩口排水闸建成以来，根据新滩口水文站记载和对新滩口排水闸历年运行资料统计，历年最大过流量为 1280 立方米每秒（1969 年 8 月 5—6 日），历年平均排水 27.79 亿立方米、最大 74.17 亿立方米（1969 年田家口溃口），年排水天数平均 283 天、最多达 353 天（1972 年）。迄今（1988 年）为止，累计排水量 1528.39 亿立方米，见表 7-16。创造的直接经济效益按 0.03 元每立方米计算，相当于创收 45.85 亿元，创造的社会效益无法估量。

表 7 - 16　　　　　　　　　　　新滩口排水闸历年排水量统计表

年份	年排水天数 /d	年排水量 /亿 m³	年份	年排水天数 /d	年排水量 /亿 m³
1961	—	18.34	1989	—	23.17
1962	—	19.67	1990	—	30.14
1963	—	18.74	1991	—	29.8
1964	—	38.5	1992	—	27.9
1965	—	23.94	1993	—	26.7
1966	—	20.02	1994	—	25.16
1967	—	34.24	1995	—	22.52
1968	—	18.36	1996	—	32.28
1969	—	74.17	1997	—	20.62
1970	—	35.24	1998	—	31.50
1971	—	21.07	1999	265	34.56
1972	—	23.74	2000	223	39.31
1973	—	36.31	2001	271	29.33
1974	—	16.51	2002	270	32.63
1975	—	21.64	2003	293	28.21
1976	—	24.54	2004	291	33.01
1977	—	32.13	2005	135	13.97
1978	—	20.72	2006	283	23.46
1979	—	22.8	2007	235	20.8
1980	—	28.33	2008	267	26.95
1981	—	21.73	2009	336	40.21
1982	—	26	2010	269	24.83
1983	—	30.97	2011	233	24.93
1984	—	17.51	2012	252	25.35
1985	—	28.4	2013	295	42.99
1986	—	21.83	2014	268	32.3
1987	—	30.44	2015	275	38.53
1988	—	21.1	—	—	—
年平均排水量/亿 m³			27.79		
累计排水量/亿 m³			1528.39		

（二）新堤排水闸

新堤排水闸（图 7 - 19）位于洪湖市新堤镇西南部、洪湖长江干堤桩号 508＋595 处，面迎长江、背负洪湖，是四湖流域重要排水涵闸之一。此闸由荆州行署水利局设计，洪湖县组织施工，于 1970 年 10 月 28 日开工，1971 年 6 月竣工。工程总投资 753.2 万元，完成混凝土 4.12 万立方米、砌石 3.42 立方米，耗用水泥 12476 吨、钢材 1600 吨、木材 3000 立方米。

新堤排水闸系钢筋混凝土开敞式结构，属 2 级建筑物。有 23 孔，全长 188 米。每孔净宽 6 米，总净宽 138 米，孔净高 9.50 米；闸室底板高程 19.60 米，闸顶高程 36.40 米，启闭台顶高程 41.80 米；最高拦洪水位 32.80 米，控制运行水位 25.50 米，设计流量为 800 立方米每秒，校核流量为 1050 立方米每秒。闸上面设有长 170.5 米、宽 4.8 米的工作桥，桥上安装 25 吨×2 台卷扬式电力启闭机 5 台，以及运行轨道。闸背面附设公路桥，桥长 233.5 米、宽 7 米，两侧人行道 1.4 米，栏杆高 1.1 米，承重 14 吨。闸的进出口河床护坦，上游长 60 米，下游长 50 米，坡岸护坦东西两边各长 70 米。闸排水引河全长 4000 米，河底宽 80 米。

图 7-19　新堤排水闸（2010 年摄）

　　新堤排水闸的兴建，主要是利用长江汛期中一般退水的有利时机，将洪湖调蓄的渍水抢排入长江，降低洪湖水位再行调蓄，年平均设计排水量可达 5 亿立方米，抢排时间由初期的 30~40 天，缩短到 7~10 天。同时，将四湖中区渍水直接由此排出，可降低四湖总干渠水位，使下区渍水能自流出新滩口泄入长江，达到解决四湖中区排水问题，改变下区受渍的局面。每年春季，开启新堤排水闸，使江湖贯通，可灌江纳苗，保持洪湖野生鱼类的多样性。

　　新堤排水闸建成后，经多年运行，工程设施逐渐老化，特别是经历 1998 年长江大水，闸体受损严重。经检查发现闸底板裂缝有 532 条，总长 2269 米，闸门及金属构件锈蚀严重，成为长江干堤上的病险闸。2000 年 12 月，国家投资 259 万元，由湖北省水利水电勘测设计院设计，湖北大禹水利水电有限公司承建。改造加固工程主要内容：闸室底板加厚 0.4 米；内消力池底板加固，外消力池延长并增设消力坎；对渠底冲坑进行修复；中间 5 孔卷扬机改为螺杆启闭机。

　　2002 年，因闸室挡土墙倒塌，国家追加 220 万元资金，对挡水墙进行加固、修复。经过 2 次加固整治，新堤排水闸整体面貌和防洪排涝能力得到改善。

　　新堤排水闸建成后，运行效率不高。据新堤水文站 1978—1981 年观测资料记载，年最大排水量 1.03 亿立方米（1979 年），1973 年和 1980 年的汛期无机会抢排，8 年平均抢排水量仅有 3868 万立方米，未达到预期目的。主要原因是：设计时水文资料周期太短，加之下荆江实施系统裁弯工程，引起城陵矶—螺山江段水位发生变化。据《洪湖县志·水利卷》记载：此闸建在洪湖县城上游，与下游新滩口排水闸相距 90 千米，水位相差 2 米以上。两闸运行状态比较：在统排洪湖和上中区渍水时，往往是新滩口排水闸已开闸排水，而新堤排水闸却迟迟不能开闸排水，待能够开闸时，洪湖和上中区渍水早已排出，失去抢排渍水的作用。此闸自建成运行到 1985 年，灌江纳苗 14 次，共 396 小时，放入江水 1936 万立方米，纳鱼苗 3.5 亿尾，为发展洪湖渔业和水生态环境保护起到一定的作用。

　　（三）田关闸

　　田关闸（图 7-20）亦名红军闸，位于潜江市周矶、东荆河右岸桩号 12+253 处，因此处是 1931 年湘鄂西根据地领导人贺龙率领红军堵住西荆河口，后在此处建闸连通东荆河，以纪念红军之意命名为"红军闸"。初于 1960 年 5 月建成，后于 1964 年重建。设计排水流量 250 立方米每秒，灌溉流量 55 立方米，是四湖流域上区重要的排水闸。此闸主要作用是排泄长湖以上，西荆河以西包括荆门、江陵、潜江部分面积约 3240 平方千米的渍水，以及长湖调蓄后水位超过 31.50 米以上的余水，以减轻四湖中下区的渍涝威胁。如遇天旱，可引东荆河水灌溉潜江、监利部分农田约85万亩。此外，还可增加东荆河水源，改善东荆河航运条件和水生态环境。

图7-20　田关闸（2015年摄）

1. 田关老闸

田关老闸（图7-21）系一座排水闸，设计为1级水工建筑物。闸为5孔，中孔宽5米，其余4孔各宽3.5米，配钢质平板闸门5扇，闸底高程27.00米，设计排水能力178立方米每秒，钢筋混凝土拱涵。老闸由荆州地区水利局设计，于1959年动工，1960年5月竣工。完成土方13.1万立方米，砌石2231立方米，混凝土6050立方米，国家投资117万元。

图7-21　田关老闸

1960年9月，开闸引东荆河水抗旱时，恰遇汉江涨大水，潜江县为了引水灌溉，未执行荆州地区防汛指挥部关于外江引水涵闸一律关闭的决定，当东荆河水位陡涨至41.43米、内外水位差达10米以上时，在高水头压力下，有4孔闸门距闸底板1.7～1.9米处关不下去，先用90吨油压机强行下压，导致横梁破裂，且无法完全关闭闸门，只有采用沉枕、抛树、沉船、沉块石等措施堵住漏水，终因水位差过大，所抛物体均被冲进闸内消力池，流量增大至300立方米每秒，淹没农田6600亩，造成水闸建筑物严重破坏。汛后检查，上游八字墙向前滑动2～3米，闸室底板上游被漩流淘空深0.8米，纵向长3～4米，横向宽15.4米，上游海漫冲击深度达2.5米，中孔拱顶破裂。

1960年以后，发现闸身纵横裂缝多道，虽经加固，但裂缝仍在不断发展，影响东荆河堤安全，加之排水流量缩小，不适应长湖排水需要，故于1964年废弃，后重建田关排水闸。

2. 田关新闸

田关新闸由湖北省水利厅勘测设计院设计，经湖北省水利厅审批兴建。闸为重力式钢筋混凝土箱形涵洞结构，钢质平板闸门，竖井式启闭台，螺杆式启闭机（手摇式 50 吨、30 吨各 4 台，1980 年更换为 50 吨，改装成手、电两用，2014 年实现电脑控制调度），闸身分 3 联 8 孔，每孔净宽 4 米，净高 5.5 米，过水断面面积 32 平方米，总宽 43 米。洞身分 4 节，闸首段长 16 米，第二节长 8 米，第三节长 10 米，第四节长 12 米。护坦长 12 米，内消力池长 21 米（底板高程 25.80 米），外消力池长 25.4 米（底板高程 25.40 米）。内海漫长 40 米，外海漫长 60 米（原设计 50 米，2000 年新增 10 米），总长 205 米。闸底高程 27.00 米。设计最大排水流量 250 立方米每秒，校核排水流量 300 立方米每秒，排水面积 444 万亩；灌溉流量 55 立方米每秒，灌溉面积 70 万亩。设计闸外河水位 41.05 米，内河最低水位 28.50 米，外河实际最高洪水位为 41.69 米（1964 年 10 月）。

田关老闸废除后，闸址向外滩平行移出 340 米重新兴建，按 1 级建筑物设计施工。由荆州地区组成建设指挥部，潜江县副县长熊克义任指挥长，汉江修防处处长从克家任副指挥长，蔡克强任技术负责人，湖北省水利厅工程四团承建，由潜江县组织劳力施工。工程于 1964 年 11 月 20 日开工，1965 年 6 月 26 日竣工。共完成土方 94350 立方米、混凝土 14027 立方米、浆砌石 1590 立方米、干砌石 3442 立方米、砂石垫层 2577 立方米，耗用钢筋 526.1 吨、钢材 120.1 吨、水泥 2789.7 吨、木料 1463.1 立方米、卵石 15668 立方米、黄砂 7575.7 立方米，国家投资 287.23 万元。

田关闸地基属腐殖质黏土和淤泥质黏土，施工时未经过预压，沉陷十分严重。根据 1965 年 12 月 27 日至 1982 年 7 月 30 日的观测记载，闸首部分沉陷达 590～853 毫米，远远超过设计沉陷量 130 毫米的允许值，出现闸首倾斜，伸缩缝扩张，止水设备破坏，启闭不灵等一系列问题。为此相应采取一些整治措施：1967 年，将水平与垂直止水缝凿槽后，用沥青砂填封；外护坦破裂成蜘蛛网形，经凿毛及用热柴油涂刷，再用沥青砂封闭；对两岸侧墙的空洞，用打锥灌浆的方法进行密实。1967—1968 年，疏挖出水口的淤积，完成土方 11721 立方米。1969 年，在闸室左右各 30 米堤段迎水面筑挡水墙，墙后填土宽达 6 米，包括疏（挖）渠淤积，共完成土方 10180 立方米。1974—1977 年，连续 4 年疏挖渠道，完成土方 43024 立方米。1979 年，将原有的 4 台 30 吨启闭机更换为 50 吨螺杆式启闭机。

虽经过上述措施整治，但闸基不良问题没有得到解决，已成为严重病险涵闸。外江闸首段向内渠倾斜，闸门槽倾斜严重，闸门启闭运行失灵；伸缩缝扩张，止水失效；阻滑板破裂，闸室各节之间高低错落。涵闸第 7 孔被迫于 1992 年封闭停用。1993 年，经湖北省水利厅批准，将田关闸列入水利基本建设计划予以整修。1994 年 5 月，荆州地区水利水电勘测设计院设计提交《田关闸整险加固说明书》。1994 年 11 月，又陆续提出田关闸整险工程技术设计资料。整险加固方案经湖北省水利厅同意，分两期实施。

第一期整险加固工程于 1994 年 11 月 18 日开工，1995 年 4 月 12 日结束。其施工部位是左联 3 孔，由潜江市水利局工程队负责施工。共完成混凝土凿除 207.23 立方米、混凝土浇筑 310.30 立方米，安装紫铜片止水 155.75 米，橡皮止水 173.95 米，钢筋制作安装 12.59 吨，埋件制作安装 12.39 吨。主要整险加固项目内容为：

（1）阻滑板整修。阻滑板原设计高程为 27.00 米，不均匀沉陷的结果是下游侧平均高程为 27.06 米，上游侧平均高程为 26.74 米。整修时将上、下游端混凝土凿除厚度分别为 0.3 米、0.36 米，阻滑板上层布设纵横向间距为 20 厘米的钢筋，混凝土浇灌预留 5 厘米的沉陷，顶部高程浇至 27.05 米。共完成混凝土凿除 147 立方米、混凝土浇灌 192 立方米。左联 3 孔闸门槽校正及增设内胸墙，下游侧门槽混凝土凿除宽度 38 厘米，上游侧门槽混凝土凿除底板处宽 87 厘米，检修平台梁下为 68.8 厘米，在旧钢板前加焊新埋件，新、老埋件间布筋后浇混凝土。胸墙混凝土在闸墩处凿除深度 40 厘米。共完成闸门槽混凝土凿除 26.37 立方米、混凝土浇灌 26.37 立方米；胸墙混凝土凿除 3.56 立方米，混凝土浇灌 17.28 立方米。

（2）闸首段与阻滑板铰接处理。闸首段与阻滑板通过 172 根直径为 20 毫米的螺纹钢连接，闸首段铰接钢筋与底板上层纵向筋焊接,阻滑板段布置3根直径16毫米的结构筋。在与阻滑板结合部位的闸首段底板上,按宽1米、坡比1:5加厚混凝土,共浇混凝土40.96立方米。

(3)左联三块闸门整修。切割联系梁角钢的一翼并加固,闸门侧、顶止水从下游移位到上游,更换底止水橡皮,导向轮从上游移至闸门两侧,门槽加厚钢板。

(4)止水修复。主要是对左联3孔闸室失效的底止水及部分侧止水进行了整修。

第二期加固工程于1995年11月开工,1996年11月完工。完成其余5孔闸门校正,其中5孔闸门槽校正、闸门校正、闸门止水等工程由汉江河道管理局工程总公司负责施工,围堰清淤及排水、机房新建扩建、启闭机更换及维修等工程由田关闸管理所组织实施。共完成混凝土凿除93.74立方米,混凝土浇灌233.96立方米,止水605米,钢筋制作安装8.9937吨,埋件制作安装20.667吨。

2000年3月3日,湖北省水利厅以鄂水计复〔2000〕78号文作出《关于田关闸整险加固工程设计方案的批复》,工程投资140万元,其中国家投资100万元,地方配套40万元。工程主要项目为:8台启闭机全部更换,外河海漫及内渠护坡水毁修复(重新布置50米浆砌石海漫和10.5米长防冲槽),闸门止水更换,启闭机房及管理办公用房维修。1999年12月14日开工,2000年12月27日完工;共完成土方开挖1625立方米、围堰土方3517立方米、干砌石800立方米、浆砌石1060立方米、碎石垫层334立方米,更换8块闸门止水(P形止水208米、平板止水80米、钢质扁铁288米),启闭机更换8台。

2008—2013年期间,分别对田关闸海漫护坡、闸门进行整治和修复,完成投资160万元。共完成土方14733.9立方米、浆砌石2649立方米、抛石护脚900立方米,以及种植景观树50株和植草2000平方米。

2012年12月,根据国务院南水北调工程建设委员会办公室国调办设计〔2009〕250号文《关于南水北调中线一期工程引江济汉工程初步设计报告(技术方案)的批复》,田关闸被纳入引江济汉工程项目进行了整险加固,主要工程项目涉及更换闸门及启闭设备,重新浇筑闸门门槽及门楣,修复消力池护坡,增加桥头堡,安装自动化控制设施等。工程于2012年12月15日开工,2014年2月15日完工。共完成土方开挖1.08万立方米、浇筑混凝土1050立方米,更换启闭机8台套,完成投资796.73万元。

田关闸自1965—2014年,50年共排水259.45亿立方米,引灌水量约21亿立方米,年平均排水5.37亿立方米,引水1.49亿立方米,年最大排水量为15亿立方米(2002年),年最多引水量为1.86亿立方米(1977年),见表7-17。有效减轻长湖以上、西荆河以西地区的渍水威胁,同时为潜江熊口、浩口、张金、老新、后湖及监利黄歇等乡镇(管理区)提供灌溉用水。

(四)新堤老闸

新堤老闸原名茅江闸,位于洪湖长江干堤新堤镇。清嘉庆十三年(1808年),湖广总督汪志伊主持修建,单孔,孔宽2.88米,底板高程20.20米,其作用是配合福田寺闸消泄四湖流域的渍水。由于此闸闸身短,闸外无消能设施,排水形成下游冲刷,造成闸身损坏,因而长期封闭。1949年7月,长江甘家码头干堤溃口,为及时泄洪冬播,于汛后开启老闸泄洪。1950年春整修闸身,更换闸门,使此闸重新发挥其排水功能。1959年将老闸拆除重建,采用重力式拱涵结构,新闸设计为3孔,闸底高程20.00米,流量158立方米每秒。每孔净宽3米,于1959年11月28日动工,翌年4月竣工。完成混凝土3300立方米、干砌石980立方米、土方11.31万立方米,国家投资20万元。新闸重建后,对排泄洪湖渍水发挥重要作用。1980年,将排水闸改为发电站,装机3台。由于水文资料分析有误,不具备发电条件,后经省水利厅统筹安排将发电机组调出。为充分发挥新堤老闸的排灌作用,2000年国家投资将新堤老闸进行加固改造。闸内侧由三孔和长250米、净宽3米的矩形箱涵与闸身相接,箱涵上建成荷花广场。加固改造后的新堤老闸,既能排泄内垸渍水,又能引长江水济旱、更换内河水质、美化市区环境,安全可靠。2012年冬,新堤老闸装置了检修闸门。

表 7－17 田关闸历年引水灌溉效益情况

年份	排水量 /亿 m³	引水量 /亿 m³	灌溉面积 /万亩	年份	排水量 /亿 m³	引水量 /亿 m³	灌溉面积 /万亩
1965	—	0.475	—	1991	3.26	0.6	—
1966	—	0.27	—	1992	2.35	1.3	—
1967	1.4	0.2	—	1993	1.93	1.57	—
1968	1.03	0.4	—	1994	1.32	0.92	—
1969	7.3	0.26	—	1995	2.57	1.1	—
1970	10.7	0.30	—	1996	6.82	—	—
1971	1.85	1.1	—	1997	7.37	—	—
1972	2.8	1.0	—	1998	10.32	—	—
1973	14.98	—	—	1999	5.31	—	—
1974	2.36	—	—	2000	6.04	0.3	—
1975	1.98	—	135	2001	5.2	0.02	—
1976	0.8	0.2	167.5	2002	15.0	—	—
1977	3.92	1.86	—	2003	12.8	—	—
1978	1.15	0.59	98	2004	13.11	—	—
1979	4.29	1.0	141.5	2005	4.92	—	—
1980	6.23	—	135	2006	5.1	—	—
1981	1.14	1.10	—	2007	6.45	—	—
1982	4.37	0.28	—	2008	10.97	—	—
1983	5.05	—	100	2009	7.98	—	—
1984	0.6	1.65	—	2010	4.78	—	—
1985	9.6	—	—	2011	5.18	—	—
1986	0.64	1.68	—	2012	5.86	—	—
1987	3.14	0.5	—	2013	7.53	—	—
1988	10.06	0.15	—	2014	7.28	—	—
1989	2.62	0.7	—	合计	259.45	20.93	777
1990	1.99	1.4	—				

（五）杨林山深水闸

杨林山深水闸位于监利长江干堤桩号538＋380处，与杨林山泵站轴线距离60米。此闸初设为排水与发电两用闸，即利用冬季长江枯水时期，自排螺山排区渍水，降低地下水位，改造沿洪湖低产冷浸田28万亩，并可利用冬春季内河与长江的水头落差发电。

杨林山深水闸于1979年11月动工兴建，1980年5月建成。钢筋混凝土穿堤箱涵式结构，1孔，净宽3米，净高3米，三节洞身总长51米，底板高程19.50米，底板厚1米，竖井式闸首长20.5米，出流孔为2孔，每孔宽2.5米，高3.5米，底板高程16.50米，底板厚1.5米，闸启闭台高程35.10米，钢质平板闸门2扇，30吨螺杆启闭机2台。

杨林山深水闸自建成运用以来，为排泄螺山排区渍水发挥很大作用，有效降低地下水位，使低湖田都能种上冬春作物。但设计的发电项目，因水力发电年运行时间短，所发电力不能并入电网，经济效益不好，因此自闸建成后未安装发电机组。另外，因工程设计标准低，不能满足超设计洪水的防洪要求，出现过闸门关闭不严漏水的现象；外江侧混凝土翼墙严重开裂、倾斜，干砌石海漫与护坡冲毁严重等险情。加之原设计水力发电，闸首底板过低，导致启闭连接杆太长，操作不方便。特别是

1999 年汛期，因闸门关闭不严漏水而出险，被列为湖北省水工建筑物重点险情。1999 年 12 月 27 日，湖北省水利厅以鄂水堤复〔1999〕431 号文件批复对此闸进行整险加固，其主要措施为用混凝土填筑原发电机窝，将其底板高程由 16.50 米提高至 19.50 米，缩短启闭连接杆长度，改建消力池，增设涵洞、防洪墙，更换启闭机等。

杨林山深水闸整险于 2000 年 1 月 19 日开工，至 4 月 30 日完工。完成的主要项目为：

（1）闸室工程。2000 年 2 月 20 日开工至 4 月 25 日完工。将闸室底板高程由 16.50 米填高至 19.50 米。封堵闸室原过水流道，并将 19.50 米以上 2 道胸墙混凝土拆除 3 米高，另做 0.8 米厚胸墙。

（2）消力池工程。由于闸室底板高程是从 16.50 米抬高至 19.50 米，而原外江侧水渠底高程为 16.80 米，相差 2.70 米，外江侧出水渠长 130 米，底宽 20 米，边坡比 1：3。经整险后，将原消力池底板用 C150 混凝土按 1：3 坡比填筑，从闸室新底板 19.50 米填至消力池底板，并新增一节钢筋混凝土消力池。池底高程 15.50 米，坎顶高程与底相同，即 16.80 米。新增消力池共长 16 米，底板厚 0.6 米，下设反滤层和排水孔，消力池两侧设分离式钢筋混凝土侧墙，高程为 24.50～19.80 米，墙背填土至 19.00 米高程。将原消力池侧墙拆除，改建新的钢筋混凝土侧墙。与消力池相连渠底设 10 米浆砌石铺盖，渠底中间设干砌石海漫。

（3）防洪墙工程。防洪墙修于堤顶临水边缘，底板宽 2 米，厚 0.5 米，高程 35.10 米，墙高 1.2 米，厚 0.4 米，顶高 36.30 米，钢筋混凝土结构，全长 230 米，每 15 米设 1 条伸缩缝，缝间设紫铜片止水。

杨林山深水闸整险加固工程总投资为 468.65 万元，其中，水利建设专项资金 388.65 万元，监利县配套资金 80 万元。完成挖填土方 4.8 万立方米、浇筑混凝土 2174 立方米、砌石 1918 立方米、耗用钢材 49 吨。杨林山深水闸整险加固后，在 2000 年汛期经历高水位的检验，闸门止水良好，整险取得预期效果。

四、内垸重要节制涵闸工程

（一）习家口节制闸

习家口节制闸位于沙市区观音垱镇习家口村，是四湖总干渠的渠首工程，也是长湖的主要节制闸之一，见图 7-22。

图 7-22　习家口节制闸（2015 年）

1955 年，长江委《荆北区防洪排渍方案》规划兴建习家口节制闸，设计流量为 152 立方米每秒。1959 年，四湖上区增开了田关河，经荆州专署决定，习家口闸流量减少到 50 立方米每秒。此闸由四湖工程指挥部工程师郑光序主持设计，荆州专署水利局审核，省水利厅批准。

1961年夏，建闸工程指挥部成立，四湖工程指挥部党委副书记王丑仁、江陵县水利局副局长曾新涛为行政负责人，四湖工程指挥部技术人员郑光序、江陵县水利局技术人员陈远志为技术负责人。工程于1961年7月破土动工，1962年4月竣工，共完成土方31516立方米、砌石787立方米、混凝土1081立方米，国家投资41.6万元。

习家口节制闸为开敞式轻型结构，分为2孔，每孔净宽3.5米，高4.5米，闸底高程27.50米，上游控制水位32.50米，下游水位29.00米，水头差3.5米，设计流量50立方米每秒，闸顶为面宽6米的公路桥，钢筋混凝土结构，配备钢质平板闸门和30吨螺杆启闭机2台。

1979年冬进行维修，将下游海漫接长10米，1980年，在长湖水位33.11米超过设计水头差的情况下开闸泄水，虽采取临时措施消能，但仍将下游海漫冲坏。为确保长湖库堤和闸身安全，1981年冬，对此闸进行加固，在闸下游200米处增建滚水坝一道，设计坝顶高程29.50米，以抬高下游水位，减少水头压力。

1996年8月，习家口节制闸在长湖水位33.26米的高水头情况下开闸泄洪，因超水头运行，闸门弯曲出险。同年11月整险加固，拆除闸上游八字墙，增长闸身，重建闸门槽和启闭机，更换闸门，重置螺杆启闭机2台。整险工程1997年9月竣工，共完成土方3.9万立方米、混凝土1872立方米，总投资220.84万元。

习家口节制闸的建成，对于长湖防洪、排泄湖水和引湖水抗旱、济航等方面发挥作用。1980年和1996年汛期，分别开闸向四湖中区排水2.1亿立方米和0.47亿立方米，保证长湖库堤的安全。

2009年1月，实施习家口节制闸整治加固、四湖排灌试验站更新改造、四湖流域管理委员会防汛调度中心和流域管理机构管护设施、县市管理段管护设施维修等项目，概算投资1100万元。工程于2009年1月开工，同年9月完工。具体内容为：

（1）习家口节制闸整治及管护设施。完成混凝土拆除434立方米、土方开挖3979立方米、土方回填3941立方米、砂石料回填554.4立方米、砂石垫层1538立方米、浆砌护底609立方米、混凝土护坡1539立方米，新建滚水坝启闭机室24平方米，除锈上漆6251平方米，新建管护用房715平方米，闸管区道路100米，以及金属结构、饮水工程、管护环境改造工程和管护设备采购等。

（2）四湖排灌试验站更新改造。完成1座办公楼及试验用房等维修加固1170平方米，修建试验站小型防洪闸，试验及管护设备采购。共完成土方5374立方米、混凝土2085立方米。其中整治试验田排水渠道土方2843立方米，混凝土470立方米；试验田灌渠硬化土方1176立方米，混凝土450立方米；硬化田埂、建隔水带土方912立方米，混凝土55立方米；气象观测站整治完成混凝土25立方米；修筑进站公路完成土方443立方米、混凝土897立方米；禾场硬化混凝土188立方米等。

（3）流域管理机构管护设施。完成办公楼维修加固1700平方米，计算机网络系统、管护设备采购和院内环境改造等。

2015年对习家口节制闸进行除险加固，工程主要包括：新闸闸室进口200米范围内渠道清淤，更换闸门埋件，启闭房的两面砖墙拆除重建，闸顶新建混凝土防浪墙。老闸闸墩丙乳砂浆抹面，更换止水。滚水坝反压闸闸墩丙乳砂浆抹面，滚水坝两侧浆砌石挡土墙拆除重建。三级消力池海漫加长，重建防冲墙。下游右岸70米混凝土护坡拆除重建，下游两岸长410米护坡之上采用植草砖护坡，与闸管所相连的455米长泥结石路面改造为混凝土路面，更新电气设备，增设观测设施、视频监视系统。工程项目概算总投资624万元。工程由湖北省水利水电勘测设计院设计，荆门江海土木工程咨询有限责任公司负责监理，湖北四湖水利水电工程建设有限公司负责施工。

习家口节制闸自建成以来，排水、灌溉效益显著。据1980—2015年统计资料显示，35年累计过水量64.6亿立方米，年平均过水量1.8亿立方米，见表7-18。

（二）刘岭排水闸

刘岭排水闸位于长湖库堤荆门市与潜江市交汇处刘家岭，为田关河渠首工程，是长湖库堤上最大的排水闸，见图7-23。兴建刘岭排水闸是《荆北区防洪排渍方案补充规划》确定的项目之一，主要

表 7 - 18　　　　　　　　　　　　　　　　习家口闸历年排水情况统计表

年份	开启天数 /d	过闸水量 /亿 m³	雨量（习家口闸雨量站） /mm	年份	开启天数 /d	过闸水量 /亿 m³	雨量（习家口闸雨量站） /mm
1980	185	5.4	1278.4	1999	48	1.7	1186.7
1981	61	0.5	766.9	2000	103	1.9	1091.4
1982	158	3.3	1093.2	2001	20	1.1	871
1983	226	6.6	1453.9	2002	0	0	1469.9
1984	88	1.2	756.5	2003	22	0.3	994.9
1985	170	2.3	834.7	2004	0	0	1132.2
1986	28	0.2	877.9	2005	70	1.7	933.9
1987	142	1.9	1260.1	2006	19	0.5	1096.2
1988	121	1.3	1009	2007	27	0.8	1135.1
1989	171	4.3	1459.6	2008	137	2.7	1128.1
1990	145	3.5	970.4	2009	99	2.3	1090.9
1991	124	1.2	1133.9	2010	79	1.6	1279.1
1992	32	0.3	993	2011	119	2.2	1065
1993	114	2.9	1109.2	2012	32	0.6	954
1994	44	0.6	846.1	2013	161	3.4	1167
1995	48	0.8	999.2	2014	111	2.5	787
1996	54	1	1313.2	2015	73	2.1	1186.5
1997	26	0.6	990.4	合计	3110	64.6	38893.4
1998	53	1.3	1178.9	历年平均	86.4	1.8	1080.4

图 7 - 23　刘岭排水闸（2015 年摄）

目的是对长湖实行等高截流，沟通长湖排水出路。排水闸由荆州地区水利局设计，湖北省水利厅审核批准。

工程于 1964 年 12 月开工，由四湖工程管理局与潜江水利局组织施工，1965 年 5 月闸建成，共完成土方 58 万立方米、浇筑混凝土 5864 立方米、砌石 1386 立方米，国家投资 118.8 万元。

刘岭排水闸为开敞式钢筋混凝土结构，共 9 孔，每孔净宽 4 米，孔高 3.5 米，设计流量 229 立方米每秒，闸底高程 27.50 米，闸顶高程 34.40 米，上游设计水位 32.50 米。配 9 扇钢质平板闸门和 9

台手摇螺杆式启备机。其主要建筑物由上游引水渠、闸前引渠段、上游护坦段、闸室段、下游消力池和下游护坦段组成。船闸位于排水闸左侧约 160 米，其纵轴线与排水闸轴线平行，主要建筑物由船闸上引航道、船闸闸身和下游引航道三部分组成，可通行 300 吨级船舶。

刘岭排水闸建成后，汛期除发挥排水效益外（与田关排水闸、泵站联合运用），还多次开闸引田关河水入长湖，以降低田关河水位，减轻田关河堤压力，由于设计中未考虑双向运用，反向运用对排水闸带来一定损害。

1990 年对排水闸进行加固，增加反向消力设施，使排水闸具备双向过流的功能。

刘岭排水闸自建成经过多年的运行，水工建筑物出现老化的问题，特别是实施双向运用时对涵闸的稳定性也造成一定的影响。2001 年，湖北省发改委以鄂计农经〔2001〕794 号文批复刘岭闸除险加固更新加造工程项目。2002 年，湖北省水利水电勘测设计院编制完成《湖北省刘岭闸除险加固更新改造初步设计报告》。同年，湖北省发改委以鄂计投资〔2002〕697 号文对项目初设报告进行了批复。项目批复后，刘岭闸整险加固更新改造工程于 2002—2004 年间进行首期工程施工，2004 年一度停止施工。2009 年湖北省水利厅重新对工程项目评审，并以鄂水利水复〔2009〕40 号文批复工程实施方案，核定工程投资 1467.18 万元。刘岭节制闸整险加固更新改造工程于 2009 年 12 月开工，2015 年 8 月完成工程建设任务。主要工程内容：上下游护坡整治，防汛路面修筑，管理用房维修，闸门启闭设备更换，防汛调度监控及通信系统和水雨情自动测报系统安装等。

刘岭排水闸自建成以来，排水效益著显。据 1995—2015 年统计资料显示，21 年累计排水 124.7 亿立方米，年平均排水 5.94 亿立方米，见表 7-19。

表 7-19　　　　　　　　　　　刘岭排水闸历年排水情况统计表

序号	年份	年排水量/亿 m³	序号	年份	年排水量/亿 m³
1	1995	3.5	12	2006	6.3
2	1996	6.5	13	2007	7.1
3	1997	6.8	14	2008	1.7
4	1998	8	15	2009	5.8
5	1999	4.4	16	2010	2.6
6	2000	5.2	17	2011	2.4
7	2001	6.1	18	2012	6.7
8	2002	9.7	19	2013	8.3
9	2003	1	20	2014	8.4
10	2004	7.4	21	2015	9.6
11	2005	7.2	合计		124.7

（三）福田寺水利枢纽工程

福田寺位于监利县城东北方向 21 千米处，东临百里洪湖，西依内荆河，四湖总干渠贯穿而过，洪湖分蓄洪区工程主隔堤、排涝河与四湖总干渠在此交汇。福田寺方圆不到 2 平方千米，从清嘉庆十二年（1807 年）至 2015 年，经过 200 多年的时间先后修建 6 座闸（包括两座船闸），其中由福田寺防洪闸、福田寺节制闸、福田寺船闸构成福田寺水利枢纽工程，成为控制四湖上中区向四湖下区排泄渍水的咽喉工程，见图 7-24。

1. 福田寺古闸

据《监利县地名志》记载："此地初系湖泽，唐时淤为陆地，梁贞明年间（915—920 年），有农家数户迁地耕种，初种大熟，欣庆之余，便聚资兴修一寺，以福田名（意即寺周围均系福田）。"

清朝中叶，四湖流域水患频繁。据《楚北水利堤防纪要》引湖广总督汪志伊奏浚各河疏："乾隆五十三年（1788 年），江水异泛涨，荆州府于江陵县大江北岸万城堤，溃决二十二处。嘉庆元年

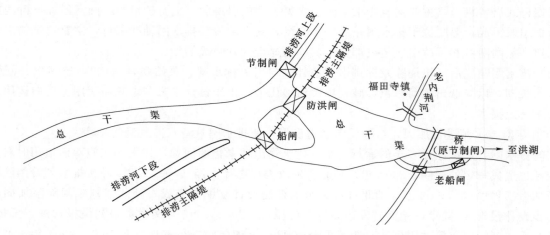

图 7-24 福田寺水利枢纽工程位置示意图

（1796年）、九年（1804年），监利县溃决狗头湾、程工堤、金库垸三口，先后水推沙压，以致江陵、监利二县属支河湾汊多为淤塞，积水在田，无路可出，如盛钵盂。监利县被淹一百九十二垸。"直至嘉庆十一年（1806年）汪志伊任湖广总督之时，还目睹各垸或积水深二三尺至丈余不等，或涸出五六分、二三分不等。如若长久如此，则将民不聊生，国赋难出。嘉庆十二年（1807年）三月间，汪志伊亲临江陵、监利巡视灾情，勘有监利县之福田寺地方即古之水港口，后被横堤阻隔，内杜婆废垸积水高出堤外白艳湖水五尺，故决定在福田寺兴建一座石闸，使姚家湖以上之积水由太马河直入洪湖。监利南部的王家港、郑家湖、刁子口、白公溪、嘉应港、白洼塘、何家湾、水头港等处淤塞亦应一律挑挖深通，水达洪湖，由新堤石闸入江，关王庙、汤河口、太阳垴等处私筑之土垱均行拆毁，俾无壅闭。成竹既定，即命降调知县曾行东，原任远安县典史易甫二员承办福田寺闸及河道疏浚工程，并加修太马河堤，同时又在洪湖新堤建闸1座，立碑定章，以时启闭。规定每年十月十五日先开新堤闸，十月二十日次开福田寺闸，不以邻壑；三月十五日先闭福田寺，三月二十日次闭新堤闸。这样内可以宣泄积潦，外可以防江水盛涨向内地倒灌。此项工程于嘉庆十二年夏（1807年）动工，次年秋竣工，耗银数十万两，动用民工数以万计。

福田寺古闸为高拱式，闸单孔，孔净宽2.9米，孔高2.9米，长23米，设两道闸门，闸身及挡土墙全部用条石砌成，闸底板下为松木桩基础，每根桩长5米左右，桩距0.5米，呈梅花状，桩径0.15米左右。闸下游有排水渠一条，长2.5千米，宽约50米，渠底与闸底等高。

2. 福田寺排水闸老闸

福田寺古闸自修成之后，因无人管理，至清同治年间（1862—1874年），闸虽犹存，但作用甚微，遂又恢复以前的溃水成灾之状。直至新中国成立前，情况毫无变化。1962年四湖总干渠挖成之后，内荆河得以治理，溃水才能得以排出。为实行等高截流，分层调蓄，1962年在四湖总干渠之上，建成一座11孔的福田寺排水闸（原古闸拆除）。1963年在福田寺排水闸旁动工兴建1座船闸，建建停停，一直拖到1967年才算完工，但船闸未能正式使用。1972年，洪湖分蓄洪区工程开始兴建，福田寺排水闸及船闸被划分在调蓄区内，故两处工程报废，只得重新另建新闸。

福田寺老闸（排水闸）为明槽式，11孔，净宽45米，设计流量280立方米每秒，闸底高程22.30米，闸顶高程29.50米，钢筋混凝土结构，装有钢质平面闸门11扇，卷扬机1台，于1962年建成。工程共浇筑混凝土2879.22立方米、砌石1790.75立方米，挖填土方5万立方米，投资101.13万元。此闸由于工程质量欠佳，加之在施工中随意改动设计方案，1974年大修时发现下游干砌石、海漫损坏极为严重，有3处冲成1~1.5米的冲坑，抛冲块石200立方米，后随防洪闸的建成，老闸改为交通桥。

3. 福田寺老船闸

福田寺老船闸建在老闸右侧，以弥补福田老闸碍航的不足，于1963年春动工，与此同时在内荆河彭家口建节制闸1座，截断小港至福田寺的航道，只得于年底停工，1971年续建，全部工程投资137万元。此闸建成未正式通航，由于洪湖分蓄洪区工程的兴建，此船闸废除。

4. 福田寺节制闸

1972年洪湖分蓄洪区工程兴建，在修筑分洪区主隔堤的同时，开挖福田寺至高潭口的排涝河，并在高潭口修建大型电力排灌站。为控制四湖总干渠与排涝河的水位，便修建福田寺节制闸，见图7-25。此闸位于福田寺防洪闸上游左侧，下排涝河与四湖总干渠交汇之处。设计为开敞式钢筋混凝土结构，共7孔，每孔宽5米，总净宽35米，闸底高程21.00米，设计排水流量240立方米每秒，装有钢质平板闸门7扇、20吨螺杆启闭机7台。工程于1973年10月开工，1975年12月竣工。完成土方37.1万立方米、混凝土6300立方米、砌石3400立方米，投资177万元。

图7-25 福田寺节制闸（2015年摄）

福田寺节制闸经多年运行，于2003年全面检测，发现工程存在较大问题：相邻建筑物间存在不同程度沉陷；闸墩墩颈处出现裂缝；一字墙出现裂缝和不均匀沉陷；伸缩缝止水损坏；混凝土表面碳化；下游流道淤积等。

2004年，省发改委、省水利厅行文批准实施涵闸应急整险工程。2006年3月应急整险工程开工，2006年9月完工。完成工程项目：堤顶防汛公路修筑，重建启闭机房，更换启闭设备，建筑物裂缝及碳化处理。完成投资265.65万元。通过整险，解决节制闸启闭不畅，闸门漏水严重的问题。

福田寺节制闸位于四湖总干渠与排涝河的交汇处，中区在福田寺以上有3369平方千米的来水，以福田寺防洪闸为控制点，相机进行自排、提排或调蓄，平衡降雨径流。当新滩口可以开闸排水时，四湖上中区来水通过福田寺防洪闸经四湖总干渠、下内荆河至新滩口闸排入长江，也可入洪湖调蓄；当新滩口闸关闭，或洪湖调蓄水位高时，则关闭福田寺防洪闸（或控制流量），开启福田寺节制闸入排涝河，通过高潭口提排出东荆河。灌溉季节可关闭节制水位，灌溉两岸农田。起着承上纳下、调节平衡整个四湖流域来水的作用。

5. 福田寺防洪闸

1974年洪湖分蓄洪区工程主隔堤建成后，原福田寺排水闸在分洪区内只得移址重建。1976年10月在连接主隔堤之间，横跨四湖总干渠之上，兴建福田寺防洪闸（亦称拦洪闸、进湖闸），见图7-26。位于主隔堤桩号49＋188处，为开敞式结构，由湖北省洪湖防洪排涝工程总指挥部设计并组织施工，荆州地区水利工程队承建，于1978年9月建成，设计为6孔，每孔净宽8.5米，总净宽51米，闸底高程21.00米，闸顶工程34.70米，设计排水流量384立方米每秒，装有钢质平板闸门6扇，50吨卷扬启闭机6台，完成混凝土24000立方米、砌石23000立方米、土方114.4万立方米，投资

图 7-26 福田寺防洪闸（2015 年摄）

626.8 万元。

此闸建成以来，经历多次大水的考验。1991 年 6 月下旬至 7 月上旬，排水流量高达 947 立方米每秒，是设计流量的 2.47 倍。由于长时间超设计标准运用，加之年久失修，存在功能下降、设备老化、混凝土碳化、沉降变形不均引起的各种裂缝、超标准运行发生的水毁等问题，给防洪抗灾和工程安全运行带来极大隐患。为确保防洪闸正常运行，于 1995 年对防洪闸 6 扇闸门及止水全部予以更换。为解决设计流量偏小与实际需要不相适应的矛盾，2004 年国家投资 1196.11 万元，对此闸进行应急整险加固。由湖北省水利勘测设计院设计、省水利水电工程建设监理中心监理、湖北华夏水利水电股份有限公司施工。完成闸底板及消力池部分混凝土凿除与加固、闸室及底板部分止水拆除及重建、闸室上下游加增重槽、裂缝及碳化部分处理、下游海漫清淤等工程，将设计流量提高到 667 立方米每秒，校核流量为 810 立方米每秒。

在对此闸进行整险加固的同时，还实施全自动化控制改造。自动化监控系统由视频系统和控制系统两部分组成，通过对闸门的自动控制及实时进行监测，实时采集上下游水位及闸门的各种参数和信息，实现闸门开、关、停等智能化操作，并与远程的各级管理中心连接，实现远程监测和控制。其设备运行状态的监测功能及故障多重保护、报警功能，为设备的安全运行提供技术保证。

福田寺防洪闸是调控四湖上、中区渍水入洪湖的重要控制性涵闸，自运行以来，历年最大过闸水量达 30.1 亿立方米（2002 年），是当年四湖流域总产水量的 2/3，见表 7-20。

表 7-20　　　　　　　　　　　福田寺防洪闸历年排水情况统计表

年份	开启次数	过闸水量/亿 m³	雨量（福田寺防洪闸雨量站）/mm
1989	83	29.4	1062.2
1990	121	21.7	1242.0
1991	85	17.0	974.0
1992	68	16.1	885.0
1993	89	27.9	1325.9
1994	87	14.5	950.8
1995	89	20.9	1136.3
1996	160	27.8	1982.4
1997	60	9.7	936.2
1998	122	24.7	1518.1

年份	开启次数	过闸水量 /亿 m³	雨量（福田寺防洪闸雨量站） /mm
1999	102	29.3	1407.7
2000	116	19.8	1182.1
2001	102	15.1	743.2
2002	150	30.1	1464.5
2003	124	31.5	1384.9
2004	113	23.4	1530.4
2005	92	10.0	932.0
2006	143	14.3	855.0
2007	110	14.6	697.5
2008	86	16.5	832.2
2009	135	21.8	1154.9
2010	145	20.0	1166.5
2011	104	18.0	904.0
2012	158	16.5	1194.4
2013	45	23.05	1289.5
2014	60	14.68	1150.0
2015	41	31.52	1396.5

6.福田寺新船闸

福田寺新船闸位于拦洪闸右侧，建有3个闸首，分别连通总干渠通往新滩口和排涝河通往半路堤两条航线，按5级航道、300吨级标准设计，设计闸孔宽12米，船箱长123米，闸底高程21.00米。上闸首设计为12米宽闸桥一体的钢结构横拉闸，右侧设有12.5米长的闸库，左侧设有输水洞，钢质活动公路桥可通行载重汽车。下闸首穿过主隔堤，既是船闸闸首，又是拦洪闸，设有上、下两扇12米宽的钢质弧形闸门，下扇供船闸开启使用，上扇为分洪时拦洪，下闸首结构较复杂。右闸首连通南排涝河通往半路堤，设计为12米宽的钢质弧形闸门，因排涝河未形成航道，没有启用（2011年将此孔封堵）。

福田寺水利枢纽工程经过多年建设，构成以拦洪闸、节制闸、船闸为主体，控制着四湖总干渠、西干渠、南北排涝河和分洪区主隔堤的正常运行，是集排水、灌溉、防洪、航运、公路为一体的综合性水利枢纽。

福田寺地处四湖流域中区下游，又位于洪湖调蓄区的进口，四湖总干渠与排涝河在此交汇。中区在福田寺以上有3369平方千米的来水，以福田寺三闸为控制点，相机进行自排、提排或调蓄，平衡降雨径流。当新滩口排水闸不能开闸排水时，可进入洪湖调蓄或进入排涝河，通过高潭口泵站，提排入东荆河。灌溉季节可关闸节制水位，灌溉监利县总干渠两岸50多万亩农田。由于它起着承上纳下，调节平衡四湖流域来水，故有四湖流域咽喉之称。

（四）桐梓湖闸

桐梓湖闸为朱家河的入湖口，新中国成立初期曾在此修建一座石砌朝天水闸，以防湖水倒灌。螺山渠挖成后，便移址于洪湖围堤上建新闸，见图7-27。

桐梓湖闸位于螺山渠北堤，桩号15+200处，以附近的桐梓湖村而得名，结构为混凝土半开敞式，闸底高程22.00米，闸孔顶宽27.75米，闸分5孔，每孔宽4.5米，闸体总宽22.5米，装有钢质平面闸门5扇，30吨卷扬机1台。闸于1972年开建，1974年5月竣工，工程完成混凝土6451立

图 7-27　桐梓湖闸（2016 年摄）

方米、浆砌石 3590 立方米，总投资 109.8 万元。

桐梓湖闸是螺山电排站的主要配套工程之一，主要承担朱家河流经地区 353 平方千米区域的排水任务。只要洪湖水位不超过 25.50 米，渍水能自排水入洪湖。一旦湖水高于渠水则关闸拦洪，阻止湖水倒灌，此时内垸渍水通过螺山渠，由螺山电排站提排入江。此闸是四湖流域统排涵闸之一。

桐梓湖闸当初设计为单向排水闸，只设单向消力池。后参加螺山电排站统排，反向引洪湖水入螺山渠，流量高达 60 立方米每秒，经过多次反向引水，将闸前进水渠冲成大坑，给闸室和渠堤造成了安全隐患。2000 年国家投资，对桐梓湖闸进行整险加固，在闸前进水渠修建消力池，使桐梓湖闸具有双向排水功能。2003 年国家投资对老旧涵闸进行更新改造，桐梓湖闸列入其中，改造工程内容：重建启闭台房屋、更新启闭机和修建与闸堤相通的公路桥。

（五）鸡鸣铺闸

鸡鸣铺闸地临内荆河与太马长河两水交汇之处，势若滂沱，水深面宽，素为渍水潴蓄之所。据《监利县地名志》记载，东汉伏波将军马援（约公元 42 年）领兵在此过渡，时值鸡鸣，故名鸡鸣渡，后渡口集居成市，改称为鸡鸣铺。南宋诗人王十朋沿内荆河逆流而上去夔州（今重庆奉节）上任，曾夜宿此地，并赋《鸡鸣渡》五言诗一首（本志"水乡文化"章有记载）。

清初沿太马河东岸筑堤一道，于此创修一划，名称吴家划。据清同治《监利县志》载："吴家划其一关锁也，一有不虞，则垸为海之腹，而划为淮之胃矣……每岁必溢之水，攻堤三面，束以一划，呜呼其危哉！"清辛酉年（1861 年），江陵黄月潭溃口，江水以建瓴之势，直接冲鸡鸣铺处，毁堤坏划，漂荡庐舍，淹毙民众，致使划北各垸，芦荻万顷，盗徒出没其间。尔后，虽几经修复，但其改观不大，直至 20 世纪 50 年代初，此处还是渍水横流，田地荒芜。

1952 年冬开始治理鸡鸣铺附近的湖垸，开渠排渍，初有收效。1960 年四湖总干渠开挖成功，上游来水北移而上，内荆河遂为故流，1962 年西干渠的挖成，以及监新河上段的兴工，鸡鸣铺一带的湖垸才能得到较好的治理。至此，渍水虽排，灌溉又难，每逢西门渊闸进水，一泻而下，毫无阻拦，于红城乡一带的高田难以引水。1960 年大旱，在鸡鸣铺处拦河筑坝，抬高水位，后逢暴雨，又急挖坝放水，如此反复，劳民伤财。经勘察设计，拟建节制闸，经荆州地区四湖工程管理局核准，于1962 年冬开工兴建，1963 年 8 月竣工。

鸡鸣铺闸为明槽式，3 孔，中孔 5 米，两边孔各为 4 米，总宽 13 米，闸底高程 23.30 米，闸顶高程 30.50 米，装有 3 扇平面钢质闸门，两边孔为 20 吨螺杆启闭机，中孔为 30 吨电动手摇两用卷扬机，按 2 级水工建筑物标准，闸拱面修有 7 米公路桥面。此闸共浇筑混凝土 1668.07 立方米、干砌石

377.5 立方米，总投资 38.24 万元。鸡鸣铺闸作用有三：①半路堤排区的部分积水可通过此闸自排入总干渠；②西门渊灌区引长江水灌溉之咽喉节制；③总干渠、西干渠水位高时防止反灌关闸节制。

（六）小港湖闸

小港湖闸（图 7-28）位于洪湖市小港管理区境内，地处总干渠与内荆河下游交汇处，它是河（总干渠）湖（洪湖）分家工程的一部分。因总干渠中段南岸堤未形成而与洪湖相通，又与下内荆河相连，其周边有小港湖闸、小港河闸、小港船闸、内荆河公路桥等工程相毗邻，构成小港水利枢纽工程，控制洪湖调蓄水位，见图 7-29。

图 7-28 小港湖闸（2016 年摄）

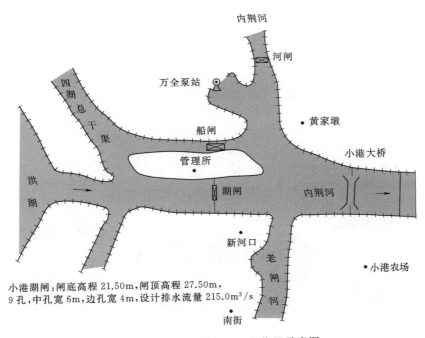

小港湖闸：闸底高程 21.50m，闸顶高程 27.50m，
9 孔，中孔宽 6m，边孔宽 4m，设计排水流量 215.0m³/s。

图 7-29 小港水利枢纽工程位置示意图

小港湖闸由荆州地区水利局设计，湖北省水利厅批准，1961 年 3 月开工建设，洪湖县水利局组织施工，工程于 1962 年 12 月建成，共完成混凝土 2457 立方米，砌石 879 立方米，国家投资 71.6 万元。小港湖闸闸型为开敞式结构，设计流量为 215.0 立方米每秒，闸底高程 21.50 米，闸顶高程 27.50 米，9 孔，总净宽 38 米（中孔宽 6 米、高 6 米，两侧边孔宽 4 米、高 4.3 米），钢筋混凝土结构，钢质平板闸门 9 扇，螺杆启闭机 8 台，卷扬启闭机 1 台。

小港湖闸建成后，配合张大口闸、新滩口排水闸运用，由四湖工程管理局统一调度，在抢排渍水期间，将小港湖闸和张大口闸关闭，节制洪湖水流出，先由新滩口排水闸（或电排站）降低四湖总干渠水位，将各垸渍水向长江排泄。然后，再开启两闸排出洪湖渍水；在灌溉期间，当洪湖水位高出四湖总干渠水位时，则开启两闸引洪湖水抬高渠水位便于灌溉，如渠道水位高时，则关闭两闸。

1993年冬至1994年冬，利用世界银行货款75万元，对闸海漫护坡进行整治，经四湖工程管理局验收，小港湖闸为管理达标涵闸。

2015年10月至2016年10月，小港湖闸进行整险加固。对闸基进行处理，将原闸中心通航孔取消，闸身上部启闭台拆除重建，重修工作桥，更换9台启闭机为卷扬机，完成投资1700万元。改造后小港湖闸底板高程21.50米，工作桥高程28.00米，启闭台高程34.00米。

（七）小港河闸

小港河闸位于洪湖市小港农场附近，横跨内荆河，因所在地和调节的水系而得名。

小港河闸由荆州地区水利局设计并负责施工。1961年11月破土，于1962年11月建成并投入使用。共3孔，中孔6米，两侧边孔各为5米，净宽16米。闸底高程21.50米，闸顶高程27.50米。公路桥面宽5米，荷载等级8吨。设计流量93立方米每秒。完成混凝土1098立方米、砌石800立方米、土方9.58万立方米，国家投资30.82万元。1990年，争取省建设资金13万元，对小港河闸下游海漫、护坡进行了整修。2009年，争取国家投资782.40万元，对小港河闸拆除重建，工程完成土方6000立方米、石方5000立方米、混凝土2453立方米。

小港河闸主要通过与小港湖闸配套调节原内荆河与洪湖之间的水位，从而发挥排涝或抗旱的作用。

（八）张大口闸

张大口闸（图7-30）位于洪湖出口与新堤河的交汇处，为控制洪湖水位的节制闸之一。1961年3月动工兴建，1962年12月竣工，完成混凝土1510立方米、砌石300立方米、土方32800立方米，工程投资41.13万元。

图7-30　张大口闸（2015年摄）

张大口闸系开敞式结构，5孔，闸门为钢质平板闸门，为便于通航，中孔宽6米、高6米，分上下两板（即活动胸墙型）。卷扬机启闭，边孔每孔宽4米、高4.3米。螺杆启闭机，总净宽23米。公路桥面宽5米，载重8吨。设计流量120立方米每秒，闸底高程21.50米，堤顶高程27.50米。1983年4月，改人工启闭为电动启闭。1999年更换中孔启闭机。

此闸与小港湖闸联合运用，能控制洪湖滞蓄水量。丰雨期，两闸关闭，可优先抢排内荆河下游两岸1155平方千米的渍水；少雨干旱期，两闸关闭，开启新堤老闸，引长江水到内荆河下游，使34万亩受旱农田得到自流灌溉。

2013年争取国家投资1327万元，对张大口闸进行除险加固，工程完成土方6.9万立方米、石方2150立方米、混凝土4500立方米，耗用钢筋220吨。

（九）下新河闸

下新河闸（图7-31）位于洪湖市沙口镇以东6.5千米的下新河出湖口处，南距四湖总干渠4千米，并以引渠将下新河口与四湖总干渠相连，以其所在地的地名而命名。

图7-31 下新河闸（2016年摄）

下新河口是四湖流域渍水排入洪湖的口门之一，下新河闸为此处节制闸。排涝时，雨水经此闸入洪湖调蓄；抗旱时，闭闸抬高水位，蓄水抗旱，灌溉沙口和万全一带的农田，具有抗旱排涝的双重作用。

下新河闸为开敞式结构，由洪湖县水利局设计，荆州专区水利局审批，洪湖县负责施工。1961年12月动工，1962年12月竣工，国家投资43.87万元。

下新河闸长38米，宽26.34米，底板高程22.00米，顶高28.00米，共有5孔，中孔净宽6米，高6.8米；边4孔，每孔4米，高4.2米，设计流量为128立方米每秒。配有钢质平板闸门5幅，中孔门以手摇卷扬机启闭，启闭能力为20吨；边孔门以手摇螺杆启闭机启闭，启闭能力为15吨。后改为电动启闭。闸顶设有4.5米宽的公路桥，承重荷载8吨。

干旱期间，在河水低于湖水时开闸引水灌田；在湖水低于河水时，此闸关闸截水，以抬高河流水位灌溉农田。渍水时期，开闸放水入湖。同时，还可调湖水进入排涝河，起着调蓄作用。此闸控制承雨面积为800平方千米，沙口和万全一带农田直接受益。

经过多年运行，下新河闸老化损坏严重，影响工程效益正常发挥。为解决这一问题，2015年6月10日，国家发改委和水利部联合以发改投资〔2015〕1317号文下达下新河闸除险加固计划，工程投资1490万元。主要建设内容：疏挖护砌进出水渠、拆除重建闸室、拆除重建上下游翼墙、更新电气设备、更新闸门及启闭机等。工程于2015年11月20日开工，2016年9月30竣工。由湖北金浪勘察设计有限公司设计，安徽水安建设集团股份有限公司施工，湖北金瓯工程咨询有限公司监理。

（十）子贝渊闸

子贝渊闸（图7-32）位于洪湖市瞿家湾附近，内荆河右岸河堤上。据《沔阳州志》记载："由于潜水来，光绪五年（1879年），监利子贝渊堤以北各垸苦水无消泄，率众掘堤，与南垸民互争，伤杀甚重，沔阳知州、监利知县会详其情形，饬在子贝渊与新堤建闸，筹工未集。次年，沔阳知州钟庭瑞议设局筹款建筑，适子贝渊南岸堤溃，民纠筑未果。光绪七年（1881年），沔阳知州黄广焯任内，南北两岸依然筑垒，构衅如故。光绪八年（1882年），湖广总督涂宗瀛饬知州李翀到任，发帑金十余万两，开疏柴林河，建子贝渊闸，一道并移建新堤闸。"

图7-32 子贝渊闸（2010年摄）

子贝渊闸为单孔涵闸，孔宽3.6米，高4.4米，长33米，设闸板2道，闸身及挡土墙全部用条石砌成。建闸时，尚设有闸房，配置木质闸门，连同备用闸板在内，共36块，厚度为0.32米。每年开闭闸板时间，立有石碑为记。民国时期，因管理不善，闸房被毁，闸门仅存半数，且大都损坏。闸门启闭之时亦久不照章执行。

1960年春，开挖监洪渠后，为提高排涝能力，封闭原石闸，于1961年冬至1963年春建钢筋混凝土结构的新闸，闸址在老闸附近，5孔开敞式，中孔宽6米，高6米，左右两边孔各宽4米，高4.8米，闸底高程22.00米，顶高28.50米，设计流量106立方米每秒，总投资40.8万元。

1974年，洪湖分蓄洪区工程主隔堤形成，改变原来的水系，为联通排涝河与老子贝渊闸，以利排水，1975年8月，由洪排总部设计、监利县负责施工，于主隔堤上另建子贝渊闸，1976年12月完工。闸型为拱涵式，3孔，中孔宽8米，两边孔宽各6米，设计流量120立方米每秒，完成挖填土方2.25万立方米、混凝土浇筑1.04万立方米、砌石2200立方米，投资225.1万元。此闸具有抗旱、排涝、通航功能，是四湖流域统一调度管理的重点涵闸，是主隔堤以西高潭口排区（包括监利县监北地区）的自排出口之一，高潭口泵站提排时，节制洪湖水倒灌，干旱时，引洪湖水解决抗旱水源。

（十一）彭家河滩闸

彭家河滩闸位于西干渠江陵县熊河镇彭家河滩，桩号38+100处，是西干渠上的节制闸，此闸结构形式为开敞式，共3孔，每孔宽4米，高5.5米，闸底高程26.15米，设计流量为30立方米每秒。配钢质平板闸门和15吨启闭机2台、30吨启闭机1台。闸顶面为6米宽的公路桥，高程32.95米。

彭家河滩闸由江陵县水利局设计，荆州专署水利局审核批准，于1962年冬动工，由江陵县熊河区负责施工，1963年夏竣工。全部工程共完成土方55095立方米、混凝土1560立方米、砌石528立方米，国家投资48.34万元。

施工中，由于闸基土质覆盖层很薄，曾出现管涌26处，其中最大的一处翻砂口径达1米左右，日涌水0.5万～1万立方米，很难处理。对此，荆州地委书记薛坦、荆州专署水利局副局长倪辑伍、工程师韩明炎及江陵县副县长李先正，建闸工程指挥部技术负责人林先荣等研究决定采取石压、导渗透、排水等措施进行综合处理。处理险情耗费了大批砂、石、卵石、钢筋、水泥等物质，额外耗资7.76万元，并使施工时间延长31天。由于闸基出现问题，不得不将原设计的消力池深度减少为0.6米。为补救池深不足，在池的尾端增设0.4米高的消力坝1道，并将池后10米范围内浆砌石海漫降低0.3米，以消杀水流余能。

1990—1993 年西干渠疏挖后，河床降低，水头差加大，形成回旋水流，造成下游护坡护底被冲毁，冲坑长 60 米、宽 12 米、深 1.7 米，严重影响闸身安全。1998 年由四湖工程管理局勘察设计室设计，江陵四湖段对此闸下游冲坑进行整治及闸室更新，共完成土方 1.14 万立方米、浆砌石 404 立方米、混凝土 212 立方米，国家投资 50 万元。

彭家河滩闸是贯彻"等高截流，分层排灌"水利方针的重点配套工程。1966 年四湖流域实行排灌分家后，彭家河滩闸节制上游来水，减轻闸下游西干渠右岸地区排水压力。当四湖总干渠和曾大河水位饱和时，可用此闸使西干渠上游渍水下泄。1991 年 7 月 14 日，彭家河滩闸过水流量达 50 立方米每秒，对排涝抗灾发挥了重要作用。

兴建彭家河滩闸时，考虑利用部分低洼沼泽调蓄和西干渠下段尚未达到设计断面，故只按 50 立方米每秒排水流量建设。由于农田渠网化建设，灭螺平整老河流、改造开发沼泽钉螺孳生地，区间调蓄量锐减，加之农业结构调整变化，二级排涝设施不断增加，此闸过流能力远不能满足排涝需求，一遇暴雨，彭家河滩闸上游就有 40 多个流量的客水无出路，致使西干渠上游所有排水支渠防汛形势严峻，时常全面漫溢，甚至溃口。为解决西干渠上的"肠梗阻"，经湖北省政府批准，此闸于 2008 年扩建 2 孔，孔宽 4 米，高 5.5 米，流量为 40 立方米每秒。彭家河滩闸扩孔工程实施后，过流能力从 50 立方米每秒提高到 90 立方米每秒，能较好地解决西干渠上游客水无出路渍涝成灾的问题。具体见图 7 - 33。

图 7 - 33 彭家河滩闸（2015 年摄）

（十二）荆襄河闸

荆襄河闸（图 7 - 34），又名三汊河闸，位于太湖港总渠入外荆襄河交汇口（三汊河口，长湖堤桩号 4＋500）处，是连接长湖、荆襄河、西干渠和太湖港总渠的枢纽工程，亦是荆州主城区补水释污和沙市区农田抗旱的重要工程。

荆襄河闸是荆州市利用日本协力银行贷款城市防洪工程项目之一，工程于 2009 年 4 月开工，同年 10 月竣工，总投资 503.66 万元，为 2 级涵闸工程，防洪标准为 50 年一遇（近期）；设计流量 40 立方米每秒。采用穿堤涵洞式结构，断面尺寸为 2（孔）×2.0 米（宽）×2.5 米（高）；底板高程 29.00 米，底板厚 0.8 米，闸室段长 10 米；涵洞分 3 节，每节长 12 米，进口护坦分 4 节，合计长 38.66 米。

（十三）高场南闸

高场南闸（图 7 - 35）位于潜江市后湖管理区东干渠桩号 24＋800 处，跨田关河干堤，由排水闸和倒虹管两部分组成。排水闸位于东干渠与田关河交汇处，是田关河分流入下东干渠的控制性工程；倒虹管横穿田关河，连通东干渠上下河道。

排水闸始建于 1960 年 5 月，闸型为开敞式砖石结构，共 5 孔，中间 3 孔每孔净宽 3.8 米，两边

图 7 - 34　荆襄河闸（2014 年摄）

图 7 - 35　高场南闸（2015 年摄）

孔宽各 4 米，木质闸门，配 25 吨螺杆式启闭机 5 台。闸底板高程 27.30 米，闸室净高 3.65 米，设计排水流量 57.75 立方米每秒。涵闸于 1961 年 5 月竣工，完成土方 3.31 万立方米、混凝土 1252 立方米、砌石 866 立方米，完成投资 32.67 万元。

高场南闸控制运用水位，排水时闸上游水位 29.00～31.20 米；灌溉时闸下游水位 28.60～29.20 米。闸建成经 10 多年使用后，闸室底板出现 2 条纵向裂缝，闸身两侧倾斜，各部位破坏严重，启闭失灵。1971—1975 年，潜江四湖工程管理段多次提出改建设计报告。1975 年 11 月，荆州地区水利电力局行文批准改建新闸。

新闸闸基位于东干渠渠首（田关河右侧），设计为 5 孔等跨，总宽 18.3 米，净高 3.2 米，排水流量 73 立方米每秒，灌溉流量 50 立方米每秒。闸底板高程 27.40 米，堤顶高程 33.60 米。闸型为钢筋混凝土结构开敞式，配 5 扇钢筋混凝土闸，采用手摇启闭。改建工程于 1975 年 12 月开工，1976 年 8 月竣工。完成土石方 18849 立方米，混凝土 1203 立方米，国家投资 57.27 万元。

1979 年和 1980 年，将手摇启闭机改为电动启闭。1981 年将钢筋混凝土闸改为钢质平板闸门，并延长浆砌石海漫 13.2 米。

倒虹管始建于 1963 年，1971 年由江汉石油管理局对倒虹管进行扩建。1984 年在进口段修建启闭台，安装启闭机和闸门。

高场南闸建成后，排水受益面积为 229.5 平方千米，灌溉面积 58.2 平方千米。经多年运行，该闸又出现不同程的安全隐患。2009 年 3 月，经省水利水电工程质量检测中心对该闸进行安全检测，鉴定结果为病险涵闸。2012年，省财政厅、省水利厅行文批复同意对高场南闸进行整险加固，工程总投资975万元，其中中央预算内投资585万元，地方配套资金390万元。整险加固工程于2013年10月31日开工，2014年6月15竣工。完成整险项目为：排水闸上下游八字墙拆除重建，下游消力池拆除重建，上下游渠道衬砌，闸室段混凝防碳化处理，更换闸室止水，启闭房修整，更换闸槽埋件及启闭设备，更换电器设备；倒虹管上下游渠道衬砌，启闭机房修整，更换钢质闸门及启闭设备，更换电器设备。完成开挖回填土方3.15万立方米、混凝土3900立方米、浆砌石6700立方米。

（十四）徐李闸

徐李闸（图7-36）位于潜江市老新镇徐李五星村境内，地处东干渠尾部（桩号55+600），由节制闸和船闸组成。其功能即可拦截东干渠上游洪水下泄，又可在田关河建遇超量洪水时开闸泄洪入四湖中下区，并兼有灌溉、航运之利。设计最大排水流量73立方米每秒，设计排涝面积229.5平方千米，设计灌溉面积7.52万亩，最大航运能力100吨级。

图7-36 徐李闸（2015年摄）

徐李闸为开敞式涵闸，共4孔，单孔宽4米，净高3米，闸底高程25.00米，堤顶高程31.00米。建闸初期闸门为木质闸门，配25吨螺杆手摇式启闭机4台。该闸于1960年5月开工，1961年5月竣工。完成土石方3.6万立方米、混凝土1092立方米、浆砌石573立方米、干砌石333立方米，国家投资37.98万元。

1976年11月至1978年8月，将徐李闸4块木质闸门更换成3块钢质闸门和1块钢筋混凝土闸门。同时，改建启闭台，增建启闭机房；将干砌石海漫改成浆砌石海漫，并延长10米；加砌两岸护坡。完成混凝土53立方米、浆砌石162立方米、干砌石180立方米，国家投资2.35万元。

1980年春，将闸门启闭由手摇改为电动。1982年，将1块钢筋混凝土闸门改为钢质闸门。

徐李闸经多年运行，于2009年3月检测核定为三类病险水闸。2014年2月，省发展改革委员会以鄂发改审批〔2014〕93号文批复徐李闸除险加固工程初步设计，批复总投资653.52万元。除险加固工程于2015年10月10日开工，2016年7月30日完工。完成土方6.93万立方米、浇筑混凝土2100立方米、浆砌石3100立方米，实际完成资金580.6万元。

徐李闸除险加固主要建设内容为：上游渠道清淤、维修加固下游护坡71米及新建下游护坡50米、维修加固上游铺盖、新建筑涵段14米及圆弧段、重建下游消力池、下游海漫进行宾格网加固、拆除重建启闭机房与启闭台排架、拆除重建交通桥、整治上游八字墙、改造闸孔胸墙及撑梁、闸室墩墙混凝土进行防碳化处理、更换启闭机及钢质闸门、下游圆弧段及护坡绿化等。

附：四湖流域内垸主要河渠配套涵闸基本情况（表7-21）

表 7-21　　　　　　　　　　　四湖流域内垸主要河渠配套涵闸基本情况表

| 涵闸名称 | 设计流量/(m³/s) | | 闸孔规模 | | 闸底高程/m | 闸顶高程/m | 控制运用水位/m | 已达效益/万亩 | | 建成时间 |
	灌溉	排水	孔数	每孔尺寸(宽×高)/(m×m)				灌溉	排水	
总计	1012.19	5678.97								
沙洋县合计	39.1	307.45								
么磨垱闸	—	10	1	3×2.5	32.88	39.39	—	—	0.78	1969 年
乱店子闸	—	0.5	1	0.9×0.7	33.77	39.41	—	—	0.12	1970 年
廖六店子闸	—	0.8	1	0.5×0.8	37.00	39.36	—	—	0.05	1974 年
杜岗坡闸	—	5	1	1.1×1.5	33.07	38.64	—	—	0.12	1970 年
五星闸	—	10	1	3×3	29.32	38.32	—	—	0.30	1977 年
社堰闸	—	20	1	4×3	32.22	37.87	—	—	1.2	1970 年
宋湖闸	—	20	1	4×2.65	27.46	35.53	—	—	1.05	1970 年
杨岗洼子闸	—	10	1	2.5×2	34.42	38.99	—	—	0.21	1977 年
魏滩闸	—	0.5	1	0.8×0.5	34.34	39.57	—	—	0.15	1969 年
新四涵	—	0.5	1	0.6×0.6	33.03	38.85	—	—	0.09	1976 年
新三涵	—	2	1	0.8×1.2	31.55	38.34	—	—	0.12	1976 年
三汊河北闸	—	20	1	3×4	26.81	37.43	—	—	4	1970 年
三汊河南闸	—	20	1	3×4	29.76	37.49	—	—	2	1969 年
枣树湾涵	—	0.5	1	0.8×0.8	30.04	37.33	—	—	0.08	1969 年
麻子湾涵	—	2	1	0.7×0.7	29.85	35.68	—	—	0.32	1974 年
梅林闸	—	20	1	2.5×3	29.66	35.34	—	—	0.38	1973 年
乔子湖闸	—	2	1	0.9×0.6	29.77	34.10	—	—	0.08	1973 年
中心闸	—	5	1	1.5×1	29.00	34.00	—	—	0.06	1970 年
港口闸	—	30	1	5.2×3.3	26.00	34.00	—	—	1.5	1982 年
赤眼湖闸	8	—	1	1.5×2	28.00	33.00	—	0.2	—	1984 年
凤凰垸涵	1.5	1.5	1	—	29.50	33.80	—	0.15	0.15	1984 年
混水闸	—	1.5	1	—	29.50	33.00	—	—	0.05	1984 年
围堤闸	—	1	1	—	29.70	34.50	—	—	0.3	1984 年 4 月
郭家山闸	5	—	2	—	26.50	35.00	—	3	—	1976 年
鲁店闸	3	—	1	2.5×1.5	27.00	34.80	—	0.6	—	1984 年 3 月
幸福垸闸	—	1.5	1	—	28.50	34.50	—	—	0.1	1984 年 6 月
南湖涵	—	2	1	—	29.80	35.00	—	—	0.15	1976 年
宋湖涵	—	1.5	1	—	29.50	35.40	—	—	0.3	1976 年
彭塚湖闸	—	1.5	1	—	30.00	35.50	—	—	0.27	1985 年
朝天口闸	1	—	1	—	27.00	34.20	—	0.15	—	1984 年 2 月
许垸闸	1.5	—	1	—	28.00	34.20	—	0.1	—	1980 年 10 月
牛棚子闸	—	2	2	1.2×1.2	26.00	34.20	—	—	—	1980 年
虾子湖闸	—	1.5	1	—	27.00	33.40	—	—	0.5	1982 年 10 月
廖湖垸闸	—	8.5	1	2.2×1.3	31.81	34.43	—	—	0.28	1978 年 10 月
唐河闸	—	17	1	2×2.1	31.76	34.18	—	—	0.25	1976 年 5 月
联洲闸	—	8	1	1.3×1.8	31.84	34.83	—	—	0.45	1979 年 8 月

续表

| 涵闸名称 | 设计流量/(m³/s) | | 闸孔规模 | | | 闸底高程/m | 闸顶高程/m | 控制运用水位/m | 已达效益/万亩 | | 建成时间 |
	灌溉	排水	孔数	每孔尺寸(宽×高)/(m×m)					灌溉	排水	
陈字头闸	—	10	1	1.5×1.2		31.90	34.78	—	—	0.54	1981年2月
沙农砖瓦场涵	—	0.6	1	0.5×0.5		31.82	34.84	—	—	0.05	1982年5月
高桥闸	—	2.5	1	1×1		26.00	34.65	—	—	0.12	1980年4月
沙洋砖厂闸	—	4	1	1.3×2		32.82	34.78	—	—	0.35	1980年3月
中桥闸	—	3	1	1×1		31.11	33.82	—	—	0.09	1984年2月
农胜涵闸	—	4.5	1	1×1		32.08	33.83	—	—	0.15	1982年9月
彭河涵	—	0.6	1	0.7×0.7		31.92	34.47	—	—	0.08	1974年9月
彭河南涵	—	0.7	1	0.7×0.7		31.20	34.73	—	—	0.09	1979年4月
夹河子闸	—	2.4	1	1×1		32.10	34.49	—	—	0.15	1974年5月
洋铁湖闸	—	15	1	2×2		31.18	34.55	—	—	0.35	1975年3月
白洋湖闸	—	0.5	1	1×1		32.09	34.13	—	—	0.07	1977年4月
同盟涵	—	2.5	1	1×1		32.19	34.77	—	—	0.2	1974年4月
亚南涵	—	2.5	1	1×1		31.89	34.64	—	—	0.54	1977年4月
林嘴涵	—	0.4	1	0.3×0.3		31.09	34.27	—	—	0.06	1975年2月
五支渠闸	6.1	—	1	2.5×2.5		30.50	34.50	—	0.45	—	1974年5月
六支渠闸	6	—	1	2.5×2		30.50	34.50	—	0.45	—	1974年7月
七支渠闸	7	—	1	3×2		30.11	34.50	—	0.5	—	1974年10月
朱家挡闸	—	22.8	2	4.4×2.8		30.60	35.20	—	—	15.75	1964年5月
陈场闸	—	9.15	2	4.4×3		29.02	33.20	—	—	9.15	1965年5月
荆州区合计	32.28	115.09							33.40		
青冢子泄洪闸	—	30.00	2	3×4.7		34.27	38.27	34.47	—	—	1962年
拍马节制闸	6.36	—	1	3.0×2.1		33.87	38.97	—	4.00	—	—
后湖泄洪闸	—	32.00	1	4×3.5		34.50	39.50	37.90	—	—	1964年
太湖港排水涵洞	—	38.09	3	3×3.6		29.65	33.25	33.58	—	—	1979年
丁家嘴节制闸	9.36	—	1	3.0×3.0		34.30	41.50	—	11.80	—	—
鹅公庙节制闸	9.36	—	1	3.0×3.0		34.50	41.50	—	10.50	—	—
纪南节制闸	7.20	—	1	3.0×2.3		33.77	37.77	—	6.20	—	—
天井刿闸	—	15.00	1	4.0×2.5		26.00	31.0	—	—	4.95	—
江陵县合计	325.64	333.84							108.04	33.27	
彭家河滩	—	92.24	3	4×5.5		26.15	32.95	29.30	—	—	1963年
樊家桥分水闸	—	25.88	2	4.0×5.5		26.58	32.88	29.38	—	14.44	1963年
熊家沟分水闸	—	13.28	1	4×5.5		25.43	32.43	28.43	—	7.41	1964年
崔家渊节制闸	—	8.9	1	3×2.5		—	—	—	—	—	1965年
南港桥倒虹管	—	—	1			28.50	32.30	—	—	—	—
东市倒虹管	—	—	1			28.50	32.30	—	—	—	—
清水口闸	—	19.18	1	4.0×4.5		25.50	31.00	—	—	5.76	—
清水口南闸	—	10.50	1	2.5×4.2		25.50	31.50	—	—	2.50	—
齐家铺闸	—	6.00	1	2.5×3.5		25.70	30.00	—	—	—	—

| 涵闸名称 | 设计流量/(m³/s) | | 闸孔规模 | | 闸底高程/m | 闸顶高程/m | 控制运用水位/m | 已达效益/万亩 | | 建成时间 |
	灌溉	排水	孔数	每孔尺寸（宽×高）/(m×m)				灌溉	排水	
六合垸倒虹管	—	16.80	4	2.0×2.0	24.60	30.50	—	—	3.16	—
观北闸	—	25.20	1	2.0×2.8	28.50	34.00	—	2.21	—	—
张蒋闸	—	25.90	2	3.0×2.67	28.50	34.20	—	0.51	—	—
观中闸	—	40.01	1	2.0×3.0	—	—	—	—	—	—
张林垱左闸	16.10	—	1	4.0×3.2	30.57	34.07	—	6.36	—	—
观南分水闸	12.00	—	1	4.0×3.4	31.80	36.00	—	17.00	—	—
颜北分水闸	19.50	—	1	3.0×3.0	29.83	34.50	—	12.00	—	—
颜中分水闸	12.50	—	1	2.5×3.0	29.15	34.50	—	8.10	—	—
颜南分水闸	8.20	—	1	2.0×3.0	30.34	34.50	—	—	—	—
金枝寺倒虹管	15.80	—	2	2.2	29.18	32.63	—	—	—	—
新河桥倒虹管	8.57	—	1	2.4×2.4	28.23	32.63	—	—	—	—
资市倒虹管	9.80	—	1	2.4×2.4	30.60	34.00	—	—	—	—
左黄桥倒虹管	10.50	—	2	2.2	30.00	34.00	—	—	—	—
蒋家桥倒虹管	30.00	—	5	—	—	—	—	—	—	—
渡佛寺闸	—	49.95	3	4×4.5	25.50	31.50	29.10	—	—	1963 年
观中闸	40.00	—	2	3×3.5	31.50	36.00	34.20	20.71	—	1963 年
张林垱右闸	41.35	—	3	3×3.4	30.37	34.07	33.57	12.71	—	1967 年
观北分水闸	25.00	—	2	2.8×2.4	31.50	36.00	—	13.00	—	1978 年
南北分水闸	23.00	—	1	4.0×4.0	31.20	35.50	—	7.94	—	—
余家台节制闸	27.50	—	1	4.0×3.5	30.04	35.00	—	—	—	—
杨林口闸	3.00	—	1	2.0×2.9	28.40	33.67	—	0.50	—	—
三支渠进水闸	2.56	—	1	2.0×2.0	27.50	34.00	—	1.50	—	—
杨叉脱子闸	1.26	—	1	2.0×2.0	27.50	34.00	—	0.20	—	—
横大路闸	4.00	—	1	2.0×2.2	28.30	34.20	—	2.00	—	—
杉桥门闸	1.00	—	1	1.05×1.5	28.80	34.00	—	0.85	—	—
解放新闸	—	—	1	2.6×2.8	28.80	36.00	—	1.63	—	—
桥子湖闸	—	—	1	2.4×2.0	28.60	—	—	0.82	—	—
信阳桥	14.00	—	2	3.6×6.5	28.00	34.50	—	—	—	—
监利县合计	157.30	1779.5						35.61	179.10	
东风闸	—	25.00	2	2.5×5.0	24.00	29.00	27.20	—	—	1974 年 6 月
周沟闸	40.00	40.00	3	中 5×5 边 3×5	22.50	31.00	26.50	—	—	1980 年 5 月
福田节制闸	—	240.00	7	5.0×5.0	21.10	28.80	25.50	—	—	1975 年 10 月
福田防洪闸	—	384.00	6	8.5×9.4	21.10	30.50	25.50	—	—	1979 年 5 月
王家港闸	30.00	—	3	中 4×6 边 3×6	23.50	30.00	24.50	2.00	14.00	1969 年 10 月
王家巷闸	—	30.00	3	4×6.0	23.50	29.50	24.50	—	1.50	1969 年 10 月
王家河闸	—	25.00	2	3×3.3	24.00	30.50	—	—	4.00	1963 年 5 月

涵闸名称	设计流量/(m³/s)		闸孔规模		闸底高程/m	闸顶高程/m	控制运用水位/m	已达效益/万亩		建成时间
	灌溉	排水	孔数	每孔尺寸(宽×高)/(m×m)				灌溉	排水	
福田寺船闸	—	—	1	12.0×12.3	21.00	33.00	—	—	—	—
朱河闸	—	67.40	6	中 4×4.2 边 3.05×4.3	23.30	29.60		—	—	1975 年 11 月
桐梓湖闸	—	131.00	5	4.5×7.0	22.00	29.00	24.80	—	30.00	1974 年 5 月
幺河口闸	—	94.30	4	4.5×7.0	22.00	29.00	25.00	—	20.00	1978 年 9 月
庄河口闸	—	44.40	2	3.5×5.95	22.00	27.95	24.80	—	—	—
贾家堰闸	—	44.40	2	3.5×5.95	22.00	27.95	24.80	—	—	—
何庙节制闸	30.00	—	2	4×6	22.50	28.50	26.00	9.13	—	1977 年 5 月
抗旱河朱河闸	32.00	—	2	4×6	22.50	28.50	26.50	3.00	—	1979 年 6 月
新汴河闸	—	30.00	3	中 4×7 边 3×7	22.50	29.50	26.50	2.50	2.50	1974 年 5 月
渡口泵站闸	—	30.00	2	4×7.5	21.00	28.50	25.60	—	8.00	1978 年 5 月
大剅沟闸	—	30.00	3	9×7	22.30	29.50	25.00	—	7.50	1976 年 10 月
赤湖闸	—	50.00	5	中 4×5.5 边 2.5×5.5	23.00	29.00	24.50	—	7.50	1971 年 6 月
大治闸	—	30.00	3	中 3.5×5.5 边 3×5.5	22.50	28.50	24.20	—	3.50	1979 年 2 月
西荆河垸闸	—	50.00	3	3×6.5	22.50	30.00	25.30	—	6.00	1976 年 8 月
凡三剅闸	—	30.00	2	4×6	22.50	29.50	25.00	—	4.00	1976 年 5 月
友谊二桥河	—	65.00	3	4×5.7	28.50	34.20	31.50	—	31.00	1970 年 10 月
蛟西西闸	—	31.00	2	3.5×4	29.50	33.50	30.50	—	5.00	1964 年 3 月
蛟西东闸	—	40.00	2	4.5×4	29.18	33.18	30.50	—	5.00	1978 年 4 月
鸡鸣铺闸	—	69.00	3	中 1×5.00 边 2×4.00	23.30	31.00	26.50	16.98	24.10	1964 年 3 月
火把堤闸	—	—	1	6×6.75	24.40	31.15	29.50	—	—	—
剅口丰收河闸	—	30.00	3	中 4×7 边 2.5×7	22.50	29.50	26.50	2.00	2.00	1976 年 8 月
沙螺防洪闸	—	67.00	1	8×12.4	21.50	32.70	—	—	—	1978 年 10 月
新桥闸	25.3	47.00	2	4×7.4	22.60	30.00		—	—	—
东港闸	—	55.00	3	3×3.3	24.00	31.00	25.50	—	3.50	1964 年 4 月
洪湖市合计	120.67	2174.20						467.72	891.89	
黄丝南防洪闸	—	50.00	1	8×12.4	21.50	34.70	—	—	—	1978 年
下新河出湖闸	—	120.00	3	中 8×10.4 边 6×7.3	21.00	31.40	—	—	—	1978 年
子贝渊出湖闸	—	120.00	3	中 8×10 边 6×7.3	21.00	31.40	—	—	—	1978 年
小港湖闸	—	215.00	9	8×4×4.3 1×6×6.0	21.50	27.50	25.50	—	—	1962 年
小港河闸	—	93.00	3	2×5×4.2 1×6×6	21.50	27.50		—	20.00	1962 年

涵闸名称	设计流量/(m³/s)		闸孔规模		闸底高程/m	闸顶高程/m	控制运用水位/m	已达效益/万亩		建成时间
	灌溉	排水	孔数	每孔尺寸（宽×高）/(m×m)				灌溉	排水	
张大口闸	—	124.00	5	4×4×4.8 1×6×6	21.50	27.50	25.50	—	—	1962 年
下新河闸	—	128.00	5	4×4×4.2 1×6×6.8	22.00	29.00	—	6.00	—	1962 年
子贝渊闸	—	106.00	5	4×4×4.35 1×6×6.0	22.50	28.50	25.50	—	—	1963 年
丰口闸	—	80.00	3	2×4×5.1 1×6×5.1	23.00	28.50	23.80	20.00	30.00	1963 年 5 月
万全坑自排闸	—	32.00	1	4×6.2	20.50	27.00	23.50	—	—	1971 年
江泗口闸	—	38.40	1	5×4.2	20.10	27.60	—	—	4.00	1963 年
陈家沟闸	—	68.20	3	2×3×4.5 1×4×4.5	20.00	27.20	23.30	—	30.00	1961 年
获障河闸	—	30.00	2	3.5×5.4	20.50	27.20	—	—	5.20	1964 年
长河口闸	—	74.40	3	2×3.5×4.3 1×5×7.3	19.50	27.50	23.50	—	13.00	1964 年
中府河闸	—	42.00	3	3×6.2	20.20	26.80	—	—	3.70	1972 年
五丰河闸	—	39.00	3	3×6.2	20.10	27.00	—	—	4.00	1972 年
柴林河闸	—	36.00	2	1×4×4.7 1×5×4.7	22.50	28.50	—	—	—	1971 年
苏家沟闸	—	32.00	2	3.5×4.2	21.00	27.50	23.40	—	6.00	1964 年
金丝沟闸	—	20.00	1	5×4	21.00	27.50	—	—	12.00	1965 年
反口闸	—	26.90	2	3×6.6	19.70	26.60	—	—	1.89	1972 年
李家挡闸	—	120.00	3	—	21.00	34.70	—	—	—	1977 年
俞阁老闸	—	120.00	3	—	21.00	34.70	—	—	—	1977 年
挖沟闸	—	20.00	1	—	22.00	28.00	—	70.02	—	—
代市站进水闸	102	—	2	—	21.20	28.00	—	—	—	1979 年
王明口倒虹管	—	6.80	1	—	—	—	—	—	14.5	1976 年
公路河南闸	—	7.18	1	—	23.00	27.50	—	—	3.50	1976 年
公路河北闸	—	6.43	1	—	23.50	27.80	—	—	3.20	1976 年
高中渠尾水闸	—	10.00	1	—	22.70	28.00	—	—	8.00	1976 年
郑道湖闸	—	10.00	1	—	22.50	28.00	—	—	8.00	1976 年
燕子河尾水闸	—	12.00	1	—	22.50	27.50	—	—	8.00	1978 年
简家口闸	—	8.00	1	—	22.50	30.00	—	—	16.00	1971 年
奂湖站尾水闸	—	5.10	1	—	21.50	28.00	—	—	11.20	1979 年
大有站尾水闸	—	5.40	1	—	21.00	28.00	—	—	11.40	1980 年
继伍河闸	—	7.20	1	—	22.30	29.00	—	25.00	17.80	1981 年
京城坑自排闸	—	9.00	1	—	21.00	28.00	—	—	19.80	1983 年
新颜河尾水闸	—	5.00	1	—	23.50	29.00	—	—	10.30	1979 年
公路河尾水闸	—	29.00	2	—	22.00	29.00	—	30.00	—	1984 年
石桥节制闸	—	10.00	1	—	23.00	29.00	—	—	25.00	1976 年

涵闸名称	设计流量/（m³/s）		闸孔规模		闸底高程/m	闸顶高程/m	控制运用水位/m	已达效益/万亩		建成时间
	灌溉	排水	孔数	每孔尺寸（宽×高）/（m×m）				灌溉	排水	
新剅沟节制闸	—	10.90	1		23.50	29.00	—	30.00	28.20	1976 年
金胜河倒虹管	—	6.50	1		24.14	—	—	—	14.00	1973 年
回龙寺节制闸	—	7.40	1		24.14	28.94	—	—	15.30	1965 年
代柴排水闸	—	5.10	1		21.20	28.00	—	—	11.70	1978 年
天灯沟闸	—	5.67	3		22.70	28.00	—	—	6.00	1982 年
分洪沟闸	—	5.67	1		23.00	28.00	—	—	9.30	1980 年
新螺站进水闸	8.19	—	2		21.50	28.00	—	40.00	—	1980 年
建国沟闸	—	5.67	1		23.10	28.00	—	—	6.50	1979 年
土地湖闸	—	15.10	2		21.50	27.00	—	—	24.20	1966 年
土地湖渔场闸	—	—	1		22.00	28.00	—	—	10.80	1971 年
红卫闸	—	4.40	1		22.50	28.00	—	—	9.40	1967 年
肖家墩闸	5.65	—	1		20.50	28.00	—	10.50	—	1982 年
民生闸	—	5.66	—		22.23	29.00	—	—	11.30	1977 年
吊口闸	—	7.90	1		21.50	27.50	—	—	25.40	1963 年
刘三沟闸	—	5.70	1		22.50	27.50	—	—	7.50	1965 年
黄牛湖闸	—	12.90	1		21.68	27.50	—	—	20.50	1962 年
民主闸	—	5.20	1		21.87	27.50	—	—	9.10	1966 年
北堤闸	—	4.70	1		22.23	27.50	—	—	8.90	1967 年
东风河闸	—	1.90	1		22.86	27.30	—	—	3.70	1968 年
新联闸	—	2.70	1		22.50	27.50	—	—	4.30	1967 年
月子闸	—	2.00	1		23.00	27.50	—	—	3.30	1971 年
青林闸	—	4.60	1		22.00	27.50	—	—	7.10	1968 年
白沙湖倒虹管	—	6.20	1		—	—	—	—	12.00	1974 年
姚中闸	—	9.50	2		23.00	27.00	—	—	8.10	1975 年
付边站河闸	—	12.60	2		21.50	26.50	—	40.00	14.70	1978 年
六号直沟闸	—	17.30	2		21.75	26.50	—	—	8.10	1981 年
一潭沟闸	—	12.80	1		21.00	26.00	—	11.60	—	1978 年
溜沟闸	—	7.56	1		23.00	27.00	—	8.00	—	1976 年
七一沟闸	—	6.90	1		22.60	27.50	—	—	13.30	1967 年
幸福沟闸	—	14.20	2		21.00	27.50	—	27.80	—	1966 年
龙船河闸	—	7.60	1		21.00	28.00	—	—	21.40	1963 年
庙沟闸	—	4.80	1		21.50	28.00	—	—	27.00	1963 年
荆石河闸	—	6.00	1		22.50	27.40	—	22.20	—	1978 年
汉河闸	—	12.00	1		22.77	28.40	—	—	60.30	1964 年
裴家河闸	—	9.20	1		21.36	27.26	—	—	17.60	1962 年
港北闸	—	9.20	1		20.50	26.50	—	—	17.60	1972 年
双合倒虹管	—	15.00	2		—	—	—	—	79.90	—
麻田口闸	—	10.00	1		—	28.00	—	80.00	—	1982 年
汉阳沟节制闸	—	22.00	2		20.20	27.00	—	—	98.00	1970 年

涵闸名称	设计流量/(m³/s)		闸孔规模		闸底高程/m	闸顶高程/m	控制运用水位/m	已达效益/万亩		建成时间
	灌溉	排水	孔数	每孔尺寸（宽×高）/(m×m)				灌溉	排水	
杨桥闸	—	5.66	1	—	21.50	28.00	—	—	10.90	1973 年
太马河闸	4.83	—	1	—	22.20	27.30	—	26.60	—	1973 年
潜江市合计	351.20	944.09						376.32	2067.07	
刘岭闸	—	258.00	9	4.0×3.5	27.50	34.40	30.50	—	—	1965 年
刘岭船闸	—		1	3.5×6.6	27.30	34.50		—	—	1965 年
董店闸	54.40	—	3	净宽7.3	28.60	35.20	32.00	60.00	153	1971 年 8 月
张义嘴倒虹管	45.00	43.00	4	2.6×2.55	27.70	33.00	30.80	46.50	—	1971 年 4 月
浩口中闸	17.70	—	1	4×4	27.20	33.20	30.12	23.60		1970 年 4 月
浩口下闸	9.20	13.10	1	4×4.65	28.50	33.55	30.12	13.10		1971 年 4 月
张金闸	—	25.20	2	4×3.4	26.20	32.20	28.50	—	85.9	1962 年 10 月
甩桥闸	—	28.00	2	4×3.1	25.80	31.80	28.10	—	96.0	1963 年 1 月
刘渊闸	—	21.60	2	3×4.2	24.90	31.20	27.15	—	73.3	1963 年 1 月
张湾倒虹管	18.28	—	2	2.35×2.35	24.91	30.08	27.58	16.76	—	1965 年 11 月
蚌湖闸	19.20	—	2	3.2×4.75	30.00	36.00	32.26	18.12	—	1964 年 12 月
黄场闸	19.20	18.50	2	2.7×3.34	29.11	35.30	31.48	18.12	57.20	1967 年 5 月
中沙河明闸	—	22.50	2	2.7×3.48	27.70	33.50	30.30	—	69.80	1972 年 12 月
中沙河倒虹管	30.40	13.60	2	3×3	27.70	33.50	30.30	21.45	31	1972 年 12 月
莲市闸	20.00	—	2	3×3.7	28.05	34.05	30.55	17.38	—	1963 年 10 月
高场北闸	—	57.00	3	4×3	27.50	33.50	30.50	—	227.2	1962 年 4 月
高场南闸	50.00	73.00	5	3.66×3.2	27.40	33.00	31.20	58.20	227.2	1976 年 6 月
高场倒虹管	—	38.00	4	2.6×2.8	26.20	33.70	28.80	—	99	1964 年 5 月
木刬口闸	9.50		1	3.4×3.7	27.80	33.70		9.64		1964 年 3 月
夏家河闸	—	10.70	1	4×4	28.00	33.90		—	61.5	1964 年 4 月
朱家拐闸	10.12	—	1	3.5×3.5	28.20	34.40	30.00	8.30	—	1965 年 5 月
荆河镇闸	—	6.45	1	2.2×3.86	28.64	33.50		—	17.74	1967 年 5 月
罐头尖闸	—	13.44	1	3.5×5.82	27.98	35.00		—	40	1972 年 9 月
鲁桥倒虹管	—	15.00	3	2×2.2	26.98	31.20		—		1973 年 5 月
洪星河倒虹管	8.20	—	1	2.5×2.55	27.00	31.60	29.80	8.00	—	1975 年 5 月
姚岭闸	40.00	—	3	—	30.30	36.40	32.26	—		1978 年 4 月
万福闸	—	75.00	4	4×6.1	23.70	30.50	27.50	—	251.00	1980 年 11 月
运粮河闸	—	33.20	3	3×3.2	26.20	31.80	28.50	—	113.63	1962 年 7 月
杨林口闸	—	24.40	2	2.6×2.6	28.00	34.00	30.87	—	70.3	1964 年 7 月
徐李闸	—	73.00	4	4×3	25.00	31.00	27.60	7.52	229.5	1961 年 3 月
魏家岭闸	—	33.20	3	3×3.2	26.20	31.80	—	—	113.6	1962 年 1 月
老新闸	—	16.20	1	3.6×3.4	27.30	32.30		—	50.2	1965 年 1 月
跃进河闸	—	32.00	3	3.3×3.4	30.00	36.00		49.63	—	1964 年 6 月
石首市合计		43.20							9.5	
黄金闸	—	9.2	2	4.0×3.2	32.50	36.00	—	—	0.50	—
裤裆闸	—	16.00	2	4.0×3.0	31.52	34.50	—	—	2.00	—
燎原闸	—	18.00	3	9.0×3.5	31.00	36.00	—	—	7.00	—

第四节　电　力　泵　站

四湖流域属水网湖区，四周被堤防所围，时值雨季，外江水位高出流域地面数米，乃至十多米，内垸渍水无法排泄，故历史上极易形成洪涝灾害。新中国建立后，四湖流域大力修筑堤防，防止外洪侵入；于内垸开挖渠道，修建涵闸加快内垸渍水的外排。但仍受制于天，外江高水位期间，四周外排涵闸关闭，内垸渍水只得由湖泊调蓄，一旦雨洪同期，湖泊调蓄不了，只得壅水在田，淹没农作物，一旦淹没时间超过农作物的耐淹期，农田减产或绝收。千百年来，四湖流域人民为打破"望天收"对农业种植的束缚，也曾发明用水车车水，但其作用有限。这就是四湖流域千百年来农业生产一直低而不稳的根本原因。民国时期，曾有国外援助的机械抽水设备出现在四湖流域，虽然数量十分稀少，但也给农业生产带来新的希望，新中国成立后，中国机械工业逐步兴盛，四湖流域的机械排灌站也遍布乡村田野。1968 年，洪湖县从汉川马口架设 11 万伏高压线路引进电源，在东荆河堤上修建南套沟电排站。它是四湖流域建起最早的一座电力排水泵站。从此，电力排灌泵站在四湖流域如雨后春笋般地涌现，促使四湖流域农业生产发生质的飞跃。

一、发展概况

四湖流域农业生产的排水与灌溉，在 1949 年以前，主要设施是水车。水车又名龙骨车，分手车和脚车两种。手车一人或两人操作，提水高度不超过 1 米；脚车 2～6 人操作，提水高度不超过 2 米。据有关史料记载：水车的发明在三国后期，到唐文宗时（826 — 836 年）才下诏书，提出图样，推广水车。至北宋，水车才在长江流域盛行。

据新中国成立初统计，四湖流域有各种水车 6 万余部，遍布农村，是农民五大农具之一，是不可缺少的生产资料。

新中国成立后，各级政府非常重视发挥水车的作用。荆州专署水利局曾发放贷款，扶持各县维修、添置水车，帮助农民使用水车排涝抗旱。1956 年农村成立人民公社，水车作为生产资料在生产队入股，集体管理使用，并部分改装成了风力或畜力水车，提高使用效率。20 世纪 60 年代以后，随着机械排水事业的发展和电力能源的兴起，逐步以机械和电动机取代了水车的作用，以致水车被闲置不用或少用。20 世纪 80 年代初，农村实行生产责任制，又将集体所有而陈旧的水车跟随责任田，承包给农民使用，而农民为了节省生产投资，又启用水车提水，灌溉零星分散、偏僻的农田。

民国三十五年（1946 年），湖北遭受特大洪灾。灾后，民国政府成立善后救济总署，负责赈灾和恢复生产事务。民国三十六年（1947 年）2 月，湖北省政府向行政院善后救济总署申请配贷抽水机320 台；8 月，省政府召开部分受灾县订购抽水机座谈会，监利县从湖北省政府配贷柴油机 7 台（60匹马力 3 台，6～12 匹马力 4 台），安装在尺八模范农场试用，为监利县抽水机械之始，亦是四湖流域使用机械排水的开端。

新中国成立后，从 1951 年开始，部分县使用柴油机进行农田排灌，因机械马力小，油料昂贵，技工少，机器维修困难，难以推广。1952 年荆州水利局集中荆州地区各县分散的抽水机，在江陵县岑河区长湖边设立了 3 个抽水机示范站，当年灌溉农田 1379 亩，又在江陵县丫角庙乡菱角洲利用 2台 8 匹马力抽水机排除 1200 亩的渍水。1953 年下半年，荆州水利局在江陵县修建 25 匹马力的煤气机站。据 1956 年统计，江陵县建抽水机站 6 处，装机 24 台，马力 262 匹。经 20 多年的发展，到1978 年，四湖流域共建机械排灌站 325 处，拥有机械 405 台，马力 18100 匹。

在兴办机械抽水机站的同时，从江苏引进以固定性的圬工泵代替机械抽水机站，抽水时只需安装机械即可使用。圬工泵是根据立式轴流泵的原理，用土法安装的一种固定的水泵。即用青砖和块石浆砌于跨渠涵闸，并考虑排灌两用和水陆交通的需要，在涵洞一端修建成球形水槽，安装泵轴、叶轮、导水轮、皮带轮等，形成一个以砖箱代替铁壳的轴流泵。它结构简单、安全可靠、投资小、效益大，适用于湖区低扬程排水。

由于机械排灌站功率小、耗油量大、费用昂贵、效率低，不能适应农田大排大灌的需要，因而发展不快。进入20世纪70年代后，电力排灌泵站的大规模兴建，机械排灌站不仅没有发展，而且原有的许多抽水机站也逐步改为电力排灌站。到20世纪80年代，大部分机械排灌站被电力排灌站所取代。

20世纪60年代，随着中国电力事业的发展，利用电力兴建大型排水站排泄内垸渍水已成为一种可能。1964年湖北省水利厅编制《荆北地区排涝灌溉补充规划》，提出在四湖流域兴建电力排水泵站的规划。规划四湖中下区修建电力排水泵站有：螺山、南套沟、大沙湖、大同湖、石码头、沙套湖6处。计划装机容量为27123千瓦，设计排水面积为3574.6平方千米，并以螺山、南套沟两站控制调度洪湖最高水位，使其不超过26.00米。

1966年湖北省水利水电勘测设计院编制《四湖流域电力排灌站第一期工程规划》（征求意见稿）。规划主要内容为选择新滩口建站配合分散建站等方案，计划兴建19处。根据规划，南套沟泵站，于1968年率先开工，由湖北省水利水电勘测设计院设计，洪湖县负责施工。至1971年同时建成洪湖县南套沟、汉阳沟、大沙3座电排站。继而1973年，监利县又建成螺山电排站，从而拉开平原湖区大规模地兴建电力排泵站的序幕。随着农业生产和整个国民经济发展，特别是电力工业和机械工业的发展，为兴修大功率电力排水泵站提供物资条件。1972—1983年，电力排灌工程建设进入高潮时期，这一时期兴建的大中型泵站有17座，平均每年新增装机2.5万千瓦；1984年后，电力排灌工程进入稳步发展阶段，基本上形成以自流排灌为主、电力排灌为辅的排灌工程体系。至1985年，四湖流域共建有大小泵站1911处，装机3497台、377569千瓦，见表7-22。

表7-22   **四湖流域电力排灌泵站统计表（1985年）**

县别	处	台	总装机/kW	县别	处	台	总装机/kW
江陵县	410	730	63402	石首县	24	39	6045
监利县	168	450	81215	沙市	1	3	465
洪湖县	134	522	136355	荆门	100	150	12955
潜江县	1074	1603	77132	合计	1911	3497	377569

进入20世纪90年代后，四湖流域泵站建设主要向大、中型泵站发展，淘汰了一些小型泵站，至2015年，四湖流域有大型一级泵站18座，装机143台，104800千瓦，见表7-23。有单机155千瓦及以上二级泵站277处，装机951台，166650千瓦，见表7-24。

表7-23   **四湖流域沿江1级电排泵站基本情况表（2015年）**

序号	站名	所在县（市）	装机/(台×kW)	改造后装机/(台×kW)	总容量/kW	设计流量/(m³/s)	设计扬程/m	排水面积/km²	建成时间
1	高潭口泵站	洪湖市	10×1600	10×1800	18000	240	4.7	1056	1974年5月
2	新滩口泵站	洪湖市	10×1600	10×1700	17000	240	—	3269.5	1986年
3	田关泵站	潜江市	6×2800	6×2800	16800	220	—	3240	1989年5月
4	南套沟泵站	洪湖市	4×1600	4×1800	7200	78	5.7	280	1971年
5	螺山泵站	监利县	6×1600	6×2200	13200	138	6.12	935.3	1973年7月
6	新沟嘴泵站	监利县	6×800	6×800	4800	52	4.7	206	1976年7月
7	半路堤泵站	监利县	3×2800	3×3200	9600	76.8	8.3	387.5	1980年6月
8	杨林山泵站	监利县	10×800	10×1000	10000	80	6.28	935.3	1985年12月
9	老新口泵站	潜江市	4×800	4×800	3200	35	4.6	121	1976年7月
10	冯家潭泵站	石首市	4×800	4×800	3200	32	—	351.4	1977年8月

续表

序号	站名	所在县（市）	装机/(台×kW)	改造后装机/(台×kW)	总容量/kW	设计流量/(m³/s)	设计扬程/m	排水面积/km²	建成时间
11	大沙泵站	洪湖市	20×155	4×800	3200	32	6.8	176	1971年5月
12	石码头泵站	洪湖市	12×155	12×155	1860	18	7.5	71.3	1975年8月
13	燕窝泵站	洪湖市	10×155	10×155	1550	15	—	40	1982年6月
14	汉阳沟泵站	洪湖市	10×155	10×155	1550	12.4	7.0	91	1971年
15	龙口泵站	洪湖市	10×155	4×280 6×155	2050	15	7.5	31.8	1974年4月
16	高桥泵站	洪湖市	6×155	6×155	930	9	—	14	1958年
17	鸭儿河泵站	洪湖市	6×155	6×155	930	9	—	33.10	1981年6月
18	仰口泵站	洪湖市	6×155	6×155	930	9	5.4	22.05	1977年5月
合计					116000				

表7-24　　　　　四湖流域2级电排站单机155千瓦汇总表（2015年）

县（市、区）	处数/处	装机台数/台	装机容量/kW	流量/(m³/s)	效益/万亩	
					排涝	灌溉
荆州区	18	68	14855	92.1	20.59	27.53
沙市区	9	33	5065	78.8	16.02	—
江陵县	52	148	21460	275.3	23.34	57.75
监利县	54	254	3905	472.4	114.12	95.3
洪湖市	70	236	36395	505.8	132.25	56.56
潜江市	51	155	24500	279.05	79.59	—
石首市	2	9	14200	14	6	1
沙洋县	21	48	11080	90.66	12.5	12.43
总计	277	951	131460	1808.11	404.41	250.57

　　四湖流域泵站大多都兴建于20世纪70—80年代，由于受当时资金紧缺、物资匮乏、技术条件相对落后等因素影响，部分工程设计标准低，有的未能全部完工或配套工程未实施，部分机电设备质量较差。这些设备设施经过近40年的运行，老化损坏十分严重，给泵站运行带来很大的安全隐患，大大降低工程运行效率，工程的正常运行得不到保证，如遇连续暴雨或大暴雨，不但泵站自身有安全隐患，而且因运行效率低或运转不正常，使渍水不能及时排出，会给四湖流域农业生产及人民生活带来重大损失。

　　为解决排涝泵站设备老化和建筑物失修问题，1996—1997年，四湖流域率先对螺山泵站实施改造。从2005年开始，国家启动实施《中部四省（湖北、湖南、安徽、江西）大型排涝泵站更新改造规划》，项目建设的主要内容是机电设备更新改造和泵站主体建筑物加固改造。2009年国家又启动《全国大型灌溉排水泵站更新改造规划》。

　　四湖流域大型一级泵站分三批进行，共有10座大型泵站纳入国家更新改造规划。第一批大型排涝泵站更新改造项目有高潭口、田关、新沟3处泵站列入湖北省第一批大型泵更新改造项目。2008年已全部完工受益。

　　第二批泵站更新改造项目有新滩口、大沙、半路堤、老新、冯家潭5处泵站被列入全省第二批泵站更新改造项目。2008年启动建设，2009年全部完工受益。

　　第三批大型排涝泵站更新改造项目有南套沟、杨林山2处泵站列入中央新增投资部分。

　　泵站更新改造工程的实施，消除泵站的安全隐患，设备设施的质量得以提高，泵站的提排能力明显增强，排区的排涝标准得以恢复，为农业的生产和发展提供安全保障，极大提高抵御自然灾害的能力。同时，工程建设结合血防灭螺进一步提高疫区内血吸虫防治标准，促进新农村建设、区域环境建设、农业生产和社会经济的可持续发展。

二、流域骨干泵站

（一）高潭口泵站

高潭口泵站位于洪湖市黄家口镇东荆河右岸，距洪湖分蓄洪区工程主隔堤与东荆河堤交汇处500米，距洪湖市黄家口镇约3千米，与仙桃市杨林尾镇的四丰村隔河相望。工程自然面积0.55平方千米。工程主要建筑物有：泵房、变电站、公路桥、拦污栅、浮体闸以及东、西灌溉闸（渠）等，是一个具有排涝、提灌和自流灌溉综合功能的泵站水利枢纽工程（图7-37），属荆州市四湖工程管理局直管的流域性骨干泵站。主要负担四湖中区的洪湖、监利、潜江、江陵和沙市等县（市、区）4988平方千米渍水向外抢排的任务，同时兼顾灌溉农田40万亩。总受益面积390万亩（其中排涝面积350万亩，灌溉面积40万亩），直排区承雨面积1056平方千米，农田受益面积101万亩。

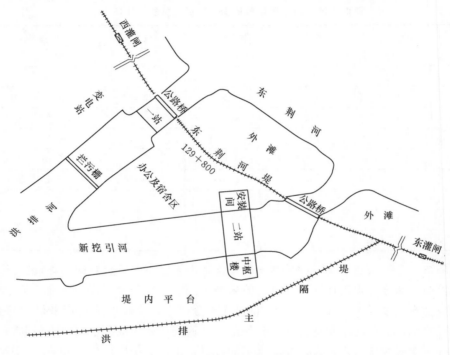

图7-37　高潭口水利枢纽工程位置图

高潭口泵站属洪湖防洪排涝工程的配套项目，在洪湖分蓄洪区工程主隔堤和排涝河建成后，就四湖中区渍水的出排方向曾有过监利县西门渊建站（排入长江）、洪湖县新堤（排入长江）和高潭口（排入东荆河）建站3处站址的比较论证，最终选在高潭口建站。高潭口泵站地理位置处于四湖中区末端，可分区排水，不影响下区；排水渠水流畅通（利用已挖成的排涝河，渠道过水断面是泵站设计流量的1.8倍）；多数年份外江水位（主要是东荆河来水，长江水倒灌影响不明显）在8月以前均偏低，此时四湖流域雨季已基本结束，外江水位超驼峰的时间极少，泵站运行时一般扬程为3.50～4.00米，泵站的排水效益较好。

高潭口泵站工程经水利部批准，由湖北省水利水电勘测设计院设计，湖北省水利电力局以鄂革水电综〔73〕182号文件批准兴建。1972年12月，荆州地区成立高潭口电力排灌站建设工程指挥部，洪湖县副县长王伯吉任常务副指挥长，主持全面工作，荆州地区水利局工程队工程师杨寿增任技术负责人。工程于1972年12月14日开工，1974年5月工程竣工，10台机组全部投入运行。土方挖填由洪湖县负责，水工建筑部分由荆州地区水利局工程队和洪湖县水利局工程队联合施工，机组设备安装由湖北省水利电力局工程一团完成。工程共完成土方 67.1 万立方米、砌石 5972 立方米、浇筑混凝土 30804 立方米。水利电力部水电计字〔75〕第 003 号文批准预算总投资 1438 万元，实际投资 1409.17 万元。工程验收各项技术、经济指标均达到国家标准，1981 年被国家建设委员会评为 20 世纪 70 年代优秀国家设计项目奖，1982 年又获国家建设委员会颁发的"工程设计、施工、安装银质奖章"。

在施工过程中，泵站设备安装缺乏吊装设备，工程技术人员和安装工人自己动手加工滑轮，创造"贴地滑轮吊装法"，不仅保证大件安装的安全，而且争取到时间，提高工效 20%，节约投资 28541 元。

工程施工所需的砂石等大宗材料，由湖南运往工地的途中，需从长江翻堤入东荆河，翻堤的运距达 1500 米，晴通雨阻，不但转运费用大，浪费多，而且时间不能满足施工要求。为解决这个问题，工程指挥部决定开挖一条转运河，转运各类建材总量达 11 万吨，比原计划节约运输成本 12.43 万元。

高潭口泵站布置型式为堤身式、虹吸式出流、提排提灌与自流灌相结合的控制建筑物，装机容量单机 1600 千瓦，机组为 TDL325/36－40 立式同步电动机配 28CJ 全调节立式轴流泵，共 10 台套，总装机容量 16000 千瓦，设计扬程 4.7 米，最大扬程 7.2 米，设计排水流量 240 立方米每秒（设备每台铭牌流量 21 立方米每秒），设计灌溉流量 40 立方米每秒。

东西灌溉闸建设在东荆河堤上，东灌溉闸采用钢质平板闸门（4 米×4 米）1 扇，配螺杆启闭机一台，西灌溉闸采用钢质平板闸门（3 米×3 米）2 扇，配螺杆启闭机 2 台。

浮体闸位于泵站进水池后排水渠首，在四湖流域电排站建设中首次采用浮体闸，以达到自灌与提灌相结合的目的。浮体闸距泵房轴线 61 米，闸前两侧通东西灌溉闸，闸后接 1∶3 陡坡，消力池、护坦、排水渠与东荆河相连。浮体闸的特点，就是利用水力自然引降的活动闸坝，不需闸墩、工作桥及闸门启闭机，仅仅依靠堤内埋设的充排水系统，就可以根据需要使活动闸板自由升降。在东荆河水位低枯时，需要提内水灌溉，则升起活动闸板，抬高排水站口水位，以满足灌溉取水的要求；在排涝时，则落下活动闸板。

泵站进口起排水位 23.00 米，水泵叶轮中心高程为 21.50 米，进水管底部高程为 17.00 米，水泵层高程为 20.44 米，密封层高程为 26.80 米，电机层高程为 31.53 米，副厂房楼板高程为 34.20 米，吊车顶梁高程为 39.25 米；泵站采用全调节式轴流泵（直径 2.8 米）和 TDL325/36－40 立式同步电动机 10 台套。浮体闸由 23 套自动闸板组成，总宽 69.44 米。泵站电源是从丹江口三回路电网经潜江（高场）变电站，110 千伏至新沟变电站，110 千伏引至高潭口变电站（现为大电网供电）。

进水渠（排涝河）长 49.05 千米，底宽 67 米，坡比 1∶3，渠道设计流量 300 立方米每秒，排涝河上接四湖总干渠，经子贝渊闸、下新河闸、黄丝南闸，与洪湖相通。高潭口、螺山、半路堤、新滩口等 8 大泵站与湖渠组成蓄排水系统，主要是排四湖中、下区 7135 平方千米的渍水，并承担上区来水的排涝任务，形成既分又合的完整的排涝体系，对四湖流域工农业生产和社会经济发展起着重要的作用。

泵站经多年的运行，设备逐渐老化，加之原产品先天的不足和工程设计的标准偏低，给正常运行带来一些隐患，为确保工程效益的发挥，1999 年和 2012 年，先后 2 次对泵站实施整险加固更新改造。

1999—2000 年，完成泵房的屋面止漏，墙面粉刷，门窗更新；完成 10 台电机、6 台水泵、低压开关柜、10 台可控硅、6 千伏母线安装；完成中央控制设施建设，安装高低压开关柜、高低压气机、三相稳定电源柜；完成 10 扇进口闸门喷锌、电力电缆铺设等。完成投资 1555.72 万元。

2006 年 7 月 20 日，湖北省发展和改革委员会下达了鄂发改〔2006〕541 号《关于荆州市高潭口泵站更新改造工程初步设计的批复》文件，核定总投资为 2675 万元，其中，中央财政预算专项资金 1335 万元、省水利基础设施建设专项资金 803 万元、地方配套 537 万元，对高潭口泵站再次实施更新改造。

更新改造工程实施的主要内容：进口渠道的土方开挖、护底、护坡和出口渠道的清淤，泵站出水池止水维修；拦污栅水工建筑；维修主厂房、泵房前墙及流道裂缝处理、出口公路桥除险加固；站区混凝土公路及站区环境建设；管理房屋及堤顶公路维修；防洪闸门及启闭机设备维修；泵站10台电机及水泵的更新改造；10台调节器改造；室内电器线路更新改造；1号站变安装和2号变压设备的更新改造；计算机监控系统自动化等；桁车、供水泵、排水泵、真空泵、顶转子油泵改造等。

更新改造工程总投资2137.96万元，其中，建筑工程投资710.79万元，机电设备及安装工程完成投资694万元，金属结构设备及安装投资353.73万元。主体工程项目于2009年12月30日完工，改造后的水泵经现场测试，电机振动位移值最高为0.036毫米，水泵振动位移值最高为0.073毫米，电机最高噪声为85分贝，水泵最高噪声为90分贝，符合《泵站技术改造规程》（SL 254）要求。

高潭口泵站通过更新改造后，扩建中控楼，将老旧电气设备全部更新换代，实现电脑操作、微机全程监控自动化。10台机组由单机容量1600千瓦增容到1800千瓦，总功率达到18000千瓦。设计扬程4.7米，最大扬程7.2米，设计排水流量240立方米每秒。改造后的高潭口泵站场景见图7-38。

高潭口泵站自1974—2015年，总运行超23万台时，排水223.83亿立方米，灌溉提水10266万立方米，年平均运行5649台时（其中1994年、2000年没有开机），年平均排水5.414亿立方米（表7-25），为四湖流域的防洪、灌溉、排涝发挥重要作用，提高抗御自然灾害的能力。当洪湖一旦分洪后，可确保四湖中区数百万亩农田的农业丰收。遇典型年1954年、1983年、1996年大水，四湖中区的涝灾也将大大地减轻。在泵站未建成的1972年6月，洪湖3日暴雨190毫米，洪湖县当即动员了三万多劳动力上民垸堤防汛。而1974年、1975年、1977年大涝，建成后的高潭口泵站投入抢排，平均降低洪湖水位1米以上。1976年大旱，泵站提水灌溉，保证洪湖县40万亩农田的灌溉。1980年、1983年、1996年、1998年渍涝灾害是历上罕见的，暴雨集中出现在四湖流域，数百万亩农田受渍，洪湖水位26.92米，长湖水位33.30米，站前外江水位31.79米，形成洪涝同步。在外洪内涝的严峻形势下，由于外江水位高，在沿江其他泵站不能开机的情况下，高潭口泵站承担整个四湖流域的排涝任务。1980年排出渍水17.7亿立方米，1983年排出渍水19.4亿立方米，1996年排出渍水15.56亿立方米，1998年排出渍水18.84亿立方米，相当于3个洪湖容量。当年排出渍水占四湖全流域9处大型一级泵站排渍水总量的40.60%，充分显示骨干泵站的重要作用。

表7-25　　　　　　　　　　　　　高潭口泵站历年机组运行情况统计表

年份	运行总台时 /h	台时累计 /h	抽水量/万 m³			用电量/(万 kW·h)	
			排	灌	排灌累计	本年	累计
1974	2801.1	—	26723			315.09	—
1975	4194.8	6995.9	41016		67739	529.3	844.39
1976	35.3	7031.2	217		67956	4.2	848.59
1977	5818	12849.2	55047		123003	741.46	1590.05
1978	4506.1	17355.3	42124	2744	167871	575	2165.05
1979	5575.9	22931.2	49392	2344	219607	710.37	2875.42
1980	20414.1	43345.3	177095	—	396702	3189.6	6065.02
1981	4822.2	48167.5	43357	4584	444643	639.3	6704.32
1982	14935.7	63103.2	131903	—	576546	2180.88	8885.2
1983	21531.2	84634.4	194420	—	770966	3168.48	12053.68
1984	1126.1	85760.5	9690	—	780656	124.57	12178.25
1985	264.1	86024.6	2360	—	783016	34.71	12212.96
1986	2423.1	88447.7	22400	—	805416	319.77	12532.73
1987	5382.2	93829.9	42200	—	847616	577.18	13109.91

年份	运行总台时 /h	台时累计 /h	抽水量/万 m³			用电量/(万 kW·h)	
			排	灌	排灌累计	本年	累计
1988	5413	99242.9	43734	—	891350	589.37	13699.28
1989	4137.1	103380	39826	—	931176	461.76	14161.04
1990	1053.1	104433.1	9579	—	940755	143	14304.04
1991	6789.2	111222.3	58301	—	999056	817.5	15121.54
1992	3116	114338.3	29884	—	1028940	398.4	15519.94
1993	3559	117897.3	25284	—	1054224	504.5	16024.44
1994	0	—	0	—	1054224	0	16024.44
1995	7482.2	125379.5	60124	—	1114348	845.58	16870.02
1996	15822.4	141201.9	155565	—	1269913	1828.11	18698.13
1997	3060.1	144262	29028	—	1298941	362.6	19060.73
1998	10198.4	154460.4	88426	—	1387367	1219.28	20280.01
1999	13673.9	168134.3	127617	—	1514984	1660.62	21940.63
2000	70.3	168204.6	—	594	1515578	11.2	21951.83
2001	310.2	168514.8	3244	—	1518822	30.24	21982.07
2002	9603.4	178118.2	88800	—	1607622	1027	23009.07
2003	1086.1	179204.3	99970	—	1707592	1154.45	24163.52
2004	8691.7	187896	88540	—	1796132	922.64	25086.16
2005	717.3	188613.3	6826	—	1802958	93	25179.16
2006	0	188613.3	0	—	1802958	0	25179.16
2007	862.5	189475.8	7050.6	—	1810008.6	95.76	25274.92
2008	4071	193546.8	37828	—	1847836.6	426.2	25701.12
2009	4071	197617.8	37890	—	1885726.6	436.5	26137.62
2010	14082	211699.8	130604.3	—	2016330.9	1800	27937.62
2011	3441.7	215141.5	33541.7	—	2049872.6	410	28347.62
2012	5170.5	220312	61621.8	—	2111494.4	633	28980.62
2013	3084.8	223396.8	19718.66	—	2131213.06	202.68	29183.3
2014	3733.5	227130.3	25953.36	—	2157166.42	225.49	29408.79
2015	9556.8	236687.1	91499.05	—	2248665.47	1037.1	30445.89
合计	236687.1		2238399.47	10266		30445.89	

2016 年 11 月 6 日，于高潭口泵站右侧、东荆河堤桩号 130＋200 处动工兴建高潭口二站，设计安装机组 3 台×2800 千瓦，总装机 8400 千瓦，设计流量 90 立方米每秒，为Ⅱ等工程。工程总体布置为：主泵房、副厂房、安装间、出口防洪闸、两岸连接建筑、站前拦污栅桥、进出口渠道、出水池交通桥等。工程计划总投资 2.068 亿元，施工工期 30 个月。高潭口二站建成后，将增加四湖流域的提排能力，在洪湖分蓄洪区运用时部分替代新滩口泵站的排水任务。

（二）新滩口泵站

新滩口泵站位于洪湖市新滩镇回风亭村内荆河出口处，居新滩口排水闸与新滩口船闸之间，共同构成新滩口水利枢纽工程，属荆州市四湖工程管理局直管的流域性骨干泵站之一。

新滩口泵站于 1983 年底破土动工，1986 年 7 月建成受益。泵站规模为 10 台×1600 千瓦，设计排水量 220 立方米每秒。新滩口泵站既是四湖中下区的排水站，又是流域性的统排站，排田水与排湖

图 7 - 38　高潭口泵站外型及室内场景图（2010 年摄）

水兼顾。解决四湖中下区 6200 平方千米渍水的出路，与高潭口泵站配合使用，能及时排除四湖中下区渍水，可将洪湖水位控制在 26.00 米左右，使四湖流域大部分低洼农田避免分洪，同时也可减少内荆河及洪湖围堤防汛抢险压力，保证四湖下区农田和人民生命财产安全。

1966 年湖北省水利厅勘测设计院编制的《四湖流域电力排灌站第一期工程规划》（征求意见稿），提出在新滩口建站。1972 年 11 月《洪湖防洪排涝第一期工程初步设计书》又对在新滩口集中建大站和在白斧池、虾子沟、大沙、龙口、新堤五地分散建小站进行比较，最后确定建新滩口站。同年，新滩口建站得到水利部部长钱正英的关注和过问。1980 年和 1983 年四湖流域遭受严重内涝灾害，现实情况迫切需要增建 1 级外排泵站，且建设新滩口泵站有较多的优势：①可以照顾全流域排水；②可以利用老内荆河排水，不再开挖新渠道，节省开挖土方和挖压农田；③提水扬程低，运行费用少（新滩口站的平均运行扬程为 3.89 米，高潭口泵站运行扬程为 5.92 米）；④靠近长江，建筑材料运输方便，工程造价低；⑤有新滩口排水闸和船闸的地质资料可供参考等。1983 年，荆州地区水利局勘察设计室编制《荆州地区新滩口泵站初步设计任务书》。1983 年湖北省计划委员会以鄂计基农字〔83〕第 596 号文批准设计任务书。同年，湖北省水利厅以鄂水电〔83〕371 号文批准初步设计，并同意施工。

1983 年 12 月，荆州地区成立新滩口泵站建设工程指挥部，洪湖县政府县长喻伦源任指挥长、工地临时党委书记，洪湖县副县长段超弟任常务副指挥长，荆州地区水利局工程师欧光华为技术负责人。工程于 1983 年 12 月 6 日开工，荆州地区水利局工程队负责施工，集中全荆州地区具备大型泵站安装技术的工人安装设备，洪湖县负责施工组织和土方工程建设。工程于 1986 年 7 月 7 日试车并投入运行，共完成土方 188.1 万立方米、砌石 12246 立方米、混凝土 34651 立方米，国家投资 2431 万元。

泵站枢纽工程包括泵站、输变电工程、变电站、交通公路桥、人工引河及管理处 6 项主体工程。枢纽工程总体布置为堤身式，钟形流道进水（钟形流道可提高底板高程，减少土方开挖量，增加底板下覆盖层的厚度，降低底板发生管涌险情的风险），低驼峰虹吸管道出流，出口装有拍门，泵站分 3 联布置，主副厂房及分洪公路桥连在一起，站前 180 米处建有公路桥和拦污栅。泵站主厂房底板高程 16.10 米，底板面高程 17.60 米，电机层高程 31.53 米，厂房顶部高程 44.00 米。水泵设计扬程 5.6 米，驼峰高程 27.80 米，起排水位 23.50 米。

泵站地质条件差，承载力低，沉陷量大，承压水头高。为适应地基特点，设计中采取减轻地基应力的措施，在站身进口侧设置12米的反压箱涵，降低泵房两侧的填土高度。在防渗布置上，为防止侧向渗流破坏，布置有35米的空箱刺墙，并设有垂直、水平止水。泵站设备操作设有中控室，实行集中控制，采用弱电选线巡回检测和微机处理等新技术。

泵站在施工过程中，为吸取新滩口排水闸、船闸在施工中曾出现地基管涌的教训，采用工程师欧光华、许金明等创新的深井点排水技术，以保证坑基的安全。深井点排水系统的工作原理就是降低地下水位，减轻对地基的压力，使得在开挖过程中不致因地下水位高而突发管涌破坏地基。井点排水类似减压井，但又不同于一般的减压井。每个深井都装有抽水设备，当地下水位升高时，可以强行通过抽取井内的地下水，使地下水降低或保持在所需求的高度，不危及所要保护的地基的安全。一般减压井的工作方法，当地下水位升高时让其自行溢出井外。

经勘探，站基范围内为第四系冲积层，上部为近期河湖相沉积层，下层为全新世河流相沉积层。站基下有两个含水层，第一层为亚砂土层，分布高程为8.00～10.00米，厚度不一，其间夹有多层薄砂；第二层为粉细砂层，顶板高程为5.00～6.00米，板层厚，含有丰富的地下水，经抽水试验，施工期间地下水位变化范围为20.00～23.00米。因此，对于基坑的渗透稳定问题给予高度重视，防止突发管涌现象发生。鉴于已建成的新滩口排水闸和船闸，在施工过程中闸基部都出现了管涌，闸基遭到不同程度的破坏，虽多次处理，仍带病运行，危及建筑物的安全，乃决定对泵站基础采用深井点排水系统。

1983年10月进行深井点排水防止泵站基础渗透变形破坏的试验工作。1984年2月完成井点施工，3月投入使用，正常运行3个多月，有效地保证基坑的施工安全。

泵站基坑开挖高程16.1米，覆盖土层厚6.1米，根据稳定计算，当地下水位达到19.0米时，基坑处于抗渗流稳定的临界状态，泵站底板浇筑后，填土至17.00米的高程，当地下水位达21.50米时，底板周围可能出现渗透变形，决定布置9口深井点、3口观测井。井底高程为-18.00～-20.00米，孔深42～44米，井径0.5米，过滤管长15米（普通管长21～29米不等）。滤网第一层为70目铜丝布，再裹50目两层尼龙布，外填料径为2～4毫米的小绿豆砂。

当井点工作时，基坑地下水位一般可降低2.5～3.0米。3—4月上旬，基坑地下水位控制在16.0～17.4米之间，保证了地基的安全，进而促进了泵站土建工程的顺利施工。

新滩口泵站经过20多年的运行，暴露出一些工程质量问题，主要表现是：水泵与流道不匹配（流道为钟形流道），致使机组在运行中振动大、噪声高，水泵气蚀现象严重，装置效率不能充分发挥；主电机绝缘老化，性能下降；控制设备、保护装置属淘汰产品，可靠性低；中控室偏小；厂房门窗锈蚀变形，屋面漏水严重；泵站混凝土碳化严重，出水流道出现裂缝；闸门锈蚀、启闭设备老化；管理设施落后。

2007年7月26日，湖北省发展和改革委员会以鄂发改〔2007〕708号文对新滩口泵站更新改造工程初步设计予以批复，计划投资8970万元，其中，中央投资4485万元，省级投资2691万元，地方配套1794万元。

泵站更新改造业主为荆州市四湖工程管理局，设计单位为武汉大学设计院，监理单位为湖北腾升工程管理有限公司。施工单位有：湖北汉江水利水电建筑有限责任公司、安徽水安建设发展股份有限公司、武汉武大巨成加固实业有限公司、湖北大禹水利水电建设有限公司、深圳市东深电子股份有限公司。设备供应商有：无锡市锡泵制造有限公司、日立泵业制造有限公司、湖北华博阳光电机有限公司、正泰电器股份有限公司、广州南洋电缆有限公司、上海凯泉泵业有限公司、湘潭电机股份有限公司。

此次泵站更新改造工程主要实施的项目有：水泵装置模型及现场试验，进出水流道及水泵改造，对混凝土碳化、裂缝及伸缩缝止水处理，拆除重建出水口护坦和分洪转移公路桥桥面，泵站进出口引渠护砌，更换泵站桁车，拦污栅工作桥加宽，拆除重建交通桥两边跨，新建出口围堤防洪墙、新建出口防洪闸，更新进口检修闸门及液压启闭机，更新出口拍门及拦污栅体，机电及配套设施更新改造，重新配置主电机及其他电气设备，拆除重建现有副厂房，新建油处理室、进口启闭机房、主厂房、真空泵房、卷扬机房及装配间整修，更新拦污栅栅体、水文设施，实施站区改造，兴建泵站管护设施，环境保护，水利血防工程，安装视频监控系统等。

更新改造工程从2007年11月18日开始，2011年3月10日完工。流道改造是其重点项目，经专家论证，将钟形流道改造成簸箕型流道。通过模型仿真试验，基本确认此方案的可行性。2007年底，将2号机作为试验机组，进行流道改造试验，水利部检测中心于2008年8月1日进行现场运行测试，同年11月1日经省市有关专家和领导讨论通过，决定按此方案改造其他9台。2009年汛后至2010年4月底，完成流道改造以及10台电机、水泵及电控设备的安装和改造项目，并正常投入当年防洪排涝，运行效果良好。实际完成更新改造工程资金7213.68万元。

泵站更新改造后总体布置为堤身式，簸箕形流道进水，低驼峰虹吸管道出流，出口装有拍门。紧靠出口有1座防洪闸，10孔，孔口尺寸为5.6米×3.8米（宽×高）。泵站主厂房底板高程16.10米，底板面高程17.60米，电机层高程31.53米，厂房顶部高程44.00米。水泵设计扬程5.6米，驼峰高程27.80米，起排水位24.50米，最低工作水位23.50米。风道口底高31.7米，外江运行水位31.48米。装机10台×1700千瓦，排水流量220立方米每秒。拦污栅配清污机2台。更新改造前、后的新滩口泵站见图7-39。

新滩口泵站自1986—2015年，共安全运行812天、136211.2台时，排渍水108.62亿立方米。其中，1996年为最高值，运行70天、14653台时，抽排渍水1.6亿立方米，见表7-26。为四湖中、下区确保农业、渔业生产作出重要贡献。

（a）新滩口泵站更新改造前外形图（2006年摄）

（b）新滩口泵站更新改造后外形图（2011年摄）

图7-39（一） 更新改造前、后的新滩口泵站场景图

(c) 新滩口泵站更新改造后的机组图（2011年摄）

图 7-39（二） 更新改造前、后的新滩口泵站场景图

表 7-26　　　　　　　　　　新滩口泵站历年运行情况统计表

| 年份 | 最高水位 | | | 运行天数/d | 台时/h | 耗电/（万 kW·h） | 排水量/万 m³ |
	上游/m	下游/m	时间				
1986	25.13	26.52	7月11日	14	1277.26	152.68	17282
1987	24.92	27.74	7月3日	38	4508.21	369.55	48094
1988	25.41	29.81	9月17日	24	4867.35	555.98	36688
1989	23.81	27.90	7月14日	23	2414.38	239	22578
1990	25.20	28.62	7月7日	18	3285	285.6	24437
1991	26.10	29.34	7月15日	38	7830.21	696	61299
1992	24.44	28.15	7月1日	21	4070.26	384.48	30999
1993	25.25	28.60	8月22日	39	3269	259.8	25549.5
1994	0	0		0	0	0	0
1995	25.02	29.62	7月6日	39	7992	718.6	58581
1996	26.45	30.98	7月23日	70	14653.5	1434.76	128349.4
1997	24.88	28.40	7月24日	17	3470.75	332.26	2822.5
1998	26.25	31.86	8月21日	62	9416	955.92	71093.7
1999	26.33	31.44	7月23日	53	12958	1295.52	108799.4
2000	0	0		0	0	0	0
2001	0	0		0	0	0	0
2002	25.97	30.34	8月28日	61	10232.5	805.75	84582
2003	25.79	29.30	7月15日	38	6375	500.56	52598
2004	25.96	27.54	7月25日	21	4572.5	304.13	39600
2005	25.27	27.53	9月5日	9	820	61.654	6448
2006							0
2007	24.82	28.24	8月5日	29	3268.75	268.024	24780
2008	24.56	26.81	9月8日	26	3308	265.52	25292
2009	0	0	0	0	0	0	0
2010	25.94	29.25	7月3日	66	11908.5	1122.648	103248
2011	0	0		0	0	0	0

年份	最高水位			运行天数 /d	台时 /h	耗电 /(万 kW·h)	排水量 /万 m³
	上游/m	下游/m	时间				
2012	24.85	28.37	7月24日	50	6520	434.62	49159
2013	0	0		0	0	0	0
2014	24.46	27.81	7月22日	22	2409	165.336	16690.75
2015	25.04	27.15	6月24日	34	5785	336.12	47260.4
合计				812	135211.17	11944.512	1086230.65

（三）田关泵站

田关泵站（图7-40）位于潜江市境内田关河与东荆交汇处，前迎东荆河，背靠田关河，左邻田关排水闸，距潜江市中心城区9千米。田关泵站是省水利厅直管的流域性大型骨干工程，其与长湖、刘岭闸、田关河及田关排水闸配合运用，构成四湖上区排涝主体。泵站枢纽工程包括泵房、防洪闸、拦污栅、变电站、引水渠、田关河公路桥等，平面布置图见图7-41。

图7-40 田关泵站（2015年摄）

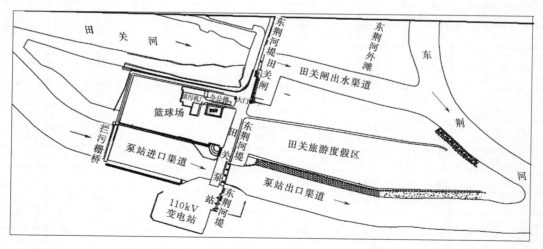

图7-41 田关泵站水利枢纽工程平面布置图

长湖、田关河以北、东荆河以西地区称为四湖上区，汇流面积3240平方千米，其中直接注入长湖的面积为 2265.4 平方千米。长湖与田关河及田关排水闸联合运用的排水系统在 20 世纪 60 年代初形成。但由于长湖调蓄容积小,田关闸又受东荆河分流顶托影响,闭闸次数多,闭闸时间长,在自排阻塞,渍水没有出路的情况下,往往因雨洪汇集,致使四湖上区泛漫成灾。1980 年、1983 年 2 个重涝年份,长湖周围大片农田遭受淹没,田关河以北地区渍水茫茫一片,荆州城区 3 个城门进水,荆门县(今沙洋县)后港镇街上可行船,区域内主要公路交通中断,给工农业生产和人民群众生活带来很大的损失。

1980 年 7 月中旬至 8 月下旬,四湖上区平均降雨 578 毫米,径流总量 11 亿立方米,当时田关闸开闸抢排 26 天,只排除涝水 3.5 亿立方米。长湖水进多出少,水位由 26.69 米 2 次上涨到 33.11 米,使长湖周围和田关河以北地区受淹,成涝面积达 47 万亩。之后除利用彭塚湖分洪调蓄水 0.25 亿立方米之外,还被迫通过四湖总干渠向洪湖泄洪 3.3 亿立方米,致使总干渠王老河站最大流量达 791 立方米每秒,渠道水位陡涨,影响沿总干渠两岸大片农田的排水。这 3 亿多立方米的涝水泄入洪湖后,致使洪湖水位超过历史最高水位,最后不得不启动运用新螺垸、联合十三垸和监利县螺西区 300 多平方千米面积地区分洪调蓄,从而造成一水淹五县的严重后果。

1983 年,荆州行署提出建设"两湖(长湖、洪湖)三站(田关、傅家湾、新滩口)的规划,由于有主张东荆河建闸节制汉江分流延长田关闸排水时间和田关建泵站提排入东荆河的争论,而未能确定。1985 年根据全省水利工作会议的安排,决定兴建田关泵站,可在田关闸排水受阻时开机排涝,从而提高四湖上区的排渍能力。

田关泵站由湖北省水利厅勘测设计院设计,1985 年 5 月 14 日湖北省水利厅以鄂水总〔85〕12 号文批准兴建。1985 年 10 月 26 日,荆州行署成立田关电排站工程建设指挥部,行署副专员喻伦源任指挥长,建筑工程由荆州地区水利工程队承建,土建工程由潜江县承担,机电安装调集排湖、高潭口、新滩口 3 个泵站的技术工人分别承包安装,输变电线路由荆州地区电力局承包并组织施工。工程于 1986 年 5 月 14 日破土动工,1989 年 7 月 1 日 6 台机组一次性试车并投入运行。共完成土方 196.2 万立方米、混凝土 4.7 万立方米、浆砌石 1800 立方米。工程实际完成投资 3958.7 万元。

泵站布置型式为堤身式、虹吸式出流,选用轴流泵 6 台,2800 千瓦同步电动机,主厂房内分三层(水泵层、检修层、电机层)八室(主机室、中控室、高压室、低压室、直流室、载波室、会议室、工休室)。

防洪闸设有工作和事故两重闸门,当外江水位高于驼峰高程 31.3 米、机组运行突然发生故障时,事故闸门迅速启动、断流,确保防洪和机电设备安全。

拦污栅建于距进水流道 180 米处,桥式、钢筋混凝土结构,采用机械打捞杂草和漂浮物。

变电站建在主厂房右侧,装置 1600 千伏安/110 千伏主变压器 2 台,电源经高场变电站输入,输电线路长 11.3 千米,其控制与保护装置均设在中央控制室,其启动、运行、监测全部自动化。

由于泵站处在软土地基之上,为确保主厂房安全,在基础部位共浇筑 464 根混凝土灌注桩,桩径 0.8~1.2 米,总进尺 13711 米。

附属工程有引水渠、公路桥、后堤等,与主体工程同期完成。

1989 年 8 月,四湖上区连降暴雨,长湖水位猛涨到 32.49 米,田关泵站于 8 月 11 日投入运行,累计开机 28 天,运行 1908 小时,提排水量 1.7 亿立方米。据测算,如果没有田关泵站抢排,长湖水位将涨到 34.00 米,超保证水位 1.5 米。由于田关泵站的投入运行,有效地控制长湖水位的涨幅,避免了分洪、溃堤和大面积农田受渍成灾情况的发生。同时也减轻四湖中、下区的排水压力。

泵站经过 20 多年运行,在水工建筑、机电设备、金属结构及监控设备、管理设施等方面已暴露出了混凝土裂缝、碳化、沉降缝止水撕裂漏水、电机大梁断裂、机电设备老化、金属结构锈蚀等问题,严重威胁泵站的安全运行和效益的发挥。2006 年,经省水利厅水电工程检测研究中心、武汉大学等权威部门现场检测、调查、分析,编制出田关泵站安全鉴定报告。湖北省发展和改革委员会批复,对田关泵站进行更新改造。工程总投资 9262.69 万元,主要建设内容:泵座基础、主泵房进口检修门槽及出口启闭机房改造，泵站裂缝、伸缩缝止水、混凝土碳化处理、厂房维修、渠道清淤和整治、翼墙裂缝处理、拦污栅加固；改造 6 台套主水泵和主电机，更新辅助设备，改造桁车，增加消防系统；电气设备更新改造，110 千伏变压站设备线路改造；更新 15 扇站前拦污栅、12 扇进口拦污栅和 4 扇进口检修闸门，增设 1 台移动耙斗式清污机，维修出口防洪闸，增设检修桁车，更换进口闸门启闭机，维修出口闸门启闭机。

田关泵站更新改造工程于 2006 年开始，2008 年完成第一期改造任务，2012 年 10 月实施第二期改造工程新增项目，总投资 5088 万元，全部工程于 2015 年 5 月完成。

田关泵站自 1989 年投入运行至 2015 年，累计排水台时为 32952.72 小时，排除渍水 403220.389 万立方米，耗用电量为 4753.4 万度，见表 7-27。

表 7-27　　　　　　　　　　　　　　　　田关泵站历年运行情况统计表

年份	台时/h	排水量/万 m³	最大流量/(m³/s)	耗电量/(万 kW·h)
1989	1717.55	13446.72	146	251.62
1990	313.9	3696	130	45.98
1991	2254.41	26091.95	220	330.27
1992	154.77	1328.7	120	22.67
1995	49.57	630.74	60	7.26
1996	3760.56	45071.59	239	550.1
1997	1027.86	12831.63	223	150.58
1998	3517.7	45900.26	205	515.34
2002	287	3883.31	189	42
2004	1200	8238.716	252	175.8
2005	480	4973.04	69	69.88
2007	3456	46025.28	185	506
2008	2472	32900	220	362
2009	2232	29730	220	326.9
2010	6360	84715	220	932
2015	3669.4	43757.453	180	465
合计	32952.72	403220.389		4753.4

三、流域一级泵站

（一）南套沟泵站

南套沟泵站（图 7-42）位于洪湖市境内东荆河右堤桩号 142+450 处，是四湖流域最早兴建的一座单机 1600 千瓦以上大型泵站。南套沟泵站于 1968 年 12 月动工兴建，1971 年 5 月建成受益，1999—2004 年对泵站进行更新改造，现有总装机 7200 千瓦（4 台×1800 千瓦）。设计排涝流量 78 立方米每秒，受益农田 28.84 万亩；灌溉流量 17.8 立方米每秒，受益农田 4.65 万亩。主要承担洪湖市黄家口镇和汊河镇 280 平方千米的排涝任务，同时参与新滩口、高潭口等泵站进行统排，降低洪湖汛期水位，为洪湖市管理的流域统排泵站之一。

南套沟泵站枢纽工程包括泵站、变电站、出口节制闸、灌溉闸等。泵站布置型式为堤身式、虹吸式出流。内湖最低控制水位 22.80 米，建站时选用 28CJ-70 型轴流泵，安装 4 台×1600 千瓦电动机，变电站电源由汉阳锅顶山变电站架设 110 千伏输电线路入站。为节省投资，泵站建在南套沟 3 孔排水闸的排水渠道上，并利用此闸的启闭设备进行提排、提灌。

南套沟泵站由湖北省水利水电勘测设计院设计，工程建设由湖北省水利水电工程二团、荆州地区

图 7-42　南套沟泵站（2015 年摄）

水利工程队，洪湖县水利局联合施工，荆州地区水利局工程队工程师吴志良为工程技术负责。整个工程完成土方 24.55 万立方米，砌石 5686 立方米，混凝土 1.27 万立方米，国家投资 837.4 万元。

南套沟泵站是四湖流域首次兴建的大型电泵站，由于缺乏经验，设计最低控制水位偏高（22.80 米），在 22.80 米地面线以下还有大片农田，以致在排渍中常超设计水位运行，造成机组震动、水泵气蚀严重，但仍有大片农田渍水难以排出。为解决这个问题，又先后兴建天潭、白林南、白林北、姚河、形斗湖、大有、汉河和大丰 8 处装机 22 台、2585 千瓦的二级泵站，提高了农田排渍成本。

南套沟泵站原设计是利用原 1961 年建成的南套沟老闸作为泵站的防洪、排涝和灌溉控制建筑物，但泵站建成运行后，老闸不能完全满足配套使用要求。故而由洪湖县水电局勘测设计院设计、省水利电力局批准并拨款 40 万元，由洪湖县水利电力局组织施工，对老闸进行改建。1973 年 10 月动工，1974 年 5 月竣工。

泵站自投入运用以来，因使用时间久，运用条件差，因而存在着安全隐患。主要是水泵锈蚀、磨损严重；辅机设备及电气设备老化；部分电机线圈拉曲变形，电机绝缘程度下降，机组温升过高，效率渐低，达不到设计排水流量；泵站中控室地平下沉达 60 厘米，配套建筑物损坏等；直接影响着泵站的正常运用和工程效益的发挥。

1998—2005 年，湖北省水利厅先后投资 1738 万元、地方配套 930 万元，对泵站进行加固改造。其主要项目为：对 3 号、4 号电机水泵增额改造，单机功率由 1600 千瓦增容到 1800 千瓦，对 4 台主机励磁装置及中控设备和主机控制保护装置进行了更新改造。

2008 年，南套沟泵站更新改造 2 次列入全省第三批泵站更新改造项目即中央新增投资部分，对泵站进行改造。其主要改造项目为：1 号、2 号电机、水泵增容改造；泵站厂房整修、外墙涂料及屋面防水；主泵房进出口侧预制栏杆、厂区铸铁栏杆安装；进水渠道疏挖、混凝土护坡护底及止水更新；进出口挡土墙开挖回填、钢塑复合拉筋带、混凝土加筋带锚固板、六方块护坡、预制栏杆更新及安装；出口挡土墙预制栏杆安装；拦污栅改造工程；进口检修平台重建工程；出口防洪闸加固工程；东、西节制闸改造工程等。改造工程于 2012 年完成。

（二）螺山泵站

螺山泵站（图 7-43）位于洪湖市境长江干堤螺山脚下。始建于 1970 年 5 月，1973 年建成投入运行。装机 6 台，单机容量 1600 千瓦，总容量 9600 千瓦，设计排水流量 126 立方米每秒，承担排水面积 935.3 平方千米，受益农田 88.99 万亩，是监利县水利局管理的参加流域性统排的大型泵站之一。

图 7-43　螺山泵站（2015 年摄）

　　螺山排区环绕洪湖西、北边沿，地势低洼，常年受湖水威胁，三年两涝。1964 年受灾面积达 56.8 万亩。灾后，湖北省水利厅编制的《荆北地区防洪排涝补充方案》之中，就拟定在螺山修建大型电排站，由于受技术力量和经济条件限制，未能实施。

　　1969 年，洪湖田家口处长江干堤溃口，淹没大量农田，兴建螺山泵站的要求更加迫切。同年，监利县提出修建螺山泵站的要求，省革命委员会批准实施。

　　1970 年 4 月 12 日，监利县成立螺山电排站建站指挥部，从荆州地区水利电力局、监利县水利电力局、荆州水利工程队、四湖工程管理局抽调技术人员组成"三结合设计组"开展设计工作。

　　在勘测设计的同时，监利县组建施工营，调集 3 万民工开始土建工程施工。站址选择在螺山镇 2 个小山丘之中（原螺山排水闸），开挖深度近 30 米，全部为岩石基础，这是四湖流域所有 1 级电排站中唯一的 1 座建筑在岩石上面的泵站。1972 年底完成土建工程。1973 年 4 月开始安装机组，由湖北省水利工程一团负责安装，1976 年春投入运行。完成工程量为：主泵站挖填土方 52.53 万立方米，混凝土 16633 立方米，砌石 14394 立方米，总建筑面积 1702 平方米；其他配套工程土方 723 万立方米，投工 620 万个；工程总投资 1061.732 万元。

　　螺山泵站由主泵站、输变电工程和配套工程三大部分组成。主泵站为坝身式泵站，肘弯形进水流道具和虹吸管式出水流道。安装 6 台单机 1600 千瓦电机和 2.8 米立式全调节轴流泵 6 台。泵站供电为丹江口电源（潜江高场变电站），架设 220 千伏/110 千伏输电线路。泵站主排水干渠 33.25 千米，连通洪湖，可排螺山排区渍水，也可参加四湖流域统排。

　　由于在施工过程中，湖北省荆州地区有关领导将原设计的装机 9 台、总容量 14400 千瓦改为装机 6 台、总容量 9600 千瓦，在实际运行过程中，显露出排涝标准不足、水泵扬程低等问题。1995 年省水利厅在基本建设计划中安排泵站改造资金 200 万元，对 4 号机组进行改造，电机增容为 2200 千瓦。

　　1996 年 7 月，长江螺山站水位超历史最高水位，除了改造过的 4 号机组能正常运行外，其余 5 台机组因"超扬程、超驼峰"而被迫停机 15 天，螺山排区农田最深渍水达 2 米，颗粒无收。灾后，省水利厅再次安排泵站更新改造资金 1300 万元，于 1997 年 5 月开始，对此站实施改造，装机 6 台，单机容量增加为 2200 千瓦，总容量 13200 千瓦，排水流量扩大为 138 立方米每秒。2016 年，湖北省政府决定对全省 11 座大型泵站进行增容改造，螺山泵站被列入其中。在方案讨论过程中，提出了"旧站改造增容"和"拆除旧站重建新站增容"的两种方案，后经省发改委、省水利厅在结合原泵站改造和增加外排能力的基础上反复调研和论证，于 2016 年 12 月 5 日以鄂发改审批服务〔2016〕409 号文件对螺山泵站增容项目予以批复。批复方案为拆除重建。新站设计装机容量 6 台×3900 千瓦，总装机容量 23400 千瓦；设计扬程 8.43 米，设计流量 252.0 立方米每秒。主要建设内容为对原泵站一并实施拆除重建，含新建进水前池、主泵房、副厂房、两岸连接建筑物、进出口翼墙、出水池、出水渠、螺山交通桥等。批复总投资 2.17 亿元。螺山泵站新建工程于 2016 年 11 月开工，计划建设工期 34 个月。届时，螺山泵站建成后，在原有排涝能力的基础上，新增排涝流量 114 立方米每秒，将进一步提高四湖流域的排涝能力。

（三）新沟泵站

新沟泵站（图 7-44）位于监利县新沟镇东荆河右岸东荆河右堤桩号 55+600 处，是一座以排为主，排灌结合的大型泵站。泵站装 6 台×800 千瓦，设计排水流量 52 立方米每秒，设计扬程 5.96 米，排区承雨面积 206 平方千米，灌溉面积 15 万亩。工程设计排涝标准为 10 年一遇，3 日暴雨 5 日排至农作物耐淹深度。可通过监新河北段排水干渠与四湖总干渠贯通，参加四湖流域统排，由监利县水利局管理。

图 7-44 新沟泵站（2015 年摄）

新沟泵站系四湖流域防洪排涝工程规划项目之一。根据省水利水电勘测设计院 1972 年编制的规划，兴建新沟泵站是与洪湖高潭口泵站联合运用、担负提排四湖中区 4899 平方千米排水任务，总提排流量 323 立方米每秒，其中高潭口泵站排水能力 236 立方米每秒，尚需新沟泵站提排 87 立方米每秒，装机容量 10 台×800 千瓦。在解决排水任务的同时，可从四湖总干渠引水（或引东荆河水），解决监北地区的灌溉用水，实现排灌综合利用。对于上述规划，潜江县曾多次提出不同意见，要求分散建站，划片外排。1974 年湖北省水利会议上确定，在潜江县老新口增建 1 座电力排灌站，装机容量为 4 台×800 千瓦，将新沟电力排灌站规模相应缩小为 6 台×800 千瓦，排水流量 52 立方米每秒。

新沟泵站由荆州地区水利局和监利县水利局联合组成的设计组设计。湖北省计划委员会以鄂计基〔74〕037 号文件批准设计任务书，湖北省水利厅以鄂水电综〔74〕061 号文件批准初步设计，并同意施工。1974 年 9 月，监利县成立新沟电力排灌站建设指挥部，同年 10 月破土动工，1975 年 9 月，泵站土建任务基本完成，开始进入机组安装。1976 年 6 月 1 日，1 号、6 号机组安装试车，其余 4 台分别于 1977 年、1978 年各安装 2 台，至 1978 年 7 月，6 台机组全部安装完成投入运行。工程实际投资 561.54 万元，完成浇筑混凝土 13081 立方米、干砌石 2007 立方米、浆砌石 1143 立方米，挖填土方 77.39 万立方米，总投工 127.32 万个。

新沟泵站采用堤后闸站结合的形式。工程主要包括：主泵站、防洪闸、灌溉闸、深水涵洞、公路桥等。

主泵站为堤后式混凝土结构，底板层高为 20.12 米，垂直向上分别为水泵层、检修层和电机层，其高程分别为 22.22 米、26.90 米和 30.90 米。厂房顶高 42.00 米。防洪闸建于主泵站之前，设计流量 52 立方米每秒，闸为 2 孔，3.5 米×3.5 米方涵洞式。集水池位于泵站与外河闸之间，共分 2 联，两侧分别建有 2 孔灌溉闸和 1 孔深水涵洞，在池的中央部分建有 4 孔控制闸，取东荆河水提灌时起着高低水位分家的作用。泵房侧各有两孔 3 米宽的灌溉闸，闸底高程 28.00 米，东荆河水位超过 28.00 米时，可自流灌溉。靠防洪闸两边各建有 1 孔深水涵洞。在距泵站 210 米处横跨监新河建有 1 座钢筋混凝土斜杆式桁架拱桥。

新沟泵站的建成，构成南至四湖总干渠，北至东荆河，西邻潜江，东抵洪湖的监利北部地区排灌体系，自然面积 744.39 平方千米，其中有 436 平方千米的渍水由高潭口泵站分排。

在排涝方面主要通过监新河北段和纵横交错的干支沟渠，排除监利县新沟、周老嘴、黄歇口、荒湖等乡镇（管理区）约 40 万亩农田的渍水，同时还可以从四湖总干渠取水 52 立方米每秒，提排入东荆河。新沟泵站与高潭口泵站、潜江老新口泵站联合运用，共同担负提排四湖中区渍水的任务，起到福田寺防洪闸前高水削峰的作用。它除排涝外，还可解决监北区 49 万亩农田的灌溉用水。

2007 年，国家投资 2558 万元，对新沟泵站进行更新改造，完成主厂房更新、副厂房新建、进出水流道护底护坦、防洪闸改造、机电设备更新和安装自动化设备等项目。

（四）半路堤泵站

半路堤泵站（图 7-45）位于监利县长江干堤桩号 624+500 处，担负着监利县四湖总干渠、西干渠以南，洪湖主隔堤以西 387.49 平方千米的排涝任务。同时通过四湖总干渠福田寺南岸建闸控制，可参加四湖流域统排，将总干渠部分来水直接排入长江，可提高四湖中区的排涝标准，特别是洪湖分蓄洪区工程运用时，实现高水高排。半路堤泵站由监利县水利局管理。

半路堤泵站排区原为螺山泵站排区，一部分渍水通过总干渠实现自排，因总干渠受上区来水的压迫，有 219.49 平方千米面积的渍水不能自排，加上洪湖主隔堤修建之后，163 平方千米面积被隔在主隔堤以西，需要解决排水出路问题。1975 年，监利县在编制恢复被主隔堤隔断的水系的规划中提出修建泵站的要求，1975 年编制出《半路堤电力排灌站工程设计书》，1977 年省计委以鄂计农字〔77〕第 231 号文批准兴建。设计标准为 10 年一遇 3 日暴雨 5 日排完，装机容量 3 台，单机 2800 千瓦，总容量 8400 千瓦，排水流量 76.8 立方米每秒，设计和施工均由监利县水利局承担。

图 7-45 半路堤泵站（2015 年摄）

泵站于 1977 年 10 月开始进行地质钻探，1978 年 1 月破土动工，由监利县组织红城、汴河、汪桥、尺八 4 区民工承担土方挖填、混凝土浇筑等施工任务，湖北省水利工程一团负责机组安装，1980 年 5 月投入运行。完成挖填土方 985694 立方米、混凝土 16113.5 立方米、浆砌石 38215 立方米、干砌石 820 立方米，总投资 860.7 万元。

半路堤泵站枢纽工程包括主泵房、外江防洪闸、东西灌溉闸及渠、输变电工程和公路桥。

泵站为钢筋混凝土堤后式平管出流结构，采用块基式混凝土整体机房，机房长 73.4 米，宽 17 米，垂直高度 25.6 米，分为 4 层，底板高程为 19.10 米，泵站设为 6 孔，进水流道净宽 18.6 米；水泵层高程为 21.27 米，装有立式全调节 2.8CJ－90 型水泵 3 台，为满足机组运行需要配备供水泵和排水泵各 3 台；密封层装有油、气、水管道，高程为 28.00 米；电机层高程为 32.75 米，安装有 3 台 2800 千瓦同步电机和高低压配电设备，主厂房面积 948 平方米，房顶高程 44.70 米。

由于设计、施工、安装等原因，以及运行后的其他因素，先后进行过续建、改造及整险加固等几个阶段。

泵站的输水渠道为排涝河，过水断面与泵站排水能力不匹配，1989 年冬由省水利厅投资 190 万元，疏挖半路堤至沙螺渠道 15 千米以及主机设备改造，泵站效益逐步提高。

2 号机组因安装质量问题启动困难，振动剧烈，效率低，1994 年列入全省基建重点技术改造项目，投资 200 万元，更换机组水机转轮总成，达到技术规范要求，运行良好。

泵站原设计为排灌两用站，因灌溉提水运用成本高，周围兴建一些小型灌溉站、灌溉渠道影响长江干堤安全等原因，1998 年拆除东、西灌溉闸及其配套设施，使其成为单一的排水泵站。

从 1992—1998 年，共发生翼墙跌窝、伸缩缝漏水等 5 次大的险情，虽已进行应急处理，但未解决根本问题，1998 年 11 月开始进行整险，主要项目是翻筑堤身、修复伸缩缝及止水，对底板进行灌浆处理，更换防洪闸门等，1999 年 4 月完工，开挖回填土方 6.82 万立方米，浇筑混凝土 479.6 立方米，浆砌石 1396 立方米，总投资 370.97 万元。

2008 年，半路堤泵站列入湖北省第二批大型泵站更新改造项目，对其余工程全面地整险加固更新改造。工程主要内容：①3 台主电机增容，单机容量由 2800 千瓦增容至 3200 千瓦，3 台水泵更换，设计扬程 8.30 米，设计单机排水流量 76.8 立方米每秒；②泵站配电设备更换 110 千伏变电站增容改造；③进出水渠道疏挖护砌，拦污栅维修，水工建筑物维修改造，站区面貌改造等。改造工程 2009 年完成，工程总投资 5300 万元。

（五）杨林山泵站

杨林山泵站（图 7－46）位于监利县长江干堤桩号 538＋300～538＋500 处，依杨林山而建，装机 10 台，单机 800 千瓦，总容量 8000 千瓦，设计扬程 7 米，排水流量 80 立方米每秒，与螺山泵站联合运用，共同担负螺山区的排涝任务，并可从洪湖引水参加四湖流域统排，由监利县水利局管理。

图 7－46　杨林山泵站（2015 年摄）

1983 年，监利县水利局编制出《监利县杨林山电排站设计任务书》，湖北省计划委员会以鄂计基字〔83〕第 073 号文批准兴建。1983 年 3 月破土动工，1985 年 4 月竣工投入运行。工程共完成挖填土方 23 万立方米、浆砌石 10428 立方米、干砌石 3820 立方米，浇筑混凝土 20354 立方米，完成投资

1389.55 万元。

杨林山泵站枢纽工程包括主泵站、防洪闸、深水自排闸、沙洪公路桥、码头湾至杨林山 8.4 千米主排渠及 110 千伏输变电工程。主泵站凿山而立，10 孔防洪闸雄居于主泵站之前，主泵站之后一条长渠穿涧远去，主泵站西侧是变电站，东侧与杨林山深水闸平行连接，两轴线相隔 60 米，中间用一条人工石渠连接以作自排出水之道；泵站管理机构坐落山顶之上，整个枢纽建筑群随地形起伏错落有致，接群山，依长江，四周松竹翠柏环绕，近邻一座远近闻名的"天妃娘娘"庙，仿古建筑与现代建筑物相映成趣，集水光山色于一体，它不仅是座大型水利枢纽工程，也是四湖流域著名的水利风景区。

主泵站为堤后型建筑，进水采用肘弯形流道，出水采用直管拍门式流道，通过穿堤输水箱涵，竖式防洪闸出长江。泵站安装 10 台单机 800 千瓦电机，配 10 台 16CJ - 80 型轴流泵，设计扬程 7.85～10.72 米，设计流量 80 立方米每秒，排区承雨面积 935 平方千米，受益农田 62.5 万亩。

泵站经过多年运行，特别是经过 1998 年大洪水考验，暴露出一些险情隐患，主要是因为地基发生不均匀沉陷导致第一节出水管断裂，1987 年通过外贴橡皮处理，但时间过久，橡皮老化，裂缝变大失去止水作用；伸缩缝止水钢片和橡皮破坏，达不到止水目的；泵站出水管及主泵房漏水；防洪闸门和拍门锈蚀严重；因 1998 年长江大洪水后，长江干堤加高，泵站防洪闸和深水闸所处堤身地面高程低于设计防洪标准；泵站拦污栅栅墩位移；出水渠冲刷严重，深水闸出水 U 形槽立板断裂。

针对以上问题，1999 年 2 月实施泵站整险工程，4 月竣工，完成出水管道内衬钢管 360 米，对 30 节伸缩缝止水进行更换，浇筑混凝土 339 立方米，更换拦污栅，泵站清淤 11 万立方米，对防洪闸 20 块闸门进行维修及更换止水，总投资 200 万元。

2009 年，杨林山泵站纳入湖北省第二批大型泵站改造项目，对主泵房、副厂房、防洪闸、拦污栅进行改造；对进出水流道疏浚和护坡；将 10 台主电机和水泵更换，配 10 台 TL1000 - 22/2150 型同步电机，10 台 16ZLQ6 型全调节立式轴流泵，单机功率由 800 千瓦增容至 1000 千瓦；更换所有的配电设备，安装中控设备，实行自动化控制。改造工程于 2010 年完工，实际投资 4600 万元。

（六）老新泵站

老新泵站（图 7-47）位于潜江市老新口镇东荆河右岸桩号 44＋400 处，承排潜江田关河以南、东干渠以东、总干渠以北，包括老新、徐李、熊口等镇及熊口农场共 121 平方千米的渍水，以减轻监利、洪湖的排水压力，同时承担四湖流域统排任务，由潜江市水利局管理运用，装机 4 台，每台 800 千瓦，设计排水流量 35 立方米每秒，受益农田 10.8 万亩，排涝标准为 10 年一遇。

图 7-47 老新泵站（2015 年摄）

泵站由荆州地区水利局和潜江县水利局联合设计，潜江县组织劳力施工。工程于 1974 年 11 月开工，1976 年 7 月竣工，完成土方 42 万立方米、砌石 525 立方米、混凝土 4753 立方米，耗用钢材 233 吨、水泥 2063 吨、木材 533 立方米，工程总投资 260.5 万元，其中国家投资 200.5 万元，地方自筹 60 万元。

泵站设计为堤后式布置，装有 4 台轴流泵，提排渍水通过堤上防洪闸泄入东荆河。泵站地基为重黏土，泵房为钢筋混凝土结构，肘形弯管进水，直管出水，拍门断流。前池由进口护坦及翼墙组成，出水部分包括水池、防渗板、海漫、导水墙等。拦污栅布置在引水渠上，距离流道进口 35 米。泵站设计站前水位 26.00 米，最低水位 24.80 米，站后水位 30.60 米，最高水位 33.50 米。泵站主体工程有防洪闸、变电站、电排河、尾水闸等。

防洪闸 位于东荆河堤桩号 44＋400，主要承泄老新泵站提排水量和中沙河尾水出东荆河，自排流量 20 立方米每秒，过闸流量 55 立方米每秒。当东荆河水位超过 30.60 米时，关闭此闸，可防御东荆河洪水对泵站主体工程的威胁。此闸为 2 级水工建筑物，钢筋混凝土结构，半圆拱涵，双孔，每孔净宽 3.5 米，高 4.5 米，钢质平板闸门，配备 50 吨螺杆式电动启闭机 2 台。工程于 1975 年 10 月开工，1976 年 9 月建成，完成挖填土方 9 万立方米、混凝土 2596 立方米、砌石 1135 立方米，投资 46.6 万元。闸建成后维修 2 次，费用达 38.6 万元。

变电站 建在泵站南侧，从监利新沟变电站架设 11.5 千米长的 35 千伏高压线至泵站，变为 6 千伏供泵站使用。1975 年 4 月开工，1976 年 6 月竣工，投资 22.22 万元。

电排河 自电排站至史家台附近接通盛河，全长 9 千米，为泵站主要进水渠。设计渠底高程 23.10～24.30 米，底宽 15～25 米，1975 年 11 月至 1976 年 4 月挖通下段 6.9 千米，1980 年全线挖通，但未按设计完成，渠底高程实际为 23.10～25.70 米，底宽为 7 米。完成土方 133 万立方米。自河挖通后，长期未疏洗，河床抬高，泵站运行时，拦污栅前后水位差过大，流速过急，冲刷严重，1988 年 8 月排涝期间，2 个拦污栅墩被掏空下沉，造成重大事故，1990 年经省水利厅批准重建。

尾水闸 建于 1965 年 1 月，钢筋混凝土开敞式结构，单孔宽 3.6 米、高 4.28 米，过水能力 16.2 立方米每秒，排水面积 50.2 平方千米。因受泵站外输水渠堤阻隔，于 1982 年废弃，又投资 11.78 万元，在泵站输水渠道左侧重建新闸，设计与原闸相同。此闸设计为排水闸，上游未设消力池和海漫，但在抗旱时作灌溉闸使用，导致渠底及护坡损坏严重。

泵站建成后由于配套工程项目未按设计完成，排水效率不高。排区被四湖东干渠分为两片，东干渠以东 101 平方千米，东干渠以西 87.2 平方千米。工程兴建后，本应东片先受益，后在东干渠上修建倒虹管，将两片渍水排入老新电排河后再提排，泵站枢纽工程完成后而东干渠倒虹管未配套，西片不能受益。另外，历史上由潜监河自排入总干渠的 70 平方千米来水，在 1980 年监利县填堵潜监河后而被迫排入老新电排河，造成高水低水一起排，增加电排站的压力，由于上述情况，在 1980 年大水年，通城垸和荻湖垸形成严重渍灾 1.7 万亩。

老新泵站原纳入四湖流域统排规划，分担四湖中区排水任务，但未能发挥其应有的作用。主要原因是参加统排时进水要通过刘渊闸，进通盛河口到老新电排河，而刘渊闸断面小，设计排水流量仅 21.6 立方米每秒，且闸底板比总干渠渠底高出 2 米，不利进水抢排，通盛河断面小，两岸剅闸大都有闸无门，在统排时存在倒灌问题，因此，老新泵站参加四湖流域统排要对有关工程进行改造。

2005 年老新泵站列为全国大中型泵站改造试点，投资 761 万元对其全面更新改造，2008 年完成改造项目，主要内容包括：机电设备更新，泵房裂缝、混凝土碳化的处理，拦污栅改造，泵站设备自动化更新改造。改造后的自动化设备，实现对泵站主要设备和输、配电线路的动态监视和测量，以及自动控制和微机保护，进而使整个泵站运行达到计算机联网控制管理。

2014 年，省发展改革委批准投资 1800 万元，主要对水泵、电机进行更新，对水工建筑物进行加固，对站区环境进行美化建设。

（七）冯家潭泵站

石首市人民大垸排区位于四湖流域堤外滩区，西南环绕长江，东与监利接壤，是跨石首和江陵两县（市）的大型排区。排区总承雨面积351.40平方千米，其中，江陵承雨面积9.0平方千米、石首市342.40平方千米，涉及石首市的新厂、横市、大垸、小河、天鹅洲经济开发区及江陵县的秦市、普济共7个乡镇（区），受益农田面积25万亩，其中江陵县1.1万亩。

1. 冯家潭一站

石首市人民大垸排区，原系荆江大堤外的洲滩围垸，区域内河汊密布，垸堤残缺不全，芦苇丛生，一片荒凉。1952年兴建荆江分洪工程，为安置分洪区内移民而修复人民大垸。经45000名移民几年的开荒垦殖，修堤防洪及开沟建闸的治理，形成上大垸围垸。1958年围挽了下人民大垸，上人民大垸因通过蛟子河出流港的排水出路受到阻隔，朱家渡排水闸（又称人民大闸）与大垸农场排水矛盾日益尖锐，使人民大闸逐渐失去效用，严重影响上人民大垸的农业生产。因此，上人民大垸人民迫切需要兴建电排站，将垸内渍水直接提排入长江。

1974年7月省水利电力局以鄂水〔74〕023号文批准修建冯家潭电排站。同年10月，石首县成立冯家潭电排站工程建设指挥部，经过3年的施工，于1977年10月竣工。冯家潭一站位于人民大垸支堤，桩号6+200处，属石首市水利局管理运行。

冯家潭一站（图7-48）是石首市人民大垸电力排灌工程的第一期工程。排区内有星火、燎原、聂家及蛟子河四大排水干渠至人民大垸闸，泵站与人民大垸闸新开1条总干渠，底宽32米，长2.5千米，由泵站将垸内渍水排入长江故道。此工程是一座以排涝为主，结合灌溉的中型电力排灌站，于1974年经省、地、县联合会审，通过设计方案，电源由监利红城中心变电站以35千伏送到泵站。1974年8月正式挖基动工，1977年8月全面竣工投入运行。设计提排流量32立方米每秒，装配4台大型同步电动机，单机额定功率为800千瓦，额定电压为6千伏，设计扬程5.1米，最大扬程为7.1米，总装机容量3200千瓦。工程完成土方103.36立方米、浆砌石2126立方米、干砌石1360立方米、混凝土5460立方米，投工144.77万个，完成工程总投资268.9万元。

1998年的大洪水，冯家潭泵站超过驼峰水位运行，严重威胁泵站安全。根据鄂水指〔1999〕2号文精神，冯家潭泵站被列入国家投资计划，安排整险资金100万元，新建防洪拍门、启闭机房、工作桥等。2006年5月29日，湖北省水利厅泵站安全鉴定委员会组成专家组，对冯家潭一站建筑物及机电设备按照《泵站安全鉴定规程》（SL 316）的要求进行了安全状态综合鉴定与评价；建筑物共有13项，评定二类建筑物2项，三类建筑物3项，四类建筑物8项；机电设备共73项，评定二类设备2项，三类为2项，四类为69项；最终评定泵站安全类别为Ⅲ类，整体较差，低于国家相关标准，建议着手研究冯家潭一站更新改造方案。

图7-48 冯家潭一站（2015年摄）

2006 年 10 月 30 日，省发改委、省水利厅联合主持召开《石首市冯家潭一站更新改造工程可行性研究报告》（以下简称《可研报告》）审查会，11 月 9 日，省发展改革委以鄂发改农经〔2006〕931 号文对可行性研究报告进行批复，同意《可研报告》的内容。

2007 年 7 月 26 日，省发展改革委批复初步设计报告。更新改造工程于 2007 年 12 月 12 日开工，分为 6 个标段：土建及金属结构安装、4 台同步电机的采购与安装、4 台主水泵的采购与安装、高低压开关柜及直流装置的采购与安装、电缆设备采购与安装、控制与保护等设备采购与安装。2009 年底工程全面完工并投入运行，更新改造工程完成投资 2880 万元。

2. 冯家潭二站

冯家潭二站坐落在石首市人民大垸排区，与冯家潭一站联合运用，1989 年 10 月兴建，1993 年 5 月竣工。泵站工程由荆州市水利局设计院设计，荆州市水利局工程处和石首市水利局工程队承建。共完成挖填土方 200.3 万立方米，投入标工 285 万个，浇筑混凝土 15862.5 立方米、浆砌石 5474 立方米、干砌石 3046 立方米，总投资 2262 万元，其中国家投资 1936 万元，地方自筹 326 万元。

泵站装机 800 千瓦机组 4 台，总容量 3200 千瓦，设计扬程 5.50 米，排水流量 32 立方米每秒，开挖主进水渠 3000 米，出水渠 3500 米，支渠 1100 米，修建节制闸 5 处、桥梁 4 处，配建 35 千伏变电站 1 座，架设输电线路 12 千米。

泵站排水区域承雨面积 273.9 平方千米，耕地面积 18.1 万亩，承担新厂、大垸、横市三乡镇排水任务，受益农田 12 万亩，另外排老河渔场水面积 0.8 万亩、江陵县农田 0.3 万亩。

1988 年 4 月由湖北省水文地质大队进行了钻探。泵站底板地基为淤泥质黏土，厚 2～3 米。为了克服地基差引起泵房不均匀沉陷，泵站采用钢筋混凝土打桩，桩直径 80 厘米、主泵房 84 根、副厂房 24 根、出水箱涵 12 根，桩基深度约 32 米。2012 年进行检测，沉陷约 8 毫米。

1997 年 1 月全省开展创星级泵站活动，省水利厅组织验收，评定此泵站为管理达标单位，荣获 2 星级奖牌。

（八）大沙泵站

大沙泵站（图 7-49）位于洪湖市大沙湖管理区境长江干堤 448+009 处。1968 年 12 月开工建设，1971 年 5 月投入运行。安装直径 0.7 米轴流泵 20 台，配 155 千瓦电动机 20 台，设计流量为 30 立方米每秒，设计净扬程 6.80 米，排涝面积 176 平方千米。由洪湖市水利局管理运用。

图 7-49 大沙泵站（2015 年摄）

大沙泵站为堤后式泵站，由主泵房、压力水箱、出水箱涵、压力水箱耳闸、出口防洪闸等建筑物组成。主泵房呈 U 形布置于堤脚，距堤脚约 30 米，站区地面高程为 27.10 米。主厂房内 20 台水泵也呈 U 形布置，直管出流至压力水箱，管端为拍门断流；压力水箱布置在 U 形泵房中间，其底板高程为 21.00 米；压力水箱接 2 孔（2 米×3 米，5 米×3.5 米）的钢筋混凝土穿堤出水箱涵；箱涵出口处布置有防洪闸门，出口处设有 15 米长的消力池，消力池后接 100 米长的出水渠至长江主河道。压力水箱两侧各布置有 1 处压力水箱耳闸闸门。

1975 年在泵站进水渠上兴建反压闸。后因混凝土闸门运行失效。1997 年后进行加固改造，在靠泵站一侧重建闸墩及启闭台。进水渠在反压闸的进口侧布置有简易拦污栅 1 道。

泵站引水渠名彭陈渠，全长为 13.5 千米，通过彭陈闸与下内荆河相连。彭陈闸原为后湖一带向下内荆河排水的自排闸，大沙站联合调度参与统排时，其作用变为双向引水的控制性涵闸。当内荆河水位低时，开启此闸向下内荆河自排涝水；当内荆河水位高时，关闭此闸防洪；当大沙站联合调度参与统排时，开启此闸引下内荆河涝水入彭陈渠至大沙站进水前池，大沙站即可参与四湖流域的统排。此闸建于 1960 年，为钢筋混凝土拱涵结构，共 3 孔，闸孔尺寸 3.0 米×4.5 米，设计排水流量 32 立方米每秒。

大沙泵站的水泵电机及其他设备均为 20 世纪 70 年代产品，其运行时间均已超过使用年限，且泵站东侧挡土墙使用的是木桩基础，对防洪不利，因而被列入湖北省第二批大型泵站更新改造项目，2007 年 7 月湖北省发改委行文对大沙等 6 处泵站整合更新改造项目进行批复。项目包括大沙泵站、龙口泵站、燕窝泵站，仰口一、二、三机组；设计受益面积 465.03 平方千米，装机总容量为 10360 千瓦，设计流量为 99 立方米每秒。项目主要建设内容包括：大沙站拆除重建为 4 台×800 千瓦、设计流量 30 立方米每秒的大型泵站，对龙口、燕窝及仰口 3 个机房共 5 站的主机组、主泵房、进出水渠及电器设施进行更新改造。项目概算总投资 8853 万元，其中，中央投资 4426.5 万元，省级财政投资 2656.0 万元，地方配套资金 1770.5 万元。工程于 2008 年 2 月 12 日动工，2010 年 6 月完成。

大沙泵站系拆除重建的大型泵站。机电设备改造的主要项目为：泵站电机 4 台×800 千瓦，4 台 1600ZLQ-85 全调节立式轴流泵站，设计流量 7.8 立方米每秒，扬程 7.80 米。同时对主厂房拆除重建（采用钢筋混凝土桩基础），新建电气副厂房，重建变电站，加固彭陈闸。根据设计方案，更新高低压设备及配电柜、直流电源、全站电缆、站用电系统、照明系统；新增电气设备防火设施，过电压保护及接地装置。新增主变压器、主电机微机保护装置及测量仪表装置，更新原站管理范围的 35 千伏和 10 千伏高压输电线路。

（九）石码头泵站

石码头泵站（图 7-50）位于洪湖市长江干堤沙坝子处，距洪湖市新堤镇 4 千米，为洪湖市水利局管理的泵站，可将内垸渍水直接排水长江，设计受益范围为 71.3 平方千米。

图 7-50　石码头泵站（2015 年摄）

石码头泵站于 1974 年 11 月 20 日破土施工，1975 年 8 月 13 日竣工。完成混凝土 4080 立方米、砌石 857 立方米、土方 54.30 万立方米，总投资 120 万元。泵站安装直径 0.7 米轴流泵配 155 千瓦电机 12 台（套），总装机容量为 1860 千瓦，设计流量 18 立方米每秒。

2003 年，在实施洪湖监利长江干堤加固工程中，对石码头泵站进行更新改造，总投资 361 万元。由湖北华夏水利水电股份有限公司对防洪闸启闭设备、压力水箱、主厂房、副厂房、灌溉渠道进行整治，投资 238 万元；对 1 台主变压器和部分电力设备进行改造，对水泵部件进行改造，投资 123 万元。经整险加固更新改造后，站容站貌得到改善。

（十）燕窝泵站

燕窝泵站（图 7-51）位于洪湖市长江干堤上河口处。设计提排流量 15 立方米每秒，受益面积 40 平方千米。安装直径 0.7 米轴流泵站 10 台、配 155 千瓦电动机 10 台套，总容量为 1550 千瓦。1981 年 11 月 7 日破土动工，1982 年 6 月 22 日建成投入运行。完成混凝土 4000 立方米、砌石 1950 立方米、土方 9.9 万立方米，国家投资 88.7 万元，群众自筹 6 万元。

图 7-51　燕窝泵站（2015 年摄）

2008 年，燕窝泵站划入大沙水系进行更新改造和整治，主要内容有：对主水泵进行重新选型并配套新电机（10 台×155 千瓦），更新主厂房起重机及机电设备，新增泵站供水系统、水力测试系统、通信设备及消防系统设备，更新主水泵出水管道及出口止回阀。电气设备方面，根据主水泵选型方案和供电系统方式配套新电机，对主变容量进行校核并给予更新。新增主变压器、主电机微机保护装置及测量表计装置，新增泵站视频监视系统。

（十一）汉阳沟泵站

汉阳沟泵站（图 7-52）位于洪湖市境东荆河右岸，排水范围为大同湖农场东部，面积 100 平方千米。当新滩口水位达到 23.50 米时，大同湖东部农田渍水不能自排，即由此站排出东荆河，设计流量 15 秒立方米，安装有直径 0.7 米轴流泵配 155 千瓦电动机 10 台（套），总容量 1550 千瓦。1968 年 12 月动工，1971 年建成。完成混凝土 4492 立方米、砌石 2221 立方米，国家投资 144 万元。泵站建成运用后，发现设计排涝模数偏低（每平方千米 0.165 立方米），渍水难消，以后又增加鸭儿河、龙船河等泵站，才基本满足农田排涝要求。汉阳沟电泵站隶属于大沙泵站排区水系之列，于 2008 年底进行更新改造，主要项目有：更换 10 台套电机（155 千瓦）和水泵（700ZLQ），更新进出口闸门及启闭机、拦污栅、清污机，同时对泵站的变电站拆除重建，疏挖泵站进出水渠道、护砌。新建泵站防洪闸及出水消力池和海漫，对配套闸也进行了整治。

图 7-52　汉阳沟泵站（2015 年摄）

（十二）龙口泵站

龙口泵站（图 7-53）位于洪湖市长江干堤桩号 464＋681 处，设计流量 15 立方米每秒，排水受益面积 31.80 平方千米，灌溉受益面积 3.34 万亩。安装直径 0.7 米轴流泵 10 台。配 155 千瓦电动机 10 台（套）。1973 年 1 月 5 日动工，1974 年 4 月竣工。完成混凝土 4359 立方米、砌石 959 立方米、土方 28.4 万立方米。总投资 148.30 万元，其中，国家投资 140 万元，群众自筹 8.3 万元。

图 7-53　龙口泵站（2015 年摄）

龙口泵站站址开始选定在长江古道练口附近，因基础地质多沙，浅层地下水位高，断堤挖基至 23.00 米地面高程时，出现严重翻砂鼓水。经现场研究决定，泵站轴线向西移 10 米（西部土质较好），并将防洪闸底板由设计 20.00 米高程提高到 22.00 米。泵室底板按设计施工，用快干水泥强行封底。泵室底板封底后，在底板东北角出现翻砂鼓水，采用围井倒滤，引水入抽水机坑，才得以继续施工。泵站建成后，发生泵房东半部向东北方向倾斜，东泵房与防洪闸伸缩缝分裂，裂缝上宽下窄，电机层的泵房与防洪闸移位 5 厘米，如继续扩大，分缝止水必遭破坏，汛期难保安全，于 1975 年春进行整修，采取如下 3 项补救措施。

（1）站后护坦板延长 20 米，与泵房底板分缝处作止水处理，护坦板末端设三级倒滤，并埋设排渗管，以减少渗漏压力。

（2）基础灌浆。搅拌水泥浆，从泵房顶上高 14 米处，用胶管利用重力向泵房底部压灌水泥沙浆。

（3）防洪闸外引河高程在 22.00～24.00 米间土质多沙，在 200 米的河段范围内挖除砂土换填黏质土。整修时，护坦板与泵房底板接头处的东部冒水带砂比较严重，影响施工，经采用临时打机井抽降地下水位，由 24.00 米降至 18.00 米以下高程，所有冒水孔停止涌水，维修工程得以顺利进行。

通过以上 3 项措施处理后，泵房才得以稳定，一直运行到 1990 年未发现问题。龙口泵站自建站来，更新改造多次，1995 年增容改造，4 号、5 号、6 号、7 号电机从 155 千瓦增容到 280 千瓦。1998 年，由荆州华夏水利工程公司重建压力水箱，1999 年由洪湖市排灌总站对泵站前消力池进行整治。2008 年，龙口泵站利用大沙泵站更新改造资金，进行全面改造升级，主厂房整修，新建副厂房，新建拦污栅和清污机房，重建泵站出口防洪闸启闭机房，重建变电站，加固江泗口闸等，同时对进出口渠道进行了疏挖、护砌。

（十三）高桥泵站

高桥泵站位于洪湖市长江干堤汪家洲处，是排灌两用的 1 级排灌泵站，设计流量为 9 立方米每秒。排水受益面积 14 平方千米，灌溉受益面积 1.98 万亩。安装直径 0.7 米轴流泵 6 台，配 155 千瓦电动机 6 台（套），总装机容量为 910 千瓦。于 1983 年 11 月 5 日动工，1984 年 10 月 30 日竣工。完成混凝土 1250 立方米，砌石 124 立方米，土方 7.5 万立方米。国家投资 41.70 万元，群众自筹 11.30 万元，建成运用，效果良好。

（十四）鸭儿河泵站

位于洪湖市东荆河堤 149＋700 千米处，设计排涝面积 33.10 平方千米、约 4.9 万亩；灌溉 1.00 万亩；流量 9 立方米每秒。安装直径 0.7 米轴流泵和 155 千瓦电动机 6 台（套），总容量 930 千瓦。1980 年 11 月兴建，1981 年 6 月建成。完成混凝土 1500 立方米、砌石 350 立方米、土方 5 万立方米、国家投资 70 万元。

鸭儿河电泵站隶属于大沙泵站排区水系之列，2007 的 7 月省发展改革委以鄂发重点〔2007〕706 号文对此项目更新改造进行批复，总投资 8853 万元（含大沙、龙口、燕窝、仰口、汉阳沟、鸭儿河等），2008 年底项目全面展开。鸭儿河泵站改造更新的主要项目有：主电机 6 台 155 千瓦全部更换，6 台水泵换成 700ZLQ 轴流泵，更新拦污栅及配套清污机，更换检修闸门及启闭机，同时对泵站的主渠道及配套闸进行疏挖和除险加固。

（十五）仰口泵站

仰口泵站位于仰口闸内，运用仰口闸为控制闸直排出长江。设计流量 9 秒立方米，安装直径 0.7 米轴流泵 6 台，配 155 千瓦电动机 6 台（套），总容量 930 千瓦。1975 年 10 月动工，1977 年 5 月竣工。排水受益面积 22.05 平方千米，灌溉受益面积 1.5 万亩。国家投资 25.50 万元，群众自筹 8.3 万元。仰口泵站属大沙水系，于 2008 年利用大沙水系改造资金，对泵站进行更新改造，6 台套机电、水泵全部更新。电机 155 千瓦，水泵为 700ZLQ，主厂房整修，重建泵站进水池底板，对进出水渠道疏挖、护砌，重建反压闸及启闭机房，更新进出口闸门及启闭机，更新输水钢管及出口拍门。

附：四湖流域内垸单机 155 千瓦电力泵站基本情况（表 7-28）

表 7-28　　　　　　　　**四湖流域内垸单机 155 千瓦电力泵站基本情况表**

县别	站名	入江、河名称	设计扬程/m	设计流量/(m³/s)	设计装机/(台×kW)	效益/万亩				建成时间
						排水		灌溉		
						设计	已达	设计	已达	
总计		281		1924.61	1006/170682		404.41		250.57	
荆州区	小计		18	94.1	67/17030		20.59		27.53	
	秘师桥	太湖港	12	13.2	8×155	5.2	5.2	1.4	1.4	1975 年 7 月

县别	站名	入江、河名称	设计扬程/m	设计流量/(m³/s)	设计装机/(台×kW)	效益/万亩 排水 设计	效益/万亩 排水 已达	效益/万亩 灌溉 设计	效益/万亩 灌溉 已达	建成时间
荆州区	董场	长湖	6.5	4.5	3×155	0.7	0.7	—	—	1981年1月
	雷湖	长湖	5.55	4.5	3×155	0.72	0.72	—	—	1980年4月
	荆州	太湖港	5.4	8	4×155	3.8	3.8	—	—	1982年12月
	学堂洲	沮漳河	—	5.1	3×155	0.96	0.96	—	—	1993年
	龙洲	沮漳河	—	8	5×155	3.94	3.94	1.25	1.25	1996年
	谢古	沮漳河	—	7.5	5×155	1.1	1.1	—	—	1996年
	岳场	长湖	—	4.5	3×155	0.2	0.2	—	—	1980年5月
	余家湖	沮漳河	—	4	2×155	1.2	1	—	—	1989年12月
	金台	沮漳河	—	9	6×155	1.77	1.77	—	—	1977年
	夏家台	沮漳河	—	4	3×155	1.2	1.2	—	—	1978年
	李家嘴	太湖港	27	8.1	7×630	—	—	20	13.56	1972年
	东桥	太湖港	25	6	3×280	—	—	3	3	1978年1月
	沙港	太湖港	14	1	2×160	—	—	1.8	1.8	1992年
	李台	太湖港	31	2	4×725	—	—	1.4	1.4	1978年
	刘桥	太湖港	29	0.7	1×185	—	—	0.5	0.5	1973年
	丰收	长湖	17.3	2	2×280	—	—	2	2	1979年
	牌坊	长湖	19.1	2	3×280	—	—	2.62	2.62	1979年
	小计	9		78.8	33/5610		16.02		—	
沙市区	定向寺	渡佛寺渠	—	10	4×155	4	3.5	—	—	
	丫角	总干渠	3.5	10	4×155	1.2	1.2	—	—	1976年9月
	田家湖	瓯湖渠	5.4	4.8	3×155	1.51	1.5	—	—	1976年5月
	莲花渠	总干渠	2.5	21	8×155	5	5	—	—	1977年4月
	瓯湖	瓯湖渠	2.5	10	4×285	2.5	2.5	—	—	1978年9月
	白水渎	瓯湖渠	3.1	7	3×155 / 1×130	0.42	0.42	—	—	1971年3月
	五嘴湖	瓯湖渠	3.1	7.5	3×155	1	1	—	—	1982年4月
	枪铁渠	瓯湖渠	2.6	2.5	1×155	0.5	0.5	—	—	1982年5月
	四明渠	瓯湖渠	3.1	6	2×155	0.4	0.4	—	—	1976年8月
	小计	55		323.01	160/23430		33.68		55.15	
江陵县	齐家埠春灌站	总干渠	3.6	4	2×155	—	—	1.0	1.0	1999年2月
	齐家埠	总干渠	4.2	12	6×155	1.3	1.3	1.2	1.2	1979年2月
	清水口北	总干渠	4.5	6	3×155	0.5	0.5	0.2	0.2	1984年3月
	清水口南	总干渠	6.6	15	5×160	0.8	0.8	0.4	0.4	1983年3月
	六合垸	六合主渠	3.87	20	10×155	4.0	4.0	—	—	1977年12月
	龙西	渡佛寺渠	4.2	1.5	1×155	0.3	0.3	—	—	1982年5月
	东湖	渡佛寺渠	5.06	1.91	1×155 / 1×130	0.15	0.15	—	—	2011年4月

县别	站名	入江、河名称	设计扬程/m	设计流量/(m³/s)	设计装机/(台×kW)	效益/万亩				建成时间
						排水		灌溉		
						设计	已达	设计	已达	
江陵县	凡湖	西干渠	2.5	2.1	1×155 2×55	0.35	0.35	—	—	1986 年 7 月
	范渊	渡佛寺渠	5.37	3	2×155	0.5	0.5	—	—	2011 年 4 月
	先进一	渡佛寺渠	5.28	3.3	1×155 3×55	0.35	0.35	—	—	2011 年 4 月
	先进二	渡佛寺渠	3.5	2.8	1×155 1×130	0.2	0.2	—	—	2011 年 4 月
	阴干湖	渡佛寺渠	5.37	3	2×155	0.5	0.5	—	—	2011 年 4 月
	齐夏	渡佛寺渠	4.6	3	2×155	0.3	0.3	0.3	0.3	1984 年 4 月
	老渡三	渡佛寺渠	4.6	2	1×155	0.3	0.3	—	—	1989 年 12 月
	雷湖	长湖	5.55	4.5	3×155	0.72	0.72	—	—	1980 年 4 月
	秘师桥	太湖港	12	13.2	8×155	5.2	5.2	1.4	1.4	1975 年 7 月
	方乐寺	十周河	5.37	3	2×155	0.2	0.2	—	—	1980 年 4 月
	新六合垸	十周河	2.5	7.5	2×155 1×130	1	1	—	—	1979 年 3 月
	黄淡垸	十周河	1.4	6.7	2×155 1×75	0.8	0.8	—	—	1978 年 2 月
	中岭	十周河	2.6	4.5	3×155	0.3	0.3	—	—	1980 年 5 月
	刘湖	十周河	2.6	3	2×155	0.26	0.26	—	—	1980 年 5 月
	永兴	十周河	2.1	3	2×150	0.22	0.22	—	—	1980 年 5 月
	东津	十周河	2.8	3	2×150	0.35	0.35	—	—	1980 年 3 月
	联合一	五岔河	2.2	3	2×150	0.39	0.39	—	—	1982 年 5 月
	联合	五岔河	2.9	3	2×150	0.4	0.4	—	—	1983 年 5 月
	九家湖	五岔河	2.4	15	6×155	1.45	1.45	—	—	1975 年 5 月
	西河	五岔河	2.1	4.5	3×155	0.4	0.4	—	—	1981 年 5 月
	九甲湖	五岔河	3.5	3	2×155	0.3	0.3	—	—	1982 年 4 月
	李公垸	五岔河	3.5	3	2×155	0.25	0.25	—	—	1983 年 3 月
	七五	五岔河	8.6	0.9	2×155	0.25	0.25	—	—	1982 年 5 月
	马面湖	五岔河	5.37	1.5	1×155	0.15	0.15	—	—	2000 年 4 月
	西河村	五岔河	3.6	5.5	3×155	0.5	0.5	—	—	1980 年 4 月
	同兰	五岔河	3.5	33.5	1×155 2×55	0.45	0.45	—	—	2005 年 5 月
	李公垸二	中白渠	5.37	1.5	1×155	0.15	0.15	—	—	1984 年 2 月
	藻湖	中白渠	4.03	4	2×155	0.25	0.25	—	—	1994 年 4 月
	中垱桥	中白渠	5.37	3	2×155	0.2	0.2	0.15	0.15	1982 年 4 月
	巾垱桥	中白渠	5.37	1.5	1×155	0.12	0.12	—	—	1996 年 3 月
	邹观	中白渠	4.5	2	1×155	0.2	0.2	—	—	1982 年 4 月
	阳湖	中白渠	5.12	2.5	1×155 2×55	0.1	0.1	0.2	0.2	1992 年 7 月
	脱马渠	五岔河	3.12	12	4×180	2.5	2.5	—	—	1997 年 5 月

续表

县别	站名	入江、河名称	设计扬程/m	设计流量/(m³/s)	设计装机/(台×kW)	效益/万亩 排水 设计	已达	灌溉 设计	已达	建成时间
江陵县	湖官	柳港河	6	1.5	1×155	—	—	—	—	1981年8月
	林星	两湖渠	3.2	2.1	1×155	—	—	—	—	1984年7月
	新渡三	渡佛寺	4.5	4	2×155	—	—	—	—	1981年6月
	庆丰	—	17.3	3	2×280	—	—	2	2	1979年12月
	溢洪闸	总干渠	4.2	3	1×180	0.1	0.1	—	—	2004年4月
	马市	长江	5.16	7.5	5×155	1.8	1.8	—	—	1976年5月
	观音寺	长江	3.27	22	10×80 4×160	—	—	22	22	—
	颜家台	长江	3.33	15	6×160	—	—	26	26	1984年4月
	余家湾北	北新河	4	2	1×155	—	—	—	—	2001年8月
	大军湖	万岁河	3.5	3	2×155	0.35	0.35	—	—	1982年11月
	十里长渠	白柳渠	4	9	3×155	1.5	1.5	—	—	1998年10月
	曾大河	曾大河	3	4.5	2×155	0.77	0.77	—	—	1990年3月
	重新	曾大河	4.2	3	1×180	0.2	0.2	—	—	2003年3月
	渡雷	曾大河	4.6	4	2×155	0.4	0.4	—	—	2006年3月
	岔河	南新门	3	12	4×155	1.9	1.9	0.3	0.3	1999年5月
	小计	44处	—	485.4	212/33655		107.3		64.4	
监利县	黄歇口	总干渠	3.5	2.7	2×155	1	1	1.5	1.5	—
	王港	总干渠	2.4	23	10×155	3	3	—	—	1980年7月
	东港口二	总干渠	3.5	10.2	6×155	3	3	—	—	1982年8月
	东港口一	总干渠	5.4	排19.5 灌9.5	8×155	5	5	4	4	1978年4月
	毛市	总干渠	3.5	灌3 排17	10×155	3	3	1	1	1975年7月
	王巷	总干渠	2.5	排4.6	2×155 2×80	1.5	1.5	4	—	1978年3月
	桃花	总干渠	3.2	11.2	6×155	3	3	4	4	1982年5月
	伍场	总干渠	3.5	排6.8 灌5.4	4×155	2	2	1	1	1978年4月
	东风一	总干渠	3	排6.0 灌6.0	4×155	2.2	2.2	1.2	1.2	1976年5月
	新河口	总干渠	4	排6.8 灌3.2	4×155	2	2	0.5	0.5	1979年5月
	周沟	总干渠	2.5	排10.2 灌3.8	6×155	3.5	3.5	1.5	1.5	1979年9月
	西湖嘴	西干渠	3.5	27.6	3×330 3×320 4×155	14	14	—	—	1975年9月
	西湖	西干渠	3.5	排21 灌21	10×155	8	8	4	4	1981年6月
	和平	西干渠	2.5	排6.0 灌4.2	2×155 2×80	1	1	0.8	0.8	1978年1月

县别	站名	入江、河名称	设计扬程/m	设计流量/(m³/s)	设计装机/(台×kW)	效益/万亩				建成时间
						排水		灌溉		
						设计	已达	设计	已达	
监利县	潭口	西干渠	2.8	排8.0 / 灌4.2	4×155	3	3	2.8	2.8	1976年5月
	灵隐寺	西干渠	4	排8.0 / 灌1.5	4×155	3	3	0.2	0.2	—
	干北	西干渠	4	12	8×155	3	3	—	—	1978年8月
	凡三刿	排涝河	2.3	10.2	6×155	3	3	—	—	1976年5月
	沙南	排涝河	4	4	2×155	1.5	1.5	—	—	—
	分盐	排涝河	4.5	3	2×155	1	1	—	—	—
	九大河	螺山渠道	3	9	6×155	3	3	1	1	1979年7月
	桥河	螺山渠道	3	9	6×155	2	2	—	—	1980年6月
	朱河	螺山渠道	3	10	6×155	6	6	—	—	1980年6月
	彭桥	监北干渠	6	灌3.0	2×155	—	—	1.5	1.5	—
	大刿河	监北干渠	6	排3.40 / 灌3.40	2×155	1	1	1	1	—
	龙桥	团结河	6	排3.40 / 灌3.40	1×155	1	1	1	1	1980年5月
	古井口	五岔河	3	排6.0 / 灌6.0	4×155	1.8	1.8	1.3	1.3	1978年1月
	严北	五岔河	4	排9.5 / 灌2.0	3×155	2.5	2.5	0.8	0.8	—
	渡口	革命河	5.5	12	6×155 / 2×135	2.7	2.7	3	3	1977年7月
	陶桥	新隆兴河	5	2.3	1×155 / 1×80	0.5	0.5	1	1	1979年1月
	火把	监新河	4	排3.2 / 灌3.0	2×155	0.8	0.8	1	1	1974年8月
	黄英	蛟子河	5.6	排3.0 / 灌1.0	2×155	1.3	1.3	0.5	0.5	1979年5月
	北口	东荆河	5	灌6.8	4×155	—	—	4.1	1.2	—
	天井	丰收河	5	排3.4 / 灌3.4	1×155 / 1×180	1	1	1.9	1.9	1979年8月
	张家湖	洪湖	2.5	17	10×155	6	6	—	—	1977年9月
	流港	长江	5.9	排15.0 / 灌4.5	10×155	6	6	2	2	1976年5月
	流港	长江	4	灌1.5	1×155	—	—	0.4	0.4	1981年7月
	杨洲	长江	4.5	排7.5 / 灌3.0	5×155	3	3	1.5	1.5	1979年7月
	北王家	—	6.5	灌10.5	4×155	—	—	9	9	1977年2月
	陈洲	长江	5	排12.0 / 灌3.0	8×155	0.5	0.5	0.5	0.5	—
	汪港	—	2.5	排6.8 / 灌3.0	4×155	1.5	1.5	0.8	0.8	1979年8月

县别	站名	入江、河名称	设计扬程/m	设计流量/(m³/s)	设计装机/(台×kW)	效益/万亩 排水 设计	效益/万亩 排水 已达	效益/万亩 灌溉 设计	效益/万亩 灌溉 已达	建成时间
监利县	谢家二站	—	7.5	灌2.3	2×155	—	—	1.5	1.5	1981年7月
	王家湾	老江河	4.5	灌10.5	3×155	—	—	10	10	1978年1月
	朱湖	—	—	3	1×320	—	—	1	1	1979年6月
	小计	81处		564.6	280/45185		134.68		77.09	
洪湖市	新螺垸	洪湖	5.4	13.8	6×155	2.21	2.21	1	1	1974年
	铁牛	洪湖	5.4	5.6	3×155	1.3	1.3	—	—	1979年
	元新	洪湖	4.53	6.8	3×155 1×55	1.32	1.32	—	—	1982年
	铁牛二站	洪湖	—	2.8	1×155	1.42	1.42	—	—	1985年
	棋盘	螺山渠	4	15	8×155	0.4	0.4	6	6	1979年10月
	王垸	螺山渠	4	6	4×100 2×155	0.4	0.4	2.4	2.4	1990年5月
	小湖	西干渠	3	11.5	2×155 5×95	0.4	0.4	2.4	2.4	1984年4月
	邹马河	西干渠	3.8	4.5	1×155 2×95	0.4	0.4	1.2	1.2	1996年11月
	红联河	西干渠	3.5	5	2×1855	0.4	0.4	2	2	1999年4月
	干南	西干渠	3.5	8	4×155	0.4	0.4	3	3	1990年5月
	魏天	荆监河	4	0.7	2×155	1.2	1.2	1.2	1.2	1997年3月
	河山	跃进河	2	3.8	2×155 2×55	1.4	1.4	1.2	1.2	1987年5月
	青龙	跃进河	3	1.5	1×155	0.4	0.4	—	—	1986年4月
	谢家湾	荆监河	7	2.8	2×155	—	—	0.5	0.5	1979年12月
	文桥	内荆河	3	12.6	2×155 2×180	2.55	2.55	0.88	0.88	1976年
	营头	内荆河	—	3.4	2×155	1.44	1.44	0.6	0.6	1984年
	老湾	内荆河	4.53	9	4×155	2.87	2.87	1.8	1.8	1978年
	付家边	内荆河	—	6.8	4×155	1.87	1.87	4	4	1976年
	石桥	内荆河	5.4	8.8	4×155	2.7	2.7	3	3	1976年
	大丰	内荆河	—	5.6	2×155	0.93	0.93	0.6	0.6	1984年5月
	堤潭	内荆河	4.53	6.8	4×155	1.26	1.26	0.04	0.04	1978年5月
	经西	内荆河	4	11.1	3×75 3×155	2.38	2.38	0.2	0.2	1972年
	经东	内荆河	4	6.8	4×155	—	—	0.4	0.4	1979年
	汉河	内荆河	4.8	11.2	4×180 4×160	2	2	3	3	1983年11月
	下万全垸	内荆河	5.4	22.8	4×155	6.15	6.15	—	—	1972年
	河岭	内荆河	3	8.6	2×180 2×55	1.44	1.44	0.1	0.1	1968年8月
	解放	内荆河	—	5.6	2×180 2×55	2.03	2.03	—	—	1984年6月

县别	站名	入江、河名称	设计扬程/m	设计流量/(m³/s)	设计装机/(台×kW)	效益/万亩				建成时间
						排水		灌溉		
						设计	已达	设计	已达	
洪湖市	磁泗湖	内荆河	4.53	10.2	6×155	2.87	2.87	1	1	1976年6月
	七一河	内荆河	—	5	2×180	1	1	—	—	1982年6月
	合丰垸	内荆河	5.4	5.1	3×155	1	1	0.4	0.4	1976年7月
	天潭	内荆河	4.53	6.8	4×155	0.17	0.17	0.5	0.5	1978年5月
	姚河	内荆河	4.53	3.4	2×155	0.8	0.8	0.3	0.3	1981年
	童桥	内荆河	—	5.6	2×155	1	1	2	2	1985年6月
	王家滨	内荆河	5.4	8.8	4×155	1.4	1.4	2	2	1974年
	代市	内荆河	2	12.4	6×155	1.9	1.9	4.5	4.5	1978年
	柴林河	内荆河	4.2	7.3	1×80 2×80	0.73	0.73	0.2	0.2	1983年7月
	姚家坝	内荆河	4.53	21	6×155	5.4	5.4	0.4	0.4	1975年
	瞿家湾	内荆河	4.53	6.8	4×155	1.04	1.04	0.3	0.3	1979年5月
	新场	内荆河	4.53	5.1	3×155	—	—	1	1	1981年
	陆庄	内荆河	—	11.2	4×180	—	—	0.7	0.7	1983年12月
	龙船河	内荆河	6	6.8	4×155	—	—	0.15	0.15	1975年5月
	海沟	内荆河	6	6.8	4×155	2.2	2.2	0.25	0.25	1976年5月
	陈家沟	内荆河	6.7	13.6	8×155	—	—	0.2	0.2	1980年
	窑湾	内荆河	5.6	5.1	3×155	—	—	1.27	1.27	1976年8月
	南垸	内荆河	6.7	4.1	2×55 1×155	1	1	0.6	0.6	1975年
	东河灌站	内荆河	—	1.7	1×155	—	—	1.5	1.5	1977年
	龚新	洪排河	4.53	8.5	5×155	—	—	5	5	1979年5月
	京城垸	洪排河	5	8.8	4×155	2.7	2.7	3	3	1976年
	九根树	洪排河	—	13	2×155 5×55	2.34	2.34	—	—	1975年
	截流河	洪排河	4	11.2	4×180	1.98	1.98	2	2	1980年
	港湖	丰白河	4.53	6.8	4×155	1.2	1.2	1	1	1979年
	红花	丰白河	4.53	6.8	4×155	0.79	0.79	1	1	1979年
	新台	丰白河	—	7.8	3×155	—	—	1.5	1.5	1984年1月
	京城二站	丰白河	—	2.8	1×155	—	—	—	—	1985年
	洪狮	汉沙河	5.4	4.4	2×155	0.92	0.92	—	—	1982年6月
	撮箕湖	—	2	6.5	2×155 1×80	0.87	0.87	0.2	0.2	1977年8月
	中岭南	马鞍河	4.5	4	2×155	2.0	1.9	1.2	1.2	1989年
	童桥	陶洪河	3	6	2×180	1.5	1.5	1.6	1.6	1985年5月
	黄金	丰收河	4	4	2×155	1.1	1.1	—	—	1988年
	竹林	陶洪河	4.5	9.8	4×180	3.5	3.5	—	—	2008年
	上官湖	代电河	4	5	2×155	1.5	1.5	1.3	1.3	1987年6月
	长春垸	代电河	4.8	4.8	2×155	9.0	9.0	—	—	1988年5月

县别	站名	入江、河名称	设计扬程/m	设计流量/(m³/s)	设计装机/(台×kW)	效益/万亩 排水 设计	效益/万亩 排水 已达	效益/万亩 灌溉 设计	效益/万亩 灌溉 已达	建成时间
洪湖市	方家埠	下引河	4	11.2	4×180	5.1	5.1	—		1987 年 7 月
	荣峰	洪湖	3.5	2.5	2×160	—	—	—	—	2003 年
	袁兴二	洪湖	5.3	—	2×160	2.2	2.2	—		2007 年
	北闸	洪湖	5	—	2×160	—	—	—	—	2002 年
	茅江	老闸河	4.5	3.5	2×155 1×55	8.0	8.0	0.4	0.4	1990 年
	刘三沟	老闸河	4.5	4	2×155	6.2	6.2	—	—	1999 年
	民生河	蔡家河	4.5	5.5	2×155	1.5	1.5	—		1998 年 5 月
	港北	内荆河	3.5	5.6	2×180	1.8	1.8	—		1988 年 6 月
	胡范	卫星河	5.5	2.3	1×155	—	—	1.2	1.2	1996 年
	老湾（新）	内荆河	4.5	5	2×160	2.0	2.0	1.8	1.8	2001 年
	丰乐	内荆河	6	2	2×155	2.2	2.2	0.8	0.8	1993 年 10 月
	江泗口	内荆河	4.5	12.5	5×160	4.7	4.7	—		1998 年 6 月
	经西	内荆河	4	12	6×155	3.8	3.8	0.5	0.5	1997 年
	杨家沟（新）	内荆河	4	7.5	3×155	5.1	5.1	—		1986 年 5 月
	荷湖	蔡家套河	4	4	2×155	1.0	1.0	0.7	0.7	1988 年 5 月
	彭陈	—	4	2.5	2×155					2008 年
	五支	南港河	5	5.6	2×180	2.0	2.0	1.1	1.1	1988 年 6 月
	幸福站	蔡家河	—	10	4×160	—	—	—		2001 年 9 月
	北直沟	北直沟	—	5	2×160	—	—	—	—	2005 年
	小计	51 处			274.44	159/25740		67.31			
潜江市	三才	总干渠	4.4	8.5	4×155	1.5	1.5	—		1979 年
	三五河	总干渠	3	6.9	4×155	1.5	1.5	—		1977 年
	双河	总干渠	2.6	10.4	1×800 5×155	2.4	2.4	—		1976 年
	双河二	总干渠	2.6	4	2×180	—	—	—		1982 年
	高小河	总干渠	2	8	2×180 2×155	1.4	1.4	—		1980 年
	白鹭湖	总干渠	4.2	10	6×155	4.3	4.3	—	—	1975 年
	关山	总干渠	5	4.74	3×155	0.5	0.5	—	—	1977 年
	关山五支	总干渠	2.2	1.5	1×155	0.12	0.12	—	—	1978 年
	高口	总干渠	3.5	8	5×155	1.5	1.5	—	—	1976 年
	中沟	总干渠	3.5	8	5×155	1.5	1.5	—	—	1975 年
	陈伯湖	总干渠	5.4	2	1×155	0.2	0.2	—	—	1981 年
	赵台	总干渠	3	6.5	4×155	1.8	1.8	—	—	1977 年
	万福河西	总干渠	2.2	12	8×155	2.5	2.5	—	—	1974 年
	万福河东	总干渠	3.2	9	6×155	2.9	2.9	—	—	1975 年
	马长湖	总干渠	—	3	2×155	0.56	0.56	—		1985 年 12 月
	郑林河	总干渠	—	5	2×180	3	3	—		1985 年

续表

县别	站名	入江、河名称	设计扬程/m	设计流量/(m³/s)	设计装机/(台×kW)	效益/万亩 排水 设计	效益/万亩 排水 已达	效益/万亩 灌溉 设计	效益/万亩 灌溉 已达	建成时间
潜江市	沙农五号	东干渠	4	3.5	2×155	1.3	1.3	—	—	1977 年
	两湖渠	东干渠	4	7	4×155	3	3	—	—	1983 年
	新林	东干渠	2.4	7.7	3×180	1.5	1.5	—	—	1982 年
	东大	东干渠	3.3	6.8	4×155	1.2	1.2	—	—	1976 年
	后湖	东干渠	2	10	5×155	1.7	1.7	—	—	1975 年
	主沟	东干渠	4.6	3	5×155	0.4	0.4	—	—	1980 年
	凡场	田关河	4.2	7	5×155	1.4	1.4	—	—	1974 年
	东湖	田关河	4	7.7	4×180	1.4	1.4	—	—	1984 年
	沙农二号	田关河	4	3.5	1×180	0.5	0.5	—	—	1969 年
	长白渠	田关河	4.8	18.3	7×155	4	4	—	—	1984 年
	向阳	新干渠	3.3	6.5	4×155	1.5	1.5	—	—	1974 年
	洪宋	新干渠	3.3	6.5	4×155	1.5	1.5	—	—	1974 年
	文岭	反修河	—	1.5	1×155	0.26	0.26	—	—	1984 年
	浩口	反修河	—	1.5	1×155	0.09	0.09	—	—	1984 年
	大官垱	龙湖河	4	7.3	5×155	1.2	1.2	—	—	1975 年
	阴阳湖	运粮湖	3.4	4	2×155	0.8	0.8	—	—	1980 年
	沙农三号	夏家湖	3	2	1×155	0.58	0.58	—	—	1960 年
	前湖	返湾湖	3	5	3×155	1.6	1.6	—	—	1975 年
	许桥	万福河	3.5	3	1×155	0.3	0.3	—	—	1980 年
	八大	孙桥河	3.2	3.2	2×155	0.3	0.3	—	—	1976 年
	友谊河	史南渠	4	8	4×180	2.6	2.6	—	—	1981 年
	官庄垸	东干渠	3.2	3	2×155	0.6	0.6	—	—	1985 年 5 月
	荻湖	东干渠	3	3	2×155	0.1	0.1	—	—	1987 年 1 月
	新豆	东干渠	2.5	3.2	2×155	0.2	0.2	—	—	1988 年 5 月
	太仓	总干渠	2.5	3.5	2×155	2.8	2.8	—	—	1987 年 4 月
	幸福渠	总干渠	2.5	3.5	2×155	2.0	2.0	—	—	1987 年 4 月
	郑家湖	总干渠	4.5	3.5	2×155	1.7	1.7	—	—	1987 年 4 月
	陶兴	总干渠	3.2	3	2×155	0.3	0.3	—	—	1989 年 10 月
	柴家铺	总干渠	4.5	3	2×155	0.6	0.6	—	—	1990 年 8 月
	四支渠	—	2.5	3	2×155	1.8	1.8	—	—	1988 年 10 月
	大基沟	—	2.5	3.2	2×155	0.6	0.6	—	—	1990 年 11 月
	赵垴	—	5	3	2×155	2.0	2.0	—	—	1990 年 6 月
	通盛垸	—	4.8	3	2×155	1.0	1.0	—	—	1991 年 7 月
	辉煌	—	4.2	3	2×155	0.3	0.3	—	—	1990 年 6 月
	同心渠	西荆河	3.1	3	2×155	0.5	0.5	—	—	1990 年 12 月
石首市	小计		2	13.6	9/1436	6		1		
	五花河	蛟子河	5	4.6	2×188 1×130	3.5	2	1.5	1	1978 年 2 月
	河码头	蛟子河		9	6×155	4	4	—	—	1979 年 2 月

县别	站名	入江、河名称	设计扬程/m	设计流量/(m³/s)	设计装机/(台×kW)	效益/万亩				建成时间
						排水		灌溉		
						设计	已达	设计	已达	
	小计	21处		90.66	86/18596		12.52		12.43	
	古定桥	长湖	30	3	2×630	—		2.1	2.1	1975年8月
	夹河套	拾桥河	—	2.4	2×155	—		—	—	1986年9月
	三汊河	拾桥河	—	2.1	1×155 1×80	0.25	0.25	—	—	1991年6月
	程新	拾桥河	—	1.7	1×155	0.22	0.22	—	—	2000年
	双河	新埠河	25.3	1.2	1×280 1×135	—	—	1.75	1.75	1997年6月
	董店	王桥河	23	2.2	2×380	—	—	5.2	5.2	1978年7月
	许店	王桥河	25	0.8	2×630	—	—	0.4	0.4	1982年8月
	大新	拾桥河	22.5	1.3	1×160 2×280	—	—	1.53	1.53	1979年5月
	郭山	长湖	28	1	2×630	—	—	0.4	0.4	1978年4月
沙洋县	钟桥	长湖	28	1	1×240	—	—	0.4	0.4	1978年4月
	鲁店	长湖	17	0.76	1×160 1×100	—	—	0.65	0.65	1978年8月
	杨堤	汉江	—	3.6	2×155	1.0	1.0	—	—	1997年6月
	陈字头	西荆河	—	1.4	1×155 1×55	0.3	0.3	—	—	1981年8月
	李市	西荆河	—	10	4×180	3.65	3.65	—	—	1986年6月
	荆洪	西荆河	—	4	2×155	0.9	0.9	—	—	1990年8月
	黄岭	西荆河	—	4	2×155	0.89	0.89	—	—	1990年8月
	蔡家沟	西荆河	—	4	2×155	1.3	1.3	—	—	1980年10月
	亚南	西荆河	—	11.2	42×160	0.4	0.4	—	—	1997年6月
	金家沟	西荆河	—	1	1×155	0.11	0.11	—	—	1978年
	中洪沟	西荆河	—	5.5	2×155	1.5	1.5	—	—	1998年4月
	卷桥	西荆河	—	28.5	6×155	2.0	2.0	—	—	1995年6月

第八章　综合治理工程

四湖治理是一项十分繁杂而又系统的综合工程。经 60 余年的艰苦奋斗和不懈努力，除修筑堤防、开挖渠道、兴建涵闸、建设电力排灌工程等主体工程，重点解决流域内的洪涝灾害外，在全面规划、综合治理、分期实施的原则指导下，进行湖泊治理、蓄洪（渍）区建设、水库建设、灌区建设、城市防洪、调水补水、水生态环境保护与治理、血防灭螺、水利结合水运等综合治理工程，并取得显著的成效，使流域内生产环境和条件发生改变。

第一节　湖　泊　治　理

一、概况

四湖流域曾为古云梦泽腹地，在自然演变过程中，由于江汉泥沙淤积逐渐转化成夏盈冬涸、河湖纵横、河漫高地与湖沼相连的广袤平原。《湖广通志》记载："湖广境连八省，凡秦关、巴蜀、中原、贵竹、岭右诸水注之，导为三江，潴为七泽。"运用工程措施围湖造田，在平原湖区由来已久。据史料记载，春秋战国时期，荆楚先民已开始沿着河滩湖滨修筑零星堤防，开垦堤内洼地。

自晋代开始，人们逐渐在沿江高阜之地筑堤御水，开荒垦殖，原江湖相连、湖港交错的湖沼逐渐演变成江湖隔绝、湖港分离的局面，水域边界自由泛滥逐渐演变成有堤防约束的固定湖面，水体浩瀚的大泽解体成星罗棋布的大小湖群。湖泊数量由少到多，随之由多到少，湖面积由大变小。

"至宋为荆南留屯之计，多将湖渚开垦田亩，复沿江筑堤以御水，故七泽之地渐湮，三江流水之道渐狭而溢，其所筑之堤亦渐溃塌。明嘉靖庚申年（1560 年），三江水泛异常，沿江诸郡县荡没殆尽，旧堤防存者十无二三，而后来有司，虽建议修筑，然旋筑旋圮，尽民私其力，而财用羸绌之势华也。"（《湖广通志》）据史料记载，自南宋以来，大致经历过以下四次大规模的围垦过程：

第一次是南宋时期。由于连年的战争，北方人口大量南迁，为安置南下的"流民"及支持战争的需要，大兴围垦，与水争地，多将湖泊开垦田亩，这是四湖流域开发的第一高峰期。

第二次是明朝永乐时期。元末明初，因战乱以及洞庭湖和今四湖流域一带是陈友谅政权的根据地，并为其提供兵源及粮饷，朱元璋曾下令对此地区特意加重田赋，以示惩罚，结果使之人口大量减少和外逃，堤垸失修，田地荒芜。直至正统年间（1436 年），经过大半个世纪失修的堤垸才相继恢复，并新挽一批堤垸。那时江西、安徽等地的移民大量涌入江汉平原，称为"江西填湖广，湖广填四川"。他们"插地为标，插标为业"。到明朝中叶，湖北、湖南地区的围湖造田进入全盛时期，"耕地扩大，人口日众，粮产上升，经济发展"，社会上开始流传"湖广熟，天下足"的谚语。

第三次是清朝的康熙、乾隆时期。清朝初年，当政权逐步稳固后，"立即推行围垦，湖区堤垸很快获得恢复和发展"。到康熙中期，江汉平原的垸田已恢复到战前水平，其后又经历康熙后期与雍正期间数十年的经营。到乾隆初期，江汉平原上的围垦达到过度垦殖的程度。乾隆十三年（1748 年），湖北巡抚彭树葵向朝廷奏报："荆襄一带，江湖袤延千余里，一遇暴涨，必借余地容纳。宋孟琪知江陵时，曾修三海八柜以潴水，无如水浊易淤，小民趋利者，因于岸脚湖心，多方截流以成淤，随借水粮鱼课，四周筑堤以成垸，人与水争地为利，以致水与人争地为殃。唯有杜其将来，将现垸若干，著为定数，此外不许私自增加。"（《二十五史·河渠志注释·清史·河渠志》）乾隆十三年（1748 年）

和乾隆二十八年（1763年）曾先后两次下诏，"永禁湖北、湖南开新垸"，但都未能真正实现。相反，官私围垦，愈演愈烈。嘉庆十二年（1807年）湖广总督汪志伊说："堤垸保卫田庐，关系紧要。汉阳等州县均有未涸田亩，未筑堤塍。应亟筹勘办，以利水利而卫民田。"官府以兴水利之名，大兴围垦。所谓未涸田亩，就是蓄水湖泊。当时荆州府在全省垦田数占第二，仅次于汉阳府。

经过前三次的围垦，一些地势比较高的湖泊消失，或者成为垸中湖，调蓄洪水的作用仅限于本垸。地势比较低的湖泊中的高地也围挽成垸。至清朝末年，湖泊的数量、面积以及民垸的情况基本稳定下来。从南宋至民国时期的总趋势是：湖泊的面积越来越小，民垸的面积越来越大，这是一个湖垸互换的过程。

四湖流域的第四次围垦高潮是新中国成立后至20世纪70年代，这一次围垦的规模最大，因而改变了四湖流域面貌。1949年时，四湖流域有湖泊230个，总面积为3000平方千米。其中，面积在1000亩以上的湖泊有199个，总面积为2748.3平方千米，占四湖流域面积的26.3％。新中国成立初期，为恢复农业生产，人民政府提出"生荒五年不负担（公粮），熟荒三年不负担"的开荒政策，鼓励人民开荒造田，平原湖区围湖垦殖是当时扩大耕地、发展农业的主要途径和措施。20世纪50年代中期至60年代中期，平原湖区大规模地开渠建闸，实行江湖分家工程，使自流排水条件迅速改善，部分湖泊随之水落荒出，为大规模垦殖创造条件。1953年，湖北省主席李先念莅临京山司马河边的老潘台，为荆州地区的第一个国营农场——五三农场挥锹奠基。1955年冬，四湖排水工程开始施工，排水条件日益改善。1957年后洪湖水位比以前下降1.51米，其他部分湖泊水落现底。湖泊水位的下降，有利于湖泊垦殖。1955—1965年，农垦系统在四湖流域共开办国营农场17个（包括省管农场）。1965年以后，在全国"以粮为纲"的方针指引下，同时随着电力、机械事业的发展，大功率电排站在平原湖区推广，湖区新增排水出路，因而再次掀起围湖造田的高潮，湖泊垦殖线一再降低。到1985年，四湖流域仅存湖泊面积1497平方千米，比1949年的湖泊面积减少了1428平方千米。一部分大型湖泊如三湖、白鹭湖、荒湖、大同湖、大沙湖基本消失，原湖面已开垦成农田和鱼池。

20世纪80年代，由于接连的内涝灾害，尽管修建不少的大型电力排水泵站，但不能从根本上解决农田内涝的问题，又把留湖调蓄的议题摆到重要的位置，提出"退田还湖、退田还渔"的治理思路，逐步开始修筑湖堤、稳定湖面的治理工程，真正开始停止对湖泊的围垦。留湖调蓄由于受雨水季节的影响，所有湖泊还是以养殖为主。由于大湖养殖的经济效益远不如精养鱼池的效益，一些被保存下来的中小湖泊以及大型湖泊的滩地，先后改成精养鱼池，从1983年至2005年湖泊面积减少787平方千米。据2005年统计，面积在1000亩以上的湖泊只有44个，总面积为710.8平方千米，占四湖流域面积的6.9％。

新中国成立以来，四湖流域累计开垦湖泊及湖荒地1500平方千米，这一部分湖泊的围垦，一方面扩大耕地面积，兴办一批国营农场群，同时对一些保存下来的湖泊进行田湖分家，修堤阻止湖水自由泛滥，在消除水患、兴利除害等方面取得很大成绩，为发展农业生产、促进水产和航运事业、消灭钉螺创造有利条件。但是，随着人口的增加和生产的发展，出现过盲目围湖现象，使一部分负担调蓄渍水的湖泊，被完全开垦或调蓄面积缩小，使本来可以渠湖配套、蓄洪平衡的有利局面，出现新的不平衡，甚至造成人为的渍涝灾害。

二、蓄洪（渍）湖泊建设

（一）洪湖

历史上，从洪湖以下沿内荆河两岸，大小湖泊星罗棋布，汛期江湖相通，洪水茫茫一片。这片湖域以洪湖为主要湖泊，称之为洪泛区，面积约1141.18平方千米，历史上是调蓄长江洪水和四湖上中区来水的天然湖泊群。

民国时期，洪湖水域面积近740平方千米。1956年，根据《荆北区防洪排渍方案》的规划，结合洪湖蓄洪垦殖区的建设，洪湖隔堤建成，江河洪水隔断，洪湖周围大片湖滩见陆。此时的洪湖面积当水位为 25.00 米时，为 637.3 平方千米，容积为 95842 万立方米；当水位达到 27.00 米时，湖面积可达 735.19 平方千米。

1. 治理与围垦

新中国成立后，洪湖一直作为四湖水利工程体系的重要组成部分，逐步进行治理。

1955 年，长江委《荆北区防洪排渍方案》提出洪湖蓄洪、蓄渍、垦殖规划。

1955—1959 年，结合洪湖蓄洪（渍）垦殖区建设，修建洪湖隔堤及新滩口排水闸，实现江湖分家，遏制江水倒灌。从而使洪湖水位平均下降 1.51 米，部分地势较高的湖滩露出水面，这一自然条件的改变，客观上为围湖垦殖创造条件，同时也因围垦失去湖泊面积，减少四湖流域蓄洪蓄渍的能力。

1958 年，洪湖县杨家嘴大队妇女围挽洪湖东岸的一个支汊养鱼，取名"三八湖养殖场"，面积为 6.06 平方千米。

1958 年秋至 1959 年春，洪湖县沙口公社组织劳力从洪湖北岸袁家台至粮岭、陈家台、娘娘坟、纪家墩至董家大墩修筑土地湖围堤与洪湖水域隔断，围挽面积 19.32 平方千米，将土地湖（洪湖子湖）更名为沙口联合大垸，兴办土地湖渔场。后经一系列的水利工程建设，土地湖被全部围垦开发利用，除了四湖总干渠以南的三角湖水面 3.5 平方千米和土地湖（又名红旗湖）渔场水面 14.27 平方千米外，其余均已垦为农田。

1960 年春，洪湖县城郊区人民公社组织螺山、铁牛等地群众，自九姑丈起沿洪湖南部 24.00 米高程线修围堤一道，截断伍家槽直抵把子棚湖面，围湖面积 21.05 平方千米，取名为新（堤）螺（山）垸，围垸堤长 20 千米。

1960 年，洪湖县城关镇组织劳力从荣家垴起沿湖东北部跨瓢把口直抵施墩河接六合垸堤修筑围堤一道，长 7 千米，围湖面积 14 平方千米。

1960 年，沙口公社组织劳力自闵小垸起沿瓦屋墩、东湾、中岭直抵麻田口修筑围堤道，围湖面积 19.73 平方千米，将麻田湖变成万全垸的蓄渍湖泊。1966 年开挖四湖总干渠，挖河取土做堤，麻田湖堤加培成总干渠北堤。同年自王马口起破万全垸，经花湾，破麻田湖直抵小港开挖排渠一条，取名为万全垸中干渠，麻田湖消失。

1965—1967 年，沿湖北缘开挖福田寺至小港段四湖总干渠，实行河湖分家，总干渠北岸大片湖面被逐年围垦，围垦面积达 84.57 平方千米。

1971—1974 年，监利县修建螺山泵站沿湖西部从宦子口至螺山开挖螺山渠道，并修筑洪湖围堤，垦殖洪湖西片面积 138.00 平方千米。

1971 年，螺山公社组织群众自北拐起至分洪沟筑围堤一道。1974 年将围堤从分洪沟上延至正沟接新螺垸堤后经修建新螺、铁牛、袁新三座电排站，围区 24.90 平方千米湖面垦为农田。

截至 1980 年，洪湖被围垦 386.5 平方千米（见表 8-1），洪湖只剩下 348.4 平方千米，仅为原洪湖面积的 47.4%。1980 年，四湖流域大涝，由于洪湖调蓄水位高和库容不足，导致大片农田受涝成灾。1981 年洪湖围堤整险加固时，明确规定洪湖围堤界限，围堤内除保留洪狮大垸、王小垸外，其余在围堤内垸和湖泊水面定为汛期调蓄水面，面积确定为 402 平方千米。

表 8-1 洪湖围垦面积统计表

编号	割裂与围挽地点	面积/km²	时 间
1	土地湖	19.32	1958 年
2	麻田湖	19.73	到 1980 年
3	东马艳湖	4.10	到 1960 年
4	西马艳湖	5.91	到 1961 年
5	土地湖—福田寺	84.57	到 1966 年

续表

编号	割裂与围挽地点	面积/km²	时 间
6	螺山电排渠以西	138.00	到 1971 年
7	三角湖	2.56	到 1980 年
8	月湖	3.25	到 1980 年
9	汉沙垸	8.69	到 1980 年
10	潭子湖	0.94	到 1980 年
11	北湖	0.42	到 1980 年
12	草马湖		到 1971 年
13	斗湖	3.05	到 1971 年
14	滨湖		到 1971 年
15	淤洲湖	1.01	到 1971 年
16	三八湖	6.06	到 1958 年
17	金湾湖	4.13	到 1958 年
18	金塘湖	1.36	到 1972 年
19	撮箕湖	14.13	到 1960 年
20	新螺垸	21.05	到 1960 年
21	螺山植莲湖	4.16	到 1961 年
22	新螺垸外围	5.77	到 1967 年
23	螺山电排渠外	38.29	到 1980 年
合计		386.5	

2. 洪湖围堤

新中国成立初期，洪湖周围靠民垸堤挡水，当地群众称为"洪线堤"，总长 234.66 千米，堤身单薄矮小，抗洪能力低，经常溃口成灾。

洪湖北部主要民堤有王小垸、唐城垸、东马垸、万全大垸、下三垸抵太洪口，堤长 40.1 千米，堤顶高程 28.00～29.00 米，堤顶面宽 2～3 米，内外坡比 1：2，直接防御湖水。濒临洪湖有新三垸、方小垸、将军垸、鸭儿垸、闵小垸、童小垸、民权垸、民生垸等次要民垸堤，长 51.3 千米，堤顶高程 26.00～27.00 米，堤身矮小，遇水即漫溢。

洪湖南部主要民垸有护镇垸（六合垸）、三合垸、上郑垸、大沙垸、牛车垸等民堤，长 49.5 千米，堤顶高程 28.00～28.50 米，堤顶面宽 2～3 米，内外坡比 1：3，是防御洪湖水泛滥的主要民堤，濒临洪湖还有复兴垸、仁和垸、颜小垸等次要垸堤，堤长 9.6 千米，堤顶高程 26.50～27.00 米，遇大水即漫溢。

洪湖东部民垸堤，有铁老垸、金堂垸、小六合垸、荣家垴等低矮次要民垸堤，堤顶高程 26.50～27.00 米，堤长 22.5 千米，大水时汪洋一片，民众多以渔业为生。

洪湖西部边沿为串珠状的民垸围绕堤防绵亘，形状各异，修筑年代久远，防洪能力极低。1954 年大水后，监利县组织劳力自韩家埠至獐湖垸加修沿湖民垸堤，称为"洪线堤"。堤长 145.06 千米，面宽 1.5～3 米，堤身垂高 2～5 米。

1955 年后，随着四湖治理工程的逐步实施，洪湖形成了新的围堤，取代了"洪线堤"，见图 8-1。

（1）洪湖围堤北堤。1965 年冬至 1967 年春，沿洪湖北及东北缘开挖四湖总干渠，开渠结合筑堤，筑成自福田寺起，经民生垸、徐家墩、董大墩、纪家墩、闸口、东湾、麻田口达小港的总干渠北堤长 41.84 千米（其中监利境长 11.11 千米，洪湖市境长 30.73 千米）；子贝渊河堤长 7.25 千米（洪湖市境）；下新河两岸河堤长 8.06 千米（洪湖市境）；从福田寺起总干渠南岸至宦子口堤长 12.875 千

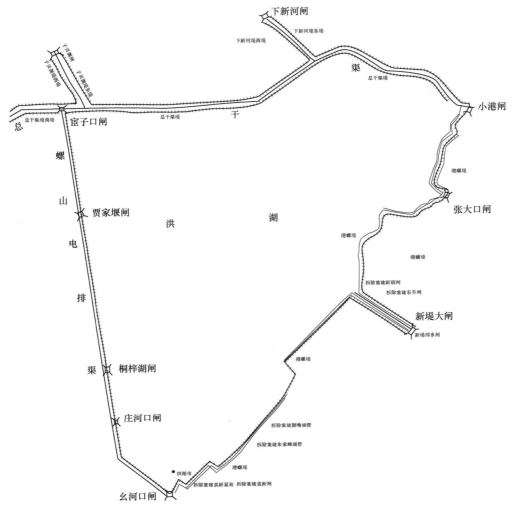

图 8-1　洪湖围堤平面布置图

米（桩号 96+000 属监利辖，以下为洪湖辖）；洪湖围堤北堤合计全长 70.025 千米。

（2）洪湖围堤南、东南部堤。这段围堤从小港湖闸向南，有百合垸堤、六合垸堤、撮箕湖堤，直抵新堤排水闸东引堤，再由新堤排水闸西引堤至螺山渠道接洪湖围堤西堤，全长 47.15 千米。1959 年后，陆续对沿洪湖的民垸堤进行合堤并垸，多次修整，兹分述如下。

百合垸堤，起于小港湖闸，止于张家大口闸，全长 7.7 千米，桩号为 0+000～7+700，是由铁心垸和百合垸组成。

铁心垸地处老闸河西，南段倚金塘垸，北靠总干渠，耕地面积为 1500 亩，属小港公社三、四队两个生产队的耕种小垸，1959 年洪湖县峰口区南下小港"围湖蓄渍"，"向荒地进军"。在铁心垸外围向洪湖扩展，呈半圆形围堤，通过柴帐抵达老闸河堤。由于修堤难度大，完工后堤身矮小，不能抗御汛期湖水，且垸内渍水无处排放，每年只种无收，不得已而放弃。

1964 年，开挖小港横河，结合修筑从小港老河坝起，下约 2 千米处东折，过陈沟至铁心垸的垸堤，堤身低矮，抗洪能力较弱。

1970 年，洪湖县开垦金塘垸和百合垸，筑成从张大口沿北河过北堤，拐至大嘴与铁心垸和百合垸堤相连的围堤，从此，铁心垸堤与百合垸堤联成一线，并定名为"百合垸堤"。1971 年，杨嘴公社组织劳力予以加修。1980 年大水后，此堤段被纳入洪湖县大型水利工程规划。同年冬，由峰口、曹市两区民工加高培厚，使之成为堤面宽 4 米、堤顶高程 28.00 米、内压台长 1600 米的堤段。

1982 年，洪湖县洪湖区在铁心垸横堤至张大口段，逼近堤脚挖鱼池，使堤身常年浸泡在 2 米深的水中，这段堤成了险工段。

1991 年冬，由汉河镇、白庙镇、滨湖办事处，从桩号 1＋300～5＋400 处实行整治，共完成土方 19.8 万立方米。

1996 年冬，滨湖办事处利用世界银行贷款 53 万元，对桩号 5＋535～7＋050 堤段进行整治，共完成土方 6.3 万立方米。

通过多次修整，堤段现已达到堤顶高程 28.00 米，面宽 4～6 米；压台宽 10 米，高程 26.00 米，坡比 1：3。

六合垸堤，起于张大口闸，止于挖沟子闸，全长 4.70 千米，桩号为 7＋700～12＋400。此段堤原系第二道防线，第一道防线成为三八湖堤。1980 年洪湖县出现大洪水，洪湖挖沟子水位 26.92 米，三八湖垸堤溃决。灾后，洪湖县政府采取合堤并垸措施，控制洪湖水域面积，稳定洪湖调蓄容积。因三八湖垸三面环水，土源不足，修防不便，便放弃三八湖，加修六合垸为洪湖围堤，三八湖垸则由垸内民众自修自防。

经 1980—1985 年 6 个冬春的加高培厚，六合垸已成为堤顶高程 27.50～28.00 米、面宽 4 米、堤基坚固的防洪堤段。

撮箕湖堤，北起挖沟子闸，南抵新堤排水闸东引堤，全长 10.65 千米，桩号为 12＋400～23＋050。因此围垸形如撮箕，故名"撮箕湖"。其围堤也称之为"撮箕湖堤"。形成于 1953 年，当时由洪湖县水利局投资采用木质人工挖泥船，疏通洪湖出长江的施墩河，在湖口附近形成一条带状高地，1960 年春，根据"围湖蓄渍"要求，洪湖郊区于农历正月初三，上劳力在老六合垸外围湖垦荒。从云家淌接大六合垸堤，沿宋湖的高岭子，跨 880 米长的淤泥段（人称"撮箕口"），接施墩河口的带形高地，再沿施墩河抵民房台基。历时 3 个多月，围成一道长 7700 米、宽 1.5 米、高程 27.00 米的围堤。其中，在撮箕口难工段有 450 米长只修筑到 25.50 米高程，屡做屡陷，施工极其困难。完工后，连续 4 年，对撮箕湖堤进行加培，使堤顶高程达到 27.00 米。

1969 年汛期，在湖水涨到 27.18 米时，垸堤溃决（注：当年长江干堤田家口溃决）。

1970 年，挖沟子闸建成后，洪湖县将此堤延伸到挖沟子闸。

1980 年和 1983 年，分别对全堤进行加高培厚，使堤面宽 4 米，堤顶高程 27.50～28.00 米，同时补做了 6400 米长的内压台，其面宽 2～9.5 米，平台顶部高程 26.50 米。

1996 年冬，四湖工程管理局洪湖总段利用世界银行贷款 113.7 万元，在桩号 17＋100～19＋700 堤段加修堤防，共完成土方 14.3 万立方米，使堤顶高程为 28.00 米，内压台宽 10 米，高程 26.00 米，坡比 1：3。

1996—1997 年间，洪湖总段再次利用世界银行贷款 222.7 万元，在桩号 12＋400～17＋100 堤段，实施混凝土现浇外护坡，共完成混凝土 6020 立方米，见图 8－2 和图 8－3。

新螺垸围堤，起于新堤排水闸西引堤，止于螺山渠道，全长 24.10 千米，成带状分布在洪湖南岸，桩号为 23＋000～47＋100。

新螺垸围堤是多年分段修筑而成。1960 年，洪湖县界牌铁牛公社为保障内垸农业生产，加修从施墩河至分洪沟的老堤（桩号 19＋000～32＋000）。同年，螺山公社从正沟（桩号 35＋000）修筑至把子棚的围堤，名曰"新螺垸围堤"。1969 年螺山公社又在桩号 44＋000 千米处向外围堤直抵把子棚（桩号 47＋100），并称之为"新螺外围堤"。1970 年，监利县在螺山兴建大型电排站，破复兴垸挖一条引水渠道，螺山公社的部分农田被占压，为弥补损失，螺山公社于 1971 年修筑从正沟至袁新电排站长 8.465 千米的围堤。

1972 年新堤排水闸在熊家窑建成，挖压铁牛公社部分基本农田，为弥补这一损失，洪湖县铁牛公社向洪湖扩展，从新堤排水闸西引堤至分洪沟，筑成长 5.737 千米的围堤。

图 8-2 洪湖围堤加固施工（1997 年摄）　　图 8-3 加固后的洪湖围堤（1997 年摄）

1991 年冬，对桩号 39＋800～41＋000 堤段进行整治，共完成土方 11.3 万立方米，使堤顶高程达到 28.00 米，堤面宽 4 米，外压台宽 10 米，高程 26.00 米，坡比 1∶3。

1994—1997 年，四湖工程管理局洪湖总段利用世界银行贷款 353.1 万元，在桩号 24＋50～33＋530、43＋800～46＋000 堤段加高培厚，共完成土方 44.2 万立方米，同时对桩号 33＋530～34＋200 处用挖泥船吹填土方 10 万立方米。

至此，此段堤堤顶高程达 28.00 米，堤面宽 6 米，外压台宽 10 米，高程 26.00 米，坡比 1∶3。

（3）洪湖围堤西堤。1967 年，湖北省水利厅水利勘测设计院编制《湖北省四湖下区电力排灌站补充规划》，提出在螺山建大型电力排水站，以解决洪湖西部 935 平方千米的排水问题，减轻洪湖调蓄压力。1973 年，螺山电排站建成。在建泵站的同时，监利县组织近 10 万劳力开挖螺山至宦子口沿洪湖西岸的排水渠道，1974 年完成，形成一河两堤，北堤被利用作为洪湖围堤，全长 33.29 千米，其中监利境 32 千米。由于是在湖滩上筑堤，因取土困难和堤基淤软沉陷，洪湖围堤螺山渠堤低矮单薄，每到汛期成为重要防守堤段。1990 年冬，监利县再次组织劳力疏挖螺山渠道取土修筑洪湖围堤，经两个冬春的施工，使洪湖围堤堤顶高程达到 28.00～28.50 米，堤面宽 5～6 米，内坡比 1∶2.8，堤内脚宽 50 米，高程 23.50 米。

1997 年，监利县水利局洪湖围堤管理段利用世界银行 400 万元贷款，对幺河口等处低矮堤段进行加培，对张家湖至周河口 3000 米的堤外坡进行混凝土护坡，在堤内脚平台低矮处开挖近百亩鱼池。

2010 年，荆州市航道管理部门结合兴建江汉航道网，对螺山渠道采用挖泥船进行疏浚，所挖泥土全部填筑洪湖围堤内平台，填平沿堤所有鱼池，内平台高程达到 24.00～24.50 米。

截至 2015 年，洪湖围堤全长 149.175 千米，见表 8-2。堤顶高程一般已达到 27.50～28.00 米，其中螺山至宦子口段堤顶高程为 28.00～30.00 米，面宽 4～8 米，边坡比 1∶3。洪湖围堤因其堤基多为淤积泥土，堤身亦为蒿排和土掺杂筑成，堤况很差。经实地探查，围堤北堤部分堤段堤脚因蒿排腐烂，形成浪坎，又因在水中不易发现，严重威胁堤身安全。同时大部分堤段内外皆水，土源困难。

洪湖围堤曾经防御水位达 27.19 米（1996 年 7 月），但风险极大，其主要问题有：①防风浪问题并未解决好；②围堤的断面未达到设计标准，尤其是堤基及部分堤段处在蒿渣之上，渗漏特别严重；③围堤上的涵闸需要加固。

由于洪湖围堤建成，湖面固定，降雨所产生的径流进出都有涵闸控制，有效地发挥调蓄作用，并为充分利用湖水进行灌溉、养殖、航运、旅游等综合功能创造条件。当在洪湖水位 24.50 米（挖沟子站）时起调，至水位 27.00 米时，有调蓄容积 13.0 亿立方米（起调水位 24.50 米，设防水位 25.50 米，警戒水位 26.50 米）。洪湖的调蓄作用，在四湖流域的防洪排涝抗灾中具有举足轻重的地位，是其他措施所不能替代的。能否充分利用洪湖进行调蓄，将直接影响四湖流域防洪排涝抗灾的成败。

表 8-2　　　　　　　　　　　　　　　　　洪湖围堤分段长度表

堤段	起止地点	长度/km	备注
合计		149.175	
北堤		70.025	
	福田寺—宦子口	12.875	四湖总干渠南堤
	福田寺—小港湖闸	41.84	
	子贝渊河两岸堤	7.25	
	下新河两岸堤	8.06	
东南堤		23.05	
	小港湖闸—张大口闸	7.70	
	张大口闸—挖沟子闸	4.70	
	挖沟子闸—新堤大闸	10.65	
南堤	新堤大闸—螺山电排河	24.10	
西堤	螺山—宦子口	32.00	螺山渠道左堤

（二）长湖

长湖系四湖流域的四大湖泊之一，新中国成立初期，长湖水位 33.00 米时，湖面面积 229.38 平方千米，相应容积 7.63 亿立方米，见表 8-3。湖底高程 27.20～28.00 米。50 年一遇洪水位 33.50 米，可调蓄涝水 4.62 亿立方米。

表 8-3　　　　　　　　　　　新中国成立初期长湖水位、面积、容积表

水位/m	面积/km²	容积/万 m³	备注
28.00	40.75	2040	1955 年长江水利委员会规划计算成果
29.00	90.06	8880	
30.00	132.00	20280	
31.00	178.19	35790	
32.00	201.63	54780	
33.00	229.38	76330	

2012 年，湖北省"一湖一勘"确定长湖水面面积 131 平方千米，对应容积 3.80 亿立方米。长湖较新中国成立初期减少面积 98.38 平方千米（当水位 32.0 米时，湖面积 143.6 平方千米，相应容积 4.68 亿立方米）。

1. 治理与围垦

新中国成立后，长湖治理即纳入荆北地区水利规划。长湖原本调蓄能力有限，每遇大水则下泄淹没四湖中下区农田。1951—1957 年的 7 年间，首先对沿湖老堤进行整险加固。1955 年，长江委提出《荆北地区防洪排渍方案》，规划长湖为平原水库。其治理原则是：以防洪为主，兼顾灌溉、养殖、交通、卫生，达到综合利用的目的。1962 年、1965 年分别先后修建习家口闸与刘家岭闸，实施对长湖排水的人为控制。1971 年长湖库堤改线，截断与内泊湖的联系，长湖水面有所减小。此后，围湖垦殖更日趋严重。从 1953 年开始，到 1990 年止，荆门、荆州两地在湖岸堵筑湖汊 84 处，围垦面积 82.82 平方千米，开垦农田 64477.04 亩，见表 8-4。1980 年 8 月，长湖出现大水，最高水位达

33.11 米,四湖上区渍灾严重。1981 年确定长湖调蓄面积在水位 32.5 米时为 150.60 平方千米,已围的农田、鱼池必须刨毁参加调蓄。但在实际的执行过程中,所有围垸均未刨毁,只是当出现 32.5 米的水位后实施扒垸分洪。

表 8-4 长湖历年围垦统计表

编号	名称	地点	面积/km²	田亩/亩	围挽时间	备 注
1	幸福垸	蝴蝶嘴	1.463	1100	1975 年	荆门市
2	马子湖	泗场东	2.110	2300	1949 年	
3	桂田垸	泗场东	0.584	750	1961 年	荆州市
4	泗场洼	天星观	0.328	300	1976 年	
5	扁担河	韩臣庙以北	0.150	150	1957 年	
6	内泊湖	杨林口	7.60	5193	1971 年	有养殖水面 1.83km²(荆州市)
7	高阳垸	新阳桥西	1.00	1300	1957 年	
8	红阳垸	南堤拐	0.600	700	1957 年	荆州市
9	长湖垸	屯水头东南	1.00	1300	1953 年	
10	吴垸子	关沮口	8.40	7500	1970 年	太湖港改道时围挽(荆州市)
11	庙湖	纪南	6.80	2000	1973 年前	荆州市
12	赵湖	上渡口	0.125	—	1976 年	兴办养殖业(荆州市)
13	中渡口	中渡口	0.375	300	1976 年	
14	董场	孙家山西	0.05	40	1976 年	
15	马家湖	下渡口	0.038	30	1976 年	荆州市
16	马脚湖	九店	0.390	4.04	1976 年	
17	胜利垸	九店	3.89		1976 年	
18	外六台	九店	0.875	450	—	含马家台、赵家台、钟家台(荆州市)
19	徐家垸	九店	0.590	600	1973 年	万家台、王家台、黄家台(荆州市)
20	花垸子	九店	11.17	8000	1962 年	荆州市
21	外乔子湖	港口	5.33	6400	1976—1977 年	
22	啊哈垸	后港			1976—1977 年	
23	内乔子湖	后港	1.863	1800	1968 年	
24	何场洼子	后港	0.475	400	1976 年	荆门市
25	蛟尾凹子	蛟尾	0.300	200	1976 年	
26	滚子挡	后港	0.075	50	1976 年	
27	陈家垱	后港	0.131	100	1976 年	
28	青龙洼	后港	0.200	150	1976 年	
29	邵家洼	后港	0.163	—	1976 年	养殖(荆门市)
30	赤眼湖	后港	2.400	—	1976 年	
31	大庙洼	后港	0.166	150	1976 年	荆门市
32	矛家洼	后港	0.053	50	1976 年	
33	南北垱	后港	3.960	—	1976 年	养殖(荆门市)
34	瓦屋洼	后港	0.040	30	1976 年	荆门市
35	白鱼嘴		0.200	150	1976 年	
36	宋湖鱼池	后港	0.100	—	1976 年	养殖(荆门市)

编号	名称	地点	面积 /km²	田亩 /亩	围挽时间	备　注
37	宋湖垸	后港	0.027	30	1976 年	
38	阿尿嘴	东湖	0.069	60	1976 年	
39	刘家汊以北	后港	0.225	200	1976 年	
40	刘家汊以南	后港	0.044	40	1976 年	
41	郭家洼	后港	0.369	300	1976 年	
42	黄荡湖	后港	0.013	10	—	
43	余洼	后港	0.030	30	1976 年	
44	奶洼	后港	0.119	100	1976 年	荆门市
45	熊家洼	后港	0.087	80	1976 年	
46	刁鸡洼	后港	0.175	150	1976 年	
47	锡湖汊	后港	0.266	230	1976 年	
48	南洼	后港	0.200	180	1976 年	
49	北洼	后港	0.060	50	1976 年	
50	混水淌	后港	0.100	90	—	
51	凤凰垸子	后港	1.687	1500	—	
52	鲁家洼	毛李	0.063	50	1976 年	
53	船洼	毛李	0.088	80	1976 年	
54	裤裆汊以北	毛李	0.157	140	1976 年	
55	裤裆汊以南	毛李	0.030	30	1976 年	
56	朱家洼	毛李	0.213	200	1976 年	
57	人湖汊子	毛李	0.257	—	1976 年	养殖（荆门市）
58	叶家湾	毛李	0.437	—	1976 年	
59	王家湾	毛李	0.500	450	1976 年	
60	小湾	毛李	0.313	280	1976 年	荆门市
61	后墙湾	毛李	0.338	300	—	
62	老人仓	毛李	0.450	400	1976 年	
63	燕嘴	毛李	0.063	—	1976 年	养殖（荆门市）
64	英雄	毛李	0.340	—	1976 年	
65	双桥垸	官垱	0.54	800	1976 年	
66	石岭垸	官垱	0.27	400	1976 年	
67	五星垸	官垱	0.25	300	1976 年	
68	鄂家垸	官垱	0.60	900	1976 年	
69	彭家湖垸	官垱	0.40	600	1977 年 10 月	
70	赵家桥垸	官垱	0.55	700	1977 年 10 月	荆门市
71	亚南垸	官垱	1.20	1800	1976 年	
72	高桥垸	官垱	1.40	1700	1977 年	
73	江集垸	官垱	1.10	1400	1977 年	
74	东西湖垸	官垱	1.10	1500	1977 年	
75	北塔子	官垱	0.30	400	1977 年	

编号	名称	地点	面积/km²	田亩/亩	围挽时间	备　　注
76	李家场	官垱	1.40	1800	1977 年	荆门市
77	毛家垸	官垱	0.22	300	1981 年 10 月	
78	金家沟	官垱	0.45	600	1976 年 10 月	
79	张家坪	官垱	0.55	800	1976 年 10 月	
80	许家垸	官垱	0.53	800	1975 年 10 月	
81	同兴垸	官垱	1.60	2300	1974 年 10 月	
82	张兴汉	官垱	0.30	400	1974 年 10 月	
83	南洼垸	官垱	0.35	500	1983 年 10 月	
合计			82.82	64477.04		

长湖不仅可调蓄洪水，作为平原水库，还承担为下游输水灌溉的任务。1966 年出现 28.39 米最低水位，通过从万城闸引水入长湖，解决春灌水源，供长湖周围及四湖中区近 150 万亩农田灌溉用水。

2008 年 2 月 24 日和 2009 年 1 月 24 日，东荆河潜江、监利河段突发"水华"现象，沿线各自来水厂停水，沿线近 20 万居民饮用水发生困难，当时开启刘岭闸调长湖水经田关河入东荆河，通过补水达到水体交换，解决沿岸居民生产、生活用水。

2011 年 6 月 9 日，长湖最低水位 29.16 米，部分湖底干涸，相应湖面积为 105 平方千米。而此时的四湖中、下区也出现罕见的干旱。为缓解长湖及周边地区的旱情，通过从漳河水库调水，升起万城橡胶坝从沮漳河引水，经过新城船闸引入汉江水源，开启习家口闸分 3 次向总干渠输水约 5600 万立方米，为下游地区提供灌溉水源。

2014 年，引江济汉工程建成，引江济汉干渠穿越庙湖、海子湖、后港长湖，均建有水源补给工程，使长湖的水源保证率有较大的提高。

2. 长湖堤防

长湖很早就开始筑堤防水。据史料记载，长湖南岸筑堤始于三国时期，东吴孙皓时（264 年），东吴大将陆抗令江陵督张咸作大堤，壅水抗魏。南宋淳祐四年（1244 年），江陵知府孟珙把沮漳河水引入长湖，以拒金兵。清道光二十年（1840 年），长湖和中襄河官堤民堤，概收官办。新中国成立后通过治理长湖，对中襄河多次改线，培修演变成长湖库堤，全长 56.11 千米。因长湖在 1955 年《荆北区防洪排渍方案》中规划为平原水库，其堤防故称为库堤。

（1）中襄河堤。中襄河堤系长湖库堤前身，在清代称襄河堤，其堤线自古并非滨襄河，而因襄河（汉江）水逆灌长湖，对长湖水涨落影响最大而得名。民国时期，为有别于襄河堤（汉江堤）而称中襄河堤。

《楚北水利堤防纪要》（清同治四年版）对中襄河堤的起止地段、长度、官堤、民堤地段有如下记载："自头工（沙桥门）起至十一工止，计二十二里，长三千九百六十丈，自陈（滕）子头至观音垱二十里，皆民垸无工。自观音垱至昌马垱计七里，长一千二百六十丈；自昌马垱下首起，至孟屯寺止十七里高岗元堤。自上五谷垸起至张家场，计四十余里，长七千五百余丈。"

据此记载，中襄河堤东段从内岑河口附近的施家垱起，经张家场、丫角庙、习家口至泗场街北，西段从昌马垱起经观音垱、滕子头、沙桥门至沙市曾家岭，形成半环围堤，全长 57 千米。

习家口以东到荆门蝴蝶嘴，原仅有一小土埂，长湖一般水位时，靠南洲（长湖南岸一个小民垸）的八里台民堤挡水（从潜江凡家场起，沿南洲抵中襄河堤西湾）。

中襄河堤拦截荆州、荆门山丘区洪水，对逆灌入长湖的襄水也具有挡水作用，以保护南岸田垸。新中国成立前，中襄河堤堤身低矮、单薄，堤上两人不能并排行走，溃口成灾频繁。据民国时期江陵县堤工委员长祝雄武给江陵县政府呈文称："此堤（指中襄河堤）款项陷入危境，堤身日趋废弛，时虞时溃，自前清丙申、丁酉［即光绪二十二年（1896年）、光绪二十三年（1897年）］到民国十四（1925年）、民国十五年（1926年）溃口达十余次，损失财产不下数百万元，而尤以十四、十五两年为最惨。"民国时期，中襄河堤共修筑土方一万五千市方（折合公方556立方米）。

（2）长湖库堤。新中国成立后，1951—1957年7年间，对中襄河堤进行整险加固，翻筑石岸和修复水毁工程。1960年四湖总干渠挖通，长湖流向中襄河的出口习家口以下堤段变为总干渠堤。1962年习家口节制闸建成，堤线改由习家口东趋潜江田关河。1965年刘岭闸建成，长湖由自然排泄改为人为控制，其堤始称长湖库堤。习家口闸以东堤段，于1965年后由原有土埂加高培厚而成。

1971年堤线改变：①先将太湖港渠（观桥河）下游改道，北出海子湖。②然后在关沮口筑坝，长度475米，截断出口；同时封堵沙桥门进口，使沙桥门至关沮口故道（原头工至十工）失去挡水作用。③将袁家墩经观音垱至昌马垱老堤改线为从袁家墩起经新阳桥、杨林口至韩臣庙，沿湖近挽，另筑新堤。

1981年堤线改变：1980年长湖大水后，库堤水毁严重。1980年冬至1981年春堤防整险加固，堤线又进行了大的变动。西段从滕子头起，废弃老堤，向东沿湖近挽，至新阳桥与1971年所改堤线重合，以下至韩臣庙堤线未变；东段从黎湾机站起近挽，将桂田垸挽入堤内，沿湖至文岗接老堤，以下堤段未变。

1994—1996年冬，利用世行贷款新筑围堤（库堤）两段，长度8.542千米。其中：一段扁担河（韩臣庙）至王场洼长7.729千米；另一段徐家嘴至黎湾机站长0.813千米，两段共完成土方43万立方米。1998年冬，城市防洪工程加固围堤（雷家垱至余家洼）长度8.778千米，完成土方18.1万立方米。

1951—1998年，长湖库堤修筑共完成土方422万立方米，投入资金2102万元，投入劳力（标工）749万个。

2006—2012年，长湖治理被列入利用日本国际协力银行日元贷款荆州城市防洪工程规划，长湖库堤按防御50年一遇洪水，设计洪水位为33.5米的标准进行加修，对长21.53千米堤段进行加高培厚，土堤堤顶高程超设计洪水位1.0米；桩号3+306～21+532段堤迎水坡系用混凝土护坡，背水面还原植被；对桩号10+000～21+532堤段，在堤外肩修建钢筋混凝土防浪墙，墙顶高程超设计洪水位2.05～2.25米；修筑10千米堤顶混凝土防汛路，修建涵闸泵站3座，见图8-4和图8-5。

图8-4　长湖库堤加固施工（2012年摄）　　　　图8-5　长湖库堤（2012年摄）

至此，长湖库堤分为南（线）、北（线）两部分，以南线为主。

南线起自沙桥门（桩号 0＋000），经太湖港河沿长湖至朱家拐止（桩号 45＋938），全长 45.938 千米，属荆州市，其中堤长 37.311 千米，无堤段长 8627 米。潜江市朱家拐至刘岭闸，堤长 2.12 千米；沙洋县自刘岭闸至蝴蝶嘴，堤长 1.35 千米。合计堤长 49.409 千米。从沙桥门（桩号 0＋000）起沿太湖港河至海子湖长 3538 米；从桩号 12＋805～14＋160，长 1355 米，属丘陵岗地，无堤；从桩号 14＋160 起（距关沮口约 500 米），沿湖至王家场洼（桩号 32＋348），堤长 18188 米；从王家场洼至徐家嘴闸（桩号 39＋620），长 7272 米，属丘陵岗地，无堤；从徐家嘴闸至狮子楼闸（桩号 44＋185），堤长 4565 米；从狮子楼闸至朱家拐止（桩号 45＋938），堤长 1753 米。南线围堤堤顶高程大部分已达到 34.00～34.50 米，堤面宽 6 米，内外坡比 1：3。

北线分为 3 段：

第一段从沙桥门经草市、小北门，沿太湖港南岸至秘师桥止，再由太湖港北岸至凤凰山止，南岸堤长 14900 米，北岸堤长 18500 米。由于南堤对荆沙城区防洪起重要作用，将此堤视为长湖库堤对待。

第二段起自凤凰山，沿庙湖至龙会桥，经和尚桥至董家渡口止，全长 31750 米，多数地段尚未形成堤防，大水时需抢筑子埝挡水。其中有 5400 米属高坡地挡水。

第三段为拾回桥河堤，从上游的方家斗堰起，沿桥河西侧至董家渡口止，全长 16500 米，其中 2100 米属沙洋县梅林村。

另外，还有龙会桥河堤，从龙会桥经纪南城，分为两支，堤长 16500 米；夏桥河堤从东渡槽入海子湖，堤长 7100 米。

从沙桥门至雷家垱，一河两堤，长 3370 米，与长湖库堤有同等的重要性，是荆沙城区防洪的重要屏障。

长湖库堤的设计标准为：堤顶高程 34.50 米，面宽 6～8 米，设计防洪水位（习家口水尺）为 31.50 米，警戒水位为 32.50 米，保证水位为 33.00 米（1983 年最高水位为 33.30 米）。

长湖库堤存在的主要问题有：①部分堤段的堤顶高程和面宽没有达到设计标准；②防风浪问题尚需加强工程措施；③部分堤段的堤质差，渗漏严重。

三、围湖垦殖

根据 1955 年《荆北区防洪排渍方案》调查："内荆河流域地面坡度平坦，河湖淤浅，泄水不畅，又受长江倒灌及东荆河来水的影响，渍荒分布极为普遍。根据查勘调查及在 1952 年实测 1：25000 地形图估量垸内湖及渍荒面积约 1500 平方千米。其分布情况是：长湖至南剅沟之间地区约有 900 平方千米，南剅沟以下至新滩口约有 600 平方千米（均不包括主要湖泊面积）。"另据《内荆河流域分类面积统计表》记载：湖泊面积 1497 平方千米（包括长湖、借粮湖、豉湖、返湾湖、三湖、白鹭湖、洪湖、大同湖及大沙湖），占流域总面积的 14.4％；洼地 1500 平方千米，占 14.4％。根据围垦的实际情况，除保留 438 平方千米的长湖和洪湖外，其他的基本已被开垦，这些被开垦的区域，一部分成国营农场，一部分成集体的耕地，另一部分则挖成精养鱼池。

（一）国营农场

1953 年 2 月，中共湖北省委书记、省人民政府主席李先念赴京山县司马河边的老潘台，为荆州地区境内的第一个国营农场——五三农场挥锹奠基。同年 10 月，沙洋机械农场改名为五三农场。1955 年冬，四湖排水工程开始施工，排水条件日益改善，部分荒渍地及湖泊露出水面为大规模垦殖创造条件。1957 年，太湖港、沙市、熊口、后湖、人民垸、大垸新厂、大同湖、周矶农场分别崛起于江陵县、沙市市、石首县、潜江县和洪湖县。1958 年大沙湖、荒湖农场分别在洪湖县、监利县相继诞生。1960 年，四湖总干渠建成输水，江陵县垸内六合垸、三湖农场应运而生。1961 年，江陵、潜江两县境内又先后兴建菱角湖、运粮湖农场。1963 年 1 月，监利白鹭湖农场和潜江西大垸农场合并组建省属西大垸农场。同年 3 月，由洪湖县城郊区代管的大同湖农场第五分场独立建场，正式命名为国营小港农场。此后，又陆续兴办一些小型农场，至 1984 年，四湖流域万亩以上农场多达 23 个，开垦耕地面积 110.86 万亩，见表 8-5。后因农场在管理体制多次变更，农场数量上略有变化，至 2015 年，四湖流域有农场 17 个，总面积 1160.21 平方千米，其中耕地面积 92.26 万亩，养殖水面 23.56 万亩，见表 8-6。

表 8-5　　　　　　　　　四湖流域万亩以上国营农场基本情况表（1984 年）

场名	人口/人	耕地面积/亩			粮食作物总产/百市斤	棉花总产/担	油料作物总产/担	办场时间
		合计	水田	旱田				
合计	419451	1108567	510847	597720	4884761	379855	200207	
岑河	3700	96000	46000	50000	41900	4402	1208	
太湖	16600	48200	21600	26600	215700	12810	22970	1957 年 10 月
三湖	11600	46400	20600	25800	216700	34567	11299	1960 年 10 月
六合	8700	25900	17500	8400	137000	6103	6195	1961 年 11 月
江北	14500	58800	35900	22900	262000	11750	4604	1956 年
菱湖	10300	32800	12800	20000	131100	14280	9570	1961 年
桑梓湖	1400	4000	3300	700	25700	240	780	—
大垸	32735	107648	29310	78338	394749	43210	27120	1957 年 12 月
荒湖	19470	50401	32642	17759	303619	20559	4929	1957 年 12 月
小港	7685	23583	15336	8247	97131	1346	1998	1957 年 12 月
大同	32327	97018	42073	54945	383100	22800	16545	1957 年 12 月
大沙	28013	85376	35629	49747	301291	11065	33300	1957 年 12 月
周矶	6331	13200	3313	9887	73527	3731	2750	1959 年 4 月
后湖	21715	50808	30872	19936	346744	18358	9582	1957 年 12 月
熊口	14007	41850	20437	21413	150000	26000	2187	1958 年 1 月
西大垸	11680	34630	27000	7630	275966	3089	4807	1960 年 10 月
运粮湖	11465	43306	29000	14306	213200	13516	8406	1960 年 10 月
五七油田	—	—	—	—	—	334	1751	1957 年
大垸新厂	146476	164700	55800	108900	1050224	110992	21648	1957 年 12 月
沙农二场	6389	39203	13132	26071	104014	6374	1005	
沙农五场	3716	15465	5200	10265	52252	5131	1679	
沙农漳湖垸	6466	22401	8655	13746	78342	9121	5299	
沙农黄土坡	4176	6878	4748	2130	30502	77	575	

表 8-6　　　　　　　　　四湖流域国营农场围垦情况表（2015 年）

序号	名称	所在县（市、区）	围垦湖泊名称	总面积/km²	开垦农田/万亩	养殖水面/万亩	兴办时间
1	菱角湖农场	荆州区	菱角湖	45.65	3.21	1.59	1961 年
2	太湖港农场	荆州区	太湖	62.70	5.47	—	1957 年
3	沙市农场	沙市区	—	53.00	3.45	—	1957 年 10 月
4	三湖农场	江陵县	三湖	61.04	5.85	0.19	1960 年
5	六合垸农场	江陵县	六合垸白鹭湖	32.37	2.66	0.61	1960 年 7 月
6	大垸农场	监利县	西湖长江外滩	146.00	10.85	3.06	1957 年 12 月
7	荒湖农场	监利县	荒湖、扁湖、陈湖、四家湖	58.00	5.95	0.73	1958 年 12 月

序号	名称	所在县 (市、区)	围垦湖泊名称	总面积 /km²	开垦农田 /万亩	养殖水面 /万亩	兴办时间
8	大同湖农场	洪湖市	大同湖	142.80	10.30	4.99	1957年12月
9	大沙湖农场	洪湖市	大沙湖	164.71	9.31	7.80	1958年1月
10	小港农场	洪湖市	洋圻湖	26.55	1.87	0.60	1957年12月
11	西大垸农场	潜江市	白鹭湖	56.67	4.56	1.00	1963年1月
12	熊口农场	潜江市	马长湖、太仓湖、荻湖、西湾湖	46.50	3.61	0.11	1957年12月
13	后湖农场	潜江市	后湖	71.35	4.58	2.29	1957年11月
14	运粮湖农场	潜江市	运粮湖	49.62	4.85	0.15	1960年
15	周矶农场	潜江市	戴家湖	17.01	1.18	0.44	1958年
16	江北农场	江陵县	—	54.23	6.16	—	1956年
17	沙洋农场	沙洋县	—	72.01	8.40	—	1959年8月
	合计		—	1160.21	92.26	23.56	—

1. 菱角湖农场

菱角湖农场位于四湖流域西北部，属于荆江大堤堤外片，西南与枝江市隔沮漳河相望，北与草埠湖农场接壤。域内南北最大纵距8千米，东西最大横距7千米，自然面积45.65平方千米。2015年，有耕地面积32115亩，林地4620亩，养殖水面15900亩，辖3个大队，2个公司，1个社区居委会，总人口1.3万人。

菱角湖农场创办于1961年，是全民所有制国有农垦企业，属省管农场，1994年10月改由荆沙市代管，1996年10月成立荆州市菱角湖管理区。2001年2月，荆州市政府出台《关于国有农场改革的实施意见》，菱角湖农场成立管理区管理委员会，被赋予县一级行政管理职能，与农场实行一个机构，两块牌子，一套班子。2004年8月荆州市委、市政府出台《关于推进国有农场改革和发展的实施意见》，菱角湖管理区管理委员会由市派出机构改为荆州市荆州区管理。

1951年，菱角湖划为蓄洪区。1958年3月，江陵县对菱角湖进行勘测规划，拟兴办农场。同年8月13日湖北省水利厅批复同意开荒办场。当年冬修筑蔡家桥滚水坝，将湖面分为南、北两片。1959年后，开始筑堤垦殖，1961年建立国营菱角湖农场。1962年重建柳港排水闸。1964年退堤还滩。1965年从北至南在39.50米高程线上修筑湖堤，控制湖水。1974年又将围堤向东推移至39.00米高程线上。围堤北起断山口，南抵保障垸隔堤，长8.8千米，堤顶高程42.50米。为了蓄水灭螺、抗旱，对蔡家桥滚水坝进行加固，确定北湖正常水位为39.50米，最高水位41.00米。正常蓄水量为2113万立方米。北部张家山湖面已建有张家山渔场，养殖水面约3000亩；余家湖水面已部分建成精养鱼池。围堤以外的原有湖泊荒地开垦成良田。

经多年围垦和淤塞，菱角湖水域面积仅为10.6平方千米，汇流承雨面积178.8平方千米，湖底高程37.5米，一般水深1.2米，蓄水量3447.79万立方米。

菱角湖地处沮漳河下游左岸，东北为丘陵岗地，西南属平原湖区，地形呈东北高西南低。湖沿岸有进出水口6处，其中闸口5处，明口1处。主要入湖河渠有柳港河、罗家垱排渠等大小5条河渠，上承沙港水库泄洪渠、张家山水库溢洪道，当阳市草埠湖管理区排水渠来水也经菱角湖节制闸通过柳港河过柳港节制闸排入沮漳河。

菱角湖农场经多年的水利建设，修建电力排灌泵站8座，装机总容量2010千瓦，排涝、灌溉流量分别为84立方米每秒和33.5立方米每秒。修筑和加固沮漳河堤和内垸围堤23.77千米，基本实现了洪水挡得住、渍水排得出、大旱灌得上的目标。日降200毫米雨量可在24小时内排干，达到雨停田干、农田无内渍的标准。

2. 太湖港农场

太湖港农场位于荆州古城西郊，东临纪南，西南与李埠接壤，北抵八岭乡。域内自然面积62.7平方千米，2015年有耕地面积54730亩，林果园地面积5610亩。辖5个农业生产大队，1个养殖生产大队，2个社区居委会，70多家工商企业，总人口3.4万人。

太湖港农场创办于1957年，属荆州地区管理的国营农场。1994年荆沙合并设市，属市管农场。2004年8月，下放到荆州区管理，并成立管理区管理委员会，实行一套班子，两块牌子的运作模式和相对独立的分税制财政体制。

太湖港农场以围垦太湖而得名。太湖港又称梅槐港、太晖港，俗称观桥河，是古扬水的一支。历史上，太湖与沮漳河相连通。在三国时期（220—280年）孙吴守军曾引沮漳河水流入江陵以北的故道。太湖的来水是经太湖港在万城北面的刘家堤头引沮漳河流入江陵境内，经道遥湖至梅槐港，明崇祯年间，荆江大堤形成，堵塞刘家堤头，因而断流，此处成为内垸湖沼荒渍地。1957年，在此兴办农场，1958年开始太湖港治理工程，丁家嘴以上拦为水库，丁家嘴以下经过治理，自丁家嘴水库溢洪道起，南行至梅槐桥，沿北坡开挖北渠东行，截流坡地渍水，纳金家湖、后湖、联合三水库溢洪之水至秘师桥，再沿老港东至草市，再新挖1千米渠道至横大路，纳便河水改道北行，经谢家桥至凤凰山入海子湖。太湖的排水条件得以改善，很快全部被垦为农田，余留水面改造成精养鱼池。

农场建成后，持续地开展大规模农田水利基本建设，兴建大小泵站89处；开挖沟渠86条，长34570米；修建硬化渠道27条，长26082米；场区内平原地区已形成大小沟渠网络化，耕地田园化。水利设施条件的改善，为工农业生产提供了良好的条件，已建成万亩棉花高产基地、万亩优质稻基地、万亩无公害蔬菜基地。

3. 沙市农场

沙市农场位于荆州市中心城区东南郊，东连江陵，南临长江，西北与沙市区接壤，土地面积为53平方千米，耕地为34545亩。

沙市农场始建于1957年10月，属沙市市管理。1994年10月荆沙合并设市，沙市农场归口荆沙市农场管理局管理。2000年7月，荆州市政府将沙市农场整体划归荆州开发区管理，对外仍保留农场的牌子。

沙市农场地处沙市东南郊区，历史上为"襄水逆流尾闾，受邻近沟洫港汊渚水，由章台渊起，东北行三里有周梁玉桥，又三里有三板桥，由北行约四里至蜡树角，行十五里过象湖至陟屺桥有东南岑河口之水来会"（《江陵县乡土志》），再过玉湖，豉湖至丫角庙河，然后出席（习）家口入长湖，一河串多湖，如线串珠。

新中国成立后，将太师渊水纳入四湖水系一整治，沿太师渊河线进行大规模疏挖，使以航运为主的太师渊变成以排水为主的豉湖渠系。豉湖渠起自江津路和豉湖路交叉处的西北角，经沙市农场，锣场至河家桥汇入四湖总干渠。排水畅通，1957年10月创办沙市农场。

沙市农场经多年的农田水利建设，形成以四清渠、新河渠、南北渠、西干渠为主要干渠，分级沟渠纵横相连，路网四通八达，居民饮用水全部实行管网化。在农业种植上以蔬菜、园林花卉种植为主，成为荆州城区的蔬菜、花木的供应基地。

4. 三湖农场

三湖农场位于江陵县东北部，地处江陵县、沙市区与潜江市之交，东临四湖总干渠，与潜江市运粮湖农场隔水相望；南濒曾大河，与六合垸农场一衣带水；西与江北农场毗邻，北与省畜牧良种场接壤。域内南北最大纵距11.2千米，东西最大横距7.75千米，自然面积61.04平方千米。2015年有耕地面积58500亩，林地面积16500亩，养殖水面1950亩。辖3个大队，1个社区，26个生产队，5个居民小组，总人口1.5万人。

1957年组建湖北省荆州地区三湖水产管理局，1959年改名湖北省荆州地区三湖水产养殖场。1960年，"腰斩三湖"，四湖总干渠破湖而过，千年湖底变沃野，万顷荒滩成良田。同年9月19日，经荆州地委批准，在三湖水产养殖场的基础上成立国营三湖综合农场，初属江陵县所辖，1963年更名为湖北省国营三湖农场，改属湖北省农业厅。2002年7月成立三湖管理区，2004年9月改名江陵县三湖管理区。农场与管理区实行一套班子、两块牌子的运作模式，是一个集农、林、牧、渔协调发展，农、工、商、建筑、运输、服务业一体化经营的国营农垦企业。

三湖农场自建场以来，持续进行大规模农田水利基本建设，兴建电力排灌泵站48座，装机7100千瓦，排涝和灌溉流量分别达到63.5立方米每秒和45立方米每秒；修筑加固防洪围堤48千米；开挖大中型排渠64条，长180千米；建成硬化灌渠48条，长80千米；田间配套沟基本达到厢沟深30厘米，腰沟深50厘米，直沟深1米，围沟深1.2米（简称"35112"）的标准，实现外水挡得住，遇涝排得出，渍水降得下，抗旱灌得上的标准。90%以上耕地成为旱涝保收、高产稳产农田。

5. 六合垸农场

六合垸农场位于江陵县东南边缘，北与三湖农场隔曾大河相望，西南和江陵县白马寺镇毗邻，东北与潜江市张金镇接壤。区域内东西长距9.5千米，南北宽距6.6千米，国土面积32.37平方千米。2015年，有耕地26640亩，养殖水面6100亩，精养鱼池1800亩，人口11561人，辖4个分场，1个社区，1个水产养殖场。

明朝中期，区域内分别为亢辛、良木、岳家、佛华、朱谢、太师6个民垸，因这些民垸毗邻相依，且水系不通，每逢大雨降临，常因排水发生水事纠纷。明隆庆二年（1568年）黄、李、郑三姓族长议定，将6个民垸合为一垸，称六合垸。时至清朝中晚期，四湖流域水患灾害频繁，河渠淤塞严重，原本排水不畅的六合垸更为惨重，沦为荒渍地，民众流离失所。1960年，四湖总干渠、西干渠挖成，六合垸以及三马湖、曹夹湖、鸭子湖相继水落石出，同年7月即以垸名命名成立六合垸农场。初属江陵所辖。1961年10月改称湖北省国营六合垸农场。2001年9月，改属荆州市。2002年7月，成立荆州市六合垸管理区，保留农场的机构，实行一个班子，两块牌子的运作模式。2004年划归江陵县。

六合垸农场经多年的水利建设，形成了以横贯东西的六合渠为骨干的排灌网络，将农场分成南北两片，南片的排灌网络由纵向的丁河、壮台、三马、漫泗、神皇渠和横向的南二、南三、南四渠及11座泵站形成。北片排灌体系主要有丁河北、壮台北、三马北、岔角、左岭灌渠和北二、北三渠及13座泵站等设施组成。六合电排站装机10台，单机155千瓦，总装机容量1150千瓦。自20世纪90年代以来，农场通过四期农业综合开发，新建排灌泵站21座，中小型涵闸60座，疏挖沟渠200余条，修筑防渗灌渠19条、长11.16千米，其中硬化3000米。由此，构成了比较完备的农田水利基础设施，建成2.4万亩优质棉花生产基地和万亩绿色蔬菜基地。

6. 大垸农场

大垸农场位于四湖中区监利县境内，北枕荆江大堤，南濒浩浩长江，东与监利县红城乡接壤，西与江陵、石首相邻。场域面积146平方千米，其中耕地面积108465亩，水面30615亩，林地37950亩，辖2个社区，2个事业单位，9个办事处，56个农业生产组。2012年末总人口43099人。

大垸农场始建于1957年12月，其全称为人民大垸农场，属省农垦局管理。1994年12月至2004年8月，大垸农场改由荆州市农场管理局代管。2001年12月，大垸农场成立管理委员会，属荆州市政府的派出机构。2004年9月，大垸农场下放到监利县管理。大垸农场是以农业为基础、工业为支撑、第三产业配套的综合性国有农垦企业。

大垸农场地域为长江主泓南移而留下的河滩洲地，域内有长江汉流——蛟子河横贯东西，芦苇丛生，钉螺密布。1957年，经湖北省水利厅批准，修筑26.4千米的大垸围堤接上人民大垸，创办大垸农场。此后，大垸农场持续不断地开展农田水利建设，先后开挖友谊河、蛟子河、蛟西渠、杨沟及流港泵站引河、陈洲泵站引河、杨洲泵站引河、杨沟泵站引河，构成"四纵四横"主干排灌网；以蛟子河泵站、流港泵站、陈洲泵站、杨洲泵站、杨沟泵站及流港闸、杨沟闸构成"五泵二闸"骨干排灌体系。其中"五泵"排涝模数为0.39立方米每秒每平方千米，"二闸"自排流量为180立方米每秒，灌溉模数为 0.23 立方米每秒每平方千米。至 2015 年，人民大垸农场有电排泵站 42 座，装机容量 7885 千瓦；电灌泵站 32 座，装机容量 2900 千瓦；大小涵闸 170 座，排灌沟渠 115 条，总长 280 千米。

7. 荒湖农场

荒湖农场地处四湖中区监利县北部，四湖总干渠之滨，西南与监利县黄歇口镇、潜江市老新镇接壤，东北与监利县新沟镇、周老嘴镇相连。场域面积 58 平方千米，2015 年耕地面积 59475 亩，林地 3840 亩，养殖面积 7290 亩。辖 6 个办事处，48 个生产队，3 个居委会，总人口 26361 人。

荒湖农场于 1958 年 12 月建场，属荆州地区管理。2002 年成立荆州市荒湖管理区。2004 年，实行属地管理，改名监利县荒湖管理区。荒湖农场场部所在毫口是河湖交汇的湖浦之地，春秋战国时，楚国大夫屈原被贬，循夏水过云梦泽，曾在此赋《离骚》，后人为纪念屈原，故将此湖称离湖。毫口赋骚之处被辟为"离湖渎骚"一景（清同治《监利县志》）。沧桑变迁，经荒湖农场农垦人的辛勤建设，农场已形成农、工、商、运输、建筑综合经营的农垦企业和农、林、牧、渔、禽、蔬、果全面发展的农产品生产基地。

荒湖农场建场之前，这里是一片白水茫茫，由荒湖、扁湖、陈湖、四家湖、青阳湖及泊湖的一部分组成。1957 年四湖总干渠中段破这五湖和大兴垸湖而过，沿渠两岸的群湖渍水迅速下降，湖泊现底，湖荒干涸，次年 10 月，数百名农垦人，历时一年多，垂直于四湖总干渠开挖一条纵贯荒湖的荒湖干渠，渠长 12.7 千米，设计流量 15 立方米每秒，汇水面积 58 平方千米。荒湖大片湖底成陆，荒湖农场应运而生。尔后，又开挖横穿东西的三支沟，构成农场纵横交汇的排灌骨架，于四周修筑围堤 22.8 千米，防外水浸入。在此基础上又先后开挖纵横交错的支、斗、农渠，修建王家河排水闸，毫口南、北排灌节制闸，东港（一）、赵台、东港（二）排灌电泵站，建成防洪、排涝、灌溉的水利体系。

20 世纪 90 年代后，荒湖农场农田水利建设以河渠清疏除障、涵闸泵站更新改造为重点，提升水利设施效能，加快形成河渠网络化和耕地田园化。内部沟渠以全长 12.78 千米，纵贯农场全境的主干渠为中轴，呈"非"字形分布 29 条支沟、与支沟垂直交错着 42 条斗渠。干、支、斗渠共同形成一片片"井"状田块。2015 年，有排灌泵站 31 座，装机 62 台共 5468 千瓦，排灌流量分别为 72.29 立方米每秒和 57.65 立方米每秒。电力排灌泵站皆依地形而建，呈阶梯式坐落，排涝可直泄入渠，灌溉则依次提灌到田。

8. 大同湖农场

大同湖农场位于洪湖市境东北部，北抵东荆河与仙桃市隔河相望；南临四湖总干渠，与大沙湖农场交界；东与洪湖市新滩镇毗邻；西与洪湖市黄家口镇、乌林镇接壤。东西最大横距 30 千米，南北最大纵距 9 千米，自然面积 142.80 平方千米，其中耕地面积 10.30 万亩，水面面积 4.99 万亩，林地面积 3100 亩。2015 年辖 9 个行政村，10 个渔场，69 个村民小组，总人口 40189 人。

大同湖农场创建于 1957 年 12 月 28 日，隶属湖北省农垦厅。1970 年划归洪湖县管辖。1972 年又收归湖北省农垦局管辖。1996 年 10 月，成立荆州市大同湖农场管理委员会，属荆州市管辖。2004 年实行属地管理，更名为洪湖市大同湖管理区。

大同湖创办之前，大同湖在正常水位时，面积为 100.44 平方千米，是洪湖县境内居洪湖、大沙湖之后的第三大湖泊。湖区人烟稀少，散落着 25 个自然村，以捕鱼为主业。1955 年，修筑洪湖隔堤，并相继在新滩口筑堤、建闸，控制长江和东荆河洪水泛滥，大同湖呈现出一片莽莽荒原。这为围垦建设创造了条件。

1957 年 10 月，洪湖县依照荆州地委关于四湖地区围垦荒湖的指示精神，成立大同湖、大沙湖围垦工程指挥部。11 月 5 日，荆州地区四湖排水工程指挥部与洪湖县共同组成测量大队，对大同湖、大沙湖进行围垦工程的勘测设计。1958 年元月，荆州专署水利局编制出《洪湖地区围垦工程技术设计书》和《洪湖各湖区扩大耕地围垦农场勘查报告》。初步设计大同湖围垦面积为 120.18 平方千米，修筑琢头沟至长河口（内荆河）、彬谦至鳝鱼港（中府河）和方家岭至赤林口（里湖）三条围堤，以圈定农场围垦范围和阻挡外湖河水对围区内农田的危害。

大同湖农场经近 1300 余名各级下放干部、2000 余名河南移民以及 1172 名上海知识青年首批创业者的艰苦开拓，经多年不懈地辛勤耕耘，已形成了肖家湖、云帆湖、端阳湖三支水系。肖家湖水系承雨面积 91.48 平方千米，分布有苏家沟、胜利干渠等 14 条大中型沟渠，坐落着北闸、鸭耳河、丰收 3 座电排站，装机 20 台共 3100 千瓦，设计流量 25 立方米每秒。云帆湖水系承雨面积 28.4 平方千米，有海沟电排站、三湾闸、一道围沟等水利设施。端阳湖水系承雨面积 22.56 平方千米，分布有中干渠等 4 条河渠和龙船河电排站，长岭沟倒虹吸管。实现日降暴雨 184 毫米，农田不会出现渍涝灾害。农田抗旱，鱼池换水，采用自灌和提灌结合的办法，保证了农作物生长和渔业用水的需要。

9. 大沙湖农场

大沙湖农场位于洪湖市东部腹地，东邻洪湖市燕窝镇田家口，东南一隅濒临长江与赤壁市城隔江相望，南与洪湖市龙口镇相连，西北界四湖总干渠与大同湖农场一衣带水，北与洪湖市新堤镇水陆交接。境内东西最大横距 30 千米，南北最大纵距 10 千米，地势呈周高中低，地形似卧马。土地总面积 164.71 平方千米，其中耕地面积 93100 亩，水面面积 78000 亩。2015 年辖 9 个行政村，10 个渔场，69 个村民小组，总人口 40189 人。

大沙湖农场成立于 1958 年 1 月，隶属于湖北省农垦厅。1958 年 8 月，大沙湖农场改属于洪湖县管理。1959 年 1 月，大沙湖农场加挂大沙湖人民公社牌子。1962 年 12 月，大沙湖农场收归湖北省农垦厅管理，同时摘掉人民公社牌子。1968 年 9 月，大沙湖农场建立革命委员会，隶属洪湖县管理。1973 年 7 月，大沙湖农场确定为县级农场，属荆州行署和省农垦局双重管理。2000 年 8 月，成立荆州市大沙湖管理区，属荆州市管理。2004 年 7 月，大沙湖农场归属洪湖市管理。

1957 年，荆州地委、专署决定在琢头沟成立围垦工程指挥部。同年 11 月荆州专署四湖排水工程指挥部测量队进入勘测设计，次年 3 月省农垦厅勘测修订，国家农垦部荒地勘测设计院正式拟订大沙湖农场土地规划说明书，确定垦区面积 176 平方千米。1958 年 2 月，省农垦厅组织 34 名干部来围垦指挥部指导实施筹建大沙湖农场，分别在庙后垸、王家边、吕家边、江泗口、潘家湾、叶家塘等 6 个世居村，设立一至六分场办公驻点。同时，洪湖县建筑工程队，河南移民 2000 多名民工、1200 名上海知青、1153 名武汉知识青年（1961 年底）的首批创业者先后陆续到场，开始大沙湖农场的建设。

大沙湖原是洪湖县境内仅次于洪湖的第二大湖泊，正常水位时面积为 109.8 平方千米，周边还有大片的荒渍地。四湖排水工程的实施，大沙湖及区域内的后湖、塘老湖纷纷水落现底。初时的农场一片沼泽，条件非常艰苦，经一代又一代农垦人的持续建设和改造，开挖排灌干、支渠 27 条，长 80 千米，修建电力排灌站 8 座，装机 52 台共 6900 千瓦，设计流量 82.85 立方米每秒，有效排灌面积 160500 亩。

10. 小港农场

小港农场位于四湖流域下游，洪湖市境内的中南部，四面环河，东南两面有蔡家河，与洪湖市乌林镇毗邻，西临洪湖，南枕长江，北依四湖总干渠。场区总面积 26.55 平方千米，其中耕地面积 18722 亩，养殖水面 6000 亩，林业用地 2500 亩。2015 年，辖 7 个行政村，19 个村民小组，2 个社区居委会，1 个渔场，总人口 13392 人。

小港农场于 1957 年 12 月兴建，原属于大同湖农场第七分场。1960 年 9 月成立国营小港农场，属洪湖市管理。1990 年 11 月，小港农场升格为荆州行署农管局管理。2001 年 12 月，设立荆州市小港管理区。2004 年 9 月，更名为洪湖市小港管理区，属洪湖市管理。

小港农场地处四湖下游，20 世纪 50 年代初，这里白水茫茫，蒿草丛生，钉螺遍地。1958 年，农垦职工发扬拼搏精神，扎根于湖荒草地，风餐露宿，披荆斩棘，垦荒建场。从 1975 年到 1978 年农场开垦荒地 36780 亩，消灭钉螺面积 30647 亩，平整土地 7383 亩，全面完成农场土地的开垦和平整，使昔日沼泽荒地变成万亩良田。在进行垦荒整地的同时，农场开挖大小沟渠 58 条，兴建经东、经西等大小泵站 12 座，中小涵闸 35 座，修筑防洪大堤 5.1 千米。农田沟渠路涵闸基本配套，田成方，树成行，路相连，渠相通，旱能灌、涝能排的农田格局基本形成。

11. 西大垸农场

西大垸农场位于四湖中区，由白鹭湖围垦而成，地处潜江、江陵、监利三县（市）交接之处。农场区域北接潜江市、南邻江陵县，东与监利接壤，自然面积 56.67 平方千米，其中耕地 45600 亩，养殖水面 10000 亩。2015 年，农场总人口 13946 人，下设 4 个分场，1 个水产公司。

白鹭湖是四湖流域四大湖泊之一，位于内荆河（现总干渠）上段，系潜江、江陵和监利三县（市）公共湖泊。新中国成立初期，湖泊承雨面积 1100 平方千米，当水位为 28.00 米，湖泊面积 78.8 平方千米，相应容积 1.56 亿立方米。

1957 年开始建设四湖治理工程，在白鹭湖湖面上，西起万福闸，东南至冉家集，破湖开挖长 23 千米的四湖总干渠，使湖水排泄畅通。1960 年，江陵、监利和潜江分别创建江陵白鹭湖农场、监利白鹭湖农场和潜江西大垸农场。1963 年 1 月，根据湖北省委副书记赵辛初、副省长夏世厚等在监利县黄穴公社召开会议的精神，经省委、省政府批准：江陵六合垸农场、白鹭湖农场合并，定名为湖北省国营六合垸农场，隶属省农垦厅，场区土地总面积 76500 亩，其中耕地 6420 亩，可垦荒地 55500 亩；监利白鹭湖农场和潜江西大垸农场合并定名为湖北省国营西大垸农场，场区土地总面积 118800 亩，其中耕地 45000 亩，可垦荒地 64500 亩。1966 年，以伍家场为起点，横跨白鹭湖开挖五岔河。1970 年挖中白渠，增垦农田 2 万亩。1975 年建成白鹭湖泵站，装机容量 6 台×155 千瓦，提排流量 9.0 立方米每秒。白鹭湖大部分被围垦，对低洼部分筑堤固定水面 4.2 平方千米，已失去调蓄作用，只作农场的养殖场。

西大垸农场原系一片低洼湖荒之地，经农场职工的多年建设，已改造成长 1000 米、宽 400 米的规格整齐的农田 70 块；开挖干、支、斗渠共 27 条，长 152.5 千米；修筑农场四周客水防御堤 55.7 千米，孔宽 2 米以上的涵闸 26 座；兴建电力排灌泵站 26 座，设计流量 28 立方米每秒。水利设施基本上达到"挡得住，排得出，降得下"的标准。1986—2005 年，又先后进行 7 期农业综合开发建设，衬砌防渗主、支渠 16000 米，新建、改造电力排灌泵 39 台，改造中、低产田 315000 亩，水利基础设施标准进一步提高。

12. 熊口农场

熊口农场位于潜江市境内，地处四湖总干渠与东干渠之间，自然面积 46.5 平方千米，其中耕地 36075 亩，林地 2100 亩，水面 1140 亩。

熊口农场土地分为互不连接的 5 个地块，插花分布于熊口、老新、龙湾 3 镇境内。在农场未创办之前，此处是马长湖、太仓湖、获湖、西湾湖等群湖及东大垸、八大垸等渍荒地。1957 年破马长湖自北向南挖成龙湖河，1958 年挖成东干渠，群湖之水均可排入四湖总干渠，排水条件改善，湖荒垦为农田。1957 年 12 月，成立国营熊口机械农场管理处，辖东大垸农场和八大垸农场。1958 年 5 月筹建西湾湖农场。同年 6 月，农场管理处撤销，其所辖农场改由潜江县农场管理委员会领导；10 月，经荆州地委批准，改为全民所有制性质的熊口人民公社。1959 年 3 月，场、社分开，复名熊口农场。1963 年 1 月，熊口农场改由荆州专署领导。1968 年后，改为地、县双重领导。1991 年 4 月，由荆州地区农管局管理。1996 年 10 月改由潜江市管理。2002 年 3 月成立潜江市熊口管理区，与农场实行两块牌子，一套班子，下辖 6 个分场（办事处）。

建场以来，先后开垦和改造农田 3 万多亩，开挖大小沟渠 30 多条，修建涵闸 28 处和电排站 16 座，有效灌溉面积 35177 亩。

13. 后湖农场

后湖农场位于潜江市中部，东与潜江市熊口镇和周矶办事处接壤，西与浩口镇相邻。东西最大横距 12.82 千米，南北最大纵距 12.88 千米。自然面积 71.35 平方千米。其中，农田面积 45821 亩，水产养殖面积 22935 亩，林果面积 8205 亩。

后湖农场创办于 1957 年 11 月，隶属荆州专署管理。1958 年 10 月改为潜江县后湖人民公社。

1959 年恢复农场建制。1963 年 1 月由潜江县改属荆州地区管理。1969 年 11 月隶属潜江县。1978 年 12 月受荆州农场管理委员会与潜江县双重管理。1980 年 1 月由荆州地区农场管理委员会管理。2002 年 3 月 17 日设立潜江市后湖管理区，与农场实行两块牌子，一套班子模式。辖 6 个分场（办事处），38 个生产队。

后湖农场先后开挖大小河渠 227 条，总长 246 千米；兴建大小涵闸、桥梁 218 座；兴建 50 千瓦以上泵站 50 座，其中 55 千瓦以上泵站 44 座，装机 91 台，总装机容量 6155 千瓦，总流量 136.14 立方米每秒，有效灌溉面积达 100%，排水面积达 80% 以上。

14. 运粮湖农场

运粮湖农场位于潜江市西南部，地处田关河以南，西荆河与四湖总干渠之间。南北最大间距 12.75 千米，东西最大间距 7.99 千米。自然面积 49.62 千米。其中耕地面积 48500 亩，林地面积 18000 亩，水产养殖面积 1454 亩。

1960 年，由潜江县农场管理委员会筹建，初名阴阳湖农场。1961 年 1 月，农场正式成立，改名运粮湖农场。1962 年 12 月，由潜江县改属省农垦厅。1969 年 11 月，复属潜江县管理，1972 年 11 月，隶属省农垦局。

运粮湖农场地域系三湖的一部分。1960 年后，田关河、四湖总干渠和运粮河开通，湖水得以外排。1961 年组建运粮湖农场后，进一步完善四湖总干渠、运粮河和新干渠三大排水系统；兴建了中沟、高口等电排站，将积水提排入总干渠。在农场内部开挖干、支、斗渠共 35 条，总长 152.5 千米；修筑防洪堤长 55.7 千米；建泵站 16 座，排灌总流量 45.6 立方米每秒；建涵闸 70 余座；修建硬化灌渠 30 条，总长 25 千米。同时，进行田间沟渠配套建设和平整土地，形成有长 1000 米、宽 400 米的规格整齐的农田 70 块，基本形成沟渠配套，排灌设施齐备，达到"挡得住、排得出、降得下、灌得上"的标准。

15. 周矶农场

周矶农场位于潜江市境内，东西为潜江市周矶办事处环绕，北与王场镇相邻，东西最大间距 5.3 千米，南北最大间距 6.8 千米。总面积 17.01 平方千米。其中，耕地 11793 亩，林地 1045.1 亩，水域 4384 亩。

周矶农场区域为戴家湖。1951 年，潜江县公安局将 50 名劳改犯人组建成劳改队来此开荒，因附近有周矶集镇，故名潜江县地方国营周矶农场。1956 年移交湖北省公安厅，改名为周矶劳教农场。1958 年 1 月，农场扩大，更名为湖北省国营周矶机械农场，隶属湖北省人民委员会。同年 10 月，改属潜江县并更名为周矶人民公社新建大队。1967 年 10 月复名周矶农场，由荆州地区农场管理委员会和潜江县双重领导。1996 年改由潜江市管理。2002 年 3 月，成立潜江市周矶管理区。

农场自建立以来，先后开挖主干渠 8 条，总长 25 千米；兴建电力泵站 9 座；修建涵闸、桥梁、渡槽及渠道配套设施 473 处。开垦荒地 4 万亩，累计平整土地 2.7 万亩，营造农田、防护林网 1850 亩。同时，结合水利建设，灭钉螺面积 2509 亩。

16. 江北农场

江北农场位于江陵县境，四湖总干渠右岸，北邻荆州开发区，南抵江陵熊河镇。总面积 54.23 平方千米，其中耕地 61600 亩，林地面积 3125 亩，水面面积 6085 亩。辖 5 个农业分场，1 个砖瓦厂，1 个修造厂。

江北农场成立于 1952 年，为荆州专署公安处劳改科管辖的西湖窑、余家桥劳改大队；1953 年改为湖北省荆州新建农场，辖 4 个作业区；1956 年以地处长江北岸，更名为湖北省江北农场，是湖北省公安厅管辖的劳改农场。

江北农场于新中国成立前是一片荒湖，地势低洼平坦，最高点王家巷海拔 31.6 米，最低点瓦屋台海拔 25.3 米。1952 年建场后，疏通水系，开挖排水渠道，特别是四湖排水工程竣工后，湖水经四湖总干渠排入长江，荒湖垦为农田。为发挥农业机械作业效益，1965 年开始大规模兴修农田水利，平整土地，将 24131 块零星地，改建成 575 块规格农田，全场基本实现园田化。农场内水源充足，经观音寺闸引长江之水，灌溉农田 5.8 万亩，旱涝保收面积达 5.7 万亩。

17. 沙洋农场

沙洋农场成立于 1952 年 8 月 13 日，地跨沙洋、潜江、天门、京山等县（市）。总面积 2100 平方千米。其中，位于四湖地区的面积为 72.01 平方千米，耕地面积 84000 亩。成立时为地师级建制，主要任务是劳动改造罪犯。1995 年 8 月，沙洋农场更名为沙洋监狱管理局（副厅级）。

（二）集体围垦

四湖流域的湖泊围垦除兴办国营农场以外，以社队（村组）为单位的集体围垦也比较普遍。新中国成立初期，为发展农业生产，人民政府提出"生荒五年不负担（公粮），熟荒三年不负担"的开荒政策，鼓励人民开荒造田，平原湖区围湖垦殖成为扩大耕地、发展农业的主要措施。20 世纪 50 年代中期至 60 年代中期，四湖流域大规模开渠建闸，实行江湖分家，使自流排水条件改善，部分湖泊随之水落荒出，为大规模垦殖创造条件。

1959 年 1 月，省水利厅、省交通厅在洪湖县联合召开"平原湖区河网化现场会"，会议提出"内排外引，排灌兼顾，全面规划，综合利用"的方针，四湖流域各地开展大规模的水利河网化建设。河网化的建设是通过破垸（湖）开挖主、支渠道，使之形成河网，基本实现自流灌溉，刿闸桥梁配套，等高截流，分段排蓄，建立完整的排灌系统。河网化形成后，原有的湖泊和荒渍土地被成片地开垦出来，且土地联片，每片土地平整。据 1965 年统计，四湖流域成片垦田 3000 亩以上地片的有 60 处，共 1399215 亩。

（1）荆州地区直接管理垦田 3 处，面积 166212 亩。其中：三湖，15946 亩；白鹭湖，44171 亩；豉湖，106095 亩。

（2）江陵县 3 处，面积 70575 亩。其中：西大湖，5400 亩；陈家湖，3120 亩；六合垸，62055 亩。

（3）潜江县 7 处，面积 66594 亩。其中：大仓湖，6696 亩；返湾湖，3024 亩；马昌湖，12534 亩；通顺湖，14100 亩；田家湖，8880 亩；运粮湖，18000 亩；半途湖，3360 亩。

（4）监利县 20 处，面积 191700 亩。其中：范张湖，12000 亩；马嘶湖，4800 亩；西湖，18000 亩；青阳湖，3600 亩；龚正湖，4200 亩；王大垸湖，15000 亩；朱木垸下湖，4800 亩；猫子湖，3800 亩；隆兴湖，12000 亩；文通湖，18000 亩；郑成湖，3000 亩；袁萝湖，4300 亩；官湖，12000 亩；地菜湖，4800 亩；莲湖，7200 亩；沙湖，18000 亩；白阳湖，8400 亩；分洪口，4800 亩；东港湖，9000 亩；白沙湖，24000 亩。

（5）洪湖县 27 处，面积 904134 亩。其中：王家湖，39450 亩；天成湖，4500 亩；鱼久垸，7500 亩；郑家垸，3732 亩；大同垸，64764 亩；五合垸，51508 亩；小港北，19068 亩；五合下垸，61440 亩；永合垸，31908 亩；万全垸，44772 亩；麻田口，20640 亩；螺山，16656 亩；王乐垸，12456 亩；大兴外垸，5400 亩；大沙南垸，5592 亩；前西水垸，18756 亩；六垸，4728 亩；西城垸，21480 亩；大有垸，16056 亩；大同南部，11820 亩；大同东北部，71040 亩；沙套湖，31872 亩；土地湖，39956 亩；小港南垸，18360 亩；黄东垸，130560 亩；大兴垸，18360 亩；大沙湖，131760 亩。

大量湖泊围垦成农田后，由于其地势较低，一遇丰水年份，极易渍涝成灾。20 世纪 70 年代，四湖流域内垸开始逐步兴建小型二级电力排水站，以解决低湖田渍水。至 1981 年，四湖流域共兴建二级电排站 235 处，总装机容量 81740 千瓦，提排流量 1075 立方米每秒。至 1985 年 5 月，二级电力排水站达到 571 处，总装机容量 130926 千瓦，总流量 1540.5 立方米每秒。二级电排站是以排除农田渍水为主要目的，其设计排水时间，一般按 10 年一遇 3 日暴雨 3～5 天排到作物耐淹深度。在实际运用过程中，二级电力排水站解除农田涝渍的时间短，效果明显。但其排水方式为"碗里勺到锅里"，即从田里排到干渠，不能排入长江，渍水积蓄在渠道或湖泊里，不能从根本解决渍涝灾害。

二级电力排水站由于投资较小，建设周期短，见效快等特点，一度普遍开花，数量猛增。但也有部分二级电力排水站由于缺乏全面规划，以致建成后未发挥应有的作用。同时也由于二级泵站的规模与发展不相协调，且受到河渠、涵闸排涝标准偏低的限制，效益难以充分发挥，甚至未能发挥效益。

1977年以前，由于西干渠未按设计标准开挖，加上西干渠刘家剅以下，又有监利县所管的鲢鱼港节制闸，因排灌关系，江陵、监利两县经常发生启闭（闸）矛盾，以致刘家剅一带水位一般达28.3米，江陵县普济公社所属孟家垸、凡城垸、新兴垸等，地势较低，有25000亩农田不能自排。1977年10月，普济公社决定在刘家剅建电排站，随即组织劳力开工。当时荆州地区四湖工程管理局局长马香魁、副局长任泽贵和江陵县四湖管理段工程师林先荣建议：西干渠扩挖后，渠道水位即可降低，内垸渍水可以自排，不需建电排站。公社党委接受这一建议，立即停工。在等待一年之后，见西干渠未疏挖，便于1978年2月又重新上马兴建刘家剅电排站，共投资47.9万元。1978年度四湖管理局组织江陵、监利两县将西干渠下段扩宽挖深，同时为消除上下游的排灌矛盾，同年元月又废除鲢鱼港节制闸，西干渠刘家剅地带水位降低0.4米，普济所属孟家等垸较低洼地区的渍水，完全可以自排，刘家剅电排站建成后，未曾运用，1980年9月报废。

第二节　分蓄洪（渍）区建设

四湖流域是一个具有历史性的水灾地区，这是因为四湖流域在历史本身就是长江和汉江洪水汇流之所，后由于泥沙淤积及河道变迁，慢慢演变成湖沼地区。自宋之后，"多将湖诸开垦田亩，复沿江筑堤以御水，故七泽之地渐湮，三江流水之道渐狭而溢，其所筑之堤防亦渐溃塌"（《湖广通志》）。特别是经历明清之后，沿江穴口堵塞和堤防连接成线，内垸湖泊不断开垦成良田，江河洪水全赖堤防约束在狭窄的河槽中。一旦遇到特大水年份，江河洪水暴涨，势必破堤夺河而泄，将会给平原湖区带来灭顶之灾。为给洪水以出路，主动地开辟一定的地区作为分蓄洪区，妥善地处理超额洪水。

四湖流域经过新中国成立后的大规模水利建设，域内湖泊大量消失，陆地和湖泊水面的比例由1949年前的8.5∶1.5演变为9.4∶0.6，调蓄比例失调，一遇暴雨，地表径流大多滞留在田，仍无法在农作物的耐淹时间内及时排出渍水。实践证明，要较好地解决内涝问题，除建设好保留下来的洪湖、长湖作为调蓄区，还应开辟一定的蓄渍区。

早在1936年8月，扬子江水利委员会基于1931年、1935年长江两次特大洪水酿成的巨大灾害，为解决长江超额洪水出路和农田垦殖之间的矛盾，主张在长江中下游有计划地整理堤圩，合理利用两岸湖泊洼地，建立以担负防洪任务为主的若干"蓄洪垦殖区"，作为长江防洪的一个重要治理措施，并拟定一系列蓄洪垦殖工程计划，后因抗日战争而停顿，蓄洪垦殖工程未能付诸实施。

新中国成立后，经毛泽东主席批准，1952年兴建举世闻名的荆江分洪工程，开始蓄洪垦殖工程的伟大实践，荆江分洪工程利用沿岸分布的通江湖泊洼地和民垸，加以人工控制，不让江水自由灌注、倒漾，以利中小洪水年垦殖；遇到大洪水年需要蓄洪时，有计划地分（蓄）超额洪水。1954年夏，长江发生全流域性特大洪水，当沙市站水位达到43.00米以上时，荆江大堤出现各类险情1989处，防洪形势十分严峻，经报请国务院批准，先后三次运用荆江分洪工程，最大分洪流量分别为4400立方米每秒、4000立方米每秒、7700立方米每秒，累计分洪总量122.6亿立方米，分洪后分别降低沙市水位0.74米、0.64米、0.96米，合计减少洞庭湖水量约39亿立方米。荆江分洪工程经过1954年首次运用和采取一系列分洪措施，战胜荆江出现的特大洪水，保住荆江大堤，减轻江汉平原和洞庭湖区的防洪压力，对于保护湘鄂两省人民生命财产安全，乃至于促进新中国成立初期整个国民经济的恢复与发展，发挥重要作用。抗洪实践证明，分蓄洪工程是长江防洪的一种重要而有效的措施，对长江中下游平原区近期防洪有着极其重要的地位，即使在长江上游大量山谷水库修建后，分蓄洪工程仍是长江防洪工程系统的组成部分，并能有效地提高水库工程的综合效益。

一、洪湖分蓄洪区

洪湖分蓄洪区位于四湖流域下区，地跨监利、洪湖两县（市）境内，南临洞庭湖出口，下游紧邻武汉市，为长江防洪体系中的重要组成部分，对保障江汉平原和武汉市防洪安全发挥着极为重要的作用。

洪湖分蓄洪区由监利、洪湖长江干堤（亦称荆北长江干堤），东荆河堤（洪湖市境）和分洪区主隔堤围成，围堤总长 334.51 千米，分洪区面积 2797.4 平方千米。据 2015 年统计，分洪区内设有 25 个乡镇（办事处），3 个管理区（原为国营农场）。其中洪湖市境内有 11 个乡镇，2 个城区办事处，3 个管理区；监利县境内 12 个乡镇。区内耕地面积 148.13 万亩，水产养殖面积 117.60 万亩。

（一）工程规划

流经四湖中下区长江城陵矶至螺山河段的洪水来源于荆江和洞庭湖流域湘、资、沅、澧四水。河道安全泄量约 6 万立方米每秒（螺山站），而 1931 年、1935 年、1954 年大水年的合成流量均达 10 万立方米每秒，其中 1954 年超额洪水即达 450 亿立方米。因此，城陵矶河段的洪水对两湖平原及武汉市构成十分严重的威胁。1955 年，长江委在编制《长江中下游防洪排渍规划》时，即着手研究处理超额洪水问题。根据演算，如 1954 年洪水重现，控制沙市水位 45.00 米、城陵矶水位 34.40 米、汉口水位 29.73 米，则必须在城陵矶附近区域内分蓄洪水 320 亿立方米。经中央统筹安排，最后选在四湖流域下区，与洞庭湖蓄洪区分别承担 1954 年同样大洪水的超额洪水，各分蓄 160 亿立方米。湖北省建设洪湖分蓄洪区，湖南省在城陵矶附近地区修建蓄洪区，以解决城陵矶河段超额洪水问题。

关于修建洪湖分蓄洪区的方案，早在 20 世纪 50 年代即着手开始研究。1952 年中央人民政府政务院在《关于荆江分蓄洪工程的规定》中指出："关于长江北岸的蓄洪问题，应即组织查勘测量工作，并与其他治本计划加以比较研究后再确定。"此次明确规定不仅在荆江南岸开辟分蓄洪区，也要在荆江北岸开辟分蓄洪区。

1954 年 8 月 8 日在监利县长江干堤上车湾扒口分洪，大量洪水进入荆北地区，分洪最大流量达 9160 立方米每秒，分洪总量达 291 亿立方米，不仅缓解荆江洪水对荆江大堤的威胁，也降低城陵矶附近水位，减轻洞庭湖下泄洪水对武汉市的压力。因为有 1954 年的防洪斗争的经验教训，对于修建洪湖分蓄洪区的要求就更加迫切。

1955 年 12 月，长江委编制《荆北区防洪排渍方案》提出：对四湖流域的下区将按照"蓄洪垦殖，兼筹并顾"的原则进行规划。即在长江中游平原区防洪排渍计划的统一指导下，以洪湖、大同湖、大沙湖及其周围洼地，原受江水自然倒灌的泛区为蓄洪区，上述各湖泊本身为蓄渍区。培修加强蓄洪和蓄渍区的围堤，在螺山、黄蓬山或新滩口选择其中最有利的一处建进洪闸。在新堤和新滩口建泄水闸。当长江发生非常洪水的年份，启闸分洪，与长江中游其他湖泊配合运用，要求达到减免洪水灾害的目的。在不分洪的年份，容蓄渍水，从而改善排涝情况，同时进行垦殖，扩大播种面积，增加农业生产。对四湖上区的长湖则以"以拦洪为主，考虑济灌济航"为原则，培修加固堤防，在高家场、习家口和塔儿桥建渠道节制闸，控制蓄泄，提高长湖的调蓄能力。

1955—1965 年间，《荆北区防洪排渍方案》中所列的工程项目基本完成，四湖下区的大同湖、大沙湖因蓄洪蓄渍的运用频率较低，基本被垦为农田，并创办成国营机械化农场。与此同时，洪湖的水面积也大为减少，其调蓄能力也随之降低。

1971 年 11 月至 1972 年 1 月，中央在北京召开了长江中下游七省一市防洪规划座谈会。会议决定："……在提高防御水位的条件下，遇到和 1954 年同样大的洪水，中下游尚需分蓄洪水约 490 亿立方米。其中，荆江分洪区 54 亿立方米，洞庭湖区约 160 亿立方米，洪湖地区约 160 亿立方米。武汉地区约 68 亿立方米。"根据中央的规定，1972 年 3 月 20 日至 6 月 18 日，在长办及湖北省水利厅的领导下，荆州地区四湖工程管理局组织江陵、潜江、监利、洪湖四县共 20 余人（含长办及水利厅行政、技术人员），集中在洪湖县新堤镇编制《荆北地区防洪、排涝、灌溉综合利用规划》及《洪湖隔堤第一期工程初步设计报告》，确定修建洪湖分蓄洪区。其主要工程项目是主隔堤。因其他围堤是利用已有的长江干堤和东荆河堤，主隔堤的走线决定分洪区面积大小和工程难易程度。在规划过程中，长办首先提出主隔堤的起点是荆江大堤八尺弓，终点是东荆河堤的花鼓桥。嗣后，经过分组到实地勘察研究，该报告将主隔堤堤线中八尺弓至福田寺一段改为半路堤至福田寺。经报水电部审核，水电部以

（73）水电字第 33 号文在批复初步设计时指出："关于洪湖主隔堤堤线问题，从荆江整体防洪考虑，仍应采用八尺弓到福田寺堤线。"1975 年 7 月 28 日，湖北省水电局向水电部再次报告：认为选用半路堤至福田寺堤线为好。水电部据此批文同意主隔堤上段先按半路堤方案实施。同时指出：八尺弓方案仍需要在荆江整体防洪方案中进行研究。

在具体的实施过程中，将原规划的止点花鼓桥下移到高潭口，堤线全长 64.82 千米，按规划蓄洪水位 32.5 米加风浪爬高 1.7 米和安全超高 0.5 米，拟定堤顶高程 34.7 米，面宽 8 米，内外坡比 1：3，平台高程 26.0 米，宽 20 米。规划土方 2308 万立方米。除主隔堤以外，还有长江干堤（螺山—胡家湾）、东荆河堤（中革岭—胡家湾）的加培。分蓄洪区内还规划有南隔堤（姜刘墩—郭铺—螺山）、分格堤（螺山—子贝渊、沙口—汉河—新堤）、安全区围堤（黄蓬山、龙口、大沙、燕窝、新堤等 5 处），以及螺山进洪闸等项目。

（二）工程建设

1972 年 10 月 24 日，荆州地区革命委员会以（72）荆革字 134 号文通知，成立"湖北省荆州地区洪湖防洪排涝工程指挥部"，荆州地区革委会副主任饶民太任指挥长（从 1972 年至 1980 年，历届负责人多有变动），下设县指挥部。同年 10 月 29 日，洪湖防洪排涝指挥部副指挥长、四湖工程管理局局长李大汉率四湖工程管理局、荆州地区水利工程队、监利县长江堤防管理段、洪湖县水利局共 30 余名行政、技术人员赴实地测量定线。主隔堤下段（福田寺至高潭口）堤线要跨越万全垸、五合垸、南昌湖、水深 1~1.5 米，只得租用两只小木船丈量长度，测量断面。历 10 余日，测毕。随即在工地赶制施工断面图与施工计划。1972 年 11 月 7 日，指挥长饶民太在工地主持召开第一次会议，宣布 1973 年度的工程任务，布置劳力及施工前的一切准备工作。

洪湖分蓄洪区工程于 1972 年 12 月开工。1972 年 12 月至 1973 年春，工程指挥部组织洪湖、监利两县 8 万民工，开挖沙口至高潭口 25 千米的排水龙骨沟，沟底宽 10 米，以排干渍水，降低地下水位，改造土场，为主隔堤大施工创造条件。当时施工场地多数是沼泽地带，淤泥深厚，野草丛生，施工条件差。但施工人员不畏艰险，日夜奋战，经 4 个多月的艰苦施工，于淤泥中挖成纵横排水沟，完成挖填土方 248 万立方米。

在主隔堤工程动工的同时，高潭口电力排灌工程也于 1972 年 12 月 14 日破土动工。

1973 年，湖北省革委会为加强对洪湖防洪排涝工程建设的领导，决定成立"湖北省洪湖防洪排涝工程总指挥部"，湖北省革委会副主任夏世厚任指挥长，荆州地委书记石川任政委，参加施工的沔阳、洪湖、监利、天门、潜江、江陵 6 县的党政军负责人都分别任各县的正副指挥长（政委），组织领导施工。

工程开工后，调集六县 48 万人，其中江陵县 6.2 万人，潜江县 5.3 万人，监利县 11.5 万人，江湖县 8.9 万人，天门县 6.4 万人，沔阳县 9.7 万人。从福田寺至高潭口长 48.8 千米的地段摆开战场。当时，每千米工段的施工人员近 1 万人，芦草工棚绵延数十里，工地上人山人海，彩旗招展，施工场面极为壮观。

福田寺至高潭口堤段，穿越万全垸、南昌湖、黄丰垸等湖沼地区，淤泥深达几米至十余米，有的堤段当天填土，到第二天就跨坍下陷。参加施工的工程技术人员和广大民工，不畏重重困难，采用开河取土筑堤，破湖排水，填土挤淤等方法，仅一个冬春，就完成挖河土方 2029 万立方米，填筑主隔堤土方 1080 万立方米。至 1974 年春，福田寺至高潭口共 48 千米的主隔堤和排涝河即展现于世，为四湖治水积累跨湖筑堤的成功经验。

1974 年冬至 1976 年春，又继续征调洪湖、监利、潜江 3 县民工 20 万人，修筑半路堤至福田寺堤段和开挖排涝河，并整治福田寺至高潭口跨湖崩坍段。1976 年冬至 1977 年春，监利、洪湖、沔阳、潜江 4 县投入 25 万人继续加筑福田寺至半路堤 16.8 千米堤段和开挖排涝河。1977 年冬至 1978 年春，洪湖、监利、沔阳 3 县安排 7 万多人继续施工，1978 年冬至 1979 年春，监利县又投入劳力 3.5 万人，加做平台和对排涝河进行整形。自此，全部完成 64.8 千米主隔堤及排涝河工程。

在修建主隔堤和排涝河的同时，为了发挥工程的综合效益，相继修建高潭口电排站、半路堤电排站、福田寺防洪闸、福田寺船闸、福田寺节制闸、黄丝南闸、沙螺闸、子贝渊闸、下新河闸以及5座横跨排涝河的公路桥，同时整治和恢复一批因兴建主隔堤而受阻塞或破坏的水系。工程累计完成土方7159万立方米，混凝土16.5万立方米，先后动员民工130余万人次。

1980年，国家压缩基本建设投资，洪湖分蓄洪区工程被列入待建工程，原规划的南隔堤、分隔堤、螺山进洪闸以及安全转移工程暂停实施。因主隔堤穿越湖网地区，地基承载能力差；加之施工期间采用人海会战的方式，部分地段堤基清淤不彻底，筑堤土料不合格（主要是土料含水量大，土块大，碾压不实，有的堤段没碾压），后来勘探中发现少量堤段堤身中有稻草、棉梗等杂物（施工时垫路），以致出现堤身沉陷和崩坍的问题，其中崩塌最为严重的堤段有沙湖、下万全垸、上万全垸、秦口、黄丰垸、南昌湖等处，长6650米，堤顶最大欠高1.5米，还有一般塌方堤段长2100米，堤顶平均欠高1.1米，无法保证分洪时的安全运行。

为尽快发挥洪湖分蓄洪区的作用，荆州地区多次向省水利厅及国家有关部委申报，要求完善洪湖分蓄洪区工程设施。1986年，水利电力部以（86）水电计字第3号文批准主隔堤复工煞尾包干投资575万元，1986—1988年实施，主要是在黄丰垸、南昌湖、万全垸、沙湖4处4850米的重点塌方堤段进行填筑平台和加高堤身；在12.14千米堤脚低洼地段填筑平台植树；对64.8千米的堤身进行锥探灌浆补强，在半路堤段（桩号57+000～64+820）进行挖沙填土截渗。至1988年冬，复工煞尾完成，第一期工程施工结束。

洪湖分蓄洪区工程第一期施工，自1972年至1988年，历时17年，经历两个时期。其中，1972—1979年为大施工阶段，主要建设项目为兴建主隔堤、开挖排涝河，修建高潭口泵站、半路堤泵站、福田寺枢纽工程等配套建筑工程及恢复水系工程，1980年因国民经济调整而停建；1986—1988年为主隔堤复工煞尾阶段，实施主隔堤塌方段整治、平台加筑、堤身锥探灌浆等。一期工程共完成土方7497万立方米，混凝土16.7万立方米，砌石5.74万立方米，投入标工5000万个，总投资1.26亿元。

洪湖分蓄洪区经一期建设后，主隔堤及附属建筑物已基本建成，分洪区形成完整的封闭圈，但用分洪保安全的标准来衡量，分洪区围堤尚未全部达到设计标准，堤顶高程最大欠高1.5米，不能及量蓄洪；堤身单薄、自然形成的深渊水塘较多，存在安全隐患；进洪闸和退洪闸等控制性工程尚未兴建，当需要分蓄洪时，只得临时扒口进洪，无法对进洪量进行有效控制，对于一次洪水过程后，接踵而来的其他洪水过程分蓄洪效果将显著下降；缺乏安全转移设施，一百余万分洪区民众要在规定的短时间内全部转移到安全地带必将困难重重。为能正常发挥分洪区的作用，必须兴建必要的工程设施，尽快地实施二期工程建设。

二期工程于1990年由水利部批准实施，工程概算投资4.69亿元，1997年水利部组织对二期工程调整概算进行审查，核定总投资15.26亿元。1998年长江流域发生大洪水后，国家决定对监利洪湖长江干堤实施根本性治理，长江干堤加固的标准高于洪湖分蓄洪二期工程的设计标准，经省水利厅批准，监利洪湖长江干堤加固工程划归荆州市长江河道局统一实施，原规划的未完工程投资不再计入洪湖分蓄洪二期工程，其总投资调整为12.76亿元。

洪湖分蓄洪二期工程建设实行建设单位业主制、招标投标制、工程监理制、合同管理制的"四制"管理模式，省水利厅为项目法人单位（即业主单位），在工程建设期间，成立以省洪湖分蓄洪区工程管理局为主，有设计、监理、地方政府参加的洪湖分蓄洪区工程建设办公室（简称建办），具体负责各工程项目的组织与实施。对于大型单项工程，则成立施工指挥部，下设工程、财务、协调、综合、设计代表（简称设代）、监理等科室。参与施工的监利、洪湖两县（市）以及有施工任务乡镇也成立由行政领导、技术人员、公安干警组成的工程建设协调领导小组，协调处理施工单位与当地群众之间出现的各种矛盾，为施工提供良好的周边环境。各单位工程通过招投标选定中标施工企业进行施工。

洪湖分蓄洪二期工程从1991年至2003年，主要建设项目为分洪区围堤加高加固，修建安全转移设施，配备分洪通讯预警设施等。历经十多年不间断的建设，完成围堤加固土方2672.94万立方米，改建沿江涵闸4座，修建转移道路23条、长398.2千米，兴建大中型转移桥7座、躲水楼12栋以及通信系统工程，开工建设新堤安全区1处，共完成投资48143.3万元。

（三）主隔堤规模

主隔堤工程包括主隔堤填筑与排涝河开挖两个建设项目。一期工程完成挖填土方6152.83万立方米，投资7050.74万元；二期工程完成土方190.79万立方米，投资523.05万元；二期工程中还对主隔堤全堤实施锥探灌浆，改善堤质，完成投资438.9万元。

防洪主隔堤　自半路堤接长江干堤，经福田寺至高潭口抵东荆河右堤，全长64.82千米，堤顶高程34.70米，面宽8米，内外边坡比1：3（在复工煞尾时，为保证堤面宽度达到8米并不突破投资计划，部分堤段内外边坡的上部按1：2.5设计施工，因此，部分堤段的坡度不一致），堤身垂直高度8～10米；内平台（安全区侧）宽50米，高程26.50米，内平台边缘至排涝河宽100米为留用土地；外平台宽30～50米（监利境30米，洪湖境50米），高程26.00米；堤顶铺设有混凝土路面，见图8-6。

图8-6　主隔堤（2015年摄）

排涝河　沿主隔堤安全区西侧，距堤脚150米平行开挖一条排涝河，全长64.8千米，其中以四湖总干渠为界，上段从半路堤至福田寺，称上排涝河，长16千米，河底宽45米，边坡比1：3，河底高程22.00米，设计排水流量85立方米每秒；下段从福田寺至高潭口，称下排涝河，长48.8千米，河底宽67米，边坡比1：3，河底高程21.00～19.00米，设计排水流量240立方米每秒。见图8-7。

图8-7　排涝河监利段（2010年摄）

（四）工程运用与效益

洪湖分蓄洪区经过40多年的建设，工程已初具规模，一旦工程投入运用可在一定程度上改变长江中游的防洪形势，为荆江地区防洪安全打下基础，其分蓄洪效益可表现在：①通过在螺山扒口蓄洪，控制长江干流泄量，配合武汉附近地区分洪区的运用，以保证武汉市河段不超过防洪保证水位，确保武汉市区防洪安全；②配合洞庭湖区重点民垸蓄洪运用，控制城陵矶水位，有利于下荆江和湖口泄流，从而保证洞庭湖区重点圩垸的防洪安全；③荆江分洪区在无量庵吐洪，当干流泄洪不及之时，可跨江进入人民大垸，必要时在末端扒口入江，从上车湾分洪进入洪湖分蓄洪区，配合荆江分洪区联合运用，确保荆江大堤的安全。

洪湖分蓄洪区工程整体而言，主隔堤虽已建成，但仍存在问题：上、下万全垸，秦口至沙口总长3.1千米淤泥堤基堤段仍处于不稳定状态，高程尚欠 0.6～1.3 米，亟待采取治本措施处理；半路堤至沙螺，在近 8 千米长堤段是浅层沙基，当年施工时没有清除干净，也没有抽槽作为防渗处理；部分堤段内平台有近 20 千米的覆盖层，因取土和挖鱼池被破坏，挡水后容易产生管涌险情。东荆河堤高潭口至胡家湾堤段堤身加高工程尚未实施，大部分堤顶高程尚未达到分蓄洪水位的设计要求；螺山进洪闸及新滩口泄洪闸工程尚未修建，如需与荆江分洪区、人民大垸联合运用，或与洞庭湖区联合运用，采取临时扒口分洪，水位和流量难以控制，如超过有效蓄洪能力，则必将在新滩口扒口提前吐洪，直接威胁武汉市的安全；安全区建设工程尚未实施，区内 110 余万人口全部外转安置难度很大，加上转移路桥和躲水楼工程建设尚未完善，报警设施不完备，要在有限时间里将人口转移更是困难重重，因此洪湖分蓄洪区工程设施离分蓄洪运用要求还相距甚远。

（五）东分块工程规划

洪湖分蓄洪区经一、二期工程建设，分洪运用条件已初步具备。但随着长江防洪工程体系的建设，特别是三峡水库的建成蓄水，长江流域的防洪形势发生一些改变，据分析测算，如果遇到 1954 年型洪水，经三峡水库调蓄后，长江中游城陵矶附近地区仍有 218 亿～280 亿立方米超额洪水。城陵矶附近地区的洪湖分蓄洪区和洞庭湖分蓄洪民垸经过多年的投资建设，虽具备一定的分洪条件，但由于现有分蓄洪区面积大、人口多，运用损失大，决策难度大。为妥善处理城陵矶附近地区超额洪水，根据不同年份的洪水实行分块运用，灵活调度，国务院批转水利部《关于加强长江近期防洪建设的若干意见》（国发〔1999〕12 号文），要求近期在城陵矶附近地区尽快集中力量建设蓄滞洪水约 100 亿立方米的蓄滞洪区，湖南、湖北两省各安排 50 亿立方米以缓解城陵矶附近地区防洪紧张局势，确保武汉市、荆江大堤的安全。对此，省水利厅把洪湖分蓄洪分为东、西、中三个分块进行比较，经多方综合分析，选定推荐东分块作为近期建设方案，分别通过水利部水利水电规划设计总院的审查和中国国际工程咨询公司的审核评估，最后由国家发改委行文批准兴建，工程于 2016 年 10 月开工。

东分块规划方案其分蓄洪区由东分块隔堤、洪湖长江干堤、东荆河堤和洪湖分蓄洪区主隔堤一起形成封闭圈。蓄洪面积 883.63 平方千米，设计蓄洪水位 32.50 米，扣除安全区、台占用面积后有效蓄洪面积 836.45 平方千米，有效蓄洪容积 61.86 亿立方米。至 2008 年统计（下同），蓄洪区内有人口 30.41 万人，耕地面积 40.45 万亩，工农业总产值 20.74 亿元。

注：现遇 1954 年型洪水，荆江分洪量为 0，城陵矶分洪量 304.7 亿立方米，汉口分洪量 55.6 亿立方米，湖口分洪量 39.8 亿立方米，共计 400.1 亿立方米。至 2030 年，城陵矶分洪量 117.1 亿立方米。1998 年型洪水经三峡水库调蓄后（145.00 米起调至 171.60 米，拦蓄量 185.6 亿立方米），沙市水位由 1998 年的 45.22 米降至 44.18 米，城陵矶（莲花塘）的水位由 1998 年的 35.80 米降至 34.40 米。

洪湖东分块蓄洪工程主要项目包括：新建东分块隔堤及穿堤内荆河、南套沟节制闸工程，套口进洪闸、补元退洪闸、新滩口泵站保护工程，腰口、高潭口（二站）泵站工程；东荆河堤和主隔堤东分块堤段的除险加固；增设洪湖长江干堤东分块堤段内侧防浪设施；渠系恢复工程以及安全建设工程。

（1）东分块隔堤。隔堤自长江干堤牛头埠起，经黄蓬山、文桥泵站、汉河镇、董家台至洪湖分蓄洪区主隔堤金湾止，全长 25.95 千米。

根据国家计委计农经〔1988〕928 号的批复，洪湖分块蓄洪设计蓄洪水位采用 30.50 米（黄海高程，下同），围堤设计堤顶高程按蓄洪水位加超高 2 米确定，为 32.48 米。其他围堤堤顶高程根据有关规定，洪湖长江干堤和东荆河右堤堤顶高程按设计蓄洪水位加超高 2 米确定，洪湖分蓄洪区主隔堤堤顶高程按蓄洪水位加超高 2.2 米确定。据此，东分块隔堤堤顶高程确定为 32.48 米，其等级确定 2

级堤防，堤顶宽 8 米，内外坡比 1∶3。当堤身垂直高度大于 6 米时，在被水面设置戗台，戗台顶宽 3 米，台顶高程 28.48 米。为增强堤身的稳定性和便于管理及种植防浪林的需要，在没有设置反压平台的堤段，设置内外管理平台，平台宽度均为 20 米，高度 0.5 米。为方便平时交通和分洪时防汛抢险，堤顶设置宽 6 米、厚 0.2 米的混凝土路面，总长 25.95 千米。腰口隔堤外临分蓄洪区，一旦分洪，水域开阔，受风浪作用强烈，且运行时间较长，因此设计堤外侧采用混凝土预制构件植生块护坡，内坡采用草皮护坡。在堤身内外坡与平台结合处及平台脚，沿堤纵向共布置 4 条纵向排水沟，每隔 50 米布置一条横向排水沟，与纵向排水沟连通，将坡面雨水排至附近渠道或坑塘，排水沟采用浆砌石矩形槽结构，侧墙及底板厚度为 25 厘米。

东分块隔堤约有 21.198 千米为软土堤基，由淤泥质黏土或淤泥质壤土组成，厚度为 8～16 米，其含水量和压缩性高、强度低、透水性差，自然固结过程和地基抗剪强度增长缓慢，使得地基承载力和边坡稳定性不能满足工程要求，拟采用塑料排水板加固软土地基。另根据堤线穿行于水网密布地区的现状，拟将背水侧距平台坡脚外 50 米，临水侧距平台坡脚外 30 米范围内的渊塘等低洼地填平至地面高程。

东分块隔堤主要工程量为：土方开挖 63.44 万立方米，填筑 1737.07 万立方米，植生块护坡 36.11 万平方米，塑料板 509.43 万米，砂垫层 104.97 万立方米，土工布 456 万平方米，草皮护坡 292.97 万平方米，植防护林 11.42 万株。

（2）穿堤涵闸。东分块隔堤交叉的渠道有内荆河、港北河、丰盈河、中心河、南套沟、沙嘴河、高汉河、白杨河、新燕河等共 9 条河道，其中内荆河过流量 460 立方米每秒，南套沟过流量 80 立方米每秒，为大中型河流，故设置穿堤涵闸。

内荆河节制闸　主要作用为平时过流和通航，分蓄洪期间则隔挡分蓄洪区洪水，设计过水流量 460 立方米每秒，通航标准为 V 级航道，设计通航能力为 300 吨级；确定为 2 等水闸，闸室结构、连接堤段等主要建筑物为 2 级建筑物，次要建筑物为 2 级建筑物。总体布置为左右两岸各布置 1 孔宽 18 米的通航孔，两通航孔之间布置 4 孔×6 米的过流涵洞，闸室总净宽 60 米，闸室总宽为 76.84 米。

南套沟节制闸　主要起过流的作用，设计流量为 80 立方米每秒，确定为 3 等水闸，工程总体布置为 3 孔涵洞结构，过流总净宽 18 米，闸室总宽 22.8 米。

（3）套口进洪闸。根据进洪闸应选择分蓄洪区上游，河道顺直，河势稳定，地质较好等选址原则，洪湖东分块蓄洪区进洪闸选定在洪湖长江干堤套口（桩号 459＋000 处），设计分洪流量 8000 立方米每秒，进洪闸为 I 等工程，主要建筑物属 1 级建筑物，共 44 孔，为开敞式混凝土结构型式，闸门型式为弧形钢闸门，启闭机采用钢丝绳卷扬机，一门一机布置。

（4）补元退洪闸。退洪闸选定于洪湖长江干堤补元（桩号 404＋500 处），其结构为混凝土开敞式，主要建筑物为二级建筑物，共设 14 孔，设计泄洪流量 2000 立方米每秒。当遭遇到 1954 年型洪水时，充分利用新堤大闸、套口进洪闸、补元退洪闸，达到进出平衡，保证围堤安全。

（5）渠系恢复工程。洪湖东分块工程建设改变原有的水系需要对一些工程设施进行恢复。据勘查，隔堤穿堤建筑物除内荆河节制闸（船闸）、南套沟节制闸外，还需建中长河节制闸以及小型涵闸 10 座，修复小型泵站 6 处（总装机 16 台×155 千瓦），跨堤公路升高 2 处 400 米，跨堤输电线路 3 处 1500 米，修复排灌渠道 3000 米。

（6）新滩口电排站保护工程。新滩口电排站由泵站、排水闸、船闸组成，是四湖流域重要的枢纽性水利工程，集排涝和航运为一体。东分块蓄洪后，这些工程全部处于洪水位以下，如不封堵，机电设备将全部被洪水淹没，如采取临时封堵，时间来不及，且无安全保证。为安全起见，拟从排水闸左岸起，至船闸止，筑一道长 3 千米的围堤，建一座流量 250 立方米每秒的防洪闸，用于保护新滩枢纽工程及职工生活区的安全。围堤设计以东分块隔堤标准为准，堤顶高 32.48 米，堤顶宽 8 米，内外边坡比 1∶3，一级平台 1∶4，内外平台均采用 20 米，内平台垂高 6 米，外平台垂高 5.5 米，堤顶 6 米宽混凝土路面，内外草坡护坡。防洪闸设计为混凝土开敞式结构，6 孔，孔宽 6.5 米，闸孔净宽 39 米，闸室总宽 50.7 米，长 25 米，确定为 2 级建筑物。

（7）还建工程。洪湖东分块一旦蓄洪运用，四湖地区的排涝格局将被打乱，新滩口泵站不能使用，必须还建和新增泵站以解决排涝问题。

新滩口泵站还建工程 新滩口泵站装机 10 台×1600 千瓦，设计堤排流量 220 立方米每秒，洪湖东分块工程运用后，该泵站将失去作用，四湖中下区排水压力加大，洪湖调蓄任务加重，渍涝灾害面积必然扩大。为减少损失，不打乱四湖水系，需要按新滩口泵站规模择地还建。

新堤泵站新建工程 四湖地区中区按 10 年一遇排涝标准，尚差 200 立方米每秒的排水能力，在洪湖东分块方案实施后，规划在洪湖新堤兴建大型泵站，设计装机容量 6 台×3200 千瓦，流量 210 立方米每秒。

腰口泵站新建工程 规划于洪湖长江干堤桩号 488＋000～488＋100 处，新建 1 座装机 4 台×2700 千瓦泵站，设计排水流量 110 立方米每秒。

高潭口二站新建工程 规划于东荆河右堤桩号 129＋400～129＋500 处，新建 1 座装机 3 台×2900 千瓦泵站，设计排水流量 100 立方米每秒。

（8）安全工程。洪湖东分块蓄洪区安全建设的主要任务以兴建安全区为主，兴建安全台为辅，结合修建转移、生产设施，把分洪区的人、房屋、主要财产和农田分离开来，尽可能地做到分蓄洪时只淹没农田，而人、房屋和主要财产能够得到保护，将分洪损失降至最低限度。因此，规划修建安全区 8 处，总面积 39.33 平方千米，围堤总长 48.57 千米，区内现有人口 6.19 万人，工程建成后迁入 22.87 万人，安全区总人口 29.68 万，人均占地 125 平方米。规划修建安全台 8 处，总面积 6.05 平方千米，安置总人口 0.15 万人，人均占地面积 39.7～42.2 平方米。规划蓄洪区内按每间隔 8～10 千米布置一条 8 米宽混凝土路面转移道路的标准，修建转移道路 24 条，总长 429.08 千米；规划新（扩）建大型生产转移桥梁 6 座，配套新建中小型桥梁 562 座，其中，跨度为 10～20 米的单跨简支 T 形梁桥 100 座，跨度为 10 米以下的桥闸组合式平板桥 374 座。

二、主要调蓄湖泊

（一）长湖

长湖经多年治理，由中襄河堤多次改线、培修演变而成长湖库堤，沿长湖南岸（除两段岗地外）形成了统一整体。长湖库堤西起沙市雷家垱，经横大路、凤凰山、关泪口、花兰墩、滕子头、新阳桥、杨林口、扁担河、观音洼、王场洼、黎湾机站、大岗刬、张家湾、习家口、朱家拐、刘岭闸至蝴蝶嘴，全长 56.11 千米。其中牟家洼至关泪口、王家洼至徐家嘴两段高岗无堤，长度 8175 米，实有堤长 47.94 千米。堤顶高 34.5 米，堤面宽 4～8 米，迎水坡坡比 1:3，背水坡坡比 1:4，地面高程低于 31.5 米的地段筑有内平台，其高程不低于 31.5 米。大部分堤段外坡进行混凝土护坡。

长湖主要调蓄来自拾回桥、观桥、太湖港、上西荆河等河渍水，承雨面积 2265.5 平方千米，当长湖习家口水位 30.50～32.50 米时，水面积为 150 平方千米，有效调蓄洪水量见表 8-7。在一般情况下，长湖洪水通过刘岭闸排入田关河，由田关闸自排或由田关泵站提排出东荆河。在非常情况下，还要运用备蓄区分洪调蓄。如果四湖中下区灾情较轻，还可以通过习家口闸分流经四湖总干渠到洪湖调蓄。

表 8-7　　　　　长湖（习家口）水位-容积关系表

水位/m	容积/$10^6 m^3$									
	0	1	2	3	4	5	6	7	8	9
29.7	176.0	177.2	178.3	179.5	180.6	181.8	183.0	184.1	185.3	186.4
29.8	187.6	188.8	189.9	191.1	192.2	193.4	194.5	195.7	196.8	198.9
29.9	199.1	200.3	201.4	202.6	203.7	204.9	206.0	207.2	208.3	209.5
30.0	210.6	211.3	213.0	214.2	215.4	216.7	217.9	219.1	220.3	221.5
30.1	222.7	223.9	225.1	226.3	227.5	228.8	230.0	231.2	232.4	233.5

水位/m	容积/$10^6 m^3$									
	0	1	2	3	4	5	6	7	8	9
30.2	234.8	236.0	237.2	238.4	239.6	240.8	242.0	243.2	244.4	245.6
30.3	246.8	248.0	249.2	250.4	251.6	252.9	254.1	255.3	256.5	257.7
30.4	258.9	260.1	261.3	262.5	263.7	265.0	266.2	267.4	268.6	269.8
30.5	271.0	272.3	273.5	274.8	276.0	277.3	278.6	279.8	281.1	282.3
30.6	283.6	284.9	286.1	287.4	288.6	289.9	291.2	292.4	293.7	294.9
30.7	296.2	297.5	298.7	300.0	301.2	302.5	303.8	305.2	306.3	307.5
30.8	308.8	310.1	311.3	312.6	313.8	315.1	316.4	317.6	318.9	320.1
30.9	321.4	322.7	323.9	325.2	326.4	327.7	329.0	330.2	331.5	332.7
31.0	334.0	335.3	336.6	338.0	339.3	340.6	341.9	343.2	344.6	345.9
31.1	347.2	348.5	349.8	351.2	352.5	353.8	355.1	356.4	357.8	359.1
31.2	360.4	361.7	363.0	364.4	365.7	367.0	368.3	369.6	371.0	372.3
31.3	373.6	374.9	376.2	377.6	378.9	380.2	381.5	382.8	384.2	385.5
31.4	386.8	388.1	389.4	390.8	392.1	393.4	394.7	396.0	397.4	398.7
31.5	400.0	401.4	402.8	404.1	405.6	406.9	408.3	409.7	411.0	412.4
31.6	413.8	415.2	416.6	417.9	419.3	420.7	422.1	423.5	424.8	426.2
31.7	427.6	429.0	430.3	431.7	433.1	434.5	435.8	437.2	438.6	439.0
31.8	441.3	442.7	444.1	445.4	446.8	448.2	449.6	451.0	452.3	453.7
31.9	455.1	456.5	457.9	459.2	460.6	462.0	463.4	464.8	466.1	467.5
32.0	468.9	470.4	471.9	473.3	474.8	476.3	477.8	479.3	480.7	482.2
32.1	483.7	482.2	486.7	488.1	489.6	491.1	492.6	494.1	495.5	497.0
32.2	498.5	500.0	501.5	503.0	504.5	506.0	507.4	508.9	510.4	511.9
32.3	513.4	514.9	516.4	517.8	519.3	520.8	522.3	523.8	525.2	526.7
32.4	528.2	529.7	531.2	532.6	534.1	535.6	537.1	538.6	540.0	541.5
32.5	543.0	544.5	546.0	547.5	549.0	550.5	552.0	553.5	555.0	556.5
32.6	558.0	559.5	561.0	562.5	564.0	565.5	567.0	568.5	570.0	571.5
32.7	573.0	574.5	576.0	577.5	579.0	580.5	582.0	583.5	585.0	586.5
32.8	588.0	589.5	591.0	592.5	594.6	595.5	597.0	598.5	600.0	601.5
32.9	603.0	604.5	606.0	607.5	609.6	610.5	612.0	613.5	615.0	616.5
33.0	618.0	619.6	621.2	622.7	624.3	625.9	627.5	629.1	630.0	632.2
33.1	633.8	635.4	637.0	638.5	640.1	641.7	643.3	644.9	646.4	648.0
33.2	649.0	651.2	652.8	654.3	655.9	657.5	659.1	660.7	662.2	663.8
33.3	665.4	667.0	668.6	670.1	671.7	373.3	674.9	676.5	678.0	679.6
33.4	681.2	682.8	684.4	682.9	687.5	689.1	690.7	692.3	693.8	695.4
33.5	697.0	698.7	700.4	702.2	703.5	705.6	707.3	709.0	710.8	712.5
33.6	714.2	715.9	717.7	719.4	721.1	722.9	724.6	726.3	728.0	729.8
33.7	731.5	733.2	734.9	736.7	738.4	740.1	741.8	743.5	745.3	747.0
33.8	748.7	750.4	752.2	753.9	755.6	757.4	759.1	760.0	762.5	764.3
33.9	766.0	767.7	769.4	771.2	772.9	774.6	776.3	778.0	779.8	781.5

注 表头中的0～9表示对应水位值的第2位小数值。

（二）长湖蓄滞洪圩垸

根据规划，已划定长湖滨湖胜利垸、外乔子湖、马子湖、幸福垸 4 处圩垸为蓄滞洪圩垸。限制居民迁入，围堤高程不超过 33.00 米。一旦出现高洪水位，将破垸滞洪。总滞洪面积 9.71 平方千米，滞洪量 2267 万立方米，见表 8-8。

表 8-8 长湖蓄滞洪圩垸情况表

垸名	面积/km²	蓄水量/万 m³	垸名	面积/km²	蓄水量/万 m³
胜利垸	3.886	884	幸福垸	1.480	296
外乔子湖	2.238	560	合计	9.710	2267
马子湖	2.106	527			

注 胜利垸含上、下马脚湖及外六台。

（三）彭塚湖分蓄洪区

彭塚湖分蓄洪区位于荆门市境，系殷家河堤以西部分，包括北湖（彭湖）、南湖（潘家湖）和宋湖，自然面积 18.00 平方千米，其中地面高程在 33.5 米以下的面积 15.00 平方千米，划分为西荆河分蓄洪区，也可直接分蓄长湖洪水。计划蓄洪面积 7.6 平方千米，分蓄洪量 2280 万立方米，采用扒口分洪方式。

（四）借粮湖分蓄洪区

借粮湖分蓄洪区地跨荆门市和潜江市。借粮湖原有湖面面积 59.5 平方千米，经围垦尚存湖面积 10.4 平方千米。东有西荆河堤，南有田关河堤。西、北两面是丘陵，地面高程一般在 34.00m 以上不用做隔堤。分洪区有两块台地，高程在 34.00m 以上，是天然的安全台。境内 32.50 米以下耕地面积 34667 亩。蓄洪水位 33.00 米时，蓄洪面积可达 59.5 平方千米，容积 1560.1 万立方米，见表 8-9。

表 8-9 借粮湖分蓄洪区水位、面积、容积关系表

水位/m	28.5	29.0	29.5	30.0	31.0	31.5	32.0	32.5	33.0
面积/km²	4.56	6.5	11.0	20.0	45.63	51.0	54.56	57.3	59.5
容积/万 m³	—	276.5	714.0	1489.0	4829.8	7245.6	9884.5	12681.0	15601.0

（五）洪湖

洪湖是四湖流域最大的蓄水湖泊，为四湖防洪排涝体系中的重要组成部分。洪湖调蓄区通过加高加固 149.13 千米的洪湖围堤，规划保留湖面 402 平方千米。洪湖湖底高程 22.00～23.00 米，设计起调水位 24.50 米，设计正常调蓄水位 25.50 米，设计正常调蓄容积 4.11 亿立方米。

每年汛期，四湖中、下区和螺山区涝水皆通过四湖总干渠、螺山渠道、排涝河等渠道及沿洪湖围堤上的数十座涵闸入湖调蓄，然后由新滩口排水闸、新堤大闸自排出江，或由新滩口、高潭口、南套沟、螺山等电力排水站提排入江。洪湖规划保留水面 402 平方千米，但围堤内有小围垸 42 处，围湖面积 111.4 平方千米（见表 8-10），汛期高水位时扒口蓄水。水位在 26.50 米时，有效蓄水量 11.89 亿立方米（见表 8-11）。将内垸扒口蓄洪，有效蓄水量为 13.48 亿立方米，见表 8-12。

表 8-10 洪湖围堤内围垸基本情况表（2015 年）

序号	围垸名称	堤顶高程/m	面积/km²	耕地面积/亩	养殖水面/亩	定居人口 户	定居人口 人	房屋面积/m² 砖混房	房屋面积/m² 砖木房	房屋面积/m² 简易房
	洪湖市		64.22	0	91726	3193	9744	268210	114950	271460
1	螺山植莲场	27.00	4.16	—	6246					
2	袁伍村外围渔场	26.50	2.43	—	3645					
3	红阳墩台鱼池	27.00	1.02	—	1530					

序号	围垸名称	堤顶高程/m	面积/km²	耕地面积/亩	养殖水面/亩	定居人口 户	定居人口 人	房屋面积/m² 砖混房	房屋面积/m² 砖木房	房屋面积/m² 简易房
4	红阳外围鱼池	25.80	2.94	—	4410	—	—	—	—	—
5	新螺外垸	27.00	2.80	—	4200	—	—	—	—	—
6	新螺站新外垸渔场	26.30	2.36	—	3540	—	—	—	—	—
7	官墩外垸	26.50	1.37	—	2055	—	—	—	—	—
8	新螺站东外垸	26.00	3.13	—	4695	—	—	—	—	—
9	水科所鱼池	26.50	1.36	—	2036	—	—	—	—	—
10	金湾渔场	27.50	4.13	—	6192	212	990	17810	7630	16960
11	三八湖渔场	27.50	6.06	—	9083	1166	480	97940	41980	93280
12	淤洲	27.50	1.01	—	1510	—	—	—	—	—
13	东湾	26.00	0.64	—	965	—	—	—	—	—
14	潭子河	26.50	0.94	—	1410	—	—	—	—	—
15	洪狮大垸	27.60	12.97	—	14860	1267	6082	106430	45610	76020
16	革马湖	26.50	0.63	—	942	—	—	—	—	—
17	振兴湖	26.50	0.68	—	1020	—	—	—	—	—
18	斗湖	26.50	3.05	—	4570	—	—	—	—	—
19	滨湖	26.50	1.04	—	1560	—	—	—	—	—
20	茶潭	26.50	2.23	—	3345	136	521	11420	4900	10880
21	柳口	27.80	3.38	—	5062	244	986	20500	8780	19520
22	汉沙垸	27.80	4.65	—	6975	168	685	14110	6050	54800
23	新河	28.00	1.25	—	1875	—	—	—	—	—
	监利县		47.21	3400	64411	924	5204	3200	16645	3395
1	柘木渔场	26	2.5	—	3200	16	75	—	400	—
2	白螺	26	2.125	—	2950	20	103	—	500	—
3	南湖	26	3	—	4300	47	285	—	1175	—
4	万亩围湖	26	6.75	—	9500	4	21	—	—	110
5	刘家场	26	0.38	—	540	6	32	—	—	150
6	桐湖一围	26	0.7	—	1051	5	25	—	—	120
7	桐湖二围	26	1.278	—	1800	7	35	—	—	175
8	高潮垸1	26	1.178	—	1760	41	250	—	820	—
9	桐湖三围	26	1.023	—	1450	13	45	—	—	—
10	胜利垸1	26.5	0.93	—	1310	51	258	—	1275	—
11	胜利垸2	26.5	2.33	—	3490	101	570	—	2525	—
12	大湖垸	27.2	2.63	—	3800	40	205	—	1100	—
13	高潮垸2	25	2.73	—	4010	96	478	—	2400	—
14	丰收垸	27.1	3.43	—	5040	56	280	—	1400	—
15	梅岑垸	26	3.63	—	5300	110	610	—	2750	—
16	陡湖垸	26.5	2.75	—	4100	15	85	—	—	375
17	双扶垸	26.5	1.28	—	1810	11	57	—	—	265
18	王小垸	28	4.13	3400	2500	210	1340	3200	2300	—
19	王小垸外垸	25	4.48	—	6500	75	450	—	—	1875
	合计		111.4	3400	156137	4117	14948	271410	131595	274855

表 8 - 11　　　　　　　　　　　洪湖水位-容积关系表（不含围垸）

水位/m	容积/10⁶m³									
	0	1	2	3	4	5	6	7	8	9
24.6	527.0	530.5	534.0	537.5	540.9	544.4	547.9	551.4	554.9	558.4
24.7	561.9	565.3	568.8	572.3	575.8	579.3	582.8	586.2	589.7	593.2
24.8	596.7	600.2	603.7	607.1	610.6	614.1	617.6	621.1	624.6	628.0
24.9	631.5	635.0	638.5	642.0	645.5	649.0	652.4	655.9	659.4	662.9
25.0	666.4	669.9	673.3	676.8	680.3	683.8	687.3	690.8	694.2	697.7
25.1	701.2	704.7	708.2	711.7	715.1	718.6	722.1	725.6	729.1	732.6
25.2	736.1	739.5	743.0	746.5	750.0	753.5	757.0	760.4	763.9	767.4
25.3	770.9	774.4	777.9	781.3	784.8	788.3	791.8	795.3	798.8	802.2
25.4	805.7	809.2	812.7	816.2	819.7	823.2	826.6	830.1	833.6	837.1
25.5	840.6	844.1	847.5	851.0	854.5	858.0	861.5	865.0	868.4	871.9
25.6	875.4	878.9	882.4	885.9	889.3	892.8	896.3	899.8	903.3	906.8
25.7	910.3	913.7	917.2	920.7	924.2	927.7	931.2	934.6	938.1	941.6
25.8	945.1	948.6	952.1	955.5	959.0	962.5	966.0	969.5	973.0	976.4
25.9	979.9	983.4	986.9	990.4	993.9	997.4	1000.8	1004.3	1007.8	1011.3
26.0	1014.8	1018.3	1021.7	1025.2	1028.7	1032.2	1035.7	1039.2	1042.6	1046.1
26.1	1049.6	1053.1	1056.6	1060.1	1063.5	1067.0	1070.5	1074.0	1077.5	1081.0
26.2	1084.5	1087.9	1091.4	1094.9	1098.4	1101.9	1105.4	1108.8	1112.3	1115.8
26.3	1119.3	1122.8	1126.3	1129.7	1133.2	1136.7	1140.2	1143.7	1147.2	1150.6
26.4	1154.1	1157.6	1161.1	1164.6	1168.1	1171.6	1175.0	1178.5	1182.0	1185.5
26.5	1189.0	1192.5	1195.9	1199.4	1202.9	1206.4	1209.9	1213.4	1216.8	1220.3
26.6	1223.8	1227.3	1230.8	1234.3	1237.7	1241.2	1244.7	1248.2	1251.7	1255.2
26.7	1258.7	1262.1	1265.6	1269.1	1272.6	1276.1	1279.6	1283.0	1286.5	1290.0
26.8	1293.5	1297.0	1300.5	1303.9	1307.4	1310.9	1314.4	1317.9	1321.4	1324.8
26.9	1328.3	1311.8	1335.3	1338.8	1342.3	1345.8	1349.2	1352.7	1356.2	1359.7
27.0	1363.2	1366.7	1370.1	1373.6	1377.1	1380.6	1384.1	1387.6	1391.0	1394.5
27.1	1398.0	1401.5	1405.0	1408.5	1411.9	1415.4	1418.9	1422.4	1425.9	1429.4
27.2	1432.9	1436.3	1439.8	1443.3	1446.8	1450.3	1453.8	1457.2	1460.7	1464.2
27.3	1467.7	1471.2	1474.7	1478.1	1481.6	1485.1	1488.6	1492.1	1495.6	1499.0
27.4	1502.5	1506.0	1509.5	1513.0	1516.5	1520.0	1523.4	1526.9	1530.4	1533.9
27.5	1537.4	1540.9	1544.3	1547.8	1551.3	1554.8	1558.3	1561.8	1565.2	1568.7
27.6	1572.2	1575.7	1579.2	1582.7	1586.1	1589.6	1593.1	1596.6	1600.1	1603.6
27.7	1607.1	1610.5	1614.0	1617.5	1621.0	1624.5	1628.0	1631.4	1634.9	1638.4
27.8	1641.9	1645.4	1648.9	1652.3	1655.8	1659.3	1662.8	1666.3	1669.8	1673.2
27.9	1676.7	1680.2	1683.7	1687.2	1690.7	1694.2	1697.6	1701.1	1704.6	1708.1
28.0	1711.6	1715.1	1718.5	1722.0	1725.5	1729.0	1732.5	1736.0	1739.4	1742.9
28.1	1746.4	1749.9	1753.4	1756.9	1760.3	1763.8	1767.3	1770.8	1774.3	1777.8
28.2	1781.3	1784.7	1788.2	1791.7	1795.2	1798.7	1802.2	1805.6	1809.1	1812.6

注　表头中的 0~9 表示对应水位值的第 2 位小数值。

表 8 - 12 洪湖水位-容积关系表

水位/m	容积/$10^6 m^3$									
	0	1	2	3	4	5	6	7	8	9
22.8	10.8	12.3	13.7	15.2	16.6	18.1	19.5	21.0	22.4	23.9
22.9	25.3	26.8	28.2	29.7	31.1	32.6	34.0	35.5	36.9	38.4
23.0	39.8	42.1	44.4	46.6	48.9	51.2	53.5	55.8	58.0	60.3
23.1	62.6	64.9	67.1	69.4	71.7	74.0	76.2	78.5	80.8	83.0
23.2	85.3	86.3	87.2	88.2	89.2	90.2	91.1	92.1	93.1	94.0
23.3	95.0	96.0	96.9	97.9	98.9	99.8	100.8	101.7	102.7	103.6
23.4	104.6	109.8	115.0	120.2	125.4	130.7	135.9	141.1	146.3	151.5
23.5	156.7	161.9	167.1	172.3	177.5	182.7	187.9	193.1	198.3	203.5
23.6	208.7	211.8	215.0	218.1	221.3	224.4	227.5	230.7	233.8	237.0
23.7	240.1	243.2	246.4	249.5	252.6	255.8	258.9	262.0	265.1	268.3
23.8	271.4	275.1	278.8	282.5	286.2	289.9	293.6	297.3	301.0	304.7
23.9	308.4	312.1	315.8	319.5	323.2	326.9	330.6	334.3	338.0	341.7
24.0	345.4	349.8	354.2	358.7	363.1	367.5	371.9	376.3	380.8	382.2
24.1	389.6	393.0	396.4	399.8	403.2	406.7	410.1	413.5	416.6	420.0
24.2	423.7	427.7	431.7	435.7	439.7	443.7	447.7	451.7	454.7	459.7
24.3	463.7	467.7	471.7	475.7	479.7	483.7	487.7	491.7	495.7	499.7
24.4	503.7	507.7	511.7	515.8	519.8	523.8	527.8	531.8	535.9	539.9
24.5	543.9	547.9	551.9	555.9	559.9	564.0	568.0	572.0	576.0	580.0
24.6	584.0	588.0	592.0	596.1	600.1	604.1	608.1	612.1	616.2	620.2
24.7	624.2	628.2	632.3	636.3	640.3	644.4	648.4	652.4	656.4	660.5
24.8	664.5	668.5	672.5	676.6	680.6	684.6	688.6	692.6	696.7	700.7
24.9	704.7	708.7	712.7	716.8	720.8	724.8	728.8	732.8	736.9	740.9
25.0	744.9	748.9	752.6	757.0	761.0	765.0	769.0	773.0	777.1	781.1
25.1	782.1	789.1	793.1	797.2	801.2	805.2	809.2	813.2	817.3	821.3
25.2	825.3	829.3	833.4	837.4	841.4	845.5	849.5	853.5	857.5	861.6
25.3	865.6	869.6	873.6	877.7	881.7	882.7	889.7	893.7	897.8	901.8
25.4	905.8	909.8	913.8	917.6	921.6	925.0	929.6	933.6	938.0	942.0
25.5	946.0	950.0	954.0	958.1	962.1	966.1	970.1	974.1	978.2	982.2
25.6	986.2	990.2	994.2	998.5	1002.3	1006.3	1010.3	1014.3	1018.4	1022.4
25.7	1026.4	1030.4	1034.4	1038.5	1042.5	1046.5	1050.5	1054.5	1058.6	1062.6
25.8	1066.6	1070.6	1074.6	1078.7	1082.7	1086.7	1090.7	1094.7	1098.8	1102.8
25.9	1106.8	1110.8	1114.8	1118.9	1122.9	1126.9	1130.9	1134.9	1139.0	1143.0
26.0	1147.0	1151.0	1155.0	1159.1	1163.1	1167.1	1171.1	1175.1	1179.2	1183.2
26.1	1187.2	1191.2	1195.2	1199.3	1203.3	1207.3	1211.3	1215.3	1219.4	1223.4
26.2	1227.4	1231.4	1235.5	1239.5	1243.5	1247.6	1251.6	1255.6	1259.6	1263.7
26.3	1267.7	1271.7	1275.9	1279.8	1283.8	1287.8	1291.8	1295.8	1299.6	1303.9
26.4	1307.9	1311.9	1315.9	1320.0	1324.0	1328.0	1332.0	1336.0	1340.1	1344.1

注 表头中的0～9表示对应水位值的第2位小数值。

第三节 水 库 建 设

四湖流域虽以平原湖区为主，但有丘陵岗地面积2360平方千米，占流域总面积的22.7%。新中国成立前，丘陵岗地农田灌溉主要靠山溪河流，塘堰挡坝等小型水利设施和龙骨车及少量的山区水力筒车、天车等提水工具。一遇到干旱年份，大部分农田无水灌溉，只能"望天收"，即使在丰水年景，也因丘陵地区无蓄水之地，一遇大雨，地表径流顺山坡直泻平原湖区，雨停即干。四湖流域历来是山丘岗地区易旱，平原湖区易涝。

1955年，在平原湖区挖渠排涝的同时，荆州专区水利工程处以刚刚组建的"荆州专区水利工程队"为基础，会同有关县水利部门，对丘陵岗地的水资源进行全面调查，编制出《荆州专区1958—1962年水利规划（草案）》。明确提出："江北江陵、荆门、监利、洪湖等县及潜江、钟祥县的部分地区，应围绕内荆河开发及漳河水库工程进行统一规划；荆门、钟祥不在漳河水库灌区内的部分地区，应充分利用山沟溪流引水及修建中、小型水库，组成本地区的自流灌溉网。"

是年，江陵县、荆门县尝试性修建太湖港和黄金港、雷公嘴水库，建成并取得明显效益。对此，荆州地区于1958年11月印发《荆州专区今冬明春实现河网化规划》，提出山丘地区实行自流灌溉化的规划范围，即：以荆门漳河水库和江陵太湖港水库为骨干，将荆门黄金港、官堰角、雷公嘴水库以及荆门全县、钟祥西部、江陵北部、潜江西北部地区"西瓜秧"式的中小塘堰群连接起来，形成漳河地区自流灌溉网。

在这一系列规划的引导下，四湖流域上区形成一股以修建水库为主体的水利建设高潮。至1985年，四湖流域上区共有大（2）型水库1座，中小型水库83座，共计84座，总库容2.4267亿立方米，有效库容0.9254亿立方米，见表8-13。

表8-13 四湖流域上区水库汇总表（1985年）

所属市区	合 计			大（2）水库			中小型水库		
	处数	总库容/万 m³	有效库容/万 m³	处数	总库容/万 m³	有效库容/万 m³	处数	总库容/万 m³	有效库容/万 m³
荆门市	62	9337	5800	—	—	—	62	9337	5800
荆州区	22	14930	3454	1	13022	2366	21	1908	1088
合计	84	24267	9254	1	13022	2366	83	11245	6888

四湖流域水库工程多数修建于20世纪50—70年代，普遍存在施工质量差，标准低，不配套等问题，病险严重。根据水利部《水库大坝安全鉴定办法》及《水库安全评价导则》（SL 258—2000）有关规定，自2000年开始，陆续对大（2）型的太湖港水库和11座中小型水库，以及部分小（1）型水库进行了整险加固。小（2）型水库由于位置分散，加之缺乏管理，在整险加固的同时，对部分小（2）型水库予以了合并或销号降为塘堰。至2015年，四湖流域有大（2）型水库1座，中型水库9座，小（1）型水库31座，小（2）型水库30座，共71座，总库量22551.18万立方米，有效库容8109.43万立方米。

一、太湖港水库

太湖港水库位于四湖上区荆州区境内。主体工程由丁家嘴、金家湖两座中型水库和后湖、联合两座小型水库以及万城引水闸组成。4座水库分别拦截长湖水系的太湖港干支流，汇流面积189.56平方千米。水库间以明渠串联相通，形成库、闸、站相结合，蓄、引、提联合运用的以防洪、灌溉为主，兼有水力发电、水产养殖综合效益的枢纽工程，见图8-8。

太湖港是为治理"上游旱、下游涝、土地荒芜、血吸虫病流行"的太湖港水系而建，工程于1957年10月动工，1958年7月建成。1962年，兴建万城闸引水工程，并开挖干渠与水库干渠连通。

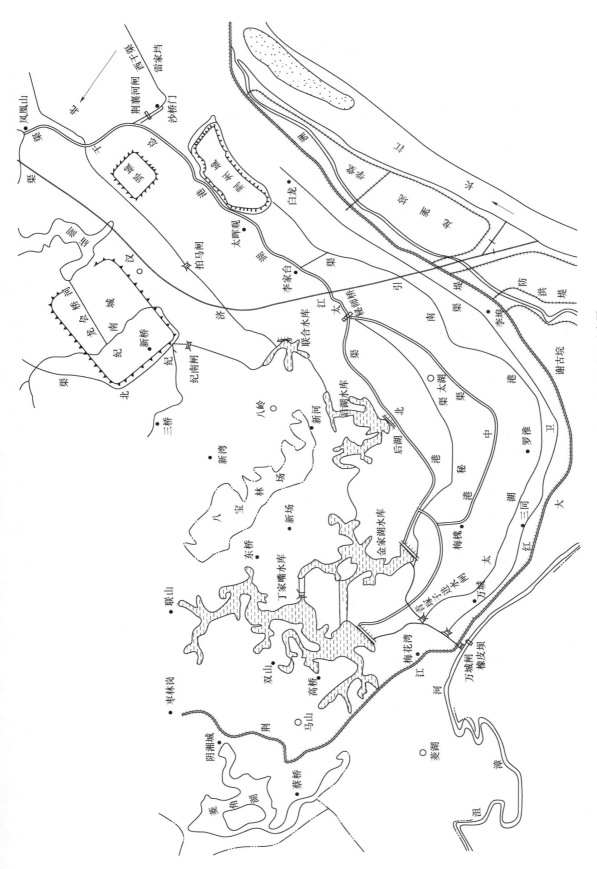

图 8-8 太湖港水库枢纽、渠道工程位置示意图

1972 年在水库内建成李家嘴大型电灌站和库渠分家工程。1988 年由荆州行署水利局报经上级水利部门批准，将水库群升格为大（2）型水库。

（1）丁家嘴水库。丁家嘴水库位于荆州区马山镇境内，距荆州古城 30 千米，拦截太湖港流域面积 138 平方千米地表径流，总库容 9844 万立方米，因大坝位于丁家嘴而得名。太湖港主流长 70 千米，申桥以上是丘陵地区，以下是平原湖区，由于荆江大堤多次溃口，河道淤塞，排水不畅，上游常闹旱灾，下游饱受渍涝，引起钉螺滋长，血吸虫病流行，造成大片荒地无人垦殖。1955 年，经湖北省农业厅、荆州专署、江陵县水利局共同派员勘察，决定上游建水库，拦洪灌溉，中、下游疏排导流，可垦荒地 5 万余亩，此水库为太湖港开发工程的主体项目。

（2）金家湖水库。金家湖水库位于荆州区西北八岭山镇境内，距荆州古城 17.2 千米，因大坝位于太湖港支流金家湖而得名。水库控制流域面积 23.21 平方千米，总库容 1600 万立方米。此水库原为太湖港开发工程的独立项目，1958 年 4 月拦洪，7 月建成大坝工程。初步设计标准为小型水库，1973 年水利工程大检查时，因水库下游有荆州、沙市等重要城镇和汉（口）鱼（泉口）公路，故划入太湖港系列成为中型水库。

（3）后湖水库。后湖水库位于荆州城西 10 千米，八岭山镇境内，为小（1）型水库，水库大坝拦截八岭山麓太湖港中游支流后的湖水而得名。1957 年 10 月动工兴建，1958 年 10 月竣工，最大坝高 8.3 米，总库容 1195 万立方米，有效库容 384 万立方米，设计洪水位 38.22 米，校核洪水位 38.76 米，汛期限制水位 36.80 米，控制流域面积 15.85 平方千米，初建时期投资 10.26 万元，受益农田 7700 亩。

（4）联合水库。联合水库位于荆州城西 6 千米，地处八岭山镇，为小（1）型水库，1957 年 10 月动工兴建，设计洪水位 36.80 米，校核水位 39.43 米，拦截流域面积 12.5 平方千米地表径流，1958 年 10 月建成，最大坝高 5.5 米，总库容 385.6 万立方米，有效库容 115 万立方米，建设投资 4.5 万元，受益农田 9.18 万亩。

（一）规划设计

1956 年，荆州专署水利局和江陵县水利局共同组织技术力量对丁家嘴、金家湖等水库工程进行勘测、设计。初步设计标准为 4 级建筑物，1961 年进行防洪复核时提升为 3 级建筑物。1963 根据水利部的有关规定，定为中型水库。1976 年，河南省出现"75・8"型暴雨，板桥水库失事，再次对水库复核，因水库下游有荆州、沙市等重要城镇和汉宜公路，被列为重要中型水库进行加固设计。

水库承雨面积 189.56 平方千米，多年平均降雨量 1169 毫米，多年平均径流量 9374 万立方米，水库设计为 100 年一遇，校核洪水标准为 2000 年一遇，设计洪水位 40.55 米，正常高水位 37.74 米，相应水面 15130 亩，库内淹没面积 6838 亩，总库容 1.22 亿立方米，兴利库容 2914 万立方米，死库容为 1021 万立方米。大坝设计为均质土坝，最大坝高 12 米。太湖港水库水位、库容关系见表 8-14。

表 8-14　　　　　　　　　　太湖港水库水位、库容关系表

水位/m	库容/万 m³				
	合计	丁家嘴	金家湖	后湖	联合
35.00	1018	420	273	287	38
36.00	1934	956	432	455	91
37.00	3204	1620	760	671	153
38.00	4768	2480	1092	953	243
39.00	6622	3680	1404	1195	343
40.00	8025	5040	1404	1195	386
41.00	10955	7970	1404	1195	386
41.42	12193	9208	1404	1195	386

（二）建设过程及除险加固

1957 年 10 月，江陵县人民政府组建"江陵县太湖港开发工程指挥部"，动员资市、滩桥、冲和、荆北、民主、朱集、裁缝、万城、荆西、将台、朱场等 11 个乡 1.9 万名劳力破土动工。建筑工程由荆州建筑工程公司承建，副县长李先正任指挥长，技术负责人为荆州专署水利局工程师韩明炎。1958 年 4 月拦截洪水，10 月，丁家嘴、金家湖和后湖水库的大坝工程同时竣工。1962 年建成万城闸引水工程和联合大坝。1963 年开通库间明渠，将四库连为一体，并形成灌溉系统。

太湖港水库原设计的洪水标准是按各单库的容量（分别为中小型）来确定的，防洪标准仅为 50 年一遇。在建设时期，受当时条件的限制，后湖和联合水库的坝顶分别欠高 1.33 米和 2.65 米，水库不能充分发挥作用；丁家嘴和金家湖水库的大坝溢洪道过流能力不足，都是利用天然凹槽作非常溢洪道；四座大坝均存在散浸、渗漏等问题；引水干渠多处散浸、渗漏和垮塌；引水涵闸闸门及其启闭设备老化；安全监测、防汛通信等设施不完善。因此，一直处于限制蓄水及带病运行状态。

1999 年太湖港水库纳入全国第一批病险水库除险加固项目，经过湖北省水利厅组织专家鉴定，评定水库大坝为 3 类坝。2000 年 7—10 月，湖北省水文地质工程勘测院和武汉大学勘测设计院分别对水库进行地质勘测和除险加固工程初步设计，2001 年 8 月长江水利委员会以长江务〔2001〕329 号文下达《湖北省太湖港水库除险加固工程初步设计报告的批复》，核定工程静态投资为 3795.02 万元。

2001 年 6 月除险加固工程开工，2005 年竣工，完成土方开挖 28.565 万立方米、土方回填 14.95 万立方米、草皮护坡 28844 平方米、浆砌石 2023.7 立方米、干砌石 35035.8 立方米、混凝土 14759 立方米、锥探灌浆 4.5 千米、白蚁防治长 4.5 千米。四大水库情况分别如下。

丁家嘴水库除险加固工程于 2002 年 2 月开工，主要建设内容为进水闸改扩建、大坝加固防渗、溢洪道改扩建、兴建副坝、尾水渠混凝土涵改扩建等。加固工程于 2004 年 3 月 30 日完工，共完成土方开挖 24.242 万立方米、土方回填 5.03 万立方米、草皮护坡 8650 平方米、混凝土 8950 立方米、砂石垫层 6093 立方米、浆砌石 1016 立方米、干砌石 16695 立方米、锥探灌浆 1.125 千米、白蚁防治长 1.13 千米。工程总投资 261.15 万元。

金家湖水库除险加固工程于 2001 年 6 月开工，主要建设内容为正常溢洪道改建、非常溢洪道封堵、大坝灌浆防渗、大坝减压排水沟等。加固工程于 2004 年 6 月完工，共完成土方开挖 12916 立方米、土方回填 18121 立方米、草皮护坡 2744 平方米、混凝土 1752.5 立方米、砂石垫层 3282 立方米、干砌石 6520 立方米、锥探灌浆 2.22 千米、白蚁防治长 2.22 千米。

后湖水库除险加固工程于 2004 年 12 月开工，主要建设内容为大坝灌浆防渗、大坝减压排水沟、大坝防浪墙、泄洪闸维修等。加固工程于 2005 年 3 月完工，共完成土方开挖 10978 立方米、土方回填 721.5 立方米、混凝土 884.3 立方米、砂石垫层 2419 立方米、浆砌石 434.5 立方米、干砌石 8483 立方米、锥探灌浆 0.561 千米、白蚁防治 0.56 千米。

联合水库除险加固工程于 2001 年 6 月开工，主要建设内容为兴建纪南防洪闸、大坝加高、溢洪道重建、大坝上游护坡、坝身处理及坝顶道路工程等。加固工程于 2005 年 3 月完工，共完成土方开挖 19323 立方米、土方回填 80416 立方米、混凝土 3172.65 立方米、砂石垫层 2553 立方米、浆砌石 573.5 立方米、干砌石 3338 立方米、草皮护坡 17450 平方米、锥探灌浆 0.59 千米、白蚁防治长 0.59 千米。

以上工程均由湖北省水利水电建设总公司承建，华傲水利水电工程咨询中心负责监理。

（三）工程规模

丁家嘴水库　丁家嘴水库（图 8-9）建主坝一座，为均质土坝，坝顶高程 43.00 米，坝顶长 1230 米，宽 5 米，最大坝高 12 米，内外边坡比 1∶3，坝体工程量 69.13 万立方米。副坝一座，总长 247 米，最大坝高 5.5 米，坝体工程量 1.29 万立方米。溢洪道一座，为箱涵式，闸底高程 35.50 米，闸顶高程 37.74 米，3 孔，每孔净宽 3×3 米，钢质平板闸门 3 扇，螺杆式启闭机，最大泄洪流量 112.4 立方米每秒。非常溢洪道为自溃坝式，堰顶高程 39.00 米。电站一座，装机 4 台，总容量 800

千瓦,年均发电量 350 万千瓦时。输水工程为箱涵式输水管,断面为 1.3×2 米,长 21.9 米,进口高程 34.60 米,设计流量 3.75 立方米每秒。节制闸为箱涵式,断面为 3×2 米,长 21.9 米,进口高程 34.63 米,设计流量 20 立方米每秒。

图 8-9　丁家嘴水库(2015 年摄)

金家湖水库　金家湖水库大坝为均质土坝,坝长 810 米,顶宽 5 米,最大坝高 9.5 米,坝顶高程 41.50 米,内外边坡比 1∶3,坝体工程量 19.93 万立方米;副坝一座,长 200 米;泄洪工程为开敞式宽顶堰,闸底高程 37.10 米,1 孔,净宽 14 米,最大泄洪流量 46.9 立方米每秒。输水工程为箱涵式输水管,断面 1.2×1.1 米,长 23 米,进口高程 33.47 米,设计流量 3.5 立方米每秒。

后湖水库　后湖水库大坝为均质土坝,坝顶高程 39.30 米,最大坝高 8.3 米,坝长 613 米,顶宽 4 米,内外边坡比 1∶3,坝体工程量 69.13 万立方米;副坝 3 座,总长度 360 米,最大坝高 8.3 米,坝体工程量 14.6 万立方米;泄洪工程为开敞式平板闸,闸底高程 34.67 米,闸顶高程 39.50 米,1 孔,净宽 4 米,最大泄洪流量 51.4 立方米每秒,配备钢质平板闸门 1 扇,20 吨螺杆式启闭机;输水工程为圆涵式输水管,断面为 0.5 米,长 22 米,进口高程 35.50 米,设计流量 0.3 立方米每秒;灌溉闸为圆涵式,断面 1 米,长 24 米,进口高程 35.00 米,设计流量 0.3 立方米每秒。

联合水库　联合水库大坝为均质土坝,坝顶高程 40.39 米,最大坝高 6.89 米,坝长 866 米,顶宽 4 米,内外边坡比 1∶2.5,坝体工程量 9.14 万立方米;泄洪工程为开敞式宽顶堰,闸底高程 35.50 米,3 孔,每孔净宽 4 米,最大泄洪流量 112.4 立方米每秒;输水工程 2 处,其中拍马节制闸为开敞式,断面 5.1×3,进口高程 33.87 米,设计流量 6.3 立方米每秒;纪南节制闸为开敞式,断面 5×3 米,进口高程 33.77 米,设计流量 7.2 立方米每秒。

(四)工程效益

1. 农业供水

建库初期,太湖港水库仅靠拦蓄地表径流,因而水源不足,1961 年大旱,水库基本枯竭。1962 年建成的万城闸引水渠与水库联通后,上通丁家嘴水库,下联后湖水库,每年 5—10 月可引沮漳河水灌库。1972 年大旱后,江陵县又在库内建成李家嘴大型电灌站,实现南水北调,增加灌溉面积 20 万亩。1979 年又建成青冢子分水闸和库渠分家工程,引水不经丁家嘴水库,直接由青冢子万城总干渠引水,除自灌太湖农场 2.52 万亩农田外,还供给 5 处电灌站提水灌溉 7480 亩,水源可靠,常年不涸。至此,形成一个蓄、引、提、济多功能的灌溉体系,设计灌溉面积 25.46 万亩,实际最高灌溉面积 40.53 万亩,为太湖港流域的农业发展做出突出贡献。

2. 发电

丁家嘴水库兴建时建水电站一座,装机 4 台,总容量 800 千瓦,年均发电量 350 万千瓦时,按每千瓦时电能创产值 0.05 元（1980 年不变价）计算，年创社会产值 17.5 万元。

3. 改善生态

从 2000 年起，每年向长湖补充水源 2 亿立方米，并通过长湖输水供给下游，惠及荆门、潜江、江陵、监利、洪湖的部分地区。从 2005 年起，对荆州城区实施生态引水工程，引入活水，置换污水。首先对护城河进行疏挖，然后利用太湖港排水渠及水利工程设施，从太湖港水库引 5 立方米每秒的活水，对护城河污染水体进行置换，使护城河的水质大为改善。

4. 水产养殖

太湖港水库丰富且质优的水资源，给发展水产养殖创造条件，年水产品总量达到 4.41 万吨，成为荆州区水产养殖的重要基地。

二、中型水库

四湖流域有中型水库 9 座，其中荆州市荆州区 1 座，荆门市 8 座，承雨面积 211.38 平方千米，总库容 12798 万立方米，有效库容 7534 万立方米，见表 8-15。

表 8-15　　　　　　　　　　　　　四湖流域上区中型水库基本情况表

序号	市、区	库名	地点	承雨面积 /km²	库容/万 m³			大坝高 /m	兴建时间
					总库容	有效库容	死库容		
1	荆州区	沙港	川店镇	12.78	1384	804	—	13.0	1964 年 10 月
2	荆门市	凤凰	掇刀凤凰	13.7	728	576	26	12.4	1974 年 1 月
3		龙泉	掇刀团林	19.0	1567	910	330	17.6	1973 年 10 月
4		杨树垱	杨集益桥	44.0	2400	1362	138	14.9	1972 年 10 月
5		樊桥	掇刀樊桥	16.5	1182	700	190	15.9	1974 年 10 月
6		金鸡	雷港金鸡	38.0	1750	1000	100	17.0	1973 年
7		龙垱	广坪龙垱	29.4	1210	595	115	18.2	1972 年 11 月
8		安洼	曾集栋树	18.0	1310	730	205	16.6	1973 年 11 月
9		潘集	许岗潘集	20.0	1267	857	77	15.4	1974 年 10 月
合计				211.38	12798	7534			

（一）沙港水库

沙港水库位于荆州区西北川店镇三界村境内，距川店镇 3.8 千米。沙港起源于东灵溪水三界冢，因溪沟有砂眼常冒粗砂而名沙港，属沮漳河支流菱角湖水系沙港溪流。水库主坝为均质土坝，高 13 米，拦截菱角湖水系上游 12.78 平方千米面积来水，总库容 1416 万立方米，为中型水库。

1964 年由江陵县水利局按小型水库标准设计，马山区川店公社组织施工，当年完成西库。随着农业生产的发展和需要，考虑到水库地势的优越，1973 年水利工程大检查后，增建东库，由江陵县水利电力局设计，荆州地区水利电力局审核，报湖北省水利电力局审批，1975 年春建成蓄水。东西两库用渠道联通，扩建为中型水库。

沙港水库建成后，多年来一直处于限制正常蓄水位及带病运行。主要问题是：大坝渗漏严重，设计标准 20 年一遇，防洪标准不够，溢洪道损坏严重及东坝输水管老化锈蚀，启闭不灵，白蚁危害严重，交通不便。

2001 年 8 月荆州市水利局组织水利专家对沙港水库进行安全鉴定，鉴定为三类病险水库。2001 年 12 月，荆州市荆州区水利勘察设计院编制完成《荆州市荆州区沙港水库除险加固应急整险工程可行性研究报告》。次年 6 月，荆州区水利勘察设计院编制完成《沙港水库 2002 年度除险加固应急整险工程设计》。

2002 年 7 月 19 日，荆州市水利局以荆水函〔2002〕18 号文下达《关于荆州区沙港水库 2002 年度除险加固工程施工方案及预算的批复》。2003年6月17日，荆州市水利局又以荆水函〔2003〕35号文下达扩大工程投资的批复。两次核定计划资金159万元。工程项目主要有：大坝锥探灌浆及兴建贴坡反滤砌块，溢洪道及东输水管整险，大坝坝面、坝坡护坡整修及2.75千米防汛公路整修，截流沟重建工程等。工程于2002年6月20日开工，2004年4月完工。

沙港水库大坝长1412米，其中，东坝800米，西坝612米，最大坝高13米。锥探灌浆沿上游坝肩和坝坡布置3排，沿下游坝肩和坝坡布置3排，共6排，排距2米，孔距1.5米，呈梅花形布孔，造孔深度达坝基面下1米。注浆管插入孔深度为2米以内，浆液性能比：水：水泥：黏土为1：4：15（灌浆浆液中掺入灭蚁药物）。灌浆后大坝散浸效果明显，渗漏基本消除（桩号0+080～1+350）。完成锥探灌浆67800米，钻孔5646眼。

沙港水库溢洪道及东坝输水管除险加固工程，于2002年9月12日开工，2002年10月完工。对溢洪道进口两侧采用浆砌石护砌，各长30米。八字墙混凝土护砌，溢洪道下游泄水渠200米的锁口采用混凝土30米×30米。八字墙混凝土护砌，溢洪道下游泄水渠200米的锁口采用混凝土30厘米×30厘米，修补护坡等。东坝输水管改建铸铁平板闸门，修建闸室。共完成土方500立方米，混凝土200立方米，浆砌石100立方米，完成投资12.78万元。

大坝贴坡反滤及防汛公路工程，于2003年8月20日开工，大坝边坡土方开挖，贴坡沙垫层，铺厚10厘米；贴坡干砌石，铺厚35厘米。防汛公路长357米，水泥混凝土层，工程于2003年11月30日完工，共完成土方700立方米，反滤料445立方米，干砌石980立方米，浆砌石100立方米，水泥砂浆面料700平方米，硬化防汛公路357米，完成投资41.05万元。

（二）杨树垱水库

杨树垱水库位于荆门市沙洋县五里铺镇宜桥村五组，拦截拾桥河支流鲍河上游来水，承雨面积44.2平方千米，总库容2500万立方米，有效库容1450万立方米，死库容140万立方米。以灌溉为主，兼有防洪、养殖、供水等效益，有养殖水面4050亩，为荆门市二水泥厂提供常年生产生活用水。库区淹没耕地4658亩，迁移人口89人。设计灌溉面积5.4万亩，实达3.2万亩，灌溉五里铺镇、十里铺镇和掇刀区团林镇16个村76个村民小组的农田。

水库于1972年10月动工兴建，1973年5月蓄水受益，6月枢纽工程告竣。大坝为均质土坝，坝顶高程80.30米。迎水面71.00米高程设有平台一道，平台以上至坝顶以干砌石护坡，背水面以草皮护坡，坝脚筑反滤坝一道。水库建有东、西两条输水干渠：西干渠位于大坝右侧，于1973年挖通，长10千米，流经邓家坡、杨家湾、邱家湾至赵家岭，与漳河水库三干渠一分干渠相交，沿渠有建筑物68处，设计灌田4.29万亩，实达3万亩；东干渠位于大坝左侧，1974年挖通，长12千米，流经罗家湾、杨家湾、王家湾、东牛角至刘家湾，与漳河水库三干渠横店支渠相接，沿渠有建筑物71处，计划灌田11050亩，实达2000亩。工程投资65万元。

水库建有输水涵管两处，钢筋混凝土结构，分设在大坝两端。西输水涵管在右，进口高程73.8米，管径1米，流量2.2立方米每秒；东输水涵管在左，进口高程71.00米，管径0.6米，流量0.8立方米每秒。控制闸为框架式钢板闸门，由螺杆手工启闭。1976年，按照50年一遇标准设计，500年一遇标准校核，对大坝整险加固，坝顶高程加高到80.90米。1986年续建加固，坝顶高程81.44米。防浪墙顶部高程81.60米，最大坝高15.22米，坝顶面宽5米、长1160米。

溢洪道位于大坝左端，于1977年春建成，为开敞式宽顶堰，分设二级陡坡消能。经1987年配套完善，堰底宽由46米渐变为28.6米，进口高程77.40米，泄量178.5立方米每秒，全长275米，一级陡坡落差4.9米，二级陡坡落差7.8米，一、二级之间以泄流明渠相连，长88.2米。1980年，荆门市二水泥厂在灌区西干渠建泵站1座，设计取水能力2万立方米。

（三）金鸡水库

金鸡水库位于荆门市沙洋县曾集镇金鸡村，拦截拾桥河支流王桥河，承雨面积38平方千米，总库容1770万立方米，有效库容960万立方米，死库容100万立方米。灌溉曾集镇、拾回桥镇和五里铺镇 22 个村、130 个村民小组 2 万亩农田。

水库大坝于 1973 年春建成，坝型为均质土坝，坝顶高程 66.70 米。1974 年冬至 1975 年春，对迎水坡 58.20～65.20 米高程部分，用混凝土护坡，厚度 0.05 米。水库投入运行后，大坝有沉陷，最大达 0.80 米。1978 年 4 月，对大坝整修加固，使坝顶高程达 67.30 米，坝顶长 1080 米，宽 5 米，最大坝高 17.43 米。迎水坡由于原护砌混凝土厚度薄、质量差，经风浪冲击，冲垮约长 400 米，深 3 米。1981 年冬至 1982 年春，从高程 60.40 米混凝土护砌至坝顶，厚度 0.15 米。

输水涵于 1973 年 4 月建成，分置东西两端。东涵为直径 1.0 米有压圆涵，进口底部高程 59.20 米，最大泄量 1.7 立方米每秒。西涵为直径 1.2 米有压圆涵，进口底部高程 58.20 米，最大泄量 2.5 立方米每秒。两涵均为平面钢闸门，手摇螺杆启闭。

溢洪道工程于 1973 年 10 月动工，1975 年初建成，置于大坝东端，进口明渠长 423 米，渠底高程由进口 63.70 米变为出口 62.28 米，底宽由进口 46 米渐变为 35 米，后接两级陡坡消能。1980 年 7 月溢洪时，一级陡坡被冲毁，1981 年、1982 年及 1991 年 3 次对溢洪道整修，最大溢洪流量 187.9 立方米每秒。

（四）龙垱水库

龙垱水库位于荆门市沙洋县后港镇龙垱村，拦截长湖水系广坪河支流，承雨面积 29.4 平方千米，总库容 1435 万立方米，有效库容 755 万立方米，死库容 115 万立方米。

水库于 1972 年 10 月兴建，1973 年春建成。库区淹没耕地 2793 亩，迁移 134 户、785 人，拆迁房屋 973 间。设计灌溉面积 4.64 万亩，保证灌溉面积 1.77 万亩，实达灌溉面积 1.75 万亩，受益范围为后港镇的龙垱、城河、安坪、双河、黎坪、新场、庙湾 7 村。

大坝为均质土坝，设计坝顶高程 55.3 米，最大坝高 18.2 米。蓄水运行后发生沉陷，最大沉陷达 0.4 米。输水渠有两条，东干渠长 10.5 千米，西干渠长 5.3 千米，于 1973 年春开通受益。1979 年复核，坝顶高程实为 55.08 米，尚欠 0.22 米，防浪墙需加固，水库未达设计标准。溢洪道为开敞式宽顶堰，置于主坝西端，堰顶高程 52.40 米，分两级陡坡消能，最大泄洪流量 104.8 立方米每秒。

输水涵分置大坝东西两端，东涵为直径 1.0 米有压圆涵，进口底部高程 47.70 米，最大泄量 2.6 立方米每秒，手摇螺杆启闭；西涵为直径 0.75 米无压圆涵，进口底部高程 48.20 米，最大泄量 1.48 立方米每秒，铸铁闸门，手摇螺杆启闭。两涵启闭不灵，运行漏水，于 1986 年春整修东涵，改建西涵。1982 年冬，加土整修坝面、坝坡，使坝顶高程达 55.08 米，最大坝高 17.98 米，坝长 1042 米（其中主坝长 570 米、坝顶宽 4.5 米，副坝长 472 米、宽 3.4 米）。1983 年春，主坝迎水坡以现浇混凝土护砌。因混凝土厚度不够，迎北风冲击严重，有多处毁坏。

2004 年以后，水库持续处于低水位运行。为保证大坝安全，满足农田灌溉要求，2006 年从漳河三干渠曾集八吨桥处，开挖一条长 1500 米引水渠，其中 1000 米为直径 800 毫米高压涵管，445 米为直径 120 厘米的 U 形渠，进口段设工作闸门、检修闸门，并全部硬化。

（五）潘集水库

潘集水库位于荆门市沙洋县曾集镇潘集村。拦截西荆河水系大路港支流东港，承雨面积 20 平方千米，总库容 1445 万立方米，有效库容 908 万立方米，死库容 77 万立方米。设计灌溉面积 3.2 万亩，保证灌溉面积 2.11 万亩，实有灌溉面积 1.29 万亩，灌溉曾集、官垱、高阳 3 镇 15 村、99 个村民小组农田。

1974 年 10 月动工兴建。1975 年春，大坝建成蓄水，为均质土坝。1975 年在大坝西端开挖溢洪道，为开敞式宽顶堰。1979 年护砌一级陡坡，1981 年兴建二级陡坡，完成一级陡坡续建。一级陡坡进口底高程 63.40 米，底宽由进口 26 米渐变为 18 米，纵坡比 1：5.3，跌差 3.13 米。最大泄洪流量 75 立方米每秒，但因在渠道交叉处未建渡槽，而以渠下涵代替，溢洪时流量限制在 35 立方米每秒。输水涵于 1975 年春建成，东涵、西涵均为直径 1.0 米有压圆涵，平面钢闸门，手摇螺杆启闭。东涵进口底部高程 59.70 米，最大泄量 1.5 立方米每秒；西涵进口底部高程 57.70 米，最大泄量 1.5 立方米每秒。1976 年春，开通西干渠，长 11 千米。东干渠设计长 20 千米，实际开挖 1 千米，只达设计灌溉面积的 1/3。1979 年据部颁防洪标准复核，坝顶高程应为 66.00 米，防浪墙高程应为 66.70 米，防浪墙未建，水库防洪能力约 200 年一遇，未达防洪标准。

1983 年，对大坝进行整险加固，使坝顶高程达 66.00 米，最大坝高 15.24 米，坝长 1680 米，坝顶面宽 5 米。迎水坡以六角形预制块护砌，因 61.30 米高程以下未护，风浪淘空堤脚，上部混凝土护坡下滑长达 280 米，面积 860 平方米。1992 年，由荆门市水利局安排 24 万元资金补护。在背水坡，以草皮护坡。2003 年 7 月，水库被水利部大坝安全管理中心确认为三类坝。2007 年，国家下达投资计划 100 万元对水库进行除险加固。主要建设项目为：大坝加固、溢洪道拆除重建、东西输水管拆除重建。

（六）安洼水库

安洼水库位于荆门市沙洋县曾集镇楝树村。拦截西荆河支流大路港西支来水，承雨面积 18 平方千米，总库容 1330 万立方米，有效库容 755 万立方米，死库容 165 万立方米。

水库于 1973 年 10 月动工兴建，1974 年 5 月竣工蓄水。库区淹没耕地 2112 亩，迁移 95 户 550 人，拆迁房屋 701 间。设计灌溉面积 3.5 万亩，保证灌溉面积 1.75 万亩，实达 0.85 万亩，灌溉曾集镇 9 村、48 个村民小组农田。大坝为均质土坝，投入运行后，发生沉陷最大达 0.60 米。经 1979 年冬整坡，1985 年加固，使坝顶高程达 81.65 米，最大坝高 16.75 米，坝长 840 米，坝顶宽 4 米，铺设鹅卵石，迎水坡以混凝土护坡，背水坡为草皮护坡，做截流沟、压浸台。

溢洪道建于 1973 年 10 月，位置大坝西端，开敞式宽顶堰。1975 年冬完成引渠及一、二级陡坡护砌。二级陡坡出口在 1983 年泄洪时，冲成大坑，底板被淘空，两岸侧墙破裂。1985 年加固续建，增做三级跌水。进口堰顶高程 78.40 米，堰顶宽由 23 米渐变为 8 米，全长 263.5 米，总跌差 12.6 米，最大泄洪流量 62.5 立方米每秒。1979 年据部颁防洪标准复核，大坝、溢洪道均达部颁防洪标准。

东输水涵为直径 1.0 米有压圆涵，进口底部高程 71.70 米，最大泄量 1.5 立方米每秒；西涵为直径 0.6 米有压圆涵，进口底部高程 73.20 米，最大泄量 1.1 立方米每秒。二涵均为平面钢闸门，手摇螺杆启闭。东西涵闸杆压弯，启闭不灵，于 1985 年增设止弯井架。1975—1976 年，相继开挖东西干渠。东渠长 7 千米，一支渠 6.5 千米，二支渠 1.5 千米，西渠长 3 千米。因渠道未达设计要求，渠系建筑物不配套，遇干旱年，需放库水入河港，再从河港抽水灌田。

（七）龙泉水库

龙泉水库位于荆门市掇刀区团林铺镇西 10 千米处，大坝拦截长湖水系新埠河上游来水，承雨面积 19 平方千米，总库容 1660 万立方米，以灌溉为主，兼有防洪、养殖、集镇供水等综合效益。1973 年冬兴建，次年春建成，枢纽工程由大坝、溢洪道和东、南、西三处输水管组成，水库枢纽为三等工程，主要建筑为 3 级建筑物，洪水设计标准 50 年一遇设计、1000 年一遇校核。溢洪道为无闸宽顶堰，东输水涵为 1 米×1 米承压管，设计流量 1.6 立方米每秒，南、西输水涵直径为 0.58 米斜卧管，设计流量 0.5 立方米每秒，干渠长 19.48 千米，设计灌溉面积 27000 亩，最大有效灌溉面积 16500 亩。保护下游团林铺、五里铺两乡镇 2.3 万人口，48000 亩耕地，及 207 国道、荆沙铁路安全。

1979 年复核检查，发现水库存在的主要问题是：大坝欠高 0.53 米，溢洪道未完建，无行洪河道；最大坝高段下游坡不达规范要求，部分坝体有大面积散浸和坝坡沉陷；迎水坡护砌未完工；南、西输水涵为斜卧管，不便操作管理；无大坝安全监测设施和水文测报系统。

2006 年，国家发改委、水利部下达除险加固工程总投资计划 2126 万元。至 2007 年，完成大坝防渗处理工程：基岩进尺 3.22 千米，坝内进尺 3.92 千米，帷幕灌浆 3.22 千米，泥球封孔 3.92 千米；完成大坝护坡长 500 米，坡长 17.3 米；整修西输水管、南输水管、东输水管；完成溢洪道原混凝土、浆砌石、消力池拆除及渠道清淤等工程。累计完成投资 316.82 万元，土石方 2.64 万立方米，砌石 310 立方米，混凝土 2100 立方米。

（八）凤凰水库

位于荆门市掇刀区掇刀石街办凤凰村二组，水库于 1974 年兴建，1975 年主体工程竣工。拦截新埠河来水，集雨面积 13.5 平方千米，以灌溉为主，兼有防洪、养殖、旅游效益。

1992 年，荆门市水利局向湖北省计委、省水利厅申报凤凰水库升级扩建报告，同年 10 月，省同意升级扩建，并投资 30 万元。工程自 1992 年 11 月开工至 1993 年 6 月竣工，完成大坝加培土方 4.9 万立方米，混凝土 120 立方米，总库容由 918 万立方米增到 1035 万立方米。1994 年掇刀区在坝顶做混凝土路面，加高 0.8 米，加宽 3 米。同年 9 月 20 日经湖北省水利厅评审，审定凤凰水库由小（1）型水库升为中型水库。设计灌溉农田 25000 亩，保护水库下游有 207 国道、荆沙铁路，团林铺镇主要集镇和交通干线，保护 5 万亩耕地和 3.6 万人口。

1996 年 9 月，水库高水位 104.7 米时，大坝东端桩号 0+620～0+726 段出现 3 处管涌，渗流量达到 0.02 立方米每秒，管涌随库水位升高而渗水量加大，省水利厅投资 35 万元完成防渗土工薄膜和碎石导流工程。1998—1999 年省水利厅先后投资 60 万元，完成大坝内坡下端干砌石护坡，阻滑墙及上端混凝土护坡工程。

2002 年，水库大坝坝面多处裂缝，局部沉陷；大坝外坡坝脚渗流严重、坝脚输水渠南端未护砌；溢洪道边墙、底板损坏严重，坝护栏彻底损坏；溢洪道桥面欠宽，不能保证交通安全；输水渠渠首崩塌严重，输水涵闸裂缝不止水。2003 年，国家发改委和水利部发文总投资 1830 万元除险加固和环境治理。2 月 1 日，大坝迎水面护坡、防浪墙等 13 个分部工程招投标。湖北华夏水利水电股份有限公司和湖北水总水利水电建设股份有限公司中标承建，荆门市华禹水利水电监理有限公司监理。工程于 2003 年 5 月开工，2006 年完工通过验收。

（九）樊桥水库

樊桥水库位于荆门市掇刀区团林镇樊桥村，兴建于 1974 年 11 月，以灌溉为主，兼有防洪、养殖等综合效益。水库拦截长湖水系鲍河支流，承雨面积 16.5 平方千米，最大坝高 15.3 米，坝长 780 米，总库容 1260 万立方米，有效灌溉面积 2 万亩，水库防洪保护沙洋县十里铺、五里铺、掇刀区园林铺等 3 个镇 10 个村的安全。

水库防洪标准按 50 年一遇设计，1000 年一遇校核。1977 年、1994 年对大坝加固整修。水库经多年洪水检验，防洪能力达到部颁设计标准。

三、小型水库

四湖流域小型水库一般由县、镇（乡）分级规划，水利部门勘测设计，分级上报审批，乡镇组织施工，主要器材和机械碾压费由国家补助，投资按受益田亩由集体分摊。

（一）小（1）型水库

小（1）型水库总库容为 100 万～1000 万立方米。四湖流域共有此类水库 31 座，总库容 8187.7 万立方米，有效库容 5217.3 万立方米，具体见表 8-16。

表 8-16　　　　　　　　四湖流域小（1）型水库基本情况表

序号	名称	地址	所在河流	集雨面积/km²	库容/万 m³		大坝/m			坝顶宽度/m	汇洪流量/(m³/s)	灌溉面积/万亩	竣工时间
					总库容	兴利库容	坝顶高程	坝长	最大坝高				
	合计		31 座		8187.7	5217.3						20.74	
一	荆州区小计		6 座		1070.7	686.8						4.17	
1	八宝	八岭镇	—	3.09	165	111.7	—	—	6.4			0.70	1958 年 4 月
2	新湾	八岭镇	—	2.00	120	83.9	—	—	8.4			0.43	1956 年 5 月
3	铁子岗	川店镇	—	0.37	163	144.0	—	—	11.7			0.92	1974 年 11 月

序号	名称	地址	所在河流	集雨面积/km²	库容/万m³		大坝/m			堰顶宽度/m	汇洪流量/(m³/s)	灌溉面积/万亩	竣工时间
					总库容	兴利库容	坝顶高程	坝长	最大坝高				
4	龙山	川店镇	—	6.65	397	241.8	—	—	9.8	—	—	1.41	1976年2月
5	独松树	川店镇	—	1.30	115.0	74.7	—	—	9.4	—	—	0.30	1973年12月
6	张家垱	马山镇	—	5.35	110.7	30.7	—	—	5.4	—	—	0.41	1965年2月
二	沙洋县小计		25座	—	7117	4530.5	—	—	—	—	—	16.57	—
7	前进	五里许场村	—	2	110	69	77.87	560	8.14	8	11.8	0.34	1975年4月
8	龙山	陶场村	—	3.06	281	184	82.65	290	11.35	5	6.6	0.54	1974年4月
9	龟山	火龙村	新埠河	1.2	139	82	77.79	220	12.73	4	4.3	0.52	1977年5月
10	潘垱	十里镇白玉		6.2	322	208	67.22	780	10.52	18	35	1.5	1977年5月
11	朱塔	白庙村		6.1	339	163	54.45	875	8.95	8	23.4	0.78	1975年4月
12	鞠湾	十里居委会		1.2	152	101	54.43	500	8.55	3	3	0.3	1975年4月
13	三界	彭场村		2.56	323	234	81.48	405	11.77	5	5.6	0.3	1974年7月
14	黄金港	光华、李河村		11.74	780	680	64.71	630	17.62	8	20.7	1.1	1958年4月
15	吴垱	九堰村	金虾河	14.23	672	483.4	62.50	450	11.89	12	26.6	0.9	1967年4月
16	白龙滩	纪山金桥村	新埠河	1.4	134	87	65.17	626	10.8	4	501	0.45	1975年4月
17	钱家湾	五龙居委会	砖桥河	2.13	247	187	69.30	820	11.77	3	1	0.85	1973年4月
18	郭滩	郭店村		3.62	188	98	56.23	470	9.88	4	13.3	0.61	1974年4月
19	郭场	郭场村	新埠河	1.31	141	100	47.97	350	9.71	3	3.8	0.61	1975年4月
20	罗垱冲	拾桥马兴村		7.7	465	256	49.83	610	9.78	5	15.9	1.6	1975年3月
21	老山	老山村	桥河	7.2	465	218	61.54	650	11.65	11	27.3	1	1972年4月
22	杨场	杨场村	杨场河	7.1	410	220	53.44	684	9.96	8	24.3	0.5	1974年11月
23	黄旁	周店村	王桥河	1.65	101	62.1	52.98	380	7.67	4	0.62	0.25	1975年4月
24	张家嘴	后港殷集村	广坪河	7.23	450	251	61.17	580	11.94	8	22	0.8	1973年5月
25	苏家	殷集村	杨场河	2.56	187	115	53.88	450	9.35	6	9	0.5	1975年5月
26	和议	毛李和议	长湖	2.1	190	89	52.96	540	9.11	6	3.17	0.3	1975年1月
27	三家店	高阳三店村		1.3	101	62	75.63	400	10.55	5	1.2	0.05	1973年11月
28	黄湾	歇张村	西荆河	1.27	100	56	69.42	348	9.02	7	5.4	0.2	1975年1月
29	王家嘴	辛巷村		4.4	250	88	61.00	650	17.76	5.6	11.5	0.57	1974年12月
30	杨家冲	曾集孙店村	大碑湾	2.45	362	287	74.200	600	17.8	3.5	4.5	0.5	1964年1月
31	周坪	青桥村	广坪河	2.1	208	150	76.09	540	8.84	4	4.2	1.5	1965年4月

（二）小（2）型水库

小（2）型水库总容量为 10 万～100 万立方米。四湖流域共有此类水库 30 座，总库容 616.7 万立方米，有效库容 439.1 万立方米，具体见表 8-17。

表 8-17　　　　　　　　四湖流域小（2）型水库基本情况表

序号	名称	地址	所在河流	集雨面积/km²	库容/万m³		大坝/m			堰顶宽度/m	汇洪流量/(m³/s)	灌溉面积/万亩	竣工时间
					总库容	兴利库容	坝顶高程	坝长	最大坝高				
	合计		30座		1312.48	798.13						4.594	
一	沙洋县小计		20座		616.7	439.1						1.924	

续表

序号	名称	地址	所在河流	集雨面积/km²	库容/万 m³		大坝/m			堰顶宽度/m	汇洪流量/(m³/s)	灌溉面积/万亩	竣工时间
					总库容	兴利库容	坝顶高程	坝长	最大坝高				
1	友爱	五里许杨村	新埠河	3.4	95	63	67.12	370	7	10	28.1	0.184	1957 年 1 月
2	联合	毛李黄湾村	和议港	0.75	10.5	6.5	40.00	170	7	6.5	5.7	0.045	1957 年 12 月
3	黄金	官垱黄金村		0.39	34.1	21	55.70	150	7	3		0.03	1959 年 3 月
4	同兴	公议王坪张庙交界处		0.98	26	12.5	57.00	200	5	5	1.5	0.08	1958 年 12 月
5	小庙	小庙村		0.34	10	9.5	67.20	160	9.5	1.5	—	0.08	1958 年 12 月
6	张池	曾集张池村		0.4	12	7	88.30	170	6.4	2	2.1	0.2	1965 年 4 月
7	漂堰	雷巷村		0.75	70	52	80.70	220	5.4	4	6.9	0.05	1994 年 5 月
8	朱堰	六家村	大路港	0.71	20	11	74.00	245	4.4	2	2.6	0.05	1964 年 4 月
9	肖堰	肖堰村		0.31	12	6	71.10	180	5	2	1.4	0.05	1973 年 12 月
10	群羊	龚庙村		0.5	40	31.3	75.20	300	7.2	8.95	17.5	0.07	1973 年 12 月
11	沈堰	太山村		0.5	32	27.1	73.20	200	5.7	2	1.8	0.21	1973 年 12 月
12	草堰	烟庙村		0.4	23	16.9	77.00	120	5.4	2	2.1	0.15	1957 年 12 月
13	洪堰	张港村		0.52	26	24	66.00	160	5.2	2.5	1.8	0.05	1957 年 12 月
14	无背	曾巷村		0.3	32	27.8	76.00	140	6.4	2	1.1	0.085	1957 年 12 月
15	许堰	万里村		1.31	70	59.4	67.20	255	6.2	2.5	3.2	0.3	1973 年 12 月
16	石堰	高阳官桥村		0.45	12.9	5.2	62.00	140	5.1	1.8	1.9	0.06	1974 年 12 月
17	刘跛	刘跛村		0.25	19	14.2	73.40	380	7.4	3.5	4.5	0.06	1973 年 3 月
18	沙山	沙山村	西荆河	0.3	12.6	8.6	58.20	200	6.56	0.5	0.7	0.02	1973 年 3 月
19	龙堰	新湖村		0.37	17.2	10	55.00	350	5	2.8	3	0.05	1975 年 1 月
20	刘庙	刘庙村		0.54	42.4	26.1	54.50	230	8.5	1.2	1.8	0.1	1973 年 4 月
二	荆州区小计		10 座		695.78	359.03						2.67	
21	岳湾	八岭山镇	—	2.04	78.4	37.3			6.0	—		0.07	1966 年 5 月
22	仙南	八岭山镇	—	0.98	82.5	45.69			9.6	—		0.11	1970 年 10 月
23	新北	八岭山镇	—	1.83	90.5	53.3			5.4	—		0.31	1971 年 10 月
24	柳别堰	川店镇		0.94	76.6	53.2			8.9			0.16	1975 年 7 月
25	张家土地	川店镇		0.95	66.3	30.7			8.4			0.14	1975 年 10 月
26	王南	川店镇	—	1.76	30.45	13.70			4.6	—		0.26	1969 年 10 月
27	九口堰	川店镇		2.63	91.1	36.6			6.2			0.34	1972 年 11 月
28	殷家湾	马山镇		1.3	49.3	29.6			5.9			0.62	1971 年 11 月
29	付家冲	马山镇		3.03	90.5	33.2			5.5			0.39	1964 年 11 月
30	安碑	马山镇		0.76	40.13	25.54			6.2			0.27	1987 年 12 月

第四节　灌　区　建　设

从 1955 年开始，四湖流域在大兴渠系整理、治理内涝的同时，农田灌溉的建设也同样纳入重要的位置，按照以蓄为主，上蓄下排、排灌兼顾，综合治理的原则进行全面规划。

在山丘区，以修建水库为主，形成以水库为核心的灌区，同时不断完善渠系工程，连接星罗棋布的塘堰，充分拦截地表径流使之构成以小型水库为基础，大型水库为骨干，大、中、小型水库及塘堰相结合的防洪灌溉体系。

在平原湖区，根据自然条件和水域界限而进行分区治理，以修建涵闸、泵站为主，实现排灌结合，构成上蓄下排，蓄、引、提相结合，灌有水源，排有出路的排灌体系。

四湖流域的灌区基本是以引水涵闸为龙头，形成修建一座涵闸，灌溉一片农田的格局。1950 年，洪湖县试建新丰闸引长江灌溉农田，随后兴建洪湖县郭口闸、监利县西门渊闸、江陵县观音寺闸、潜江县兴隆闸等一批大小涵闸。至 1985 年统计，四湖流域沿江（河）主要涵闸达 90 处，灌溉流量为717.43 立方米每秒，排水流量 1992.03 立方米每秒，有效灌溉面积达 431.68 万亩。

20 世纪 80 年代，四湖流域的农田灌溉以引水涵闸为龙头，形成一定的受益区域，但由于排灌渠系未分开，还没有形成明确灌区的概念，1990 年，水利部提出灌区续建配套和节水改造。这时，才对灌区开始有明确的划分，形成相对独立的工程灌溉网。1998 年，国家启动四湖流域大型灌区续建配套与节水改造工程建设，主要对大型灌区的干、支渠及其建筑物等骨干工程予以续建配套和节水改造，形成灌溉网络。至 2015 年，四湖流域已建成大型灌区 12 处，中型灌区 10 处，共有有效灌溉面积 738.59 万亩。

一、大型灌区

根据全国水利普查办公室规定的灌区规模及设计灌溉面积标准，对原有灌区进行了调整和合并。隔北灌区原为东荆河灌区，范围为监利、洪湖两县（市）的部分地区。1972 年动工兴建洪湖分蓄洪区，分蓄洪主隔堤建成之后，改变原有水系。1981 年，省水利厅将洪湖分蓄洪区以外，主隔堤以北的原东荆河灌区确定为隔北灌区。隔北灌区自建设之初起就逐步形成各自独立的水系，洪湖市与监利县交界处有一条 30 米高程高地分为界线，并各自有相应的管理机构，因此，将隔北灌区分为洪湖隔北灌区和监利隔北灌区。

监利老江河灌区，原为监利县的王家湾、北王家和三洲联垸三个灌区，由于灌溉水源相同，在进行灌区续建配套与节水改造规划时，将三个灌区合并更名为老江河灌区。

冯家潭灌区，分别由监利县的一弓堤灌区、西干北灌区、大垸农场灌区、石首江北灌区和江陵天鹅灌区合并而成。

下内荆河灌区，由洪湖市内荆河灌区、下内荆河北灌区、下内荆中灌区和南套沟灌区合并更名而成。

经过合并和更名之后，四湖流域有面积在 30 万亩以上的大型灌区 12 个，有效灌溉面积 654.25 万亩，见表 8 - 18。

表 8 - 18　　　　　　　　　　四湖流域大型灌区（30 万亩以上）基本情况表

序号	灌区名称	县（市、区）	有效灌溉面积 /万亩	主要水源	主要引水控制工程名称	流量 /(m³/s)
1	太湖港灌区	沙市区	9.76	太湖港水库 沮漳河	万城闸	40
		荆州区	28.36		拍马节制闸	6.3
		小计	38.12		纪北渠首闸	7.2
2	观音寺灌区	江陵县	64.37	长江	观音寺大闸	77
		沙市区	17.56		观音寺春灌站	22
		小计	81.93			99
3	颜家台灌区	江陵县	43.98	长江	颜家台闸	41.6
					颜家台春灌站	15

序号	灌区名称	县（市、区）	有效灌溉面积/万亩	主要水源	主要引水控制工程名称	流量/（m³/s）
4	冯家潭灌区	石首市	23.54	长江	天鹅洲闸	7
		江陵县	1.38		一弓堤闸	20
		监利县	31.73		冯家潭闸	37.0
		小计	56.65			64
5	西门渊灌区	监利县	29.55	长江	西门渊闸	34.29
6	何王庙灌区	监利县	36.74	长江	何王庙闸	34
7	老江河灌区	监利县	38.15	长江	孙良洲退洪闸	60.2
					王家巷闸	15
					王家湾闸站	15
8	监利隔北灌区	监利县	42.32	东荆河	谢家湾闸	27
					北口闸	18
					楠木庙提灌站	6
					新沟泵站	8
9	下内荆河灌区	洪湖市	83.27	长江	石码头防洪闸	18
					龙口泵站	20
					高桥防洪闸	22.3
10	洪湖隔北灌区	洪湖市	43.45	东荆河	郭口闸	31.5
					施港闸	10.5
					万家坝闸	9.6
					白庙闸	60
					中岭闸	21
11	漳河灌区	掇刀区	23.7	漳河水库	—	—
		沙洋县	32.78			
		荆州区	28.71			
		小计	85.19			
12	兴隆灌区	潜江市	74.90	汉江	兴隆一闸	32.0
					兴隆二闸	32.0
总计			654.25			

（一）太湖港灌区

太湖港灌区，又称万城灌区，位于四湖上区荆州区境内。区域西南以荆江大堤为界，东抵长湖边沿，北与沮漳河相连，有效灌溉面积38.12万亩，其中荆州区28.36万亩，沙市区9.76万亩。

太湖港灌区以万城闸为引水工程。万城闸位于沮漳河下游左岸，荆江大堤桩号794+087处，因紧靠古万城遗址而命名。历史上此处便有引沮漳河水之例，即"障沮漳之水东流俾绕城北入于汉"，至今清滩河、刘家堤头、太晖港（太湖港）引水故迹犹存，当初引水虽是出于军事需要，但农田灌溉亦受其利。明末，刘家堤头堵塞，引用沮漳河水中断，在清代和民国时期，沿江河亦无引水工程设施。1961年，江陵县政府决定兴建万城引水闸工程，委托长办综合设计处设计。1961年11月动工兴建，1962年5月建成。

万城闸为1级水工建筑钢筋混凝土3孔拱涵，闸身全长72米，孔宽3米，钢质平板闸门，配3台启闭机。设计引水流量40立方米每秒，灌溉面积40.53万亩。

　　万城闸自建成后，灌溉效益十分显著，据统计，年平均引水量超过 1 亿立方米。通过万城引水输送到太湖港水库群的四座水库及灌区的 4703 口塘堰进行调蓄，供农田灌溉。除自流输水外，一部分由李家嘴、东桥、李台等大型电力灌溉站提水，进入漳河水库二干渠渠系，以补充漳河灌区水源的不足，供川店、马山、八岭山等镇的丘岗高地农田用水。旱情较严重的年份，还从万城闸调水，补充长湖水源供荆门、潜江等邻近市、县抗旱。

　　万城闸所引水源沮漳河，因受降雨的影响，河道流量年内分配不均，水位时高时低。汛期河水暴涨，历史最高洪水位达到 45.53 米，最大洪峰流量 2010 立方米每秒（1996 年 8 月 5 日万城闸前实测），而枯水期平均最小流量只有 6.83 立方米每秒（1978 年 4 月），水位在 34.50 米以下。为弥补这方面的不足，1997 年 12 月 12 日，在沮漳河万城闸下游 100 米处，拦沮漳河修建一座橡胶壅水坝。坝长 82 米，坝高 4 米，坝底高程 33.50 米，坝顶高程 37.50 米。壅水坝为充水式橡胶坝，选用两台 250QCM－500－10－22 型潜水泵。当沮漳河水位低时，用 3.5 小时抽水将橡胶坝注满，拦蓄最大水位差 3.5 米，保证万城闸能正常引水。当沮漳出现高水位时，则排除坝体中水量，保证水道正常行洪。万城壅水橡胶坝的建成，提高万城闸引水的保证率，免除以往每逢沮漳河低水位时组织劳力于河中筑埧拦水，第二年汛前又要组织劳力清除土埧的麻烦，使拦蓄引水更加便捷。

　　1993 年 10 月，国家投资 484.95 万元，对太湖港灌区的骨干引水工程——万城闸进行更新改造，将原闸首竖井拆除，改为一节洞身；U 形槽拆除，重建闸首；对闸后部分的消力池进行加固，海漫部分进行接长；对闸身的上部进行重建。经改造后，万城闸闸身总长 182.4 米，闸底板高程 34.50 米，闸孔 3 孔，单孔宽 3 米×3.5 米。设计流量 40 立方米每秒，校核流量 50 立方米每秒。

　　1999 年，太湖港水库纳入国家重点病险水库整治项目，分别对丁家嘴水库、金家湖水库、后湖水库、联合水库进行整险和加高加固，新建和改建丁家嘴节制闸、丁家嘴溢洪道、泄水渠与总干渠、交叉的涵洞，以及联合水库纪南渠首节制闸；新建防汛管理、通信交通设施，完善大坝安全监测设施，改善和美化环境，使此工程的防洪标准由 50 年一遇提高到 100 年一遇，不仅为下游地区提供防洪安全保障，而且使水库充分发挥灌溉、城乡生活及工业生产供水、水产养殖等综合效益，经济效益和社会效益十分显著。

（二）观音寺灌区

　　观音寺灌区位于四湖中区。灌区工程主要由观音寺闸、观音寺春灌站，以及 4 条干渠、4 条分干渠，190 条支渠，699 条斗渠及 9604 条农渠组成。灌区渠系全长 4502 千米，大小建筑物 4456 处。灌区东抵颜家台灌区，西接沙市，南连荆江大堤，北襟长湖。行政管辖范围涉及沙市区、江陵县，有效灌溉面积 81.93 万亩。

　　观音寺灌区以观音寺闸为骨干引水工程。观音寺引水闸位于荆江大堤桩号 740＋750 处，江陵县滩桥镇境内，是一座由新老闸组成的套闸，钢筋混凝土结构。老闸系拱涵式，由荆州地区长江修防处设计并施工，1960 年 2 月建成，为 3 级水工建筑物。因不符合荆江大堤防洪要求，又由长办设计，在老闸前另建新闸。新闸于 1961 年 11 月动工，1962 年 4 月建成，属 1 级水工建筑物。新闸为开敞式 3 孔，每孔宽 3 米，高 3.3 米，闸底板高程 31.76 米，控制运用闸前水位 42.07 米，设计最大流量 77 立方米每秒。

　　1987 年冬对观音寺闸进行全面检查，发现闸室及前后 U 形槽等部位有大小裂缝 99 条。1988 年进行灌浆处理，运行两年后又发生渗水现象。1997 年经水利部和长江委审定，投资 590 万元，进行加固改造后运行正常。

　　观音闸多年平均引水量为 2.52 亿立方米。但遇春灌用水时，因长江水位偏低而无法引水。为解决这一问题，于 1984 年在长江观音寺闸旁修建电力提灌站。泵站装机 16 台，每台 80 千瓦，总容量 1280 千瓦，设计提水流量 16 立方米每秒。泵站于 2004 年改建，安装 4 台，每台 160 千瓦斜拉潜水泵，设计流量 20 立方米每秒。

　　观音寺灌区地面高程为 25.20～34.48 米，从观音寺引水闸或观音寺春灌站提水灌溉，其引水自流灌溉比例为62.83%，提水灌溉比例为6.29%，设计灌溉保证率为85%。灌区内排灌渠道纵横交错，涵闸泵站星罗棋布，初步形成农田水系灌溉网。

总干渠　1960年利用观音寺老河上段杜家港疏挖围堤而成，从观音寺闸至观中渠长915米，底宽40米，设计引水流量77立方米每秒，1972年超运行流量达到110立方米每秒。

观中干渠　1960年疏挖观音寺老河经贺石桥、滩桥、神霄观、张家湾到青龙出西干渠。1964年建观中闸（2孔，各宽3米）进行控制。1965年实施排灌分家，观中渠改线，经滩桥街北到张林垱分水闸，长7.8千米，渠底宽16米，高程31.06~30.37米，渠道居高临下，灌溉水可自流到田，引水流量50立方米每秒。

观北干渠　亦名西引渠，1960年建成，渠道位于观音寺总干渠北堤855米处，渠首闸因急于求成，建筑质量不高，建成后放水不足1月即被冲毁。1961年重建，2孔，每孔宽2.8米，渠线东行经月堤、宝莲、吴家场到余家台节制闸，长9.7千米，底宽7~9米，引水流量26.4立方米每秒。

观南干渠　进水口位于观音寺总干渠865米处，渠线向东南经戴家台、雷家台、万家台、陈家台抵赵山口老河，长22千米，底宽7米。1960年由滩桥、熊河两区施工，因渠线地质为淤沙，极易崩塌阻塞，反复疏挖，1965年完工。1967年建观南闸，1孔，宽4米，引水流量16.5立方米每秒，灌溉滩桥、马市、熊河及江北农场等乡镇场的农田。此闸于1988年报废重建，其结构及流量未变。

1999年12月，江陵县水利局委托湖北省水利水电勘测设计院编制《观音寺灌区续建配套与节水改造工程规划报告》，2000年经湖北省发改委批准建设，计划投资56226.9万元。2005年，观音寺灌区续建配套与节水改造工程动工，至2015年12月，累计完成投资15431.57万元，占规划总投资的27.45%，见表8-19。衬砌渠道长47.3千米，新（改）建渠系配套建筑物1027座。实际灌溉面积达到82.723万亩，其中高效节水灌溉面积3万亩，主要工程形式为微灌、喷灌、滴灌。

表8-19　　　　　　　　　　　　　观音寺灌区续建配套工程投资情况表

年份	完成投资/万元			
	合计	中央	省	地方配套
2005	608.82	300	180	128.82
2006	700	350	210	140
2008	980	700	280	—
2009	1050	900	150	—
2010	1050	900	150	—
2011	1120	1120	—	—
2012	1273.04	1200	—	73.04
2013	1500	1200	—	300
2014	2186	2000	—	186
2015	4963.71	4200	763.71	—
合计	15431.57	12870	1733.71	827.26

为加强灌区协调和管理工作，江陵县和沙市区联合成立观音寺颜家台灌区管理处，负责观音寺灌区水利工程的统一管理。同时在灌区建立农民用水户协会，至2015年，共建立农民用水户协会7个，主要负责田间末级渠道及其用水情况管理，共管理灌溉面积70.5万亩。

（三）颜家台灌区

颜家台灌区位于四湖中区江陵县境内，紧靠观音寺灌区。范围涉及江陵县的熊河、普济、白马、沙岗、郝穴、秦市6个乡镇，自然面积405平方千米，耕地面积43.98万亩。灌区地面高程为26.00~29.00米，灌区自流灌溉比例60.52%，提水灌溉比例10.67%；设计灌溉保证率为90%。

灌区主要引水工程为颜家台闸，此闸位于荆江大堤桩号703+535处，地处郝穴镇颜家台村，20

世纪 60 年代初，郝穴以南沿荆江大堤地区原属于观音寺灌区范围，由于泥沙淤积，观南渠的水不能越过郝穴老河，因此，大兴、永兴、金果寺等地区长期缺水灌溉。1965 年实施"排灌分家"，颜家台闸列入修建计划，于 1966 年 5 月竣工。此闸为拱涵 2 孔，每孔宽 3 米，高 3.5 米，闸底高程 30.50 米，设计引水流量 37.6 立方米每秒，多年年平均引水量为 1.3 亿立方米。

灌区主要提水工程为颜家台春灌站，其主要功能是在春季长江水位低、不能自流引水时，从长江提水解决灌区的春灌问题，此站于 1985 年在颜家台闸旁修建，装机 18 台，总容量 990 千瓦，设计提水流量 11 立方米每秒。1998 年对此站进行改建，安装 6 台、每台 160 千瓦斜拉潜水泵，设计流量 15 立方米每秒，灌溉面积 12 万亩，多年年平均引水量为 0.7 亿立方米。

灌区内主要渠道有 4 条，即：①总干渠于 1966 年 5 月建成，由颜家台闸下游起至颜中分水闸止，长 2.8 千米，底宽 15 米，渠底高程 30.50 米，引水流量 41.6 立方米每秒；②颜中干渠于 1966 年挖成，并在渠尾端建成颜中分水闸，1 孔，宽 2.5 米，渠线经李家潭、涣渣湖、侯家垱穿荆洪公路北抵西干渠，长 9.2 千米，底宽 8 米，渠底高程 29.50 米；③颜北干渠于 1966 年挖成，在渠尾端建成颜北分水闸，1 孔，宽 3 米，渠线北经佘桥后东行至金枝寺倒虹管（2 孔，宽 3 米），越过西干渠到白马街后，北行抵十周河，长 13.6 千米，底宽 4～8 米，引水流量 24 立方米每秒；④颜南干渠于 1966 年挖成，在渠尾端建成颜南分水闸，1 孔，宽 2 米，渠线南行越过白柳渠、万水河到田家坊后转东经杨岔路抵麻布拐河，长 18.9 千米，底宽 3 米，渠底高程 30.30～28.41 米，引水流量 8.3 立方米每秒，灌溉普济、秦市农田。

灌区内流量 1 立方米每秒以上的灌溉渠道 110 条，长度 263.5 千米，渠系建筑物 2059 座；流量 1 立方米每秒以上的灌排结合渠道 246 条，长度长 528.8 千米，渠系建筑物 2796 座；流量 3 立方米每秒以上的排水渠道 138 条，总长 398 千米，渠道建筑物 2130 座。

灌区始建于 1966 年，经多年运用，暴露出一些问题：渠道工程紊乱，排灌不分，加重下游防洪排涝负担，水资源严重浪费；渠道建筑物工程老化严重，失去控制能力，灌溉面积大量衰减，自流灌溉条件日益丧失；灌排条件不适应灌区农业生产发展要求，导致种植业单调、中低产田多、产业结构调整困难、农民收入增长缓慢、农村生产环境差；灌区属于钉螺流行区，血吸虫病对人畜存在严重威胁。

针对灌区存在的问题，2000 年编制完成《颜家台灌区续建配套与节水改造规划》，水利部以长规计〔2001〕514 号文批复。同意规划投资 3255.36 万元。规划时灌区已实现有效灌溉面积 26.64 万亩，工程全部实施后，灌区将实现农田高效灌溉面积 35.5 万亩。

2011 年，灌区实施水利血防工程。工程建设内容：颜南渠疏挖护坡 10.7 千米；拆除重建农桥 5 座；改建分水口 75 处；建挡水墙 3 千米；血防整治。共完成土方 9.04 万立方米、混凝土 1.54 万立方米。

截至 2015 年底，灌区节水改造工程累计投资 1085 万元，已完成规划投资的 33.3%。灌区已有高效节水灌溉面积 0.12 万亩，主要工程形式为喷灌、微灌、低压管灌。

江陵县观音寺颜家台灌区管理处负责颜家台灌区水利工程的统一管理，区内建立农民用水户协会 6 个，主要负责田间末级渠道及其用水情况管理。

（四）冯家潭灌区

冯家潭灌区，包括监利县一弓堤灌区、大垸农场灌区、石首市江北灌区和江陵的部分农田。2008 年为申报成大型灌区，争取国家投资，考虑到以上中小型灌区同取长江故道水源，地片邻近的因素，归并为冯家潭灌区，耕地面积 56.65 万亩，其中石首市 23.54 万亩，江陵县 1.38 万亩，监利县 31.73 万亩。因其计划申报较迟，虽灌区名称得以认可，但投资计划尚未批复，仅将各区分别简述如下。

（1）石首江北灌区。位于下荆江段北岸，荆江大堤外滩故称江北灌区。包括石首市小河口镇、大垸镇、横沟市镇及新厂镇等，灌溉面积 23.54 万亩。灌区主要引水工程有蛟子渊、古长堤、迎春、肖家拐、复兴、牛头岭、新江、黑瓦屋、柳家台等闸，合计设计流量31.4立方米每秒。提水工程为6处提水泵站，合计提水流量7.53立方米每秒。

（2）监利大垸农场灌区。位于荆江大堤外滩，以一弓堤闸引水渠为界与石首江北灌区相连，灌溉面积7.82万亩。引水工程有冯家潭引水闸和冯家潭、杨洲、流港电灌站，区内有蛟子河、友谊河、杨洲引河等主干渠道，排涝灌溉自成体系。

（3）监利一弓堤灌区。位于四湖中区监利县西南部，西邻江陵县颜家台灌区，东抵监利县红城乡接西门渊灌区，北以西干渠为界，南抵荆江大堤，灌溉面积23.91万亩。

一弓堤灌区以位于荆江大堤桩号673+423处一弓堤闸为引水工程。此闸建于1961年，为钢筋混凝土拱涵式，闸孔2孔，每孔净宽2.5米，净高3.75米，闸底高程28.00米，钢质平板闸门。控制运用水位37.00米，设计流量20立方米每秒，扩大流量30立方米每秒。由于堤外有人民大垸，涵闸不直接挡水，因此又于1964年在下人民大垸与上人民大垸搭埫处冯家潭修建配套闸一座，引长江故道水灌溉。闸3孔，每孔宽3米，两闸之间开挖3千米引水渠连接，配合运用。

一弓堤闸修建时标准偏低，长期带病运行，严重影响荆江大堤防洪安全，于1992年9月拆除重建。新闸按1级建筑物设计，闸室及拱涵均为2孔，每孔净宽2.5米，底板高程28.00米，堤顶高程由原来的41.10米增加到42.26米。设计灌溉流量20立方米每秒，校核流量30立方米每秒。

一弓堤引进的水源经红联渠灌溉程集、汪桥两镇农田，并经红联渠涵洞穿过西干渠后灌溉西干渠以北黄歇口镇部分农田。

（五）西门渊灌区

西门渊灌区位于四湖中区监利县境内，北界四湖总干渠，南临长江，西接冯家潭灌区，东抵洪湖分蓄洪工程主隔堤。灌区设计灌溉面积36.6万亩，实际灌溉面积30.04万亩，其中耕地有效灌溉面积29.55万亩，园林草地等有效灌溉面积0.49万亩。灌区内地势平坦，地面高程为25.00～29.00米。灌区自流灌溉比例48%，提水灌溉比例52%；设计灌溉保证率为90%。

西门渊灌区以西门渊闸为引水骨干工程。西门渊闸位于监利县城西郊，荆江大堤桩号631+340处，1959年在此处修建灌溉闸，为纯混凝土结构，拱涵，2孔，孔宽2.5米，设计流量25立方米每秒，名为城南闸。因设计标准偏低，与防洪要求不相适应，1964年汛后拆除。当年12月按1级水工建筑物标准重建新闸，更名为西门渊，次年6月建成。西门渊闸系双孔钢筋混凝土拱涵，孔宽3.5米，孔高4.95米，闸底高程26.00米，设计流量34.29立方米每秒，扩大流量50立方米每秒。

1994年10月，对西门渊拆除改建，拆除老闸竖井改建为涵洞；拆除老闸U形槽改建为竖井，另新建U形槽和上游部分护底护岸，新建部分总长89米，加上原闸4节洞身，消力池、海漫等建筑部位维持原状不变，改建后闸体全长203米，闸首底板高程仍为26.00米，设计流量34.29立方米每秒，扩大流量50立方米每秒。西门渊闸多年年平均引水量为0.6亿立方米。

西门渊灌区以长江取水为主要水源，但遇干旱年份，春灌取水困难，2006年在荆江大堤桩号659+000处修建窑圻埫提灌站，装机4台×155千瓦，设计流量3立方米每秒。

2009年9月，长江三峡工程开始蓄水，长江中下游的来水情况发生变化，沿江春灌取水更加困难，为此，2013年11月利用后三峡工程项目资金修建西门渊提灌站，装机8台×200千瓦，单机设计流量2.1立方米每秒，总装机1600千瓦，总设计流量16.8立方米每秒。提灌站于2016年12月建成，总投资2002万元，其中国家投资1751万元，地方筹资251万元。

西门渊灌区总干渠为西门渊灌渠，长4千米，渠尾火把堤闸为控制性涵闸。以西门渊灌渠为骨干，其支渠呈开放性分布，分别有监新河南段、林长河、沿江渠、沙洪公路干渠，渠系建筑物8座，流量在1立方米每秒以上分支渠169条，长度742.9千米，其中衬砌长度27.8千米，渠系建筑物923座。

2000年，监利县水利局编制《西门渊灌区续建配套与节水改造规划》经水利部水规计〔2001〕514号文批复，纳入全国大型灌区续建配套与节水改造规划，计划投资21961.6万元，实现有效灌溉面积 36.6 万亩，2015 年全部完成。

从 2008 年开始实施节水改造工程，截至 2015 年底，累计完成投资 14295.53 万元，占规划投资的 65％。完成的主要工程量为：总干渠疏挖衬砌 4.25 千米；长江干渠疏挖衬砌 5 千米；沙洪公路干渠疏挖衬砌 11.3 千米；观音干渠疏挖衬砌 7.9 千米，林长河疏挖衬砌 20.5 千米；友谊河疏挖 12 千米；荆北二支沟疏挖衬砌 4.3 千米；卸毛支沟疏挖 6.5 千米；新建分水闸及配套沉螺池 18 处、机耕桥（含改建）19 座；恢复重建配套小抽水站 44 处等；拆除重建火把堤闸，完成土方 220.49 万立方米，浆砌石 6.64 万立方米，混凝土 9.42 万立方米，钢筋 423.57 吨。

为加强灌区的管理工作，监利县成立西门渊灌区管理所，隶属监利县水利局，负责灌区水利工程的统一管理，负责灌区总干渠、干渠及其配套建筑物的建设和维护管理。干渠以上的涵闸、泵站业务受监利县防汛抗旱指挥部统一调度。灌区内有容城、红城、毛市、周老嘴、黄歇口乡镇水利管理站 5 个，负责各乡镇行政范围内的支渠系水闸调度、运行、维护管理，支渠及其下级渠道、渠系建筑物由受益村、组管理。截至 2015 年，灌区共建立农民用水户协会 2 个，主要负责支渠、斗渠等田间末级渠道及其用水情况管理，共管理灌溉面积 29.55 万亩。

（六）何王庙灌区

何王庙灌区位于监利县南部，地属四湖流域螺山排区，西南靠监利长江干堤，东抵螺山电排渠，东南以朱河河、三岔河为界，北与洪湖分蓄洪工程主隔堤、丰收河相接，灌区自然面积 433.1 平方千米。主要地形特征为蜂窝状盆碟式，平均地面高程为 24.00～27.50 米，地面坡度由西南向东北逐渐倾斜。区内辖监利县上车湾、汴河、朱河、柘木、棋盘、桥市六个乡镇，总面积 709 平方千米，总耕地面积 36 万亩（当地习惯每亩 800 平方米，折合标准亩 43.2 万亩）。区内作物以水稻为主，旱作物有小麦、棉花、夏杂、蔬菜等。灌区自 1972 年开灌以来，累计为农业灌溉供水 30 亿立方米，加之农业技术推广及农作物品种改良，灌区粮食单产由灌区建设成前的 270 千克提高到 430 千克，粮食产量增长 1.6 倍，发挥了显著的灌溉效益。

灌区有国土面积 66.5 万亩，按农业区划分类：耕地 43.2 万亩，土地利用率为 65.11％；林地 0.8 万亩，占 1.2％；城乡用地 8.6 万亩，占 12.9％；交通用地 5.2 万亩，占 7.8％；水域 3.8 万亩，占 5.7％；园地 0.2 万亩，占 0.3％；其他占地 4.2 万亩，占 6.3％。

灌区雨量充沛，多年年平均降雨量 1206.5 毫米，多年年平均地表水径流深 402.2 毫米，多年年平均径流量 1.782 亿立方米，实际利用量 1.22 亿立方米。长江从灌区的西部通过，多年年平均过境水量 3482 亿立方米。浅层地下水平均埋深在 1.0 米左右，变化幅度不大，地下水资源量为 0.8730 亿立方米。区内河渠沟网交错，螺山电排渠位于灌区东部，杨林山总排渠位于灌区南部，两条排渠之间是灌区的排水承泄区。此外，还有朱河河、丰收河、友谊河、棋盘中心河、桥市中心河等较大的河道，均起到灌溉与排水作用。

灌区灌溉工程包括渠首引水工程、灌溉渠道及渠系建筑物和排水工程三大部分。

（1）渠首引水工程。灌区从长江引水，渠首工程为何王庙闸和王家巷闸。何王庙闸建于 1974 年，2 孔穿堤拱涵，竖井式闸首，闸孔宽 3 米，高 4.5 米，设计流量 34 立方米每秒，外江控制运用水位 34.50 米。王家巷闸建于 1960 年（1977 年对此闸进行了整险加固），单孔穿堤拱涵，开敞式闸首，闸孔宽 3 米，高 4.5 米，设计流量 15.3 立方米每秒，外江控制运用水位 34.00 米。

（2）灌溉渠道及渠系建筑物。灌区现有灌溉渠系工程分为总干、干、支、斗等 4 级，其中支渠以上共 18 条，总长 199.1 千米，即：总干渠 1 条，长 7.2 千米；干渠 3 条，总长 30.6 千米；支渠 14 条，总长 161.3 千米。渠系建筑物包括 5 座分水闸、6 座节制闸。多处涵闸直接从干渠开口引水至田间。

（3）排水工程。区内总干渠为螺山电排渠和杨林山电排渠；干渠有朱河河、丰收河、友谊河、三岔河、棋盘中心河、桥市改道河、桥市中心河等，下级渠道与灌溉渠道沟通，排灌不分。排水方式以自排和电排相结合。现有支渠以上排水渠道 20 条，长 291.4 千米。主要排水出路为螺山、杨林山两座电排站的排渠。外排泵站 7 处，装机 24585 千瓦，总排水流量 271.8 立方米每秒。

何王庙灌区已于"十一五"期间纳入大型灌区续建配套与节水改造规划，其治理原则为排灌分家、理顺渠系布局、沟渠疏浚、衬砌，建筑物配套，提高排灌标准和灌溉水利用系数，采用先进的节水灌溉技术，发展"两高一优"农业。规划的主要内容为：对何王庙、王家巷两闸外引渠进行整治衬砌、灌区渠系工程疏浚、新建分水闸 20 座、支渠斗门 433 座；倒虹管 6 座、渡槽 2 座，穿公路涵洞 5 座，退水闸 11 座，排水闸 7 座，建立灌区用水管理自动测控系统。工程规划总投资 24909.77 万元，其中骨干工程投资 15963.48 万元，田间工程典型区投资 1710.29 万元。田间工程其他面积投资 7236 万元，骨干工程项目主要工程量为：土方 521.1 万立方米，浆砌石 12.97 立方米，干砌石 2856 立方米，砂石垫层 6.32 立方米，混凝土 4.38 万立方米，钢筋 776.4 吨。

灌区续建配套及节水改造工程全面实施后，灌溉水利用系数由目前的 0.4 提高到 0.65，灌溉水量生产率由 0.53 千克每立方米提高到 1.31 千克每立方米，并为农业节水灌溉技术的推广普及创造条件。规划年灌区设计灌溉面积达到 36.0 万习惯亩（标准亩 43.2 万亩），年均减少农业灌溉用水 13257 万立方米，减少渠道输水损失 3037 万立方米，不仅能解决灌区目前用水不合理状况及规划及供用水矛盾紧张局面，而且能显著改善灌区社会生态环境，增强农民节水、惜水意识，促进灌区经济可持续发展。

从 2005 年开始至 2015 年止，国家、省累计投入资金 14402.07 万元，实施灌区续建配套及节水改造工程，完成的主要建设内容：总干渠疏挖衬砌 7.2 千米；疏挖北干渠渠道 8.4 千米；中干渠疏挖衬砌 8.1 千米；南干渠疏挖衬砌 7.2 千米；新汴河疏挖衬砌 21.7 千米；桥市中心河疏挖 3.1 千米；朱河河疏挖 17 千米；新建分水闸 12 座；新建沿支渠斗门 260 座；退水闸 11 座，排水闸 7 座。完成土方 330.96 万立方米，浆砌石 4.32 万立方米，混凝土 10.22 万立方米，钢筋 209.32 吨。

灌区运行管理为分级管理，监利县水利局管理何王庙、王家巷两座引水闸，运行调度由监利县防汛抗旱办公室负责；其他建筑物与渠系工程由乡（镇）管理，无常设机构，由水管站委托专人管理，运行费用由水管站从乡（镇）水费收入中列支；田间工程由村组和农户自行管理，村级设有专职水利员，负责涵闸斗门启闭和灌溉机电设施的运行管理。

（七）老江河灌区

老江河灌区位于四湖流域螺山片区，地属监利县境，系监利县的王家湾、北王家和三洲联垸 3 个中型灌区合并而成。设计灌溉面积 38.15 万亩。

王家湾灌区 位于监利县东南部，北与何王庙灌区相邻，西、南面以长江干堤为界，东接北王家灌区，设计灌溉面积 11.47 万亩。水源工程为王家湾闸和王家湾泵站。王家湾闸于 1997 年建成，设计引水流量 10 立方米每秒，孔宽 3 米，高 4.5 米，底板高程 25.00 米。王家湾泵站提水流量 10.5 立方米每秒。均以老江河为水源，在其水位高时开闸自流引水，水位低时则开启泵站提水。灌区内有沿江渠、朱尺港、红陶河、中心渠等 10 余条大型渠道。在长江水位高时，还可开启王家巷闸引长江水灌溉，尾水均注入东港湖。雨季水盛农田渍水，可经长河下泄洪湖，农业生产条件便利。

北王家灌区 位于监利县南端，北临何王庙灌区，西接王家湾灌区，东、南紧靠长江干堤，设计灌溉面积 16.61 万亩。水源工程为北王家闸、北王家泵站和白螺闸。引水主要以老江河为水源，白螺闸则引长江水源为补充。

北王家闸位于长江干堤桩号 570+180 处。1959 年冬在此兴建一座单孔、孔宽 3 米埋石混凝土拱涵闸。因此闸不能直接引进江水，1967 年又在三洲联垸堤外孙良洲处兴建一座单孔 2.5 米的配套闸并开挖一条引水渠道。1976 年动工兴建北王家电力排灌站（装机容量 7 台×155 千瓦），北王家老闸由于急于求成，施工质量较差，汛期经常出现翻砂鼓水险情，对长江干堤防洪安全极为不利。1980 年三洲联垸溃口后，将闸予以封闭。1981 年拆除老闸再度重建新闸，移址于桩号 570+150 处，按 1 级水工建筑物标准设计，钢筋混凝土拱涵结构，单孔，孔口直径 3.0 米×3.0 米，设计流量 12.5 立方米每秒，底板高程 25.00 米。2005 年，在洪湖监利长江干堤整治加固工程中，北王家闸进行了工作桥和启闭机房拆除重建工程。

北王家灌区内有 40 余条大小河渠纵横交织，和 40 多座节制涵闸，3 座二级电力提灌站组成排灌体系。

三洲联垸灌区　位于监利县南端，东接北王家灌区，北邻王家湾灌区，西、南濒临长江。三洲联垸初系长江外滩，后有民众围挽洲垸，1957 年兴工将众多小民垸联成一大垸，始名三洲联垸，内有长江故道遗迹湖——老江河，全长 20 千米，宽约 1 千米，最高水位 29.20 米，最低水位 24.50 米，平均水深 3.5 米，有效库容约 7000 万立方米，成为一座天然水库。三洲联垸设计灌溉面积 10.07 万亩。水源工程除引老江河水外，还有孙良洲退洪闸为老江河补充水源。遇老江河水位低时，开启上河堰提灌站提长江水灌溉。灌区内有红卫河、新沙河、中心河以及十多条支渠。沿江垸堤上原修建有上河堰、孙家埠、龙家门、枯壳岭、熊家洲引水闸。因其闸基多沙和建筑质量的问题被封堵，为确保灌溉水源，有必要恢复部分引水涵闸。

（八）监利隔北灌区

监利隔北灌区地处四湖中区，北以东荆河为界，与潜江、仙桃相望，南临洪湖分蓄洪工程主隔堤，东接洪湖隔北灌区，西以监新河为界，总面积 472 平方千米，属监利县的监北片，辖龚场、网市、分盐、周老四镇及新沟镇一半的区域，共 90 个村，752 个组。总耕地面积 46.06 万亩，其中水田占 62%，旱地占 37%。河道、湖、塘面积 4.02 万亩，居民及其他占地 9.11 万亩，其他面积 11.61 万亩。

灌区设计灌溉面积 46.06 万亩，有效灌溉面积 42.32 万亩，其中自流灌溉面积 25.91 万亩，提水灌溉面积为 11.77 万亩，灌区低产田 5 万亩。

灌区内地势平坦，地面高程多在 27.50 米左右，整个地势从西北向东南逐渐倾斜，西北高东南低。灌区属平原湖区，土壤以水稻土、湖土为主，种植业以水稻、棉花、油菜为主，其次是小麦、杂粮。灌区内交通便利，监潜公路、监汉公路均从区内通过，乡镇之间均通水泥路，极大地方便了灌区人民的生产生活。区内有变电站 4 座，电力充足，通信设施完备，生产、生活均比较便利。

灌区雨量充沛，多年年均降雨量为 1248 毫米，多年年均地表径流深 353.4 毫米，多年年平均径流量为 1.67 亿立方米，可利用量 0.92 亿立方米，实际利用量 0.82 亿立方米。灌区引水主要来源于东荆河，年均过境客水为 53.92 亿立方米，可利用量 15.44 亿立方米。浅层地下水平均埋深在 1.0 米左右，变化幅度不大，地下水资源量为 0.93 亿立方米，可利用 0.036 亿立方米。

灌区引排水工程有沿东荆河堤北口闸、楠木庙提灌站、谢家湾闸、新沟泵站。谢家湾闸于 1973 年建成，2 孔，每孔宽 3 米，高 4 米，设计流量 27 立方米每秒，闸底高程 25.00 米，控制运用水位 36.50 米。北口闸兴建于 1975 年，2 孔，每孔宽 2.5 米，高 3.25 米，设计流量 18 立方米每秒，闸底高程 24.80 米，控制运用水位 34 米。楠木庙提灌站兴建于 1976 年，3 台×155 千瓦，设计流量 6 立方米每秒，启排水位 23.50 米，外江最高水位 30.00 米。新沟泵站兴建于 1976 年，6 台×800 千瓦，设计排水流量 52 立方米每秒，灌溉流量 8 立方米每秒，起排水位 27.80 米，外江最高水位 32.50 米。

灌区现有的灌溉渠系工程分为干、支、斗、农等 4 级，干、支渠共 80 条，全长 282 千米，建筑物 845 处，其中主要渠系建筑物有排水闸 7 座，灌渠分水闸 42 座，退水闸 14 座，倒虹管 2 座，公路涵洞 5 座，渡槽 3 座。

监新河、监北干渠为区内主干排水渠道，当从东荆河引水不足时，可通过监新河、监北干渠从四湖总干渠及洪湖引水，其余排水支沟只承担排水任务。

由于灌区地势是北高南低，区内渍水一般能通过监新河和监北干渠自排入四湖总干渠和洪湖，当四湖总干渠和洪湖水位较高不具备自排条件时，则通过新沟泵站和高潭口泵站将渍水提排入东荆河。

监利县隔北灌区现行工程状态和管理机制未能使水资源的利用达到最优程度。主要表现为：春旱时，水源紧张，雨水的利用率低，无法抵御严重春旱；灌区建设投入少，设计标准低，渠道渗漏严重，渠系水利用系数仅为 0.5，必须进行维修、配套、完善；控水试验和节水灌溉技术推广运用工作滞后；水费按亩征收，灌与不灌，灌多与灌少平均收费，造成水资源浪费，灌溉效率低。

2000 年，根据灌区发展状况和国家对大型灌区续建配套及节水改造的有关要求，进行全面规划，其治理原则是：防渗护砌、整险加固、减少输水损失，提高渠系水利用系数；对渠系建筑物整险加固、续建配套，增强输水配水能力；使用先进量测设施，实现远程遥测遥控；改革传统农田灌溉方式，积极推广水稻控水增产技术；引进先进管理方法，重新设计管水模式；以节水为重点，抓好工程改造和续建配套，提高灌溉保证率和有效利用率，增加灌溉面积，降低供水成本，增强灌区工农业经济可持续发展能力。规划水源工程为：扩挖监北干渠，增加从洪湖引水水量；疏浚监新河，增加从四湖总干渠引入水量，改造恢复 3 座小泵站（彭桥、陶桥、天井泵站）；改造、扩建楠木庙提灌站，增容 3 台×155 千瓦，提东荆河水。

2007 年开始实施节水改造工程，截至 2015 年底，累计完成投资 15544.5 万元，占规划投资的 60%。完成的主要工程量为：疏挖衬砌总干渠道 26.84 千米；中干渠疏挖 20.5 千米、衬砌 2.1 千米；西干渠疏挖及衬砌 20.2 千米；监北干渠疏挖 22 千米；上隆兴河疏挖 4.2 千米；下隆兴河疏挖 7 千米；北干渠疏挖 8.5 千米；新分河疏挖 13.5 千米；跃进河疏挖 11.6 千米；齐心河疏挖 7 千米；建设河疏挖 6 千米；重建分闸 10 座；重建配套沉螺池 19 处；恢复重建抽水站 70 座；新建机耕桥（含改造）49 处等；完成土方 409.93 万立方米，浆砌石 3.38 万立方米，混凝土 28.19 万立方米；钢筋 308.9 吨。

灌区续建配套及节水改造工程全面实施后，渠系水利用系数将由 0.5 提高到 0.68，灌溉水利用系数由 0.4 提高到 0.65，水分生产率从 0.61 千克每立方米提高到 1.27 千克每立方米，有效灌溉面积达 46.06 万亩，灌区年均可减少农业灌溉用水 14066 万立方米，减少渠道输水损失 35165 万立方米，显著改善灌区社会生态环境及灌区灌溉秩序，增强农民节水、惜水意识，促进灌区可持续发展。

灌区渠首工程由监利县水利局隔北灌区管理所负责管理，灌区支渠及以下工程由乡镇水管站管理，水费由所在乡镇征收，再由县财政统收后，按一定比例拨给监利县水利局及灌区。

（九）洪湖隔北灌区

洪湖隔北灌区位于四湖流域中区，西靠监利，东北以东荆河为界，南与洪湖分蓄洪区主隔堤相接，东西长 38.5 千米，南北宽 24.5 千米，总面积 632.7 平方千米，其中耕地面积 61.69 万亩。辖洪湖市的 6 个乡镇。

灌区主要种植稻、麦、棉、油料等作物，其中粮食作物播种面积占 65% 以上，复种指数为 2.04，2011 年灌区总人口 28.88 万人，其中农业人口 22.32 万人，粮食总产 5806.5 万千克，农业总产值 3.49 亿元。人均收入水平 4027 元。

灌区年平均降水量 1344.7 毫米，蒸发量 1350.8 毫米，多年平均径流深 338.6 毫米，年径流量 7.847 亿立方米。雨量分配集中在 4—8 月，最大月雨量集中在 5 月、6 月，占全年降水量的 31.3%。区内热量丰富，无霜期长，雨量充沛，且雨热同期，为农业生产提供了良好的气候条件。

洪湖隔北灌区包括主隔堤以北，峰白河以东，东荆河以西的区域。地处江汉平原中部，地形平坦，除渠堤、台地、公路等地势稍高外，总体地势低洼，地面高程在 24.00 米左右，相对高差小于 5 米，区内河、塘发育，沟渠纵横。

区内土壤为壤土、沙壤土、淤泥质壤土，淤泥质土多分布于河、塘、沟底和灌区南部、南西部的地表、浅层。

区内河流沟渠、塘堰众多，地表水系发育，地下水较为丰富。灌区水源主要是东荆河、排涝河，利用郭口、施港、万家坝、白庙、中岭闸 5 座引水闸引东荆河水。排涝河通过主隔堤上的黄丝南、下新河、子贝渊闸以及其他控制性涵闸可与洪湖连通。东荆河属于季节性河流，夏盈冬涸，多数年份春灌自流取水比较困难，则需利用高潭口泵站 2 台机组提排涝河水，提水流量 40 立方米每秒，可以满足农田灌溉需要。排涝方面利用洪湖调蓄和高潭口提排，排涝能力接近 10 年一遇（3 日暴雨 5 日排完）标准。

灌区在实施灌区续建配套与节水改造以前，渠道边坡变形严重，多数渠不成形，渠坡垮塌、淤塞严重，直接影响到灌溉、排水流畅以及抑制灌溉。

2006年，洪湖隔北灌区续建配套与节水改造项目正式启动，至2015年共计下达计划投资17740万元，其中中央投资13295万元，省级配套2372万元，县级配套2073万元。实际完成投资15410.5万元。实际完成主要建设内容为更新改造泵站34座，整治涵闸78座，疏挖渠道51条190.79千米；渠道衬砌护坡4条4.03千米；拆除重建13座机耕桥。

一期工程建设于2006—2008年度实施，建设内容为：更新改造何塘泵站、红花泵站、五合垸泵站、范湖泵站、坨建泵站、龚兴泵站、塘垴泵站、恒继泵站、红桥泵站；新建何塘、红花、五合垸、范湖等泵站拦污栅及龚兴电排河、塘垴电排河、恒继引河拦污栅各1座；更新改造燕子河闸、红花河尾水闸、唐家沟闸、范湖尾水闸及彭台节制闸；新建燕子河尾水闸和红桥进水闸沉螺池；疏挖永黄河、燕子河、千斤沟、五合垸北渠、五合垸南渠及永兴河；整治加固12座涵闸；疏挖沟渠22条；硬化渠道4.334千米。

二期工程建设于2008—2012年度实施。建设内容为：整治加固继伍河闸、二洪节制闸、大蜂外闸、童岭节制闸、新颜河尾水闸、北干渠尾水闸、永利闸、向阳闸；更新改造王家滨、新垱、京城一站、京城二站、堤墰河、北刭沟、长春垸、戴市、柴林、秦口、冒垴等泵站；整修加固秦口、戴柴渠、长春垸、中长渠、京城、镇西、新垱、跑马、曾家湾、堤墰河、肖湾、北刭沟等涵闸；新建长春垸、秦口、柴林、童桥及冒垴泵站配套闸和施港节制闸；维修戴市泵站及冒垴泵站拦污栅；拆除重建秦口、蔡口闸沉螺池；重建南林、河坝等2座机耕桥；疏挖戴电河、秦口河、蔡口河、柴林进水渠、新颜河、东直沟、北干渠、中干渠、全胜河、公路河、南观河、河坝河；改造伍沟泵站；拆除重建向云六组桥、白鱼桥和榨台桥等工程；疏挖峰白河，结合仙（桃）洪（湖）新农村建设硬化峰白河7千米；渠道疏挖23千米（其中西堤灌渠5.157千米、王家滨河6.61千米），京城垸底沟4千米、龙潭河4.109千米。

为加强工程建设的管理工作，洪湖市成立续建配套与节水改造工程建设管理办公室，以作为此项目建设的项目法人，履行建设单位的全部权力和义务。同时设三级管理机构，一级管理机构为洪湖市水利局，二级管理机构为洪湖市隔堤北灌区管理总站，三级管理机构为五丰河管理站及陶洪河管理站。

（十）下内荆河灌区

下内荆河灌区位于四湖流域下区，属洪湖市范围，灌区为平原水网地区，地势东南高西北低，沿东南长江地面高程为26.00～29.00米，北部沿排涝河地面高程为23.50～25.00米，地形平坦，自然条件优越。灌区自流灌溉比例为12%，提水灌溉比例为88%；设计灌溉保证率为85%。灌区受益范围涉及洪湖市12个乡镇的84.11万亩耕地。区内主要农作物包括：水稻、小麦、玉米、棉花、蔬菜等，复种指数2.31。

灌区处于四湖总干渠下内荆河段，主要灌溉水源为长江、洪湖，分别由小港湖闸、张大口闸引洪湖水入下内荆河，再由下内荆河灌入43条干渠、147条支渠，灌溉渠系建筑物较完善，水源极其丰富。

灌区主要引水工程共有7处，其中，小港湖闸位于洪湖围堤上，设计引水流量214立方米每秒，多年年平均引水量为1.12亿立方米；石码头站防洪闸位于长江干堤左岸桩号500+500，设计引水流量18立方米每秒，多年平均引水量为0.13亿立方米；龙口泵站防洪闸位于长江干堤左岸桩号464+750，设计引水流量20立方米每秒，多年年平均引水量为0.115亿立方米；高桥防洪闸位于长江干堤左岸桩号454+800，设计引水流量22.3立方米每秒，多年年平均引水量为0.13亿立方米；燕窝站闸位于长江干堤左岸桩号426+450，设计引水流量20立方米每秒，多年年平均引水量为0.13亿立方米。

灌区主要提水工程共有19处，其中，叶家边提灌站位于长江干堤左岸桩号442+000，设计提水流量 3.6 立方米每秒，多年年平均引水量为 0.098 亿立方米。

灌区流量 1 立方米每秒以上的灌溉及灌排结合渠道 830 条，总长 1880.5 千米，其中衬砌长度 23.6 千米，渠系建筑物 2739 座；流量 3 立方米每秒以上的排水沟道 22 条，长度 52.8 千米，沟道建筑物 72 座。

下荆河灌区始建于 1972 年，2000 年列入全国大型灌区名录。但由于此灌区位于洪湖分蓄洪区内，故未纳入全国大型灌区配套与节水改造投资规划。灌区设计灌溉面积 87.77 万亩，2011 年实际灌溉面积 83.27 万亩（其中耕地有效灌溉面积 81.22 万亩，园林草地等有效灌溉面积 0.84 万亩）。已实现高效节水灌溉面积 310 亩，主要工程形式为喷灌，主要种植作物为玉米、蔬菜。

洪湖市电力排灌管理总站负责洪湖市电力排灌站运行管理及下内荆河灌区管理。灌区共建立农民用水户协会 2 个，主要负责周坊村、吴王庙村等田间末级渠道及其用水情况管理。

（十一）漳河灌区

漳河灌区以漳河水库为主体水源，设计灌溉农田 280.5 万亩，有效灌溉面积 223.5 万亩。灌区位于江汉平原北部，地跨荆门、荆州、宜昌三市，多为丘陵地区，农作物以水稻为主，是湖北省重要的商品粮基地之一，见图 8-10。

图 8-10　漳河灌区（2015 年摄）

漳河灌区开挖渠道 13990 条，总长 7167.56 千米。其中总干渠 1 条，长 18.05 千米，渠首烟墩闸的引水流量为 121 立方米每秒；干渠 5 条，长 403.93 千米。灌区内除主体水源外，还有中型水库 22 座，兴利库容 4.58 亿立方米；小（1）型水库 100 座，兴利库容 2.92 亿立方米；小（2）型水库 195 座，兴利库容 0.69 亿立方米。灌区还有 1 立方米每秒以上引水工程 56 处、30 千瓦以上提水工程 211 处，因而形成以漳河水库为骨干、中小型水利设施为基础、大中小相结合、蓄引提相协调的灌溉网络。

漳河水库四大干渠中的二干渠、三干渠分别流经四湖流域，构成漳河水库荆州区灌区和漳河水库沙洋灌区，受益面积 61.49 万亩，其中，荆州区受益面积 28.71 万亩，沙洋县 32.78 万亩。

漳河水库二干渠　由总干渠右岸桩号 0+640 处（漳河镇东）引水，渠首闸孔宽 3 米，渠线由北而南，在沙洋县与掇刀区、当阳市河溶镇交界处的五里铺龙山村流入沙洋县境，灌溉沙洋县五里铺、十里铺、纪山 3 镇 9.28 万亩农田，在十里铺镇彭场村三界家，再穿行于沙洋县、荆州区境的边界，至纪山镇砖桥村进入荆州区境，尾水汇入八宝水库，全长 83.34 千米，其中沙洋县境流长 45.74 千米，荆州区境流长 37.6 千米。

二干渠在沙洋县境内有分干渠 2 条，长 19.17 千米，灌溉农田 4.53 万亩；在荆州区境内通过三界节制闸（2孔×3米，引水流量26.5立方米每秒），经分、支、斗、农、毛419条渠道，灌溉荆州区丘陵区面积28.71万亩。

二干渠连接灌区22个中、小型水库和15967口塘堰，形成长藤结瓜式灌溉系统，辅以电灌站作补充，为灌区提供灌溉水源。20世纪80年代后，二干渠荆州区灌区内，由于工业用水增多，农业开荒面积增加，旱田改水田用水量增加等因素影响，漳河水库供水明显水源不足，加之八岭山等处渠道年久失修，淤塞严重，灌溉效益减退。从1975年起，江陵县（今荆州区）先后建成李家嘴、东桥、李台等电灌站，将万城闸的进水，提灌到二干渠下游渠系，解决灌溉水源不足的困难。1998年3月，万城闸下游沮漳河段兴建万城橡胶壅水坝，使荆州区丘陵岗地的水源供给有可靠的保证。

漳河水库三干渠 北起总干渠尾端桩号18+050处掇刀分水闸，沿207国道东侧南行，在九家湾折向东南，绕五岭，穿横店，过雷集，经柴集、栋树店、高阳镇抵沙洋镇，入汉江，全长75.72千米。渠道进口底宽14米，渠底高程108.39米，沙洋尾水闸底部高程38.50米，设计流量91立方米每秒，实际达到60立方米每秒，灌溉沙洋县五里铺、十里铺、拾回桥、后港、曾集、官垱、沈集7镇25.9万亩农田，1981年前还灌溉沙洋农场2.35万亩农田。

三干渠主要有进水闸1座，陡坡跌水闸12座，节制闸2座、泄洪闸3座、尾水闸1座、分水闸11座，其他配套建筑物315座。渠道沿山脊岗岭走线，有支干渠2条，计长67.34千米，配套建筑物270座；分干渠11条，长275.11千米，建筑物1704座；支渠13条，长165.35千米，建筑物984座；分渠33条，长256.37千米，建筑物1257座；斗渠58条，长181.63千米，建筑物708座；农渠336条，长670.24千米，建筑物1113座；毛渠8972条，长1865.48千米，建筑物2435座。八级渠道共计9425条，总长3557.24千米，大小建筑物8816座。

三干渠于1958年开始施工，至1962年5月8日，三干渠九家湾进水闸过水，一、二分干渠受益，灌田20万亩。1962年9月三干渠灌区续建工程开工，至1966年春，渠系工程基本告竣，并完成了主要配套建筑物。此后，进行续建加固和维修配套，至1985年，三干渠系共建大小建筑物8816座，总投资3584.15万元。1986—2006年间，完成大小建筑物1465座，总投资16851.01万元。

漳河水库二干、三干渠灌区实行管理处、中心段、分段和乡镇水利站四级管理体制。中心段、分段以干渠、支干、分干灌溉渠划分管理范围，为干渠管理处的派出单位，各乡镇水利站负责本乡镇灌溉协调业务。1995年6月16日，漳河三干渠洪庙支渠农民用水者协会成立，这是全国第一个农民用水者协会。经两年的试运用，灌区内先后成立24个农民用水者协会。农民用水者协会负责用水计划的落实，末级渠系的管理与维护，用水合同的签订和灌溉水费的征收。

（十二）兴隆灌区

兴隆灌区地跨四湖流域上、中区，地属潜江市境内。其范围为汉江以南，东荆河以西，四湖总干渠以北，面积1132平方千米。其中耕地66.3万亩。

兴隆灌区以兴隆闸为引水工程。兴隆闸为1级水工建筑物，钢筋混凝土拱形结构，3孔，共宽9米，闸底高程30.80米，净高3.5米，堤顶高程45.10米，配钢质闸门和启闭机，设计引水能力32立方米每秒。1961年11月开工，1962年5月竣工。

兴隆闸建成后，引水只能灌溉田关河以北农田，受益面积30万亩。后扩大到田关河以南地区，面积增至72万亩。但由于汉江河床下切，河泓北移，闸前水位下降，闸口淤积，进水流量减少。为解决春灌水源不足的矛盾，经湖北省计委批准，1999年10月兴工修建兴隆二闸（汉江干堤桩号255+750），2000年8月竣工。兴隆二闸为钢筋混凝土结构开敞式进水闸，闸室2孔，每孔净宽4.5米，闸底高程29.62米，比老闸底板低1.18米。二闸设计春灌流量为36立方米每秒，夏灌流量为46立方米每秒。

兴隆灌区有兴隆河、中沙河、跃进河、荆腰河、下西荆河等。干支斗渠844条，总长1810千米

（其中干渠 6 条，长 123 千米；支渠 105 条，长 468 千米；斗渠 733 条，长 1219 千米）；配套建筑物 622 处，其中进水闸 146 座，节制闸 61 座，分水闸 37 座，倒虹管 11 处，尾水闸 140 座。根据农田分布和地势，灌区分成东、西两部分。从跃进闸（距兴隆闸 10.8 千米）起，下分东西两路灌溉。东区主渠是兴隆河，西区主渠是跃进河、荆腰河。东、西主干渠两侧开挖灌溉支渠 17 条、长 94 千米，配套分水闸、节制闸 28 座，形成田北片较为完整的灌溉体系。东区灌溉面积 26.3 万亩，西区灌溉面积 40 万亩。2000—2005 年，国家投资 2000 多万元，实施兴隆灌区续建配套与节水改造项目和农业综合开发兴隆灌区水利骨干工程项目。在水利骨干工程建设中，先后疏挖干渠 17 千米和支渠 113.6 千米，衬砌总干渠 3 千米，新建、整治干支渠渠系建筑物 50 处，其中整治干渠涵闸 4 座，重建、整治支渠进水闸 10 座，整治排水闸 13 座，泵站 1 座，新建提灌站 22 处，兴建量水、测水设施工程 9 处，包括一个中心站、5 个遥测站、3 个流量自记站，安装先进的自动化水位、流量、雨量遥测仪。灌区通过续建配套和节水改造后，渠系水利用系数由 0.47 提高到 0.485，恢复灌溉面积 8.6 万亩，改善灌溉面积 21.22 万亩。灌区生态环境有所改善，节水效益较为明显。

二、中型灌区

中型灌区一般是独立于大型灌区外，自成排灌体系，面积在 30 万亩以下的水利工程排灌区域。由于受水系分割和自然地理条件的制约，四湖流域除上述 12 个大型灌区以外，仍有 12 片位于江河堤防外滩洲垸或被骨干水系分开的中型排灌区域，设计灌溉面积 79.55 万亩。

（一）菱角湖灌区

菱角湖灌区位于荆江大堤外滩。北与当阳县草埠湖农场交界，东与荆州区马山镇为邻，西南与枝江市隔沮漳河相望。灌区设计灌溉面积 3.17 万亩。

菱角湖灌区 1951 年划为蓄洪区。1959 年筹建菱角湖农场。菱角湖灌区属平原湖区，土质肥沃，地势四周高、中间低，最高点海拔 44.20 米，最低点海拔 38.60 米。建场前这里是一片荒湖，人烟稀少。1959 年建场后，逐年加固沮漳河堤，同时开挖 4 条排灌主干渠道，修建 4 座排灌涵闸和泵站，开垦荒地 2.5 万亩，旱涝保收面积达 75％以上。

（二）龙洲垸灌区

龙洲垸灌区位于荆江大堤外滩，地属荆州区境内。灌区南依长江，北靠沮漳河故道，西望下百里洲，东连新华垸。垸内面积 24.89 平方千米。设计灌溉面积 2.10 万亩。灌区内修建排灌涵闸 8 座和电排站 3 座，灌溉保证率可达 70％以上。2009 年引江济汉工程中渠道枢纽工程在垸堤上端兴成，2014 年建成，龙洲垸灌区骨干引水工程已形成。

（三）耀新垸灌区

耀新垸灌区位于荆江大堤外滩，地属江陵县境，灌区西临长江，东靠荆江大堤，南北长 8.9 千米，东西宽 2.2 千米，耕地面积 1.95 万亩。

（四）西干渠北灌区

西干渠北灌区简称西干北灌区，位于四湖流域中区，地处监利县西北边缘。灌区东北以四湖总干渠为界，西南为四湖西干渠环绕，成为两渠相夹的一个三角形地带，设计灌溉面积 6.43 万亩。西干北灌区三面环水，水利建设十分重要。多年来先后开挖大兴河、魏中河等大小河渠 74 条，兴建 5 座二级电力排灌站，以四湖总干渠、西干渠为提水水源，有效灌溉面积达 4.18 万亩，占总面积的 65％。

（五）荒湖灌区

荒湖灌区位于四湖流域中区，地处监利县北部。灌区北靠东荆河堤，南依四湖总干渠，西以潜江市老新镇为邻，东以监新河与监利隔北灌区为界。设计灌溉面积 6.5 万亩。

1957 年，四湖总干渠挖通之后，荒湖及附近相连的陈湖、扁湖、四家湖、青阳湖及泊湖的湖水进入四湖总干渠排泄入江，湖底现陆，开垦为荒湖农场。建场后，农场在灌区内先后开挖大小沟渠

300 多条。长 13 千米的荒湖干渠纵贯南北，长 7 千米的三支沟横穿东西，十字交汇形成全灌区的排灌体系。灌区首先在王家河建排灌两用涵闸一座，引四湖总干渠作水源，后由于王家河闸处于荒湖干渠下游，四湖总干渠水位低时引水困难，1962 年在东荆河堤付家湾处建闸引东荆河水，因付家湾闸质量问题又改在四湖总干渠上段东港处建提水泵站，尔后建赵台排灌电泵站，装机 16 台，提水流量为 23.52 立方米每秒。1976 年，新沟电力排灌站建成，装机容量 6 台×800 千瓦，设计流量 52 立方米每秒。至此，荒湖灌区的灌溉保证率进一步提高。

（六）柳关灌区

柳关灌区位于四湖流域中下区，地处监利县东北部边缘。灌区西部为洪湖分蓄洪工程主隔堤所隔，东与洪湖市沙口镇为界，南隔沙螺干渠与何王庙灌区相望，灌溉面积 1.56 万亩。灌区为四湖总干渠和排涝河所夹，自成独立水系，主要依靠分散的闸站从总干渠和沙螺干渠取水灌溉。

（七）黄歇灌区

黄歇灌区位于四湖流域中区，地处监利县西北边沿。灌区西南紧傍四湖总干渠与西干北灌区隔水相望，东与荒湖灌区接壤，西北和潜江市老新镇、西大垸农场相连，设计灌溉面积 3.00 万亩。

黄歇灌区地势平坦，水源充足，四湖总干渠沿西南边沿蜿蜒 14 千米，灌区内有王家河、中心河、潜盐河等骨干排灌渠，以伍场泵站为骨干提水泵站，灌溉保证率达 70%。

（八）新洲灌区

新洲灌区位于监利长江干堤胡家码口至半路堤外滩，桩号 619＋790～624＋290，围垸堤长 24.85 千米。垸内面积 34.11 平方千米，设计灌溉 3.88 万亩。围堤上建有涵闸、泵站 5 座，引长江水灌溉。1998 年大水后移民，被列为单退民垸。

（九）丁家洲灌区

丁家洲灌区位于监利长江干堤狮子山至荆河垴堤段（桩号 549＋650～561＋490）外滩，面积 18.20 平方千米，设计灌溉面积 2.29 万亩。围垸堤长 9.27 千米，沿堤建有 2 座引水涵闸，引长江水灌溉。1998 年大水后，确定为蓄洪垦殖区，并建有分洪口门。

（十）洪湖沿湖灌区

洪湖沿湖灌区位于洪湖周边，涉及洪湖市的 7 个乡镇，设计灌溉面积 26.01 万亩，洪湖沿湖灌区地处洪湖周边，地势低洼，灌溉水源充足，主要依靠沿洪湖分散的涵闸泵站实行分片灌溉。

（十一）赵家堤灌区

赵家堤灌区位于四湖流域上区，地处沙洋县境内。灌区以位于汉江干堤桩号 267＋050 处赵家堤闸为引水工程。赵家堤闸建于 1979 年 3 月，单孔，闸门宽 3.2 米，高 4 米，闸底板高程 31.20 米，最大进水流量 15 立方米每秒，设计灌溉面积 15.93 万亩，赵家堤闸引水经西干渠灌溉沙洋县李市镇和官垱、毛李两镇部分地区农田。

（十二）朱拐灌区

朱拐灌区位于四湖流域中区，地处潜江市境内。其范围为田关河以南，四湖总干渠以东，新干渠以西，面积 92.85 平方千米，其中耕地 6.73 万亩。按 75% 灌溉保证率标准需灌溉流量 9.2 立方米每秒。供水水源主要是长湖，引水闸是建在长湖库堤上的朱拐闸（设计流量 10.2 立方米每秒）。灌溉主渠道长 16.8 千米，过水能力为 9 立方米每秒。其中朱拐闸至樊场一段为进水主渠朱拐河，长 6.5 千米；樊场经西荆河、陈垸至四湖总干渠，长 10.3 千米。当长湖水经朱拐闸入朱拐河后，一部分水量先灌溉灌区北部的田湖大垸农田，另一部分水量入下游小荆河，灌溉中部七里、才河等村农田。位于小荆河尾端的魏家桥闸，既可节制朱拐河来水，灌溉南部的运粮湖农场近万亩农田，又能承泄灌区北部渍水入总干渠。至 2015 年，灌区有支、斗渠 60 条，长 26.8 千米，节制闸 41 座，尾水闸 17 座，分水闸 24 座，倒虹管 4 处。1985—2005 年累计供水 4.41 亿立方米。因长湖为蓄洪水库，其水位年际变化大，致使朱拐闸引水很不稳定。平水年引水量尚可；偏枯水年引水量欠缺，实际有效灌溉面积只有 4.6 万亩，为设计灌溉面积的 68%；特枯水年则无法引水。

第五节　城　市　防　洪

城市是政治、文化、经济的中心，人口稠密、交通发达，固定资产集中，汇集着国家和人民的巨大财富，防洪安全更显得重要。四湖流域各县市城区均集中在长江沿岸及主要支流岸边，极易受到洪水的威胁，保障城市的防洪安全，直接关系到社会安定，经济发展的大局。因此，城市防洪是流域防洪的重要组成部分，也是流域防洪的重点之一。

一、荆州市城区防洪工程

（一）城区概况

荆州市城区位于长江中游上荆江河段北岸，包括荆州古镇和沙市城区，荆州城是原荆州地区（市）的政治中心，沙市原为湖北省省辖市，著名的轻纺工业城市，两城相距4～5千米，随着城市的扩展，两城联成一体。1994年原荆州地区与沙市市合并组成荆沙市，1996年改名为荆州市。市区地跨长江两岸，南接洞庭湖平原，北滨长湖，西托沮漳河，东靠四湖总干渠，是全国重点防洪城市。

荆州古城历史悠久，千百年来，一直为各级行政机构的所在地，有着极为丰富的文化遗产。1982年被国务院列为国家首批历史文化名城，1996年荆州城墙被国务院公布为全国重点文物保护单位，2006年被列入中国世界文化遗产预备名录。

沙市，古称江津，早期是荆江的重要码头，至魏晋南北朝时期已成为"布帆百余幅、环环在江津"的商品转运口岸。随着荆江堤防的修筑，唐宋时期，沙市即有"十里津楼压大堤"之盛，被列为"国南巨镇"。时至明末，沙市已形成"舟车辐辏，繁盛甲宇内，即今之京师、姑苏皆不及也"的规模。清末，外国列强入侵，《中英烟台条约》和《中日马关条约》的签订，沙市沦为外国列强掠夺江汉平原资源和倾销"洋货"的口岸。

新中国成立后，荆州城、沙市市区得到大规模地建设和发展，两城联为一体，工商业发展迅速，交通运输繁荣空前，沙市港是长江中游的重要港口。318国道、207国道、宜黄高速、荆襄高速公路交汇城区。汉宜高速铁路、荆沙铁路分别与京珠高速铁路和焦柳铁路相连，与全国铁路联网。荆州机场开辟了武汉、上海、广州的航线，荆州市已成为鄂中南主要交通枢纽，是江汉平原、川东、湘北地区的重要物资集散地。

至2015年，荆州市中心城区面积66.4平方千米，人口90.40万人，荆州城区地区生产总值345.83亿元，成一定规模以上工业企业308个，工业总产值277.33亿元，高等院校6所，中等职业学校21所，中小学171所，医院卫生院20个。

（二）城市防洪发展沿革

荆州市城区处于丘陵低岗地区向平原湖区的过渡地带，西北部岗岭蜿蜒，属荆山余脉，自北端川店入境，逶迤南下，西支为八岭山，东支为纪山，一直延伸到荆州古城西北，形成岭冲相间的丘陵地带，东南部地势平坦低洼，河网交织，系长期受江河冲积和沼泽沉积形成的冲积和湖积平原，属古云梦泽的范围。春秋战国时期，人们开始在泽之高处垦殖居住，公元前六七世纪，楚文王于元年（公元前689年）率部族迁徙于郢（今荆州城北6.5千米处），筑城建都，历20位国王，直至公元前278年秦国大将白起拔郢为止。时间长达411年之久，今荆州城址则设为"渚宫"，为王公贵族游乐之所。当时的云梦古泽面积浩瀚，调蓄容量大，洪水水位不高，故受洪水威胁不大。至秦汉，荆州城区建有城垣，兼作御敌与防洪之用。随着江湖演变，云梦古泽解体，围垸垦殖发展，江河洪水增高，至东晋，在荆州城西南修筑护城防洪堤——金堤，以御江水，后经逐步扩展，形成荆江大堤。明嘉靖二十一年（1542年），堵塞了荆江北岸最后一个穴口——郝穴，荆江大堤连成整体，成为江汉平原最重要的防洪屏障，也保障着荆州古城和沙市的安全。荆江大堤连成整体后，曾多次溃决，过去由于荆江洪水位较低，郝穴以下堤段决口，洪水难以淹到荆州城区，如观音寺以上堤段溃口，则必淹及今城区。

自明朝以来，荆州城区江堤溃口即达 60 余次，其中尤以清乾隆五十三年（1788 年），民国二十年（1931 年），民国二十四年（1935 年）最为严重。

清乾隆五十三年（1788 年）长江大水，6 月 20 日（农历）下午 5 时至 7 时许，荆江大堤从万城御路口堤段决口 22 处，荆州城城门未能及时关闭，大水从西城门及北城门灌入，"全城覆没，水深二丈余，两月方退，兵民淹溺万余，号泣之声，晓夜不辍，登城全活者，露处多日，难苦万状，下乡一带田庐尽被淹没，诚千古奇灾也"（清光绪《荆州万城堤志》）。

民国二十年（1931 年），荆江阴雨连绵，低处涝水甚深。7 月上旬，江水先由内荆河倒灌，白鹭湖、三湖及周围民垸漫溢。8 月上旬，岑河口一片尽成泽国，8 月 9 日，沙市长江水位达 43.52 米，荆江大堤江陵段沙沟子溃口，洪流迅猛上灌，荆北平原尽成泽国。当年，"灾民或露宿，或栖息划船，或逃往荆沙乞食，流离所失，厥状颇惨"（《民国二十年水灾各县调查表》）。

民国二十四年（1935）7 月，长江和沮漳河上游地区连续普降大暴雨，江河水位骤涨，长江枝城站洪峰流量 75200 立方米每秒，沙市站水位迅速上涨。7 月 4 日，沮漳河山洪暴发，横冲荆州区的镇山头，众志垸横堤及保障垸，阴湘外堤（吴家大堤）、内堤（方官堤）于当晚相继溃决。5 日中午，荆江大堤的堆金台、得胜台开始漫溃。晚，横店子堤段又溃，洪水猛袭荆州城区，荆州古城四面皆水，深丈余。至 7 月 7 日，长江沙市站洪水高达 43.64 米，沙市市区水可行船，仅余中山路一线未及淹没，水深处达数尺，风狂浪涌，难民或攀树颠，或登屋顶，或跻高埠，呼救、奔走呼号之声，俨如天崩地坼。（《湖北江河流域灾情调查报告书》）

随着江湖关系的变化，荆江洪水水位不断抬高，荆江大堤也在不断地增高。新中国成立初期，荆江洪水位已高出荆州城地面 10~14 米，荆江大堤一旦在郝穴以上溃口，不仅淹没荆州城区，而且还将造成荆北平原大量人口死亡的毁灭性灾害，荆江防洪已成为长江中下游防洪中最严峻的问题。新中国成立后，人民政府非常重视荆江的防洪建设，除加高加固荆江大堤，兴建河势控制工程外，还兴建了荆江分洪区和涴市扩大分洪等工程，以提高荆江大堤的防御能力，特别是 2009 年三峡水库建成蓄水后，可将荆江防洪标准提高到 100 年一遇，配合分洪工程运用，荆江可防御与 1860 年、1870 年类同洪水。荆州市城区防御长江洪水的任务主要由荆江大堤及分蓄洪工程和水库工程承担。

荆州市除受长江洪水威胁外，其垸内还受到长湖和太湖港洪涝水的威胁。长湖是荆州市城市北面的一个大型湖泊，是处于丘陵与平原交界地带的岗边湖，集水面积 2265 平方千米，湖泊面积 157 平方千米，对滞蓄丘陵区水免其泛滥成灾起着重要的作用。由于来水面积大，长湖经常高水位，是荆州城市洪涝灾害的直接原因。太湖港水库是荆州市城市西面的一个大型水库，总库容 1.22 亿立方米，防洪库容 8360.4 万立方米，荆州市城区三面环水、外洪内涝严重，因而，长湖湖堤、太湖港库堤及太湖港渠堤都成为荆州市城市防洪的重要屏障。

（三）城市防洪排涝现状

1. 防洪现状

新中国成立前，荆州市城区依赖荆江大堤抗御长江洪水，以中襄河（荆襄河）堤抗御长湖洪水，区内无系统排涝工程，一遇暴雨则渍涝成灾。

新中国成立后，荆州开展了以堤防整险加固，兴建排涝工程为主的水利建设，荆州城区受荆江大堤、长江干堤、汉江干堤、东荆河堤所形成的四湖内垸防洪圈的保护，其排涝依赖于四湖流域性的排涝工程，未设置专门性的工程。

（1）荆江大堤防洪现状。荆州市城区防洪，首先依靠荆江大堤防御长江洪水，荆江大堤西起荆州区枣林岗，东至监利县城南，全长 182.35 千米。保护范围 1.35 万平方千米，内有耕地 1100 万亩，人口 800 多万，有荆州、武汉等重要城市和江汉油田。因此，荆江大堤成为长江流域最为重要的国家确保堤防。荆州市城区防洪范围堤段从荆州区枣林岗（桩号 810＋350）至江陵县观音寺（桩号 742＋500），长 68.65 千米，荆江大堤多年的加固加高，堤身垂高达 12~16 米。而堤后地面比洪水位低 10

多米，全赖一线堤防保护。荆江大堤已按设计防御沙市水位 45.00 米的要求达标。

（2）太湖港、长湖防洪现状。荆州市城区西北部丘陵区建有太湖港大型水库，由丁家嘴、金家湖、后湖、联合等 4 座水库串联组成，总库容 1.22 亿立方米。4 座水库均为开敞式溢洪道，一遇山洪暴发，最大泄洪流量可达 255 立方米每秒入长湖，以太湖港为泄流通道，太湖港则贯穿荆州城区，水库的安危对荆州城区的防洪至关重要。

长湖位于荆州城区北部，承纳四湖上区丘陵地区的来水，积水成湖，历史上曾任其泛滥。20 世纪 60 年代在长湖出口习家口、刘岭建闸控制水位，并开挖长湖至东荆河堤的田关河实施等高截流，对长湖实行控制运用，使之成为一个大型水库型的湖泊，涉及防洪安全的南线挡水段长 47.62 千米（分属荆州市 44.117 千米，潜江市 2.2 千米，荆门市 1.303 千米），其中堤防直接挡水 35.27 千米，沿湖高岗挡水 12.35 千米。直接挡水的 35.27 千米堤防中，长湖南堤 27.50 千米，荆襄河堤 5.11 千米，太湖港堤 2.66 千米。

长湖南堤 27.50 千米，其中潜江市 2.12 千米，荆门市 1.35 千米，荆州市 24.03 千米。经过 40 多年整修加固和改线，已形成东西两段完整的湖堤，堤面宽 6 米，重要险段面宽 8 米，内外边坡比 1：3，高岗无堤，但由于堤顶高程不够，崩岸严重，危及荆州城区防洪安全。

2. 城市排涝现状

荆州古城区渍水由护城河调蓄，自排或提排入太湖港汇流长湖。当长湖水位抬高，顶托荆州古城区的渍水无处排渍，1983 年曾出现荆州城西门淹水，水深 0.6 米，北门、小北门、南门也先后淹水，行人靠船摆渡，工厂停止生产，商店关门，损失惨重。因护城河是环绕荆州古城无源头的人工河，水面为 0.24 平方千米，容积约 50 万立方米，担负荆州古城区 26 平方千米雨水的调蓄和排泄，是难以承担的，加之太湖港与护城河相通，其排涝压力更重。

1986 年以前，太湖港渠过太晖观后，进入护城河，河、港共道，长湖大水时，即向古城内漫溢。1986 年 10 月，对太湖港总渠实施改造工程，另开新河，河、港分排。

沙市城区的渍水经西干渠，豉湖渠排出城市外围，西干渠上起雷家垱，下至监利泥井口入四湖总渠，全长 90.51 千米。因市区水体污染严重，1981 年在岑河镇伍家岗处筑坝拦截沙市城区污水，城区排水改流豉湖渠。西干渠上段仍是沙市城区重要的调蓄和排水通道，调蓄容积 30.21 万立方米。豉湖渠是四湖总干渠排水支渠，起于城区娘娘堤附近，于何家桥附近汇入总干渠，全长约 25 千米，渠底起点高程 26.86 米，底宽 17～24 米，边坡比 1：2，纵坡比 1：20000，设计过流量 20 立方米每秒，是沙市城区及工业新区排除雨水的唯一通道。

（四）规划设计

1. 规划过程

1987 年，水电部明确沙市市为全国重点防洪城市，沙市市水利局编制《沙市市城市防洪规划》，并报水利部审查。

1994 年 10 月，荆州地区和沙市市合并。1995 年 5 月 12 日，湖北省防汛抗旱指挥部办公室以鄂汛办〔1995〕28 号文作出《关于编制湖北省城市防洪规划的通知》，明确荆沙市为国家确定的防洪城市，要求尽快编制防洪规划报国家防汛抗旱总指挥部审定，县市级城镇的防洪规划，由市级人民政府负责审定，报省防汛抗旱指挥部备案。

1995 年 9 月 18 日，荆沙市人民政府以荆政函〔1995〕67 号文发出《关于成立城市防洪规划编制领导小组的通知》，成立以市长张道恒为组长的荆沙市防洪规划编制领导小组，即委托省水利水电勘测设计院予以编制，1999 年 11 月 11 日，长江委组织对《湖北省荆州市城市防洪规划报告》进行了审查，并将审查意见以长江委长汛〔2000〕30 号文报水利部。2000 年 7 月 26 日，水利部以规计〔2000〕165 号文向省政府发出《关于湖北省荆州市城市防洪规划审查意见的函》，同意长江委的审查意见，请省、市人民政府根据批准的防洪规划，开展城市防洪工作勘测设计等前期工作，落实实施方案，筹措建设资金，按基建程序审批后，开发建设荆州市城市防洪工程，以提高荆州市城市防洪标准，保障荆州市社会经济发展和人民生命财产安全。

为尽快将规划付诸实施，荆州市政府争取利用日本国际协力银行贷款，城市防洪工程项目建设可行性研究报告于 2001 年 3 月 14 日至 18 日通过长江委的审查，并报水利部，列入《利用日本国际协力银行贷款湖北省城市防洪工程可行性研究总报告》的子项目之中。

2. 规划内容及设计标准

荆州市城区防洪拟形成单独的防洪保护圈。由于太湖港渠贯穿荆州市的已建城区，规划拟定为以太湖港渠为界建设南、北两个城市防洪保护圈。除荆江大堤外，规划加固沙桥门至新阳桥闸的长湖堤段，加固太湖港南堤并兴建荆州城西防洪堤，形成主城区封闭圈，加固太湖港北堤、纪南防洪堤形成北城区封闭圈。

2004 年 7 月 5 日，省发展改革委以鄂发改重点〔2004〕613 号文发出《关于利用日本国际协力银行日元贷款荆州城市防洪工程初步设计的批复》，荆州市城市为二等城市，应以防御 100 年一遇洪水为防洪标准，城市防洪工程各分部工程防洪标准和工程内容分别确定为：

（1）荆江大堤为 1 级堤防，防御 100 年一遇洪水，但因已纳入荆江大堤加固计划，故不列入城市防洪计划中。

（2）长湖湖堤防洪标准为 50 年一遇，设计洪水位为 33.50 米，2 级堤防，穿堤建筑物为 II 级，其设计堤顶高程根据风浪爬高分段计算确定。对长 21.53 千米堤段进行加高培厚，土堤堤顶高程超设计洪水位 1.0 米，堤面宽 6 米，内外坡比 1：3，桩号 3＋306～21＋532 堤身迎水坡采用混凝土护坡，下设砂石垫层，背水还原植被；对桩号 10＋000～21＋532 堤段，在堤外肩修建钢筋混凝土防浪墙，墙顶高程超设计洪水位 2.05～2.25 米；对桩号 1＋556～21＋532 堤顶修建混凝土防汛路面，路面宽 4 米，厚 0.25 米，下设水泥砂石稳定层；对沿堤沙桥门闸等 7 座涵闸进行加固，拆除封堵新三支渠闸。

（3）太湖港总渠南堤防洪标准为 50 年一遇，设计洪水位 33.50 米，2 级堤防，穿堤建筑物为 2 级，设计堤顶高程超设计洪水位 1 米；对桩号 0＋000～12＋600 长 12.60 千米堤段进行加高培厚，堤顶面宽 6 米，内外坡比 1：3；桩号 7＋400～12＋600 长 5.2 千米堤段迎水坡采用混凝土护坡，下设砂垫层，背水面还原植被；整治沿渠 11 座涵闸，拆除封堵 6 座；在堤顶桩号 0＋000～12＋600 长 12.6 千米堤段修建混凝土防汛路面，路面宽 5 米，厚 0.25 米，下设水泥砂石稳定层。

（4）城区排涝标准为 20 年一遇 1 日暴雨 1 日排完，郊区为 10 年一遇 3 日暴雨 5 日排至作物耐淹深度；对西干渠进行疏挖，桩号 1＋150～9＋000 长 7.85 千米渠段进行混凝土块护坡；在西干渠渠首，修建雷家挡闸，设计流量 40 立方米每秒，为穿涵洞式，闸孔为 2 孔；对护城河进行疏挖，沿两岸修建重力式挡土墙，墙顶宽 0.5 米；对荆襄河桩号 0＋000～2＋040 长 2.04 千米渠段进行疏挖，边坡采用预制混凝土块护坡，下设砂石垫层；对荆州泵站改扩建和柳门泵站续建配套；拆除重建赵元桥，设计标准为汽-20 级，挂-100 校核，桥长 56 米，面宽 9 米，为装配式混凝土 T 形梁平板桥；新建江汉北路桥、月堤路桥、燎原路桥、红光路桥等 4 座桥，设计标准为汽-20 级，桥长 32～33 米，桥面宽 20 米，为装配式混凝土 T 形梁平板桥。

（5）工程设计概算 23361.30 万元，其中利用日元贷款 213738 万日元（约合人民币 14249.20 万元）。

（五）工程建设

荆州城区防洪工程于 2005 年开工，至 2012 年项目工程建设基本结束，已完成工程如下。

1. 城市防洪工程

完成西干渠桩号 0＋000～14＋050 长 14 千米的渠道疏浚及 5.4 千米（桩号 1＋168～6＋550）的渠道护砌，修建跨渠江汉北桥、月堤路桥、燎原路桥和红光路桥 4 座桥梁。

完成长湖湖堤堤身加固 13.77 千米（桩号 3＋320～9＋800、12＋200～21＋494）及 10 千米堤顶混凝土防汛路，兴建五支渠闸、火龙墩闸、岳桥泵站闸 3 座。

完成太湖港渠堤整治工程（桩号 11＋250～11＋531、支 0＋000～0＋473）长 754 米堤身加高加固和（桩号 11＋250～11＋531）堤段的施工。

完成太湖港总渠分流工程，包括进水闸和节制闸各 1 座，长 4.4 千米的引水渠渠系配套整治。

完成西干渠上段延伸工程，包括西干渠塔桥路下 1000 米"暗改明"渠道以及雷家垱箱涵改造。

完成雷家垱翻板闸新建工程，见图 8－11。

图 8－11　雷家垱翻板闸（2015 年摄）

2. 城市排涝工程

完成新北门至西门长 3.6 千米护城河整治，金凤广场段 1.2 千米的疏挖和驳岸工程；完成荆襄河全段 2.04 千米疏挖护砌工程；完成荆州泵站、柳门泵站续建工程；兴建防汛抢险应急仓库和露天砂石料仓库。

（六）拟建工程

1. 盐卡泵站

盐卡泵站规划为四湖流域 1 级排涝泵站，选址定为荆州开发区滩桥镇月堤村、荆江大堤桩号 745＋740 堤段。投资估算 3.6 亿元，主要建设内容：新建盐卡泵站，为堤后式泵站，设计流量为 55 立方米每秒，泵站装机 6 台×1800 千瓦；配套新建进水渠渠 1.5 千米，进水渠流量与泵站一致为 55 立方米每秒，包括泵站拦污栅桥、出口防洪闸、进出口渠道及工程配套设施等。此泵站项目已纳入《荆州市城市防洪规划修编报告》，拟定于 2018 年兴建，建成后将有效提高荆州城区的排涝能力。

2. 黄港节制闸

为配合盐卡泵站的运行，拟在四湖流域西干渠桩号 76＋750 处兴建黄港节制闸，以减轻荆州城区防洪压力，改善城区水生态环境。工程计划投资 1360.4 万元。建设主要内容：修建节制闸闸室、生产桥、启闭机房、上下游护坦、消力池及两侧挡土墙等。

（七）工程效益

城市防洪工程实施后可减免洪灾损失，荆州城区的防洪标准可由 20 年一遇提高到 50 年一遇，保护荆州古城的安全，保持市场的繁荣与稳定，保护荆州市区人民生命财产的安全。

城市排涝工程的实施，将荆州城区划分荆州、沙市、郢城和沙市邻郊 4 个排涝片，利用河渠自排或调蓄，和利用电力泵站提排，提高了城市的排涝标准，再出现类似 1983 年的内涝洪水可避免灾害的损失。

二、洪湖市城区防洪

(一) 城区概况

洪湖市新堤镇是洪湖市的政治、经济、文化中心,国土面积 47.8 平方千米,其中城区面积 28.78 平方千米,城镇人口 10.77 万人。2010 年,洪湖市有 131 家规模以上工业企业,完成工业总产值 72.35 亿元,初步形成石化设备制造、水产品加工、纺织服装加工和汽车零部件制造四大产业集群,其中尤以水产品加工最为突出,以洪湖出产的水产品加工成的名优特品种,远销全国各地及欧美国家,所创产值占全市工业总产值的 37%,洪湖水产品加工园,被省政府确定为 6 家省级重点水产品加工园区之一。

(二) 防洪工程

洪湖市城区处于江湖之间的地带,东南濒临长江,西抵洪湖水域,内荆河横贯市中心,依靠长江干堤和新堤安全区围堤防御洪水,洪湖分蓄洪工程运用分洪时,城区将四面环水,依托长江干堤和新堤安全区围堤共同防御洪水,不分洪时,依靠长江干堤,洪湖围堤,内荆河堤防洪。

(1) 新堤安全区围堤。新堤安全区是洪湖分蓄洪二期工程规划中最大的一个安全区。安全区围堤自长江干堤桩号 508+405 起,止于长江干堤桩号 498+500 处,围堤总长 24.38 千米,其中新筑围堤 14.48 千米,利用长江干堤 9.9 千米,堤顶高程 34.50 米,堤面宽 8 米,属国家 2 级堤防,防洪标准为 50 年一遇。新堤安全区围堤于 1996 年开始动工兴建,2003 年停建,安全区未能按设计完成。

(2) 洪湖围堤。长 2.6 千米,设计洪水位 27.19 米,堤顶宽 4 米,内外坡比 1:3。

(3) 内荆河堤。长 2.5 千米,设计洪水位 26.70 米。

(三) 排涝工程

洪湖市城区防洪安全区的形成,改变和打乱了原有的城市排涝体系,给城区的排涝带来了新的压力,2010 年夏,洪湖市境内遭遇了 50 年一遇的强降雨,7 月 9—15 日 7 天时间内,降雨 550 毫米,造成大面积渍涝灾害,城区积水深度达 0.7~0.8 米,城东新堤工业园区,部分路段积水深达 0.8 米,持续时间达 5 天之久,严重影响园内工业企业的正常生产和交通运输,给企业造成很大的经济损失,对此,洪湖市政府决定对城区防洪排涝工程进行规划整治。依据城区的地理位置和水系分布,拟将城区划分成 4 个排涝区:①城西区,为内荆河以西的城区,承雨面积 9.94 平方千米,利用新堤泵站和新旗泵站提排;②城东区为内荆河以东的城区,承雨面积 18.84 平方千米,利用茅江泵站、园区泵站、汪沟泵站及石码头泵站提排;③河东区,承雨面积 19.73 平方千米,利用石码头泵站提排;④河西区,承排面积 20.74 平方千米,利用荣丰泵站、撮箕湖泵站提排。设计排涝标准,城区排涝为 50 年一遇 1 日暴雨 (201.609 毫米) 1 日排完,农田排涝为 20 年一遇 1 日暴雨 (178.436 毫米) 2 日排完。依此,排涝工程涉及新建泵站 4 座,重建泵站 2 座,更新改建泵站 5 座,已建泵站 1 座,具体情况见表 8-20。

表 8-20　　　　　　　　　　　　洪湖市城区防洪排涝泵站基本情况表

排区名称	泵站名称	所在位置	装机容量		设计流量 /(m³/s)	备注
			台	单机容量/kW		
城西区	新堤泵站	丰收渠	3	180	10.05	重建
	岸边城泵站	新堤排水闸	2	155	5.70	新建
	新旗泵站		2	180	5.6	改建
城东区	石码头泵站	石码头	12	155	18.0	改建
	汪沟泵站	汪沟	3	180	10.05	重建
	河岭泵站	河岭	2	180	5.6	新建
	茅江泵站	茅江	1	155	4.6	改建
			2	80		

排区名称	泵站名称	所在位置	装机容量		设计流量 /(m³/s)	备注
			台	单机容量/kW		
河西区	洪湖泵站	中心沟	3	180	10.05	新建
	撮箕湖泵站	撮箕湖	2	132	4.5	改建
	荣丰泵站		2	160	6.1	已建
河东区	黄牛湖泵站	黄牛湖排渠	6	155	15.0	新建
	刘三沟泵站	刘三沟	2	155	5.04	改建

第六节　引江济汉工程

　　引江济汉工程是南水北调中线一期工程中汉江中下游四项（兴隆水利枢纽、引江济汉、部分闸站改造、局部航道整治）补偿治理工程之一，其作用是通过在长江上荆江荆州区龙洲垸纵贯四湖上区至潜江市兴隆镇开挖一条大型人工渠道，将长江水引向汉江，补充因南水北调而引起丹江口大坝以下汉江河段水量减少的问题，改善汉江兴隆以下河段的生态、灌溉、供水水源和航运条件。引江济汉干渠兼具通水、通航功能，使长江和汉江直接沟通，是四湖流域又建成的一条大型人工运河。

　　引江济汉工程纵贯四湖流域上区，地跨荆州、荆门两市所辖的荆州区、沙洋县以及潜江市。引水工程进水口位于荆州市荆州区李埠镇龙洲垸，出水口位于潜江市高石碑镇。干渠居拾桥河交叉处分水入田关河向东荆河补水。干渠线路沿北东向穿荆江大堤、318国道、宜黄高速公路、庙湖、荆沙铁路、襄荆高速公路、海子湖、长湖、殷家河、西荆河后在潜江市高石碑镇穿汉江干堤入汉江。

　　引江济汉工程根据功能和设计分为引江济汉干渠、东荆河节制工程、公路及铁路桥复建及穿渠倒虹吸工程三部分。工程规模为大（1）型工程，工程等别为Ⅰ等。干渠全长67.23千米，渠道设计流量350立方米每秒，最大引水流量为500立方米每秒，渠首泵站近期规模流量为200立方米每秒；工程沿线涉及各类建筑物，共计107座，其中水闸12座，泵站1座，船闸4座，东荆河橡胶坝3座；公路桥56座，铁路桥1座，倒虹吸30座。通水工程静态总投资为61.69亿元。工程于2010年3月26日开工，2014年9月16日通水，总工期4年。引水干渠同时具有通航能力，为限制性Ⅲ级航道、船闸级别为1000吨级。

　　引江济汉工程建成后，每年可向汉江补充水量21.9亿～25.2亿立方米，向东荆河补充水量5.6亿～6.1亿立方米，通过补水，使汉江仙桃控制断面的流量在2—3月大于500立方米每秒的历时保证率达到95%，基本保证调水后的流量不具备发生"水华"的条件，使汉江下游的生态环境得到有效保护。当汉江流量达到800立方米每秒时，东荆河得以自然分流，为东荆河沿岸的工农业生产和人民生活的饮用水提供水源保证。汉江下游来水量增加使兴隆以下河段的通航条件得到保证，同时，引江济汉干渠按Ⅲ级航道建设，开辟长江中游与汉江下游的水运捷径，建成江汉运河（两沙运河），缩短江汉之间绕道（汉口）航程673千米，提升工程自身的综合利用功能。

一、工程规划

　　20世纪90年代，南水北调中线（自丹江口起修筑灌渠经河南省、河北省向北京市、天津市调水）工程开工，其标志是丹江水库坝顶加高建成，中线工程一期年调水量95亿立方米，约占丹江口坝址断面径流量的1/4，汉江流域径流量的1/6。实施调水后，汉江兴隆河段多年平均水位下降0.5米，分旬灌溉保证除个别旬外均有不同程度的下降，其中4月下降幅度最大，对兴隆以下汉江干流各灌溉区春灌期灌溉用水和东荆河的灌溉水源影响较大；仙桃江段断面（2—3月）流量大于500立方米每秒的历年保证率下降43%，对河道内水环境产生较大的影响；由于中水流量历时减少较多，对航运营运效益也造成一定的负面影响。

为补济汉江中下游因南水北调后的水量不足，湖北省水利厅于 1980 年就着手引长江水补济汉江的规划，省水利水电勘测院编制出《江汉引水工程规划报告》，充分论述灌溉引水结合船运兴建引江济汉工程的必要性和迫切性，并对引江济汉干渠的走线——高线和低线两个方案进行比较论证，原则推荐从沙市盐卡进口的低线方案。1984 年湖北省交通厅也编制出《两沙运河航运规划报告》。嗣后，长江委和省水利水电勘测设计院将引江济汉工程作为南水北调中线工程汉江中下游补偿工程，在 20世纪 90 年代又组织多次查勘和规划。

2001 年 9 月和 2005 年 12 月，长江委相继编制完成《南水北调中线工程规划》（2001 年修订）和《南水北调中线一期工程可行性研究总报告》，并获审查通过。上述两报告均将引江济汉等汉江中下游四项治理工程，列入南水北调中线一期工程范畴。依据国务院审议通过的《南水北调工程总体规划》，受湖北省南水北调工程建设管理局委托，省水利水电勘测设计院于 2005 年 12 月编制完成《南水北调中线一期引江济汉工程可行性研究报告》，并上报审批。

2008 年底，国务院正式批准将汉江中下游治理纳入南水北调中线一期工程，其中包括兴隆水利枢纽、引江济汉、部分闸站改造、局部航道整治四大工程，计划总投资 102.8 亿元。

按照国务院南水北调工程建设委员会办公室要求，湖北省南水北调工程建设管理局组织力量对引江济汉工程进行初步设计。经湖北省水利水电设计院、长江勘测规划设计研究院、中水淮河规划设计研究有限公司、湖北省交通规划设计院等单位的通力合作，于 2008 年 12 月编制完成《南水北调中线一期引江济汉初步设计报告》。后经审查、修改、补充，于 2009 年 10 月编制完成《南水北调中线一期引江济汉工程初步设计报告》（审定本）。

引江济汉工程总体布置包括引江济汉干渠工程和东荆河补水节制工程两部分。

引江济汉干渠工程总体布置　引江济汉干渠走线几经比较论证，最终选定以龙洲垸为进口，出口在潜江市高石碑的走线方案（简称高Ⅰ线）。渠首位于四湖上区荆州市荆州区李埠镇龙洲垸长江左岸江边，干渠线路沿东北向穿荆江大堤（桩号 772+400）、太湖港总渠、在荆州城西伍家台穿 318 国道、红光五组穿宜黄高速公路，近东北向穿过庙湖、荆沙铁路、襄荆高速公路、海子湖后，折向东偏北穿过拾桥河，经过蛟尾镇北，穿长湖、走毛李镇北穿殷家河、西荆河后，在潜江市高石碑镇北穿汉江干堤（桩号 251+320）入汉江，见图 8-12。干渠沿线所截断的公路、铁路和渠道，全部采用跨渠桥梁和穿渠倒虹吸恢复交通和渠系。

引水干渠全长 67.23 千米，干渠沿线主要建筑物有渠首泵站、引水涵闸、船闸、沉沙池、沉螺池、荆江大堤防洪闸、港南渠分水闸、庙湖分水闸、拾桥河枢纽建筑物（拾桥河上游泄洪闸、下游泄洪闸、倒虹吸、码头、左岸节制闸）、后港分水闸（排水闸、倒虹吸、回水区船闸）、西荆河枢纽建筑物（船闸、倒虹吸）、高石碑枢纽建筑物（高石碑出口闸、船闸）等。

东荆河补水节制工程总体布置　引江济汉干渠从拾桥河泄洪闸分水入湖，然后经长湖刘岭闸进入田关河，出田关河流入东荆河，补充东荆河水源，设计输水流量 110～130 立方米每秒。东荆河补水节制工程沿线主要建筑物工程有刘岭闸、田关闸加固，修建仙桃马家口橡胶坝、洪湖市黄家口橡胶坝、新建冯家口闸，疏挖火垱沟河道，新建一屋嘴桥，改建火垱沟桥和通顺河节制闸。

引江济汉调水还可通过长湖习家口闸向四湖总干渠送水、补充四湖中、下区工农业生产和人民生活用水，形成南有长江、北有东荆河、中有总干渠覆盖全四湖流域的灌溉网络，提高四湖流域的灌溉保证率。并通过江湖联通、济水释污，改善四湖流域的生态环境。此工程在长湖水位较高时，可通过拾桥河闸向汉江分流，降低长湖水位。

二、工程建设

2010 年 3 月 26 日，南水北调中线一期引江济汉工程正式开工。国务院南水北调办公室主任张基尧、省政府省长李鸿忠、省南水北调工程建设管理局局长郭志高莅临荆州市开工典礼现场主持开工庆

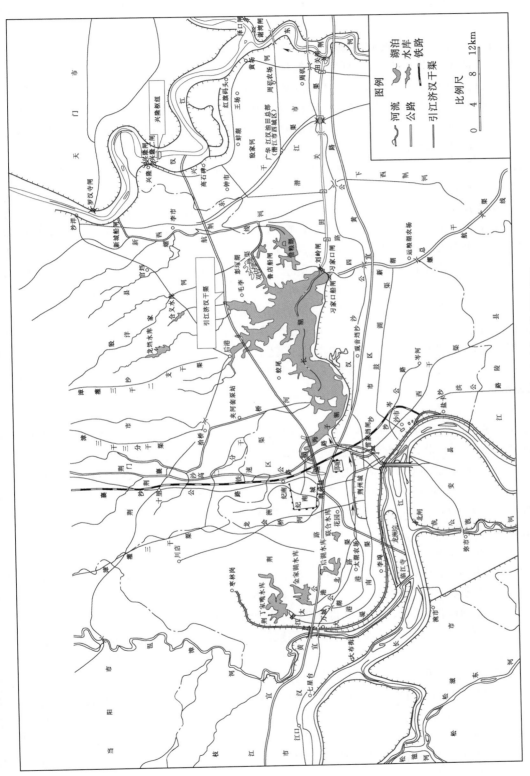

图 8 - 12 引江济汉工程及兴隆枢纽位置示意图

典仪式。

引江济汉工程以湖北省南水北调工程建设管理局为工程建设项目法人，并成立工程处、规划处、质量监督站等对工程建设的质量、进度、安全等实施监督管理。工程实施招标选定施工企业进行施工。

2010年1月10日，荆州市人民政府成立"荆州市南水北调引江济汉工程建设领导小组"，领导小组下设办公室，具体负责引江济汉荆州段工程征地，房屋拆迁的服务协调工作；配合省南水北调工程建设管理局加强对荆州市段7个标段工程建设的施工环境、工程质量、安全、进度进行督办。

土地征用：为配合引江济汉工程的建设，严格按国家关于土地征用的政策、程序及补偿标准，于2011年底完成永久性征地7840亩。随着工程建设的进展而陆续征用临时用地9571亩。后随着工程项目建设完工，又陆续开始对临时用地的复垦工作。

拆迁安置：按照国务院南水北调办公室批复的《南水北调中线一期引江济汉工程征地拆迁实施规划（荆州区）》，荆州市段共拆迁831户，涉及人员3842人。通过建集中安置点13个，采取拆迁还建、分散安置、外迁补偿等多种方式，从2010年3月至2012年3月，历时两年完成拆迁安置任务。

引江济汉干渠工程历时4年的施工，至2014年10月完工。2014年夏，汉江上游来水较历年平均值减少八成，汉江下游及东荆河几乎断流，漳河水库水位位于死水位以下，江汉平原600多万亩农田农作物面临严重旱情。为缓解旱情，备受关注的引江济汉工程比原定通水时间提前51天投入运用。2014年8月8日7时40分，引江济汉工程龙洲垸引水闸开闸放水，开闸时流量为60立方米每秒，后加大为110立方米每秒，奔涌的江水流入汉江，润泽沿线600多万亩农田。2015年从长江引水17.23亿立方米，向汉江补水16.0亿立方米；2016年从长江引水37.28亿立方米，向汉江补水32.0亿立方米。对汉江下游地区、四湖流域的工农业生产、人民生活、水产养殖、济航用水以及改善生态环境发挥了重要作用。2016年汛期，长湖水位偏高，为减轻长湖防洪压力，向汉江撇洪1.1亿立方米。

（一）工程规模

1. 渠道工程

干渠纵贯四湖流域上区，全长67.23千米，其中荆州区境内长27.13千米，沙洋县境内长33.9千米，潜江市境内长6.2千米。渠首设计流量350立方米每秒，最大引水流量500立方米每秒，设计水深5.72～5.85米，渠底宽60米，进口渠底高程26.20米（此节高程均系黄海高程，下同），出口渠底高程25.00米，渠底纵坡比1∶33550，渠顶高程35.51～37.70米，边坡比1∶2～1∶3.5。渠道用混凝土护砌。左岸渠顶设计宽7米，碎石路面，右岸渠堤面宽6～7米，混凝土路面，渠堤外坡有宽4米的绿化草地。

2. 进口（取水口）枢纽

龙洲垸枢纽工程位于荆江大堤付家台（桩号772+400），进口段长4千米。引江济汉工程进水"龙口"有两个，一个进水，一个进船，呈V形布置，口宽600多米，见图8-13。引水工程沿引水渠中心线依次布置为：闸前引水渠、龙洲垸进水闸、沉沙池（含沉螺池）、提水泵站及泵站节制闸、连接渠段、荆江大堤防洪闸；通航工程依次是闸前通航渠、船闸，在荆江大堤防洪闸前会合。

（1）龙洲垸进水闸。布置在龙洲垸堤上（桩号0+300～0+532），闸室总宽度95.60米，过流总净宽80米，闸孔数为8孔，孔口尺寸10米×9.43米（宽×高，下同），设计进水流量350立方米每秒，最大引水流量500立方米每秒，闸底板高程26.10米，进水闸出口以120度平面扩散角接沉沙池，出口渠底纵坡比1∶146，闸室两侧新建堤防连接进水闸和龙洲垸堤防，共同抵御长江洪水。新建堤防同龙洲垸堤防标准，堤顶宽3米，堤顶高程44.00米，外边坡比1∶3，内边坡比1∶4。

（2）沉沙池、沉螺池。进水闸后设沉沙池，池内平均流速0.25～0.4米每秒，池底长200米，宽200米，池底低于渠底2米；沉螺池与沉沙池结合布置，宽350米，长500米，由沉沙池扩宽而成。下游连接段通过隔水墩分两支分别与泵站和节制闸连接；泵站侧连接段以1∶10的逆坡上升到高程25.40米与泵站前沿平台连接，节制闸侧连接以1∶10的逆坡上升到26.92米高程，与节制闸进口段

图 8-13 引江济汉进口工程位置示意图（2010 年摄）

连接。两侧地面高程 36.00～38.00 米，开挖边坡比 1:3，在高程 32.00 米设 3 米宽马道。

（3）龙洲泵站。泵站由泵房及进、出水建筑物等组成为大（1）型 I 等工程。泵房顺流向长 34 米，宽 98.90 米，建筑基面高程 14.9 米。设计杨程 3.20 米，设计流量 200 立方米每秒，远期提水规模 250 立方米每秒，设计选用 7 台 3400ZLQ40-3.2 全调节式轴流泵（土建预留 1 台），单机流量 40 立方米每秒，泵站进水口处尺寸为 8.0×6.0 米，设平面检修闸门 1 块，闸门尺寸为 8.9 米×5.31 米，出水口为 8.0 米×4.75 米，配置快速工作门和检修门，快速工作门尺寸为 8.8 米×5 米，检修门尺寸为 8.8 米×5.17 米。站内设 110kV 专用变电站。泵站主要是在长江水位低，渠道自流引水流量小于需补水流量时，用泵站提水。

（4）泵站节制闸。节制闸总宽度为 75.6 米，过流总宽度 50.6 米，闸孔数为 5 孔，孔口尺寸为 8.0 米×8.0 米，底板高程 26.92 米。采用弧形工作门，工作门尺寸为 8.0 米×8.0 米，工作半径 9.5 米，节制闸上游和下游分别配置检修叠梁门 1 扇，上游检修门尺寸为 9.1 米×8.1 米，下游检修门为 10.8 米×10.05 米。

龙洲泵站及进水闸见图 8-14。

图 8-14 龙洲泵站与进水闸（2015 年摄）

（二）荆江大堤防洪闸

荆江大堤防洪闸按 1 级建筑物设计，兼作防洪通航，采用开敞式平底闸，共设 2 孔，单孔净宽 32 米，通航净空 8.5 米，过流总净宽 64 米，底板高程 26.89。闸底板下设深 10 米的混凝土防渗墙每孔防洪闸设一道提升式平面挡水闸门，闸门尺寸为 34.15 米×19.6 米，共计 2 扇，每扇闸门重 715 吨，见图 8-15。

图 8-15　荆江大堤防洪闸（2015 年摄）

（三）拾桥河枢纽

引江济汉干渠与四湖上区主要排水渠道拾桥河相交，为解决拾桥河的泄洪，在引江济汉干渠与拾桥河交汇处布置拾桥河上游泄洪闸、拾桥河下游泄洪闸、拾桥河倒虹吸、拾桥河左岸节制闸。

（1）拾桥河上游泄洪闸。位于被引江济汉干渠截断的上段，为钢筋混凝土开敞式结构，闸孔 7 孔，孔口尺寸 8 米×8.23 米，设计流量 740 立方米每秒。

（2）拾桥河下游泄洪闸。位于拾桥河下段出长湖口，将拾桥河水引入长湖。闸型为钢筋混凝土开敞式结构，闸孔 7 孔，孔口尺寸为 8 米×8.23 米，设计流量 740 立方米每秒。

（3）拾桥河倒虹吸。位于引江济汉干渠桩号 28+180 处，其结构为穿渠底方管式，设计 6 孔，孔口尺寸为 4.8 米×5 米，设计流量 240 立方米每秒。

（4）拾桥河左岸节制闸。位于引江济汉干渠桩号 28+399 处，为钢筋混凝土开敞式结构。闸分 6 孔，单孔尺寸为 8.75 米×7.5 米，设计流量 350 立方米每秒。

（四）后港枢纽

引江济汉干渠于后港镇穿长湖而过，将长湖的部分湖面截留在干渠的右岸，为联通水系，在此分别修建了后港倒虹吸、后港分水闸、后港船闸。

（1）后港倒虹吸。位于干渠桩号 39+300 处，为方形涵闸穿渠底结构，4 孔，单孔尺寸为 3.5 米×3 米，设计流量 65.7 立方米每秒，沟通湖汉与大湖水系。

（2）后港分水闸。位于干渠桩号 37+300 处，为钢筋混凝土涵洞式结构，单孔，闸孔 1.3 米×1.8 米，设计流量 2 立方米每秒，将干渠水引入长湖。

（3）后港船闸。原设计此处没有船闸，工程施工考虑到此处紧邻长湖，渠湖相邻，入湖极方便捷，将设计的西荆河下游船闸移建于此。船闸为单孔，闸室尺寸为 12 米×7.53 米，通航能力 300 吨级。

（五）西荆河枢纽

引江济汉干渠于桩号 56+000 处，截断西荆河而过为联通西荆河水系，于此布置西荆河倒虹吸和上下游船闸。工程建设过程中，考虑到西荆河下段通航船只有限，故将下游船闸移建后港。

（1）西荆河倒虹吸。位于干渠桩号 56+129 处，为 6 孔穿渠底方管型，单孔尺寸为 4.8 米×5 米，设计流量 210 立方米每秒。

（2）西荆河船闸。位于引江济汉干渠与西荆河交汇上段河口处，干渠桩号 55+925，单孔，闸室尺寸为 12 米×7.53 米，通航能力 300 吨级。

（六）出口枢纽

引江济汉干渠在潜江市高石碑镇北穿汉江干堤（桩号 251+320）入汉江，在此布置有高石碑出水闸和船闸。

（1）高石碑出水闸。位于引江济汉干渠汉江堤交汇处（汉右干堤桩号 251＋650），为钢筋混凝土涵洞式结构，闸分 8 孔，单孔尺寸为 8 米×7.68 米，设计流量 350 立方米每秒。

（2）高石碑船闸。位于汉江右岸干堤桩号 25＋820 处，其规模与进口龙洲垸船闸相同。

第七节　水生态环境保护与治理

一、水生态环境状况

据长江委 1955 年 12 月《荆北区防洪排渍方案》调查，内荆河流域总面积（内垸）10352 平方千米，其中，丘陵面积为 2360 平方千米，占总面积的 22.8％；平原面积为 4996 平方千米，占总面积的 48.4％；湖泊面积 1497 平方千米，占总面积的 14.4％；洼地 1500 平方千米，占总面积的 14.4％。洼地和湖泊同属湿地，湿地面积占四湖流域总面积的 28.8％。自 1955 年后，四湖流域逐步得到治理，湿地面积大量消失。据湖北省水利水电勘测设计院 2007 年 8 月《四湖流域综合规划报告》载：四湖流域丘陵面积为 2360 平方千米，占总面积的 22.7％；平原面积为 6518 平方千米，占总面积的 62.8％；洼地面积为 742 平方米，占总面积的 7.2％；湖泊面积为 755 平方千米，占总面积的 7.3％。前后 60 年的时间里，四湖流域湿地面积减少 1500 平方千米，湿地面积由总面积的 28.8％减少为 14.5％。湿地面积的减少，使四湖流域的生态环境发生重大的变化。

《四湖流域综合规划报告》中所记载的洼地，已经不是严格意义的湿地，已开垦成农田，只是种植化较低而已。四湖流域仅存的湿地就是总面积为 755 平方千米的湖泊，占四湖流域总面积的 7.3％。湖泊面积的减少，每逢雨季，内涝渍水，无处调蓄，这是四湖流域至今仍内涝严重和农业种植成本较高的根本因素。根据多年的观测和研究，四湖流域的田湖面积的比例为 15％是较为科学的水平，可达到调蓄平衡，如低于 6％则会加重内涝的局面。

四湖流域湿地资源丰富，为螺、蚌、鱼、虾等水族提供生长、活动、栖息与繁衍之地，种类繁多。此外，还有 167 种鸟类活跃于四湖流域，其中有黑鹳、白鹳、大天鹅、小天鹅、白琵鹭、鸳鸯等国家重点保护的珍稀鸟类，是长江中下游区重要的珍稀动物资源分布区。

四湖流域沼生植物繁盛，主要有芦苇、蒲草、菰荻，在浅水区还生长有沼泽化初期的水生植物——菱角、莲藕、芡实等。

区域内主要湖泊洪湖湿地是长江中下游最具代表性的湖泊之一。洪湖湿地面积大，生境丰富，景观多样，为众多的物群提供了繁殖、生长的空间和食物。洪湖水生植物品种多，有菱、莲、藕、蒿草、芦苇、芡实、苦草、蒲草、黄丝草、金鱼藻、马来眼子菜、轮叶黑藻等。20 世纪 60 年代至 80 年代，农民驾船到洪湖内通行要寻找通途，不然难以在水生物生长茂盛区内通行，湖中水生植物每年总量达 190 万吨。但随着洪湖水面缩小和湖水水质变差，以及沿湖民众大量滥采湖中水生植物，使其数量和品种逐年在减少，以致近年开始禁采和人工补种水生植物。

洪湖是中国淡水鱼重要产地之一，在 20 世纪 50 年代初，江河相通，湖面广阔时，洪湖鱼类各类达 114 种，年捕获生鱼 13000 吨。1958 年以后，由于受江湖隔阻，湖面锐减，以及酷渔滥捕的影响，渔业自然资源衰退。1964 年调查，有鱼类 74 种，到 1982 年调查，仅有鱼类 54 种。后由于人工围养殖，再也难捕获野生鱼。

20 世纪 70 年代前，洪湖湿地的水禽有 112 种及 5 个亚种，其中雁类 5 种、野鸭 27 种。由于人类活动的影响，尤其是毁苇垦荒，破坏水禽的栖息场所，雁的来源开始枯竭，野鸭也越来越少。根据洪湖 1981—1982 年考察结果与 1996—1997 年考察结果表明，洪湖鸟类在 15 年间共减少了 2 科 37 种，平均每年至少有 2～3 种从洪湖消失。曾经占洪湖鸟类 67％的水禽，到 20 世纪 90 年代下降到 54％，只剩下 70 种左右。至 2007 年，洪湖湿地有鸟类 133 种，其中国家一级、二级保护鸟类为 19 种，其中水禽 17 种。

20 世纪 90 年代以前，四湖流域水质状况良好，随着社会和经济的迅速发展，水环境问题日益严重。水质监测结果表明流域内主要水体均遭到严重污染。根据湖北省水环境监测中心 2011 年对四湖流域水质监测资料，沮漳河万城段、四湖总干渠的福田寺，水质为 Ⅳ 类水的河长 171.7 千米，占总评价河长的 18.13%，主要污染物为氨氮、总磷；水质为 Ⅴ 类的河长 70 千米，占总评价河长的 7.39%，为四湖总干渠老河段，主要超标项目为氨氮、总磷；水质为劣 Ⅴ 类水的河段长 10 千米，占总评价河长的 10.6%，为四湖总干渠何桥段，主要超标项目为氨氮、总磷、挥发酚。

洪湖和长湖评价面积 519.88 平方千米，2011 年湖水营养状态评价均为中度富营养，长湖全年期水质评价为 Ⅳ 类，未达到水质管理目标（Ⅲ 类）；洪湖全年期水质评价为 Ⅳ 类，未达到其水质管理目标（Ⅲ 类），超标项目为总磷。

东干渠渠首、渠中水质一般为 Ⅳ 类，渠尾水质为 Ⅴ 类，超标项目为总磷。

西干渠渠首水质劣 Ⅴ 类，超标项目为高锰酸盐指数、氨氮、BOD_5、砷、总磷等；渠中、渠尾水质为 Ⅳ 类，超标项目为高锰酸盐指数、氨氮、BOD_5。

豉湖渠中上段水质为劣 Ⅴ 类，高锰酸盐指数、氨氮、BOD_5、挥发酚；下段水质为 Ⅴ 类，超标项目为氨氮。

四湖流域的湖泊典型特征是浅平，湖岸线不明显。自 20 世纪 70 年代开始对仅存的湖泊进行围湖调蓄，使其湖面被固定下来，由于多年洪水下泄所挟带泥沙淤积及污染物的沉积，湖泊开始向沼泽化转变，导致调蓄容量减少，部分水生植物的灭绝，生物多样性减少，物种结构发生改变，一系列生态问题出现。更有甚者，白鹭湖原有 85 平方千米的湖泊，现已消失而作为农田和大面积的鱼塘，其与洪湖相似的优美生态环境荡然无存。

二、水生态修复策略

四湖流域水生态修复是以控制污染和达标排放为前提；充分利用区域现有水利工程；重点优化工程调度、强化科学管理。结合流域水环境水生态现状，规划布局以总干渠补水方案为主线，以洪湖、长湖、白鹭湖、荆州城区水系生态修复为重点。

以长湖为重点水源，在非汛期通过合理调度，向总干渠泄放生态用水，以动治静，以动治污；以外围客水为生态补充水源，通过长江新堤闸、沮漳河万城闸择机应急引水，以南水北调引江济汉工程为生态补水水源。

通过疏挖清淤、限制养殖、植树植草、水体生物措施等，实施白鹭湖、洪湖及荆州城区水系水生态修复工程。

水体生态系统修复的核心是建立区域生态系统的平衡。遵循生态学的基本原理，结合系统工程的优化理论，设计分层多级利用物质的人工生态系统。其主要目标是保存和保护生态生物多样性、为受损的生态恢复提供生物或其他自然资源的重要物质基础。

对需要修复的水体，首要的目标是防止其进一步恶化，其次是修复生态的完整性，修复应最大可能地重建退化水生态系统的完整性，再次是修复生态系统的自然结构和自然功能。需要修复的生态系统的许多问题来自于不利的水体形态或其他物理特征的改变，这些改变导致环境的退化和水体水文情势、淤积状况的变化。河流渠道化、湿地挖渠排水、相邻生态系统的联系中断等都是典型的结构变化，都需要在生态恢复工程中恢复到接近原来的形态和自然特征。

三、生态引水

（一）长湖非汛期生态放水

1. 放水思路

长湖为典型的岗边湖，其北部水域深入岗丘，湖岸曲折，湖汊众多，南部湖岸多受大堤约束。湖泊正常蓄水水位 30.50 米时，水面面积 150.6 平方千米；水位达 33.00 米时，水面面积 157.5 平方千米，容积 6.18 亿立方米。长湖实测最高洪水位 33.45 米（2016 年 7 月 22 日），最低水位 28.39 米（1966 年 9 月），最大变幅 5.05 米。

长湖是拦蓄四湖上区径流的控制性湖泊，兼有防洪、蓄渍、灌溉、给水之功能，主要承担四湖地区调蓄任务。为切实缓解四湖中下区水环境和水生态日益恶化的现实，在确保防洪安全的前提下，将长湖作为非汛期生态放水水源的重点。

2. 生态放水方案

每年 11 月至次年 3 月，长湖通过习家口闸以 5.0 立方米每秒的流量向总干渠泄放生态水量，长湖通过西干渠首雷家垱闸以 3.0 立方米每秒的流量向西干渠泄放生态水量。部分年份视下游污染状况和长湖水位机动调度，以放水影响不低于适宜生态水位 29.00 米为控制运用。

（二）沮漳河万城闸生态引水

1. 引水思路

沮漳河万城闸生态引水思路是利用已有工程万城闸和橡皮坝，考虑沮漳河万城河段下游河道生态需水和补充太湖港灌区灌溉用水等需求后，通过引水可能性分析，确定非汛期（1—4 月，11—12 月）不同引水流量的概率，对荆州城区进行生态补水，达到补水、冲污、稀释荆州中心城区水系和西干渠污染状况的目的。

沮漳河万城闸位于沮漳河左岸，设计引水流量 40 立方米每秒，进口底板高程 34.50 米。在闸下建有一座橡皮坝，枯水季节抬高橡皮坝，可以壅高沮漳河水位至 37.50 米，保证万城闸的引水。引江济汉工程建成后，可利用港南渠倒虹吸引引江济汉干渠清洁水释污。

2. 引水方案

通过沮漳河万城闸进行生态引水，最主要目的是对荆州中心城区水系释污冲污，由于受上游水利工程影响，来水量存在不确定性，因此非汛期只要万城闸具备引水条件时，就应开闸自流引水。

受部分渠道和闸站限制，引水流量确定为 5.0 立方米每秒。引水线路：万城闸—南灌渠—港南渠—护城河—荆沙河—荆襄河—西干渠。

（三）长江新堤生态引水

1. 引水思路

长江新堤生态引水工程方案思路是在满足洪湖防洪调度运用方案的基础上，利用现有工程洪湖新堤大闸，在江鱼洄游、苗化期（4—6 月），择机对洪湖进行生态补水，达到灌江纳苗，补充洪湖生物量（多样性），兼顾释污的目的。

引水是通过洪湖新堤大闸自流入洪湖，洪湖新堤大闸位于长江左岸，设计流量 1050 立方米每秒，闸孔数 23 孔，闸孔尺寸（宽×高）6 米×6.5 米，底板高程 19.60 米。引水流量大小和引水时间长短视洪湖当时水位情况控制。

2. 引水方案

每年 4—6 月，按照洪湖水位条件和未来中短期天气预报，在征得上级防汛主管部门同意的条件下，适时择机开启洪湖新堤大闸自流引水入洪湖，达到灌江纳苗、补充洪湖生物量（多样性）的目的。3—4 月在出现自流可能条件下，视洪湖水体水质情况，适时引水增加洪湖环境容量释污。

（四）引江济汉工程生态引水

长湖补水是引江济汉工程的重要组成部分。引江济汉干渠从拾桥河泄洪闸分水入长湖，抬高长湖水位后，然后经长湖东南侧的刘岭闸将水引入田关河，经田关闸入东荆河，补充东荆河水源。设计输水流量 110～130 立方米每秒，以解决东荆河灌区的水源问题。

引江济汉调水还可以通过习家口闸向四湖总干渠送水，既可补充四湖中、下区工农业生产用水和生活用水，也可引水释污，增加水体流动，改善水质，修复生态环境。

引江济汉作为四湖水生态修复补水水源，经港南渠分水闸初拟引水流量 10 立方米每秒，通过港南渠，经荆州城护城河、荆沙河、荆襄河入西干渠，解决西干渠渠首水质污染严重的问题。

四、洪湖湿地保护

洪湖湿地保护区四周以洪湖围堤为界，地跨监利县和洪湖市，总面积41412公顷，其中洪湖湖泊水域面积30703公顷，滩地、沼泽地面积6452公顷，池塘面积2336公顷，其他面积1921公顷。洪湖是湖北省最大的省级湖泊湿地类型的湿地自然保护区，2008年2月被列《国际重要湿地名录》，2014年12月被国务院批准为国家级自然保护区。

（一）湿地保护区成立缘由

自20世纪70年代开始，洪湖四周的围堤已基本形成，洪湖面积被固定下来，但周边的民众仍继续在洪湖围堤内挽垸圈养水产品，后发展到深水区插围网圈养。至2002年，洪湖共有养殖面积31.55万亩，加上5.5万亩的低矮围子，洪湖的空白水面所剩无几。由于过度养殖，大量投放饵料，导致水质恶化，水生植物锐减，水产品种类单一，以洪湖为家的水禽几乎灭绝，湿地的生态系统遭到严重的损害，洪湖再不治理将完全沼泽化。

2004年11月29日，中共中央政治局委员、湖北省委书记俞正声和省长罗清泉带领省直24个厅（局）负责人，在洪湖市召开洪湖生态建设现场办公会。2005年1月7日，湖北省委办公厅与省政府办公厅联合下发《会议纪要》（鄂办文〔2005〕1号）。《会议纪要》明确规定，撤销荆州市洪湖渔业管理局、洪湖市洪湖湿地自然保护区管理局和监利县洪湖湿地自然保护区管理局，组建新的荆州市洪湖湿地自然保护区管理机构，相当于正处级事业单位，行政上由荆州市政府领导，业务上接受省林业和水产等部门指导。按照《会议纪要》精神，2005年2月，荆州市政府专门成立"洪湖生态建设领导小组"和"荆州市洪湖湿地自然保护区管理局筹备组"，组建工作专班。在原来保护区的基础上，经过荆州市土地管理部门重新对保护区范围进行确权划界，报省政府批准，明确洪湖保护区以洪湖围堤为界，保护区的面积从37088公顷调整到41412公顷（62.1万亩）。保护区以洪湖围堤为界，包含全部洪湖水域和其他面积（鱼池、岛屿、滩涂等）。2005年6月，荆州市国土资源局向保护区管理局颁发《国有土地使用证》，明确保护区土地权属。

为有效实施保护区的管理，根据保护区资源分布和管理特点对保护区又重新进行了功能区划，即将保护区划分为核心区、缓冲区和实验区三个区域。其中核心区面积为12851公顷，占保护区面积的31％；缓冲区面积为4336公顷，占保护区面积的11％；实验区面积为24225公顷，占保护区面积的58％。对核心区实行封闭式管理，缓冲区允许进行资源监测和科学研究，实验区在保护区的统一规划管理下可适度进行养殖生产和旅游开发。

（二）湿地保护工作措施

1. 宣传教育

湿地保护首先是民众思想认识上的提高。对此，湖北省林业厅在洪湖湿地自然保护区成立湖北省湿地宣传教育培训中心，世界自然基金会在洪湖成立湿地自然学校，以此为平台开展洪湖湿地保护宣传教育。荆州市洪湖湿地自然保护区管理局还与中国野生动物保护协会、洪湖教育局合作，编写《我爱母亲湖》《美丽洪湖我的家》等环境教育乡土教材。在洪湖周边的洪湖市第一小学、大沙湖中心小学、螺山镇中心小学开办湿地保护示范学校，对小学生进行生态道德教育，以学生影响学生家长带动社会公众参与洪湖湿地保护。

2. 拆除围网

洪湖围网圈养是导致洪湖生态环境恶化的一个根本因素。2005年6月至2007年2月，根据湖北省政府和荆州市政府的部署和要求，荆州市洪湖湿地自然保护区管理局，配合监利县和洪湖市政府，组织专班开展拆除围网的工作。在近两年时间，经艰苦努力，共拆除围网面积37.7万亩，迁出渔民2523户，迁出大小渔船3000多只。为保证这些迁出渔民"迁得出、留得住、能致富"，监利、洪湖两地政府采取建渔民新村，发展乡镇企业，渔家乐旅游和精度养殖等行业，帮助迁移渔民安家乐业。

3. 执法管理

湿地保护还要与严格执法结合起来，在工作中主要是采取集中打击与日常管理相结合的办法，严厉打击破坏洪湖湿地资源的违法犯罪活动。仅保护区成立的 2005—2008 年，保护区共开展大型集中打击行动 30 次，共取缔迷魂阵、密封阵等有害渔具约 1 万部，电捕鱼船 200 多只，打草铁耙 500 多把，查处非法捕杀水鸟案件 10 多起，其中追究刑事责任 3 起，阻止 100 多起新增养殖面积和抢占水面的行为。

4. 科学研究

湿地保护必须与时俱进，有科学技术的支撑。洪湖湿地自然保护区管理局与中科院测地所、水生所、华中师范大学、武汉大学、中南林业科技大学、湖北省林业科学院、世界自然基金会（WWF）、联合国开发计划署（VNDP）/全球环境基金（CEF）等科研单位和组织建有科技合作关系，寻求技术支持。为加强保护区的监测，保护区内建有 5 个野外视频监控点，并购买了 5 台无人机，用于日常巡护和科研监测工作。

（三）生态修复工程

1. 湖堤绿化

沿全湖湖堤种植迎水面防浪林和堤后护堤林，同时依堤种植平均宽度为 80 米的堤岸绿化带。

堤岸绿化带主要分为风景林带和用材林带。风景林带是指靠堤绿化带，其均宽为 30 米，主要种植乔木；用材林带是指毗连风景林带的另一绿化带，均宽为 50 米，树种选择以杨树、马尾松为主，以规则矩阵为种植形式。堤岸绿化带在功能上既体现防护、经济价值，又具观赏价值。

2. 生态修复示范基地建设（三八湖）

工程建设在茶坛—清水堡—小港—滨湖区域内的开阔湖区，规划面积总计 1710 公顷，其中荷塘片 116 公顷，芦荡片 309 公顷，沉水植物区 1285 公顷。

通过有害物种移除（如穗花狐尾藻、金鱼藻）和先锋物种栽种等措施在深水区恢复以微齿眼子菜、穗花狐尾藻、轮藻为主，以伊乐藻、苦草、菹草、黑藻、金鱼藻等为辅的沉水植物群落。在浅水处恢复以芦苇为主的湿生植物群落。在近岸处恢复以湘莲为主，以野莲、睡莲、芡实、菱为辅的挺水和浮叶植物群落。在堤坡上种植以假俭草为主，以吉祥草等为辅的绿化带，使其兼具灭螺功能。在荷花区和堤坡岸边之间空置 10 米以防止植物根系破坏大堤，同时兼具行舟通道的功能。

3. 物种繁育及观赏性水产养殖基地（百合垸）

在百合垸通过创造利于物种生存的生境和从野外种质库引种的方法人工繁育物种，待获得一定数量后再置于水生植物繁育基地中使其种群进一步扩大。

工程面积总计 105 公顷，其中水草繁育地 65 公顷，鱼类产卵区 40 公顷。

在近岸处布置水生植物繁育地 65 公顷；深水处设置鱼类产卵区 40 公顷，在上述两区之间设置其他濒危物种保护和繁育区。

4. 湖心（茶坛岛）水质恢复工程

通过微生物和藻类调控水质、重建和改造沉水植物群落来改善和保持茶坛岛附近水域水质，使工程区域内水质恢复到优于Ⅲ类水平。规划面积 82 公顷。

彻底消除网箱养鱼等人为干扰，采用微生物制剂、水生植物浮床、生物操纵等技术大幅提高水体透明度，采用围隔、消浪板等措施控制风浪，创造有利生境。

通过有害物种移除（如穗花狐尾藻、金鱼藻）、先锋物种栽种等措施在深水区恢复以微齿眼子菜为主，以伊乐藻、苦草、黑藻、轮藻、菹草、金鱼藻、穗花狐尾藻等为辅的沉水植物群落。

5. 生态保护核心区建设

将金坛—龚老墩—蓝田生态养殖区—陈场—高潮以南滩地—赤湖渔场西南角—金坛的闭合区域划分为保护区，保护区域内现有野生动植物，采取全封闭管理模式。规划面积 17687 公顷，其中核心区 12851 公顷，缓冲区 4836 公顷。

按国家级重点野生动植物保护区予以保护，拆除区内围网、捕捞设备等一切人为设施，加强宣传，使渔民积极参与自然保护区的保护，边界设置混凝土杆插标界，立警示牌，区内设置监视器，加强监管，严厉打击偷捕、偷捞、偷采、偷猎现象，区内禁止一切人类活动。为减少对核心区的干扰，设置缓冲区。

6. 茶坛岛生态保护区建设

通过植被恢复和人工引种逐步恢复茶坛岛内动植物种群。规划面积256公顷。以原生态旅游点为建设目标，重新规划现有的旅游观光设施，组织岛上部分居民搬迁，全岛禁猎、禁捕。

适当恢复和种植野生湿生植物、陆生草本植物、灌木、乔木等植物，创造利于野生动物生存的环境。以吸引动物自然迁徙为主，以人工引种为辅，主要恢复各种鸟类。

7. 洪狮垸生态芦荡建设工程

工程建设在文家台附近湖区，规划面积355公顷，其中芦荡256公顷，沉水植物区99公顷。通过建立256公顷芦荡为水禽提供栖息地。采用底泥吹填技术构建适于芦苇生长的浅滩环境，恢复以芦苇为主，以灯芯草、菖蒲、香蒲、慈姑为辅的湿生植物群落；通过有害物种移除（如穗花狐尾藻、金鱼藻）、先锋物种栽种等措施在深水区恢复以微齿眼子菜为主，以伊乐藻、苦草、黑藻、轮藻、菹草、金鱼藻、穗花狐尾藻等为辅的沉水植物群落。

8. 子贝渊—土地湖—小港沿线水生植物生态修复工程

在子贝渊—土地湖—小港沿线建设以耐污湿生（挺水）和沉水植物为主的植物保护带，控制沿线面源污染，使当地水质恢复到优于Ⅲ类水平。规划面积743公顷，其中湿生植物带337公顷，沉水植物带406公顷。

彻底消除网箱养鱼等人为干扰，采用底泥吹填技术构建适当的湖床坡度，采用生物控藻、水生植物浮床等技术提高水体透明度，采用围隔、消浪板等措施控制风浪，创造利于水生植物生长的生境。

在堤坡上种植以假俭草为主，以吉祥草等为辅的绿化带，使其兼具灭螺功能；在近岸处恢复以芦苇为主，以灯芯草、菖蒲、香蒲、慈姑为辅的湿生植物群落；在芦苇区和堤坡岸边之间空置10米以防止植物根系破坏大堤；在深水区通过有害物种移除（如穗花狐尾藻、金鱼藻）、先锋物种栽种等措施恢复以微齿眼子菜、穗花狐尾藻、轮藻为主，以伊乐藻、苦草、菹草、黑藻、金鱼藻等为辅的沉水植物群落。

9. 四湖总干渠入湖口人工湿地工程

在四湖总干渠入湖口建设人工湿地，主要采用耐污湿生植物进行水质净化，控制四湖总干渠和蓝田旅游区的污染，净化水质优于国家Ⅲ类标准。规划面积400公顷，其中人工湿地200公顷，过水通道200公顷。

工程在选定区域内通过底泥吹填技术构建若干平行的150～300米宽，2000米长的适于芦苇生长的条带。种植以芦苇为主，以灯芯草、宽叶香蒲、水葱等为辅的湿生植物群落。

10. 生物种群恢复

在全部湖区范围内主要通过自然繁衍扩散动植物种群来修复全湖生态系统，人工措施（如灌江纳苗）为辅，使生态系统恢复至20世纪80年代初期水平。规划面积35333公顷。

通过船运播种等方式人工播种从动植物及微生物繁育基地、示范基地和湖滨植物带收获的动植物种苗或成体，适当结合灌江纳苗。根据已有经验，近洪湖长江江段主要鱼类为长颌鲚、四大家鱼、鳡、赤眼鳟、鳊、鲂、银鲴和似鳊等，洪湖灌江纳苗应选择顺灌，从江中灌入各种鱼类的鱼苗。顺灌时机选在5月上旬和6月中、下旬，5月以鳡鱼等凶猛鱼类为主，而6月则以四大家鱼为主，具体时间根据汛情和鱼汛而定。引水量占剩余湖容3%～80%。通过灌江纳苗，大型江湖洄游鱼类经济鱼类的种群将得到恢复，同时鳡鱼等凶猛鱼类还可控制湖中过量繁殖的小型鱼类数量；此外，一些绝迹的鱼类如鳗鲡、胭脂鱼等也可能在洪湖重新出现。

五、长湖湿地保护

长湖湿地自然保护区地处长江、汉江之间，地跨湖北省荆州市荆州区、沙市区和湖北省荆门市沙洋县，总面积 26668 公顷，其中水域面积 12930 公顷。湿地自然保护区东西长 30 千米，南北宽 15 千米，最宽处 18 千米，岸线全长 180 千米，岸线发育系数 4.6，正常水位 30.50 米，湖容积 5.43 亿立方米，具有重要的蓄洪、灌溉、养殖、航运、旅游、湿地保护等综合功能。

长湖在历史上由荆州地区统一管护。1983 年国务院批准荆门市升为地级市，1993 年，荆州地区所辖潜江市由省直辖。由于行政管辖主体的变更，长湖被分为荆州、荆门、潜江三片。南部是荆州市长湖湿地自然保护区，面积为 10920 公顷，北部为荆门市沙洋长湖湿地自然保护区，面积 15748 公顷。

按照 1957 年湖北省人民政府文件规定，长湖由荆州地区长湖水产管理处统一管理。1983 年划出荆门县改为荆门市为地级市后，为便于长湖统一管理，省政府办公厅以鄂政发〔1985〕15 号文下发《关于长湖管理体制问题的通知》，明确长湖的管理仍由荆州地区长湖水产管理处管理。2002 年，荆州市人民政府以荆政办函〔2002〕97 号文批准建立长湖市级湿地自然保护区。2007 年 12 月，荆州市编委以荆编办〔2007〕65 号文批复成立荆州长湖湿地自然保护区管理局，行使荆州长湖湿地自然保护区湿地保护、野生动植物保护等方面的行政管理和湿地生态修复工作。

荆门市为管理所辖区域的长湖湿地，荆门市政府于 2002 年成立"荆门市沙洋长湖湿地自然保护区"。2014 年 9 月，设立"沙洋县长湖湿地自然保护区管理局"（加挂"沙洋县长湖管理局"牌）。沙洋县长湖湿地保护与恢复工程项目全面启动。

（一）长湖保护治理规划

2010 年，湖北省水利厅委托湖北省水利水电勘测设计院编制出《长湖保护治理规划》。此规划按照自然流域的概念，其规划范围包括长湖片和田关河以北片（简称田北片），总面积 3240 平方千米。规划基准年为 2008 年，规划近期水平年为 2015 年，远期水平年为 2020 年，生态环境良性循环远景展望水平年为 2030 年。规划本着树立全面、协调、可持续发展的科学发展观，坚持"保护优先，可持续利用；全面规划，统筹兼顾，标本兼治，综合治理；依法治湖，科学利用"的原则，按照"构建两型社会"和"建设社会主义新农村"总体要求，以防洪排涝安全为基本前提，以改善水环境和人居环境为重点，综合考虑供水、生态、景观、旅游等需求，提出切实可行的治理目标，科学合理的治理方案，充分体现"以人为本，人与自然和谐相处，协调发展"的理念，遵循经济社会发展规律和自然规律，既要开发利用湖泊资源，又要积极保护湖泊资源，维护湖泊生命健康。着力解决好与人民切身利益密切相关的防洪减灾，灌溉供水，水生态环境保护和水利血防等水利问题，最终实现湖泊资源的可持续利用和生态系统的良性循环。

1. 规划任务及目标

规划总目标 维护湖泊生命健康，公益性功能不衰减，湖泊形态稳定，开发利用有控制；蓄泄有序，有效抗御自然灾害，保障防洪安全，保证供水安全；改善水质，使之达到相应功能区要求，修复生态，满足生态保护要求；结合水利灭螺，控制血吸虫疫情的传播；维持湖泊经济社会功能与生态系统协调，实现人湖和谐共处。

防洪排涝目标 长湖作为一座大型平原湖泊型水库，其防洪标准一直存在争议。若按大（2）型平原水库考虑，其防洪标准取下限值时为 50 年一遇设计，300 年一遇校核；若按荆州主城区的防洪考虑，由于荆州市属长江流域，13 座国家重点防洪城市之一，其防洪标准采用 100 年一遇标准。此次规划沿用《四湖流域综合规划》的标准，仍按省水利厅和省计委等主管部门审定的设计标准实施，即按防御 50 年一遇洪水，由田关泵站抽排 236 立方米每秒；开放习家口闸和高场南闸等下泄 190 立方米每秒；运用彭塚湖、借粮湖分洪，控制长湖最高水位 33.50 米。对防御超过 50 年一遇的超标准洪水，考虑通过引江济汉工程撤洪或通过在中区设立戡湖或返湾湖紧急分洪来实现。因此，此次规划长湖防洪排涝任务和目标为：通过堤防加固、干渠疏挖、闸站改造、撇洪分蓄洪区建设等工程措施，在长湖现状水位、面积、容积曲线和现状运行调度规则下，使长湖有效防御 50 年一遇的洪水，并将最高水位控制在 33.50 米。此外，为确保长湖防洪除涝功能的发挥，在长湖今后开发利用中，通过划定湖泊保护范围，防止现有湖泊面积和容积减少，确保湖泊调蓄和行洪能力不低于现状。

水环境及水生态保护　通过完善城镇污水处理设施和推进城镇及环湖截污管网建设，有效控制城镇水污染；依法关停和取缔不符合产业政策、污染严重的企业，确保流域内重点工业污染源全部达标排放；全面治理畜禽养殖污染，严格控制畜禽养殖规模，鼓励养殖方式由散养向规模化养殖转化；因地制宜地治理村镇生活污水污染，村庄生活污水不得直接排入河道和湖库，在有条件的村庄，建设小型集中式污水处理设施，村庄生活垃圾不得排入水体；调整农产品种植结构，发展生态农业、有机农业，地方政府加强政策引导，给予必要的技术支持，推广测土配方施肥等科学技术，科学合理施用化肥农药，在湖周一定范围内不得种植蔬菜、花卉等高耗肥作物；拆除长湖围网围栏，转变养殖方式，控制养殖规模，经过全面、系统、科学的治理，从根本上解决长湖水环境问题，恢复长湖湖清岸绿的自然风貌，形成流域生态良性、人与自然和谐相处的宜居环境。其中：近期 2015 水平年目标是有效控制城镇及农村生活污水污染的进一步恶化，确保流域内重点工业污染源全部达标排放，拆除长湖围网围栏，控制养殖规模，使主要入湖河流的水质明显好转，出湖水质得到提高，主要水体水质恶化和富营养化的趋势得到遏制，水质总体好转，局部区域明显改善，长湖水体总体恢复到 Ⅲ 类水体，重点区域达到 Ⅱ 类标准。远期目标 2020 水平年目标是城区、城镇及农村水环境得到明显改善，城镇生活污水处理规范化，污水处理率达到 80%，垃圾无害化处理率达到 80%，流域重点工业污染源保持全面稳定达标排放，全面控制工业污染源排放总量；实现生态种植养殖方式，农村面源污染得到有效控制，污染物入湖总量达到要求，解决水体水质恶化和富营养化问题，长湖水质稳定在 Ⅲ 类水质，达标率达到 100%，湖体保护区水质稳定保持 Ⅱ 类标准。

水利血防　通过水利工程结合灭螺阻螺工程措施达到血防控制目的。

旅游　利用长湖优越的地理条件和附近丰富的历史文化，从事景观、娱乐、教育性开发项目，不得影响长湖的防洪排涝、灌溉供水，生态环境保护等功能，任何旅游项目必须进行科学论证和规划，不得随意侵占水面，符合生态旅游标准，使其对湖泊生态环境的影响最小。此外，需制定管理措施，规范旅游开发者、游客的行为，提倡文明游览，避免对水体生态环境的侵害。

航运　规划水平年四湖流域上区各航线将达到其规划的设计标准。其中江汉航线（即新城—螺山航线）上段（新城—习家口闸）达到五级航道设计标准；两沙运河（引江济汉工程）达到三级航道标准；内荆河上段（雷家垱—习家口）达到五级航道标准。长湖航运功能必须服从防洪排涝、灌溉供水、生态环境保护等功能，按既定通航水位通航，并要求全面控制航行污染，船舶及有关作业活动向水上排放或泄漏的油类、污染混合物、废弃物和其他有害物质，严重损害了水域生态环境，已成为水上污染的主要原因之一。因此，加大对船舶及有关作业活动的监督管理力度，有效防止水上环境污染，已是当务之急。航运污染防治以抓好船舶安全防污染为核心，以强化管理为重点，通过改善船舶设备，应用节能新技术，建立严格的管理制度和激励机制等途经，牢牢树立船舶防污保安全，保护长湖环境的意识。

渔业　坚持统筹兼顾，可持续发展的原则发展渔业，渔业的发展必须服从长湖防洪排涝，灌溉供水等功能。渔业发展需满足水功能区水质管理目标的要求，有利于鱼类多样性的修复，有利于长湖水草覆盖率的恢复，严禁滥捕滥捞，不得影响长湖通航功能。渔业规划目标：全流域禁止网箱养殖和投饵养殖；根据湖泊实际情况做出渔业结构调整，建立适宜的渔业放养和管理模式，通过有选择的放养鱼类来有效控制藻类和其他水生植物的繁殖；大力发展休闲渔业，促进渔业经济增长方式由数量扩张型向质量效益型的转变，优化产业结构，提升水生生物资源养护水平，做优做大水产品加工业；大力推广健康生态高效养殖模式，提高渔业科技含量；加强珍惜水生野生动物保护。

水管理体系　理顺湖泊管理体制，建立权威高效、合作、统一的湖泊及流域管理体系，倡导利益相关方参与管理，提高湖泊管理效果和效率。

2. 规划工程布局及投资

《长湖保护治理规划》针对长湖存在的问题，立足现状，结合经济社会发展需求，通过全面规划、统筹兼顾，因地制宜地提出以保护公益性功能为主，兼顾开发性功能的长湖保护和治理综合措施。规划的工程包括防洪除涝工程、水污染控制和水生态修复措施、预警监控体系等。

防洪除涝工程 将对长湖库堤、太湖港南堤、纪南防洪堤、拾桥河堤、后港围堤等 8 处堤防进行加固，加固总长度约为 213.8 千米，配套改造涵闸 117 处，泵站 24 处；田关泵站进行更新改造，同时兴建雷家垱闸，对习家口闸进行更新改造，利用引江济汉工程实施撇洪措施，兴建撇洪工程 1 处，加固拾桥河与引江济汉渠道交叉点上游约 13 千米堤防；对彭塚湖和借粮湖两个分蓄洪区进行建设，建设内容包括兴建分洪或退水闸 4 座，在窑场村附近开挖 1.2 千米分洪道，完善躲水楼台，内部交通及通信设施建设。

水污染控制和水生态修复措施 遵循外源控制与内源治理相结合的原则，实行保护与治理双管齐下，通过截断点源、控制面源、减少内源等措施来保护湖泊水环境和水生态功能。规划新建城镇生活污水集中处理厂项目 8 个，处理总规模为 21700 吨每天；5 家主要污染企业通过新建污水处理厂或改造现有污水处理设施实现达标排放；实施规模化畜禽养殖污染综合治理项目 1 个；水产养殖综合整治项目 2 项，拆除网箱 9.5 万亩，精养鱼塘污染治理项目 1 个；实施农村生活污染和分散畜禽养殖污染治理工程，实施农业种植业污染源治理工程；实施庙湖污染综合治理工程，前置湿地恢复工程、"人工生物浮岛"水上农业生态修复工程等综合治理工程 3 项；城镇生活垃圾和危险废物处理工程 8 个；规划实施退田还湖，内部水系连通工程，生态引水工程，以增强长湖水体流动性；实施水生植物重建、生态渔业、湖泊岸线及周围环境整治工程；建设长湖鱼类国家级水产种质资源保护区和长湖湿地自然保护区。

管理能力建设 为完善管理设施，规划配置防汛车、环境监测车、渔政执法车各 1 辆，摩托快艇 3 艘、摩托车 10 辆、通信工具 20 部、计算机 10 台，复印、打印、传真机各 5 台，改造管理房屋 500 平方米，新建管理房屋 1500 平方米。此外，在戴家洼、和尚桥、拾桥河口、长湖湖心等 13 处布设水量或水质监测点，布设 5 个自动监测站，以实现长湖水环境信息共享平台。

投资估算 根据相关编制依据和相关规划，此次规划工程投资合计为 21.48 亿元，其中防洪除涝类工程投资为 11.73 亿元，水污染控制和水生态修复工程投资 9.71 亿元，管理能力建设投资 411.68 万元。

（二）生态修复工程

1. 围网（箱）养殖拆除

2015 年 9 月，荆州市成立"荆州市长湖拆围工作领导小组"及拆围工作专班，成员包括荆州市水产局、沙市区农业林业水利（水产）局、纪南文化旅游区社会事务局、长湖水产管理处等单位负责人。长湖拆围专班成立后，在各级地方党委、政府的高度重视和沿湖群众的积极配合下，至 2016 年 4 月，荆州市共拆除围栏 66 处，39.5 万米，占实际应拆除围栏的 97%。拆除迷魂阵、地笼等有害渔具 580 个；拆除总面积 5.0 万亩（其中迷魂阵、地笼面积 2 万亩），占实际应拆面积的 98.6%。

2014 年，荆门市沙洋县长湖湿地自然保护区管理局成立，即着手对长湖内围网养殖情况进行调查。经调查，沙洋县境内湖面有围网 102 处，涉及后港、毛李两镇 21 个村，围网养殖面积 6.68 万亩，围网长度 98.65 万米，入股围网养殖渔民 603 户，2824 人。2016 年 6 月，沙洋县启动长湖拆围工作，至 2017 年 1 月 25 日，102 处围网全部拆除，拆围面积 6.57 万亩。

2. 污染底泥疏浚

长湖部分湖汊淤塞，最深淤泥厚度达 1.5 米，水体浑浊，底泥污染较为严重。规划对现有污染较为严重的拾桥河入湖口、太湖港总渠入湖口等 2 个入湖口附近湖底，以及淤塞的庙湖、海子湖、长湖后港湖汊进行环保疏浚，其他地区进行基底改进与生态修复，疏浚面积 200 万平方米，疏浚深度 0.3～

1.5 米，疏浚淤泥量 120 万立方米。

通过污染较为严重的底泥疏浚，减少内源营养向水体的释放，为水生植物的恢复和群落稳定以及水生生物多样性的恢复创造适宜的生存环境，促进水生态系统的全面恢复。

3. **环湖护岸林建设**

建立长湖市级风景名胜区，建设海子湖风景区、海子湖生态新城、海子湖沿湖景观带，形成海子湖公共绿地中心。

海子湖湖岸绿化带均宽为 50 米，以乔木为主，乔、灌、草相结合，景观树种与经济树种合理搭配。绿化带在功能上既体现生态防护、净化价值，又具观赏价值。

沿长湖围堤段湖堤种植迎水面防浪林和堤后护堤林，同时依堤种植平均宽度为 10 米的堤岸绿化带。

迎水面防浪林和堤后护堤林植物的种植应满足防浪护堤要求，具有景观效果。在种植区域上主要集中于湖区内沿岸，以片植为基础，各树种间植。

堤岸绿化带主要指靠堤绿化带，其均宽为 10 米，主要种植乔木。堤岸绿化带在功能上既体现防护、经济价值，又具观赏价值。

在长湖非围堤段，沿湖岸建设护岸林，均宽为 30 米，以乔木为主，乔、灌、草相结合，逐步形成多树种、多层次、多类型、多风格的森林植被景观，提高观赏价值和防护功能。

4. **湖滨生态恢复和建设工程**

由于盲目围湖造田，长湖的湖滨生态系统遭到破坏，部分湖岸地带荒漠化，湖区淤积，加速了湖泊沼泽化和湿地退化。因此，沿湖岸线植被恢复与保护工程对长湖水生态环境保护具有重要意义。

在长湖保护区沿湖堤内侧崖坡地，后港港口村、毛李蝴蝶村等地，封滩育草 30 平方千米。

长湖沿岸浅水区过去经常有鸟类栖息，但近年来用于植被破坏，水域退化，鸟类数量急剧减少。拟在长湖湖边滩地大量种植当地湿生植物，如：芦苇、蒲草、菰、荻、狗牙根，艾蒿等，及黄杨等灌木，恢复湖滨植被和鸟类栖息地。规划生境改善 90 平方千米。

荒山荒坡采用封山育林、人工造林，局部地区实施退耕还草等方法，种植乡土植物、经济树种，实行乔、灌、草结合，加快植被恢复，保持水土，减少流失。规划荒山荒坡绿化带 80 平方千米。

上述工程的实施，既可恢复沿湖陆地和滩地植被，保持水土、防止水土流失，又可恢复与改善鸟类栖息地，增加水域动植物种群、数量，对整个保护区的生态系统恢复起十分重要的作用。

5. **湖泊水生植被恢复重建工程**

（1）工程建设地点。水生植被的恢复重建工程主要选择在长湖水质相对较差的庙湖、海子湖，以及实施拆围还湖后的水域来进行，具体包括所有拆围还湖区域、庙湖、海子湖、后港、毛家嘴菱角洲、等湖湾生态修复，恢复面积 360 万平方米。

（2）工程布局。规划挺水植物主要分布于湖岸浅水区，以芦苇、荷莲和菰为主。种植挺水植物带 80 平方千米。

沉水植被分布于深水区，恢复物种选择以抗污性强的微齿眼子菜、穗花狐尾藻、轮藻、伊乐藻、菹草、金鱼藻为主。应待水质有所改善后，逐步恢复沉水植物。沉水植被恢复的主要目的是利用其污水净化功能，改善水体污染状况。沉水植被具有防止底泥悬浮的作用，而且不易对洪水造成壅塞，同时提高水域生物多样性，还为草食性鱼类恢复提供天然饵料。沉水植物主要分布于在长湖湿地自然保护区的荆州核心区和海子湖深水区、毛李镇窑场村至高阳村、长湖村至花园村等地，规划种植沉水植物带 80 平方千米。

浮叶植被主要分布于湖心与岸边带之间的部分水区，物种以菱、睡莲、菱为主。由于浮叶植被生长具有不稳定性，容易随水流流动，壅塞闸孔等水工建筑物，所以浮叶植被的水平布局以块状结构为主，每块面积 5000～10000 平方米。浮叶植被带 200 平方千米。

（3）镇区水域的水生植被的恢复重建。位于城镇区的长湖水域，因多数规划为滨湖休闲旅游景观区，故其水生植被应选择不仅具有较强的耐污、除污功能，而且具有景观观赏价值的物种。挺水植物应以湘莲为主，以芦苇、菰等为辅；浮叶植被应以菱、睡莲、芡实为主。

水生植被的恢复重建工程的实施，是提高长湖生态系统功能，增加生物多样性，提高湖泊水体自净功能，恢复自然景观的保障。种植菱、莲子、藕、芡实是较高利用价值的水生经济植物，恢复此类物种，有生态、经济双重效益。

6. 污水入湖口人工水生态工程

在长湖的拾桥河入湖口、太湖港总渠入湖口、龙会桥河入湖口建设人工水生态工程3处，总占地面积30万平方米，处理水量20000吨每天，服务湖区面积250万平方米。在选定区域内构建若干适于水生植物生长的条带，主要采用具有除污功能的湿生植物进行水质净化，构建以茭白、莲藕和芦苇为主，以芡实、菱、荸荠、灯芯草、宽叶香蒲、水葱等为辅的湿地植物群落，以控制荆州城区、纪南镇污水和农业灌溉尾水的污染。

水生植物种植区可根据纳污量确定，从岸边向湖心延伸至300米，宽150～300米，形成带状植物缓冲区。

7. 岸边、湖汊生态浮岛、人工水草

在后港镇、毛李镇、后港镇蛟尾村、观音垱镇、庙湖、海子湖以及湿地公园近岸处等受人类活动影响较大的水域的岸边、湖汊，布设30万平方米植物浮床，布设20万平方米人工水草。

8. 人工生态浮岛水上农业生态修复工程

将生物浮岛技术与水上农业相结合，既可以净化水质又能生产出一定的农作物，改变水质净化、环保建设只有投入没有产出的现象。此外，生物浮岛建成后可以为鸟类和水上动物提供良好的栖息环境，从而有利于保护和提高长湖的生物多样性。

具体实施办法：在长湖水质较差的海子湖区域构建5万平方米的水上农业生物浮岛，农作物可以选用水稻、空心菜、水芹菜等。试验建设3年，试验建设期满后，可以根据效益扩大建设范围，延长建设时间。并且可以在此区域建设湖北省"水上农业（水上菜园、水上花园、水上草园）"的示范园区。

9. 水生动物资源保护与恢复工程

长湖主要通过自然繁衍的方式来恢复水生动物种群，人工措施为辅。

（1）生态渔业工程。以土著鱼类的增殖为重点，发展无环境污染的生态渔业。长湖鱼类的恢复，在水生植被恢复早期，先适量投放控藻滤食性鱼类、肉食性鱼类，如鳙鱼、鲢鱼、乌鳢、鳜鱼等，通过鱼类来控制藻类，建设鱼类控藻区，利于沉水植物的生长。早期应控制草食性鱼类的放养，避免草食性鱼类对植被的侵食。在水生植被恢复后期，长湖水质将有所改善，水生植被会进入生长旺盛期。此时期根据水生植被生长茂盛程度，可以适当放养草食性鱼类，控制植物的"疯长"，同时起到改变湖泊生物链结构。

位于后港镇、毛李镇等城镇区附近的长湖水域及海子湖，可在水生植被恢复后期、水质改善后，提高休闲渔业的比重，建设垂钓娱乐区和鱼类观赏区。

规划建设太湖黄颡鱼养殖示范区，其中核心示范区2000亩，以及海子湖大湖河蟹增殖养殖示范区10500亩。

（2）鱼类资源增殖放流。水生动物繁殖和苗种培育，建设长湖水产种质资源开发中心，建立水生植物繁育基地，规划设置鱼类产卵区45亩。从野外种质库引种，人工繁育物种，待获得一定数量后再置于水生动植物繁育基地中使其种群进一步扩大。

（3）鱼类资源人工增殖放流。建立长湖鱼类资源增殖放流体系，形成增殖放流长效机制，设立鱼类增殖场，鱼苗经人工培育后放流，以增加长湖中鱼类种群及数量。

（4）渔业生态环境监测。建立长湖渔业生态环境监测体系，常年监测长湖渔业生态环境。

（5）加强渔业行政管理，设置禁渔区、禁渔期，限制捕捞。为切实保护和恢复水生态系统内野生动物和鱼类，有助于鱼类的繁殖生长，促进鱼类资源和物种多样性的丰富，应加强渔业行政管理，设置禁渔区、禁渔期，采取相应的管理办法，禁止盲目捕捞，加大对非法捕捞的打击，坚决取缔各种电捕、迷魂阵、毒鱼、炸鱼等非法捕鱼行为。

六、河湖长制实施

（一）湖泊保护行政首长负责制

四湖流域境内湖泊众多，水网密布，是四湖流域自然生态系统的重要组成部分，在洪水调蓄、农业灌溉、城镇供水、交通运输、水产养殖、观光旅游以及生物栖息、气候调节、水质净化等方面都发挥不可替代的作用。但多年以来，由于阻断江湖、围垦造田、拦湖筑汊、管理无序、过度开发、保护不力等因素叠加，导致湖泊的数量锐减、面积萎缩、调蓄能力减弱、水体污染、环境恶化、生态脆弱、功能退化等问题突出。为加强湖泊保护，防止湖泊面积继续减少和水质污染，保障湖泊功能，保护和改善湖泊生态环境，促进经济社会可持续发展，2012年5月30日，湖北省第十一届人民代表大会常务委员会第三十次会议审议通过《湖北省湖泊保护条例》，并予以颁布实施。

为全面贯彻实施《湖北省湖泊保护条例》，省政府于2012年10月26日以鄂政发〔2012〕90号文发出《关于加强湖泊保护与管理的实施意见》，明确湖泊保护的指导思想和目标要求及重点任务，并要求切实理顺湖泊保护管理体制，不断完善湖泊工作机制，有效加强对湖泊保护的组织领导。

2012年10月24日，湖北省机构编制委员会以鄂编文〔2012〕30号文批复成立湖北省湖泊局，明确其职责是：负责全省湖泊保护和综合管理；组织信息发布；拟定湖泊保护规划及湖泊保护范围；组织编制与调整湖泊水功能区划；组织指导湖泊水质监测和水资源统一管理；防汛抗旱水利设施建设、涉湖工程建设项目的管理与监督，湖泊水生态修复等。至此，湖泊保护与管理工作全面展开。

根据全省的统一安排，自2012年8月开始，四湖流域各市、县（市、区）开展"一湖一勘"调查，经资料汇总，省政府确认，2012年12月10日向社会公布四湖流域第一批湖泊保护名录的湖泊（面积1平方千米以上的湖泊和1平方千米以下的城中湖泊）有38个，其中荆州市30个，荆门市4个，潜江市4个。2013年9月2日，省政府公布的第二批湖泊保护名录中涉及四湖流域湖泊59个，其中荆州市49个，荆门市4个，潜江市6个。两批公布四湖流域共有97个保护名录的湖泊。

面对数量众多的湖泊，要逐一进行保护和管理，必须依靠全社会的力量和各有关职能部门的职能整合，并实行统一领导才能落实到位。2015年，省政府办公厅以鄂政发〔2015〕20号文发出《关于印发湖北省湖泊保护行政首长年度考核办法（试行）的通知》，明确湖泊保护由行政首长（即湖长）负总责，制定具体的考核指标和考核办法，实行一湖一长、一湖一考核。湖泊保护年度考核纳入地方政府和部门综合考核体系，并作为地方政府负责人和部门负责人综合考核评价的重要依据，对工作不力的单位和个人要依法依规追究相关责任。

（二）河湖长制

在实施湖泊保护行政首长负责制后，河流保护的重要性也日益凸显。2016年，中共中央办公厅、国务院办公厅印发《关于全面推行河长制的意见》（厅字〔2016〕42号），要求加强河湖管理保护工作，落实管理责任，健全长效机制。根据实施意见的要求，2017年1月21日，湖北省委办公厅、湖北省政府办公厅联合以鄂办文〔2017〕3号文发出《省委办公厅省政府办公厅印发〈关于全面推行河湖长制的实施意见〉的通知》。《通知》要求：要以保护水资源、防治水污染、改善水环境、修复水生态为主要任务，全面推行河湖长制，构建责任明确、协调有序、监管有力、保护有效的河湖管理保护机制，为维护河湖健康生命，实现河湖功能永续利用提供制度保障。通过坚持生态优先、绿色发展；党政主导、分级负责；问题导向、因地（河、湖）制宜；属地为主、适当补助；依法管理、严格执法；强化监督、严格考核等方面的原则，建立起覆盖省、市、县、乡的河（湖、库）长体系。

自2017年起，四湖流域各市、县（市、区）已全面推行河湖长制。

（三）实施成效

自 2012 年实施湖泊保护行政首长负责制和 2017 年全面推行河湖长制以来，四湖流域的湖泊、河流保护与管理工作取得明显成效。

（1）对湖、河、库进行调查、明确保护对象、健全保护机构。2012 年 8 月开展"一湖一勘"调查，进入保护名录的湖泊由省政府明文公布。2017 年 5 月，四湖流域各市、县（市、区）对辖区内河流进行摸底调查，其中汇流面积在 50 平方千米以上的河流由省河湖长制办公室公布保护名录；汇流面积 50 平方千米以下的河流由各市、县（市、区）纳入本级名录。据统计，四湖流域纳入省级名录保护的湖泊 97 个、河流 159 条、水库 71 座。

四湖流域跨市行政区划的大型湖泊主要是洪湖和长湖。2005 年 6 月，荆州市政府就成立"荆州市洪湖湿地自然保护区管理局"，统一负责洪湖除防汛抗旱、水利工程规划建设管理之外的湖泊保护管理职责。

2014 年 9 月，荆门市沙洋县政府将原属县水务局、县环保局、县水产局、县林业局 4 部门涉及长湖及湿地自然保护区管理方面的职责整合，划归新成立的沙洋县长湖湿地自然保护区管理局，由其负责荆门市所属长湖范围的保护管理。2015 年 11 月，省编办以鄂编办〔2015〕45 号文批准设立荆门长湖管理局。2017 年 12 月，荆州市编办以荆编办文〔2017〕82 号文成立荆州市长湖生态管理局。至此，洪湖、长湖均成立专职保护与管理机构。

至 2017 年，四湖流域已纳入名录保护的湖、河、库已明确河湖库长及工作职责。其中省级领导担任最上级河湖库长的有 5 条（个），市级领导担任最上级河湖库长的 27 条（个），县级领导担最上级河湖库长的有 192 条（个）。乡镇级领担任最上级河湖库长的 742 条（个）。实现了保护名录湖泊、河流、水库的全覆盖。

（2）编制河湖保护规划和地方性法规立法。2017 年，荆州市编制完成《荆州市湖泊保护总体规划》，四湖流域所有涉湖县（市、区）编制完成湖泊保护县级规划。在总体规划框架之下，分别编制《长湖治理保护规划》《洪湖治理保护规划》及一般湖泊的湖泊治理保护规划。

在地方性立法方面，荆州市于 2017 年先后制定《荆州市湿地保护管理办法》《荆州市洪湖湿地自然保护区管理暂行办法》。2016 年 12 月，荆州市人大常委会组成长湖保护立法调研组，正式启动荆州市长湖保护立法工作。经多次讨论修改，《荆州市长湖保护条例》已提交荆州市人大常委会审议。

（3）具体落实河湖管理措施，实施湖泊形态、功能、生态、水质保护，确保湖泊数量不变，面积不减少，水质转好，功能加强。其措施是：根据湖泊保护规划，对湖泊进行勘界，划定湖泊保护范围和水功能区，设立保护标志和勘界立桩，再进行划界确权，颁发湖泊土地使用证书；对湖泊水质实行常年定点监测，定期向社会公布监测结果，向管理部门提出整改意见；确定具体的养殖水域面积、禁湖期和捕捞期，科学调整湖泊养殖规划；正确指导湖泊流域内农业生产科学、合理使用化肥、农药的品种和数量，减少面源污染；统筹安排建设湖泊流域内城镇污水集中处理设施及配套管网，提高城镇污水收集和处理能力，实施污水达标排放；建设湖泊流域内城乡垃圾收集、运输、处置设施，提高垃圾处理的能力，减少对水体的污染；加强对湖泊类的船只管理，收集污水、废油、垃圾、粪便等污染物；对居住在湖泊保护区内的渔（农）民实施生态移民；种植陆生及水生植物截污治污；通过湖底清淤、调水引流、江（河）湖连通等措施，对湖泊水生态系统以及主要入湖河道进行综合治理。

（4）加大河湖巡查和执法力度，全面清除河湖水体上浮生植物。2017 年，湖泊管理机构和流域内水利工程管理单位加大巡查力度，先后发现并查处沙市区内泊湖违法占湖建设光伏发电项目和荆州开发区金源世纪城涉嫌违法侵占范家渊（湖）填湖造地、违规开采地下水事件。

四湖流域河湖众多，但随着外来生植物水葫芦、水花生的引进，因其繁殖率强和没有昆虫病毒及其他天敌的控制生长，在四湖流域内已泛滥成灾，严重污染水体，影响排涝和行洪，破坏水体生态环境。2017 年推行河湖长制后的第一个重要举措就是全面清除水葫芦，并由此带动清除河岸杂草和水面漂浮物。经一年时间的行动，已基本清除全流域所有水道水系的水葫芦、水花生，恢复河道水清岸绿的面貌。

第八节　血 防 灭 螺

四湖流域是血吸虫病流行的重疫区之一，血吸虫病在流域内已有 2200 多年流行史。新中国成立前历代均未进行防治。新中国成立后，结合对四湖流域的治理，水利结合灭螺，在疫区开展大规模反复防治。

一、疫情动态

四湖流域属湖沼型疫区。1975 年，江陵县（今荆州区）纪南城内凤凰山 168 号墓中出土一具西汉文帝十三年（前 167 年）下葬的男性尸体，其肝脏和肠壁有大量的血吸虫卵和结节，表明四湖流域内血吸虫病流行至少约 2200 年历史。在乾隆《江陵县志》中记载有"蛊病"，即晚期血吸虫病腹水和巨脾等症。1921 年，美国《卫生学杂志》英文版第二期，FAUST 等绘制的日本血吸虫病在长江中游的分布图标明，四湖流域为分布区之一。

古代威胁四湖流域人民健康最严重的疾疫之一是血吸虫病的流行，特别是直接从事水田耕作的农民，尤易感染，正如唐朝柳宗元所云："南方多疫，劳者先死。"由此造成"庭空田地芜"的惨境。

新中国成立初期，曾对四湖流域各县疫情作过回顾性调查。民国九年（1920 年）江陵县熊河杨湖岗有 37 个大小村庄，100 多户人家，600 多人口。到 1949 年因血吸虫病死亡，仅剩 21 个村庄，44户人家，220 多人；江陵县资市虎桥、黄家场、聂家村等 9 个村子，180 多户，880 多人。到 1949年，死于血吸虫病有 290 多人，有 72 家人绝户灭。其中一个村子有寡妇 81 人，孤儿孤老 68 人，被人们称作"寡妇台"。由于血吸虫病横行，荒芜 1600 亩农田。从民国九年至三十八年（1920—1949年），江陵县因患血吸虫病而死亡的有 31800 多人，死绝 3260 户，毁灭村庄 735 个，荒芜田地274800 亩（《江陵县志》，湖北人民出版社，1990 年版）。

据《潜江县血吸虫病疫情演变》记载：1938—1948 年，潜江县被血吸虫灭绝了 520 个村庄，共1.33 万户，死亡 3.84 万人。浩口区太和乡总人口不到 5000 人，血吸虫病患者多达 3300 人，死亡895 人，死者男多于女，全乡有 246 名寡妇。熊口区康家岭一带传民谣："康家岭的人不像样，面黄肌瘦细颈项，三亲六戚断来往，爹死无人抬，儿死无人埋……"

地处四湖流域下区的洪湖县，自 20 世纪 30 年代至 1948 年，因血吸虫病死亡 1933 人，死绝 409户，空出 22 个无人村。1934 年时，坝潭乡杨家沟有 18 户 70 余人，不到 10 年死绝 10 户。当地民谣云："大肚病，害人精，杨家沟水里有祸根，只见死，不见生，有女莫嫁杨家村。"

《石首县志》记载："本县地处长江两岸，芦苇丛生、钉螺密布，为血吸虫病重疫区……民国时，一家家死绝。处处都是大肚子的人，河口农妇蔡某某，肚大腹胀难受，自用剪刀刺腹而死。30 年代，血吸虫病重疫区米家台、四岭子、麻李台、蔡家台等 10 个村庄，死绝近千户，大片土地荒芜，村坑成废墟。"

四湖流域血吸虫病流行情况的系统调查始于 1955 年，据《荆北区防洪排渍方案》记载：内荆河流域血吸虫病流行非常普遍，根据江陵、沔阳、汉阳、洪湖、监利、潜江、荆门等 7 县 1954 年的统计资料，血吸虫病患者，占总人数的 12%。其中潜江县最为严重，此县患者占全县人口 26%，见表8-21。根据在潜江县小南坛子口的典型调查，50 年来被血吸虫病摧毁的村庄单在刘市一乡就有汪家台等 15 个村庄。荒芜的良田有平洋垸、桃河垸等 9 个垸子。新生乡双姜沟一个村，因血吸虫病死者占死者总数 51.8%，而黄桥乡刘沟村因血吸虫病死者占死亡总人数的 88.1%。且死亡多为年壮者，女性较男性略少。血吸虫病的死亡率很高，患者又多。因此，对劳动人民的健康有很大的危害性，对农业生产有严重的影响，同时也显示出排渍措施的急迫性，因为基本上消除或减小渍荒地区，能为防治血吸虫病创造有利的条件。

表 8-21　　　　　　　　内荆河流域各县血吸虫病流行情况调查表（1955 年）

县别	全县区数	全县镇数	血吸虫病流行区镇		流行乡数		占全乡区镇/%	全县总人数/人	全县病人估计数/人	占总人数/%
			严重	较轻	严重	较轻				
汉阳	7	4	3	5	31	26	73	442853	60000	14
沔阳	13	2	6	8	31	48	93	732820	80000	11
洪湖	7	2	4	3	50	—	78	342990	60000	17
监利	11	3	3	4	15	—	50	649062	3000	0.5
江陵	8	2	5	3	74	—	80	456310	50000	11
潜江	9	—	6	2	68	—	89	456855	120000	26
荆门	12	2	3	4	—	—	50	474973		

1956 年冬，四湖流域各县组织专业队，开始在所辖区域内进行血吸虫病的传播体——钉螺的分布情况进行普查。发现流域内钉螺分布主要集中在"三滩、一垸"（即江滩、河滩、湖滩，内垸）。江滩分布钉螺的面积最大，密度最高，有螺地带海拔一般为 23.50～27.00 米。内垸钉螺主要分布在沟、坑、水田及荒场等处。四湖流域外滩面积大，内垸地势低洼，汛期钉螺或息于芦苇水草之上，或爬于杨柳之梢，或随水中漂流物扩散。汛期过后，大片滩地，非陆非水，这种自然灾害特点和自然环境条件，极有利于血吸虫寄生钉螺的孳生。

据 1956 年对四湖流域有螺面积的调查，江陵县四湖水系为钉螺分布密集地区，占全县钉螺面积的 80%，其次是漳河水系南端地带。潜江县发现浩口、老新、张金、龙湾、蚌湖等区 27 个乡的 230 个农业生产合作社都有血吸虫病流行，有螺面积 19.57 万亩，血吸虫病患者 6.27 万人，占当年潜江县总人口的 17%。监利县经组织 152 名专业人员普查，发现有螺面积 8952 亩（其中洲滩面积 6641 亩）。洪湖县通过全面普查，全县除官港、绍南两个乡无钉螺外，其他 49 个乡均有钉螺存在。统计数据表明，四湖流域有螺面积 170.5 万亩，患病人数 69.7 万人。

从 1956 年冬开始，荆州专署和四湖流域各县均成立水利血防工程建设指挥部，贯彻"防治工作与农业生产、兴修水利相结合"的方针，开展消灭钉螺、压缩疫区的群众运动，拉开四湖流域水利血防工程建设的序幕。1956—1968 年，四湖总干渠、西干渠、东干渠相继挖成，以及配套的沟渠的开挖，大量的湖泊和荒地被开垦，再加上积极的防治，疫情有所缓和。1969 年，四湖流域出现较大的内涝，溃灾使疫水泛滥，新建成的渠系四通八达，钉螺随新开挖的河渠而大面积的扩散，虽经防治，疫情仍未减缓。1985 年，四湖流域江陵、潜江、监利、洪湖等四个主要县有螺面积为 313928 亩，血吸虫病人 110458 人，见表 8-22。

表 8-22　　　　　　　　四湖流域主要县疫情调查表（1985 年）

序号	县别	有螺面积/亩	血吸虫病人/人	血吸虫耕牛/头
1	江陵	63825	31560	1672
2	潜江	35800	31800	—
3	监利	120586	28579	2599
4	洪湖	93717	—	—
	合计	313928	91939	—

四湖流域经过多年的治理，形成比较完整的新排灌水系，为四湖流域血吸虫病综合治理创造了良好的条件。但在新的形势下，血吸虫的流行与危害也发生变化。钉螺的分布由过去的湖沼型变为渠（水）网型，地势低洼，洪涝灾害频繁，钉螺扩散严重，以致灭不胜灭，防不胜防。人群沿有螺河渠两岸居住，接触疫水频繁，重复感染率高，每年都有人死于晚期血吸虫病，因病致贫，因病返贫的现象比较严重；垸外钉螺通过涵闸引水灌溉向内垸扩散，垸内灭螺成果难以巩固；疫区耕牛管理不善，

耕牛进入洲滩食草或役用，被感染后回到垸内，牛粪污染水源，构成血吸虫病主要传播源；有螺面积
大，易感地带分布广，对人群危害大，急感突发疫情时有发生。至 2005 年调查统计，四湖流域的石
首市、洪湖市、江陵县、监利县、荆州区、沙市区、潜江县为未控制县，荆门市的沙洋县、掇刀区为
疫情回升的传播阻断县。四湖流域 93％的乡（镇、场）、68％的行政村都有血吸虫病流行。血吸虫流
行区人口 509.17 万人，有血吸虫病人 87321 人，占全国血吸虫病总人数的 8.1％，占全省的 29.6％；
急性血吸虫病人 55 人，占全省的 37.74％；晚期 2442 人，占全省的 41.85％。人群感染率 6.5％，人
群重复感染率 69.4％。累计血吸虫患病病人数达 120.47 万人，死亡 1.5 万人，死亡平均年龄 58.
岁。有血吸虫病牛 6055 头，占全省的 56.06％。钉螺面积 28100.74 万平方米，占全省的 35.13％。
2005 年血吸虫病疫情现状见表 8-23。

表 8-23　　　　　　　　　　　四湖流域血吸虫病疫情现状（2005 年）

县（市、区）名称	现有病人数/人				人群感染率/％	病牛/头	钉螺面积/万 m²
	合计	急性	慢性	晚期			
合计	87321	55	84824	2442	6.49	6055	28100.74
沙洋县	18	0	12	6	0.21	22	8.00
潜江市	13406	8	13121	277	6.71	606	1992.80
荆州区	2918	1	2814	103	2.44	712	342.61
沙市区	4166	6	4046	114	6.67	400	993.06
荆州开发区	265	0	249	16	2.41	9	108.51
江陵县	27134	18	26076	1040	11.83	926	3455.22
石首市	9844	3	9601	240	7.87	927	7016.33
监利县	15499	12	15299	188	5.68	1102	7959.61
洪湖市	14071	7	13606	458	6.13	1351	6224.60

全流域钉螺面积 28100.74 万平方米，其中垸内钉螺面积 9232.76 万平方米，占 32.86％；垸外
钉螺面积 18867.98 万平方米，占 67.14％。垸内钉螺 80％以上沿大小河流和沟渠呈线状或网状分布；
垸外钉螺呈片状分布于滩地。2005 年资料显示，全流域的疫情上游较轻，沙洋县的人群感染率
0.21％；中游最重，江陵县人群感染率 11.83％；其他县（市、区）的疫情也比较严重，人群感染率
大多为 5％～10％。血吸虫病防治的其他指标如病人数、急感数、晚期血吸虫病患者人数和病牛数同
人群感染率的规律高度一致。

四湖流域是全省乃至全国的血吸虫病高发区，疫情流行区内 103 个乡（镇、场）（注：沙洋县 13
个乡镇场只有 5 个属于疫情流行区）中，有 95 个乡（镇、场）处于未控制流行阶段，仅 8 个乡（镇、
场）达到疫情控制以上标准。四湖流域的疫情是全省乃至全国的重点，也是防治工作的难点，素有
"全国血防看两湖，两湖血防看四湖"之称。

2006 年，国家在四湖流域中区江陵县启动水利血防综合治理工程，重点疏挖西干渠及渡佛寺渠、
曾大河、十周河、五岔河、中白渠等支渠，带动全流域血防灭螺的又一次高潮。四湖流域通过水利血
防工程、种植抑螺防治林、兴地灭螺、养殖灭螺、水田改旱田灭螺、水旱轮作灭螺等措施，至 2015
年，四湖流域有螺面积为 2.31 亿平方米，较之 1985 年有螺面积下降 68％，较之 2005 年下降 22％；
四湖流域推算患血吸虫病人数 13377 人，仅占总人口的 0.2％，较之新中国成立初血吸虫病人占总人
口的 12％下降 11.8 个百分点。2015 年，四湖流域上区的沙洋县经考核验收达到国家《消除和控制血
吸虫病标准》传播阻断标准的全部技术要求。

二、发展过程

消灭钉螺是切断传染源、传染链，防治血吸虫病的重要一环。从 1955 年起，开展大规模的水利工程建设，四湖流域统一规划，按地势高低，分四区（上、中、下及螺山区）治理。统一建设，水利结合灭螺，按规划开挖渠道，兴建涵闸、泵站，四湖排灌系统工程竣工后，内湖水位稳定在海拔 25.00～26.00 米，涨落差得到控制，水域面积缩小，夏盈冬枯沼泽地成为常年性陆地，经过开垦，创办一大批国营农场和开垦为集体可耕种农田，四湖流域的钉螺面积有了大幅下降，见图 8-16。

图 8-16　20 世纪 70 年代四湖水利结合灭螺工程

1960 年 5 月，中央血防领导小组在四湖下区的洪湖县召开南方七省二市湖沼地水利结合灭螺现场会，与会代表参观了洪湖县沱湖垸、车马垸和五湖垸施工现场，推广洪湖县结合水网化灭螺的经验。在此次会议的鼓动下，四湖流域掀起河网化建设的高潮，采用以土埋灭螺，辅以化学药物毒杀；坚持"全面规划、分期分批、灭杀一块、巩固一块"的原则，集中力量打歼灭战；结合水利建设，开新渠填旧河，平整土地，彻底改造水系。1964—1966 年，监利县毛市区结合四湖新水系的建设，发动民工 20 余万人次，埋旧沟 165 条，填坑塘 56 个，挖新渠 78 条，合计完成土方 26.74 万立方米，收到"等高截流、分层排蓄、消灭钉螺"的效果，同时还扩大保收面积 38 万亩，进一步探索出湖沼老垸型疫区灭螺的新经验。1965 年，湖北省委血防领导小组在监利县毛市区召开全省水利血防工作现场会，推广其经验。1966 年 3 月，监利县毛市区副区长傅先玉出席全国十一次血防会议，并在会上介绍经验。

为有效消灭长江洲滩外垸重疫区的钉螺，监利县摸索总结出在外滩以矮圩控制水位为前提，采用烧（芦滩"走底火"）、药（杀）、埋（土埋）、铲（草皮）、扫（树叶）、刨（树蔸）、垦（围垦耕作）、开（开滤水沟）、平（平整土地）等措施，综合治理有螺洲滩，一年灭螺 111922 亩。荆州地区血防领导小组办公室推广这一经验。1979 年 4 月，全国五省（湖南、江西、安徽、江苏、湖北）血防科研会在监利县召开，推广监利县创造的"芦滩矮圩，走底火灭螺"的方法。

1980 年，四湖流域出现内涝，四湖总干渠上游江陵、潜江县的疫水下泄，经总干渠、西干渠扩散，四湖流域的疫情又有所加重。特别是 1982 年后，由于血防灭螺一度放松，钉螺广泛复发扩散，导致了血吸虫病疫情普遍回升。

面对钉螺面积扩大，血吸虫病增多的新情况，监利县于 1987 年 9 月，组织汪桥、红城、黄歇等乡镇近 10 万人发动"四湖总干渠暨西干渠灭螺大会战"。同年，荆州地委血防领导小组在监利县召开"四湖地区血防现场办公会议，研究部署"重振旗鼓，掀起小型大规模农田水利高潮，消灭钉螺"的工作。1990 年 10 月 17 日，中共中央政治局委员、国务委员李铁映在湖北省委副书记钱运禄、荆州地委书记王生铁等陪同下，视察江陵县、监利县等地疫区情况和灭螺工程现场，对发动群众结合农田水利建设消灭钉螺的做法大加称赞。

1995年，荆沙市委、市政府印发《关于加强血吸虫病防治工作的决定》，要求建立血防基金制度，筹集抢治晚期病人资金，强调全面实施以消灭垸内钉螺和传染病为主的综合防治策略。1995年，湖北省政府将江陵县的血吸虫病防治工作纳入重点，并在江陵县熊河镇候垱村举办水利血防综合治理试点工程，由省水利厅、血防办负责组织实施，重点进行有螺渠道改造，经两年的实施，减少有螺面积92.5万亩。1996年，荆州市政府根据试验点的经验，向省政府呈报《四湖流域综合治理血吸虫病工程试点方案》及《可行性认证报告》，争取纳入国家项目。1996年四湖流域发生洪涝灾害，1998年长江发生大洪水，汛期漫溃或扒口行洪有螺围垸79个。灾后，国家加大对水利工程建设的投资力度，对水利结合灭螺也开始调整政策，在继续实施世行贷款血防控制项目，以健康教育为先，人畜同步化治疗控制传染源为主的对策同时，推行实施以阻螺工程为主的综合治理血防效益工程建设，结合农业综合开发，农田水利基本建设开展试点，并在有螺外滩推行毁芦兴林抑螺工程建设。2005年国家发改委、水利部批准湖北省水利血防整治项目，四湖流域西干渠水利血防工程列入其中，计划投资5000万元。同时争取到省、荆州市关于西干渠水利血防地方配套的部分资金。经过三年多时间的工程施工，按标准完成渠道疏挖、护坡、修建沉螺池及填埋、药杀处理钉螺孳生地等项目，完成投资5943万元，见图8-17。

图8-17 2006年西干渠水利血防江陵段施工

至2006年，四湖流域兴建一批以阻螺池和有螺渠道硬化为主的血防灭螺骨干的效益工程，修建沉螺池52座，其中沙市区12座、荆州区11座、江陵县12座、洪湖市11座、监利县和石首江北片各3座。

2007年8月，省水利水电勘测设计院受省水利厅的委托，编制《四湖流域综合规划报告》，提出水利血防灭螺的主要措施：河道护坡、渠道硬化，使钉螺无法生存和繁衍，实施硬化灭螺；在堤防外侧修筑护堤平台，结合筑台取土，形成宽3～5米，深2米的隔离沟，沟中常年保持淹水，从而隔断钉螺传播，实施隔断灭螺；将江河中滩地高程降至常年水位以下，岸边洲地抬高至无螺分布的高程以上，使钉螺无法生存和繁衍，实施抬洲降滩灭螺；在易感地带涵闸的闸口处修建沉螺池，使经过沉螺池的水流流速骤减，使随水而流的钉螺沉入池内，再用药物将池内钉螺灭杀，实施沉螺灭螺；在农村修建自来水水厂，集中供水，解决疫区人畜饮用水安全问题，减少生活中接触疫水的概率；实行小流域综合治理，减少水土流失，改善疫区人居环境。通过将上述措施纳入相关水利建设项目，同时考虑血防设施的建设，一并设计，一并施工；对已建水利工程，根据需要进行整治改造，增补必要的血防措施。最终达到改善疫区水环境状况，阻止钉螺扩散，有效控制血吸虫病蔓延的目的。

三、灭螺措施

水利结合灭螺，始终坚持以土方灭螺为主，重点是改造钉螺的生存孳生环境。每年的春季组织血防专业人员在查清钉螺分布情况后，制定灭螺规划，然后集中时间、药物、人力突击开展灭螺活动，消灭村庄周围及易感染地带的钉螺。秋冬季节，结合农田水利基本建设、农业综合开发，开挖精养鱼池，大规模开展土方工程灭螺。大型土方工程灭螺以疏挖有螺渠道为主，水利部门与血防部门统一规划、统一部署、统一检查、统一验收、统一结账。几十年来，水利工程灭螺主要是筑堤围堰、开沟建闸、围垦湖荒、平整土地、有螺渠道硬化、建抑螺防浪林、修建沉螺池和人畜饮水工程；同时并用水改旱、药杀、火烧、土埋、水淹等措施。

（一）湖滩灭螺

湖滩灭螺主要采用围湖垦殖、水淹养殖、火烧、药杀等措施，以上方法既可单独采用，亦可联合使用。

围湖垦殖：即将有钉螺的湖泊进行圈围，排除渍水，改变环境，使钉螺不能到达水中而自行消灭。

水淹养殖：将有螺的草滩型湖泊控制一定的水深，使钉螺在冬天不能上陆地，达到深水淹死钉螺的目的。

火烧灭螺：对冬天杂草丛生的湖滩和外滩芦苇地进行火烧（俗称"走底火"），也可人为种植芦苇在冬天进行火烧，以杀死钉螺。

（二）沟渠灭螺

沟渠灭螺是水利结合血防灭螺的主要任务之一。其主要方法是采用土埋和药杀。土埋方法主要有两种形式：①开新河，填旧沟。此方法是 20 世纪 50 年代后期普遍采用的一种方法。当时，农田水利基本建设普遍展开，需要开挖大量的排灌河道沟渠，于是在布满钉螺的旧河道沟渠，先将两壁 7～8 厘米厚的有螺土壤铲到河渠沟底，后用新土填埋，达到消灭河渠中钉螺的目的。②疏挖旧河。对不能废弃的有螺河道沟渠，在水利工程建设时进行疏挖，先将河道进行药物灭螺处理，然后排干河水，将有螺土搬运到远离河道的地方或河堤上，上面再用新土覆盖，以消灭钉螺。

（三）兴林抑螺

钉螺最适宜的生长和繁殖的场所是有芦苇的洲滩，为抑制钉螺的生长，自 20 世纪 50 年开始就采用割草、烧荒、走底火的方式进行灭螺，虽效果明显，但需要年复一年地进行。1999 年开始，石首市开展兴林抑螺工程项目建设，两年时间在江北片小河口镇神皇洲和江南片调关镇新河洲采用抽槽填埋，机械翻耕，碾压平整等方式平整洲滩，再种植意杨 1.17 万亩，七年后创经济收入 2000 万元，是血防效益工程建设的范例。

（四）堤防、河道（湖泊）治理结合灭螺

四湖流域内的六大干渠（总干渠、西干渠、东干渠、田关河、洪排河和螺山干渠）和两湖（长湖、洪湖），未能按设计标准完成，排水不畅，致使这些河道两侧及湖堤周围大面积受洪涝影响严重，血吸虫病疫情严重。对于上述堤防、河道（湖泊）治理主要措施包括清淤护坡、抬洲降滩、堤身覆盖灭螺、建立岸边灭螺带、填筑平台、利用排涝工程及沟道设施隔断灭螺等。从而提高流域排涝能力，提高农田排涝标准，消除孳生钉螺的生态环境。

（五）沉螺池灭螺

为防止钉螺由沿江及垸内地区引水灌溉闸流入垸内，根据各涵闸的位置及形式、排灌规模确定与之相应的防螺设计方案。根据沉螺池设计技术条件，考虑兴建沉螺池尽量不占压土地的实际，配置在灌区渠道上的沉螺池采用定型设计。设计依据渠道灌溉流量规模大小分为：0.5 立方米每秒以下、0.5～1.0 立方米每秒、1.0～2.0 立方米每秒、2.0～3.0 立方米每秒、3.0～5.0 立方米每秒、5.0～8.0 立方米每秒、8.0～10.0 立方米每秒等规格。其中对于有中层取水和建沉螺池条件的涵闸，可采取中层取水结合沉螺池的避螺和阻螺方法。对于垸内闸下无建沉螺池的条件，在闸下游一定距离渠道设沉螺池。上述措施可防止钉螺吸附杂物随灌溉水进入垸内或下游区域。

（六）渠道硬化结合灭螺

渠道硬化灭螺工程是对灌区有螺渠道采用衬砌的方法，对渠道进行硬化，使钉螺无法生存和繁殖。

1956—2000 年，四湖流域水利建设结合灭螺，共完成土方 3.28 亿立方米，累计灭螺面积 135 万亩。四湖流域水网密布，江湖相通，加之钉螺传播速度快，繁殖能力强，隐蔽性能好等特征，血防灭螺仍将继续进行。

第九节 水利与水运

四湖流域水网发达，与四邻均有河流相连，为水运交通奠定了便利的条件。四湖水运历史源远流长，春秋战国时期，楚国开凿通渠，便捷江汉之利，是为世界人工河之先。《史记·河渠书》记载："于楚，西方则通渠汉水云梦之野……此渠皆可行舟，有余则用于溉浸。"汉晋之际江陵造船业十分兴旺，规模之大和技艺之精居全国前茅，其水运业十分发达。西晋杜预所开扬夏运河即为内泄长江之险，外通零桂之漕。两宋时期，江汉运河得到进一步的治理，成为沟通南北的重要水道。明清时期，内荆河水系成为重要的水运动脉，将流域内丰富物产上运巴渝，下行苏杭，远送至京都。至民国时期，四湖流域通航河流 66 条，航程 1438.5 千米。盛水季节，内荆河从新滩口至冉家集可通行 100 吨级的轮船。

新中国成立后，四湖治理从规划到实施，始终突出水利综合利用，做到水利与水运紧密结合，在整治内垸水系的同时，注重疏深河道、修建大量桥梁和船闸，使水运更加便利，通航能力也大幅度提高。渠道疏挖结合修筑渠堤，同时也促进陆路交通的飞跃发展。2014 年，引江济汉输水干渠的建成，不仅每年可由长江向汉江输送 25 亿～30 亿立方米的清洁水源，以弥补汉江调水后的水量不足，同时还可直接沟通长江和汉江两条黄金水道，缩短绕行汉口航程 700 千米，通航能力达 1000 吨级，实现千百年来江汉运河的愿望。

一、水系航道

（一）江汉运河

长江、汉江构成四湖流域边际的交通大动脉，但江汉之间在江陵附近无直接水道相连，需绕道下游"沿汉溯江"。为沟通这两大干流，自楚以来，历代进行了不懈地努力，人工开凿运河，虽其航线大致相同，但历代的名称不一。扬水运河，周庄王七年（公元前 690 年），楚文王继位，因考虑到楚都丹阳三面绝壁，惟东南通人径，对外交通不便无以图存，乃迁都于郢（今纪南城），郢西北有纪山故又称纪郢。郢南近长江，西有沮漳二水，北距汉江不远。江汉两水呈"＞"形相汇于下游鄂渚，其会合口去纪郢甚远，郢都南北直线之间虽"水流"密布，多是冬竭夏流，并无捷径水道可通。由汉江到长江郢都需长距离绕道，约八九倍于直线航程，且郢东是云梦泽，水流分散，江道还处在漫流阶段，行舟不便。周顷王二年（公元前 617 年），楚穆王封子西为商公，管理商州（今陕西商县）政务。子西来郢觐见穆王时是乘船"沿汉溯江，将入郢，王在渚宫下见之"（《左传》文公十年），这是绕道的一证，表明江汉之间交通并不便利，制约楚国的崛起（《荆州航运史》人民交通出版社 1996 年 3 月）。

周定王年间（公元前 606—前 586 年），楚庄王任孙叔敖为令尹（令尹为楚国最高行政长官，统军政大权）。孙叔敖为令尹间，政声显赫，其中功绩之一就是开凿江汉运河（《史记·循史列传第五十九》）。据《皇览》记载："激沮水，作云梦大泽之池。"即是在郢都西部的沮（漳）水左岸开凿一条人工渠道使之与扬水相通。从而保证通航的需要。这条渠道穿云梦泽而过，故称云梦通渠，亦称楚通渠、扬水运河。扬水行六百里入沔（汉江），入沔处称为阳口（约在今潜江市泽口附近）。这样，舟船便可由汉江中游经运河到今沙市附近入长江，也可通过郢城水门进入城中。周景王年间（公元前

544—前 521 年），楚灵王为在离湖旁（今白鹭湖）修建章华台，又从扬水运河边另开凿一条支渠通离湖，运送建台所需建筑器材以及生活物资。故《水经注》记"灵王立台之日，漕运所由也"。

楚昭王十年（公元前 506 年），吴师伐楚，战于柏举（今湖北麻城附近），楚师大败，吴师乘胜追击。吴军统帅伍子胥熟知楚地地形和水系，便利用扬水运河运送兵员和辎重物资，并对部分河段进行疏浚，故《水经注》又有"子胥渎"之称。

扬水运河的开通，较大地改善郢都的交通条件，使江汉二水相得益彰，功能扩大，加快楚国崛起的速度。尤其更为重要的是开启中国水利史上从利用自然到改造自然的勋碑，是迄今所知中国历史上最早的一条人工运河。

西汉时扬水运河仍可通航。《汉书·地理志》南郡临沮条注引禹贡南条："荆山在东北，漳水所出，东至江陵入扬水，扬水入沔，行六百里。"运河通长江之口为江津（今沙市）东"夏首"，入汉江之口为"扬口"。到西晋时，此河淤塞难行。

扬夏运河　晋武帝太康元年（280 年），都荆州大将军杜预坐镇襄阳，奉行"通渠积谷为备武之道"。鉴于"旧水道唯汉沔达江陵千数百里，北无通路，又巴丘湖，沅湘之令，表里山川，实为险固。……预乃开扬口，起夏水，达巴陵千余里，内泻长江之险，外通零桂之漕"（《晋书·杜预传》）。杜预所开这条运河是江汉运河演变过程中的一次重要工程，因将扬水与夏水进行沟通，故称为"扬夏运河"。

扬夏运河又名扬夏水道，是扬水运河的发展，开通扬水故口沟通扬水（扬水发源于江陵县西北），其线路经江陵城向东北流注，穿过路白湖及其南面的中湖、船官湖、赤水湖，往东过华容县（今监利县东北）境内，再经竟陵县西（竟陵县幅员较大，跨汉江南北，今潜江市境大部属之）向北纳入巾水、拓水（即下扬水之上段），在今潜江市泽口附近注入汉江。这一线路大致是先秦云梦通渠亦即扬水运河的故道。

扬夏运河南流通夏水。夏水入江之口在今沙市东郊的盐卡至江陵县的观音寺之间，故称为"夏首"（意即长江分流夏水之口）。夏水由西向东流注，至今监利县西分成南北两支。南支即子夏水，西南注入长江，入江之口称为子夏口或称"夏汭"，其位置大致在今石首市江北区域境内。北支为主流，有下扬水来会，然后入汉江。入汉江之口称为"渚口"，约在今仙桃市（沔阳县境内）。扬夏运河经夏口（或子夏口）入长江，江南岸有调弦口，杜预又开挖焦山河、南通洞庭。这段人工河道，相传称为"杜预渠"，即今调关河下段。夏水、子夏水、焦山河与"杜预渠"、扬夏运河构成了扬夏水道。

扬夏水道开通之后，今湖南零陵、郴州各县的漕粮便可由湘江出洞庭湖，再经调关过长江循扬夏运河溯汉江而上转唐白河抵达洛阳，不但避开长江的风险，而且还缩短了航程 600 多千米。有了扬夏运河，四川的物资由长江运抵江陵，然后循运河直入汉江而达襄阳，再由襄阳溯唐白河上洛阳，减少绕道汉口的航程。扬夏运河的沟通，进一步催生江津（沙市码头）的繁华。由此，《资治通鉴》作者司马光评赞道：杜预"开杨口通零陵，公私赖之"。

杜预之后，东晋慰帝建兴三年（315 年）荆州刺史王敦又开凿过一次。据《舆地纪胜》载："王处仲（王敦）为荆州刺史，凿漕河通江汉南北埭"。南朝刘宋元嘉年间（424—453 年），又开凿白湖水道。《水经注》记："宋元嘉中，通路白湖，下注扬水，以广运漕。"

荆南漕河　西晋杜预主持开凿沟通江汉两水的扬夏运河，入唐之后依然畅通，但到北宋时已多湮塞。宋都梁（开封）仍需有便捷线路向京师转输川蜀和江南租赋，于是有复航之议。第一次在宋端拱元年（988 年）供奉官阁门祗候阁文逊、苗忠奏准重开。在原扬夏运河的基础上，又兴"荆南漕河"工程。事竣，"可（行）二百斛舟载，旅商颇便"（《宋史·河渠志》）。此河由今沙市、江陵间有穴口汇通于江，沿流东北行有罗堰口、渝潭市（明代称渝潭铺）、里社穴至潜江泽口东入汉江。中间利用了部分夏扬运河故道，后被称为"荆南漕河"和"荆襄运河"。《宋史·河渠志》记载："川益诸州金帛及租市之布运至荆南（江陵），自荆南遣纲吏送京师，岁六十万，分十纲。"此记载即指从四川等地运送金帛、布匹等物资在江陵换船过荆南漕河入汉水，沿唐白河而达南阳，再陆运开封。

宋天禧末年（1021 年），"尚书郎李夷简浚古渠（指荆襄运河）达夏口，以通赋输"《舆地胜纪·

漕河下》。因记载过于简略，难考其详。南宋末年因抗拒元军入侵，特在江陵城东起向北直达汉江边设"水障"，即所谓"三海八柜"于是江陵、潜江、荆门相毗邻的地区"三百里渺然巨浸"（《宋史·孟珙传》），广大良田尽成泽国，人工河道和天然水系相互混淆面目难辨。至有元一朝，再无通航的记载。至明正统七年（1442 年），明代著名文人"公安三袁"之一的袁中道在《珂雪斋近集·游太和记》中写道"浚荆门、潜江、江陵淤沙三十余里"，这是疏浚运河的中段。正统十二年（1447 年）浚江陵城公安门外河，以利公安、石首诸县赋输，这是整治运河通江口段。清代乾隆年间（1736—1795年），荆门州设在汉江边沙洋的漕仓，其"运解兵米必由泽口始达荆"（乾隆《荆门州志·后盈仓图说》），泽口是入汉江之口，可见此时仍畅通。由于运河水源来自汉江，河道泥沙淤积日甚，至"咸丰初（咸丰元年为 1851 年），田关淤，西荆河至高家场沿河俱湮"。（清光绪《潜江县志》）田关为运河的瓶颈处，田关既塞，航运难通，至此荆襄河废绝，运河直接沟通江汉之功尽失。

两沙运河 荆南漕河因泥沙淤塞，时通时阻，后期虽漕运下降，但盐运仍占据很重要的位置。清光绪二年（1876 年），对运河北段（称运粮河）进行过一次疏浚。从此，全线可通重载 10 多吨木船。此段盐运的线段南起长江北岸的沙市港便河埠码头（拖船埠），经沙市便河（又名草市河）入长湖，再经高桥河北至荆门沙洋镇汉江大堤内的关庙，因沟通沙市、沙洋，便称两沙运河。其中沙市至牛马嘴段，大致是荆南漕河故道，牛马嘴至沙洋段则是明代嘉靖年间沙洋汉江大堤溃决所形成的通水道。宣统三年（1911 年），汉江大堤李公堤溃决，洪水挟泥沙而入，致沙洋至鄢家闸 4 千米河道淤高，不能通航，鄢家闸至高桥 4 千米河段亦滩航行，高桥以下也有沙滩，土垱多处，枯水期水深仅 0.3 米，只能勉强通 2 吨以下小舟。民国元年（1912 年），荆襄安郧招讨使季雨霖应地方人士之请，将李公堤决口堵塞复堤后，简易地疏挖了淤浅河段，但通航能力已大不如前，只能行驶小舟，高桥至沙洋段的大批川盐也只好陆路运输。民国二十三年（1934 年）12 月，江陵县决定对运河南段的便河埠至凤凰台段进行疏浚，计划疏挖长度 290 米，河宽最窄处计划达到 30.5 米。施工时适值水涨，工程只进行2/3 被迫暂停。其后陆续疏浚完毕，改善了南段通航条件，北段依旧。民国二十六年（1937 年），沙市、沙洋两地商会及沙市盐务稽核所共同筹资 1.1 万银元，用以疏浚运河北段淤浅处，又因涨水作罢。民国二十七年（1938 年），湖北省政府责令省建设厅、江汉工程局、省航轮管理局制订复航计划，提出在沙洋建船闸通汉江，在沙市建倒虹管以增加水源，并在丫角庙建活动坝以及使运河北段航道达到底宽 10 米，最枯水深 1 米的方案，共需经费 3 万余元。整个工程大约只进行到 1/5 时，因日本侵略军侵犯武汉，湖北省政府西迁，经费不济而作罢。

1955 年，《荆北地区防洪排渍方案》对两沙运河进行规划，将两沙运河分为两段，即：沙洋至高桥为新开航道，航线自沙洋沿李湖起利用沿汉宜公路的河沟经转桥至高桥，全长 8.32 千米；高桥至沙市利用原河道进行疏浚，为缩短航程，迳穿借粮湖经窑场入长湖，可缩短航程 15 千米。1955 年以后，水利、航运部门曾对此方案进行多次修改，定名为江汉运河，但未能付诸实施。

江汉航线 20 世纪 80 年代，内河港航基础设施的建设问题逐渐得到国家的重视。1989—1990年，省水利厅投资对田关河进行疏挖，省交通厅也补助 50 万元对东干渠上段疏浚 32 千米，使之基本上达到 6 级航道标准（通航 100 吨级船舶），并配套新建潜江徐李船闸，意在恢复江汉航道。20 世纪90 年代，湖北省交通部门提出建设江汉航线的方案，即利用四湖流域已建成现有河渠和通航设施，辅以新建船闸、开挖航道等工程措施将长江和汉江在四湖流域连接起来的一条水运捷径，全线由螺山船闸、宦子口船闸、鲁店船闸、新城船闸、新城至李市航道、李市至习家口航道、习家口至新滩口航道、宦子口至螺山航道八个部分组成。江汉航线工程于 1996 年 11 月立项，2002 年底航线全面完工。江汉航线北起沙洋县境内汉江右岸李市新城船闸，向西开挖 3.9 千米的连接河，横穿李市总干渠一支渠，荆潜公路，折向南行，经一支渠尾端入西荆河，沿河南下 16.54 千米至支家闸，转而西行朔殷家河而上 7.84 千米至殷家闸，过鲁店船闸，经双店排渠 3.43 千米入长湖至习家口船闸，再经内荆河航道过宦子口船闸，沿螺山渠至螺山船闸入长江，全长 174 千米。江汉航线的建成，从汉江到长江荆江段，与绕道武汉相比，缩短航程 320 千米，加强长江、汉江、湘江等水系的沟通联系，加速四湖流域乃至整个江汉平原的开放开发，加快经济发展的步伐。

江汉运河　江汉运河通航是一项世纪工程。孙中山先生在《建国方略》论述汉水开发时提出："其在沙市，须新开一运河，沟通江汉，使由汉口赴沙市以上各地得一捷径。"

江汉运河，即利用引江济汉干渠作为通航工程，是经国家发改委、交通运输部批准，按照全国高等级航道网总体规划，利用南水北调中线引江济汉工程引水渠道，同步实施通航设施建设，沟通长江和汉江航运，促进地方经济社会发展的重大水运建设项目。

2014年9月26日，江汉运河通航，以其独特的链接作用，打通长江中游到汉江中游的快捷黄金水道，形成环绕江汉平原、内连武汉城市圈的810千米千吨级黄金航道圈，极大缩短船舶航行长江、汉江间的水运里程，对湖北高等级航道网络的形成、湖北综合交通运输体系的构建、江汉平原产业的布局、湖北区域经济的发展都具有重要的基础性作用。

进口位于长江中游荆州区龙洲垸，途经荆门市沙洋县，在潜江市高石碑镇汇入汉江，全长67.22千米。主要通航设施包括：千吨级船闸（长江进口处的龙洲垸船闸、汉江出口处的高石碑船闸）2座，回旋水域（纪南、后港、邓洲）3处。

（二）内荆河水系航道

内荆河是四湖流域的一条主要航道，系荆州、沙市至武汉间水运捷径。内荆河水系两千多年来变迁很大，古代有扬水、夏水、涌水、沌水、下扬水等。港汊、湖泊如藤蔓瓜，并受长江、汉水口穴通堵影响，迁徙无定，名称或古今不同或分段而异，所含区域包括今内荆河及东荆河、通顺河水系。内荆河长湖以东，清代称长夏河，民国时期称中襄河。新中国成立后，交通部门将沙市以北经长湖而南流出新滩口的干流称为内荆河。1955年后，对内荆河进行治理，穿长湖、三湖、白鹭湖、洪湖开挖新的干渠，并对其支流港汊进行系统的疏浚及重新开挖，形成干支渠网，内荆河干流改称"四湖总干渠"。干支河道总长约3500千米，通航河流166条，总长度1612千米，通航里程1438千米。

内荆河干流航道　从荆州市沙市便河起过长湖，从习家口进入内荆河，由新滩口出长江，主航道全长约300千米，较沿长江到汉口缩短里程约184千米，并可避免长江风险，且内荆河一般年份四季通航，在汛期毛家口以下可通行60吨轮船，毛家口以上可通行50吨以下船只。

1955年，四湖总干渠工程实施以后，内荆河得到全面疏挖改造，缩短航道里程，沿线修建新滩口、小港湖、福田寺、习家口等节制闸。这些节制闸的修建，一方面可控制航道水源，抬高水位，改善航道；另一方面，它们又成为碍航设施。为此，1955年以后，又相继修建新滩口、小港、福田寺、宦子口等船闸，1989年建成了习家口船闸，内荆河航道得以全线贯通，通航里程232.52千米。

荆沙便河航道　是沙市至荆州的一条人工老河。相传楚王为奖赏采石匠卞和献宝（和氏璧）有功，下令从沙市到荆州城开一条河，命名为卞和，经常接送卞和由沙头镇（今沙市）进（郢）都（卞和居住在沙头镇），由于年长月久，后人称是谓"便河"（粟廷举《有眼不识金镶石》，1983年《湖北科技报》）。乾隆《江陵县志》（卷3·方舆山川篇）载："沙市河有桥，曰卞和，一作便河，西接隍河，北流入草市注瓦子湖堤杨垅麦，远近异观，箫鼓之声，昼夜靡歌"（隍河系指荆州护城河或郢都城河）。便河位于古城与沙市之间，风景宜人。明袁中道游便河曾赋诗一首："十里浓阴路，残莺佐酒卮。过桥添柳色，近岸损花枝。颇憾舟行疾，偏嫌月上迟。天皇竺若在，披草觅遗碑"（《荆州府志》）。便河经过20世纪90年代整修，胜景更佳。河坡石料护岸，水清鱼游；两岸花木吐秀，凉亭、山石耸立；游艇戏水，笑语欢歌，十里长河点缀为荆州市中心城区的水上乐园。

田关河航道　自长湖东北缘的蝴蝶嘴（即刘岭）起由西向东，经张义嘴至田关汇入东荆河，航程长29.5千米，可常年通往30吨级以下船只。1966年在刘岭建成100吨级船闸，可和长湖通汇。

西干渠航道　位于四湖总干渠右侧，首起沙市雷家垱，经三板桥、岑河、资福寺、朱河口、普济、汪桥、西湖嘴、汤河口于泥井口入四湖总干渠，全长93.5千米。主汛期汪桥以下可通15吨级船只，汪桥以上可通5吨级船只。

东干渠航道　位于四湖总干渠左侧，南由总干渠冉家集起，向北经徐李市、熊口至高场与田关渠相通，通航里程 36 千米。

监新河航道 首起监利县红城乡火把堤，尾至监利县新沟镇，由南至北贯穿监利县境，在周沟与四湖总干渠相汇，南至火把堤长 20 千米，北至新沟嘴 28.5 千米。20 世纪 70 年代曾通行 20 吨级轮船。

排涝河航道 南起监利县半路堤，在福田寺与四湖总干渠再向东北流到洪湖市高潭口，全长 68 千米，枯水期航宽 67 米，水深 3 米，全年可通航 300 吨级船只。

螺山渠道航道 位于洪湖西缘，自宦子口南流至长江螺山，通航里程 33 千米，为 6 级航道，常年通航 150 吨级船舶，螺山、宦子口两端建有船闸，分别和长江、四湖总干渠相通，沿干渠西侧有东西向支渠 6 条，共长 101 千米，可常年行船。

新堤河航道 清光绪《沔阳州志》称为"长夏河南析支河"。原与长江相通，明嘉靖十年（1531年）堵塞江口。清嘉庆十三年（1808 年）于江口建节制闸，后称老闸河。此河是洪湖市内河运输的要道，从新堤至小港全长 16 千米，与内荆河干流相连。此河经多次疏浚，为 6 级可通航 100 吨级船只。

老内荆河航道 原系内荆河干流的一段，1964 年开挖四湖总干渠监利县福田寺至洪湖市小港段，这一段弯曲的老河道改称老内荆河。从福田寺东北向经彭家口、子贝渊、沙口至峰口 47.5 千米，折向东南经简家口、汊河至小港 29.5 千米，全长 77 千米。此河段经多次疏浚，1970 年建成 100 吨级小港船闸与内荆河干流沟通。枯水期航道宽 16～48 米，水深 0.3～1.8 米，百吨以下机动船可季节通航，木帆船全年畅通。1975 年开挖排涝河有两处穿过老内荆河，将老内荆河截为 3 段，建有万全和黄丝南两闸沟通。航运功能废弃。

监北干渠航道 在监利县境内。由喻阁垱至彭家闸长 18 千米，枯水期航道宽 15～20 米，水深 1.3 米，可常年通航 80 吨级以下船舶。

朱河航道 在监利境内。朱河长河首起监利尺八镇，回流监利南部地区，经尺八、柘木、桥市、朱河、棋盘等乡镇于桐梓湖流入洪湖，为监利南部的一条主要排水渠道。新中国成立后，几经裁弯取直，疏浚扩宽，由朱河镇至桐梓湖与螺山渠道沟通，通航里程 14 千米。枯水期航宽 20～30 米，水深 1.0 米，朱河镇以下可常年通航 50 吨级以下船舶。

二、船闸

四湖流域渠网密布，水系发达。但为实现"等高截流，分层排蓄"，在河渠上兴建大量节制涵闸，对船只航行造成影响。为保证水运畅通，一般在河渠所建的节制闸，都将闸的中孔设计较大，以利于小木船通行。但节制闸未设专门的过船设施，而往往成为碍航建筑物。在较大河流及内河主要航道上，水利和交通部门从 1959 年开始建新滩口船闸起至 2015 年，四湖流域共建 14 座船闸，见表 8-24。

表 8-24 　　　　　　　　　　　　　　　　　　四湖流域船闸一览表

序号	船闸名称	所在河渠	通航能力	建成时间	备注
1	新滩口船闸	内荆河干流	300t 级	1959 年	
2	小港河船闸	老内荆河	100t 级	1969 年	
3	小港湖船闸	内荆河干流	300t 级	1977 年	
4	福田寺老船闸	四湖总干渠	300t 级	1978 年	已报废
5	福田寺新船闸	四湖总干渠	300t 级	1982 年	
6	宦子口船闸	螺山渠道	300t 级	1985 年	2002 年 12 月改建
7	彭家口船闸	老内荆河	30t 级	1966 年	已报废
8	习家口船闸	长湖	300t 级	1985 年	
9	刘岭船闸	田关河	100t 级	1966 年	

续表

序号	船闸名称	所在河渠	通航能力	建成时间	备 注
10	浩口船闸	田关河	100t 级	1960 年	已成为节制门
11	龙洲垸船闸	引江济汉干渠	1000t 级	2014 年	
12	鲁店船闸	江汉航线	300t 级	2000 年	
13	高石碑船闸	引江济汉干渠	1000t 级	2014 年	
14	螺山船闸	螺山渠道	300t 级	2000 年	

（一）新滩口船闸

新滩口船闸位于洪湖市新滩镇内荆河与长江交汇处，顺江而下，距武汉市 90 千米，是四湖流域最早修建的船闸。

新滩口船闸由湖北省水利勘测设计院设计，以 300 吨级为通航标准。闸门呈"U"形槽，分 7 段，每段长 20 米，上闸首长 17 米，下闸首长 16 米，连同上下闸首总长 173 米，闸室净宽 11.6 米，两侧护船木各宽 0.2 米，总宽 12 米。上闸首高程 16.0 米，下闸首高程 14.0 米，闸顶高程 32.5 米，钢质平板横拉门两扇，两侧为垂直升降式的平板钢质输水闸门。

船闸建设工程成立荆州专区新滩口船闸工程指挥部，荆州地区水利局局长涂一元任指挥长、党委书记。湖北省交通厅余渊，四湖工程指挥部李大汉、王景祥，洪湖县罗国钧、李同仁，监利县杨荣发，湖北省工程四团杨炳炎、谢勘武等任副指挥长。技术负责人为谢勘武、郑光序。省工程四团技术工人与监利、洪湖两县农民承担全部施工任务。工程于 1959 年 12 月动工，1960 年 9 月竣工，10 月 1 日正式通航。

船闸在施工过程中，当闸坑基挖至高程 13.00 米时，闸基范围内开始出现翻砂鼓水的现象。随着挖基的降低，闸室第四块底板基坑出现多处管涌，最多时每昼夜出水量达 8000 立方米（相当流量 0.0926 立方米每秒）。采用木板在管涌的周围围成木槽上盖木板，再开沟导流入水池，用抽水机将管涌出水排出；木槽以外，在挖好的地基铺一层厚 40 厘米的大块石，块石与木板铺 10 厘米厚碎石与卵石层，卵石上面柏油麻袋及油毛毡各一层，再在油毛毡上扎钢筋浇筑混凝土。通过上述方法处理后，原先许多分散的大小管涌群均约束在长宽各 0.5 米的木槽内。虽流速加大，但排水及时，槽内水位控制在油毛毡以下，钢筋扎好后，照常浇灌混凝土，于 4 月 5 日上午突击性完成第四联底板混凝土浇筑任务。当混凝土强度达到 75% 以后，用砂石级配填入机池，通过导滤涌出的水逐渐变清，4 月下旬全部闸室两侧回填土至高程 19.0 米以后，机池逐步封闭，管涌得以控制。

船闸工程总计完成土方 136.31 万立方米（其中：闸基 41.38 万立方米、防洪堤 12 万立方米、拦河坝 20 万立方米、新开航道 20 万立方米，闸基回填 21 万立方米，改善航道 3.13 万立方米，其他 18.8 万立方米），砌石 1.1 万立方米，混凝土 2.4075 万立方米，国家投资 648.83 万元。

新滩口船闸经四十多年的运行后，暴露出一些工程隐患：检测出结构稳定及地基应力不符合规范要求；原设计反挡外江洪水，由于增加洪湖分蓄洪工程，以分蓄洪水位 32.5 米加 2 米超高标准，船闸结构欠高；船闸原设计闸顶公路桥荷载为汽-10 级，不能满足交通汽-20、挂-100 的要求；无检修闸门，水下部分得不到维修保养；闸室中部及下闸首下游翻砂鼓水严重，引航挡土墙倾斜错位；船闸闸门、启闭机及电器设备超过使用年限；船闸有不同程度的混凝土碳化、裂缝、蜂窝麻面、露筋现象、大部分止水遭损坏；管理、观测、通信设施落后，影响安全度汛及运行。

2002 年 10 月，水利部以水总〔2002〕446 号文批复对新滩口船闸实施整险加固工程。新滩口船闸整险加固工程主要包括上下闸首加高、接长，并增设检修门和输水门，两岸刺墙加高接长并改造钢质公路桥和门库等结构，拆除重建进出口挡土墙及闸室段工作便桥，拆除重建上下游航道的护底、护坡，闸室基础填充灌浆，老混凝土修复等。

2003 年 2 月，船闸整险加固工程开工，至 2004 年 5 月基本完成船闸主体工程建设内容。但在

2004 年汛前发现上闸首底板因地质原因产生较大规模裂缝。致使 2004 年汛前未能完成船闸过水验收,只得采取临时措施度汛。

2004 年 8 月,经长江委建设局组织监测和针对暴露出的问题进行研究,完成《湖北省荆州市新滩口船闸整险加固工程初步设计补充设计报告》。2004 年汛后,按补充设计的处理方案进行处理,于12 月前完成以下工作:建筑物基础及下游引航道补强充填灌浆;上闸首底板补强处理;上闸首金属结构(闸门、止水、埋件、机械等)再次安装调试;增加导流防冲设施;对于基坑翻砂鼓水现象增设抽水深井等。

2004 年 12 月,长江委主持进行船闸过水前阶段验收,12 月底拆除围堰,船闸过水。

船闸加固后工程布置:以 300 吨级为通航标准,闸室呈 U 形槽,分七段,每段长 20 米,全长140 米,闸室底高程 14 米,宽 12 米,上闸首长 17 米,下闸首长 16 米,连同上下闸首总长 173 米,上闸首高程 16 米,下闸首高程 14 米,闸顶高程 34.5 米,钢质平板横拉门两扇,上闸首横拉门高 16米,下闸首横拉门高 18.5 米,两侧为垂直升降式的平板钢质输水阀门。闸室工作便桥桥面高程 33.5米,桥面宽 1.5 米,闸室两侧土堤高程 34.5 米,堤顶宽 8 米,迎水面边坡比 1:2.5,背水面边坡比1:3,背水面高程 29.5 米设 2 米宽平台。上闸首有升降式活动钢质公路桥一座,活动部分跨度为 12米,宽 8 米。船闸充泄水采用短涵洞形式,设在上下闸首直墙内,过水断面为 2 米×2 米,上闸首涵洞底高程 15.5 米,下闸首涵洞底高程 13.5 米。

船闸建成后,从 1961 年至 2001 年,年通航可达 365 天(1964 年),每年正常通航时间 9 个月,年平均吞吐量 20 万吨。累计货运量 766.56 万吨,总收入 532.9 万元,年平均创收 13 万元。但此闸下闸首底板高程 14 米,"按 300 吨级通航标准,池水深 1.5 米",水面高程应达 15.5 米,当长江新滩口水位低于 14 米时,通航即成问题。据多年观测,曾出现过 14 米左右的低水位。

(二)福田寺老船闸

福田寺老船闸位于总干渠监利段福田寺。船闸于 1965 年冬动工,由于选址不当,年底停工。1975 年续建,1978 年建成通航,全部工程共投资 137 万元。后洪湖分蓄洪主隔堤建成,老船闸被隔在分洪区内,船闸失去作用。

(三)福田寺新船闸

福田寺新船闸位于主隔堤桩号 49+550 处,四湖总干渠引渠上。由湖北省洪湖防洪排涝工程总指挥部设计,荆州地区水利工程队负责施工,是一座设计为 300 吨级的三通船闸。上通总干渠习家口,下通新滩口,上游右岸沿排涝河直通长江干堤半路堤。上游闸首闸槛高程 22.00 米,钢质平板轨道式横拉门一扇;下闸首闸槛高程 21.00 米,弧形闸门 2 扇,其中下扇为通航闸门,上扇为分洪时的挡水闸门;排涝河闸首为下沉式弧形闸门。全闸总长 276 米(其中闸室长 123 米)。闸室净宽 12 米。

船闸工程于 1978 年 11 月开工,1983 年元月完工,完成土方 88 万立方米,混凝土 1.54 万立方米,砌石 3184 立方米,完成投资 583 万元。

由于多年运行,工程存在严重的安全问题。2008 年,湖北省发展改革委以鄂发改交通〔2008〕1375 号批复实施工程整险项目,省水利厅、省交通厅下达投资计划 897 万元。主要工程项目包括:上、下游闸首全部拆除并新建,改上游横拉闸门为升卧式闸门,改下游弧形闸门为平板闸门,更换所有启闭机,上、下游引航道清淤及护坡,排涝河闸首封堵,闸室混凝土碳化处理,供电线路更换等,总投资 897 万元。2011 年 2 月开工建设,2012 年 6 月完工,通过此次整险,排除闸门漏水及启闭设备老化等安全隐患,优化启闭方式,保证船闸的安全运行。

(四)刘岭船闸

刘岭船闸位于长湖库堤刘家岭,为四湖上区沙洋县拾桥、后港、毛李与荆州区纪南、九店等地通往田关的船闸。由荆州地区水利局和潜江县水利局共同设计,潜江县组织劳力与荆州地区水利工程队技术工人共同施工,指挥长李大汉,技术负责人韩明炎、郑光序。

船闸由上下闸首和闸室组成。上下闸首各宽 7.3 米(含两侧护船木各 0.15 米),长 14 米;闸室长 100 米。引渠以干砌石护坡，闸槛高程 27.70 米，上闸首顶高 34.5 米，下闸首顶高 33.7 米，上下闸首各设钢质横拉门一扇，电动机启闭。

工程于 1965 年冬开工，1966 年 7 月竣工。共完成土方 4.8765 万立方米，砌石 563 立方米，混凝土 4280 立方米，国家投资 67.96 万元。

船闸建成后，不仅沟通四湖上区的水运交通，而且减少大量的货物转运提驳费，效益显著。

（五）浩口船闸

浩口船闸位于潜江县田关河南岸浩子口。1960 年 1 月潜江县水利局组织施工。上下闸首（相距 63 米）宽 4 米，长 11.7 米，闸底高程 28 米，闸顶高程 35.80 米，两闸首间渠道宽 8.5 米，同年冬开工，次年（1961 年）春竣工，共投资 24 万元。由于通航水量不足，建成后未发挥通航作用，仅起到节制闸作用。

（六）内荆河小港（河）船闸

1962 年洪湖县在内荆河小港建节制闸，紧接着 1963 年监利县又在内荆河彭家口建节制闸，致使内荆河航运受到很大影响。为有利洪湖县沙口、丰口、曹市、汉河及监利县龚场、分盐等地的物资运输，1968 年 8 月开工，兴建内荆河小港船闸，1971 年 7 月竣工。其规模为 100 吨级。全闸总长 171 米，闸首宽 7.6 米，国家投资 74.5 万元。该闸建成后，从 1971 年到 1982 年止，累计货运量 184.4 万吨，过闸收入 63.58 万元。

（七）总干渠小港（湖）船闸

1966 年开挖总干渠福田寺至小港段，为缩短里程，同时鉴于内荆河小港（河）船闸与新滩口船闸不相适应，1973 年经鄂革基施〔398〕号、省交通局〔214〕号及荆州地区革委〔96〕号文批准，兴建总干渠小港（湖）船闸。其规模为 300 吨级，闸室矩形，槽长 140 米，连同上下闸首，总长 198 米，闸室宽 15 米，上下闸首宽 12.2 米，上闸首闸槛高程 20.5 米，下闸首 19 米，闸顶高程 27.5 米，闸门四扇，上闸首闸门高 6.6 米，每扇重 11.5 吨，下闸首闸门高 8.1 米，每扇重 14 吨。湖北省航道局设计，洪湖县组织劳力施工，指挥长何佑文，副指挥长沈捷、段超弟。1974 年开工，1977 年 8 月通航。国家投资 176 万元。从 1977 年到 1982 年止，累计过船 5 万余艘，货运量 47.91 万吨，过闸收入 15.8 万元。

（八）宦子口船闸

宦子口船闸位于四湖总干渠右岸宦子口附近、螺山电排渠渠首，因离宦子口较近，故得名。船闸涉及监利县螺山排区的朱河、汴河、白螺等地的物资运输。船闸未建前，据统计，1978 年螺山排区，翻堤转载进出物资 5.99 万吨，付转运费 24.25 万元；1979 年货运量 10.3 万吨，陆运绕道监利县城关，翻坝中转，共付运费 71 万元，两年共计支付转运费 95.25 万元。1982 年 12 月 18 日，省计委鄂计基字（82）第 600 文批准，兴建宦子口船闸。1983 年 5 月由湖北省航道测量设计工程处设计，150 吨级标准，全闸总长 169.04 米，其中闸室长 100 米，净宽 8 米，闸槛高程 21.5 米，闸顶高程 29.1 米，弧形闸门。湖北省航道处与监利县交通局共同负责施工，1983 年 10 月 10 日开工，1985 年 10 月 1 日竣工，共完成土方 4.35 万立方米，砌石 4804 立方米，混凝土 2581 立方米，总投资 157 万元。1985 年 12 月 29 日通航。船闸建成，监利南部地区货物通过朱河、汴河、柘木等河入螺山渠，经船闸到四湖总干渠，上通荆门、潜江、江陵等县，下经小港、新滩口两船闸入长江，年货运量 20 万吨。

2000 年，湖北省江汉航道网工程立项实施，为配合此项工程的建设，宦子口船闸兴建复线船闸，设计通航能力 300 吨级。工程于 2002 年 12 月开工，主体工程 2005 年竣工。工程完工后解决螺山渠道航道等级不高和原宦子口船闸（150 吨级）达不到五级航道的问题。

（九）习家口船闸

习家口船闸位于长湖库堤沙市区观音垱镇习家口，是四湖总干渠水运连接长湖的主要通道。

船闸由湖北省航运局航道测量设计工程处设计，为 300 吨级船闸标准，闸身总长 130 米，孔宽

12米，上首闸槛高程27.00米，下首闸槛高程23.50米，闸室配备钢质平板人字形闸门，闸上首有钢质活动公路桥，桥面高程34.50米。

船闸建设单位为荆州地区交通局，江陵县组织施工，于1989年建成。共完成土方4.8万立方米，砌石2653立方米，混凝土1.72万立方米，国家投资478万元。

（十）彭家口船闸

彭家口船闸位于监利县境老内荆河上，由监利县水利局利用彭家口节制闸改建而成，闸室长25米，宽4米，门槛水深0.5米，可通航30吨级船舶。已废。

（十一）螺山船闸

螺山船闸位于洪湖市螺山镇境内，是内荆河水系与长江直接连通的通航设施。1996年11月动工建设，2000年12月27日竣工。船闸按五级航道，通航300吨级船舶标准设计。闸室长120米，宽12米，年通航能力253万吨，工程总投资6000万元。螺山船闸建成，让四湖流域货物由水路直抵湖南城陵矶，227千米可达沙市场；顺江东去22千米进入洪湖市区，201千米直至武汉市。

（十二）龙洲垸船闸

龙洲垸船闸位于荆州区李市镇龙洲垸引江济汉干渠渠首，与引江济汉进水闸相距600米，两口并排，一个进船，一个进水。船闸距荆江大堤防洪闸约700米，连接河长度1430米，底宽44米。船闸主体工程长210米，闸室宽23米，门槛水深3.5米，设计代表船型为1000吨级货船和$1+2×1000$吨船队。引江济汉干渠出口高石碑船闸与此船闸同为一个等级。

三、桥梁

四湖流域水网密布，桥梁成为沟通两岸交通的主要工程设施。因此，四湖流域桥梁工程由来已久。1955年后，在四湖流域的治理工程中，特别注重结合交通建设，挖渠取土筑堤，堤路合一，堤身挡水，堤面行车，遇水搭桥，闸桥结合，连接城乡道路，水阻变通途。

（一）新中国成立前的桥梁

四湖流域最早有记载的桥梁是扬水大桥和王猛桥。据《水经注》记载："扬水东北与林溪水合，东流经鲁宋之垒，南当驿路，水上有大桥，隆安三年（399年），桓元袭殷仲堪于江陵，仲堪兵败北，奔缢于此桥。"依此记载，扬水大桥应位于江陵东北，长湖以西，约建于东晋隆安年间（397—401年）前，桥已废。王猛桥俗名海子桥。据《江陵县志》记载：后秦王猛、孙镇恶居此，故名。王猛桥位于长湖以西的海子湖，建于384—417年。后经历代修建，至新中国成立初调查，四湖流域有较大的桥梁109座，见表8-25。在这些桥中，有建桥年代记载的约60座，按朝代划分为东晋隆安年间前1座，后秦时期1座，明代24座，清代34座，其余桥梁修建年代不详。四湖流域的桥梁大多属木石结构，桥型简单，且年久失修。部分桥属砖石拱桥，监利县子贝渊桥，下面是排水闸，上面是车行道。拱桥（闸）结构见图8-18。

表8-25　　　　　　　　　　　　新中国成立前四湖流域桥梁统计表

县别	桥名	地 点	兴建时间	备 注
江陵县	扬水大桥	荆州城东北、长湖以西	东晋隆安三年（399年）以前	新中国成立初行政区划（下同）
	王猛桥	长湖以西的海子湖	后秦（384—417年）	两晋时期的并列诸国
	白云桥	荆沙便河	明嘉靖年间	康熙四十年重修
	惠心桥	—	明嘉靖年间	
	便河桥	沙市	明万历十二年	
	长生桥	在税亭后	明万历四十年	
	两架桥	资福寺以南	明万历三年	俗称蒋家桥
	施济桥	在铁路巷通济桥南	明天启年间	

县别	桥名	地 点	兴建时间	备 注
	三官庙桥	荆州城南	明崇祯七年	
	药王庙桥	荆州城南	明崇祯年间	
	万善桥	荆州城西 42 里	清康熙年间	
	双龙桥	在拖船埠	清康熙年间	
	铁路堤桥	荆州城东 55 里	清康熙二十三年	
	安乐桥	张家场	清康熙年间	
	通济桥	荆州城南	清康熙五年	
	秘师桥	荆州城西 10 里	清康熙四十七年	
	梅槐桥	荆州城西 30 里	清康熙四十九年	
	小北门桥	荆州城北门	清康熙年间	
	普济桥	纪南门外	清雍正十三年	
	猪市桥	荆州城南	—	
	双凤桥	荆州城南 4 里	雍正八年	乾隆四十四年江水冲没
	孟家桥	荆州城东 3 里	乾隆十五年	
	顺天桥	荆州城东 3 里	乾隆十八年	黄仕周领修
	紫金河桥	荆州城东 3 里	乾隆十九年	
	东关桥	荆州城东 4 里	乾隆十二年	
	沙桥	荆州城东 3 里的沙桥门	乾隆六年	郑昌言领建
	长安桥	沙市附近	乾隆十九年	旧名康济桥
	旦桥	—	乾隆十八年	
江陵县	三多桥	—	乾隆十七年	李德祚领修
	庆善桥	荆州城东 15 里白水铺	乾隆十五年	
	陟山已桥	荆州城东诸倪岗	乾隆十五年	
	关庙大桥	郝穴	乾隆九年	
	太平桥	荆州城南	乾隆元年	
	白龙桥	荆州城西南 4 里	乾隆十四年	
	里仁桥	荆州城南 5 里	乾隆十五年	
	太晕观桥	荆州城西 3 里	乾隆十三年	
	杨秀桥	荆州城西 40 里	乾隆六年	
	白鳝桥	荆州城南门外	清康熙四十年	
	龙陂桥	荆州城大北门外 15 里	乾隆年间	刘建熏领建
	塔儿桥	龙陂桥里许	—	
	通会桥	—		亦称红桥
	洪桥	将军府西北	—	
	倒流桥	龙山寺西南	—	
	袁家桥	西门外菜场	—	
	流水桥	荆州城西门外	不详	
	武安桥	荆州城公安门外	不详	
	分水桥	荆州城公安门外	不详	
	白水桥	荆州城城东 15 里	不详	

县别	桥名	地　点	兴建时间	备　注
江陵县	砖桥	沙市下 15 里	不详	
	安兴桥	荆州城 30 里城河口	不详	
	左黄桥	沙市下 30 里	不详	
	乐壤桥	—	不详	亦名和尚桥
	华张桥	荆州城东 50 里	不详	
	华筵桥	—	不详	
	倪军桥	—	不详	
	艾二桥	普济西北 7 里	不详	
	郭公桥		不详	
	熊家河桥	郝穴东北 15 里	不详	
	贺市桥	沙市下 40 里	不详	
	永兴桥	郝穴下 10 里	不详	
	盛家桥	荆州城南 5 里	不详	
	兆人桥	荆州城西 5 里	不详	
	马鞍桥	荆州城大北门外二里	不详	
	新埫桥	荆州城北	不详	
	板桥	荆州城北十五里	不详	亦名水阁
	掷金桥	龙湾市西	不详	
	东市桥	岑河	不详	
	小计 68 座			
监利县	师姑桥	堤东北 20 里	明正德年间	
	火把堤桥	火把堤	清嘉庆年间	
	马鞍桥	县东 15 里	明万历三年	
	砖桥	县东 15 里	康熙五年	
	龚家桥	县东南 60 里	明万历二十二年	
	陈阳桥	县东南 60 里	明崇祯年间	
	泯泥港桥	县东南 55 里	明万历年间	
	广济桥	南门外	明万历年间	亦名李公桥
	七心桥	县东南 80 里	明崇祯年间	
	祖师殿桥	县西 15 里	明万历年间	
	新桥	县西北 20 里	明万历年间	
	应星桥	县北门外	清康熙十九年	
	观音寺桥	县北 20 里	明崇祯年间	
	告口桥	县北 30 里	明万历八年	
	燕家桥	一在县东 15 里 一在县西 15 里	不详	
	太平桥	县东 30 里	不详	
	仙奕桥	县东 60 里	不详	
	汪家桥	县西北 50 里	不详	
	曹家桥	县东北 30 里林长河上	不详	
	满心桥	—	不详	

续表

县别	桥名	地　点	兴建时间	备　注
监利县	长林桥	—	不详	
	济众桥	—	不详	
	乾港桥	—	不详	
	兔儿湖桥	—	不详	
	小计 24 座			
潜江县	杨胥桥	县西 60 里古埠垸	明成化六年	
	永济桥	县东 15 里	明成化六年	
	利涉桥	县西南肖公庙	成化十五年	
	广济桥	县西五里	成化十年	
	通仙桥	县西南 80 里	弘治年间	
	普济桥	元妙观左	不详	
	王家桥	双家垸	不详	
	南桥	南门外通荆州	不详	
	西桥	在西门外通荆州	不详	
	永涉桥	在县西黄獐垸	不详	
	陶村桥	在县西南	不详	
	张荣桥	在县粟林垸	不详	
	胡家桥	在县西白伏垸	不详	
	小计 13 座			
洪湖县	市长仁桥	城南二十里	—	原名红腰桥
	百子桥	戴市西南	—	周维炳与妻洪氏、无子建桥，生子，故名
	三汊河桥	丰口	光绪十二年	邵庆彪等领修
	小计 3 座			
荆门	来龙桥	荆门城郊	康熙年间	兴建时间荆门城关镇老人耿铸九口碑
	合计 109 座			还有多座小桥未统计

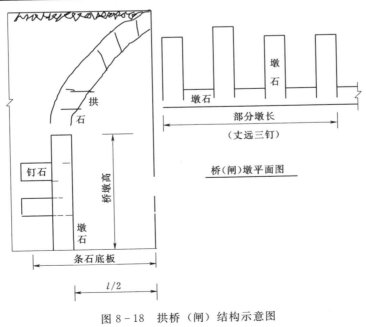

部分墩长

（丈远三钉）

桥（闸）墩平面图

图 8 - 18　拱桥（闸）结构示意图

在桥梁建设中，荆州城北的古梅槐桥、沙市的古白云桥和荆门的古来龙桥均为石拱结构，桥型美观，历久不损。

古白云桥又叫龙陂桥、乌龟桥（见图8-19）。它是明朝石匠彭浩之设计和参与建造的，因临近张孝子之墓，取"白云望亲"之意，故名白云桥。距今已有近五百年历史。古白云桥二战时被日本人的飞机炸毁，现在的桥身为1986年（丙寅年）10月1日重建。

图8-19 古白云桥（2010年摄）

（二）新中国成立后的桥梁

新中国成立后，四湖流域从20世纪60年代到1985年，结合水系整治，由水利部门兴建大小桥梁39座，完成土方62.10万立方米，砌石5100立方米，混凝土1.9万立方米，国家投资1652万元（表8-26）。特别是1970年建成汉沙公路跨东荆河和内荆河的两座大桥，改变了过去"凌洪不能渡，大水难行舟，隔河如隔天，渡河如渡险"的历史面貌。

表8-26　　　　　　　　四湖流域大中型桥梁基本情况表（1960—1985年）

编号	所属县（市、区）	桥名	总长/米	孔数	跨径孔/米	面宽/米	载重	桥型	投资/万元	兴建时间	备注
1	监利	陈沱桥	47.6	5	1～10 4～5	6.5	汽-13t	三架桥	—	1963年	
2		柘木桥	35.0	5	1～7.8 4～6.5	7.0	汽-13t	三架桥		1964年	
3		大兴桥	42.5	7	4	4	汽-13t	三架桥		1966年	周沟—余埠
4		谢家桥	41.6	6	4～5 2～7.9	6	汽-13t	三架桥		1975年	北口—新沟
5		龚场桥	39.5	1	25	4.6	汽-13t	桁架拱桥		1976年	
6		汪桥	68.0	7	7	6.5	汽-13t	三架桥		1965年	
7		红星桥	42.0	1	28	4.3	汽-13t	桁架拱桥		1977年	
8		林长河桥	69.0	3	15	6	汽-13t	桁架拱桥		1978年	
9		毛太大桥	80.6	3	20	6	—	双曲拱桥	50.00	1978年	汴河太平—毛市
10		周沟桥	146.0	1	35	10	汽-15t	双曲拱桥	60.00	1974年	
11	监利	汤河口大桥	83.9	3	3～27	8.5	汽-15t 挂-80t	桁架拱桥	31.33	1978年	跨西干渠汤河口
12		半路堤桥	95.0	5	15	8.5	汽-18t	平桥	51.00	1978年8月	
13		北口大桥	433.74	20	17～20 2～27.3 1～34.6	7	汽-15t	T形梁桥	264.00	1981年	

续表

编号	所属县（市、区）	桥名	总长/米	孔数	跨径孔/米	面宽/米	载重	桥型	投资/万元	兴建时间	备注
14	江陵	新河桥	52.0	5	9	5.6	汽－13t	平板桥	10.70	1965年	普济—沙岗
15	荆州	龙会桥	42.2	4	9	7.6	汽－15t	平板桥	—	1967年	
16		秘师桥	60.3	7	5	7.2	汽－13t	平板桥	—	1970年	
17		秘师中桥	44	3	1～20 2～7	10	汽－26t	丁型梁	—	1977年	
18	沙市	丫角大桥	71.6	3	20	7	汽－26t	平板桥	—	1970年	
19	沙市	杉桥门桥	47	3	1～2 2～7	7	汽－26t		—	1970年	
20	荆州	小北门桥	29	1	20	7	汽－15t	混凝土拱		1966年	
21	江陵	白马寺桥	44	1	30	6.2	汽－13t	混凝土板	—	1973年	熊河—林市
22	江陵	沙岗桥	63	1	30	10	汽－13t	双曲拱	—	1977年	普济—林市
23	荆州	观桥	67.7	1	40		—	双曲拱	—	1981年	荆州—马山
24	江陵	三湖大桥	70.5	3		8.5	—	—	47.00	1974年	
25	江陵	林垱桥	49.5	1	30	6.5	—	木桁架	—	1977年	熊河—林市
26	潜江	红军桥	144.4	7	4～20 3～16.8	7	汽－18t	组合梁		1966年	
27		潭沟桥	32.0	2	15	6	汽－18t	平板桥	4.22	1964年	老新口—西大垸
28		王场桥	40.0	3	10	7.5	汽－18t	平板桥	5.80	1964年	
29		中沙河桥	55.5	1	31	7	汽－15t	双曲拱	34.00	1980年	
30		积玉口桥	60.0	4	10	7	汽－18t	双曲拱	7.10	1979年	
31		熊口桥	69.0	3	1～19.4 2～20	6.6	汽－13t	组合梁	6.66	1964年	
32		东荆河大桥	1104.6	43	2～27 5～40 36～22	9	汽－26t 挂－60t	组合梁	293.0	1970年6月	
33		浩口桥	51.0	2	20	7	汽－26t	组合梁	11.70	1970年6月	
34		高场桥	25.1	1	20	7	汽－26t	工字梁微板	6.50	1970年6月	
35		冉集大桥	148.1	3	37.6	8.5	汽－15t 挂－80t	桁架、边拱桥	53.21	1980年7月	
36		田关河大桥	130.4	7	—	9	汽－13t 拖－60t	双悬臂	—	1966年7月	
37	洪湖	黄丝南桥	125.9	3	31.50	8		双曲拱	93.75	1974年12月	
38		沙口大桥	133.2	6	22.20	8	汽－13t	平桥	83.10	1977年1月	
39		小港桥	97.0	1	60	7.7	汽－13t	双曲拱	39.00	1972年	

四湖流域新建的桥梁结构新颖，多姿多彩。有传统的砖石拱桥，也有现代的双曲拱桥、桁架拱桥等。特别是桁架拱桥，它由双曲拱桥发展变化而成，经济美观，矢跨比小。1976—1981年，江陵、监利、潜江三县兴建5座桁架拱桥。其中冉家集总干渠大桥矢跨比为1：6.1。由荆州地区四湖工程管理局工程师镇英明主持设计、施工，于1978年建成的西干渠汤河口公路桥，属桁架拱桥，首次建于四湖流域干线公路，见图8－20。

20世纪80年代后，四湖流域治理工程投资减少，但陆路交通突飞猛进，不管是对桥梁的数量要求，还是对桥梁的质量要求越来越高，故大多由交通部门投资兴建。已建的桥梁进行更新改造或重

图 8-20 汤河口公路桥（1979 年摄）

建，并新建大量的公路桥梁。而由水利部门投资兴建的桥梁有 15 座，见表 8-27。

表 8-27 　　　　　　　　　　　四湖流域新建桥梁统计表（1985—2015 年）

序号	桥梁名称	所在河渠	桥长/m	桥面宽/m	设计荷载	建成时间
1	洪三桥	排涝河	99.00	10	汽-15t、挂-60t	
2	沙口大桥	排涝河	132.96	10	汽-15t、挂-80t	
3	毛太桥	排涝河	70.6	10	汽-10t、挂-60t	
4	半路堤桥	排涝河	102.00	9	汽-15t、挂-80t	1977 年建成、1999 年重建
5	彭家口桥	排涝河	145.00	9.5	汽-20t、挂-100t	2000 年 9 月建成
6	海唐桥	排涝河	70.6	7	—	
7	码头湾大桥	杨林山渠	125.00	9	汽-20t、挂-100t	2001 年
8	黄蓬山大桥	内荆河	225.00	9	汽-20t、挂-100t	1998 年
9	沙口桥	老内荆河	86.4	7.5	汽-15t、挂-80t	
10	陈家沟桥	陈家沟	50.00	7	汽-15t、挂-80t	
11	洪狮桥	四湖总干渠	345.00	9	汽-10t、履-50t	1999 年 5 月
12	九大河桥	九大河	75.00	9	汽-20t、挂-100t	2006 年 10 月
13	杨林山大桥	杨林山渠	125.00	7	汽-15t、挂-80t	1985 年 10 月
14	黄歇口大桥	四湖总干渠	180.00	6	汽-15t、挂-80t	
15	桐梓湖大桥	螺山渠	145.00	7	汽-15t、挂-80t	2000 年 11 月

第九章 防 汛 抗 旱

四湖流域上区为丘陵岗地，地面高程为 50.00 米左右，因其地势高亢，常受旱灾的威胁。中、下区域南、东、北三面为长江、汉江及其支流东荆河环绕，地势低洼，一般地面高程 24.00～32.00 米，每年 5—10 月汛期，江河洪水一般高于内垸耕地、村镇地面 5～8 米，全依四周堤防防御。汛期，除外江洪水高涨，同时也是四湖流域一年之内的主要降雨期，暴雨与洪水同期，极易造成渍涝灾害。因此，防汛抗旱工作成为四湖流域人民一年一度的头等大事。

明嘉靖年间，荆州知府赵贤创定《堤甲法》："夏秋防御，冬春修补，岁以为常。"此为四湖流域防洪史上见于记载最早的汛期防守和堤防管理制度。

清代，有防汛机构和规章制度的记载，州设同知，县设县丞、主簿和巡检。"每逢夏秋汛涨，由荆州府同知督江陵县丞领率所辖堤老、堤甲，在沿江堤防搭盖棚房，储放桩篓、芦苇、锹等器具，昼夜巡逻看守防护，并由道府同知督促"（清宣统《湖北通志·卷 42》）。清道光年间，四湖流域沿荆江各县设土局，每值汛期，则派局首数人率夫头及各垸垸首，驻堤抢险。

民国元年（1912 年），设立"荆州万城堤工总局"，总理荆江大堤修防事务。民国十五年（1926 年）后，沿江、汉干堤先后由省水利局和江汉工程局主持防汛事务。规定每年 6 月初至 10 月中旬为防汛期，可根据水情提前或推迟。汛期，由各县县长兼任防汛专员，区（乡）长任防汛委员，偕同修防处率堤董、堤保分派夫工防守。

新中国成立后，各级政府十分重视防汛抗旱工作，先后成立长江、汉江、东荆河修防处，负责四湖流域四周堤防的修防工作。1952 年 6 月，组建荆州专区防汛指挥部及长江、汉江、东荆河 3 个防汛指挥分部，实行集中统一领导，逐级分段负责的工作体制，集中全社会的力量抓好防汛抗旱工作，并渐次相沿成规。

1955 年 11 月，"湖北省四湖排水工程指挥部"和"荆州专区四湖排水工程指挥部"分别成立。除负责四湖流域工程治理外，同时承担四湖流域内垸的防洪排涝任务。1962 年 11 月四湖工程管理局成立，调度运用已建成的水利工程，解除四湖流域的洪涝旱威胁，成为其首要任务。1984 年后，荆州地委、行署以四湖工程管理局为基础，成立"荆州地区四湖防洪排涝指挥部"，后改称"荆州市四湖东荆河防汛指挥部"。1995 年湖北省水利厅以鄂水水〔1995〕320 号文，成立"湖北省四湖地区防洪排涝协调领导小组"，江陵、监利、洪湖三县（市）及荆州、沙市两区分别成立相应的指挥机构，负责"两湖"（长湖、洪湖）及六大干渠（总干渠、东干渠、西干渠、田关河、排涝河、螺山渠）的防汛抗灾工作。

1949 年时，四湖流域中下区共有大小民垸 913 个。1955 年以前，一方面集中主要精力防守长江和东荆河堤防，同时也要防守民垸堤防。1956 年以后，江水不再倒灌，民垸堤不再担负防洪任务。

新中国成立以来，四湖流域先后于 1950 年、1954 年、1969 年、1970 年、1973 年、1980 年、1983 年、1991 年、1996 年、1998 年、2002 年、2010 年、2016 年出现大涝灾，在四湖流域各级党委和政府的严密组织下，在各行各业的通力配合下，充分发挥水利工程的防洪减灾作用，把灾害损失降到最低程度。新中国成立后，四湖流域也出现过 1953 年、1959 年、1960 年、1961 年、1963 年、1972 年、1974 年、1978 年、1986 年、1990 年、1997 年、2000 年、2001 年、2011 年的大旱灾，受旱地区已由四湖上区向全流域扩展，说明在客水资源较为丰富的四湖流域，由于降水的时空分布不匀，以及气候变化和江河洪水条件发生变化，干旱具有增加的趋势。

第一节 防汛工作原则与任务

防汛工作原则，是随着水利工程防汛抗灾能力的不断增强，而分阶段制定新的防汛工作制度和准则，从而确定防汛任务。

一、防汛方针

1949 年 11 月，全国水利会议明确提出，水利事业必须"统筹规划，相互配合，统一领导，统一水政。在一个水系上，上下游、本（指干流）支流，尤应统筹兼顾，照顾全局"，从而确立防汛工作必须遵循团结协作和局部服从全局的原则。

1950 年，全国防汛会议提出"在春修工程的基础上，发动组织群众力量，加强汛期防守，以求战胜洪水，保障农业安全，达到恢复与发展农业生产的目的"。这次会议还规定防汛工作原则是："集中统一领导，左右岸互相支援，民堤服从干堤，部分服从整体；全面防守，重点加强；分段负责，谁修谁防。"同年，中南军政委员会防汛指挥部提出的防汛方针是："在岁修工程的基础上，发动组织群众力量，加强汛期防守，以求战胜洪水，保障农田安全，达到恢复与发展农业生产的目的。"

1951 年 4 月，政务院发布的《关于加强防汛工作的指示》中指出，防汛工作要提高预见性，防止麻痹思想；对异常洪水要预筹应急措施。汛期，湖北省人民政府发出指示，强调以江汉防汛为重点，提出"依靠群众，统一领导，重点防守，全面照顾，分段负责，谁修谁防"的原则。

1952 年，湖北省人民政府对防汛工作又进一步提出"集中统一领导，逐级分层负责；上下游统筹兼顾，左右岸互相支援；民堤服从干堤，部分服从整体；全线防守，重点加强，分段防守，谁修谁防"的原则。

1953 年，湖北省防汛指挥部提出"上下游兼顾，左右岸支援，民堤服从干堤，部分服从整体，全线防守，重点加强"的防汛原则。

1954 年 6 月，湖北省防汛救灾紧急会议提出"全面防守，重点加强，确保在防汛保证水位内不溃口，力争水涨堤高，战胜更大的洪水"的防汛工作原则，要求在任何情况下都要保证防洪安全。

1955 年，湖北省防汛指挥部制定"全面防守，重点加强，保证在现有基础上安全行洪，并争取在特殊情况下不溃决，以减轻或免除洪水灾害，保证农业丰收"的原则。20 世纪 50 年代中期，四湖流域防汛抗灾提出"大力发展组织群众加强防汛防守，以保障农田、发展农业生产为目的"的方针。至 20 世纪 50 年代末期，四湖流域逐步形成"全线防守，重点加强，水涨堤高；一般洪水全线防守，全线确保；特大洪水全线防守，重点加强"的防汛抗洪原则。

20 世纪 60 年代，随着水利事业的发展，四湖流域防汛抗灾由单一的堤防防汛转向对堤防、水库、涵闸的全面防汛抗灾。60 年代后期，中央提出"以防为主，防重于抢"的防汛工作方针。根据这一方针，四湖流域防汛工作形成"全面防守，重点加强，水涨堤高。一般洪水，全线防守，全线确保；特大洪水，全线确保，重点加强；大、中、小水库不准倒坝，即使超过校核标准的特大洪水，也要采取非常措施，保证大坝安全"的原则，当时提出，要不惜一切代价，确保江河堤防安全。

20 世纪 60 年代四湖流域原有的民垸已由新的水系所代替。四湖流域内垸的防汛任务主要防御长湖、洪湖围堤和六大干渠渠堤的安全以及流域内大、中、小型水库的安全。

20 世纪 70 年代，随着国民经济建设的发展，对防汛工作提出更高要求，四湖流域防汛工作提出"以防为主，防重于抢；全面防守，重点加强，水涨堤高；人在堤在，严防死守"的原则。

20 世纪 80 年代，四湖流域根据新中国成立 30 多年来的防汛抗灾的实际状况，将防汛原则调整为"以防为主，防重于抢；全面防守，重点加强"。

1988 年《中华人民共和国水法》颁布，防洪工作纳入到法制化轨道。用法律形式，规范防治洪水，依法防洪、防御和减轻洪水灾害，对保障人民生命财产安全和经济建设的顺利发展，具有重大而深远的意义。

1991 年，《中华人民共和国防汛条例》颁布，明确规定：防汛工作实行"安全第一，常备不懈，以防为主，全力抢险"的原则。

1994 年 7 月 6 日，湖北省人民政府发布 58 号令，颁布《防汛条例实施细则》，明确指出：防汛抗洪工作实行"立足防大汛、抗大洪、排大涝和安全第一、常备不懈、以防为主、全力抢险"的原则。

1995 年汛期，湖北省委、省政府提出要确保"在防洪标准以内，不溃一堤、不失一垸、不倒一坝、不失一闸（站）。即使出现超标准特大洪水，也要千方百计把损失减少到最低限度"的防汛目标。1996 年四湖流域防洪原则是"全面防范、重点加强、严防死守、全力抢险"。

1998 年长江流域出现全流域性大洪水，超警戒水位堤防之长，水位之高，时间之久，为 1954 年来所罕见。为夺取防汛斗争的胜利，湖北省防汛指挥部最初提出，防汛抗洪的指导原则是"严防死守，全抗全保，不溃一堤，不丢一垸，不损一闸站"。随着长江水雨情形势的变化，党中央、国务院果断提出，"坚定不移地严防死守，确保长江大堤安全，确保武汉等重要城市的安全，确保人民生命财产安全"的防洪总方针。

2010 年 5 月，四湖流域防汛工作指导方针是："在标准洪水内，确保不溃一堤、不倒一坝、不损一闸（站），确保人民生命财产安全，确保城乡和交通干线防洪安全。"

四湖流域防汛抗洪工作立足于防大汛，抗大灾，未雨绸缪，精心部署，落实各项准备工作。洪水发生时，动员军民全力抢险，强调江湖两利，团结防汛抗灾，以最大限度地减少灾害损失。

二、防汛任务

（一）湖泊防汛任务

四湖流域的湖泊为汛期调蓄洪水、削减河流洪峰，发挥显著作用。新中国成立后，由于过度围湖造田，湖泊面积缩小，降低调蓄功能，加剧洪涝灾害的发生。

（1）设防水位。此水位是湖泊堤防开始防汛的布防标准。一般为洪水位开始平滩和部分堤脚挡水，堤防可能出现险情。达到设防水位标准时，防汛工作进入实战阶段。防汛专班和少数劳力（特别是堤防管理人员）要按时到岗就位，做好准备工作，对堤防、涵闸、泵站进行布防，严密监测各类水工程的变化和汛情发展状况。

（2）警戒水位。此水位是湖泊堤防加强防守的较高水位。一般为洪水普遍漫滩或接近堤身，堤防险情逐渐增多，需严加防守戒备，按规定上齐上足劳力。达到警戒水位时，各级防汛部门要加强领导，增加防守劳力，实行昼夜巡堤查险；险工险段重点防守，消除隐患，保证堤防安全。同时组织抢险突击队，备足抢险物料，随时做好抢大险的准备。对出现的险情，及时上报的同时，组织专业技术人员制订抢险方案，集中力量抢险排险，把险情消除在萌芽状况。

（3）保证水位。此水位是保证湖泊堤防及其建筑物安全挡水的上限水位，也是布防标准最高的水位。四湖流域防洪标准是根据湖北省的防洪规划大纲，按照分级管理的原则，分级制定布防标准，洪湖、长湖库堤由地市防汛部门根据工程现状制定布防标准报省备案，主要干支渠堤及民垸围堤由县（市、区）防汛部门制定布防水位标准。当江河水位达到保证水位时，防汛抗灾斗争进入关键时刻，需要紧急动员全社会力量，一切服从防大汛、排大险，全力投入防汛抗灾工作，不惜一切代价确保堤防和人民生命财产安全。当洪水超过设定的水位时，根据洪水调度方案，做好紧急运用分蓄洪区的准备工作，及时采取分洪措施，确保重点堤防和重要地区的安全，把洪灾损失减轻到最低限度。运用湖泊和分洪区调蓄，也要把重要堤段洪水位控制在不超过保证水位。

1980年，四湖流域发生严重洪涝灾害，沿湖部分围垸被迫分洪，农业损失惨重。灾后，荆州行署把湖泊防洪排涝工作提到重要议事日程，明文规定长湖习家口设防水位31.50米，警戒水位32.00米，保证水位32.50米；洪湖挖沟嘴设防水位25.40米，警戒水位25.90米，保证水位26.20米。

因长湖、洪湖围堤不断整险加固，抗洪能力逐年提高，防汛水位特征值也应作适当调整。2011年，湖北省人民政府以"鄂政发〔2011〕74号"文明确长湖、洪湖的控制运用标准。长湖特征水位：设防水位31.50米，警戒水位32.50米，保证水位33.00米，汛前控制水位30.50米，汛期蓄洪限制水位31.00米。洪湖特征水位：设防水位25.80米，警戒水位26.20米，保证水位26.97米（见表9-1），汛前控制水位24.20米，汛期蓄洪限制水位24.50米（每年5月1日至8月31日）、25.50米（9月1日至10月15日），非汛期洪湖越冬水位24.00～24.50米。当洪湖水位超过26.50米，水位仍继续上涨时，四湖中下区的高潭口、新滩口、南套沟、螺山、杨林山、半路堤、新沟、老新、大沙等一级泵站都应服从统排调度，投入流域排水，保证湖堤安全。

表 9-1			长湖、洪湖防汛水位特征值			单位：m
湖名	汛限水位	设防水位	警戒水位	保证水位	历史最高水位	历史最低水位
长湖（习家口）	31.00	31.50	32.50	33.00	33.45（2016年7月23日）	28.39（1966年9月）
洪湖（挖沟嘴）	24.50	25.80	26.20	26.97	27.19（1996年7月25日）	22.20（1961年7月）

（二）汉江东荆河防汛任务

1999年，荆州市四湖防汛排涝指挥部更名为荆州市四湖东荆河防汛指挥部，东荆河防汛任务纳入四湖防汛抗灾体系。

东荆河是汉江的主要支流，其洪水来源于汉江。汉江洪水主要由暴雨形成，与年内降雨季节同步，洪水具有明显的季节性，有夏汛（6—8月）与秋汛（8—10月）之别。夏汛（也称前期洪水）历时短、洪峰高大，且经常与长江洪水发生遭遇，其典型的有1954年洪水。秋汛（也称后期洪水）汇流时间长，洪峰次数多，流量相对较小，但洪量大，历时较长，与长江洪水遭遇概率小，1960年10月、1964年10月、1983年10月洪水是此类洪水。由于丹江口水库拦洪和调蓄作用，汉江中下游河段洪水特征较建库前有明显改变，水位年变幅减小，汉江沙洋站建库前水位最大年变幅12.03米，建库后减少至8.38米。同时，汉江中下游的堤防防洪能力也有所提高。为确保汉江遥堤和重要干支堤的度汛安全，1964年大水后，省防指确定的汉江防汛标准至今没有改变。汉江钟祥皇庄站设防水位47.00米，警戒水位48.00米，保证水位50.62米；沙洋站设防水位40.80米，警戒水位41.80米，保证水位44.50米；岳口站设防水位36.90米，警戒水位37.90米，保证水位40.62米；仙桃站设防水位34.10米，警戒水位35.10米，保证36.30米。

东荆河下游改道工程实施后，加上1998年洪湖分蓄洪区围堤加高培厚，下游洪湖的万家坝、民生闸水位有所调整。东荆河潜江站设防水位38.40米，警戒水位39.70米，保证水位42.11米；新沟嘴站设防水位35.70米，警戒水位37.00米，保证水位39.04米。洪湖万家坝站设防水位由1968年前的31.00米提高到32.00米；警戒水位由32.80米提高到33.30米；保证水位由35.20米提高到35.41米。民生闸设防水位28.00米，警戒水位29.00米，保证水位31.48米，见表9-2。

（三）主要干渠渠堤防汛任务

四湖流域主要排水干渠有六条，即四湖总干渠、四湖西干渠、四湖东干渠、田关河、排涝河、螺山渠。以上渠道的两岸渠堤堤线长为908.44千米，保护的农田面积大，加之这些渠堤修筑的年代久

表 9-2　　　　　　　　　　汉江、东荆河防汛水位特征值表　　　　　　　　　单位：m

站名	设防水位	警戒水位	保证水位	站名	设防水位	警戒水位	保证水位
皇庄	47.00	48.00	50.62	新沟嘴	35.70	37.00	39.04
沙洋	40.80	41.80	44.50	万家坝	32.00	33.30	35.41
岳口	36.90	37.90	40.62	白虎池（民生闸）	28.00	29.00	31.48
潜江（陶朱埠）	38.40	39.70	42.11				

远，基本上是破湖筑堤，堤质差，每当出现大水年份，渠堤的防汛任务也十分艰巨。

1. 四湖总干渠（包括下内荆河）

四湖总干渠长 185 千米，两岸堤防约 370 千米，分别以豉湖渠（沙市区）站，渡佛寺（江陵县）站、黄歇口（监利县）站、福田寺防洪闸（监利县）站，小港湖闸（洪湖市）站为控制点，各自的设防、警戒、保证水位见表 9-3。

表 9-3　　　　　　　　　四湖总干渠防汛水位特征值表　　　　　　　　　　水位：m

站　名	豉湖渠	渡佛寺	黄歇口	福田寺防洪闸（闸上）	小港湖闸（闸下）
设防水位	29.70	29.70	27.50	27.00	25.5
警戒水位	30.20	30.20	28.00	27.50	26.00
保证水位	30.64	30.64	28.96	28.05	26.50
出现最高水位时间				29.07（1991 年 7 月）	28.32（1996 年 7 月）

2. 四湖西干渠

四湖西干渠长 90.65 千米，两岸堤防长 181.3 千米，分别以彭家河滩闸（江陵县）站、汪桥（监利县）站为控制站，其设防、警戒、保证水位见表 9-4。

表 9-4　　　　　　　　　四湖西干渠防汛水位特征值表　　　　　　　　　　水位：m

站　名	彭家河滩闸（闸上）	汪　桥
设防水位	30.50	27.50
警戒水位	—	28.00
保证水位	—	29.16
出现最高水位时间	30.01（2003 年 7 月）	29.41（2003 年 7 月）

3. 四湖东干渠

四湖东干渠长 60.26 千米，两岸堤防长 120.52 千米。东干渠在高场与田关河交叉，通过高场南、北闸与田关河分合又通过高场倒虹管连成整体。以田关河为界，北为上东干渠，南为下东干渠。东干渠以高场南闸站为控制水位站，其设防水位为 31.80 米，警戒水位 32.20 米，保证水位 32.50 米。

4. 田关河

田关河西起长湖刘岭闸，东抵田关汇入东荆河，地跨荆门、潜江两市，全长 30.46 千米。其中荆门 1 千米，潜江 29.46 千米。田关河以高场南闸站为控制水位，其设防水位 31.80 米，警戒水位 32.20 米，保证水位 32.50 米。

5. 排涝河

排涝河是洪湖分蓄洪工程项目之一，从监利县长江干堤半路堤起，至洪湖市高潭口接东荆河，全长 64.82 千米，其中监利县境长 27.82 千米，洪湖市境长 37 千米。排涝河以万全站为控制水位站，其设防水位为 25.50 米，警戒水位为 26.20 米，保证水位 26.50 米。出现过最高水位 26.50 米。

6. 螺山渠

螺山渠北起四湖总干渠南堤宦子口，南抵长江干堤螺山电排站，全长 33.25 千米。螺山渠一河两堤，东堤为洪湖围堤，防止湖水倒灌，西堤为防溃堤防渠水漫溢、洪湖围堤以桐梓湖站为控制水位站，其设防水位为 25.50 米，警戒水位为 26.50 米，保证水位 27.00 米。1996 年出现 27.16 米最高洪水位。

第二节 防 汛 机 构

1950 年 5 月，第一届全国防汛工作会议召开，会议明确各地防汛工作以地方行政机构为主体，防汛组织领导实行"集中统一领导，逐级分段负责，建立统一的防汛机构"。1955 年 12 月成立湖北省四湖排水工程指挥部，这一机构当时即是流域开发建设管理机构，同时又是流域防汛指挥机构。1956 年，湖北省四湖排水工程指挥部改为荆州专署四湖排水工程指挥部，其工作职能由荆州专署接受。

1962 年 11 月在排水指挥部基础正式成立荆州地区四湖工程管理局，集中统一进行防汛抗灾和治理水患的工作。江陵、潜江、监利、洪湖四县相继建立四湖排水分指挥部，在荆州地区防汛指挥部的领导下，负责所辖区域的防汛抗灾和治理建设工作。县防汛指挥机构，一般由县长任指挥长，县委书记任政委。县指挥部一般将河、湖堤防划分若干防汛分段，由乡（区）长任分段长，负责所辖段防汛工作。1956 年撤区并乡，以原区管理段为基础，相应成立若干分部，指挥长由县委派或区长担任，副指挥长由区管理段长担任。1968—1972 年间，各县指挥长由县人民武装部部长或政委担任，地方党政领导干部任副指挥长。1975 年撤区并社，又以公社为单位成立指挥部，由公社主要领导任正副指挥长；沙市市则以街道为单位，分设防汛指挥部。

1982 年 4 月，成立荆州地区四湖防洪排涝指挥部，荆州行署副专员任指挥长，副指挥长由四湖工程管理局局长，以及各有关部门的负责人担任。指挥部下设防汛办公室，配有专职干部常年办公，此后成为常规。指挥部于汛前成立，指挥部成员汛前到岗领职，汛后停止工作（汛期 4 月 15 日至 10 月 15 日）。四湖流域所属江陵、潜江、监利、洪湖等县也相应成立四湖（长湖）防洪排涝指挥部，分别以工程管理段为办事机构，处理汛期日常事务。1984 年、1995 年二次行政区划调整，荆州地区原荆门、潜江二市分别上收省直管，成立荆门市长湖防汛指挥部和潜江市四湖防汛指挥部，负责处理所辖长湖、四湖区域的防汛事务。1995 年荆州地区、沙市市合并为荆沙市，成立荆沙市四湖、东荆河防汛指挥部。1997 年荆沙市改为荆州市，荆沙市四湖、东荆河防汛指挥部改称荆州市四湖、东荆河防汛指挥部。为协调行政区划变更后四湖流域的防汛抗灾工作，1995 年湖北省水利厅以鄂水〔1995〕320 号文，成立湖北省四湖地区防洪排涝协调领导小组，由省水利厅副厅长任领导小组组长。领导小组下设办公室，办公地点设在荆州市四湖工程管理局，其机构组成见图 9-1。2005 年，协调领导小组改为省四湖流域管理委员会，委员会下设办公室。管理委员会主任由省水利厅厅长担任,办公室主任由分管副厅长担任,荆州市、荆门市、潜江市政府领导和水利厅有关处室、厅直单位和市、县、区水利单位负责人任成员。荆州市四湖工程管理局承担此机构办公室日常工作。

各级防汛指挥机构,汛前负责作好检查,制订工作计划,组织整险和查加土方,筹措防汛器材,宣传防汛工作有关法规和知识,组织防汛队伍,划分防守堤段,传授抢险技术,做好河道清障和分蓄洪准备工作;汛期掌握水、雨、工情,做好测预报工作,组织和检查巡堤查险及抢险,随时传达贯彻执行上级指示和命令,清理补充防汛器材,整顿防汛队伍,观测记载水情、险情;汛后进行资料整编和防汛总结,作好财务清理、结算,落实好所剩器材的保管工作。

1998年《中华人民共和国防洪法》颁发实施,防汛工作实行行政首长负责制。四湖流域各市、县、区级防汛指挥部,由所在地政府派专人任指挥长,另有副指挥长若干名。一般洪水年份,流域市级防汛指挥部下设防汛值班组、水情预报组、工程抢险组、物资器材组、通信保障组、后勤保障组等。流域市、县、区防汛机构根据实际情况设立防汛内设办事机构。大水年份,市级流域防汛指挥部还在长湖、洪湖设立前线指挥部,或设立险情应急抢险指挥部。

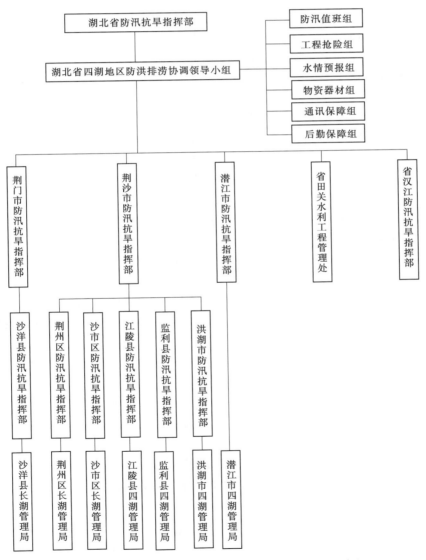

图 9-1 四湖流域防洪排涝指挥机构框架图(1995年)

第三节　汛前准备和汛期防守

一、汛前准备

为战胜可能发生的洪涝灾害，四湖流域各地各级党政领导和各级防汛抗旱指挥机构、水行政主管部门和工程管理单位每年立足于防大汛、排大涝、抢大险，在汛前和汛期认真做好思想、队伍、器材、通信、水雨情报和防汛预案等各项准备工作，汛期全力防守和抢险抗灾。

（一）思想准备

每年汛前，各级防汛抗旱指挥部门都要召开专门会议，专题部署当年的防洪、排涝、抗旱工作，通过广播电视、报刊等多种形式进行宣传教育，增强全民的水患意识，做好防大汛、排大涝、抗大旱、抢大险的准备，向广大干部群众宣传防汛抗旱工作的重要意义，从而使广大干部和群众克服麻痹思想和侥幸心理，树立起团结协作，顾全大局的思想，坚定抗洪保安定、抗灾夺丰收的信心，力争取得全年防汛抗旱工作的胜利。

（二）组织准备

防汛抗灾工作实行行政首长负责制，每年汛前，市、县（市、区）、乡（镇）三级政府都要行文成立防汛抗旱指挥部。四湖流域防汛抗旱指挥部一般由分管水利工作的副市长担任，各县（市、区）则根据不同的情况，由党、政副职担任。指挥部的成员单位一般有水利、工程管理、气象、物资、电力、交通、卫生、公安、农业等部门参加，水利、工程管理部门主要负责防汛调度，水雨工情的预测与报送，主动当好指挥部的决策参谋。其他各部门则根据各自的工作职能通过合作，积极配合搞好防汛抗旱工作。指挥部于每年4月15日开始履行工作职责，各级防汛抗旱指挥部成员到岗到位，明确工作任务，定点定段，确保目标任务的落实。实行行政首长负总责，分管领导具体抓。在实行水利工程建设四制（项目法人责任制、招投标制、工程监理制、项目合同制）后，对工程项目实行建、管、防一体化的责任制。

（三）工程准备

（1）设备维修保养。四湖流域的防洪、排涝、抗旱主要依靠涵闸泵站和排水渠道，一旦出现大的洪涝灾害，必须保证涵闸启得开，泵站转得动，渠道排得出水。每年汛期结束后，各涵闸，泵站、渠道管理单位要根据当年工程运行的情况，对所有机电运行设备要进行年度更新，维修和保养，为次年的防汛抗灾作准备。

（2）汛前检查。汛前，水利工程专管人员要对所辖堤段堤脚、堤坡、堤面等部位进行徒步检查，做到不漏一个部位；组织技术人员对涵闸、泵站、水库枢纽工程进行认真监测，不漏一项工程设施。凡检查的部位和设施均登记造册、建档立卡，汛期全程负责，认真落实安全度汛措施。发现险情，迅速报告，并研究方案，及时落实整险责任和抢险队伍，消除隐患，不使工程带病入汛。一时难以除险或在建工程，认真制定应急方案，并落实好安全度汛措施，汛后抓紧进行整险加固、完成建设任务。

（3）整险除险。汛前，抓紧有利时间整险，俗称汛前查加。凡列入整险计划的堤、闸、站等工程，均定领导、定劳力、定责任、定措施、定时间，现场督办，限期完成任务。整险强调质量管理，抓好各个环节的工程施工，一环扣一环，确保质量按规程标准安全到位。涵闸、泵站配齐备足备品备件，确保安全运用。整险完建工程严格把好验收关，凡未达到设计要求的责令坚决返工，直至达到质量要求。

（4）依法清障。对河湖沟渠违法设置影响行洪的障碍物，各工程管理单位，逐一检查，依法严肃处理。按照"谁设障、谁清除"的原则，在汛前限期彻底清除，确保汛期水流畅通。

（四）队伍准备

建立健全各级防汛专班，调整防汛机构人员，充分发挥其在防汛抗旱中的作用。每年汛前，各级防汛抗旱指挥部都要举办防汛抢险培训班，培训防汛抢险技术人员，提高工作业务水平和能力。

各市、县、区防汛指挥机构按照防守要求配备一、二、三线劳力，保证汛期有充足劳力可供调配。1952 年前，防汛劳力一般按受益田亩负担，多受益多负担，少受益少负担。汛期，以县、区、乡、村为单位将防守劳力编成大队、中队、小队，分别按设防、警戒和保证水位组成一、二、三线梯队，随水情预报上堤布防。1953 年荆州专区发布的《水利工程动员民工办法》草案规定，水利工程修防按劳产负担。在一定范围内，将全年水利负担按总劳力、总产量为单位分配任务。20 世纪 60 年代中期改为人田比例负担，受益范围内总人口负担 30％，总田亩负担 70％。设防水位以下时，由堤防管理部门自行防守；达到设防水位时，各县（市、区）上一线劳力，江河堤防每千米 6～10 人，湖泊堤防每千米 3～6 人，由分管水利的副县（市、区）长、副乡（镇）长及水利堤防部门干部带领设防；达到警戒水位时上二线劳力，江河堤防每千米 30～50 人，湖泊堤防每千米 20～30 人，由各县（市、区）长、乡（镇）长带领设防；达到保证水位时，上三线领导劳力，江河堤防每千米 80～100人，湖泊堤防每千米 40～70 人，各级党政一把手上堤；超过保证水位时全民动员，全力以赴，严防死守。重要险工、涵闸、泵站按 30～50 人布防，专班防守，对重点险工险段派专人坐哨。1995 年为减轻农民负担，开始向有劳动能力的城镇居民征收防汛费。2000 年以后，县、乡二级开始组织专业防汛抢险队伍，所需资金在防汛费中解决。2010 年调整江河、湖泊堤防防汛水位特征值，只设警戒和保证水位，警戒水位以下由各级分管指挥长与水利专班组织防守。大型水库一线 100～200 人，二线500～1000 人，三线 1000～1500 人。中型水库一线 30 人，二线 50 人，三线 100 人。小型水库根据需要组建防汛队伍。每年汛期，除防汛劳力和专业抢险队伍外，各县（市、区）还组建一批训练有素、技术熟练、反应迅速、战斗力强的抢险突击队，每支突击队配备 80～100 名专业抢险人员。1997 年，国家防总在荆州组建机械化抢险队，配备专用货车和船只，以防汛抢险为主兼有抗旱服务的功能。

防汛工作中加强军民联防，警民联防。从 1950 年开始建立军民联防制度，在各级防汛指挥部统一指挥下，军民团结抗洪，战胜了一次又一次的大洪水。人民子弟兵发扬一不怕苦、二不怕死精神抗大灾、抢大险，为夺取防汛抗旱斗争胜利做出重大贡献。

（五）预案准备

为满足四湖流域防汛抗旱需要，将洪、涝、旱灾害损失减至最低限度，根据国家、省、市防汛抗旱指挥部的有关法规和四湖流域防汛抗旱实际情况，各级防汛部门不断更新完善防汛抗灾预案。预案主要包括防御外江洪水的防洪预案、湖泊堤防及穿堤建筑物防守和抢险预案、涵闸封堵预案、水雨情预测预报预案、物资储备调运及后勤保障预案、分洪转移预案等。紧急情况下，防汛抗旱指挥机构启动应急响应机制，调动全社会参与防汛预案执行等，各级防汛部门和有关责任单位严格按照预案要求有序地开展工作，落实各项责任和措施。

自 20 世纪 70 年代开始，四湖流域先后建成 10 多座大型电力排水泵站。但由于这些泵站分属于不同的层级管理，一旦出现大的涝灾，则有的各自为政，难以统一调度运用。经 1991 年大水的考验，1992 年 6 月 30 日，湖北省政府以鄂政发〔1992〕76 号文，转发《湖北省大型排涝泵站调度与主要湖泊控制运用意见》，明确了四湖流域大型泵站的调度运用原则，以及调度运用方案，并要求各地各部门一定要从大局出发，严格执行有关规定，坚持调度原则，切实做到令行禁止，团结一致，齐心协力，为防汛排涝工作做出积极的贡献。

1994 年，荆州地区改为荆州市，荆门、潜江先后成市划出荆州市行政范围，四湖流域由单一的荆州地区范围，变为涉及荆州、荆门、潜江三市的行政区划。政区虽变，但水系难分，为保证流域内大型排涝泵站和主要湖泊汛期科学、经济、安全运行，充分发挥水利工程效益，更好地保护四湖流域经济发展和人民生命财产安全，湖北省政府于 1995 年 5 月 21 日以鄂政发〔1995〕68 号文《批转省水利厅关于四湖地区防洪排涝调度方案（试行）的通知》，要求四湖流域的有关市、县必须从大局出发，团结治水，服从调度，密切配合，为保护人民生命财产安全，促进经济发展作出贡献。

四湖流域防洪排涝重点在中、下区，为进一步明确和细化四湖中下区的防洪排涝调度方案，1996

年6月24日，湖北省防汛抗旱指挥部以鄂汛字〔1996〕15号文批转《四湖流域中下区防洪排涝调度方案（试行）》。

2005年，荆州市防汛指挥抗旱指挥部以荆汛〔2005〕11号文，发布《荆州市沿江涵闸和流域性涵闸调度运用意见》。

2011年12月3日，省政府以鄂政发〔2011〕74号文批转省水利厅《湖北省大型排涝泵站调度与主要湖泊控制运用意见（修订稿）》。1992年颁发的《湖北省大型排涝泵站与主要湖泊控制运用意见》同时停止使用。

2015年6月30日，荆州市防汛抗旱指挥部办公室以荆汛办〔2015〕6号文作出《关于〈四湖流域防洪排涝预案〉的批复》。

（六）资金准备

四湖流域防汛资金多以地方政府自筹和民筹为主，各防汛部门每年列支一笔专门的资金计划用于防汛开支，汛期确保分配或配套的防汛资金到位，并做到专款专用。遇大灾则申请当地政府增补资金使用计划，或由上级政府拨付特大防汛经费。1995年，湖北省人民政府发文明确规定防汛是全社会的事，每个公民都有参加防汛的义务，对城镇企事业单位职工、个体工商者和有劳动能力的城镇居民征收防汛费，由防汛指挥部委托专门的部门负责征收。已到位的防汛资金做到专款专用，不准挪作他用。财政、审计部门对防汛资金进行专项审计。

（七）器材准备

防汛器材分为国筹器材和民筹器材。国筹器材有砂石料、麻袋和编织袋、土工织物、炸药、元丝、元钉、油料、救生衣等；民筹器材有木桩、棉絮、稻草等。国筹器材由水利工程管理单位投资储备，或由商业、供销、石油等部门储备，防汛抢险时紧急调用，汛后由防汛部门结算。20世纪60年代国家就开始筹备少量砂石料。20世纪70年代，国家负责大江大河的整险加固和少量的防汛物资器材。支民堤和水库、湖泊的防汛资金和器材由地方政府自筹和民筹为主。20世纪80年代后，国家加大对防汛抗灾资金物资投入。民筹器材主要包括沿堤乡镇、村按要求储备一定数量物资器材。进入21世纪后，四湖流域各级防汛指挥机构开始集中建立防汛物资储备仓库，有计划、有程序采购所需防汛抢险物资器材，以备应急调用。

二、汛期防守

四湖流域河湖堤防战线长，各堤段堤基地质条件各异，因此，加强汛期防守，切实做好巡堤查险，确保各类水利工程度汛安全，是防汛工作的首要任务。汛期防守工作关键是抓好"精心查险、科学判险、及时报险、全力抢险、坐哨守险"五个环节。同时要求严格遵守防汛纪律，坚决服从统一调度和指挥，加强值班和交接班制度执行，认真落实责任。并加强问责，实行责任追究制度。

（一）巡堤查险

巡堤查险是防汛工作的重要环节，是确保安全度汛的根本所在，必须认真对待，严格落实。巡查内容包括检查堤顶、堤内外坡、堤脚有无裂缝、脱坡、跌窝、浪坎、渗漏、管涌等险情发生；坡岸砌护工程有无裂缝、崩坍现象；水工建筑物有无裂缝、位移、滑动、漏水等现象以及蓄水反压的渠道水位升降情况和运行是否正常等。查险范围为：距堤内禁脚、湖渠堤脚100米为巡查范围。检查范围内的水塘、水沟、水井、水田等低洼地段应重点检查。汛情紧急时，内外堤坡、堤身上下、禁脚、工程保护范围一起查。巡查人员每班6～8人组成，由干部带队，以成排间隔形式排查，并指定专人作好巡查记录。巡堤查险实行昼夜轮班不间断，严格交接班制度，上下班要紧密衔接，不得出现空档。查险人员相对固定，接班人员提前到岗，与交班人员共同作好交接班工作。交班人员将本班巡查了解的情况及可能出现的问题向接班人员交代清楚。相邻两队交界处必须进行搭接巡查，两队一般相互重叠巡堤10～20米，并建立两队定时碰头互通情报机制。

（二）险情报告

险情发现和传递要求做到"及时、准确、全面、清楚"，即发现险情上报及时，数据准确无误，资料全面真实，总体描述清楚。一般为逐级报险，特殊情况可越级报险。险情书面报告既要全面，又要简明扼要。重大险情和特殊险情还要增加地质资料、附图及其他补充资料。报告险情的基本内容可归纳为 13 项，即：堤别（或河岸别）、地点、桩号、出险时间、险情类别、险情尺寸、堤内外水位、堤顶高程与宽度、堤外滩高程与宽度、堤内地面高程、已采取措施、现实状态、防守情况等。

（三）险情抢护

发现险情要迅速研究，根据险情性质，提出具体的抢护方法，立即实施，尽量把险情消灭在萌芽状态。四湖流域河湖堤防多座落在砂基之上，堤身土质含砂重，堤身隐患较多，险情种类主要有：管涌、清水漏洞、浑水漏洞、散浸、崩岸、裂缝、脱坡、跌窝、浪坎及涵闸泵站险情、水井险情等 10 种。险情处理必须判断准确，方法得当，措施得力，抢护及时，物资器材备足。险情得到控制后还须设坐哨 24 小时不间断观察保安全，直至汛期结束。

在多年防汛抢险实践中，广大人民群众总结一套行之有效的巡堤查险办法，即"三快"（发现险情要快、报告险情要快、抢护险情要快）、"三清"（险情要查清、险卡要记清、报警抢险要说清）、"五到"（眼到、手到、耳到、脚到、抢险工具到）、注意"五时"（黎明时人最疲乏、吃饭时思想最麻痹、换班时巡查容易间断、黑夜时看不清容易忽视、狂风暴雨时出险不容易判断）。

第四节　水雨情测报与防汛通信

水雨情报是指挥防汛抗灾的重要依据。防汛通信是联络上下和传递信息的重要工具，对保障防汛安全、正确决策具有重要作用。

一、水雨情测报

（一）新中国成立前水雨情测报

水情测报早在清乾隆时期便进行记录，据《荆州府志》载：乾隆五十二年（1787 年），大学士阿桂"筑堤外石矶（杨林矶）以攻窖金洲之沙，立标尺以志水势，每汛期凭以报验"。江陵郝穴渡船矶附近至今仍存有清代水尺石刻遗迹。

清代水雨情预报及其传递的方法是，每到江水漫滩时，"各堡门前设小志桩一根，随时查看涨落，递报下段。报汛员按三日一次汇报道、府、县，如遇陡涨陡落之时，堡夫刻速飞报，由汛员随即转报道、府、县，不在三日汇报之列"。并规定"自四月初一日起至霜降止，将荆江涨落尺寸、按五日填单通报"。（清光绪《荆州万城堤志·防汛》）

民国时期，仍沿用清代传签方式传递水情信息，规定"各局传签报水，自阳历六月起至九月止，均责成堤警、签夫昼夜严密上下梭巡，勿稍延误"。传签限定地点，并分纵横传递。纵传，即"无论上（游）传下（游）传，均须按签板上所定时刻，送至各管工段地点。堤警签夫每班三人，严密梭巡，一人堤顶行，一人堤内斜坡行，一人内脚行。无论晴雨，不得稍涉懈怠，违者从严究办"。横传，即"报水公署局所，如荆州城江陵县及沙市水陆警察、商会、法院等处，并驻防师旅团部"。如遇紧急情况后，则派人驰马报急，或鸣锣报警，各方闻警而动。（民国《荆江堤志·防汛》）

1903 年，沙市设立海关水尺，开始有实测水位记录，逐日定时观测水位，并将记录整理成水位公报。1926 年后，荆江河段先后设立太平口、郝穴等水位站。1931 年长江出现大水，水文观测逐步引起重视，水文观测项目由水位发展到降雨量、水位、蒸发量等，并进行资料整理刊布。沙市水位站自 1903 年设站后连续测至 1939 年，因日军侵华而停止观测，致水文数据不完整，直至1947 年始恢复观测。1929 年，汉江、东荆河在钟祥、沙洋、岳口、泽口、陶朱埠设立水尺观测水位。1936 年 8 月设立碾盘山水文站（1973 年迁至皇庄渡口），1938 年 8 月撤销位于皇庄董家巷的钟祥站。

清朝、民国时期，四湖流域内垸堤防以垸为单位自行防守。遇到险情则鸣锣、打鼓、放烟火为信号，垸民迅速向出险点集中。

（二）新中国成立后水雨情测报

1. 外江水情测报站点

新中国成立后，四湖流域汛期水位情报主要来自于长江、汉江上游干流及各支流控制站。长江接收水位情报报汛站主要有寸滩、万县、宜昌及上游重要支流控制站高场、北碚、武隆、李家湾等，支流有清江、沮漳河及荆南四口、四水；汉江接收水位情报的报汛站主要有中下游的丹江口、碾盘山、新城、岳口、仙桃以及东荆河的陶朱埠等测站。

1950年，长江委在荆江河段设立沙市、窑圻垴、监利城南、城陵矶、螺山等水位报汛站，荆州专区在观音寺、万城两处设立水尺，1952年又在金果寺、周公堤、郝穴、祁家渊、李家埠和杨家尖6处安设汛期水尺。

1954年汛期，防汛部门又在长江大堤沿线各涵闸加设临时水尺观测水位。江陵县在文村夹、窑湾、御路口、柳门等处设有临时水尺；监利县在长江干堤上车湾、陶市、尺八、引港等处设立临时水位观测站，其后改设在流港（人民大垸）、何王庙、孙良洲（三洲联垸）、白螺矶等处。

20世纪60年代，万城闸、观音寺闸、颜家台闸等均设有涵闸水文测报点。监利沿江一线和外洲围垸设有螺山、狮子山、孙良洲、上河堰、何王庙、流港、冯家潭等水位站。洪湖在沿江石码头、老湾、高桥、仰口等闸站设置水尺，观测水位。

20世纪70年代，江陵县长江河段有水尺9处。1982年底，除荆江大堤三座涵闸的固定水位测报站外，还在夹堤湾、土矶头、祁家渊、李家埠安设有4处水尺测报掌握水情；观音寺、颜家台闸并增设雨量站。

新中国成立初期，汉江、东荆河水情测报站多为临时性，只观察来水过程中的涨落情况。后经逐年增设，至1973年，汉江建测报站23处，东荆河建站23处。1995年后，针对河势变化情况，汉江、东荆河确定设立水情（部分兼测雨情）测报站38处，其中涉及四湖流域的水情站有：沙洋站、泽口站、田关站、新沟嘴站、谢家湾闸站、北口闸站、郭口闸站、施港闸站、万家坝闸站、白庙站、中革岭站、高潭口站、黄家口站、唐嘴站、民生闸站、白虎池站。这些水位测报站担负着汉江、东荆河的水位、雨量等基础数据的报汛工作，是汉江、东荆河防汛调度决策、洪水分析与演算及洪水预测预报等基础数据和具体资料的重要来源。

2. 内垸湖渠水文站网分布

四湖流域自1951年开始，沿内荆河设有丫角庙、张金河、余家埠、柳家集、峰口、小港口、张大口、坪坊等水位站，兼测雨量。经对1951—1954年的观测资料进行收集和整理，为四湖流域规划和治理提供了基本资料。

自1962年后，四湖流域新的水系建成，为运用管理好这些水利工程，先后兴建一批水文观测站点，高峰期达30多处。之后，根据观测的实际需要及水文观测的管理体制变化，对部分站点进行了调整，形成覆盖四湖流域水文站网的格局。

四湖流域分布有国家基本水文站7处，分别为习家口、浩口、田关、福田寺、新堤、新滩口、万城水文站；基本水位站2处，分别为习家口（长湖）、挖沟嘴（洪湖）站，基本降水量站17处，四湖流域共设置水文监测站（点）26处，见表9-5。这些水文站网既是国家基本站网，又是重要报汛站，担负着向省、市、县等各级防汛部门、水利工程管理部门的报汛任务，为四湖流域防洪减灾、水利工程运行调度等发挥着重要作用。水文站网主要水文测验项目有水位、流量、降水、辅助气象项目、蒸发及水环境监测等。每年经过测站整编、集中审查、省局复审、流域汇编等关键环节，最终形成中国水文年鉴资料成果正式刊印发布。这些水文站网所收集的水文资料为四湖流域综合开发、防洪减灾、水资源综合利用、水环境保护等提供重要的科学依据。

表9-5 四湖流域水文站网一览表

站次	水系	河名	站名	站别	地 点	坐标 东经	坐标 北纬	设立年份	监 测 项 目
1	长江中游干流上段	沮漳河	万城	水文	湖北省荆州市李埠镇万城	111°59′	30°25′	1989	水位、流量、降水、水质
2	内荆河	长湖	习家口(长湖)	水位	湖北省荆州市观音垱镇习口村	112°30′	30°23′	1962	水位、水温、降水、水质
3	内荆河	总干渠	习家口	水文	湖北省荆州市观音垱镇习口村	112°30′	30°23′	1963	水位、流量、降水、蒸发
4	内荆河	总干渠	福田寺	水文	湖北省监利县福田寺镇	113°05′	29°54′	1992	水位、流量、降水、蒸发
5	内荆河	总干渠	新滩口	水文	湖北省洪湖市新滩口镇大兴岭村	113°53′	30°09′	1991	水位、流量、降水、蒸发
6	内荆河	洪湖	挖沟嘴	水位	湖北省洪湖市滨湖办事处洪湖渔场	113°25′	29°52′	1961	水位、水质
7	内荆河	洪湖	新堤(大闸)	水文	湖北省洪湖市螺山镇新联村	113°26′	29°48′	1973	水位、流量、降水
8	内荆河	西荆河	浩口	水文	湖北省潜江市浩口镇	112°38′	30°23′	1960	水位、流量、降水
9	内荆河	田关河	田关	水文	湖北省潜江市周矶镇田关闸	112°49′	30°24′	1963	水位、流量、降水
10	内荆河	拾桥河	五里铺	降水	湖北省沙洋县五里镇严店村	112°12′	30°43′	1963	降水
11	内荆河	拾桥河	拾桥	降水	湖北省沙洋县拾桥镇	112°17′	30°33′	1971	降水
12	内荆河	长湖	老合合	降水	湖北省沙洋县后港镇蛟尾社区	112°21′	30°27′	1956	降水
13	内荆河	岑观渠	观音垱	降水	湖北省荆州市观音垱镇	112°23′	30°22′	1979	降水
14	内荆河	西观渠	何桥	降水	湖北省潜江市观音垱镇何桥村	112°31′	30°18′	1979	降水
15	内荆河	万福河	龙湾	降水	湖北省潜江市龙湾镇笠场村	112°40′	30°14′	1979	降水
16	内荆河	总干渠	西大垸	降水	湖北省潜江市西大垸农场二分场	112°45′	30°07′	1979	降水
17	内荆河	电排河	老新	降水	湖北省潜江市老新镇文安村	112°51′	30°12′	1979	降水
18	内荆河	总干渠	黄歇	降水	湖北省监利县黄歇口镇宗桥村	112°47′	30°00′	1951	降水
19	内荆河	西干渠	岑河	降水	湖北省荆州市岑河镇岑河村	112°22′	30°17′	1979	降水
20	内荆河	西干渠	江北农场	降水	湖北省江陵县白马寺镇江北农场	112°20′	30°11′	1953	降水
21	内荆河	十周河	赤湖	降水	湖北省江陵县白马寺镇长河村	112°31′	30°06′	1979	降水
22	内荆河	西干渠	秦市	降水	湖北省江陵县秦市乡砖井村	112°35′	30°59′	1957	降水
23	内荆河	朱河	尺八	降水	湖北省监利县尺八镇	113°01′	30°35′	1975	降水
24	内荆河	朱河	朱河	降水	湖北省监利县朱河镇	113°07′	30°44′	1960	降水
25	内荆河	内荆河	峰口	降水	湖北省洪湖市峰口镇	113°20′	30°05′	1950	降水
26	内荆河	东荆河	新沟嘴	降水	湖北省监利县新沟镇	112°58′	30°08′	1953	降水

习家口站位于四湖总干渠渠首、长湖出口处，沙市区观音垱镇习口村，东经 112°30′，北纬 30°23′。1951 年 1 月由长江水利委员会批准设立。同年 3 月迁至观音垱镇丫角村。1951 年 1 月移交湖北省水利厅管理。1963 年 5 月此站上又迁回至习口村。主要观测项目有雨量、习口闸流量、长湖水位（闸上）、总干渠（闸下）水位等。

田关站位于四湖上区田关河下游入东荆河河口处，东经 112°49′，北纬 30°24′。1963 年 5 月由湖北省水利厅批准设立，主要观测项目有雨量、田关（闸上）和田关（闸下）的水位和流量等资料。

福田寺站位于四湖中区总干渠下游，地处监利县福田寺镇，东经 113°05′，北纬 29°54′，由湖北省水文局设立。此站于 1966 年 12 月迁到福田寺总干渠上段 10 千米处王老河，1992 年又迁回福田寺，主要观测项目有水位、雨量、流量等。

新堤站位于洪湖市螺山镇新联村，东经 113°26′，北纬 29°48′，1958 年 1 月由湖北省水利厅批准设立，主要观测项目有水位、雨量、流量。

坪坊站位于四湖下区、内荆河下游、洪湖市坪坊渔场，东经 113°49′，北纬 30°06′。此站于 1934 年 12 月由汉江工程局设立于洪湖县宦子口，曾数次关闭中断观测，1957 年 11 月由湖北省水利厅恢复设立。1959 年 6 月迁至新滩口，1961 年复迁至宦子口，1967 年 1 月 1 日迁至坪坊。

挖沟嘴站位于洪湖市挖沟嘴，东经 113°25′，北纬 29°52′。1961 年 4 月由湖北省水利厅批准设立，主要观测洪湖水位。

张金站位于四湖总干渠上段，潜江市张金镇，1951 年 2 月由湖北省水利厅批准设立，主要观测项目有水位、雨量，1991 年停止观测。

二、水雨情报传递

新中国成立后，四湖流域水雨情测报采用过多种方式：①报汛站将水雨情拟成密码电文，用电话传至邻近邮局电报发出；②租借邮电部门电台发报；③近距离采用电话报汛。水情报汛在各地报汛站渐次建成后，各地水文情报之传递，按照水利部统一规定，用五个数字一组，译成"报汛电报"，由报汛站每日定时（如一段制为每日 8 时、二段制为每日 8 时及 20 时）观测后，送当地电信部门以优先等级（1964 年水电部《水文情报预报拍报办法规定》指出防汛拍发的水情电报均属 R 类），列在一般军用电报与一般电报之前拍发。也有架设专用电台或电话报汛。汛期凡有关水雨情的电话、电报均列为急件，等级列为一类，优先于其他通信。联络、传递亦分纵横两个方面。即由荆州地区防汛指挥部上传至省、下传至县，再由县下传各区，并由各报汛站向上级各有关机构报告水雨情，是为纵传；地县防汛指挥部，按日填写水位时日表，分送当地政府、驻军及有关部门，则为横传。气象预报，由防汛部门指定专人，用特定电码、电话与气象部门联系取得。

1958 年水利部修订《水情报汛办法》规定，长江流域编号从 60 区至 69 区，6 为长江代号，0～9 为区号，报汛电码组为 5 位数。每年汛期，江河接近设防水位时，长江中下游防汛总指挥部水情预报室，根据上游各站测报情况和气象预报，对荆江、汉江中下游各站以电报方式及时作出水雨情预报。各县（市、区）防汛指挥部的情报机构，亦于每日根据上游各站水位流量和雨情，推算出所辖堤段各站水位，作为布防依据。各级报汛站均将全年观测水位和流量（有的报汛站不观测流量），从 5 月 1 日起至 9 月 30 日止，分别向有关防汛指挥机构按规定电报报汛。

从 1980 年起，四湖地区各流域指挥部向邮电部门租用电传机，以加快水雨情情报的传递速度。报汛规定分每日 2 段（间隔 12 小时）、4 段（间隔 6 小时）、8 段（间隔 3 小时）制，特大洪峰时期，每小时水位均加测加报。沿长江、汉江、东荆河县（市、区）根据相应水位及上级规定，通知下级防汛指挥部按照水位涨落情况，部署防汛工作。

1985 年，水利电力部在《水文情报预报规范》中规定：水文情报预报服务内容，已扩展为提供雨情、旱情、冰情、沙情、水质、风暴潮等水文情报，发布各种不同预见期的水情、旱情、冰情及其他水文现象的预报与展望，及提供旱涝趋势的分析报告与有关水情的咨询或参考资料，为防汛工作创造了有利条件。

1998年，荆州长江防汛从邮局专设一条水情专线用于水情信息传输。数据由省水文局通过专用线路传输，此系统可以实现自动接收、自动译报并具有打印功能。传输的报表有水情简报及河道水情。

2002年，省水利厅水文局在原系统上进行升级，采用wap网页形式，建立sybase数据库系统，此系统采用广域网传输，不再需要邮局专网，接收功能与"X.25"系统相同。更新后的系统以网页形式打开更直观，更具有操作性。预报信息同样还是以电信传真形式接收。

2006年，国家防总、水利部为规范化水情测报工作，正式发布《水情信息编码标准》，水情编码由原来的五位码变为四位码，原有的系统已不能满足新编码的传输。长江委水文局的长江重要站点已完全实行自动测报。为接收水雨情更快捷，新系统基于SQL数据库开发，除每日水雨情自动接收、译点、入库外，还新增实时及历史水雨情、天气预报以及水位预报查询、打印系统。新的水文信息系统既有数据资料，又有曲线图及河道断面图，能显示最近时期的水位走势情况以及和去年同期比较的情况，此系统一直沿用至今。防汛指挥部一般在数小时内，即可了解到长江和汉江上中游及四湖流域有关各站的情况，做到心中有数。汛期，除用电话、电报传递水雨情外，还印发防汛日报、防汛简报、水情简报及水雨情报等，按内容可分为长、中、近期预报。并根据上游已出现的洪水测算出洪峰抵达荆江和汉江中下游各站点的时间、水位及流量，也可根据水文资料测算出长湖、洪湖洪峰值水位。

荆江河段的报汛站向荆州市防汛指挥部和长江防汛指挥部报汛，汉江上中游的报汛站和洪湖挖沟嘴、长湖习家口等水文站向荆州市防汛指挥部和四湖防汛指挥部报汛。在一般洪水期间，四湖防办每日8时将搜集到的水雨情报及时电传到各县市四湖防汛指挥部；警戒水位时要求每日3次（8时、16时、24时）测报；保证水位或暴雨时要求每小时测报一次，由防办汇总后编制水情简报，及时通报正、副指挥长和地（市）、县（市、区）防汛指挥部，为领导决策提供依据。

三、通信网络

四湖工程管理系统各报汛站网渐次建成，水雨工情传输设施从无到有，从少到多，从低级到高级。无线电、有线通信、微波、同轴光缆、光纤通信，以及通信卫星、计算机渐次服务于防汛抗旱工作。

20世纪60年代初，四湖工程管理系统靠租用邮电部门的电话线路传递水、雨、工情及工程调度运行决定。70年代初开始架设系统内部电话线路：从丫角至荆州城区32千米，640根木电杆，1981年更新为7米长的圆水泥电杆；丫角至福田寺85千米，1700根6米长的方水泥电杆；从福田至小港42千米，840根6米长的方水泥电杆；从丫角至田关40千米，800根7米长的圆水泥电杆；从丫角至习口5千米，100根6米长的方水泥电杆；从习口至刘岭3千米，60根6米长的方水泥电杆。20世纪70年代初，四湖工程管理局安装50门手摇交换机一台，1989年10月8日换上50门共电交换机一台套。江陵四湖段50门总机一台，监利四湖段30门总机一台，洪湖四湖段30门总机一台，潜江四湖段30门总机一台，江陵长湖段50门总机一台。80年代初增设了JDD-30811型双Z电台八部，316型25W、316型10W各一部，短波宽边带FT-80C100W一部、FT180A50W三部。基本实现了局与总段、总段与分段的水利专线加电台的通信网络。1992年四湖工程管理局迁至荆州武德路，通信网络进入电信部门程控系统，通信手段得到进一步提高。

四、水雨情报整编

水雨情的观测与传递，除为当年的防汛抗灾工作提供重要的决策依据外，同时也是为后来的防汛抗灾，以及为进一步治理四流域提供重要的参考依据和研究基础资料。因此，在每年的汛期结束后，水文工作者都要将观测记录的资料进行逐日、逐月整理汇刊建档进库，以备后查。兹将四湖流域上、中、下区各取1~2个代表站的历年雨情和水情的资料予以刊载，其资料由荆州市水文水资源局提供，见表9-6~表9-14。

表 9 - 6　四湖上区习家口站历年降水量资料整编成果表

单位：mm

年份	1月	2月	3月	4月	5月	6月	7月	8月	9月	10月	11月	12月	年降水量	最大1日降水量	最大3日降水量	最大7日降水量	最大15日降水量	最大30日降水量
1954	71.6	89.8	22.2	169.1	291.9	355.0	339.4	165.1	16.5	48.8	50.5	51.7	1671.6	105.4	163.3	214.6	285.9	473.7
1955	11.8	48.0	98.0	72.5	85.2	414.7	66.8	175.5	37.0	0.9	5.8	12.9	1029.1	95.1	132.1	226.9	322.9	414.7
1956	19.8	23.2	88.0	141.7	204.3	147.2	191.7	98.4	9.2	36.2	3.0	11.6	974.3	61.0	102.9	129.4	194.6	248.1
1957	86.9	28.0	47.5	156.0	93.9	210.8	222.2	39.9	10.8	30.2	63.4	19.0	1008.6	80.8	106.3	137.8	178.9	276.7
1958	38.4	31.9	99.8	251.9	129.7	90.0	157.6	182.7	80.3	188.3	24.7	24.5	1299.8	110.2	124.7	142.8	232.2	326.0
1959	18.3	105.6	100.4	160.9	272.4	150.1	0.7	60.7	43.8	105.7	90.1	54.8	1163.5	60.0	75.6	122.9	200.1	272.6
1960	18.4	34.8	118.9	133.5	167.4	191.5	207.6	9.7	74.8	36.0	74.1	5.1	1071.8	109.8	159.8	207.6	207.6	338.6
1961	19.3	32.9	154.9	61.4	82.3	106.8	21.8	77.6	93.5	98.9	98.3	32.8	880.5	81.3	106.5	108.4	126.0	180.1
1962	19.1	57.5	53.1	167.3	132.8	134.6	207.8	139.5	113.1	84.4	37.2	57.4	1203.8	69.0	78.3	154.4	169.6	237.7
1963	0.2	7.2	89.7	196.9	126.3	29.1	97.2	161.2	29.2	24.1	67.3	27.9	856.3	66.7	76.8	118.7	178.7	251.5
1964	51.7	54.6	76.5	138.0	235.0	280.8	197.2	135.9	43.3	187.6	16.3	21.4	1438.3	85.2	138.9	214.0	225.6	302.5
1965	22.1	77.0	27.6	188.6	52.5	139.7	37.6	183.4	57.1	120.9	49.5	45.8	1001.8	63.4	81.9	86.4	132.2	189.0
1966	7.8	24.1	29.6	90.6	121.1	161.1	57.9	23.4	3.0	104.4	30.2	37.9	691.1	47.1	114.7	119.6	176.6	213.4
1967	32.8	40.8	132.6	102.2	165.1	146.0	161.9	171.2	96.0	59.3	136.6	6.4	1250.9	128.2	141.0	150.4	164.0	281.8
1968	31.7	1.2	74.7	59.7	105.6	14.4	288.1	140.2	71.6	25.7	18.9	59.0	890.8	100.0	148.6	259.7	269.5	380.3
1969	36.1	28.9	64.2	93.8	92.1	157.6	314.9	130.9	11.3	9.9	50.5	0.0	990.2	118.2	134.2	200.9	307.9	383.0
1970	7.7	47.7	49.7	126.0	195.2	159.2	177.3	65.8	151.6	10.6	22.0	38.8	1051.9	98.3	121.0	128.0	237.7	260.1
1971	37.2	49.4	73.9	54.6	59.4	117.3	13.1	119.9	66.9	61.9	30.3	12.0	695.9	54.7	87.1	89.4	109.6	123.0
1972	9.8	48.0	134.8	30.7	168.9	82.0	17.4	1.8	89.8	190.5	106.3	21.1	901.1	84.7	92.6	132.0	146.7	197.1
1973	21.6	56.4	47.1	134.5	249.2	84.5	184.4	64.2	315.9	2.3	0.2	6.1	1165.6	80.4	110.8	159.5	212.2	315.1
1974	22.8	32.3	40.8	65.3	142.1	127.1	137.1	11.7	172.5	21.6	41.3	26.6	841.2	111.5	132.9	141.9	169.1	256.7
1975	11.1	52.1	44.9	129.4	102.6	178.2	105.9	263.9	129.5	88.8	28.2	30.9	1165.5	135.2	185.4	194.7	210.1	265.2

续表

年份	月降水量												年降水量	最大1日降水量	最大3日降水量	最大7日降水量	最大15日降水量	最大30日降水量
	1月	2月	3月	4月	5月	6月	7月	8月	9月	10月	11月	12月						
1976	9.3	69.3	48.4	76.4	131.3	84.1	62.8	94.1	26.2	103.8	33.7	15.2	754.6	65.5	69.8	70.1	84.4	133.5
1977	5.5	17.8	83.0	227.1	146.5	59.0	157.3	47.1	24.6	87.2	39.2	38.4	932.7	60.4	68.5	125.6	240.9	303.6
1978	16.8	17.4	79.1	51.9	162.2	139.7	0.6	51.6	27.6	61.2	67.5	12.4	688.0	79.1	90.6	96.1	133.1	217.0
1979	6.4	5.9	49.2	73.8	165.8	382.7	162.4	14.9	48.5	0.0	1.7	42.4	953.7	73.7	163.5	203.4	255.3	399.8
1980	8.0	42.8	122.7	45.8	118.0	220.1	229.9	317.3	45.1	111.2	17.0	0.5	1278.4	100.8	128.4	175.2	274.8	450.0
1981	37.2	42.7	102.7	99.1	9.9	126.0	52.5	102.8	46.2	101.4	46.3	0.1	766.9	47.3	92.4	93.2	118.4	179.1
1982	14.0	58.1	149.4	53.8	77.8	110.2	80.2	236.7	138.3	42.7	130.8	1.2	1093.2	73.4	108.9	115.5	222.6	292.0
1983	28.4	14.7	37.0	85.9	144.4	244.2	267.5	190.3	101.8	275.0	51.1	13.4	1453.9	70.2	139.2	139.2	191.7	337.4
1984	28.7	5.9	42.4	69.0	72.4	186.8	92.3	31.6	37.9	50.7	70.3	68.5	756.5	72.1	73.2	102.2	146.8	222.8
1985	6.1	46.7	50.6	84.4	161.7	51.8	99.9	26.8	146.6	99.1	37.9	23.1	834.7	77.7	77.8	126.3	130.0	161.7
1986	5.8	9.6	50.1	156.4	37.3	196.7	171.0	13.0	84.2	66.5	43.8	43.5	877.9	46.4	79.0	136.6	163.5	263.5
1987	38.6	28.8	147.4	73.6	227.0	97.8	230.0	194.8	40.2	152.1	29.2	0.5	1260.1	100.3	104.5	118.6	195.4	259.0
1988	13.7	52.0	33.6	16.0	243.1	178.4	64.4	225.2	139.4	30.9	1.1	11.2	1009.0	72.9	129.6	148.0	220.1	359.7
1989	48.7	64.2	79.6	158.5	104.6	177.0	80.4	408.6	65.2	142.1	107.8	22.9	1459.6	80.2	157.2	233.7	306.3	408.6
1990	30.9	131.5	68.4	85.5	143.4	168.3	50.4	28.5	85.1	60.0	94.6	23.8	970.4	75.8	85.3	119.0	130.2	172.6
1991	44.0	77.6	71.5	203.7	109.3	138.4	308.6	114.6	17.2	6.6	8.3	34.1	1133.9	119.6	198.1	271.8	384.4	405.8
1992	20.2	25.6	149.9	137.1	184.4	247.4	48.4	35.5	53.1	32.7	16.7	42.0	993.0	68.8	80.0	97.8	176.9	265.0
1993	69.6	84.6	70.6	53.8	147.6	32.2	179.3	161.8	131.4	60.3	101.2	17.2	1109.2	64.7	98.6	143.3	163.7	143.1
1994	18.3	96.6	44.6	69.0	84.1	106.6	57.7	119.2	45.6	78.5	77.6	48.2	846.1	46.9	68.3	97.1	98.9	163.7
1995	44.1	37.0	20.6	165.8	180.0	234.1	119.2	71.1	6.4	112.6	2.7	5.6	999.2	59.7	93.2	142.4	185.5	294.4

续表

年份	月降水量												年降水量	最大1日降水量	最大3日降水量	最大7日降水量	最大15日降水量	最大30日降水量
	1月	2月	3月	4月	5月	6月	7月	8月	9月	10月	11月	12月						
1996	32.3	5.6	127.5	44.5	148.0	102.7	418.2	208.8	81.2	59.9	84.0	0.5	1313.2	101.0	171.0	277.6	336.7	458.2
1997	51.1	42.4	44.9	38.4	66.0	196.1	291.4	61.6	36.2	48.8	69.9	43.6	990.4	125.9	140.5	203.4	273.8	346.7
1998	26.9	19.6	126.7	184.6	219.5	137.4	230.4	106.1	20.2	73.7	11.9	21.9	1178.9	75.9	125.1	162.4	253.7	291.4
1999	10.8	2.5	43.8	202.8	125.6	328.3	205.1	82.4	35.9	110.0	39.2	0.3	1186.7	104.1	192.9	301.5	320.3	420.7
2000	81.2	19.5	33.9	42.7	162.2	113.8	49.6	117.9	263.3	145.3	37.0	25.0	1091.4	124.8	143.5	177.7	207.6	284.8
2001	79.9	36.0	41.6	108.9	62.1	131.8	45.8	151.7	13.6	110.6	25.9	63.1	871.0	63.0	106.7	134.9	150.7	165.1
2002	22.7	75.8	118.0	273.1	181.5	156.9	217.9	162.3	32.4	90.7	80.4	58.2	1469.9	97.7	109.6	141.0	186.2	290.6
2003	22.1	87.3	67.5	108.1	117.9	92.5	295.1	92.9	39.7	24.6	25.5	21.7	994.9	106.3	208.4	257.4	288.9	375.9
2004	66.6	27.3	36.0	33.9	83.9	241.3	364.5	133.0	34.2	9.4	50.7	51.4	1132.2	160.9	238.2	248.8	345.7	430.8
2005	17.3	135.0	44.1	128.8	119.1	95.0	90.0	144.4	50.5	21.3	77.5	10.9	933.9	62.9	63.8	100.6	131.8	182.4
2006	42.2	75.0	40.1	173.3	171.4	130.7	173.4	108.0	72.6	48.0	28.4	33.1	1096.2	109.7	121.2	156.9	164.5	226.5
2007	39.1	120.3	82.2	107.6	83.1	46.7	346.8	187.1	38.7	15.6	46.7	21.2	1135.1	67.4	120.3	168.7	253.3	346.9
2008	57.3	11.9	70.2	102.4	172.5	150.5	130.0	251.5	34.0	106.0	40.0	1.8	1128.1	99.0	128.0	146.0	202.5	262.0
2009	20.9	115.2	42.9	165.0	191.5	205.5	89.0	57.0	56.0	29.0	94.2	24.7	1090.9	102.5	136.5	143.5	181.5	243.0
2010	13.3	29.0	125.3	116.0	146.5	150.5	304.5	178.0	91.0	100.5	12.0	12.5	1279.1	96.5	143.0	209.5	256.0	354.5
2011	16.5	31.0	32.0	67.0	71.0	419.0	179.0	72.0	82.5	59.5	26.0	9.5	1065.0	178.5	200.0	308.0	403.5	433.0
2012	20.0	10.5	91.0	112.0	136.0	195.0	100.0	49.5	44.5	133.5	24.0	38.0	954.0	93.0	186.5	189.0	189.0	289.0
2013	21.0	33.5	55.5	103.5	211.0	171.0	170.0	92.0	262.5	10.5	32.5	4.0	1167.0	133.0	186.0	187.0	209.5	262.5
2014	26.0	56.0	54.0	124.5	82.5	33.0	83.5	79.0	68.0	98.0	81.0	1.5	787.0	57.5	80.5	82.0	120.5	170.5
2015	17.5	102.5	80.5	121.5	153.5	192.5	132.5	24.0	127.5	67.0	138.0	29.5	1186.5	69.0	74.5	117.5	151.0	228.5

表 9－7

四湖中区福田寺站历年降水量资料整编成果表

单位：mm

年份	月降水量												年降水量	最大1日降水量	最大3日降水量	最大7日降水量	最大15日降水量	最大30日降水量
	1月	2月	3月	4月	5月	6月	7月	8月	9月	10月	11月	12月						
1961	22.1	73.7	211.8	114.8	148.3	96.9	13.3	89.4	78.1	116.1	110.0	22.5	1097.0	60.6	96.1	127.7	159.2	222.3
1962	23.0	38.0	48.7	143.9	240.7	340.5	113.1	204.3	76.9	69.6	49.5	42.1	1390.3	126.0	146.1	166.9	257.4	383.1
1963	0.0	27.6	89.3	220.2	107.5	19.0	55.6	75.9	17.6	40.6	88.0	37.7	779.0	57.2	88.9	120.1	197.3	290.2
1964	31.9	108.9	99.5	218.9	178.0	345.3	134.7	0.6	9.5	132.5	7.1	19.0	1285.9	124.3	218.9	300.3	308.7	360.9
1965	13.2	78.9	71.1	172.4	64.2	221.3	4.3	189.9	97.0	141.3	81.7	36.6	1171.9	82.4	107.2	120.4	174.5	234.2
1966	17.3	31.9	34.1	156.0	187.3	249.7	78.5	4.8	7.7	117.6	43.1	68.4	996.4	76.8	133.7	190.4	258.2	314.7
1967	28.2	51.9	89.7	139.4	230.6	205.6	32.0	100.8	91.4	64.4	168.4	5.5	1207.9	70.0	92.6	158.2	205.1	229.1
1968	50.3	3.0	83.5	75.7	163.8	26.3	123.5	119.6	44.0	26.6	28.8	87.1	832.2	60.6	75.3	99.2	109.7	168.5
1969	40.4	26.2	90.9	138.8	145.4	192.9	385.9	392.7	46.3	45.8	51.8	8.4	1565.5	104.4	188.8	298.8	377.0	510.8
1970	11.9	76.8	89.9	179.2	232.7	122.1	241.8	56.4	209.9	14.5	53.0	56.9	1345.1	92.7	128.1	144.6	220.2	275.4
1971	56.8	75.0	54.1	81.1	178.3	159.6	16.4	94.7	33.5	49.9	41.8	20.9	862.1	66.3	84.2	115.5	171.0	270.0
1972	10.7	66.6	146.2	57.1	136.6	82.0	53.5	5.8	67.3	220.0	162.3	26.4	1034.5	52.8	124.9	150.1	166.7	316.8
1973	37.1	79.9	89.6	191.0	343.3	135.2	101.9	64.9	283.1	5.1	0.5	3.6	1335.2	84.8	111.0	157.0	219.2	343.3
1974	44.3	52.8	47.2	129.0	200.2	124.3	68.9	3.3	130.2	50.5	43.9	43.9	938.5	67.3	86.4	105.8	159.1	236.3
1975	17.7	66.8	60.2	275.2	177.1	171.6	106.4	189.8	52.1	114.7	36.9	67.0	1335.5	84.3	106.7	131.1	214.3	311.1
1976	20.2	73.9	80.6	97.6	108.1	108.1	86.8	50.3	24.6	106.4	32.1	17.8	759.5	41.2	73.1	73.7	86.8	158.2
1977	19.2	22.3	157.0	278.2	219.9	219.9	140.0	123.0	46.9	52.1	48.8	75.3	1314.7	53.9	91.1	158.5	289.2	365.7
1978	40.3	19.1	85.9	79.6	206.8	206.8	20.2	85.3	25.6	106.9	59.0	14.0	953.5	66.6	92.5	150.6	199.1	302.1
1979	10.8	16.1	104.8	78.5	144.4	144.4	80.7	91.1	41.6	0	4.3	50.8	1086.8	113.1	167.8	202.1	282.6	469.7
1980	39.0	47.6	152.2	73.6	203.5	203.5	271.3	383.9	41.5	63.3	30.6	2.8	1556.4	147.5	181.4	232.3	406.4	518.7
1981	67.6	57.8	149.1	117.7	61.9	61.9	166.7	67.9	72.8	155.2	82.7	4.1	1199.1	157.7	171.7	173.5	309.8	340.1
1982	36.7	81.0	184.6	93.5	135.4	135.4	20.8	205.2	92.6	53.4	176.5	11.9	1299.2	73.5	144.6	144.6	194.7	303.6
1983	60.6	25.7	13.6	177.2	181.6	181.6	163.7	91.8	113.1	184.9	50.1	25.3	1576.3	167.1	196.7	249.6	362.7	536.1
1984	34.9	87.3	73.7	162.3	116.3	116.3	30.9	62.4	44.4	88.9	45.6	122.3	1054.3	148.5	148.5	157.7	172.3	266.3
1985	9.3	21.3	133.2	158.3	210.3	210.3	170.0	92.6	40.8	117.5	60.1	37.2	1171.9	108.9	115.5	126.0	145.6	224.7
1986	15.3	21.3	55.5	280.6	26.1	26.1	119.0	72.2	97.7	103.3	49.6	62.8	1196.2	76.0	147.7	223.7	280.7	343.4
1987	65.0	53.0	89.8	105.5	199.5	199.5	344.7	173.8	14.0	226.2	38.9	0.0	1479.4	121.9	136.2	170.0	215.8	345.3

续表

年份	月降水量												年降水量	最大1日降水量	最大3日降水量	最大7日降水量	最大15日降水量	最大30日降水量
	1月	2月	3月	4月	5月	6月	7月	8月	9月	10月	11月	12月						
1988	24.9	105.0	45.6	40.5	289.6	289.6	67.1	214.8	77.2	45.9	1.5	4.4	1177.6	85.2	150.1	190.4	262.4	289.9
1989	78.1	151.0	126.2	191.3	109.5	109.5	174.5	114.9	160.3	89.5	127.1	25.2	1530.6	73.2	109.1	123.4	162.5	221.4
1990	51.8	206.7	93.9	202.8	164.4	164.4	44.9	49.1	40.1	68.8	134.9	37.8	1331.1	74.6	98.3	162.2	194.9	258.3
1991	64.4	126.3	112.5	148.1	305.2	305.2	438.6	46.4	36.5	6.2	16.1	51.4	1502.8	172.2	219.8	310.2	454.6	512.8
1992	20.8	36.7	282.1	131.8	177.1	177.1	38.5	25.3	39.8	13.0	36.9	42.0	1058.7	75.7	137.1	181.3	250.7	306.7
1993	73.7	78.7	125.7	57.4	204.8	204.8	265.4	66.9	109.4	57.1	81.7	23.1	1340.2	77.8	97.7	169.3	186.3	273.4
1994	36.4	72.9	52.0	141.1	120.9	120.9	60.2	60.9	131.0	49.5	56.2	30.6	958.5	90.4	95.2	123.0	132.9	202.4
1995	68.7	48.6	38.3	276.0	142.5	142.5	105.5	74.7	12.5	107.4	9.3	3.8	1154.6	84.2	100.6	138.6	216.8	309.5
1996	73.3	103	160.0	56.5	127.9	127.9	631.9	205.4	31.3	81.5	76.9	0.3	1910.6	138.9	222.2	324.2	518.4	801.3
1997	77.4	53.9	36.5	61.5	92.3	92.3	247.8	6.8	130.5	59.7	138.1	79.9	1104.8	94.5	114.9	127.3	241.3	281.8
1998	81.3	34.5	130.1	116.1	218.7	218.7	453.5	64.3	43.8	86.6	5.1	22.3	1497.2	94.5	162.3	209.9	344.1	453.5
1999	24.0	12.6	63.3	242.1	172.6	172.6	215.6	283.8	37.6	97.4	32.2	0.0	1576.4	132.3	146.2	292.8	375.7	508.6
2000	129.0	33.9	55.1	84.0	148.8	148.8	148.6	108.4	156.5	127.4	58.3	24.9	1178.1	81.6	90.3	118.7	193.6	222.7
2001	95.3	56.4	59.4	159.8	105.5	105.5	125.9	78.2	1.8	85.3	57.9	45.8	1021.5	54.4	71.9	109.6	153.8	207.4
2002	29.1	86.1	118.4	410.9	247.7	247.7	152.1	179.9	36.3	66.0	113.0	108.6	1680.5	64.1	116.3	135.7	263.4	412.8
2003	37.4	126.5	125.4	217.3	325.1	325.1	209.0	73.5	81.0	22.0	49.2	34.3	1524.4	94.1	183.6	220.4	337.3	437.0
2004	54.2	52.5	42.6	188.1	198.1	198.1	282.0	243.1	30.6	4.0	67.0	31.4	1554.0	96.1	156.4	191.3	279.3	398.9
2005	40.5	142.7	40.2	115.9	139.2	139.2	81.6	106.5	93.9	20.9	98.5	4.5	987.4	54.2	88.8	104.1	141.8	182.0
2006	49.5	95.5	33.7	70.1	249.7	70.8	95.0	62.0	71.9	83.6	57.0	19.1	957.9	139.6	139.6	146.5	166.6	253.2
2007	69.2	113.8	135.8	117.2	217.9	54.4	140.0	100.6	24.4	8.9	35.1	51.9	1069.2	192.7	193.0	195.2	206.8	219.8
2008	50.1	18.8	71.1	79.9	115.9	111.4	164.2	169.5	48.4	158.1	74.0	6.3	1067.7	83.1	93.2	128.5	147.8	201.1
2009	19.4	126.8	72.9	234.5	193.5	300.0	100.5	9.5	45.0	30.5	82.6	42.7	1257.9	119.5	196.5	201.0	207.0	300.0
2010	31.4	57.4	195.5	160.0	159.0	99.5	433.5	103.5	101.5	169.5	16.5	35.0	1562.3	144.5	226.5	323.0	354.0	437.0
2011	28.0	19.5	43.5	70.0	119.5	447.5	36.5	91.0	89.5	50.5	53.5	9.0	1058.0	100.0	162.5	282.5	360.5	485.0
2012	45.5	73.5	150.0	236.5	246.0	214.0	447.5	64.5	83.5	130.0	75.0	68.5	1485.5	67.5	164.5	166.5	174.0	284.5
2013	22.0	54.5	76.0	142.5	229.5	224.0	214.0	46.5	154.5	8.0	95.5	1.5	1289.5	113.5	123.0	123.0	239.0	351.0
2014	46.0	104.5	75.0	117.5	135.0	30.0	235.0	147.0	77.5	169.5	131.5	3.0	1150.0	91.5	157.0	161.0	172.0	227.5
2015	21.0	162.5	64.5	213.5	196.5	273.0	139.0	34.5	99.5	84.0	83.5	25.0	1396.5	115.0	151.5	202.0	247.5	318.5

表 9－8　四湖下区新堤站站历年年降水量资料整编成果表

单位：mm

| 年份 | 月降水量 | | | | | | | | | | | | 年降水量 | 最大1日降水量 | 最大3日降水量 | 最大7日降水量 | 最大15日降水量 | 最大30日降水量 |
	1月	2月	3月	4月	5月	6月	7月	8月	9月	10月	11月	12月						
1951	14.0	58.5	88.7	115.4	181.5	136.3	236.7	80.5	100.7	61.6	64.3	35.7	1173.9	68.4	122.8	222.9	235.3	294.7
1952	55.7	106.5	131.5	184.7	280.5	67.7	61.5	135.0	56.0	97.0	33.5	1.7	1211.3	84.4	139.9	242.0	273.0	365.8
1953	39.8	77.9	119.3	80.6	147.3	275.9	119.0	122.3	105.7	240.2	129.3	55.0	1512.3	125.2	191.2	203.9	220.0	308.2
1954	101.6	60.5	48.6	193.9	510.1	789.3	421.7	25.7	26.6	21.7	31.0	78.7	2309.4	197.5	313.9	354.6	597.1	846.1
1955	13.8	79.5	159.6	180.9	123.4	280.0	31.6	270.4	50.8	6.8	11.1	20.3	1228.2	149.4	168.6	217.7	251.4	298.5
1961	35.1	87.3	207.9	123.0	161.5	186.3	40.6	70.1	129.5	114.1	106.8	40.2	1302.4	113.0	182.1	186.2	207.1	300.4
1963	0.2	30.7	103.5	224.3	147.3	38.0	102.9	114.2	31.0	49.7	95.7	47.0	984.5	77.1	83.2	123.4	240.6	356.5
1964	35.5	99.0	90.1	205.8	169.4	545.7	115.6	11.5	7.3	140.4	8.2	26.5	1455.0	199.8	338.8	486.8	497.4	565.5
1965	12.5	113.5	81.0	211.9	59.9	193.9	29.4	271.4	141.2	136.1	128.5	41.8	1421.1	79.8	167.9	193.9	197.3	299.2
1966	31.7	50.2	52.2	185.4	200.9	278.0	29.1	22.2	12.5	124.7	31.1	68.4	1086.4	101.5	203.2	229.0	263.4	298.3
1967	59.4	60.4	116.9	165.8	308.3	262.8	72.7	154.7	57.5	77.1	169.7	7.6	1512.9	132.6	156.1	186.7	260.8	428.0
1968	62.1	8.4	92.4	94.5	128.5	9.0	101.4	61.3	34.2	17.7	32.8	113.7	756.0	59.2	62.5	98.4	98.9	156.8
1969	74.9	30.2	101.5	141.4	216.3	294.8	376.0	327.3	28.9	34.8	57.9	10.3	1694.3	150.5	187.5	255.6	374.6	606.0
1970	21.1	97.0	121.0	223.8	247.1	282.3	293.3	99.3	238.9	24.8	74.5	57.4	1780.5	120.7	160.5	180.7	300.9	416.9
1971	54.9	89.8	70.2	99.1	171.4	174.5	5.1	112.4	30.1	50.6	41.9	25.3	925.3	55.6	107.8	166.4	229.4	282.3
1972	17.6	101.1	137.8	73.3	143.1	117.1	35.9	8.9	64.4	227.1	204.7	24.1	1155.1	87.0	132.2	163.0	208.3	380.1
1973	41.9	114.1	127.6	273.5	399.4	212.5	63.7	133.3	252.4	19.2	1.1	3.7	1642.4	95.1	142.3	177.3	231.0	399.4
1974	61.4	69.7	53.8	186.2	210.3	111.9	95.3	10.8	95.9	71.7	43.7	56.9	1067.6	78.1	103.0	111.2	154.3	267.7
1975	25.5	77.4	91.3	351.0	206.6	187.2	47.1	216.2	18.2	104.6	39.6	87.0	1451.7	93.1	123.2	174.6	278.1	394.1

续表

年份	月降水量												年降水量	最大1日降水量	最大3日降水量	最大7日降水量	最大15日降水量	最大30日降水量
	1月	2月	3月	4月	5月	6月	7月	8月	9月	10月	11月	12月						
1976	28.6	73.4	106.6	104.8	168.2	131.6	33.4	85.6	59.9	116.0	44.7	20.9	973.7	52.6	76.5	77.2	119.3	192.3
1977	37.0	28.3	165.6	293.8	284.9	179.3	165.6	262.4	35.2	55.4	80.1	81.0	1668.6	92.0	161.1	163.2	266.4	364.9
1978	50.6	34.1	136.3	119.3	229.3	211.4	56.0	73.4	33.8	104.9	62.5	9.5	1121.1	87.0	87.0	120.4	207.9	292.2
1979	20.9	25.4	130.6	102.4	154.9	389.3	144.7	160.3	60.5	0	10.3	77.6	1276.9	88.2	156.7	175.8	252.2	411.1
1980	58.4	50.1	173.2	108.1	199.0	223.2	219.3	314.7	35.9	80.4	31.8	6.6	1500.7	138.0	164.9	167.8	289.2	387.3
1981	69.8	69.5	196.5	111.2	71.3	295.6	187.6	59.5	79.6	224.3	101.1	4.0	1470.0	173.6	200.5	213.6	357.0	400.5
1982	40.7	95.3	195.2	119.1	187.1	171.4	22.6	114.1	115.7	54.3	139.6	12.1	1267.2	72.1	116.1	123.4	158.8	231.7
1983	68.3	30.1	23.3	174.6	296.1	501.0	199.1	32.0	175.2	166.7	45.0	21.2	1732.6	145.5	187.0	225.9	361.9	533.3
1984	38.4	22.4	67.1	191.9	101.7	124.9	45.5	80.5	38.6	104.5	34.2	138.7	988.4	44.0	101.5	116.1	138.7	213.5
1985	16.1	97.0	145.3	119.9	138.8	55.2	82.2	142.3	169.1	118.8	72.4	39.1	1196.2	106.9	130.9	135.7	141.4	250.1
1986	24.5	38.9	77.1	265.9	16.9	212.8	151.4	86.4	74.9	113.0	61.3	55.8	1178.9	76.4	116.5	164.8	205.7	297.1
1987	63.4	52.6	100.1	114.6	176.5	166.6	384.6	204.9	16.2	272.6	48.1	0.0	1600.2	149.3	185.3	272.3	338.7	423.6
1988	33.3	98.7	53.3	43.0	387.9	382.8	40.6	279.7	105.7	52.3	3.5	2.1	1482.9	127.3	184.0	191.5	362.4	399.1
1989	128.7	127.9	103.7	222.8	101.3	189.0	200.2	106.0	168.4	81.5	147.5	22.3	1599.3	93.2	158.5	170.5	218.2	222.8
1990	41.0	219.6	102.5	201.4	176.0	287.9	62.8	42.2	47.1	44.0	143.6	45.3	1413.4	85.7	122.2	201.3	224.5	335.6
1991	61.5	134.5	159.6	139.6	383.1	147.9	367.0	138.5	54.6	5.2	20.6	40.1	1652.2	166.1	268.8	302.7	334.3	431.1
1992	20.4	47.2	286.9	99.3	150.7	213.2	49.3	9.5	23.5	6.9	31.5	51.5	989.9	85.7	104.4	176.0	242.0	304.4
1993	66.1	95.5	103.7	68.5	158.4	227.2	346.8	134.4	91.3	60.2	80.5	27.3	1459.9	128.6	165.0	234.6	239.4	347.3
1994	50.6	95.0	60.9	144.2	96.1	170.5	288.1	88.7	115.8	61.7	50.3	44.4	1266.3	56.5	93.2	177.1	187.9	318.8
1995	85.0	68.9	54.7	252.3	241.6	323.5	140.3	149.0	13.3	163.7	10.9	12.8	1516.0	129.2	162.0	185.7	273.2	425.5

续表

年份	月降水量												年降水量	最大1日降水量	最大3日降水量	最大7日降水量	最大15日降水量	最大30日降水量
	1月	2月	3月	4月	5月	6月	7月	8月	9月	10月	11月	12月						
1996	109.8	22.0	177.3	76.2	117.9	370.6	719.5	222.7	24.7	93.0	49.6	5.0	1988.3	161.8	411.7	561.9	658.5	849.8
1997	83.5	61.0	42.9	81.7	101.1	118.4	323.5	33.6	120.1	64.5	144.0	97.1	1271.4	103.3	193.4	204.4	280.1	334.9
1998	96.9	37.2	172.0	191.8	270.9	222.8	383.9	122.9	31.0	91.8	2.6	28.5	1652.3	90.5	110.8	207.9	315.9	383.9
1999	26.2	2.6	94.2	311.0	211.2	392.6	110.4	228.1	50.3	94.3	29.1	0.2	1550.2	118.9	208.9	299.0	377.3	477.6
2000	146.3	43.9	64.8	113.0	123.5	76.3	34.8	143.8	113.0	105.6	82.0	25.8	1072.8	82.2	82.7	102.3	148.8	189.4
2001	108.6	55.6	85.5	186.3	135.3	105.9	53.3	121.0	1.9	91.7	46.4	56.0	1047.5	77.5	111.6	118.8	217.3	255.3
2002	33.0	100.5	140.7	427.8	280.7	127.9	233.4	213.9	26.4	68.8	20.8	116.9	1890.8	95.6	138.2	205.7	340.6	504.6
2003	45.0	143.0	122.2	262.2	188.2	202.1	115.1	38.5	39.8	43.3	68.4	28.6	1296.4	115.1	164.8	189.2	246.9	338.6
2004	56.7	61.6	45.2	208.7	223.1	428.1	215.0	94.1	31.8	3.2	69.4	33.6	1470.5	147.9	166.0	197.5	296.8	467.0
2005	39.6	157.5	41.2	190.1	147.6	181.8	162.0	60.6	83.6	26.5	139.8	6.0	1236.3	100.0	118.4	133.9	159.7	247.4
2006	53.9	121.7	38.1	91.0	257.1	63.5	186.3	175.5	29.3	78.7	65.7	16.3	1177.1	105.7	106.2	155.1	165.8	290.2
2007	79.0	110.9	114.6	174.9	122.7	108.9	156.0	237.0	22.1	12.4	36.6	41.0	1216.1	130.8	149.5	150.7	192.6	284.0
2008	50.9	27.4	90.7	153.3	112.5	207.6	133.6	149.8	43.0	256.7	89.1	13.1	1327.7	103.4	137.7	159.6	214.8	290.4
2009	21.0	130.3	106.7	208.0	189.0	340.0	155.5	26.0	34.0	30.0	77.6	40.4	1358.5	145.5	248.0	248.5	253.5	366.0
2010	28.3	58.3	243.8	219.0	215.5	151.0	649.0	72.0	145.0	182.0	16.0	34.2	2014.1	196.5	290.5	540.0	604.0	670.5
2011	30.0	23.0	59.5	57.5	99.5	455.0	12.0	25.5	64.5	43.5	44.5	8.5	923.0	110.5	142.0	253.5	379.5	473.5
2012	52.5	73.0	120.0	133.0	220.5	223.0	119.5	160.0	84.5	104.5	69.5	70.0	1430.0	109.5	184.0	188.5	188.5	306.0
2013	31.5	50.0	87.0	129.5	210.0	167.5	127.0	27.5	119.0	9.5	91.5	5.5	1055.5	86.5	99.0	99.0	183.5	260.0
2014	56.0	109.5	80.0	104.5	242.0	55.0	208.0	111.5	46.0	168.0	134.5	2.5	1317.5	64.5	146.0	149.5	197.5	266.5
2015	20.5	211.0	70.0	195.0	242.5	376.0	119.0	141.5	71.0	76.0	85.5	30.5	1638.0	152.0	188.0	261.0	342.5	450.0

表 9－9

四湖下区新滩口站历年年降水量资料整编成果表

单位：mm

年份	1月	2月	3月	4月	5月	6月	7月	8月	9月	10月	11月	12月	年降水量	最大1日降水量	最大3日降水量	最大7日降水量	最大15日降水量	最大30日降水量
1960	36.5	32.2	251.6	80.6	242.3	174.8	101.5	2.4	77.3	27.6	80.3	5.2	1112.3	97.5	113.5	152.5	220.9	262.1
1961	38.4	60.8	197.9	117.7	175.6	182.3	30.2	31.2	115.3	91.9	103.1	30.7	1175.1	119.6	181.2	183.3	203.6	284.0
1962	33.1	81.7	47.2	187.9	243.0	319.7	179.9	139.6	109.3	62.9	67.9	71.3	1543.5	111.2	134.7	145.2	197.1	368.4
1963	0.1	28.8	98.5	220.6	108.5	10.6	96.7	113.5	19.2	27.0	90.5	25.1	839.1	65.8	95.1	132.9	189.5	277.6
1964	30.3	74.4	78.8	192.2	197.6	452.9	62.3	47.3	15.2	133.7	10.8	23.0	1318.5	120.0	221.1	405.1	416.2	470.4
1965	17.0	92.5	76.7	201.2	37.5	275.5	27.3	219.6	87.4	99.0	101.6	43.4	1278.7	120.8	144.4	193.9	197.5	278.4
1966	23.0	50.0	46.7	142.4	176.8	233.8	46.5	37.6	10.7	87.8	53.0	69.5	977.8	62.9	148.6	175.5	227.4	247.1
1967	46.6	51.5	125.2	245.3	237.1	236.6	71.4	48.2	80.6	88.2	181.8	4.8	1417.3	124.4	172.1	250.5	275.8	370.5
1968	64.5	2.4	111.2	78.9	130.6	111.5	91.6	68.5	72.5	18.8	25.6	129.0	905.1	91.7	91.7	92.1	114.9	164.5
1969	64.6	49.9	131.0	173.9	200.6	288.6	622.7	352.2	67.8	19.3	50.7	5.6	2026.9	147.2	147.2	293.4	620.4	830.9
1970	15.5	91.3	120.8	102.5	345.8	200.4	323.0	29.6	187.0	18.4	70.6	44.4	1686.5	130.4	130.4	144.7	281.3	445.8
1971	45.1	86.3	83.4	101.4	172.4	164.7	12.2	47.5	16.8	58.7	30.5	17.4	837.5	44.4	44.4	84.0	182.8	257.1
1972	21.5	72.0	152.5	194.6	272.2	60.8	49.7	24.5	70.3	195.4	207.9	19.9	1248.1	83.9	83.9	120.5	246.4	352.9
1973	34.0	113.2	110.8	194.6	360.0	197.7	183.7	62.4	242.5	8.7	0.7	2.1	1510.4	89.7	89.7	149.1	238.9	360.0
1974	50.3	69.8	52.7	145.9	151.1	122.4	193.9	12.0	137.5	40.7	45.2	58.1	1079.6	97.1	97.1	115.9	183.9	282.2
1975	17.4	76.9	72.5	259.5	165.5	237.0	83.1	193.2	75.9	119.8	35.9	80.6	1417.3	76.0	76.0	94.5	199.7	321.2
1976	25.7	63.2	94.1	132.5	150.9	100.1	52.3	46.6	15.1	101.2	49.2	20.5	851.4	43.8	43.8	84.1	147.2	204.1
1977	35.4	27.8	183.5	359.9	308.5	188.4	160.5	149.8	73.9	43.5	73.6	71.9	1676.7	95.4	95.4	110.9	337.1	448.2
1978	50.9	33.4	134.3	87.4	232.4	275.8	7.7	31.5	27.1	110.4	59.7	11.3	1061.9	85.2	85.2	133.7	289.7	390.6
1979	19.7	17.2	156.8	126.1	147.7	424.5	83.8	94.1	46.8	0	9.0	71.0	1196.7	106.3	106.3	191.8	317.7	424.5
1980	44.5	51.5	208.4	154.7	192.5	235.4	346.8	280.8	42.9	64.8	26.8	5.3	1654.4	131.4	131.4	233.1	381.6	509.9
1981	72.9	49.6	145.9	111.1	71.9	136.7	153.8	57.3	82.2	197.9	99.0	1.2	1179.5	136.5	136.5	147.8	252.1	262.2
1982	40.1	90.3	174.0	96.3	136.8	225.8	174.7	412.9	99.9	38.8	130.7	7.8	1628.1	114.6	114.6	166.4	324.5	436.7
1983	49.3	32.4	24.6	161.5	203.5	343.0	227.4	31.8	116.5	257.9	47.9	30.2	1526.0	93.3	93.3	125.9	252.0	420.6
1984	34.9	24.5	68.8	150.2	109.6	191.9	147.7	17.8	39.7	81.4	41.1	136.6	1044.2	66.6	66.6	92.7	159.4	258.5
1985	7.3	67.8	161.3	128.2	180.9	91.2	69.9	124.1	95.4	120.8	64.5	31.0	1142.4	86.9	86.9	93.1	136.1	197.8
1986	19.9	21.6	74.8	187.0	14.6	263.9	200.7	41.0	86.6	130.9	53.6	63.4	1158.0	89.0	89.0	129.3	255.3	363.8
1987	62.6	59.5	115.9	123.6	18.4	105.6	367.7	183.9	15.6	310.4	61.4	0.0	1424.6	146.1	146.1	211.4	307.4	367.7

续表

年份	月降水量												年降水量	最大1日降水量	最大3日降水量	最大7日降水量	最大15日降水量	最大30日降水量
	1月	2月	3月	4月	5月	6月	7月	8月	9月	10月	11月	12月						
1988	23.7	94.7	58.0	48.5	371.2	306.6	6.8	263.6	52.1	43.0	0.7	1.5	1270.4	119.1	119.1	192.9	352.6	371.2
1989	97.9	137.8	98.9	250.3	135.9	288.9	121.4	187.4	129.9	169.8	119.7	20.2	1757.9	114.5	114.5	114.5	246.4	338.6
1990	48.7	225.6	94.0	205.7	171.6	233.4	48.6	105.0	133.6	36.2	120.6	39.1	1462.1	91.0	91.0	96.4	210.3	280.3
1991	59.5	146.9	109.0	194.6	210.3	132.6	453.1	100.4	38.9	4.6	16.5	62.9	1529.3	93.6	93.6	172.2	440.5	479.4
1992	31.5	39.7	257.1	108.6	128.0	177.7	55.9	20.7	24.9	7.7	33.7	41.2	926.7	73.5	73.5	103.7	202.7	273.0
1993	86.1	96.0	134.5	84.3	193.9	183.1	257.0	105.1	187.4	61.1	78.2	29.0	1495.7	68.2	68.2	143.4	177.5	277.6
1994	38.4	93.6	58.1	117.6	93.4	146.0	149.5	59.4	80.2	54.3	47.2	39.1	976.8	57.9	57.9	82.0	126.7	175.2
1995	84.3	51.6	49.7	290.8	245.0	398.9	84.3	98.2	9.0	134.3	3.6	5.0	1454.7	107.8	107.8	177.6	268.5	467.1
1996	96.7	28.9	211.7	71.1	200.6	352.1	424.7	170.4	33.9	112.9	69.9	3.5	1776.4	124.5	124.5	224.0	381.5	594.4
1997	77.5	57.1	74.1	55.1	85.7	102.5	252.2	17.5	64.9	54.6	144.3	72.7	1058.2	119.7	119.7	139.4	202.3	265.6
1998	97.8	38.3	141.3	218.7	171.2	225.3	415.3	65.8	39.3	73.4	5.1	30.9	1522.4	81.7	166.4	211.6	285.4	422.2
1999	23.4	21.3	82.7	282.0	190.7	489.6	201.8	215.8	29.2	94.8	39.0	0.3	1670.6	130.7	239.4	361.7	444.8	569.1
2000	146.8	49.1	39.7	46.8	178.5	72.2	19.2	98.1	99.2	121.6	68.3	35.9	975.4	75.9	134.1	151.6	198.9	224.5
2001	131.5	65.6	50.4	139.3	100.4	258.2	52.6	30.1	0.5	90.4	39.2	61.3	1026.5	118.5	162.8	164.2	228.7	314.0
2002	42.1	77.6	57.4	125.9	168.4	223.3	260.7	154.9	38.6	97.8	86.2	134.0	1794.1	88.1	165.6	204.8	236.9	377.2
2003	42.0	144.2	184.9	201.9	150.3	384.7	193.7	40.2	27.2	42.2	76.4	31.4	1519.1	136.2	266.6	319.3	407.0	514.7
2004	55.0	61.0	40.7	116.9	290.6	433.1	245.9	110.4	32.9	0.8	88.8	29.4	1505.5	132.3	173.2	225.9	305.3	529.4
2005	32.6	144.0	50.4	129.2	142.1	170.3	55.6	89.5	121.3	14.3	160.1	4.3	1113.7	79.9	116.1	128.6	159.6	183.5
2006	61.3	116.6	46.7	125.9	262.8	46.1	163.6	223.1	41.3	46.5	61.0	21.9	1216.8	130.2	141.5	181.1	216.5	275.6
2007	78.1	116.0	131.1	114.4	211.6	144.4	195.2	131.2	27.0	19.6	38.9	37.9	1245.4	104.5	134.8	135.1	189.5	267.5
2008	61.1	22.1	69.2	115.5	100.9	76.6	116.0	132.2	31.5	134.0	82.7	7.5	949.3	41.8	86.7	88.8	133.4	187.6
2009	8.2	142.8	61.8	212.0	208.5	287.0	147.5	45.5	33.5	35.0	92.4	47.4	1321.6	103.0	190.0	190.0	200.0	292.0
2010	40.8	49.1	226.7	151.0	162.0	112.0	649.0	115.5	104.5	165.5	12.5	31.9	1820.5	143.0	345.5	533.5	595.5	655.5
2011	23.0	19.5	52.5	41.5	87.0	481.5	111.0	71.0	59.0	30.5	32.5	3.5	1012.5	95.0	146.0	246.0	328.5	497.5
2012	28.5	70.0	107.5	136.0	272.5	184.5	91.0	79.0	81.5	120.5	51.5	67.5	1290.0	58.0	151.0	166.0	166.0	298.5
2013	13.5	33.5	61.5	73.5	169.5	191.5	223.0	49.0	141.5	5.0	50.5	4.5	1016.5	137.0	170.5	174.5	277.0	329.5
2014	19.5	90.5	57.5	109.5	125.0	47.0	134.5	117.5	48.0	144.0	132.5	3.0	1028.5	82.5	130.0	130.0	144.0	199.0
2015	19.0	149.5	57.0	163.0	149.0	322.5	93.5	63.0	71.5	60.5	69.5	19.0	1237.0	123.0	127.5	244.5	262.5	358.0

表 9-10　　四湖流域代表站（点）暴雨（1日、3日、7日、15日）成果分析表

单位：mm

分区（代表站）	系列年限	暴雨历时	统计参数			P（重现期）					
			均值	C_v	C_s	0.5%　200年	1%　100年	2%　50年	3.33%　30年	5%　20年	10%　10年
四湖上区（习家口站）	1954—2015	1日	87.6	0.36	3.5C_v	205.6	188.8	171.8	158.9	148.1	129.8
		3日	122.5	0.33	3.5C_v	270.5	249.9	228.5	213.0	199.8	176.7
		7日	159.8	0.37	3.0C_v	371.5	342.5	312.4	290.4	271.6	239.0
		15日	209.3	0.36	2.5C_v	465.4	432.2	397.6	371.6	349.4	310.2
四湖中区（福田寺站）	1960—2015	1日	96.4	0.37	3.0C_v	224.0	206.5	188.4	175.1	163.7	144.2
		3日	135.0	0.30	2.0C_v	261.8	246.4	230.2	218.5	207.9	188.9
		7日	177.5	0.37	3.5C_v	423.1	388.3	352.8	326.1	303.5	275.8
		15日	239.7	0.40	3.5C_v	607.0	553.4	499.6	459.5	425.8	367.3
四湖下区（新堤站）	1960—2015	1日	108.7	0.36	2.0C_v	234.8	219.1	202.7	190.5	180.0	160.8
		3日	160.5	0.49	3.5C_v	480.7	431.2	382.4	345.8	315.5	264.4
		7日	202.2	0.58	3.5C_v	706.5	625.6	543.5	485.7	436.8	354.7
		15日	239.7	0.40	3.5C_v	607.0	553.4	499.6	459.5	425.8	367.3
四湖下区（新滩口站）	1959—2015	1日	99.6	0.25	1.0C_v	163.9	157.7	150.7	145.4	140.5	131.5
		3日	151.4	0.42	4.0C_v	410.2	370.1	330.7	301.1	276.7	235.3
		7日	201.8	0.50	4.5C_v	670.9	590.2	508.4	452.4	404.5	327.8
		15日	259.3	0.45	3.5C_v	725.0	655.0	583.8	532.0	488.1	414.5

表9-11

习家口（长湖）站历年平均水位资料整编成果表

表内水位（冻结基面以上米数）-1.854=85基准基面以上米数

单位：m

年份	月 平 均 水 位												年最高水位	年最低水位	年平均水位
	1月	2月	3月	4月	5月	6月	7月	8月	9月	10月	11月	12月			
1963	29.71	29.52	29.62	29.72	30.22	30.13	29.84	30.55	30.95	30.43	30.27	30.17	31.45	29.47	30.10
1964	30.02	29.97	29.69	29.56	30.36	30.96	31.36	31.64	31.28	31.11	31.13	30.81	31.83	29.40	30.66
1965	30.56	30.42	30.44	30.26	30.22	29.80	29.71	30.05	30.25	30.42	30.42	30.34	30.72	29.62	30.24
1966	30.31	30.20	30.03	29.64	29.25	29.23	29.27	28.83	28.64	29.09	29.50	29.48	30.36	28.39	29.45
1967	29.42	29.44	29.51	29.82	29.92	29.95	30.13	30.88	31.25	31.31	30.93	31.29	31.48	29.36	30.33
1968	30.54	30.36	30.19	29.99	29.86	29.90	30.84	31.74	31.55	31.36	30.89	30.66	32.24	29.70	30.66
						30.90			湖水漫堤停测						
1969	30.58	30.58	30.44	30.03	29.62	31.89	31.32	30.59	30.26	30.43	29.77	29.73	32.40	29.65	30.38
1970	30.20	30.01	29.96	30.06	30.34	29.88	29.56	29.62	29.80	30.26	30.11	29.87	30.41	29.38	29.83
1971	29.74	29.77	29.81	29.76	29.76	29.95	29.79	29.62	29.64	30.11	30.77	30.48	31.03	29.50	30.05
1972	29.77	29.84	30.08	30.44	30.14	30.80	30.47	30.31	31.46	31.19	30.50	30.33	32.03	30.13	30.69
1973	30.47	30.54	30.64	30.45	31.15	30.98	30.04	29.48	29.54	30.53	30.54	30.48	30.66	29.31	30.07
1974	30.18	30.13	30.18	29.79	29.94	29.98	30.80	31.01	31.07	31.02	30.77	30.48	31.31	30.21	30.67
1975	30.49	30.47	30.50	30.34	30.58	30.46	30.28	29.99	29.96	30.12	30.40	30.21	30.60	29.84	30.15
1976	30.38	30.32	30.14	30.03	30.00	30.02	29.85	30.04	29.88	30.13	30.29	30.22	32.01	29.55	30.20
1977	29.94	29.87	29.90	30.32	31.55	30.34	29.68	29.75	30.22	30.28	30.33	30.38	30.41	29.10	29.96
1978	30.16	30.12	30.05	29.55	29.19	29.81	29.36	30.94	31.06	30.89	30.59	30.40	31.60	29.37	30.54
1979	30.37	30.35	30.27	29.71	29.67	30.86	32.08	33.00	32.33	31.42	30.51	29.82	33.11	29.67	30.95
1980	30.40	30.38	30.61	30.45	29.90	30.47	29.60	29.66	29.86	30.05	30.29	30.25	30.42	29.14	29.87
1981	29.76	29.86	29.96	30.28	29.56	30.22	30.56	31.33	32.24	31.63	31.28	30.99	32.49	29.81	30.80
1982	30.16	30.20	30.40	30.52	30.08	29.99	32.73	32.01	31.97	32.56	32.04	30.70	33.30	29.40	30.93
1983	30.02	29.86	29.80	29.57	29.77	29.45	29.99	29.79	30.00	30.14	30.34	30.42	30.51	28.85	29.85
1984	30.08	29.85	29.65	29.32	29.10	30.04	29.64	29.55	29.75	29.97	30.06	30.01	30.68	29.38	30.07
1985	30.52	30.55	30.58	30.11	30.10	30.04	30.51	30.53	30.39	30.49	30.72	30.73	30.97	29.04	30.12
1986	30.01	30.00	29.89	29.43	29.42	30.31					30.49				

续表

年份	1月	2月	3月	4月	5月	6月	7月	8月	9月	10月	11月	12月	年最高水位	年最低水位	年平均水位
1987	30.78	30.84	30.97	31.01	30.54	30.22	30.35	31.18	31.68	31.02	30.92	30.52	31.99	30.02	30.84
1988	30.52	30.50	30.50	30.12	29.86	30.29	30.22	30.11	32.01	31.43	30.75	30.36	32.50	29.33	30.55
1989	30.37	30.36	30.67	30.71	31.03	31.18	31.36	31.99	32.23	31.52	31.44	30.53	32.62	30.31	31.12
1990	30.60	30.97	31.33	30.79	30.70	30.63	31.38	30.67	30.11	30.34	30.49	30.47	31.77	29.94	30.71
1991	30.51	30.81	31.00	31.01	30.74	30.33	32.26	31.41	30.95	30.66	30.32	30.23	33.01	30.07	30.86
1992	30.28	30.32	30.42	30.41	30.32	30.75	31.22	30.44	30.29	30.37	30.30	30.29	31.48	30.19	30.45
1993	30.74	31.02	30.45	30.19	30.07	29.95	29.99	30.47	30.92	31.10	30.90	30.69	31.21	29.76	30.54
1994	30.80	30.93	30.91	30.53	30.06	29.92	29.61	29.83	30.18	30.45	30.62	30.79	31.15	29.51	30.39
1995	30.55	30.48	30.35	30.12	30.25	30.82	31.29	30.67	30.28	30.36	30.63	30.33	31.77	29.99	30.51
1996	30.37	30.40	30.39	30.56	30.42	30.64	32.16	32.63	31.61	30.81	30.76	30.57	33.26	30.24	30.95
1997	30.70	30.84	30.77	29.99	29.70	30.34	31.81	31.15	30.43	30.48	30.60	30.78	32.97	29.39	30.63
1998	30.89	30.73	30.72	30.79	30.92	30.39	30.59	31.38	31.05	30.64	30.55	30.06	31.87	29.90	30.73
1999	29.95	30.24	30.51	30.30	30.33	30.13	31.34	30.64	30.74	30.97	30.86	30.50	31.67	29.82	30.55
2000	30.10	29.70	29.82	29.55	29.12	29.28	29.46	30.31	31.22	31.99	31.71	61.63	32.49	29.95	30.33
2001	31.21	31.07	30.74	30.52	30.40	30.31	30.05	30.08	30.49	30.66	30.89	30.77	31.38	29.57	30.60
2002	30.72	30.49	30.90	31.23	31.81	30.89	31.41	31.25	30.66	30.42	30.98	30.98	32.25	30.23	30.98
2003	30.83	30.95	30.83	30.26	30.68	30.33	31.63	31.42	31.25	31.48	30.86	30.60	32.13	29.98	30.93
2004	30.86	30.51	30.43	30.05	29.91	30.18	31.12	32.10	31.38	30.94	30.91	30.99	32.31	29.64	30.78
2005	31.01	30.91	30.69	30.52	30.54	30.66	30.63	30.91	31.53	31.24	31.10	30.86	31.58	30.40	30.88
2006	31.06	31.08	30.74	30.71	30.82	30.55	30.72	31.01	30.74	30.54	30.29	30.14	31.22	30.10	30.70
2007	30.52	30.96	31.37	30.98	30.42	30.46	31.82	32.08	31.63	30.74	30.62	30.85	32.74	30.14	31.04
2008	30.89	31.03	30.89	30.96	30.88	30.71	30.94	31.53	32.00	31.23	31.47	30.84	33.03	30.51	31.11
2009	30.20	30.01	30.40	30.58	30.56	31.31	31.53	30.93	30.95	30.45	30.19	30.69	32.27	29.90	30.65
2010	30.52	30.38	30.27	30.27	30.56	31.03	31.67	31.22	31.18	31.11	31.08	30.44	32.23	30.15	30.81
2011	30.25	30.36	30.35	30.13	29.65	29.79	30.95	31.13	31.16	31.34	31.28	31.22	31.40	29.16	30.64
2012	30.84	30.75	30.37	30.28	30.47	30.68	31.21	30.82	30.85	30.80	31.16	31.09	31.39	30.24	30.78
2013	30.86	30.68	30.66	30.72	31.07	30.96	30.97	30.71	31.19	31.26	31.17	31.05	31.89	30.48	30.94
2014	31.00	30.83	30.91	30.98	30.79	30.41	30.81	30.66	30.95	31.03	31.25	31.19	31.36	30.28	30.90
2015	31.13	30.87	30.92	31.07	30.73	31.27	31.13	30.90	30.65	30.48	30.52	30.58	31.51	30.19	30.85

月 平 均 水 位

表9-12　　　　　　　　　　挖沟嘴（洪湖）站历年年平均水位资料整编成果表

表内水位（冻结基面以上米数）−1.854＝85基准基面以上米数　　　　　　　　　单位：m

年份	月平均水位												年最高水位	年最低水位	年平均水位
	1月	2月	3月	4月	5月	6月	7月	8月	9月	10月	11月	12月			
1962	23.81	23.44	23.25	23.20	23.62	24.61	25.56	25.70	25.76	25.36	24.69	24.09	25.83	23.10	24.43
1963	23.57	23.38	23.20	23.32	24.21	24.23	23.91	24.14	24.53	24.45	24.14	23.88	24.58	23.10	23.91
1964	23.67	23.65	23.69	23.78	24.48	24.90	25.95	25.96	25.68	25.82	25.50	24.44	26.10	23.57	24.80
1965	23.78	23.65	23.83	23.88	24.02	23.98	24.21	24.60	25.06	25.27	24.82	24.09	25.42	23.61	24.27
1966	23.72	23.60	23.55	23.55	23.69	23.70	24.67	24.39	23.92	24.01	23.85	23.65	24.90	23.43	23.86
1967	23.58	23.51	23.46	23.57	24.26	25.15	25.72	25.32	24.83	24.45	24.19	24.06	25.82	23.32	24.35
1968	23.68	23.64	23.67	23.52	23.56	23.55	23.89	24.80	25.07	25.18	24.38	23.90	25.33	23.42	24.07
1969	23.63	23.55	23.49	23.57	23.86	23.81	25.62	26.86	26.28	25.53	24.58	23.73	27.46	23.46	24.55
1970	23.46	23.47	23.56	23.72	24.67	25.56	25.78	25.97	25.45	25.29	24.41	23.69	26.16	23.42	24.59
1971	23.46	23.40	23.41	23.44	23.47	24.59	24.61	24.03	23.76	24.02	24.01	23.65	24.98	23.37	23.82
1972	23.37	23.33	23.50	23.54	23.75	23.81	23.81	23.87	23.94	24.14	24.54	23.84	24.68	23.29	23.79
1973	23.35	23.32	23.58	23.54	24.77	26.15	26.49	25.68	25.71	26.05	24.33	23.56	26.60	23.27	24.72
1974	23.31	23.28	23.22	23.19	23.89	23.94	24.49	24.52	24.51	25.16	24.20	23.54	25.41	23.11	23.94
1975	23.22	23.26	23.40	23.54	25.20	25.66	25.65	25.44	24.95	24.90	24.34	23.96	25.95	23.11	24.47
1976	23.74	23.32	23.42	23.46	23.59	23.83	24.41	24.50	24.35	24.05	23.96	23.71	24.71	23.14	23.86
1977	23.46	23.03	23.20	23.89	25.32	25.21	25.50	25.49	24.72	24.17	23.81	23.37	25.68	22.87	24.27
1978	23.63	23.26	23.25	23.28	23.56	24.79	24.63	24.38	24.28	24.11	23.99	23.57	25.13	23.18	23.90
1979	23.50	23.46	23.47	23.45	23.73	24.57	25.18	24.79	24.96	24.88	23.68	23.35	25.54	23.22	24.09
1980	23.28	23.33	23.90	23.65	23.62	24.63	25.59	26.64	26.35	25.55	24.62	23.55	26.92	23.20	24.56
1981	23.24	23.51	23.68	24.10	23.52	23.39	25.06	24.74	24.85	24.84	24.32	23.99	25.62	23.14	24.11
1982	23.63	23.88	24.05	23.89	23.73	24.38	24.78	25.23	25.56	25.42	24.62	24.33	25.85	23.38	24.46
1983	23.72	23.57	23.45	23.58	24.47	25.02	26.53	25.84	25.96	26.51	25.24	23.90	26.83	23.40	24.83
1984	23.79	23.53	23.60	23.87	23.82	24.25	24.69	24.51	24.34	24.53	24.53	24.01	24.86	23.44	24.12
1985	23.74	23.78	23.92	23.88	23.78	24.35	24.33	24.52	24.41	24.48	24.17	23.95	24.77	23.54	24.11
1986	23.63	23.57	23.56	23.66	23.97	24.11	25.55	24.94	24.70	24.35	24.16	23.98	25.76	23.45	24.18
1987	23.97	23.81	23.98	24.04	23.08	24.07	24.84	25.37	25.58	25.12	24.71	23.81	25.89	23.71	24.44

续表

| 年份 | 月平均水位 | | | | | | | | | | | | 年最高水位 | 年最低水位 | 年平均水位 |
	1月	2月	3月	4月	5月	6月	7月	8月	9月	10月	11月	12月			
1988	23.73	23.68	23.92	23.91	24.18	24.52	24.60	24.54	25.94	25.46	24.54	24.43	26.05	23.54	24.45
1989	24.34	24.25	24.28	24.12	24.39	24.80	24.85	25.54	25.95	25.36	25.29	24.42	26.11	23.99	24.80
1990	24.13	24.17	24.32	24.13	24.47	24.78	25.22	25.00	24.72	24.68	24.66	24.37	25.50	23.86	24.56
1991	24.36	24.45	24.29	24.27	24.38	24.68	26.21	25.70	25.50	24.72	24.10	24.01	26.97	23.89	24.73
1992	23.89	23.96	24.35	24.56	24.38	24.94	24.96	24.60	24.70	24.39	24.10	24.02	25.59	23.85	24.40
1993	24.02	24.14	24.41	24.11	24.44	24.39	25.08	25.36	25.75	25.50	24.72	24.34	26.12	23.86	24.69
1994	24.04	24.10	24.03	24.08	24.03	24.44	24.79	24.69	24.80	24.61	24.37	24.32	25.08	23.85	24.36
1995	24.35	24.18	24.07	24.12	24.35	25.09	25.16	25.11	24.86	24.76	24.56	24.28	25.69	23.83	24.57
1996	24.12	23.97	23.74	24.21	24.04	24.77	26.32	26.54	25.83	24.74	24.14	23.83	27.19	23.61	24.69
1997	23.87	23.87	23.77	23.87	23.86	23.95	24.77	25.09	24.85	24.36	24.03	24.01	25.39	23.68	24.20
1998	24.12	23.75	23.91	24.06	24.77	24.88	25.52	26.39	26.32	25.69	24.27	24.00	26.54	23.66	24.81
1999	23.85	23.65	23.62	24.14	24.77	24.79	26.50	26.02	26.25	25.66	24.84	24.13	26.72	23.55	24.86
2000	24.37	24.29	23.97	23.70	23.47	24.06	23.92	24.66	25.33	25.62	25.26	24.51	25.80	23.28	24.43
2001	24.35	24.03	24.04	24.01	24.41	24.91	24.92	24.78	24.69	24.59	24.24	24.07	25.45	23.91	24.42
2002	24.10	24.17	24.26	24.37	25.78	25.45	25.50	25.96	25.45	24.22	24.24	24.26	26.16	24.02	24.82
2003	24.18	24.05	24.45	24.11	25.13	24.65	25.86	25.29	24.95	24.70	24.05	24.09	26.53	23.93	24.63
2004	24.04	23.87	23.83	23.73	24.30	25.08	25.87	25.88	25.24	24.62	24.07	24.09	26.75	23.60	24.55
2005	24.10	24.35	24.22	24.11	24.11	24.41	24.46	24.70	25.40	24.95	24.67	24.22	25.54	23.97	24.47
2006	24.07	24.03	24.06	24.01	24.34	24.19	24.51	24.67	24.60	24.61	24.40	24.32	24.82	23.82	24.32
2007	24.27	24.39	24.42	24.11	24.01	24.20	24.64	24.98	25.17	24.52	24.26	24.06	25.22	23.82	24.42
2008	23.94	23.96	23.91	23.90	23.94	24.10	24.37	24.77	25.21	24.60	24.78	24.26	25.31	23.77	24.31
2009	24.07	23.92	24.18	24.27	24.44	24.83	25.12	25.48	24.88	24.34	24.33	24.33	25.51	23.85	24.49
2010	24.22	24.16	24.22	24.43	24.53	24.91	25.99	25.39	25.39	24.98	24.17	24.19	26.87	24.09	24.73
2011	24.16	24.05	23.90	23.77	23.34	24.36	24.86	24.93	24.80	24.82	24.68	24.49	25.69	23.20	24.35
2012	24.34	24.12	24.26	24.55	24.75	24.75	25.07	25.04	25.01	24.65	24.65	24.46	25.43	24.05	24.64
2013	24.32	24.39	24.35	24.26	24.66	25.15	25.17	25.03	25.22	25.01	24.61	24.49	25.50	24.10	24.72
2014	24.49	24.57	24.36	24.37	24.79	24.46	24.80	24.97	25.33	24.95	24.96	24.67	25.43	24.17	24.73
2015	24.52	24.62	24.53	24.66	24.46	25.30	24.92	24.99	24.99	24.48	24.47	24.28	25.70	24.14	24.68

表 9－13　　　　福田寺站历年年平均水位资料整编成果表

单位：m

表内水位（冻结基面以上米数）－1.810＝85基准基面以上米数

年份	月平均水位												年最高水位	年最低水位	年平均水位
	1月	2月	3月	4月	5月	6月	7月	8月	9月	10月	11月	12月			
1967	25.83	26.13	26.08	26.45	26.32	26.71	26.89	26.61	26.39	26.35	25.58	24.88	27.39	24.52	26.18
1968	25.05	26.04	26.12	26.00	26.74	26.81	26.63	26.16	26.29	25.99	25.62	24.30	27.27	24.11	25.98
1969	24.17	25.02	24.87	25.70	24.90	26.24	26.70	27.10	26.44	25.59	24.66	24.71	27.58	23.95	25.51
1970	25.89	25.90	26.12	26.29	26.42	26.43	26.94	27.20	26.42	26.24	26.26	25.95	27.59	25.18	26.34
1971	25.95	25.76	26.23	26.30	26.45	26.24	26.45	26.74	26.32	26.07	26.06	26.02	27.17	25.51	26.22
1972	25.93	25.93	26.28	25.92	25.97	26.12	26.67	26.71	26.36	26.07	25.55	24.23	27.17	23.80	25.98
1973	24.61	25.52	25.89	26.15	26.75	26.98	27.59	27.05	26.84	26.64	26.30	26.15	27.92	23.78	26.38
1974	25.87	16.16	26.12	25.81	26.16	26.17	26.27	26.91	26.71	26.34	25.74	25.62	27.07	25.15	26.16
1975	25.43	25.43	25.92	26.28	26.39	26.59	26.76	26.76	26.20	26.14	26.01	25.98	27.26	23.59	26.16
1976	25.92	26.17	26.03	26.09	26.21	26.26	26.38	26.64	26.49	26.28	25.86	25.05	27.22	24.15	26.12
1977	25.57	25.42	25.64	26.37	26.65	26.01	26.41	26.64	26.41	25.59	24.48	25.14	27.41	24.04	25.86
1978	25.14	24.97	24.74	24.44	25.91	26.03	26.19	26.51	26.21	25.85	24.32	23.60	27.01	23.31	25.33
1979	23.87	24.20	25.13	部分河干	25.77	26.63	26.37	26.46	25.91	25.48	部分河干	河干	27.73	河干	部分河干
1980	部分河干	25.21	25.49	25.19	25.78	25.86	26.45	27.58	27.18	25.89	25.31	24.31	28.15	河干	部分河干
1981	23.30	25.19	25.09	25.59	25.42	26.16	26.54	26.68	26.24	25.13	24.95	24.22	27.58	22.76	25.37
1982	23.94	24.48	24.80	25.51	26.23	26.23	26.18	26.62	26.21	25.63	25.55	24.92	27.54	23.71	25.53
1983	23.91	23.76	24.05	25.52	26.16	26.45	27.47	27.25	26.66	26.95	26.02	24.39	28.02	23.58	25.72
1984	23.89	23.57	24.20	25.68	26.19	26.20	26.03	26.76	26.76	26.20	25.84	25.53	27.42	23.44	25.55
1985	25.60	25.94	25.90	26.26	26.35	26.11	26.62	26.72	26.72	26.16	26.21	25.74	27.44	24.74	26.18
1986	25.61	25.56	25.37	25.18	25.54	25.97	26.54	26.69	26.69	26.16	26.03	25.39	27.54	23.88	25.87
1987	26.13	26.48	26.46	26.28	26.32	26.10	26.50	26.66	26.66	26.21	26.20	25.69	27.55	25.21	26.28
1988	25.41	25.36	25.86	25.32	25.68	26.33	26.25	26.81	26.81	26.04	25.91	25.41	27.69	23.54	25.90
1989	25.56	25.70	25.92	26.16	25.74	25.93	26.40	26.49	26.49	26.09	25.78	25.05	27.47	24.41	25.94
1990	25.24	25.88	25.31	25.59	26.02	26.02	26.42	26.88	26.88	25.91	25.63	24.65	27.51	24.21	25.84
1991	24.81	25.80	25.97	26.01	25.76	25.58	27.44	26.92	26.92	26.03	26.03	25.18	28.27	24.32	26.01

续表

年份	月平均水位												年最高水位	年最低水位	年平均水位
	1月	2月	3月	4月	5月	6月	7月	8月	9月	10月	11月	12月			
1992	25.09	25.44	25.92	26.10	25.67	26.20	26.26	26.92	26.92	26.00	26.11	25.59	27.41	24.32	25.99
1993	26.05	25.93	25.16	26.47	26.14	25.63	26.26	26.44	26.44	26.14	25.82	25.61	27.23	24.53	26.02
1994	25.68	25.86	25.76	26.07	26.20	26.24	26.35	26.72	26.72	26.01	26.19	26.09	27.46	24.88	26.12
1995	26.05	25.72	25.85	26.03	26.18	26.37	26.37	26.79	26.79	25.91	25.81	25.22	27.51	24.37	26.09
1996	25.74	25.39	25.71	25.99	26.45	26.16	27.22	27.48	27.48	26.28	26.19	25.96	28.32	24.78	26.27
1997	25.87	25.76	26.18	26.20	26.22	26.17	26.40	26.77	26.77	26.31	26.04	25.96	27.98	24.44	26.21
1998	25.96	25.98	26.13	26.47	26.09	25.93	26.31	26.93	26.93	26.52	26.48	26.19	27.40	25.33	26.34
1999	24.74	25.75	25.57	26.10	25.96	26.19	26.98	26.97	26.97	26.45	26.36	26.38	27.86	23.83	26.18
2000	25.49	26.12	25.75	25.28	24.04	25.59	25.78	26.22	26.22	26.46	26.09	26.25	27.10	21.96	25.79
2001	26.04	25.97	25.87	25.85	26.10	26.26	26.00	26.44	26.44	26.47	26.28	26.18	27.23	25.03	26.16
2002	26.23	26.35	26.19	26.31	26.33	26.42	26.54	26.85	26.85	25.98	26.26	26.28	27.41	25.44	26.35
2003	26.12	26.20	26.14	26.30	25.86	25.95	26.76	26.52	26.52	26.28	26.18	26.19	27.88	25.28	26.24
2004	25.92	25.77	25.94	25.72	25.99	25.95	26.69	26.20	26.20	26.12	25.09	24.29	28.04	24.22	25.81
2005	24.58	25.23	24.68	25.01	26.14	26.03	26.03	26.40	26.40	26.11	26.09	26.09	26.89	24.36	25.72
2006	26.04	26.09	25.92	25.86	26.01	26.07	26.29	26.31	26.31	26.04	26.03	25.94	26.86	25.26	26.08
2007	25.97	25.96	25.84	25.75	25.80	26.10	26.14	26.49	26.49	26.15	26.04	25.46	27.12	24.33	26.00
2008	25.01	24.69	24.38	24.59	25.22	25.56	25.81	26.04	26.04	26.17	26.23	26.07	26.98	24.13	25.47
2009	25.80	25.18	25.34	25.42	25.26	25.58	25.98	26.15	26.15	25.80	25.78	26.09	27.28	24.64	25.73
2010	25.83	25.91	25.88	25.92	26.00	26.13	27.21	26.72	26.72	26.27	25.91	25.61	28.23	24.81	26.11
2011	24.92	24.13	24.17	25.57	24.66	25.78	26.45	26.47	26.47	26.32	26.28	26.04	27.26	23.72	25.60
2012	25.88	26.00	26.09	26.03	25.79	26.17	26.40	26.35	26.35	26.09	25.75	25.41	27.21	24.50	26.01
2013	25.27	25.33	25.78	26.06	26.10	26.35	26.36	26.48	26.48	26.04	25.88	25.92	27.22	24.91	25.99
2014	25.36	24.78	24.65	25.80	25.83	26.10	26.04	26.12	26.09	26.21	26.14	25.25	26.61	24.20	25.70
2015	24.62	24.75	25.79	26.01	25.96	26.00	26.14	26.23	26.03	25.48	25.19	25.32	26.96	24.54	25.63

注 本站1992年1月由原王老河水文站下迁10km至本断面观测。

表9-14　　新滩口历年平均水位资料整编成果表

单位：m

表内水位（冻结基面以上米数）-1.817=85基准基面以上米数

年份	月平均水位												年最高水位	年最低水位	年平均水位
	1月	2月	3月	4月	5月	6月	7月	8月	9月	10月	11月	12月			
1967	17.23	17.35	17.34	19.66	23.64	24.29	25.60	23.93	23.36	22.49	20.15	19.25	25.95	16.93	21.22
1968	17.67	16.86	18.11	21.04	21.92	21.77	24.02	24.78	25.04	24.24	20.20	18.32	25.33	16.23	21.18
1969	17.69	17.86	17.63	18.11	20.85	20.17	25.87	26.59	25.44	22.70	21.05	18.16	27.88	17.17	21.03
1970	17.62	22.24	21.05	20.59	24.28	24.55	25.21	25.54	23.58	23.83	19.89	18.57	26.27	16.54	22.25
1971	17.41	17.17	17.33	18.43	20.43	24.61	24.29	23.09	22.33	21.88	19.12	16.90	25.11	16.65	20.26
1972	16.79	17.49	18.09	18.88	21.77	22.97	23.31	23.20	22.10	21.35	21.01	18.30	23.98	16.35	20.45
1973	17.48	18.02	18.54	21.52	24.09	25.22	25.72	24.80	25.02	24.40	19.92	18.41	26.33	16.71	21.95
1974	17.89	17.58	17.08	19.86	22.38	22.82	24.47	24.50	24.49	24.07	19.40	18.04	25.24	16.72	21.07
1975	17.09	17.34	17.36	19.68	24.95	25.23	24.88	24.80	23.62	24.09	21.74	19.60	25.83	16.43	21.72
1976	21.18	17.41	17.94	19.28	22.32	23.77	24.41	24.08	22.79	22.23	20.84	18.45	24.87	16.89	21.24
1977	17.42	17.18	16.90	21.32	24.48	24.60	25.37	24.92	22.89	21.51	20.58	17.70	25.71	16.32	21.26
1978	17.67	18.05	17.53	18.59	21.46	24.38	24.34	23.54	22.53	20.42	19.22	17.37	25.24	16.51	20.44
1979	16.88	16.64	16.73	18.91	21.12	22.27	24.65	24.30	24.92	23.42	18.79	17.38	25.54	16.33	20.52
1980	17.30	16.84	18.70	19.98	22.37	23.55	25.46	26.08	25.66	24.57	21.23	18.72	26.42	16.50	21.72
1981	19.91	17.08	17.47	22.18	22.16	22.82	24.85	24.16	24.67	22.41	20.45	18.61	25.71	16.45	21.17
1982	16.95	17.42	18.87	19.97	21.72	23.34	24.62	25.16	25.33	24.20	21.81	20.42	25.76	16.49	21.68
1983	17.97	17.79	18.79	20.62	22.88	24.63	26.12	25.19	25.75	25.62	22.19	19.32	26.40	16.99	22.26
1984	17.50	17.24	16.97	19.73	21.72	24.16	24.71	24.36	23.95	23.39	19.41	19.42	24.92	16.25	21.06
1985	17.35	17.62	19.40	19.94	21.65	23.50	24.21	23.30	24.05	22.23	20.09	18.65	24.66	16.88	21.00
1986	17.30	16.84	16.74	18.49	20.90	22.95	24.95	23.80	23.37	21.16	19.35	19.27	25.71	16.41	20.43
1987	19.10	18.20	18.06	20.20	20.52	21.81	24.52	25.18	24.29	24.05	21.18	18.52	25.87	17.25	21.36
1988	17.28	17.31	17.88	20.22	21.91	22.43	24.12	24.37	25.14	23.62	21.31	21.14	25.97	17.12	21.41
1989	17.74	17.92	19.41	21.46	23.25	23.84	24.62	24.98	25.01	23.74	22.35	19.94	26.09	17.29	22.04
1990	18.04	19.01	19.75	21.12	22.47	24.25	24.83	24.23	23.90	22.32	20.88	18.60	25.49	17.54	21.63

续表

年份	月 平 均 水 位												年最高水位	年最低水位	年平均水位
	1月	2月	3月	4月	5月	6月	7月	8月	9月	10月	11月	12月			
1991	17.85	19.14	18.99	20.60	21.82	23.56	25.41	25.31	24.40	22.07	21.90	19.93	26.35	17.49	21.68
1992	17.88	17.49	19.55	22.33	23.34	23.72	24.46	23.85	21.75	21.31	19.35	18.01	25.44	17.33	21.10
1993	17.84	17.82	18.77	19.74	22.61	22.55	25.02	25.29	25.51	23.47	21.33	19.38	25.80	17.55	21.63
1994	18.33	18.51	19.10	21.18	23.24	23.83	24.57	23.57	22.88	23.23	20.29	18.91	25.19	18.03	21.49
1995	18.64	18.58	18.68	22.37	21.80	24.57	24.91	24.99	23.72	22.83	19.75	18.26	25.30	17.40	21.59
1996	18.22	17.96	19.59	20.31	22.30	23.89	25.72	25.88	24.63	22.06	21.10	18.33	26.56	17.67	21.68
1997	17.69	18.01	18.07	20.96	23.14	23.57	24.40	24.37	21.49	21.87	19.11	19.09	25.20	17.46	21.00
1998	18.74	18.60	20.48	20.58	23.30	23.55	25.39	26.24	25.94	23.55	19.91	18.99	26.44	17.48	22.22
1999	18.57	17.98	17.75	19.85	22.73	24.07	25.99	25.77	25.64	23.45	21.61	19.54	26.35	17.62	21.93
2000	19.31	19.22	19.04	22.57	22.43	23.67	23.59	24.44	25.06	24.63	22.23	19.64	25.48	17.90	22.15
2001	19.44	18.44	18.92	22.77	23.11	24.03	24.85	23.79	24.34	23.42	21.07	19.28	25.45	17.50	21.97
2002	19.26	17.65	19.49	20.51	25.04	24.79	25.33	25.66	23.94	21.94	20.65	18.91	26.07	17.14	21.96
2003	18.29	18.04	19.42	20.03	23.59	23.97	25.38	24.52	24.83	22.81	20.14	18.56	25.80	17.44	21.66
2004	18.06	18.89	20.11	22.46	22.51	24.06	25.15	24.87	24.57	22.33	20.62	18.19	25.98	17.47	21.82
2005	18.82	19.40	18.48	19.51	22.95	24.04	24.04	24.32	24.54	22.73	20.87	19.22	25.43	18.00	21.59
2006	19.15	19.25	19.72	21.33	22.51	23.62	24.16	23.61	23.33	22.72	21.46	20.72	24.77	18.03	21.81
2007	19.38	19.07	19.02	21.93	23.04	23.62	24.34	24.87	24.71	22.57	19.60	18.56	25.19	17.93	21.74
2008	18.26	18.10	21.01	21.92	23.06	23.22	23.68	24.41	24.81	21.44	22.73	19.95	25.24	18.00	21.81
2009	18.07	19.09	20.61	22.08	22.98	23.22	24.70	25.01	22.95	22.16	21.51	19.58	25.13	17.72	21.85
2010	18.36	18.21	18.44	20.50	23.05	24.34	25.51	25.02	25.07	22.02	19.03	18.34	26.52	17.88	21.51
2011	18.51	18.06	21.21	23.33	21.27	22.78	24.22	23.89	23.52	19.70	19.62	18.09	25.11	17.88	21.20
2012	17.98	19.86	20.44	21.90	23.64	24.42	24.76	24.95	24.11	21.67	19.86	19.04	25.21	17.71	21.89
2013	18.64	18.45	21.04	22.73	23.44	24.13	24.86	24.35	22.96	21.13	19.91	18.47	25.34	18.01	21.69
2014	18.13	18.05	19.48	22.17	22.86	24.09	24.59	24.79	24.88	23.03	20.76	18.56	25.35	17.76	21.80
2015	17.99	18.24	19.50	21.73	22.87	24.25	24.48	23.85	23.41	20.85	20.30	19.48	25.30	17.84	21.43

注 本站 1991 年 1 月由原坪坊水文站下迁 13km 至本断面观测。

第五节 防汛抗旱调度

为发挥水利工程设施的作用，科学合理地调度运用水利工程设施，省人民政府、省防汛抗旱指挥部多次发文明确大型排涝泵站和主要湖泊控制运用的意见，经实践运行并予以不断地修订完善，形成完整的防汛排涝调度方案。

一、调度原则及权限

（一）调度原则

（1）按照统一领导，分级管理的原则，属哪一级管理的工程，由哪一级指挥调度。流域性骨干泵站和控制性涵闸工程，一般情况下，由流域防汛抗旱指挥部统一调度，特殊情况下，服从省防汛抗旱指挥部统一指挥调度。

（2）四湖上区有关工程（长湖库堤、刘岭闸、田关闸、习家口闸、田关泵站、高场南闸、高场北闸、双店闸、殷家河闸等）必须服从统一调度。

（3）四湖中、下区大型排涝泵站本着先排田间渍水，后排湖泊涝水的原则。以水位作为控制条件，前期降雨量及水雨情预报作为参考。泵站开机台数，排水量、视排区涝水情况和泵站内外水位而定。

（4）四湖中、下区按已建的排区，实行分区排灌，根据水雨情况实施分级调度。在特殊情况下，服从省防汛抗旱指挥部统一调度。

（5）抓好预排，腾出干渠、湖泊调蓄容积，通过汛期反复多次运用湖泊调蓄，降低流域内涝水危害。

（二）沿江涵闸调度启闭权限

（1）荆江大堤万城、观音寺、颜家台三闸。外江水位低于警戒水位，其调度运用由灌区县（市、区）工程管理单位申请，由荆州市四湖东荆河防汛指挥部提出灌溉方案，荆州市长江防汛指挥部进行安全审查，报荆州市防汛抗旱指挥部批准后通知荆州市长江防汛指挥部执行；外江水位高于警戒水位，其调度运用由荆州市防汛抗旱指挥部报省防汛抗旱指挥部审批执行。

（2）一弓堤、西门渊二闸及长江干堤、东荆河堤上涵闸。在外江水位低于设防水位，荆州市四湖东荆河防汛指挥部负责调度；外江水位高于设防水位并低于警戒水位，由荆州市长江防汛指挥部审查，报荆州市防汛抗旱指挥部批准执行；外江水位高于警戒水位，由荆州市防汛抗旱指挥部报省防汛抗旱指挥部审批执行。

（3）支民堤涵闸。外江水位低于设防水位，由县（市、区）防汛抗旱指挥部调度运用；外江水位高于设防水位并低于警戒水位，由县（市、区）防汛抗旱指挥部审查，报荆州市长江防汛指挥部批准执行；外江水位高于警戒水位，由荆州市长江防汛指挥部审查，报荆州市防汛抗旱指挥部批准执行。

（4）涵闸超标准运用。凡沿江涵闸设计标准运用和排水闸作引水使用，以及灌溉闸作排水逆向使用，均须由荆州市四湖东荆河防汛指挥部进行安全审查，报荆州市防汛抗旱指挥部批准执行，超控制水位运用的由荆州市防汛抗旱指挥部报省防汛抗旱指挥部批准后执行。

（5）病险涵闸。凡被列入病险的涵闸、泵站工程以及封堵的涵闸，汛期未经荆州市防汛抗旱指挥部批准，严禁使用。汛期蓄水反压的沿江涵闸，有关县（市、区）防汛抗旱指挥部要严格按照规定水位落实反压措施，确保安全。

（三）内垸控制性涵闸调度启闭权限

（1）长江干堤上新堤排水闸、新堤老闸、新滩口排水闸由荆州市四湖东荆河防汛抗旱指挥部提出调度方案，报荆州市防汛抗旱指挥部批准后，由荆州市四湖东荆河防汛抗旱指挥部执行。

（2）内垸主要控制性习家口闸、彭家河滩闸、小港（河、湖）闸、张大口闸、子贝渊（河、湖）

闸、下新河（河、湖）闸由市四湖东荆河防汛指挥部提出调度方案，报荆州市防汛抗旱指挥批准后，由荆州市四湖东荆河防汛指挥部执行。

（3）主隔堤上福田寺防洪闸、福田寺节制闸、子贝渊闸、下新河闸由荆州市四湖东荆河防汛指挥部提出调度方案，并与省洪湖分蓄洪区工程管理局联系，省洪湖分蓄洪区工程管理局对其工程进行安全审查，然后将调度方案及安全审查意见报荆州市防汛抗旱指挥部批准后，由荆州市防汛抗旱指挥部通知省洪湖分蓄洪区工程管理局执行。

（4）洪湖围堤桐梓湖、幺河口闸、四湖总干渠周沟、长河口闸及福田寺船闸等统排涵闸，统排期间由荆州市防汛抗旱指挥部统一调度。先由荆州市四湖东荆河防汛指挥部提出调度方案，报荆州市防汛抗旱指挥部批准后，由荆州市四湖东荆河防汛指挥部通知所在县（市、区）防汛抗旱指挥部或市直水利工程管理单位执行。

（四）大型排涝泵站调度运用

单机 800 千瓦以上大泵站是平原湖区排涝骨干工程，汛期必须按设计和规定的启排水位及时开机排水。

凡属泵站排水区域内的大小调蓄湖泊，汛期必须按规定的内湖起排水位为蓄洪限制水位控制蓄水，特别是洪湖、长湖等湖泊水位要按要求从严控制。

各类排水涵闸汛期应服从防汛抗旱指挥机构的统一调度，沿江河排水涵闸要尽量利用外江低水位进行抢排。

泵站设计排涝能力一般只有 5～10 年一遇排涝标准，当排区遇到超标准暴雨时，为保证大部分地区的安全和基本农田生产，必须确定备蓄区和蓄洪区，并做好备蓄区和蓄洪区的运用准备工作，落实人畜安全转移方案，坚决服从防汛指挥机关的统一指挥，及时按计划分蓄洪。

各地必须安排专人通过电话、传真、网络等方式，向上一级防汛和业务主管部门报送泵站每日运行情况。

二、调度方案及措施

四湖流域行政区划涉及荆门、荆州、潜江 3 市，内垸总面积 10375 平方千米，按"等高截流，分区排水"的原则，分为上、中、下三区。

（一）四湖上区

长湖、田关河以上地区为上区，汇流面积 3240 平方千米，其中丘陵山区面积为 2360 平方千米，占上区总面积的 72.8%。上区又分为长湖及田北两片。长湖片面积 2265.5 平方千米，田北片面积 974.5 平方千米。四湖上区主要工程有长湖库堤、田关闸、习家口闸、田关泵站、高场南闸、高场北闸、双店闸等，其调度方案如下。

1. 涵闸及田关泵站

（1）每年 4 月 15—30 日，视天气情况将长湖水位逐渐降至 30.50～30.00 米（即保证 4 月底水位降至 30.00 米），汛期（每年 5 月 1 日至 10 月 15 日，下同）蓄水位应控制在 30.50～31.00 米。汛末，长湖水位蓄至 31.00 米，为非汛期生态用水调度蓄积水量。

（2）田关泵站调度本着先排田后排湖的原则。原则上田关干渠以北来水不入长湖调蓄。

（3）排田：田关闸关闭期间，当田关泵站站前水位高于 31.00 米时开机排水，停机水位 29.50 米。

（4）排湖：田关闸关闭期间，当长湖水位超过 31.00 米，或长湖水位在 30.50～31.00 米，且预报近 3 日内有大到暴雨，田关泵站开机排水。长湖水位 30.50 米时停机。

（5）当田关泵站站前水位稳定在 31.00 米以下，而长湖水位超过 31.00 米时，应及时开启刘岭闸抢排湖水；当长湖水位接近 32.00 米，田北片农田仍未排出时，排田排湖兼顾；当田北片农田排出或站前水位下降到 31.50 米以下时，刘岭闸全开排湖；当长湖水位高于 32.00 米时，为确保长湖围堤安全，以排湖为主；当长湖水位超过 33.00 米时，田北片二级泵站停排。

（6）当长湖水位在 30.50～31.00 米时，田关闸尽量自排；当长湖水位在 31.00～31.50 米，田关闸自排流量小于 75 立方米每秒时予以提排；田关闸自排流量为 75～100 立方米每秒，气象预报近 3 日内有雨，且田关泵站外江水位呈上涨趋势时，泵站开机提排；当长湖水位在 31.50～32.20 米，田关闸自排流量小于 100 立方米每秒时，予以提排或在自排流量为 100～125 立方米每秒，气象预报近 3 日内有雨，且田关泵站外江水位呈上涨趋势时，泵站开机提排。

（7）若田关泵站全部开机，长湖水位仍不能稳定在 33.00 米，且预报有雨，为保证长湖围堤及下游人民生命财产安全，执行长湖汛期控制运用分洪调蓄方案。

（8）汛期，高场南闸原则上关闭。高场倒虹管、张义嘴倒虹管、中沙河倒虹管随同四湖下区的新滩口自排闸开启而开启、关闭而关闭。当长湖水位在 31.00 米及以上时，兴隆闸、万城闸原则上不引水，但确需引水时，应严格控制引水流量，其尾水不得进入长湖和田关河。

（9）以上各工程的调度运用，分别由市以上防办按上述意见执行。

（10）田关泵站排涝用电负荷由潜江市申请，费用由省财政从专项资金中支付。

2. 长湖

长湖承雨面积 2265.5 平方千米，设计堤顶高程 34.50 米，设防水位 31.50 米，警戒水位 32.50 米，保证水位 33.00 米，汛前控制水位 30.50 米，汛期蓄洪限制水位 31.00 米。长湖内垸包括乔子湖外垸、马子湖、胜利垸（含外六台）、幸福垸等，分洪面积 9.7 平方千米，分洪量 0.19 亿立方米；彭塚湖分蓄洪区分洪面积 7.6 平方千米，蓄洪量 0.228 亿立方米；借粮湖分蓄洪区分洪面积 53 平方千米，分洪量 1 亿～1.2 亿立方米。汛期调度方案为：当西荆河流量超过 250 立方米每秒，高场水位接近 33.00 米，预报后续洪水流量更大，高场水位超过 33.00 米，则爆破西荆河右岸（青龙闸附近）堤防，向彭塚湖分洪；当长湖水位超过 32.50 米，接近 33.00 米，若下游洪湖水位在 25.50 米以下，可由习家口闸下泄流量 50～70 立方米每秒，田北片下泄流量 100～120 立方米每秒，缓解上游紧张局势；当长湖水位接近 33.00 米，且上区持续降雨，预报将超过 33.00 米时，关闭双店泄洪闸；当长湖水位接近 33.00 米，且上区持续降雨，预报将超过 33.00 米时，运用长湖内垸分洪；当以上措施仍不能稳定长湖水位在 33.00 米，预报将超过 33.00 米，运用借粮湖和彭塚湖分洪（彭塚湖分蓄洪区没有分蓄西荆河洪水时）。其分洪先后由省防汛抗旱指挥部根据长湖需分洪量多少决定。若分借粮湖时，临时分洪口选择在蝴蝶嘴的窑湾附近；若分彭塚湖时，则通过双店排洪渠向彭塚湖分洪；当以上措施仍不能稳定长湖水位在 33.00 米，预报将超过 33.00 米，且下游洪湖水位在 26.00 米以下时，可由习家口闸下泄流量 50～70 立方米每秒，田北片各闸下泄 100～120 立方米每秒；当以上措施仍不能保证长湖围堤安全时，由省防汛抗旱指挥部决定具体保堤措施。

运用长湖内垸、借粮湖、彭塚湖分洪区分洪调蓄保安的具体措施分别由荆州市防汛抗旱指挥部、潜江市防汛抗旱指挥部、荆门市防汛抗旱指挥部提出，报省防汛抗旱指挥部审批后执行。

（二）四湖中下区

四湖中下区排区面积 7135 平方千米，洪湖是中、下区的主要调蓄湖泊，中、下区的主要排水系统均与洪湖相通，形成以洪湖调蓄为中心的统一排水系统。因此，在规划和调度时，均将中、下区作为一个整体考虑。考虑到排水区域相对独立性能，将中、下区分成五个排水区，即：福田寺排水区、高潭口排水区、螺山排水区、下区排水区、洪湖区周围排水区。四湖中下区排水系统工作状态见图 9-2。

1. 排水区域及工程系统划分

（1）高潭口排区。高潭口排区面积 1056 平方千米。主要排水干渠为排涝河，其末端建有高潭口泵站（装机 10 台×1800 千瓦，装机流量 210 立方米每秒），为流域性排水站。排涝河入湖通道为子贝渊闸、渠和下新河闸、渠。子贝渊渠上建有子贝渊闸及俞阁老闸，下新河渠上建有下新河闸及李家垱闸，此排区内建有装机容量 2.4 万千瓦，装机流量超过 350 立方米每秒的二级站。运行顺序为：遇雨，二级站排区不能自排入洪排河时开机排田，超额涝水可倒灌入洪湖。在洪湖水位达到启排水位以

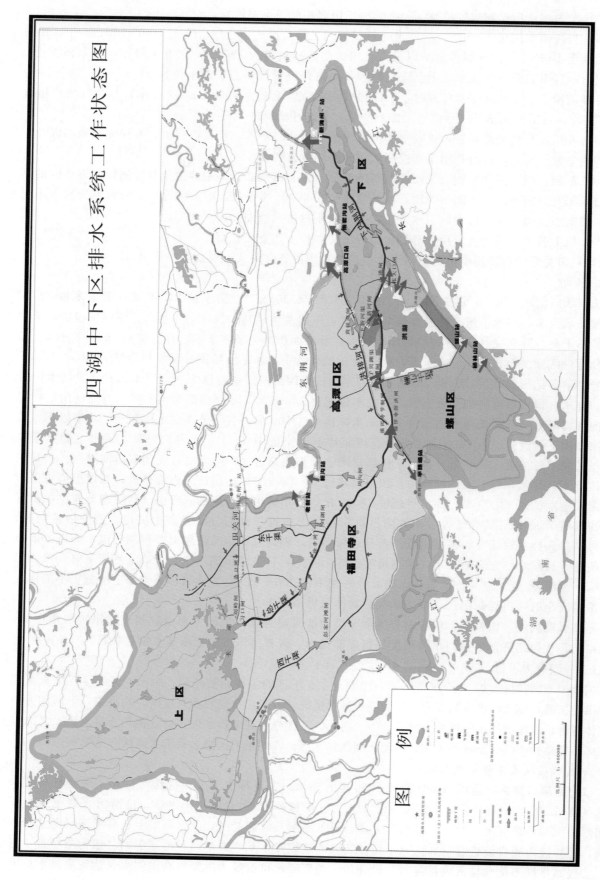

图 9-2 四湖中下区排水系统工作状态图

上时，高潭口泵站开机排田，随着洪湖水位不断上涨高潭口站逐渐转入排田排湖兼顾。排湖时，湖水经子贝渊闸、下新河闸进入洪涝排河。

（2）福田寺排水区。福田寺排水区面积 3446.05 平方千米，来水经四湖东干、西干及总干渠通过福田寺防洪闸汇入洪湖。其中老新、新沟及半路堤三站排区面积为 604.9 平方千米，是相对独立小区，三处一级站总装机容量 17600 千瓦，装机流量 160.8 立方米每秒，可以向东荆河及长江提排。在东干、西干、总干沿线建有装机容量 8.8 万千瓦、装机流量超过 1000 立方米每秒的二级站，二级站的主要作用是用于农田排水。此外在东干、总干的上端建有高场南闸、习家口闸，上区来水可经两闸及沿线倒虹管泄入中区。此区的运行方式：遇雨，二级站排区不能自排入干渠时开机排田。三条干渠降雨径流，经福田寺闸汇入洪湖。在洪湖水位达到启排水位以上时，排区一级站开机将排区汇流排入外江（河）。

（3）螺山排区。螺山排区面积 935 平方千米，主要排水干渠为螺山干渠，区内建有螺山泵站（装机 6 台×2200 千瓦。流量 138 立方米每秒，杨林山泵站（装机 10 台×1000 千瓦，流量 80 立方米每秒）。二级站装机容量 1.3 万千瓦，装机流量超过 120 立方米每秒，此外，有桐梓湖、幺河口两处涵闸与洪湖连接。运行顺序：遇雨，二级站排区不能自排入螺山干渠时开机排田。在洪湖水位达到启排水位以上时，螺山、杨林山泵站两处一级站开机排田，桐梓湖、幺河口闸关闭。当洪湖遭遇高水威胁，需要螺山、杨林山两区域性泵站参加统排时，开启桐梓湖、幺河口两闸引湖水进入螺山干渠。

（4）下区。下区面积 1155 平方千米，主要排水干渠为下内荆河。区内建有新滩口泵站（装机 10 台×1800 千瓦，装机流量 220 立方米每秒），新滩口泵站为流域性泵站。另外还建有南套、大同、大沙、燕窝、龙口、高桥、石码头、鸭耳河、仰口 9 处一级站，装机容量 20450 千瓦，装机流量 209 立方米每秒，它们都有固定的独立排区。此外，还建有装机容量 2.4 万千瓦，装机流量超过 300 立方米每秒的二级站。运行方式：遇雨，二级站排区不能自排入下内荆河时开机排田，当新滩口排水闸关闸时新滩口泵站及 9 处区域站均开机排田，超额涝水可倒灌入洪湖。随后洪湖水位不断上涨，新滩口泵站排田排湖兼顾。在洪湖承受高水威胁时，新滩口泵站全力排湖，南套沟加入流域统排。

（5）洪湖及其周围地区。洪湖及其周围地区面积 542.95 平方千米，其中洪湖围堤内面积 402 平方千米，区内共有 42 个内垸，面积 111.423 平方千米。在正常情况，水面面积为 302 平方千米。内垸地面高程 23.00～24.20 米，围堤顶高程 26.00～28.00 米。

内垸中除洪狮大垸及王小垸两个围垸为老围垸外，其余均是 20 世纪 60 年代后围垦的新垸。

洪湖是四湖中、下区涝水的主要承泄区，洪湖水面 348～402 平方千米（对应水位 24.50～27.00 米），有效调度容积 10 亿立方米。不仅接纳福田寺排区的来水，还要调蓄高潭口、新滩口排区的剩余涝水。借助洪湖的调蓄作用，可以大大削减中下区的洪峰流量，减少流域电排站的装机流量，争取更多的自排机会，实现涝水在时间上的再分配。洪湖是联系各排区的排水设施的纽带，中下区的 6 条排水干渠均与洪湖连接，经过洪湖的连接作用，使各排水设施有机的联系起来，使各排区的涝水能够相互调配，使中、下区的渠、湖、闸、站有机地结合起来，共同工作，从而使涝水能在空间上、时间上作科学的调配，实现调度上的最优配合。

2. 涵闸调度

（1）汛期，新滩口、新堤排水闸要能排尽排，当新滩口需要节制，抬高内荆河水位（控制 23.50 米以下），补充灌溉水源时，当长江水位高于洪湖水位，需要开启新堤排水闸时，需经荆州市防汛抗旱指挥部办公室批准。

（2）习家口闸、彭家河滩闸、小港（河、湖）闸、张大口闸、黄丝南闸、福田寺防洪闸、福田寺船闸、下新河（河、湖）闸、子贝渊（河、湖）闸，实行统一调度。

（3）洪湖水位超过 24.50 米，螺山排区的桐梓湖、幺河口、贾家堰等闸应服从荆州市防汛抗旱指挥部办公室调度。

（4）开启沿江引水涵闸引水灌溉，当彭家河滩闸水位 30.00 米，福田寺防洪闸水位 26.50 米，黄丝南闸水位 24.50 米，严禁灌溉水泄入排水渠。

3. 电排站运用调度

（1）高潭口泵站，当洪湖水位达到 24.50 米，并预报持续上涨，新滩口排水闸关闭或自排流量较小时，则开机排水。

（2）新滩口泵站，当洪湖水位达到 24.50 米，并预报持续上涨，新滩口排水闸关闭或自排流量较小时，则开机排水。

（3）当洪湖水位达到 26.50 米，并预报水位将持续上涨，四湖中下区的南套沟、老新、新沟、半路堤、螺山杨林山等大型电排站投入流域统排。统排期间，视水雨情况控制二级站开机。

4. 洪湖调度

洪湖承雨面积 5980 平方千米，湖堤设计高程 28.00 米，设防水位 25.80 米，警戒水位 26.20 米，保证水位 26.97 米，汛前控制水位 24.20 米，汛期蓄洪限制水位 24.50 米（每年 5 月 1 日至 8 月 31 日）、25.50 米（每年 9 月 1 日至 10 月 15 日），非汛期洪湖越冬水位 24.00～24.50 米。汛期采取统排措施后，洪湖水位仍将持续上涨并危及围堤安全时，视水雨情况运用螺西和万全垸备蓄区分洪蓄水。运用螺西和万全垸备蓄区后，仍不能保证洪湖围堤安全时，由荆州市防汛抗旱指挥部决定采用其他应急措施。

第六节 防 汛 抗 旱 纪 实

四湖流域是一个具有历史性水灾地区，历年因江、汉堤防溃决而酿成的洪涝灾害，史不绝书，江、汉堤防专志有详细记载，本志在第四章对新中国成立前发生的重大洪涝灾害年情况也作了记载。新中国成立后，四湖流域也发生多次重大的洪涝灾害，但只要灾害一出现，各级党委和人民政府必须动员全社会的力量全力投入抗灾，并充分发挥已建水利工程的作用，把洪涝旱灾的损失减到最低程度，极大地保障人民生命财产安全和社会经济的发展。兹选择新中国成立后发生的重大洪、涝、旱灾及抗灾情况专记之。

一、水灾年及抗灾纪实

（一）1949 年抗洪

1949 年，四湖流域出现了较大的降雨。据记载，监利县容城站全年降雨 2021.3 毫米，是超过 2000 毫米以上的丰水年，其中 4—9 月降雨量 1590.6 毫米，占全年的 79％。由于当年的雨量大，降雨时间集中，加之洪湖长江干堤甘家码头、燕窝局墩两处堤防溃决，致使四湖流域中下区遭受洪涝灾害。当年受灾区域从新滩口起，沿长江左岸至嘉鱼，向西偏南至宝塔洲，再沿长江左岸至白螺矶，向西偏北经茶把头至监利，向北偏东至东荆河边的施家港，向东经瑁珰湖、坪坊至新滩口闭合，在上述范围以内，全部淹没，淹没面积约占全流域面积 29.4％，即约 3050 平方千米（1952 年《长江水利委员会调查资料》）。

1949 年 7 月初，中国人民解放军第四野战军 49 军部署解放沙市的战斗。而驻守在沙市的国民党华中"剿总"14 兵团想利用长江涨水之际，制定以水代兵的计划：一旦沙市失守，便炸开江堤，水淹江汉平原，以阻滞解放军南下西进。为执行炸堤计划，国民党守军在荆江大堤上埋设炸药，军统特务机关还专门派出爆破组，到荆沙执行炸堤任务。

针对国民党当局伺机炸堤计划，中共荆沙党组织决定，争取驻守荆沙的国民党川湘鄂绥靖公署少将参谋长兼江防司令部司令周上璠，以保护荆江大堤。经多方面的工作，周上璠终于作出明智的选择，他特意将由其兼任师长的保安六师，部署在荆江大堤沿线执行护堤任务。沙市在 1949 年 5 月前夕，国民党保安七师扬言奉命掘堤阻敌，在郝穴与保安六师一部发生争执，形势剑拔弩张。周上璠亲打电话令七师副师长吴陶率部撤出郝穴，终于化险为夷。7 月 14 日，解放荆沙战斗打响，国民党湘鄂边绥靖司令部下令"挖掘荆江大堤，阻止共军前进"。周上璠接电后，非但没执行命令，还一面下令抓捕并枪决了军统派来爆破的五名特务，一面派人拆除已埋设的全部地雷和炸药，保住荆江大堤。不久，周上璠率部在松滋街河市起义，湖北省主席李先念曾称赞周上璠"保护荆江大堤，接洽起义，有功人民"。（《中国共产党荆州历史》，湖北人民出版社，2001年）

（二）1954 年抗洪

1954 年，长江发生 20 世纪最大一次全流域性特大洪水。当年汛期，气候反常，北方极地大陆气团和南方海洋暖湿气团长期徘徊于长江流域，形成强大的降雨过程，且面积广、历时长、为历史所罕见。5—6 月暴雨中心分布于长江中游湘、鄂地区，致荆江下段江湖水位高涨。7 月中旬，中游地区降雨未停，而上游地区又连续降大雨，导致川江水涨。7 月下旬至 8 月下旬，上游洪峰接踵而至，而中游江湖满盈未及宣泄，以致荆江形成特大洪水，长江干流自沙市以下全线突破历史最高水位 0.18～1.66 米。

7—8 月雨区东向西扩展，推进至汉江中下游地区，汉江白河站 7 月 7—21 日连续出现 3 次洪峰，水位均在 180.00 米以上。汉江上游来水量大，下游长江水位顶托回水竟抵仙桃，8 月 11 日汉江沙洋站最高水位 43.33 米（保证水位 43.06 米），8 月 10 日东荆河陶朱埠最高水位 40.22 米（保证水位 39.55 米）。四湖流域周边的长江、汉江、东荆河均出现超历史的高洪水位。

1954 年，四湖流域年平均降雨 2094.23 毫米，其中 5—7 月平均降雨量 1433.90 毫米，此为四湖流域有水情记载之最，见表 9-15。

表 9-15　　　　　　　　　　　　1954 年四湖流域降雨情况统计表

站名雨量	上区 习家口站	中区 监利容城站	下区 洪湖新堤站	全流域平均
年雨量/mm	1671.60	2301.70	2309.40	2094.23
其中 5—7 月雨量/mm	986.30	1594.30	1721.10	1433.90
占全年百分比/%	59	69	74	68

特别是 6 月几乎无日不雨，四湖流域河湖暴满，农田被淹，已现涝灾。7 日中旬长湖上区梅槐桥渍水位达 33.76 米，溯太湖港至梅槐一带汪洋一片，万城、梅槐桥间平地平均水深 0.3 米，沼泽湖草区水深 0.8～1.2 米。7 月 27 日龙会桥渍水位 33.42 米，龙会桥至枣林铺一带渍水超公路路面 0.7 米，襄沙公路交通断绝。7 月 28 日拾回桥河水位 33.17 米，沿河两岸田、河相连；荆州城小北门渍水位 33.43 米，城内低处水深 0.7 米，部分工厂停工。7 月 29 日，长湖习家口站最高水位 32.74 米，当时中襄河堤低矮单薄，根本不能抗御此高的洪水位。在此紧急关头，临时在堤面抢筑子堤，但汉江饶家月堤溃口，长江上车湾扒口分洪，湖堤内外水位齐平，失去了挡水的作用。

四湖下区当年还是一个敞口，处于江河相通的状态，长江洪水和东荆河来水沿内荆河倒灌至习家口，四湖中区已溃涝成灾。7 月 6 日，洪湖水位上涨，六合垸堤漫溃，新堤镇近郊进水；10 日，洪湖水位 26.40 米，洪湖沿岸已一片泽国。7 月 13 日 15 时，长江新堤站水位 32.35 米（超保证水位 0.51 米）洪湖长江干堤路途湾（老叶家墩）溃决；14 日 2 时，新堤站水位 32.43 米时，洪湖长江干堤穆家河口溃失；7 月 14 日 2 时，洪湖长江干堤仰口溃决；27 日，在洪湖长江干堤蒋家码头扒口分洪；8 月 8 日，监利长江干堤上车湾扒口分洪。经一系列溃、扒口进洪，洪湖挖沟嘴站 8 月 14 日最高水 32.15 米，四湖中下区尽成泽国。

1954 年，四湖流域除由沙洋沿汉宜公路至后港经拾回桥、建阳驿、十里铺、龙会桥一线以上地区外，其余全部淹没，淹没面积约占全流域面积 81.6%，即约 8450 平方千米。四湖流域内受灾人口 157.95 万人，受灾农田 538.78 万亩，死亡人口 13081 人，倒塌房屋 37.12 万间，见表 9-16。

表 9－16   1954 年内荆河流域范围各县洪渍灾统计表

县别	受灾人口 /人	受灾田亩 /亩	死亡人口 /人	倒塌房屋 /栋或间	备 注
洪湖	342990	978644	4599	168000	
监利	649062	2435245	7055	76266	包括 7 月 2 日唐家洲溃灾
江陵	119422	797687	86	1286	
潜江	271817	846667	51	3311	
荆门	34863	124826	14		
沔阳	60128	173075	1120	29452	内荆河流域内部分
汉阳	21183	131611	156	93544	内荆河流域内部分
合计	1499465	5487755	13081	371859	

注 资料来源，1955 年 12 月《荆北区防洪排渍方案》。

1954 年 5 月 20 日，在洪水刚显露的时刻，湖北省委、省政府行文成立"湖北省防汛抗旱联合指挥部"。6 月上旬，荆州地区以及所属各县（市）先后成立各级防汛指挥机构，并组建防汛队伍。同时，荆州、常德专区及长江委中游工程局在沙市成立荆江防汛分洪总指挥部。6 月下旬，中南军政委员会发出《关于加强防汛工作的紧急指示》，强调无论付出多大代价，也要确保荆江大堤的安全。洪峰出现后，沿江各级党政负责人奔赴防洪第一线坐镇指挥。当第一次洪峰出现，各地采取措施，从县到区到乡，层层分工砍段，组织 24 万劳力上堤防守。高水位时，每千米堤段配有 6～10 名干部，带领 200～400 名民工日夜防守在长江堤防上。在四湖内垸，以垸自为战，县、区、乡派干部带队，抢筑垸堤防守。但由于降雨量大，外江洪水倒灌，民垸纷纷漫溢，至 7 月中旬，监利、洪湖等县民垸已基本淹没，只得全部退守长江堤防。1954 年汛期，四湖流域沿江堤防共出各类险情 3551 处（其中：江陵 2218 处，沙市 72 处，监利 673 处，洪湖 588 处），长度达 323533 米（其中：江陵 59111 米，沙市 3782 米，监利 124657 米，洪湖 135983 米），各类漏洞 6921 个，重要险情 452 处。

针对岌岌可危的荆江大堤和四湖中、下区内涝已成定局的状况，国家防总指示：7 月 22 日 2 时 20 分，开启荆江分洪工程北闸，最大过洪流量 67000 立方米每秒。27 日 13 时 10 分关闸，此次分洪总量 23.53 亿立方米，维持沙市站最高水位 44.38 米。7 月 29 日，三峡区间仍降雨不断，预计枝城站流量将达 63000 立方米每秒，有可能达到 65000 立方米每秒，预计 7 月 30 日沙市站水位将达到 45.03 米。国家防总第二次下达分洪指示，29 日 6 时 15 分开闸，最大分洪流量 6900 立方米每秒。8 月 1 日 15 时 55 分关闸，分洪总量 17.17 亿立方米。8 月初，长江上游地区仍降雨不断，在清溪场以下汇成巨大洪峰，预计沙市站水位将涨至 45.63 米，洪水将漫溢荆江大堤，紧急关头，国家防总下达第三次分洪指示，8 月 1 日 21 时 40 分开闸，估算最大分洪流量 3150 立方米每秒，分洪总量 1.76 亿立方米。

经过荆江分洪工程运用后，沙市站水位于 8 月 7 日下午仍出现 44.67 米最高水位记录。荆江河段，城陵矶以下河段水位仍居高不下，汉口水位继续上涨。8 月 7 日，副省长、省防汛指挥部副指挥长夏世厚奉国家防总指示，带领工兵连，乘炮艇赶赴监利县长江干堤上车湾处，经短暂动员和疏散沿堤灾民后，于 8 月 8 日零时 30 分在上车湾大月堤扒口分洪，分洪口门宽 1030 米，最大进洪流量 9160 立方米每秒，荆江河段水位回落，荆江大堤终于渡过险关，上车湾分洪收到显著效果。

自 7 月 13 日洪湖长江干堤路途湾（老湾叶家墩）处溃口，7 月 27 日洪湖蒋家码头扒口分洪，四湖流域中下区民垸相继漫溃，大部分农田被淹。8 月 8 日上车湾分洪后，四湖流域中、下区顿成泽国，近 90 万人成为灾民。为妥善安置灾民，荆州专署防汛救灾指挥部决定向邻近地、县转移和向区域内未被淹水地区临时搭棚安置。据统计，监利县向荆门县（今沙洋县）转移灾民 17.43 万人，向崇阳、通城、蒲圻等县（市）转移 16.57 万人，洪湖县约 30 万人转移到邻县。

9 月 24 日，上车湾分洪口门堵复工程开工，经 1 月的紧张施工，于 10 月 24 日完工。随后，各县发出《关于组织灾民还乡的指示》，用以工代赈的形式组织灾民堵口复堤，生产自救，重建家园。

（三）1969 年抗洪

1969 年 7—8 月间，四湖流域普降大到暴雨，两月平均降雨量 616.23 毫米，占全年平均水量的 43%，由于降雨时间长，降雨量大，导致河湖暴满。7 月 18 日长湖习家口站最高水位 32.56 米，7 月 31 日洪湖挖沟嘴最高水 27.46 米，在洪水高峰间隙期，曾利用习家口与刘岭两闸向洪湖适当泄洪。但由于长湖以上山洪入湖流量大于出湖流量，湖水从荆州城东门桥起一直淹到沙市塔儿桥。当时，在塔儿桥至三汊路紧急筑起两道防水堤，阻挡湖水才没有淹到沙市市区。在防水堤外至荆州城的荆沙公路上，渍水深 0.6~0.7 米，当时参加防汛的人员都要脱鞋卷裤才能涉水而过。长湖西北部的庙湖，湖水平汉宜公路，南岸文岗一带面临 7 级北风，湖水被狂风卷吸到堤面，约 300 米堤段迎水坡崩塌极为严重，几有溃口之虞。为确保库堤安全，临时在堤内加做内帮。危急时刻，江陵县观音垱公社 300 多名干部群众，沿堤外坡手挽手，排成一道人墙，用身躯抵阻风浪，并用草袋装土，堆砌于堤身崩塌之处，用杨柳树挂于堤外水面上防风浪涌起，经紧张的抢护后，保证了库堤安全。在内垸高水位的情况下，7 月 20 日 20 时，洪湖长江干堤田家口（桩号 445＋490）堤段发生管涌险情，因抢护不及，于 21 时溃决，淹没四湖中下区面积 1690 平方千米，耕地 5.33 万公顷。溃决时长江水位 30.55 米（溃口处）距堤顶 1.85 米，（堤顶高程 32.40 米）溃口口门宽 620 米，24 日最大进洪流量 9000 立方米每秒，总进水量 35 亿立方米。此次溃口是 1954 年以后长江干堤发生的第一次溃决。时值"文化大革命"期间，由多种原因造成。田家口溃决后，国务院总理周恩来打电话询问灾情，并作出重要指示，武汉军区、湖北省军区、省革委会等主要领导赶赴现场，指挥抢险救灾，慰问灾民。7 月 21 日，省军区、省革委会成立"抢险堵口指挥部"，于 8 月 15 日历时 23 天完成堵口工程。

1. 溃口经过

7 月 19 日上午，洪湖县田家口防汛指挥部报险称：在距堤脚（含禁脚）18 米处的土坑内，出现翻砂鼓水漏洞两个，平行于堤身分布，两洞相距 10 米，两洞翻砂量 30 千克左右，防汛人员用导滤围井进行处理。至 7 月 20 日上午 7 时许，田家口指挥部再次报险称：此险属翻砂鼓水漏洞，水深约 0.25 米，洞口周围土质较其他地方稍软，洞口周围形成了一个小沙丘，涌砂量 50 千克左右。由于洞口被水淹没，洞径估计 3 厘米左右。此外，坑内鼓水、冒砂小孔数量很多，范围较大，禁脚、堤身渗水严重。据此，田家口指挥部和现场工程人员按长江防汛处险办法处理：一是采取三级导滤井处理翻砂鼓水漏洞，拟定井高 0.8 米，井径 1.5 米（将软基围在井内）；二是填坑加厚覆盖层，拟定顺堤方向 100 米，厚 1 米。处理方案确定后，田家口指挥部和现场工程人员又分别向洪湖县防汛指挥部和洪湖长江防汛指挥分部汇报，洪湖县防汛指挥部和洪湖长江防汛指挥部同意按此方案实施。当时填坑调集劳力约 400 人。导滤井因材料缺乏，延至下午 3 时许方开始实施。此时，洞口出水、出砂量较前增大。围井于下午 4 时许做好，经 1 小时观测，水量逐渐加大，水色变深（相当于长江水色）。对此情况，田家口指挥部和现场工程人员向洪湖长江防汛指挥部汇报。面对险情恶化，田家口指挥部和现场工程人员分析临江面有进口通道，于是组织技术人员、水手进行水面观察，但未发现进口位置。下午 6 时许，抢险民工回家吃饭，工地留有 40 人守险。7 时许，围井内涌黑砂，涌起高度约 0.3 米。现场工程人员将仅有的 1 立方米左右碎石压上去，井中水势减弱了。大约 10 分钟后，距井约 1.5 米处的土埂边突然涌出黑砂，洞径约 0.2 米，水柱高达 2 米，继而堤身断裂，断裂长度约 80 米。裂缝出现约 5 分钟后，堤身迅速下陷。参加抢险的民工见状跑散，当时虽不断地向大沙农场指挥部和洪湖防汛指挥部电话告急救援，因正值有线广播播送新闻时间（广播线与电话线同用一线）。告急电话无法打出，堤身缓缓下降，现场 10 余名干部虽奋力筑埂挡水，终无济于事，晚 9 时堤身溃决。

2. 溃口原因及教训

（1）思想麻痹。田家口堤段多年出现翻砂鼓水，这次出现险情也被认为是一般险情，多次处理无效仍未引起足够重视。且险点劳力、器材严重缺乏，加之通信不畅是造成这次溃口的主要原因。

（2）对险情判断错误。田家口溃口的直接原因是堤基管涌所造成。但防汛人员（包括县、省工程师）均误认为是"散浸集中"，因而措施不力，方法不当。像田家口这样大范围的管涌险情，应采取大面积的砂石导滤措施，抢护的速度要快。单靠一两个小围井是不能控制险情发展的，更不能采取只压不导的办法。

（3）堤防部门平常疏于管理和整治。堤基空虚，隐患严重。自处理险情到堤下陷漫溃仅 9 个小时，其中严重翻砂鼓水只 10 分钟，但堤身一次下陷土方量却达 400 立方米左右，说明堤身存在严重的隐患或较大的空洞。如堤防部门平常加强管理、观测，汛前进行必要的加固整治，溃口事件也许可以避免。

3. 堵口过程

田家口溃口的翌日，即 7 月 21 日成立了田家口移民抢险堵口指挥部，由省军区司令员赵复兴任指挥长，并指示荆州成立田家口抢险堵口指挥部，由荆州行署副专员饶民太任常务副指挥长，具体负责组织松滋、沔阳、洪湖 3 县劳力和解放军战士现场抢险堵口工作。堵口方案为：第一步，将溃口两头裹住，稳住阵脚，不让扩大；第二步，采取抛石截流，立堵与平堵相结合，然后用袋土闭气，逐步加高土堤。与此同时，迅速加高培厚东荆河洪湖隔堤，加强防守，不让洪水向监利、沔阳、汉阳等县漫溢。经过 1 万余军民 20 多天的紧张战斗，胜利完成堵口任务。共抛石 1.6 万立方米、回填土方 6 万立方米。在长江大汛期间，迅速堵住长江这样宽的口门，是长江防洪抢险史上的一大创举。

在堵口过程中，湖北省武汉市及各地县、湖南、河南、广东、江西、山东、上海等地都给予大力支援，送来大批石料、器材、生活物资和灾区人民为恢复生产所需要的种子、肥料。

（四）1980 年排涝

1. 水雨情及抗灾

1980 年，四湖流域发生历史上少见的外洪内涝。当年从春至夏，长期阴雨连绵，上半年有 120 多个阴雨天，6—8 月平均降雨量 800 毫米以上，潜江降雨则高达 1067.1 毫米，见表 9–17。

表 9–17 四湖流域 1980 年降雨量统计表 单位：mm

站名	全年雨量	其中 6—8 月雨量	8 月雨量	站名	全年雨量	其中 6—8 月雨量	8 月雨量
江陵	1541.3	956.7	374.4	洪湖	1581.9	799.1	334.1
监利	1646.3	929.1	369.1	潜江	1730.9	1067.1	599.9
石首	1544.9	871.9	315.0	荆门	1504.9	877.2	276.8

同期，长江和汉江均发生较大的洪水。8 月 28 日，长江沙市洪峰水位 43.65 米，洪峰流量 46600立方米每秒，共设防 21 天，其中超警戒水位 7 天。8 月 28 日，监利城南水位 36.00 米，监利三洲联垸围堤与长江干堤搭墙处堤段溃口，三洲联垸全部被淹。8 月 30 日，监利城南最高洪峰水位 36.19米，监利县外滩洲垸先后相继溃决。9 月 2 日城陵矶水位 33.71 米，洞庭湖出湖流量 28100 立方米每秒；螺山最高水位 32.65 米，相应流量 54000 立方米每秒。

7 月，汉江出现第一次较大洪水。7 月 6 日，汉江新城站流量 10300 立方米每秒，东荆河最大分流量 2050 立方米每秒（8 月 30 日）。7 月、8 月两月，东荆河陶朱埠站水位一直维持在 33.0 米以上，东荆河新沟站 7 月、8 月两月最高水位为 35.27～35.28 米（新沟泵站外江设计水位 30.40 米）。受长江、汉江高水位影响，四湖流域的半路堤、螺山、新沟、老新等外排泵站一度被迫停机，沿江排水涵闸全部失去自排能力，导致内垸渍水不断壅阻抬高。

外江水位高涨不降，内垸连绵降雨不断。7 月 16 日至 8 月 31 日，长达 1 个半月，四湖流域连续发生了 5 次比较集中的暴雨，间隔约 8～12 天。累计平均降雨量 571 毫米，总产水量 41.76 亿立方米（见表 9–18）。上区降雨量最大，凡桥站 7 月 16 日 5 天降雨 426 毫米，24 小时降雨 292 毫米，6 小时降雨 251 毫米，使长湖水位猛涨至 33.11 米。上区产水 10.35 亿立方米。上区没有外排泵站，唯一自排的田关闸，因东荆河水位高，自排困难，同期自排仅 3.5 亿立方米。上区降雨产生的径流只能滞留在长湖，迫使长湖水位迅速上涨。为保证长湖库堤和田关河堤的安全，通过习家口闸向中区排水 3.3

亿立方米。8月5日3时30分,当长湖水位达到33.08米时,在彭塚湖、宋家垸各炸开一个约50米宽的口子,将拾桥河来水和西荆河洪水汇入彭塚湖,分洪后7小时,上西荆河和田关河水位下降0.47米,缓解田关河和上西荆河的压力。这次分洪彭塚湖(包括宋家湖)淹没面积12.8平方千米,蓄洪水位32.60米,共蓄水0.25亿立方米,受灾人口1200人,淹田1.63万亩,鱼池0.35万亩。通过河湖共调蓄2.38亿立方米。即便分洪调蓄,长湖水位仍然居高不下,荆门县沿长湖80%围垸溃决,江陵县的九店、纪南、观音垱三个公社沿长湖垸田大部分破垸成湖,共调蓄0.92亿立方米。8月6日20时,长湖习家口水位达到33.11米,后稍有回落,8月11日回落至32.90米。8月13日洪峰水位再次达到33.11米,超过1954年最高水位(32.74米),高水期长达37天,两次洪峰水位持续35个小时,超设防水位时间长达93天。高水位造成荆州城西门、大北门、小北门三座护城河桥桥面被淹,城内低处渍水深0.7米左右,1128栋房屋进水,部分工厂被淹停产。

表9-18　　　　　　　　四湖流域7月中旬至8月底降雨量及产生径流分配情况表

分区	内垸排水面积/km²	降雨量/mm	平均径流系数	径流量/亿 m³	水量调度/亿 m³				
					自排	一级电排	河湖调蓄	分洪	分散调蓄
上区	3240	578	0.55	10.35	3.5	—	2.38	0.25	0.92
中区	5980	650	0.69	27.18		15.30	6.8	6.9	0.5
下区	1155	486	0.66	3.73		4.41	—	—	0.3
合计	10375	571	0.63	41.26	3.5	19.71	9.18	7.15	1.72

注　上区放入中区3.3亿立方米,中区放入下区0.98亿立方米,中区放入螺山区1.3亿立方米,螺山抽排入中区1.3亿立方米,下区抽排入中区0.98亿立方米。径流不包括水库、塘堰拦蓄水量。

四湖中区共产水24.53亿立方米,加上上区向中区泄水3.3亿立方米,加重了中、下区的排水压力。7月20日,四湖总干渠福田寺出现27.95米的高洪水位,入湖流量达791立方米每秒。为了确保四湖总干渠堤防安全,福田寺以上229处、装机64454千瓦、设计流量846立方米每秒的二级泵站断电限排,使得四湖总干渠沿岸农田被淹。因入洪湖流量较大,8月24日,洪湖最高水位达26.92米。并根据水雨情预报,洪湖水位可能达到27.00米,将超过堤身抗洪能力和沿堤建筑物设计标准。

洪湖水位高涨,而一级外排泵站因外江洪水超设计运行水位而被迫停机。为防止洪湖围堤漫溃,8月13日上午,荆州地委决定对洪湖县所属南塔、汉沙、洪狮、新螺、土地等垸进行分洪,面积158平方千米,分洪水量2.79亿立方米,淹田13.47万亩,受灾人口5.76万人;监利县开启桐梓湖、幺河口闸向螺山排区分洪,开启流量250立方米每秒,分洪面积221.06平方千米,分洪水量4.17亿立方米,淹田29.55万亩。另外沿洪湖周围的洪湖县漫溃围垸9处,淹没面积21.57平方千米;监利县4处,淹没面积31.7平方千米。分洪后,洪湖水位开始下降。

1980年,四湖流域分洪民垸10个,分洪面积391.32平方千米,分洪水量7.15亿立方米,淹没农田36.83万亩,受灾人口5.76万人,见表9-19。

表9-19　　　　　　　　1980年四湖流域分洪情况统计表

地　点	分洪面积/km²	分洪水量/亿 m³	淹没农田/万亩	受灾人口/万人	分洪日期
荆门彭塚湖小计	12.26	0.25	1.36	0.12	8月5日
洪湖南塔垸	1.25	0.03	0.12	0.09	8月13日
洪湖汉沙垸	8.89	0.25	0.85	0.15	8月13日
洪湖洪狮垸	16.13	0.40	0.90	0.42	8月13日
洪湖新螺垸	48.61	0.75	4.50	0.42	8月13日
洪湖土地垸	83.12	1.30	7.10	3.1	8月15日

续表

地 点	分洪面积/km²	分洪水量/亿 m³	淹没农田/万亩	受灾人口/万人	分洪日期
洪湖小计	158.00	2.73	13.47	4.3	
监利王小垸	6.06	0.17	—	—	8 月 15 日
监利螺山西片	215.0	4.0	22.0	—	8 月 15 日
监利小计	221.06	4.17	22.0	1.46	—
合计	391.32	7.15	36.83	5.76	

在严重的洪涝灾害面前,各级领导身先士卒,出现在防洪抢险的第一线,在长湖、洪湖防汛的紧要关头,荆州地委副书记尹朝贵、行署副专员徐林茂坐镇前线,并分别组建洪湖和长湖防汛指挥部,他们与群众一道坚守阵地,防汛抢险达 3 个月之久,荆州地区四湖工程管理局领导也分成两班参与指挥防汛抢险。9 月 4 日晚暴雨倾盆而下,长湖湖面刮起七级大风,湖面掀起 2 米高的大浪,浪头翻越库堤,情况十分危急,荆州行署副专员徐林茂、荆州军分区政委刘庆芳立即赶赴现场与民工一起战狂风、斗恶浪,一个夜晚就筑起一道防浪长堤,保住长湖库堤的安全,受到省防汛指挥部的嘉奖。

2. 灾情

1980 年,四湖上、中、下三区受灾面积 255.84 万亩,其中因涝渍减产 124.00 万亩,绝收 70.06 万亩,分洪淹没 47.41 万亩,溃垸淹没 14.37 万亩,粮食减产约 3.11 亿千克,棉花减产约 1447 万千克,油料减产约 1666 万千克,见表 9 - 20。

表 9 - 20 1980 年四湖流域灾情统计表

分 区	受灾面积/万亩					减产/万 kg		
	涝渍减产	绝收	分洪淹没	溃垸淹没	小计	粮食	棉花	油料
1. 上区	34.99	—	4.63	7.69	47.31	5135.00	215.55	65.75
①长湖库区	7.89	—		3.94				
②太湖港	2.26	—		0.73				
③借粮湖	1.99	—		0.10				
④西荆河	5.39	—		0.92				
⑤田北	17.46	—		2.00				
2. 中区及下区	89.01	70.06	42.78	6.68	208.53	25930.50	1231.50	1600.00
①螺山	5.4	4.8	29.55	2.00	41.75			
②中区	71.8	52.98	13.23	4.68	142.69			
③下区	11.81	12.28	—	—	24.09			
合计	124.00	70.06	47.41	14.37	255.84	31065.50	1447.05	1665.75

注 此表不包括外滩民垸分洪、溃口共淹没耕地 28.78 万亩,减产粮食 0.72 千克。

1980 年汛期,长江水位偏高,沙市站最高水位为 43.65 米(8 月 29 日),监利城南站最高水位为 36.19 米(8 月 30 日),城陵矶站最高水位为 33.71 米(9 月 2 日)。由于外江水位高,持续时间长,造成四湖流域堤外区的部分洲滩民垸分洪或溃口。石首县 8 月 26—29 日,溃决小巴垸 10 个,淹没耕地 2.28 万亩,受灾人口 4586 人;监利县 8 月 4—28 日,新洲、三洲联垸、柳口、丁家洲等主要民垸堤溃决,淹没耕地 26.5 万亩,受灾人口 65160 人。洲滩民垸合计淹没耕地 28.78 万亩,受灾人口 69728 人,减产粮食 0.72 亿千克(棉花、油料作物未计入)。

3. 灾害原因

1980 年降雨的特点是持续时间长,雨量集中,暴雨量大。凡桥站 7 月 16—20 日,5 天降雨 426 毫米,24 小时降雨量 292 毫米。6 小时降雨量 251 毫米。7 月 16 日至 8 月 31 日来,全流域总产水量

41.26 亿立方米。又遇长江、汉水洪水顶托，不能自排。沿江一级泵站装机不够（当时有泵站 12 处，即半路堤、螺山、南套沟、高潭口、新沟、老新 6 处大型泵站和洪湖县沿长江、东荆河 6 处小型泵站），排水流量 650 立方米每秒，平均每平方千米为 0.063 立方米每秒。工程不配套，而且在地区分布上也不平衡，四湖上区没有一级外排泵站，每遇暴雨，便向中下区排泄。当年向四湖中、下区泄洪 3.3 亿立方米，抬高四湖总干渠水位，加重洪湖压力。由于一级站排水流量不够，排田水与排湖水无法兼顾，满足排田就不能照顾排湖，因而强调一级站参加统一排水难以实现，全局利益与局部利益产生矛盾。

一级外排站与二级泵站的装机容量比例失调。四湖中区由于二级站发展较快，当年福田寺以上已建二级站 229 处、装机 61154 千瓦，设计排水流量达 846 立方米每秒，比一级站总排水流量还多 196 立方米每秒。二级站全部开机，大量渍水壅积在渠道内，造成排水渠（系）全线防汛紧张。为保堤防安全，二级站被迫拉闸限电停止排水，导致全线内垸渍涝成灾。下区由于洪湖水位过高，防汛紧张时向下区泄洪 1 亿立方米，使下内荆河水位抬高，又影响二级站的排水。

湖泊被不断围垦，调蓄面积和容积不断减少，又没有足够的外排出路，必须是抬高湖泊、河道水位，最后靠淹田来解决渍水。人为地把洪湖起调水位定得过高，也减少湖泊的调蓄量。如能将洪湖起调水位由 25.44 米降至 24.50 米，可以多调水量 3.2 亿立方米（洪湖水位 24.50 米时，面积为 320 平方千米），可以减少受灾面积。

1980 年汛期，长江、汉江均发生较大洪水。受高水位顶托影响，除高潭口泵站外，其他一级站被迫停机，加重四湖流域的内涝。沿江外排泵站在设计时，对四湖流域"外洪内涝，洪涝同步"这一特点考虑不够，设计扬程偏低，当外江水位较高时，或排水效率低，或被迫停机。

1983 年 11 月湖北省水利水电勘测设计院编制的《四湖地区防洪排涝规划的初步设计》中指出："综合起来看，造成 1980 年重大灾情的根本原因是上区排水出路没有解决好，这是问题的关键。如果没有上区来水，再加上老新站、新沟站建设妥当，高潭口泵站运用合理，从水量平衡来看，中下区的防汛是会全面紧张的，但灾情是可以大大减轻的。"

（五）1983 年排涝

1983 年，四湖流域发生比较严重的内涝灾害。入汛以后，全流域暴雨频繁，6—10 月流域平均降雨量达 1046.95 毫米，占全年平均降雨量 1488.55 毫米的 70%，见表 9-21。

表 9-21　　　　　　　　　　四湖流域 1983 年降雨情况统计表　　　　　　　　　　单位：mm

站名	全年降雨量	6 月	7 月	8 月	9 月	10 月	合计
江陵	1479.3	288.8	246.9	199.4	103.9	259.7	1098.7
监利	1596.0	437.0	252.0	141.0	94.0	147.0	1071.0
洪湖	1762.0	483.0	215.0	37.0	172.0	177.0	1084.0
石首	1171.0	260.0	203.0	71.0	79.0	104.0	717.0
潜江	1557.0	294.0	239.0	197.0	141.0	333.0	1204.0
荆门	1348.8	283.0	336.0	83.0	191.0	214.0	1107.0

特别是 6 月 11 日至 7 月 31 日和 10 月 4—26 日的两个时段的降雨，造成四湖流域不同程成灾。6 月 11 日至 7 月 31 日降雨历时 23 天，流域平均降雨量为 487.2 毫米，总产水量为 36.7 亿立方米，见表 9-22；10 月 4—26 日降雨历时 10 天，流域平均降雨量为 241.4 毫米，总产水量为 14.41 亿立方米，两次降雨产水总量为 51.11 亿立方米。

1983 年，长江入汛比往年提前 20 多天，5 月底沙市水位就超过 40.00 米。汛期降雨主要集中三峡以下地区，尤其是洞庭湖来水早，6 月 23 日入湖流量达 21700 立方米每秒。7 月 17 日宜昌站流量 51900 立方米每秒，沙市站 17 日水位 43.67 米，18 日监利城南站最高水位 36.73 米，超过 1980 年同期最高水位（36.19 米）0.54 米，江水与洞庭湖出流遭遇（出湖流量 29800 立方米每秒），19 日螺山

表 9 - 22　　　　1983 年 6 月 11 日至 7 月 31 日四湖流域雨、水情及蓄排情况表

分区	内垸排水面积/km²	累计降雨量/mm	平均径流系数	径流量/亿 m³	水量调度/亿 m³				
					自排	一级电排	河湖调蓄	分散调蓄	调配
上区	3240	459.1	0.58	8.61	1.71	—	4.96	—	泄入中区 1.94 亿 m³
中区	5980	518.0	0.77	23.24	—	14.56	6.1	0.43	泄入螺山区 0.53 亿 m³ 下区 1.38 亿 m³
下区	1155	484.6	0.86	4.85	2.50	3.62	—	0.11	排中区 1.38 亿 m³
合计	10375	487.2	0.73	36.7	4.21	18.18	11.06	0.54	

　　注　1. 上区径流量未包括水库、塘堰拦蓄水量。
　　　　2. 中区径流量在计入上区来水和外江引水量后为 22.03 亿立方米。

站最高水位 33.04 米（比 1954 年最高水位低 0.13 米），流量达 62300 立方米每秒，螺山泵站被迫停机。监利县沿江洲滩民垸溃（扒）口 15 处，淹没农田 8 万亩。

　　7—8 月，汉江流域也出现大暴雨。7 月 1 日，由于汉江来水和长江水倒灌，东荆河堤民生闸即进入设防水位。7 月 19 日，民生闸最高水位达 30.52 米，超警戒水位 2.02 米。7 月 25 日，洪湖县东荆河堤外民垸漫溃。8 月 7 日，东荆河陶朱埠站水位 39.06 米。10 月初，汉江上中游再次普降大到暴雨，丹江水库最大入库流量 3.35 万立方米每秒，比新中国成立以来汉江最大洪水的 1964 年流量多 1.01 万立方米每秒；累计入库洪水总量 95 亿立方米，比 1964 年汉江上游洪水总量多 7 亿立方米。与此同时，汉江中游区间的唐白河、南河、滚河、蛮河均出现大洪峰，最大入江合成流量 8500 立方米每秒，比 1964 年多 1450 立方米每秒，区间洪水总量 25 亿立方米，比 1964 年多 5.2 亿立方米，为 1935 年以来最大的一次洪水。10 月 7 日，丹江水库水位 160.70 米，最大泄洪量 19900 立方米每秒，加上区间来水约 7000 立方米每秒流量，汉江下游及东荆河又一次面临大洪水的考验。10 月 10 日，东荆河陶朱埠站洪峰水位 42.11 米（低于 1964 年洪峰水位 42.26 米的 0.15 米），洪峰流量 4880 立方米每秒（低于 1964 年洪峰流量 5060 立方米每秒的 180 立方米每秒）。10 月 11 日，新沟嘴站最高水位 39.05 米（高于 1964 年最高水位 0.01 米），东荆河堤沿堤各泵站（主要是高潭口泵站）排水入东荆河，使东荆河中、下游洪峰水位均高于 1964 年洪峰水位，防汛异常紧张，一部分堤段靠临时筑子堤挡水，最高上堤防汛劳力达 10.75 万人。东荆河从 6 月 29 日至 10 月 27 日，先后出现洪峰 12 次，防汛 109 天。

　　1983 年，四湖流域秋雨连绵，进入 10 月又连遭大到暴雨袭击，内垸积水严重。受汉江和东荆河洪水的顶托，田关闸无法外排，与此同时，四湖总干渠水位也居高不下，习家口闸被迫关闸，长湖洪水三次突破历史记录。10 月 25 日，习家口站最高水位达 33.30 米，比 1980 年的最高水位（33.11 米）高出 0.19 米。受高水位影响，荆州城西门淹水，水深 0.6 米，北门、小北门、南门也先后淹水，行人靠船摆渡。

　　长湖从 8 月开始防汛，持续时间 110 天。10 月 26 日，荆州地区长湖防汛指挥部，根据长湖汛情，向荆门、江陵下达乔子湖垸和胜利垸同时分洪的命令。命令下达后，荆门县率先扒口分洪。江陵县接命令后，开始采取应付的态度，把分洪口门选择在桥河下游地势较高的孙家山至董家渡的公路上。一方面公路上筑有子堤挡水，扒开子堤放水，不会动摇整个堤身。当时扒口宽 30 米，流量约 8 立方米每秒；另一方面继续用机电设备向外排水，力求保住民垸减少损失。这种行为引起荆门县的不满，称为荆门真分洪，江陵假扒口，并向荆州行署状告这一问题。

　　10 月 27 日，荆州地区长湖防汛指挥部请调武警部队在孙家山大队二小队名叫甘家嘴的地方埋放炸药，炸口分洪，炸口宽 30 米。当时离爆炸口较近的两栋民房受到损坏，炸飞的泥土砸断椽子溅落在床上，屋顶瓦片飞溅，四周墙体裂缝，汛后予以补偿。两民堤分洪后，长湖水位开始下降，方保证长湖库堤安全。

　　1983 年四湖流域总降雨量比 1980 年大，但由于降雨没有 1980 年那样集中，以 5～7 天一次暴雨

来水量比较，1983 年仅为 1980 年的 68%。总的趋势比较，内涝灾害没有 1980 年那样严重。但因外江水位高，持续时间长，沿江一级外排泵站如半路堤、螺山等大型泵站和一部分小型外排泵站一度停机，以及临时限制二级泵站运行。7 月 15 日洪湖最高水位为 26.83 米。采取大面积分洪措施，洪湖围堤从 6 月 26 日开始防汛到 11 月 11 日结束，历时 138 天。

1983 年，四湖流域部分地方受灾严重。7 月，拾桥河（拾回桥站）最高水位 35.99 米，荆门县被淹农田 38596 亩，896 户、5107 人被水围困，倒塌房屋 1119 间；淹没湖垸 39 个、9030 亩，淹没精养鱼池 183 个、3606 亩，淹没村庄 5 个。江陵县（今荆州区，江陵县及沙市郊区部分）受涝面积 73.3 万亩，成灾面积 34 万亩，绝收面积 16.7 万亩。监利县受灾面积 111.09 万亩，成灾面积 55.97 万亩，绝收面积 29.37 万亩（含外滩溃口民垸 15 个，淹田 8 万亩）。洪湖县受涝面积 56.07 万亩，成灾面积 33.29 万亩，绝收面积 13.15 万亩。

（六）1991 年排涝

1991 年是个多灾之年，5—9 月，四湖流域气候反常，雨量分布不均，出现先涝后旱、大涝大旱的严重局面。其中 7 月的特大暴雨造成严重的内涝灾害，被称之为"91·7"型暴雨。

1991 年汛期，长江、汉江中下游广大地区接连出现大到暴雨，造成山洪暴发，江河水位猛涨，平原湖区大面积受涝。受降雨带的影响，四湖流域经历了 3 次大的降雨过程，6—8 月平均降雨量为 564.88 毫米，见表 9-23。第一次降雨过程是 5 月 19—25 日，第二次是 6 月中旬，第三次是 6 月 30 日至 7 月 12 日。前两次局部降雨量达 335 毫米，虽没有造成大面积的内涝，但也起到垫底的作用，抬高内湖水位，第三次降雨则使四湖流域造成严重内涝。

表 9-23   **1991 年四湖流域降雨情况统计表**   单位：mm

站名	全年雨量	6 月	7 月	8 月	合计
江陵	1108.0	27.0	372.0	43.0	442
监利	1431.0	145.0	398.0	44.0	587
洪湖	1675.0	141.0	375.0	168.0	684
石首	1226.0	106.0	341.0	59.0	506
潜江	1435.5	145.0	472.0	73.9	690.9
荆门	890.7	138.1	207.2	135.1	479.4

6 月 30 日至 7 月 12 日，四湖流域连续遭受大暴雨和特大暴雨的袭击，流域平均降雨量为 380.20 毫米，见表 9-24。其中四湖上区平均降雨量为 288.90 毫米；四湖中区平均降雨量为 438.00 毫米，位于中区的监利县西北部降雨量高达 600 多毫米，四湖下区平均降雨量为 400.00 毫米。此次降雨有一条宽约 40 千米的暴雨带，从湖南的石门、澧县（最大降雨量为 569 毫米），经津市、公安的郑公渡、孟溪、杨厂，石首的横沟市，监利的汪桥、余埠、新沟嘴，仙桃的通海口，至仙桃。仙桃市西北部 7 天、3 天和 24 小时的暴雨量均超过 200 年一遇，三伏坛的降雨量为 786 毫米，已超过 1000 年一遇。

表 9-24   **1991 年 7 月四湖流域暴雨逐日区域平均雨量值表**   单位：mm

时间	长湖以上	田北片	上区平均	中区（福田寺以上）统排区	高潭口直排区	洪湖湖面	螺山区	下区	流域平均
6 月 30 日	49.0	51.0	49.6	47.0	21.0	15.0	14.0	18.0	37.1
7 月 1 日	4.0	12.0	6.4	39.0	18.0	17.0	15.0	11.0	20.1
7 月 2 日	78.0	81.0	79.5	93.0	123.0	73.0	36.0	61.0	81.8
7 月 3 日	17.0	20.0	17.9	25.0	44.0	18.0	22.0	34.0	25.0
7 月 4 日	0	0	0	21.0	41.0	65.0	68.0	50.0	26.6

续表

时间	长湖以上	田北片	上区平均	中区（福田寺以上）统排区	高潭口直排区	洪湖湖面	螺山区	下区	流域平均
7月5日	77.0	64.0	73.1	35.0	34.0	11.0	9.0	13.0	40.6
7月6日	—	0	—	17.0	33.0	44.0	47.0	26.0	18.6
7月7日	0	0	0	5	8.0	20.0	31.0	24.0	9.1
7月8日	35.0	65.0	44.0	57.0	51.0	16.0	15.0	27.0	42.8
7月9日	4.0	14.0	7.0	67.0	59.0	32.0	29.0	29.0	37.7
7月10日	9.0	17.0	11.4	30.0	47.0	43.0	37.0	71.0	31.9
7月11日	0	0	0	—	4.0	11.0	11.0	27.0	5.1
7月12日	0	0	0	2.0	2.0	11.0	15.0	8.0	3.8
7月13日	0	0	0	0	0	0	0	0	0
合计	273.0	324.0	288.9	438.0	485.0	376.0	349.0	400.0	380.2

注　0为有雨无量。

　　此次降雨，四湖地区产生的径流为31.8亿立方米。7月18日洪湖水位达到26.97米，长湖7月15日22时，最高水位为33.01米，由于上下游统一调度，大力向外江抢排，避免了分洪。

　　7月15日，长江沙市站洪峰水位为42.09米；7月16日，监利水位为36.00米，城陵矶水位为33.52米，螺山水位为32.52米，螺山泵站被迫停机。7月东荆河陶朱埠流量为870立方米每秒，8月9日达到最大流量1420立方米每秒，东荆河沿河泵站均未停机。

　　"91·7"型暴雨发生后，四湖流域大小600多处泵站全部启动抢排农田渍水30亿立方米，其中一级大型外排站排水量18.76亿立方米（见表9-25），二级泵站排入河湖调蓄11.73亿立方米。为保证长湖、洪湖堤防及渠堤安全，全流域抢险加堤完成土方82万立方米。洪湖市出动近4万人，船只2640条，两天两夜完成洪湖围堤加固土方11万立方米。7月11日，监利县按荆州地区防汛抗旱指挥部《关于实行统一排水确保洪湖围堤安全的通知》，扒开洪湖围堤5个民垸，调蓄洪水6400立方米。12日凌晨，监利县组织2万多劳力，在扒垸调洪的同时，加高培厚洪湖围堤，并开启沿湖幺河口闸、桐梓湖闸、排涝河船闸，放水入垸，减轻洪湖压力。为顾全四湖流域全局利益，监利县境内螺山—张家湖、新沟—黄歇、新沟—龚场、监利—民生4条主输电线路拉闸限电48小时，34处泵站被迫停机，内外渍水夹击，监利县10处民垸于7月12—14日漫溃，10.7万亩再次遭淹。

表9-25　　　　　　　1991年6月30日至7月12日四湖流域雨水情及蓄排情况表

分区	内垸排水面积/km²	累计面雨量/mm	平均径流系数	径流量/亿m³	雨水蓄排情况/亿m³				
					自排	一级电排	河湖调蓄	分散调蓄	调配
上区	3240	364.3	0.85	6.96	—	1.67	4.34		向中区排水 0.8154亿m³
中区	5980	485.0	0.91	21.17	—	13.47	7.39	0.29	入螺山排区 0.64亿m³
下区	1155	400.0	0.82	3.64	—	3.62		0.02	
合计	10375	416.4	0.86	31.77	—	18.76	11.73	0.31	—

　　此次降雨，由于范围广、强度大，持续时间长，给四湖流域工农业生产造成重大损失。农田有113.81万亩严重成灾，其中江陵县受灾面积为14.3万亩，监利面积为41.91万亩，潜江面积为23.0万亩，洪湖面积为29.6万亩。

　　此次降雨，虽然范围较广，但大暴雨的范围并不大，四湖流域产水量比1980年和1983年的产水量分别要少9.48亿立方米和4.92亿立方米。1991年一级电排站增加了田关、杨林山、新滩口三站，设计流量为 513.5 立方米每秒，24 小时可排水 4436 万立方米。由于加强统排，大大减轻灾害造成的损失。

1991 年降雨主要是对早稻的影响较大，但一部分被淹没农田还有时间改种其他作物。7 月 12 日以后，由于天气长时间晴好，棉花获得比较好的收成，同 1990 年比较，仅减产 5.5%，是仅次于 1984 年和 1990 年的一个收成较好的年份。另外，粮食减产 13.5%，油料增产 12.9%。

1991 年的灾害原因有以下几点：①多阴雨天，光照少；②水利工程未按设计标准满负荷运行；③上区不应向中区排水；④高低混排，没有工程措施控制，无先后之分，内垸二级站、三级站在一段时间内被迫停机，加重了内涝；⑤一部分地方担心再次降雨，不该排的水也排了，甚至一面排水，又一面要引水灌溉，缺乏全盘考虑；⑥河湖调蓄与设计要求相差甚远，有的湖泊未按规定的起排水位开机排水，造成超蓄。从 1991 年的排涝可以看出，必须把工程措施与非工程措施结合好，并要加强流域的统一调度。

（七）1996 年排涝

1996 年，长江中下游受梅雨期所形成的暴雨影响，形成一场典型的中游型洪水。同样受梅雨期暴雨的影响，四湖流域形成严重的内涝灾害。

1996 年 7 月 1 日至 8 月 10 日，全流域平均雨量 645.78 毫米，各站降雨情况见表 9-26，洪湖站最高降水量达 950 毫米，占全年平均降水量的 3/5~4/5。由于连降大到暴雨，长湖 8 月 8 日的最高水位为 33.26 米，仅次于 1983 年的 33.30 米，为有记录以来的第 2 位，其水位的最高日涨幅 0.32 米；7 月 25 日洪湖最高水位为 27.19 米，比 1991 年的水位（26.95 米）还高 0.22 米，日涨幅为 0.39 米。洪湖水位在 26.50 米以上的时间持续 31 天。总干渠福田寺拦洪闸的上游水位连续 9 天超过 28.00 米，最高时达 28.32 米，比历史的最高水位（1991 年 7 月，28.12 米）还高出 0.20 米。下内荆河小港湖闸的下游水位连续超过 26.50 米数日，高水位持续 24 天，最高的达 26.76 米，比 1991 年 7 月的最高水位还高 0.04 米。高潭口泵站站前水位为 26.74 米（7 月 19 日），新滩口泵站站前水位为 26.52 米（7 月 27 日），螺山泵站站前水位为 26.56 米，外江最高水位为 34.17 米，超驼峰 2.47 米，超过 1954 年最高水位 1.00 米，被迫停机 12 天；半路堤泵站因外江水位过高（36.95 米），被迫停机 11 天（7 月 21 日至 8 月 2 日）。

表 9-26　　　　　　　　　　1996 年 7 月四湖流域暴雨及台风降雨情况　　　　　　　　　　单位：mm

站名	全年降雨量	7 月			8 月	
		合计	1—12 日	13—31 日	小计	1—10 日
荆州	1382.0	328.0	127.3	193.5	238.0	127.6
监利	1627.0	517.0	261.9	255.1	159.0	33.2
洪湖	1964.0	727.0	129.7	593.8	223.0	90.2
石首	1618.0	371.0	70.1	301.8	218.0	75.0
潜江	1417.2	338.2			255.1	
荆门	1251.6	296.9			261.6	

由于外洪内涝，四湖流域普遍受灾，以中、下区最为严重，其受灾程度仅次于 1954 年。据统计，受灾人数达 186.92 万人，灾情以监利、洪湖最重。有 28 个乡（镇）的大部分农田尽成泽国，17 个乡（镇）中有 13 万人被洪水围困，受渍水威胁的城镇达 52 个。其中，损坏房屋 32.47 万间，倒塌 13.86 万间；受灾农田面积为 364.2 万亩，成灾面积为 235 万亩，其中绝收面积有 165.9 万亩，毁林 3.2 万亩，养殖水面串溃 155 万亩，其中精养鱼池 112.56 万亩，损失成鱼 0.75 亿千克；受灾企业 867 家，其中停产、半停产企业达 483 家；损坏涵闸 47 座、桥梁 90 座；受损机电泵站 252 座（5.93 万千瓦）；损坏输电杆塔 967 根，受损电线 9.52 万米。据不完全统计，因灾造成的直接经济损失在 30 亿元以上。灾情主要集中在螺山片、高潭口排区上片、下内荆河的上段两岸地区。

1.1996 年内涝严重的主要原因

（1）降水范围大、强度大、产水量大。四湖流域 7 月 1 日至 8 月 10 日的降雨，分为 3 个时段：7 月 1—12 日为第一次降雨过程；7 月 13—31 日为第二次降雨过程；1996 年 8 号台风登陆后，8 月 4 日四湖流域普遍发生强降雨过程。这三次降雨过程，前两次中下区大，上区次之；后一次降雨过程上区大、中下区次之。全流域有两个暴雨中心：①荆沙城区北至习家口，东至熊河，南抵荆江大堤，普遍降雨在 500 毫米以上，以滩桥 620 毫米为最大，其面积约 900 平方千米；②从监利容城往北至龚场、曹市、峰口抵东荆河，东至新滩口，南抵长江，普遍降雨在 550 毫米以上，以尺八口站 899 毫米为最大，新堤站 788 毫米次之，面积约 4200 平方千米。根据水情资料分析，以第二次降雨为最大，7 月 14 日 2 时至 17 日 2 时，四湖流域 3 天暴雨重现期：中区为 5～10 年一遇，螺山区为 30 年一遇，高潭口区为 10～20 年一遇，洪湖周边为 50 年一遇，下区为 25 年一遇，新堤站雨量 445 毫米为 200 年一遇，桐梓湖站雨量 354 毫米为 80 年一遇，螺山站雨量 384 毫米为 100 年一遇，监利站雨量 433 毫米为 300 年一遇。

若以 1996 年 7 月降雨量同 1980 年、1983 年和 1991 年的相比较，荆州站 1996 年的降雨量为 313 毫米，比 1980 年（302 毫米）多 4％，比 1983 年（247 毫米）多 27％，比 1991 年（372 毫米）少 16％；监利站 1996 年为 517 毫米，比 1980 年（309 毫米）多 67％，比 1983 年（252 毫米）多 105％，比 1991 年（398 毫米）多 30％；洪湖站 1996 年为 723 毫米，比 1980 年（232 毫米）多 212％，比 1983 年（215 毫米）多 235％，比 1991 年（375 毫米）多 93％。

由于长时间、大范围普降大雨，四湖流域产水 41.06 亿立方米（见表 9-27），按上、中、下区降雨情况，各区产水量分别是：田北片 2.37 亿立方米，长湖片 5.49 亿立方米，福田寺以上中区部分 12.07 亿立方米，高潭口排区 4.23 亿立方米，洪湖及周边区 4.78 亿立方米，下区 6.29 亿立方米，螺山区 5.83 亿立方米。

表 9-27　　　　　　　　　　1996 年四湖流域降雨、水情及蓄排情况表

分区	内垸排水面积/km²	累计面雨量/mm	平均径流系数	径流量/亿 m³	雨水蓄排情况/亿 m³				
					自排	一级电排	河湖调蓄	分散调蓄	调配
上区	3240	441.2	0.55	7.86	—	4.52	2.875	—	下泄中区 0.4659 亿 m³
中区	5980	627.8	0.82	26.91					
下区	1155	641.2	0.85	6.29					
合计	10375	570.1	0.74	41.06	3.5	21.15	9.18	8.87	分散调蓄中，含分洪 7.15 亿 m³

注 田关泵站 7 月 5—25 日排水量 1.85 亿立方米，全年合计 4.52 亿立方米。

1991 年由于降雨时间长及降雨时空分布集中（特别是第一次降雨与第二次降雨之间的间隔时间短），对农作物生长的影响大。1980 年统计的产水量是从 7 月 16 日至 8 月 25 日，时间是 42 天，降雨过程是 6 次，其中 7 月 31 日至 8 月 4 日 5 天时间，四湖流域面雨量为 195 毫米时最大；1983 年统计的产水量是从 6 月 10 日至 7 月 18 日，历时 38 天，其中以 6 月为最大，监利站 6 月降水量为 437 毫米，洪湖站 6 月降水量为 483 毫米，1991 年与 1980 年和 1983 年均不同，降雨过程比较短，主要从 6 月 30 日至 7 月 2 日和 7 月 8—9 日两次最大。

（2）外江水位高，迫使部分一级电排站停机，电排站未能全部有效地发挥作用。自 7 月 19 日以后，长江自监利至新滩口的外江水位，均超过有水文记录以来的高水位，大部分沿江泵站被迫先后停机。螺山电排站 7 月 18 日起被迫停机，即使此前未停机（7 月 14—18 日），由于扬程不断增大，排水流量减少，出力仅为设计的 40％～50％。洪湖市沿江一级站（小型）全部停机。据统计，155 千瓦的一级站在 7 月和 8 月的时机排水量为 18474.4 万立方米，有效工作天数仅为 50％。在排涝最紧张

的 7 月中旬至 7 月底，四湖中、下区的一级外排站装机容量为 86800 千瓦，实际处在有效运行状态的只有 53400 千瓦，仅占 62%，有近一半的装机容量被闲置起来，无力参加抢排，这无疑加重了内涝灾害，这也是 1980 年、1983 年和 1991 年没有出现过的情况。尽管四湖流域外排装机数量不少，一旦遇外江大水，能运行的机组数量却有限，这决定了灾害轻重的程度。

（3）排涝标准偏低。四湖流域没有达到 10 年一遇的排涝标准，但 1996 年的降雨多数地方都已超过 10 年一遇的标准。

造成四湖流域严重内涝是从 7 月 13—21 日的降雨，其中 16 日监利、洪湖为特大暴雨。这期间中下区共产水 13.57 亿立方米。7 月 13 日，洪湖水位达到 25.91 米，按 402 平方千米的湖面计算，即使调蓄到 27.00 米，也只能调蓄 4 亿立方米。13—21 日 9 天的时间，一级电排站高潭口、新滩口、南套沟、新沟共排水 3.71 亿立方米，螺山、杨林山、半路堤排水 1.42 亿立方米，其他电排站为 0.15 亿立方米，共计排水 5.647 亿立方米，还有 7.923 亿立方米，没有出路，主要靠淹田来分散调蓄。虽说当时的洪湖还可以调蓄，但 7 月 21 日以后又连降大雨，7 月 22 日洪湖水位已达 27.15 米，接近极限，再无力增加调蓄容量，所以实际淹田水量在 8 亿立方米左右。

（4）调蓄容量不足。调蓄容量不足是造成四湖地区严重涝灾的另一个重要原因。根据 7 月 14 日 8 时至 17 日 8 时四湖中、下区的产水计算，其间共产水 12.84 亿立方米，前期存水 0.658 亿立方米。当时的分析是，向外江提排 3.56 亿立方米，区内存水 6.89 亿立方米。按照这个方案，7 月 14—17 日 8 时，福田寺入湖水量 1.32 亿立方米，同期湖面降水 1.286 亿立方米，周围二级站抽入洪湖水量 0.328 亿立方米，合计 2.934 亿立方米，洪湖水位 26.67 米。按 17 日 8 时福田寺入湖流量 580 立方米每秒，为上限控制，逐日降低至 8 天后（25 日），洪湖水位可达 27.44～27.47 米。此时福田寺以上（不含螺山区）还有存水 2.56 亿立方米，实际上，四湖中、下区区间存水为 6.892 亿立方米，全部由农田承担，这还不包括此后的几次降雨所产生的水量（福田寺排区产水 2.564 亿立方米，洪湖周边地区 0.472 亿立方米，高潭口排区 0.85 亿立方米，新滩口排区 1.411 亿立方米，螺山排区 1.49 亿立方米）。

对于四湖流域的水量平衡分析，不能仅看一次降雨过程而定，因为农田作物的耐淹时间因作物的品种和水温高低而有所变化。作物被淹 2～3 天就会减产，被淹 5～7 天即使水排出来，也会严重减产，甚至绝收。

1996 年 7 月和 8 月，尽管沿江一级电排站共排水 46.27 亿立方米，但因为这个过程太长，最后还是有 165 万亩农田绝收。事实证明，农作物耐淹的时间是有限的，超过能承受的时间，受灾已成定局。1980 年 7 月中旬至 8 月底，四湖共产水 41.26 亿立方米自排入江 3.5 亿立方米，一级电排 19.71 亿立方米，河湖调蓄 9.18 亿立方米，分洪 7.15 亿立方米，分散调蓄 1.72 亿立方米。农田绝收面积达 126 万亩。造成绝收的水量就是分洪加分散调蓄的水量，即 8.87 亿立方米。

1996 年 7 月 1 日至 8 月 6 日，四湖中、下区（不含螺山排区）的产水量为 29.72 亿立方米，上区进入中区水量 0.465 亿立方米，共产水 30.19 亿立方米。同期沿江各外排站的排水量为 17.39 亿立方米（含洪湖沿江小站）。洪湖从 7 月 1 日的水位 25.23 米起调至 27.19 米，水量 8 亿立方米，合计 25.39 亿立方米，剩余水量 4.8 亿立方米，加上螺山排区同期存水 4.8 亿立方米，四湖中、下区共存水 9.6 亿立方米，全靠淹田来解决。这里值得注意的有两点：①如果同期外江一级站能有 80% 的有效出力，则可多排水 8.51 亿立方米，灾害自可减轻；②按照 1980 年和 1996 年两年受涝成灾分析，大约每 1 亿立方米成灾水量可淹田 10 万～15 万亩，相当于平均水深 1～1.4 米。

2. 螺山排区严重受涝的成因

螺山排区面积 935.3 平方千米，有耕地 60 万亩。1996 年绝收面积 35 万亩。造成严重灾害的主要原因：降雨量大，超过了现有河渠的调蓄能力和电力外排站的外排能力；外江水位超过电排站允许最高工作水位被迫停机，且时间较长。

7 月 1 日至 8 月 6 日，螺山排区平均降雨量为 732.9 毫米（其中 7 月 21 日至 8 月 6 日约占 25%），按径流系数 0.85 计算，产水量为 5.827 亿立方米。前期从 6 月 3 日至 7 月 1 日螺山排区平均降雨 397 毫米，产水 3.33 亿立方米，二次共计产水 9.15 亿立方米。

螺山泵站从 6 月 3 日开机至 7 月 21 日（21 日以后停机），共排水 2.43 亿立方米，杨林山泵站从 6 月 3 日开机至 7 月 21 日，排水 1.88 亿立方米，两站共排水 4.31 亿立方米，排区内余水 3.391 亿立方米，再加上 7 月 21 日至 8 月 6 日产水 1.456 亿立方米，排区实际余水量 4.84 亿立方米，若按 400 平方千米平摊，平均水深也有 1 米左右，可见受灾之严重。

从四湖流域历次涝灾的教训可以看出，每一个相对独立的排区一定要建立一定容积的调蓄区，才可以保证排区内基本农田少受损失。若没有调蓄区，外排能力又有限，遇到大的降雨，高田也想保、低田也想保，结果都会遭受损失。

3. 长江水位情况

1996 年汛期以 7 月中旬洪水最严重，长江上游同期来水不大，7 月 25 日沙市最高水位 42.99 米，相应流量 34200 立方米每秒。洞庭湖 7 天入湖总洪量为 315 亿立方米，洞庭湖 27 个水位站及长江干流，监利至螺山河段，均出现超历史记录的最高水位。汉口站出现了 131 年以来的第二高水位；洪峰水位为 28.66 米，流量为 70700 立方米每秒。

7 月 5 日和 7 日，监利、洪湖进入设防水位，7 月 6 日和 11 日超过警戒水位。7 月 9 日沮漳河出现第一次洪峰，两河口水位为 50.15 米，流量 2230 立方米每秒，至万城水位 44.72 米，流量 1740 立方米每秒。

7 月 31 日城陵矶洪峰水位（莲花塘）35.01 米，流量 43800 立方米每秒；螺山洪峰水位 34.17 米，流量 64800 立方米每秒。

7 月 25 日监利洪峰水位 37.06 米（超 1954 年 0.49 米）；7 月 25 日石首北门口最高水位 39.28 米。

由于外江维持高水位时间较长，石首六合垸、监利新洲垸等 6 处民垸溃口、淹田 5 万多亩。

每年的 5—12 月，台风均有可能在中国沿海登陆，但影响四湖流域发生强降雨的次数不多。1996 年第 8 号台风影响四湖流域，从 8 月 2 日至 4 日，再次出现暴雨，加重内涝。洪湖降雨量为 90.2 毫米，朱河 186.3 毫米，尺八口 200.6 毫米，盐船套 207.9 毫米。

4. 1996 年排涝经验教训

（1）提前抢排。6 月 5 日当洪湖水位尚在 24.37 米时，高潭口即开机 7 台向外江抢排至 8 日停机，6 月 10 日第二次开机。6 月 9 日洪湖水位 24.80 米，新滩口闸还可自排 80 立方米每秒，决定关闸，泵站开机排水，使洪湖水位上涨速度减缓，至 6 月 19 日洪湖水位达到 24.79 米，6 月 30 日达到 25.15 米，相应福田寺闸上游水位稳定在 26.30 米左右，这对中下区的排涝十分有利，而洪湖的调蓄库容也损失较少，争取了主动。

（2）前期以先排田后排湖为主，后期以排湖保围堤安全为主。

（3）洪湖、长湖围堤防高水位存在很大风险，需要加固。尤其需要加强防风浪工程的建设。8 月初受 8 号台风影响，洪湖湖面上的风力达到 5～6 级，洪湖撮箕湖迎风浪的堤段，护坡设施全部被风浪打垮，经紧急采用袋装卵石、外用油布覆盖后，才免遭溃决。遇到大风时，其湖面吹程有 15 千米左右，一般的防浪措施是不行的。

（4）下内荆河过流能力有限，影响洪湖向新滩口抢排。

（5）沿江一级站设计扬程偏低，停机时间太长，影响排水，要进行更新改造。

若重现 1996 年类型降雨，按现状（一级电排站排水能力，湖泊调蓄能力），受灾程度可以减轻，但仍有部分农田成灾。1996 年 7 月 13—21 日，共产水 13.57 亿立方米，7 月 13 日洪湖水位已达 25.91 米，调蓄到 27.00 米，可蓄水 4 亿立方米，同期（9 天）沿江一级大小泵站可排水 7.52 亿立方米（设计流量 1076 立方米每秒，按工作系数 0.94 计，日排水量 8361 万立方米，此时已有部分农田成灾），余水 2.05 亿立方米，此时已无调蓄余地，全靠淹田来安排。在统排期间，不考虑停机、停电等不利因素。但像洪湖的沿江小站、新沟、老新泵站参加统排的效率是比较低的（设计流量212.6立方米每秒，占18%）。21日以后又连降大雨，灾情必然扩大。

因此，四湖流域如果再现1996年类型降雨，调度好（控制湖泊、沟渠起排水位，适时足量开机抢排，不停机，不停电），可以减少损失；但如果防御不当，将会有部分农田成灾。

洪湖围堤撮箕湖风浪险情抢护：1996年8月2日，第8号台风影响洪湖。14时许，湖面刮起3～4级北风，并伴有小到中雨，17时，风力加大至5级左右。洪湖围堤撮箕湖堤段吹程达15千米，围堤堤顶只高出水面0.3米，堤身已被水浸泡20多天。狂风卷起巨浪冲刷堤坡、翻过堤顶不断打到堤内，冲垮防浪设施长约30米，堤坡和堤面被风浪冲刷崩塌。抢险人员当即采取在堤外打排桩、铺油布、上压土袋的抢护措施，由于土袋不断被风浪冲刷淘空，险情在发展，崩塌最严重的堤段堤面只剩2米左右，随时有溃决的危险。为控制住险情，决定先把打散的树木杂草捆成枕把，将油布铺盖在枕把上面，再用锁口的袋装卵石压盖。洪湖市防汛指挥部从新堤镇增派200多名抢险突击队前来增援。参加抢险的干部、民工共400多人，人站在水里，将袋装卵石叠压在油布上面，同风浪进行顽强拼搏，至次日凌晨3时左右，险情终于得到控制。此次抢险共耗用卵石230吨。

经验教训：要高度重视风浪险情的抢护工作。当风浪的堤段，要准备一定数量石料，以应急需。袋装土料松软，易被风浪淘刷，遇到严重险情时，只能作为辅助材料。不论是土料袋还是石料袋都要锁口。

（八）2010年排涝

2010年汛期，四湖流域遭遇历史罕见的大暴雨袭击，强降雨来势凶猛，雨量大，持续时间长。受强降雨的影响，河湖暴涨，长湖超设防水位，洪湖超警戒水位，福田寺防洪闸水位28.22米，接近1996年历史最高纪录。同时，周边长江、东荆河水位大部超警戒，出现继1996年严重洪涝灾害的又一次洪涝灾害，湖北省防汛抗旱指挥部办公室下达启动防汛Ⅳ级应急响应。

1. 水雨情况

2010年7月8—16日，第一次强降雨笼罩四湖流域，洪湖市大部，监利县南部地区平均降雨量在450毫米以上，产水20.6亿立方米。7月19—21日，全流域又一次发生强降雨，监利、洪湖部分乡镇降雨均在100毫米以上，产水2.35亿立方米。两次强降雨，中下区共产水22.95亿立方米，导致河湖水位迅速上涨。与此同时，长江上游因降雨形成较大洪峰，三峡水库加大下泄流量，最大流量在42000立方米每秒，四湖流域长江堤防全面超设防水位，大部分堤防超警戒水位。受汉江上游强降雨的影响，丹江口水库出现两次入库洪峰流量较大的洪水过程。7月19日20时，第一次入库流量达27500立方米每秒；25日4时，出现1968年建库以来的第二大入库流量34100立方米每秒（仅次于1983年10月历史最大入库流量34500立方米每秒）。7月28日2时，丹江口水库坝前最高水位154.95米，高于汛期限制水位（149.00米）5.95米，为确保水库安全，丹江口水库加大下泄流量，汉江中下游各站相继出现较高洪水位。东荆河受汉江分流和长江高水位顶托影响，东荆河下游堤防相继进入警戒水位。四湖流域形成两江夹击、外洪内涝的严重局面。

2010年7月12日，长湖进入设防水位，8月5日退出设防水位，汛期设防25天。7月25日最高水位达到32.25米。

洪湖亦于7月12日进入防设水位，7月16日超警戒水位，7月31日退出警戒水位，8月10日退出设防水位，洪湖汛期设防30天，其中超警戒水位16天。7月23日洪湖最高水位26.86米，距保证水位仅差0.14米。

东荆河于7月13日进入设防水位，7月25日东荆河大部超警戒水位，8月5日全线退到设防。洪峰水位出现在7月28日，新沟嘴最高水位36.30米。高潭口最高水位31.58米，出现在7月30日。

2. 防汛抗灾

2010年汛期，四湖流域于4月15—21日出现降雨过程，内垸湖渠水位迅速上涨，洪湖周边部分农田受渍。为缓解渍涝压力，4月22日8时启动高潭口泵站排水，开机1062台时，排水1.06亿立方米。5月26—28日、6月6—8日，四湖流域经历连续降雨过程，降雨中心在四湖中、下区，洪湖水位上涨较快。面对这种状况，四湖中下区的6座一级大型泵站于5月25日至6月10日，先后开机排水，累计运行9172台时，排水量7.52亿立方米。其中高潭口、新滩口（均于5月25日开机）两站共运行7227台时，排水量6.56亿立方米。由于调度科学，开机及时，抢排田间渍水，腾出库容，为迎战大的洪涝灾害争取主动。

7月8日强降雨发生后，流域内低洼农田受渍严重，面对严峻的防洪排涝形势，调度工作力求把握阶段性，科学精细，尽量降低渍涝灾害成的损失。主要措施：①开启沿江一级泵站全力抢排，流域7座一级泵站开机39台，排水流量达到890立方米每秒，以抢排区间涝水为主。②按照省防汛抗旱指挥部办公室下达的把洪湖水位控制在26.80米以下的要求，控制福田寺防洪闸、彭家河滩闸的下泄流量，减少入湖水量；控制徐李寺闸、张义嘴等倒虹管的流量，减轻四湖中下区防洪排涝压力；限制沿洪湖、总干渠、排涝河、下内荆河、螺山渠道的二级泵站的排水，有效缓解洪湖和主排渠的防洪压力；所有一级大型泵站参加统排，以排湖水为主。③全流域各大型泵站组织人员280人，投入机械200（台）套，全力捞除各泵站拦污棚前的水草及杂物，清障除草20.98立方米，保障了泵站工程的安全，有力地提高排涝效率。④在洪湖水位被控制，并出现下降时，全流域一级泵站全力外排区间渍水，解除农田渍水威胁。7月下旬，由于丹江口水库出库流量加大，东荆河大部分河段进入警戒水位，沿东荆河的新沟、南套沟、高潭口等泵站面临超驼峰运行，高洪水位造成被迫停机。荆州市四湖、东荆河防汛抗旱指挥部按规定启动Ⅲ级应急响应，各泵站紧急增加防汛人员，准备应急抢险物资，严密监视、密切关注水雨情及设备运行情况的变化，以防不测。特别是高潭口泵站在没有防洪闸门和拍门和及外江高洪水位情况下，制定预案、科学调度、加强观察、备足物料、及时分阶段逐步停机，堵住驼峰，适时启排，提高排涝效益。此次超驼峰保安全的战斗中，高潭口水利工程管理处干部职工连续三个昼夜不休息，泵站仅停机一天，避开洪峰水位，保证泵站工程的安全。

2010年汛期，流域内高潭口、新滩口、田关、螺山、杨林山、半路堤、南套沟、新沟8处统排泵站累计开机353天，共运行55185台时，排水量44.87亿立方米，用电量6750万千瓦时。汛前，新堤大闸5月16日关闭，10月7日开闸，全年外排水量12.9亿立方；新滩口排水闸6月11日关闸，8月24日开闸全年累计外排水量25.60亿立方米；田关闸外排水量4.78亿立方米；福田寺防洪闸全年下泄水量21.8亿立方米。四湖上区全年排水量11.26亿立方米，中下区全年排水量74.9亿立方米，全流域全年外排水量86.16亿立方米，超流域多年平均排水量46亿立方米近1倍。

2010年汛期内涝灾害，造成四湖流域300万亩农田被淹，成灾面积为276万亩，绝收98万亩，鱼池受灾55万亩，倒塌房屋2342间，受灾人口101.5万人，因灾死亡6人，紧急转移安置4.09万人，水毁工程1537处，各类直接经济损失30亿元。

（九）2016年排涝

2016年，由于受厄尔尼诺现象的影响，四湖流域强降雨期比正常年提前一个月，特别是在进入梅雨期后，连续6轮出现强降雨袭击，4—7月全流域平均降雨量933毫米，主要河渠湖泊的最高水位值接近或超过1996年的洪水，四湖流域再次出现严重的内涝灾害。

1. 雨水情况

2016年降雨的特征：①暴雨发生时段提前，较之往年提前近一个月；②进入梅雨期后，降雨次数多，降雨强度大。因而产生洪涝灾害的降雨主要由入汛前后、梅雨期两个阶段，全流域两阶段平均降雨量为933毫米，最高的地区达1126毫米，已接近正常年景的全年平均值，这为历史所罕见。全流域降雨量情况见表9-28。

表 9 - 28 　　　　　　　　**2016 年 4—7 月四湖流域降雨量统计表**　　　　　　单位：mm

降雨阶段	长湖区域	福田寺区	高潭口区	螺山区	洪湖周围区	新滩口区	流域平均
小计	805	907	1100	927.4	1020.4	1126	933
入汛前后 4 月 2 日至 6 月 18 日	267	329	379	447.4	441.4	450	352
梅雨 6 月 19 日至 7 月 21 日	538	578	721	480	579	676	581

（1）降雨时空分布。

1）入汛前后降雨（4 月 2 日至 6 月 18 日）。受厄尔尼诺现象的影响，2016 年四湖流域汛期比一般年份提前近一个月，自 4 月 2 日起，四湖流域出现多次大的降雨过程，至 6 月 12 日，面雨量 5 毫米以上的降雨天数为 20 天，上区累计面雨量 267 毫米，中下区累计平均面雨量 409 毫米。

2）梅雨期降雨（6 月 19 日至 7 月 21 日）。2016 年梅雨期从 6 月 18 日入梅至 7 月 21 日出梅，33 天梅雨期共发生降雨过程 6 次，降雨 20 天。根据降雨强度对四湖流域内涝程度的影响，将梅雨期降雨划分为 3 个阶段。第一阶段降雨过程是 6 月 19—29 日（第一、二、三轮降雨），四湖流域中下区普降大到暴雨，暴雨中心区位于沙市区（何家站雨量 190 毫米），雨量大于 30 毫米的笼罩面积为 5930 平方千米，约占四湖中下区面积的 83%。第二阶段降雨过程是 6 月 30 日至 7 月 7 日（第四轮降雨），这是中下区最大的一次降雨过程，暴雨中心位于洪湖市瞿家湾（6 月 30 日至 7 月 2 日 3 日最大降雨 448 毫米，7 月 1 日降雨量 296 毫米），300 毫米的雨量等线值几乎全部覆盖高潭口排区、洪湖周围地区及下区。第三阶段降雨过程是 7 月 13—29 日（第五、六轮降雨），尤其是 7 月 17—20 日这 4 天降雨（第六轮降雨）对上区影响极大，暴雨中心位于沙洋县马良镇，受其影响上区降暴雨到大暴雨，沙洋县高阳镇 7 月 19 日降雨 316 毫米，7 月 18—20 日 3 日最大降雨 508 毫米。

2016 年梅雨期全四湖流域累计面雨量为 581 毫米。其中上区累计面雨量为 538 毫米，暴雨以沙洋县高阳镇为中心，高阳站点雨量为 880 毫米，上区 600 毫米以上覆盖面积为 478 平方千米，500 毫米以上笼罩面积为 196 平方千米；中下区累计面雨量为 602 毫米，暴雨以洪湖市白庙镇为中心，白庙站点雨量为 894 毫米，中下区 600 毫米以上覆盖面积为 3590 平方千米，500 毫米以上笼罩面积为 6355 平方千米。

（2）暴雨频率估算。2016 年四湖流域上区最大 30 日暴雨时段为 6 月 23 日至 7 月 21 日，雨量为 494 毫米，中下区最大 30 日暴雨时段为 6 月 18 日至 7 月 19 日，雨量为 560 毫米，根据 2007 年《四湖流域综合规划报告》暴雨频率成果，四湖流域上区最大 30 日暴雨频率为 2.12%，相当于 47 年一遇；中下区最大 30 日暴雨频率为 3.09%，相当于 32 年一遇，7 日暴雨重现期接近 100 年一遇，3 日暴雨重现期超 200 年一遇。

（3）汛期产水情况。4 月 2 日至 6 月 12 日入汛前后的降雨，四湖上区累计面雨量 269 毫米，地面共产水 4.43 亿立方米，主要通过田关闸外排至东荆河，中下区累计面雨量 379 毫米，共产水 17.21 亿立方米，其中涵闸自排 4.1 亿立方米，泵站提排 12.44 亿立方米，湖泊调蓄 0.67 亿立方米。

6 月 19 日至 7 月 21 日梅雨期，四湖上区累计面雨量 538 毫米，共产水 12.88 亿立方米；一级泵站排入外江 5.46 亿立方米，田关闸排入东荆河 4.45 亿立方米，下泄中下区 6000 万立方米，湖渠调蓄 2.36 亿立方米；中下区累计面雨量 602 毫米，产水 34.38 亿立方米，一级泵站外排 29.34 亿立方米，湖渠调蓄 5.64 亿立方米。四湖流域雨、水情况见表 9 - 29。

（4）河湖水位变化。4—6 月降雨，长湖 6 月 19 日水位 30.18 米，接近汛限水位。受梅雨期降雨的影响，尤其是 7 月 19 日开始的强降雨的影响，长湖水位从 31.94 米开始迅速上涨，7 月 20—21 日，24 小时内上涨 0.71 米（为历史最大日涨幅），至 7 月 23 日 8 时水位达到 33.45 米，超保证水位 0.45 米，超历史最高水位 0.15 米。7 月 21 日开启刘岭闸，7 月 28 日出湖流量达 250 立方米每秒，7 月 25 日田关排水闸关闭，其间田关闸、站共同运行。

表 9-29　　　　　　　　　　　2016 年梅雨期四湖流域雨、水情及蓄排情况表

排水分区	流域	上区			中下区	中区					下区
		合计	长湖片	田北片		合计	福田寺排区	高潭口排区	洪湖及周围	螺山排区	
面积/km²	10375	3240	2265	975	7135	5980	3369	1056	620	935	1155

梅雨期降雨过程（6 月 18 日至 7 月 21 日，共降雨 20 天，汇流排涝过程统计至 8 月 2 日）

		流域	合计	长湖片	田北片	中下区	合计	福田寺排区	高潭口排区	洪湖及周围	螺山排区	下区
一	面雨量/mm	581	538	512	599	602	587	578	721	579	480	676
	降水量/亿 m³	60.28	17.43	11.60	5.84	42.95	35.10	19.47	7.61	3.59	4.49	7.81
二	产水量/亿 m³	47.25	12.88	7.84	5.04	34.38	27.68	14.61	6.46	3.14	3.47	6.69
1	一级站排至外江	34.80	5.46	0.00	5.46	29.34	18.07	3.75	8.53	0.00	5.78	11.27
2	涵闸排至长江	4.45	4.45	1.00	3.45	0.00	0.00					0.00
3	排至其他片区	—	0.60	4.93	0.49		4.66	11.31	0.47	8.55		
4	其他片区排入	—	—	−0.38	−4.44	0.60	−0.66	−0.60	−2.65	−10.59	−2.43	−4.66
5	湖渠调蓄水量/亿 m³	8.00	2.36	2.28	0.08	5.64	5.56	0.16	0.10	5.18	0.12	0.08
(1)	长湖	2.26	2.26	2.26	—							
(2)	洪湖	5.17	—	—	—	5.17	5.17			5.17		
(3)	其他水面	0.58	0.10	0.02	0.08	0.48	0.40	0.16	0.10	0.02	0.12	0.08
三	径流系数	0.78	0.74	0.68	0.86	0.80	0.79	0.75	0.85	0.88	0.77	0.86

注　梅雨期长湖水位从 30.18 米起调，最高水位 33.45 米时调蓄水量 4.57 亿立方米；洪湖水位从 24.56 米起调，最高水位 26.99 米时调蓄水量 8.09 亿立方米。

洪湖 6 月 19 日水位 24.56 米，超汛限水位 0.06 米。受降雨影响，加之汛前长江水位较常年偏高，4 月初洪湖水位开始上涨，4 月 7 日洪湖 24.58 米，高潭口泵站开机启排。4 月 23 日洪湖水位 24.94 米，新滩口排水闸关闸，新滩口泵站启排。6 月 30 日至 7 月 3 日第三轮强降雨，洪湖水位从 25.21 米上涨至 7 月 4 日的 26.14 米，至 18 日洪湖水位达到 26.99 米，超保证水位 0.02 米，尔后，洪湖水位开始回落。

四湖总干渠福田寺防洪闸 7 月 3 日入湖最大流量 698 立方米每秒。7 月 23 日最高水位 28.01 米。排涝河、下内荆河、高潭口泵站、新滩口泵站（站前）均出现有记录以来的最高水位。其中排涝河 7 月 7 日最高水位为 26.82 米，下内荆河 7 月 13 日最高水位 26.70 米，高潭口泵站站前 7 月 7 日最高水位达到 26.39 米（7 月 6 日上午 7 时 16 分电力系统停电时达到 27.40 米的非正常水位），新滩口泵站站前 7 月 6 日达到 26.44 米最高水位。

（5）外江水情。2016 年梅雨期强降雨主要分布在长江干流中下游地区，宜昌站最大流量 33200 立方米每秒，小于多年最大流量平均值（平均值为 52600 立方米每秒），荆江河段沙市站最高水位 42.28 米，洞庭湖城陵矶站 7 月 8 日水位 34.44 米，出湖流量 29900 立方米每秒，四湖流域长江部分站点的水位见表 9-30，均属正常偏低水位。因此，沿江泵站没有出现超设计洪水位运行和被迫停机的情况。

表 9-30　　　　　　　　　四湖流域长江部分站点 2016 年水位情况表　　　　　　　　　单位：m

站　点	沙市	石首	监利	城陵矶	螺山
历年最高水位	45.22 （1998 年 8 月 7 日）	40.94 （1998 年 8 月 17 日）	38.31 （1998 年 8 月 17 日）	35.94 （1998 年 8 月）	34.95 （1998 年 8 月）
1996 年最高水位	42.99	38.39	37.06	35.31	34.18
2016 年最高水位	41.28	37.94	36.10	34.44	33.36

2016 年梅雨期汉江属偏小水文年份。丹江口水库最高水位为 155.92 米，沙洋最高水位为 38.74 米。由于汉江水位偏低，东荆河还曾两次向汉江补水（属有水文记录以来第一次），分别为 7 月 15—

19 日、7 月 27 日至 8 月 4 日，最大补水流量 88.5 立方米每秒。受第六次强降雨影响，东荆河潜江站流量由 7 月 18 日倒灌汉江 84.4 立方米每秒，至 23 日为分流汉江来量 342 立方米每秒。汉江、东荆河部分站点的洪峰水位见表 9-31。

表 9-31　　　　　　　　　　汉江、东荆河部分站点洪峰水位表　　　　　　　　　单位：m

站点	沙洋	潜江	新沟	高潭口	南套沟
1996 年最高水位	40.49	37.82	34.99	31.15	31.05
2016 年最高水位	38.74	34.16	32.49	30.73	30.55

2. 防汛抗灾

2016 年，四湖流域各级防汛指挥部根据水雨情况和天气趋势预报，及时分析，准确研判，科学调度，充分发挥流域防洪排涝工程体系作用；流域各工程管理单位及广大水利工作者按照防汛指挥部的调度命令，忠于职守，服从调度，顽强拼搏，确保各项各水利工程的安全运行，夺取全流域防洪排涝工作的胜利。

（1）预排。4—5 月，四湖流域发生多次大到暴雨，河湖水位快速上涨，荆州市四湖、东荆河防汛抗旱指挥部及时调度开启新堤大闸、新滩口排水闸、田关排水闸，利用外江水位较低的有利时机迅速抢排内垸河湖水量入江。上区 4—6 月间的降雨产水基本由田关闸自排入东荆河，平均流量达 83 立方米每秒。7 月 2 日，东荆河水位上涨，田关闸关闭，田关泵站开机；7 月 7—20 日田关闸、田关泵站同时排水；7 月 26 日，省防汛抗旱指挥部再次通知田关闸开闸自排，田关闸、田关泵站同时排水，此种情况在四湖大排涝中尚属首次。4 月 23 日，长江水位上涨，新滩口排水闸关闭，新滩口泵站开机。当外江水位偏高，内湖水位上涨，为争取排涝抗灾的主动，流域大型一级泵站提早开机排水。4 月 7 日高潭口泵站率先开机，新滩口、南套沟、螺山、杨林山、半路堤等泵站于 4 月末，5 月初相继开机，通过尽力自排、提排，腾出河湖库容，有效遏制水位上涨势头，严格控制汛限水位，腾出库容，为排大涝做好准备。

（2）强排。6 月 19 日至 7 月 16 日，四湖流域连续遭遇 5 轮强降雨袭击。7 月 6 日 8 时长湖水位 32.55 米，超警戒水位 0.05 米；洪湖水位 26.56 米，超警戒水位 0.36 米。7 月 6 日 14 时，荆州市防汛抗旱指挥部办公室调度流域 9 座大型一级泵站共 59 台机组开机投入强排，排水流量达 1022 立方米每秒。7 月 7 日 8 时，洪湖水位 26.73 米，超统排水位 0.23 米，预测洪湖水位持续上涨，并超过保证水位。在湖北省水利厅协调下，田关、老新泵站分别投入统一排涝，高潭口、新滩口、新沟、半路堤、杨林山、螺山、南套沟 7 座大型一级泵站执行指令，增大功率和排水流量，参与流域统一排水；配合统排的下新河、子贝渊、小港湖、张大口、周沟、桐梓湖、幺河口、长河口、刘渊等控制性涵相应开启，四湖流域排涝打破行政区域界限，全力抢排渍水。全流域统排累计开机 34629.8 台时，累计排水量 23.43 亿立方米，累计用电量 3271.54 万千瓦时，见表 9-32。

表 9-32　　　　　　　　2016 年梅雨期四湖流域统排泵站排水情况表
（6 月 18 日 8 时—7 月 21 日 8 时）

泵站名称	装机容量 /（台×kW）	内湖起排水位 /m	累　计		
			台时/h	排水量/亿 m³	用电量/（万 kW·h）
田关	6×2800	31.00	2608	3.47	
老新	4×800	27.50	1973.5	0.59	
新沟	6×800	27.80	3110	0.87	236.35
半路堤	3×3200	25.80	1445	1.18	385.34
杨林山	10×1000	24.80	5444	1.39	426.79
螺山	6×2200	24.80	3262.5	2.43	421.93

续表

泵站名称	装机容量 /(台×kW)	内湖起排水位 /m	累　　计		
			台时/h	排水量/亿 m³	用电量/(万 kW·h)
南套沟	4×1800	23.50	2939.8	2.15	361.8
高潭口	10×1800	24.50	7145	6.22	797.9
新滩口	10×1700	24.50	6702	5.13	641.43
合计	99800		34629.8	23.43	3271.54

（3）限排。7月6日零时，洪湖水位达到 26.72 米的高水位，四湖总干渠、排涝河、螺山渠道、下内荆河的水位也居高不下，为保证洪湖围堤及排水干渠堤防安全，荆州市防汛抗旱指挥部以荆汛电〔2016〕3 号文，下达对监利县龚场、分盐、福田寺和洪湖市峰口、曹市、万全、戴市共 7 个乡镇排涝河沿线二级泵站限电调度令，从7月6日凌晨1时直至排涝河降至 26.50 米的保证水位以下时停止开机排水。7月7日，荆州市防汛抗旱指挥部再以荆汛电〔2016〕5 号文，下达对福田寺排区沙市区岑河镇变电站、六合垸变电站、江陵县沙岗变电站、监利县汪桥变电站共 4 处电源所供二级泵站实施断电限排，时间从7月7日18时起至7月9日18时止。7月8日8时，洪湖水位上涨至 26.87 米，距保证水位 0.09 米，荆州市防汛抗旱指挥部第 3 次下达对福田寺排区二级泵站的拉闸限排调度令，其中对沙市区 10 座、江陵县 47 座、监利县 9 座二级泵站实施断电限排。

7月15日8时，洪湖水位已至 26.89 米，仍将持续上涨，预计7月18—19日又将有强降雨发生，在此严峻形势之下，荆州市防办向省防办发出《关于四湖流域福田寺排区二级泵站断电限排的紧急请示》（荆汛电〔2016〕18 号），省防办随即下达《关于潜江市福田寺排区二级泵站断电限排的紧急通知》，要求潜江市于7月15日24时前对福田寺排区浩口变、熊口变、龙湾变、张金变、熊农变、运粮变、三湖变、西大垸变等 9 个电源所属二级泵站断电限排，并开启刘渊闸至最大流量，加大老新泵站统排流量。

7月17—20日，四湖中下区发生第六轮强降雨，面雨量在 45 毫米，高潭口排区最大降雨量为 97.9 毫米。7月18日10时洪湖水位上涨到 26.99 米，达到 2016 年汛期最高水位值。为保证洪湖围堤安全，省防办以鄂汛办电〔2016〕322 号文向潜江市防办下达禁止四湖上区涝水下泄入总干渠的通知。荆州市防办以荆汛电〔2016〕25 号文，下达继续加大四湖流域中下区下新河、子贝渊、小港湖、张大口、幺河口、桐梓湖、周沟、长河口闸等 8 处涵闸统排流量的调度令，扩大流量，减轻洪湖压力。同时，调度福田寺防洪闸入湖流量从7月17—19日维持在 220～243 立方米每秒，中下区的 9 处大一级泵站满负荷运行，最大排水流量达到 890 立方米每秒。

7月21日，四湖流域梅雨期结束，洪湖水位逐步回落，四湖中下区二级泵站断电限排措施刚宣布解除，而长湖水位迅猛上涨。为确保长湖防汛安全，控制水位上涨速度，省防办下达《关于做好田北片二级泵站断电限排准备工作的通知》（鄂汛办电〔2016〕352 号），要求荆门、潜江两市防办，做好田北片二级泵站断电限排的准备，当长湖水位超过 33.00 米时，立即执行断电限排指令。同时，要求荆门市防办通知沙洋县关闭双店排洪闸，殷家河片渍水不进入长湖而汇流入西荆河。7月21日，荆州市防汛抗旱指挥部作出《关于长湖上区二级泵站限排和水库溢洪流量控制的调度令》（荆汛电〔2016〕33 号），荆州区、纪南文化旅游区排入太湖港渠、龙会桥河、拾桥河的共 23 座二级泵站断电限排；丁家嘴、后湖水库控制溢洪流量，分别控制在 12 立方米每秒、5 立方米每秒以内。限制二级泵站的排水，对局部地区的农田排渍受到很大影响，但为了全局的利益，遏制"两湖"和主干渠的水位上涨，在一级泵站和二级泵站装机容量比例不匹配的情况下，不失为一种较好的权宜之计。

（4）分洪。随着雨情的加剧，尽管大型一级泵站全力抢排和对二级泵站实施断电限排，长湖、洪湖水位仍不断上涨。7月9日洪湖水位达到 26.90 米，洪湖市滨湖、茶潭等 7 个洪湖内垸漫溢弃守分洪。7月12日，洪湖水位达到 26.91 米，荆州市防汛抗旱指挥部以荆汛电〔2016〕12 号文下达《做好洪湖内外垸分洪准备工作的通知》。7月13日洪湖水位达到26.89米，洪湖市振兴湖等8个、监利县等12个共20个洪湖内垸漫溢弃守分洪。7月16日，洪湖水位达到26.94米，荆州市防汛抗旱指挥部以荆汛电〔2016〕21号文下达《做好洪湖内垸分蓄洪准备的紧急通知》。7月17日洪湖水位达到26.97米，荆州市防汛抗旱指挥部再次以荆汛电〔2016〕24号文下达做好洪湖内垸分蓄洪准备的紧急通知。7月19日洪湖水位达到26.94米，洪湖市斗湖、潭子河等2个洪湖内垸漫溢弃守分洪。7月19日后，洪湖水位缓慢下降。共有29个洪湖内垸漫溢弃守分洪，转移人口7264人，分洪面积60.77平方千米，占洪湖内垸总面积的55％，占洪湖内垸应分洪面积的63％。其中洪湖市分洪围垸17个，转移人口5873人，分洪面积31.79平方千米；监利县分洪围垸12个，转移人口1391人，分洪面积28.98平方千米。分洪量约0.6亿立方米，可降低洪湖水位约0.2米。

7月22日8时，长湖水位达到33.35米，超过历史最高水位0.05米，且仍在继续上涨，防汛形势十分严峻。为缓解长湖防汛压力，保障长湖堤防安全，荆州市防汛抗旱指挥部以荆汛电〔2016〕34号文向省防汛抗旱指挥部发出《关于要求实施长湖内垸马子湖分洪的请示》。省防汛抗旱指挥部接文后，同意于7月22日18时前执行分洪。同日，为减轻长湖防汛压力，保障双店渠殷家河和西荆河堤防安全，沙洋县彭塚湖于1时进行扒口分洪，19时实施爆破，扩大行洪口门。

7月23日零时，长湖水位已达33.45米，省防汛抗旱指挥部、荆州市防汛抗旱指挥部及时作出分洪的决策，23时6时，对荆州市纪南生态文化旅游区胜利垸外六台、长湖渔场实施扒口分洪；23日10时，幸福垸圩堤扒口分洪；23日18时，外乔子湖扒口分洪。

7月26日15时，长湖胜利垸徐家湖渔场分洪。考虑到徐家湖外堤比较薄弱，抵挡不了扒口分洪洪水的冲击，采用虹吸管方式导流分洪。

长湖四个内垸共分蓄洪约0.2亿立方米，可降低长湖水位0.14米。为尽快降低长湖水位，在下游洪湖水位仍超警水位0.6米的情况下，采取超常规调度措施。7月24日12时开启习家口闸，通过总干渠分泄长湖洪水流量由30立方米每秒加大到70立方米每秒（截至7月31日8时共分泄水量0.4亿立方米）；7月26日9时，开启荆襄河闸通过西干渠分泄长湖洪水，流量由10立方米每秒增加到15立方米每秒，（截至8月1日8时共下泄洪水0.13亿立方米）；两项措施共下泄洪水0.53亿立方米，可降低长湖水位0.30米。

7月27日下午，省南水北调工程管理局在引江济汉工程具备撇洪条件，但拾桥河闸为反向运用工况的情况下，12日组织专家论证，采取相关安全措施后，开启引江济汉出口高石碑闸分泄长湖洪水，流量达50立方米每秒、总量1.1亿立方米。及时果断采取多种措施分泄长湖洪水，有效保证长湖堤防安全。

（5）守堤。6月20日，当洪湖、长湖水位超过警戒水位，逼近保证水位的严峻时刻，省防办以鄂汛办电〔2016〕216号文发出《关于加强五大湖泊防守的紧急通知》。荆州市防办、荆州市四湖东荆河防汛指挥部、四湖工程管理局，针对长湖、洪湖及内垸主排干渠、堤防防洪标准低，堤防隐患多的状况，组织两个工作组赴防汛第一线，加强督办指导，配合县市切实做好巡堤防守、查险处险工作。

7月11日20时，洪湖水位26.92米，超警戒水位0.72米，距保证水位0.05米；长江螺山站水位32.75米，超警戒水位0.75米。根据气象预报资料分析，7月12日四湖流域将有新一轮降水过程发生，预计洪湖水位可能超过历史最高水位27.19米，防洪形势十分严峻。7月11日晚，荆州市委书记、市防指政委李新华，荆州市市长、市防指指挥长杨智，荆州市委常委、副市长、市防指副指挥长曹松，荆州市副市长、市防指副指挥长袁德芳，荆州市水利局局长、市防指副指挥长、市防办主任郝永耀，荆州市四湖工程管理局局长、市四湖东荆河防指副指挥长卢进步等在市防办紧急会商，研究防汛抗灾工作，针对四湖流域可能面临的危急情况，作出重要部署。荆州市防汛抗旱指挥部以荆汛电〔2016〕11号文发出《关于加强防汛抗灾工作的紧急通知》。7月14日高峰时，两湖堤防防守长度201.39千米（长湖75千米，洪湖126.39千米），共上领导500人、劳力16726人。对洪湖围堤低于

28.00 米高程尚未达标的堤段抢筑子堤 60 千米,完成土方 10 万立方米。在省、荆州市防指决定实施分洪方案后,防汛专班人员又深入到每个民垸,耐心细致地做好垸内群众安全转移工作,保证分洪方案的顺利实施。在防洪排涝的紧张时刻,各水利工程管理单位的工程运行管理人员,日夜坚守在工作岗位,确保涵闸启得开,堤防挡得住,泵站能排水。正是由于各级领导的正确决策,广大防汛人员的紧张防守,全体水利工程运行管理人员的辛勤劳动,终于取得 2016 年防洪排涝的胜利,把灾害损失降到最低限度。

3. 灾害损失

2016 年出现类似于 1996 年的全流域的严重内涝灾害,经全力防洪排涝抗灾,虽灾情比 1996 年要减轻很多,但仍遭受严重的损失。据统计,四湖流域内垸有 6 个县(市、区)共 79 个乡、镇、管理区受灾,受灾人口达 132.208 万人,转移安置人口 22665 人,倒塌房屋 1448 间,直接经济损失达 44.80 亿元,见表 9 - 33;全流域受灾农田达 320.86 万亩,成灾 181.74 万亩,因灾绝收农田 59.53 万亩;减产粮食 37.61 万吨,死亡大牲畜 3.30 万头,淹没水产养殖面积 87.66 万亩,损失成鱼 13.07 万吨,农业经济损失 35.56 亿元,见表 9 - 34。

表 9 - 33　　　　　　　　　2016 年四湖流域梅雨期洪涝灾害基本情况统计表

县别	受灾乡镇 /个	受灾人口 /人	转移安置人口 /人	倒塌房屋 /间	直接经济损失 /万元
沙市区	5	73900	280	134	19618.30
荆州区	6	82100	1350	79	4086.80
江陵县	10	129400	300	28	4266.33
监利县	23	593800	2890	205	108831.26
洪湖市	21	242900	11890	198	145926.00
沙洋县	14	199980	5955	804	165311.33
合计	79	1322080	22665	1448	448040.02

注　以各县(市、区)上报灾情数据为准。

表 9 - 34　　　　　　　　　2016 年四湖流域梅雨期农业受灾情况统计表

县别	农作物受灾面积/万亩			因灾减产 粮食 /万 t	死亡牧畜 /万头	水产养殖损失		农业经济损失 /万元
	田亩	成灾	绝收			面积 /万亩	数量 /万 t	
沙市区	13.38	4.05	1.74	1.11	0.25	1.45	0.26	15775.10
荆州区	11.91	2.3	0.38	0.97	—	0.14	0.30	3203.80
江陵县	19.94	6.54	—	1.37	—	—	—	2791.20
监利县	163.74	105.79	15.34	21.83	3.00	29.00	1.68	108541.26
洪湖市	79.00	39.58	26.00	9.70	0.05	45.20	4.90	141426.00
沙洋县	32.89	23.48	16.07	2.63	—	11.87	5.93	83855.65
合计	320.86	181.74	59.53	37.61	3.30	87.66	13.07	355593.01

二、旱灾年及抗灾纪实

(一) 1928 年大旱

1928 年,内荆河流域发生严重干旱。据《荆门市水利志》《江陵县水利志》记载,从清明至处暑,荆门、江陵两县未下一场透雨,内荆河上、中游地区普遍大旱,长湖可涉足而过,白鹭湖车来马跑,湖底种上芝麻、棉花、粟谷略有收成,水田全部无收。潜江水稻颗粒无收,监利水田龟裂,收获不及三成。监利县陈黄、新太、城中、窑南、窑北、周老、分盐、新沟、东荆河、北柳集等区域迭遭奇旱，夏秋未登一粒，室家空如罄悬，赤地数百里，憔悴三十万家，斗米七千文，糠秕已尽，斤菜倍价，草木无芽（《监利县水利志》2005年）。

当年大旱不仅庄稼无收，人民生活无着，连人畜饮水也十分困难。丘陵地区大都外出逃荒乞讨，湖区兼以陈菱、河蚌为生。荆门县五里铺区草场乡大冲村当年18户人家，有18户外出乞讨；十里铺镇东坪乡白庙村简家湾15户人家，有13户外出乞讨。众多人家、封门闭户，背井离乡，扶老携幼乞讨，不少人妻离子散，有的卖儿卖女，甚至有的客死他乡。"昔日长阳畈（今沙洋草场乡），十年就有九年旱，家家户户挑砂罐，男女老少下江南"，就是当年悲惨境况的写照。地处长湖周边的乡村，面对严重的干旱也无能为力，只得外出逃荒，卖儿卖女。白莒垸当年有首谣歌："白莒垸，湖水窝。天干旱，无水喝。有志外出逃四方，无志在家挖蚌壳。"江陵岑河地区面对天旱地裂，却敲锣打鼓，前面一顶轿子抬着一只狗（人呼狗爷爷），后面一顶轿子抬着一只狗（人呼狗奶奶），游村示众，打醮拜神求雨。故有民谚云：湖乡荒草窝，下三天，叹气喧天；晴三天，锣鼓喧天。可见内荆河流域，不仅三年二水，水患频频，也时有旱灾发生，其危害程度也十分惨烈。

（二）1959—1961年持续干旱

1959年从7月开始，四湖流域60多天没有下透雨，7—8月平均雨量仅为60.74毫米，较多年7—8月平均降雨量（307.60毫米）少5倍多。其中江陵县7月、8月降雨量仅58.7毫米，比多年7月、8月多年平均降雨量少81％；监利县为60.9毫米，少80％；洪湖县为22.9毫米，少93％；潜江县为24.3毫米，少92％；荆门县为137.9毫米，少55％，见表9－35。

表9－35　　　　　　　　　　1959—1961年四湖流域5—9月降雨量情况表　　　　　　单位：mm

县别	年份	5月	6月	7月	8月	9月	合计	全年合计
江陵县	1959	316.6	195.1	0.6	58.1	57.1	627.5	1273.8
	1960	160.8	184.2	210.9	84.3	63.9	704.1	1122.1
	1961	92.1	63.8	53.2	70.5	191.8	571.4	901.0
监利县	1959	161.5	191.9	6.0	54.9	55.8	470.8	1294.5
	1960	227.4	276.2	95.0	2.2	64.5	665.5	1147.4
	1961	159.9	82.8	16.1	66.9	93.0	418.7	1118.2
洪湖县	1959	205.3	174.8	8.1	13.8	44.9	456.9	1250.3
	1960	219.4	217.4	114.8	20.4	62.7	634.7	1125.0
	1961	161.5	186.3	40.6	70.1	129.5	588.0	1302.4
荆门县	1959	135.6	207.9	31.1	106.8	50.4	531.8	871.4
	1960	89.1	245.2	108.0	32.2	72.6	547.1	955.7
	1961	73.9	80.9	114.7	184.0	146.0	599.5	915.3
潜江县	1959	278.8	184.9	0.5	23.8	60.1	548.1	1263.3
	1960	189.6	203.1	112.9	11.3	55.9	572.8	983.2
	1961	76.0	160.0	39.0	120.9	107.9	503.8	959.4

四湖流域降雨严重偏少，有的地方甚至滴雨未下，湖泊水浅，塘堰干涸，沟渠断流。江陵、监利、潜江属百年一遇的大旱。

1959年四湖流域内垸处于严重干旱的7—8月，而长江、汉江和洪湖水位都处于较正常的水平见表9－36。由于沿江河没有修建引水涵闸，尽管长江、东荆河有水，但也没办法引用。为缓解旱情，1959年汛期在荆江大堤、长江干堤、汉江干堤、东荆河堤、支民堤上开挖明口10多处引江水。由于内垸没有灌溉渠道，没有控制工程，只能利用原有排水河道，不能按人的意愿引水灌溉，导致地势稍高的地方灌不上、低的地方却淹水的局面出现。

表 9-36　　　　　1959—1961 年长江、汉江、洪湖主要站 5—9 月平均水位情况表　　　　单位：m

站名	年份	5月	6月	7月	8月	9月
沙市 （长江）	1959	38.65	40.54	41.98	43.19	38.42
	1960	36.56	42.02	42.05	43.01	41.37
	1961	38.51	40.95	43.29	43.10	41.28
监利 （长江）	1959	30.46	31.93	33.05	33.15	29.37
	1960	28.49	32.76	32.85	33.61	31.48
	1961	30.75	30.66	33.46	33.27	32.45
新城 （长江）	1959	36.58	37.96	37.43	35.57	35.29
	1960	35.88	36.43	38.04	37.16	44.15
	1961	36.27	39.09	39.04	37.23	34.60
新沟嘴 （东荆河）	1959	29.81	32.13	31.38	28.35	28.10
	1960	29.48	29.75	27.67	28.84	28.21
	1961	29.93	33.00	33.23	30.58	27.00
挖沟嘴 （洪湖）	1959	24.94	25.54	25.77	25.69	25.33
	1960	24.47	24.61	25.27	25.39	25.27
	1961	23.84	24.25	26.62	25.43	25.21

外围江河堤防到处挖明口，内垸四湖总干渠、西干渠、东干渠也是层层拦河筑坝拦水，因无来源，水没有拦住多少，上下游之间的水事矛盾却发生多起。1959 年因干旱时间长，虽经数月日夜苦战，全流域有 337.68 万亩农田成灾。

1960 年，5 月、6 月四湖流降雨偏多，而 7 月、8 月月降雨又严重偏少，再次出现类似 1959 年先涝后旱的现象。1960 年 7—8 月，监利县仅降雨 97.20 毫米，其中 8 月降雨仅有 2.2 毫米，不到常年平均降水量的 2%，潜江县 7—9 月三个月的降水量也是 180.1 毫米，其中 8 月的降水量 11.3 毫米。此时正值烈日高照，南风劲吹，作物生长需水量大，同样无引水涵闸，只得复挖江河堤防明口引水，抗旱的局面没有多大的改善，旱情再次笼罩四湖流域，全流域受旱面积达 320.86 万亩。当年 8 月监利县在东荆河堤刘家拐，天井剅两处开挖明口引水，水没引几天，东荆河突发秋汛，洪水日涨近丈，监利县又组织民众日夜堵口复堤，幸于 9 月 6 日晚将堤堵筑完，才幸免酿成水灾。

继 1959 年和 1960 年大旱后，1961 年又发生严重的夏旱，当年梅雨季的 6 月出现严重的少雨现象。江陵县 6 月降水量为 63.8 毫米，监利县 6 月降水量为 82.8 毫米，较常年减少 32%，7 月，监利县降水量仅为 16.1 毫米，江陵县也只有 53.2 毫米，较常年则少 80% 以上。当年抗旱虽吸取 1959 年、1960 年干旱的教训，在春季降雨时及时地做好蓄水保水工作，并在沿江修建部分引水涵闸，旱情较之前两年略轻，但仍有 324.48 万亩农田受灾，见表 9-37。

表 9-37　　　　　　　1959—1961 年四湖流域干旱灾害情况统计表　　　　　　单位：万亩

县别	1959 年受旱面积	1960 年受旱面积	1961 年受旱面积
江陵县	32.80	58.50	65.20
监利县	91.90	109.80	52.30
洪湖县	47.20	49.00	20.10
潜江县	45.13	29.91	38.25
荆门县（含北部）	118.50	58.90	125.40
合计	357.68	320.86	324.48

注　此表数据来源于《四湖工程建设基本资料汇编》。

经过连续三年遭受灾害之后，人们从抗旱斗争中吸取教训，开始重视四湖流域的灌溉工程建设，沿江修建引水涵闸，垸内开挖灌溉渠道，大部分地区实行排灌分家，修建引水控制工程。丘陵地区修建小水库、塘堰，实行排涝与灌溉并重的治水方针。

（三）1972 年抗旱

1972 年是四湖流域受旱最重的一年，6—9 月全流域平均降水量为 232.64 毫米，比历史同期偏少了 40％以上，见表 9 - 38。

表 9 - 38　　　　　　　　　　四湖流域 1972 年 6—9 月降雨情况表　　　　　　　　　　单位：mm

站名	6 月	7 月	8 月	9 月	6—9 月小计	全年降水量	备　注
江陵	105.6	26.9	2.8	93.2	228.5	1030.7	6—9 月沙市最低水位 35.94～36.40m；最高水位 40.97m
监利	93.3	38.0	8.4	69.2	208.9	1074.6	6—9 月城南最低水位 26.3～29.33m；最高水位 31.41m
洪湖	121.4	41.4	10.5	68.3	241.8	1225.3	6—9 月新堤最低水位 20.15～24.37m；最高水位 27.03m
潜江	97.8	20.1	62.2	109.0	289.1	1102.5	6—9 月陶朱埠最低水位 29.92～30.67m；最高水位 36.84m
荆门	57.5	11.2	56.8	69.4	194.9	664.7	

注　1. 挖沟嘴 6—9 月最高水位 24.00～24.15 米。习家口 6—9 月最高水位 29.71～30.52 米。
　　2. 万城闸 6—9 月引水量 1.9 亿立方米，观音寺闸 3.85 亿立方米，颜家台 1.80 亿立方米，西门渊 0.7 亿立方米。

四湖流域上区从春耕到秋收，连续干旱 147 多天，至 8 月末大部分水库、塘堰干涸，不仅抗旱无水，连人畜饮水都发生困难。江陵县 7 月、8 月两月仅降 29.7 毫米雨量，监利县 7—8 月也只降雨 46.2 毫米，面对严重的旱情，荆州地委书记胡恒山坐镇荆门县，组织 12 万劳力，日夜抢修漳河水库抗旱渠道引水、搬长湖湖水、翻汉江堤提水，省政府派飞机进行人工降雨，采取分散抗旱与集中抗旱，机械提水与车水、桶挑、盆装相结的方式，拦河筑坝 4074 处，开挖渠道 2735 条、长 66.3 万米，架设抽水机械 1661 处，打井 720 口，搭简易渡槽 680 座；四湖中下区各县在自身旱情十分严重的情况下支援机械 208 台、6210 匹马力；荆州地区水利工程处抗旱队的 62 台、4020 匹马力的机械也全部投入到四湖上区的抗旱之中。四湖中下区虽降雨偏少，但经过 1959—1961 年三年持续干旱之后，先后在荆江大堤、长江干堤、东荆河堤上共修建 20 座引水涵闸，设计灌溉流量 356.95 立方米每秒，此时正值江河高水位季节，依靠沿江涵闸引水抗旱，基本可满足抗旱水源。当年沿江河闸共引水 10.94 亿立方米，有效灌溉面积 352.06 万亩。1972 年，经全力抗旱，引江水保证了灌溉水源，使旱情得到有效控制。但由于荆门地处岗丘地区、无水灌溉，以及监利、洪湖、潜江三县因东荆河水位偏低，引水困难，仍有 185.39 万亩农田受旱，其中：荆门县受旱面积 62.00 万亩，江陵受旱面积 14.68 万亩，监利受旱面积 30.00 亩，洪湖受旱面积 26.50 亩，潜江受旱面积 52.21 万亩。经 1972 年干旱后，四湖流域开始兴建电力提灌站。

（四）1978 年抗旱

1978 年，四湖流域遭受自 1928 年以来未遇的大旱，其特点是：①干旱时间长。从早稻插秧开始，持续 200 天未下透雨，春旱连夏旱，伏旱连秋旱，有的地区全年皆旱。②降雨量少，气温高。全流域全年总平均降水量为 887.76 毫米，比常年平均降水量少 300 多毫米，见表 9 - 39。其中 4—8 月平均总降水量为 525.14 毫米，正值农作物生长旺盛期的 7 月，全月仅 3 毫米雨量。此期降雨量少，而气温之高又是历史上少有的，田间温度超过 42℃，日蒸发量高达 14.4 毫米。③江河水位低，水库底水空。4 月 18 日，江陵县长江观音寺闸前水位比闸底板低 0.70 米，颜家台闸低 0.88 米；监利城南站 4 月长江最高水位只有 26.95 米，沿江涵闸不能进水；东荆河陶朱埠站 4 月断流，5 月最大流量仅 3.6 立方米每秒，均无法引水。④受害面积大，危害程度深。丘陵、平原长时间无雨，水稻、棉花、杂粮普遍受旱，连人畜饮水也发生困难。7 月，天气晴热，降雨偏少旱情不断扩大。

在干旱最严重的时候，四湖流域各县市筑坝拦河水，架群机提江水，互相支援，团结抗旱，力求把旱灾降到最低范围。7月下旬，长江、东荆河水位回涨，沿江涵闸均可引水，经过紧张抗旱，没有造成重大损失。由于灌溉工程不配套，存在灌溉的"高岗死角"，局部地区还是因旱成灾，全流域成灾面积为105.24万亩。其中：江陵县成灾面积为11.6万亩，监利县成灾面积为18.85万亩，洪湖县成灾面积20.75万亩，潜江县成灾面积54.04万亩。

表 9 - 39　　　　　　　　　　　四湖流域 1978 年 4—8 月降水量表　　　　　　　　　　单位：mm

站名	4 月	5 月	6 月	7 月	8 月	4—8 月合计	全年合计
江陵	57.6	142.2	159.0	3.6	109.6	472.2	771.7
监利	92.3	217.0	145.0	3.0	69.5	526.8	908.5
洪湖	127.4	219.7	210.8	15.9	67.9	641.7	641.7
潜江	51.3	237.5	120.6	3.5	112.1	505.0	942.5
荆门	45.0	135.7	123.1	88.4	88.1	480.3	726.6

（五）1986 年抗旱

1986 年入春后，久旱无雨，1—3月总平均降雨仅为98毫米，4月降雨增多，5月又出现干旱少雨，月降雨仅为38毫米（见表9-40）。为罕见的春旱连夏旱，全流域受旱面积大，雨量少，持续时间长。特别是四湖中、下区的潜江、监利、洪湖三县受旱面积达230万亩。

表 9 - 40　　　　　　　　　　四湖流域 1986 年降雨情况统计表　　　　　　　　　单位：mm

站名	1 月	2 月	3 月	4 月	5 月	6 月	7 月	8 月	9 月	1—9 月合计	全年合计
江陵	4	16	54	138	25	178	141	10	73	637	805
监利	14	30	49	257	54	282	131	59	86	962	1175
洪湖	18	44	69	261	35	230	208	54	75	994	1221

5月24日，荆州行署作出全力引江水灌溉、调中区之水济下区抗旱的决定。荆州地区四湖工程管理局加大调度的力量，派员坐镇各引水涵闸督促，提高观音寺、颜家台闸引水流量，超设计标准运行。同时将江陵县范围内的大小排灌渠道及18座尾水闸全部开启，让水注入西干渠、总干渠。5月24日至6月10日共引进江水1.9亿立方米，为下游送水1.25亿立方米，送水流最大时达100立方米每秒，经过15天的送水，基本缓解下游地区的旱情。

（六）2000 年抗旱

2000年四湖流域遭遇历史上罕见的冬春连旱和夏季大旱。5月24日，长湖最低水位28.95米，洪湖最低水位23.28米。全流域受旱农田面积300余万亩，其中成灾面积达到80余万亩，因旱改种作物1.5万亩。

2000年旱情的突出特点是：天晴少雨，江水下降，湖水减量，部分河渠断流，塘堰干涸，田地龟裂，少数乡镇饮水困难；旱情来势猛，发展快，时间长，灾情重。2000年的大旱主要发生在以下两个时段。

（1）春夏连旱。1—5月初，全流域降雨比往年同期减少，特别是监利、洪湖两县（市）久晴不雨，干旱较为严重。2—4月监利容城站累计降雨量179毫米，比正常年景减少约120毫米；新堤站1—4月累计降雨389.3毫米，比历史上受旱严重的1986年同期少17毫米，其中4月的降雨总量仅113.6毫米，比1986年同期少147.4毫米。入夏气温明显偏高，4月上旬至5月上旬，平均气温较历年高3~4℃，5月中旬，极端温度已达35.5℃，平均气温29.2℃。长时间的高温天气，致使地表水蒸发量增大，蒸发量达到降水量的6倍以上。四湖境内可供引水的河湖水位大幅度下降，4月下旬长江监利水位27.60米左右，5月14日降至26.81米，同日长江新堤水位22.10米，接近低水年1986年的同期水位。5月24日洪湖水位23.28米，长湖水位28.95米，两湖在这一天达到全年最低。东荆河4

月下旬断流,四湖总干渠福田寺水位仅24.8米,5月15日水位下降到23.24米,5月下旬福田寺以上总干渠已干涸见底。

(2)伏旱罕见。四湖流域5月下旬虽有一个短暂的旱情缓解期,但6月底出梅之后,夏旱迅速蔓延。6月23日入梅,6月30日出梅,持续时间仅7天,为常年的30%,近似于空梅。降水量与历史同期比较偏少3~5成。入伏前,平均气温和最高气温分别高于常年1~3℃和1~2℃;入伏后日最高气温持续在35~38℃,40℃的高温天气长达10天左右。晴热少雨高温使土壤蒸发量加大,旱情更为严重。

面临严重干旱,四湖流域各工程单位认真贯彻落实省、市政府抗旱会议精神,加强领导,落实责任,广泛动员干部群众积极行动起来,全力以赴拦截天上水、抢引过境水、挖掘地下水,形成涵闸引水、泵站提水、人工挑水、机械运水、架机抽水、掘井取水一起上的抗旱热潮,全流域高峰投入抗旱劳力10余万人,启动各类抗旱机具11500台套、26万千瓦,共引提水1.58亿立方米,将灾害损失减少到最低限度。

(七)2001年抗旱

继2000年大旱之后,明显的极端气候给四湖流域带来又一个干旱之年,形成历史上少有的连续五年"两水三旱"(1998年、1999年大水,1997年、2000年、2001年大旱)的局面。

2001年入汛以来,四湖流域降雨偏少,梅雨季节出现空梅,进入7月后,又长时间持续晴热高温,受此影响,周边长江、汉江、东荆河和长湖、洪湖水位均呈落势。长江出现新中国成立以来同期最低水位,7月底长湖水位降至29.61米,洪湖水位降至24.61米,东荆河监利段水位接近26.0米左右的枯水位,总干渠上游断流,福田寺闸前水位7月24日回落到26.0米以下后,每天以0.2米左右的落差速度下降,7月3日降至25.00米。

由于降雨量减少,持续晴热高温、蒸发量大,江河水位普遍低下,内垸水源得不到及时补充,致使四湖流域出现严重的干旱。全流域受旱面积200余万亩,其中监利、江陵二县受旱最重,监利受旱农田85万亩,江陵受旱农田79万亩。面临严重干旱,荆州市四湖防汛指挥部及各县(市、区)防指十分重视,积极组织抗旱,广泛动员,精心部署,全力投入抗旱。各地积极行动,投入大量人力、物力、财力进行紧张的抗旱斗争。抗旱高峰各地组织劳力20余万人,机动抗旱设备8000台套。

荆州市四湖工程管理局高度重视抗旱工作,及时分析研究旱情,落实责任,分类指导,广辟水源,具体安排抗旱工作。6月下旬、7月下旬两次分别派遣抗旱工作组深入江陵、监利进行灾情调查、指导和督促抗旱工作,对协调抗旱矛盾、调剂水源、指导调度、平衡各方用水、解决灌溉死角、控制尾水起到了好的作用。江陵抗旱工作组为及时开启观音寺闸、颜家台闸抗旱,合理调配水源,使水尽所需,与基层管理单位制订抗大旱应急供水方案,实行小水抢灌、中水轮灌、大水扩大自灌面积,有效解决供水矛盾。并针对灌区尾端的水源问题,通过观音寺春灌站注水入两湖渠到西干渠,关闭彭家河滩闸,抬高西干渠水位,调水入曾大河、渡佛寺渠,确保边远死角地区抗旱水源。按照荆州市防办的统一调度和支持周边县市抗旱的要求,江陵县识大体,顾大局,在本县旱情紧张的状况下,毅然决定暂缓部分地方的农田灌溉,主动承当了较大损失,积极向跨灌区的监利县和潜江市输送抗旱水源15天,送水总量为394万立方米,为支持周边县市抗旱工作作出了贡献,受到了上级领导和群众的好评。沿长江引水的江陵观音寺、颜家台灌区自身不具备为监利、潜江市输水的工程设施条件,为支援抗旱,江陵县利用灌渠上的小型涵闸灌水至小沟小渠,通过农田串灌和漫灌送水入西干渠,在江陵县部分乡镇的支持下,将水顺利送达下游地区。江陵县滩桥、资市、熊河等乡镇2000多亩农田和经济作物因输水而受渍,造成一定的经济损失。滩桥镇的两湖渠堤在输水过程遭遇溃堤险情,经过100名干部和群众昼夜抢护,才使险情得以控制,保证送水安全。位于四湖下游的监利、洪湖两县(市)致信称赞:江陵抗旱谱新章,解渴显友情。

监利县委、县政府及时召开抗旱紧急动员会,动员近20万干部群众全力投入抗灾斗争。各级领导分头深入抗旱一线,分类指导,调剂水源,指挥抗旱。①组织挖泥船在长江西门渊闸疏挖引河,尽量引长江水灌溉；②在水源不足的情况下向江陵县借水，以确保总干渠有水可抽，基本解决监北旱情；③监南地区则采取群机会战反压围堤，抬高老江河水位，确保水源合理利用；④离水源偏远的部分乡镇还打起了机井，引地下水灌溉。

洪湖市面对严重旱情，上下联动，群策群力，抗旱保苗。主要作法是"五抓"：①抓领导，干部带头上阵。高峰期上抗旱各级领导 515 人，其中市领导 13 人，乡镇干部 140 人，科局干部 22 人，一般干部 340 人。②抓动员，行动迅速。洪湖市及时召开抗旱紧急电视电话会，对全市的抗旱工作进行了紧急动员和安排。会后各地迅速行动，上抗旱劳力 15 万人、机械 4400 台套，展开了一场群策群力抗灾的人民战争。③抓宣传，克服畏难情绪。利用电视台、报纸加强抗旱宣传，报道抗旱斗争中的典型事迹，积极促进抗旱。④抓调度，补充洪湖水源。由于河湖水位低下，部分边远地方引水困难，及时启用新堤老闸、新堤排水闸引长江水补充洪湖抗旱水源，确保受旱农作物有水灌溉。⑤抓督办，现场调处矛盾。严格实行抗旱责任制，实行分级负责，组成 3 个抗旱督办组，分东、中、西三片深入乡镇、村组调查，驻守抗旱一线指导抗旱，现场调解水事矛盾，为抗旱工作顺利开展提供有力保障。

荆州区抗旱工作抓得早、抓得紧、抓得实。①引长江水。在外江水位低下情况下，及时启用橡皮坝拦高水位，增大万城闸引水流量，实行自灌引水与机械抽水相结合。②买漳河水库水。荆州区川店、马山镇从漳河买水 1700 万立方米，引水灌库灌塘，蓄水保水。③提长湖水。沿长湖的乡镇抢抓时机，提长湖水扩充抗旱水源，共提水 2800 万立方米。④抽水库水。在水库水位不能自灌和不影响养殖的情况下，架机抽水库死水灌田。⑤取地下水。丘陵地区及灌溉死角利用打深井取水抗旱。荆州区抗旱共上劳力 4 万人，开启泵站 164 台，动用各类抗旱机械 1200 台套、装机容量 2.5 万千瓦。

（八）2011 年抗旱

2011 年，四湖流域出现冬旱接连春、夏的 3 季连旱，降雨量偏少。长江、东荆河水位偏低，来水偏少；境内长湖、洪湖、总干渠、下内荆河、排涝河和大部分沟渠塘堰接近干涸。省防指定性为有记录以来最严重旱情，荆州市防指定性为 70 年一遇旱灾。

1. 旱情

2011 年 1—5 月，四湖流域各县（市、区）累计降雨明显偏少，荆州站 215.4 毫米，监利站 258.9 毫米，洪湖站 274.7 毫米，同比多年平均值少 4～6 成，见表 9-41。

表 9-41　　　　　　　　　四湖流域 2011 年 1—5 月降雨量统计表

站名	荆州	石首	监利	洪湖
1—5 月降雨量/mm	215.4	245.2	258.9	274.7
历年同期雨量/mm	398.2	499.6	534.2	597.2
距平百分率/%	−45.91	−50.92	−51.54	−54.00

降雨较少，江河水位偏低。长江水位比历年同期偏低 2.5～2.6 米，东荆河水位比历年同期偏低 1.5～3.3 米。从 5 月 5—19 日，长江沙市站水位只有 32.60～33.60 米，相应流量 8100～10100 立方米每秒，沿江灌溉涵闸不能自流引水。旱情严重的时期，东荆河入河流量为 2.5～23 立方米每秒，沿东荆河涵闸无法引水。

受天气持续晴热，降雨量少、江河水位低等多方面影响，农作物和水产养殖普遍受旱，部分地区出现了人畜饮水困难。为缓解旱情，自 4 月中旬起开始，长湖、洪湖分别向下游渠道供水。因长江、汉江水位同步下降，四湖内垸涵闸泵站引水困难，长湖、洪湖无补充水源，出湖流量远大于入湖流量，长湖创 10 年内的新低水位 29.16 米，洪湖创有记录的最低水位 23.20 米。

2. 抗旱

5 月 2 日，荆州市防汛抗旱指挥部启动四湖流域抗旱Ⅲ级应急响应，荆州市委、市政府组成抗旱指挥专班，由市委、市政府的主要领导带队，分赴四湖流域各县（市、区）指导抗旱工作。

6 月 3 日，国务院总理温家宝、副总理回良玉、水利部副部长周英、国家防办副主任张旭、省委书记李鸿忠、省长王国生一行视察四湖流域的抗旱工作。温家宝踏上干涸的长湖湖边，看到大量的干死河蚌时说："农业损失第二年可以补回来，但生态恢复是个长期过程，希望大家以保护生态为重，确保经济社会可持续发展。"国家、省、市高度重视四湖流域的旱情，5月18日起长江三峡水库加大下泄流量；5月27日23时至6月3日8时，汉江丹江口水库加大下泄流量。四湖流域沿江涵闸和泵站利用上游泄流机会加大引水流量，为抗旱提供水源。四湖工程管理局精心调度，多方部署，从旱象初显至6月初，分三个时段开启习家口闸由长湖向总干渠输水5600万立方米，小港湖闸从4月26日至6月初由洪湖向下内荆河输水6700万立方米，两闸输水为下游地区提供灌溉水源。

为缓解长湖及周边地区的旱情，经省防办协调，4月20日开启漳河水库陈家冲泄洪闸向四湖流域输水2500万立方米。荆州区及时地升起万城橡胶坝拦蓄沮漳河河水，抬高万城闸闸上游水位，引入沮漳河河水2300万立方米。5月15日按省防办调度指令，通过新城船闸引入汉江水源，经双店闸补充长湖，但因沿途需水量大，进入长湖水量有限。自5月26日起，为顾及各地旱情，习家口闸下泄流量控制在5立方米每秒；刘岭闸下泄流量控制在7立方米每秒；双店闸保持全开。

旱灾发生后，四湖流域内各县、市政府迅速行动，组织全力抗旱。开春后，旱象初露时，江陵县颜家台泵站6台机组4月23日开始提水，观音寺9台机组4月26日开始提水，至6月底两站共提水7600多万立方米，江陵县发扬团结治水精神，从5月6—12日向监利输水808.69万立方米。监利县先后购置并投入潜水泵15台套，在四湖总干渠架群机抽水抗旱；5月11日荆江防汛机动抢险队在何王庙架机抽水，流量2立方米每秒；另外楠木、上河堰泵站也开机抗旱。洪湖市在新堤老闸架机抽水入老内荆河，再在小港河闸前打坝并用临时机组抽入闸上游，通过黄丝南闸反灌入排涝河，流量约8立方米每秒，共提输水约1000万立方米，沿长江在石码头、龙口、大沙、燕窝、新滩口架设临时机组90多台套，总流量约30立方米每秒，至6月底共提水约3000万立方米。

3. 灾情

由于干旱时间较长，特别是发生在5月间的旱情，正值早稻灌水，中稻插秧的关键时期，虽经全力抗旱，仍有200万亩农田受旱，其中60万亩中稻面积推后播种季节。因干旱缺水，渔业生产损失严重。受旱最为严重的洪湖，环湖部分地区和湖心茶坛岛，船头嘴等区域干涸见底，67种鱼类灭迹，死鱼3.25万吨，蟹苗死亡1500吨，水生植物损失80%以上。干旱导致渔民不能维持正常的生产、生活，有649户，2045名水上居民无饮用水。洪湖周边约20万农业人口生活用水受到影响。紧急转移957户，3234人。6月4日，四湖流域普降中到大雨，旱情得以缓解。

附：防汛抗旱相关文件

湖北省大型排涝泵站调度与
主要湖泊控制运用意见

（鄂政发〔1992〕76 号）

湖北地处长江、汉水交汇地带，素有"千湖之省"之称，平原湖区面积广大，国民经济在全省占有十分重要的地位，湖区排涝抗灾事关大局。为保证我省大型排涝泵站和主要调蓄湖泊汛期科学、经济、安全运行，充分发挥水利工程效益，更好地保护湖区经济发展和人民生命财产安全，特提出大型排涝泵站调度与主要湖泊控制运用意见。

一、排涝前的准备工作

（1）为了维持电力排水站简单再生产，保护好这批基础设施，受益部门必须按现行政策向泵站管理单位交足排涝水费，保证泵站及时开机运行。

（2）泵站管理单位必须按照省水利厅颁发的《湖北省电力排灌站经营管理暂行办法》和技术规程、规范要求，对泵站工程和设备进行检查、修理和测试，使工程和设备处于良好技术状况。

（3）为保证泵站安全运行并能及时排除事故，必须做好机电设备零部件和易耗材料的储备。

（4）排涝用电仍实行谁受益、谁申请、谁负担的原则。跨行政区泵站的用电负荷由泵站所在地主要受益区地、市、县申请，电费按上一级主管部门核定的排涝面积分摊。

（5）对湖泊围堤，各地应在汛前进行检查维修，堤顶高程和断面未达到设计要求的必须进行加高培厚，发现有险情的必须抓紧整险加固，保证度汛安全。

（6）泵站与主要调蓄湖泊调度，实行分级管理、分级负责制，凡受益区在一个县（市）的，由县（市）负责指挥；受益区跨县（市），在一个地市内的，由地市指挥；受益区跨地市的，按跨地市流域性泵站调度运用方案执行。

（7）沿江河堤防上的一级泵站发现有险情或险情已作处理未经大水考验的，各地市都要指定专人管理，备好抢险物资，安排好劳力，制定应急措施，做到有备无患。

（8）各泵站应加强领导，落实领导人和值班人员，听从指挥，遵守纪律，坚守岗位，确保机组设备安全运行。

（9）为及时掌握泵站开机情况，各地必须按省防汛指挥部下达的"电力排灌站拍报任务"的要求和"湖北省电力排灌站拍报办法"进行报汛。

二、单机八百千瓦以上排涝泵站及主要调蓄湖泊调度运用原则

（1）单机八百千瓦以上大泵站是我省平原湖区排涝骨干工程，汛期必须按初步设计批准的启排水位及时开机排水。

（2）凡属泵站排水区域内的大小调蓄湖泊，汛前必须按泵站初步设计规定的内湖起调水位为蓄洪限制水位控制蓄水，特别是洪湖、长湖、梁子湖、鸭儿湖、保安湖、三山湖、汈汊湖、斧头湖、鲁湖、西凉湖等湖泊水位必须按要求从严控制。

（3）各类排水涵闸汛期应服从防汛排涝指挥机构的统一调度，沿江河排水涵闸要尽量利用外江低水位进行抢排。

（4）泵站设计排涝能力一般只有五至十年一遇排涝标准，当排区遇到超标准暴雨时，为保证大部分地区的安全和基本农田生产，必须确定备蓄区和蓄洪区，并做好备蓄区和蓄洪区的运用准备工作，落实人畜安全转移方案，坚决服从防汛指挥机关的统一指挥，及时按计划分蓄洪。

三、跨地市流域性泵站调度运用方案

（一）四湖地区

《省人民政府批转省水利厅关于四湖地区防洪排涝调度方案（试行）的通知》（鄂政发〔1995〕68号）。

四、主要调蓄湖泊汛期控制运用意见

排涝泵站与湖泊调蓄联合运用排涝保收标准一般只有五至十年一遇，当湖区降雨超过排涝标准，为了保证湖泊围堤及保护区内城乡基础设施和人民生命财产安全，特提出"主要调蓄湖泊汛期控制运用意见"。

（一）长湖

（1）基本情况：承雨面积二千二百六十五点四平方千米，设计堤顶高程三十四点五米（堤身断面和高程不足部位，要求尽快完成）。

（2）控制运用水位：设防水位三十一点五米，警戒水位三十二点五米，保证水位三十三米。

（3）分洪调蓄方案：①当长湖水位超过三十二点七米，田关泵站全力抢排，湖水位仍继续上涨时，若下游洪湖水位在二十五点五米以下，可由习家口下泄五十至七十秒立方米，田北片下泄一百至一百二十秒立方米，缓解上游紧张局势。②当长湖水位接近三十三米，且上区持续降雨，预报将超过三十三米时，应用湖内乔子湖外垸、马子湖、胜利垸、外六台、幸福垸等九点七平方千米围垸分洪。③当以上措施仍不能稳定长湖水位在三十三米，预报将继续上涨时，为保证长湖围堤及保护范围内荆州、沙市、监利、洪湖、荆门等广大地区农业丰收和人民生命财产安全，采取堤外分洪措施，先应用借粮湖五十三平方千米分洪，预计分洪淹没耕地三点三万亩，分洪水量一至一点二亿立方米，如长湖水位仍不能稳定时，再应用彭塚湖分洪区分洪，淹没耕地一点零六万亩，可蓄洪二千二百八十万立方米。

（4）应用借粮湖、彭塚湖分洪区分洪调蓄保安的具体措施由荆州地区防汛指挥部与荆门市防汛指挥部共同提出，报省防汛指挥部审批后执行。

（二）洪湖

（1）基本情况：洪湖以上承雨面积五千九百八十平方千米，湖堤设计高程二十八米（堤身断面和高程不足部分要求尽快完成）。

（2）控制运用水位和分蓄洪区调度运用方案，由荆州地区防汛指挥部制定，报省防汛指挥部批准后执行。

湖北省人民政府

1992 年 6 月 30 日

四湖地区防洪排涝调度方案（试行）

（鄂政发〔1995〕68 号）

四湖地区行政区划涉及荆门、荆沙、潜江 3 市。内垸总面积 10375 平方公里，在册耕地 560 万亩，实有耕地 800 万亩。主要调蓄湖泊有长湖和洪湖，建有九处大型电力排水站承担该区的提排任务。按等高截流排水分上、中、下三区。为保证该区大型排涝泵站和主要调蓄湖泊汛期科学、经济、安全运行，充分发挥水利工程效益，更好地保护湖区经济发展和人民生命财产安全，特制定四湖地区防洪排涝调度方案。

一、调度原则

（1）以水位作为控制条件，以前期降雨量及水雨情预报作为参考。

（2）泵站开机台数、排水流量视泵站内、外水位而定。

（3）四湖上区有关工程（长湖堤、刘岭闸、田关闸、习家口闸、田关泵站、高场南闸、高场北闸、双店闸、殷家河闸等）必须服从统一调度。

四湖中、下区有关工程必须服从统排调度。

凡无水位标志的工程要尽快按吴淞高程系统补设水位标志。

二、调度意见

（一）四湖上区

1. 涵闸及田关泵站

（1）4 月 15 日至 5 月 1 日，视天气情况长湖水位逐渐降至 30.50～30.00 米（即保证 4 月底水位降至 30.00 米），汛期（5 月 1 日至 10 月 15 日，下同）蓄水位应控制在 30.50～31.00 米（高程均为吴淞系统，下同）。

（2）泵站调度本着先排田后排湖的原则。原则上，田北来水不入长湖调蓄。

（3）排田：田关闸关闭期间，当田关泵站站前水位高于 31.00 米时开机排水，停机水位 29.50 米。

（4）排湖：田关闸关闭期间，当长湖水位超过 31.00 米，或长湖水位在 30.50～31.00 米且预报近 3 日内有大到暴雨时田关泵站开机排水，长湖水位 30.50 米时停机。

（5）排田时，当田关泵站站前水位稳定在 31.00 米以下，而长湖水位超过 31.00 米时，应及时开启刘岭闸抢排湖水；当长湖水位接近 32.00 米，田北片农田仍未排出时，排田排湖兼顾；当田北片农田排出或站前水位下降到 31.50 米以下时，刘岭闸全开排湖；当长湖水位高于 32.00 米，低于 33.00 米时，为确保长湖围堤安全，以排湖为主，当长湖水位接近 33.00 米时，田北片二级泵站停排。

（6）当长湖水位在 30.50～31.00 米时，田关闸尽量自排。

当长湖水位在 31.00～31.50 米时，田关闸自排流量近期（田关河现状情况，下同）小于 50 立方米每秒、远期（田关河达到设计底宽 115 米，下同）小于 100 立方米每秒时，予以提排。或在自排流量近期为 50～75 立方米每秒、远期为 100～125 立方米每秒，气象预报近 3 日内有雨且田关泵站外江水位呈上涨趋势时，泵站开机提排。

当长湖水位在 31.50～32.20 米时，田关闸自排流量近期小于 75 立方米每秒、远期小于 125 立方米每秒时，予以提排或在自排流量近期为 75～100 立方米每秒、远期为 125～150 立方米每秒，气象预报近 3 日内有雨且田关泵站外江水位呈上涨趋势时，泵站开机提排。

当长湖水位在32.20米以上，田关闸自排流量近期小于100立方米每秒、远期小于150立方米每秒时，予以提排。或在自排流量近期为100～125立方米每秒、远期为150～180立方米每秒，气象预报近3日内有雨且田关泵站外江水位呈上涨趋势时，泵站开机提排。

（7）当田关泵站全部开机，长湖水位仍不能稳定在33.00米时，为保证长湖围堤及下游人民生命财产安全执行长湖汛期控制运用分洪调蓄方案。

（8）汛期，高场南闸原则上关闭。高场倒虹管、张义嘴倒虹管、中沙河倒虹管，随同四湖下区的新滩口自排闸开启而开启、关闭而关闭。

汛期，当长湖水位在31.00米及以上时，兴隆闸、万城闸原则上不引水，但确需引水时，应严格控制引水流量，其尾水不得进入长湖和田关河。

（9）以上各工程的调度运用，应按新的管理体制，分别由市以上防办按上述意见执行。

（10）田关泵站排涝用电负荷由潜江市向省经委和省电力局申请，费用按各受益单位受益面积比例分摊。省经委和省电力局收到申请后，应及时安排负荷以满足田关泵站运行要求。

2. 长湖

（1）基本情况：承雨面积2265平方千米，设计堤顶高程34.50米（堤身断面和高程不足部位，要求尽快完成）。

（2）控制运用水位：设防水位31.50米，警戒水位32.50米，保证水位33.00米。

（3）分洪调蓄方案。

1）分蓄洪区基本情况：长湖内垸包括乔子湖外垸、马子湖、胜利垸、外六台、幸福垸等，分洪面积9.7平方千米，分洪量0.19亿立方米。彭塚湖分蓄洪区分洪面积7.6平方千米，蓄洪量0.228亿立方米。借粮湖分蓄洪区分洪面积53平方千米，分洪量1亿～1.2亿立方米。

2）当西荆河流量超过250立方米每秒，高场水位接近33.00米，预报后续洪水流量更大，高场水位超过33.00米时，则爆破支家闸上游西荆河石岸堤防，向彭塚湖分洪。

3）当长湖水位超过32.50米，接近33.00米时，若下游洪湖水位在25.50米以下，可由习家口闸下泄50～70立方米每秒，田北片下泄100～120立方米每秒，缓解上游紧张局势。

4）当长湖水位接近33.00米，且上区持续降雨，预报将超过33.00米时，关闭双店排洪闸。

5）当长湖水位接近33.00米，且上区持续降雨，预报将超过33.00米时，运用长湖内垸分洪。

6）当以上措施仍不能稳定长湖水位在33.00米，预报将超过33.00米，彭塚湖分蓄洪区没有分蓄西荆河洪水时，运用借粮湖和彭塚湖分洪。其分洪先后由省防汛指挥部根据长湖需分洪量多少决定。若分借粮湖时，在其分洪区安全建设规划实施前，临时分洪口选择在蝴蝶嘴的窑湾附近，实施后，按规划文件执行；若分彭塚湖时，则通过双店排洪渠向彭塚湖分洪。

7）当以上措施仍不能稳定长湖水位在33.00米，预报将超过33.00米时，洪湖水位在26.00米以下时，可由习家口闸下泄50～70立方米每秒、田北片下泄100～120立方米每秒。

8）当以上措施仍不能保证长湖围堤安全时，由省防汛指挥部决定具体保坝措施。

（4）运用长湖内垸、借粮湖、彭塚湖分洪区，分洪调蓄保安的具体措施分别由荆沙市防汛指挥部、潜江市防汛指挥部、荆门市防汛指挥部提出，报省防汛指挥部审批后执行。

（二）四湖中下区

1. 涵闸及中下区泵站

（1）洪湖汛前控制水位24.00米，汛期限制蓄水位24.50米，设计蓄洪高水位26.50米。

（2）当洪湖水位超过26.50米，水位仍在继续上升时，四湖中下区的高潭口（10台×1600千瓦）、新滩口（10台×1600千瓦）、南套沟（4台×1600千瓦）、螺山（6台×1600千瓦）、杨林山（10台×800千瓦）、半路堤（3台×2800千瓦）、新沟（6台×800千瓦）、老新（4台×800千瓦）等一级泵站都应服从统排调度，投入流域排水，同时控制二级站开机，保证湖堤安全。

（3）老新泵站汛期排涝负荷由潜江市向荆州电力局申请，电力局应及时满足泵站开机所需负荷，费用由潜江市防办负担。

（4）汛期，徐李闸闸前控制水位不得低于28.00米和高于28.50米。闸前水位高于28.50米时开闸排东干渠田南区间涝水，28.00米时关闸。

（5）中下区排涝泵站具体调度意见和方案，由荆沙市防汛指挥部根据以上原则制定执行，报省防办备案。

2. 洪湖

（1）基本情况：洪湖以上承雨面积5980平方千米，湖堤设计高程28.00米（堤身断面和高程不足部分要求尽快完成）。

（2）控制运用水位和分蓄洪区调度运用方案，由荆沙市防汛指挥部制定，报省防汛指挥部批准后执行。

该调度方案由省水利厅负责解释。

1995 年 5 月 21 日

四湖流域中下区防洪排涝调度方案（试行）

（鄂汛字〔1996〕15 号）

四湖流域经过多年综合治理，已建成了以湖泊调蓄和电排站提排相结合，各排区相对独立相互关联的灌溉、除涝、防洪系统。为了保证该区域大型排涝泵站和主要调蓄湖泊的科学、经济、安全运行，充分发挥水利工程效益，更好地保护人民生命财产安全和促进经济发展，依据省政府鄂政发〔1992〕76 号、鄂政发〔1995〕68 号文件的原则和四湖流域工程现状，特制定四湖流域中下区防洪排涝调度方案。

一、调度原则

（1）以水位作为控制条件，以前期降雨量及水雨情预报作为参考。

（2）大型排涝泵站本着先排田间渍水，后排湖泊涝水的原则。开机台数、排水流量，视排区涝水情况和泵站内外水位（吴淞基面，下同）而定。

（3）四湖流域中下区按已建的排灌区，实行分区排灌，根据水雨情况实施分级调度。在特殊情况下，服从省防指统一指挥调度。

二、排涝调度

1. 涵闸

（1）汛期，新滩口、新堤排水闸要能排尽排。当新滩口闸需要节制，抬高内荆河水位（控制在23.50 米以下），补充灌溉水源时；当长江水位高于洪湖水位，需开启新堤闸时，要经荆沙市防办批准。

因渔业生产需要，新堤闸从长江引水，水利部门应按引水量收取水费。

（2）习家口闸、彭家河滩闸、小港（河、湖）闸、张大口闸、黄丝南闸、福田寺防洪闸、福田寺船闸、下新河（河、湖）闸、子贝渊（河、湖）闸，实行统一调度。

（3）洪湖水位超过 24.5 米，螺山排区的桐梓湖、幺河口、贾家堰等闸应服从荆沙市防办调度。

（4）沿江引水涵闸，引水灌溉的最高节制水位：彭家河滩闸 30.00 米，福田寺闸 26.50 米，黄丝南闸 24.50 米。严禁灌溉水泄入排水渠。

2. 电排站

（1）高潭口。当洪湖水位达到 24.50 米，并将持续上涨，新滩口排水闸关闭或自排流量较小时，高潭口电排站开机排水。

（2）新滩口。当洪湖水位达到 24.50 米，并预报洪湖水位将持续上涨，新滩口排水闸关闭或自排流量较小，且外江水位预报还将持续上涨时，新滩口站开机排水。

3. 统排调度

当洪湖水位达到 26.50 米，并预报水位还将持续上涨时，四湖中下区的南套沟、老新、半路堤、杨林山、螺山等大型电排站投入流域统排。

统排期间视水雨情况控制二级站开机。

4. 分级调度与费用负担

汛期，在一般情况下，即洪湖水位 26.50 米以下，县（市）属的排灌区按已批准的方案调度，其费用由县（市）筹集解决。

直排区由荆沙市调度，其费用由荆沙市统筹解决。潜江市田关河以南地区按省政府〔1995〕68

号文的规定调度，并向荆沙市交纳排水费。

统排期间，中下区大型涵闸，沿江大型电排站由荆沙市调度，参加统排大型电排站的排水电费，按统排水量由荆沙市统筹解决。

四湖上区涝水进入中下区时，由省防办、监控。其费用由省协调解决。

三、洪湖防洪和分蓄洪水方案

（1）荆沙市人民政府（荆政发〔1995〕19 号）已明文规定：洪湖属国家所有，洪湖围堤内的 402 平方千米湖泊面积为蓄洪水域。荆沙市防汛指挥部视水雨情况决定清除洪湖围堤内的围垸，其经济和其他损失由围垸的业主和管理单位自己承担。

（2）洪湖控制水位：设防水位 25.50 米；保证水位 26.97 米；汛末，洪湖越冬水位 24.00 米。

（3）采取统排措施后，洪湖水位仍将持续上涨，并危及围堤安全时，视水雨情况运用螺西和万全垸备蓄区分洪蓄水。

（4）运用螺西和万全垸备蓄区后，仍不能保证洪湖围堤安全时，由荆沙市防汛指挥部决定采用其他应急措施。

四、本调度方案由荆沙市水利局负责解释

1996 年 6 月 24 日

荆州市沿江涵闸和流域控制性涵闸调度运用意见

（荆汛〔2005〕11号）

一、沿江涵闸调度运用

1. 长江干堤涵闸（含荆江大堤一弓堤、西门渊闸）运用

当外江水位在设防水位以下时，由市长江防汛指挥部负责调度；当外江水位在设防至警戒水位之间时，由市长江防汛指挥部审查，报市防汛抗旱指挥部（以下简称市防指）批准执行；当外江水位超过警戒水位时，由市防指报省防汛抗旱指挥部审批执行。

2. 东荆河堤涵闸运用

由监利、洪湖两县市按省鄂汛字〔1995〕3号文规定报省汉江河道局审批执行。

3. 支民堤涵闸运用

当外江水位在设防水位以下时，由县市区防汛抗旱指挥部负责调度，当外江水位在设防至警戒水位之间时，由县市区防汛抗旱指挥部审查，报市流域防汛指挥部批准执行；当外江水位超过警戒水位时，由市流域防汛指挥部审查，报市防指审批执行。

4. 涵闸超标准运用

凡沿江涵闸超设计标准运用和排水闸作引水使用以及灌溉闸作排水逆向使用，均须由市流域防汛指挥部进行安全审查，报市防指批准执行，超控制水位运用的由市防指报省防汛抗旱指挥部批准后执行。

5. 病险涵闸调度运用

凡被列入病险的沿江涵闸以及通知封堵的涵闸，汛期未经市防汛抗旱指挥部批准，严禁使用。汛期有蓄水反压任务的沿江涵闸，有关县（市、区）防汛抗旱指挥部要严格按规定水位落实反压措施，确保安全。

二、四湖流域控制性涵闸调度运用

1. 涵闸调度权限

四湖流域控制性涵闸荆江大堤万城闸、观音寺闸、颜家台闸，长江干堤新堤排水闸、新堤老闸、新滩口排水闸，内垸的习家口闸、彭家河滩闸、小港湖闸、张大口闸、子贝渊闸、下新河湖闸，洪排主隔堤上的子贝渊闸、下新河湖闸、福田寺防洪闸、福田寺节制闸等主要涵闸由市防指统一调度。四湖流域统排期间，有关统排控制涵闸由市防指统一调度。

2. 灌溉涵闸

荆江大堤万城、观音寺、颜家台闸，由灌区县（市、区）防办向市四湖东荆河防汛指挥部（以下简称市四湖防指）申请，由市四湖防指提出调度方案，并与市长江防汛指挥部联系，市长江防汛指挥部对其工程进行安全审查，然后将调度方案及安全审查意见报市防指批准后，由市防指通知市长江防汛指挥部执行。

3. 排水涵闸

长江干堤新堤排水闸、新堤老闸、新滩口排水闸及内垸的习家口闸、彭家河滩闸、小港湖闸、张大口闸、子贝渊湖闸、下新河湖闸由市四湖防指提出调度方案，报市防指批准后由市四湖防指执行。

4. 主隔堤涵闸

福田寺防洪闸、福田寺节制闸、子贝渊闸、下新河闸由市四湖防指提出调度方案，并与省洪工局

联系，省洪工局对其工程进行安全审查，然后将调度方案及安全审查意见报市防指批准后，由市防指通知省洪工局执行。

5. 统排涵闸

洪湖围堤桐梓湖、幺河口闸，四湖总干渠周沟闸、长河口闸及福田寺船闸等统排涵闸，统排期间由市防指统一调度。先由市四湖防指提出调度方案，报市防指批准后，由市四湖防指通知所在县（市、区）防汛抗旱指挥部或市直水利工程管理单位执行。

三、三善垸水系及内沩河水系涵闸调度

其主要控制涵闸由市三善垸水利工程管理处和有关县（市、区）依据市防汛抗旱指挥部制定的防洪排涝方案调度运用。

2005 年 4 月

湖北省大型排涝泵站调度与主要湖泊
控制运用意见（修订）

（鄂政发〔2011〕74 号）

湖北地处长江、汉水交汇地带，素有"千湖之省"之称，平原湖区面积广大，国民经济在全省占有十分重要的地位，湖区排涝抗灾事关大局。为保证我省大型排涝泵站和主要调蓄湖泊汛期科学、经济、安全运行，充分发挥水利工程的综合效益，更好地保护湖区经济发展和人民生命财产安全，特提出大型排涝泵站调度与主要湖泊控制运用意见。

一、排涝前的准备工作

（1）为保证电力排水站安全、可持续运行，保护好工程设施，各级财政部门应按照水管体制改革的要求足额落实泵站运行电费和维修养护经费，保证泵站及时开机运行。

（2）汛前，泵站管理单位应按照省水利厅颁发的《湖北省电力排灌经营管理暂行办法》和技术规程、规范要求，对泵站工程和设备进行检查、维修和测试，使工程和设备处于良好状态。

（3）为保证泵站安全运行并能及时排除事故，必须做好机电设备零部件和易耗材料的储备工作。

（4）对湖泊围堤，各地应在汛前进行检查维修，堤顶高程和断面未达到设计要求的必须进行加高培厚，发现有险情的必须抓紧整险加固，保证度汛安全。

（5）泵站与主要调蓄湖泊的调度，实行分级管理、分级负责制，凡受益区在一个县（市）的，由县（市）负责指挥；受益区跨县（市），在一个地市内的，由地市指挥；受益区跨地市的，按跨地市流域性泵站调度运用方案执行。

（6）沿江、河堤段上的一级泵站发现有险情或险情已作处理未经大水考验的，各地市都要指定专人管理，备好抢险物资，安排好劳力，制定应急措施，做到有备无患。

（7）各泵站应加强领导，落实行政责任人、工程负责人、技术负责人和值班人员，听从指挥，遵守纪律，坚守岗位，确保机组设备安全运行。

二、单机八百千瓦以上排涝泵站及主要调蓄湖泊调度运用原则

（1）单机八百千瓦以上大泵站是我省平原湖区排涝骨干工程，汛期必须按设计和规定的启排水位及时开机排水。

（2）凡属泵站排水区域内的大小调蓄湖泊，汛期必须按规定的内湖起排水位为蓄洪限制水位控制蓄水，特别是洪湖、长湖、梁子湖、鸭儿湖、保安湖、三山湖、汈汊湖、斧头湖、鲁湖、西凉湖等湖泊水位要按要求从严控制。

（3）各类排水涵闸汛期应服从防汛抗旱指挥机构的统一调度，沿江河排水涵闸要尽量利用外江低水位进行抢排。

（4）泵站设计排涝能力一般只有5～10年一遇排涝标准，当排区遇到超标准暴雨时，为保证大部分地区的安全和基本农田生产，必须确定备蓄区和蓄洪区，并做好备蓄区和蓄洪区的运用准备工作，落实人畜安全转移方案，坚决服从防汛排涝指挥机关的统一指挥，及时按计划分蓄洪。

（5）各地必须安排专人通过电话、传真、网络等方式，向上一级防汛和业务主管部门报送泵站每日运行情况。

三、跨地市流域防洪排涝调度意见

（一）四湖流域上区

四湖地区行政区划涉及荆门、荆州、潜江3市。内垸总面积10375平方千米，主要调蓄湖泊有长湖和洪湖，建有17座外排泵站承担该区的提排任务。按等高截流排水分上、中、下三区。

（1）四湖流域上区有关工程（长湖堤、刘岭闸、田关闸、习家口闸、田关泵站、高场南闸、高场北闸、双店闸等）必须服从统一调度。

（2）四湖中、下区有关工程必须服从统排调度。

（3）涵闸及田关泵站。

1）每年4月15—30日，视天气情况长湖水位逐渐降至30.50米（即保证4月底水位降至30.50米），汛期（每年5月1日至10月15日，下同）蓄水位应控制在30.50米至31.00米（高程均为吴淞系统，下同）。汛末，长湖水位尽量蓄至31.00米，为非汛期生态调度蓄积水量。

2）田关泵站调度本着先排田后排湖的原则。原则上，田北来水不入长湖调蓄。

3）排田：田关闸关闭期间，当田关泵站站前水位高于31.00米时开机排水，停机水位29.50米。

4）排湖：田关闸关闭期间，当长湖水位超过31.00米，或长湖水位在30.50～31.00米且预报近3日内有大到暴雨时田关泵站开机排水，长湖水位30.50米时停机。

5）排田时，当田关泵站站前水位稳定在31.00米以下，而长湖水位超过31.00米时，应及时开启刘岭闸抢排湖水；当长湖水位接近32.00米，田北片农田仍未排出时，排田排湖兼顾；当田北片农田排出或站前水位下降到31.50米以下时，刘岭闸全开排湖；当长湖水位高于32.00米时，为确保长湖围堤安全，以排湖为主；当长湖水位超过33.00米时，田北片二级泵站停排。

6）当长湖水位在30.50～31.00米时，田关闸尽量自排；当长湖水位在31.00～31.50米，田关闸自排流量小于75立方米每秒时，予以提排或在自排流量为75～100立方米每秒，气象预报近3日内有雨且田关泵站外江水位呈上涨趋势时，泵站开机提排；当长湖水位在31.50～32.20米，田关闸自排流量小于100立方米每秒时，予以提排或在自排流量为100～125立方米每秒，气象预报近3日内有雨且田关泵站外江水位呈上涨趋势时，泵站开机提排。

7）若田关泵站全部开机，长湖水位仍不能稳定在33.00米且预报有雨，为保证长湖围堤及下游人民生命财产安全，执行长湖汛期控制运用分洪调蓄方案。

8）汛期，高场南闸原则上关闭。高场倒虹管、张义嘴倒虹管、中沙河倒虹管随同四湖下区的新滩口自排闸开启而开启、关闭而关闭；当长湖水位在31.00米及以上时，兴隆闸、万城闸原则上不引水，但确需引水时，应严格控制引水流量，其尾水不得进入长湖和田关河。

9）以上各工程的调度运用，分别由市以上防办按上述意见执行。

10）田关泵站排涝用电负荷由潜江市申请，费用由省财政从专项资金中支付。

（二）四湖中下区

（1）洪湖汛前控制水位24.00米，汛期泵站起排水位实行分期控制，每年5月1日至8月31日为24.50米，9月1日至10月15日为25.50米。

（2）当洪湖水位超过26.50米水位仍在继续上升时，四湖中下区的高潭口、新滩口、南套沟、螺山、杨林山、半路堤、新沟、老新、大沙等一级泵站都应服从统排调度，投入流域排水，同时控制二级站开机，保证湖堤安全。

（3）老新泵站汛期排涝负荷由潜江市向荆州电力局申请。

（4）汛期，徐李闸闸前控制水位不得低于28.00米和高于28.50米。闸前水位高于28.50米时开闸排东干渠田南区间涝水，28.00米时关闸。

（5）中下区荆州市境内排涝泵站具体调度意见和方案，由荆州市防汛抗旱指挥部根据以上原则制定执行，报省防办备案。

四、主要调蓄湖泊汛期控制运用意见

排涝泵站与湖泊调蓄联合运用，排涝标准一般只有5～10年一遇，当湖区降雨超过排涝标准，为了保证湖泊围堤及保护区内城乡基础设施和人民生命财产安全，特提出"主要调蓄湖泊汛期控制运用意见"。

（一）长湖

（1）基本情况：承雨面积2265平方千米，设计堤顶高程34.50米（堤身断面和高程不足部位，要求尽快完成）。

（2）湖泊特征水位：设防水位31.50米，警戒水位32.50米，保证水位33.00米；汛前控制水位30.50米，汛期蓄洪限制水位31.00米。

（3）分洪调蓄方案。

1）分蓄洪区基本情况：长湖内垸包括乔子湖外垸、马子湖、胜利垸（含外六台）、幸福垸等，分洪面积9.7平方千米，分洪量0.19亿立方米；彭塚湖分蓄洪区分洪面积7.6平方千米，蓄洪量0.228亿立方米；借粮湖分蓄洪区分洪面积53平方千米，分洪量1亿～1.2亿立方米。

2）当西荆河流量超过250立方米每秒，高场水位接近33.00米，预报后续洪水流量更大，高场水位超过33.00米时，爆破西荆河右岸（青龙闸附近）堤防，向彭塚湖分洪。

3）当长湖水位超过32.50米接近33.00米，若下游洪湖水位在25.50米以下时，可由习家口闸下泄50～70立方米每秒，田北片下泄100～120立方米每秒，缓解上游紧张局势。

4）当长湖水位接近33.00米，且上区持续降雨，预报将超过33.00米时，关闭双店排洪闸。

5）当长湖水位接近33.00米，且上区持续降雨，预报将超过33.00米时，运用长湖内垸分洪。

6）当以上措施仍不能稳定长湖水位在33.00米，预报将超过33.06米时，运用借粮湖和彭塚湖分洪（彭塚湖分蓄洪区没有分蓄西荆河洪水时）。其分洪先后由省防汛抗旱指挥部根据长湖需分洪量多少决定。若分借粮湖，则临时分洪口选择在蝴蝶嘴的窑湾附近；若分彭塚湖，则通过双店排洪渠向彭塚湖分洪。

7）当以上措施仍不能稳定长湖水位在33.00米，预报将超过33.00米，下游洪湖水位在26.00米以下时，可由习家口闸下泄50～70立方米每秒，田北片各闸下泄100～120立方米每秒。

8）当以上措施仍不能保证长湖围堤安全时，由省防汛抗旱指挥部决定具体保堤措施。

（4）运用长湖内垸、借粮湖、彭塚湖分洪区分洪调蓄保安的具体措施分别由荆州市防汛抗旱指挥部、潜江市防汛抗旱指挥部、荆门市防汛抗旱指挥部提出，报省防汛抗旱指挥部审批后执行。

（二）洪湖

（1）基本情况：洪湖以上承雨面积5980平方千米，湖堤设计高程28.00米（堤身断面和高程不足部分应尽快完成）。

（2）洪湖特征水位：设防水位25.80米，警戒水位26.20米，保证水位26.97米；汛前控制水位24.20米，汛期蓄洪限制水位24.50米（每年5月1日至8月31日）、25.50米（每年9月15日至10月15日）；非汛期洪湖越冬水位24.00～24.50米。

（3）采取统排措施后，洪湖水位仍将持续上涨，并危及围堤安全时，视水雨情况运用螺西和万全垸备蓄区分洪蓄水。

（4）运用螺西和万全垸备蓄区后，仍不能保证洪湖围堤安全时，由荆州市防汛抗旱指挥部决定采用其他应急措施。

2011年12月

荆州市四湖流域防洪排涝预案

（荆防办〔2015〕6号）

一、总则

（一）编制目的

总体要求是贯彻防汛方针，依法依规防汛，确保防汛安全，实现防汛目标。编制本预案的目的是以防御1996年型洪水为目标，规范四湖流域防汛抗灾工作，建立健全防洪排涝的运行机制，做到科学调度、应对有策、抢险有方、保障有力，通过工程措施和非工程措施相结合的办法，最大限度地减轻洪涝灾害造成的损失。

（二）编制依据

《中华人民共和国水法》《中华人民共和国防洪法》《中华人民共和国防汛条例》《国家突发公共事件总体应急预案》《国家防汛抗旱应急预案》《湖北省突发公共事件总体应急预案》《湖北省防汛抗旱应急预案》等有关法规；湖北省人民政府文件（鄂政发〔2011〕74号）《湖北省大型排涝泵站调度与主要湖泊控制运用意见（修订）》、荆州市防汛抗旱指挥部文件（荆汛〔2005〕11号）《关于明确沿江涵闸和流域控制性涵闸调度运用规定的通知》和《荆州市防汛抗旱应急预案》等有关规范性文件。

（三）调度原则

以河湖水位为控制对象，以前期降雨为防汛调度条件，以中长期天气、水文预报为调度决策依据，以现有水利工程和科技成果为手段，坚持等高截流、分区排水、先田后湖、田湖兼顾、少引多排、腾湖调蓄、及时预排的总体调度原则。

二、四湖流域防洪排涝预案

（一）四湖上区

1. 长湖防汛特征水位

长湖特征水位以习家口水位为准，设防水位31.50米，警戒水位32.50米，保证水位33.00米。

2. 长湖防汛调度方案

（1）上区控制性涵闸调度。关注水雨汛情，适时向省防办提出合理建议，科学调度刘岭、田关、双店等控制性涵闸，争取抗灾主动。

（2）田北片抗灾调度。田北片洪水不入长湖调蓄，当刘岭闸出现倒灌时要关闭。长湖水位超过31.50米时，刘岭闸、田关闸汛期尽量自排，当自排流量小于75立方米每秒，且天气预报有降雨过程时建议田关泵站开机排水。

（3）沿江灌溉涵闸调度。当长湖水位在31.50米以上时，兴隆闸、万城闸原则上不引水，但确需引水时，应严格控制引水流量，其尾水不得进入长湖和田关河。

（4）引江济汉工程调度。当长湖水位超过32.50米接近33.00米时，且预报上区有强降雨时，由市防办报请省防办协调，启用引江济汉渠穿越拾桥河枢纽工程的撇洪功能。

3. 长湖分洪调蓄方案

（1）分蓄洪区基本情况：长湖内垸包括乔子湖外垸、马子湖、胜利垸（含外六台）、幸福垸等，分洪面积9.7平方千米，容积0.19亿立方米；彭塚湖分蓄洪区分洪面积7.6平方千米，容积0.228亿立方米；借粮湖分蓄洪区分洪面积53平方千米，容积1亿～1.2亿立方米。

（2）当西荆河流量超过250立方米每秒，高场水位接近33.00米，预报后续洪水流量更大，高场水位将超过 33.00 米时，爆破西荆河右岸（青龙闸附近）堤防，向彭塚湖分洪。

（3）当长湖水位超过 32.50 米，接近 33.00 米，若下游洪湖水位在 25.50 米以下且中下区预报近 5～7 天无雨时，可由习家口闸下泄 50～70 立方米每秒，田北片下泄 100～120 立方米每秒，缓解上游紧张局势。

（4）当长湖水位接近 33.00 米，且上区持续降雨，预报将超过 33.00 米时，关闭双店排洪闸。

（5）当长湖水位接近 33.00 米，且上区持续降雨，预报将超过 33.00 米时，运用长湖内垸分洪。

（6）当以上措施仍不能稳定长湖水位在 33.00 米，预报将超过 33.00 米时，运用借粮湖和彭塚湖分洪（彭塚湖分蓄洪区没有分蓄西荆河洪水时）。其分洪先后由省防汛抗旱指挥部根据长湖需分洪量多少决定。若分借粮湖，则临时分洪口选择在蝴蝶嘴的窑湾附近；若分彭塚湖时，则通过双店排洪渠向彭塚湖分洪。

（7）当以上措施仍不能稳定长湖水位在 33.00 米，预报将超过 33.00 米，如下游洪湖水位在 26.00 米以下且中下区预报近 5～7 天无雨时，可由习家口闸下泄 50～70 立方米每秒，田北片各闸下泄 100～120 立方米每秒。

（8）当以上措施仍不能保证长湖围堤安全时，由省防汛抗旱指挥部决定具体保堤措施。运用长湖内垸、借粮湖、彭塚湖分洪区分洪调蓄保安的具体措施分别由荆州市防汛抗旱指挥部、潜江市防汛抗旱指挥部、荆门市防汛抗旱指挥部提出，报省防汛抗旱指挥部审批后执行。

4. 长湖防汛抢险安排

长湖水位达到 31.50 米时，由辖区防指安排按规定上齐一线领导、劳力，备足民筹器材、落实商品器材，保障本辖区防汛道路畅通，及时关闭引水灌溉涵闸。按规定实行专人专班日夜定时巡查；对险工险段、病险剅闸作重点防守。

当长湖水位达到 32.50 米时，由辖区防指安排按规定上齐二线领导、劳力，抢险物资器材按指定的地方全部到点到位。病险涵闸、有隐患的穿堤建筑物一律封堵，其他涵闸内侧筑围堰蓄水反压。病险涵闸、险工险段实行搭棚、挂灯 24 小时坐班防守。

当长湖水位达到 33.00 米时，市、区两级按规定上齐三线领导、劳力，并组织抢险突击队待命，备齐工具、机械、车辆。堤上每 500 米设置防汛哨棚一处，防守人员搭棚驻扎在堤上，防守人员昼夜 24 小时不间断巡堤查险。行政责任人靠前指挥，督查责任人、技术责任人 24 小时不离岗。

（二）四湖中下区

1. 洪湖防汛特征水位

洪湖围堤防汛以洪湖挖沟子水位为基准，设防水位 25.80 米，警戒水位 26.20 米，保证水位 26.97 米。

2. 洪湖涵闸调度

主汛期内（6—8 月），新滩口、新堤大闸要尽量自排，洪湖水位尽量控制在 24.50 米以下。小港湖闸、张大口闸汛期视新滩口排水闸情况开闸，调节下泄流量。子贝渊闸、下新河闸视高潭口排区情况适时开启。新堤大闸汛期内原则上不纳苗引灌。

3. 流域泵站调度

当洪湖水位超过 24.50 米时，高潭口、新滩口泵站开机排水；其他泵站站前水位超过启排水位时开机排水，其他泵站站前启排水位分别为：南套沟 23.50 米、螺山 24.80 米、杨林山 24.80 米、半路堤 25.80 米、新沟 27.80 米。如农田渍水未排出，洪湖水位低于 25.00 米时要适当节制出湖涵闸下泄流量以排田为主；当洪湖水位在 25.00～25.80 米时排田排湖兼顾；当洪湖水位超过 26.20 米时以排湖为主。要依据天气形势，提前开机预排，尽量腾湖备蓄，尽量降低洪湖水位至 24.50 米以下。

4. 泵站统排调度

当洪湖水位超过 26.50 米，水位仍在继续上涨时，四湖中下区的南套沟、螺山、杨林山、半路堤、新沟、老新等一级泵站都应服从统排调度,投入流域排水,一级泵站统排时,相应排渠渠首涵闸长河口、桐梓湖、幺河口、周沟、刘渊等闸视水位情况适时开启,确保总干渠、洪湖溃水进入统排泵站排渠,同时视水雨情况限制沿湖沿渠二级泵站开机。

5. 防汛抢险安排

洪湖水位超过设防时,由洪湖市、监利县防指按防汛预案上齐一线领导及劳力;超过警戒水位时按预案上齐二线领导、劳力,备足物料、器具、机械、车辆,组织抢险突击队待命。超过保证水位时,荆州市、洪湖市、监利县按预案上齐三线领导、劳力,封堵沿堤的病险水闸、刮管等,低矮堤段抢筑子堤。行政责任人靠前指挥,督查责任人、技术责任人 24 小时不离岗。

三、防御 1996 年型洪涝预案

(一)1996 年型洪涝特征

1996 年 6 月 2 日入梅至 7 月 21 日出梅,50 天内降雨过程 7 个,降雨天数 29 天,持续时间长、降雨量大。梅雨期累计雨量流域平均 648.65 毫米(其中长湖区域 429.60 毫米,福田寺区 584.55 毫米,高潭口 815.32 毫米,新滩口 771.44 毫米,洪湖周围 971.24 毫米,螺山区 1084.20 毫米),降雨中心在螺山排区。同时洞庭湖流域的沅水、资水等支流的上游地区降雨量大、持续时间长,受其影响洞庭水位快速上涨,并长时间保持高水位。洞庭湖出口的城陵矶水位 7 月 22 日涨至 35.31 米(1904 年有记录以来新高,1998 年为 35.94 米),荆江河段从石首调弦口至洪湖新滩口 230 千米江堤全线创历史新高水位。沿江螺山、半路堤、石码头、龙口、大沙、燕窝电排站站外水位超过最高外江工作水位,被迫停机。其他泵站因扬程高、流量小,运行风险高,排水效率低,内垸降水主要靠入湖调蓄,形成严重的外洪内涝局面。

(二)1996 年型洪涝应对措施

1996 年型梅雨季节降雨过程,流域面雨量 650 毫米,降雨过程持续 50 天。四湖中下区产水约 35 亿立方米;洪湖水位从 24.50 米起涨至 27.19 米,蓄水 8.98 亿立方米;洪湖内垸分洪蓄水 3.9 亿立方米;沿江 17 外排一级泵站外排 40 天,外排 21.1 亿立方米;尚有 0.98 亿立方米溃水,通过二级站限排解决,约淹没农田 200 平方千米(30 万亩)。通过上述计算知,洪湖调蓄及一级站外排对防御 1996 年型洪涝灾害起决定作用,因此按防御 1996 年型洪水的主要预防措施,按顺序为:

1. 科学调度、腾湖调蓄

关注中长期天气预报,按照四湖流域调度规程及上级有关防汛抗灾指令,在洪水发生后科学调度泵站、涵闸等水利工程,尽量把洪湖水位降至 24.50 米以下,充分、反复利用洪湖的调蓄能力。

2. 启用统排泵站

根据气象和水雨汛情预测预报趋势,按洪湖 26.50 米的统排控制水位,及时启动沿江大型一级统排泵站,做好精细化调度,全力抢排四湖流域一级排水系统洪水,有效降低湖、田和河渠水位。

3. 洪湖内垸分洪安排

当洪湖水位 26.80 米且天气预报中下区有强降雨过程时,启动内垸分洪。第一批分洪内垸 12 个,面积共 22.888 平方千米,容积共 0.82 亿立方米。其中,洪湖市 7 个:革马湖、振兴湖、滨湖、茶潭、红阳外围鱼池、新螺站西外垸鱼池、新螺站东外垸鱼池;监利县 5 个:刘家垱、桐湖二围、高潮垸 2、桐湖三围、王小垸外垸。

当第一批内垸分洪后洪湖水位仍不能控制在 26.97 米时,第二批内垸分洪。第二批内垸 26 个,面积共 67.114 平方千米,容积共 1.95 亿立方米。其中,洪湖市 14 个:螺山植莲场、袁五村外渔场、红阳墩台渔场、新螺老外垸、官墩外垸、水科所鱼池、金湾渔场、淤洲、东湾、潭子河、柳口、汉沙垸、新河口、三八湖渔场;监利县 12 个:柘木渔场、白螺渔场、南湖渔场、万亩渔场、桐湖一围、胜利垸 1、胜利垸 2、大湖垸、高潮垸 1、丰收垸、梅岭垸、陡湖垸。

运用内垸分洪调蓄保安的措施,由市四湖东荆河防办商市防办提出,报市防指审批后执行,市防指派督查组现场监督。

4.二级泵站断电限排

第二批内垸分洪后洪湖水位仍不能控制在26.97米时，停第1组二级泵站，第1组二级泵站为福田寺片169处泵站，总装机容量4.72万千瓦，总设计流量540.1立方米每秒。送电的变电站及控制的泵站处数分别为浩口变电站20处、熊口变电站4处、龙湾变电站15处、张金变电站19处、熊口农场变电站6处、运粮湖农场5处、三湖农场6处、后湖变电站12处、西大垸11处、六合垸1处、岑河变电站12处、沙岗变电站52处、汪桥变电站6处。

第1组二级泵站停机后洪湖水位预计仍将超过27.19米时，停第2组二级泵站，第2组为高潭口片区48处，总装机容量1.34万千瓦，总设计流量228.96立方米每秒。送电的变电站及控制的泵站处数分别为高潭口变电站12处、峰口变电站15处、曹市变电站12处、万全变电站1处、戴市变电站6处、沙口变电站2处。

第2组二级泵站停机后洪湖水位预计仍将超过27.19米时，停第3组二级泵站，第3组为新滩口片区71处，总装机容量1.87万千瓦，总设计流量258.6立方米每秒。送电的变电站及控制的泵站处数分别为小港变电站8处、洪湖城关变电站8处、胡港变电站12处、南套变电站7处、燕窝变电站6处、新滩口变电站8处、大同湖变电站8处、江泗口变电站11处、洪湖变电站3处。

断电限排措施由市四湖东荆河防办商市防办提出，报市防指审批后荆州电力公司执行，市防指派督查组一线监督。

5.重要围垸和备蓄区分洪

当第二批内垸已分洪且第3组二级站已停排，预计洪湖水位仍将超过27.19米时，第三批内垸分洪。第三批内垸4个，面积共21.421平方千米，容积共0.65亿立方米。其中，洪湖市2个：洪狮大垸、斗湖垸；监利县2个：双扶垸、王小垸。当第三批内垸已分洪，预计洪湖水位超过27.19米时，下万全垸备洪区、螺山调蓄区分洪调蓄。

四、重点流域泵站、涵闸运行安全预案

1.排涝期间泵站拦污栅的安全措施

汛期内泵站进水渠水草太多时，要组织打捞确保拦污栅的安全，提高泵站排水效益；当内河水位超过拦污栅顶面高程时，要采取有效措施防止水草涌入泵站前池，视水雨情况控制出湖涵闸下泄流量，待站前水位下降后再加大流量。备足船只、照明设施等，安排专人全天候防守。

2.当外江出现超驼峰水位时泵站安全措施

密切关注水文预报，当外江水位将超过泵站驼峰时，无防洪闸启闭机的泵站要调配起重设备，随时准备关闭泵站出口闸门。同时备足编织袋，装土封堵驼峰口，必要时使用加压装置系统下压驼峰水位，确保洪水不倒流，保障泵站机组安全。加强泵站止水橡皮、伸缩缝等的观测。

3.当水位高于泵站最高工作水位时的安全措施

当站内水位高于站内最高工作水位时，要用编织袋、棉絮、木料等封堵泵站密封层有可能进水的洞口，严防溃水淹毁泵站设备。当外江水位高于泵站最高防洪水位时，对电机风道等洞口封堵，确保泵站安全。同时由市防办报请省防办协调，运用三峡水库的蓄洪错峰功能，降低城陵矶附近长江河段水位，保障四湖地区的外排能力。

4.新滩口排水闸度汛措施

新滩口排水闸外江设计洪水位为31.94米，内河水位24.50米，设计内外水头差为7.44米。当外江超过设计洪水位或内外水头差大于7.44米时，须备足编织袋、木料、钢材等物料，并加强观测，必要时在闸内侧筑围堰蓄水反压，确保涵闸的安全。

5.新滩口船闸度汛措施

新滩口船闸外江设计洪水位为31.94米，内河水位24.50米，设计内外水头差为7.44米。汛期

利用船闸挡外江洪水时,当水位差小于 3.72 米时,由下闸首横拉门挡水;当水头差大于 3.72 米时,船闸采用三级挡水,即将船闸上、下闸首横拉门全部关闭,同时由下闸首输水门向闸室内充水平压,水位为外江与内湖的平均水位。当外江水位超过 29.20 米时船闸停航。

2015 年 6 月

第十章 工 程 管 理

　　四湖流域水网密布，土地肥沃，这既有人力治理之功，也有天赐地造之德。在四湖流域漫长的开发过程中，历代较为重视堤防修筑，而对内垸农田水利的建设和管理则鲜有文字记载。事实上，内垸农田水利建设是一种自发的行为，因缺乏统一规划和相应的管理措施，处于自修自管的低水平状况。

　　新中国成立后，四湖流域大兴水利工程建设，建成有堤防、分蓄洪工程、水库、涵闸、电力排灌站、渠道、湖库、塘堰等门类齐全的水利工程设施，形成防洪、排涝、灌溉三大体系。工程管理单位也随之建立，管理工作也由兴建到配套，由守护工程设施到主动为农业服务，由单一的工程管理到综合经营管理，由无法可依到依法管理的过程，并逐步规范化、制度化、法治化，保证各类水利工程设施的安全，发挥水利工程的综合效益。

第一节 管 理 体 制

一、新中国成立前的管理状况

　　四湖流域堤防修筑起源年代久远，其管理也始于堤防。据《天下郡国利病书》记载：明嘉靖四十五年（1566 年），"荆州大水，江陵黄滩堤防荡洗殆尽，民之溺者不下数十万"。荆州知府赵贤主持重修江陵、监利、枝江、松滋、公安、石首 6 县江堤。其中，北岸堤四万九千余丈，南岸堤五万四千余丈，务期坚厚。越三年，六县堤修竣，设立《堤甲法》，建立堤防专人管理制度。堤防能力越强，内垸围垸越盛。域内围垸初盛，监利县五公堰古碑文刻有管理制度，荆门有一古坝碑文刻有用水管理方案和维修章程。据《江陵县志》（光绪二年版）记载："江湖之间，筑堤为垸，大垸四十八，小垸一百余。"各垸设有垸总管理，并订立"牌示"（即各垸督修规程），对民垸的修筑和管理作出了明确的规定，是"正五总之规，及所以饬通垸之纪也"。

　　清嘉庆十二年（1807 年），湖广总督汪志伊见四湖地区水灾频繁，自募小舟，泛长湖，穷源委，并江汉之大利大害而缕分之，疏渠筑堤多处。又以福田寺、新堤为江、监、潜、沔四邑积水出路，长堤阻而水莫能消，被淹者数百垸，乃择定在水港口（今福田寺）、茅江口（今新堤）两处建闸。规定每年十月十五日先开新堤闸，十月二十日次开福田寺闸，翌年三月十五日先闭福田寺闸，三月二十日次闭新堤闸，这样内可宣泄积潦，外可防江倒灌。并勒碑为记，照章办理，此为四湖流域涵闸运行管理章程之首举。汪志伊还在石碑上刻诗云："古寺由来号福田，谁教万顷水连天。同时启闭须重闸，可挽沉沦二十年。"

　　清光绪八年（1882 年），汉江大水，潜、监两县被淹。经湖北省巡抚彭祖贡会同地方官劝谕，监利内荆河子贝渊决堤放水。决堤后，北岸水退尺余，南岸则水涨四尺，南岸瞿家湾等 26 垸被淹。时值霪雨兼旬，江河并涨，新滩倒灌，使监北沔南 700 余垸田庐尽没。此后，南北两地为堵决此口形成械斗，死伤无算。后湖广总督涂宗瀛乃奏请于原口处修建启闭石闸，疏浚紫林河以消夏秋盛涨，复修新堤龙王庙闸以泄冬春积涝之水，并循前例勒石立章办理。

二、新中国成立后的管理体制

　　四湖流域治理自 1956 年开始，当时的工程治理工作十分繁重，主要是加强工程建设管理，荆州地区专员公署成立有荆州专署四湖水利工程建设总指挥部，各县也相应成立指挥部，直至各区、乡，以指挥部的形式，实行半军事化的管理。这种大兵团的施工方式，对集中人力投入大规模的水利工程建设、治理四湖流域内涝起到重大的作用。

随着水利工程建设的积累，至1962年，四湖流域内已建成了以四湖总干渠、东干渠、田关河为骨干的大批排灌渠道，对管好用好这批水利工程成为当务之急。为便于四湖流域工程设施的统一管理及完成后期的水利工程建设任务，总体规划四湖流域的续建及管理，1962年2月经湖北省水利厅批准成立荆州专署四湖工程管理局，编制60人，主要负责四湖流域的治理规划、设计、续建、配套及经常性的管理工作。

1962年4月，《荆州专署四湖工程管理办法（草案）》出台，明确提出了"统一领导、分级管理、专业管理与群众管理相结合"的管理体制，确定受益在两个县以上的工程，由四湖工程管理局直接管理，即：①渠道：总干渠、中干渠、东干渠、西干渠、内荆河、田关河，以及两县有关联的监北干渠、五岔河、曾大河、后河、螺山河；②湖泊：长湖、三湖、白鹭湖、洪湖；③涵闸：观音寺闸、新滩口闸、田关闸、习家口闸、渡佛寺闸、东港口闸、福田寺闸、彭家口闸、小港湖口闸、张大口闸、高家场闸、徐李寺闸、谭彩剅闸、鲢鱼港闸。受益在两个区以上的工程，由四湖工程管理局委托各县成立专门机构管理。

1963年4月27日，湖北省荆州专员公署以（63）荆秘字第163号文发出《关于进一步明确水利工程管理体制的通知》（以下简称《通知》），明确提出，今后水利工作必须进一步贯彻中央提出的"修管并重"的方针，按照统一领导、分级管理的原则，明确各级水利工程管理体制，健全管理机构，切实加强水利工程的管理养护工作，真正做到修好、管好、用好水利工程，充分发挥水利工程效益，更好地为发展农业生产服务。为此，荆州专署明确规定：四湖工程管理局由专署领导。江陵、潜江、监利、洪湖4县分别成立四湖工程管理段，由专署四湖工程管理局及所在县双重领导。江陵习家口、彭家河滩、谭彩剅、潜江高家场南闸、徐李寺、监利福田寺、彭家口、鸡鸣铺、洪湖小港（包括湖口闸和内荆河闸）、张大口、子贝渊等闸成立闸管所，新滩口船闸、排水闸合并成立双闸管理处。以上涵闸均属四湖工程管理局直接领导（江陵县四湖管理段与彭家河滩闸管所合署办公，潜江县四湖管理段与高家场南闸管所合署办公，监利县四湖管理段与鸡鸣铺闸管所合署办公，洪湖县四湖管理段与小港闸管所合署办公）。四湖流域其他中小型闸，由所在县或区领导，都配有专人管理。与此同时，《通知》还决定在四湖流域成立荆门柴集（漳河三干渠）、江陵熊河、石首人民大垸及天门县小庙设立4座灌溉试验站。各管理机构和试验站的干部，工程在哪个县，即由哪个县负责配备。但每个单位的各级负责干部，由所在县先提出名单，按干部管理权限，分别报荆州地委组织部或荆州专署人事科审查后任命。

1963年末，四湖工程管理局组织专班，对全流域的水利工程设施进行一次全面的检查和观测工作，历时一个多月，在经过实地的检查和观测，写出《关于四湖流域水利工程检查观测情况的报告》。报告指出，四湖流域经过1956—1962年7年间的治理，四大干渠基本挖通，形成新的排灌水系，但由于缺乏管理，渠道、堤防、涵闸被损坏、侵占的现象普遍存在。具体情况如下。

（1）渠道以内经常出现拦河挂簖、挖鱼坑、压罧枝、沉甕船等办法捕鱼，造成渠底高低不平，影响流水；涵闸运用期间，附近群众利用大型鱼簖在闸上捕鱼，甚至拆毁护坡块石。

（2）渠堤上修建房屋、砖窑、禾场，堆放草堆。据1962年4月调查，潜江县张金区于1961年冬至1962年春迁到堤上居住的农户30户，张金区民主公社红星大队计划在1962年秋收之后，全队全部住户迁往渠堤上；监利县刘渊至板剅渊总干渠渠堤上更是房屋紧邻，随之带来的是草堆多、牛棚多、禾场多，渠道被严重淤塞。

（3）在堤身上挖土烧砖，挖沙用于建筑，毁坏堤身的现象比较普遍。1961年，监利县红城乡区潭口粮油组为修建仓库，粮油组负责人带领多人驾木船到总干渠蛤蟆口挖沙，毁坏堤坡面积490平方米，挖深0.3～0.5米；余埠区陈沱公社湖口五队因烧砖在堤身上挖土禁而不止；余埠区伍场公社伍场四队在总干渠堤身挖了 7 个大坑，深达 1 米；运粮湖农场二分场因筑路和填禾场，在总干渠渠堤迎水面平台上挖土面积 900 平方米、深 1 米的大坑，取土近千立方米。

（4）在渠堤上耕种庄稼，有的甚至是当地地方政府倡导的，很难加以制止。

（5）四湖流域所建涵闸普遍存在工程质量欠缺的问题，涵闸工程尾欠工程量大，闸身上下游残存挡坝影响过水断面，加之涵闸管理不善，涵闸运用档案资料不齐全，涵闸沉陷的观测不够，这些都会影响涵闸的安全运用。

通过这次检查与观测，使各级政府和各工程管理部门对四湖流域的水利工程现状有一个比较清晰的认识，为此后的水利工程管理明确了目标。同时，也开了四湖流域水利工程现场检查和巡回观测管理工作的先例。每年在汛前进行一次，每检查一处工程，都要建账立卡，限期整改到位。

此份报告公布后，引起各级领导的高度重视，认识到四湖流域的水利工程点多线长，分布面广，且大多数分布偏远地区，这给管理工作带来很多困难，仅设置各级管理机构还不够，还必须坚持专业管理和群众管理相结合，建立群管组织。

针对四湖流域水利工程管理上的薄弱环节，1963 年，四湖工程管理局印发《关于渠道涵闸工程管理规定》进一步明确水利工程管理体制和管理规定，也提出"修管并重，依靠群众修好管好各类水利工程设施"的方针。自 1964 年开始，四湖流域的四大干渠以沿线流经的公社、大队为单位，每一公社设 1 名群众管养组组长，每一大队设 1 名群众管养员。管养员是经群众推荐，大队党支部挑选，报各县四湖管理段批准担任。管养员工作在渠堤上，户口在社队。公社管养组组长由各县四湖管理段或公社按月发工资，大队管养员由所在生产队记工参加生产队年终分配，他们所得水利工由县四湖管理段汇总报县水利局，抵扣管养员所在社队分配的大型水利工。各县四湖管理段根据堤段空余之地的实际情况，或创办林场，或成立管养点，集中几个村的管养员集中从事管养工作，同时开展林下间作种养殖业，扩大副业收入，改善管养员的生活福利待遇。

四湖总干渠沿渠各县人民委员会也很重视与支持工程管理工作，潜江县人民委员会于 1963 年颁发《水利工程管理养护暂行条例（草案）》，监利县人民委员会于 1963 年 6 月发布《水利工程管理办法》，1964 年 11 月又制定《监利县堤防管理养护暂行规定》等，地方法规的制定与发布，为工程管理提供保障条件。至 1964 年秋，渠堤耕种的情况大为减少。监利县四湖管理段所辖总干渠渠长 42200 米的渠堤在此之前，基本上是全堤被沿堤村民耕种，管理办法颁发之后，经管理段作耐心细致的工作，除碟子湖中间约 200 米种有芝麻（未准锄草）外，沿堤群众在迎水堤坡耕种的旧习惯被全部制止下来。江陵县四湖管理段所辖的总干渠、西干渠共长 71250 米的渠堤也禁止违规耕种达到 50%。

群众管养员参与管理工作，使渠道堤防的面貌发生很大的改变，堤防耕种的现象得到遏制。为巩固堤防管理的成果，各管理段加大植树造林的力度，绿化堤坡，防止水土流失，增加堤林收入。四湖工程植树造林工作，开始于施工阶段，沿四湖总干渠、西干渠、东干渠、田关河种植很多树，但成活率不高，实际长成林的更少。在专业管理和群众管理相结合后，各县管理段植树造林取得较好成效。潜江县四湖管理段在潜江县委、县人民委员会的统一领导和安排下，依靠沿渠公社、生产队和农场完成造林 58407 株，植竹 60 亩，点播油桐树苗（种子）65977 窝。为达到保栽保活保成林，使新栽的树苗尽快地起到保持水土的作用，潜江县四湖管理段摸索出一套管理办法。四湖工程管理局于 1963 年 4 月 19 日以（63）荆养字第 032 号文发出《关于潜江管理段加强对绿化管理的办法的通报》，转发其他各县管理段和各闸管所，要求以潜江管理段的做法为榜样，把树木的栽种与管理同样重视起来，对已栽树苗管好培育好，提高树苗的成活率，对尚未栽树的渠道，争取 3～5 年内全部绿化。

潜江县四湖管理段在植树管理上主要是抓三个落实。

1. 管理体制落实

根据四湖工程管理局的规定和潜江县委关于潜江县植树造林的要求，田关河、东干渠、总干渠等 3 条渠道两岸渠堤，迎水面堤坡不许耕种，已经耕种了的，属农业公社管理范围的堤段，所种作物收割后，收获的作物果实 50% 归所在地生产队，50% 折款归公社作为植树造林开支；属农场范围的堤段，收割后果实50％交总场，50％折款交潜江县水利局。并规定干渠造林的管理体制，一律实行"国有队营"，收益按三七开或四六开比例分成。具体涉及东干渠、田关河、总干渠渠堤的迎水面堤坡按各公社、生产队和农场的分界线采取以近就近的办法，分别划分到各个社队进行管理。

2. 管理组织落实

将管理堤段划分到各生产队和农场分场之后，潜江县四湖管理段会同各公社研究，在沿渠各生产大队配备林业大队长1人，各生产队配林业员1人。林业大队长从1963年2月起每人每月发给工资4元，林业员到所在生产队实行误工记工，工分可抵部分水利工负担。据统计，潜江县四湖管理段所辖沿堤50个生产大队，380个生产队已配备林业大队长50人，林业员380人，管养员325人。

3. 管理制度落实

在配备好管理人员的同时，并在熊口区孙桥公社试点摸索经验后，经召开林业员会议讨论，共同制定了一套管理制度。

(1) 管林员的职责范围。树苗管理，防止人畜破坏，防渍旱灾害，防火灾，防治虫灾，防草荒；苗圃管理，抗旱排渍，施肥治虫，间苗补苗，提苗定苗。

(2) 管林员的权力。有管理权，有建议权，有对破坏树苗的人进行制止和批评权。

(3) 奖赔制度。栽种树苗成活率达80％～90％的，奖标工10～20个；成活率80％以下的不奖不赔，成活率50％以下的赔工10～20个；苗圃育苗方面，出苗率达90％以上，而又是壮苗的奖标工20～25个，出苗率70％以上的不奖不赔，出苗率50％以下的赔工15～20个。

管林员实行"三赔三不赔"，即培育管理不力造成损失者，有灾不抗或抗灾不力者，不按操作规程办事，影响树苗生长与成活者，实行赔偿；对遭到人力不可抗拒的灾害（如火灾），以致树苗受到损失者，工作责任心强，及时发现问题、及时报告队干部而未得到支持者，管林员因事因病请假，经队部批准，队干部不另行安排人员代管，以致树苗损失者可不予赔偿。

为使奖赔制度能得以兑现落实，要求以公社为单位组织有关大队每半年评比一次，以区为单位组织有关公社每年总评一次，以评比的结果为依据进行奖赔。

自1964年初开始，潜江县四湖管理段的这一作法在全流域工程管理单位普遍推行。至1971年，四湖工程的四大干渠和16座重要涵闸的闸管所所在地，共植树2840100株。但在树木成材之后，毁林开荒、砍伐树木的现象比较普遍。据统计，在其间的8年的时间内，四大干渠上树木损失达642682株，除1969年田关河扩挖时是计划砍伐外，其他均为无计划砍伐。监利福田寺闸至新河渔场长3千米堤段的4000余株成树被全部砍光，造成一段空白堤段。其次是在渠堤迎水面耕种作物、建窑做屋、挖沙取土、渠道内沉秫枝、挖鱼坑、筑埝坝的现象仍屡禁不止。总干渠福田寺至习家口85千米渠段共建窑60余座，监利县农机三厂（周家沟）、黄歇口镇集市的房屋已做到平台以下。再者是树木成材砍伐后收益分配体制没有得到落实，绿化管理规定确定的渠堤迎水堤坡植树造林属国有队营，收益按三七开比例分成（即管理单位三成，社队七成），植树时国家还有投资（树苗补助），有的已签订合同，有的未签订合同。但树木砍伐后，管理单位的分成部分却无法兑现，砍伐后需重新栽树的树苗费无着落。田关河扩宽后，工程管理单位计划重新植树，潜江县则提出田关河要养鱼，鱼、林要一起投资一起管，给工程管理单位提出额外要求。针对上述出现的新老问题，四湖工程管理局于1971年再次提出意见。1972年7月，荆州地区革委会水利电力局根据四湖工程管理局提出的意见，制定颁发《荆州地区水利工程管理办法》（荆革水电〔1972〕第068号文），要求各地遵照执行。其主要内容如下。

(1) 落实政策，调整绿化管理体制。采取谁受益、谁管理的办法，由沿渠社队出劳力，国家适当补助，管树管堤，一般每2千米堤段配1人，由社队记工分红，林木收益按比例分成。

(2) 社队以及社队林场栽的树，原由国家投资并订有分成合同的按合同规定执行，已由国家投资而未订合同的，要求有关县、区支持工程管理单位解决好分成问题，管理部门没有投资的，现有树木，则谁栽、谁管、谁受益。树木更新后，则由四湖工程管理单位投资，订立合同，按比例分成。

（3）凡属与工程管理单位分成的社队或林场，其更新苗木（特别是杉树苗）必须从砍伐成树的收益中提出，既有利于树木更新，也有利于收益分成。

（4）田关河的鱼、林投资及管理体制问题，根据规定，应由四湖工程管理局统一投资、统一管理。

（5）空白堤段、空株、空行的树苗，要一律补栽，并栽好栽满。对乱砍滥伐林木者，除照价赔偿外，还要严肃处理。对破坏渠堤、树木的人除交群众斗争外，并依法严惩。毁林开荒、乱砍滥伐造成林树空缺的要责成砍伐者补栽好、补栽满，并要保栽保活。

（6）违反规定在堤上建窑、做屋影响排水者，由工程管理单位会同有关部门根据规定，部分或全部需要拆迁的必须拆迁，并大力宣传，今后不准在堤上建窑、做屋。

（7）渠道内的梾枝、鱼簖、鱼簾、鱼坑等阻水障碍物，一律拆除，迎水面堤坡不准耕种，已耕种的要栽上树，此后不得再耕种，不准在堤上挖沙取土。

《荆州地区水利工程管理办法》下达之后，各县四湖管理段纷纷成立基层管理组织和配备群众管养员。江陵四湖管理段下设观中、颜中两个分段；1971年成立江陵县长湖管理段，下设3个分段。1972年10月，潜江四湖管理段设田关河管理分段，建立浩口、三才、新农和高场4个管养点；设总干渠和东干渠分段，建立张金、老新、龙湾、熊口4个管养点；田关河、总干渠、东干渠共配有27名管养员。监利四湖管理段除继续坚持沿堤生产大队各配1名群管员外，又在东港、周沟、福田寺创办了3个林场。洪湖县境洪湖围堤长93.14千米，下内荆河南北堤124.53千米，专管单位为洪湖四湖管理段，下设总干渠、洪湖围堤、新堤、新螺垸、小港、乌林、大同7个管理分段，分段设管养点21个，配管养员49人。管养员常年住在管养点上，负责各自责任断面堤林管理维护工作。管养人员劳动报酬由各县四湖管理段拨给每人每年400~500个大型水利负担工，交生产队按同等劳力记工分红，每月发生活补助8~15元。叫做：户口在队、工作在堤，队记工分，统一分红。总干渠、东干渠、西干渠、田关河流经各国营农场的渠道及渠堤由各农场安排人员管理，河（渠）堤旁的工程留用土地亦由农场经营。

四湖流域工程管理工作在"文化大革命"中，出现一些破坏和干扰的现象。这主要表现是管理队伍遭受到冲击，部分管理人员离开管理工作岗位，出现工程无人管，损毁水利工程的行为无人制止。项目建设无全局观念，各行其是，违背总体规划，随意修建涵闸，自行确立工程标准，影响整个水利工程的调度运用。再者就是无视管理制度和纪律，擅自毁坏水利工程，由于"文化大革命"中无政府的状态，各级组织都可作决定。据1976年调查，仅西干渠沿渠就打坝6条，挖堤取土制砖建窑4处，而其他毁林耕种、滥挖明口、埋坟修墓、挖沙取土的现象则普遍存在。另外，各自为政，缺乏团结治水的精神，为争夺湖田，相邻地区不惜拦渠筑坝，将上游地区的排水出路堵筑，有的地方以挖压土地为由，阻止上游渠道挖通接干渠。

1977年，"文化大革命"结束，水利管理工作出现新的局面，各管理段又开始重新制定管理制度，重申纪律。明确规定四不准：不准擅自在排灌渠堤上滥挖明口，新建剅闸；不准在排灌渠内拦河打挡，设置鱼簖、笼网和修建不合设计要求的桥梁，穿渠底涵；不准超越管理权限擅自启闭涵闸；不准在排灌渠堤上埋坟、建窑、挖沙取土和擅自砍伐树木，破坏绿化。

1979年9月，荆州地区四湖工程管理局在总结过去管理工作经验和教训的基础上，重新制定《荆州地区四湖工程管理办法》（以下简称《办法》）。《办法》着重强调"修管并重"的方针，充分相信和依靠群众，调动一切积极因素，切实搞好水利工程管理工作。新的《办法》还提出管理工作要变被动管理为主动管理，不仅是管理一座闸或一条渠，而是大搞排灌区的配套建设，每座闸、每条渠从头到尾都有专业和群众相结合的管理队伍，把水管到田间，实行科学管水，合理排灌，充分发挥工程效益，为农业增产服务。同时，还强调在管理用好工程的前提下，把副业生产搞起来，提高管理人员的福利待遇，增强管理单位的经济实力，推动管理工作迈上更高的台阶。

《办法》根据"统一领导，分级管理"的原则，明确受益范围关系到两个县以上的长湖、洪湖湖面、长湖围堤、四大干渠、洪湖排涝河，以及大中型涵闸，为全民所有制。两湖湖面，由荆州地区革命委员会安排养鱼，发展水产。有关水系，水利工程由四湖工程管理局及所属的管理段和各闸管所管理，县、社、队自办工程由县、社、队组织人员建立管理机构或安排专人管理，负责管堤、管渠（河）、管树、管附属建筑物、管水。长湖围堤每1000～2000米配1人，总干渠、东干渠、西干渠、田关河、排涝河按渠道长每2000～3000米配1人。所配人员或建立的群众性的水利管理组织，属所在管理段统一领导。配备群众性管理人员的方法：一种属亦工亦农性质，发固定工资，分月投资生产队，按同等劳力参加生产队分配；另一种抵社队水利工任务，每月发给适当生活补助，由生产按同等劳力评工记分，参加分配。

《办法》进一步明确堤防、水库、渠道、涵闸、湖泊管理规定，新增排灌管理规定，指出排灌管理是水利工程管理的关键，是发挥工程效益的重要环节，是促进农业生产的有效措施，必须坚持"以排为主、排灌兼顾、内排外引、先排后引、多排少引，合理调度、固定湖面、调蓄渍水"的原则，落实好统筹安排，统一水权，统一指挥。

通过对新《办法》的贯彻执行，水利工作的重点逐步转移到管理上来，全面实行转轨变型，各县四湖管理段开始由管点（涵闸）、线（渠道）向管面（农田排灌）结合，深化工程管理。江陵县四湖管理段改称为江陵县四湖排灌管理段，下设观中、颜中、蒋家桥、西干渠4个分段和观音寺、颜家台2个电灌站，14个管水组，高峰期有管理人员202人，把管理深入到田间，实施按田配水，按方收费的改革，变水为商品由管理部门收费。对用水采取先申报计划后用水，先用水后结算的办法。在管理上做到专管和群管相结合，实行要水一张嘴，管理一条边，签字一支笔的管理办法，达到工程有人管，灌水有人抓，服务到田间的效果。在工程维修配套上做到统一规划、统一设计、统一负担、统一验收结账，确保维修配套资金到位。潜江四湖管理段承担潜江县东荆河以西（称四湖片）面积1354.04平方千米（占整个潜江县总面积2000.843平方千米的67％）地区的水利工程管理和农田排灌管理任务。监利四湖管理段于1980年下设总干分段，西干分段及已有的鸡鸣铺、彭家口闸管所，但其管理工作仍局限于工程项目上，干渠管理开展困难，更谈不上工程配套和排灌区的管理。1982年，洪湖四湖管理段管理的总干渠堤，下内荆河堤和洪湖围堤纳入洪湖县大型水利基本建设项目，其地位得到明显的提高。对此，荆州地区编制委员会于1986年5月5日，以荆机编〔1986〕26号文发出《关于重新明确各县流域性水利管理机构级别规格的通知》："江陵、潜江、监利、长湖、洪湖四湖管理段为正区级管理机构。"

20世纪80年代，四湖流域水利工程得到各方面的重视，管理机构得到加强，四湖工程管理局下设江陵、监利、潜江、洪湖4个县管理段，江陵长湖库堤管理段、刘家岭和习家口两个直辖管理段。根据管理工作的需要，下设分段20个，管养组57个，所属管理人员552人。另还有流域性重点工程管理单位16个，不属四湖工程管理局管理的人员587人。全流域有工程管理人员1139人，见表10－1和表10－2。

表10－1　　　　四湖工程管理局及所属工程管理单位和管理人员统计表（1985年）

序号	单位名称	处数	成立时间	管理人数/人		
				合计	干部	工人
一	四湖工程管理局	1	1962年2月	133	57	76
1	刘岭闸管所	1				
2	习家口闸管所	1				
（一）	江陵县四湖管理段	1	1963年	29	5	24
1	彭家河滩闸管所	1	1963年			
2	观中分段	1	1970年			
3	颜中分段	1	1970年			

续表

序号	单位名称	处数	成立时间	管理人数/人		
				合计	干部	工人
4	蒋桥分段	1	1974 年			
5	何桥分段	1	1981 年			
6	熊家沟分段	1	1981 年			
7	管养组	19		57		57
	小计			86	5	81
(二)	江陵县长湖堤管理段	1	1977 年	39	15	24
1	习家口分段	1	1981 年	3	1	2
2	关沮口分段	1	1981 年	3	1	2
3	新阳桥分段	1	1981 年	3	1	2
4	管养点	11		23		23
	小计			71	18	53
(三)	潜江县四湖管理段	1	1963 年 1 月	28	8	20
1	总干渠分段	1	1981 年 6 月	5		5
2	田关河分段	1	1981 年 6 月	8		8
3	徐李市闸管所	1		8		8
4	高场闸管所	1		5		5
5	管养点	6	1972 年 12 月	18		18
	小计			72	8	64
(四)	监利县四湖管理段	1	1962 年 10 月	45	15	30
1	总干分段	1	1980 年	8	1	7
2	西干分段	1	1980 年	7	1	6
3	鸡鸣铺闸管所	1	1963 年 8 月	2		2
4	彭家口闸管所	1		2		2
	小计			64	17	47
(五)	洪湖县四湖管理段	1	1962 年 10 月	31	24	7
1	沙口分段	1	1981 年 8 月	3	1	2
2	张大口分段	1	1982 年 2 月	19	1	18
3	张大口闸管所	1	1962 年 12 月	2		2
4	子贝渊闸管所	1	1963 年 3 月	2		2
5	小港湖闸管理处	1	1962 年 10 月	5	1	4
	管养点	21		64		64
	管养点小计			126	27	99
	合计			552	132	420

表 10 - 2　　　　不属四湖工程管理局的四湖重点工程管理单位及人员统计表 (1985 年)

序号	单位名称	成立时间	隶属单位	管理人数/人		
				合计	干部	工人
1	沙市长湖库堤管理段	1974 年 12 月	沙市水利局	9	1	8
2	三闸管理处	1982 年	洪湖防洪排涝工程建设总指挥部	36	4	32
3	下新河闸管所	1977 年	洪湖防洪排涝工程建设总指挥部	4	1	3

续表

序号	单位名称	成立时间	隶属单位	管理人数/人		
				合计	干部	工人
4	子贝渊闸管所	1977 年	洪湖防洪排涝工程建设总指挥部	4	1	3
5	万城闸管所	1963 年	江陵县水利局	14	5	9
6	螺山泵站管理段	1971 年	监利县水利局	65	6	59
7	杨林山泵站管理所	1984 年 5 月	监利县水利局	53	5	48
8	半路堤泵站管理所	1978 年	监利县水利局	74	9	65
9	新沟嘴泵站管理所	1974 年	监利县水利局	63	7	56
10	兴隆镇闸管所	1962 年 7 月	潜江县水利局	8	2	6
11	田关闸管所	1960 年 5 月	汉江修防处	10	2	8
12	老新泵站管理所	1976 年 2 月	潜江县水利局	38	5	33
13	荆门长湖库堤管理段		荆门市水利局			
14	新滩口双闸管理所	1965 年	洪湖县水利局	56	16	40
15	高潭口泵站管理所	1977 年	洪湖县水利局	148	13	135
16	新堤大闸管理所		洪湖县水利局	5	2	3
	合计			587	79	508

为加大工程管理的力度，1985 年 11 月 26 日，荆州地区行政公署公安处、水利局联合以荆行水秘字（85）第 158 号文发出《关于加强水利工程管理和保卫工作的通知》。要求各级公安部门和水利部门加强对水利工程的保卫和管理，水利工程的管理体制不要随意变动，管理机构、人员要根据需要适当调整加强。保卫工作任务繁重的大型水利工程单位，可以设置民警，行政上由水利管理单位领导，业务上在当地公安机关领导下进行工作。重要的水利设施要有安全防护措施，不让犯罪分子有可乘之机。要通过各种形式宣传水利工程的各项管理制度规定，教育群众不要在堤防、水库、涵闸、泵站、渠道等建筑物周围进行违反规定有碍工程安全的活动。在纠正违章工作中，公安和管理人员要坚持原则，勇于负责，敢于同破坏水利设施的现象作斗争。按分级管理的原则，对已有工程进行一次全面清查整顿，查工程现状，查效益情况，查损坏程度及原因。对有关责任者，应根据性质、情节，分别作出处理。对那些人为破坏的重大案件，公安、水利部门密切配合，共同组织力量抓紧侦破，坚决依法严惩。各县选择一两个典型案例，采取公捕公判的形式，以张扬法制，震慑罪犯。

1989 年，水利部颁发《关于建立水执法机构的通知》。根据以上通知要求，后经荆州地区公安处批准，四湖工程管理局下属单位成立洪湖新滩口水利派出所、田关水利派出所、高潭口泵站民警室、江陵四湖堤防派出所、洪湖四湖水利派出所、潜江四湖派出所、监利四湖民警室、刘岭闸管所民警室。水利派出所除所长由公安机关选派外，其他人员由工程管理单位内部产生，享受公安民警的待遇，经费由工程管理单位解决，所需装备由公安处按规定给予价拨，依法管理水利工程设施。

1990 年 2 月 20 日，荆州地区编制委员会以荆编办〔1990〕11 号文发出《关于地区四湖工程管理局将保卫科改为水利公安科的批复》，四湖工程管理局设置水利公安科，定员 3 人，统一领导和管理四湖流域水利执法工作。

1993 年 4 月 16 日，荆州地区行政公署水利局以荆行水水政资〔1993〕059 号文发出《关于成立"荆州地区四湖水政水资源监察室"的批复》，由郭再生兼任监察室主任，雷世明、祝友森任副主任、李建平任水政监察员。

水利公安、水政水资源监察两支队伍的建立，使四湖流域水利工程的管理逐步走上法制化的轨道。

20 世纪 90 年代开始，水利工程开始实行目标管理。1991 年 7 月 1 日，水利部以水农水〔1991〕

10 号文作出《关于颁发水利部部级灌溉排水工程管理考核评审办法（试行）的通知》，计划对大型灌溉排水工程管理单位，即大型灌区（有效灌溉面积 30 万亩以上），中型灌区（有效灌面积在 1 万～30 万亩）、大型泵站（装机总容量 10000 千瓦以上，或有效灌溉面积在 30 万亩以上）、中型泵站（装机总容量为 1000～10000 千瓦，或有效灌溉面积 1 万～30 万亩）进行考核，旨在实现灌溉排水工程管理单位各项管理工作科学化、规范化、制度化，逐步形成良性循环的运行机制，更好地为农业生产和国民经济发展服务。同时，水利部还制定具体的评审办法和考核评审的内容，以及考核与评分标准。文件下达后，四湖工程管理局根据实际情况于 1990 年 10 月 4 日以荆四管〔1990〕80 号文作出《关于下发泵站、涵闸、河道、堤防管理达标条件的通知》，制定《涵闸管理达标条件》《渠堤管理达标条件》《泵站管理达标条件》。各县四湖管理段按堤防、涵闸达标的要求整治后，做到堤防"四无"，即堤面、堤坡、平台无坑洼、沟槽，堤坡无高秆草，工程设施无人为损坏，管理范围无违章；涵闸环境卫生，闸室内外无灰尘杂物，启闭设备灵活；防护林成活率达标准后，向四湖工程管理局呈报验收报告，要求予以验收。泵站管理按省水利厅颁发的标准进行整治到位后，向省水利厅报告要求予以验收，新滩口、高潭口经验收为管理达标泵站。自 20 世纪 80 年代初开始，四湖流域农村实行联产承包生产责任制，并取得非常巨大的效果。这种成功的经验被引用到水利工程管理部门。自 1984 年开始，各县四湖管理段根据农村改革的成功经验和各地的实际情况，将渠（湖）堤堤林承包沿堤农户和专人管理。管理的形式可分为两种。

（1）由管理单位直接管理，专人承包。将沿堤的涵闸及以涵闸为基础的堤林（涵闸的左右 200～300 米）承包到专人，签订"五管一包"的承包合同，即管涵闸启闭、水位测报、流量记录、管堤（包括平台和禁脚），管坡，管树，管拦路卡（晴天通行、雨天禁行），经费全年包干、年终结账。江陵县长湖管理段负责 42 千米长的长湖库堤及沿堤 11 座涵闸的管理，在管理体制改革之前有 42 名管理人员，通过 1984 年的改革，实现专人承包管理，使管理人员减少为 21 人，减少 50％。

（2）沿渠（堤）农户承包管理。农村实行联产承包责任制后，原由社会安排上渠堤负责堤林管理的管养员，因工程管理单位拨付的水利工无法兑现（农业生产队不存在），管养员的报酬无法保障，也就无法安心从事管理工作。面对新的情况，渠道和堤防管理部门开始试行沿堤农户承包。承包的原则是以近就近，将渠（湖）堤上的堤林承包给沿堤农户管理，实行"三管"。即管堤（包括堤身、内外平台和禁脚），管坡（预制块护坡和块石护坡），管林（防浪林和防护林）。承包管理的职责要达到"四无八不准"，即堤面无跌窝，堤坡无沟槽，堤身无杂草，平台无荒芜；不准在堤身、平台和禁脚内开沟、打井、挖鱼池、爆破、建房、修建筑物、整禾场和挖砂取土；不准在堤身、平台上埋坟；不准在平台边坡上耕种；不准在堤身和平台上堆放柴草及与堤防无关的物资；不准雨天在堤面上行驶机动车辆；不准破坏绿化林木；不准动用防汛物资器材和堤防设施；不准在防汛期间在堤身上拴牛，在堤林中停船，在渠中设渔网。

承包者的挑选由工程管理单位，会同当地区、乡、村一道选择有堤林管理责任心，有一定劳动能力，有堤林管理技术，有一定威信，有一定家产的农户为承包对象，落实承包堤段，签订承包合同。承包期 10～15 年，由各县四湖工程管理段与承包者作为甲、乙两方，由各县司法局公证处公证，四湖工程管理局和各县人民政府予以监证。

承包者在承包期内的头三年里，将防浪林、防护林中的空缺和空白堤段按规定标准补栽齐树苗。承包期保证树苗的成活率在 90％，并应加强林木的管理，及时松土、培根、浇水抗旱、开沟排水、施肥、治虫、整枝、砍伐、更新，以及防损坏、防偷盗。管理经费由承包者承担。

林木的整枝、砍伐和更新必须经甲、乙双方协商并订立凭据，报上级主管部门批准后方可动工。任何一方违反者，除赔偿双方按承包期计算的经济损失外，还要按有关法规规定处以罚款。

林木收入按二八比例分成，即工程管理部门分二成，承包者分八成。承包期间内的空段和缺苑及间伐后的新栽林，承包者可自投树苗，自栽自管自受益，工程管理部门不分成。如承包者投树苗和开发资金有困难，要求工程管理部门投苗或投资的，仍按二八比例分成。平台上林下间作的农作物，其收益部分全部归承包者。

承包者所承包的堤段只有管理权，无所有权，除经营林木外，还必须承担堤、渠的管理工作，管理部门还每月对承包者承包的堤段进行一次巡回检查，不符合管理要求的应立即整改，使之达到标准，如若达不到合同要求的，则按合同签订的具体要求赔偿甲方的损失。

四湖流域水利工程管理体制经改革后，管养人员（承包人）实行就近承包堤段，吃住在家，劳动在家，利用早晨夜晚、工余雨天、看护树木、管理堤渠，两者都能兼顾，并还可创造一定的经济效益。再者，工程管理部门所挑选的承包者，大多是当地退任的村支书、村长、多年从事领导工作，具有很强的事业心和较高的威望，沿堤的村民也都服从其管理，破坏工程设施和砍伐护堤林木的行为大为减少，这为水利工程管理带来好处。此办法一经推广，全流域工程管理普遍采用，管理人员大量减少，工程管理的效果却好于以前。

2002 年开始实施农村税费改革，减免农民义务工，沿堤乡镇、村组群管人员被逐步清退，管养点（组）随之开始撤销，分段亦作相应调整，实行水利工程专业化管理，管理组织由四级变为三级，即四湖工程管理局、各县（市、区）四湖管理段、分段、管养组，变为四湖工程管理局、各县（市、区）管理段、分段，撤销管养组。另由于行政区划的变更，田关泵站收归省水利厅直接管理，潜江市从荆州分出，成为省管市，潜江四湖管理局也脱离荆州四湖工程管理局单独设局。沙市市和荆州地区合并成立荆州市，设立沙市区长湖管理段隶属荆州四湖工程管理局。

2003 年 4 月 2 日，荆州市人民政府以荆政电〔2003〕2 号文件作出《关于四湖流域县（市、区）管理段经费补助渠道变更的通知》，从 2003 年起，荆州市政府不再向四湖流域所在县（市、区）征收水（电）费。为此，由过去荆州市四湖工程管理局在征收的水（电）费中补助给荆州区、沙市区、江陵县、监利县、洪湖市四湖管理段的人员经费，改由各县（市、区）本级排涝费或财政补助费中解决。四湖工程管理局与各县（市、区）四湖管理段再无经费往来，管理模式也由紧密式变成松散式结构。

2007—2008 年，国家投资对四湖总干渠、西干渠进行疏浚扩挖，结合工程建设，对堤身、平台和禁脚，按每亩 2 万元的标准付给沿堤村组，实行征收，并与村组签订征收合同，绘制地形图，确定界线，在明确管理范围的基础上，向土地管理部门申领土地使用证（由于领取土地使用证需要一笔较大的经费，故有的县（市、区）管理段领取土地使用证，有的县（市、区）管理段没有领取土地使用证）。在明确土地管理范围后，面向社会竞卖水利工程用地林木经营权，竞卖的标的为每亩 1 万元，10 年为一个周期，竞卖者得到经营权签订经营管理合同，负责树木的种植与管理，树木砍伐时需征得工程管理部门的同意方能砍伐。在林木经营的同时，还需管堤、管渠，出现损毁水利工程和违法建筑的现象要及时报告工程管理部门，由工程管理部门派人处理。

第二节　湖库堤防管理

经多年建设，长湖已成为平原水库，洪湖为调蓄湖泊，分别起着拦截四湖上区洪水和调蓄四湖中、下区渍水的作用。因此，这两座湖泊堤防的建设与管理工作，直接关系到四湖流域的防洪排涝。自 1955 年以来，"两湖"工程管理单位，运用工程与非工程相结合的措施，以维护工程完整为基础，以保护工程安全为重点，做了大量卓有成效的工作。

一、长湖库堤管理

长湖是一座位于四湖水系上、中区交汇处的主要调蓄湖泊，主要接纳四湖上区 2265.5 平方千米的来水，当水位在 30.50～32.50 米时，水面 150 平方千米，有效调蓄量为 2.72 亿立方米。长湖库堤（亦称长湖围堤）位于长湖南岸，是通过治理长湖，由中襄河堤多次改线、培修演变而成，全长56.11 千米。其中牟家洼至关沮口、王家洼至徐家嘴两段高岗无堤，长度 8.17 千米，实有堤防长

47.93 千米。沿堤建有新阳闸、狮子剅闸、沙门桥闸、横大路闸、杨林口闸、花兰墩闸、五支渠闸等7 座主要涵闸。

（一）管理机构

1953 年，江陵县政府批准设置中襄河管理段，管理上起沙市曾家岭，下至岑河口施家垱 57 千米堤段，隶属江陵县水利局领导。1954 年 6 月精简机构时撤销荆襄河管理段，荆襄河堤防由江陵县草市、岑河两区区公所安排沿中襄河堤乡干部及有工程管理经验的人员组成中襄河堤堤防委员会管理。1958 年建立人民公社，由岑河、将台两公社水工组按辖区分段管理。1971 年江陵县政府行文设置长湖管理段，段址设关沮口，隶属江陵县水利局领导，负责管理沙门桥至横大路、关沮口大坝、杨岔股子至朱家拐堤段的修防事务。1981 年长湖管理段改称为江陵县长湖库堤管理段，属荆州地区四湖工程管理局和江陵县水利局双重领导。段址由关沮口迁至观音垱。1994 年，长湖库堤管理段随荆沙合并行政体制的变更，一部分划归沙市区，一部分划归荆州区，分别组建荆州市四湖工程管理局沙市长湖管理段、荆州市四湖工程管理局荆州区长湖管理段。其中沙市长湖管理段管理长湖库堤雷家垱至朱家拐段，长 45.94 千米；荆州区长湖管理段管理长湖库堤矶峨山至沙桥门段，长 6.70 千米。

（二）管理规定

长湖规划固定湖面积为 150 平方千米。在固定的湖面以内主要用于调蓄渍水，发展水产、综合利用，不准围垦。长湖库堤是管理的重点。

（1）堤身不准栽树，不准做禾场，不准耕种作物，不准挖沙取土，不准做屋、建窑、建牛栏、建猪栏，不准埋坟，不准割草皮积肥，不准挖堤修路，不准挖明口，已有危及堤身安全的房屋、窑洞、牛栏、猪栏、坟墓、禾场、明口等由有关单位立即组织拆迁和填好，凡需修建闸泵在堤身挖口，应经所属管理段实地查勘，报四湖工程管理局同意。

（2）护岸工程，要人人爱护，不准翻动，不准搬走，如发现盗运护岸石方、预制块，要进行彻底追查。

（3）未铺石的堤面，车辆行驶要晴通雨阻，严禁雨天通车。

（4）留足禁脚，稳定堤基，巩固堤身。禁脚宽度为：一般堤段 10 米，险工险段 20 米；禁脚以内不准挖沙取土，不准做屋、建窑、建牛栏、建猪栏，不准埋坟、挖粪窖，不准割草皮积肥；距堤脚50 米以内不准挖鱼塘。

（三）管理措施

长湖库堤按每 2 千米配 1 名护堤员，其职责是：管堤、管闸、管堤防禁脚、管护坡、管树。所开展的工作是：

（1）进行经常性的巡查和堤防养护及涵闸维修。

（2）发动沿堤群众订立"护堤公约"，保护堤身、禁脚及护坡石的完整，库堤护岸砌石和预制块不准翻动、搬走，防汛抢险物资器材及通信、照明设备，任何单位和个人不准挪用、转让和盗卖，库堤路面设拦车卡，雨天禁止通行。

（3）开展植树造林，由工程管理部门进行全面规划，沿堤乡镇按规划实行包栽、包活、包成林，同时对沿堤群众经常进行护堤护林、人人有责的宣传教育，依靠群众，管好堤防，护堤员负责保护好树木，培植、繁育和保护堤身的植被绿草，拔除一切杂草、害草和荆棘，保证堤坡无雨流沟槽。

（4）保护好库堤禁脚范围，一般堤段内外各定 10 米，险工险段内外各定 20 米，禁脚内的土地及老中襄河堤属国家所有，严禁建房、烧窑、埋坟、挖沙取土，挖堤修路或修渠，距堤脚 50 米以内不准挖鱼塘，在禁脚、平台上植树造林必须在工程管理部门规划范围内，由工程管理部门安排下进行，新阳桥闸上下各 300 米，狮子剅闸上下各 100 米，其他涵闸上下各 50 米堤段属涵闸管理所管理和绿化。

（四）管理举措

1. 制止围湖垦殖

新中国成立之初，长湖在高水位期间（水位 33.00 米），湖泊面积达 229.38 平方千米，有效调蓄容积为 7.63 亿立方米。1962 年、1965 年，习家口闸、刘家岭闸先后建成，完成了对长湖排水的人工控制，随之而来的长湖围湖垦殖也日趋严重。1953—1990 年，荆州、荆门两市在湖岸围垦堵筑湖汊共 64 处，面积为 69.71 平方千米，开垦农田 50778 亩，开挖鱼池 53793 亩。自四湖工程管理局成立开始，把制止围湖垦殖作为长湖管理的一个重要方面。

（1）1972—1974 年对彭塚湖围垦的处理。

彭塚湖由鄢家湖、潘家湖、宋湖 3 个小湖组成，是长湖水系的一部分，规划调蓄面积 18 平方千米，承担上游傅家场河 228 平方千米的调蓄任务。

1972 年冬，荆门县组织数千人开始围垦彭塚湖。1973 年 12 月 30 日，荆州地区革委会发电报制止，荆门县没有执行。至 1974 春，彭塚湖已围垦约 2/3，且围堤较大，彭塚湖出口的殷家河拓宽，严重地影响彭塚湖调蓄渍水。

此后，潜江县在殷家河河口王东公社荷花二队处打了一道土坝，阻止上游来水。

鉴于上述情况，荆州地区水利电力局召集四湖工程管理局、荆门县水利电力局于 1973 年 12 月 26 日开会商讨对彭塚湖的运用管理问题，经商讨确定：①可适当疏洗殷家河，但不准破湖挖河筑堤，禁止围垸；②已围垸的堤埂不准再加高，已开垦的荒田只能是水小收，水大丢；③潘家湖和鄢家湖本来就是彭塚湖的两个湖汊，不准在两湖之间筑堤，如需分开养殖的话，也只能是做拦鱼设备，不能筑坝，只能是挡鱼，不能挡水；④现已开挖的湖滩部分，荆门县应立即停止施工。

根据上述意见，四湖工程管理局于 1973 年 12 月 28—30 日派人再次检查，发现在湖滩施工的部分劳动力转移到疏洗殷家河的工地上，围湖根本没有停下来，且荆州地区会议的精神也没有很好传达下去，仅说在 15 天之内挖通殷家河后再筑围堤。

1974 年春，荆门县再次组织劳力施工。5 月 24 日，荆州地区革委会以荆革〔1974〕20 号文批转荆州地区水电局《关于荆门围垦彭塚湖的情况及处理意见的报告》。要求荆门县在彭塚湖的围垦应彻底刨毁，恢复到 1972 年以前的状况，对 1972 年以前的小堤也不准加高培厚，已经加高的要刨毁到原有的高程。潜江在殷家河口修的堤坝要挖开，恢复到原有河库段面，今后不能再打坝堵口。对彭塚湖的治理，应本着上下游兼顾的原则，统一规划，荆门、潜江两县应该做好干部、群众思想工作，发扬团结治水的风格，认真解决好这一矛盾。

在实际的实施过程中，宋湖已被围垦，1973 年冬至 1974 年春，荆门后港、李市两区在彭塚湖的主体部分鄢家湖破湖挖河，形成一河两堤，致使上游 228 平方千米的来水没有湖泊调蓄，顺河而下的渍水抬高下西荆河水位。为妥善地解决彭塚湖调蓄与围垦的矛盾，四湖工程管理局提出四种比较方案：

1）彭塚湖与长湖之间开挖一条长 1000 米的渠道，实行联合运用。运用此方案的结果是增加长湖汇流面积，抬高长湖水位，拖延长湖排水时间，对长湖排水不利。

2）彭塚湖与借粮湖联合运用。但借粮湖的湖底比彭塚湖低 1 米，根据规定确定借粮湖在 30.00 米以下的高程为调蓄区，实际调蓄面积只有 11.23 平方千米，容量为 4000 万立方米，除直接承纳 80 平方千米的来水外，在特殊情况下，还要调蓄西荆河上游的来水，以减轻下西荆河和田关河的压力，不能再承受彭塚湖的来水。

3）彭塚湖的来水不经调蓄，直排入西荆河，但西荆河汇流面积为 657 平方千米（包括彭塚湖汇流面积 228 平方千米），按长湖以上拾桥河水文站多年实测数据表明，50 年一遇 3 日暴雨，西荆河下游最大洪峰流量达 180 立方米每秒，西荆河下游河床不能满足过洪的需要，壅高田关河的水位，影响长湖泄流。

4）根据上述情况，彭塚湖必须采取固定湖面、调蓄渍水、削减洪峰的办法来上下游兼顾，保证下游堤防的安全。

综合治理彭塚湖的初步办法是，沿湖 30.50 米等高线围堤一道，控制调蓄面积 9.31 平方千米，有效调蓄量 3534 万立方米，达到 50 年一遇 3 日暴雨的设计标准，结合考虑水产综合利用，拟定起调水位 30.00 米，在殷家河建节制闸控制边蓄边排。调蓄区以外的面积可适当开垦种植。彭塚湖治理规划见图 10-1。

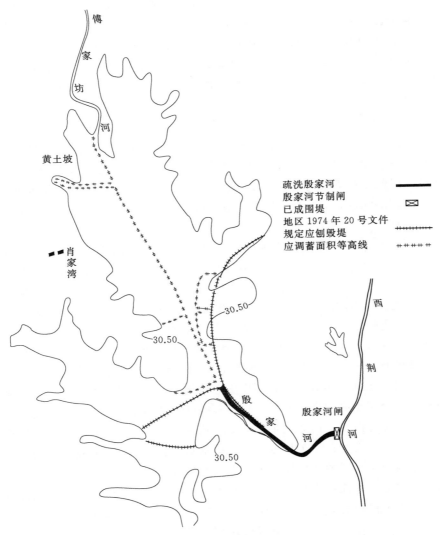

图 10-1 彭塚湖治理规划示意图（单位：m）

（2）1972 年、1994 年对蝴蝶嘴等处围垦的处理。

1972 年，荆门县李市区蝴蝶公社围垦蝴蝶嘴，围垸面积 1500 亩。围堤施工时，四湖工程管理局派人到现场劝阻，围垦施工的带队领导和民工都置若罔闻。对此，四湖工程管理局将四湖流域盲目围垦湖泊的情况及处理意见报告给荆州地区革委会。1972 年 10 月 16 日，荆州地区革委会以荆革〔1972〕132 号文批转四湖工程管理局《关于盲目围垦湖泊情况的报告》。要求各地停止盲目围垦湖泊。按照统一规划、统一治理的原则，如需围垦，应报经地区革委会批准。未经批准盲目围垦的堤埂，不准再加高培厚，若遇多雨年份内涝威胁基本农田时，再刨毁调蓄。湖边滩地可根据地面高程，能种一季收一季，或种高秆作物，水小就收，水大就丢。通知传达后，长湖围垦得到暂时停止。

1994 年秋，天晴久旱，长湖水位低于 29.59 米，库区内洲滩暴露，沿湖村民乘机擅自围湖建鱼塘。沙市长湖村 1 组率先在长湖内围湖 200 亩，荆门市蝴蝶村 2 组随后围垸 30 亩，江陵县文岗村、高阳村相继围湖，并相互攀比，极难制止。因行政区划所限，1994 年 7 月 27 日四湖工程管理局以荆四管〔1994〕36 号文向湖北省水利厅呈报《请求制止非法围湖的报告》。8 月 19 日省水利厅派水政处负责人来现场处理，长湖围垸鱼池现象得到初步制止。

2. 确权划界

1977 年 4—11 月，由荆州区水利局牵头，荆州区土地局派员协助，对荆州区境太湖港全长 16.5千米南北两岸的堤防进行确权划界的前期工作，将工程管理范围内需要征用的土地进行了调整登记造册、埋设界碑、测量绘图，并和沿堤 18 个单位指认界线，与 27 个村组签订征用工程管理面积协议。经与被征用单位协商，太湖港南北两岸堤防共需征用面积 568.6 亩，其中：南岸共 275.6 亩，每亩补偿费 3000 元，计需 82.68 万元；北岸共 293.2 亩，每亩补偿费 2000 元，计需 58.64 万元；共需 141.32 万元。外业完成和补偿资金支付后，办理土地使用证。

3. 修筑建筑物管理

2001 年 1 月 18 日，四湖工程管理局以荆四局管〔2001〕02 号文作出《关于在长湖中建设高压线铁塔的复函》，同意在不影响防洪安全，河势稳定及行洪畅通的前提下，在长湖调蓄区内设立两基铁塔。批准设立的位置在铁鞭古祠至吴王墓之间的滩地上，避开行洪主槽，并希望施工单位提供工程有关资料及设计图纸，以便对铁塔设立的位置和界限审查和监督实施。长湖为大型调蓄湖泊，按 100 年一遇洪水设计，最高防洪水位 34.00 米。长湖航道等级为 300 吨级，其通航水位和船桅高度要求建议征求航道管理部门意见。

2001 年 2 月，长江中华鲟科技责任有限公司在沙市区关沮乡凤凰山修建工厂化渔业养殖基地。当工程修建完成后，其基地的排水则需要跨长湖库堤排入长湖。经沙市区关沮乡人民政府出面与沙市长湖管理段商议，由沙市长湖管理段于 2001 年 2 月 2 日以沙长发〔2001〕2 号文向四湖工程管理局转呈了《关于修建凤凰山排水闸的请示》，具体要求在桩号 9＋600～11＋100 堤段中每隔 50 米埋设横跨堤面直径为 300 毫米排水涵管一根，共计 30 处，以及在 11＋100 处修建闸孔为 2 米×1.25 米（宽×高）的排水闸一座。同年 3 月 1 日，四湖工程管理局以荆四局管〔2001〕05 号文作出《关于在长湖库堤修建水工建筑物的批复》，原则同意沙市区关沮乡在长湖库堤修建水工建筑物的请求。同时也强调指出：①此工程项目的实施必须服从于长湖库堤总体规划，穿堤建筑物的设计图纸须报四湖工程管理局勘察设计室审批，施工也必须由具有相关资质等级证书的施工单位承担；②此工程项目的实施不得以任何理由侵占堤防保护范围，高岗地带保证堤面宽度达到 8 米，沿堤另留 2 米宽截流沟；③此工程项目建设资金由地方政府自筹；④工程竣工后，排水闸所有权属沙市长湖管理段，汛期由工程管理部门统一调度，其维修与防汛时的守护任务由地方政府自行承担。

在主体工程完工之后，长江中华鲟科技责任有限公司又于 2001 年 8 月 20 日向沙市区长湖管理段送交《关于在长湖凤凰山段修建辅助设施的报告》。后经沙市长湖管理段转呈，2001 年 8 月 28 日，四湖工程管理局作出《关于在长湖凤凰山堤段修建辅助设施的批复》，在不影响长湖整体规划的前提下，同意在凤凰山堤段续建辅助设施，即：钻探井 3 口，提水泵站 2 座，输水管道 5 根，鱼池、挡土墙、实验楼、科研楼、锅炉房、沿湖两侧 1 米宽绿化带，钓鱼带及钓鱼台。辅助设施修建的长湖库堤段（桩号 9＋100～10＋900），位于高岗地段，堤面高程 34.50 米，高岗地段高程为 37.00～38.00米。为确保工程完整及防洪安全，应做到：①所建鱼池、钻探井必须离开堤肩（背水面）15 米以外，提水泵站、输水管道、钓鱼台等所有迎水面建筑物，设计施工图纸须经四湖工程管理局审批后才能动工；②防汛公路背水一侧严格按要求做好滤水沟；③禁止在堤面设置任何障碍物（含规划中的门房、防汛通道铁门、透视栏杆等），以确保防汛通道畅通无阻；④严把工程质量关，不能留下任何防洪隐患，汛期长湖库堤（桩号 9＋100～10＋900）段，由长江中华鲟科技责任有限公司派专人防守，服从长湖防汛指挥部的统一指挥；⑤此堤段所修建筑物为临时建筑物，管理权属荆州市四湖工程管理局沙市长湖管理段，当防洪工程建设需要时，应无条件拆除，且不承担任何赔偿事宜。

2001 年 12 月，四湖工程管理局组织专班对长湖库堤进行专项检查时，发现长江中华鲟科技责任有限公司在长湖库堤凤凰山段堤面修建辅助设施时违背批复的要求，在堤面上修建防汛通道铁门、门房、透视栏杆等建筑物，四湖工程管理局除现场制止外，并于 2001 年 12 月 29 日，以荆四管局〔2001〕61 号文对长江中华鲟科技责任有限公司发出《关于清除长湖库堤凤凰山堤段违章建筑的通知》，责令其自行拆除一切违章建筑物，恢复堤段原貌，确保防洪通道的安全。

4. 制止违法耕种

潜江市负责管理和防守的长湖库堤从朱家拐闸至刘岭闸，长 2050 米，分属荆州市沙市区观音垱镇北洲村和荆门市沙洋县毛李镇蝴蝶村地段。1978 年冬，潜江县组织劳力对此段堤防进行加固，并修筑了 6～8 米宽的平台。堤防加修后，沿堤村民仍在堤防禁脚上进行耕种，而一直得不到制止和处理。

2001 年 7 月 12 日，湖北省政府省长张国光、副省长贾天增在省政府办公厅《要情快报》第 88 期上作重要批示，要求对长湖库堤潜江市防守段面，违法耕种的问题进行果断的处理，杜绝隐患，确保安全。为认真贯彻落实省领导的指示，省水利厅派人到现场进行核实，并于 7 月 24 日在荆州召开四湖地区防洪排涝协调领导小组会议，对依法清障工作进行部署，并以鄂水水〔2001〕142 号文明确责任与要求。

（1）确定潜江市负责管理和防守的从朱家拐至刘岭闸 2.05 千米堤段内禁脚为 10 米（从堤身内坡斜与平地的交叉点算起）。

（2）对堤内现有鱼池距堤脚的距离进行测量，凡禁脚小于 10 米的，按照谁开挖，谁负责恢复的原则，必须于 8 月底前填到 10 米，以确保留足堤防禁脚。属填筑的禁脚的边坡要多方筹集资金，尽快进行护砌，以进一步维护堤身的稳定。

（3）对在堤防禁脚和堤坡上违法种植的农作物，限期于 8 月底清除。

（4）鉴于该堤段内的三洲村、北洲村所辖行政区划分属荆州市和荆门市，其清除农作物及填池工作，由荆州市、荆门市负责。荆州市责任人荣先楚（荆州市水利局局长）、王德春（荆州市水利局副局长、总工程师）；荆门市责任人姚国银（荆门市水利局局长）、胡登贵（荆门市水利局副局长）。有关工作由湖北省四湖地区防洪排涝协调领导小组办公室负责具体指导，并进行检查、督办和落实。

（5）违法耕种问题的处理完成后，潜江市要迅速实施禁脚植树、堤坡种草，切实加强日常维护和管理。

（6）此项工作完成后，由湖北省四湖地区防洪排涝协调小组办公室进行验收并将有关情况上报省水利厅和省防办。

接到湖北省水利厅《关于坚决处理长湖库堤潜江防守段违法耕种问题的通知》后，湖北省四湖地区防洪排涝协调领导小组办公室派员会同荆州市、荆门市水利局，以及沙洋县、沙市区水利局和毛李镇、观音垱镇等单位负责人到实地进行察看和调查，掌握长湖库堤潜江防守从朱家拐至刘岭闸长 2050 米堤段禁脚的耕种情况，其中属荆州市沙市区观音垱镇北洲村地段 405 米，在堤坡和平台上的违法耕种面积约 10 亩；属荆门市沙洋县毛李镇蝴蝶村、窑场村地段 1645 米在堤坡和平台违法耕种面积约 120 亩。根据掌握的情况，各县（市、区）和乡镇负责人，分别联系各自所属村组及农户，落实具体的清除任务，安排完成的具体时间。为进一步明确责任，按责任范围和标准距离，督促栽竖标界，注明清障人。

经反复宣传和细致工作，清障工作于 8 月底全部完成。按规章填筑后，朱家拐至刘岭闸堤段的平台宽均达到 10 米，符合长湖库堤禁脚的规定要求。为认真落实完成清障和填筑恢复任务，加强长湖库堤的管理工作，四湖工程管理局派人与乡镇清障责任人一起与农户签订禁止耕种的责任书，给予农户适当的补偿，促使清障行动的加快和巩固清障成果，对清障前后的堤坡、平台分别给予拍照、记录。同时，要求潜江市参与清障、填筑后的验收工作，并及时地实施禁脚植树、堤坡种草，加强日常维护与管理，确保堤防安全，促进堤防管理。

二、洪湖围堤管理

新中国成立初，洪湖东西长 40 千米，南北宽 27.5 千米，水位 27.00 米时，湖泊面积达 735.19 平方千米，总库容 22.5 亿立方米，湖岸周长 240 千米。洪湖不仅承担四湖流域渍水调蓄，而且还承担汛期长江、东荆河洪水倒灌时的蓄洪任务。

1955—1959 年，洪湖隔堤及新滩口排水闸的兴建，实现江湖分家，遏制江水倒灌，从而使洪湖水位平均下降 1.51 米，部分地势较高的湖滩露出水面。为围湖垦殖创造了条件。至 1980 年，洪湖共被围垦 386.6 平方千米，只剩下 348.4 平方千米，仅为原洪湖面积 735.19 平方千米的 47.4%。1980 年，四湖流域大涝，由于调蓄库容不足，导致大片农田受涝成灾。灾后，为吸取 1980 年大水的教训，确定以洪湖围堤为界，围堤内除保留洪狮大垸、王小垸，其余 402 平方千米确定为汛期调蓄水面，承受四湖流域上、中区 9219.8 平方千米的来水。洪湖围堤全长 149.13 千米，其中洪湖市境长 93.14 千米，监利县境长 55.99 千米。

（一）管理机构

1962 年 10 月、12 月，分别成立"荆州地区四湖工程管理局洪湖管理段""荆州地区四湖工程管理局监利管理段"，主要工作职责是管理下内荆河和四湖总干渠。1966 年，四湖总干渠与洪湖的分家渠开挖，监利四湖管理段管理四湖总干渠福田寺至加堰港长 11.11 千米的北岸洪湖围堤和福田寺至窑子口长 12.88 千米的南岸洪湖围堤，共长 23.99 千米；洪湖四湖管理段管理从加堰港至小港（30.73 千米），以及子贝渊河堤（7.25 千米）和下新河堤（8.06 千米），计长 46.04 千米。两县（市）共管理洪湖北部围堤（以四湖总干渠堤以及入湖引河左右堤防替代）70.02 千米。

1971 年开挖螺山渠，挖河筑堤，形成洪湖西部堤防。为管理渠道及堤防，1972 年成立螺山渠道管理段。1994 年，利用世界银行贷款加修螺山渠道北堤。1996 年 4 月更名为"监利县洪湖围堤管理段"，隶属监利县水利局，管理长 32 千米的洪湖西部围堤。1980 年，洪湖县将所属沿洪湖的小港闸至张大口闸长 6.74 千米，张大口闸至挖沟子闸长 5.57 千米，挖沟子闸至新堤排水大闸引渠堤长 10.55 千米，新堤排水大闸引渠堤沿新螺垸至螺山渠堤（洪湖西部围堤）长 24.10 千米，东南部共长 47.10 千米的堤防纳入全县大型水利基本建设项目，并设立洪湖四湖管理段洪湖围堤管理分段，负责管理该段堤防。至此，洪湖围堤基本形成，负责管理洪湖围堤的单位有监利四湖管理段、监利县洪湖围堤管理段、洪湖四湖管理段 3 个单位。

（二）洪湖调蓄区管理

1965 年破洪湖开挖福田寺至小港段的河湖分家渠，形成四湖总干渠下段，保存洪湖自然调蓄面积为 435.27 平方千米。此后，沿洪湖边缘又先后围挽了洪狮大垸、三八垸、金塘垸、斗湖垸，占用洪湖调蓄面积 33.27 平方千米。1980 年大水后，修筑洪湖围堤，围堤以内 402 平方千米为固定调蓄湖面，规定任何单位和个人不得侵占，沿湖各单位和个人开发利用洪湖水资源，应服从四湖流域水利规划，在保证调蓄，以利防洪排涝的总体安排下，实行兴利与除害相结合的原则，发挥综合效益。

1986 年冬至 1987 年春，监利县白螺区、桥市区和朱河区所属部分乡村，以及洪湖县林业局、水产公司等单位在螺山渠堤外的洪湖内和新堤排水闸引渠迎水面平台上挖筑精养鱼池，侵占洪湖面积，减少湖泊调蓄容量。1987 年 3 月初，四湖工程管理局组织人员赴实地进行调查。据调查统计，至 3 月 10 日，共侵占洪湖约 260 万平方米（折合 3900 亩），减少调蓄库容 650 多万立方米。其中，监利县白螺区在幺河口北挖筑鱼池 6 口，面积为 21 万平方米，桥市区在幺河北挖鱼池 53 口，面积约为 90 万平方米；朱河区在胜利垸挖鱼池 16 口，面积约为 94.5 万平方米；棋盘乡在丰收垸挖鱼池 7 口，面积约为 10 万平方米；朱河三墩潭村在三墩潭挖鱼池面积约为 13.3 万平方米；洪湖县林业局在新堤排水闸引渠左岸迎水平台挖鱼池 20 口，面积约 17 万平方米；洪湖县水产公司在新堤排水闸右岸迎水面平台挖鱼池面积 12 万平方米（见图 10-2 和图 10-3）。所挖鱼池池埂面宽均在 2 米左右，堤顶高程为 26.50～27.00 米，坡比 1∶3～1∶3.5。在调查结束时，侵占洪湖水面挖筑鱼池的势头仍在扩展；且部分鱼池的池埂与洪湖围堤间形成窄长的滞水沟，滞积雨水浸泡堤身，威胁着围堤的安全；而新堤排水闸引渠平台上的鱼池又影响排水效益。四湖工程管理局及有关管理单位从初动工起便多次干预和制止，均无效果。

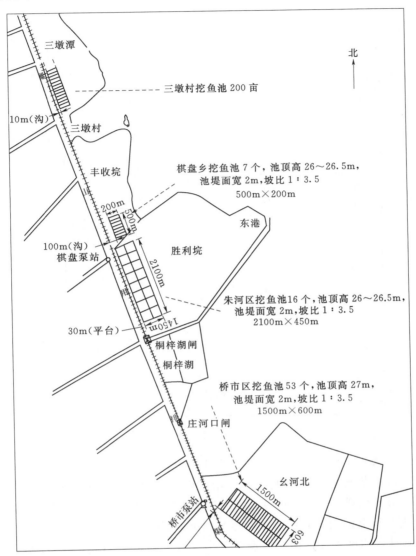

图 10-2　洪湖内新挖精养鱼池示意图（1987 年 3 月）

　　面对这种状况，四湖工程管理局以荆四管字（87）第 15 号文向荆州行署呈送《关于洪湖调蓄区内被挖精养鱼池情况的调查报告》。荆州行署接报告后，由副专员喻伦元于 3 月 17 日签发传真，向监利、洪湖县人民政府、荆州地区四湖工程管理局发出《关于尽快制止在洪湖调蓄区内挖筑精养鱼池的通知》［荆行传（87）18 号］，严肃批评在洪湖调蓄区内乱挖鱼池的行为，并要求：①洪湖内原已制止、废弃的旧垸堤埂一律不许加培，保持其调蓄能力；②凡在洪湖调蓄区挖筑精养鱼池尚在施工的，一律停止，已挖成的，必须开挖通水口，保证通水调蓄；③成池与围堤间已形成的滞水沟必须立即填平；④新堤排水闸引渠迎水面平台上的鱼池必须刨毁，保证排水无阻。以上要求必须立即执行，并由四湖工程管理局派人前往检查落实。

　　通知下达之后，四湖工程管理局按通知要求，分别于 3 月下旬和 4 月上、中、下旬 4 次派人到实地检查贯彻落实情况。经现场检查核实，监利县的有关区（镇）、乡在螺山渠堤外的洪湖内共围挽湖面 9000 亩，堤顶高程一般在 27.00 米，在此范围内已挖筑成精养鱼池 1426 亩；洪湖县的螺山镇在洪

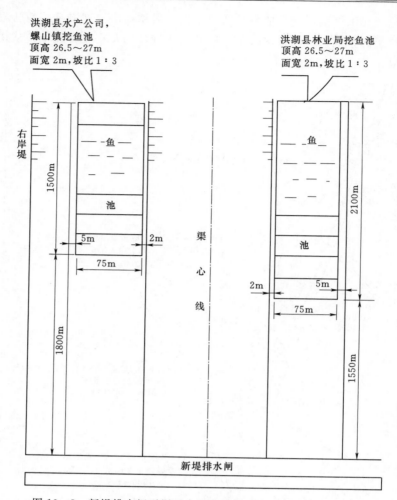

图 10-3 新堤排水闸引渠平台挖筑鱼池示意图 (1987年3月)

湖围堤外新围和加高老堤搞大湖养殖,共占用湖面 11800 亩,堤顶高程为 26.50～27.00 米;洪湖县林业局和水产公司,在新堤排水闸引渠迎水面占用平台挖筑精养鱼池 410 亩。两县共占用调蓄湖面 21210 亩,从 24.50 米蓄水到 26.50 米计算,占去调蓄库容 2828 万立方米。从现场检查的情况来看,监利、洪湖两县对荆州行署的通知并没有贯彻落实到位,新挖的精养鱼池已放养了鱼苗。

1987年5月20日,四湖工程管理局以荆四管字(87)第26号文再次向行署呈送《关于刨毁在洪湖调蓄区内挖筑精养鱼池有关具体问题的报告》,进一步提出明确的要求:①洪湖调蓄区是一项水利枢纽设施,调蓄效益显著,要进一步采取果断措施,坚决有效地制止在洪湖调蓄区内继续挖筑鱼池。②对已挖筑的精养鱼池必须开挖通水口,并与大湖连通,通水口底部高程一律定为 24.50 米以下;通水口底宽视鱼池面积大小而定,鱼池面积在 500 亩以内的底宽不少于 30 米;面积在 1000 亩以内的底宽不得少于 50 米;面积大于 1000 亩的底宽不得少于 100 米;小型精养鱼池,底宽 3～5 米。③在洪湖调蓄区内擅自挖筑的鱼池,其堤埂一律不得再加高培厚,不准做任何永久性的建筑物,以保证湖泊的有效调蓄。1987年5月22日,荆州地区行政公署办公室以荆行办传(87)37号文转发四湖工程管理局《关于制止在洪湖调蓄区内挖筑精养鱼池有关具体问题的报告的通知》,要求监利、洪湖两县政府对此要高度重视,切实按照行署荆行传(87)18号传真文件要求,采取果断措施,坚决制止在洪湖调蓄区内挖筑精养鱼池。已挖成的鱼池,必须按四湖工程管理局确定的高程、宽度标准立即挖通水水沟,确保洪湖正常调蓄。洪湖围挽鱼池事件曾经三番五次处理,但围挽面积已成定局。

1988年,荆州地区行政公署发布《关于禁止在洪湖调蓄面积内挽堤建鱼池和围湖造田的通知》,再次明文规定洪湖调蓄面积为 402 平方千米,要求监利、洪湖两县政府严格控制,在此范围内任何单位和个人不得挽堤建鱼池和围湖造田。为保证湖面，实行冬季统一调度，保证水位为 24.50 米，不得低于 24.00 米。

1994 年，洪湖常年水位较低，湖内洲滩暴露，加之沿湖乡镇对开发洪湖资源的片面理解，围垦洪湖的势头再次兴起。其围垸的方式也发生了改进，由冬季低水位时突击性围湖改为常年围湖，由人力施工改为机械作业，由近岸围湖发展到远岸围垸。当年 11 月，四湖工程管理局派人调查：洪湖市沿湖村、渔场共购进小型水陆两用挖泥船 6 艘（每艘 40～60 匹马力），其中：洪湖市螺山镇洪阳村 1 艘，朱家峰村 2 艘，滨湖办事处金湾渔场、茶潭渔场各 1 艘，洪狮渔业总场 1 艘。这些挖泥船在湖内围垸筑埝面积为 9500 亩，新围埝顶高程一般为 25.00～26.00 米，面宽 1～2 米。

监利县周河乡、朱河乡、棋盘乡在沿螺山渠道长 27.25 千米以东的调蓄区内，逐步发展为平均围垦宽度约 2 千米，计 55 平方千米，约 82500 亩（包括 1990 年以前的围垸）的围挽面积。针对这种状况，四湖工程管理局一方面派人会同监利、洪湖两县（市）四湖管理段到现场进行制止，另一方面行文向荆州地区呈报《关于洪湖、长湖内围垸养殖的报告》，要求行署召集有关县市重申严禁围湖挽垸挖鱼池的规定，成立清查小组，彻底清除非法围垸，确保洪湖 402 平方千米的调蓄面积不受影响。

1995 年 4 月 18 日，荆沙市人民政府以荆政发〔1995〕36 号文发出《关于制止围垦洪湖的通知》，指令监利县、洪湖市党政领导采取坚决措施制止围湖，彻底清除调蓄障碍，并要求监利、洪湖两县（市）政府指派 1 名副县（市）长负责，成立清障专班，限期完成任务。

文件发出半年之后，荆沙市水利局会同四湖工程管理局派人到洪湖作现场调查，发现洪湖市人大常委会、洪湖市财政局、市行管局、市湖管（水产）站先后与洪湖市滨湖办事处茶潭渔场签订协议，以"联合开发洪湖"之名，在船头嘴附近湖面筑堤围湖建鱼塘，已围挽成高程达 26.50～27.50 米的池埝，建成鱼池约 1500 亩，由于市人大、市政府机关参与围湖，给沿湖周边县（市）、乡、镇造成不良影响，洪湖市洪狮渔场在杨汊湖与曾家墩到船头嘴之间已筑起一道数千米长的土埝，圈定面积约 5000 亩，大有效仿"联合开发"的举措。调查结束后，荆沙市水利局以荆水办〔1995〕150 号文向荆沙市委、市政府报送《关于洪湖市在洪湖调蓄区内围湖建鱼塘的报告》，请求市委、市政府采取得力措施，迅速制止围湖造鱼池行为，保全洪湖仅有的调蓄面积。

虽经多方管理，但围湖造鱼池已成事实。

（三）洪湖围堤管养

洪湖围堤管养的内容包括堤防管理范围的确定、堤防、岁修、清障、堤上交通、堤上涵闸养护、堤防险情观测处理、植树造林等工作。堤防管养的范围根据防洪重要程度不同分为：堤防禁脚范围、堤防留用土地范围、堤防安全区保护范围，以及泵站、涵闸保护范围。堤防禁脚范围，包括距四湖总干渠和洪湖围堤迎背水面各 20 米以内，险工险段处可适当延伸。堤防留用土地范围，包括总干渠北堤和洪湖围堤迎背水面各 50 米以内，但其中土地湖、东西蚂蚁湖、马太湖背水面和金塘湖、新螺垸、螺山植莲场、撮箕湖迎水面险工险段各为 80 米以内，总干渠南堤靠洪湖一侧为 150 米以内。堤防安全保护区范围，包括距离总干渠堤和洪湖围堤迎背水面各 200 米以内。堤防上的泵站、涵闸管理保护范围，包括横向从建筑物两端起 10～100 米，纵向（内外引渠）从建筑物八字尾起泵站各 500 米，涵闸各 100 米。堤防管养的标准：有完好的堤段里程碑和明确的分段管理界定（包括分段之间和管养员之间的界定），每 2000 米配 1 名管养员；堤面平整、雨停堤干，且无任何违规障碍物；堤段进出口或上下堤交通要道，必须设有路障卡，凡雨雪天或防汛期间，一律禁止机动车辆通行（除防汛抢险车外）；定期或不定期地检查堤上涵闸、泵站、埋管等水利建筑物及其设施，保证其正常运行和安全度汛；禁脚区范围必须做到无沟坑、无堆放、无耕作、无建筑；堤段留用土地区范围内禁止建房、挖坑、取土、葬坟、放牧、打井、钻探、爆破、挖鱼池，必须做到堤段标准、通信器材、防汛备料完好无损；围堤的防护林地要合理布局，保证一定面积的防护林或防汛备用林地，以增加安全度汛的可靠程度，除防汛抢险外，必须有程序地进行采伐或更新，任何单位和个人不得擅自采伐自用、销售、赠送等，更不容许盗伐防护林。

第三节 渠 道 工 程 管 理

四湖流域以六大干渠为主干，以 285 条支渠为骨架，再连接众多斗、农、毛渠，构成纵横交错的排灌渠网。但是，由于渠多线长，分布面广，给管理工作带来很大的难度。为管理好渠道工程，采取的是"统一领导，分级管理"的原则，建立与健全各级渠道堤防管理机构，配备工程管理人员，认真做好管理养护工作。

一、管理权限

根据"统一领导，分级管理"的原则，确定受益在两个县（市）以上的渠道由四湖工程管理及所属的各县（市）四湖管理段直接管理，即四湖总干渠（包括下内荆河）、东干渠、西干渠、田关河、螺山渠、排涝河。受益在一个县（市、区）之内，跨两个乡镇以上的渠道，由县（市）水利局设置专门的工程管理机构，受益在一个乡镇之内的渠道，则根据渠道规模由乡镇水利管理站管理。受益在一个村之内的渠道，由村组或用水者协会自行管理。由此，构成由四湖工程管理局、县（市、区）工程管理机构、乡镇水利站、村组或用水者协会四个层级的工程管理网络。

二、渠道工程管理规定

1963 年 11 月 12 日，湖北省荆州专区水利工程总指挥部以荆总管字（63）第 076 号文批准《渠道工程管理规定（草案）》，其管理规定如下：

1. 大型渠道管理

本着专业管理与群众管理相结合的管理形式，分别由沿渠公社、生产大队、生产队组成渠道管理委员会或管理小组划段包干管理，负责经常性的维修、养护，所用劳力一方面可以纳入生产投资，评工记分，按劳付酬。另一方面，也可凭管理单位的收方记工证件，在所在的公社、大队、生产队抵作水利工程统一计算的岁修负担工。

2. 大型渠道运用

加强监管，按受益面积大小，本着上下游兼顾，先急后缓的原则，严格控制渠系上所有建筑物的运用，有计划地、有步骤地进行调水、输水和排水。

3. 渠道管理

（1）渠道迎水面严禁耕种任何作物或铲草皮，在与正常水位齐平或稍上点，应根据具体情况，酌留一定宽度的纤路，以便航行纤引。

（2）渠道内严禁拦河堵坝，原有残留坝及少量淤积，应由原堵坝单位或分管社队彻底疏浚，恢复原有河床断面。

（3）渠道边缘严禁挖鱼坑，压枝置籴及安设大型或固定的捕鱼设施。

（4）渠道上兴建跨渠桥梁、渡槽、涵管等建筑物，应先作规划设计，报经工程管理部门同意，并报专署批准始得施工。

4. 渠堤管理

（1）堤上严禁挖坑取土、耕种作物，更不准把渠堤分作社员当自留地，已种作物应动员群众自觉铲除。渠堤上的放水明口，应兴建排水涵管，或予堵死，恢复原堤断面。

（2）堤面及迎水坡，严禁修建房屋，必须在背水坡盖房时，应另行自筑台基，不得挖伤堤身，原有房屋，可结合整修改建逐步迁移处理。

（3）渠堤上严禁烧窑，原有砖瓦窑，应即停止生产限期拆迁。

5. 绿化管理

渠堤绿化工作应根据"谁栽、谁有、谁受益，包栽、包活、包成林"原则，发动沿堤社队大力进行植树造林，植树品种以适合当地气候生长的杨树、柳树、桧树最为适宜。栽树规格：行距 4～5 米，株距 3 米。种植方式以直播或移栽均可。并要求壮苗、深窝、培紧，随时加强培育管理。

堤身及绿化林带严禁散放牲畜，如有损坏实行补栽或赔偿制度。

6. 渠道管理

渠道管理委员会，每年召开 1～2 次会议，总结经验教训，对管理成绩优异的单位或个人，可给予精神奖或适当的物质奖励，对于破坏行为进行教育，提出批评，情节严重的报请上级严加处理。

（1）1976 年，"文化大革命"结束，被冲击的管理工作被重视起来，四湖工程管理局为此重新制定了渠道、堤防管理规定。

1）渠道堤防管理实行专业机构和群众护堤相结合的办法管理，六大骨干渠道每 2000 米配 1 名管养员，做到专职专责。

2）河流、渠道内严禁打坝挖坝，未经批准擅自打坝挖堵的，除由决定者组织力量立即修复还原外，并追究其责任。

3）河流、渠道迎水边坡岸坎一律不准耕种，不准建窑，挖土和修建牧场，不准在河渠内挖鱼坑、设鱼篓、围簖、设"迷魂阵"和压栎子等任何拦鱼设施，严禁打坝干河渠捕鱼，不准向河渠内倾倒石渣、杂草等废弃物，不准在河渠内用泥土沉压竹筏。

4）渠堤内外要留足禁脚，内应留 10 米，迎水面至禁脚，险工险段根据实际情况适当放宽；严禁在禁脚内开沟、埋坟、挖洞、建窑、做屋、设猪圈、牛栏等，严禁在堤身铲挖草皮、放牧。

5）渠堤迎水面 50 米，背水面 150 米，以及险工险段的周围，一律不准爆破、打井和修筑地下工程。

6）认真管好堤坡护岸，对测量标志、防汛哨棚、器材仓库以及其他工程设施，严禁移动挪用，如有偷盗和破坏，要严肃处理。

7）六大干渠左右岸堤防的植树造林由工程管理单位统一规划、统一经营，其所有权、砍伐权、更新权、一律归国家所有，收益按比例与沿堤社队分成，任何单位和个人不得侵占。沿堤所有县、社、队应积极协助工程管理部门管理渠道及渠堤，搞好各自范围内的植树造林和管护工作。对于破坏树林的要损一栽三，并依树赔款、罚款，对于一小撮破坏分子的破坏活动，要坚持打击，依法严惩。

8）根据"谁受益、谁负担"的政策，渠、堤及堤林的维修养护工作，按受益大小，由各有关单位合理负担。参加管理的亦工亦农人员应由各受益单位指派，由县抵大型水利标工，参加社队分红。工程管理单位补助管理人员每月 8 元和 15 斤粮食。堤林收入按四六比例分成，四成归管理人员所在公社，用于农田基本建设，六成归工程管理单位，用于扩大再生产、以林养林和管理人员生活补助。

（2）1976—1977 年，对四湖西干渠下段进行再次的疏浚和扩挖工程。为巩固西干渠排水灭螺工程建设成果，确保工程完整，充分发挥工程效益，荆州地区革委会水利局于 1978 年 3 月 9 日，以荆革水字〔78〕第 038 号文转发《四湖西干渠工程管理暂行规定》，开创对单项水利工程制订管理规定的先例，使工程管理更加精细化。

《四湖西干渠工程管理暂行规定》共分 10 条，其主要是进一步明确西干渠的河道、渠堤、平台及渠堤禁脚范围内的土地属国家所有。具体是西干渠鲶鱼港以下的河道，南堤面宽 12 米，北堤面宽 16 米，以及两岸渠堤迎水坡、平台、背水坡禁脚 3 米，均由四湖工程管理部门管理；鲶鱼港以上的渠道在第二期工程设计范围内的预留河道、两岸渠堤迎水坡、平台、禁脚等，应按上述标准留足。在工程管理范围内，只能由工程管理部门植树造林，任何单位和个人不得以任何借口进行侵占和损坏。植树造林由国家给予必要的扶持，渠道绿化属国家所有，由沿堤社队按规格质量要求，包栽、包活、包成林，收益按规定（三七开或四六开）分成，树林的管理，更新权属四湖工程管理部门。同时，还明确在工程管理范围内四不准。即，不准在渠堤、平台、禁脚内修建房屋、扳砖烧窑、搭盖猪牛舍、做禾场、埋坟、铲草皮、挖沙取土、挖明口、耕种作物；渠道内一律不准拦河打坝，不准设置任何阻水障碍物；不准向渠道内倾倒渣物，排放有毒有害污水，从事毒鱼、炸鱼活动；不准未经批准，在渠堤上兴建永久性建筑。为将这些制度落实到位，并得到很好的执行，规定要求沿渠社队要充实和健全各级管理机构，配齐管理人员，实行专管和群管相结合，切实加强管理工作的领导，对于违反管理规定、损坏水工程设施的人要严肃处理，对于阶级敌人的破坏活动，要坚决给予打击。

（3）1978—1979 年，四湖总干渠进行了大规模的疏挖，排涝标准有了明显的提高。为管好用好四湖总干渠，1979 年 2 月 27 日，荆州地区行政公署以荆行〔1979〕14 号文发出《关于印发四湖总干渠工程管理试行规定的通知》，要求四湖工程管理局、各县革委会、地直有关单位认真执行。四湖西干渠、东干渠、田关河的管理工作，亦可参照执行。《通知》要求：

1）四湖总干渠由地区四湖管理局统一管理，统一使用，下属管理段、管养点负责管理所辖区内的堤、渠、树和附属建筑物，各级管理机构在管好工程，充分发挥工程效益的前提下，可以在规定的禁脚范围内，从事苗圃和农、林、牧、渔生产，发展多种经营，搞好经济核算，做到以水养水，以林养渠。

2）总干渠的河道、两岸的平台、渠路、渠堤及渠堤路禁脚范围内的土地，均属国家所有，为了防止水土流失，渠堤背水坡禁脚定为 3～5 米，同时要立足当前，着眼长远，按规划要求，两岸留足平台并保证规划堤线的实施，任何单位和个人不得占用，对平台、渠路、渠堤及禁脚范围内现有的房屋及其他建筑物，应由单位或个人有计划地进行搬迁。

3）沿渠农场、社队因农业生产需要在总干渠兴建刂闸泵站等水利设施，其规划设计必须经地区四湖工程管理局审查同意，并报上级主管部门批准，未经批准，一律不得擅自施工。

4）渠道内禁止拦水筑坝和设置任何阻水障碍物，两岸平台渠堤、渠路禁脚内不准烧窑，不准埋葬、挖沙取土、挖明口。

5）为了防止渠水污染，任何单位和个人不得向渠内倾倒残渣、污物，沿渠污染严重的厂矿企业要限期治理，凡新建厂矿企业要在建厂的同时把污染问题认真解决好。

6）为了巩固灭螺成果，杜绝钉螺蔓延，两岸所有渠系必须抓紧灭螺，以免钉螺流入总干渠的排灌系统。

7）渠道的绿化和水土保持工作，由四湖工程管理部门进行全面规划，沿渠社队按规划实行包栽、包活、包成林，其收益部分按照国家得三，社队得七，或国家得四，社队得六的比例分成，树木的管理、更新权属四湖工程管理部门，未经工程管理部门同意，任何单位或个人不得砍伐沿渠树木。

8）要加强对沿渠群众的宣传教育工作，依靠群众管理工程，凡违反管理规定，使工程受到损坏者，视其情节轻重，严肃处理，对于阶级敌人的破坏活动，要坚决给予打击。

（4）自 20 世纪 90 年代中后期开始，由于农业生产体制的不断深入改革，水利标工已无法在农村兑现而逐步失去价值，由社队指派参加工程管理的亦工亦农人员因报酬无法兑现而逐渐离开工程管理岗位，继而全部实行专业人员管理。为调动专业管理人员的工作积极性，把管理工作的好坏与工资奖金挂钩，实行量化考核，四湖工程管理局在 20 世纪 90 年代末分年制定四湖流域水利工程管理近期达标条件及验收评分标准的规定，一般年初发布，分月检查，年终总结评比，评定结果以收益兑现。

三、管理举措

（一）堤防养护

四湖流域渠道堤防工作开始于 1962 年。当时，四湖总干渠、西干渠、东干渠、田关河初步形成，沿岸渠堤很不规范，管理制度也不健全，沿堤耕种非常严重，在渠道内打垱筑坝，在渠堤上挖明口、建房、挖沙取土等破坏渠道堤防的现象随处可见，仅四湖总干渠就筑坝 7 座。两岸堤身绝大部分已经耕种，总干渠经三湖农场的堤段还被拖拉机翻耕，造成严重的水土流失。刚成立不久的四湖工程管理局因所属各县管理段机构不健全，又无基层管养组织，管理工作很难开展。因此，四湖工程管理局向荆州专署报告："如不积极做好渠堤管养工作，7 年来兴师动众用 4000 万个劳动工日兴建的工程将逐年趋废。"故提出具体意见：沿干渠两岸的平台迎水坡及堤面，除有计划植树外，严禁种植农作物。凡禁止种植农作物的堤面，坡面平台，要求附近各生产单位栽树植草，经管受益。已植树成活的，未成林之前，严禁砍伐，成林后可有计划地截枝。堤身一般不允许建筑房屋，如属必需，须与四湖工程管理局洽商同意，指定适当地点建筑，兴建时不得在堤身禁区取土或动用成林的树木及影响栽种的幼树生长。四大干渠以内，严禁筑坝，如遇特大旱渍年份，因刖闸尚未按规划兴建，必须采取临时筑坝措施时，须报专署批准。四大干渠之内禁止安设大型捕鱼设备，影响排水通航，也不允许在渠道边坡挖坑下树枝捕鱼。为此，荆州地区专员公署制订水利工程管理办法，印制成布广泛张贴。20世纪70年代，管理部门确定管理权限，属流域性的工程由流域机构统一管理或委托下属单位分段管理；内垸跨乡镇的渠道，由流域机构的下属单位统一管理或委托受益乡镇管理，严格按照水利工程管理的法律、法令、指示和命令，行使管理职权。渠堤禁脚和留用地属国家所有，为切实保护堤身和禁脚不受破坏，禁脚范围应为5～20米，险工险段应适当放宽。堤身和禁脚范围内不准开荒种植，挖沙取土、建屋、埋坟、修建猪圈、猪栏、厕所、挖鱼池、整禾场，不准堆置重物和长期堆放与渠堤无关的物资器材，不准擅自破堤挖口埋设管道和其他建筑工程；渠道每两公里设置管养员1名，负责管理渠堤上设置的公路碑、通信线路、水文标志、观测设备、护岸石、桥梁等工程设施，存放在堤上的防汛抢险物资器材、照明设备、不准挪用、转让、盗卖和送人情；对在渠道内设置的障碍，为保障行洪安全，本着"谁设障、谁清除"的原则，限期清除，恢复原状，不准耕种渠道迎水面，不准在渠道内任意拦河筑坝，插瞄罾子，设"迷魂阵"，影响行洪；沿渠防护林是防浪、固滩，减少水土流失的重要屏障，必须严加保护，任何单位和个人不得侵占，乱砍滥伐和毁林种植，需砍伐更新的，要按《中华人民共和国森林法》规定，上报批准后方能执行。

搞好渠道堤防工程管理的基本单位是管养组。每一个管养组大都地处偏僻，人员较少，管理的堤线较长，工作任务繁重，且劳动报酬偏低。如何加强管理，并使之安心工作是搞好管理工作的重心。洪湖四湖管理段麻田口管养组在这方面摸索出了较好的经验。

麻田口管养组成立于1970年，初设时配备3名人员，后发展到11人，管理长8千米的渠堤。机构刚成立时，渠堤杂草丛生，荆棘遍地。3名管养员割茅草盖舍，采树籽育苗，向荒湖野滩造田育苗40亩，自育自栽逐年植树造林，8年间植树并成活树苗40800株，有存苗22万株。并林间兼作农作物面积43亩、鱼池5亩，投养鱼苗4000尾，饲养耕牛一头。1975—1980年5年间，提供木材130立方米，出售树苗23.9万株，卖树枝柴草7万千克，收获高粱425千克、绿豆500千克、红薯8500千克、黄豆1000千克、各类油料作物9375千克，共收入46800元。通过多种经营，副业收入不断增加，管养组的面貌也发生变化，管养员的待遇也得到提高。管养员来自社队，每月给水利标工30个，回生产队按同等劳动力记工，参加生产队年终分红。管理段每月发给管养员8元生活费。另外，管理段按每人安排2元的标准，根据出勤多少、生产指标完成情况、劳动态度等每月进行评比，按评比结果进行分配，年终再按总收益的30％部分进行奖励。

副业生产抓好了，主业工程管理更是日新月异，8千米的渠段堤身完整、堤面平坦、绿荫夹岸、渠道畅通。堤外是一排排防浪林，堤内是松杉苍翠挺拔。副业收入逐年增加，1978年掀掉茅草房，盖上砖瓦房。管养员在管养组做到蔬菜自给有余，每人每月供应食油0.5千克，每月只需交4～6元生活费，解决管养员的吃住问题，待遇比生产队同等劳力要高，所以干劲很大，热情更高，全身心地投入到工程管理之中，管理工程完好，管理经费自给有余，并为国家创造财富。1979年，麻田口管养组被评为荆州地区水利工程管理先进单位。

自20世纪80年代开始，水利工程管理逐渐由干支渠道的管理向田间工程管理深入，由排渠管理为主向排渠和灌渠管理并重的转化，大搞工程配套挖潜，充分发挥工程效益。1956年至20世纪70年代，四湖流域大的排灌骨干体系已建成，但中小型的配套工程还没有跟上来，以至于水利工程效益不能充分发挥。大的水利工程设施可以组织千军万马，在较短时间内实施完成，但中小型配套工程设施则需要持之以恒、精雕细琢地完成。工程管理单位承担起这一重任，充分依靠大型水利工程受益区内群众,在统一规划的基础上,逐年组织落实,把配套工程建到田间地头,解决水利"死角",做到"有旱不见旱,大雨保丰收"。这样,充分调动广大群众对水利工程建设和保护的积极性。在这方面,江陵四湖管理段作出有益尝试。

点面管理相互配合,全面为农业生产服务。水利工程设施涵闸、泵站是一个点,干支渠道是一条线,管好这些工程固然重要,但四湖流域这个面的地势地貌因比较复杂,看似一马平川的地貌,却因民垸密布、高中有低、低中有高、参差不齐,在排灌工程运用上不能做到精细化和差别性地对待,就可能出现"小水慢慢流、高远无想头"和"上游淹死、下游干死"的现象。工程管理单位就不能是单纯地管理工程和被动地运用工程设施。为此,江陵四湖管理段除管好大型水利工程设施外,还根据不同的水系、地形地貌以及行政区划的界线配备田间管水员,高峰期在江陵四湖水系地区配管水员120人,直接管到斗、农、毛渠和田头地块。在管理运用上坚持以排为主,排灌兼顾的原则。即是在工程安排上,要以排为主,在运用上尽量做到少引多排,排灌分家。在具体运用上:灌溉时,要短时间、大流量,先上游,后下游,先冲渠,后灌田,计划用水,合理用水。抗旱时不忘防涝,做到灌水不落排渠;排水时,采取统一指挥、统一排水,提排与自排并举,排水与蓄水兼顾,等高截流,分渠分区排的办法。

健全规章制度,加强岗位责任制。对水利工程设施的管理要求达到"四有":即管理有专人,办事有规章,运用有领导,年终有成果。"八无":即堤面无沟槽,堤段无明口,堤坡无坑洞,迎水面无作物,剅闸无危险,门机无损失,绿化无空段,排水无障碍。大中型涵闸要求养护经常,美观大方,启闭灵活,运用安全,四周平坦,绿树成荫。管养组实行"三定":定地段、定到闸、定专人。"三不":不溃口、不翻剅、不跑野水。"一比":比效益和产量。通过一系列措施后做到专管与群管相结合,工程管养员对管理范围的排灌情况熟悉,服务上门,管理到田间,克服此前的管渠不到田,管闸不出门,溃旱情况弄不清,农田产量增减不过问的状况,串灌漫灌,用水秩序混乱,破坏渠堤,损坏工程的现象大为减少。

实行计量收水费,促进工程良性循环。四湖流域水利工程设施没有实行严格的排灌分家,排涝时集中排水,灌溉时大水漫灌,收费按亩平摊。这样就不可避免地出现水资源浪费严重,用水秩序比较混乱的现象。为此,江陵四湖管理段在抓好田间配套工程,安装计量设施,设立测流站的前提下,实施了用水计量收费的改革,起到节约用水,提高灌溉效益,加强用水管理,增加水费收入的效果,实现"要水一张嘴,管水一条边,工程有人管,放水有人抓,服务到乡村,送水到田间"的管理。

进入21世纪,水利工程管理由专业管理和群众管理相结合的模式转变成单一的专业队伍管理,大批的群众管养员解聘返回原生产岗位,基层管养组取消,管理工作出现新的情况。

(二) 签订管理协议

1. 拾桥河加修管理协议

拾桥河,经1970年河道裁弯取直后,渠堤分属江陵、荆门,无专门管理机构,工程管理无人问津。1983年6月,四湖工程管理局召集荆门、江陵两县水利局,就拾桥河出口河道及两岸堤防管理的问题进行协商,形成统一的意见。

(1)拾桥河及桥河两岸的堤防,按行政区划分负责管理、维修、防守,保证河道行洪,保证堤防安全。

(2)拾桥河渠堤应安排适当的土方予以加固,其标准是从马子湾以下至乔子湖闸和乔子湖电排站,堤顶高程为34.50米,面宽4米,背水坡坡比为1:3,工程量由荆门县负责完成,四湖工程管理局给予补助。

(3)拾桥河以内不准有阻水设施,拾桥河两岸堤防不准建房、不准埋坟、不准耕种,堤上现有树木全部移走,堤上14户房屋全部搬迁,房屋搬迁费用由四湖工程管理局按长湖堤房屋搬迁的补助标准给以补助,后港公社负责搬迁工作。

(4)堤防加固时,应对沿堤已有剅闸和其他水工建筑物进行全面规划调整,当合并的合并,当拆毁的拆毁，当整修加固的整修加固，其整修加固的资金，由受益单位承担，四湖工程管理局根据情况适当补助。

（5）江陵胜利垸，荆门乔子湖外垸本着小水收、大水丢的原则安排生产，在需要调蓄时，四湖工程管理局经报请荆州地委和荆州地区防汛指挥部批准再执行。

2. 调整长湖堤防管理关系协议

荆州地区和沙市市合并成立荆沙市后，因行政区划的变化，四湖流域的水利工程管理范围也发生了变化。为合理调整四湖流域部分水工程的管理权属关系，荆沙市水利局于1996年4月18日召开专题会议研究原江陵县四湖管理段何桥分段和西干渠东市管水组隶属关系的问题，并形成《关于调整四湖流域部分水工程管理权属关系的纪要》。纪要确定：

（1）四湖总干渠、西干渠部分水工程管理权属关系的调整应本着"水工程随行政区划走，人、财、物随水工程走"的原则，荆沙合并后属沙市区范围内的总干渠习家口至桑梓湖农场段（桩号0+000～12+800），西干渠雷家垱至东市桥段东岸（桩号0+000～20+400），西岸（桩号0+000～23+000）的所有水利工程统一由沙市区长湖段管理。

（2）原江陵县四湖管理段和西干渠东市管养组，均随工程交由沙市区管理，人、财、物交接原则以1994年6月底人员花名册和财产清单为准。

（3）移交后的各项经费来源不变，其中移交的人员中，凡经费列入四湖工程管理局预算的，均带指标转移，仍列入四湖工程管理局财务计划，考虑到水管单位用工的实际情况，江陵区四湖管理段共移交12人（含西干渠段管理人员）给沙市区长湖管理段。

（4）以上工程的岁修、防汛任务，按照"谁受益、谁负担"的原则。由管理单位提出计划，分别报区、市政府批准后，按受益面积分摊负担。

（5）所有移交工作必须在1996年4月30日前完成。为了加强水利工程管理，同意将沙市区长湖管理段更名为沙市区四湖管理段。

（三）清除渠道行洪障碍

清除渠道中的行洪障碍，是加强渠道工程管理，搞好防洪排涝，保证渠道畅通的重要工作。每年进入汛期后，四湖流域各工程管理单位都要在沿渠各乡镇政府的配合下，进行一次集中的清障活动，清除在渠中设置的渔网、迷魂阵、阻水挡坝，以及其他违反水法规的事件，以确保水利工程设施的安全运行。

据1992年徒步调查的结果，田关河内设有拦河渔网50道；四湖西干渠内有12条施工挡坝，8道拦河渔网；四湖总干渠渠道内障碍23起；洪湖重点非法围湖事件2起。

为清除这些行洪障碍，其基本做法是利用《中华人民共和国水法》宣传周，动用宣传船、车在河道内、陆地上广泛宣传水法规。通过宣传，使沿渠群众能基本懂法、知法。在大力宣传的同时，对渠道、涵闸、泵站等范围内阻碍行洪的障碍物及建筑物进行清查摸底、登记造册、复查核对，全面、准确掌握需清除的障碍物的基本情况。

在宣传及调查摸底的基础上，再进行组织动员，研究具体的清障行动方案，一般由水政执法人员，配合安排乡镇有关负责人参加，组成清障专班，集中一定的时间，开展清障工作。只要宣传到位，组织有力，一般每年的清障工作都能顺利开展，并卓有成效。

田关河是四湖上、中区的主要排水渠道，但每年汛期因河道内设有拦河渔网，严重影响泄洪和灌溉。据1992年汛前检查，田关河内违章设置的渔网有50道。1992年7月，由潜江市政府牵头，组织潜江市防汛办公室、市公安局、市水利局、市水产局和沿渠各乡、镇、场负责人参加，历时2天将渠道中的渔网全部拆除。事后，又有几道渔网恢复设置。7月28—29日，潜江市四湖管理段又组织人员进行拆除。为巩固清障的成果，潜江市政府颁布法规，禁止在田关河道内设置渔网，对违反者除清除外，并对设障者处以200元以上的罚款，没收捕捞工具。

（四）处理违章事件

1970年5月18日，内荆河进入警戒水位时，洪湖县郊区石码头公社30余人，在吊口险段上取土，长 30 多米；在防汛重点羊棚堤段取土，长 27 米。与此同时，还另有 8 个单位的 10 台抽水机在黄牛湖闸上架设抽水机排渍，冲垮内荆河堤身 35 米。上述行为造成内荆河河堤的严重损坏，给防汛保安带来了隐患，并给工程管理造成不良的影响。汛后四湖工程管理局向全流域通报了此事件，并要求迅速恢复堤防原状。

1972 年，洪湖县沙口区月池公社有计划地安排部分村民迁居到四湖总干渠南堤桩号 96＋000 处建房立村。96 千米碑处属洪湖月池公社与监利周河公社的交界处，兴建房屋引起监利、洪湖两县的土地纠纷，同时也由于强占渠堤建房，严重地违反堤防管理规定。对此，四湖工程管理局紧急向荆州地区革委会报告此件事，要求地区领导出面制止此件事。当年 9 月，中共荆州地委副书记尹朝贵赴洪湖召集监利、洪湖两县和有关区、社的负责人现场调查处理。荆州地区革委会也以荆革〔1972〕89 号文发出通知，要求停止侵占渠堤的行为。至 11 月 16 日止，四湖工程管理局派人赴现场检查落实的情况，结果发现已新搬迁上堤的有 64 户，加上洪湖县民生大队已在堤上居住的 27 户，共计 91 户。这既违反地区革委会的通知要求，同时对监利、洪湖关系也有影响。为制止在渠堤擅自建房事件，四湖工程管理局再次以荆四管字（72）第 69 号文向荆州地区革委会呈送调查报告，要求地区革委会对洪湖县、沙口区、月池公社三级领导机关中不能认真贯彻上级指示，采取阳奉阴违，擅自组织搬迁的部分负责人给予必要的纪律处分；并要求洪湖县委坚决执行地区革委会指示，作好群众工作，动员新搬迁上堤的 64 户群众搬迁下堤，已做成的房屋，只能作临时生产用房。后经地区革委会、洪湖县委三令五申，搬迁势头得到遏制，但已建房屋成为既定事实。

1973 年 7 月，洪湖县洪湖区在防汛期间私自挖开内荆河金塘垸段堤防，此事造成了非常恶劣的影响。7 月 3 日，洪湖县水利局、洪湖县公安局联合调查处理此件事，对有关当事人给予了严肃处分。

1976 年春，监利县福田公社新河渔场在四湖总干渠福田寺闸下游桩号 88＋000 处的地方，横拦总干渠设置拦河渔网，将 150 米宽的河面全部拦阻。据检查，拦河共打木桩 240 根，桩与桩之间下柴簾 38 块，组成了一道拦河大坝，仅留 8～10 米宽的流水口 2 个。拦河设坝挂簾，严重地影响四湖总干渠过流，在福田寺闸仅开 20 立方米每秒流量的情况，拦河坝上下游水差就有 0.2 米，如若福田寺闸加大流量，其水头差将会更大，一旦汛期来临，将严重地影响农业生产和航运交通。为此，监利四湖管理段一方面派人于 3 月 13 日赴现场制止并向福田公社反映情况，另一方面向四湖工程管理局紧急报告。后经监利县政府通知，拦河设施拆除，恢复原状。

1980 年 11 月，普济公社秦市管理区为兴建管理区住房，在西干渠秦市段右侧距渠堤开口线 14.5 米处禁脚内，破土兴建一幢住房，占地面积 290 平方米；为解决建房所需木材，秦市管理区先后四次在西干渠堤上砍伐水杉 118 根，共 5.8 立方米。江陵县四湖管理段为制止秦市管理区这一破坏水利工程管理、砍伐西干渠防护林的行为，曾于 1980 年 11 月 9 日、11 月 23 日、12 月 3 日、12 月 8 日四次派人分别到秦市管理区和普济公社进行制止施工，但都未达到目的。最后将这一情况上报江陵县革委会。江陵县革委会副主任曾繁海在得知工程管理部门对秦市管理区的这一执意枉法行为而无法制止的情况后，于 1980 年 12 月 2 日打电话通知普济公社：①兴建的房屋停建；②所砍伐树木不准动用。在曾繁海的电话通知以后，秦市管理不仅没有将建房停止下来，而且还于 1980 年 12 月 4 日又砍杉树 22 根，在距禁脚开口线 8.5 米处又动工兴建一幢占地 18 平方米的厕所。

1981 年 1 月 5 日，江陵县水利局、林业局联合行文向江陵县革委会呈送《关于普济公社秦市管理区破坏水利工程管理乱砍滥伐西干渠林林的情况调查和处理意见的报告》，再次提出处理意见：①秦市管理区在西干渠秦市段右侧渠堤禁脚内兴建的机关住房和厕所，应立即拆除，搬迁费自理；②秦市管理区在西干渠渠岸砍伐的 118 根、共 5.8 立方米杉树木材应全部交给江陵四湖管理段，并按损一栽三罚五的原则，罚款 590 元（不包括树木本身价值）；③责成秦市管理区就破坏水利工程管理，乱砍滥伐西干渠林木的行为，写出书面检讨，印发给江陵县各公社管理区和有关单位，以挽回影响。实际未能执行到位。

1982年春，洪湖县洪湖区西湖渔场，在下新河西引堤平台脚开挖鱼池17个，顺堤方向长1760米，造成270米长的堤段崩裂，严重影响堤防安全。洪湖四湖管理段发现此事一面紧急向四湖工程管理局、洪湖县政府报告，一面派人到现场制止施工。后经多方工作，工程虽停下来，但未能恢复原状，后被迫进行砌石护脚。

1984年10月至1985年3月，江汉石油管理局为勘探江汉油田的石油地质情况，计划在四湖流域内的总干渠、东干渠、西干渠、田关河、排涝河、螺山渠道六大干渠及主要交叉支渠、长湖库堤、洪湖围堤保护范围内进行地质爆破。为此，四湖工程管理局以荆四管字（84）第42号文向各县四湖管理段、长湖库堤管理段发出《关于对江汉石油管理局进行爆破的通知》，要求在上述工程附近进行爆破时，必须均应控制在300米以外进行。同时，将此文抄送江汉石油管理局地球物理勘探公司。由于双方进行事前的沟通和协商，在进行勘探作业时按约定协意办理，既达到地质勘探的目的，又较好地保护水利工程设施。

1984年冬，监利县汪桥区以农民进集镇发展商品经济为由，在西干渠汪桥段右岸的平台上修建一条长200米，宽16米，两排并列50多幢房屋的街道。至1985年2月，街道已基本形成。此事件的发生已侵占水利工程用地，损坏水利工程设施，严重地违反水利工程管理规定。在市场兴建之初，监利县四湖工程管理段，多次派人向汪桥区提出停止施工的要求，但汪桥区总以市场用地紧张，工商部门扶持等为由继续施工。监利县四湖管理段在制止无果的情况下，向监利县水利局、四湖工程管理局呈送报告。四湖工程管理局接到报告后即同有关单位协商，并以荆四管字（85）第28号文向荆州行署呈送《关于监利县汪桥区在西干渠平台上违章修建集贸市场的报告》，明确指出汪桥区在西干渠右岸平台上兴建的集贸市场正坐落在工程设计规划的范围之内（当时渠底宽为22米，规划扩宽至40米），必须无条件地拆除，汪桥区在西干渠左岸平台上兴建的自来水厂及其他违章建筑物，也应一并拆除。荆州行署副专员喻伦元接报告后批示："请转监利县政府和汪桥区做好工作，为抓好水利工程管理，现兴建的集贸市场予以撤除。"行署办公室明确通知监利县政府：西干渠是国家投资兴建的大型水利工程，应按水利管理规定办理，所建房屋和水厂应予拆除，请监利县分管水利工作的副县长董瑞山负责抓落实。

在荆州行署和监利县政府的干预下，汪桥区公所于1985年8月22日作出《关于汪桥区在西干渠修建简易集贸市场情况的检查报告》，承认损坏水利工程的错误，但也提出集贸市场已基本形成，如彻底拆除将会造成损失的理由，要求：①简易市场按已建成的长度不再延伸，并保证再不发生类似的违章建筑的事件；②如上级决定扩挖西干渠需要拆除此建筑物，汪桥区保证做好工作，不要国家的搬迁费自行拆除，并可分户立约。此事已既成事实，拆除工作也不了了之。

1990年春，监利县福田镇五七渔场在四湖总干渠北岸桩号94＋500处，未经工程管理部门的审核批准，擅自破堤兴建泵站，破口顺堤长10米、深7米，严重违反《四湖总干渠工程管理试行规定》。当进入汛期后，此工程既未按基建程序办理，又无水利工程技术人员施工，而是将工程承包给不懂技术的个体户施工，因而质量低劣、进度缓，八字墙身已出现断裂，上游挡土墙还未动工，将严重影响度汛安全。1990年5月11日，荆州地区四湖防洪排涝指挥部以荆四防指〔1990〕48号文向监利县四湖防汛指挥部下发《关于福田镇五七渔场擅自破堤的处理意见》。意见指出，鉴于此工程未按基建程序办理，又未经防汛指挥和工程管理部门审批，属违章兴建工程，应立即回填，确保度汛安全。对于回填地点，在汛期应由主建单位准备充足的防汛器材和劳力，指派领导带队防守。汛期结束后，此工程如确需兴建，必须按基建程序报批，待批准后方能破土兴工。

1990年2—7月，宋述贤等11户村民未经水行政主管部门和河道管理机关批准，擅自在总干渠丫角桥头东岸两侧迎水面各自建房1栋，共294平方米，用于经商活动，严重影响总干渠行洪和排涝。在建房期间，潜江市水利局和潜江四湖管理段多次派人出面制止，责令停建，但违章建房户不听劝阻，坚持建房。对此，潜江市水利局依法向宋述贤等11户下达《违反水法规行政处罚决定通知书》，宋述贤等人不服，向荆州地区水利局申请行政复议，荆州地区水利局维持潜江市水利局的处罚决定。处罚决定发生法律效力后，宋述贤等人均不履行。1991 年 1 月，潜江市水利局申请潜江市法院强制执行。潜江市法院先后四次上门做工作，要求其主动拆除，但宋述贤等人软拖硬抗，拒不履行。1991 年 5 月 17 日，潜江市法院组织执法人员 140 余人，强制清除丫角桥头东侧全部违章建房。在强拆的行动中，荆州地区水利局组织直属水利工程管理单位、各县（市）有关领导参观执行现场会。《中国水利报》《湖北日报》《荆州报》和湖北电视台、荆州电视台等媒体分别进行报道。

1991 年 7 月，荆州地区水政水资源监察支队、四湖工程管理局公安科、江陵四湖管理段联合组织执法。拆除习家口集镇占四湖总干渠违章建房 6 户，面积 260 平方米。

1993 年 4 月，荆州地区水政水资源监察支队、四湖工程管理局公安科、监利县水政水资源监察大队、监利四湖管理段联合组织执法，刨毁监利县福田镇薛庙村在四湖总干渠平台开挖的鱼池。

1993 年 6 月，洪湖县汉河镇太洪村村长夏某以渠道管理部门不支持该村建设为由，带领部分村民强行侵占四湖总干渠堤内禁脚、堤身和压台 15000 平方米土地分给村民耕种。洪湖四湖管理段多次派人上门劝阻未果，于是上报洪湖县水行政主管部门和四湖工程管理局。洪湖县水政监察大队接到四湖管理段的报告后，立即派员到现场取证，与汉河镇政府联系，通过宣传《中华人民共和国水法》和有关水利工程管理规定，深入细致做群众工作，当事人夏某承认错误，退出所侵占的土地。

1994 年 5 月，监利县周沟乡村民在监新河（北段）与四湖总干渠的交汇处的内平台上违章兴建房屋一幢，监利四湖管理段派人多次上门劝阻、制止未果。6 月，监利县水行政主管部门依法下达《违反水法规行政处罚决定通知书》，但仍得不到执行。主汛期间，监利县水利局申请监利县法院组织执法队伍强制拆除违章建房，面积 120 平方米。

1996 年 1 月 10 日，洪湖四湖管理段总干渠分段职工在巡查渠堤时，在总干渠桩号 107＋800 处抓获 1 名盗伐树木的人员，经查明当事人为大同湖农场农工。砍伐成林两棵。洪湖四湖管理段对其作出赔款 500 元，补栽幼树 20 棵，写检讨 20 份沿堤张贴的处分决定。

1997 年 3 月 4 日，洪湖四湖管理段下新河闸管所管护人员在四湖总干渠桩号 118＋000 处检查管养点时，发现渠堤有人盗伐林木，当即赴现场，人、赃俱获。现场清点，砍伐成树、幼树共 28 棵。经查明为居住当地的渔民所为。当场没收砍伐工具，责令其用船将所伐树木运到下新河闸管所，听候处理。事后，根据堤防林木管理的有关规定，对当事人处以 1000 元的罚款，并责令补栽幼树 1000 棵，写检讨书 20 份分别张贴所辖堤段的醒目处。

1998 年 4 月 7 日，监利县汪桥镇政府向四湖工程管理部门呈送《关于改造汪桥镇六军街的报告》称：监利县汪桥镇有一条街道位于四湖西干渠桩号 67＋500～67＋200 处，长 200 米，街面宽 26.5 米，当地称之为六军街（纪念红六军成立于此地而得名）。由于历史的原因，先后有农户在渠道迎水坡上搭棚建房，慢慢形成了一条街道（实际是 1984 年冬兴建的市场）。因其街道南侧有 20 多户房屋的附属建筑物建在迎水坡上，垃圾和污水任意排放，不仅严重地影响堤容堤貌，也严重地污染水质，同时也影响市区容貌。为此，汪桥镇政府拟定改造六军街，街道整体北移 8 米，拆除迎水坡全部建筑物，新建房屋建在原水泥路面上，以改变汪桥镇区内西干渠管理混乱的状况。《关于改造汪桥镇六军街的报告》还承诺新建建筑物服从西干渠疏扩挖的设计要求，保证土场，不减少过流断面和排涝泄洪的需要。汪桥镇政府与四湖工程管理单位签订工程管理合同，按规定缴纳工程维护费，并无偿向四湖工程管理单位提供一块地皮。

监利县四湖管理段接到报告后，于 4 月 23 日向四湖工程管理局转送汪桥镇改造六军街的请示，表示同意汪桥镇的改造规划，并计划在汪桥镇提供的地皮上拟建西干渠汪桥管理分段。

1998 年 4 月 27 日，四湖工程管理局以荆四局管〔1998〕22 号文作出《关于监利县汪桥镇改造六军街的批复》，提出要求：①西干渠六军街堤段迎水面建筑物属历史遗留问题，此次结合汪桥镇改造六军街堤段应与一般渠堤区别对待。为有利于渠道规范化管理，原则上同意拆除西干渠六军街堤段迎水面建筑物，离原建筑物 8～10 米处新建建筑物；②此段渠道及渠堤改造时，应服从渠道扩挖需要，国家不承担再拆迁赔偿事宜；③责由监利四湖管理段与汪桥镇办妥有关实施手续，落实管理权属，六军街拆迁及新建期间，监利四湖管理段要安排专人监督，切实履行河道堤防管理职责；④重新规划改造后的西干渠六军街堤段，要依靠当地政府的支持，彻底改变管理滞后的面貌。

1999年9月19日，监利四湖管理段行文要求将西干渠管理分段由西干渠末端汤河口处，搬迁至汪桥镇集镇利用汪桥镇改造六军街时留给管理段的四间180平方米地面修建西干渠管理分段用房。楼房建成后，第一层四间门面用于开展综合经营生产，二层、三层为分段办公和职工住宿。建筑面积550平方米，工程造价为24万元。

1998年，中国蓝田公司在洪湖市瞿家湾镇投资创办农业示范点，拟在四湖总干渠桩号96＋000～96＋787处堤段修建鲜鱼货场，经请示洪湖市四湖管理段表示同意，提出留足8米宽路面和按规定收取堤防堆积或堤损费两点要求后，转报四湖工程管理局。1998年9月22日，四湖工程管理局以荆四局管〔1998〕57号文作出《关于蓝田公司在总干渠堤修鲜鱼货场的批复》：原则同意洪湖四湖管理段意见，将总干渠桩号96＋825处堤段以东16户住房搬迁，建立鲜鱼货场。但鲜鱼货场必按照堤顶高程不低于规划的标准，留足8米路面，迎水面不得设置任何阻水障碍物的要求修建。货场修建和运用期间必须遵守有关水法规，服从四湖水利工程管理单位的管理。货场建成后，如此段堤渠需扩挖，必须无条件拆迁，且不承担任何拆迁赔偿。责由洪湖四湖管理段与蓝田公司办妥有关手续，切实落实管理权属关系。

2000年5月，蓝田特种养殖公司在没有经过报批的情况下，在四湖总干渠堤左岸96千米碑以西的83米处动工违章建房。根据历年管理段面的划分，洪湖、监利以96千米碑为界，此碑的上游堤段属监利四湖管理段管辖。据此，监利四湖管理段派员到现场进行制止，蓝田公司却以与洪湖四湖管理段签有协议为由，不接受监利四湖管理段的管理，并继续施工。6月1日，监利县防汛抗旱指挥部向荆州市防汛抗旱指挥部传真报告这一违章建房的事件。6月15日、20日，荆州市四湖东荆河防汛指挥部受荆州市防汛抗旱指挥部的指派，由副指挥长、四湖工程管理局副局长叶朝德率局工程管理科人员先后两次对此事进行调查和处理，明确四湖总干渠上建房其审批权在荆州市四湖工程管理局，蓝田公司所签协议无效，必须立即停止施工。

2007年，洪湖市沙口镇董口村村民在内荆河河道设置挂网养殖珍珠，严重阻碍排水行洪和污染水质，洪湖四湖管理段多次制止，但当事人置若罔闻，拒不执行拆除。当年10月13日，洪湖四湖管理段会同洪湖市水政监察大队，沙口镇政府上门送达处罚决定，并晓以利害做思想工作，当事人终于承认错误，是年底将围网自行拆除。

第四节　涵闸工程管理

四湖流域的涵闸分为排涝节制闸、灌溉引水闸、拦洪闸、分水闸等，这些涵闸在防洪排涝和引水灌溉中发挥了巨大的作用。为管好用好这些涵闸工程，流域管理机构按照"统一管理、分级管理"的原则，成立专门的涵闸管理所实行专业管理。但也有大量的小型涵闸由乡镇水利站和受益农户自行管理。

一、管理权限

1963年4月27日，荆州专员公署下发的《关于进一步明确水利工程管理体制的通知》（荆秘字（63）第163号）中明确规定，四湖工程管理局由专署领导。江陵、潜江、监利、洪湖四县，分别成立四湖工程管理段，由四湖管理局及所在县双重领导。江陵习家口、彭家河滩、谭彩剅、潜江高场南闸、徐李寺、监利福田寺、彭家口、鸡鸣铺、洪湖小港（包括湖口闸和内荆河闸）、张大口、子贝渊等闸成立闸管所，新滩船闸、排水闸合并成立双闸管理处。以上涵闸均属四湖工程管理局直接领导（江陵县四湖管理段与彭家河滩闸管所合并办公，潜江县四湖管理段与高场南闸合并办公，监利县四湖管理段与鸡鸣铺闸管所合并办公，洪湖县管理段与小港闸管所合并办公）。四湖流域其他中小型闸，由所在县或区领导，都要有专人管理。

1965年，刘岭闸建成，随即成立闸管所，隶属四湖工程管理局领导。

1972年10月4日，四湖工程管理局以荆四管字（72）第59号文将小港河闸由四湖工程管理局管理移交洪湖县管理；将鸡鸣铺由四湖工程管理局管理移交给监利县管理，汤河口闸从监利县收由四湖工程管理局管理，待排灌分家后，两闸报废，只作为监新公路桥使用；横跨曾大河的凡家桥渠首节制闸（江陵县境）和甩家桥渠尾节制闸（潜江县境），这两座闸地处两县境内，每逢排渍抗旱，因两县情况不同和受益的关系，运用很不及时，故将这两座闸的管理权从两县收归四湖工程管理局管理。

1977年对四湖西干渠进行疏挖之后，除保留彭家河滩闸外，将江陵县境谭彩刿闸、监利县境鲢鱼港闸、汤河口闸予以拆除。

1979年福田拦洪闸建成，原福田老节制闸遂失去作用。因福田拦洪闸系洪湖分蓄洪工程项目，此闸建成后交由湖北省洪湖分蓄洪区工程管理局管理。

1995年4月，刘岭排水闸收归湖北省水利厅管。

二、涵闸管理规定

四湖工程管理部门先后制定一系列的涵闸管理规定，并在管理运用过程中加以补充完善。

（一）涵闸管理机构的任务

（1）搞好建筑物的维修、养护和保卫工作，按照工程设计能力合理地控制运用，确保工程的安全。

（2）严格遵守操作规程，具体管理涵闸的事宜。

（3）闸门启闭机，要定期除锈涂油，保持机件润滑，保证启闭灵活。

（4）经常作好水文、工程和冲淤观测，掌握工程变化情况和工程效能，及时整理观测资料，加强分析研究，按期填送报表，建立和健全涵闸管理档案制度。但有关沉陷位移的观测（除新滩口闸外）由主管部门组织力量进行巡回观测。

（5）加强调查研究，掌握水情、雨情、排灌情况，及时向主管部门反映情况，提出意见，经主管部门研究批复，做到能排尽排，需灌就灌。

（6）在启闭闸门时务必详细记载内外水位，开启时间、开启孔数、高度，当水位急剧变化时应每一小时观测一次，直到水情稳定后，再按平时规定的段次进行观测，每月终应整理归档。

（二）涵闸管理范围及要求

（1）大型涵闸上、下游各500米，左右各200米；中型涵闸上、下游各200米，左、右各100米；小型涵闸上、下游各100米，左、右各30米；距离从涵闸外沿算起，此范围为涵闸保护范围。

（2）严禁在建筑物周围500米范围以内爆破，不允许在上下游护坡以内停靠船只，闸上不准堆放物资和超设计荷重的车辆通行，无保护层的涵闸公路桥，不准通行履带式拖拉机和其他铁轮车，如无法绕行时，需加铺保护层，经管理部门检查后方可通过。涵闸控制运用期间，船只过闸应经过管理部门批准，闸上所有器材、机件、工具等应加强管理，防止散失和盗窃。

（3）涵闸管理范围内，禁止修建房屋、粪窖，堆放物资，布置拦鱼设施。在此范围内的土地由涵闸管理所管理并进行植树造林。

（三）涵闸启闭权限

闸门的启闭必须根据排灌需要的情况，报请批准，叫开就开，叫关就关。其批准权限为：新滩口排水闸、田关排灌闸、观音寺、万城、兴隆等进水闸，汛期由专署报省批准，平时由专署批准；习家口、高家场、徐李市、谭彩刿、鲢鱼港、汤河口、鸡鸣铺、福田寺、彭家口、小港（双闸）、张大口、子贝渊等闸，汛期由专署批准，平时由四湖管理局批准。

（四）闸门启闭注意事项

1.1963 年规定

（1）用力均匀徐缓，注意不超过闸门上升下降的最高和最低标记。

（2）闸门启闭时如发生震动等异常现象，应立即停止操作，检查原因，进行修理，符合运用标准后，继续启闭。

（3）卷扬式启闭的闸门下落时，应控制刹车徐徐降落，严防不加控制、飞车下落，产生冲击和加速度，损坏闸门和启闭机件。

（4）随时注意清查闸底石渣和其他障碍物品。

（5）多孔涵闸启闭时，应均匀对称操作，开启时，由中间依次对称向两侧开；关闭时，由两侧依次对称向中间关；并尽量保持使各孔闸门开度相等。如系两孔闸，则尽可能同时启闭。开闸时，闸门开启高度应控制在 30～50 厘米以内分级逐次开启，以利于逐渐抬高尾水，减小水差，避免急流冲刷，损坏消能设备。

（6）沿江河涵闸汛期运用时，必须备足抢护器材，专人防守，如发生险情，除迅速组织抢护外，应在 1 小时内详报专署防汛指挥部。运用任务完成或上游出现洪峰时，应及时关闭，确保安全。

2.1977 年规定

1977 年，四湖工程管理局根据涵闸管理的新情况，在补充和完善 1963 年涵闸管理规定的基础上，制定出新的涵闸管理规定。

（1）闸管员要专职专责，不经主管部门同意，不准调离借用。

（2）涵闸启闭，必须按照管理权限范围，严格履行批准手续，未经批准，任何单位和个人都不能擅自启闭。

（3）涵闸按规定所留用的土地和管理的范围由闸管所管理，开展以植树造林为主的多种经营活动。

（4）闸门、止水橡皮、通信设施和闸上附属建筑物严防盗窃破坏，任何单位和个人都无权挪用。

（5）严禁在闸周围 500 米内堆放爆破物品和打井爆破，闸上不准堆放超重物品，不准超重车辆行驶。

（6）涵闸启闭要严格遵守操作规程。闸管员要经常对各种机件设备进行详细检查、维修，保证安全度汛和排灌及时，汛期要备足器材，专人防守，机房严禁堆放物品，不准住人。

（7）涵闸每次运用时，闸管员要及时观测水位、流量、雨量情况，并认真作好记录，运行结束后，将有关记录整理并上报主管部门。

3.1999 年规定

20 世纪末，水利工程实行达标管理。为此，四湖工程管理局制订涵闸管理达标条件。

（1）资料要齐全。有专人负责收集、管理；技术档案齐全、标准；单孔运行、维护记录真实、全面。

（2）管理要专人。涵闸管理人员须具备高中以上文化程度，有一定业务基础，参加过业务技能岗位培训，持证上岗。

（3）制度要健全。各项管理规章制度和涵闸运行操作规程科学齐全。

（4）工程要完整。经常进行工程检查，定时和不定时地进行维修养护，随时掌握工程变化状况。

（5）操作要科学。严格执行涵闸运行操作程序，上、下游安全保护范围。

（6）观测要准确。按规定进行水位、流量、雨量、工程现状等观测，及时准确无差错。

（7）环境要优美。闸室、闸外干净卫生无破损，周边合理种植花草树木。

（8）执纪要严明，严格履行管理职责，做到令行禁止，一切行动听指挥。

（9）做好安全保卫工作。不准违章操作，杜绝人为事故，无盗窃、无破坏现象。

（10）充分利用涵闸周边闲置空地，综合发展。

三、涵闸维修养护

为加强涵闸管理，每年汛期结束后，各涵闸管理所或涵闸专业管理人员，将当年涵闸在运行中所出现的各种问题及要进行维修保养的部位列出清单编制出年度维修养护计划书，上报给四湖工程管理局。四湖工程管理局汇总后，再根据当年涵闸维修养护经费安排的情况，作出适当的安排，以文件的形式上报荆州行政公署水利局和省水利厅，待批复后，再下发给各涵闸管理所，专款专用，对所属涵闸进行维修和养护。

次年春，待维修养护工作结束后，四湖工程管理局派人赴实地对各闸所列维修项目逐一检查落实，建立维修验收卡片，再统一结账。逐年循环反复进行。对于大的维修或改建项目，则需要逐层请示，待确立项目，争取投资后，方可进行。

四、处理违章事件

（一）刘岭闸土地权属争议

1964—1966年，在长湖库荆门县与潜江县的交汇刘家岭处，先后兴建刘岭节制闸和刘岭船闸，两闸引河之间的一块条形土地成为孤岛。在兴建之初此处为长湖湖荒，仅王家台住有7户村民，建闸时按政策对7户村民给予补偿。两闸建成后，使长湖库堤向外延伸，围挽部分湖滩。1980年由闸管所将孤岛及部分湖滩开挖成精养鱼池，面积为59.7亩，并由闸管所予以经营。

1986年3月，荆门市蝴蝶村7组，以1970年田关河扩挖和1980年长湖库堤加固，挖压部分耕地为由，向刘岭闸管所提出"解决补偿资金及归还土地"的要求，并强行向闸管所经营的鱼池内投放鱼苗，欲将鱼池占为己有。为此，四湖工程管理局于1986年3月22日，以荆四管字（86）第12号文向荆门市作出报告，要求荆门市派员妥善处理。4月10日，荆门市派出以政府办公室姚昌奉为负责人带领荆门市农委、土地局、水利局、粮食局和毛李镇蝴蝶村等有关人员组成的调查组，经现场调查后，形成处理意见：①刘岭建闸所用土地，已由建闸指挥部按当时的政策规定，履行土地征用手续，并给予经济补偿，手续完备；②蝴蝶村7组所提王家台土地，在被征用的700亩土地范围内，不存在权属之争，而7组向闸管所的鱼池内投放鱼苗的行为是错误的；③为考虑蝴蝶村7组的经济困难，四湖工程管理局同意拿出2500元，支持7组群众发展生产。

但事件并未就此了结，7组村民多次哄抢成鱼，拆毁房屋，干扰生产，围攻管理人员，使刘岭闸管所蒙受了较大的经济损失。1989年9月，四湖工程管理局以荆四管字（89）第66号文向省政府办公厅呈送《关于要求紧急裁决刘岭闸管所与荆门蝴蝶村土地争议的请示》。省政府办公厅接请示之后，经多次召开由荆州地区行政公署、荆门市政府和省水利厅、土地管理局负责人参加的座谈会，并派出调查组作实地调查，形成一致意见。并以鄂政办函〔1989〕46号文发出《关于调处荆州四湖管理局刘岭闸管所与荆门市毛李镇蝴蝶村土地纠纷问题的通知》。《通知》明确指出：

（1）刘岭闸兴建时，所占用的700亩土地，经省水利厅批准，按当时政策规定给予补偿，并由当时的荆州行署责成荆门县调整土地。因此，所占土地权属清楚，属国家所有，由刘岭闸管所管理使用，不应再按现行政策给予补偿。荆门市政府应督促市土地管理部门尽快核发土地使用证，以保障刘岭闸工程管理工作的正常进行和财产不受侵犯。

（2）刘岭闸管所1980—1982年投资开挖的6口59.7亩精养鱼池在两闸引水河之间，属工程管理范围，且在征用范围内，按照"谁建、谁有、谁受益"的原则，应归刘岭闸管所所有和经营。

（3）荆门市毛李镇蝴蝶村2组、7组农民在支援国家建设中作出贡献，挖压土地较多，现生产、生活上确有困难。为帮助该村发展生产，战胜困难，双方商定在资金上给予适当扶持，由省水利厅拨款3万元给荆门市，由市政府组织帮助两组农民另行建设精养鱼池，以解决其生产、生活困难。

（4）荆州地区行政公署、荆门市政府要认真做好基层干部和群众的思想工作。要依照《中华人民共和国水法》的有关规定，依法治水，团结治水，共同维护好刘岭闸工程管理的正常秩序，使刘岭闸为受益地市的工农业生产发挥更好的作用。

荆门市土地局在贯彻执行省政府办公厅鄂办函〔1989〕46号文件，为刘岭闸颁发土地使用证时，对一些未明了的事项于1990年11月7日以荆土地〔1990〕18号文向省土地管理局呈报《关于四湖工程管理局刘岭闸占地发证有关问题的请示》。湖北省土地管理局在收到请示后，于1990年12月30日向荆门市土地管理局发出《关于四湖工程管理局刘岭闸占地发证有关问题请示的复函》。①荆门市土地管理局对湖北省政府处理这一问题的函件应认真贯彻执行。②荆门市土地管理局应按鄂办函〔1989〕46号文件精神，组织四湖管理局刘岭闸管所与毛李镇蝴蝶村共同踏界，确定权属界线，在详查图件上编绘权属界线。并补签权属协议书（按鄂办涵〔1989〕46号文的通知不再给予补偿），作为发证依据，并由荆门市政府作为特殊情况尽快颁发700亩土地使用证。

（二）刘渊闸交界处的水事纠纷调解

刘渊闸地处监利县黄歇公社通城大队和潜江县老新公社记功大队的交界处，在此闸的引河渠道通城河扩挖时由于土地挖压的矛盾，以及刘渊闸的管理运行引起两地的纠纷，曾出现过潜江记功大队砍伐监利通城大队树木，监利通城大队搬走刘渊闸管所的电动机和启闭机的摇把，矛盾一度非常紧张。为此，四湖工程管理局分别于1981年12月6日和1983年4月1日，两次会同两县和两有关社队干部，在西大垸农场共同协商调解矛盾，最后统一达成6条意见。

（1）潜江县在生产扩挖通城河时，必须两岸平分出土，使两岸渠堤面宽达到2～4米，堤顶高程达到30.50米。

（2）施工中，挖压填筑了的监利县通城大队的出水刬涵，由潜江县工程指挥部拿出1000元资金作为赔偿，对毁掉的刬涵不再恢复，监利通城大队农田渍水另找出路。

（3）潜江在扩挖通城河时，所占压监利通城大队的土地，由潜江记功大队在通城河以东紧靠监利通城大队的田块，按666平方米为一亩计算标准分两处共二亩的土地划给监利通城大队。通城河及通城河两岸的渠堤为潜江县所有，为不影响农作物的生长，监利通城大队要求渠堤背水面的边坡不植树、不翻耕，潜江记功大队表示同意。

（4）刘渊闸属潜江县管理。此闸所辖的管理范围，按建闸时划定的界线不变。耿家台属监利通城大队所有。

（5）潜江记功大队砍伐监利通城大队的96棵树木，由潜江记功大队赔偿树损失200元给监利通城大队。

（6）监利通城大队搬走的电动机和启闭机摇把原物归还给刘渊闸管所，并对所挖坏的渠堤路面恢复原状。

（三）盗卖涵闸设施的处理

1993年4月9日，监利县福田寺镇小河村村委会主任彭瑞英未经监利县四湖管理段同意，借以村集体的名义将彭家口闸启闭设施盗卖他人，获款5000元，致使此闸遭受严重破坏，造成直接经济损失8万元。案发后，监利县水政监察部门认真查处，湖北省公安厅、水利厅对此发出通报。四湖工程管理局于当年5月25日，以荆四管〔1993〕33号文发出《关于彭家口闸启闭设施被毁坏变卖的处理意见》，提出此案由监利县四湖管理段与监利县水利局和司法部门联合进行严肃处理。同年8月15日监利县水利局以监政水发〔1993〕50号文再度向县政府报告，请求督促有关部门从快查处此案。9月8日，中共福田寺镇纪律检查委员会以福纪发〔1993〕03号文作出《关于彭英瑞同志所犯错误的处分决定》，决定对其给予党内严重警告的处分，并责令退还原物。

第五节　泵站工程管理

四湖流域自20世纪70年代以来，兴建大批的电力排灌泵站工程，其中单机容量在800千瓦以上的大型流域性泵站有18座，根据"谁建、谁管"的原则，这18座大型泵站都设立有专门的管理机构，属全民所有制的事业单位。管理单位的职责是：保证排灌枢纽建筑物、排灌主干渠及其他建筑物完好，同时注意改善工程绿化环境，达到排灌畅通，田间工程配套齐全，充分发挥工程效益，延长工程使用寿命；凡电力泵站的设备，不经上级主管部门的批准，不得随意拆迁、转移或挪作他用，更不准非法变卖；加强排水管理，在搞好渠道和调蓄区管理的基础上，根据水情、雨情，结合其他水利设施，制定最佳综合排水方案，坚决按照设计起排水位及时起排；定期检查、检修泵站运行情况，泵站每年运行结束后认真进行检查，并订出检修计划，检修结束后，请主管部门进行检查；电力泵站本着"养重于修"的原则，建立安全操作规程和设备定期维护保养制度，保证安全操作，使主机及附属机电设备，包括为排灌站服务的输变电设备，经常处于良好的技术状态，能更好地为农业生产服务。

一、管理体制

高潭口泵站从 1972 年 12 月破土施工至 1977 年竣工，由工程建设指挥部管理。1977 年底，经荆州地区革委会批准成立荆州地区高潭口泵站委员会，由荆州地区水利局主管。1987 年移交四湖工程管理局主管。1990 年改名为荆州地区高潭口水利工程管理处。1995 年更名为荆沙市高潭口水利工程管理处。1997 年改名为荆州市高潭口水利工程管理处。其间其隶属关系不变。

新滩口泵站于 1983 年底破土动工，1986 年 7 月建成受益。1985 年新滩口泵站在建之际，与新滩口排水闸、船闸合并成立新滩口水利工程管理处。隶属于四湖工程管理局领导。1995 年更名为荆沙市新滩口水利工程管理处。1997 年改为荆州市新滩口水利工程管理处。其间其隶属关系未变。

田关泵站于 1986 年 5 月破土动工，至 1989 年 6 月建成。1988 年 7 月成立荆州地区田关水利工程管理处，隶属四湖工程管理局。1995 年 4 月更名为湖北省田关水利工程管理处，隶属湖北省水利厅领导。

螺山泵站、杨林山泵站、新沟泵站、半路堤泵站，由监利县设置专门的管理机构，隶属监利县水利局管理。

老新口泵站设老新口泵站管理机构，隶属潜江市水利局管理。

冯家潭泵站设冯家潭泵站管理机构，隶属于石首市水利局管理。

南套沟泵站、大沙泵站、石码头泵站、燕窝泵站、汉阳沟泵站、龙口泵站、高桥泵站、鸭儿河泵站、仰口泵站，由洪湖市设立专门的管理机构，隶属洪湖市水利局管理。

二、管理法规

（一）泵站运行管理制度

（1）泵站运行值班人员必须穿戴好劳动防护用品，持证上岗。

（2）值班人员必须要有高度的责任感，坚守工作岗位，集中精力，严密监视设备运行情况。

（3）值班人员必须坚持文明生产，做到"八不准"。即：不准迟到早退，擅离工作岗位；不准穿背心短裤、裙子、拖鞋与高跟鞋，着工装上岗；不准大声喧哗，打闹嬉笑，保持值班室安静；不准看阅书报杂志；不准做与值班无关的事；不准带亲友、小孩进入厂房；不接待参观与会客；不准酒后值班。

（4）值班人员应随时巡视和监视设备，每小时巡视一次，做好运行记录。

（5）值班人员要保持机电设备及厂房，值班室的整洁，公物用具不得遗失或损坏。

（6）值班人员必须遵守交接班制度，交班做到：交班前对设备进行一次全面检查；清点公物用具，搞好清洁卫生；向接班人员介绍本班运行情况，设备状况及有关事宜；交接班事宜完成后方能离开值班现场。接班人员必须做到：由值班长带领提前 10 分钟进入值班现场；接班值班长认真巡视机组设备，清点公物用具；熟悉、掌握运行情况。交接时间内，如出现设备故障或事故，应共同协助排除，直至恢复正常运行后，方可履行交接班手续。一时不能排除的事故由业务处长（或技术负责人）认可后，办理交接班手续。

（二）事故处理制度

（1）发生事故应尽快限制事故的发展，消除事故的根源，并及时解除对人身和设备的危害。

（2）将事故限制在最小范围内，确保未发生事故设备的继续运行。

（3）及时向调度员报告事故的发生。

（4）发生危及人身安全或严重的工程设备事故时，工作人员可采取紧急措施，操作相关设备迅速解除危险，事后当事人必须及时向上级领导报告。

（5）根据现场情况，如调度员作出的调度指令直接威胁人身和设备安全时，值班人员可拒绝执行，并申明理由，同时向主管部门报告。

（6）事故发生在交接班时，应由交班人员处理，接班人员在现场协助。

（7）发生事故时，严禁无关人员进入现场。

（8）事故发生后，工程设施和机电设备属一般性事故，泵站管理单位应立即查明原因，及时处理；工程设施和机电设备发生重大事故，泵站管理单位除及时调查处理和抢修外，还应报告上级主管部门；发生人身伤亡事故时，泵站管理单位应及时报告上级主管部门，并保护现场，由上级主管部门组织有关人员进行事故调查并作出处理。事故发生后，应填写事故报告，并报上级主管部门。

（三）运行人员岗位责任制

1. 业务主管领导或技术负责人岗位责任

（1）编制运行方案和设备维修及检修计划。

（2）检查"运行规程"和"安全工作规程"的执行情况，负责向单位主要负责人汇报。对于违反运行规程和安全工作规程的不良倾向与行为，应及时进行批评教育，并坚决纠正。

（3）全面掌握机电设备的技术状况及运行情况，保证机电设备处于完好技术状态，对于机电设备存在的问题，及时向单位主要负责人汇报。

（4）组织泵站职工，努力学习业务技术，不断提高现代化管理水平。

（5）定期对泵站职工进行技术考核，针对实际情况，提出技术培训的具体措施，并负责技术培训工作。

2. 值班长的职责

（1）接收停机、开机命令，负责联系停电、送电与填写开机操作工作票。

（2）开机前对值班员进行分工及安全教育，并对待投入运行的设备进行全面检查，负责向业务站长报告。

（3）在保证机组正常安全运行的条件下，对于一般性故障指令专人负责排除；对比较大的故障，要亲自负责排除，并记录清楚。运行中，发现有危及机组设备正常运行的情况可以下达安全停机命令。

（4）认真检查值班员的工作情况，对于违反"运行规程"和"安全工作规程"的行为，要及时阻止。

3. 值班员的职责

（1）刻苦学习业务技术，能完成业务站长及值班长分配的工作。

（2）自觉遵守生产纪律，坚守工作岗位，不得擅离职守，不得迟到早退，不准打瞌睡，不准打闹，做到勤观察、勤报告。

（3）机电设备运行中发生事故，应尽最大努力抢救国家财产，对于危及人身安全和设备损坏的严重情况，值班员应及时向值班长报告。

（4）认真执行"运行规程"和"安全工作规程"，做到"一戴、二穿、三不准"。"一戴"即戴工作帽（女）。"二穿"即穿工作服、工作鞋。"三不准"即不准穿背心，不准穿拖鞋，不准班前喝酒。

（5）认真填写运行记录，掌握机电设备运行情况，发现异常现象及时向值班长报告。

三、工程用地确权定界

高潭口水利工程管理处整个工程占用土地东至洪湖分蓄洪工程主隔堤，西至排涝河北岸，南至主隔堤桩号 1＋600 处，北抵东荆河，占地面积 350 亩。2006 年经与四周相邻单位签订土地权属界线协议书，已办理国有土地使用权证。

新滩口水利工程管理处整个工程占地面积 772676.4 平方米，折合约 1160.17 亩。其中：修建泵站征用土地面积约 474690 平方米；修建排水闸和船闸征用土地面积 269306.4 平方米；鱼池面积 26680 平方米；修建加油站征用土地面积 2000 平方米。征用土地均按政策给予补偿。2006 年 11 月，洪湖市新滩镇政府组织主持与大兴岭、回风亭、张家池、庙湾等村相邻单位签订土地权属界线协议书。2010 年荆州市人民政府对国有资产占有、使用权设立登记，颁发证件编号为荆财证字〔2010〕第 79 号文的荆州市行政事业单位国有资产占有、使用权证。

四、制止违章事件

1991 年 8 月 10 日，新滩镇大兴村以 1983 年修建泵站时征用土地补偿过低及因经济困难多次上访未得答复为由，在新滩口泵站开机排涝的紧张时期，组织村民故意毁坏泵站多种经营基地，翻耕哄抢即将成熟的花生 5 亩。翻耕芝麻 10 亩、红薯 1 亩，砍伐杨树苗 127 根，破坏防护照明线 200 米挡距，随意摘拿拿职工种植的蔬菜，造成直接经济损失 1 万余元，并围堵管理处机关，严重影响开机排涝，给社会造成严重影响。8 月 12 日，四湖工程管理局公安科负责人赶赴现场处理此事，洪湖市政府也成立调查组进行调查。8 月 14 日，洪湖市政府、土地管理局、公安局、水利局，新滩镇政府、荆州地区四湖工程管理局公安科、大兴岭村、新滩口水利工程管理处等单位的负责人在新滩镇政府就此事件召开了协调会，确认新滩口水利工程管理处征用土地合法，大兴岭村行为违法，依法追究有关责任，赔偿损失。

1999 年 12 月，新滩镇村民李云山擅自在新滩口水利工程管理处旁燕（窝）新（滩）公路北侧、泵站引河公路桥西侧 400 米范围内，动工兴建一栋占地面积约 22 平方米的住房。新滩口水利工程管理处在几次派人制止无效的情况，通过新滩镇土地管理部门制止了侵占水利工程用地的行为。

2012 年 3 月中旬，高潭口水利工程管理处的工作人员在进行巡查时，发现邻近村民在其工程管理范围内的排涝河出口河道平台上种植树木。高潭口水利工程管理处派人上门宣传水法规，并同当地村干部一同做植树者的思想工作，最后植树者主动将栽好的树苗全部移走。

第六节　水事纠纷及调处

四湖流域因特定的地形地貌和庞杂的河湖水系等自然条件，在历史上因水引起的水事纠纷，甚至是大规模的械斗的发生不计其数，有的纠纷长达数十年之久，有的死伤人员无数，有的烧毁房屋成片，给四湖流域人民带来深重的灾难。

新中国成立后，经过四湖流域的治理，水事纠纷逐年减少，每起纠纷得到妥善的调解或处理，解决水事矛盾，达到团结治水的目的。

一、历史水事纠纷

（一）大泽口成案

东荆河是汉江的主要支流，环绕四湖流域北部边缘而流，其河口称泽口。明末清初，随着汉江堤防的修筑和北岸穴口的堵塞，汉江水位抬高，南岸决口频繁，泽口口门的位置摆动不定，最著名的一次谓之"吴家改口"，形成泽口口门在下游，改口口门在上游，中隔六七里宽梁滩的形态。清同治八年（1869 年），吴家改口口门进一步扩大，形成水低时期两口分流，水盛时期两口合一。吴家改口形成以后，汉江南岸各县因受洪水罹难主堵，而汉北诸县主流，引成旷日持久的"兴与废，疏与堵"之争，并发生多场械斗。根据史料记载，清道光二十四年（1844 年）到民国二年（1913 年）的 70 年间，南北两岸构诉达 13 次之多，清王朝从汉江的全局出发，主张泽口宜疏不宜堵，多次对主堵的头人予以惩治，从关押直至枭首，颁发禁堵文告不计其数，并勒石立碑于河口。直至民国二年（1913 年）湖北督军府派蒋秉忠等查勘处理，以"改口万不可堵，已成铁案；荆河不能不治，正拟筹疏"为定论，这场疏堵之争方告平息。为弄清此件事的原委，兹将各次纠纷发生的时间顺序分录如下。

1. 清道光二十四年（1844 年）

事实：沔阳僧人蔡福隆，借塞梁滩改口之名，将泽口内十里之黄家场河口（又名挡河）填塞四十余弓，长二百余弓，高八九尺。

具控人：天门许本塘等。

结案：府宪王亲勘刨毁，访拿蔡福隆逃窜未获。

2. 清道光二十七年（1847 年）

事实：蔡福隆复出传单，以疏西荆河为名，敛费收米，实欲於泽口两面建设石矶，使东荆河日久淤塞。

具控人：李一竣等，余奉慈等。

结案：府宪贾另详立案永杜害端。

3. 清咸丰十年（1860 年）闰三月

事实：沔人邵瑞麟，怂惠州牧蒙禀修筑，未奉批准。王茂义率同数千人，摆列枪炮兵器旗号，在小泽口内县河之竹根滩，填塞河心长百余弓，高五六尺，宽七八十弓，水遂断流，复於口门两端筑坝长七百余弓，对骑马堤截河筑埂，并声言小泽口筑竣再筑大泽口。

具控人：天门何凤鸣等，京山刘祖琨等，潜江孙衍庆等，天门石元音、张楚儒等。

结案：四月，府宪黄移汉阳府饬沔州押毁。同治十年（1871 年），藩台张批押毁土埂，久奉院批，何以延今仍未遵办，实属玩法，仰安陆府移会督饬办理。七月，委员上官履勘会详文称，若不令平毁，必阻碍分泄。若即刻平毁，又误该地收获，由沔绅李修德等出具愿毁甘结，秋收后即行平毁。

十月，藩台札行摧毁。十一月，复札沔阳州刻日平毁。咸丰十一年（1861 年），沔州牧据李林曙之谎禀，谓所筑系旗鼓之旧堤、小泽口，非古河等语。八月，督院李批，布政司速催沔阳州赶紧押令创毁，倘须水师弹压，即据实禀请勿再延搁。藩台张札沔阳州硃票寓目即办，再延详参。咸丰十二年（1862 年），抚台郭委员督催一次。

4. 清同治十二年（1873 年）

事实：潜生刘玉文纠筑改口，并建石矶拦淤。十月，沔人王子芳遍贴传单，于十月初一蛮塞改口下七里之何家剅修筑横堤。

具控人：天门周良源等，钟祥高折桂等，天门罗德怀等。

结案：抚院郭、督院李批，仰布政司严催押毁。枭台黄仰汉阳府饬沔州遵毁。安陆、汉阳两府会勘，声明二口宜疏不宜筑，口内石矶万不可建。十一月，知府李札县妥为解散，详省饬令究办。

5. 清同治十三年三月（1874 年）

事实：沔人严士廉纠众二千余人，至沔阳逼官出告示六十张，执长枪镗镰刀锚蛮筑何家剅，私设堤局，勒派夫费。

结案：沔州牧请弹压，六月，督院李、抚院郭，奏明将严士廉正法，田秉臣流罪，刘子才徒罪，余从免，追土埂押毁。刻石文曰："泽口官河，永禁阻遏，拦筑首犯，斩绞同科。"

6. 清光绪二年至七年（1876—1881 年）

事实：光绪二年（1876 年），沔阳州牧信潜人关俊才言，蒙禀修筑溃口，不及支河一字。翁抚奏拨四万九千串，民捐六万串，为修筑并举之计。关俊才术领疏河款延不兴工，藉护改口新堤为名，河宽二百余弓，谋建矶一百八十弓，以期不塞而塞。俊才同事张某忿俊才吞款太多，赴省呈控提解关俊才到省收押，不知俊才若何得脱图圄。光绪七年（1881年），武弁王子芳，王光炳不服弹压，违禁在何家剾地方筑坝基已出水，襄水盛涨，被遏阻激，贻害下游，坝亦寻冲，数万金钱徒付一掷。

具控人：张玉成等，马鸣佩等，肖任林等，金达燕等，周良翰等。

结案：光绪五年（1879年），督院李批，仰布政司会同按察司饬沔阳州、潜江县严禁。光绪七年八月，督院李奏革王子芳职，拿办为首之人，饬司颁发永禁筑坝告示，勒石河干。

7. 清光绪十一年（1885年）

事实：沔人魏凤池、陈焕藻设局收亩费外，有乐输帮费以筑私堤子坝渊为名，实欲筑改口河坝收费三千余串未动工，而局用已一千余串。

具控人：潜沔灾民李之位，陈国平请藩司示禁。

结案：藩司委员履勘。光绪十二年（1886年），荆州府恒会议通详改口实难筑塞，督院裕批改口有四百丈宽，实为消泄汉水要道，如将此口堵塞，则上下游两岸堤塍处处可危，即饬禁止。

8. 清光绪十四年（1888年）

事实：严士廉之子严仙山及杨荣廷，瞒耸京员，以吴家改口被灾，请饬估修等情，朦奉谕查办。仙山不候查办定夺，即树立黄旗，书奉旨督工字样。查杨荣廷禀词内称田关强筑，水无分泄之途，府场河塞，水无下泄之路等语。伊等亦自知水势不可遏，抑而利令智昏，苟图便宜，仙山又是士廉遗孽故耳。

具控人：王振南等、龚廷镛等。

结案：督抚奉谕委史守安陆府汉阳府勘明核办。九月，裕督奎抚查明改口本系分泄襄水河道，禁止堵筑奏稿内载，拟疏下游尾间，办法甚详，奉硃批，著照所请。

9. 清光绪十九年（1893年）

事实：叶廷甲、郑超一、遣抱赴都察院捏请于吴家改口之马湖地方建矶。

具控人：陈端瀛等。

结案：安陆府安襄郧荆道批示，名为建矶，实希翻案，详由督抚咨院销案。

10. 清光绪二十二年（1896年）

事实：严惟恒煽众私筑。

结案：潜江县禀拨水陆营勇，委员查拏，出示严禁。

11. 清光绪二十九年（1903年）

事实：江陵监沔千余人，麇筑泽口附近之官湖郑西地方，声称堵塞泽口。

具控人：天门罗占鳌等，潜江谢炳朴等。

结案：经潜江、江陵、监利会同出示严拿，并蒙安陆知府赵禀拨水陆营勇驱散，将所作土埂刨毁。

12. 清光绪三十四年（1908年）

事实：潜人谢孝达等朦禀将口门龙头拐建泗水矶，何家埠一带错综建矶，彭道督工。工竣，夏间水涨冲坏。

具控人：蒋芳增等。

结案：经农工商部咨督抚委襄阳道施，候补道魏，安陆府张，潜天官绅会勘，议订善后七条，一、泽口永不准阻遏，二至五要限制矶坡，六、注重疏河，七、禁止私自动工。南北数十人签押，永远遵守。

13. 民国二年（1913年）

事实：沔阳等县代表谭方鹏禀请修筑吴家改口未批准一事，经查勘吴家改口委员蒋秉忠、李廷权、刘沛元等报告书〔民国二年（1913年）三月二十四日〕称，有沔人唐传勋、李廷权等带领百余人杂穿军服，张旗执械，同来吴家改口，驻扎龙头拐彭公祠，经潜江知事万良铨亲查看旗上书写"奉都督命令修筑改口"。据民国元年（1912年）十二月二十八日的传单"启者吴家改口堤工，择于阴历癸丑年正月十三日齐集开工，在彭公祠挂号，各垸业友，自备箢锹，携带行李及十日资粮、慎勿滋扰地方，特此布告"。传单上书写奉都督示："照得吴家改口，遗害数十年，现经禀请修复，齐集赴工勿延，自备箢锹资粮，务各踊跃争先，换班期限十日，每夫铜币壹元，压挖出钱购买，经费量力垫捐，木桩竹障柴草，一应买办周全，寄宿借餐谨慎，不扰该处间阊，诸事责成代表，不可疏忽偷闲。"据唐传勋等谈，都督府会议准拨款二百万筑襄堤，伊等提议修筑改口无须拨款，并委卢步青前来督促。会同潜江知事欧阳启勋于二月二十七日查看改口已筑长二十二丈，宽三丈七尺，高五尺，当经传谕停工并即督促刨毁，工人尽数散归，此事发生后，经襄北天门等县电请黎都督派兵弹压。在此期间，襄北闻讯纠集民众渡江抵制堵塞，军队为恐两相冲突，设法检收南夫器械，而引起南夫与军队发生纠纷，以致刀伤高逢吉排长，抢走枪支、被服、军装等，并烧毁彭公祠及连卡屋，堤夫亦伤三人等事件。

具控人：天门、潜江、京山、汉川、钟祥等县知事指控沔人陈炳坤等煽众筑塞"大泽口"，恳请湖北省军、民政府及黎都督派兵弹压，并从严拿办首犯。

结案：经查勘吴家改口委员蒋秉坤等会同潜江知事万良铨前往现场查勘筑堵事件，经都督电饬军队弹压及地方各团体前往开导后，一律散归。遏止北岸万余民众南渡相互蛮斗之乱。提议：吴家改口万不可塞，为保护潜城，必须加固龙头拐。为免潜沔人民受襄水泛滥之苦，惟有疏宽荆河，以畅其流。由军民政府内务司派员筹组荆襄水利研究会勘测工程，先荆后襄，依序疏凿，为众擎易举之谋，一劳永逸之计，以息南北之恶感。

"行政公署呈内务部，本省大泽口等处请勒石永禁堵筑。"［民国三年（1914年）一月十一日］

（二）潜江县冯家闸（垱）水事纠纷

清咸丰二年（1852年），潜江县开挖冯家河（即今赵家河），排泄乡林、返湾两垸渍水，受益面积达10万余亩。渍水流经竺家场、冯家湖入白鹭湖。两垸民众为了节制水源以利灌溉和防御南水泛涨倒灌，于清同治八年（1869年）集资建"冯家闸"。冯家闸建成后，乡林、返湾两垸由一个沼泽地开发成土地肥沃的鱼米之地。后因水利失修，河道淤塞，排灌不畅，加上下游民众及豪绅地主强占河床两侧土地进行耕种，更加阻碍了上游渍水的下泄，至光绪十年（1884年）渍水泛滥，上垸民众欲启闸放水，下垸（西大垸）民众阻止开闸，两相冲突，引起械斗，以致发生了严重的流血事件。据新中国成立初期潜江四区（浩口）水利委员会调查当地老农回忆："当时上垸排渍开闸放水，下垸阻止，由此双方聚众械斗，损失惨重，双方死亡37人，轻伤53人，重伤23人。"事件发生后，毁闸筑垱，阻止排水，改称"冯家垱"，此为冯家闸有名的"甲申惨案"。

为解决乡林、返湾等垸的排水出路问题，清政府于光绪十一年（1885年）重建冯家闸，经过9年使用后，复于光绪二十年（1894年）废除。

抗日战争时期，荆潜县抗日民主政府为解决乡林、返湾等垸的排水纠纷，曾专门进行过实地调查，在冯家垱挖掘闸址放水时，还发现尸骨30多具。

四湖总干渠和东干渠开挖后，这一带水事纠纷才从根本上得到解决。

（三）监利、沔阳（今洪湖）新开河上下垸水事纠纷

民国十九年（1930年），湘鄂西红色政权的监利县白螺区区长陈庚典领导群众万余人，从肖家墩至赤湖口（原名直河口）开挖一条新河，长2.3千米，缩短了柘木长河18千米，使柘木长河上游五十一垸的渍水得以直接排入洪湖。当时，柘木长河下游地域属沔阳县泰宁乡辖境，因其地势低洼，高水下压，低田受涝。民国二十二年（1933年），泰宁乡民众将新开河首尾堵筑，由此上垸民产生水事矛盾。民国三十二年（1943年）上垸民众将堵坝挖除。民国三十五年（1946年），沔阳泰宁乡又在新开河上（许家墩）、下（赤湖）筑两垱，上乡五十一垸渍水无法排泄，经交涉无效。5月23日，以王功煜、夏祖禹为首的上乡200多人挖开上垱，下午3时正准备开挖下垱时，下垸二十八墩民众与上垸民众发生械斗，双方死亡惨重，怨恨越结越深。当年，湖北省政府指派第四区专员、江汉工程局、监、沔两县政府及其有关人员毛代华等十余人会商，拟出疏浚渡泊潭、堵塞新开河、利害均分的办

法。上游不服，纠纷重起。重经会商，双方同意疏通新开河并加做顺水堤，挖开锄头岭，水入洪湖。决定做出后，并拨款面粉、布匹折资以工代赈施工。民国三十七年（1948年），柘木长河在斗口子附近，上乡和下乡（或称上垸和下垸）发生一起大的械斗。参加械斗的有四五百人之多，双方死亡5人，伤多人。械斗场面，如同战争一样，都是手握利器，杀声震天，甚是惨烈。据说，上乡一位参加械斗的农民，被下乡人追赶，眼看体力不支便躲进了一户人家的厕所。没想到房屋主人看见了，便对追赶过来的人讲，厕所内躲了一个人，这个人便立即赶到厕所去。躲在厕所内的人一看追赶过来的人是自己的外甥，以为没事，便说："××我是你的舅爷！"追过来的人迟疑片刻，还是举起手中的凶器将舅爷打死。可见械斗双方积怨已深，甚至六亲不认。

新中国成立之后，沔阳泰宁乡划入监利管辖。1969年白螺区组织劳力，将新开河由赤湖口扩宽延伸至幺河口，加筑两岸堤防，水入洪湖，这一水事纠纷才得以解决。

（四）子贝渊水事纠纷

子贝渊位于监利、沔阳（今洪湖）交界处，一堤之隔，阻挡上水下泄。自清初开始，汉江堤防连年溃决，致使内荆河来水猛增，内荆河子贝渊南岸冲有18个缺口。北岸京城垸的溃水入内荆河后，可通过这些缺口直排洪湖，危害南岸沙口一带。于是，南岸主堵，北岸主挖，自此纠纷殴斗延年不断，致死双方多条人命。据《荆州万城大堤续志》记载：清光绪八年春，经湖北巡抚彭祖贡会同地方官劝谕，监利子贝渊决堤放水。决堤后，北岸水退尺余，南岸则水涨四尺，附近的瞿家湾等二十六垸被淹。时值淫雨兼旬，江河并涨，新堤倒灌，使监北沔南七百余垸田庐尽没。监利县民指控地方官决堤殃民。两岸形成械斗。湖广总督涂宗瀛乃奏请于原口处修建启闭石闸，疏挖柴林河以消夏秋盛涨，修复新堤龙王庙闸以泄冬春积涝之水。子贝渊建闸疏河各工，于本年十月动工，次年五月告竣。光绪十年（1884年），又奏请于原开口处建朝天石闸一座以畅消北岸溃水，因经费无着未果。至光绪十二年（1886年）四月，湖广总督裕禄乃奏请开挖子贝渊下游二十里之冯性河以资宣泄，并杜争端。

（五）沙洋河监利沔阳水事纠纷

沙洋河从监利龚场大兴垸流入沔阳贺家湾（今属洪湖市），是大兴垸18万亩农田的主要排水河道。沔阳与监利均系低洼地区，洪涝频繁，从清至民国末，水事纠纷不断。1921年，大兴垸内渍，沔阳贺家湾在沙洋河尾拦河打坝，阻止上游排水，监利大兴垸明剅沟组织500多人强行挖坝，发生械斗，明剅沟1人当即被打死。而明剅沟组织人于第二天火烧贺家湾48家民房，官司打到省城。官府开庭判处大兴垸垸董易琼生、易科望2人死刑。明剅沟人不服，再次向省府申诉，省府派一龙姓官员（人称"龙老爷"）来实地查看，经庭上讲明道理，陈述利害，决定将2人免死，挖开河挡，随后在扒头河兴建排水闸。后来大兴垸人民为感谢龙老爷，由易琼生主持，在网埠头修建一座龙公寺，以示纪念。

（六）监利老林长河上、下民垸水事纠纷

老林长河是监利县境一条比较大的河流，上游天井、丫角、太马大垸、金城、护城、黄公等垸以及沙湖20万亩农田的渍水，都由此河排入洪湖。由于河道弯曲，人为拦河筑挡，从明清起上垸就与下垸林长、杨林、朱家、陈家、何家、郭家等垸水事纠纷不断。民国十五年（1926年），上车湾溃口，老林长河河床淤塞，而西堤是保下垸10万亩田的重要堤防，阻住上游沙湖水往下排。上垸偷挖西堤，大动刀枪，下垸抬出排铳猎枪，昼夜死守，自此西堤又成了上、下两垸的焦点，械斗伤亡不断。1949年，上垸再挖西堤，以排渍水，下垸死守，双方打死3人，诉讼官府，耗用银两达九船之多，还使上下垸几人坐牢而死，还是毫无结果。

新中国成立后，监利县人民政府组织民众对林长河进行疏挖，并裁弯取直，使渍水顺畅地排入洪湖，这一水事矛盾才得以解决。

（七）合城垸横堤挖堵之争

合城垸地跨监利、沔阳（今属洪湖）两县，界于中府河之间，中有罗家横堤（又名左家横堤），长4520米，将合城垸分隔成上下两垸。上垸农田受渍则强行挖堤排水，下垸则堵口防渍。清道光二十九年（1849年）大雨，民垸受渍，上下垸民此挖彼堵，继而引发械斗，多年纷争不休。直至新中

国成立后，监北干渠（亦称监洪大渠）挖成，上垸排水畅通后，此纠纷才平息。

（八）官湖垸峰子沟排堵之争

官湖垸位于监利、洪湖两县之间，垸中有由渡口至瞿家湾一带状高地，将垸分成上、下两部分。上官湖垸 46 平方千米属监利辖境，下管湖垸 37 平方千米为洪湖所辖。上、下各有低洼湖泊蓄渍。峰子沟穿越两垸。下垸秦口闸承担全垸排水入内荆河：关闸期间，下游民众将峰子沟堵筑，渍水分蓄，上垸民众则要求峰子沟常年畅，强行挖坝，形成旷日持久的水事纠纷。直到 1959 年挖通监洪大渠后，长期的水事纠纷始息。

（九）监利县董家垱水事纠纷

监利县的董家垱是潜江县（今潜江市）龙湾区的排水出道。后由于河道淤塞，沿河绅士聚众打垱成垸，阻隔上游的水道，遇雨则渍涝成灾，上下垸民众经常发生冲突，有时还械斗不断。清道光年间，上垸民众曾到京城告过御状，但垱坝始终未能开挖。1949 年春，江陵、潜江、监利三县合议开过一次垱，江陵给监利十四万斤大米。因江堤溃口，江水倒灌，下游受害，上游未能受益。1950 年 12 月，江陵县组织劳力开挖垱坝，开挖渠道出白鹭湖，使上游 15 个民垸 41 万亩农田减轻了灾害。开挖工程，挖压农田 376 亩，补偿大米 67680 斤。后四湖总干渠开挖，方从根本上解决了这一水事纠纷。

二、新中国成立后水事纠纷及调处

新中国成立初期，旧的水系还没有及时进行治理，水事纠纷也时有发生，即使是到四湖治理工程的初级阶段，四湖总干渠上段竣工后，上游客水下流通畅，渲流时间缩短，下段旧渠不相适应，泄水缓慢，加之部分旧水系被施工打乱，新的工程配套跟不上，也出现一些新的水事矛盾，有时还影响邻县之间的团结，给农业生产带来不利的影响。随着四湖治理工程的不断深入，工程配套设施不断完善，特别是电力排灌工程的兴起，对排水采取"等高截流，分层排蓄，高水高排、低水低排和内排外引，排灌兼顾"的方针，四湖流域的水事纠纷越来越少，即使出现水事纠纷，也能得到妥善的调解和处理。

（一）蛟子渊河堵疏的矛盾及调处

蛟子渊河位于四湖流域荆江大堤外滩，原名肖子河，又名焦子河，首起人民大垸新厂上 3.5 千米，唐剅子下 3.2 千米处，沿途经大湾、泥巴沱、天字号、横沟市、李家挖口子、朱家渡至流港子入长江主流，全长 39.15 千米，河面最宽处 200 米，一般河宽 100 米，是长江的一条分汊河道。历史上，蛟子渊河有分支经西湖（长江故道）至监利杨家湾入长江主流。

据光绪《荆州府志》记载，清乾隆年间荆州知府来氏任内，曾将蛟子渊河河口堵塞，此处外滩辟为军马场，后经江陵、石县、监利等县士绅极力请求刨毁，并勒石言永禁堵塞。但近百年来，多次堵塞，多次刨毁水事纠纷不断。历史上江陵、石首从各自利益出发，曾为肖子渊这个名称争执不休，江陵人士欲刨毁肖子渊，便说：叫消滞渊。谓它能起消泄长江江水的积滞作用。石首人士反对刨毁肖子渊，便说：渊底潜藏蛟龙。因此名为"蛟子渊"。但册籍档案记载则名为肖子渊。宣统三年（1911 年），湖南客民王延辅在石首纠合垸民，乘时局混乱之机，请准石首知事鲁炳炎堵筑。嗣后荆江堤工局徐国彬到任后开工刨毁。民国十六年二月（1927 年）张耀南文请堵塞，经勘查结果，认为不应堵口，故未成。民国二十一年二月（1932 年）石首县第九区团总任新陔，率领团队民夫数百人，欲堵肖子渊，结果亦未成。直到民国二十八年九月（1939 年），日本侵入武汉，国民政府宜昌江防司令部郭忏下令堵塞长江支流，以防日艇串忧，所以肖子渊再度堵塞。民国三十六年（1947 年）江陵县又呈请湖北省政府和水利部转令江汉工程局从事勘估，确定刨毁办法，拨工款交由石首县实施。当时刨毁约五米左右，适新四军某部从江陵普济区打来，工程人员散去，结果没有成功。肖子渊河口外江心有三角洲，自 1939—1950 年堵塞 11 年，河口淤积成滩，滩地植柳甚多，而以堵塞处最密。滩长 1000 余米，最宽处 300 多米，自江边到坝，宽 230 米，滩地高程平均在 37.00 米以上。坝长 350 米，面宽8米，内外坡比为1∶2，坝上居民约50户，渊内河床深度为28.2米，10年间口外淤高约9米。新中国成立后，为了荆江大堤的防洪安全，1951年4月13日湖北省政府以鄂农办字第105号文奉中南军政委员会转长江委函称：对蛟子渊提出办法四点：

（1）依中南区土地改革中水利工程留用土地办法第三条规定，所有干堤外洲滩民垸堤溃决而需重新修复时，必须经水利主管机关许可。该蛟子渊各垸民堤均未事先检验施工计划及堤线断面图表，呈报中南水利部和长委会核准，是违背法令规定的。

（2）由湖北省水利局及中游工程局报告，打开蛟子渊后，困难很多，群众对民堤培修要求迫切，为照顾群众困难起见，暂准四垸（罗公、梅王张、张惠南、超易北）合修。但堤顶高程应低于当地干堤1米。如将来举办水利工程需要是项土地时，得无价收回使用。

（3）四垸合修之经费由当地自筹。

（4）移民费及耕牛问题。由中游局业已解决。

1951年6月20日，湖北省政府在石首县水利局召开刨毁蛟子渊工程会议。出席会议的有沔阳专署水利分局局长王建国、工程师刘大寅、沔荆两修防处负责人、石首县县长刘伟、县水利局副局长付志林等。研究刨毁蛟子渊，并成立工程处，由刘伟任处长，组织石首县焦山、调关、高基三个区和江陵县普济区共2782名劳动力负责施工。刨毁工程于6月21—30日进行，开挖引河长250米，刨毁堤长160米，共完成土方39000立方米。过流后，蛟子渊河最大流量为2700立方米每秒。

1952年为安置荆江分洪区移民，是年春挽筑上人民大垸堤堵筑蛟子渊河河口。此后，蛟子渊成为内垸水系。1954年，石首县在朱家渡跨蛟子渊河修人民大闸，节制上人民大垸溃水。1957年，修筑下人民大垸堤，创办国营大垸农场。

自上、下人民大垸建成后，石首上人民大垸的溃水由蛟子河排入下人民大垸，造成两垸之间的矛盾。20世纪60年代初期，经监、石两县（市）协商，荆州地区批准，监利县先后修建一弓堤、冯家潭、朱家渡3闸，并扩建流港闸。石首兴建横沟闸，疏洗蛟子河，上、下人民大垸排水出朱家渡闸，经一弓堤闸排入四湖西干渠，或经冯家潭闸排出长江，矛盾有所缓和。进入20世纪70年代，上、下垸分别兴建冯家潭、流港电力排灌站，排灌各行其道，水事纠纷方告终结。

（二）荆门、潜江、江陵三县交界处水事纠纷及调处

荆门县李市区蝴蝶公社北洲大队、潜江县、三柴公社、江陵县丫角公社三洲大队共处长湖之滨，所辖土地犬牙相错，同用一条河渠排泄溃水。因三地各属不同的行政管辖，在排溃时常因先排或后排的时序而产生纠纷。

1962年12月1日，四湖工程管理局派人会同有关区社负责人到现场协商，并签订协议书。协商要求潜江三柴公社疏挖朱家拐至鹰子垴的套河，荆门蝴蝶公社对小北洲的堤防加高加固。此后，因堤防未按要求完成，特别是朱家拐以下约3000米长的堤防不能抗御长湖汛期蓄溃水，因此纠纷复发，有关单位要求进一步协商解决。

根据以上情况，1964年1月23日，四湖工程管理局副局长王爱在习家口闸管所召集荆门县李市区、潜江县浩口区、江陵县丫角公社，以及荆门县水利局、蝴蝶公社等单位负责人，再次就三地水事矛盾进行协商。通过三方交换意见，在肯定1962年12月1日三方现场协议的基础上，最终形成新的协商意见。

（1）长湖经朱家拐至鹰子垴的套河要保持畅通，不准打坝堵水。如长湖水位超过31.50米，小北洲堤防未按前协议要求达到顶高31.50米，面宽0.8米，内外边坡比为1∶1.5，而有一定的危险时，蝴蝶公社可通过三柴、丫角公社在朱家拐打坝死水，减轻长湖对朱家拐以下小北洲堤的威胁。打坝以后，如长湖水位降到31.50米以下，潜江、江陵下游约5万亩农田需通过朱家拐引长湖灌溉。由潜江三柴公社或江陵丫角公社负责开挖堵坝，蝴蝶公社不得阻挠。

（2）朱家拐打坝所需器材，由荆门、江陵、潜江三县有关公社按在小北洲的实有面积分摊。

（3）小北洲垸加修标准仍按1962年12月1日协议不变，潜江县加修朱家拐以下500米长的堤段，江陵县丫角公社负担潜江桩号以下长 1500 米堤段，其余由荆门县蝴蝶公社负担加修。

协议签订之后，三县共同完成小北洲垸民堤的加修，随后又在北洲大垸修建刘岭闸，大的水系形成后，但小北洲垸内部的排水又出现纠纷。1965 年，四湖工程管理又在刘岭闸管所召集有关公社协商解决小北洲出水问题，协商由荆门县蝴蝶公社修建小北洲倒虹管，由江陵县丫角公社修整原有旧刲。后经修整到位，但因排水流量不足，其矛盾仍纷争不断，直至 20 世纪 70 年代，随着电力排水的兴起，矛盾方得解决。

（三）程集河江陵、监利两县水事纠纷及调处

1958 年，江陵县普济区秦市乡与监利县汪桥区程集乡，在拖船埠老河（亦称程集河）筑坝拦水灌田，引起纠纷。程集乡先在河道下游建闸蓄水，秦市乡则在上游打坝拦水，程集乡要求挖坝，秦市乡则要求保坝，故而引发矛盾。4 月 20 日，荆州专署水利局派员赴现场调解，要求秦市乡挖除垱坝，由河流下游建闸控制，两地共同受益，矛盾稍有缓和。1966 年，江陵县建颜家台闸引水，监利建一弓堤引水，两县引水分开，这一矛盾才解决。

（四）洪湖、沔阳两县之间的水事纠纷

洪湖县地域，绝大部分由沔阳划入。当初划定县界时，由于对水系关系的忽视，以致出现水事纠纷。

1. 下中府河延伸工程矛盾

1957 年，洪沔第一次调整县界时，东荆河以南黄家口、天坛两个大队 9.9 平方千米的面积楔入大同湖中，形成水事矛盾。1964 年，洪湖计划将下中府河自西湖庙沟延伸，经东作、天坛，达下白林出长河口。因挖压沔阳天坛大队农田较多，施工计划无法进行。以后又改线经上白林出长河口，仍要挖压天坛大队农田 129 亩。施工时，天坛大队组织妇女儿童 100 余人，卧地阻挠实施，工程被迫停止。经协商以汊河东作垸调田作赔，才使施工继续进行。1965 年洪沔第二次调界，将黄家口、天坛两个大队划入洪湖，此地水事矛盾消除。

2. 沔阳围洲设障阻水矛盾

天星洲将东荆河分隔为南北二汊，南汊虽为主汊，高水位时，仍需北汊分泄洪水，以减缓南汊堤岸的冲刷和防汛压力。1963 年 9 月，荆州地区同意沔阳县（现仙桃市）堵死北汊，围垦天星洲。当时拟定垸堤和河右岸的大堤的堤距为 1200 米，垸堤堤顶高程低于东荆河堤 2 米，以便大水时泄洪。实施结果，堤距缩窄到 600～700 米，堤顶高程仅低东荆河堤 1.3 米。东荆河发生洪水时，形成对洪湖东荆河堤、滩严重冲刷，威胁堤防安全。每当东荆河大水时，天星洲破垸行洪则困难重重。

3. 东荆河下游联合大垸阻水矛盾

联合大垸围堤将东荆河分隔为南北二汊，北汊为主流，南汊为支流。沔阳为改善通顺河排水，将东荆河左堤延长，堵死董家垱以下北汊主流，开挖新渠代替主槽，新渠道浅而窄，不适应泄洪需要，汛期出现阻洪现象。1976 年沔阳以灭螺为名。围垦加培东荆河下游泛区的联合大垸民堤以后，汛期阻洪更趋严重。当东荆河出现 2000 立方米每秒洪水流量时，洪湖东荆河堤（即原洪湖隔堤）即达 31.50 米以上的警戒水位，严重威胁洪湖东荆河堤防安全度汛。

（五）洪湖县龙口区与大沙湖农场土地、水事纠纷及调处

洪湖县龙口区位于长江北岸，大沙湖和白沙湖以南，地势南高北低，区内农田的排水都是经民垸堤上的刲闸排入大沙湖经内荆河出江。1957 年，大沙湖农场创建后，原有排水系统被打乱，新的水系又不完善，故而造成排水矛盾。

1964 年 11 月 15 日，由荆州专署副专员李富伍、省农垦厅副厅长孙凌云主持，在大沙湖农场召集有省农林水办公室、省水利厅、荆州专署、四湖工程管理局、洪湖县人民委员会、龙口区、大沙湖农场等单位负责人参加的专门会议，经各方研究协商，确定对土地、水利问题的具体处理办法。

1. 水利问题

（1）开挖江泗渠（又名龙江渠），将龙口区农田渍水直接排入内荆河。

（2）修筑白沙湖隔堤，使龙口地区流入白沙湖的渍水经江泗渠排出。

（3）修筑大沙湖和白沙湖围堤，固定蓄渍区；大沙湖按地面高程 23.50 米起围计算，定为 50 平方千米，蓄渍高程 24.50 米，可蓄水 9800 万立方米；白沙湖按地面高程 24.00 米起围，堤顶高程 25.00 米，蓄水高程暂定 24.50 米，可蓄水 1123 万立方米。

2. 土地问题

（1）龙口区所属社队在大沙湖农场范围内开垦的荒地，以 1964 年实种面积为准，不管是开的生荒还是开的熟荒，全部归龙口区所有。在实地丈量时，应尽量调整插花地，以等质等量地调整。

（2）为照顾一部分人多田少的生产队，由农场另划出 1000 亩熟地和 2000 亩可以耕种的荒地给龙口区处理。并要求这 3000 亩地尽可能和公社现有田块连成一片，以免形成新的插花地。

（3）在白沙湖隔堤北面，从东到西划出一条 20 米宽的土地，给农场修公路，所有权属农场。

协议达成后，双方纠纷缓解。但江泗渠闸的管理权属大沙湖农场，当遇到大排渍时仍有矛盾发生。2004 年，大沙湖农场改管理区划归洪湖市管理，此矛盾基本解决。

（六）洪湖县燕窝区与大沙湖农场水事纠纷及调处

燕窝区地势南高北低，历来排水须经大沙湖排出。大沙湖农场创建后，为减轻大沙湖蓄水压力，规划开挖蔡家套截流渠，将燕窝大部分农田渍水截流入内荆河。但对田、思、永三坑和同乐垸共 18 平方千米的农田渍水按原有排水系统入大沙湖有影响，因而引起纠纷。1964 年农场农工与相邻社队农民发生械斗。经省、地、县三级协商，开挖三号、五号、八号、十一号支渠，使燕窝 18 平方千米渍水进入大沙湖，当时矛盾基本消除。1979 年农场单方面将四条支渠堵塞，纠纷重起。同年农场又将解放渠堵塞，此片渍水处于四无出路，纷争更加严重。1982 年底，省农委、农垦局、水利厅、荆州地区派员共同实地查勘，提出在解放渠尾端建一电排泵站，实行电排与自排相结合，纠纷消除。

（七）洪湖县新滩区与大沙湖农场水利、土地、湖泊纠纷及调处

1964 年 11 月 16 日，荆州专署副专员李富伍、省农垦厅副厅长孙凌云，就洪湖县新滩区与大沙湖农场有关水利、土地、湖泊纠纷的问题召开专题会议，经协商确定具体处理办法。

1. 水利问题

（1）将后湖划为大沙湖地区的蓄渍区，最大蓄渍量定为 2000 万立方米，修筑后湖隔堤筑堤土方任务随受益农田分配。为照顾后湖内的渔业生产和水产养殖，在大沙湖地区安排蓄渍时，应先在大沙湖和白沙湖按规定的蓄渍高程（24.50 米）蓄满，蓄不下的水才排入后湖。

（2）前道湖（又称前塘湖）渍水，按原有排水习惯先由陈家沟和鲍家沟排入内荆河，如果内荆河水位高排不出去，再经新沟和子沟排入大沙湖，为方便交通，新滩区应在新沟上横架一座桥梁。建桥后，农场再不得在此打坝通行。

（3）新滩区在西沔（亦作西山公）的农田来水允许向大沙湖排泄。

2. 土地问题

为调整插花地，同时对人多田少的农业生产适当给予照顾，协商确定将大沙湖农场、省外贸农场和获章公社在凤凰台、磨盘洲和仙塔、围子岭耕种的生、熟地共计 1500 亩划归新滩区所有，另在其附近划出 800 亩可耕种的荒地归新滩区所有。

3. 湖泊问题

后湖属国家所有。洪湖县人民委员会在 1962 年 3 月 7 日发给大沙湖农场的湖泊使用证上已经明确：后湖东至汉河，南至四场，西至坪坊，北至霍家堤，都交给大沙湖农场经营水产养殖。因此，除大沙湖农场外，其他任何单位，任何社队都不得在湖内捕鱼，也不准随便入湖采摘莲子。但为了照顾附近社队原有生产习惯，应允许他们入湖砍柴、打草、挖藕、采菱；同时，由大沙湖农场本着以近就近，方便群众，避免插花的原则，在湖内划出 500 亩莲场给新滩区管理，（所有权仍属国家）自管、自采、自受益。再不准到处乱采。开湖捕捞时，农场应优先邀请获章公社沿湖附近的陈沟、永丰、邱墩、坪坊四个大队参加捕捞。参加作业的单位，根据湖泊管理办法按劳分成。新滩区平时应教育基层干部和社员群众，爱护农场财产，积极参加管理，维护国家利益。

协议经签订，双方共同遵守，纠纷日渐平息。

（八）大同湖农场与洪湖市黄家口镇间水事纠纷调处

1957年建立大同湖农场时，大同湖东部垦区面积为99平方千米，西与黄家口镇（区）接壤，垦区围堤线自东荆河堤罗家台起向南经滨谦、鳝鱼港至长河口，沿内荆河左岸下行抵坪坊，北向沿汉阳沟直抵卢湾。当时汉河区大同湖还是一片水域，设立大同湖乡，从事渔业生产。1962年堵塞长河口，大同湖水位降低，滨湖滩地现陆，靠近鳝鱼港附近的花家岭被大同湖农场越界辟为牧场，自此，场、区纠纷迭起。特别是南套电泵站建成，低洼的大同湖，大部分成了良田，加入大同湖农场的本地藉农工借口靠近围堤的大同湖水域曾是他们捕鱼、割柴的处所，土地纷争不断。为了区、场之间的团结，1972年经地、县、区、场现场会商勘定，自滨谦附近破湖成直线抵花家岭，为区、场新界。1973年黄家口公社成立后，沿新界开挖排水渠一条，定名为同丰渠（分界沟），双方纠纷始息。

（九）四湖西干渠江陵、监利两县水事纠纷及调处

1960年后，四湖西干渠挖通，江陵县在谭彩剅、监利县在鲢鱼港，先后修建了节制闸。当时，西干渠系排灌两用的渠道，暴雨以后，江陵急于要开鲢鱼港排渍，而监利却要蓄水灌溉。抗旱时，江陵县关闭谭彩剅闸抬高水位灌溉，而监利则要开谭彩剅引水。因此，西干渠的排灌用水矛盾较多，荆州专署要经常派员仲裁，调解矛盾。1966年后，江陵县实现排灌分家，拆除谭彩剅闸，1978年西干渠扩挖，拆除鲢鱼港闸，西干渠成为单一排水渠，江陵、监利两县西干渠水事纠纷得到解决。

（十）曾大河江陵、潜江两县水事纠纷及调处

1960年，开挖曾大河破六合垸至甩家桥出总干渠，排江陵县境渍水。1963年，江陵县在渠道樊家桥，潜江县在甩家桥同时修建节制闸，实行分层排蓄。但由于排灌水系不分家，灌溉期间突降大雨，江陵县急于开闸放水，而潜江县却要关闸蓄水灌溉，在排灌问题上经常发生矛盾。1966年江陵县实行排灌分家，潜江的灌溉也由蒋赤渠供水，曾大河变成单一的排水渠道，矛盾有所缓解。

（十一）高场北闸排水矛盾的处理

1964年7月26—31日，东干渠流经地区普降大雨，后湖农场6天降雨量达265毫米。在此场降雨之前，持续干旱，东干渠上游地区的广华寺农场从兴隆闸引汉江水灌溉，田间基本灌满，沟渠满盈，恰遇大雨，27日便开启高家场北闸倒虹管向下游排水。开闸时，闸前水位在30.00米以上，出水流量达30立方米每秒，大量渍水涌入东干渠中游地区，而此时又恰遇大雨，加之东干渠的徐李市尾水闸因前段关闸蓄水抗旱，未能及时启开，迫使东干渠中游水位急剧增高，致使后湖农场和潜江县的熊口、老新等地农田受到渍水威胁。30日中午又开始下暴雨，紧急情况下，后湖农场领导与广华寺农场协商，要求把倒虹管闸门下压一点，以减轻下游地区的压力。经数次协商议定下压30厘米。刚压下闸门时间不长，又被恢复原状。反复几次，导致发生斗殴，后湖农场几人受伤。气愤之下，后湖农场临时赶做四块闸门，把倒虹管大部分堵死，以致矛盾更加激化。

纠纷发生后，四湖工程管理局派人会同潜江县有关领导于8月2日察看现场，在高家场北闸进行座谈，协商处理的结果如下。

（1）疏通倒虹管的障碍物，把流量控制在20立方米每秒，兼顾上下游的利益，并把高家场北闸管理运用权收归四湖工程管理局。

（2）今后倒虹管开闸，东干渠的水位必须是在29.00米以上。

（3）对鼓动在押犯人闹事的广华寺农场生产干事，视错误情节给予批评或处理；对打人的凶犯，要视伤者的伤势情况依法处置。

后经双方交换意见，相互检查错误，共同表态遵守处理意见，纠纷得以妥善处理。

（十二）江陵、监利两县有关永丰垸排水出路的处理

永丰垸靠近四湖西干渠，地跨江陵县普济区和监利县汪桥区，耕地面积36000亩，其中江陵16000亩，监利20000亩。此垸历来排水出路主要是北出靳家剅，东南出高丙剅，南出新剅。1965年监利开挖红联灌渠，切断了渍水的出路，永丰垸在红联渠西北边 16000 亩耕地（江陵 13000 亩、监利 3000 亩）排水无出路。为此，这片区域的民众经常为排水出路和周边民众发生纠纷。至 1972 年，四湖工程管理局派人赴现场，协商监利、江陵两县有关领导和部门，对解决永丰垸排水达成一致意见。

（1）永丰垸被切断在红联灌渠西北边的耕地的排水，采取等高截流、高水高排的办法，一条出西干渠，一条在方家湾修建穿红联灌渠底涵出监利永东河。

（2）西干渠鲢鱼港闸，除在冬季适当节制，保持监利汪桥区人畜饮用水以外，汛期一般不加控制，保证排水畅通。

（3）方家湾穿红联灌渠底涵的排水面积定为 13000 亩，其中江陵 11000 亩、监利 2000 亩，排水流量按四湖中区 5 年一遇 3 日暴雨 5 天排完的标准设计，设定流量 2 立方米每秒，底涵规格为 1 米×1.2 米（宽×高），渠道底宽 4 米，边坡比为 1∶2.5，工程施工由江陵县承担，挖压耕地面积由监利县做好工作，江陵县进行适当的补偿。

对此，荆州地区革委会以荆革〔1972〕157 号文批准四湖工程管理局《关于解决江陵、监利两县有关永丰垸排水问题的报告》，要求两县按协商意见，抓紧建成红联渠方家湾底涵，以利明春排灌，西干渠上的挡坝，要于冬季彻底拆除，保证排水畅通。

此项工程实施后，永丰垸排水出路问题得以解决。

（十三）彭塚湖荆门、潜江两县排水矛盾的调处

1973 年冬至 1977 年春，荆门县后港、毛李、官垱 3 个公社组织劳力围垦彭塚湖，破湖挖河，形成一河两堤，联通上、下河道，使彭塚湖失去调蓄能力，上游渍水直泄下游地区。下游潜江县为减轻上水下泄的压力，在新开河的出口处修建支家闸，因闸孔偏小，排水受阻，由此产生排水与节流的矛盾。

1980 年大水，荆州地区组织荆门、潜江两县领导人到彭塚湖炸堤分洪，并炸毁支家闸泄洪。此后，荆门县修复湖堤，潜江县修复支家闸。潜江县在支家闸闸口海漫处加筑混凝土坝，抬高水位，更减小泄流量，成为矛盾的隐患。

地处下游的潜江县西荆河在积玉口杜家桥上游西岸有一段长 425 米的堤，是防止上游来水漫溢潜江农田的重要屏障。但此段堤身低矮单薄，难以抵抗洪水。潜江想要加高培厚，可堤段位于荆门毛李区青龙大队境内，潜江向荆门多次交涉未果。1983 年，四湖工程管理局出面协调，仍未同意。1991 年 7 月特大洪涝灾害，上游下泄流量达 130 立方米每秒。因堤顶欠高，洪水漫堤，潜江积玉口乡组织 400 多名劳力日夜抢护一周，才化险为夷。双方矛盾一直拖延到"两沙运河"开挖后，才得以缓解。

（十四）潜江县张金区与白鹭湖农场的排水矛盾

潜江县张金区位于白鹭湖西北边缘，每逢降雨渍水流入白鹭湖调蓄。1957 年破白鹭湖开挖四湖总干渠，白鹭湖被垦为农场，低洼之处挖成鱼池，使上游的渍水无处排泄，每年汛期，双方都要发生排堵矛盾。1978 年 1 月，四湖工程管理局会同潜江县政府、白鹭湖农场进行协调，双方签订《张金公社丰收渠排水出路和白露调蓄的协议（草案）》。协议确定由张金公社开挖渠道经白鹭湖围垦区抵达五岔河，渍水直接出总干渠。挖压土地由白鹭湖农场协调解决。后由于张金公社未开挖渠道，排水矛盾没有解决。

1981 年 9 月 14 日，潜江县人民政府以潜政发〔1981〕105 号文转发《关于张金公社丰收渠排水出路和白露调蓄的协议（草案）的补充意见的通知》。补充意见确定，由张金公社组织劳力接丰收渠开挖一条开水渠出五岔河，白鹭湖新围垦区应作为调蓄养殖基地，再不建精养鱼池，由农场建调蓄控制涵闸。以上意见得到实施后，排堵矛盾得到解决。

（十五）潜江县张金与六合垸农场的排灌矛盾

四湖总干渠挖通后，张金公社的高口、双合等地（现属铁匠沟乡）被截留在四湖总干渠南岸，面积 127 平方千米，其中耕地面积 7.2 万亩。这片区域受行政区划的限制，独自成为一个排灌区域，引曾大河水的南新河就成为这片区域排灌的骨干渠道。这条渠道上游地处六合垸农场境内，下游地处张

金公社境内，排灌双方受益。1983 年以前，每遇干旱需灌溉时，六合垸农场就在其境内的南新河上打坝截流，蓄水灌溉，使地处南新河下游的张金公社高口、双合等地农田无水灌溉；而每遇大到暴雨需要排涝时，张金公社则在其境内南新河上打坝，阻止上游渍水下泄，抢排自己境内的渍水，使六合垸农场部分渍水无法排出，场、社之间经常发生排灌纠纷。

1983 年 3 月 18 日，由四湖工程管理局副局长任泽贵、工程师镇英明召集江陵县四湖管理段、潜江县四湖管理段、国营六合垸农场、张金公社等单位的负责人在张金公社召开座谈会。经协商，双方本着互谅互让，达成一致意见，双方表示，不再发生类似事件。并确定在南新河进口处黄家嘴建一座控制闸，设计流量不超过 6 立方米每秒，由四湖工程管理局投资，张金公社负责承修和管理。灌溉时水位控制在 29.00 米，最高水位不超过 29.20 米（以甩桥闸水位为准），严格控制。节制闸建成后，河道中的挡坝由六合垸农场负责清除，并恢复到河道的原有标准，河道由张金公社负责疏挖，此后再不准在河道内打坝。张金公社疏挖河道所占压土地，由农场负责做好工作，保证疏挖工程顺利进行。以上工程完成后，南新河的水事纠纷得到解决。

（十六）监利、潜江两县相邻地区排水矛盾的处理

潜江县老新区与监利县的余埠、新沟两地区相邻，潜江老新区的渍水由潭沟河流入监利县境。上水下泄，历史上曾长期因排水受阻产生纠纷。为解决杨套垸和潭沟河一带的排水矛盾，潜江、监利两县和有关区（社）领导，共同协商，并报荆州地区水利局批准，1976 年冬至 1977 年春，开挖潜江河，从大河口经府河，柯氏剅出板剅闸入四湖总干渠，渠长 14 千米，规划承雨面积 15 平方千米，除承排杨套垸 5000 亩（其中潜江 3000 亩、监利 2000 亩）农田渍水外，还担负着姚桥河的尾水约 1 万亩。

监潜河完成后，两县共同受益，1980 年内涝严重，由监利防守的柯氏剅堤段出现了剅口险情。鉴于上游来水量大，监利县黄歇公社于 1980 年冬在渠道上行政区划分界处打两道坝，中间辟为鱼池。为此，潜江将情况报告给荆州地区行署。行署责成四湖工程管理局调查处理此事，并明确规定：凡属两县有关的渠道上，不准打坝、建窑、挖鱼池，如需兴工建设，必须先经双方协商，报地区批准，否则不准动工。经四湖工程管理局做工作，潜监河上的两条挡坝和渠内泥土，由监利县黄歇公社组织劳力于 1981 年汛前清除，恢复到 1980 年前的原状。

附:

1. 整理印册序及牌示

四湖流域民垸众多,但以何种方式修筑和管理,史籍记载甚少。1981 年江陵县水利局在编纂《江陵县水利志》时,经编纂人员多方搜集,得江陵县白菖垸(今沙岗镇南)"督修牌示"(约督修制度)的孤本,兹转录如下,可窥民垸修防之大致情形。

白菖垸《首总印册·整理印册序》

五总之有册也,所以正五总之规,及所以饬通垸之纪也。但使仅据一白头册,则垸大人众,总难警服,唯据有印册,垸内一旦无(有)事,出以示人,则争者平,讼者息,印册之可尊而可贵也。如此,我白菖垸自明万历三十九年请为印册及本朝顺治十六年、康熙三十七年、乾隆二十七年凡四络印册,垦委垦勘修堤修剅,请册请印。凡可以保障阖垸有裨民生,先人无一不竭力为之,乃知先人之功德,盖我后人所能及其万一也。忆自乾隆二十七年迄今,又有一百四十五年,不复请造印册。各总印册存亡莫保,唯余总印册尚在,而鼠咬霉烂,亦多残缺零落之恨,使不从而修整之,则册废而垸废矣。无但尔来年岁不一,人心不古,堤剅尚难修理,安有余力谋及于册。余不犹已,爰将印册逐页苏表补其缺而填其漏,且从而叙其源委焉。异日者,再请印册,可为可无耳。不然,则所册将金玉珍之,巾袭藏之,形赖百世与我白菖垸而永垂矣。

民国二十五年岁在丙子春三月复造印册永远为据吉立

注:白菖垸在今江陵县普济镇秦市和沙岗镇境、西干渠以北,由 13 个小垸组成,面积 6.63 万亩。明万历三十九年(1611 年)围垸,是江陵县面积超过 6 万亩的四大民垸之一。1961 年开挖西干渠垸废。

白菖垸《首总印册·抄录二十五年(乾隆)左堂潘　照旧册督修牌示》

各总田亩多寡不一,照亩并派土,以均苦乐,业民墩土,照大堤并土例,着堤老每日查收,如有卖土笼井,禀究。堤老抽签轮流收土,徇情隐匿,并究不贷。

派土每田一亩,墩土四寸,如有人住垸外,而田在垸内者,照田亩起派;又有人住垸内田在垸外,照烟户起派,每户墩土二个;并有人住垸内,田在附人种及无田贸易营生者,亦照烟户起派;鳏寡孤独无田免派,违者禀究。

堤塍高低,堤脚宽窄,凡有侵占剥削者,照印册额定丈尺,合垸卷帘丈明加修,内外近堤业民,倘有阻抗指示,禀究。

修堤务在本院近堤取土,有阻抗者,指名禀究。沿堤树木,邻堤人户栽插,原以备水泛搪护之需,业民赴工墩土时,或挟仇砍伐,或越外毁压因而践踏禾苗,一并拿究。

堤工紧急,垸内佃种人户如有土一个,种田人同业主各半,分认承修,无得推诿,误工干咎。

合垸出水总剅,西有柳口,东有黄彩剅,水泛历来通垸均筑,倘无案据,擅开私剅者,即行闭塞,如堤老徇情容忍,查出重究。

定限冬月十六日起工,凡属垸长速即催督圩甲逐开田亩,无论己业及课种者,据实造册,以凭堤老呈核,倘敢隐匿,查出重究。

通垸堤老五名,公置草簿一本,沿堤分工,各置草簿一本,轮流收土,以遵旧规,务要填注明白,以公道服人,倘遇高低险夷,须酌量赔补,不得偏私,滋事干咎。

垸内历系上下合修,即住高阜,均当踊跃赴工,毋得捏情搪抵,误工干咎。

烟夫不前,责在圩甲,圩甲不前,责在垸长,昨已论堤老统理,今复饬差督修,候本厅复勘,有怠玩不如式者,重究不贷。

2. 荆州专署四湖工程管理办法（草案）

第一章 总 则

为加强四湖工程管理，延长工程寿命和充分发挥工程效益，根据 1961 年 2 月 18 日中央批转水电部党组《关于当前水利工作的报告》和附件《农业部水利电力部关于加强水利管理工作十条意见》，以及 1961 年 9 月省水利会议的精神，结合四湖地区现有水利设施情况，特拟订四湖工程管理办法。

第二章 管理权限和任务

四湖工程是战胜水旱灾害，保障和促进四湖地区经济发展的重要物质基础。为了最大限度地发挥现有水利设施效益，实现农业增产的目的，在地委、专署统一领导、统一安排下，在专署水利工程建设总指挥部的具体指导下，切实修好、管好、用好四湖工程。

第一条 管理权限。根据"统一领导，分级管理"的原则，确定：

一、受益在两个县以上的工程，由四湖工程管理局（简称管理局）直接管理，即：

1. 渠道：总干渠、中干渠、东干渠、西干渠、内荆河、田关渠，以及两县有关联的监北干渠、五岔河、曾大河、后河、螺山河。

2. 湖泊：长湖、三湖、白鹭湖、洪湖。

3. 涵闸：观音寺闸、新滩口闸、田关闸、习家口闸、渡湖寺闸、东港口闸、福田寺闸、彭家口闸、小港湖口闸、张大口闸、高家场闸、徐李寺闸、谭彩剅闸、鲢鱼港闸。

二、受益在两个区以上的工程，由管理局委托各县四湖工程管理段（简称管理段）直接管理。

三、涵闸，以闸室为中心上下游各 150 米，左右两岸各 50～100 米的范围内，由闸管所直接管理。

第二条 管理工作的基本任务

一、管理局、管理段：

1. 做好四大干渠和主要涵闸的管养、维修和植树造林等工作。

2. 做好四湖地区排水工作的前提下，合理调配水量，搞好农田灌溉。

3. 为做好四湖工程续建、扩建的规划和工程安排，提供资料。

4. 加强施工检查，保证工程质量。

二、涵闸管理所：

1. 加强建筑物的维修、养护和保卫工作，合理控制运用，确保工程安全。

2. 具体管理涵闸启闭事宜。

3. 涵闸启闭机定期擦锈、涂油，保持机件润滑，启闭灵活。

4. 做好水文和工程观测，及时整理观测资料，按期填送报表，并建立健全涵闸档案制度。

5. 加强调查研究，掌握灌区情况，根据不同季节的需水程度、范围，及时提出调水计划。

第三章 工 程 管 理

第三条 渠道管理

1. 禁止在渠堤的迎水堤面、迎水坡、平台种植农作物，铲草积肥，目前已经耕种的，收割后不准再种；禁止在渠道内拦河筑坝、抢水拦水，如确因抗旱需要，除洪湖以下内荆河在任何情况不准拦河筑坝外，其他的由管理局报请湖北省荆州专区水利工程总指挥部（简称专区总部），方可实施，现有残坝及坝下淤塞河段的泥土，由原堵坝单位彻底刨毁；禁止在渠道内安设大型捕鱼设施或在渠道边缘挖坑放撒枝，影响排水通航，禁止向渠道投掷砖石。

2. 堤身一般不允许建筑房屋，如属必需，须向管理段洽谈同意，指定适当地点建筑，兴建时不得在堤身禁区内取土或砍用成林的树木，现有房屋对堤身和交通确有影响者，必须有计划地组织迁移。

3. 其他部门进行基本建设时，如需跨渠架设桥梁、埋设管道以及沿渠修筑公路、设置汽车渡口、架设电杆等，须与管理段联系，能办则办。

4. 凡禁止种植农作物的堤面、迎水坡、平台，附近生产单位、生产队，可栽树植草，经营受益（平台迎水部分留 4 米宽的航行道外即可栽树），已成林树木的砍伐权，由管理段掌握批准，但只准整枝，不准挖蔸。

第四条 湖泊管理

1. 现有垸堤一律不准加高培厚，如原有老垸因受蓄渍水位的影响，需要加高者，得经批准，但加高程度，洪湖垸堤不超过 26.00 米，白鹭湖堤不超过 27.80 米，三湖垸堤不超过 29.00 米。

2. 长湖、洪湖不准围垦；三湖以渡湖寺水位为标准，28.50 米以下一律不准垦殖；白鹭湖以东港口水位为标准，27.50 米以下不准垦殖，已垦面积待请示省厅批准后废除，留湖蓄渍；大同湖、大沙湖已垦面积，得准备分洪，争取不分洪，在非常情况下也得分洪蓄渍。

第五条 涵闸管理

1. 严禁在建筑物周围 500 米以内进行爆炸和上下游护坡以内停靠船只；闸上不准堆放重物；不准超过设计荷重的车辆通行；不准在无保护层的桥闸工程上通行履带式的拖拉机；没有通航设施的，一律不准通航。

2. 闸门启闭应严格批准手续。汛期闸门启闭的批准权限：观音寺、新滩口、田关等闸，由管理局转请专区总部报省厅批准（如因江河水涨需及时关闸可边关边请），习家口、渡湖寺、东港口、福田寺、彭家口、小港湖口、张大口、高家场、徐李市、谭彩剅、鲢鱼港等闸，由管理局报请专署总部批准，浩口、张金口、夏新河、子贝渊、小港河口等闸由管理局批准报专署总部备查。

3. 闸门的启闭需了解其设计安装性能，按有关标准规定和技术操作规程进行控制运用。

第六条 闸门启闭应注意的事项

1. 用力均匀徐缓，注意闸门上升下降的最高最低标记，防止丝杆由于受力不均发生弯曲或损坏机件。

2. 启闭时如发生震动等异常现象，应立即停止运转，检查原因。

3. 上下游水位差过大，超过 1 米时，启闸应逐步开大，以免冲刷。

4. 闸门、闸槽、闸槛均应密合，同时应清除闸底碎石，防止关闸不严漏水。

5. 闸门落底时，应徐徐降落，以免用力过猛，损坏闸门和启闭机件。

第七条 多孔涵闸的开关，使用时应采取对称法，由中间依对称向两岸，或对称由两岸向中间开关，并使各孔闸门开度相同，如系两孔闸，则尽能同时开关使水流均匀，减轻下游冲刷。

第八条 工程和水文观测

对水工建筑物观测的目的，在于了解建筑物状况是否正确，判断建筑物的使用情况及变化规律，正确运用建筑物；水文观测的目的在于掌握水雨情的变化，其观测项目和要求：

1. 观音寺、新滩口、田关、习家口、福田寺、小港湖口、张大口、高家场等闸观测沉陷、位移、伸缩缝变化、混凝土温度、护坦浮托力、上下游冲淤、水位、降雨量、流量、开闸孔数、闸门开启高度、含沙量。

2. 彭家口、东港口、渡湖寺、徐李市、谭彩剅、鲢鱼港等闸观测沉陷、位移、伸缩缝变化、水位、降雨量、流量、开闸孔数、闸门开启高度。

第四章 排水、灌水管理

第九条 四湖工程排灌原则是：以排为主，排灌兼顾，排水"饿肚子"（即尽量排空湖水留湖蓄渍），灌溉是"半肚子"（即引水不要过多）。在排渍时，下游服从上游，上游照顾下游；抗旱时，上游服从下游，下游照顾上游。

第十条 控制湖水位，洪湖以小港水位为标准，6 月 1 日以前，水位控制在 24.00 米以下，争取枯水位 23.30 米；6 月 1 日以后，能排尽排，如因不能抢排，汛期警戒水位为 25.00 米，保证水位为 25.50 米，最高水位为 26.00 米；白鹭湖以东港口水位为标准，枯水位为 26.80 米，6 月 1 日以前水位蓄到 27.00 米，6 月 1 日以后能排尽排。当洪湖水位达到 25.00 米时，白鹭湖水位蓄到 27.20 米，洪湖水位达到 25.50 米时，白鹭湖水位 28.00 米时，由管理局请示专区总部报省厅批准，采取利用大同湖、大沙湖分洪蓄渍；三湖以渡湖寺水位为标准，28.50 米以下的地面高程，不准耕种、留湖蓄渍；长湖以习家口水位为标准，在沙市闸未建成前，5 月 1 日以前水位蓄到 30.00 米，最高不超过 31.00 米，以防春旱，5 月 1 日以后，经常保持在 30.00 米，汛期警戒水位为 30.50 米，保证水位为 31.00 米，最高水位为 31.50 米。

第十一条 采取统一排水与分段排水相结合，四湖上区渍水通过田关闸排入东荆河，当长湖水位在 30.00 米以下，只排潜江徐李市、荆门李市等地区，不排长湖水；当长湖水位在 31.00 米以上，上游同时遇暴雨，则挖刘家岭坝采取先下后上排出渍水；当长湖水位在 31.00 米以上，田关闸受江水顶托不能排水，高家场以上渍水可在蝴蝶打坝，运用高家场闸抢排；当长湖水位在 31.50 米以上时，而田关闸仍受江水顶托不能抢排时，由管理局报请专区总部批准，从习家口、浩口、高家场等闸分排长湖 31.50 米以上的渍水，中区根据"汛前入河、汛期入湖、小水入河、大水入湖"的原则，新滩口闸能排时，上游渍水在不影响两岸农田排渍的情况下，由内荆河直泄入江为主，一般不由福田寺、子贝渊、下新河等闸入湖，控制洪湖容积，以备蓄纳汛期蓄水，但当新滩口不能排时，福田寺受顶托威胁。

第十二条 几个闸的启闸关系

1. 排水：新滩口、小港湖口、张大口三闸在洪湖水位 25.00 米以下是同开同关，洪湖水位在 25.00 米以上，下游多放，上游少放，最后上游排放；汉阳沟闸以排洪湖县内渍水为主，在长江水位高，东荆河水位低，新滩口闸不能排泄时，适当开启小港湖口、张大口两闸，抢排洪湖水；彭家口闸应常启开排水，如抗旱需要关闸，应由管理局报专署总部批准，先下后上的关，但不能关死。有利于下游灌溉，如上下游同时遇到暴雨，需要开闸排水时，应先下后上的开，流量下大上小，逐步加大。

2. 灌溉：观音寺、谭彩剅、樊家桥三闸原则上同开同关，为解决江陵、潜江两县部分地区抗旱用水，在配套工程未完成以前，开闸期间采取分配流量的办法，通过谭彩剅闸分给监利县流量 7 立方米每秒，曾大河分给潜江流量 5 立方米每秒，细水长流；当东荆河、长湖水位均在 30.00 米时，开启高家场、徐李市闸，从长湖引水解决监利县农田灌溉，潜江能提；东荆河水位在 30.00 米以上，田关、高家场、徐李市三闸一般是同开同关，在满足监利、洪湖地区灌溉情况下，灌溉潜江农田。

第十三条 凡依靠水利工程，以发展水产、加工、航运者，必须在优先保证农业生产的前提下，进行合理的水利调度。

第十四条 为适应农业生产发展的需要，寻求在不同自然条件下农作物的需水规律、需水量，合理的灌溉制度，获得高产丰收，县管理段和各闸管所可通过总结各地老农民的经验，发动群众改进灌溉技术。

第五章 行 政 管 理

第十五条 管理人员有以下权利：

1. 有权制止任何人危害工程安全。

2. 有权制止任何人违反管养规章制度和调解排水、灌溉中的水事矛盾。

3. 涵闸和渠道发生紧急险情时，有权通知附近生产队临时突击抢险。

4. 在工作中遇到特殊问题得不到解决时，可越级上报。

第十六条　国家管理机构的职工，应比照当地同级（包括不脱产、半脱产）人员，其报酬可根据多劳多得原则，实行固定工资加奖励，或评工记分，其收入原则上不低于同等劳力的待遇，应适当高于同等劳力收入 10％左右。

第十七条　管理段和闸管所在不影响管好工程的前提下，综合利用工程附近的水土资源，适当开展农副业生产。

第十八条　管理人员都必须认真执行党的"三大纪律、八项注意"的规定，同时要根据水利工作的特点，坚守工作岗位，执行规章制度，经常养护维修工程，安全运用工程，保证工程安全，并提出以下奖惩标准。

1. 管理人员及管理单位，有下列模范行为者，应受到奖励：

（1）凡认真执行政策，遵守规章制度和对工程管理养护、防汛、清淤工作有显著成绩者。

（2）积极搞好排水、灌溉、扩大农田面积，对农业增产有显著成绩者。

（3）在不影响工作前提下，搞好生产、改善职工生活，并为国家减少开支有显著成绩者。

（4）工作踏实，大公无私，任劳任怨，联系群众，为广大群众服务者。

（5）积极搞好政治学习和业务学习，加强政治锻炼，提高业务水平，大胆革新创造有具体表现者。

2. 管理人员及管理单位有下列不良行为者，应根据情况轻重，给予适当的惩处：

（1）不执行上级指示，工作不负责任，以致造成工程事故，造成人民生命、财产损失者。

（2）工作不深入，不坚守原则，致使水利矛盾突出，基本农田受到旱涝灾害者。

（3）阳奉阴违，弄虚作假，欺上压下，违法乱纪造成不良政治影响，严重脱离群众者。

（4）背后指挥、怂恿、破坏排灌制度，造成用水纠纷者。

（5）不顾大局，以邻为壑，使整体利益受到损失者。

第十九条　本办法报请专署批准后，从颁发之日起执行。如有未尽事宜，可以提出意见上报修改，在未修改前，仍按本办法执行。

1962 年 4 月

3. 荆州地区四湖工程管理办法（节选）

管理体制及人员

1. 根据统一领导，分级管理，和谁建、谁管、谁受益的原则，从有利安全，有利团结，有利增产，有利发挥工程效益出发，认真落实好管理体制，建立健全管理机构，充实管理人员。受益范围关系到两个县以上的长湖、洪湖两湖湖面，长湖围堤、四大干渠、洪湖排涝河，以及大中型涵闸，属全民所有制。两湖的湖面，由地区革委会安排养鱼，发展水产。有关水系，水利工程由四湖工程管理局分片的管理段和各个闸管所管理，县社队自办工程由县社队组织人员建立管理机构或安排专人管理；所有管理段、闸管所，都要建立党支部、党小组，做到层层机构有党的领导，项项工程有专人管理，水利管理人员要保持相对稳定，不得任意抽调。各级水利管理单位应受当地党委和上级业务部门的双重领导。

2. 实行专业管理与群众管理相结合的办法，固定一支"专群结合"的水利管理队伍。各四湖工程管理段每年定期召开四湖地区排灌代表大会讨论水利管理方针政策，制定管理养护、控制运用、工程建设计划及评功表模等事项。围堤、渠道及附属建筑物根据谁受益谁负担的原则。按行政区划，分段划定到社队，由受益社队组织专人管理。负责管堤、管渠（河）、管树、管附属建筑物、管水。长湖围堤每 1000～2000 米配一人。总干渠、东干渠、西干渠、田关河、洪湖排涝河按渠道长每 2000～3000 米配一人，所配人员或建立的群众性的水利管理组织，属所在管理段统一领导。配备群众性管理人员的方法：一种属亦工亦农性质，发固定工资，分月投资生产队，按同等劳力参加生产队分配；另一种抵社队水利工任务，每月发给适当生活补助费，由生产队按同等劳力评工记分，参加分配。但无论哪种方法，都要保证管理人员本身生活有着落，家庭生活有保障。

工 程 管 理

以四湖工程整体规划为依据，本着"老的工程要提高，新的工程要配套，坏的工程要改造"的原则，续建、扩建、改建，努力实现排灌分家，渠湖分家，降低地下水水位，提高工程标准，达到防洪保安全和遇旱有水、遇涝排水的要求。

1. 四湖地区今后的续建、兴建、改建、扩建等水利配套工程，必须根据全面规划，统筹安排，综合治理的原则，报请四湖工程管理局，经上级批准后动工。

2. 长湖、洪湖、白鹭湖要固定湖面，调蓄渍水，发展水产，综合利用。湖面固定标准：长湖 150 平方千米，洪湖 402 平方千米，白鹭湖 10 平方千米，在固定的湖面以内，主要用于调蓄渍水，发展水产，综合利用，不准围垦。

其他中小型湖泊，应根据具体情况，固定适当的湖面，平时养鱼，急时调蓄。

3. 长湖围堤：

（1）堤身。不准栽树，不准做禾场，不准耕种作物，不准挖沙取土，不准做屋建窑、建牛栏、建猪栏，不准埋坟，不准铲草皮积肥，不准挖堤修路，不准挖明口，现有危及堤身安全的房屋、窑洞、牛栏、猪栏、坟墓、禾场、明口等由有关单位立即组织拆迁和填好，今后如需修建闸泵在堤身挖口，应经所属管理段实地查勘，报四湖管理局同意。

（2）护岸工程。要人人爱护，不准翻动，不准搬走，如发现盗运护岸石方、预制块，要进行彻底追查。

（3）未铺石的堤面。车辆行驶，要晴通雨阻，严禁雨天通车。

（4）留足禁脚，稳定堤基，巩固堤身。禁脚宽度：一般堤段 10 米，险工险段 20 米；禁脚以内不准挖沙取土，不准做屋、建窑、建牛栏、建猪栏，不准埋坟，挖粪窖，不准铲草皮积肥；距堤脚 50

米以内不准挖鱼塘。

4. 渠道和渠道两岸的堤防：

（1）严禁在渠道内拦河打坝，倾倒渣物，挖鱼池，设撒枝，沉甓船，以及影响排灌和航通的一切阻水设施。现有的挡坝和鱼池，按照"谁打谁挖，谁挖谁刨"的原则，由所属管理段组织拆除。

（2）不准在渠道内放毒药捕鱼，厂矿的污水、盐水、农药水以及含有毒物质的杂物，不准排入渠道，以免影响人畜饮水安全和作物生长。

（3）渠道两岸的堤防，只准造林绿化，保持水土，不准有挖沙取土、建窑、埋坟、做禾场、挖堤修路等破坏工程安全的行为；不准借口林粮间作，行以农为主，影响树苗生长，造成水土流失的现象；不准乱挖明口，如确因建闸建泵，要经所属管理段实地查勘，报四湖管理局同意；不准在堤面、迎水面做屋，修猪圈、建牛栏，挖粪窖，搞蔃秧田。

5. 涵闸：

（1）涵闸管理范围，原已划定的仍按原划定范围执行。一般划定闸上下游，大型300～500米，中型100～300米，小型50～100米，属闸管所管理。

（2）不准在涵闸管理范围内取土、埋坟、建窑、开沟、打井和其他危及工程安全的行为。涵闸周围500米以内严禁爆破，距闸室100～200米内不准停靠船只。无通航设备的涵闸，不准通行船只。

（3）闸上不准放置重物，不准超设计荷重的车辆通行，履带式的拖拉机须有保护设备才能行驶。

（4）切实管好涵闸建筑物及启闭机械等设备，并经常检查、维修、养护，控制运用时要按操作规程进行，确保工程安全，启闭灵活。

6. 根据"谁受益，谁负担"的政策，堤防、渠道、涵闸等工程的维修养护和涵闸运用的启闭劳力，都由附近有关社队合理负担，保证工程完整无损，运用自如，发挥效益；每年汛期，有关县社队要根据地区防汛指挥部通知精神，组织检查，落实安全运用措施，保证安全度汛和发挥工程的排灌效能。

7. 水利管理单位的器材、设备，不得任意动用和破坏，特别是防汛物资，要建立专账，固定专人管理汛期紧急抢险时，由当地防汛指挥部批准动用，汛后清理上报。

8. 认真做好水工、水文观测，确保工程安全运用，这是管理工作的一项重要内容，大中型涵闸每年进行一次沉陷、位移观测，长湖围堤每年汛前汛后，对护岸石方、涵闸、涵管进行两次松动、滑坡、沉陷、变形观测；除水文站布置的站网外，各大中型涵闸都要进行水位、雨量、闸门变化、流量等观测项目，并按要求及时发出水雨情报。

段闸都要建立技术档案，积累资料，更好地为工程管理、控制运用服务，为规划设计服务。

排 灌 管 理

排灌管理是水利管理的关键，是发挥工程效益的重要环节，是促进农业生产的有效措施，必须坚持"以排为主，排灌兼顾，内排外引，先排后引，多排多引，合理调度，固定湖面，调蓄渍水"和"统筹安排，统一水权，统一指挥"的原则。

1. 排水以自排和外排为主，汛期紧急时，采取"统一排水与分散排水相结合，自流排水与机、电提排相结合，外排与调蓄相结合"的办法，先排农田水，后排余水，突击抢排，保证农田不渍；长湖超过警戒水位时，东荆河水位低，田关开闸，刘岭同时开闸抢排；新滩口能够开闸抢排时，小港湖、张大口两闸同时开闸抢排洪湖水。

2. 灌溉时，先用湖水，后引外江水，多用湖水，少引外江水，排湖水，灌农田，上排水，下灌田；在沙市闸未建成前，为了保证春灌用水和水产需要，冬季长湖水位控制在30.00～30.50米，洪湖水位控制在23.50～23.80米。

3. 不断总结推广科学用水经验，改造冷浸田，对农作物实行浅水勤灌，为了保证少引水，多灌田，用水管理上本着"看苗、看田、看水源"的办法，分地段，分渠线，分社队进行轮流灌溉，先灌远田，后灌近田，先灌高田，后灌低田，先灌粮棉作物，后灌经济作物，先灌怀胎抽穗作物，后灌活蔸分蘖的作物。

4. 加强统一管理，涵闸要执行叫开就开，叫关就关，未经批准，不得任意变化闸门开关程度。

综 合 利 用

1. 各个水利管理单位，在确保工程安全，最大限度地发挥工程效益的前提下，充分利用水土资源，因地制宜地开展综合利用，发展多种经营生产，为国家创造财富，为人民减轻负担，为建设提供物资，为管理创造条件。

2. 水利管理单位开展的综合利用，多种经营，必须坚持社会主义方向，坚持为农业增产服务，防止和克服"重付轻管"的错误倾向。生产项目：主要是植树造林，养鱼捕捞，发电加工等方面。闸上挂网捞鱼应归闸管所所有，未有解决的要通过协商，报上级批准后实行。

3. 渠道、涵闸、长湖围堤等水利工程要绿化成荫，保持水土。四大干渠植树造林由所属四湖工程管理段投资树苗，统一规划，沿堤社队划段栽培管理，包栽包活包成林，砍伐权属四湖工程管理段。收益分成按历史习惯比例进行。四湖工程管理局在各管理段林业总收入内提成10％。国家收入部分，主要用于以林养林，以林养堤。凡各个水利工程管理单位自己经营的树木，归本单位所有。

注：摘自1977年7月荆州地区行政公署颁布的《荆州地区四湖工程管理办法》。

4. 荆沙市人民政府关于禁止围垦洪湖的通知

监利县、洪湖市、荆州区、沙市区人民政府、市政府有关部门：

洪湖是四湖地区调蓄的重要湖泊，对我市防洪排涝起着重要作用。近年来，沿湖少数单位和个人非法围湖养殖，侵占湖面近100平方千米，严重影响了调蓄，大大降低防洪排涝能力。为更好地开发利用洪湖水资源和治理水旱灾害，根据《中华人民共和国水法》《中华人民共和国河道管理条例》等有关法律、法规、现作如下通知：

1. 禁止围湖造田、围湖养殖。沿湖单位和个人开发利用洪湖水资源，应服从四湖流域总体规划，实行兴利与除害相结合并兼顾上下游的原则。洪湖围堤以内的402平方千米为固定调蓄湖面，任何单位和个人不得侵占。

2. 彻底清除调蓄障碍。凡在1988年7月底以前，在洪湖固定调蓄湖面内所建围垸、鱼池的围堤不得超过24.50米高程，若超过应在1995年5月31日前降低到24.50米高程，并挖堤开口100～150米与大湖水体相连，把鱼池精养变为围网精养。1988年7月底以后所建围垸、鱼池，应按照《中华人民共和国河道管理条例》第三十六条规定，"谁设障，谁清除"的原则，由河道管理部门提出清障计划和实施方案，县、市级人民政府责令设障者在规定的期限内清除。逾期不清除的，由县、市级人民政府组织强行清除，并由设障者负担全部清障费用并处罚款。

3.《湖北省河道管理实施办法》第五条规定："河道防汛和清障工作实行地方人民政府首长负责制"。监利、洪湖两县（市）人民政府应按规定指派1名副县（市）长负责，成立清障专班，组织沿湖有关乡镇（场）抓清障工作顺利进行。对清障指挥不力和清障不彻底的单位和个人，应依法追究行政责任。

4. 荆沙市四湖工程管理局，受市政府的委托，按照国家有关法律、法规负责洪湖水资源开发利用和防洪抗灾的监督管理。监利、洪湖两县（市）水行政主管部门要严格履行《中华人民共和国水法》赋予的职责，积极配合四湖工程管理局查处围湖等违法案件，使洪湖管理走上规范化、法制化的轨道。

5. 关于长湖的围湖管理参照本通知执行。

1995年4月18日

第十一章　管　理　机　构

　　四湖流域在历史上，民垸向以自修自防，无专门的管理机构。至民国八年（1919年），江陵县始成立"江陵县北堤堤工委员会"，由江陵县政府委任委员长，负责管理中襄河堤和阴湘河堤修防事务。民国二十四年（1935年），江陵县成立"江陵县中襄河堤修防处"，修防处设主任一人、堤丁若干人，处址观音垱。

　　1955年，长江委提出《荆北区防洪排渍方案》并于当年组织实施，至1956年4月完成洪湖隔堤和新滩口堵口工程，四湖流域形成一个整体，总面积11547.5平方千米。当时整个四湖流域都属于荆州行署管辖。按照"统一规划、统一治理、分期实施"的原则，1955—1962年，对四湖流域实行大规模的治理。在工程建设过程中，湖北省及荆州专署都成立工程建设指挥部，加强对工程建设的领导。当防洪、排涝、灌溉工程体系初步形成后，为巩固已经取得的初步治理成果和持续并扩大治理成果，以及实现水利工程的统一管理、统一调度运用，1962年经湖北省人民政府批准，荆州行署成立"荆州专区四湖工程管理局"，并在流域各县设置管理段。

　　由于四湖流域治理的投入不足，四湖流域水利规划尚未完全实现。1983年荆门成为地级市，1994年潜江市上收省直管后，四湖流域水系的"四统一"被打乱，出现各行政区划、各部门、各专业分散管理的现象，流域性工程调度运用不协调，工程效益难以充分发挥，抗灾能力受阻。

　　鉴于四湖流域内多层水行政管理和流域管理之间协调难，为实行全流域防汛抗旱统一管理调度，1995年湖北省防汛抗旱指挥部批准设立"湖北省四湖地区防洪排涝协调领导小组"。2004年，经省人民政府批准，成立"湖北省四湖流域管理委员会"，取代原协调领导小组。

　　四湖工程管理局是四湖流域内垸水利工程的主要管理机构，其下设的各县（市）四湖工程管理段是随着荆州行政区划变更而变化的。1994年前，四湖工程管理局下设江陵县四湖管理段、江陵县长湖管理段、潜江四湖管理段、监利县四湖管理段、洪湖市四湖管理段等5家县级管理机构。1994年7月，荆州地区与沙市市合并成立荆沙市，潜江四湖管理段划出设立潜江市四湖管理局，由潜江市人民政府直管。1995年2月，以沙市市长湖库堤管理段为基础，融合原江陵县长湖管理段管理的部分堤段，成立沙市区长湖管理段。

　　2003年实行农村税费改革，荆州市政府决定将荆州区长湖管理段、沙市区长湖管理段、江陵县四湖管理段、监利县四湖管理段、洪湖市管理段的人员经费下放到各县（市、区）负担，四湖工程管理局与各县（市、区）四湖（长湖）管理段成为"松散式"的管理结构。

　　至2015年，涉及四湖流域管理的机构为15家。

第一节　工程建设指挥部

一、四湖排水工程总指挥部

　　1955年11月，湖北省四湖排水工程总指挥部成立，总部驻监利县余家埠。由湖北省民政厅、湖北省劳改局领导组成，钱运炎任指挥长，总部隶属湖北省人民委员会。

　　四湖总干渠开挖工程自1955年12月14日破土动工，始由湖北省劳改局押集沙洋农场在押劳改犯1万余名，在监利县境东港口、周家沟、福田寺等处进行局部疏挖，至1956年10月结束施工。

1955年12月，荆州地区四湖排水工程指挥部成立，荆州专署水利局局长刘干任指挥长，荆州专署水利局副局长李大汉任副指挥长、兼任办公室主任，抽调部分行政干部和工程技术人员在湖北省四湖排水工程总指挥部的领导下，开展协调工作。

1956年11月，湖北省四湖排水工程总指挥部撤销，四湖流域的治理工程任务全部移交给荆州专署四湖排水工程指挥部。荆州专署副专员李富伍兼任指挥长，李大汉任第一副指挥长。指挥部驻监利县余家埠，下设秘书、组织宣传、工程、财务、保卫、卫生、后勤等科。与此同时，四湖流域的江陵、潜江、监利、洪湖四县也相应成立指挥部。

1957年7月，荆州地委、专署决定加强四湖治理的领导力量，增加王景祥、秦思恩为副指挥长，并从各地、各部门抽调人员充实指挥部。此时，指挥部行政、技术干部达100余人。

1959年10月，荆州地委提出"高速度地改造四湖、建设四湖、变四湖为财库"的号召，同时成立荆州地区四湖工程总指挥部。地委书记孟筱澎任指挥长，李富伍、朱俊功、乔万祥、王景祥、秦思恩、李大汉任副指挥长，江洪任政治部主任。总部下设：办公室（江洪兼办公室主任）、后勤处（内设粮食科、交通科、器材科、财务科，处长王景祥）、政治处（内设组织科、宣传科、保卫科、卫生科，处长胡安华）、工程处（内设工程科，处长郭贯三）、工地报社、工地医院（院长桂奎章）。同月，江陵、潜江、监利、洪湖县和沙市市相继成立指挥机构。共动员劳力24万人，开展全面施工。

1960年3月，四湖治理工程第一期大施工基本完成。保留荆州地区四湖工程总指挥部机构，由王丑仁负责，抽调来指挥部工作的干部多数返回原单位，只留部分干部处理工程中的遗留问题。专署决定指挥部由监利余家埠迁往沙市中山路67号办公。同年4月，四湖工程总指挥部在沙市工人俱乐部举行庆功表彰大会，历时3天，出席大会的有江陵、潜江、监利、洪湖等县及沙市市的先进单位和劳动模范代表共414人。地委书记孟筱澎出席会议并讲话，宣布四湖第一期工程胜利完成。

四湖工程建设指挥部领导成员名单见表11-1。

表 11-1   **四湖工程建设指挥部领导成员名单**

职务	姓名	性别	任职起止年月	备 注
湖北省四湖排水工程总指挥部				
指挥长	钱运炎		1955年12月至1956年11月	机构隶属湖北省人民委员会
荆州地区四湖工程排水指挥部（1955年11月至1959年10月）				
指挥长	刘干		1955年11月至1956年11月	机构隶属荆州专署
指挥长	李富伍		1956年11月至1959年10月	
副指挥长	李大汉		1956年11月至1959年10月	
副指挥长	王景祥		1957年7月至1959年10月	
副指挥长	秦思恩		1957年7月至1959年10月	
荆州地区四湖工程总指挥部（1959年10月至1960年3月）				
指挥长	孟筱澎		1959年10月至1960年3月	机构隶属荆州专署
副指挥长	李富伍		1959年10月至1960年3月	
副指挥长	江洪		1959年10月至1960年3月	
副指挥长	朱俊功		1959年10月至1960年3月	
副指挥长	乔万祥		1959年10月至1960年3月	
副指挥长	李大汉		1959年10月至1960年3月	

二、四湖工程县指挥部

（一）江陵县

1957年2月至1958年2月，江陵县成立由副县长李先正任指挥长的江陵县四湖工程指挥部，先后率 26 个乡、21470 名劳动力在东港口—黄歇口和碟子湖施工，共完成土方 228.7 万立方米。

1959 年 11 月至 1960 年 2 月，江陵县委副书记李一道任江陵县四湖工程指挥部指挥长，县委宣传部长李鸣玉、副县长李先正任副指挥长，率劳力 4 万人，在总干渠习家口至严李垸下垸长 35.2 千米段施工，其中腰斩三湖为重点工段，完成土方 455.61 万立方米。

（二）潜江县

1958 年 11 月至 1960 年 2 月，成立潜江县四湖中干渠工程指挥部。潜江县副县长熊克义任指挥长，县委副书记薛宏模任政治委员，县水利局长寇从事任副指挥长。

1958 年，荆州地区四湖排水工程总指挥部安排潜江开挖总干渠（潜江县称中干渠）赵家湾—刘家渊长 28.8 千米河段。潜江县四湖工程指挥部动员浩口、张金、熊口、三江、钟市 5 个公社和后湖、周矶、总口 3 个农场 3.4 万名劳力参加施工，完成土方 326 万立方米。

1959 年 10 月至 1960 年 2 月，潜江县四湖工程指挥部动员张金、老新两个公社 2 万多名劳力，开挖总干渠外垸—下西湖（桩号 35＋200～40＋275）长 5075 米渠段，其中白鹭湖施工长 4660 米，创造出"腰斩白鹭湖"的施工奇迹，得到荆州地区四湖工程总指挥部通令嘉奖，共完成土方 125 万立方米。

1957 年 10，成立潜江县四湖东干渠工程指挥部，杨其贤为指挥长，刘寿山、谌学志为副指挥长，调集浩口、张金两区 12 个乡的 1.3 万人开挖熊口至新河口河段，长 7.91 千米；同年，沙洋农场组织劳力开挖熊口以上 28.24 千米和新河口至徐李长 11.63 千米河段。1958 年 11 月至 1959 年 3 月，潜江县组织熊口公社的 3000 余人，疏挖徐李至冉家集长 4.49 千米河段。至此，东干渠上起沙洋县李家市唐家垴，自北向南流经潜江冉家集，全长 60.3 千米的渠道完成。

1959 年 10 月，成立以潜江县委副书记薛宏模为指挥长、副县长熊克义为副指挥长的潜江县四湖田关河工程指挥部，组织蚌湖、熊口、浩口、三江等公社和后湖、熊口、周矶等农场共 6 万多人对田关河全线施工，1960 年 2 月挖成通水，完成土方 582 万立方米。

（三）监利县

1956 年 11 月，监利县成立四湖工程指挥部，并一直持续到 1960 年 3 月，先后有副县长闵立坤、赵德卿、夏昌迪、雷培松任指挥长，调集全县 12 万名劳力参加施工。1956 年 11 月至 1962 年 3 月累计投入劳力达 40 万人（次），扩挖原内荆河 27.95 千米，新挖渠道 27.17 千米，累计完成土方 1385.54 万立方米。

1959 年 11 月，成立监利县四湖西干渠工程指挥部，由分管水利的副县长张子彬任指挥长，调集汪桥、余埠、江城 3 个公社约 6 万名劳力，对秦家场至泥井口原汪桥河进行扩挖裁直。渠线长 32 千米，完成土方 450 万立方米。

（四）洪湖县

1959 年 11 月，洪湖县四湖总干渠工程指挥部在黄蓬山成立。县长韩耀辉任指挥长，副县长李同仁、县人民武装部部长韩明学任副指挥长，组织 3.2 万劳力，一个冬春，完成小港至茶壶坛长 25 千米渠段疏挖工程，其中以横破洋圻湖约 15 千米的渠段施工难度最大，共完成土方 480 万立方米。1960 年 3 月挖坝放水。

第二节　四湖工程管理局

一、机构沿革

四湖流域初期治理工程，经围堤堵口、江湖分家、开挖渠道、兴建涵闸，基本形成了四湖地区的排灌体系。其行政区划包括荆门市、荆州市和潜江市，流域面积 11547.5 平方千米。为统一治理、调度、管理好四湖流域水利工程，并充分发挥其工程效益，1962 年 11 月，经湖北省人民委员会批准，荆州专署决定成立"荆州专署四湖工程管理局",为正县级事业单位,由荆州专署直接领导。

1962年2月,荆州专署以荆人字〔1962〕024号文任命李大汉为荆州专署四湖工程管理局局长,克非、王爱为副局长。局机关内设:秘书科、财器科、工程科,12月增设管养科。管理局下设江陵、潜江、监利、洪湖四湖工程管理段,习家口、福田寺、小港、张大口、高场(南)、谭彩剅闸管所。定编60人,其中:管理局30人,四县管理段和涵闸管理所30人〔四个县段各配5人,习家口、福田寺、小港、张大口、高场(南)5闸各配2人〕。经紧张筹备和各方面人员调集,四湖工程管理局于11月8日正式挂牌办公,负责四湖流域治理工程的规划、设计、建设,以及已建工程的维护管养、调度运用。管理局地址设在江陵县习家口。

1963年1月,为加快四湖中、下区的工程治理速度,四湖工程管理局迁往监利县毛市镇办公。同年冬,荆州专署决定荆州专区长江修防处将新滩口排水闸、船闸移交四湖工程管理局管理。1964年初,局属增设洪湖新滩口双闸(排水闸、船闸)管理处。1964年6月,四湖工程管理局再由监利县毛市镇迁到江陵县丫角办公。

1965年10月,姚云高调任四湖工程管理局副局长。

1966年1月,夏昌迪调任四湖工程管理局副局长。

1966年6月,四湖工程管理局在"无产阶级文化大革命"运动的影响下,局机关陷于瘫痪,正常工作无法进行,直至延续到1967年。为稳定局势,制止混乱局面,经荆州专区"抓革命、促生产"第一线指挥部批准,1967年5月成立四湖工程管理局"抓革命、促生产"领导小组。经群众选举报上级批准,由李大汉、王爱、张明鉴、任泽贵、周梅生、查明清、叶开国7人组成,李大汉任组长,王爱任副组长〔荆发办字(67)第033号文〕。至此,机关工作秩序才有所好转。在此期间,荆州行署水利局于1966年11月将灌溉试验站移交四湖工程管理局领导,试验站由江陵县熊河迁往丫角集镇。

1967年8月后,局领导被打倒夺权,刚成立不久的"抓革命、促生产"领导小组也全面瘫痪,形成严重的无政府状态。1968年11月,经荆州地区革命委员会批准,成立"荆州地区四湖工程管理局革命领导小组",由王爱、邓楚荣、陈启梗、王光华4人组成,王爱任组长,负责全面工作〔荆革批字(68)第162号文〕。1969年10月,王爱调离四湖工程管理局,增补姚云高为革命领导小组副组长,李德安为组员〔荆革批字(69)第130号文〕,姚云高代管全面工作。

1970年2月,荆州地区水利局革命委员会派王平权到四湖工程管理局临时代管,对四湖工程管理局革命领导小组成员和机关工作人员进行调整,四湖工程管理局部分行政、技术干部下放到"五七"干校接受劳动教育,将投亲靠友来四湖工程管理局苗圃队参加生产的5户10多人,送回湖南原籍。

1970年9月,四湖工程管理局和荆州地区长湖水产管理处、窑湾养殖场、公安处长湖水上分局合并,成立"荆州地区四湖管理局革命委员会",机构设在江陵县关沮口长湖水产管理处,白鸿任主任,任泽贵、吕金水任副主任。

1971年10月,荆州地委决定,恢复四湖工程管理局机构,与长湖水产管理处、公安处长湖水上分局分署办公,搬回丫角原址。原去"五七"干校的人员也陆续返回机关上班。

1972年3月,荆州地委革委会以荆发干〔1972〕第063号文任命尹同孝为四湖工程管理局革委会主任。姚云高、任泽贵任四湖工程管理局革委会副主任。组建办公室、工程组、财器组、政工组。至此,四湖工程管理局逐步恢复正常的工作和生活秩序。

1973年6月,荆州地委组织部以荆组干〔1973〕205号文、208号文任命:范恭泉任四湖工程管理局革委会主任,姚云高、任泽贵、夏昌迪任四湖工程管理局革委会副主任。内设秘书科、财器科、工管科、政工科、排灌试验站、刘家岭闸管所、习家口闸管所。11月,将新滩口双闸移交荆州地区长江修防处管理。

1976年7月18日,荆州地委组织部以荆组干〔1976〕184号文任命于树照为四湖工程管理局革委会副主任。

1976年9月，荆州地委组织部任命马香魁为四湖工程管理局革委会主任。

1978年8月，荆州地委决定撤销水利工程管理单位的革命委员会，四湖工程管理局撤销革委会，实行局党委领导下的局长负责制。地委组织部以荆组干〔1978〕432号文通知：马香魁任四湖工程管理局局长，姚云高、于树照、任泽贵任四湖工程管理局副局长。

1981年4月，增设荆州地区四湖工程管理局挖泥船队。同年10月，成立勘测设计室。

1983年1月，郭少成调任四湖工程管理局副局长。4月，朱成虎任四湖工程管理局副局长。

1984年4月，荆州地委、行署调整四湖工程管理局领导班子成员：张宏林任局长，任泽贵、郭少成、镇英明、朱宗林任副局长，雷世民调任四湖工程管理局副主任工程师。5月，荆州地委农村工作部行文批准撤销秘书科，分别设置办公室、行政科，增设工程技术科、计划财务科。局下属机构为：挖泥船队、刘家岭闸管理所、习家口闸管理所、排灌试验站。同年10月成立"荆州地区四湖工程管理局物资供应站"；12月成立"荆州地区四湖工程管理局劳动服务公司"。至此，四湖工程管理局有干部职工133人，其中：干部57人，工人76人（包括亦工亦农人员25人）。

1985年，洪湖新滩口泵站建成后，荆州行署以荆行函〔1985〕12号文通知：成立"荆州地区新滩口水利工程管理处"，属事业单位、副县级，管理新滩口泵站、船闸、排水闸，隶属于荆州行署水利局。

1986年12月，为加强对四湖流域水利工程的统一管理，荆州行署决定，将荆州地区高潭口电力排灌站、荆州地区新滩口水利工程管理处，移交给四湖工程管理局。

1988年5月，荆州地区编委以荆编办〔1988〕95号文批复：四湖工程管理局内设机构为秘书科、政工科、计财科、多种经营科、调度室、设计室。直属单位为物质站、挖泥船队、劳动服务公司、习口闸管所、刘岭闸管所、排灌试验站。定编180人，其中局机关定编70人（含设计室人员编制），直属单位110人。同年7月，经荆州行署批准，成立"荆州地区田关水利工程管理处"，机构级别为副县级。划归四湖工程管理局领导。11月7日，荆州地委组织部以荆组干〔1988〕263号文通知，郭再生任荆州地区四湖工程管理局局长。

1989年1月，为解决四湖工程管理局机关长期驻江陵县丫角村带来的交通、通信困难及职工工作、生活不便等问题，经请示主管部门同意，将四湖工程管理局机关迁至沙市市武德路新址办公。

1989年3月，四湖工程管理局再次对内部机构进行调整。经报荆州地区编委以荆编办〔1989〕9号文批复，调整后的内部机构为：办公室、政工科、工管科、计财科、多种经营科、调度室。5月，报地区公安处批准，设置保卫科。1990年5月，将保卫科更名为公安科。1992年4月增设审计科、水政水资源监察室。

1990年3月，荆州地区编委以荆编办〔1990〕16号文批复：同意荆州地区高潭口电力排灌站更名为"荆州地区高潭口水利工程管理处"，机构级别为副县级，其隶属关系、人员编制不变。

1994年5月，荆州地区编委以荆机编〔1994〕22号文批复，成立"荆州四湖排灌区世行贷款项目管理办公室"，机构设在四湖工程管理局，日常工作由四湖工程管理局承担，不另增加人员编制。

1994年11月，荆州地区与沙市市合并，成立荆沙市。荆州地区四湖工程管理局更名为"荆沙市四湖工程管理局"。四湖流域内原有行政区划被重新划分，形成荆沙市、荆门市两个地级市和一个省直管市潜江市，原有水系被行政区划割裂，给四湖流域的工程建设、管理和统一调度运用带来困难。

1995年3月，湖北省政府以鄂政发〔1995〕11号文批转省水利厅《关于荆沙合并后有关几个水利管理单位的管理体制的报告》，明确潜江四湖工程管理段移交潜江市水利局管理，不再隶属荆沙市四湖工程管理局。原四湖工程管理局江陵长湖管理段与原沙市长湖管理段合并，成立"四湖工程管理局沙市长湖管理段"，段机关设关沮口。同时，设四湖工程管理局荆州长湖管理段，段机关设荆州城荆北路。将荆沙市四湖工程管理局刘岭闸管理所、荆沙市田关水利工程管理处上收省水利厅管理。同年4月，四湖工程管理局内部科室重新调整。撤销调度室，增设勘察设计室；将多种经营科改为经营管理科；公安科改为保卫科。其内部科室为：办公室、政工科、计财科、审计科、勘察设计室、经营管理科、工程管理科、保卫科、世行贷款项目管理＋办公室。直属单位为：习口闸管所、挖泥船队、物质站、劳动经营部、灌溉试验站。4 月 26 日，荆沙市编委以荆机编办〔1995〕40 号文批复，将荆州四湖排灌区世行办更名为"荆沙市四湖排灌区世行贷款项目管理办公室"。

1995 年 9 月，荆沙市委组织部以荆组干〔1995〕456 号文通知：郭再生任荆沙市四湖工程管理局局长，杨伏林、镇英明、雷世明、朱宗林任荆沙市四湖工程管理局副局长。9 月 25 日，荆沙市水利局以荆水政〔1995〕128 号文批复，四湖工程管理局挖泥船队增挂"湖北省四湖疏浚吹填工程公司"牌子。12 月 26 日，荆沙市水利局以荆水政资〔1995〕165 号文通知：将原"荆州地区四湖水政水资源监察室"更名为"荆沙市四湖水政水资源监察室"。

1997 年 6 月，荆州市委、市政府召开会议，传达了中央、省有关事业单位机构改革的文件精神。7 月，杨伏林同志任四湖工程管理局局长，对局机关各科室实行按需定岗、竞争上岗，科室负责人和工作人员通过职工大会以无记名投票推荐。同时，对局直各单位负责人进行了调整。进一步明确了四湖工程管理局的工作职能、内部机构和下属单位的工作职责。改革后的内部机构和下属机构为：办公室（与防汛办公室合署办公）、政工科、计财科、审计科、勘察设计室（与世行办合署办公）、工程管理科（与水政水资源监察室合署办公）、经营管理科、工程技术科、老干部科、行政科、习口闸管所、挖泥船队、物资供应站、综合经营部、排灌试验站。

1998 年 10 月 15 日，荆州市委机构编制委员会以荆机编〔1998〕119 号文，下达《关于印发〈荆州四湖工程管理局机构改革方案〉的通知》，确定四湖工程管理局改革方案，内设 10 科室，下属机构 5 个，人员编制 220 人，其中局长 1 人，书记或副书记 1 人，副局长 3 人，纪委书记、工会主席各 1 人，科级领导职数 45 名。属自收自支事业单位，经费来源于征收四湖地区水（电）费和经营创收。

1999 年 3 月，四湖工程管理局出台内部机构改革分流方案，局机关保留原有科室，机关工作人员作部分调整。局防汛办公室改原与工管科合署办公为与办公室合署办公。另成立"湖北四湖工程有限责任公司"，下设五个分公司。7 月 14 日，四湖工程管理局排灌试验站增挂"湖北省涝渍地工程技术开发研究中心排灌试验站"匾牌。经此轮改革后，四湖工程管理局内设科室 10 个，直属挖泥船队（一公司）、综合经营部（二公司）、习口闸管所（三公司）、物资供应站（四公司）、排灌试验站等 5 个单位。下辖高潭口水利工程管理处、新滩口水利工程管理处 2 个副县级工程管理单位，市四湖工程管理局和县水行政主管部门双重管理 5 个（荆州、沙市、江陵、监利、洪湖）正科级工程管理单位。市核定全系统运行管理经费 480 万元，经费来源为水费征收，不足部分由各单位从事经营性收入解决。

2001 年 11 月，水政水资源监察室撤销，成立水政水资源监察大队（与工程管理科合署办公）。

2003 年实行新的水费政策后，市级财政不再征收水费，四湖工程管理局的经费来源改变。同年 4 月，市政府根据财力状况将 5 个管理段的人员经费下放到各县（市、区）负担，四湖工程管理局人员经费由市财政负担，核定每年人员经费 70 万元，其中：局机关 50 万元，所属高潭口、新滩口两个管理处各 10 万元。至此，四湖流域的管理体制逐步分解，统一规划、统一建设、统一管理、统一调度的"四统一"管理模式被打破。

为解决四湖流域因行政区划调整而造成的水系割裂、多"龙"管水、调度不灵的矛盾，原荆州行署专员徐林茂经长期调查后向新华社记者写信反映四湖地区水利方面的问题。2003 年 11 月 27 日新华社《国内动态清样》（第 4218 期）刊登记者詹国强的《徐林茂建议加强四湖地区水利建设和管理》一文，引起中共中央和湖北省委、省政府领导的关注。中央政治局委员、湖北省委书记俞正声批示："此问题基层反映强烈，应组织专班调查，系统提出意见，切实解决问题。"省长罗清泉批示："四湖地区的治理应该高度重视，请按正声同志要求，组织专班，科学规划，制订方案，有计划地加以解决。"副省长刘友凡批示："此问题涉及粮棉主产区能力建设，请按正声、清泉同志批示要求，由省政府办公厅、水利厅牵头，计委、财政、编制、劳动等部门参加，深入调研，系统提出方案，供省委、省政府决策。"2004年4月，按照省领导批示，由省政府办公厅、省水利厅牵头，省直有关部门组成、副省长刘友凡任组长的联合调查组，完成对四湖流域的实地调查，并提出加强四湖流域建设和管理意见：完善四湖流域调度体系；加快流域水管单位体制改革；统一管理和使用省财政专项补贴经费；加强四湖流域管理。

2005年4月，经湖北省政府同意，成立"湖北省四湖流域管理委员会"。省水利厅厅长段安华任管委会主任。管委会下设办公室，办公地点设在荆州市四湖工程管理局。主要职责是负责四湖流域防汛排涝抗旱的指挥、协调工作。同年6月，湖北省政府发出《关于加强四湖流域水利建设和管理的会议纪要》，明确从2005年1月起每年由湖北省财政给予四湖水利工程维护运行定额补助资金。湖北省财政厅和省水利厅共同制定定额补助资金使用管理办法，由省财政厅将资金直接拨付四湖工程管理局财政专户，实行资金统一管理、统一使用。

2005年1月，荆州市委组织部以荆组干〔2005〕31号文任命曾天喜任四湖工程管理局局长。

2005年4月，荆州市编委以荆编〔2005〕7号文批准《荆州市四湖工程管理局机构改革方案》，明确四湖工程管理局性质和工作职责，核定内设机构和人员编制230名。

2007年8月，荆州市委组织部以荆组干〔2007〕163号文任命郝永耀任四湖工程管理局局长。

2008年12月，荆州市人事制度改革办公室以荆事改办函〔2008〕2号文批复《荆州市四湖工程管理局人事制度改革实施方案》。当月，四湖工程管理局系统实施改革。参加此次改革的单位有：局机关、高潭口水利工程管理处、新滩口水利工程管理处、习家口闸管所、挖泥船队、物资供应站、综合经营部、排灌试验站、水政监察大队。参加改革的人数为363人。根据人事制度改革实施方案，全局系统设定工作岗位230个，采取个人申请、资格审查、面试、笔试、考核等方法和步骤，用百分制计分的方式，从高分到低分依次录用的原则，录用上岗人员。对落选的133名职工，采取内退、下岗分流、买断工龄等办法进行妥善的安置。改革后，局机关内设机构有7个职能科室：办公室、防汛调度中心、人事劳动科、工程管理科、工程技术科、计划财务科、离退休干部科。局直属机构5个，其中两个副县级单位：高潭口水利工程管理处、新滩口水利工程管理处；三个正科级单位：水政监察大队、习口闸管所、排灌试验站。

2011年5月，荆州市委组织部以荆组干〔2011〕265号文任命卢进步为四湖工程管理局局长。

2011年6月，荆州市编委以荆编〔2011〕15号文批准成立"荆州市四湖工程管理局荆襄河闸管所"，为隶属市四湖工程管理局领导的相当正科级财政拨款事业单位。核定事业编制5名。

2012年4月，湖北省委书记李鸿忠在省委办公厅《信息综合专报》（第58期）上就荆门市委办公室反映"长湖管理体制不顺水质污染严重"的问题，作出批示："按管理体制服从管理效果的原则请省政府调整优化管理体制，加强管理。"省长王国生等领导同志也相继作出批示。同年7月，根据湖北省委、省政府领导批示意见，由省政府办公厅牵头，省编办、省财政厅、省水利厅、省农业厅、省林业厅组成联合调查小组到潜江、荆门、荆州三市进行了调研座谈，并写出专题报告，水利厅等相关部门就理顺管理体制提出倾向性的意见。2012—2015年，荆州市政府多次就长湖保护及整个四湖流域水利管理体制问题向省政府提出建议，请求省政府着眼于"调整优化"，加强四湖流域水利工程统一管理。2014年1月，省人大代表段昌奉向省人大会议提出《关于调整优化长湖保护和四湖流域水利工程管理体制的建议》，4月，省人大常委会将此建议列入省人大重要议案予以督办。同年7月，省人大常委会副主任王玲带队，在荆州召开省人大代表重点建议调研督办会，并深入实地调研，召开座谈会听取情况汇报，专题研究落实措施，省水利厅和省发改委、财政厅、环保厅、编办认真办理，提出回复意见。同年9月，省人大常委会就湖泊保护问题对省政府及相关职能部门展开专题询问，提出十个比较突出的问题，形成五个方面的审议意见。其中管理体制问题省水利厅建议由省编办牵头，财政厅、水利厅配合提出整改意见。2015年根据省人大代表再次建议，省水利厅作为主办单位，会同有关部门实地调研，并以鄂水利〔2015〕164号文向省人民政府报送《关于理顺四湖流域水利工程管理体制的请示》，建议将荆州市四湖工程管理局和省田关工程处现有机构进行整合，组建湖北省四湖流域管理局，隶属省水利厅，负责流域水利工程管理、水资源配置和湖泊保护工作。省编办、省财政厅等部门和荆州市、荆门市、潜江市政府也分别以不同形式，向省政府反映或汇报，要求省对四湖流域水利工程实行统一管理。省政府办公厅对此进行衔接和处理，建议："请省编办会同省水利厅、财政厅研究提出对荆州市四湖工程管理局和省田关工程管理处现有机构进行整合的具体方案并按程序送审。"副省长任振鹤对省政府办公厅的处理意见作出批示："拟同意，呈国生省长、晓东常务副省长阅示。"省长王国生、常务副省长王晓东分别在文件上签字。省人大代表段昌奉及荆州市委、市政府主要领导及相关单位，对省水利厅等单位办理议案过程表示基本满意，同时希望省直相关部门继续推动建议早日圆满落实。荆州市委、市政府对省政府办公厅、省水利厅的意见及省领导的批示完全赞成。按照市委、市政府领导的意见，荆州市编办会同荆州市水利局、财政局、四湖工程管理局等单位切实做好相关基础工作。后因种种原因，省编办、省财政厅未能就理顺四湖流域水利工程管理体制形成明确意见，省政府也未形成最后决定。

至 2015 年，四湖工程管理局在职在编人员 336 人，其中局机关在职在编人员 132 人，局直属单位在职在编人员 204 人。

四湖工程管理局历届负责人任职时间见表 11-2，荆州市四湖工程管理局机构、人员编制情况汇总见表 11-3。

表 11-2　　　　　　　　　　四湖工程管理局历届负责人任职时间表

职　务	姓　名	任职起止年月	备　注
荆州专区四湖工程管理局（1962 年 2 月至 1966 年 5 月）			
局长	李大汉	1962 年 2 月至 1966 年 5 月	
副局长	克非	1962 年 2 月至 1962 年 9 月	
副局长	王爱	1962 年 9 月至 1969 年 10 月	
副局长	姚云高	1965 年 10 月至 1966 年 5 月	
副局长	夏昌迪	1966 年 1 月至 1966 年 5 月	
荆州地区四湖工程管理局（1967 年 1 月至 1970 年 9 月）			
局长	李大汉	1967 年 1 月至 1968 年 11 月	
副局长	王爱	1967 年 1 月至 1968 年 11 月	
副局长	姚云高	1968 年 11 月至 1970 年 9 月	1969 年 10 月至 1970 年 9 月牵头，主持全面工作
荆州地区四湖工程管理局革命委员会（1970 年 10 月至 1971 年 10 月）			
主任	白鸿	1970 年 10 月至 1971 年 10 月	
副主任	任泽贵	1970 年 10 月至 1971 年 10 月	四湖工程管理局与长湖水产管理处合署办公
副主任	吕金水	1970 年 10 月至 1971 年 10 月	
荆州地区四湖工程管理局革命委员会（1971 年 10 月至 1978 年 8 月）			
主任	尹同孝	1972 年 3 月至 1973 年 6 月	
主任	范恭泉	1973 年 6 月至 1976 年春	
主任	马香魁	1976 年 9 月至 1978 年 8 月	1971 年 10 月四湖工程管理局与长湖水产管理处分开，恢复四湖工程管理局
副主任	姚云高	1972 年 3 月至 1978 年 8 月	
副主任	任泽贵	1972 年 3 月至 1978 年 8 月	
副主任	于树照	1976 年 7 月至 1978 年 8 月	
副主任	夏昌迪	1973 年 6 月至 1973 年 8 月	
荆州地区（市）四湖工程管理局（1978 年 8 月至 2015 年 12 月）			
局长	马香魁	1978 年 8 月至 1984 年 4 月	
局长	张宏林	1984 年 4 月至 1988 年 7 月	

职　务	姓　名	任职起止年月	备　注
局长	郭再生	1988 年 11 月至 1997 年 7 月	
局长	杨伏林	1997 年 7 月至 2001 年 8 月	
局长	曾天喜	2005 年 1 月至 2007 年 8 月	
局长	郝永耀	2007 年 8 月至 2011 年 4 月	
局长	卢进步	2011 年 5 月至今	
副局长	姚云高	1978 年 8 月至 1983 年 5 月	
党委副书记	于树照	1978 年 8 月至 1984 年 4 月	
纪检书记		1984 年 4 月至 1988 年 8 月	
副局长	任泽贵	1978 年 8 月至 1988 年 8 月	
工会主席		1988 年 8 月至 1990 年 10 月	
副局长	郭少成	1983 年 1 月至 1988 年 8 月	
纪委书记		1988 年 8 月至 1990 年 10 月	
副局长	朱成虎	1983 年 4 月至 1984 年 4 月	
副局长	镇英明	1984 年 4 月至 1996 年 6 月	
副局长	朱宗林	1984 年 4 月至 2002 年 11 月	
副局长	雷世民	1986 年 2 月至 1996 年 6 月	
副局长	杨伏林	1988 年 6 月至 1997 年 7 月	
副局长	王兴国	1991 年 6 月至 1991 年 11 月	
副局长	江家斌	1996 年 6 月至 2002 年 9 月	
副局长	叶朝德	1996 年 6 月至 2000 年 8 月	
纪委书记		2000 年 8 月至 2002 年 9 月	
副局长	肖金竹	1997 年 11 月至 2000 年 7 月	
党委副书记		2000 年 7 月至 2002 年 11 月	主持全面工作
副局长	曾天喜	1997 年 8 月至 2004 年 12 月	2002 年 12 月至 2004 年 12 月，主持全面工作
工会主席	石仁宝	1997 年 7 月至 2002 年 1 月	
副局长	韩从浩	2000 年 6 月至 2007 年 7 月	
党委副书记		2007 年 1 月至 2013 年 9 月	兼纪委书记；兼工会主席（至 2010 年 7 月）
副局长	吴少军	2002 年 1 月至 2005 年 1 月	
工会主席	姚治洪	2002 年 5 月至 2007 年 1 月	
副局长		2007 年 7 月至今	
副局长	刘思强	2007 年 7 月至 2014 年 12 月	
党委副书记		2014 年 12 月至今	
总工程师	严小庆	2007 年 7 月至今	
工会主席	于洪	2010 年 7 月至 2014 年 12 月	
副局长		2014 年 12 月至今	
工会主席	吴兆龙	2015 年 5 月至今	

二、内设机构及职责

（一）办公室（秘书科）

1962 年 11 月，经湖北省人民委员会批准，荆州专署决定，成立荆州专署四湖工程管理局，由专

表 11－3

荆州市四湖工程管理局机构、人员编制情况汇总表
（2015 年）

机构名称	机构级别	事业编制人数	中共党员	现有总人数 合计	其中 男	其中 女	领导干部职数 正处级	副处级	正科级	中层干部职数 正科级	副科级	按年龄结构划分 30岁以下	31~35岁	36~40岁	41~45岁	46~50岁	51~55岁	56岁以上	合计	按人员学历划分 大专以上	中专(高中)	初中以下	合计	按人员结构划分 合计/管理人员	其中 专技人员	工勤人员	备注
总计		235	75	225	148	77	1	7	5	21	30	1	3	45	62	45	23	31	225	103	87	35	225	48	67	110	1. 在职人员225人、人事制度改革中分流安置70人（其中内退40人、分流30人（总人数295人）；2. 离退休总人数169人，其中离休3人、退休162人、退职4人。（在职、离退休合计464人）
一、四湖局机关	正县	76	131	71	47	24	1	5	0	10	13	1	3	12	20	13	14	8	71	54	17	0	71	14	46	11	
1. 局领导		6	6	6	6		1	5											6	6			6	3	3		
2. 办公室	正科	8	6	8	6	2				1	2								8	6	2		8	3	3	2	
3. 防汛调度中心	正科	4	2	4	3	1				1	1								4	4			4	2	2		
4. 人事劳动科	正科	4	2	4	2	2				1	2								4	3	1		4	1	3		
5. 工程管理科	正科	4	4	4	4					1	1								4	4			4	1	3		
6. 工程技术科	正科	4	4	4	2	2				1	2								4	4			4	1	3		
7. 计划财务科	正科	6	2	5	3	2				1	1								5	5			5	2	3		
8. 离退休干部科	正科	3	0	3	1	2				1	1								3	3			3	1	2		
二、水政监察大队	正科	8	1	8	6	2			1		1								8	6	2		8	2	2	4	
三、习口闸管所	正科	11	2	11	8	3			1		1								11	4	7		11	1	3	7	
四、排灌试验站	正科	13	4	11	6	5			1		1								11	6	5		11	1	6	4	
五、荆襄河闸管所	正科	5	2	3	3				1										3	3			3	2	1		
六、新滩口水管处	副处	87	24	87	56	31		1		5	11								87	32	35	20	87	19	9	59	
七、高潭口水管处	副处	72	20	67	45	22		1	1	6	6								67	17	35	15	67	15	12	40	

署直接领导。局内设机构：秘书科、财器科、工程科，同年12月增设管养科。办公地点设在江陵习家口。秘书科实为办公室的别名，履行原办公室职能，主要负责机关日常行政事务，组织人事、工程设施调度和防汛抗灾工作等。同年12月，张明鉴任秘书科科长。1965年10月任泽贵、李德安任秘书科副科长。四湖工程管理局于1963年1月迁往监利县毛市镇办公，1964年6月又迁到江陵丫角办公。

1966年"文化大革命"开始时，机关工作尚能正常进行。随后，受造反派的冲击，各地动乱不止，局机关陷入瘫痪，工作不能正常进行。1967年5月成立四湖工程管理局"抓革命、促生产"领导小组。办公室和其他科室恢复办公。至此，机关工作秩序才有所好转。同年8月，文攻武卫再次波及局机关，派性斗争愈来愈尖锐，管理局抓革命、促生产领导小组全面瘫痪，机关一片混乱，形成严重的无政府状态。办公室及其他科室工作基本上停顿。1968年11月，经地区革委会批准，建立"四湖工程管理局革命领导小组"临时机构。1970年四湖局与长湖管理处、公安处长湖水上分局合并成立"荆州地区四湖管理局革命委员会"，机构设在江陵县关沮口原长湖水产管理处，建立临时党支部。四湖工程管理局办公室等科室的部分行政、技术干部被送到"五七"干校接受再教育。

1971年10月，荆州地委决定，恢复原四湖工程管理局机构，与长湖管理处、公安处长湖水上分局分开，机关搬回丫角办公。1972年3月，管理局组建办公室、工程组、财器组、政工组，三组一室。原秘书科承担的政工人事等职能分离出办公室，归口政工组。12月刘耀禄担任办公室主任。

1973年6月，四湖工程管理局调整内部机构，内设秘书科、财器科、工管科、政工科，重建中共荆州地区四湖工程管理局支部委员会。办公室改为秘书科，1975年叶开国任副科长，牵头负责秘书科工作。

1984年5月，实行机构改革，撤销秘书科，分设办公室、行政科。办公室部分职能由行政科分担后，专司防汛抗灾、工程调度、通信建设管理、文书管理等。1984年5月至1986年4月，办公室由副科长陈厚铨全面负责。1986年4月张云龙同志任办公室主任。1988年5月，管理局内设机构清理整顿，撤销办公室，改设秘书科，增设调度室（与秘书科合署办公）。1989年3月，管理局对内部机构进行调整，将秘书科改为办公室，增设工管科。1994年5月成立"荆州地区四湖排灌区世行贷款项目管理办公室"。办公室与调度室合署办公。1989年8月，杨运文任办公室主任。1991年6月办公室主任改由张光华担任。

1996年12月荆沙市更名为荆州市，管理局全称又更名为"荆州市四湖工程管理局"。撤销调度室后，四湖防洪排涝指挥部防汛办公室与局办公室合署办公。1997年8月，四湖工程管理局内部机构调整，邓克道任办公室副主任，牵头负责办公室工作。

1999年4月，防办日常业务工作归口办公室，由防汛调度室副主任姚治洪牵头负责办公室工作。1999年5月姚治洪任办公室主任。

2008年12月，四湖工程管理局人事制度改革启动，吴兆龙担任办公室主任。2010年防汛调度中心与办公室合署办公，由吴兆龙负责。2011年防汛调度中心与办公室分开办公。

2014年12月局中层干部轮岗，郭显平担任办公室主任。

历届负责人：张明鉴、刘耀禄、叶开国、陈厚铨、张云龙、杨运文、张光华、邓克道、姚治洪、吴兆龙、郭显平。

（二）人事科

主要职能：负责党务、人事聘用、辞职、辞退、编制、纪检监察、职工教育、劳动工资、社会保障、年度考核、职称评聘、考工晋级、职工退休、劳保福利等工作；承办党员、干部、工人及劳动工资的统计年报和人事档案管理；负责共青团工作；协助党委抓党的建设、党员发展工作；承办局领导交办的其他工作。

1971年10月，恢复四湖工程管理局机构，1972年3月，组建政工组，由陈瑞忠牵头负责政工组工作。

1973 年 6 月，政工组改为政工科。荆州地委农村政治部任命陈瑞忠为政工科副科长。政工科的主委职责是抓好政治学习、党团组织建设、协助机关支部做好职工的思想政治工作，负责全系统内的人事调配、劳动就业、工资福利、职称聘任、干部管理、档案材料等方面的具体事务工作。1980 年 12 月，陈瑞忠调试验站后，任张云龙为政工科副科长，牵头负责全面工作。1983 年 4 月，荆州地委农村工作部以荆农人（83）060 号文任张云龙为政工科科长。1986 年 4 月，张云龙调局办公室后，由副科长谭学发牵头负责政工科工作。

1997 年 9 月，调俞文美任政工科任副科长，牵头负责政工科工作。1998 年 3 月俞文美任政工科科长。

2008 年 12 月，四湖工程管理局人事制度改革启动，王从河任人事科长。

2014 年 12 月局中层干部轮岗，吴兆龙任人事科科长。2015 年 5 月，吴兆龙升任局工会主席，仍兼管人事科工作。

历届负责人：陈瑞忠、张云龙、谭学发、俞文美、王从河、吴兆龙。

（三）防汛调度中心

主要职能：负责编制并实施防洪排涝调度方案，承担湖北省四湖流域管理委员会办公室对流域内骨干重点工程防洪排涝抗灾调度工作；负责荆州市四湖东荆河防汛指挥部办公室日常技术工作；负责防汛工作宣传报道和防汛抢险技术培训工作；承担汛情资料的分析、整理与归档工作。

1998 年 10 月，荆州市编委批准四湖局机构改革方案，确定办公室与防办合署办公；2005 年荆州市编委批复四湖局"三定"方案中，设防汛调度中心。

历届负责人：贾振中、张丙华。

（四）计划财务科

主要职能：负责组织资金来源，编制财务收支计划，年度预算和决算报告；规范指导财务、会计和统计工作；流域资产管理工作；负责对局直单位财务实施监督和检查。

1962 年 11 月财器科成立，1984 年 5 月改为计划财务科，1988 年 5 月将器财计划调拨职能划出，称计划财务科。计划财务科承担局机关及流域各管理单位的财务管理、计核算、会计监督、内部审计的任务。

历届负责人：焦兰田、李德安、曾凡科、李中亭、梁尚武、陈厚铨、陈国华、徐成枝、夏凤梅、刘丽华、杜智。

（五）工程管理科

主要职能：负责四湖流域水利工程的维护、管理及更新改造工作；组织编制并落实工程管理规划、年度计划、工程质量的验收工作；参与汛前检查、汛期抢险救灾工作；参与工程设施重大隐患、事故的调查处理，进行技术分析；负责工程管理技术资料的收集、整编及归档工作。

工程管理科正式成立于 1973 年，是由工程科和管养科组合而成。1962 年成立荆州四湖工程管理局，内设机构：秘书科、财器科、工程科。同年 12 月增设管养科。工程科科长王子安，管养科科长任泽贵。1962—1966 年主要是对所建工程进行维护和管理。1971 年四湖工程管理局建立办公室、工程组、财务组、政工组。工程组由叶开国负责。1973 年成立工管科，科长李德安。1973—1981 年间，工管科主要是对渠道淤塞、涵闸老化失修等进行了认真检查维修。疏挖西干渠、总干渠，及洪湖围堤加固、桥梁建设等，还成功试制挖泥船。1981 年，朱成虎任工管科科长。进行水系恢复及配套工程的建设。1983 年镇英明任工管科科长。1984 年查明清任工管科科长。1984—1997 年间，工程管理主要抓达标上等级、工程保护范围确权划界等工作。1997 年，于洪任工管科科长。2014 年 12 月局中层干部轮岗，刘成任工管科科长。

历届负责人：李德安、朱成虎、镇英明、查明清、于洪、刘成。

（六）工程技术科

荆州地区编委于 1981 年 10 月 5 日以荆编〔1981〕10 号文作出《关于成立水文勘察设计室的通

知》，正式成立四湖工程管理局水文勘察设计室，与工程（工管）科合署办公。1988年，设计室独立开展工作。四湖工程管理局成立之初所用基本资料是从四湖工程指挥部接收，由于指挥部人员是从各单位调集，其提供的基本资料仅就当时施工的临时需要，故资料残缺不全，基本统计数据不统一。为提高规划设计的准确性，工程设计人员经过多年的努力，对四湖流域进行流域分水线的踏勘，确定流域区域集水面积，并摸清上游水系情况；编制四湖流域工程的布置图；完成四湖区内湖泊特征的勘定工作，特别是对长湖、洪湖沿湖围垦的调查及测绘，为日后确定湖堤、固定湖面积提供准确依据；完成设计暴雨的统计分析工作；调查统计区内各受益行政单位的受益田亩等。2000年后，四湖工程管理局勘测设计室资质由荆州市水利水电勘测设计院收编归并办公，工程技术科成为局机关单设的内设科室。

主要职能：负责四湖流域水利工程的规划、计划、施工等技术工作；负责四湖流域内水利工程的勘察、规划、设计、施工和咨询工作；负责工程技术资料的收集、整编及归档工作。

历届负责人：镇英明、肖金竹、严小庆、张丙华、贾振中。

（七）离退休干部科

1999年5月设立离退休干部科。

主要职能：负责四湖系统离退休老干部的管理工作；负责组织召开老干部座谈会，学习有关文件，通报单位工作情况，适时组织文体活动；定时做好离退休人员的身体检查，加强老干部活动阵地建设，为老干部做一些力所能及的服务工作。

截至2015年底，全局有离、退休人员92人，其中离休3人，退休85人，退职4人，建立有老干部党支部。

历届负责人：陈大贵、郭显平、刘丽华。

（八）审计科

审计科担负局机关和整个流域工程管理单位的财务管理制度、财务收支执行标准、基本建设预决算、财经纪律等方面的内部审计监督的任务。

1992年按荆州地区编委荆编〔1992〕24号文批准成立审计科，负责四湖流域各管理单位的内部审计监督工作。分别制定了《四湖工程管理局内部审计工作办法》《财会达标审计标准》《财会违纪审计事项》等规章制度，明确规定内部审计工作任务、工作范围，及对内审人员的具体要求，使全流域的内审工作基本有章可循、有标准可依，其审计结果对单位主要领导负责并报告工作。

历届负责人：徐成枝。

（九）多种经营管理科（简称多经科）

四湖工程管理局多经科成立于1988年5月。此前多种经营工作由局工管科代管，1989年1月多经科正式开始工作。

1990年周梅生任科长，1993年四湖工程管理局机关体制改革，全机关分为四大块以多种经营为主，多经科人员增加，办起了塑料彩印厂。1995年5月多经科改称为综合经营管理科。四湖系统水利综合经营由于领导重视，抓得比较扎实，发展较快，取得较好的经济效益，解决了大部分人员经费，曾受到省厅、荆州行署、荆州市政府及水利局的多次表彰。

历届负责人：周梅生、姚治洪。

三、直属机构及职责

（一）荆州市新滩口水利工程管理处

1959年成立新滩口排水闸管理所，1961年成立新滩口船闸管理处，至1964年两闸属荆州地区长江修防处领导。1965年排水闸和船闸联合成立新滩口双闸管理处，至1973年隶属于荆州地区四湖工程管理局。1973年后改属荆州地区长江修防处领导。1977年更名为洪湖县新滩口双闸管理所，隶属于洪湖县水利局领导。1985年4月新滩口泵站在建之际，泵站与排水闸、船闸合并成立新滩口水利工程管理处，隶属于洪湖市水利局；1985 年 12 月，荆州地区行署以荆行函〔1985〕39 号文通知将其划归荆州地区水利局领导；1987 年将其交给荆州地区四湖工程管理局领导；1995 年荆沙合并成立荆沙市，将其更名为"荆沙市新滩口水利工程管理处"；1997 年荆沙市改为荆州市，将其更名为"荆州市新滩口水利工程管理处"。

1985 年 4 月成立新滩口水利工程管理处时，荆州地区行署以荆行函〔1985〕12 号文确定人员编制在原有基础上增加 40 人，共 84 人。1988 年荆州地区编制委员会以荆编办〔1988〕97 号文，关于核定荆州地区新滩口水利工程管理处内设机构和人员编制的批复，核定人员编制 110 人。内设机构有：办公室、计财科、政工科、工程管理科、多种经营科。下辖泵站管理所、排水闸管理所、船闸管理所。1988 年湖北省公安厅以鄂公函〔1988〕第 59 号文成立公安派出所，1994 年撤销。1999 年荆州市编委以荆机编〔1999〕12 号文，印发《关于荆州市新滩口水利工程管理处机构改革方案的通知》，核定人员编制 170 人。内设机构有：办公室、计财科、政工科、工程管理科、多种经营科、保卫科。下辖泵站管理所、排水闸管理所、船闸管理所、劳动服务站、加油站。2005 年荆州市编委以荆编〔2005〕7 号文，印发《关于荆州市四湖工程管理局机构改革方案的通知》，核定新滩口水利工程管理处人员编制 87 人，内设机构有：办公室、计财科、劳动人事科、工程管理科。下辖泵站管理所、排水闸管理所、船闸管理所。

新滩口水利工程管理处为副县级、纯公益性事业单位。2008 年在荆州市水利局和四湖工程管理局的指导下进行人事制度改革，确定在编人员，实行全员聘用制，编内人员竞职竞岗；清退临时人员 66 人，内退分流人员 35 人。截至 2015 年 12 月，全处实有正式职工 112 人，其中在编在岗人员 87 人，内退分流人员 25 人；退休人员 30 人。内设科室机关工作人员 39 人，其中行政管理人员 12 人（处领导班子成员 4 人，正科 4 人，副科 4 人），专业技术人员 8 人（中级职称 6 人，初级 2 人），工勤人员 19 人。下设二级单位有泵站管理所 30 人，排水闸管理所 9 人，船闸管理所 9 人。二级单位均为正科级，干部职数为 2 人，其中正科 1 人，副科 1 人。荆州市新滩口水利工程管理处历届负责人任职时间见表 11 - 4。

表 11 - 4　　　　　　荆州市新滩口水利工程管理处历届负责人任职时间表

职 务	姓 名	任职起止年	备 注
新滩口排水闸管理所			
所长	汪新林	1959 年至 1964 年	管理处隶属荆州地区长江修防处
新滩口船闸管理处			
处长	罗国钧	1961 年至 1964 年	管理处隶属荆州地区长江修防处
副处长	张安然	1961 年至 1964 年	
新滩口双闸管理处			
处长	汪新林	1965 年至 1966 年	管理处隶属荆州地区四湖工程管理局
处长	夏昌迪	1966 年至 1973 年	管理处隶属四湖工程管理局
主任	窦金庭	1974 年至 1976 年	管理处隶属荆州地区长江修防处
副处长	张安然	1965 年至 1976 年	
新滩口双闸管理所			
所长	佘传仁	1977 年至 1979 年	
所长	胡勤环	1984 年至 1985 年	
副所长	危祖才	1977 年至 1979 年	
副所长	邹久海	1980 年至 1983 年	管理处隶属洪湖县水利局
副所长	陈友田	1980 年至 1986 年	
副所长	金孝文	1984 年至 1986 年	

续表

职　务	姓　名	任职起止年	备　注
新滩口水利工程管理处			
处长	郑祖荣	1986 年至 1993 年	
处长	宋永俊	1993 年至 2006 年	
处长	张爱国	2010 年至 2015 年	
书记	方先昌	1986 年至 1989 年	
副处长	胡勤环	1985 年至 1991 年	
副处长	石仁宝	1986 年至 1987 年	管理处隶属荆州地区水利局，
副处长	陈荣新	1986 年至 1990 年	1987 年隶属荆州地区四湖工程管理局至今
副处长	金孝文	1988 年至 1998 年	
副处长	熊福广	1990 年至 1994 年	
副处长	黄启光	1993 年至 2010 年	
副处长	张爱国	1998 年至 2010 年	
副处长	周跃进	1999 年至 2015 年	
副处长	殷汉文	2010 年至 2015 年	

（二）荆州市高潭口水利工程管理处

1972 年 12 月，成立湖北省洪湖防洪排涝工程高潭口电排站工程建设指挥部，何佑文任指挥长。指挥部内设政工组、生产技术组、后勤供应组、财务组。泵站开始全面大施工。

1977 年 12 月，高潭口泵站建成。经荆州地区革命委员会批准成立荆州地区高潭口泵站委员会，机构级别副县级，隶属于荆州地区水利局。革委会内设政工组（负责人事、政治、思想和机关工作）、生技组（负责泵站管理工程和机组运行）、后勤组（负责物资供应和食堂管理）、财务组（负责资金管理）。姚云高任革委会主任。

泵站于 1976 年招收复原退伍军人 7 人，施工时留转的亦工亦农人员 76 人。1980 年招收国家固定职工 15 人。至此，全站总人数为 113 人，其中：干部 11 人，固定职工 24 人，亦工亦农 76 人，临时工 2 人。

1978 年，撤销革委会，恢复高潭口泵站名称。11 月，朱思清任泵站站长。内设机构由组改为股。

1984 年经荆州行署劳动人事局行文同意，将 76 名亦工亦农人员全部转为合同制工人。同年，荆州地区编委下文同意高潭口泵站定编 83 人，下设办公室、政工科、技术科、财务器材科、多种经营科。傅德发任站长。隶属关系不变。

1987 年，高潭口泵站移交四湖工程管理局管理。

1990 年 3 月 16 日，荆州地区编制委员会、荆州行署办公室以荆编办〔1990〕16 号文批准荆州地区高潭口泵站更名为"荆州地区高潭口水利工程管理处"，其隶属关系、机构级别、人员编制不变，石仁宝任处长。

1995 年，荆州地区和沙市市合并成立荆沙市，荆州地区高潭口水利工程管理处更名为"荆沙市高潭口水利工程管理处"。

1996 年荆沙市改名为荆州市，荆沙市高潭口水利工程管理处改名为"荆州市高潭口水利工程管理处"，其隶属关系、机构级别、人员编制不变。

根据荆机编〔1999〕11 号文的批复，高潭口水利工程管理处机构设置为办公室、政工科、财务器材科、工程管养科、保卫科；直属单位为：泵站管理所、化工厂、劳动服务中心。人员编制数 153 人。韩从浩任处长。

2005 年 4 月，荆州市编委以荆编〔2005〕07 号文批复，高潭口水利工程管理处定编 72 人。

处长（书记）1名，副书记（兼纪委书记、工会主席）1名，副处长2名。科级领导职数12名
（正科级6名，副科级6名）。下设：办公室、人劳科、计划财务科、工程管理科、泵站管理所、
三闸管理所。

2008年12月，刘松青任高潭口水利工程管理处处长。荆州市高潭口水利工程管理处主要负责泵
站枢纽工程的运行管理维护工作；承担辖区内的排涝灌溉任务。荆州市高潭口水利工程管理处历届负
责人任职时间见表11-5。

表11-5　　　　　　　　　荆州市高潭口水利工程管理处历届负责人任职时间表

职　务	姓　名	任职起止年月	备　注
湖北省洪湖排涝工程高潭口电排站指挥部			
指挥长	何佑文	1972年12月至1977年12月	
副指挥长	姚云高	1972年12月至1977年12月	
副指挥长	王伯吉	1972年12月至1977年12月	
副指挥长	赵志平	1972年12月至1977年12月	隶属荆州行署水利局
副指挥长	李先政	1972年12月至1974年12月	
副指挥长	魏德凯	1972年12月至1974年12月	
荆州地区高潭口泵站委员会			
书记、站长	姚云高	1974年10月至1978年10月	
副站长	魏德凯	1975年1月至1976年8月	
副站长	马香魁	1975年1月至1976年8月	
副站长	文生学	1976年10月至1984年6月	隶属荆州行署水利局
副书记、副站长	王成	1976年10月至1980年10月	
副站长	黄集宜	1979年10月至1986年4月	
荆州地区高潭口泵站			
书记、站长	朱思清	1978年11月至1984年4月	
书记、站长	傅德发	1984年4月至1986年9月	
副站长	陈容新	1984年10月至1985年4月	隶属荆州行署水利局
副站长	韩从浩	1985年5月至1991年2月	
副站长	余长荣	1986年2月至1988年6月	
副书记、站长	石仁宝	1987年9月至1990年3月	隶属四湖工程管理局
荆州地区高潭口水利工程管理处			
副书记、处长	石仁宝	1990年3月至1996年6月	
书记	吴道明	1990年4月至1990年12月	
副处长	何永新	1990年3月至1991年2月	
		1996年2月至1998年3月	隶属四湖工程管理局
		1991年2月至1995年2月	
副处长	韩从浩	1991年2月至1995年2月	
副书记、副处长		1996年2月至1998年7月	
书记	方先昌	1993年12月至1998年7月	

职 务	姓 名	任职起止年月	备 注
荆州市高潭口水利工程管理处			
书记、处长	韩从浩	1998 年 7 月至 2007 年 7 月	
书记、处长	刘松青	2008 年 12 月至 2015 年	隶属四湖工程管理局
副处长		1999 年 7 月至 2008 年 12 月	
副处长	何永新	1998 年 3 月至 1999 年 7 月	
副处长	陈绪荣	1998 年 3 月至 2013 年	
纪委书记	丁同昌	1999 年 7 月至 2008 年 12 月	
主任科员	何永新	1999 年 7 月至退休	
副处长	吴绪华	2011 年 5 月至 2015 年	

（三）荆州市四湖工程管理局排灌试验站

1. 机构沿革

1963 年，荆州行署以荆秘字〔1963〕第 163 号文批准成立荆州专区排灌试验站。站址设在江陵县熊河镇彭家河滩。隶属于荆州水利分局，属事业性质。建站的主要目的是为水利工程规划设计、农业区域规划、农田灌溉用水、作物需水量、灌溉制度、平原湖区排水标准的制定、土壤改良及水资源的优化调度提供科学依据。试验站主要工作任务是常年坚持农田气象、水稻田灌溉制度及需水量、湖区地下水位试验观测，收集、整理、分析试验站观测资料，以及进行专项课题研究。

1963—1965 年，在江陵彭家河滩开展试验，张贤茂任首任站长，试验站工作人员 4 人，主要从事棉花、小麦及水稻需水量的观测。

1966 年 10 月 18 日，荆州专署水利局作出《关于调整灌溉试验站体制的通知》，将试验站交由荆州专区四湖工程管理局领导，站址由彭家河滩迁至江陵县岑河区丫角庙，任泽贵任站长。试验站行政上隶属于四湖工程管理局，业务上属于荆州专署水利局农水科领导。试验站迁址后不久，正值"文化大革命"之际，试验站观测工作断断续续。主要从事水稻需水量试验观测，收集资料比较少，且资料精度不高。

1975—1979 年，随着"文化大革命"的结束，各项工作开始步入正轨。此间，试验站由四湖工程管理局工程科科长李德安代管，配工作人员 4 人。从事农田气象，水稻需水量及湖区地下水位的观测，收集并整理了比较全面的资料。

1980—1984 年，试验站由陈瑞忠主持全面工作。随着国家的全面改革开放，各级政府和各级部门对试验科研活动重视程度不断提高，投资力度加大。试验站于 1982 年在丫角村购买土地，修建了站房，水稻测坑，农田气象观测场地，购置测量仪器和设备，陆续建立小型化验室，提高观测条件。为进行排渍标准化观测，将整个试验站区分为水稻灌溉制度小区、旱作物试验区、地下排水试验区，并相应修建测坑、田间埋设管道和修建混凝衬砌的排水沟，试验站已初具一定的规模。

1984—1987 年，李德安任站长，试验站工作人员增至 11 人。具体工作是进行常规的农田气象观测，水稻需水量及灌溉制度试验，并结合平原湖区的特点，开展水稻淹没试验，水稻湿润灌溉试验，小麦、油菜排渍标准试验等，收集到很多有价值的试验资料。

1988—1991 年，陈瑞忠回站主持全面工作。期间除进行常规试验观测外，另完成了地下水暗管排水试验，为四湖流域渍害低产的治理提供了指导意见。

1992—2015 年，由刘德福负责主持工作，期间 2001 年前为代理站长，2001 年后任站长。此间20 多年时间，除坚持常规课题的试验观测外，先后完成重大科研课题 10 余项，并对试验站的基础设施进行 3 次大的维修改造，特别是于 1998 年开展中日协作涝渍地开发与治理项目的试验研究，着重对基础设施进行了改造。并于 1999 年 7 月 14 日挂牌成立"湖北省涝渍地工程技术开发研究中心排灌试验站"，被省水利厅定为全省四个重点试验站之一，2003 年水利部 252 号文把试验站列为全国 100 个重点试验单位。试验站在武汉大学、长江大学的技术指导下完成涝渍地开发与治理的试验研究。同时，还完成省水利厅水库处安排的"涝渍相随"试验研究。荆州市四湖工程管理局排灌试验站历届负责人任职时间见表 11-6。

表 11-6 荆州市四湖工程管理局排灌试验站历届负责人任职时间表

职 务	姓 名	任职起止年	备 注
站长	张贤茂	1963 年至 1965 年	
站长	任泽贵	1966 年至 1974 年	
科长	李德安	1975 年至 1979 年	工程科代管试验站
站长		1985 年至 1987 年	
副科长	陈瑞忠	1980 年至 1984 年	牵头负责人
副站长		1988 年至 1991 年	
副站长	刘德福	1992 年至 2001 年	牵头负责人
站长		2002 年至 2015 年	
副站长	郭显平	1998 年至 2008 年	
副站长	程伦国	2009 年至 2015 年	

2. 试验站规模

试验站位于四湖总干渠上游丫角庙村，站址东经 112°31′，北纬 30°21′，地面海拔 29.40 米。试验站地势平坦，土地肥沃，土质为中壤黏土，比重为 2.58 克每平方厘米，孔隙率为 65%，田间持水量 0～15 厘米内为 47.3%，16～40 厘米内为 30.7%。站区多年平均气温为 16.5℃，多年平均降雨量为 1111.6 毫米，年日照时数 1401～1945 小时，年水面蒸发量为 891～1216 毫米，全年无霜期 280 天左右。

试验站高峰期有工作人员 17 人，其中高级工程师 1 人、工程师 1 人、助理工程师 3 人、助理会计师 1 人、助理经济师 1 人。经多次改革和人员退休，2015 年在编在岗 13 人，其中具有大、中（高中）专学历的 11 人，从事专业技术的人员 10 人，工勤人员 1 人。

试验站占地面积 43 亩，修建实验、观测室 300 平方米，办公楼 1000 平方米，宿舍楼 1200 平方米。试验区已建成混凝土硬化排水渠 3 条、长 300 米，硬化田埂 500 米，修建灌水沟 30 米，修建排水节制闸 1 座，安装护栏网 300 米，混凝土进站道路 150 米，硬化场地 3000 平方米。试验田内已建成水稻需水量测坑 10 个（带地下观测廊道），旱作物排渍标准测坑 80 个（相应安装有 80 个水位控制装置），水稻排灌试验小区 12 个（每个面积 133.3 平方米），水稻暗管排水试验区 5.6 亩，布设波纹管 1000 米。为开展微灌技术试验，2011 年利用节水灌溉示范项目，新建喷灌试验区 10 亩，兴建喷灌供水水塔 1 座及供水设备。

3. 试验研究成果

1980 年，试验站参加由荆州行署水利局组织荆州地区三个试验站（即四湖丫角站、漳河团林站、天门新堰站）的资料整汇编，编写出《荆州地区灌溉试验资料汇编成果集》。

1984 年，与武汉水利电力学院合作，进行"地下暗管排水试验"的专项研究，取得专项研究成果，为平原湖区渍害低产田的改造提供指导意见。

1986 年，试验站参加由省水利厅组织的小麦、油菜排渍标准试验和水稻淹没试验的资料整编，参与编写《湖北省灌溉试验成果集、参考作物需水量及水稻需水量等值线图》。

2001 年，与武汉大学合作完成"稻田地下控制排水试验"，参与编写出《涝渍综合排水标准及排水工程设计新方法》。

1999—2001 年，中日项目合作期间完成"涝渍地排水改良技术研究""基于作物的农田排水指标及排水调控研究""涝渍相随作用对几种旱作物生长及产量影响的研究"。

2005—2007年，与长江大学合作完成"旱作物地下控制排水试验""油菜持续受渍试验""棉花、大豆多过程多涝渍试验""涝后追肥对棉花的补救效应试验""较重涝渍胁迫对几种旱作物的影响与恢复技术试验""高温胁迫下棉花对涝渍反应规律及排水调度控制指标试验""棉花水肥调控试验""主要作物排水指标研究"等。

（四）荆州市四湖工程管理局习口闸管所

习家口节制闸位于长湖库堤沙市区观音垱镇习家口村，是四湖总干渠的渠首工程，也是长湖的主要节制闸之一。此闸始建于1961年冬，1962年建成受益。四湖工程管理局先后安排曾凡科、李厚彪、严中仁管理涵闸，直至1983年。

1984年5月，荆州地委农村工作部下文批复成立"荆州地区四湖工程管理局习口闸管所"。同时，四湖工程管理局下文任命何正发为所长，任职至1989年。在此期间，闸管所在长湖湖滩上围垦开挖鱼池100亩，为闸管所的综合经营创造了条件。

1989—1993年，由谢同新任所长。期间，习口闸管所利用发展综合经营所积累资金与挖泥船队在荆州城小北门处合建职工宿舍楼，属习口闸管所住房共7套。从而改善职工的居住条件，方便了子女就读和家属就业，稳定了队伍。为大力发展综合经营，习口闸管所又在习口闸右侧兴建10间门面开设商店和用于出租，每年可创造一定的经济效益。

1993—1997年，由郭家友任习口闸管所所长。

1997—1998年，由王明炎任习口闸管所所长。期间，改建房屋一幢。改建后的房屋内外装潢一新，并设立防汛值班室。

1999—2008年，潘立新任习口闸管所所长。其间10年时间是四湖工程管理局经济比较困难的时期，但习口闸管所仍能通过多方筹资（向省水利厅争取投资30万元），在习口闸左侧修建7间门面出租，每年可创收1万元；收回苗圃队60亩的林地，由闸管所统一成片植树3000余株，2003年一次砍伐创收3万元；将习家口老闸和滚水坝的启闭台及启闭房进行改造，改人力启闭闸门为电动启闭；同时，还对滚水坝下游河坡进行护砌，使习口闸的面貌得到改善。

2009—2014年，由刘成任所长。此间利用习口闸整险加固的改造机会，改善习口闸管所的管护条件，建设管护用房和长湖防汛前线指挥部用房，在闸管所区内修建混凝土路面、水沟，更新院墙，建设安全饮水工程，配备管护设备及办公设备等。习口闸管所面貌焕然一新。

2014年12月，谭业调任习口闸管所所长，即争取投资对习家口新闸的启闭台、启闭用房以及闸门进行改造。

习口闸管所主要职责：负责承担习家口闸枢纽工程的维护、管理及运行操作；负责工程范围内堤防维护及防护林的管理工作。习口闸管所2015年有在编在岗人员11人，其中：正副所长各1名，专业技术人员5人，工勤人员4人。闸管所管理的老闸、新闸、滚水坝各1座。管辖范围包括上游左右两岸750米堤防，下游左右两岸500米堤防。闸管所生活区面积6200平方米，建有办公楼、职工宿舍各1栋，院内种植各类树木200多棵，绿化面积达80%，环境优美。

（五）荆州市四湖工程管理局水政监察大队

2009年12月成立荆州市四湖工程管理局水政监察大队。此机构是在原水政水资源监察室（与局工管科合署办公）的基础上成立的职能独立的局直属单位。主要职责：依据《中华人民共和国水法》等相关法律、法规及规章，为水利工程管理工作提供法律保障；组织拟定全流域内水政执法工作的规章制度；督促查处违法违规的水事案件；培训水政监察执法人员。执法管辖荆州市四湖流域内荆州、沙市、江陵、监利、洪湖5个县（市、区）及习口闸管所、荆襄河闸管所、新滩口水利工程管理处、高潭口水利工程管理处在内的河道堤防及水利工程设施。2009年12月潘立新任水政监察大队大队长。2015年，水政水资源监察执法人员8人。

（六）荆州市四湖工程管理局荆襄河闸管所

荆襄河闸地处长湖之滨，紧邻 318 国道，地理位置优越，交通便利。2011 年，荆州市编委以荆编〔2011〕15 号文批复成立市四湖工程管理局荆襄河闸管所，为正科级事业单位，核定编 5 名，其中正、副所长各 1 名。负责荆襄河闸和雷家垱闸及两闸之间外荆襄河的运行管理，隶属荆州市四湖工程管理局。管理范围包括荆襄河闸、长 95 米新建防洪堤防及涵闸上下游各 200 米堤防。

荆襄河闸与雷家垱闸两闸联合运用，设计流量为 40 立方米每秒，主要功能为汛期防御长湖洪水及内排长湖超额洪水，非汛期为下游提供灌溉与生态用水。

历届负责人：杜智（2012—2015 年）、周波（2015 年至今）。

（七）荆州市四湖工程管理局挖泥船队

四湖工程管理局挖泥船队，组建于 1974 年。1981 年 4 月经荆州行署以荆行办〔1981〕14 号文批准，成立"荆州地区四湖工程管理局挖泥船队"，四湖工程管理局任命李德安为队长，查明清、朱宗林、郭家友任副队长。队址设在江陵丫角。

1984 年 6 月，李德安调离船队，由郭家友接任船队队长，张方清、胡立森任副队长，后有谢同新、潘立新、杨想法任副队长。

1993 年 11 月，郭家友同志调离船队，任命谢同新为队长（1993—1996 年、1999—2004 年），先后有杨想法、雷焕新、黄发新、杜又生任副队长。1995 年 3 月，船队从江陵丫角迁往荆州城小北门外基地办公。

2005 年，由杜又生牵头负责船队工作。船队通过改变单一挖泥船生产和按月领取工资的模式，实行分流、承包、租赁、拍卖、股份合作等多种形式，取消档案工资制，以按劳分配为主体，多种生产要素参与分配的并存机制，充分利用船队设备优势，实行多方位、多渠道的横向发展模式，新建经营楼房和仓库计 1322 平方米，扩大门面出租业务，增加了船队的经济活力。通过改革，船队维持正常生产。2008 年 12 月根据荆州市编委批复，撤销船队。

船队高峰期有在职职工 48 人，其中专业技术人员 24 人（工程师 2 人，助理工程师 2 人，助理会计师 1 人，会计员 1 人，高级工 12 人，中级工 6 人）。拥有 40 立方米每小时绞吸式挖泥船 4 艘，宿舍船 2 艘（可供 64 人住宿）20 吨机动油船 1 艘，60 马力交通船 1 艘，150 马力拖轮一艘，40 马力交通船一艘，300 吨级干式船坞 1 座。船队拥有住宅建筑面积 3500 平方米，固定资产（原值）达 1000 万元。主要职能，承担河、渠、湖、流道及航道的疏浚和堤防加固、内外平台吹填等工程，以及水运输等。

（八）荆州市四湖工程管理局物资供应站

物资供应站是从四湖工程管理局财器科分离出来而组建的一个单位，成立于 1989 年。把原有财器科承担的物资调拨职能划归物资站，同时划拨流动资金及仓库、油库等固定资产。由财器科副科长田时敏为领导，任职时间 1989 年 1 月至 1996 年 12 月，期间，先后任命许本法（1990—1998 年）、郭显平（1993 年 1 月至 1996 年 12 月）、周军（1996 年 1 月至 2000 年 7 月）为副站长。

1993 年 5 月，物资站由江陵丫角迁入荆州城荆北路综合楼办公和开展物资经营，并经工商局注册，成立"四湖物资供应公司"，形成同一单位，两个名称。田时敏任公司经理、物资站副站长。

1996 年 12 月，田时敏调离物资站，由副站长郭显平牵头负责物资站工作（1996 年 12 月至 1998 年 5 月），期间，改造荆北路综合楼临街的门面，装潢一楼、二楼的部分场地，建成娱乐城，对外出租，发展综合经营。

1998 年 5 月，由副站长许本法负责物资站牵头工作（1998 年 5 月至 2000 年 7 月）。任内调整经营方向，除巩固荆州城区的经营项目外，在丫角老基地拓展工程建设项目物质供应市场，并抓住世界银行贷款建设项目的机遇，承担世行工程建设物资的调拨运输任务。

2000 年 7 月，由副站长周军接任物资站牵头工作（2000 年 7 月至 2002 年 7 月），王万寿任副站长。

2002 年 8 月，由副站长王万寿接任牵头工作，直至 2008 年 12 月。根据荆州市编委的批复，四湖工程管理局物资供应站于 2008 年 12 月撤销。

物资站先后经营 20 年，承担四湖工程管理系统的水利工程建设及防汛抗旱所需要的物资器材的组织、调拨供应工作。随着国家市场经济体制的逐步建立，物资站除继续履行物资计划调拨供应外，也随之走入市场，开展多行业的经营，开辟新的就业门路。物资站从成立之初的 7 人后增加到 23 人，此后又经历分流、转岗，到自谋生路的艰辛创业历程。

（九）荆州市四湖工程管理局劳动经营部

1985 年 4 月，四湖工程管理局为盘活原局机关在江陵丫角街的门面，成立劳动经营部，由吴登科负责，安排管理人员 1 人，经营人员 4 人。从事烟酒副食、日杂百货经营，每年可创产值 3 万元。

1987 年，成立四湖劳动经营公司，吴登科任经理（1987—1993 年）。公司经营人员增加到 14 人。经营项目也由单一的商店经营，扩展到商店、冷饮制作、蜂窝煤厂等多个项目。

1990 年，四湖劳动经营公司因受国家对公司清理整顿其名称又恢复为四湖劳动经营部。

1994—1998 年，王传礼任劳动经营部经理。在此期间，四湖工程管理局决定把局挖泥船队所属的修配厂划拨给劳动经营部管理经营。劳动经营部在修配厂的基础上扩大业务，增加汽车修理和宜黄公路抢修车业务，称为四湖汽车修配厂，并被江陵县交警大队确定为"汽车年检安全检修定点厂"。经营业务的扩大为劳动经营部创下年产值近 50 万元。

1999—2004 年，由杜又生牵头负责劳动经营部工作。

1999 年四湖局经营单位改革，将劳动经营服务部内的汽车修配厂分离出去，由专人负责原业务经营，地点在沙市丫角。1999 年 4 月，劳动经营部迁移到沙市长江码头，经营砂石料装载和销售、荆州小北门门面出租、装载车出租和自营业务。

2005—2008 年于洪兼任劳动经营部经理。

由于改革的不断深入和市场竞争激烈，劳动经营部原经营的机械设备逐步被变卖、出租和承包经营，劳动经营部大部分职工分流或待岗。

2008 年 12 月，四湖局人事制度改革，劳动经营部撤销。

四、党群组织

（一）党组织

（1）1957 年 7 月，荆州地委、专署为加强四湖建设工程的领导，抽调干部，组成"中共四湖工程委员会"。

中共四湖工程委员会人员（1957 年 7 月至 1959 年 10 月）

书　记：李富伍（1957 年 7 月至 1959 年 10 月）

副书记：王丑仁（1957 年 7 月至 1959 年 10 月）

　　　　宓庆彩（1957 年 7 月至 1959 年 10 月）

委　员：秦思恩（1957 年 7 月至 1959 年 10 月）

　　　　李大汉（1957 年 7 月至 1959 年 10 月）

（2）1959 年 10 月，中共荆州地委贯彻党的八届八中全会精神，提出向襄阳看齐，高速度改变荆州面貌和"改造四湖、建设四湖、变四湖为财库"的口号，决定成立"中共荆州地区四湖委员会"。

中共荆州地区四湖委员会人员（1959 年 10 月至 1960 年 3 月）

书　记：孟筱澎（1959 年 10 月至 1960 年 3 月）

副书记：李富伍（1959 年 10 月至 1960 年 3 月）

　　　　江　洪（1959 年 10 月至 1960 年 3 月）

　　　　朱俊功（1959 年 10 月至 1960 年 3 月）

　　　　乔万祥（1959 年 10 月至 1960 年 3 月）

（3）1962 年 2 月，成立"中共四湖工程管理局支部委员会"。

中共四湖工程管理局支部委员会人员（1962 年 2 月至 1966 年 5 月）

支部书记：李大汉（1962 年 2 月至 1966 年 5 月）

支部委员：克　非（1962 年 2 月至 1966 年 5 月）

　　　　　王　爱（1962 年 2 月至 1966 年 5 月）

　　　　　姚云高（1962 年 2 月至 1966 年 5 月）

　　　　　夏昌迪（1962 年 2 月至 1966 年 5 月）

（4）"文化大革命"开始，局党组织基本瘫痪，1966 年 6 月至 1973 年 5 月，未开展过组织活动。为加强党的一元化领导，1973 年 6 月，重建"中共荆州地区四湖工程管理局支部委员会"。

中共荆州地区四湖工程管理局支部委员会人员（1966 年 5 月至 1978 年 7 月）

书　　记：范恭泉（1973 年 6 月至 1976 年春）

　　　　　马香魁（1976 年 9 月至 1978 年 7 月）

副书记：姚云高（1973 年 6 月至 1978 年 7 月）

　　　　于树照（1976 年 7 月至 1978 年 7 月）

委　　员：任泽贵（1973 年 6 月至 1978 年 4 月）

　　　　　夏昌迪（1973 年 6 月至 1976 年 10 月）

　　　　　焦兰田（1973 年 6 月至 1978 年 4 月）

（5）1978 年 8 月，组织部通知，撤销革委会，恢复管理局名称，同时组建"中共荆州地区四湖工程管理局委员会"。

中共荆州地区四湖工程管理局委员会人员（1978 年 8 月至 1984 年 4 月）

书　　记：马香魁（1978 年 8 月至 1984 年 4 月）

副书记：姚云高（1978 年 8 月至 1983 年 5 月）

　　　　于树照（1978 年 8 月至 1984 年 4 月）

委　　员：任泽贵（1978 年 8 月至 1984 年 4 月）

　　　　　郭少成（1983 年 1 月至 1984 年 4 月）

　　　　　朱成虎（1983 年 4 月至 1984 年 4 月）

（6）1984 年 4 月，成立"中共荆州市四湖工程管理局委员会"。1994 年 9 月经国务院批准，撤销荆州地区成立荆沙市。1996 年 11 月经国务院批准，将荆沙市更名为荆州市。

中共荆州市四湖工程管理局委员会人员（1984 年 4 月至 1997 年 7 月）

书　　记：郭再生（1988 年 11 月至 1997 年 7 月）

副书记：张宏林（1984 年 4 月至 1988 年 7 月）

委　　员（按任职时间顺序排列）：

　　　　　于树照（1984 年 4 月至 1988 年 8 月）

　　　　　任泽贵（1984 年 4 月至 1990 年 10 月）

　　　　　郭少成（1984 年 4 月至 1990 年 10 月）

　　　　　朱宗林（1984 年 4 月至 1997 年 7 月）

　　　　　付德发（1986 年 5 月至 1987 年 5 月）

　　　　　方先昌（1986 年 5 月至 1987 年 10 月）

　　　　　杨伏林（1988 年 6 月至 1997 年 7 月）

　　　　　镇英明（1994 年 3 月至 1996 年 6 月）

　　　　　雷世民（1994 年 3 月至 1996 年 6 月）

　　　　　谭学发（1994 年 3 月至 1997 年 7 月）

　　　　　江家斌（1996 年 6 月至 1997 年 7 月）

　　　　　叶朝德（1996 年 6 月至 1997 年 7 月）

(7) 1997 年 6 月，荆州市委、市政府召开会议，传达中央、省有关事业单位机构改革的文件精神。对局机关各科室实行按需定岗，竞争上岗。中共荆州市四湖工程管理局委员会人员也进行调整。2001 年 8 月，杨伏林离任后，由副书记肖金竹主持工作。2002 年 11 月，肖金竹调离后，由副局长曾天喜主持局全面工作，2004 年 12 月，市委组织部任命曾天喜为中共荆州市四湖工程管理局党委书记。局党委会下设 2 个处党委（高潭口、新滩口两处管理处为副县级单位）、12 个党支部、10 个党小组，共有党员 141 人，占职工总数的 35%。2005 年 4 月荆州市四湖工程管理局机构改革，荆编〔2005〕7 号文确定荆州市四湖工程管理局隶属市水利局领导，核定事业编制 230 名。

中共荆州市四湖工程管理局委员会人员（1984 年 4 月至 2007 年 7 月）

书 记：杨伏林（1997 年 7 月至 2002 年 1 月）

　　　　曾天喜（2004 年 12 月至 2007 年 7 月）

副书记：肖金竹（2000 年 7 月至 2002 年 11 月）

委 员：（按任职时间顺序排列）

　　　　朱宗林（1997 年 7 月至 2002 年 9 月）

　　　　江家斌（1997 年 7 月至 2002 年 9 月）

　　　　叶朝德（1997 年 7 月至 2002 年 9 月）

　　　　曾天喜（1997 年 8 月至 2004 年 11 月）

　　　　肖金竹（1997 年 11 月至 2000 年 6 月）

　　　　谭学发（1997 年 7 月至 2000 年 12 月）

　　　　韩从浩（2000 年 6 月至 2007 年 6 月）

　　　　吴少军（2001 年 8 月至 2004 年 12 月）

　　　　姚治洪（2002 年 5 月至 2007 年 7 月）

(8) 2007 年 8 月，曾天喜调离四湖工程管理局，郝永耀接任局党委书记。2011 年 5 月，郝永耀调离四湖工程管理局，卢进步接任局党委书记。局党委下辖两个管理处党委、9 个党支部、10 个党小组。2014 年 12 月，刘思强任党委副书记。

中共荆州市四湖工程管理局委员会人员（2007 年 8 月至今）

书 记：郝永耀（2007 年 8 月至 2011 年 4 月）

　　　　卢进步（2011 年 5 月至今）

副书记：韩从浩（2007 年 7 月至 2013 年 9 月）

　　　　刘思强（2014 年 12 月至今）

委 员：姚治洪（2002 年 5 月至今）

　　　　于 洪（2010 年 7 月至今）

　　　　严小庆（2007 年 7 月至今）

　　　　吴兆龙（2015 年 5 月至今）

（二）纪律检查委员会

1984 年 5 月，荆州地委农村工作部行文批准四湖工程管理局设立纪律检查委员会。

中共荆州市四湖工程管理局纪律检查委员会领导。2002 年 9 月，叶朝德离任后，一直未配专职书记，先后由党委委员吴少军、姚治洪代管。2007 年 7 月任命韩从浩为纪委书记。

中共荆州市四湖工程管理局纪律检查委员会

书 记：于树照（1984 年 4 月至 1988 年 8 月）

　　　　郭少成（1988 年 8 月至 1990 年 10 月）

　　　　叶朝德（2000 年 8 月至 2002 年 9 月）

　　　　韩从浩（2007 年 7 月至 2013 年 9 月）

副书记：谭学发（1993 年 10 月至 2000 年 1 月）

（三）工会委员会

1984 年 5 月，经中共荆州地委农工部批准，设立荆州地区四湖工程管理局工会委员会。

荆州地区四湖工程管理局工会委员会

主席：任泽贵（1988 年 8 月至 1990 年 10 月）

　　　陈厚铨（1993 年 10 月至 1996 年 3 月）

　　　石仁宝（1996 年 7 月至 1997 年 7 月）

1997 年，四湖工程管理局工会委员会进行改选。

荆州市四湖工程管理局工会委员会

主席：石仁宝（1997 年 7 月至 2000 年 1 月）

　　　姚治洪（2002 年 5 月至 2007 年 7 月）

　　　于　洪（2010 年 7 月至 2014 年 12 月）

　　　吴兆龙（2015 年 5 月至今）

（四）共青团

1987 年 7 月，成立荆州地区四湖工程管理局共青团委员会，肖金竹任副书记（兼），委员由邓克道、潘立新、李永山、张爱国、沈中强等组成。

1997 年 7 月，四湖工程管理局共青团委员会进行改选，成立"荆州市四湖工程管理局共青团委员会"，李海峰任书记。2001 年 12 月贾振中任团委副书记。2012 年 3 月徐峰任团委副书记。

第三节　省 管 流 域 机 构

一、湖北省四湖地区防洪排涝协调领导小组

1994 年 11 月，撤销荆州地区成立荆沙市（后更名为荆州市），四湖流域统属荆州地区的格局被打破，形成流域和水行政条块结合的体制。流域管理机构中设有荆州市四湖工程管理，以及与四湖流域周边工程相关的荆州市长江河道管理局，湖北省汉江河道管理局，湖北省洪湖分蓄洪工程管理局。水行政管理包括荆州、荆门、潜江三市水行政主管部门及所属各县（市、区）水行政主管部门。

鉴于四湖流域内多层水行政管理和流域管理之间协调难，为实施全流域统一管理的需要，1995 年 6 月，经湖北省人民政府批准，成立"湖北省四湖地区防洪排涝协调领导小组"。此领导小组为非常设机构，主要协调汛期防洪排涝中所产生的矛盾，汛后即停止工作。此方式运作 10 年。

二、湖北省四湖流域管理委员会

为有利于四湖流域统一调度和管理，充分发挥四湖流域水利工程的整体功能和效益，确保四湖流域防洪排涝抗旱安全，湖北省防汛抗旱指挥部以鄂汛字〔2005〕9 号文通知，撤销于 1995 年 6 月成立的"湖北省四湖地区防洪排涝协调领导小组"，成立"湖北省四湖流域管理委员会"。2005 年 6 月 15 日，成立大会暨管理委员会第一次会议在荆州举行。新成立的湖北省四湖流域管理委员会为非常设机构，负责四湖流域防洪排涝抗旱的指挥、协调工作。委员会由湖北省水利厅厅长任主任委员，省水利厅分管四湖流域工作的副厅长和荆州、荆门、潜江市政府分管水利工作的副市长任副主任委员，受益区县（市、区）政府及荆州、荆门、潜江市水利局主要负责人任委员。

湖北省四湖流域管理委员会主要职责是：协调处理四湖流域跨地区水利工程调度运用矛盾；督促各方严格执行省政府下发的《四湖地区防洪排涝调度方案》；协调四湖流域水利工程定额补助资金的安排。管理委员会全体成员会议原则上每年召开一次。特殊情况下，可随时召开专题会议，解决有关问题。

三、湖北省四湖流域管理委员会办公室

管理委员会办公室为湖北省四湖流域管理委员会的办事机构，由湖北省水利厅分管的副厅长任主

任，省水利厅有关处室负责人、荆州市四湖工程管理局局长任副主任，荆州、荆门、潜江市水利局分管的副局长、省防汛抗旱指挥部办公室相关处室、省河道堤防管理局相关处室、省田关水利工程管理处、省汉江河道管理局负责人任办公室成员，办公地点设在荆州市四湖工程管理局。

湖北省四湖流域管理委员会办公室的具体职责是：汛期内每日收集四湖流域主要站点水、雨、工情信息，综合整理后按时向管理委员会成员单位和省水利厅传递；负责协调处理跨地市水利工程运用矛盾，协调处理有困难时及时向管理委员会和省水利厅汇报。对于有争议的水利工程调度问题，办公室先提出调度运用意见，供管理委员会决策。

四、湖北省田关水利工程管理处

湖北省田关水利工程管理处是湖北省水利厅直属的纯公益事业单位，位于潜江市境内的田关河与东荆交汇处，前迎东荆河，背靠汉沙公路，左与田关闸毗邻，右与潜新公路相傍，距潜江市中心城区9千米。

田关水利工程管理处是在原"荆州地区田关泵站工程指挥部"的基础上组建的。1985年10月，田关泵站工程被列入湖北省计划委员会投资建设项目。同时，在荆州行署组建田关泵站工程指挥部，具体负责工程项目的实施。经过1986年6月至1989年6月近3年的建设，工程建成受益。

1988年7月，荆州地区编委以荆编〔1988〕26号文通知，成立"湖北省荆州地区田关水利工程管理处"，机构级别副处级，隶属荆州地区四湖工程管理局，华运桥任管理处党支部书记，张云龙任处长。管理处负责田关泵站及田关闸的运行及管理，处机关内设办公室、计划财务科、工程管养科、多种经营科、民警室，下设泵房管理所、田关闸管所，核定事业人员编制70人。管理处设在潜江市区园林路。1990年11月，田关闸管所划归荆州地区汉江修防处。1994年7月管理处机关内增设政工科。

1995年4月，荆州地区田关水利工程管理处收归湖北省水利厅直管，并更名为"湖北省田关水利工程管理处"。内设办公室、政工科、工程管养科、计划财务科、综合经营科、安全保卫科，下设刘岭闸管所、泵站管理所、田关自来水厂。1999年4月，田关水利工程管理处实施机构改革，内设机构归并重组为办公室、计划财务科、工程管养科（水政水资源监察大队），下设泵站工程管理所、刘岭闸工程管理所、工程养护维修中心、农村安全饮水供水中心。2003年，湖北省编委以鄂编发〔2003〕72号文发出《关于省直属泵站分类定性工作的批复》，明确田关水利工程管理处为纯公益性水管单位，为省水利厅直属处级单位，核定省级财政预算人员编制为98人。

2006年，根据湖北省鄂水利人复〔2006〕264号文《关于省田关水利工程管理处内部改革实施方案的批复》，田关水利工程管理处内设办公室、党群办公室、工程科、计划财务科4个职能科室，下设泵站工程管理所、刘岭工程管理所、配套工程管理所为事业单位，工程养护维修中心（含田源水业公司），农村安全饮水供水中心为经营单位。设岗定员145名。2014年，湖北省水利厅以鄂水利复〔2014〕195号文批复同意成立省田关水利工程管理处生态水利建设示范基地。

田关水利工程管理处主要负责人：张云龙（1988年12月至1998年12月）、向德明（1998年12月至2007年12月）、程国银（2008年1月至2010年4月）、肖迪松（2011年4月至今）。

田关水利工程管理处主要负责四湖流域上区的防洪排涝和刘岭排水闸及田关泵站的建设与管理。枢纽工程由田关泵站输变电工程、刘岭排水闸、刘岭船闸、部分汉江干堤、长湖堤防和田关河堤防组成。具有防洪排涝、输水抗旱、生态补水和安饮供水等公益性和经营性管理职能。

五、湖北省汉江河道管理局田关闸管理分局

1960年，潜江县人民政府批准成立潜江县田关闸管理所，业务由荆州地区汉江修防处领导，人事属潜江县人民政府领导。1990年田关泵站建成后田关闸管所人事、业务交由荆州地区田关水利工程管理处管理。1992年恢复原管理体制，由荆州地区汉江修防处和潜江县人民政府双重领导。1995

年 8 月，更名为湖北省汉江河道管理局田关闸管理所，为正科级单位，内设办公室、计划财务科、工程科，有干部职工 25 人。2005 年 5 月，更名为湖北省汉江河道管理局田关闸管理分局，内设综合办公室、工程管养科、财务审计科、水政监察大队、田关闸管所，共有干部职工 27 人。

六、湖北省洪湖分蓄洪工程管理局福田寺三闸管理分局

1962 年，在四湖总干渠福田寺处修建福田寺老闸，对四湖总干渠实行等高截流。1963 年闸建成后，即成立福田寺闸管理所，隶属监利四湖工程管理段管理。1974 年，洪湖分蓄洪工程主隔堤修筑完成，在修筑主隔堤的同时，开挖一条与主隔堤平行的排涝河，在排涝河与四湖总干渠交汇处修建了福田节制闸构成四湖中区的独立排水系统。福田节制闸于 1975 年建成，随即成立"福田寺节制闸管所"，隶属监利四湖工程管理段管理。

1976—1979 年，洪湖分蓄洪工程先后在福田寺修建了防洪闸、船闸，废除福田老闸，形成福田寺防洪闸、船闸和节制闸，三闸分别由监利县主隔堤管理段和监利四湖工程管理段管理。1980 年 12 月，从主隔堤管理段内分设三闸管理处，隶属监利县水利局和湖北省洪湖防洪排涝指挥部双重领导。1984 年，划为主隔堤管理段下属单位，改称"三闸管理所"。1986 年，重新划出，改称为"监利县福田三闸管理处"，定为正科级机构。1995 年，改称为"湖北省洪湖分蓄洪工程管理局三闸管理分局"，隶属湖北省洪湖分蓄洪工程管理局领导，定编 40 人。

七、湖北洪湖国家级自然保护区管理机构

1957 年 6 月，荆州专署设立洪湖湖泊管理局，局址设在洪湖县新堤镇。1958 年 6 月，湖泊管理局改称为荆州专区洪湖水产管理处。1959 年 8 月改为荆州专区洪湖养殖场，至 1963 年 12 月又恢复为荆州专区洪湖水产管理处。1981 年 9 月改为荆州地区洪湖渔业管理局，下设洪湖县、监利县洪湖渔业管理站，从事洪湖渔业渔政和保护工作。

洪湖渔业管理部门偏重于水产养殖和水生物的经济收益，从而出现洪湖水面过度地围网养殖和水生物的减少，导致洪湖水质恶化、湖面萎缩、水生物种类锐减。为加强对洪湖生态环境的保护和合理开发利用，洪湖市政府于 1996 年以洪政发〔1996〕47 号文公布建立"洪湖市洪湖湿地自然保护区"。为使保护区工作落到实处，洪湖市政府成立洪湖湿地保护委员会，下设办公室在洪湖市林业局，实行两块牌子一套班子，负责日常具体工作。受经费和人员编制的限制，其工作开展有限，收效甚微。再者，因洪湖地跨洪湖、监利两县（市），洪湖市所做工作仅局性于洪湖管辖的湖面，无法使全洪湖受益。

2000 年 12 月，湖北省人民政府以鄂政办函〔2000〕107 号文通知，正式批准洪湖湿地自然保护区为省级保护区，面积涉及洪湖市和监利县所辖的整个洪湖湖泊。根据省政府的批文，监利县、洪湖市两地人民政府相应成立洪湖省级湿地自然保护区管理局，明确管理隶属所在县（市）人民政府领导，归口县（市）林业局管理，业务上受省、市林业局指导。

洪湖湿地自然保护区建立后，除荆州市洪湖渔业管理局和洪湖市、监利县省级湿地自然保护区管理局以外，当时涉湖管理部门还涉及水利、交通、旅游、环保、公安等多个部门，管理体制十分混乱，湿地资源保护无法实行高效统一。在社会各界的呼吁下，2004 年 11 月 29 日，中共中央政治局委员、湖北省委书记俞正声和省长罗清泉，召集 24 个厅（局）负责人在洪湖市专门召开洪湖生态建设现场办公会。2005 年 1 月 7 日，湖北省委办公厅、省政府办公厅以鄂办文〔2005〕1 号文下发《会议纪要》。明确规定，撤销荆州市洪湖渔业管理局、洪湖市洪湖湿地自然保护区管理局、监利县洪湖湿地自然保护区管理局，组建新的荆州市洪湖湿地自然保护区管理机构，相当于正处级事业单位，行政上由荆州市政府领导。2005 年 6 月，荆州市政府成立"荆州市洪湖湿地自然保护区管理局"，担负洪湖湿地保护、渔政渔业、旅游航运等综合管理职能。管理局下设办公室（加挂宣教中心牌子）、财务科、湿地保护科、渔政科、法制科、旅游航运管理科，管理局加挂荆州市洪湖水产分局的牌子。局

直属机构有执法支队（下属 4 个大队）、森林公安分局、湿地研究所、洪湖大湖渔船检验站、洪湖湿地港航海事处和新堤、小港、桐梓湖 3 个保护站。分别履行各自的职责。全局共录用编内人员 71 人，聘用分流人员 30 人，共 101 人。管理局设在洪湖市新堤镇。

第四节 区域管理机构

一、荆州区长湖工程管理局

（一）机构沿革

长湖库堤在 1962 年以前是中襄河堤沿长湖的堤段，清咸丰七年（1857 年）前，由江陵四十八大垸垸总轮流管理，咸丰八年（1858 年）开始由江陵县选派汛员专管。

江陵县北堤堤工委员会　民国八年（1919 年）设立，委员长由江陵县政府委任，管理中襄河堤和阴湘城堤修防事宜。

江陵县中襄河堤修防处　民国二十四年（1935 年）设立，修防处设主任 1 人，由江陵县政府任命，堤丁若干人。修防处驻江陵县观音垱。

1949 年 7 月，江陵县人民政府成立后，中襄河堤由草市区沿湖乡负责管理，每年岁修由江陵县水利局根据堤身状况编制堤身加固工程计划，报江陵县人民政府批准下达，沿湖各乡人民政府组织实施，无专管机构。

江陵县中襄河管理段　1953 年由江陵县人民政府批准成立，林嗣恒任段长，另配会计 1 人、监工员 1 人，段址观音垱。管理上起沙市曾家岭下至岑河口施家垱 75 千米堤段，管理段隶属江陵县水利局。1954 年 6 月精简机构时撤销，所辖堤段由草市、岑河两区公所安排沿中襄河堤乡干部和熟悉堤防管理的人士组成中襄河堤堤防委员会管理。每年防汛、岁修由江陵县水利局派员检查、督导。1958 年成立人民公社，中襄河堤即由岑河、将台两公社水利部门分段管理。

江陵县长湖管理段　1971 年，由江陵县人民政府设置，设段长 1 名，会计 1 名，工程员 3 名，段址在江陵县关沮口，隶属江陵县水利局。先后任管理段段长的有吴久荣、曾新涛和周宜海。其主要职责是负责沙桥门至横大路、关沮口大坝、杨岔股子至朱家拐堤段的管理和修防事务。

江陵县长湖库堤管理段　1981 年，江陵县长湖管理段改设为江陵县长湖库堤管理段，段址由关沮口迁至观音垱。段内设办公室、工程室、财器室等 3 个室，段下设习家口、新阳桥、关沮口 3 个分段，11 个管养点。此时全段共有干部、职工 18 人（其中助理工程师 4 人）、亦工亦农人员 1 人、临时合同工 20 人、常年管养员 32 人。管理从沙桥门至横大路、关沮口大坝、杨岔股子至朱家拐共长 16.1 千米长湖库堤，以及沿库堤的新阳桥、狮子剅、狗眼剅、罐子窑、杨林口、五支渠、三支渠、花兰墩、观音垱、内泊湖等 10 座引水闸和长湖灌区灌溉用水调度。傅尚贵任管理段党支部书记、郑启忠任段长。管理段隶属荆州地区四湖工程管理局和江陵县水利局双重领导。1986 年 8 月 1 日，江陵县编委会以江编〔1986〕143 号文通知，长湖库堤管理段为正科级单位，内设办公室、工程股、财器股、政工股，下设习家口、新阳桥、关沮口 3 个分段和 11 个管养点，工作职责和管理范围不变。

荆州市荆州区长湖管理段　1994 年 7 月，江陵县析为荆州区、江陵县（初名江陵区），长湖库堤一部分划归沙市区、一部分划归荆州区。1995 年 2 月，根据荆沙市人民政府办公室荆政办发〔1995〕11 号文批复，成立荆州区长湖管理段。段址设荆州城育才巷，段内设办公室、工程管理水政科、财务管理结算科，下辖荆州电排管理站、柳门电排管理站。负责荆州城区城市防洪、堤防和涵闸养护，荆州、柳门电排站运行管理、兼管桥河水系堤防及所属民垸防汛的督办工作。管理段行政上隶属于荆州区水利局，业务系属荆沙市四湖工程管理局。管理段有管理人员 52 人，其中有中级职称技术人员 9 人、初级职称 12 人、高级技工 4 人。

2003 年 4 月 2 日，荆州市人民政府以荆政电〔2003〕2 号文作出《关于四湖流域县市区管理段经费补助渠道变更的通知》，从 2003 年起，荆州市政府不再向四湖流域所在县（市、区）征收水（电）费，为此，由荆州市四湖工程管理局在征收的水（电）费中补助给荆州区四湖管理段的 5.1 万元经费，改由荆州区征收的本级排涝水费或财政补助中解决。荆州区长湖管理段与四湖管理局再无经费拨付的关系。

2008 年 5 月，荆州区长湖管理段由荆州区人民政府定性为纯公益性事业单位。管理段设两科、一室、两站（即工程管理水政科、财务管理结算科、办公室、荆州电排管理站、柳门电排管理站），机构级别及隶属关系不变。管理段有干部职工 58 人，其中行政管理人员 7 人，工程技术人员 14 人，堤防管理人员 37 人。

荆州市荆州区长湖工程管理局　2010 年 8 月，经报请荆州区人民政府同意，将"荆州区长湖管理段"更名为"荆州区长湖工程管理局"。管理局设办公室、工程管理水政科、财务管理结算科，下辖荆州电排管理站、柳门电排管理站。周波任管理局党支部书记、局长。核定编制数 36 人（其中领导职数 4 人）。实际总人数 69 人，其中退休 12 人，人事代理 15 人，正式在册人员 42 人。管理局主要负责荆州城区城市防洪、堤防和涵闸养护，荆州电排管理站和柳门电排管理站的设施养护及排灌，拾桥河堤防及所属民垸防汛的督办工作，协助水政执法等工作。

江陵县（现荆州区）长湖库堤管理自 1953 年成立江陵县中襄河堤管理段至 2015 年，先后担任管理段（局）支部书记、段长的有林嗣恒、吴久荣、曾新涛、周宜海、傅尚贵、郑启忠、鄢先金、张开武（荆州区水利局副局长兼任）、周波。

（二）管辖范围

荆州区长湖工程管理局，直接管理太湖港总排水渠，长 12.6 千米，以及沿渠堤的涵闸，泵站 20 处，其中泵站 2 处装机容量 1225 千瓦；兼管拾桥河堤，长 16.5 千米，渠堤上建有涵闸，泵站 21 处，其中泵站 3 处，装机容量 775 千瓦。

太湖港渠上起南渠与太湖港排渠相连，下至沙桥门与沙市区长湖库堤相接，全长 12.6 千米，呈"门"字形绕荆州、沙市城区而过。防洪堤上抗太湖港水库泄洪，下御长湖高水位顶托，是荆沙城区的防洪屏障。

拾桥河是四湖流域上区纳水入长湖的一条主要河流。流经当阳、沙洋、荆州三县（市、区）。荆州区范围内堤防由方家斗堰至董场渡口，长 16.5 千米。

重点管理柳门泵站和荆州泵站，设有专门管理机构。

二、沙市区长湖管理局

1975 年，沙市市水利局设立"沙市长湖管理段"，聘用临时干部 1 人，亦工亦农人员 3 人，管理关沮口至腾子头长 1516 米的长湖库堤和雷家垱至沙桥门 1813 米的荆襄河堤。1984 年 4 月始设段长。1985 年，沙市市行政区划扩大，管辖的堤防增加至 6271 米。

1987 年，沙市市水利局将长湖管理段改称为"长湖库堤管理段"，段址设在沙市市关沮口。配有职工 9 人（其中技术干部 2 人），亦工亦农人员 9 人，隶属沙市市水利局领导，管理段下设 4 个管养组，担负着长湖库堤 7.32 千米、襄河堤 3.37 千米、关沮口大坝 246 米，凤凰一队至二队的小坝 225 米，共 11.161 千米堤段的修防业务。

1994 年 7 月，荆州地区与沙市市合并成立荆沙市。1995 年 2 月，由原沙市市长湖库堤管理段和原江陵县长湖库堤管理段合并，组建沙市区长湖管理段，为正科级机构。1997 年 4 月，成立沙市区四湖工程管理段。2001 年 4 月，沙市市长湖库堤管理段与沙市区四湖工程管理段合并，成立"沙市区长湖管理段"。2007 年 4 月，经沙市区编委批准更名为"沙市区长湖管理局"。2015 年，沙市区长湖管理局内设办公室、计划财务科、工程管养科、工程技术科，辖雷家垱、关沮、新阳、习口、豉湖渠，西干渠管理段。全局干部职工 64 名，其中：局长 1 名、副局长 2 名，工会主席 1 名，中层管理人员 20 人，工程管护人员 40 人。沙市区长湖管理局历届负责人任职时间见表 11-7。

表 11 - 7　　　　　　　　　　　　沙市区长湖工程管理局历届负责人任职时间表

职　务	姓　名	任职起止年月
段长	郑启忠	1981 年 8 月至 1983 年 8 月
书记	傅尚贵	1982 年 8 月至 1983 年 8 月
段长、书记	王礼明	1983 年 8 月至 1996 年 6 月
段长	陈恭政	1996 年 6 月至 2001 年 12 月
书记	杨治明	1996 年 6 月至 1998 年 2 月
段长、书记	唐华	2004 年 12 月至 2005 年 10 月
局长、书记	周浩	2005 年 10 月至今

沙市区长湖管理局主要工作职责：负责沙市区长湖防汛抗灾日常工作；长湖堤防 46 千米、排涝渠道 89 千米，穿堤水工建筑物 30 座和区内主要排灌渠道等水利设施的管理、运行和维护；配合主管部门抓好水政监察和水政执法工作；负责全区农业灌溉供水服务，并按政策对灌溉水费进行征收。

2003 年 4 月 2 日，荆州市人民政府以荆政电〔2003〕2 号文作出《关于四湖流域县市区管理段经费补助渠道变更的通知》，从 2003 年起，荆州市政府不再向四湖流域所在县（市、区）征收水（电）费。为此，由荆州市四湖工程管理局在征收的水（电）费中补助给沙市区四湖管理段的人员经费，改由沙市区本级排涝费或财政补助费中解决。

三、江陵县四湖管理局

江陵县原辖现荆州区和今江陵县区域。1959 年以前，江陵县未在平原湖区设置排灌管理机构。在清代和民国时期每逢溃涝，由民垸自行组织排涝。新中国成立后，江陵县水利局则视灾情派出工作组协助受灾地区排涝。

1959—1962 年，开挖四湖总干渠、西干渠，由江陵县四湖工程指挥部负责四湖地区的抗旱排涝。1962 年，荆州专署成立了四湖工程管理局，为便于渠道及配套水利工程设施的管理，荆州专署四湖工程管理局于 1963 年设置 "荆州专署四湖工程管理局江陵管理段"。段址设在彭家河滩，段长由副县长李先正兼任，副段长胡国芳主持日常工作，管理段配工作人员 10 人。管理江陵县四湖地区的干、支排水渠和彭家河滩、谭彩剀节制闸。段内行政、业务、经费、人事调动均归四湖工程管理局管理。

1970 年，江陵县为便于江陵县四湖地区排涝抗旱的统一调度，工程设施的统一管理，将江陵县观音寺灌区管理所、江陵县颜家台灌区管理所、荆州专署四湖工程管理局江陵管理段三单位合并组成"江陵县四湖排灌管理段"，并相应成立江陵县四湖地区抗旱排涝指挥部。由江陵县水利局副局长郑德林任支部书记、段长。段址设在彭家河滩。管理段配干部职工 22 人，下设观音寺片、颜家台片。1973 年改片为分段，观音寺片改为观中分段，颜家台片改为颜中分段；1974 年增设彭家河滩分段。1975 年彭家河滩分段迁至蒋家桥，更名蒋家桥分段。1981 年增设四湖西干渠分段、四湖总干渠分段。1985 年增设颜家台春灌站；1986 年增设观音寺春灌站。至此，江陵四湖排灌管理段共设 5 个分段、2 个灌溉站，共有管理人员 60 人，其中干部职工 34 人、亦工亦农人员 26 人。干部人事任免由江陵县人事部门负责，经费由荆州地区四湖工程管理局和江陵县水利局分担。

1994 年 7 月，荆沙合并，江陵县被分为荆州区和江陵区。江陵四湖排灌管理段总干渠分段划归沙市区长湖管理段。江陵区（县）四湖排灌管理段辖 4 个分段、2 个春灌站，段内设办公室、政工科、水政科、工程科、计财科、综合经营科、老干科、工会委员会。

1998 年 7 月，经国务院批准，江陵区改为江陵县，江陵区四湖排灌管理段改名为 "江陵县四湖排灌管理段"。

2003 年 4 月 2 日，荆州市人民政府以荆政电〔2003〕2 号文作出《关于四湖流域县市区管理段经费补助渠道变更的通知》，从 2003 年起，荆州市政府不再向四湖流域所在县（市、区）征收水（电）

费，为此，过去由荆州市四湖工程管理局在征收的水（电）费中补助给江陵县四湖管理段的 21.2 万元经费，改由江陵县在自行征收的本级排涝水费或财政补助中解决。同年 4 月，江陵县水利局出台《江陵县四湖排灌管理段机构人事改革实施方案》，实行排灌分离。按工程管理权限，撤销江陵县四湖排灌管理段，成立"江陵县四湖管理段"和"江陵县农业灌溉供水公司"。2007 年 10 月，江陵县四湖管理段更名"江陵县四湖管理局"，为正科级事业单位，局址迁移到江陵县熊河镇。局机关内设办公室、工程管理科、计划财务科，下设中、西干渠管理分局、县直排渠管理分局。全局有在职人员 78 人，离退休人员 57 人。江陵县四湖管理局历届负责人任职时间见表 11-8。

表 11-8　　　　　　　　　　　　　　江陵县四湖管理局历届负责人任职时间表

职　务	姓　名	任职起止年月	备　注
江陵四湖管理段			
段长	李正先	1963 年至 1968 年	兼任副县长
段长	郑德林	1970 年至 1978 年	
段长	曾凡春	1978 年至 1980 年	
段长	胡金明	1980 年至 1984 年	
总支书记	范文厚	1984 年至 1994 年	
段长	陈恭政	1984 年至 1993 年 1 月	
段长	李书贵	1993 年 1 月至 1997 年 4 月	
段长	黄界文	1997 年 4 月至 2004 年 4 月	
段长	陈象	2004 年 4 月至 2007 年 12 月	
江陵县四湖管理局			
局长	陈象	2007 年 12 月至 2009 年 3 月	
局长	余大虎	2011 年 6 月至今	

2014 年 8 月，江陵县编委印发《关于事业单位类别划分及改革意见等事项的通知》（江编发〔2014〕27 号），核定县四湖管理局编制 74 人，其人员经费、五险一金（各类保险及住房公积金）、公用经费等支出，由同级财政负担。

江陵县四湖管理局主要职责：贯彻国家有关水利工程管理的方针、政策和法律、法规，维护水利工程管理的正常秩序；负责境内四湖总干渠、西干渠及境内县管排水渠道配套设施的建设、维护与管理；负责水雨情的测报、灾情调查及负责县境内四湖水系防汛排涝的统一调度；负责辖区内排涝工程建设的计划编制和施工管理等工作。

四、监利县四湖管理局

1962 年 12 月，荆州专署四湖工程管理局设置"荆州专署四湖工程管理局监利县四湖管理段"，机构性质为事业性管理单位，实行双重领导制，即工程建设、管理等业务范畴属荆州专署四湖工程管理局管理；组织人事等方面属监利县水利局管理，人员经费由四湖工程管理局和监利县水利局分额负担。成立初始办公地点设在鸡鸣铺闸管理所，配备人员编制 7 人，首任段长朱元福。

1964 年 6 月，荆州专署四湖工程管理局由监利县毛市区李家门楼大队迁往江陵县丫角庙集镇，监利县四湖管理段随即由鸡鸣铺闸管理所迁至原四湖工程管理局办公所在地至今。

1966 年下半年，"文化大革命"开始后，段领导班子处于瘫痪或半瘫痪状态；部分干部、职工参加了县水利局的"文化大革命"运动，1968 年 7 月，监利县四湖管理段革命领导小组成立。1978 年 8 月，撤销革命领导小组，恢复监利县四湖管理段名称，实行党支部领导下的段长负责制。

1978—1980 年春，四湖西干渠及总干渠疏挖工程结束，洪湖防洪排涝工程福田寺防洪大闸已经启用。为了便于总干渠、西干渠的工程管理，经监利县编制委员会批准成立监利县四湖管理段总干渠管理分段、西干渠管理分段，总干渠管理分段设原福田寺闸管所，首任分段长杨礼毕，西干分段设西干渠末端滩河口处，首任分段长邹建孝。

1980年经中共监利县委批准，成立四湖总干渠、西干渠防汛指挥部，负责监利县四湖地区的防汛排涝工作，首任指挥长由监利县人民政府县长赵祖炳担任。

1982年9月，经监利县水利局批准，段机关设置政工组、工管组、财器组、企业组，下设总干分段、西干分段、鸡鸣铺闸管理所。

1986年5月，荆州地区编委以荆机编〔1986〕26号文通知，监利县四湖管理段定为正区级管理机构。随即监利县委农村工作部通知，将机关组室改为股室。

1993年5月，由监利县水利局批准成立"监利县四湖综合开发公司"，企业股的职能转交开发公司。

1994年3月，段机关进行了改革，实行事企分开，人员分流，经管分线，股室合并。组成综合办公室，机关工作人员由原来的22人减至8人。全段分流从事综合经营工作37人，占在职人员的66.7%。

1999年11月，将西干分段工程管理范围一分为二，增设汪桥分段，分段设在汪桥镇红军街；原总干分段、西干分段更名为福田分段、周沟分段。

2003年3月，监利县水利局将下属二级单位冯家潭闸管理所管理工作和5名职工等人、财、物一并交由监利四湖管理段管理。同年4月，荆州市人民政府以荆政电〔2003〕2号文通知，原由荆州市四湖工程管理局每年补助的24.4万元经费，改由监利县财政全额支付。

2008年，监利县委机构编制委员会以监编〔2008〕45号文批复，将"荆州市四湖工程管理局监利管理段"更名为"监利县四湖管理局"，单位的机构性质、职能等不变。局机关设置办公室、计财股、工管股、水政股，下设福田管理段、周沟管理段、汪桥管理段、鸡鸣铺闸管理所、冯家潭闸管理所。2015年底有职工32名，其中在岗24人、内退8人，退休人员24名。监利县四湖管理局历届负责人任职时间见表11-9。

表11-9　　　　　　　　　　监利县四湖管理局历届负责人任职时间表

职 务	姓 名	任职起止年月	备 注
段长	朱元福	1962年12月至1966年3月	
段长	杨石锦	1966年4月至1967年5月	
组长	王华堂	1967年6月至1971年3月	
组长	唐东海	1971年3月至1978年8月	
段长		1978年8月至1984年4月	
书记	冉贤松	1984年5月至1991年3月	
段长		1991年3月至1993年2月	
段长	周建平	1993年3月至2003年2月	
段长	李传玉	2003年2月至2006年6月	
副段长		2006年6月至2008年12月	主持全面工作
副局长	唐明香	2008年12月至2010年4月	主持全面工作
局长		2010年4月至2016年2月	
副局长	陈国平	2016年2月至今	主持全面工作

监利县四湖管理局主要职责：负责监利境内四湖总干渠、西干渠及渠堤上附属水工建筑物和护堤林木的管理；负责鸡鸣铺闸的维修与运行；负责四湖总干渠、西干渠的防汛抗灾的调度和物资供应。

五、洪湖市四湖工程管理局

（一）机构沿革

1962 年 7 月，荆州专署四湖工程管理局设置"荆州专署四湖工程管理局洪湖四湖管理段"，机构性质为事业性管理单位，接受荆州专署四湖工程管理局和洪湖县政府的双重领导，段址设在洪湖县汉河区小港乡。机关配备 6 人，首任段长杨远普。同年 12 月，洪湖四湖管理段下设小港闸管理所和张家大口闸管理所。

1965 年 10 月，开挖四湖总干渠河湖分家渠段，洪湖县成立"洪湖县水利工程指挥部四湖分部"，下设政治处、办公室、工程科、物资科、排水科、卫生科、交通科，办公地点设在洪湖四湖管理段。

1968 年 1 月，洪湖四湖管理段成立"洪湖县四湖工程管理段革命委员会"。内设人事组、工管组、机器组、机电组、办公室。

1978 年 7 月，撤销革命委员会，恢复"荆州地区四湖工程管理局洪湖县四湖工程管理段"名称。实行党支部领导的段长负责制。

1981 年 8 月，洪湖四湖管理段下设沙口分段。

1982 年 2 月，设大口分段。

1986 年 5 月 5 日，荆州地区编委以荆机编〔1986〕26 号文作出《关于重新明确各县流域性水利管理机构级别规格的通知》，明确洪湖四湖管理段为正区级管理机构，将机关所设组室改称为股室。下设办公室、人事股、工管股、财会股。1987 年 1 月，洪湖县撤县建市，洪湖四湖管理段改称为"荆州地区四湖工程管理局洪湖四湖工程管理总段"。1989 年，洪湖县编委以洪机编〔1989〕84 号文批复，设置麻田、洪狮、新堤 3 个分段以及总段多经股。同年 12 月，洪湖四湖管理总段大力发展多种经营，将机关工作人员由 33 人精简到 17 人，分流人员充实到企业从事多种经营，占总人数的 48.5%。

1990 年 11 月 5 日，洪湖市编委以洪机编〔1990〕第 88 号文批复，洪湖四湖工程管理总段内设股室改为科室，增设审计科、通讯科。另以洪机编〔1990〕第 89 号文同意撤销瞿市、洪狮、下新河、麻田、大口等 5 个分段；恢复总干渠分段、洪湖围堤分段；同时对机关科室人员和分段长进行了调整。

1991 年 1 月 13 日，洪湖四湖工程管理总段机关由小港闸管所迁至洪湖县新堤城区新建的综合楼。

1992 年 4 月 29 日，洪湖市编委以洪机编〔1992〕第 62 号文批复，成立"洪湖市四湖综合服务公司""洪湖市四湖养殖公司""洪湖市四湖工程公司"。上述公司为企业单位，实行独立核算、自负盈亏，隶属洪湖四湖工程管理总段领导。同年 7 月 27 日，洪湖市编委行文同意洪湖四湖管理总段成立公安派出所，为企业性质。

2003 年，荆州市人民政府以荆政电〔2003〕2 号文作出《关于四湖流域县市区管理段经费补助渠道变更的通知》，明确过去由荆州市四湖工程管理局补助给洪湖四湖管理段的 34.5 万元经费，由洪湖市政府财政予以解决。同年，洪湖市编委行文，荆州市四湖工程管理局洪湖四湖工程管理总段更名为"洪湖市四湖工程管理局"，机构级别不变，机构党组织关系、干部任免由地方管理，业务由荆州四湖工程管理局和洪湖市政府共同领导，人员经费及办公费用由同级财政支付。局机关内设办公室、工程科、计财科、人劳科、通讯科、纪检科、监察科、工会。洪湖市四湖工程管理局历届负责人任职时间见表 11-10。

（二）管理范围

洪湖四湖管理段从 1962 年组建，至 1966 年前，管理范围为：从洪湖县沙口区孔家湾起经峰口、小港至新滩口的内荆河和渡口以下的监（利）洪（湖）大渠、老闸河、蔡家河等河（渠）堤管理。

1966 年，小港以上四湖总干渠竣工，管理的重点转移到总干渠、下内荆河、洪湖围堤。管理堤段长 262.5 千米。

表 11-10 洪湖市四湖工程管理局历届负责人任职时间表

职 务	姓 名	任职起止年月	备 注
段长	杨远谱	1962 年 7 月至 1965 年 6 月	
段长	汪雨霖	1966 年 1 月至 1977 年 9 月	"文化大革命"时为主任
副段长	罗传典	1974 年 2 月至 1977 年 9 月	"文化大革命"时为主任
段长		1977 年 9 月至 1983 年 1 月	
段长	严相玉	1983 年 4 月至 1986 年 5 月	
段长		1986 年 5 月至 1989 年 6 月	
书记		1989 年 7 月至 1991 年 1 月	
段长	冯再山	1989 年 6 月至 1991 年 1 月	
书记	严相玉	1991 年 1 月至 1997 年 1 月	
段长	冯再山	1991 年 1 月至 1999 年 3 月	
段长	刘世堂	1999 年 3 月至 2004 年 3 月	
副段长	向晋贤	2003 年 5 月至 2004 年 2 月	
副局长		2004 年 3 月至 2005 年 7 月	
局长		2005 年 7 月至 2014 年 12 月	
局长	李静	2015 年 1 月至今	

1980 年 12 月，洪湖县政府将洪湖四湖管理段管理的总干渠堤、下内荆河堤、洪湖围堤纳入洪湖县大型水利基本建设项目。同时，将"三八湖"堤交给所在区、乡人民政府自行修防与管理。

1991 年 12 月，洪湖四湖管理总段对洪湖围堤 0+700～7+050、17+000～19+700，下新河东引堤 4+000～6+450 等三段堤段予以收回进行统一管理。1996 年 2 月，将子贝渊东西引堤和新螺垸 24+000～26+300 进行回收，形成了洪湖围堤完整的管理。

六、潜江市四湖管理局

1963 年 3 月，荆州专署四湖工程管理局成立"荆州专署四湖工程管理局潜江四湖工程管理段"，隶属荆州地区四湖工程管理局、潜江县人民政府双重领导，段址设在田关闸管所，人员定编 7 名，李心田任副段长。

1964 年 10 月，高场南闸和徐李闸划归四湖工程管理局领导，交由潜江四湖工程管理段代管，实行段、闸合并，将段址迁往高场南闸管理所，工作人员 15 人。

1980 年 10 月，荆州地区编委以荆机编〔1980〕77 号文通知，潜江四湖管理段下设田关河、总干渠两个分段，分别驻高场南闸和张金河，增编 8 人，计在编人员 23 人。同年 12 月管理段迁至浩口至今。

1984 年 6 月，经潜江县县委农村工作部同意，潜江四湖管理段设办公室、工管股、财器股。1986 年 7 月，荆州地区编委以荆机编〔1986〕26 号文明确潜江四湖工程管理段为正科级单位。

1988 年 7 月，潜江撤县为市，潜江四湖管理段更名为潜江市四湖管理段。1992 年潜江市编委以潜机编〔1992〕64 号文通知，潜江市四湖管理段定编人员为 92 人。

1995 年，湖北省政府以鄂政发〔1995〕11 号文批转了省水利厅关于荆沙合并后有关几个水利管理单位的管理体制变更的报告，将潜江市四湖管理段交由潜江市水利局主管。同年，根据潜机编〔1995〕30 号文件，将潜江市四湖管理段更名为"潜江市四湖水利工程管理处"。2010 年 12 月，潜江市四湖水利工程管理处改称为"潜江市四湖管理局"。内部机构设置为：办公室、政工科、工程管养科、财务器材科、综合经营科、保卫科。下设：潜江市四湖管理局田关河管理段、潜江市四湖管理局总干渠管理段、潜江市四湖管理局徐李闸管理所、潜江市四湖管理局东干渠管理段、潜江市四湖管理局高场南闸管理所。

潜江市四湖管理局主要负责管理四湖地区潜江境内的水利骨干工程,即田关河、中干渠、东干渠和高场南闸、徐李闸以及上西荆河。辖区范围内有高石碑、积玉口、王场、周矶、广华、熊口、老新、徐李、浩口、张金、铁匠沟等11个乡、镇、办事处和周矶、熊口、后湖、运粮湖、西大垸、沙洋二农场、沙洋五农场、广空农场、高场原种场、浩口原种场等几个省、市管农场及中央企业江汉石油管理局,承担着1354.04平方千米的承雨面积和91.6万亩农田的防汛、排涝和灌溉任务。在防汛期间承担荆门、荆州等市、县的2827.15平方千米的客水排涝任务。所属三大干渠单边总长度为145.9千米。其中长湖库堤2.052千米,田关河29.7千米,中干渠49千米,东干渠51千米,上西荆河堤14.10千米。潜江市四湖管理局历届负责人任职时间见表11-11。

表 11 - 11　　　　　　　　　　　　潜江市四湖管理局历届负责人任职时间表

职　务	姓　名	任职起止年月
副段长	李心田	1963 年 1 月至 1966 年 12 月
副段长	熊俊伦	1966 年 12 月至 1972 年 5 月
段长	杜子超	1972 年 5 月至 1974 年 11 月
段长	关名贵	1976 年 7 月至 1981 年 8 月
段长	刘词义	1981 年 8 月至 1984 年 3 月
段长	王明经	1984 年 3 月至 1988 年 7 月
段长	彭齐赋	1988 年 8 月至 1995 年
主任		1995 年至 1999 年 11 月
主任	李家勤	1999 年 11 月至 2009 年 8 月
主任	鲁家祥	2009 年 8 月至 2011 年 5 月
局长		2011 年 5 月至今

七、沙洋县拾桥河堤防管理处

拾桥河在历史上没有管理机构,每逢山洪暴发,洪水四溢,泛滥成灾。1980 年,四湖上区普降暴雨,拾桥河猛涨,为防御洪水,荆门县成立拾桥河防汛指挥部,由荆门县副县长任指挥长。洪水过后,于当年 10 月成立荆门县拾桥河堤防管理段,隶属荆门县水利局管理。1983 年,更名为荆门市拾桥河堤防管理段,隶属荆门市水利局管理。

1992 年 10 月 20 日,沙洋区编委以沙编〔1992〕45 号文批准,成立"沙洋区桥河堤防管理段",隶属沙洋区水利局管理。1998 年 12 月,沙洋撤区建县,更名为"沙洋县桥河堤防管理段"。管理段设段长 1 名,有职工 27 人。主要负责桥河防汛、堤防维护与管理。

八、沙洋县西荆河堤防管理段

1981 年 4 月,成立"荆门县西荆河堤防管理段",隶属于荆门县水利局。1983 年,更名为"荆门市西荆河堤防管理段"。

1992 年 10 月 20 日,沙洋区编委以沙编〔1992〕45 号文批准,成立"沙洋区西荆河堤防管理段"。1999 年,更名为"沙洋县西荆河堤防管理段",隶属沙洋区水利局管理。管理段设段长 1 名,有职工 5 人,负责西荆河防汛和 35.8 千米堤防的维护与管理。

九、沙洋县双店渠堤防管理段

1995 年 11 月 15 日,沙洋县编委以沙编〔1995〕28 号文批准,成立"沙洋县双店渠堤防管理段",配有 3 名工作人员,负责双店渠堤防的日常管理与防汛工作。2001 年,实行机构精简,清退 2

人。2007 年人员合并入西荆河堤防管理段,管理职责由西荆河堤防管理段代管。

十、沙洋县长湖湿地自然保护区管理局(荆门长湖管理局)

2014 年 9 月,经沙洋县政府批准,通过整合沙洋县长湖渔政管理站、后港林业分局等原有机构,划转水产、水务、环境保护,林业等部门长湖范围内职责,成立"沙洋县长湖湿地自然保护区管理局"(加挂沙洋县长湖管理局牌),行政级别为正科级,为沙洋县政府工作部门。张良洪任局长。

沙洋县长湖湿地自然保护区管理局核定预算编制总人数 28 人,其中局机关编制 5 名,长湖渔政管理站编制 7 名,长湖船检港监管理站编制 5 名,长湖湿地保护管理站编制 5 名,综合执法大队编制 6 名。内设机构为办公室、政策法规科、资源管理科。下设机构有:长湖渔政管理站、长湖船检港监管理站、长湖湿地保护管理站和综合执法大队 4 个二级单位。

2015 年 11 月,省编办批准设立"荆门长湖管理局",为荆门市水务局所属事业单位,委托沙洋县人民政府管理,原沙洋县长湖管理局更名为"荆门长湖管理局"。实有在编在岗人员 18 人。

沙洋县长湖湿地自然保护区管理局主要职责:贯彻有关湿地保护,湖泊管理的方针、政策和法律法规;行政保护区的湿地保护与修复,渔政管理、渔业生产、野生动植物保护、旅游管理。船舶检验、港口及航运管理、水生动植物检验检疫、环境保护(污染水环境)、湖泊管理、水资源管理(围湖养殖、围湖造田或者未经批准围填水域滩涂进行建筑、构筑)等方面法律、法规、规章规定的行政执法权;负责毛李、后港两镇林业生产的业务指导及林业行政管理;负责保护区总体规划制定,项目策划编制并组织实施,协调保护区周边村、组关系;组织开展资源调查、环境监测,协助开展科学研究。

第十二章 工程投入与财务管理

四湖流域的治理，新中国成立前主要为堤防修筑，其经费需由民众自筹，按亩征派，称为"土费"。据史料记载，明清及民国时期官设机构（清时称"土费局"或"堤工局"，民国时称财产保管处）收费之法向例是按地丁银两摊派，民国元年至十五年（1912—1926年）每丁派土17～20公方不等，每方价值120～160文，所收土费交纳存储，再依法定手续支付修缮地点。如工程浩大，民不能胜任时，则由省库拨款补助，以后再由民众归还。

新中国成立后，各级政府摒弃向农民征派"土费"的办法。四湖流域治理工程的投入主要为资金投入和劳务投入，其中，资金投入又分建设资金和管理资金的投入。1955—2015年，四湖流域共投入资金57.82亿元，其中国家投资51.99亿元，地方自筹资金5.83亿元；1962—1987年，四湖工程管理局的管理经费主要在工程建设资金中列支，部分人员经费由同级地方财政拨付；1988—2015年，四湖工程管理局的管理经费由水费中列支或由地方财政拨付，28年间共支付经费1.07亿元；2005—2015年，国家对四湖流域跨行政区域受益的大型泵站和控制性涵闸实行排涝电费和维修费的补助，共转移支付1.35亿元。

60年来，国家对四湖流域治理的投资是巨大的，四湖流域的人民所投入的劳务也是空前的。1955—1998年，共完成土方19.88亿立方米、石方252.98万立方米、混凝土151.74万立方米，完成标工（依工程定额，完成的工作量）14.47亿个。四湖流域的劳动人民不仅年复一年地完成繁重的水利义务劳动工，为治理四湖地区的水患灾害，有的甚至献出宝贵的生命。1959年，在洪湖新堤老闸的改建中，拆除旧闸的过程中，不幸出现塌方，当场死4人，伤8人。1959年冬至1960年春，在四湖大施工过程中，整个工地死亡民工105人，冻死运土耕牛98头。一项伟大工程的建成，有无数人的辛勤劳作和生命的奠基，值得永世铭记。

第一节 建 设 资 金

一、历代筹资简记

四湖流域经千百年的开发，至新中国成立前夕，据初步统计，全流域有民垸931个。如此众多民垸的修筑和汛期防守的费用何来，至今尚未查到详细的资料记载。相传，民垸的修筑向由大户带头，举一姓宗族各户或联合几户合力挽修一垸，再按出资出力的多少，按比例分得田亩耕种。明清之际，四湖流域的堤防修筑以及内垸的水系治向由民众自行承担。由田派土，田土征费。但经多年的变化"由田亩不清，因之不均而通抗，堤不实而倾圮"（《沔阳州志》）。自雍正年间（1723—1735年），地方官员奏请题行"清丈法"。经朝廷批准后，各县分别丈量四境田亩。自清丈后，水利出工，按清丈田册分上、中、下水乡，柴洲等级摊派。

清乾隆年间，朝廷议准各有堤州县，设水利同知管理和修筑堤防。对于农田水利，又议准湖北各属沟渠塘堰等工如需修筑，即令地方官于农暇隙时巡视劝导，令民修筑。倘遇歉年，该督抚率地方官设法修筑，如奉行不力，借端滋扰，分别参究。

清嘉庆十二年（1807年）春，湖广总督汪志伊自募小舟，泛长湖、穷源委，并江汉之大利大害而缕析分之。三月，向嘉庆皇帝奏称："查看堤工，目睹各州县境内积水被年，田亩未涸，请将湖北岸商厘费银两，作为防堵、消疏之用。"嘉庆皇帝准奏，当年夏动工，次年秋竣工。江陵县疏挖的河道有老关河（今潜江）、汪新河（今南新河）；监利县疏挖的河道有吴家河、黄土沟、陶鹤颈、直河口、关王庙垱、上下铁子湖；沔阳县（今洪湖市）疏挖的河道有柴林河。此次兴工规模浩大，涉及十余州县。朝廷拨银十余万两，商贾捐银五十万两，是历史上整治内荆河水系的重要举措。

嘉庆二十三年（1818年），朝廷按"庆保奏沔阳州垸田渍水，请借项修建闸座一摺"，准予在龙王庙建石闸一座，"估银二万八千九百九十一两"。先在"司库商捐堤河沙洋筹备善后工程款内借支"并"勒限完工照例保固十年"。所借银两于竣工后分五年摊征还款。

清同治六年（1867年），朝廷拨款建成螺山闸。

光绪元年（1875年），沔阳知县王庭桢，请巡抚翁同爵"拨厘金二千串堵复子贝渊堤"。

光绪八年（1882年），湖广总督涂宗瀛奉上谕，准予"子贝渊堤挖口放水情形，筹议疏河建闸，请拨款调员一摺"，计划请拨"公银十四万两，疏柴林河，并修建新旧闸工。"工程款分期拨付，"如不敷，再当奏请续拨，事竣后核实造册报销"工程至九年（1883年）四月告竣。

清咸丰年以前，江陵县内垸堤防一直属民力自修自防。直至咸丰八年（1858年）后，沙门桥至滕子头共十一工堤由江陵县承修，称"官督民修"其费用由土费中列支（宣统《江陵乡土志》）。每年岁修前先勘估工程所需费用，再按田亩征收"土费"。江陵土费收取"南土费"和"北土费"，南土费用于荆江大堤；北土费用于湘阴城堤、中襄河堤、直路河堤的修筑。民国十七至十九年（1928—1930年），在荆江大堤经费中每年照例拨三千串协济中襄河堤修防。民国二十年（1931年），"大堤土费改征银洋，荆江堤工局每年协济中襄河堤款一千五百元"（民国二十六年《荆江堤志·卷2·经费》）。

民国二十七年（1938年）潜江裕丰闸翻修，由江陵、潜江、监利、沔阳4县向湖北省银行贷款4800元，签订偿还契约，年息4厘，贷期2年（1938年1月至1939年12月），4县11.1万亩分派偿还5184元。贷款契约呈送湖北省政府转交有关法院监督执行。

二、新中国成立后建设资金投入

国家和地方政府对四湖流域治理工程的投资包括水利基本费和农田水利事业费两大类。

水利基本建设资金是指基本建设程序，纳入国家基本建设计划，按经过批准的概、预算进行使用管理的项目建设资金，分中央、省级财政预算内拨款、基金拨款、拨改贷资金、国债资金、世行贷款等。不同性质的资金有不同的负担政策和管理要求。中央、省级财政预算内拨款、基金拨款、拨改贷资金是基本建设项目资金的主体，不仅资金由中央和省级财政负担，而且国家还按计划供应工程所需的钢材、水泥、木料、汽油和柴油等物资。这部分资金主要用于防洪工程、分蓄洪区建设和大型、重要中型农田水利排灌设施的兴建与改造。

农田水利事业费是指纳入中央、省级财政预算，主要用于中小型农田水利排灌工程、中型电力排灌等工程的设备、材料补助等费用。

（一）投资政策

1953年12月1日，湖北省人民政府发布《关于兴修水利工程有关政策说明》，政策的要点是："国家对水利建设的投资，应集中投放到大、中型方面，不能分散使用，一般小型水利项目由群众自筹办理，国家一般不投资不贷款"。结合四湖流域的实际情况，具体政策是：

（1）长湖、洪湖两湖防洪工程、分蓄洪工程、六大干渠及附属工程、大型电力排水工程、大型农田排灌工程，所需的资金、设备、材料由国家投资，结合地方集资来支付；各项工程用工，由农民合理负担，国家区别直接受益区和非直接受益区、普工和技工的不同情况，按日标工给予不同标准生活补助。

（2）对于中、小型农田排灌工程，由乡镇组织农民自筹办理，或统筹联办共同的小型工程，国家一般不予投资；对于重要险工和重要中、小型工程，国家和地方适当支付材料经费。

（3）凡因修建水利工程，挖压、淹没的土地和应拆迁的房屋一律由国家按规定标准发放补助经费。

（4）流域内渠道堤防防汛按《中华人民共和国防洪法》的规定，防汛费向受保护范围内的城镇居民、企事业单位干部职工、个体工商业者征收；防汛用工为义务工，谁受益谁负担，不受益不负担，国家不给予报酬。如因为抢护特大险情，对抢险民工给予适当生活补助，防汛所需主要器材和计划物资，由国家调拨；一般民用器材由乡镇组织农户自筹自带。部分材料交工程管理部门保管，以便应急之用。

1983 年 12 月开始改革水利投资的使用办法，对于水利事业费普遍实行"效益合同制"，采取差额补助、统收统支、节约分成 3 种办法，做到基层单位领导、财务人员、职工群众心中都有底有数。对基本建设经费，以承包合同制的形式，普遍推行预算包干的办法，即对工程费和投资按照审批的年度预算实行投资包干。

1996 年，湖北省计委、省水利厅以鄂水计〔1996〕416 号文联合下发《湖北省水利建设事权划分和投资分担暂行办法（试行）》，按谁受益谁负担的原则，根据工程建设性质、规模和受益范围，对工程进行权事的划分。省主要负责流域性枢纽调水控制工程和跨地、市、州的水利设施以及重要骨干水利工程建设；地、市、州主要负责跨县（市）的水利设施和骨干水利工程建设；一个县（市）范围内的水利工程，主要由县（市）负责筹资建设。已建水利工程的整险加固、更新改造、扩建及配套等，按现行管理体制进行管理，谁受益谁负担。

大江大河的治理，由中央和省承担。流域面积 2000～3000 平方千米的干流治理，中央和省补助 30％；2000 平方千米以下的河道治理，省不安排投资。

涵闸工程项目由所在地、市、州或县（市）负责。大型涵闸工程投资，由中央和省补助 60％，地（市）及以下负担 40％；中型涵闸工程投资，由中央和省补助 30％，地（市）及以下负担 70％。

除涝泵站的整险加固和更新改造工程，单机容量 800 千瓦、总装机容量 2400 千瓦以上的大型骨干工程；单机容量 155 千瓦、总装机容量 1550 千瓦及以上的中型泵站工程，中央和省分别补助主体工程设备材料费的 60％、40％，其余由地（市）及以下分担 40％、60％。小型除涝工程由地（市）及以下全额负担。

新建除涝泵站工程，由项目所在地（市）或县（市）负责。单机容量 800 千瓦、总装机容量 2400 千瓦以上的大型泵站，单机容量 155 千瓦、总装机容量 1550 千瓦及以上的中型泵站，中央和省分别一次性补助主体工程投资的 70％、50％，地（市）及以下分别负担 30％、50％；泵站排区工程投资主要由受益地（市）及以下负担，中央和省分别只补助主排渠上建筑物工程投资的 50％、30％，20％由地（市）及以下负担；流域性除涝泵站，中央和省补助主体工程和主排渠上建筑物投资的 70％，30％由受益地区负担；小型泵站由地（市）及以下全额负担。

灌溉泵站的整险加固和更新改造投资，主要由受益地（市）及以下负担，其中单机容量 630 千瓦、总装机容量 2520 千瓦及以上的大型泵站，单机容量 155 千瓦、总装机容量 1550 千瓦及以上的中型泵站，中央和省分别补助主体工程设备材料费的 50％、30％，其他工程投资均由地（市）及以下负担。

新建灌溉泵站工程，由项目所在地市负责。单机容量 630 千瓦、总装机容量 2520 千瓦及以上的大型灌溉泵站，单机容量 155 千瓦、总装机容量 1550 千瓦及以上的中型灌溉泵站，中央和省分别一次性补助主体工程投资的 60％、50％，总干渠以上建筑物投资分别为 50％、40％，小型灌溉泵站全部由地（市）及以下负担。

灌排区配套工程投资，设计面积在 30 万亩以上的灌排区和 10 万～30 万亩的灌排区，中央和省补助总干渠配套建筑物投资的 40％、30％；新建灌排区，中央和省投资比例按上述规定提高 10％。

中央和省补助的各类水利工程投资，按批准的初步设计概算一经确定均实行包干使用。对工程建设中因设计漏项、工程量变更等造成的超预算投资，全部由地（市）及以下自行负担。

1998 年长江发生流域性大洪水，监利、洪湖长江干堤险象环生，四湖流域经受了一场严峻的洪水考验。灾后，国家投资对四湖流域外围的荆江大堤、长江干堤、汉江干堤、东荆河堤等重要堤防进行全面的整险加固。此举带动了水利投资的根本性转变，重要水利工程设施建设以国家投资为主，地方配套为辅。同时国家对水利工程建设作出重大调整，在项目建设中严格履行基本建设程序。工程项目的立项首先实行可行性论证，然后进行技术设计和工程造价的核定，经逐级报计划发展部门审定后，确定工程立项和投资总额，在施工过程中依据国家有关法律、法规，规范建设管理程序。2008年8月，省政府决定在全省范围内实行水利工程项目法人责任制、招标投标制、建设监理制、合同管理制。

（1）项目法人责任制。对四湖流域大型水利工程设施的更新改造、疏浚扩挖，按工程管理的权限，属四湖工程管理局管理的工程，四湖工程管理局为项目法人；属流域内各县（市、区）管理的工程，由各县（市、区）水行政主管部门为项目法人。项目法人对项目工程质量、进度和资金管理负总责。为便于对工程项目的管理，以及协调施工现场的施工环境，一般在施工现场设立项目部作为其现场具体管理单位。项目法人及其现场管理机构按照规定的职责范围开展建设管理工作，按照批准的建设内容组织实施，执行项目法人责任制、招标投标制、建设监理制和合同管理制。负责项目实施的前期准备工作，按照年度投资计划委托设计单位进行招标设计，并按国家有关规定，组织工程招标投标，择优选择施工单位；定期和不定期巡查施工现场，及时掌握施工进度和质量情况，协助解决相关技术疑难问题；督促监理单位按照监理职责严格把关，加强对工程的施工质量、进度控制，经常进行质量和进度情况的检查。

（2）招标投标制。对工程项目的建设规模及建设要求，在媒体上向社会公布。施工企业在收到此类信息后，向项目法人索要招标文件，并制订投标文件。经公开招标、评委会评议、政府监察部门代表现场监督开标等程序，选定施工企业承建，并签订施工合同。施工企业均应在施工现场成立施工项目经理部，按施工规范要求配备各类专业技术和施工人员，负责工程项目的施工管理，完成工程合同规定的全部内容。

（3）建设监理制。参与工程建设管理的有设计单位、监理单位、质量监督单位。设计单位首先是对项目的可行性进行论证和技术设计。在工程的施工过程中，设计单位一般在工程现场设立工程设计代表组，负责项目技术交底、设计变更及现场技术指导，配合建设、监理、施工单位按照设计规范、规程和设计图纸进行工程项目的施工及验收。监理单位一般按照有关规定、规范和监理合同的规定，编制《监理规划》和《监理实施细则》，派监理工程师常驻现场，从施工单位进场签发开工令起到清理施工现场工程完工止，采用旁站、巡视、跟踪检验等形式，对工程实施全过程监理，并主持分部工程验收；同时参与项目各项验收工作，接受和配合工程审计。四湖流域的工程质量监督，主要是由荆州市水利水电工程质量监督站依据国家有关法律、法规和行业有关技术规程、规范、质量标准以及批准的设计文件对工程质量进行全过程检测和监督，直至工程竣工验收交付使用。

（4）合同管理制。2000年以后，全面实行合同管理。施工合同由建设管理办公室或项目部按合同规范文本与施工企业签订，监理单位受建设单位委托直接参与施工承包合同管理。工程量核实、工程款拨付、每道工序验收都必须有监理签字。建设办公室、项目部、监理经常对施工单位按合同规定的内容进行检查、督办。

（二）投资额度

根据投资政策的不同，四湖流域治理工程资金的投入可分为两个阶段。

1955—1998年为第一阶段。国家投资与群众负担相结合。根据国家财力情况，国家主要是对大型骨干工程给予投资，群众负担投工投劳和民筹器材。群众以手挖肩挑为主要施工形式，大打人海战术，开挖六大干渠和数以千计的干、支、斗、农、毛渠。修筑东荆河隔堤、长湖和洪湖两湖围堤，兴建了洪湖分蓄洪工程，配套修建了数以千计的大小涵闸、泵站、桥梁，基本上建成四湖流域防洪、排涝、灌溉三大工程的体系。

1999—2015年为第二阶段，四湖治理工程以国家投资为主，地方配套为辅，地方配套包括投劳折资和政策性税费减免等。这一阶段主要以机械化施工，实施六大干渠的疏挖工程，完成一级泵站的更新改造和重要的二级泵站的改造，逐步对沿江引水涵闸和内垸重要的控制性涵闸进行整险加固和更新改造。

1955—2015年，四湖流域治理工程累计投资达57.82亿元，其中国家投资51.99亿元、地方自筹5.83亿元，见表12-1。按其工程项目划分，其中六大干渠工程投资51621.44万元、长湖库堤投

表 12－1

四湖流域治理工程资金投资表（1955—2015 年）

单位：万元

序号	年份	合计			江陵县			监利县			洪湖市			潜江市			荆州区			沙市区			四湖局			洪工局		
		合计	国家	自筹	合计	国家	自筹	合计	国家	自筹	合计	国家	自筹	合计	国家	自筹	合计	国家	自筹	合计	国家	自筹	合计	国家	自筹	合计	国家	自筹
1	1955	289.61	188.68	100.93	60.94	29.96	30.98	53.51		53.51	161.6	145.16	16.44	13.56	13.56	0	0	0	0	0	0	0	0	0	0			
2	1956	704.49	671.15	33.34	0	0	0	1.93	0	1.93	177.9	148.18	29.72	30.66	28.97	1.69	0	0	0	0	0	0	494	494	0			
3	1957	1561.07	1538.78	22.29	44.45	44.45	0	8.42	0	8.42	13	0	13	2.2	1.33	0.87	0	0	0	0	0	0	1493	1493	0			
4	1958	1425.29	1395.29	30	142.4	142.4	0	104.9	99.9	5	87.4	62.4	25	50.59	50.59	0	520	520	0	0	0	0	520	520	0			
5	1959	788.4	508.3	280.1	13.98	8.03	5.95	91.12	62.8	28.32	633	435	198	50.3	2.47	47.83	0	0	0	0	0	0	0	0	0			
6	1960	1481.24	853.24	628	311.4	211.91	99.49	212.57	152.15	60.42	63.34	44.92	18.42	493.93	44.26	449.67	0	0	0	0	0	0	400	400	0			
7	1963	1207.97	1056.58	151.39	269.13	234.34	34.79	214.69	171.31	43.38	79.75	49.35	30.4	194.4	151.58	42.82	0	0	0	0	0	0	450	450	0			
8	1964	1042.72	845.13	197.59	210.59	190.62	19.97	179.27	141.31	37.96	111.84	76.25	35.59	220.02	115.95	104.07	0	0	0	0	0	0	321	321	0			
9	1965	1518.77	1320.4	198.37	115.51	81.87	33.64	109.64	82.53	27.11	52.63	21.2	31.43	552.99	446.8	106.19	0	0	0	0	0	0	688	688	0			
10	1966	624.74	500.6	124.14	156.09	153.64	2.45	198.02	111.92	86.1	136.45	100.86	35.59	134.18	134.18	0	0	0	0	0	0	0	0	0	0			
11	1967	457.9	221.55	236.35	115.87	51.84	64.03	87.58	55.97	31.61	74.39	34.45	39.94	180.06	79.29	100.77	0	0	0	0	0	0	0	0	0			
12	1968	509.67	407.17	102.5	56.55	32.47	24.08	47.5	0	47.5	383.03	370	13.03	22.59	4.7	17.89	0	0	0	0	0	0	0	0	0			
13	1969	341.07	243.21	97.86	106.91	60.05	46.86	22.4	12.25	10.15	176.64	154.35	22.29	35.12	16.56	18.56	0	0	0	0	0	0	0	0	0			
14	1970	570.24	486.26	83.98	57.05	39.11	17.94	18.73	8	10.73	449.94	439.15	10.79	44.52		44.52	0	0	0	0	0	0	0	0	0			
15	1971	1991.76	1586.89	404.87	87.7	37.04	50.66	510.21	400	110.21	983.13	900.47	82.66	310.72	149.38	161.34	0	0	0	0	0	0	100	100	0			
16	1972	921.82	539.4	382.42	127.72	27.84	99.88	237.96	163.1	74.86	408.15	321.17	86.98	147.99	27.29	120.7	0	0	0	0	0	0	0	0	0			
17	1973	2902.95	2405.98	496.97	171.05	64.43	106.62	461.4	320	141.4	732	656.8	75.2	238.5	64.75	173.75	0	0	0	0	0	0	0	0	0	1300	1300	0
18	1974	4163.59	3591.4	572.19	136.9	84.92	51.98	532.1	365	167.1	1317.69	1165.86	151.83	276.9	75.62	201.28	0	0	0	0	0	0	500	500	0	1400	1400	0
19	1975	3788.92	3032.21	756.71	369.98	177.78	192.2	547.26	218.85	328.41	144.29	94.4	49.89	302.39	116.18	186.21	25	25	0	0	0	0	0	0	0	2400	2400	0
20	1976	3954.96	3116.28	838.68	231.48	54.55	176.93	785.77	427.19	358.58	228.94	220.09	8.85	778.77	484.45	294.32	930	930	0	0	0	0	0	0	0	1000	1000	0
21	1977	5187.74	3909.92	1277.82	487.36	128.69	358.67	1228.05	623.07	604.98	149.27	4.49	144.78	2323.06	2153.67	169.39	0	0	0	0	0	0	0	0	0	1000	1000	0
22	1978	3906.79	3070.12	836.67	491.21	444.18	47.03	1414.25	947.19	467.06	163.45	48.6	114.85	397.88	190.15	207.73	0	0	0	0	0	0	240	240	0	1200	1200	0
23	1979	4678.39	3469.42	1208.97	470.01	294.17	175.84	1488.77	724.84	763.93	148.35	39	109.35	366.26	206.41	159.85	0	0	0	0	0	0	945	945	0	1100	1100	0
24	1980	3158.32	2264.04	894.28	640.39	277.08	363.31	1054.55	652.16	402.39	78.5	49.4	29.1	134.88	35.4	99.48	0	0	0	0	0	0	1000	1000	0	250	250	0
25	1981	1517.05	1108.3	408.75	298.29	64.9	233.39	294.59	218.82	75.77	273.79	209.8	63.99	110.38	74.78	35.6	0	0	0	0	0	0	440	440	0	100	100	0
26	1982	1632.85	753.94	878.91	268.28	62.8	205.48	362.35	206.64	155.71	459.8	75	384.8	192.42	59.5	132.92	0	0	0	0	0	0	320	320	0	30	30	0
27	1983	2110.76	1432.92	677.84	330.59	132.11	198.48	802.86	651.76	151.1	328.79	123.25	205.54	147.52	24.8	122.72	0	0	0	0	0	0	351	351	0	150	150	0
28	1984	3357.92	2456.74	901.18	524.85	256.59	268.26	808.94	578.9	230.04	939.79	724.25	215.54	240.34	53	187.34	0	0	0	0	0	0	779	779	0	65	65	0
29	1985	4139.9	3489.1	650.8	244.48	115.9	128.58	992.75	761.1	231.65	1434.87	1306.8	128.07	187.8	25.3	162.5	0	0	0	0	0	0	1230	1230	0	50	50	0

续表

序号	年份	合计			江陵县			监利县			洪湖市			潜江市			荆州区			沙市区			四湖局			洪工局		
		合计	国家	自筹	合计	国家	自筹	合计	国家	自筹	合计	国家	自筹	合计	国家	自筹	合计	国家	自筹	合计	国家	自筹	合计	国家	自筹	合计	国家	自筹
30	1986	7276	6885.6	390.4	1628	1237.6	390.4	1461	1461	0	1438	1438	0	793	793	0	110	110	0	0	0	0	1116	1116	0	730	730	0
31	1987	3533.6	2429.2	1104.4	1311.6	963.6	348	127.4	69.5	57.9	832	224.1	607.9	227.6	137	90.6	0	0	0	0	0	0	765	765	0	270	270	0
32	1988	6742.5	2652.8	4089.7	2617.5	915.2	1702.3	1751.5	1015	736.5	1398.7	173.5	1225.2	515.8	90.1	425.7	19	19	0	0	0	0	180	180	0	260	260	0
33	1989	6905.3	2323.6	4581.7	2868.7	1048.8	1819.9	1164.9	578	586.9	1924.4	104.4	1820	605.3	250.4	354.9	60	60	0	0	0	0	252	252	0	30	30	0
34	1990	2260	1293	967	787	740	47	384	34	350	338	38	300	294	24	270	127	127	0	0	0	0	130	130	0	200	200	0
35	1991	8331.6	3787.6	4544	2752	640	2112	2556.9	1486.4	1070.5	1532.5	639.9	892.6	998.2	529.3	468.9	30	30	0	0	0	0	217	217	0	245	245	0
36	1992	3391.3	2889.4	501.9	1483.3	1435.4	47.9	398	214	184	95	65	30	240	0	240	0	0	0	0	0	0	130	130	0	1045	1045	0
37	1993	9301.7	6415.4	2886.3	2328.3	1045.6	1282.7	2294.4	1678.2	616.2	904.2	370	534.2	1051.8	598.6	453.2	703	703	0	0	0	0	120	120	0	1900	1900	0
38	1994	9094.9	5254.6	3840.3	1047.1	403.6	643.5	2815	1060	1755	1340	569	771	1422.8	752	670.8	40	40	0	25	25	0	405	405	0	2000	2000	0
39	1995	9938.3	6753.6	3184.7	1028.1	228	800.1	3290.5	2280.8	1009.7	1150	525	625	0	0	0	1126.3	466	660.3	137.4	47.8	89.6	406	406	0	2800	2800	0
40	1996	19390.2	13717.3	5672.9	1408.6	221.6	1187	3806.5	1714.6	2091.9	1518.5	445.5	1073	0	0	0	1863.2	681.6	1182	239.4	100	139.4	6154	6154	0	4400	4400	0
41	1997	26407.5	17809.2	8598.3	1039	335	704	4768.8	2148	2620.8	4692.2	622.2	4070	0	0	0	1806.5	750	1057	274	127	147	10227	10227	0	3600	3600	0
42	1998	59839.8	55423.8	4416	1326.1	756.1	570	11302	9772	1530	11166.7	10171.7	995	0	0	0	3947	3597	350	2081	1110	971	1400	1400	0	28617	28617	0
43	1999	18815	18815	0	100	100	0	2147	2147	0	1308	1308	0	0	0	0	40	40	0	60	60	0	7600	7600	0	7560	7560	0
44	2000	6140	6140	0	20	20	0	229	229	0	450	450	0	0	0	0	500	500	0	15	15	0	1326	1326	0	3600	3600	0
45	2001	7542	7542	0	290	290	0	379	379	0	1138	1138	0	0	0	0	3375	3375	0	180	180	0	1180	1180	0	1000	1000	0
46	2002	7774	7774	0	528	528	0	55	55	0	510	510	0	0	0	0	1111	1111	0	190	190	0	380	380	0	5000	5000	0
47	2003	1187	1187	0	125	125	0	0	0	0	232	232	0	0	0	0	230	230	0	110	110	0	490	490	0	0	0	0
48	2004	4079	4079	0	0	0	0	1850	1850	0	310	310	0	0	0	0	844	844	0	187	187	0	725	725	0	350	350	0
49	2005	12750	12750	0	837	837	0	710	710	0	908	908	0	0	0	0	694	694	0	155	155	0	6625	6625	0	2789	2789	0
50	2006	22315	22315	0	1189	1189	0	4693	4693	0	2100	2100	0	0	0	0	1115	1115	0	592	592	0	10219	10219	0	2844	2844	0
51	2007	39193	39193	0	4532	4532	0	7159	7159	0	12520	12520	0	0	0	0	9765	9765	0	4236	4236	0	4625	4625	0	2962	2962	0
52	2008	104826	104826	0	3161	3161	0	22813	22813	0	25357	25357	0	0	0	0	3866	3866	0	0	0	0	42431	42431	0	0	0	0
53	2009	19273	19273	0	443	443	0	5480	5480	0	8670	8670	0	0	0	0	2455	2455	0	260	260	0	2225	2225	0	439	439	0
54	2010	45120	45120	0	7595	7595	0	13451	13451	0	16033	16033	0	0	0	0	6117	6117	0	0	0	0	1225	1225	0			0
55	2011	13041	13041	0	0	0	0	5827	5827	0	9784	9784	0	0	0	0	0	0	0	0	0	0	3257	3257	0			0
56	2012	11189.2	11189.2	0	837	837	0	14126	14126	0	8816.2	8816.2	0	0	0	0	0	0	0	0	0	0	2373	2373	0			0
57	2013	14137	14137	0	1189	1189	0	20895	20895	0	12912	12912	0	0	0	0	0	0	0	0	0	0	1225	1225	0			0
58	2014	15537	15537	0			0	22474	22474	0	14312	14312	0	0	0	0	0	0	0	0	0	0	1225	1225	0			0
59	2015	2887.42	2887.42	0			0	20234	20234	0	1000	1000	0	0	0	0	0	0	0	0	0	0	1887.42	1887.42	0			0
总合计		578155.22	519903.72	58251.5	46986.46	32294.17	14682.29	191514.99	174190.3	17324.73	155082.12	139767.2	15314.97	14329.43	8005.32	6324.11	41579	38331	3248	8741.8	7394.8	1347	120791.4	120791		82686	82686	0

资 15865.51 万元、洪湖围堤投资 19741 万元、洪湖分蓄洪工程投资 82686 万元、沿江涵闸投资 3748.49 万元、内垸控制性涵闸投资 8515.41 万元、大中型泵站投资 77546.34 万元、绿化植树投资 63.48 万元、四湖流域各县（市、区）水利工程投资 297889.92 万元，见表 12-2。

表 12-2　　　　　　　　　　　　四湖流域分项目投资总表（1955—2015 年）

工程项目	合计投资/万元	其　中		工　程　量		备　注
		国家投资/万元	自筹投资/万元	土方/万 m³	混凝土/万 m³	
合计	578155.70	513862.91	64292.79	346402.85	277.74	
"六大"干渠工程	51621.44	51621.44	—	10918.05		
长湖库堤	15865.51	15863.30	2.21	878.15	2.99	1996 年潜江市疏挖后未包括在内
洪湖围堤	19741.00	19741.00		951.69	2.21	
洪湖分蓄工程	82686.00	82686.00		10169.91	16.70	
沿江涵闸	3748.49	3571.96	176.53			
内垸涵闸	8515.41	8400.63	114.78			
大型泵站	70768.81	70423.83	344.98			
中型泵站	6777.53	5187.88	1589.65			
大中型桥梁	1546.00	1546.00				
小农水配套	18932.11	15701.00	3231.11	124662.00	104.10	
绿化投资	63.48	63.48	—			
县（市、区）水利工程	297889.92	239056.39	58833.53	198823.05	151.74	

第二节　管　理　资　金

管理资金包括水利工程设施维护费用、运行（电）费和机构人员的经费。

一、水费征收

在四湖流域水利工程管理的历史上，新中国成立前以征收土费为主。晚清时期，丘陵地区有个别联户引水工程，由管主向受益农户征收钱粮用于自身工程维修管理的文字记载。征收农田排灌水费始于 20 世纪 50 年代中期，根据 1955 年荆州专区防汛指挥部荆防字〔1955〕287 号文转发的《湖北省水利工程征收水费暂行办法》的规定，四湖流域部分县选择有一定排灌条件的区域开征水费，按亩平摊，每亩收稻谷 2～3 斤，折价 0.1～0.2 元，由各县财政部门随粮代征代管，不作为地方财政收入，专署不提成，在财政部门监督下，水利部门用于工程管理费用。1959—1961 年，四湖流域连续三年大旱，各县基本停止征收水费。已开征的几年水费数额不多，远不敷工程管理的需求，但也为后期全面征收水费提供了有益的经验。

1963 年 8 月 23 日，荆州专署依据湖北省水利厅、财政厅《关于国家管理水利工程水费征收和使用的几点意见》，参照 20 世纪 50 年代部分县征收水费的具体作法，以荆秘字〔1963〕第 402 号文首次颁布《湖北省荆州专区征收水费暂行办法》，规定凡是国家投资兴办的水利工程，均应根据受益情况征收水费，并确定征收水费标准。平原湖区排灌涵闸受益范围内的田亩，水田每年每亩征收排灌水费 0.4 元、0.5 元、0.6 元，最少不少于 0.4 元；旱田每年征收排灌费 0.1 元、0.2 元、0.3 元，最少不少于 0.1 元。征收的水费由各县（市）财政局代征代管，实行预决算审批报表制度，水费用途主要用在水利事业方面，包括管理人员的开支、工程维修和扩建等，必须专款专用，不准挪用，开支办法由水利部门编制预算，县领导批准，财政部门拨款并监督使用。专署对各县（市）征收水费的提成办法是根据分级管理的工程和管养干部的需要，确定四湖流域以县为单位所征的水费上交专署 30%。然后专署财政局拨给四湖工程管理局管理经费。

1962 年 2 月，为加强对四湖工程的管理运用，经湖北省人民委员会批准，成立荆州专署四湖工程管理局，由荆州行署直接领导，其管理经费由专署财政局从四湖流域各县（市）提成的水费中划拨。

1985 年 12 月，为加强对四湖流域水利工程统一管理，荆州行署将"荆州地区高潭口电力排灌站"和"洪湖县新滩口水利管理处"交由四湖工程管理局统一管理。至此，四湖工程的管理费由原人员经费扩展至人员经费、泵站维修养护费和排灌电费，年金额也由原 70 万元扩大至 170 万元，占四湖流域提成水费总额的 15%。

1988 年 5 月，荆州行署对全行署的行政事业单位进行清理整顿。5 月 9 日，荆州地区编制委员会以荆编办〔1988〕95 号文批复四湖工程管理局清理整顿后的机构编制，内部机构设置秘书科、计财科、多种经营科、调度室、政工科，定编 180 人，改由荆州行署水利局拨款，年均拨款 150 万元左右。

1993 年 3 月 15 日，荆州专署办公室以荆行办发〔1993〕13 号文下达荆州地区水（电）费提成任务，将四湖流域的提成水（电）费直接交由四湖工程管理局计收、管理、使用。4 月 22 日，四湖工程管理局成立水（电）费计收工作组，分成洪湖、监利、潜江、江陵等 4 个计收小组。工作组本着确保工程安全、发挥工程效益、更好地服务生产的指导思想，采取多种措施，保证每年 12 月底前完成当年水（电）费计收任务。经多方工作，1994 年度，实际计收水（电）费 369 万元，占当年计划任务 442.45 万元的 83.4%，比 1993 年多 220.4 万元。计收额度的增加有效地缓解了管理资金的困难。

1996 年，四湖流域遭受严重的内涝灾害，沿洪湖有 28 个乡镇的大部分农田尽成泽国，受灾农田达 364.2 万亩，成灾面积 2.35 万亩，农村严重减产减收。农业排灌水（电）计收非常困难。由于农民负担过重，干部和群众的关系一度非常紧张，为有效地减轻农民负担，四湖工程管理局停止到各县计收水（电）费，改由市水利局拨款。市水利局也因资金不足，所拨经费逐年减少，以至到 2003 年，每年仅拨款 70 万元，四湖工程管理局到了难以为继的境地。

二、投资体制改革

2003 年，荆州市水利工程管理单位开始水管体制改革，对水利工程管理单位实行"定编、定员、定经费"的三定方案。四湖工程管理局定编为正县级公益性事业管理单位，确定人员编制 230 人。

为减轻农民负担和规范排涝水费收费标准，湖北省财政厅、水利厅以鄂财农发〔2003〕7 号文下发《关于明确易涝地区具体范围的通知》，明确四湖流域所在的荆州区、沙市区、江陵县、监利县、洪湖市的全部乡镇为易涝的一类地区，规定每年每亩收取排涝费标准为 11 元。鉴于核定征收标准偏低，而地方财力又困难，造成大型水利工程设施的运行和维护费严重不足的局面，湖北省财政厅于 2003 年 1 月 31 日，以鄂财农〔2003〕2 号文下发《关于对大型泵站公益性排涝费用实行财政补助的通知》，决定对荆州市跨市行政范围受益的高潭口、新滩口、南套沟、螺山、杨林山、半路堤、新沟、牛浪湖、大港口和跨县（市）行政范围受益的玉湖、法华寺、冯家潭（一）等 12 处大型泵站实行财政定额补助，用于解决支付公益性排涝电费及维修补助资金。同年 10 月 17 日，湖北省财政厅又发出《关于进一步加强大型泵站公益性排涝费用支付管理的通知》（鄂财农发〔2003〕40 号），明确规定财政补助资金主要用于解决公益性排涝电费，其中荆州市 9 处跨市受益的大型排涝泵站可从省补助总额中拿出 10% 用于正常的维修养护费。

2005 年 8 月 15 日，湖北省财政厅、水利厅以鄂财农发〔2005〕42 号文印发《四湖流域水利工程定额补助资金使用管理办法》，强调为充分发挥四湖流域水利工程防汛抗旱的整体功能和效益，便于四湖流域的统一管理和统一调度，省级财政决定对参加四湖流域统排的高潭口、新滩口、老新、新沟、半路堤、杨林山、螺山、南套沟等 8 处泵站和参加统排的习家口、彭家河滩、福田等防洪（闸）、小港湖、张大口、子贝渊、下新河、新滩口、新堤、桐梓湖、幺河口等 11 座控制性涵闸，每年给予定额补助，由四湖工程管理局负责参加统排泵站的排涝电费集中审查汇总和具体组织统排涵闸、泵站的维修养护工作。

2005 年 8 月 26 日，湖北省财政厅以鄂财农发〔2005〕48 号文下发《关于下达 2005 年大型排涝泵站电费和维修补助费省级财政转移支付资金的通知》，确定拨付给四湖地区公益性排涝电费补助资金 798.4 万元、维修补助资金 426.6 万元，共计 1225 万元。由四湖工程管理局统一调拨使用。此后，每年几成惯例。

2005—2015 年，省拨排涝电费和维修补助资金 13475 万元。

1988—2015 年，水费（经费）收入共计 10695.54 万元，见表 12-3。

表 12-3　　　　　　　　　　　　　　　四湖工程管理局历年水费（经费）收入表

年份	计划/万元	实收/万元	备　注
1988	115.00	115.00	荆州行署水利局拨款
1989	127.30	127.30	荆州行署水利局拨款
1990	144.60	144.60	荆州行署水利局拨款
1991	154.80	154.80	荆州行署水利局拨款
1992	180.40	180.40	荆州行署水利局拨款
1993	183.50	148.60	荆州行署水利局拨款
1994	442.45	369.00	自收水费
1995	728.18	347.03	自收水费
1996	564.47	387.60	自收水费
1997	450.00	300.00	荆州市水利局拨款
1998	450.00	450.00	荆州市水利局拨款
1999	465.00	352.00	荆州市水利局拨款
2000	480.00	330.00	荆州市水利局拨款
2001	480.00	265.00	荆州市水利局拨款
2002	480.00	200.00	荆州市水利局拨款
2003	70.00	70.00	荆州市水利局、市财政拨款
2004	70.00	70.00	荆州市财政拨款
2005	197.00	197.00	荆州市财政拨款
2006	206.96	206.96	荆州市财政拨款
2007	298.12	256.65	荆州市财政拨款
2008	298.12	298.12	荆州市财政拨款
2009	328.12	328.12	荆州市财政拨款

续表

年份	计划/万元	实收/万元	备　　注
2010	328.12	328.12	荆州市财政拨款
2011	328.12	487.29	荆州市财政拨款
2012	489.07	489.07	荆州市财政拨款
2013	297.29	1826.78	荆州市财政拨款
2014	467.77	1123.09	荆州市财政拨款
2015	660.38	1143.01	荆州市财政拨款
合计	9484.77	10695.54	

第三节　劳　务　投　入

四湖流域人民对水利建设作出了巨大的劳力投入，冬春修筑堤防、开挖河渠，夏秋防汛抢险，而且是年复一年、代代相传。特别是新中国成立后，四湖流域人民为治理四湖频发的水患灾害，其劳务投入更是空前的。

一、水利投工负担政策

水利投工负担总的原则是：谁受益，谁负担；多受益，多负担；少受益，少负担；不受益，不负担。

新中国成立初期，四湖流域的水利工程建设，主要是修筑堤防，防止外江洪水倒灌。1955年，修筑洪湖隔堤，监利洪湖两县派劳力参加施工，按工程实际需要的工程量，将任务分解到县，各县以"田七劳三"的比例将任务层层分解到区、乡。各县完成任务的，由国家给予一定的生活补助。

1955年后，四湖流域在大力加固堤防、关好大门的同时，水利建设的重点开始转向内垸水系治理，荆州专署为此颁布水利用工政策的规定：受益田在100～1000亩的水利工程，由群众自筹自办；需要办而又有困难者政府予以贷款解决；受益田1000～3000亩的水利工程，由群众自筹自办，但器材和技工开支可以在地方政府征收的附加费中解决；受益5000亩以上的水利工程，全由地方附加费内解决；受益1万亩以上的水利工程，由省投资解决。1958年，实行"人民公社"体制后，荆州专署作出规定，凡跨县行政区域的大型水利工程所需标工由专署统一测算后下达给各受益县（市），再由县（市）统一分派负担，人民公社按总人口的30％，国营农场按总劳动力的30％统一计算任务。1958—1960年，四湖流域的水利任务非常重，1972—1975年，洪湖分蓄洪工程上马，所需劳动力多，高峰期上劳动力48万人，四湖流域县所属的四县无力承担，只得征调其他县（市）劳动力共同承担。于是，出现受益区与非受益区平摊任务，无偿调劳力、物资（简称"一平、二调"），实行大兵团的人海战术。承担水利工程施工任务的民工上工地后，按定额完成任务后记水利工，然后回社队记工参加年终农业分红。自1960年起，给工地每人每月生活费3元，每天补助粮食（大米）0.5市斤。20世纪70年代后国家给予每标工0.2～0.4元的补助，如参加大型涵闸、泵站施工的民工是较长时间从事施工，且是技术工种的每月可记30个水利工外，另可获得每月24元的生活补助。

1979年，农村实行家庭联产承包责任制，水利负担工只能以户结算，而集中劳动力大规模协助施工的办法已不适应新的要求，后一度出现"以资代劳"的形式，即以县为单位，将当年所需完成的水利建设用工按田劳比例（或田人比例）折算，以县政府的文件下达给各乡镇，分解到农户。农户无劳动力不愿出工的，可以把任务标工数折算成现金交给村委会，由村委会组织清工结账兑现，此种办法较好地解决了农村劳动力外出务工经商不能完成水利任务的矛盾，也便于组织机械化施工。但也出现水利工层层加码的现象，加重农民负担。

2002年，四湖流域启动农村税费改革，将2002—2005年定为3年过渡期，此期间水利工按劳动力平均10个工作日安排施工项目，即经受益农民"一事一议"后，再确定兴工建设。此时的大型水利工程建设一般改用国家投资，水利投工随即停止。

二、完成工程量

1955年11月16日至1956年1月26日，组织监利、沔阳、洪湖三县共12.46万人，其中监利4.43万人、沔阳4.44万人、洪湖3.59万人。兴筑东荆河下段洪湖隔堤，完成土方514.76万立方米、标工2385.8万个、投资282.59万元。

1956年12月至1958年5月，荆州专署组织江陵、潜江、监利、洪湖四县及沙洋农场共61000人，以及湖南省卖工队1544人，河南省长垣、滑县、杞县、南阳、永城、镇平、唐河等七县灾民18400人以工代赈队共80944人，开挖东干渠全线和总干渠中下段共96千米渠段，完成土方920万立方米、标工736万个。

1958年冬至1960年春，江陵、潜江、监利、洪湖、沙市（市）四县一市共动员24万劳力，施工渠线有总干渠、田关渠、西干渠，共长212千米，以及观音寺闸和四大干渠配套灌溉涵闸，完成土方2886万立方米、标工2300万个。同期，监利、洪湖两县还组织近3万人，共同完成开挖监洪大渠（亦称监北干渠），此渠从顾庙经三官殿、渡口、俞角垴入内荆河，长23千米，完成土方250万立方米、标工200万个。

1965年冬至1967年春，监利、洪湖两县组织近5万人，开挖从福田寺到小港的总干渠与洪湖的分家渠，长42千米，完成土方520万立方米、标工416万个。

1970年11月至1971年3月，组织荆门、潜江两县6万人，完成田关河的底宽由54米加宽到84米的扩挖工程，完成土方764万立方米、标工597万个。

1971年冬至1974年春，完成螺山渠道开挖任务，完成土方817万立方米、投工654万个、投资149.1万元。

1972年冬至1976年春，完成洪湖分蓄洪工程主隔堤及排涝河的修筑及开挖，高峰期投入劳力42万人，完成土方3368.7万立方米、标工2644.96万个、投资6881.38万元。

1977年冬至1978年春，江陵、监利、沙市（市）两县一市投入劳力85000人，完成西干渠的疏挖及血防灭螺工程，完成土方600万立方米、标工480万个。

1978年11月至1980年元月，再次组织江陵、监利、潜江、洪湖四县85000个劳力，完成四湖总干渠的疏挖任务，完成土方2008万立方米、标工21604万个。

1988年11月至1989年1月，潜江县组织10万人施工，完成四湖东干渠扩挖工程，完成土方340万立方米、标工272万个。

1990年冬至1991年春，完成东干渠、排涝河、田关河、太湖港扩挖疏浚工程，完成土方1200万立方米、标工960万个。

1991年11月至1992年3月，监利、洪湖、潜江、荆门共组织近30万人，完成螺山渠疏挖、洪湖围堤整治、田关河扩挖工程，完成土方722.52万立方米、标工578万个。

1992年，田关河扩挖工程改传统人工开挖为机械施工方式，采用40台推土机和4条挖泥船施工，完成土方180万立方米。机械化施工以机代人，变难为易，大大减轻劳动强度和资金投入，备受群众欢迎。为此后的大型水利工程施工开辟新方向。

1955—1998年，四湖流域治理工程共完成土方198823.1万立方米、石方392.98万立方米、混凝土151.83万立方米，共投入标工150719.66万个，见表12-4。

四湖流域水利工程完成数量表

表12-4

单位：万 m³

年份	江陵县			监利县			洪湖市			潜江市			荆州区			沙市区			合 计			完成标工/万个
	土方	石方	混凝土	土方	石方	混凝土	土方	石方	混凝土	土方	石方	混凝土	土方	石方	混凝土	土方	石方	混凝土	土方	石方	混凝土	
1955	0.15	0.73	0.03	123	0.02	—	88	0.05	0.01	69	0.07	—	—	—	—	—	—	—	280.15	0.87	0.04	354.75
1956	—	—	—	283	0.08	0.03	45	0.25	0.08	145	0.05	0.02	—	—	—	—	—	—	473	0.38	0.13	594.75
1957	91	—	—	441	0.01	0.06	170	0.5	0.05	91	0.02	0.01	—	—	—	—	—	—	793	0.53	0.12	2279.25
1958	356	0.8	0.13	1060	0.17	0.35	1098	0.23	0.13	525	0.27	0.08	—	—	—	—	—	—	3039	1.47	0.69	3231.75
1959	222	0.3	0.02	1186	0.44	0.38	2611	1.34	1.5	290	0.13	0.08	—	—	—	—	—	—	4309	2.21	1.98	5880
1960	1570	1.44	0.3	2346	1.13	1.24	3064	0.92	0.42	860	0.45	0.84	—	—	—	—	—	—	7840	3.94	2.8	791.25
1961	179	0.18	0.09	383	0.15	0.06	386	0.9	0.5	107	0.4	0.22	—	—	—	—	—	—	1055	1.63	0.87	1788.75
1962	630	0.94	1.38	825	1.18	2.02	540	0.71	1.32	390	0.8	1.03	—	—	—	—	—	—	2385	3.63	5.75	1904
1963	511	0.53	0.7	693	0.47	1.4	493	0.47	0.6	586	0.47	—	—	—	—	—	—	—	2283	1.94	2.7	3040.8
1964	842	0.72	0.39	1254	0.74	0.98	682	0.3	0.36	1023	0.94	0.67	—	—	—	—	—	—	3801	2.7	2.4	2436.8
1965	878	0.36	0.23	1225	0.79	0.77	711	0.26	0.41	232	1.26	2.79	—	—	—	—	—	—	3046	2.67	4.2	2786.4
1966	1644	0.64	0.71	429	0.26	0.17	542	0.72	0.55	868	0.27	0.92	—	—	—	—	—	—	3483	1.89	2.35	4909.6
1967	3362	0.54	0.28	344	0.31	0.42	345	0.41	0.32	2086	0.44	0.54	—	—	—	—	—	—	6137	1.7	1.56	909.6
1968	417	0.04	0.02	134	0.21	0.21	105	0.18	0.14	481	0.05	0.16	—	—	—	—	—	—	1137	0.48	0.53	1427.2
1969	548	0.15	0.11	180	0.13	0.03	126	0.15	0.08	930	0.02	0.05	—	—	—	—	—	—	1784	0.45	0.27	1539.2
1970	773	0.03	0.05	236	0.07	0.02	330	0.42	0.06	585	0.69	0.3	—	—	—	—	—	—	1924	1.21	0.43	6590.4
1971	1655	1.2	0.08	2356	1.26	1.48	1274	1.36	5.04	2953	1.83	0.66	—	—	—	—	—	—	8238	5.65	7.26	
1972	1428	1.4	0.41	1232	1.02	0.85	1070	0.93	0.33	1629	4.03	0.27	—	—	—	—	—	—	5359	7.38	1.86	4278.2
1973	1266	0.3	0.49	2518	1.35	2.06	1183	0.21	2.52	1791	2.3	0.65	—	—	—	—	—	—	6758	4.16	5.72	5262.4
1974	2228	0.4	0.55	4118	1.4	2.42	1284	1.54	2.91	1665	2.62	0.43	—	—	—	—	—	—	9295	5.96	6.31	7436
1975	924	1.1	0.5	4056	1.04	2.28	76	0.39	1.58	2933	1.3	1.08	—	—	—	—	—	—	7989	3.83	5.44	6391.2
1976	3078	1.45	0.86	4175	1.44	3	1546	0.22	1.71	2591	1.51	2.05	—	—	—	—	—	—	11390	4.62	7.62	9112

续表

年份	江陵县			监利县			洪湖市			潜江市			荆州区			沙市区			合计			完成标工/万个
	土方	石方	混凝土	土方	石方	混凝土	土方	石方	混凝土	土方	石方	混凝土	土方	石方	混凝土	土方	石方	混凝土	土方	石方	混凝土	
1977	2643	0.25	0.65	2975	1.87	2.26	1043	0.5	0.9	2243	—	1.56	—	—	—	—	—	—	8904	2.62	5.37	7123.2
1978	2169	0.84	1.53	3159	2.87	6.72	2436	0.07	0.94	2672	2.27	0.66	—	—	—	—	—	—	10436	6.05	9.85	1304.5
1979	1706	1.96	0.82	2169	2.15	3.81	1638	0.75	0.7	1457	2.32	0.74	—	—	—	—	—	—	6970	7.18	6.07	5576
1980	1308	0.83	0.8	1101	1.97	2.44	1742	1.31	0.96	364	1.16	0.54	—	—	—	—	—	—	4515	5.27	4.74	3612
1981	746	0.54	0.62	610	0.41	1.15	1066	0.83	0.99	774	0.57	0.31	—	—	—	—	—	—	3196	2.35	3.07	2556.8
1982	873	1	0.65	1241	0.93	1.07	1051	0.86	1.3	892	0.86	0.57	—	—	—	—	—	—	4057	3.65	3.59	3245.6
1983	895	1.3	0.56	2112	2.19	2.03	979	0.24	0.51	907	0.76	0.35	—	—	—	—	—	—	4893	4.49	3.45	3914.4
1984	861	1.77	1.12	689	1.47	1.12	927	4.61	2.93	894	1.04	0.48	—	—	—	—	—	—	3371	8.89	5.65	2696.8
1985	872	0.3	0.71	1109	0.2	1.6	717	0.76	1.53	335	0.12	0.01	—	—	—	—	—	—	3033	1.38	3.85	2426.4
1986	1180.6	0.14	0.61	1034	29	—	1119	3	—	313	—	1	—	—	—	—	—	—	3646.6	32.14	1.61	2917.28
1987	1234	6.7	0.71	1127.2	21.9	0.83	1058	0.08	0.2	273.5	0.56	2.78	—	—	—	—	—	—	3692.7	29.24	4.52	2954.16
1988	1866.4	5.43	0.58	1250.5	13.7	0.94	951.7	0.08	0.21	134.8	1.4	0.52	—	—	—	—	—	—	4203.4	20.61	2.25	3362.5
1989	2181.8	6.31	0.76	935.6	21.33	0.92	741	0.2	0.62	230.4	0.76	0.24	—	—	—	—	—	—	4088.8	28.6	2.54	3271
1990	2195.8	7.1	1.51	1390	—	1.43	1300	—	1.1	1000	—	0.6	—	—	—	—	—	—	5885.8	7.1	4.64	4708.64
1991	2127.4	7.45	0.95	1075.7	22.01	0.46	966	6.78	1.87	250	0.9	0.48	—	—	—	—	—	—	4419.1	37.14	3.76	3535.28
1992	1993.3	5.18	1.09	357	—	0.06	89	—	0.06	38	—	0.37	—	—	—	—	—	—	2477.3	5.18	1.58	1981.84
1993	1950	8.16	0.91	1231.6	20.51	1.3	948	21.3	0.45	537.6	0.28	0.21	—	—	—	—	—	—	4667.2	50.25	2.87	3733.76
1994	1582.5	1.72	1.6	1145	4.63	0.3	1080	1.4	0.73	1025	2	0.7	—	—	—	—	—	—	4832.5	9.75	3.33	3866
1995	788.7	0.3	0.29	1094.7	11.74	0.48	1318	—	0.1	—	—	—	700.5	0.45	2.1	153	0.9	0.8	4054.9	13.39	3.77	3243.92
1996	81.2	—	0.86	1024.6	15.49	0.16	942.8	—	0.31	—	—	—	770.8	2.68	0.59	69.6	0.8	0.12	2889	18.97	2.04	2311.2
1997	1025	0.3	0.99	1552	9.52	6.58	186	2.87	0.75	—	—	—	748	1.64	0.71	69.6	0.8	0.12	3580.6	15.13	9.15	2864.48
1998	1650	0.5	0.8	3164	18.6	0.22	2034	4.2	1.2	—	—	—	1000	1	0.77	364	2.5	0.11	8212	24.3	3.1	6569.6
总计	54531.85	71.33	26.45	61143.9	216.16	56.11	42101.5	62.3	38.98	37170.3	34.92	24.97	3219.3	5.77	4.17	656.2	2.5	1.15	198823.1	392.98	151.83	150719.66

第四节 财 务 管 理

一、财务管理的职责与办法

1955 年 11 月，湖北省公安厅、民政厅共同组建"湖北省四湖排水工程指挥部"。12 月，荆州专署成立"荆州专区四湖排水工程指挥部"。两级工程指挥部共同负责四湖工程的实施。1956 年 11 月，湖北省四湖排水工程指挥部撤销，四湖治理工程的施工及管理移交"荆州专区四湖排水工程指挥部"。指挥部下设计划财务科具体负责工程建设资金的使用及管理。

1962 年 2 月 10 日，经湖北省人民委员会批准，成立"荆州专署四湖工程管理局"，内设计财科，指挥部管理财务的职能全部移交给计财科。按照国家财政管理规定，四湖工程管理局隶属荆州专署领导，业务归属专署水利局管理，接受财政、审计等部门监督，对工程建设资金和工程管理运行费用，以及对所属县（市、区）四湖工程管理段和直属单位的财务工作进行监督管理，执行国家统一的事业单位管理制度。

2003 年，荆州开始水利管理体制改革，对水利工程管理单位实行"定编、定员、定经费"的三定方案，工程管理经费纳入同级地方财政预算和拨付。至此，荆州区、沙市区、江陵县、监利县、洪湖市 5 个管理段原由荆州市四湖工程管理局支付的经费补助费改由各所在县（市、区）同级财政全额支付。

荆州市四湖工程管理局机构改革方案明确四湖局计财科的职责为负责组织资金来源，编制财务收支计划、年度预算和决算报告。规范、指导财务、会计和统计工作；流域资产管理工作；负责对局直属单位财务管理实施监督和检查。

按国家规定，根据资金的不同来源和性质，采取不同的管理方法和核算制度。对于中央和省级财政安排的基本建设资金，执行《国有建设单位会计制度》和《基本建设财务管理规定》；对于利用世行贷款的洪湖围堤加固工程等项目资金，执行专门的财务管理办法和会计核算制度；对于中央、省级财政安排的特大防汛费、水利建设资金、正常防汛经费、堤防维护费和人员机构经费及综合经营等水利事业经费，按《事业单位会计制度》和相应的财务管理办法执行。此外，1985 年以后，随着国家经济体制改革的不断深化，为解决人员经费不足，流域部门先后兴办一批经济实体，这些实体从1993 年会计制度改革以后，分别执行相应行业的财务管理办法和会计制度。

随着国家基本建设管理体制的改革，建设工程实行"四制"（项目法人责任制、招标投标制、合同管理制、建设监理制）管理，由四湖工程管理局担任项目法人，为加强基本建设管理工作，于2006 年、2008 年、2012 年、2015 年由市政府批准成立荆州市高潭口新滩口泵站更新改造、荆州市西十渠水利血防工程、荆州市四湖流域综合治理工程、荆州市拾桥河治理工程和荆州市习家口闸除险加固工程 5 个建设管理办公室，按照"专户存储、专账核算、专人管理"的要求，由荆州市四湖工程管理局计财科设专门的基建出纳、会计人员进行资金的收付管理。

二、建设资金管理

基本建设资金是按基本建设程序纳入国家基本建设计划，由中央和省级财政划拨的资金，所有这些资金专项专户存入开户银行专款专用。每项工程的实施，都成立工地指挥部，根据工程进度和施工进度，由指挥部核准后拨付，任何人不得擅自动用。1966 年前，资金的监督和拨付由主管部门通过建设银行拨款，实行双重监督。1983 年开始，工程兴建，采用按工程设计和施工预算，由四湖工程管理局或县水利局组织施工。指挥机构承建，施工验收结账，一般按施工预算或者结账凭据报销，工地使用资金，实行理财"一支笔"，经工地指挥长批准，任何单位和个人无权动用。1998 年后，国家对水利工程建设项目逐步实行"四制"，按工程施工预算拨款。在资金管理上，实行专户存储、专账核算、专人管理、专款专用，建立规范的工程用款拨付程序。按计划项目，施工合同和工程进度，并经工程监理审核，项目行政负责人审批后拨付工程款。工程完工后，按照基本建设管理规定，编制年度工程竣工报告和财务决算报告，逐级上报审批，确保工程建设规模和财务开支符合国家规定。

在基本建设资金中，还有一个重要的来源是世界银行的贷款，它是由国家财政部与世界银行签署协议，由地方政府还本付息的借贷资金。工程建设周期由荆州市水利、计划、财政三部门共同负责，按世界银行贷款的相关要求组织实施。1995—2000 年，四湖工程管理局共计使用贷款资金 17399 万元。

三、其他资金管理

（1）人员机构管理费用。荆州市四湖工程管理局属全额预算管理的公益性事业单位，其人员机构管理费用由财政负担。1993 年以前是由荆州行署水利局拨款，1994—1996 年自收水费，1997—2002 年由市水利局拨款，2003 年至今由市财政直接拨款。由于形势的发展，四湖工程管理局多年人员机构经费严重不足（2002—2003 年每年仅 70 万元），2008 年，在市主管部门和财政部门的大力支持下，荆州市四湖管理局进行水管体制改革，市编委核定控编人员 230 人（2011 年荆襄河闸管所成立，核定编制 5 人），市财政局也相应增加了人员机构经费预算，人员机构管理费用不足的局面才逐年有了缓解。

（2）水利专项资金。水利专项资金分为中央级和省级、市级 3 种，各项资金必须专款专用。荆州市四湖工程管理局的水利专项资金大致可分为防汛费、应急整险资金、堤防维护费、小型农田水利资金、水利工程维修养护资金 5 项。

（3）防汛费。防汛费包括特大防汛费和正常防汛费。特大防汛费是中央财政预算安排的用于补助遭受特大水灾的地方的防汛抢险专项资金，必须专款专用。主要用于大江大河大湖及其涵闸、泵站工程。开支范围包括：伙食补助费、物资材料费、防汛抢险专用设备费、通信费、水文测报费、运输费、机械使用费和其他费用。

（4）排涝电费和维修养护资金。省财政厅于 2003 年 1 月 13 日，以鄂财农〔2003〕2 号文下发《关于对大型泵站公益性排涝费用实行财政补助的通知》，决定对荆州市跨市行政范围受益的 12 处大型泵站实行财政定额补助，用于解决支付公益性排涝电费及维修补助资金。同年 10 月 17 日，省财政厅又发出《关于进一步加强大型泵站公益性排涝费用支付管理的通知》（鄂财农发〔2003〕40 号），明确规定财政补助资金用于解决公益性排涝电费，其中四湖流域 8 处跨市受益的大型排涝泵站可从省补助总额中拿出 10％用于正常的维修养护费。2005 年 8 月 15 日，省财政厅、省水利厅又以鄂财农发〔2005〕42 号文印发《四湖流域水利工程定额补助资金使用管理办法》，强调为充分发挥四湖流域水利工程防汛抗旱的整体功能和效益，便于四湖流域的统一管理和统一调度。省级财政决定对参加四湖流域统排的高潭口、新滩口、老新、新沟、半路堤、杨林山、螺山、南套沟等 8 处泵站和参加统排的习家口、彭家河滩、福田等防洪（闸）、小港湖、张大口、子贝渊、下新河、新滩口、新堤、桐梓湖、幺河口等 11 座控制性涵闸，每年定额补助 1225 万元。这笔资金由四湖工程管理局负责用于统排泵站排涝电费集中审查汇总和具体组织统排单位的维修养护工作。排涝电费因每年的降雨量不同，其列支各不相同，采取包干使用、以丰补歉、节约留转的管理办法。

第十三章　综　合　经　营

四湖流域治理工程自 1955 年开始实施以来，先后开挖六大干渠和数量众多的支、斗、农、毛渠，并配套兴建大量的涵闸、泵站和桥梁，管理利用这些工程成为工程管理部门的一项重要工作。20 世纪 60—70 年代，四湖流域水利工程管理单位在保证工程设施安全运行的前提下，大力发展种植业、养殖业，渠堤植树初具规模，沿渠林带郁郁葱葱，基本达到"以林养堤"的要求。20 世纪 80 年代后，农村全面实行"家庭联产承包责任制"，农业经济发生根本性变化。作为直接服务农业的水利部门，因农业水费征收滞欠，水利工程资金投入锐减，四湖流域水利工程管理单位面临着资金短缺和家属子女就业人员增加的沉重包袱。面对这一多（人多）一少（钱少）的双重压力，四湖流域水利工程管理单位把抓多种经营纳入重要议事日程。以发展壮大水利基础产业为目的，加强水利综合经营生产，进行内部机制转换，创办经济实体，广开就业门路，实行人员分流，推动改革发展，振兴四湖水利经济。经多年努力，四湖流域水利工程管理单位的综合经营呈现出一派兴旺发达的景象，高峰期生产经营门类达 8 大类 60 多项，从业人员占总人数的 70%，年产值 3800 万元，创利润 310 万元。1984—2003 年，累计创收 22094.42 万元。随着水利改革的不断深入发展，四湖流域水利工程管理单位的综合经营体制机制有很大改变，企业营运步入规范化、市场化轨道。

第一节　综合经营发展概况

四湖流域随着治理工程的不断深入和壮大，水利工程管理单位的综合经营工作也随之兴起和发展。1960 年，四大干渠已基本挖成，3 月即植树 30 万株，防止新开渠道两岸渠堤的水土流失。1962 年，四湖工程管理局在《关于加强四大干渠管养工作的报告》中要求："干渠两岸平台、迎水坡、堤面，要求有关人民公社、农场及所属生产大队，都应栽树植草，严禁种植农作物和在堤上铲草皮"。同年 7 月 9 日，荆州专署以荆秘〔1962〕301 号文予以批复，即转发潜江、江陵、监利、洪湖等县及沙市市有关单位，要求四大干渠沿渠各县（市）工程管理单位组织专班，安排专门的经费，开展以植树造林为主导的综合经营（时称"多种经营"）。根据 1960 年湖北省委对植树造林提出的"国造国有，社造社有，队造队有"的政策，开展四湖流域植树造林工作。由于植树造林的权属比较复杂，责任不明，管理不善，初期植树经验不足，树苗的成活率较低。为了巩固造林成果，1963 年后，堤防、大中型渠道植树实行国有队营（后改为国家、公社联营）。收益按比例分成。其具体办法是：大型河流、渠道造林属国家所有，由水利部门投资树苗，交生产队栽管，收益按比例分成；小型渠道，按行政区划，交沿线生产队自栽、自管、自受益。1965 年 9 月，荆州地区水利、血防、林业、水产工作会议召开。会议提出：每一个水利工程管理单位，既要抓好工程管理，又要抓好多种经营生产，干部参加劳动，因地制宜，寸土必争，为国家创造财富，增加收入，逐步做到管理单位的工资、粮食、油料自给有余。此次会议后，四湖流域各工程管理单位把发展多种经营纳入管理工作的范畴，水利综合经营得到较快发展。

20 世纪 60—70 年代，四湖流域工程管理单位的综合经营主要是以植树造林为主，部分闸管所和管养点利用涵闸及附近沿渠低洼地段或废沟渠内开展挂网捕捞和水产养殖，解决职工生活福利。

自 1955 年以来，四湖流域大规模的水利建设，为发展水利综合经营提供了丰富的水土资源和设备、技术优势。但受各种不利因素制约，直至 1984 年四湖工程管理单位的综合经营仅有农业、林业、渔业几个项目，年总产值只有 18.18 万元，利润 10.56 万元。此后在中央"加强经营管理、讲究经济效益"的方针指导下，全系统大力发展水利综合经营，扩大经营门路，加强经营管理。1988 年，四湖工程管理局成立多种经营科，各县（市）四湖工程管理总段成立多种经营股，实行专班经营，两权（经营权、所有权）分离，事企分开，单独核算，自负盈亏。由此，四湖流域工程管理单位的综合经营范围和规模不断扩大，其经营形式也由封闭式经营转变为开放式经营。1989 年，四湖水利系统综合经营完成产值 487.7 万元，创利润 59.97 万元。

随着经济改革的不断深入，四湖流域水利工程管理单位逐步打破行业界限，加强横向联系，在经营思路上，已突破过去单纯为农业服务的束缚，实行转轨变型，为全社会服务。在经营管理上，突破粗放经营，重视质量，讲究效益，依靠科学技术，提高竞争能力。在经营方式上，实行单位经营、分组经营、群众联营、合伙承包、横向联合、下岗分流等多种经营形式，突破单位界限，吸收社会劳动力和闲散资金与设备，扩大经营规模，在经营项目上，坚持因地制宜，发挥水土优势，多搞一些投资少见效快的小项目，种植、养殖、加工、供水、旅游、商业、餐饮等项目不断扩展，使综合经营出现跨越式发展，综合经营收入逐年增加。1995 年，四湖流域水利工程管理单位综合经营总产值 2575.90 万元（不含水费），实现利润 251.07 万元。水利综合经营的发展，增强了水利工程管理单位的自身活力，促进了工程管理单位经济的良性循环，增加了干部职工家属子女就业机会，改善和提高了职工的收入水平，稳定了水利队伍。

1996 年后，在由计划经济向市场经济的转轨过程中，市场竞争越来越激烈，四湖流域水利工程管理单位的综合经营遇到挑战和困难。为适应新的形势，四湖流域各工程管理单位对各经营实体进行新一轮的改革。在稳定已有项目，向内挖潜，向外使劲，注重经济增长的同时，采取抓大放小，积极稳妥地对综合经营实体进行公司制的改造，实行资产重组，壮大企业规模，使综合经营实体逐步成为适应市场经济的法人实体。1998 年底，报经上级批准，四湖工程管理局成立"湖北省四湖有限责任公司"。公司下设挖泥船队（一公司）、劳动经营公司（二公司）、习口闸管所（三公司）、物资公司（四公司）、机关服务公司（五公司），四湖工程管理局局长为法人代表，分工 1 名副局长分管公司事务，负责下属 5 个分公司和各县（市）管理段综合协调、指导、服务等工作。参加公司经营的职工与管理工作脱钩，工资收入与公司经营的效益挂钩。各县（市）四湖工程管理段也相应地对较大的经济实体进行改制，成立综合开发分公司。对中小型经营实体则推行民营化，采取承包、拍卖、租赁、重组的方式实行个体经营。对公司改制后落岗和个体经营的职工则实行带薪分流或买断工龄，改变职工身份等方式，予以安置。通过此轮改革，企业成为经营包干、自负盈亏的经营实体，经营的好与坏与经营者自身利益挂钩，从而促进企业形成一切工作围着销售市场转、企业负责人围着销售转、视产品质量是企业的生命线的工作机制。通过一系列的改革和产业结构调整，四湖流域水利工程管理单位的综合经营进入较高水平发展阶段。1998 年，全系统完成综合经营产值 3860 万元，创利润 254 万元。

由于四湖水利综合经营规模小，资金少，经营分散，加之缺乏懂管理善经营的人才，不少企业经营十分困难，有的甚至面临破产。1998 年后，四湖流域水利工程管理单位对企业又进行一次改革，即鼓励企业人员从事个人承包，兴办民营企业，还可将部分可经营的场地由单位收回。进入市场竞价拍卖变更使用权，由此而来的是部分经营实体被拍卖或租赁承包，转换经营主体；另有部分经营实体由于经营不善或缺乏扩大搞经营的资本而破产或停办，部分职工处于待岗的状况，四湖流域水利工程管理综合经营开始出现下滑的现象。

2003 年，四湖流域水利工程管理单位根据国家、省、市有关文件精神，结合系统内人员多、人员经费无着落、综合经营效益差的实际状况，开始实行竞争上岗及合同聘用制改革，并制定《四湖工程管理局关于实行人员聘用制暂行办法》和《竞争上岗实施细则》。在设岗定员的基础上，对已有人员通过竞争上岗的方式，建立人事聘用关系。落聘人员发少量的生活费自谋生路。到 2003 年为止，分流人员 628 人，达到总人数的 70%。通过此轮改革，四湖流域工程管理单位的综合经营实体除局机关所属的挖泥船队、物资公司、劳动经营公司还能维持生存外，其他经营项目已基本停止。1984—

2003 年，四湖流域水利工程管理单位综合经营历年完成产值约 2.21 亿元，实现利润 1907.29 万元，
见表 13-1。

表 13-1　　　　　　　　四湖流域水利工程管理单位综合经营历年完成情况　　　　　　单位：万元

年份	计 划		完 成	
	产值	利润	产值	利润
1984	185.30	15.60	18.18	10.56
1985	282.60	20.50	101.70	15.88
1986	290.00	25.50	110.00	20.50
1987	243.80	43.28	197.74	32.42
1988	328.62	39.34	300.35	37.27
1989	422.60	47.60	487.70	59.97
1990	518.00	69.90	814.94	86.95
1991	901.00	89.30	968.71	96.59
1992	1064.00	106.55	1376.33	117.99
1993	1638.00	158.80	1954.48	163.48
1994	2121.00	207.60	2575.90	251.07
1995	2236.00	179.50	2390.00	191.30
1996	2846.00	234.00	3121.50	258.81
1997	3396.00	299.90	3836.35	310.50
1998	4638.00	361.70	3860.00	254.00
1999	254.00	10.50	241.11	−1.08
2000	1000.00	50.50	344.58	−19.24
2001	2290.00	200.00	421.54	173.77
2002	1500.00	50.00	101.58	−33.41
2003	100.00	5.00	64.00	1.00
合计	26254.92	2215.07	22113.88	1907.29

2007 年 10 月，湖北省四湖水利水电建设有限公司成立，整合原挖泥船队、物资公司、劳动经营
公司的资产和人员，申报批准为水利水电工程施工总承包三级资质，注册资金 800 万元，其经营范围
为：水利水电工程施工、农田基本建设开发网道疏浚、水产养殖、店面出租。

2008 年，四湖工程管理单位开始实行水利工程管理体制改革，对水利工程单位进行"定编、定
岗、定经费"。将从事防汛抗灾、工程管理的部门定性为纯公益性的事业单位，确定单位岗位职数，
在已有干部职工中实行竞争上岗，其经费由同级财政预算列支。定性为事业单位的人员不再从事综合
经营。对从事经营性的部门则定性为企业单位，与水利工程管理单位脱钩，实行企业化管理，经营人
员成为社会自然人。2009 年，四湖流域工程管理单位改革到位，荆州市编制委员会批准四湖流域工
程管理单位人员编制 1489 人，比改革前的 2872 人减少 1383 人。其中四湖工程管理局批复编制 235
人，比改革前的 482 人减少 247 人。核定四湖工程管理局人员经费 563.5 万元，工程维修养护经费
710 万元。四湖工程管理单位不再从事综合经营。

第二节　经 营 形 式

四湖流域水利工程管理单位综合经营是以种植业作为发端，在 1960—1976 年近 16 年的时间里，
全系统植树造林 96.6 万株，对防止主要干、支渠水土流失，扩大工程管理单位的经济收入起到了很

好的作用。1979 年，湖北省水利厅下文要求工程管理单位要大力发展多种经营，并多次召开多种经营会议。四湖工程管理局根据省水利厅要求，作出多种经营规划，经营门类有植树造林、水产养殖、副业生产、机械加工、挖泥船、船闸运输、涵闸挂网捕捞、农业生产等多种经营形式，至 1985 年生产总值达 101.7 万元，当时号称荆州地区水利系统"四大百万富翁"之一（年总产值过 100 万元的单位有 4 个）。

1988 年 5 月，四湖工程管理局成立"多种经营科"，配备工作人员 5 名，具体负责全系统的多种经营工作。各县（市）管理段也相应成立专门的机构，专门从事此项工作。四湖流域工程管理单位自组建综合经营管理机构以后，按照"实事求是办企业，因地制宜求发展，内部使劲挖潜力，发挥优势创效益，适合什么搞什么，小钱大钱一起赚"的原则，以种、养殖业为基础，发挥优势建基地，因地制宜搞庭院经济，挖掘内力办实体。经过 10 多年的艰苦创业，逐步形成农业、林业、渔业、运输业、加工业、商业、工业、服务业等八大行业。在经营方式上，实现两权分离，事企分开，人员分流，经管分线，单独核算，自负盈亏。经过努力，四湖流域水利工程管理单位综合经营发展达到最好时期，基本达到"行业脱贫，职工保收，子女就业，队伍稳定"的局面。

一、农业

自 1962 年后，四湖流域先后修建多座骨干涵闸和大型流域性泵站，这些工程大多地处偏僻，管理人员大多是由建站时农民工施工人员（称为"亦工亦农"人员）留转而来，粮食供应（当时只有城镇户籍的职工国家才发放"粮票"）没有保障，职工人心不稳。为解除这部分职工的后顾之忧，工程管理单位大多利用地处湖乡地偏的条件，开垦荒地，生产粮食自给自足。高潭口泵站站长姚云高带领干部职工，在洪湖分蓄工程主隔堤与东荆河堤两侧的湖荒中，艰苦开垦出旱地 68 亩、水田 20 亩、鱼池 10 亩，种上高粱、水稻、黄豆、芝麻、花生、油菜等农作物。泵站的干部职工既要保证泵站运行管理，又要在农田里辛勤耕耘。当年开荒当年收获高粱 1 万多千克、稻谷 6000 千克、黄豆 1500 千克、花生 1300 千克、菜子 2500 千克。园中有蔬菜，圈内有肥猪，池里产鲜鱼。泵站职工生活有保障，泵站开机运行和农业生产两不误，泵站呈现出一派丰收喜悦的景象。

二、林业

四湖流域六大干渠总长 446.94 千米，按渠堤面迎水坡、背水坡、平台、禁脚计算共有可植树面积约 21000 亩，其中属四湖流域工程管理单位管理的有 13631.5 亩。1960—1980 年已植树 11342.5 亩，占管理面积的 83.2%，尚待植树面积 2289 亩，占管理面积的 16.8%。至 1984 年，累计成林约 20000 立方米。除间伐外，当时有大小树木 112 万株，其中成材树木 67.56 万株。另有 7368.5 亩宜林面积，占总植树面积的 35.1%，在 20 世纪 60 年代，被沿渠各县（市）、社队辟为林场，或被沿渠农户占有。1979 年 2 月 21 日，荆州行署以荆行〔1979〕14 号文《关于四湖总干渠工程管理试行规定》明确："总干渠的河道，两岸的平台、渠路、渠堤及渠堤路面禁脚范围以内的土地，均属国家所有；为防止水土流失，渠堤背水面坡禁脚定为 3～5 米。同时要立足当前，着眼长远，按规划要求，两岸留足平台，并保证堤线的实施。以上范围内的土地，任何人不得占用，应由四湖工程管理局统一管理、经营使用。"由于历史的原因，被沿渠社队占去的工程管理范围内的面积，除少量收回部分面积外，仍有大量面积为沿渠林场、社队和个人使用。

1979—1981 年，四湖总干渠进行第二次疏挖工程。工程施工结束后，四湖流域各工程管理单位利用施工便利条件对内外堤坡、平台进行整理，并收回部分被占用的土地，再次开展大规模的植树造林，据 2000 年统计，全系统共植树造林 247.2 万株，植树长度 878 千米，详见表 13－2。

表 13 - 2　　　　　　　　四湖流域四大干渠植树造林统计表（2002 年）

段别	植树/万株	植树长度/km	备 注
江陵总段	39.4	190	指渠道的两岸堤长
潜江总段	65.2	278	
监利总段	82.8	240	
洪湖总段	59.8	170	
合计	247.2	878	

三、渔业

四湖流域水利工程管理单位最早的渔业生产源于挂簖（捕鱼的网具）捕捞。四湖总干渠从长湖习家口起经福田寺、子贝渊入洪湖，再经小港至新滩口入长江；田关渠从长湖刘家岭到田关入东荆河。每年汛期与冬季排水，大量鱼、蟹随水游走。自 20 世纪 60 年代中期起，先后在习家口闸、刘家岭闸、福田寺闸、小港闸等处，利用放水之机，挂簖捕鱼。以 1979 年为例，习家口、刘家岭、福田寺、小港等 4 闸当年捕捞鲜鱼 42160 千克、捕蟹 20195 千克，见表 13 - 3。在此之前的每年其收获还算丰厚，年均收入均在 6 万～7 万元。自 20 世纪 80 年代以后，由于精养鱼池的开始和渠道水质的污染，野生鱼越来越少，挂簖捕捞逐年减少，以至完全停止。

表 13 - 3　　　　　四湖流域涵闸挂簖捕鱼（蟹）统计表（1979 年）　　　　　单位：kg

闸 名	年捕鱼量	年捕蟹量	捕捞起止时间
习家口闸	3500	4000	1997 年至 1985 年
刘家岭闸	8660	6195	1972 年至 1985 年
福田寺闸	17500		1968 年至 1985 年
小港闸	12500	10000	1970 年至 1985 年
合计	42160	20195	

四湖工程管理局所属堤段和涵闸管理单位，20 世纪 60 年代初曾在沿渠及闸段附近小型低洼地和废沟渠内开展水产养殖，但其收效不大，仅能改善职工生活。尔后，由于大规模发展综合经营，各工程管理单位便利用各自的优势，开挖精养鱼池，开展水产养殖。1971—1985 年，先后开挖鱼池 282.5 亩，四湖工程管理局在刘家岭闸、习家口闸，江陵四湖工程管理段在彭家河滩创办较大规模的渔场。1985 年成鱼产量达 39120 千克。此后，其他各管理段（所）大力效仿，至 2000 年，四湖流域工程管理单位共开挖鱼池 1064 亩，开发菱藕养殖基地 600 亩，可年产成鱼 15 万千克。

四、运输业

四湖工程管理单位的运输业分水上运输业和陆地运输业。水上运输业有江陵四湖运输船队和局直挖泥船队，水上运输兴起后不仅解决了子女就业难的问题，每年还创产值近 250 万元，纯利润近 20 万元。陆地运输业主要是以汽车租赁制形式实行个人承包，年前一次性交清承包款。运输业基本上属单独核算，自负盈亏形式。

五、加工业

加工业主要是指小型的来料加工，收取加工费。四湖工程管理单位的加工业有：精米加工厂、面粉加工厂、木材加工厂、水泥预制厂、局直属丫角汽车修配厂、洪湖水产品加工厂、酒厂、蜂窝煤加工厂、服装加工厂等，这些企业投资小、收效快，如遇市场疲软，转向也快，不会造成多大损失。在综合经营中，各县（市）四湖工程管理段主要是搞这些短平快的小型加工业，经营形式一般为组合性经营承包，安排职工家属就业，向单位交纳承包费。

六、商业、服务业

四湖流域水利经营点多面广，商业服务业五花八门，有在城镇经商的，有在农村开店的，有在堤边卖砂的，有在河中捞鱼的（开闸挂网）。四湖工程管理局直属单位开办的有：四湖物资公司门市部，机关服务部，新滩口商业一条街，长湖饮食、住宿一条龙，沙市长湖水利工程队，江陵四湖新南门服务公司，田关泵站水厂，丫角冰棒厂，毛市商业服务部，各管养点的经销店等。这些企业属民办公助，企业产权属集体，经营权属个人，他们在不违背国家法律和本单位的规章制度下，单位对他们投资额度不限，发展速度不限，从业人员和经营规模不限，经营范围不限，经营方式不限。这些实体占四湖工程管理单位多种经营的主导地位，也是安排就业人员的重要途径。

七、工业企业

四湖工程管理单位在 1990 年以前，主要从事小型的加工业，1990 年后先后兴建高潭口峰光化工厂、高潭口彩塑厂等较大企业，从事规模经营，效益可观。1997 年在亚洲金融风暴影响下，其经受住市场疲软、竞争激烈的考验，仍然取得了较好的效益，年完成总产值 270 万元，利税 39 万元，职工人均年收入 4800 元，其主要产品有"二胺""双马"年产量一般分别在 18 吨、20 吨。

八、职工灵活就业

为解决人员过剩、经营门路过窄的现象，四湖工程管理局于 1990 年以荆四管〔1990〕94 号文发出《关于人员分流开展多种经营的规定》，要求四湖流域各工程管理单位实行人员分流，两权分离，事企放开，并具体规定：1991—1993 年 3 年内人员分流达到 70%，对不欠外债、人员经费自给的单位，其单位全体干部职工加发两个月工资作为奖金，四湖工程管理局另奖励此单位 5000 元；3 年内人员分流未达到 70%，人员经费自给率未达到 80% 的单位，四湖工程管理局则扣发此单位人员经费的 20%，并不能评为先进单位。此后，四湖工程管理局又陆续下发文件，要求认真做好人员分流工作，并直接按比例停拨分流人员的工资和经费。各单位为认真落实上述精神，多次召开专门会议，研究分流的对象和分流人员的工资待遇，经多年艰苦地做工作，至 2000 年四湖流域工程管理单位分流人员 628 人，基本上达到 70%。这些人员分流后，各自利用自身的特长和优势，有的经商，有的打工，这其中也有不少较成功的人士。

第三节　经　营　实　体

一、新滩口船闸

新滩口船闸位于内荆河与长江的交汇处。此处原为通江敞口，1959 年 9 月新滩口排水闸建成，使长江与内荆河的通航水道受阻，四湖流域与长江的水路运输需要使用大量劳力提驳转运，不仅增加航运费用，也阻滞物资的交流，严重地影响四湖流域经济的交流与发展。1960 年，经湖北省人民政府批准兴建新滩口船闸。船闸建成后，1961—2001 年，年通航最多 365 天（1964 年），每年正常通航时间 9 个月，年平均货物吞吐量 20 万吨。累计货运量 766.53 万吨，总收入 532.9 万元（见表 13 - 4），年均创收 13 万元。

2001 年后，由于陆路交通条件的不断改善，车运货物方便快捷，加之水运船只的吨位增大，超过船闸的通航设计标准，船闸的通航功能和作用逐渐衰减。自 2002 年船闸整险加固后，完全处于停航状态。

表 13 - 4 新滩口船闸历年货运量入收益统计表

年份	通航天数/d	船次	货运量/万 t	收入/万元
1961	230	10218	7.35	3.04
1962	248	11324	7.78	3.30
1963	243	11265	11.50	4.48
1964	365	15569	15.10	5.58
1965	248	14764	14.60	5.44
1966	141	10318	8.10	3.24
1967	266	12483	10.00	4.03
1968	280	11987	8.10	3.24
1969	278	8679	6.10	2.45
1970	346	9790	5.50	2.93
1971	278	9764	5.80	2.37
1972	281	9363	8.60	3.42
1973	295	11666	12.70	5.09
1974	302	13875	13.50	3.42
1975	292	17522	20.40	8.00
1976	270	13658	17.10	6.85
1977	305	13569	20.60	8.23
1978	269	20320	33.00	13.20
1979	288	16225	20.50	7.69
1980	290	14601	19.80	7.13
1981	268	10827	17.80	6.40
1982	292	8898	20.40	8.69
1983	280	9942	21.00	7.57
1984	260	8982	21.10	12.08
1985	291	9748	26.10	1.46
1986	215	7202	32.00	19.09
1987	268	8978	30.60	16.37
1988	262	8777	27.10	10.13
1989	293	9815	24.50	9.27
1990	302	10117	20.10	30.57
1991	220	7370	28.90	31.57
1992	288	9648	27.10	29.60
1993	273	9145	16.00	31.40
1994	268	8978	16.30	35.14
1995	260	8710	38.30	40.25
1996	235	7872	28.80	30.28
1997	271	9078	18.40	19.30
1998	198	6633	14.30	15.00
1999	201	6733	38.10	40.00
2000	245	8207	13.20	14.60
2001	200	6700	20.30	21.00
合计	10905	439320	766.53	532.90

二、湖北峰光化工厂

1984 年 3 月，高潭口水利工程管理处为响应水利系统大力发展多种经营的号召，解决分流职工及家属子女的就业门路，筹建化工厂。经 10 个月时间的厂房修建和设备安装调试，1985 年 1 月正式投入生产，并命名为湖北峰光化工厂。

建厂初期，工程管理单位办企业既无技术人员，又缺管理经验，更无销售市场，只能按传统国营工业企业的模式发固定工资，按时上下班，生产靠计划。引进的技术、销售人员也本着一种短期行为的"雇佣"思想，使销售市场无法打开局面，企业连年亏损。

1987 年，高潭口水利工程管理处从单位选派文化基础比较好、技术熟练的人员分别到西北工业大学、武汉化工学院学习化工产品生产技术，回厂后担任技术骨干。同时，还聘请国内专门研究"双马"化工产品技术的湖北省化工研究院的教授和专门研究"二胺"产品技术的上海化工学院的教授为化工厂的技术顾问。销售市场方面，选派一批思想素质较高、敢于吃苦的业务人员闯市场。经过一年多的努力，化工厂开始出现扭亏为盈的局面。

1988 年，化工厂打破传统的生产管理体制，实施承包责任制，厂领导的收益与全厂生产效益挂钩，职工与生产和销售任务挂钩。经此生产管理体制改革后，当年销售收入达到 70 多万元，创利润 6.5 万元。此后，进一步完善管理制度，有效地调动干部职工的工作积极性，使年产值达到 480 万元，销售产品收入达到 400 万元，年利润 45 万元。

湖北峰光化工厂主要生产二苯甲烷双马来酰亚胺和二氨一基二苯甲烷两种化工产品，广泛应用于航天、航空和机电工业等行业，主要用作金刚石砂轮、橡胶硫化的凝结及塑化增强，化肥生产（合气氨）机械设备的元油润滑，以及航天、航空设备动静态密封等方面。西安西电电工绝缘材料有限公司利用峰光化工厂生产的双马来酰亚胺产品制造的绝缘材料已应用于葛洲坝电机安装等。

湖北峰光化工厂经近 20 年（1985—2004 年）的不断发展和壮大，具有了较为雄厚的技术力量和先进的生产设备，累计生产"双马"化工产品 32.45 万千克、"二胺"产品 33.37 万千克，累计创产值 3679.93 万元（见表 13-5）。产品行销全国 20 多个省（自治区、直辖市），受到用户的好评。

表 13-5　　　　　　　　　　湖北峰光化工厂历年生产收入情况统计表

年份	生产双马 /kg	人员工资 /元	生产二胺 /kg	人员工资 /元	总收入 /元	产值 /元
1985	2953	13289.40	—	—	268486.53	265770.00
1986	2975	13391.70	—	—	209802.20	267750.00
1987	5219	23500.66	11451	22196.48	491499.70	860057.00
1988	4630	22947.06	10123	25682.23	677973.86	747900.00
1989	8197	36195.85	14602	46268.27	1020368.72	1207815.00
1990	8624	33440.78	11747	31212.99	1008835.40	1184185.00
1991	13646	54813.19	15319	40677.59	1374937.55	1696075.00
1992	21059	63943.13	24977	73259.74	2042021.40	2664210.00
1993	21482	88421.48	24717	85657.33	2293482.60	2691093.00
1994	10587	42348.63	13042	45126.21	2577441.13	1317239.00
1995	19993	79972.00	30005	103817.3	2783394.62	2899530.00
1996	24682	98728.00	24776	85724.00	2612386.97	2057840.00
1997	25262	101048.00	34392	118996.30	3454801.85	3052720.00
1998	15275	61100.00	21357	73895.00	191105.29	1798639.00
1999	15350	61400.00	12649	43765.00	1903060.01	1569523.00

续表

年份	生产双马 /kg	人员工资 /元	生产二胺 /kg	人员工资 /元	总收入 /元	产值 /元
2000	20051	80204.00	16699	57778.00	642638.66	2055068.00
2001	22593	90372.00	18877	65314.00	2671129.04	2544979.80
2002	23989	95956.00	21540	74528.00	2454368.76	2696402.60
2003	26344	117376.00	21630	74839.00	2835811.45	2940574.90
2004	26573	106292.00	5781	20002.00	129867.70	2281927.00
合计	319484	1284739.88	333684	1088739.44	31643413.44	36799298.30

2005 年后，因生产的"双马"和"二胺"化工产品对人体和大气环境有影响，而凭化工厂的实力无法解决环保问题，加之进口原料价格成倍上涨，而产品价格又停滞不前，出现价差倒挂，只得停厂。

三、四湖挖泥船队

四湖工程管理局挖泥船队组建于 1974 年，1981 年经荆州行署批准（荆行办〔1981〕14 号文）正式挂牌成立，是荆州市（地区）从事船舶水上作业最早的船队之一，在河渠疏浚吹填行业中具有较强的施工能力和较高的知名度。

四湖流域水系的形成，为四湖流域工农业生产提供了保证。但随着河道年久淤积、建桥筑坝施工后人工未能彻底清除阻塞等因素的影响，河底逐年抬高，严重削弱河道的行洪和调蓄能力。为解决这一矛盾，四湖工程管理局决定建造挖泥船，用于挖坝、清淤等水下作业。1974 年，由副局长任泽贵负责，抽调工程科、刘岭闸管所 4 名人员组成技术专班，自行设计，试制水泥船体挖泥船。1975 年又招聘 5 名懂造船技术的人员协同制作，经过一年多艰苦努力，自行设计建造小型挖泥船 1 艘。同时完成 40 立方米每小时绞吸式挖泥船体建造的准备工作。1976 年底，小型挖泥船运输到总干渠丫角段试挖，但未能成功。主要是设计不合理，制造工艺落后，主机 490 型柴油机功率小，泥泵性能差，管径小（进泥管 200 毫米，出泥管 150 毫米），造成操作性能差，设备振动大，砖头、杂物堵死泥泵和管道等。

1976 年 6 月，试制专班的人员带着技术难题先后参观考察湖南省安乡挖泥船队和广东省中山疏浚队。返回后，再次组织资金和人员，在参考湖南、广东的挖泥船船型、设备资料和总结试制的小型挖泥船经验教训的基础上，按 40 立方米每小时的标准开始建造水泥船体绞吸式挖泥船。为加快建造速度，并能使挖泥船尽快地投入到施工运用中，1976 年 12 月在江陵县招收 40 名"亦工亦农"职工组成施工队伍，并从其中选派 5 人到沔阳县（今仙桃市）水利局挖泥疏浚队学习轮机、船舶电工、绞吸泵操作。经 3 年的苦战，自行设计建造的第一艘 40 立方米每小时水泥船体绞吸式挖泥船竣工，经调试，试挖性能良好，命名为荆四湖挖泥 1 号。

1978 年，荆四湖挖泥 1 号船被安排到总干渠福田寺段挖坝，当年完成土方 5 万立方米。1979 年相继在总干渠南剅沟段、毛市段、黄歇口段，西干渠泥井口段，五岔河沙岗段等地挖坝，共完成土方 20 万立方米，成功地解决人工水下施工挖坝不彻底的难题，降低工程成本，提高渠道行洪能力。

由于挖泥船在水下施工有明显的优势，省计委、省水利厅于 1980 年 6 月联合以鄂水计便字（80）37 号文批复："由广济船厂为荆州地区四湖工程指挥部生产 40 立方米每小时绞吸式挖泥船 5 艘，由四湖工程指挥部提出具体技术要求，依据有关规定向厂方订货，省分年度在四湖工程内列入计划。"根据此批复，四湖工程指挥部于 1980 年 6 月 7 日与广济县造船厂签订 5 艘 40 立方米每小时绞吸式挖泥船的建造合同，第一艘造价 30 万元，其他 4 艘造价均为 26 万元，总价款为 134 万元。此后，考虑到生产、生活的需要，又陆续在洪湖造船厂、西大垸造船厂定制一些辅助船只。

1981年4月，四湖工程管理局挖泥船队成立，并组建领导班子，财务由局计财科统一核算管理。

1981年底，挖泥船和辅助船只陆续出厂交付使用，至1984年，挖泥船队拥有40立方米每小时绞吸式挖泥船4艘、宿舍船2艘（可供64人住宿）、可装载20吨油料的机动油船1艘、60匹马力交通船1艘、135匹马力拖轮1艘、40匹马力交通船1艘和300吨级干式船坞1座。固定资产（原值）达1000万元。船队有在职职工36人，其中专业技术人员26人。主要承担河、湖、渠、流道及航道的疏浚和堤防加固，内外平台吹填等工程，年生产能力可完成土方50万立方米。

1985年，为便于管理和调动职工的生产积极性，挖泥船队打破以队为单位的核算模式，实行以单船为核算单位，生产效率与经济挂钩，用生产任务、完成时间、工程质量、安全事故、油耗指标、设备完好等6项指标进行控制，生产效益得到明显提高。船员为解决绞刀减速器漏油的问题，经反复摸索和改进，于1986年解决了这个难题，使每挖1立方米土方降低成本0.03元，既提高经济效益又保护环境。

1987年6月，挖泥船队与江陵四湖管理段签订合作经营协议，由挖泥船队的拖轮与江陵四湖管理段的2艘驳船组成一支船队，从事水上运输，取得了较好的经济效益。

1989年，挖泥船队改报账制为独立核算，自负盈亏，并按规定向四湖工程管理局上交提留。1991年，四湖工程管理局决定将船队上交的提留款用于挖泥船队在荆州城区建立一个职工住宅基地。同年10月，投资近40万元在江陵县（今荆州区）红专渔场购买一面积为7000平方米的鱼池，另花10万元购泥土填平。1992年8月动工兴建一幢建筑面积为2000多平方米、6层分3个单元共36套房的住宅楼，总投资203万元。

1989年初，挖泥船队与宜都茶店船厂签订船只维修协议。由宜都花店船厂派技术人员，在挖泥船队的船坞内对挖泥2号、挖泥3号、宿舍1号、荆四湖4号等4艘船进行船体水下部位换板，船体其他部位除锈涂漆，同时对部分浮筒进行换底维修，总投资50多万元。

1999年，挖泥船队实行船舶租赁承包，每条船由职工自由组合4~7人，以每年6万元的价格租用工程船，队部以每立方米土方3.08元的价格给租赁方，按完成土方结算，按施工进度分期拨款，租赁到期后结清所有账目。

2006年，船队自筹资金修建1间仓库、8间门面、2套办公用房，年出租收入15万元左右。

2008年，四湖工程管理单位实行单位定性、人员定岗、定编、定经费的改革，工程管理单位不再从事综合经营。根据荆州市编制委员会荆编〔2005〕7号文《关于荆州市四湖工程管理局机构改革方案的批复》要求，四湖挖泥船队撤销，工程船只划归湖北四湖水利水电建设有限公司管理。挖泥船队自1978年开始施工，至2009年共完成疏浚吹填土方534万立方米（见表13-6），为四湖流域湖渠疏浚运用发挥了重要作用。

表 13-6　　　　　　　　　　四湖工程管理局挖泥船队分年完成土方统计表

年份	完成土方 /万 m³	施 工 地 段 及 内 容
1978	6	监利福田寺
1979—1980	20	南剅沟、毛市、黄穴、西大垸、五岔河、西干渠、总干渠所有支流河口挖坝
1981	0	
1982—1989	200	洪湖子贝渊挖入湖引河
1983—1984	20	东荆河红军闸口挖出口
1986	10	高潭口泵站、螺山渠挖坝，监利半路堤吹填内平台
1989	13	洪湖太马湖、土地湖围堤加固，下新河船闸挖坝
1990	20	田关河吹填内平台
	10	监利螺山渠桐梓湖段疏挖

年份	完成土方 /万 m³	施 工 地 段 及 内 容
1991	6	田关河吹填内平台
	10	螺山渠幺河口段疏挖
1992	60	田关河疏挖
1993	5	田关河疏挖
1994	10	田关河疏挖
	15	四湖总干渠疏挖
1995	1	洪湖小港疏挖
	16	田关河疏挖
1996	13	洪湖太马湖围堤加固
	10	洪湖郑沟围堤加固
1997	18	田关河疏挖
1998	12	洪湖子贝渊—河西堤加固
1999	5	长湖朱家拐、张家湾围堤加固
2000	28	洪湖蓝田公司工程吹填
	5	沙市豉湖渠疏挖
2005	1	福田三闸挖坝
2006	6	总干渠丫角疏挖航道
2008	2	高潭口、子贝渊挖坝
2009	12	总干渠黄歇口、伍场挖渠道
合计	534	

四、四湖物资公司

1989 年，随着国家经济体制逐步转向市场化，四湖工程管理局原计划调拨为唯一的物资供应模式已不适应市场经济的要求，故决定成立物资供应站，把原由计划财务科承担的物资调拨工作职能划归物资供应站，按市场经济的模式负责水利工程建设的物资供应。

物资站成立之初，站址设在江陵县丫角集镇，在从事四湖工程管理单位物资调拨供应的同时，为适应市场供需的要求，先后从事水泥制品、钢材冷拔丝制作、汽车运输、家禽养殖、商业服务业及餐饮娱乐等多种行业经营，先后购买 131 型汽车、东风牌汽车、北京吉普车等车辆和拉丝加工机具，修建预制场、丫角门市部大楼，形成钢材、水泥、油料、五金、混凝土预制品供应和商业贸易等多种经营门路。

1993 年，物资供应站由江陵丫角迁入荆州城区，在荆北路 49 号处建起一幢占地面积为 4500 平方米、6 层的综合楼。其中一楼为经营门面，面积为 300 平方米，其他为办公及住宅用房。同年，经报工商局注册，成立四湖物资公司。

1994—1998 年，四湖物资公司除在荆州城区新南门、老南门处设立销售网点和装潢荆北路楼房一楼和二楼建成御春园娱乐城外，继续稳固丫角农村建材市场，自筹资金办起养鸡场，扩大经营门路。

物资站成立之初，从一个从事物资调拨和销售为主的经营单位，发展为物资供应、餐饮、商贸综合经营的企业，历经 10 多年的艰辛创业，人员由最初的 7 人增加到 23 人。1989—1999 年，共销售、调拨钢材 2000 吨，油料 1800 吨、水泥 20000 吨、水泥制品数千件，累计销售收入约 2000 万元，创毛利润 170 万元。10 多年时间，未需四湖工程管理局拨付人员经费，并解决部分分流人员和职工子女的就业问题。四湖物资公司曾一度是四湖流域水利工程管理单位综合经营的标兵单位。

2000 年以后，由于市场形势发生变化，特别是 2003 年国务院下发水利工程管理体制改革的通知后，四湖物资公司于 2005 年由荆州市编委以市编委〔2005〕7 号文批准撤销，其人、财、物划归四湖工程管理局老干部科代管。

五、四湖劳动经营公司

1985 年 4 月，四湖劳动经营公司在江陵丫角成立，开办商店，经营人员 4 人，管理人员 1 人，经营品种有烟酒、副食、日杂、百货等。其经营方式为：集体经营，自负盈亏，单独核算。经营年产值 3 万元，利税 1 万元，获得了较好的经济效益。

1987 年，四湖劳动经营公司与挖泥船队合并经营，财务单独核算。公司投资 3.5 万元，除继续办好商店外，增加冰棒厂、蜂窝煤厂两个项目，当年产值达 10 多万元，除去投资外，获利润 1 万多元。1988 年，劳动经营公司与挖泥船队分离，独自经营商店、冰棒厂、蜂窝煤厂 3 个项目，公司经营正常，除安排 14 名职工就业外，每年还可创 2 万元左右的利税。公司多次被评为荆州地区水利系统"多种经营先进单位"，并有多名职工获"先进工作者"称号。

1990 年，四湖工程管理局将四湖劳动经营公司更名为四湖劳动经营部，并将挖泥舰队修配厂划拨给劳动经营部经营。劳动经营部接管修配厂后，在其原船舶修理业务的基础上，增加汽车修理和宜（昌）黄（石）公路车辆抢修的业务，并积极争取江陵县交通警察大队将其确定为"汽车年检安全检修定点厂"。此项业务在此后 9 年的经营中成为劳动经营部的支柱，年产值 15 万～44 万元，利税 6 万～20 多万元。20 世纪 90 年代后期，由于经营汽车维修业务的门店增多，市场竞争越来越激烈，导致汽修厂转化为租赁承包经营直至变成个体经营，造成劳动经营部大部分职工分流待岗。

1998 年底，四湖工程管理局将局属的挖泥船队、物资公司、劳动经营部、机关服务部、习家口闸管所组合成立"四湖公司"，劳动经营部为四湖公司二公司，业务由四湖公司管理，局属世界银行贷款项目管理办公室所购的施工机械设备交由二公司使用，由原经商、修理的经营向机械施工的方向发展。经营部在这种情况下，于 1999 年 4 月 2 日放弃经营 10 多年的老根据地丫角，带着两台铲车、两台红岩牌卡车来到沙市长江码头开辟新的经营项目。一是以一台 30 型铲车为龙头在汉沙船厂经营砂石料；二是将另一台 50 型铲车远赴河南三门峡参加三门峡至西安高速公路的土方工程施工。1999—2004 年间，两台铲车和砂石场每年可创产值 40 万元，利润 10 万元。

2005 年后，四湖劳动经营部撤销，人、财、物划归四湖工程管理局老干部科管理。

六、湖北四湖水利水电建设有限公司

湖北四湖水利水电建设有限公司于 2007 年 10 月 9 日成立。公司具有水利水电工程施工总承包三级资质，注册资金 800 万元。主要经营范围为：水利水电工程施工、农田基本建设开发、河道疏浚、水产养殖、门面出租。

公司内设企业发展部、工程部、人力资源部、材料采购部、财务部、综合办公室。公司在册职工 70 人，其中管理人员 17 人，各类专业技术人员 53 人。在专业技术人员中，有高级工程师 5 人，高级会计师 1 人。

公司自成立以来，先后承接总干渠疏浚工程、西干渠疏浚工程、渠系配套工程、水利血防工程、恩施州烟叶生产基础设施建设工程、大悟县夏店镇 2013 年度高标准基本农田土地整治项目、鹤峰县 2014 年度石漠化综合治理水利水保治理工程、拾桥河治理工程、习家口闸除险加固工程等，完成中标标的 2.1 亿元。2015 年，公司拥有总资产 2524.96 万元，利润总额 508.77 万元。

第十四章 水 利 科 技

四湖流域开发治理历史悠久，劳动人民在长期的治水实践中，探索总结出丰富的经验和教训。新中国成立后，大规模的水利建设逐步展开，为解决堤防加固、渠道疏挖、闸站建设、抗洪抢险、白蚁防治、农田灌溉等方面的技术难题，工程技术人员从20世纪50年代开始，有针对性地开展科研及先进技术推广工作，他们坚持理论与实践相结合的原则，敢于创新、勇于探索，充分发挥自己的聪明才智，集中群众的智慧，不断总结经验，研究新情况，解决新问题，攻克一个个难关，增强科研手段，积累丰富的经验，获得大量的科研成果，促进水利事业发展，取得巨大的经济效益和社会效益。

第一节 发 展 概 况

历史上，四湖流域侧重于堤垸修筑，其修筑技术是历代民众在不断总结经验教训的基础上逐步形成的。但由于缺乏专业人员的研究及文字记载，大多停留在口传心授的境地。新中国成立初期，四湖治理的重点仍是堵口修堤，加固堤防。当时，由于水利部门工程技术人员少，而建设项目又多，技术力量严重不足，且留传下来的水工技术与现代水利建设不相适应。四湖流域四周堤防经加高培厚后，堤身断面增大，但每当进入汛期，堤防地基管涌、堤身渗漏、江岸崩塌的险情依然突出，严重威胁着堤防的安全。针对四湖流域存在的三大突出问题，水利工程技术人员经过大量勘测、试验和研究，摸清了四湖流域江河堤防存在问题的原因。即，江河堤防大多修筑于冲击土层上，属砂土二元结构，堤基相对不透水层薄、砂层深厚，一旦破坏不透水层，或在外江高水位的压力下，极容易出现堤基管涌，抢救不及时就会溃堤；江河堤防修筑年代久远，堤身埋藏隐患多，加之生物（蚁、鼠、蛇、獾等）侵害，一旦和外江洪水连通也有溃堤之虞；部分堤段迎流顶冲，深泓逼岸，河势多变，崩岸剧烈。摸清险症，对症施策，经填塘固基、锥探灌浆、清除隐患、整治崩岸等水工技术处理，堤防安全系数大为提高。

1955年后，四湖流域开始以治理内涝为主体的治理工程，大型的排水干渠均需破湖开挖，加之四湖流域是由泥沙冲积淤积而成，长期受水浸泡，地面淤泥深厚，数千年生长的水生植物腐烂层叠，给挖渠筑堤带来重重困难，经广大民众的摸索和水利技术人员的研究，总结出"水草裹土砌埂排淤，中线加压，以土挤淤，边沉边压"的施工技术，在1956年洪湖隔堤修筑、1956—1959年四湖总干渠开挖、1966年四湖总干渠洪湖段河湖分家、1973年洪湖防洪排涝工程等施工中都采用这一技术，保证施工顺利完成。

1959年，在内荆河与长江的交汇处兴建一座大型的排水闸——新滩口排水闸，起到既排除内垸渍水，又防江水倒灌的作用。该闸是四湖流域兴建的第一座大型排水闸，在兴建中也是困难重重。当闸基挖到海拔15.60米时，闸室底板出现翻砂鼓水，流量达到0.095立方米每秒，出水含沙率达30％，工程将无法进行下去，关键时刻，水利工程技术人员经反复研究和试验，采用"深井点排法"技术，边排水，边浇筑混凝土底板，保证了施工顺利进行。

20世纪50年代，在排灌方面也进行了一些研究试验工作。首先是对四湖流域地形、地貌进行勘测，绘制出详细的地形图，根据自然地理条件，拟定出等高截流、分层排蓄、统一规划、综合治理的办法；其次是进行灌溉试验工作。灌溉试验工作是随着水利工程逐步配套完善，广大农民迫切要求科学用水、增产粮棉，由自发到自觉发展起来的。

20 世纪 60 年代，四湖水利建设把排涝作为重点，初期以自流排水、挖渠、筑堤、建闸为主，后期则为大力发展电排工程时期。怎样选择排涝标准，当时全国没有统一的规定，1964—1965 年，荆州地区在长江流域规划办公室规划的基础上对排水系统作详细规划，并定出排涝标准。

平原湖区建闸，其基础处理技术是逐步完善的。20 世纪 60 年代以前，一直沿用传统打摩擦桩（杉木桩）以增强地基承载力的办法。但水闸采用桩基的弊端不少。60 年代初期，推广汉江分洪闸的预压闸基经验，为节省预压填挖土方，多采用破堤建闸，利用密实堤基承载力，改用无桩基础。对四湖内河低水头的节制闸，多采用开敞式轻型结构；对沿江大河水头较高、有防洪要求的排水灌溉涵闸，一般采用单孔或多孔的涵洞式结构，其优点是渗径较长，结构完整，闸基抗滑、抗渗和稳定。对大型或重点中型涵闸的基础，都进行土壤、物理、力学性能试验研究，依据地基、闸基的相对弹性模量及沉降变形，考虑边荷载的影响进行闸基设计，通过弹性地基上框架结构的设计，使水闸的结构更能接近实际情况。这一研究成果当时在全国处于领先地位。在灌溉方面，60 年代主要是对渠系规划，对塘堰、沟渠如何连接进行研究。

20 世纪 70—80 年代初，随着大规模水利建设的发展，涵闸、湖库建设的重点逐步由兴建为主转为以管理为主。根据确保工程安全、充分发挥效益的方针，开展重点闸、库工程原型观测的研究，监视工程运用期间的变化情况，指导工程安全控制运用，并为验证、改进设计积累技术资料。

20 世纪 80 年代，水利工程建设的重点是提高排涝标准，大力发展电排站。在泵站的设计、施工中，着重研究了泵站软土地基如何处理；地基、主体结构与附属结构如何合理安排；地基应力如何调整；站房如何布置；厂房、通风、运行、环境如何协调等。在设计、施工时，改原封闭式泵房为开敞式。原来泵站电机安装较低，水位一高，容易淹没损坏电机。为解决这一问题，在新的泵站设计中将电机主轴加长，减少安装费用，且效果好，设计施工更加完善。

20 世纪 90 年代，针对四湖流域洪、涝、旱灾害频繁发生的突出问题，水利战线的科技人员把灌区节水与配套、四湖流域排涝系统优化调度、电力排灌站设备更新改造和渍害中低产田改造作为主攻方向，大力推广农田水利适用新技术，促进水利科技成果向现实生产力转化，产生了明显的经济效益。

进入 21 世纪以后，随着社会和经济的不断发展，面对流域内水环境问题日趋严峻的现状，水利科研人员就如何通过工程和非工程措施，加强水资源保护、生态引水配置、水系水生态修复等进行研究和探索，其中部分治水思路已在工程实践中得到广泛应用。

第二节　科　研　成　果

四湖治理工程开展以来，流域广大水利职工结合本职工作实际，广泛开展技术革新和科研工作，尤其是在闸站工程、农田排灌工程、四湖优化调度研究等方面投入大量的人力、物力，积累了丰富的经验，取得了科研成果，及时解决了实践中亟须解决的一些课题和难题，为四湖的水利工程建设、防汛抗灾、农田改造作出贡献。

一、闸站工程研究

四湖流域水利工程大部分是在 20 世纪 50 年代末至 70 年代建成的，受当时经济、技术条件的限制，工程建筑标准偏低，配套不尽完善，有的工程设计不周全，机电设备落后，经过多年运行之后，暴露出许多问题，主要是建筑物损坏、工程老化、设备陈旧、机械操作笨重、效益逐渐下降。70 年代后，全流域广大工程技术人员利用先进的科学技术，大搞技术革新改造，利用电源电子技术，实行操作自动化，加强工程调度管理，提高了工程效益。

平原湖区建闸的基础处理技术，在 1952 年以前一直沿用传统打摩擦桩以增强地基承载力的方法。但水闸采用桩基弊端不少。地基土与桩基沉降不一致，易发生沿底板横向渗漏；桩木切穿覆盖土，又往往导致垂直方向的渗透破坏，发生翻砂鼓水事故。1958年以后，推广汉江杜家台防洪闸的预压闸基研究成果，为节省预压填方，利用密实堤基承载力，多采用破堤建闸形式。

四湖流域湖泊、内河低水头的节制闸多采用开放式轻型结构，既节省投资，又利于通航。对沿江大河水头较高、有防洪要求的排水、灌溉涵闸，一般采用单孔或多孔的涵闸重力式结构，渗径较长，结构完整，利于闸身、闸基的抗滑、抗渗稳定。对大型或重点中型水闸的地基土都进行物理、力学性能试验研究，依据地基闸基的相对弹性模量及沉降变形，按弹性支撑梁考虑边荷载的影响进行闸基设计。1970年以后，则利用"弹性地基框架结构的计算方法"和"利用结构有限元及弹性半无限空间（或平面）有限元理论"进行设计，使水闸的设计推向新的水平。

四湖流域多为平原湖区，地面高程多处于高程50.00米以下。因河高田低，汛期全赖电力提排除涝，才能保证农业丰收。自1969年以后，大型泵站兴建的数量迅速增加。通过多年建设，设计和施工技术不断成熟，在泵站的枢纽布置、结构型式、流道选择、地基基础处理、机组选型、安装、调试及管理自动化等方面都积累了丰富的经验。

在平原湖区，水工建筑物基础施工中常遇到的险情是管涌流土。处理这类险情的有效措施是设置井点排水。1983年在新滩口大型泵站施工中，根据该站地基土层特性及水文地质条件分析，在站基深处有亚砂土层以及粉细砂层两个含水层，而砂层地下水源极其丰富，承压水头较高，施工及运行期间土壤有发生管涌和流土的可能。因此，防止基坑突涌，控制地基沉稳是地基设计的主要内容。参加该工程设计和施工的工程师欧光华、许金明等人没有照搬通常采用的轻型井点排水方案，而是进行大胆革新，进行"深井点排水系统防止湖区建筑物基坑渗透变形破坏的试验研究"，研究成果表明，深井点排水机具有抽水量大、井点数目少、投资小、施工简便等优点。在施工中打井径80厘米、滤水管径250毫米、滤水管长15米深井9孔，井深42～44米，分别安装深井泵排水，每口深井排水昼夜抽水量864立方米，通过大量抽水，降低承压水头，使基坑地下水位由20.30～22.50米降低到16.00～17.40米。深井点排水系统的实施，有效防止泵站基础的破坏，使施工得以安全顺利进行。该研究是防止和处理湖区水工建筑物地基渗透变形的一项技术突破，随后在罗汉寺闸、观音寺闸、杨林尾站基坑防渗处理等多处运用，特别是民用建筑中，在解决基坑安全问题方面运用最广。

二、农田排灌试验

四湖流域水旱灾害发生频繁、渍害中低产田分布广泛，严重制约农业生产发展。为解决这些突出问题，四湖流域各地把渍害中低产田改造、灌区节水与配套工程更新改造作为水利科技攻关的主攻方向。

20世纪60年代初期，武汉水利电力学院教授张蔚臻等，通过对四湖流域河网化等试验观测资料的分析研究，完成"在蒸发条件下农田地下水不稳定渗流的计算""河网和水网地区河间地段地下水不稳定渗流的计算"等科研成果，在1962年湖北省水利学术年会上发表论文，为开展明沟排水、改造冷浸低产田提供了理论依据。

1963年，荆州专署四湖工程管理局建立排灌试验站。该站为湖北省重点排灌试验站之一，拥有比较完善的农田气象观测、排灌试验、自动化办公和农田水土测试分析设备及仪器。站内有标准试验田60多亩，建有80个能控制排水的试验旱作物测坑和10个水稻需水量试验的地下廊道式测坑，见图14-1。试验的主要农作物有水稻、棉花、小麦等。试验项目有：农作物的需水量（有筒测法、坑测法、田测法）、灌溉试验制度（有深灌、浅灌、浅灌中蓄、间歇灌溉、湿润灌溉等）、灌水技术试验（有落干晒田、畦灌、沟灌、漫灌等）。通过多年试验观测，摸索出不同降水年份不同类型的水稻和棉花的需水规律、田间需水量、合理灌溉制度、灌水技术等，从而为农业增产、水利规划设计及管理运用提供大量有价值的资料。建站以来，长期与大专院校和水利科研单位共同承担作物灌溉排水、作物涝渍灾害和农田水肥运移规律等方面的研究。通过试验研究，先后在国内外学术期刊上公开发表论文30多篇，有3项成果被认定为湖北省重大科研成果，有2项成果分别获得湖北省科技进步二等奖、三等奖，有 2 项成果分别获得长江大学科技进步一等奖、二等奖。

图 14 - 1　棉花试验田及部分排灌试验设施（2010 年摄）

1987 年 5 月 18 日，由荆州地区水利科学研究所组织开展的四湖流域渍害低产田暗管排水的田间试验研究成果——《四湖流域渍害低产田地下排水改良试验研究综合报告》《渍害稻田适宜渗漏量试验研究》等 5 篇论文获湖北省科技进步一等奖。

1996 年 10 月，中日两国专家在对荆州市渍害低产田进行考察的基础上，两国政府在武汉签订协议，确定为期 5 年的中日技术合作项目"中国湖北省江汉平原四湖涝渍地综合开发计划"，省科技厅将该项目列为湖北省"九五"重大科研计划项目，湖北省水利厅、荆州市水利局和荆州市四湖工程管理局排灌试验站共同承担课题研究工作，组织百余名科技人员开展攻关。"江汉平原渍涝地综合开发研究"项目，在日本专家和长江大学农学院教授的合作下，经课题组对江汉平原自然地势特点和已经形成的排区格局进行全面的调查和分析，提出各排区不同降雨频率下的排水规划方案涝渍相随情况下主要农作物的排水控制指标。项目首次从农业、水利、生态、气象、土地利用、区域开发和农业经济等多个学科，系统地研究江汉平原渍涝地综合开发的技术问题；首次提出渍涝地综合开发的水利工程、生态调整和农业开发的技术体系；提出涝渍地作物排水控制指标；探讨农业示范小区综合整治规划的新方法；在涝渍地的农田排水工程规划、地下排水工程材料、涝渍地梯级开发模式、高效农业模式等方面进行全面深入探索。2002 年 6 月此项目通过湖北省科技厅组织的会议鉴定，总体达国际先进水平，2003 年获湖北省科技进步一等奖。

1998—2006 年，由荆州市水利局总工程师欧光华、长江大学教授朱建强主持，先后开展渍涝地排水改良技术试验研究、渍涝相随作用对几种旱作物生长及产量的影响试验研究、农田排水指标及排水调控研究。此三项课题在四湖工程管理局排灌试验站的试验深坑和试验小区进行，取得重大科研成果。基于作物的农田排水指标及调控研究是利用测坑设施和田间试验研究连续式和间歇式多次涝渍相随两种模式，提出综合考虑气象因素、农艺措施和农业生物技术动态过程及农田水土环境影响的排水控制措施，提出农田致渍性评价方法和涝渍连续过程排涝、排渍指标的确定方法以及排水调控技术。该成果获湖北省科技进步三等奖，同时获长江大学科技进步二等奖；"涝渍相随对几种旱地作物生长及产量的影响"获长江大学科技进步一等奖。

三、四湖优化调度研究

1980 年，四湖流域遭受严重的洪涝灾害，科学调度问题引起各级水管理单位的极大关注，在其后的 20 余年间，分别进行排水调度运用规则、除涝排水系统最优扩建规划、排水系统优化调度、水管理和持续发展等项目研究。

（1）排水调度运用规则研究。根据流域排涝规划分区排水与统一排水相结合的原则，1981 年由荆州地区水利科学研究院所提出了初步的科学运用规划：上区与中下区分区调度，上区洪水不下泄入中区。长湖起排水位 30.00 米，洪湖起排水位 24.50 米，流域统排水位 26.00 米，四湖内垸分洪水位 26.50 米，最高控制水位 27.00 米。这次运行规则的改进，成功地抗御了 1983 年洪水。

（2）除涝排水系统最优扩建规划研究。1985 年 3 月 3 日，由武汉水利电力学院主持、四湖工程管理局参与的"四湖流域除涝排水系统最优扩建规划研究"成果获湖北省科技协会一等奖。1985 年 11 月至 1989 年 3 月，根据省水利厅的安排，组织由武汉水利电力学院、荆州地区水利局、荆州四湖工程管理局参加的课题组，完成"四湖流域水资源系统优化调度研究"。该课题研究包括两个部分：汛期排涝优化调度研究及非汛期水资源综合利用的运行对策研究；排涝优化调度研究中提出上区及中下区的调度运行规则、中长期运行策略和短期实时调度方案等。在分析研究时，建立大系统模拟模型、基本系统的确定性大系统分解-聚合模型、复合系统的确定性大系统复合-分解模型及随机性大系统分解-聚合模型。非汛期水资源综合利用的运行对策研究提出了满足四湖流域灌溉、航运、水产养殖、城镇供水、生态环境、农田排渍等综合利用要求的水资源运行规则及运行策略。为剖析这些问题，采用仿真技术，建立水资源综合利用模拟模型，运用大系统多目标优化理论与方法，建立大系统多目标分解-聚合模型。此研究被鉴定为具有国际先进水平的重要成果。其成果随后进入实时运用，在抗御 1991 年洪涝灾害中取得良好效果。

（3）四湖排水系统优化调度研究及排水适时调度决策支持系统研究。此项目是四湖工程管理局科技人员与湖北省水利水电科研所、武汉水利电力大学及加拿大、日本等国的专家共同开展的课题研究。课题的研究任务是为四湖排水调度提供一个决策系统。项目研制出经济分析模型、降雨径流预报模型、优化规划模型、适时优化调度模型，建立起决策支持系统、地理信息系统、专家系统，具有国际先进水平，填补了国内外这一领域的空白。建立的运行调度模型系统，包括概化的物理模型、运行规划模型与适时调度模型等，在平原湖区排水系统适时调度方面属国内首创。研究成果在 1996 年、1997 年、1998 年汛期进行试验运行，效果良好，并于 2000 年获得湖北省科技进步三等奖，2003 年获得加拿大国家级工程咨询国际合作优秀奖、加拿大省级工程咨询合作优秀奖。2008 年由欧光华、黄泽钧、白宪台、关洪林等编著的《四湖排水系统优化调度及决策支持系统》一书，由武汉大学出版社出版。

（4）四湖流域水管理和可持续发展综合研究。2001 年 11 月至 2003 年 5 月，由湖北省水利厅、湖北省水科所、荆州市水利局、潜江市水利局、四湖工程管理局、日本技术产业公司、加拿大高达集团共同参与该项研究，主要内容为：排水系统扩建规划方案研究、水管理监测与通信系统研究、水管机构发展研究等。2003 年 9 月 6—7 日，省水利厅在武汉主持召开"四湖流域水管理和可持续发展综合研究"项目鉴定会。鉴定委员会由国际灌排委员会名誉副主席任评委主任、省防办常务副主任、省水利厅总工程师、高工等 11 名人员组成。鉴定委员会对项目研究成果给予了充分肯定。

第三节 水 工 技 术

1955—2015 年，在 60 多年的四湖水利工程建设中，水利工程技术人员，在设计、施工和工程管理运行中，通过革新挖潜、引进先进技术等方式，摸索总结出水工技术，在实际运用中获得较大的经济效益。

一、淤泥软基筑堤技术

在平原湖区筑堤，难免遇上淤泥软基，出现堤身滑塌下沉。水利技术人员在实践中总结出"以中线加压，以土挤淤、边沉边压"的施工技术获得成功。1956 年的东荆河堤下段（洪湖隔堤）施工、1966 年的四湖总干渠洪湖段北堤修筑、1973 年的洪湖分蓄洪工程主隔堤施工所遇到的软基堤段都采用这一技术，保证了施工顺利完成。

二、堤防土壤质量鉴定技术

四湖流域江河堤防土体可分为黏土、壤土、砂壤土和淤泥等，各种土杂混其间，极容易造成堤防渗透、滑坡，以致酿成溃决之灾。

新中国成立后，技术人员逐步认识到土质对堤防安全的重要性。1957年，采集8种土样送省水利厅，委托武汉市土工材料试验所进行全面试验检测。此后，工程技术人员又进行反复试验，通过对汛期堤身挡水出险进行分析表明：土质选择对堤身防渗有很大关系，选用不同土料，填筑在堤身不同部位，所起的作用也不同。黏性土料是防渗土料，宜填筑于堤身中心线以外迎水部位，可减少汛期渗漏；沙土渗水性强，宜填在堤中心线以内背水部位，水渗过堤身，就能排出，可降低浸润线，有利于堤身稳定，若将黏土放在背水面，水渗过堤身后不易排出，往往形成脓包，造成滑坡。根据上述试验结果，得出了筑堤土料宜采用黏土、亚黏土和含砂量不大于30％的土壤为适宜；土块碎后不大于6厘米；含水量以18％～20％、最大不超过24％为佳的结论，并找到用人工鉴定土料含水量的办法，见表14－1。

表14－1　　　　　　　　　　　堤防土壤含水量鉴定标准参考表

土壤含水量/％	鉴　定　办　法	土壤含水量/％	鉴　定　办　法
13～15	用手可强搓成钢笔般粗，裂缝多	21～22	搓成铅笔芯般粗，弯曲易断
15～16	搓成铅笔般粗，裂缝多	23～24	用手搓手上粘泥
17～18	搓成铅笔芯般粗，裂缝多	25～26	脚踏成弹簧，稍用力有裂缝
18～20	搓成铅笔芯般粗，光滑		

堤土经夯实后，干比重不小于1.5吨每立方米，这种技术在以后的堤防修筑中得到推广使用，使堤防质量明显提高。

三、堤身锥探灌浆技术

20世纪60年代，处理堤身洞穴、裂缝隐患，都采用人工锥探灌砂、翻筑，投工多、耗资大，隐患难以及时清除。1979年，长江修防总段锥探施工队研制出了PQ－12型液压机，用机械锥探灌浆，做到了发现隐患，当即灌浆，填塞充实，工效高，效果好，为增强堤质，提高抗洪能力起了重大作用。

四、双曲拱桥技术

20世纪70年代，水利工程技术人员开始应用双曲拱桥技术，自主设计，自行施工，兴建钢筋混凝土双曲拱桥获得成功。1972年，在新堤老闸河兴建了第一座跨度60米、面宽10米的双曲拱桥（新堤一桥）。1974年，兴建跨四湖总干渠净跨60米的小港公路桥。1974年兴建跨排涝河三跨每跨30米的洪三公路桥，见图14－2。1977年兴建汉河镇跨内荆河净跨36米的汉河双曲拱桥。1989年兴建琢头沟净跨79米的啄头沟双曲拱桥，其净跨创下当年全省桥梁建设之最。在20世纪70—90年代，四湖流域应用此技术，兴建了大批双曲拱桥型生产桥。

五、机电和金属结构安装技术

20世纪70年代，四湖流域电力排灌有很大发展，相继兴建多处单机800千瓦以上的排水泵站。排灌设备安装技术在实践中也得到检验和提高。1972年12月，洪湖高潭口电力排灌站动工，装机总容量1.6万千瓦（10台×1600千瓦），排水流量240立方米每秒，受益农田260万亩。其主要设备有CT2.8型轴流泵（功率1330千瓦）10台、TDL325/36－40型三相交流同步电动机（1600千瓦）10台、6B－33型离心式供水泵（设计扬程32.5米、供水量10立方米每小时）3台、8B－18型离心式

图 14-2 洪三公路桥（2014 年摄）

排水泵（排水扬程 12.7～17.5 米、排水量 200～320 立方米每小时）4 台，还有压缩机、滤油机、齿轮油泵、真空泵、起重机、变压器和 KGLFK 系列同步电动机可控硅励磁装置及其他机电设备。在安装机组、电气设备过程中，工程技术人员严格遵循安装程序，对每一工序一丝不苟，并结合施工现场条件摸索出一套安装技术。在安装水泵底座时，先测定好安装机组中心和水平高程，安装好底座下面的楔形垫铁，将 4 只千斤顶置于基础混凝土上，间距为圆周的 1/4；再将底座吊入，落于垫铁上初步就位，利用千斤顶调整其水平高度及中心度，全部合格后，装进底脚螺栓，与原有钢筋焊接牢固，浇筑底座周围的二期混凝土；待此混凝土硬化后，将导叶体吊入机坑，并提升到一定高度，再吊入叶轮外壳，用螺栓把叶轮外壳与底座连接好，用 0.05 毫米塞尺检查底座与叶轮外壳组合面的严密程度，防止以后漏气或漏水，然后放下导叶体，把导叶体下法兰端用螺丝顶紧，留出一定的间隙，用垫块垫好，调整好导叶体中心度和水平度，再将导叶体与叶轮外壳用螺栓连接起来，同时把导叶体上端与基础螺栓连接好，再浇筑导叶体上端二期混凝土；待混凝土硬化后，把叶轮外壳拆除，放置一边，准备今后吊装工作轮。按此程序安装 3 台泵机之后，其余 7 台是将泵体三大件一次装好，同时浇筑底座和导叶体二期混凝土，大大缩短安装时间。在安装电动机时，先按镜板研刮机组全部推力轴瓦，再按推力头上颈部修刮上导轴瓦，并测量电动机转子磁场中心至电动机联轴器下表面的高度，与水泵联轴器表面高程相加，求得电动机转子磁场中心高程；然后按转子磁场中心高程，减去下机架高度，求得电动机下机架底座高程，再放置基础板和楔形垫铁，并将电动机上油缸内抗重螺杆旋出，使其露出 30 厘米左右，接着测量抗重螺杆顶部至转子磁场中心线的高度，加上推力头高度、镜板厚度、绝缘垫厚度、推力瓦厚度，减去推力瓦反面支承孔深度，其误差在抗重螺杆可调整的范围之内（10 毫米以下）。安装电动机定子时，在支承电动机的混凝土上，放上楔形垫铁，并按下机架底座高程调整其高度，将基础板装在下机架底部，把下机架吊放在垫铁上，再根据水泵中心线来调整下机架位置和测量水平度，吊入电动机定子，与下机架连接好，最后调整好与水泵的同心度，塞紧下机架所有楔形垫铁，装好下机架地脚螺栓。安装电动机转子时，先将水泵主轴插入，用千斤顶将其悬在泵内，其联轴器表面略低于应有高度，以免电动机转子吊入时相碰。在泵轴吊放之前，将大轴内操作油管放入，装上电机下导轴承油箱底板，并将环形上下导轴承油冷却器套在水泵轴上，以便转子吊入后吊在电机轴上。在下机架上，放 4 只千斤顶，并把转子吊入定子，放在这 4 只千斤顶上，使其高度略低于设计高度 1.15 毫米左右。这样，在调整电动机推力瓦高程时，转子虽有抬高，但不至于超过规定范围。经运行检验，机电设备运行良好。1975 年 5 月 10 台机组全部安装完工。此项工程，因其优良的设计，精心的安装施工和巨大的效益，1981 年 11 月，高潭口电排站荣获国家优秀设计项目奖，1982 年荣获国家质量银质奖。

六、新滩口泵站进水流道改造技术

新滩口泵站于 1983 年底破土动工，1986 年 7 月建成受益，其规模为 10 台×1600 千瓦，设计排水流量 220 立方米每秒。泵站经过 20 多年的运行，暴露出最为突出的问题是：水泵与流道不匹配，致使机组在运行中振动大、噪声大，水泵气蚀现象严重，装置效率不能充分发挥。2007 年 7 月新滩口泵站更新改造被列为湖北省第二批泵站更新改造重点项目之一，并对进水流道进行了改造。

新滩口泵站进水流道为钟形流道，流道进口段底板及顶板均为平底板，底板厚 1.5 米，板面高程为 17.60 米，顶板厚 0.5 米，板底面高程为 19.94 米，进口段净高 2.34 米；流道总宽 6.0 米，进口段设中隔墩，中隔墩厚 0.8 米，每孔净宽 2.6 米。吸水室喇叭管口悬空高度为 1.28 米，导水锥高度为 2.34 米，导水锥底部直径为 2.96 米，顶部直径为 1.4 米。进水流道下游侧为排水廊道，上部为水泵层。由于流道尺寸与水泵不匹配，致使机组在运行中振动剧烈，噪声大，运行效率低，泵站效益无法充分发挥，为此，荆州市四湖工程管理局委托武汉大学机电排灌研究所进行模型试验，并做数值仿真分析，经过多方案分析比较，推荐簸箕形流道与老泵配合方案为最优方案，最后经湖北省水利厅组织专家验收审查，同意新滩口泵站进水流道按簸箕形流道进行改造，流道尺寸按模型试验成果数据采用。

（一）吸水箱

改造工程采用的簸箕形进水流道，吸水箱底板为平底板，底板高程为 17.60 米，吸水箱宽度为 6.0 米，与原钟形流道尺寸相同。因此，吸水箱底板、侧墙直接利用原流道结构。

新流道中隔墩厚度为 0.8 米，长度为 6.37 米，与原流道中隔墩厚度相同，长度比原中隔墩短 0.5 米，因此将原中隔墩靠吸水室侧端部混凝土凿除，然后按新流道线型尺寸浇筑混凝土，与吸水室中隔板连接。新浇混凝土采用 C35 混凝土，并按应力分析计算结果及构造要求配置钢筋，新配钢筋与原墩内钢筋焊接，新老混凝土结合面布置直径为 16 毫米的钢筋连接，植筋间距为 400 毫米。

新流道吸水箱进口高度为 4.0 米，顶板首先采用半径为 1450 毫米的圆弧连接，然后按 10°斜坡与吸水箱内顶板相接至 19.94 米高度，此段顶板线型尺寸及高程与原流道相同，因此利用原流道结构。吸水箱内部高度逐渐减小，流道顶板逐渐降低，至喇叭管进口处，吸水箱高度降为 2.158 米，顶板底面高程从 19.94 米降至 19.76 米，而原流道进口段内部高度为 2.34 米，顶板底面高程 19.94 米，故对此段顶板进行改造处理。将原流道顶板从板底面按新流道顶板线型尺寸加厚，顶板加厚部分材料采用 C35 自密实混凝土，并按应力分析计算结果及构造要求配置钢筋，新配钢筋与原顶板内钢筋焊接，顶板板底新加混凝土厚度为 0～182 毫米，自密实混凝土最小浇筑厚不小于 150 毫米，因此需凿除局部老混凝土，以保证新加混凝土浇筑厚度。新老混凝土结合面的碳化混凝土全部凿除，其余部位凿除 10～20 毫米，然后布设直径为 16 毫米的植筋，呈矩形布置，行距和排距均为 400 毫米。受力钢筋锚固采用自锁锚杆。

（二）吸水室喇叭管

新流道喇叭管管壁线型为 1/4 椭圆曲线，椭圆长半轴与短半轴尺寸分别为 1367 毫米、649 毫米。喇叭管进口直径为 3996 毫米，进口处高程为 19.79 米，出口直径为 2698 毫米，出口高程为 21.13 米。因此，原喇叭管混凝土全部拆除，座环内壁按椭圆曲线加工。

（三）吸水室后墙及底板

此工程采用的簸箕形流道后，壁距为 2.69 米，吸水室底板高程从 17.60 米逐渐升高至 19.30 米，因此原流道混凝土导水锥需全部拆除，原流道后墙拆除后移，底板顶面增加混凝土逐渐抬高。原流道后墙为非承重结构，向后移动不会影响结构安全，另外，原流道后侧为排水廊道，排水廊道净宽 3.0 米，按新流道改造后，排水廊道净宽 1.9 米，能够满足排水要求。新流道后墙及底板新浇混凝土均采用 C35 混凝土，并按照要求配置钢筋，新配钢筋尽量与原结构内钢筋焊接，无法焊接锚固时，采用植筋锚固；新老混凝土结合部位，老混凝土表面凿毛，凿除深度首先按自密实混凝土最小浇筑厚度要求确定，能够满足自密实混凝土浇筑厚度的部位，老混凝土表面凿除深度为 10～20 毫米（碳化部应全部凿除），并布置直径 16 毫米的植筋，呈矩形布置，间距为 400 毫米。

（四）中隔板

簸箕形流道吸水箱内设置中隔板，一方面是为了结构的需要；另一方面是为了阻隔可能发生的水下涡带。吸水箱进口段利用原中隔墩，喇叭口下方的隔板应尽可能地减薄。根据模型试验中采用的隔板厚度，并参照泵站进水流道水力优化设计规范，确定簸箕形喇叭口下方隔板厚度为 200 毫米，隔板上端流线型，以防产生气蚀。另外，改造工程采用簸箕形流道与老水泵配合的方案，原流道内导水锥拆除后，需恢复安装水泵前导锥，安装后前导锥伸入中隔板，因此需在中隔板对应前导锥部位预留前导锥缺口。中隔板采用 C35 混凝土，并按构造要求配置钢筋。中隔板上端流线型段采用不锈钢材料制作，与下部混凝土内预埋铁件焊接，连接部位表面打磨光滑。

2007 年 12 月至 2008 年 3 月，将 2 号机作为试验机组，进行流道改造试验，武汉武大巨成加固实业有限公司施工。水利部检测中心于 2008 年 8 月 1 日进行现场运行测试，试验获得成功。同年 11 月 1 日经省（市）有关专家领导讨论通过，决定按此方案改造其他 9 台。2009 年汛后至 2010 年 3 月 9 日，武汉武大巨成加固实业有限公司完成剩余的 9 台流道改造项目。泵站通过流道改造，经现场检测和观察，机组能在额定功率状况下满负荷运行，振动、噪声、气蚀等状况明显改善。

七、改良土方碾压工具

江河大坝、湖库渠堤基本采用土方填筑，碾压是保证施工质量的关键之一。新中国成立初期，因缺乏机械，人们只能采取最原始的人工密实办法。开始是用木夯、石片碾，由多人同时操作，称为打夯。后改为石滚碾，不仅可提高碾压工效，而且可提高碾压质量，节省劳动力。拖拉机出现之后，大型工程开始使用拖拉机带动石磙（重 3～4 吨）碾压。先用羊足碾，拖拉机拉不动，土又碾压不实。人们就去掉羊足，浇筑成肋形磙、凤凰磙，如果拖拉机不够，可用牛拉，效果很好。

随着机械的不断进步，大型工程逐步使用推土机、碾压机，由于机械施工进度快、质量好，被广泛使用。传统的碾压方法逐步被机械所取代。

八、改进施工吊装设备

1972 年，高潭口泵站工程开工，在施工中，因吊装设备受到限制而影响施工进度，承担施工任务的湖北省水电局工程一团采取土法上马办法，自己设计加工贴地滑轮吊装设备，替代原来的吊装设备，保证大件安全安装，既争取时间，又节约投资 28.5 万元。

九、改进泵站的运行设备

2000 年，高潭口泵站已经运行近 30 年，设备老化，泵站管理单位的科技人员对其进行了改造试验。在不改变原有电机的安装尺寸以及水泵的连接方式的情况下，增大定子线圈截面，更换转子的磁极线包，使原有的电机功率由 1600 千瓦提高到 1800 千瓦，避免泵站机组在高扬程工况下超负荷运行。在取得成功经验之后，又对新滩口、南套沟等大型泵站进行改造。

第四节　获奖成果及学术论文

四湖水利工程技术人员勇于实践，探索研究水利实用技术，并总结撰写成科技学术论文在专业刊物发表，或编为专著由出版社出版发行，其成果得到广泛应用。其中，"易涝易渍农田排水改良技术研究""较重涝渍胁迫对几种旱地作物生长的影响与恢复技术"获湖北省科技进步二等奖；"基于作物的农田排水指标及排水调控研究"获湖北省科技进步三等奖；"涝渍相随作用对几种旱地作物生长及产量的影响"获长江大学科技进步一等奖；"基于作物的农田排水指标及排水调控研究"获长江大学科技进步二等奖。发表于报刊的科研论文和学术论文详见表 14 - 2，获省级科技进步奖的成果见表 14 - 3。

表 14 - 2　　　　　　　四湖工程管理局发表科技论文一览表（以发表时间为序）

论文题目	作者	发表时间	发表刊物
《汉江平原管涌防治的初步经验》	雷世明	1983 年 5 月	《人民长江》
《汉江平原管涌发展规律的初步探讨》	雷世明	1983 年 10 月	《荆州水利技术》
《土坝劈裂灌浆与高压定向喷灌技术介绍》	雷世明	1984 年 1 月	《水利建设与管理》
《关于做好农田水利基本建设管理工作的几点体会》	镇英明	1984 年 4 月	《农田水利与小水电》
《四湖流域降雨的一般规律与排水调度运用方案研讨》	镇英明	1985 年 2 月	《湖北水利》
《四湖流域水资源开发的战略问题》	镇英明	1987 年 5 月	《人民长江》
《汉江中下游防洪中的若干问题》	雷世明	1987 年 7 月	《水利水电管理技术》
《三峡工程对四湖地区水土资源开发的影响》	镇英明	1987 年 10 月	《人民长江》
《长江三峡工程对四湖地区旱涝及潜育化与沼泽化影响的研究》	镇英明	1987 年 12 月	《三峡工程对长江中游农田潜育化沼泽化影响研究》
《四湖电排规划与工程效益浅析》	镇英明	1989 年	《湖北水利》
《四湖开发与环境水利》	镇英明	1991 年 3 月	《农田水利与小水电》
《浅谈 40M3/N 绞吸式挖泥船的绞车》	朱宗林	1993 年 1 月	《疏浚与吹填》
《刍议四湖流域的管理》	朱宗林	1995 年 6 月	《水利管理技术》
《对四湖流域除洪排涝的思考》	朱宗林	1997 年 6 月	《水利管理技术》
《四湖流域稻田水肥管理对策研究》	程伦国、刘德福、郭显平、吴立仁	2001 年 9 月	《湖北农学院学报》
《四湖流域水利工程管理体制探讨》	朱宗林	2002 年 3 月	《水利建设与管理》
《油菜排渍指标试验研究》	程伦国、刘德福、郭显平	2002 年 8 月	《湖北农业科学》
《作物涝渍排水试验及其设施建设》	刘德福、程伦国	2002 年 10 月	《湖北农学院学报》
《油菜多过程受渍抑制天数指标的探讨》	程伦国、刘德福、	2003 年 7 月	《中国农村水利水电》
《农田排水面临的形势、任务及发展趋势》	朱建强、刘德福、程伦国	2003 年 11 月	《灌溉排水学报》
《不同生育期持续受渍对棉铃空间分布影响》	张文英、程伦国	2004 年 2 月	《湖北农学院学报》
《江汉平原的水土环境与农业水管理》	刘德福、吴立仁、郭显平	2006 年 10 月	《灌溉试验站网建设与试验研究》（黄河水利出版社）
《浅谈强化水资源管理的重要性》	魏小清	2007 年 3 月	《科学时代》
《论水利基本建设财务管理》	夏凤梅	2008 年 10 月	《总裁》
《略探如何加强工程财务管理》	夏凤梅	2008 年 11 月	《决策与信息》
《事业单位内部会计控制问题初探》	夏凤梅	2009 年 1 月	《财政监督》
《四湖流域水资源监督执法存在的问题与对策》	陈继恒、杜又生、潘立新、刘思强、郝永耀	2010 年	《实行最严格水资源管理制度高层论坛论文集》
《四湖流域下内荆河防洪排涝能力现状分析及治理方案探讨》	张丙华、杨勇	2010 年	《中国农村水利水电》
《湖北四湖流域水利档案管理工作初探》	邓超群	2011 年 3 月	《湖北水利》
《四湖流域水管理体制现状分析及改革思考》	吴兆龙	2011 年 4 月	《湖北水利》
《浅析我国水利工程管理存在的问题及对策》	魏小清	2011 年 9 月	《水利发展研究》
《湖北省四湖流域上区 2007 年防洪排涝调度问题探讨》	张丙华、杨勇	2011 年 6 月	《中国防汛抗旱》

续表

论文题目	作者	发表时间	发表刊物
《浅析工程财务管理工作中存在的问题及改进措施》	陈华	2011 年 12 月	《经济生活文摘》
《假俭草生态学特性及在水利工程中的应用》	程伦国、刘思强、于洪	2012 年 2 月	《湖北水利》
《抗御 2010 年四湖流域洪涝灾害的思考》	吴兆龙	2012 年 2 月	《湖北水利》
《行政事业单位财务管理存在的问题及建议》	陈华	2012 年 3 月	《科学时代》
《水利施工中混凝土工程质量控制要点》	贾振中	2012 年 4 月	《城市建设理论研究》
《水利施工中混凝土裂缝探讨》	贾振中	2012 年 7 月	《建筑与文化》
《论水利水电工程建筑的施工技术管理》	贾振中	2012 年 9 月	《中国科技博览》
《国内外湿地保护与利用的经验与启示》	朱建强、李子新、刘玮	2013 年 4 月	《长江大学学报》
《试论水利工程建筑的设计方法》	于洪	2013 年 6 月	《管理学家》
《武汉湿地保护与可持续利用的对策建议》	朱建强、蒋舜尧、刘玮、李子新	2013 年 9 月	《湿地科学与管理》
《工程造价审计的方法探究》	周波	2013 年 9 月	《经济视野》
《关于湖北省四湖流域推进水生态文明建设的几点思考》	卢进步	2014 年 5 月	《中国水利报》
《关于长湖治理与保护问题的调查报告》	吴兆龙	2014 年 5 月	《湖北水利》
《财务会计工作的问题与对策》	陈华	2014 年 7 月	《现代经济信息》
《财务会计管理规范工作的思考与探索》	陈华	2014 年 9 月	《经济视野》
《洪湖、长湖现状及其治理与保护对策分析》	吴兆龙	2014 年 12 月	《科技创新与社会发展——领导干部实践文献》
《荆州市四湖工程管理局排灌试验站可持续发展对策》	程伦国、徐峰、吴立红	2015 年 1 月	《湖北水利》
《浅析水利基本建设财务会计核算》	周波	2015 年 2 月	《行政事业资产与财务》
《当前湖泊保护的现状及可持续发展对策》	徐峰、杨勇、谭业	2015 年 5 月	《科技纵览》
《小型农田水利设施建设存在的问题及对策》	周浩、谢松枝、徐峰	2015 年 5 月	《科技纵览》
《水利工程施工质量管理的有效途径分析》	谭业、徐峰、杨勇	2015 年 6 月	《工程管理前沿》
《水利工程施工现场管理的特点及实践》	谢松枝、周浩、徐峰	2015 年 6 月	《工程管理前沿》
《四湖流域水利工程管理养护存在的问题及处理》	杨勇、徐峰、谭业	2015 年 6 月	《工程管理前沿》
《基建财务中的风险管理与控制》	周波	2015 年 9 月	《现代经济信息》
《工程造价管理水平提升措施探讨》	周波	2015 年 11 月	《城市建设理论研究》

表 14 - 3　　　　　　　　　　四湖流域科研成果获省级以上奖励一览表

成果名称	获奖等级	获奖时间	主要完成单位	主要完成人员
四湖地区除涝排水系统最优化扩建规划研究	水利部三等奖	1985 年	武汉水电学院、荆州地区水利局	关庆滔、欧光华、郭元裕、白宪台等
四湖地区渍害低产田地下排水改良试验	水利部一等奖	1988 年	荆州地区水利局、潜江县水利局、潜江县农业局	关庆滔等

成果名称	获奖等级	获奖时间	主要完成单位	主要完成人员
四湖排水系统优化调度研究及排水实时决策支持系统	水利部三等奖	2000 年	湖北省水利水电科学研究所、武汉大学水利电力大学、荆州市水利局	黄泽钧、欧光华、白宪台、关洪林等
江汉平原涝渍地综合开发研究	省科技进步一等奖	2003 年 12 月	湖北省水利厅、荆州市水利局、荆州市四湖工程管理局	雷慰慈、朱建强、欧光华等
易涝易渍农田排水改良技术研究	省科技进步二等奖	2004 年 2 月	荆州市四湖工程管理局排灌试验站、长江大学	欧光华、朱建强、刘德福、程伦国、郭显平、吴立仁、周淑芳、刘玮等
涝渍相随作用对几种旱地作物生长及产量的影响	长江大学科技进步一等奖	2006 年 1 月	荆州市四湖工程管理局排灌试验站	郭显平、刘玮等
基于作物的农田排水指标及排水调控研究	省科技进步三等奖	2007 年 12 月	荆州市四湖工程管理局排灌试验站	刘德福
较重涝渍胁迫对几种旱地作物生长的影响与恢复技术	省科技进步二等奖	2013 年 12 月	荆州市四湖工程管理局排灌试验站	程伦国、刘德福等

第十五章　水　文　化

　　荆楚文化历史悠久，并一脉相承地继承和发扬。据位于荆州城东北 5 千米的鸡公山考古发掘可知，早在旧石器时代，四湖流域就有古人类的活动。四湖流域的开发历史同样也比较久远，江陵毛家山、监利柳关、福田出土的稻谷谷壳，证明在 5000 年前农业文明已在四湖流域露出曙光。因稻作农业的发展为大溪文化的发展奠定坚实的基础。公元前 6 世纪，楚人"筚路蓝缕，以启山林"艰苦创业立稳脚跟后，从山林走出，来到古云梦泽畔，在湖周滩地繁衍生息，创造出不朽的楚文化。在今长湖周围，聚集大量的古文化遗址和古墓葬群，如凤凰山旧石器古墓群、楚纪南城等。三国时期，江汉群湖地区又成了魏、蜀、吴争夺的古战场，留下众多的遗址和不绝的传说。元末农民起义，生于洪湖，有"渔民皇帝"之称的陈友谅于湖区异军突起，而其重大征战多在江湖之上，直至兵败鄱阳湖，真可谓起也于湖终也于湖。在中国革命的近代史上，四湖流域更是写下华丽的篇章。贺龙、周逸群等在此创建以监利、洪湖为中心的湘鄂西革命根据地，是土地革命战争时期与中央苏区、湘鄂皖苏区并列的三大革命根据地之一，也是当时全国唯一的水上革命根据地。正如毛泽东主席所说："红军时期的洪湖游击战支持数年之久，都是河湖港汊地带能够发展游击战争并建立根据地的证据。"四湖流域成千上万的优秀儿女献出宝贵的生命，用血与火奏响中国人民革命战争这一宏伟交响曲的华美乐章。

　　四湖的湖，在承载这些厚重历史的同时，也积淀丰富多彩的文化。在精美绝伦的楚文化中，有一种"水"的神韵，在我国最早的诗歌总集——《诗经》中就有体现。《诗经》之后，从屈原"行吟泽畔"开始，受湖泊滋养而走出的英雄豪杰、贤人逸士不计其数，印证了"唯楚有才"之名。除湖区走出的这些英才留下的精神财富，四湖也吸引无数文人雅士留下隽永的诗篇，共同升华为四湖水文化所特有的神韵。

　　四湖流域人民在长期的治水、用水、管水的历史过程中，逐步地知水、颂水、爱水，并随之诞生大量的民歌、民谣、民谚和民间曲艺，为四湖水文化增添丰富的内容和鲜明的地域特征，并作为丰富的非物质文明传承下去。

第一节　古　文　化　遗　迹

　　四湖流域汇江汉之水，古称古云梦泽。在漫长的历史过程中，慢慢由水变陆，尔后又经历人类的开发活动。经对四湖流域内人类活动遗迹和古城址的考古发掘及历史资料的整理，可基本厘清四湖流域的根源和开发过程。

　　经考古工作者的辛勤努力，在四湖流域发现大量的古遗址、古墓葬、古建筑、金石碑刻等及数以千计的出土文物。古遗址中，有早自旧石器晚期的鸡公山文化遗址，而新石器时代的大溪文化遗迹则分布在四湖流域的各处，先民们创造辉煌灿烂的古代文明，将四湖流域的水稻耕作史提到 5000 年前。东周及春秋战国，四湖流域已高度开发，以楚都纪南城为代表创造不朽的楚文化，是完全可以和黄河文化比肩的长江文化系列。秦汉时荆州城的兴建，说明楚文化不仅没有湮灭，而是将楚文化更加发扬光大，创造更加伟大的荆楚文化。特别是对荆州古城的发掘，证明荆州城（江陵城）从东汉末年开始就成为中国南方政治、经济、军事、文化的中心，并成为三国时期军事战略的重镇。此后，在近 2000 年的历史长河中，先后又有 16 位帝（王）建都于荆州，除帝（王）建都外，荆州还一直为历朝历代郡、路、州、府的治所，保持荆楚文化的繁荣与发展，成为华夏古代文明的重要组成部分。

四湖流域的古城址和古文化遗迹较多，不能一一列举，仅择要记载。

一、阴湘城遗址

阴湘城古城遗址系全国重点文物保护单位，位于荆州区马山镇阴湘城村，距马山镇政府所在地西北约 3 千米处，东南距荆州城约 34 千米处。

阴湘城古城遗址平面形状略呈半圆形，中部的一条纵向冲沟将城址分为东、西两部分，南面城垣的修造使它成为一个整体。东、南、西三面城垣基本保存完好，东南角城垣略向外凸出，为城门之所在，北面城垣已遭洪水冲蚀，仅西北一隅得以保留。城垣夯土为黄、灰两色，夯层厚 5～6 厘米，夯窝深约 5 厘米。城址东西长约 580 米。南北残宽约 350 米，面积约 20 万平方米，城垣长度约 900 米。四角呈切角形，四边有城门。东、西两面城垣较宽而高，南面城垣相对较窄而矮。现存城垣宽度一般为 10～25 米，东城垣基脚最宽处达 46 米，城垣高出城内地面 1～2 米，高出城外地面 5～6 米。城外相应有城濠，宽 30～40 米。

阴湘城古城遗址是 1953 年在文物调查中发现，初步认定为新石器时代晚期的遗址。1983 年调查将其确认为新石器时代（距今 4000～3000 年）至西周时期的遗址。

1991 年 10 月至 1992 年 2 月，为配合荆江大堤加固工程，荆州博物馆对古城遗址进行首次大规模的调查和试掘，在东城垣中段东西方向并排开挖 9 个标准探方，初步认定城垣始建于屈家岭文化时期（公元前 3500—前 2600 年），并一直沿用至西周。

1995 年 3—5 月，荆州博物馆与日本福冈市教育委员会合作，对阴湘城古城遗址进行第二次大规模的调查和发掘。日方工作人员对遗址进行详细的测绘，中方工作人员除对第一次发掘的 9 个探方再次挖开并加以确认外，又发掘 6 个探方。其中，2 个探方的发掘确认西城垣的位置以及被叠压在它下面的大溪文化晚期的壕沟，同时发现 6 座大溪文化中期的建筑遗迹，还发现 1 座春秋时代的土坑墓。此次发掘大体弄清阴湘城古城遗址的年代范围。

1996 年 3—5 月，中日第二次合作发掘 4 处探方。通过发掘，确认东城垣下也叠压着大溪文化晚期（公元前 3500—前 2600 年）壕沟，以及以前称之为第二期城墙的西周时期大型黄土沟状堆积，发掘表明中部纵向冲沟（古河道）西侧有古代稻田存在的可能。同时还发现几座商代灰坑以及屈家岭文化早期的多间式房屋等建筑遗迹。

1997 年 10 月至 1998 年 1 月，荆州博物馆对阴湘城古城遗址进行第四次发掘，于东城垣内侧发掘 10 米×25 米（长×宽）的探方，再次发现西周时期的大型黄土沟状堆积，以及叠压于屈家岭文化早期壕沟下的大溪文化晚期壕沟。壕沟内发现大量的动植物遗骸和文化遗物，包括竹篾器、漆木器、漆皮陶器、磨光黑陶器等。

阴湘城古城遗址经过四次较大规模的发掘，共揭露面积 1100 多平方米，发现各时期灰坑 200 座，房屋基址 13 座，陶窑 4 座，瓮棺 8 座。经专家研究表明，阴湘古城遗址的时代跨度从大溪文化时期一直延续到西周时期，主要为大溪文化（距今 6300～5000 年）、屈家岭文化（距今 5200～4600 年）和石家河文化（距今 4600～4000 年）的遗存。此古城遗址是长江中游地区迄今为止发现的史前古城之一，文化堆积深厚，文化内涵丰富，保存基本完好。特别是大溪文化晚期壕沟内出土的漆木器、竹篾器等在江汉地区为首次发现。遗址中发现房屋基址基本上为方形地面建筑，它既不同于仰韶文化的半地穴式房子，也有别于河姆渡文化的干栏式建筑，形成江汉平原独特的建筑风格，达到既防潮又防寒的双重目的，是中国建筑史上的一项重大发明。以上遗址是研究四湖流域史前时代的社会、经济、文化发展水平和环境状况的重要遗址。

二、纪南城遗址

纪南城位于荆州城北 5 千米处。因在纪山之南，故名。为春秋战国时期楚国国都，又称郢、纪郢、南郢，自秦将白起拔郢后废弃。南、北城垣上立有石刻保护标志牌，牌文"楚纪南故城"五字为郭沫若题写。纪南城于1956年及1961年先后被定为全省和全国重点文物保护单位。

（一）纪南城的记载与发掘

楚国故都纪南城，是迄今已发现的我国南方最大的一座古城。《史记·楚世家》载："文王熊赀立，始都郢。"《史记·货殖列传》则对郢都的具体位置作出说明："江陵故楚郢都，西通巫巴，东有云梦之饶。"《汉书·地理志》亦云："江陵故楚郢都，楚文王自丹阳徙此。"魏晋时期政治家、军事家、学者杜预在其所著的《春秋左氏经传集解》中注释："国都于郢，今南郡江陵县北纪南城是也。"刘宋盛弘之《荆州记》载："江陵东北七里，有故郢城，城周回九里。"又载："昭王十年，吴通郢水，灌纪南，入赤湖，进灌郢城，遂破楚。"北魏郦道元《水经·沔水》注："江陵西北有纪南城，楚文王自丹阳徙此，班固言楚之郢都也。"沈括在《梦溪笔谈》一书中说："或曰，楚都在今宜城界中，有故城尚在，亦不然也，此鄢，非郢也。则郢当在江上，不在汉上也。"

（二）城址规模

纪南城地处四湖流域的上区。西临荆门山地，东接四湖平原，南有浩瀚的万里长江，北有驿道与中原相通。城西约5千米处有南北走向的八岭山，沮漳河沿山之西麓由北向南注入长江，城北约25千米处有纪山，城东北1千米处有雨台山，城东垣外有邓家湖、徐家湖、懒子湖，并与长湖相连，城内地面高程34.00～35.00米。

纪南城土筑城垣，除少数地段早年被水冲坏及新中国成立前修筑襄沙公路压盖东垣北段以外，大部分至今仍保存在地面上，城垣高出地面3.9～8米，底部宽30～40米，上部宽10～20米，除南城垣中部偏东有一段向外突出外，其余各面城垣基本上呈直线。整个城址除城垣东南拐角为直角形以外，西北、西南、东北城垣拐角均为切角形。

纪南城呈东西向长的不规则横平长方形，整个城址东西长约4450米，南北宽3588米，城垣周长15506米，城内面积16平方千米。城内除东南方有个土岗——凤凰山外，大部分为平地，整体地势从西北向东南方略为倾斜。有三条河流穿城垣出入城内，朱河自北向南流，在北垣中部入城；新桥河自北向南，绕城垣西南角，在南城垣中部入城后又向北流；两河在城内中心地带的板桥汇合成龙桥河折向东流，从东垣的龙会桥处出城，注入邓家湖。城西垣中部有一个被洪水冲成的宽约100米的豁口，称为郭大口，从郭大口至城中部板桥一线有断断续续的冲沟。三条河道及西部冲沟将城内编分为徐岗（城西北）、纪城（城东北）、新桥（城西南）、松柏（城东南）4个片区。

纪南城垣全系泥土夯筑。城垣可分为墙身、内护坡、外护坡3个部分。墙身宽有10米、12米、14米3种规格；内护坡宽10～15米，外护坡宽4米。城垣上有缺口共28处。经钻探和发掘，得知当时的城门有7处（其中2处为古河道入城处的水上城门），四面城垣外围相距20～40米处绕以护城河，河面宽窄不一，一般约30米，宽者可达80～100米，护城河全长约14720米，护城河与出入城的古河道相通。

（三）文化遗存

1. **夯土台基及宫殿基址**

纪南城内现在暴露在地面的台地、高地有300多处，经考古勘探已初步确定为当时建筑的台基有84处。这些台基是在生土、地面上用泥土层层夯筑而成，土质较纯，有的掺杂东周时期的陶片和瓦片，土色一般为黄褐色。其规模最长的达130米，最宽达100米，平面形状不一。这些夯土台基的周围或其上，大多有堆积很厚的瓦砾层或红烧土层。考古工作者对其中的30号台基进行发掘，发现了上、下早晚两期房屋建筑遗迹。晚期房屋约为春秋晚期至战国早期，早期房屋则比此要早。晚期房屋建筑上部虽已破坏不存，但基址保存尚好，东西面阔63米，南北进深14米，中间的隔墙墙基距西墙基25.6米，并发现有壁柱、磉墩。磉墩外侧有散水遗存。散水之处侧，各有宽3米左右、深2米左右的排水沟。在南、北散水的底部还各发现有陶质排水管道与排水沟相通。台基之上墙基内外还有一些圆形井穴，有的井穴内还层叠有陶井圈。考古人员认为这里显然是一个较大型的宫殿基址。

2. 井、窑及铸造作坊遗址

纪南城内许多地方都可见到水井遗址，已发现的在 400 口以上，四大片内都有分布。1975 年龙桥河改道工程施工中，在城址中心部位的板桥东部长 1000 米、宽 60 米的范围内就发现了 256 口水井。同时在此范围还有丰富的文化堆积，说明这一带是人口密集的繁华地带。井的形制有土井、陶圈井、木圈井、竹圈井四种，以陶圈井居多。中国科学院考古研究所实验室曾用 C14 放射性同位素对编号为河：Ⅰ.79 号井内出土的井字形木架进行年代测定，为距测定年代 2480 年±80 年，即公元前 530 年。纪南城内的新桥区、纪城区、松柏区内均已发现了一些窑址。经过清理发掘的有 5 座，平面皆椭圆形，由门道、火膛、窑床、烟囱几个部分组成。已发现的这些窑大部分为烧制陶瓦的瓦窑，也有是烧制日用陶器的。

1975 年对新桥区 4 号夯土台基陈家台的发掘，第一次在纪南城内揭露出一处金属铸造作坊遗址，残存台基东西长 80 米，南北宽 20 米。在台基的西北方和东方各发现铸炉 1 座，出土成块的木炭、锡攀钉、铜棒和锡渣等。在台基上部及周围部分地方还发现大量碳化的稻米，在一处长 3.5 米、宽 1.5 米的范围内，堆积的碳化稻米层达 5～8 厘米。经北京大学考古专业 C14 实验室测定，这些碳化稻米的年代为距测定年代 2410 年±100 年，即公元前 460 年左右。台基上部及其附近还出土了残陶范和鼓风管。

3. 古河道遗迹和夯土城垣

在纪南城内现已探明有 4 条古河道，其中 3 条与今之朱河、新桥河、龙桥河的位置大体相近，部分河段稍有左右偏移，有些地方则正好压在古河床之上。古河床的宽度与今河道相当，约 20～40 米，深度在 10 米以上。此外，在松柏区钻探发现一条古河道，从城东南部城垣突出部分的凤凰山高地西坡脚下开始，由南向北贯穿城东南部的松柏区，直通龙桥河古道，全长 1850 米，上游宽 9～13 米，下游宽 20 米左右。纪南城内四条古河道纵横交错与护城河相连，古朱河、龙桥河、新桥河通过城垣处皆有水门，形成全城的水运网络，出城后又与长江、汉江水系相通，形成楚国都城的水乡特色。1973—1974 年，对位于南垣西部新桥河入城的缺口处进行发掘，揭露出木构建筑 1 座，它是古河道流入城内的门道建筑，因此称它为水门或水上城门，整个木构建筑呈长方形，共发现木柱洞 48 个，洞内尚存木柱 38 根，木柱分成 6 排，南北成行，每排 16 根，间距不等，中间的 4 排形成 3 个门道。3 个门道大小相等，长约 11.3 米，宽 3.34～3.4 米。此宽度比江苏淹城（古称奄国）发现的春秋战国时期独木舟的宽度要宽 2 倍多，可容船只通行。木柱形制有方柱、圆柱两种，经用 C14 放射性同位素测定，木柱年代距测定年代约 2430 年±75 年，即公元前 480 年左右，测定证明此木构建筑兴建年代为春秋晚期，是我国首次发现的水门基址。

在松柏区古河道之西，发现一条埋在地下呈曲尺形分布的夯土墙遗迹。此夯土墙遗迹，南起南城垣凤凰山北坡下，宽 10 米，走向与东城垣平行，向北残长 750 米处，成直角拐向西，与南城垣平行走向，西行 690 米以后，地面破坏严重。这一曲尺形地下夯土墙遗迹，因在密集的夯土台基之处，有可能为宫殿区的宫城城墙，而其东的古河道，则可能为此宫城外的护城河，据考古学家推断，松柏密集的大型台基区及夯土墙遗迹区内应系纪南城的宫殿区，大城套小城，将宫殿区与其他区域分开。

4. 城内的几处墓地和早期遗址

纪南城内墓葬不多，主要分布于城外。城垣上和城内夯土台基上埋有东汉砖室墓，在城内主要发现春秋墓地 2 处、秦汉墓地 1 处、新石器时代遗址 1 处。

两处春秋墓地，其一在徐家岗的陕家湾，这里距城南垣不远。墓地中已发现的 4 座及清理的 2 座均为小型的土坑竖穴墓，出土一批陶器，时代为春秋早中期，是纪南城内已发现的时代最早的墓葬。另一春秋墓地在新桥区的东岳附近，其中已钻探的有 15 座，发掘的有 7 座，均为春秋中晚期。

在新桥区的龙王庙，20 世纪 60 年代初期因农民烧窑挖出新石器时代遗址 1 处，采集到蛋壳陶等物体，属屈家岭文化类型。

楚国从西周初年周成王封熊绎于丹阳起，到公元前 223 年被秦国灭亡，立国 800 多年，其中 411

年建都于纪南城，历经 20 位楚王，一个王朝在一个地方建都时间如此之长，在中国历史上极为罕见。而在纪南城建都的 400 多年间，正是楚国经济社会发展的鼎盛时期，正所谓都郢而强。春秋时，楚庄王成为五霸霸主之一，战国年代楚国的综合国力跻身七雄行列，在中国乃至世界文明史上，写下光辉灿烂的篇章，有着不可磨灭的历史地位。

三、郢城遗址

郢城古城遗址为全国重点文物保护单位，位于荆州区郢城镇，在荆州城东北 1.5 千米，楚纪南故城东南 3 千米处。古代郢城，东北有庙湖、海子湖、长湖等，南临长江黄金水道，西抵逶迤龙山，北有驿道可抵中原，水陆交通便利。

（一）城址遗迹

20 世纪 60 年代初，湖北省文物管理部门组织考古人员在城中部试掘 1 条 2 米深、10 米长的南北向探沟，出土了一批秦汉时期的遗物。1965 年又在城内配合农田水利工程建设，调查发现王莽时期的货币和铜镜。1979 年 12 月、1981 年 6 月考古人员先后两次对郢城进行考古调查性质的钻探与小面积的发掘，开挖 2 米×6 米、2 米×10 米的探沟 2 条，5 米×5 米的探方 1 个，出土一批遗物。

城址地面上至今仍保存有较为完整的夯土城垣、城门缺口与护城河。城址面积为 1963208 平方米。

1. 夯土城垣

城垣呈正方形，墙基用黄褐色夯筑，土层坚硬，夯层厚 13～17 厘米，夯土中的包含物有少量战国时期的绳纹筒瓦、板瓦残片。城垣的断面呈现梯形，内外有护坡，构筑方式是先筑主墙体，再筑内、外护坡。内护坡坡面宽缓，外护坡坡面窄陡。主墙和内外护坡都建立在清除地表土后的褐色层土上。北垣长 1453.5 米，面宽 9 米，底宽 27 米，内护坡长 11 米，外护坡长 7 米，高 4 米；东垣长 1400 米，面宽 15 米，底宽 28.5 米，内护坡长 11.3 米，外护坡长 3.8 米，高 3.5 米；南垣长 1283.5 米，面宽 17 米，底宽 27.6 米，内护坡长 10.5 米，外护坡长 6.9 米，高 5 米；西垣长 1267 米，面宽 18 米，底宽 35 米，内护坡长 12.5 米，外护坡 6.9 米，高 4.5 米。城垣的四个拐角除西南角于早年被大水冲毁外，其余三个拐角保存完好。东南垣夹角为 90°，东北垣夹角为 39°，西北垣夹角为 91°。在这三个拐角之上各有一座长方形夯土台基，高 2～5 米不等，台基上有大量的砾石堆积和草木灰烬，应是当时城垣上的建筑遗迹。

2. 城门缺口

在城垣共发现有 6 处缺口，经调查其中有 3 处是当时城门遗迹，都处于南、东、北垣中部，西垣虽然没有缺口，但在城垣的中部也发现一座城门遗迹。考古人员重点对北垣城门遗迹进行钻探。经钻探表明，城门遗迹地层共分四层，第一、第二层是地表土和扰乱层，厚 25～50 厘米，第三层为汉以后的文化堆积层，厚 30～45 厘米。第四层是秦汉时期的文化堆积，土色灰褐，土质松软包含物有卷云纹瓦当、板瓦和瓮罐等陶器的残片，厚 35～40 厘米。再下则是一种粉末状的灰白土，这种土结构紧，宽 80～120 厘米，厚 15～20 厘米，向城内外延伸，这应是路土。在路土的东西两旁，第三层之下发现有瓦砾堆积。瓦砾堆积全是秦汉时期的绳纹筒瓦、板瓦，厚约 40 厘米。瓦砾堆积下压有以路土为界呈东西对称的两块凸的黄褐色夯土，这应是与第四层同期的门墩建筑遗迹。门墩比城垣要窄，突出的部分东西长约 8 米，南北宽约 7 米，门道宽约 11 米，门墩上的瓦砾堆积应与城门的附属建筑物有关。

3. 护城河

从现在地貌上看，城垣外脚下有绕城一周明显低于周围地面的凹地。凹地内有的现为水塘，有的辟为水田，应是护城河遗迹。护城河开口面宽 41～52 米，底宽 32～41 米。河边的外沿坡度较陡，内沿坡度平缓。河床内的地质堆积可分为三层：第一层为农耕土，土色灰白，质地松软，厚 50～80 厘米；第二层是灰色淤积土，呈稀泥状，厚 30～60 厘米；第三层为黑灰色淤泥，黏性强度大，厚约 1

米，个别探孔探出有秦汉时期的瓦片。护城河深 2.5～3.1 米。

（二）出土文物

考古人员于 1979 年和 1981 年分别在城址内的西南部的砚田（编号 T1、T2）中部的庄王庙（T3）、北垣（T4）开了 4 条探沟（方），因各探沟（方）的地点不同，地层堆积尾部各异，但总体上是地层堆积比较单纯，第一、第二层是地表土或农耕层，第三、第四层是秦汉时期文化层。

发掘的 4 条探沟（方）除北垣（T4）没出器物，其余 3 条探沟所出器物主要是陶器，只出有两枚铜钱和一枚铜箭镞。陶器可分生活器皿类，器物有鬲、甑、釜、盆、盂、碗、豆、瓮、罐等；生产工具类，器物有陶拍网坠、纺轮、砺石，陶范；建筑材料类，有筒瓦，板瓦、瓦当、砖、井圈。陶质分泥质灰陶、泥质红陶、夹砂灰陶与夹砂红陶四大类。箭镞 1 件：圆铤、平本、斜刃、三角形脊，较为锋利，长 6.1 厘米。出土货币两枚，一枚是半两钱，圆形孔无廓，面存"半两"二字，直径 3.1 厘米；一枚是"五铢"钱，圆廓方孔，孔上有月牙状的上半星，"金"字作矢镞形，"朱"字皆方折，"五"字交股两笔上，下端近似垂直平行。

1971 年 3 月，江陵县纪南公社郢南大队（现为荆州区郢城镇郢南村）社员，在郢城南垣内修水渠时，发现 1 枚楚国金币——郢爰，重 17.53 克，含金量 97.5%。郢爰是古代黄金货币，又名印子金，或称金钣（版）、饼金、龟金。我国先秦以前的黄金主要产于楚国。楚国有一种有铭文的金钣，这种金钣大多呈方形，少数呈圆形，上面用铜印印有若干个小方块，看似龟壳，完整的重约 1 市斤，含金量一般在 90% 以上。金钣上的铭文有郢爰、陈爰、颍爰金，山东等地均有发现，尤其以"郢爰"为多。这次在楚都纪南城附近的郢城南垣内出土的郢爰，是湖北境内首次发现。

（三）城址年代

郢城出土的器物，可以确定主要是秦和两汉时期的遗物，其中有极少数器物早到战国晚期。在郢城出土的器物中，建筑材料占很大比例，时代特征亦很明显，其中筒瓦、板瓦与纪南城出土的战国晚期筒瓦、板瓦在形态上比较接近，但烧制火候略高，而与洛阳中州路出土的汉代筒瓦、板瓦相同。瓦当的时代特征更明显，与纪南城出土的战国晚期瓦当无差别。圆瓦当与汉甘泉宫遗址的云纹瓦当相似，时代属秦。圆瓦当中心圆内饰实半球形，这是西汉时期圆瓦当的典型特征。砖的纹样与秦都咸阳第三号宫殿建筑遗址出土的几何纹空心砖相同，时代也属秦，有的砖时代略晚，应为西汉初年之物。另外，出土的"半两"铜钱是典型的秦代货币；"五铢"钱应为汉宣帝时所铸。

通过对郢城出土遗物的分析，既有楚文化的影响又有秦文化的因素，明确推断：郢城的年代上限应在秦将白起拔郢（公元前 278 年）左右，其下限应在东汉。郢城为秦代南郡治所，西汉郢县治所（王莽时改郢亭），东汉时郢县并入江陵县，郢城遂废。

郢城是不是郢都的别邑，说法不一。《左传》认为是楚令尹子常所修。今人认为，"该城古文献多讹为楚之别郢。现经考古勘探，发掘，确定为秦汉城址。"

四、荆州城

荆州城是一座有着悠久历史而至今仍焕发着勃勃生机的历史文化名城。以荆州城为代表在继承璀璨的楚文化基础上，创造更加光辉灿烂的荆州古代文化。荆州文化的重要标志之一则是荆州古城墙，它是这座历史文化名城的重要载体，是荆州最具代表、最有分量的古迹之一。千百年来，荆州城饱受战火洗礼，历经时代沧桑，几度平毁，几度重建。荆州城垣始于西汉，是中国现有延续时间最长、跨越朝代最多，由土城演变为砖城最完整的古垣，系 1982 年国务院首批公布的历史文化名城江陵的历史文化内涵的组成部分，在建设部公布的全国现存七大古城墙中排名第二，被称之为中国南方古城的唯一完璧。1996 年国务院公布荆州城墙为全国重点保护文物。

（一）古城修筑沿革

1. 汉至三国时期建土城

荆州城初建时，曾是一座土城，早在汉景帝中元二年（公元前 148 年）已经有城。汉景帝中元四年（公元前146年）立长子刘荣为皇太子，七年（公元前143年）废除刘荣皇太子保位，改封为临江王，国江陵。刘荣在江陵建造宫殿时侵占了太宗庙外垣和内垣之间的空地，景帝征召他到京城接受审讯，刘荣出发时，曾在江陵北门祭祀路神。《江陵志余》、清·乾隆《荆州府志》都有载明，刘荣封临江王后，修葺过荆州城。

《水经注·江水》载：建安十四年（219年）蜀将关羽离开荆州城北攻魏襄阳，水淹七军，斩庞德，捉于禁，名震华夏。不料东吴吕蒙率水军乔装成商人"白衣渡江"攻破荆州城。当关羽得知荆州城受到东吴军攻击时，急忙回军来救，回来后见到荆州城已被吴军占领，便说："此城吾所筑，不可攻也"，于是引兵西退。

另据《元和郡县志》记载："（荆）州城本有中隔，以北，旧城也；以南，关羽所筑。"此志不仅写明关羽曾经修筑了荆州城，更把关羽筑城的区域，定位为界城以南部分。

2. 东晋时期筑金堤护城

东晋时期，桓温任荆州刺史，都督荆、司、雍、益、梁、宁、广、交等八州的军事。为扩大他自己的势力范围，在荆州修城池，造战船，招兵买马，加紧备战。351年桓温率领大军自荆州顺流而下到达武昌。东晋朝廷担心桓温威胁其统治，于是派司马昱为抚军将军，劝桓温回荆州。桓温被司马昱说动，担心自己实力不够，加上军事行动失利，于352年率军回荆州。此后，桓温便开始大规模修造城池、建造战船，不但对荆州城修葺一新，还令陈遵自江陵城西筑金堤护城。故一般认为，陈遵筑金堤为荆江大堤之始，创修之初实为军事需要。

到了东晋永元十年（389年），荆州另一位刺史王忱又对荆州城修葺一次。

3. 五代十国南平国始建砖城

梁开平元年（907年）五月，高季兴被梁太祖命为荆南节度使。此时荆州城井邑凋零，城无外城。高季兴一面安抚百姓，一面大肆筑城，并开创荆州城砖筑城墙的先例。

据《旧五代史》和《十国春秋》记载，从梁乾化二年（912年）到后唐天成二年（927年）的16年时间内，高季兴对荆州城有过5次筑城记录。高季兴动用10多万人，将城郭外50里内的墓冢平毁，取砖筑外城。等城修好后，阴惨之夜，常闻鬼泣及见磷火。通过对荆州城的修筑，不但扩大城区的范围，还在荆州城内西部"筑内城以自固"，并在城垣复建雄楚楼，望江楼。

此外，高季兴为防御蜀舰船冲撞荆南城（荆州城）和江、汉洪水的威胁，派驾前指挥使倪可福在城西龙山门外筑寸金堤。

4. 南宋初年营造整体城墙

南宋初年，荆州城墙整体砖城出现。据《荆州府志》记载："宋经靖康之乱，雉堞已毁，隍亦多塞，荆湖北路安抚使赵雄奏请筑城。始于淳熙十二年（1185年）九月，越明年七月乃成，为砖城，二十一里，营敌楼战屋一千余间。"这次修城，朝廷不仅命令地方烧制专用的城砖，砖上还刻有责任铭文。根据有关考古报告：宋代砖砌城墙，"位于明代砖墙与宋代、明代土垣之间，墙体宽 0.5～0.8 米，高 7.3 米，砌砖一般厚 5～6 厘米，宽 11～15 厘米，长 26～30 厘米，大多为半头砖，多为素面，少数砖有绳纹或边缘有菱形纹。砖与砖之间用细泥石灰浆砌缝。用砖均为小砖，其中有的是宋代以前的墓砖"。

历65年，即南宋理宗淳祐十年（1250年），贾似道在荆湖北路制置使任上，令兴山主簿王登浚筑城壕。后元世祖伐宋，攻下荆州城，下诏毁城，荆州城被毁只剩下断壁残垣。

5. 明初荆州城再获重建

自元朝建立后的90多年时间内，荆州城墙无修建的记载。元末农民起义中追随朱元璋的合肥人杨璟，因屡立战功被任命为湖广行省的平章政事，移镇江陵。当时长江以南仍控制在元军手中，出于战争防御的需要，杨璟按宋代旧基重修荆州城墙。"杨璟依旧修筑，周一十八里三百八十一步，计三千三百九十九丈；高二十八丈六尺有奇"，设城门6座。杨璟重建荆州城，城池规模由宋城墙周长21里减少为18里多，从此基本定型。外垣全部为砖砌，内为土垣，也成为定式。在修筑城墙的同时，疏浚宽一丈六尺、深约一丈的护城河，东通沙桥，连接长湖，达于汉水，西通秘师桥，则与古扬水上游太湖港相连，可由沮漳河达于长江。

除杨璟这次大规模的筑城外，明代期间还有过 4 次修葺。到明末崇祯十六年（1643 年），张献忠率农民起义军攻陷荆州城，曾下令迁移城内百姓，平毁荆州城。

6. 清代的再建与维修

清代对荆州城进行了多次修筑。清顺治三年（1646 年），上荆南道李栖凤，镇守荆州总兵郑四维"率兵民完城垣，址如之"。新筑的荆州城外垣仍为砖城，高二丈六尺余，周二千四百七十丈，计十七里三分，东西经七里三分，南北纵三里七分。康熙二十三年（1684 年）康熙帝下旨在荆州城设荆州将军府，使之成为全国十三个将军府之一，城内驻守八旗兵。为避免兵民杂居，于城中设间墙，东部为八旗驻地，称满城；西部为官衙民舍所在地，称为汉城。辛亥革命后，以破坏民族平等和团结为由将这个间墙拆除。

清朝 200 多年间，对荆州城进行多达 17 次的修葺，规模最大的为乾隆五十四年（1789 年）至五十七年（1792 年）间的修葺工程。乾隆五十三年（1788 年）六月二十日，长江水位猛涨，致使从万城到御路口的荆江大堤溃口 22 处。大水从西门和水津门冲进城内，冲塌西门、东门、小北门、北门的城楼及几处城墙，满城、汉城淹死 1763 人，倒塌房屋 40815 间。荆州大水使清朝廷震惊不已，乾隆帝仅在 7 月就下发 14 道圣旨，查问灾情，处理善后，其中 4 天是一日两道圣旨。除指令湖广总督舒常、湖北巡抚姜晟赶到江陵外，还派钦差大学士阿桂和谙习工程的工部侍郎德成、河南巡抚毕沅前去督办救灾和城池维修，并从国库拨银 200 万两，历时 4 年，终于完成荆州城的修复工程。这次修复后，荆州城的规模最后定型。

今存的砖城是清朝时期遗留下来的，经历 300 多个春秋寒暑，依然保存完好，成为目前我国保存最完整的一座古城墙，被古建筑专家誉为"中国南方不可多得的完璧"。

（二）古城墙规制

崇墉百雉的荆州古城墙，呈不规则长方形，城墙周长 11.28 千米，城内东西长 3.75 千米，南北宽 1.2 千米，面积 4.5 平方千米。荆州城垣现有 9 座城门，6 座瓮城，2 栋城楼，4 个藏兵洞，28 处马面，1 个白马井（俗称），23 座炮台，1567 个垛堞。古城分为三层，外面是水城（护城河），中间是砖城，里面是土城，兵马可在城上通行，防御体系完备，易守难攻。环绕古城的护城河长 10.8 千米，河宽 12～170 米，深约 4 米。护城河西通太湖，东连长湖，沟通江河水系，除在军事上的防御功能外，还有疏导水流、降低水位、保护古城及通航等作用。

1. 城墙

现荆州古城墙，墙高 9 米左右，墙厚 10 米左右，墙体外用条石和城砖砌筑，砖城厚约 1 米，墙内垣用土夯筑。为防止遭遇洪水城基下陷，砖城的砖缝和城脚条石缝中浇灌石灰及糯米浆，有的还人工嵌入铁屑，城墙特别牢固，因而有"铁打的荆州府"之说。

砖城砌筑所有城砖为特制的大青砖（俗称城台砖），荆州城因多次修葺，现在所见城砖主要是明、清时期城砖，也有少量的宋代及宋以前的城砖，明代城砖主要由湖北、湖南的 8 府 48 县烧制，各地来砖有"提调""人夫""粮户"及所在"里甲"等铭文，立此存照，用以监督质量，现成为城墙修建史的档案实证。

2008 年 8 月，考古工作者在荆州城小北门西侧，发现了一段长近 200 米明代成化年间夯筑的石灰糯米浆城墙，此段城墙虽经 500 余年，至今仍然坚如磐石，世所罕见。用石灰糯米将以"干打垒"的办法夯筑整体城墙，尚属首次发现。故于同年 9 月，在原址上动工兴建"荆州城墙博物馆"。

2. 城门及门楼

荆州城垣自清乾隆年间修葺后，保存有 6 座城门，每座城门都有着与当地地理、历史和人们生活习俗相联系的名称。东门名寅宾门，小东门（水码头）名公安门，南门名南纪门，西门名安澜门，大北门名拱极门，小北门名远安门。每座城门均设有瓮城，形式半球状将主城门围住，瓮城前开一门，称为箭门，与城台门一起形成二重城门。瓮城内外均为城砖垒砌，两侧都筑有城垛。城门洞墙基均用条石基脚，用城砖券顶成门洞，二重城门各设一合木质对开门。门洞内还有一道 10 厘米宽的闸槽，用以安装闸板，既御强敌，又防水患，这样便形成二重城门。瓮城的巧妙设计体现我国古代积极防御的军事理念，既可防御外敌强攻或诈术，又可防止内奸反叛，使得城门这一薄弱之处变为易守难攻之地。还可敞开瓮城，诱敌深入，四面围攻，一举歼之，形成瓮中捉鳖之势。6 座古城门原都建有城楼。明洪武年间称：寅宾门（老东门）城楼为宾阳楼，公安门（小东门）城楼为楚望楼，纪南门（老南门）城楼为曲江楼，安澜门（西门）城楼为九阳楼，拱极门（大北门）城楼为朝宗楼，远安门（小北门）城楼为景龙楼。6 栋城楼有 5 栋毁于战乱，仅存拱极门上的城楼朝宗楼。1987 年，政府拨款重建寅宾门上的城楼，沿用旧名，曰宾阳楼。新中国成立后，为缓解荆州城内交通压力，新开辟新东门（大东门和小东门之间）、新南门（南门和西门之间）、新北门（大北门和小北门之间）。至此，加上原有 6 座城门，荆州城共是 9 座城门与城外连通。

3. 敌楼

敌楼用于战时屯兵、值守，较大的敌楼还可作为赏景和宴饮的场所。据记载，城垣上营敌楼、战屋一千余间，但真有楼名记载的敌楼是雄楚楼、仲宣楼、明月楼、南楼。雄楚楼位于北城垣远安门（小北门）之东，由高季兴任荆南节度使时所建，取唐·杜甫《又作此奉卫（伯）王》诗句中的"雄楚"二字命名，惜楼已早圮。清咸丰年间重建，后再度毁于战火。此楼基址长 38 米，宽 39 米，是荆州城垣最大的敌楼，仲宣楼位于城垣东角隅，即公安门城垣通向南城垣的拐角处，又名望沙楼。东汉末年建安七子之一的王粲，字仲宣，流寓江陵，曾登此楼作《登楼赋》，后人以王粲字号仲宣将此楼名仲宣楼；五代十国时，高季兴于后梁贞明五年（919 年）重建此楼，更名为望沙楼；南宋淳祐十年（1250 年）重新修建仲宣楼，后楼圮；清乾隆四十四年（1779 年）再度重建，后楼亦圮，仅存基址，基面长 31 米，宽 24 米，为城垣上第二大敌楼。明月楼位于北城垣雄楚楼往东城垣的拐角处，相传为梁武帝秘书丞刘孝绰所建，今楼不存，惟其楼基尚存，楼基平面长 29 米，宽 20 米，为城垣第三大敌楼。南楼位于南门城楼东侧城垣上，唐开元二十五年（737 年），时任中书令的张九龄受奸相李林甫排挤，被贬任荆州长史，常登此楼赋诗，有《登郡城南楼》等传世。后楼毁圮。

4. 马面（敌台）

马面是城墙设计的另一种主动防御工事，其名称最早文献见于《墨子》中的《备梯》《备高临》二篇。城墙每隔一定的距离就设有城墙突出矩形墩台，以利防守者从侧面攻击来袭之敌，这种墩台外观狭长如马面而得名，也称之为敌台。马面的设置是为了与城墙互为作用消除城下死角，自上而下从三面攻击来侵之敌。它的宽度为 12～20 米，凸出墙体外表面 8～12 米。据管形火器鼻祖陈规所著《守城录·守城机要》载："马面，旧制六十步立一座，跳出城外，不减二丈，阔狭随地利不定，两边直觑城角，其上皆有楼子。"荆州城垣保留有 28 处马面设置。

荆州城垣有 4 个藏兵洞，均以砖砌筑在城墙内壁的土城垣内，城墙外为马面形态。

在城垣南城距西端不远，设有马面一处，俗称白马井，其内与一般藏兵洞看似形态大致相同，但结构独特。这是一条极为隐秘的军事通道，既可用于传递军情，也可用于突出重围。在传递军情时，相传城内便派出信使乘坐的是白色骏马，故俗称白马井。白马井是荆州古城垣一处别开生面的风景。

5. 垛堞

城墙上用墙体和缺口交替组成凹凸状的小墙，人们通常把凸起的部分称为城墙垛（也称女儿墙）。城垛即城堞，为军事掩体。荆州城垣原有城垛 5100 个。每垛长 2.4 米，高 1 米，两垛间有宽 0.4m 的垛口。每垛下中心处，有高 0.4 米、宽 0.25 米的方形小孔，称箭孔。箭孔底部砌有 1 块半圆形特制青砖，用作兵器依托。垛口与箭孔，居高临下，或供瞭望敌情，或以刀枪、弓箭射杀来犯之敌。荆州城垣历经战火后城垛损毁甚多，现尚存 1567 个，今日远望城堞，古风依然。

后随着火炮的发展，清顺治三年（1646 年）在重修荆州城墙时，在城垣上修建 23 座炮台，用于架设火炮，使城垣的防御能力有显著的提高。

6. 护城河

自古以来，一般有城必有护城河，这就是"城池"的含义。荆州古城的护城河与古城墙一样古老，一样具有历史价值。护城河作为大型古建筑，与雄伟耸立的古墙相辅相成，互为一体。护城河是环绕荆州古城的一条人工河［淳祐十年（1250 年）挖护城河，一说高季兴改砖城后，第二年挖护城河］，全长 10.8 千米，河宽 12～170 米，蓄水容积为 70 万立方米，终年碧波荡漾。东段护城河水域宽阔，已开发为荆州重要的景区，现在每年都在此举行龙舟赛。护城河与城墙、新建的东门城楼宾阳楼，组成东门风景区。古老的护城河与古城墙一道组成完整的荆州古城，形成其他地方古城墙无法与之相比的独特优势。

五、万城遗址

万城古城址，位于荆州城西 25 千米处，今属荆州区李埠镇义合村地境，西傍荆江大堤。城址南北长 1000 米，东西宽 800 米，城垣为黄色夯土，略高出周围地面。西垣、南垣、北垣因水患及修堤挖渠毁损；北垣 800 余米保存较好，基宽 20～30 米，面宽 10～20 米，高 3～5 米。城址北门保存较好，高 2.1 米，宽 3.2 米，用宋代小青砖券拱。城周围护城河现仅遗迹。城内东部和西南部地下发现宋、明代窑址。现存清代乾隆年间石碑，记其沿革掌故。1956 年，湖北省政府公布万城遗址为全国重点文物保护单位。1961 年，在水利工程施工时，于城垣边出土周代青铜器 17 件，有：簋、甗、鼎、罍、瓠、爵、尊、觯、卣等。其中 4 件青铜器上有"北子""邶榨"铭文，是荆州首次发现的邶国铜器。邶国，是公元前 11 世纪周代时的封邑，周武王封殷纣之子武庚于此，故址在今河南汤阴东南邶城镇。

万城，亦名方城。晋太康年间（280—289 年）置南蛮校尉于襄阳，后移置于江陵方城。南北朝地理学家郦道元著《水经注·沔水》载："方城，即南蛮府也。"《江陵志余》释为，其城名"殆后人沿袭（春秋楚之方城）而名"。在《江陵余志》刊印 44 年之后，清初地理学家顾祖禹所著《读史方舆纪要》提出，此城"或云孙吴所筑，取古方之名"，但未列所据。从郦道元认定"方城，即南蛮府"来看，迟至晋代已建有方城。

唐代诗人元稹于元和五年（810 年）因触犯宦官权贵，由监察御史贬为江陵府士曹参军后，写有《楚歌十首·江陵时作》。其中第六首诗曰："谁恃王深宠，谁为楚上卿；包胥心独许，连夜哭秦兵。千乘徒虚尔，一夫安可轻；殷勤聘名士；莫但倚方城。"此诗是至目前所见文人墨客最早咏方城的诗句。

南宋著名诗人陆游于孝宗乾道五年（1169 年）闰五月十八日，由山阴（今浙江绍兴）启舟经运河入长江溯流西行，九月十六日"入沙市"；二十七日，"解舟，泊新河口"，二十八日，"泊方城"（《入蜀记》）。再次提及方城。

南宋时，荆湖制置使赵葵驻守方城，避父讳改为万城，沿用至今。晚明文学大家袁中道（公安三袁之一）在《游居柿录》中记道：万历四十年（1612 年）夏，中道游当阳玉泉寺后于"鸡始鸣时分"，"从合溶（今名河溶、沮水和漳水至此汇合后称沮漳河）发舟，渐觉水涨流平"，经一天一夜航行，细雨蒙蒙中"晓过万城，千家浮水上，水势一望无极，青草赤沙，不足喻其大也"。袁中道在此记录中记有万城。

万城边之义合寺，相传为唐代郭子仪之子郭暧打金枝后，坐镇万城时所建。万城街中有一关帝庙，大殿内塑关公读《春秋》坐像一尊，两旁四将伫立，栩栩如生；殿前有精武戏楼一座，雕梁画栋，美轮美奂。下街建有水府庙，内祀水宫大帝及杨泗将军等镇水神祇。

清乾隆五十三年（1788 年）六月万城堤溃口，淹没荆州城，溺死千余人，乾隆颁旨拨银修复大堤，于"十二月，湖广总督毕沅奉旨铸造铁牛放置万城等堤段"（《荆州万城堤志》）。荆江大堤万城桩号 76＋993 处所存铁牛，乃清道光二十五年（1845 年）所铸（《江陵堤防志》）。铁牛立于此，意镇江水之患。

第二节 历 代 名 胜

一、息壤

息壤,位于荆州城纪南门(南门)外西侧 150 米城墙脚下,有一屋宇状石头,埋于地下,传为夏禹镇水遗留之物,掘即生雨。《山海经》《冥洪录》《江陵志余》均有记载,苏轼有《息壤诗序》。相传大禹治水至荆州城南门外,发现此处水穴冒水不止,查知此穴下通长江,即率众填穴无果,复以镇水石投入,水方止。此后石不能乱动,动则大雨如注。明万历年间(1573—1620 年)在此建禹王庙,藏宋代石刻和元代断碑,后庙废,碑亦无存。清同治十一年(1872 年)倪文蔚任荆州知府,光绪元年(1875 年)作《息壤》记之:

"荆州南纪门外有息壤,相传大禹用以镇泉穴。唐元和中始出地,致感雷雨之异。由是岁旱,辄一发之,往往而验。自康熙间发掘,暴雨四十余日,几至沦陷。近虽大旱,不敢犯。按方氏通雅,息壤垒土也。罗泌路史作息生之土,凡土自坟起者,皆为息壤,不独荆州有之。东坡诗序,谓畚锸所及,辄复如故,殆即此意。抑又闻之,古人有以息壤堙洪水,是息壤本以止水,而反致雷雨,殊不可通,益恍然于镇泉穴之说为可信也。夫物必有所制,乃不为患,土所以治水,原泉之水生息无穷,非此生息无穷之土不能相制;失其所制,则脉动、气腾,激而为雷,蒸而成雨,理有固然,无足怪者。旁有屋三楹,奉大禹像,负城临河,地势湫隘,春秋祀事,文武僚属咸在,不能容拜献。余惟荆州当江沱之会,四载之所必经,灵迹昭著,神所凭依,将在是矣,不可以亵爱,命工度地,增拓旧址长十余丈,广三丈许,高出河面,甃以巨石,俾与岸平,别为前殿三楹,以为瞻拜之所,改正门南向息壤,缭以石阑,游者从旁门入。经营数月,规制一新,计縻白金千两有奇,崇德报功,守土者之责,非敢徼福于明神也。董其役者府经历荣科属为之记,因书以刻于石。"

今庙宇无存,仅有一土丘,长约 40 米,宽 10 米,是为传说中的息壤遗址。

二、章华台

章华台,又称章华宫,是我国先秦时期的一座层台建筑,也是我国较早一座大型王家园林离宫。公元前 540—前 529 年,楚灵王调集楚国的能工巧匠,耗费国库的大量金银珍宝,历时 5 年,建造了一座豪华离宫——章华台。高台落成之时,楚灵王为炫耀,特意邀请中原的鲁昭公等前来参加庆典。章华台在成台之时,楚国大夫伍举曾痛心地说:"今君为此台,国民罢焉,财用尽焉,年谷败焉,百官烦焉,举国留之,数年乃成。"(《国语·楚语》)后汉边让在他所著的《章华台赋并序》中也同样记载:"遂作章华之台,筑乾溪之室,穷土木之技,单珍府之实,举国营之,数年乃成。"关于这座高台的形制外观,当时并没有留下可靠的文字记载,直到北魏郦道元在《水经注·沔水》才有记载:"(章华台)台高十丈,基广十五丈。"推见章华台之规模宏大,殿宇众多,装饰华丽,素有天下第一台之称。相传章华台曲栏拾级而上,中途得休息三次才能到达顶端,故又称"三休台"。又因楚王好细腰女子,招募体态优美的青年女子在宫中设舞宴,寻欢作乐,故又称"细腰宫"。

章华台是楚王的行宫,距楚都纪南城不远处。据史料记载,首先,章华台在离湖之滨,有水、陆道与江水、江陵相通,交通便利。有如郦道元《水经注·沔水》所载:"灵王立台之日,漕运所由也。"其次,便于田猎,章华台系为游宫,是楚王田猎驰骋、藏兵练兵的云梦地区。再者,就是建宫立台较为便利,台势较高并滨湖水,适合于建造高台建筑,通过河渠沟通江、汉具有战略之便。章华台的具体台址有多种之说:

一说在监利县东。章华台在监利最早之说见西晋学者、镇南大将军杜预在《左传·昭公七年》"楚子成章华之台"后面注道:"台在今华容城内。"《汉书·地理志》则作进一步阐明:"容城即华容城,今监利县也。"北魏郦道元在《水经注·扬水》记载:"扬水又入华容县,有灵港水,西通赤水口，地下多湖，周五十里，城下陂池皆来会同，又有子胥渎，盖入郢所开也。水东入离湖，湖在县东七十里。《国语·吴语》所谓楚灵王阙为石郭，陂汉以象帝舜者也。湖侧有章华台，台高十丈，基广十五丈。"《水经注》不仅记载章华台在华容县，而且还把离湖和章华台联系到一起。

二说在荆州市沙市区。今沙市区有章华寺，相传即建在楚灵王修建的章华台旧址上。

三说在潜江市龙湾镇。1986 年，在潜江县（今为潜江市）龙湾镇马场湖村发现一处面积达 200 平方米的东周至汉代的文化遗址。考古工作者对其进行调查和发掘，遗址上出土大批东周时期的文化遗物和一处大型的东周时期楚国宫殿建筑基址。地面上散有大量春秋晚期、战国和汉代的鼎、壹、鬲、罐、豆等残片，绳文筒瓦、板瓦和瓦当的残片俯拾皆是……其面积和文化领域内涵仅次于纪南城。2001 年，国务院将其批准为第五批全国重点文物单位；2005 年 12 月，被列入国家"十一五"期间大遗址保护重点项目；2006 年 7 月，遗址保护项目经国家文物局批准立项。

章华台早在汉代已成为废墟。有人也认为，章华台可能在秦将白起攻破郢都时，毁于战争，但不见史载。章华台遗址到底在何处有待于进一步的研究和考古证明。

三、庄王台

庄王台位于纪南城东隅，距荆州城 8 千米。公元前 597 年楚庄王为会盟诸侯而筑。据《水经注》载："台高三丈四尺，南北六丈，东西九丈，现遗土台，高 6 米，东西长 30 米，南北宽 20 米。"

四、濯缨台

濯缨台故址位于监利县黄歇口镇古井村。古井一带古属湖泽，称离湖。战国时期，楚国主张改革的大夫屈原受奸佞谗陷，被楚王放逐。屈原至离湖，至于江滨行，吟泽畔，遇渔父，屈子假设问答以寄意，录渔父歌曰："沧浪之水清兮，可以濯我缨；沧浪之水浊兮，可以濯我足。"沧浪，古夏水，即今内荆河，故此后人谓这里为濯缨台。濯缨台被录入清同治《监利县志》。

五、凤凰台

凤凰台又名筲箕洼，位于荆州城西南 3 千米处，荆江大堤外侧。原为沮漳河注入长江处，本名码头。地势中间低两侧近堤处高，形如筲箕，故名。世传，武则天之父武士彟作木材经营时，曾立宅于此。唐贞观六年（632 年），武士彟由利州（今四川广元）都督调任荆州都督，8 岁的武则天随行，在此弃舟登岸，居于故宅。贞观十二年（638 年），武则天被选入宫，于此乘舟北去。那时，这个地方是一个临江码头，吴船蜀棹云集，十分繁华热闹，自从武则天当皇帝后，这个地方被誉为风水宝地，取名为凤凰台。可是，自武则天走后不久，长江发大水，把这里的江堤冲塌，凤凰台也冲塌大半截，冲成一块洼地，形似筲箕，于是引起一些有浓厚男尊女卑封建思想人士的非议，说武则天一个女人当皇帝实属大逆不道，因此故土遭此劫难，故后人将此地叫筲箕洼。但也有人觉得这样对武则天不公平，认为武则天当皇帝以后，为唐王朝走向鼎盛作出很大贡献。把水灾嫁祸于她身上有失公平，再说凤凰台虽被洪水冲走大半截，但也还留有小部分，所以仍应叫凤凰台。一贬一褒，这就是一地二名的来历。

六、荆台

荆台，又名景夷台。故址在今程集镇姚集街附近。汉边让《章华赋》载：楚灵王既游云梦之泽，憩于荆台之上，前方淮之水，左洞庭之波，右顾彭蠡之陬，南眺巫山之阿，延目广望，聘观终日。顾谓左史倚相曰：盛哉斯乐，可以遗老而忘死也！于是遂建章华之台。据此推测，荆台在楚灵王时就有，距今至少有 2500 多年的历史。

春秋战国时期，楚人把楚君是否登荆台作为一条衡量国王是励精图治还是贪图享受的标准。据《渚宫旧事》载："楚庄王不登强台，令尹子佩请庄王登强台，王不往，曰：吾闻台南望猎山，下临方淮，其乐使人遗老忘死，吾德薄，不可当也。"《战国策·魏策》载："楚王登台而望崩山，左江而右湖，以临徘徨，其乐忘死，遂盟强台而弗登。曰：后世必有以高台陂池亡其国者。"楚庄王不再登强台，而励精图治。他在位22年（公元前613—前591年），"先后并国二十六，开地三千里"，使楚国成为当时世界第一大国；他饮马黄河，问鼎中原，雄峙南方，威震诸侯；他"三年不蜚（飞），蜚将冲天；三年不鸣，一鸣惊人"，终成春秋五霸之一。

荆台之所以成为荆楚名胜，源于它优美的环境和华丽的宫殿。对优越环境除边让在《章华赋》中绘声绘色地描写，西汉另一位辞赋家枚乘在《七发》中，也对荆台的优美环境记载得非常具体："既登景夷台，南望荆山，北望汝海，左江右湖，其乐无有。"后荆台颓废，唐开成年间（836—840年）建荆台观于荆台旧址。唐罗隐游憩荆台，写有五言绝句："道院迎仙客，书堂隐相儒，庭栽栖凤竹，池养化龙鱼。"后梁开平年间（907—911年），邛州（今四川邛崃）依政梁震过荆州时，南平王高季兴识其才，挽留为官，梁以己为唐进士，不愿事二主。高季兴威其节，留为幕宾，并重修荆台观，让梁披鹤闲居荆台。梁震自称"荆台处士"写有"桑田一变赋归来，爵禄焉能浼我哉？黄犊依然花竹处，清风万古凜荆台"诗句。今台观俱废，仅存遗址。

七、赤壁之战古战场

赤壁之战是驰名中外的以少胜多、以弱胜强的典型战例。东汉末年，曹操初步统一北方后，于建安十三年（208年）率兵20余万南下，孙权和刘备联军五万，共同抵抗。曹兵进到赤壁，小战失利，退至江北，与孙刘联军隔江对峙。据《三国志》载：时（208年）东吴将领周瑜、黄盖驻守赤壁，曹操屯兵江北乌林，北军不习水性，舰船首尾相接，黄盖以苦肉计诈降。"乃取蒙冲斗舰数十艘，实以薪荻，膏油灌其中，裹以帷幕，上建牙旗，先书报曹公，欺以欲降……曹公军吏皆延颈观望，指言盖降。盖放诸船，同时发火。时风盛猛，悉延烧岸上营落……备与瑜等共追，曹公留曹仁等守江陵城，迳自归"。

当时，江北乌林及江面上，火光烛天，把南岸山崖照得一片彤赤。自此石头关始有赤壁之名。赤壁之战，火烧乌林，并非火烧赤壁（胡三省：《资治通鉴音注》操军大败在乌林，不在赤壁，故关羽言乌林之役。左将军身在行间亦举乌林，不及赤壁也）。

今乌林附近尚存有许多遗址，见赤壁之战战场遗址图。位于乌林西北一带的曹操湾，相传为曹操的住处。与曹操湾相邻之处，有一"红血巷"的遗址。相传两军激战时，曹军将士为掩护曹操撤退，组成人墙与孙刘联军进行殊死战斗，将士们的鲜血染红尸体堆成的巷道，因而得名。另外，附近还有"白骨塌""万人坑"等遗址。

乌林位于洪湖市新堤东北约19千米处，隔江与南岸的赤壁山相对，据清光绪《沔阳州志》载："黄蓬山统三百余阜，延袤二十里"，"其支阜南曰乌林矶"。清宣统《湖北通志》载："宋谢叠山云：舟过蒲圻县石岩有赤壁二字，其北岸曰乌林又曰乌巢。"乌林冈阜、树密林茂，濒江近水，乌鸦群巢，筑巢栖息，故名乌林，又曰乌巢。《水经注》："有三乌林，皆村镇之名"；"江水左迳上乌林南，又南迳乌黎口，江浦也，即中乌林矣；又东迳下乌林南、东吴黄盖败魏武于乌林，即此处也"；"乌林矶与江南赤壁对，即周瑜破曹处"。赤壁之战正是在下乌林进行的。

赤壁之战，虽然曹操的军队从数量上占有绝对优势，但却被孙刘联军打败，是因为曹操有许多不利的条件，乌林地处湖沼之中，无险可守。特别是乌林周围生长大量的芦苇，有一种叫"茅茯子"的芦苇，高约1.5米，生长茂盛，杆细叶多，易于燃烧。当时正值芦苇成熟的季节，地面上铺一层厚厚的落叶，特别容易燃烧。赤壁之战发生在古历十月，正是多雾的季节，而且常刮东南风，风向对曹军不利。周瑜看准这一点，乃采用火攻，先烧战船，大火引燃岸上的芦苇，风助火势，火仗风威，顷刻之间，大火熊熊，人马烧溺者无数。芦苇一旦着火，形成燎燃之势就难以扑灭，大火不但可以吞噬营房，其浓烟也可以把人呛倒，并丧失战斗能力。

生长芦苇的地方，为清除地面杂草和缠在芦苇上的细藤，以利芦苇生长，到初冬季节，利用刮风

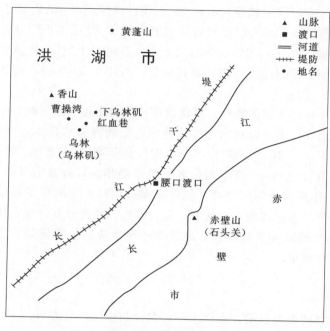

赤壁之战战场遗址图

的时机，点燃散落地面的落叶，使其燃烧，称之为"走底火"。大火过后，杂草清除，再收割芦苇。一般"走底火"每隔二三年一次。"走底火"时要选择，风力在 3 级左右的晴天。一旦着火燃烧，火带宽有几百米，火光冲天，浓烟蔽空，飞鸟不下，兽铤亡群。过火所经之处，如龟、蛇、兔、獾等大都被烧死，只有麂子（小型鹿类、黄色）善于奔跑，才能逃过一劫。新中国成立之后，为消灭芦苇地内的钉螺，每年初冬有计划地进行"走底火"，收到比较好的效果。后因芦苇面积减少以及安全方面的原因，20 世纪 80 年代停止使用这种办法。

《中国名胜词典·1997 年》载：赤壁，古名石头关，隔江与乌林相望。相传东汉建安十三年（208 年）孙权、刘备联军，在此用火攻，大破曹操战船，当时火光照得江岸赤壁一片彤红，"赤壁"由此得名。在赤壁矶头的石壁上，刻有各种文字、印记、诗赋和画像。仅镌刻"赤壁"二字的题榜即有 4 处之多，其中字体最大的"赤壁"题榜为楷书，字径达 150 厘米×104 厘米，气势雄健，遒劲苍古，相传系周瑜亲笔所题。此说虽无确证，但亦不失为好书法。南宋时诗人谢叠山乘船经过时，亦曾见石壁有这两字。此字之上下方均有刻字，其上方刻高达 130 厘米的"鸾"字一个，旁题"同治壬申年仲夏月"款识和印记；其下方游人题记和明洪武十八年（1385 年）镌刻的诗文。

八、黄蓬山古遗址

黄蓬山古遗址位于洪湖市新堤东北部约 20 千米处，与三国时著名的乌林古战场相邻。

黄蓬是一座历史相当悠久的古镇，大约在 5000 年前的新石器时期，突兀于长江与湖泽之间的黄蓬阜地，就有人类活动。公元前 8 世纪西周武王分封为州国，都城即设于此。春秋时为楚国地，是左州侯国的都城；战国时是楚国长江边 15 个重邑之一；西汉为州陵县治。从西周武王分封至西汉景帝二年（公元前 155 年）历时 1109 年。三国时"在江口黄蓬有却月城，相传为黄祖所守处"，又传"黄蓬山有鲁公城，俗传孙吴鲁肃屯兵于此"。元末农民起义领袖陈友谅的故里就位于黄蓬山下的渔村龙船矶。元末群雄四起，抵抗元朝，争夺天下。陈友谅（1320—1363 年）于元至正十五年（1355 年）高举义旗，领导人民挥戈而起，曾占有长江中下游大片地域，动摇了元朝的封建统治。1363 年陈友谅与朱元璋爆发著名的"鄱阳湖水战"，战役中，朱元璋采用火攻。最后，双方激战的结果是陈友谅中流矢丧命。其子陈理突围后奔回武昌，1364 年，陈友谅政权灭亡。

陈自称汉王后，在故乡黄蓬山修建"华宁"，即今黄蓬镇。今存跑马岭、射风台等遗址。

黄蓬山属群阜构成的丘陵地带，以香山海拔 41.3 米为最高，丘陵面积约 5 平方千米。明嘉靖《沔阳志》载："沔南二百里曰黄蓬山，其山坟（注：古称'凡土而高大者谓之坟'）起江湖间，延绵环结而秀。其支阜西曰香山（形似香炉故名，俗曰望乡山），东曰石灵，中曰松林，南曰乌林矶，北曰斑竹圻，统三百余阜，周二十里。前为江、左为昔菖蒲澥（澥指湖汊），右为蓬湖。"清光绪《沔阳州志》载："黄蓬濒江，上有古城，城外有台；黄蓬山又名纱帽山，有石灵峰为高处。"

黄蓬山为江汉间罕见的山麓，处江湖之中，湖光山色，别具一格，向为览圣之地。黄蓬山有古代的大量遗物。建国后发现的乌林新石器时代遗址，面积约 6000 平方米。1976 年考古工作者在乌林五显庙前开挖一条 20 平方米的深沟进行试掘，即从距地表 1.5 米以下出土石刀、石铲、石锛和骨针、陶片以及西汉陶器、东汉青铜制品、宋代玉雕茶壶等。

近年发现，乌林拥有江汉平原少有的温泉，部分已经开发，是休闲、旅游的好地方。

九、华容古道

赤壁之战的一把大火烧得曹军大败，曹操率领残军败将仓皇溃逃，败走华容道。据《资治通鉴·卷第六十五》记载："操引军从华容道步走，遇泥泞，道不通，天又大风。悉使羸兵负草填之，骑乃得过。羸兵为人马所蹈籍，陷泥中，死者甚众。刘备、周瑜水陆并进，追操至南郡（郡城在荆州城）。"

华容道，据《资治通鉴》注释，就是"从此道可至华容县也"。这里所说的华容，是指华容县城（古华容县城一说在现监利县城以北约 60 里的周老嘴附近，一说在潜江境内西南龙湾附近）。华容道也就是赤壁战争中曹军逃入华容县界后向华容县城逃跑的路线。

华容道起自今曹桥村，止于毛市镇，长约 15.0 千米，原为泥泞小道，多小河湖汊。曹操带着他的残部经乌林沿江逃至螺山，然后北折入监利（当时称华容县），经华容城，北退至江陵。由于孙刘联军紧追其后，曹操乃走此道。"遇泥泞，道不通，天又大风"。曹操掷鞭于此，命令"羸兵负草填之"。后人将曹操掷鞭的地方称为"曹鞭港"。当时，曹操的人马人饥马乏，难以前进，又担心追兵，在经过萝卜地时，曹操命士兵拔萝卜充饥，后人将此处的萝卜地命名为"救曹田"。1982 年监利县人民政府在曹桥村立有一碑，上书"三国遗址·华容古道"。

第三节　地　名　故　事

四湖流域，河湖众多，以其命名的地名也非常之多。这些地名蕴藏着非常丰富的含义，成为反映水乡文化的载体，成为历史的见证。有些地名的传说，甚至补充历史文献记载上的缺漏，同时，也使地名更加绚丽多姿，五彩缤纷，形成具有四湖特色的地名文化。

一、便河

历史上，从荆州到沙埠头（即今沙市）有一条古河道，南通长江，北抵郢都。那时河里的大小船只来往如梭，十分热闹。这条河起初叫"卞和"，与卞和献宝有关。

相传在春秋时候，楚国有个博学多才的小臣，名叫卞和，专门给楚王鉴别奇珍异宝。一天卞和外出巡访，路过荆山，忽然看到山上栖着一只金色羽毛的凤凰。卞和想，凤凰那乃禽中之王，素有"非实竹不餐，非醴泉不饮，非良木不栖，非宝地不落"之说，看来这座山定有宝贝。于是他不顾疲劳，爬上山去。当他快要走进凤凰时，凤凰忽然向他点点头，扇动着金色的翅膀，清脆的鸣叫一声，飞向彩云间，卞和低头一看，只看见栖凤凰的地方，露出一个小洞口，里面有一块碗口大小的宝石。卞和连忙拾起宝石一看，心都快要跳出来了。这是一块璞玉，看起来虽有一些粗糙，可只要一经琢磨，就会成为举世无双的珍宝！

卞和将宝玉带回丹阳，献给楚王。楚王听了卞和的介绍很高兴，叫宫内的玉工在上面雕刻花纹和字样，但工匠怎么也刻不动，雕刀刻画，宝玉上面什么痕迹也没有。楚王一气之下，将宝石狠狠地扔在地上，喝道："一块怪石，你怎么胆敢拿来骗我！"尽管卞和再三解释，楚王都不听，将卞和判了个欺君之罪，命刀斧手砍掉他的左脚，随后将他流放荆山。

两年后，老楚王死，卞和满以为新继位的楚王会识别真宝，于是挂着拐棍，千辛万苦地从荆山走到王室，继续献宝。谁知新继位楚王也不识宝，又将卞和判个欺君之罪，砍掉他的右脚，也将断脚抛进河里面去喂鱼虾。之后，依然将他流放荆山。

卞和失去双足，只有爬行，生活非常凄惨。他经常抱着宝石流泪，痛恨楚王不识宝。哭呀哭呀，眼里哭出了血。宝石沾上血泪后，慢慢变得白里透红，光彩夺目，水不沾，尘不染，放在身边冬暖夏凉，就连蚊虫也不敢靠近。又过多年，楚文王继位，卞和本想不再献宝，但转而一想，偌大一个楚国竟无一个国君能识珍宝，岂不惹他人耻笑？于是决心再试一试。此文王已迁都纪南，路途遥远，自己又失去双脚怎么办呢？但一想到献宝的使命，卞和不惜连滚带爬出荆山，最后乘船顺沮漳河而下到沙埠头，再转船从古河道到郢都。

卞和来到郢都后，并没有马上求见楚文王，只是抱着宝石，整日在宫门外长吁短叹。这天楚文王出猎回来，见卞和手中的宝石，眼睛顿时一亮，忙将卞和请进王宫。卞和试探地问道："大王召见小人，不知道有何吩咐？"文王十分客气地说："你这手中的宝玉从何而来呀？"卞和见文王能识珍宝，虽说满心欢喜，但为慎重起见，又试探到说："大王，此乃普通一石，并非珍宝呀！"文王笑道："这分明是一块珍宝，你就别骗我吧！"卞和见文王果真能识别真宝，顿时激动的老泪纵横，把事情的经过，一五一十地告诉文王。文王听后，一面叹息，一面叫来玉匠雕琢璞玉。因宝石渗透了卞和的鲜血浸润，所以一雕即成。文王接过宝石细看，见里面写着"受命于天，继寿永昌"八个字，连声赞道："真乃稀世珍宝，难得呀难得！"当即要给卞和加官晋爵。卞和再三推辞说："大王能识别真宝，对我来说已算是最大的安慰！"文王十分感动，即刻将宝石命名为"和氏璧"，封为国宝。不久，和氏璧名扬天下，楚国也因此而国威大振。为纪念卞和忠君爱国的行为，将卞和换舟到郢都的这条河叫卞和。为卞和往返回沙埠头和郢都的方便，楚文王特命人在卞和两次落足的地方造两座石桥，取名为"卞和桥"。由于历史久远，人们渐渐地就把"卞和"喊成"便河"，把"卞和桥"也喊成"便河桥"。

二、龙会桥

楚国故都纪南城北的护城河上有一座桥，名叫龙会桥。石头垒成的桥身恰似长龙，横卧在河面上。中间两只龙头一左一右伸出桥面，就像二龙戏珠一般。龙会桥为什么会有两只"龙头"呢？

相传，春秋时候，这里只有一座小木桥。那时，纪南城是楚国的国都，又叫"挤烂城"，非常热闹，来往行人很多，小桥十分拥挤，交通极不方便。一天，三闾大夫屈原路过这里，见一位老者过桥时被人挤落河里十分痛心，打算向楚王建议修一座石板桥。可惜愿望还未实现，它就被楚王流放了。

屈原含恨投江后的第二年五月初五，郢都老百姓想起这天是三闾大夫投江的周年忌日，便不顾官府阻止，在城北护城河举行盛大的划龙舟祭祀活动。

这天上午，晴空万里，风和日丽。正当龙舟划得起劲的时候，忽然电闪雷鸣，乌云翻滚，雨猛风狂，天昏地暗。一时间，人们不知道发生什么事情。不一会儿，风停，雨住，人们睁眼一看，只见那座窄小的木桥，变成一座美丽而又坚固的三拱石桥。桥身鳞片累累，中间一拱，一边一只龙头，恰是从远方匆匆赶来的两条巨龙在此相会。但见龙头遥望远方，好像要告诉人们什么事情似的。

原来，屈原投江后还念念不忘修桥之事，感动洞庭龙王的两个儿子。于是，他俩便请求父王前去护城河上修桥。龙王先是不肯，后来在两个儿子的百般请求下，才同意老大一个人去。老大欢天喜地地去造桥，老二心里急得像猫爪子抓。等老大走后，老二便悄悄瞒着父王抄近路向楚都飞去，恰好和老大同时飞到那里。两个人都怕对方夺得头等功，就地一滚，用身子搭起这座桥，了却三闾大夫生前的愿望。

后来，人们为了纪念屈原和献身搭桥的两条龙，便把这座桥取名为"龙会桥"。桥下流经的河道便称龙会桥河，亦简称龙桥河。

三、马山

马山位于荆州城西北23千米处，此处为荆山余脉岗地，四周分布有菱角湖、丁家嘴湖、金家湖、后湖。此处地势平坦，水丰草盛，相传是古代楚国屯兵养马的地方。

春秋战国时，秦穆公派公子絷到晋国去求婚，晋献公很乐意把大女儿许给秦穆公，还决定送一些奴仆作为陪嫁。决定奴仆的名单时，有个大臣说："百里奚不愿意在晋国做官，不如拿他当个陪嫁吧。"于是晋献公就叫百里奚跟着公子絷和别的奴仆一同到秦国去。

这百里奚本来是虞国人，怀才不遇，给人家放牛，30多岁才娶个老婆，称杜氏。结婚后，百里奚在杜氏的鼓励下，走出放牛场，来到国都当了个大夫。谁知他辅佐的虞君不识大体，贪图享乐，后来被晋国灭掉，虞君王和百里奚成为晋国俘虏。晋献公知道他有本领，要他当官他不干，如今成晋国的"陪嫁"。百里奚只叹命苦，半路乘上茅厕的机会偷偷溜走。

百里奚回到家乡，妻子、孩子、房子全没了。他一个人只得东奔西逃，像大海上漂着的一片树叶。后来他逃到楚国，楚人听到他的口音，以为是北方诸侯派来的奸细，就把他捆绑起来审问。百里奚向楚国人如此这般地讲述自己的遭遇，楚人听后着实可怜他。大伙看他上了年纪，一副忠厚相，就问："你会干点什么活儿？"百里奚只好说："我会放牛放马。"于是，楚人就要他放牛。百里奚很有一套放牛本领，养的牛都比别人的壮，当地人就给他起个外号"看牛大王"。看牛大王出名，就连楚国国君楚成王也知道。因为战事较多，楚国需要大量马匹去拉战车。百里奚被楚成王调到郢城北六十来里的山地专门养马。百里奚很聪明，善于研究养马的技术，总结出一套养马的经验，他养的马膘肥体壮，一大群一大群的，马群从湖边连着山边，从山边连着山尖，从山尖连着天边。远远看去，那儿的山好像是用马堆成的。一天，楚成王路过此地，看到自己的国家有这样多这样好的马群，很高兴地说："我大楚人丁多如海，良马挤满山，真是上天助我称霸中原。"于是，楚成王亲自给百里奚养马的山起名叫"马山"，也就是今马山镇辖域。

四、海子湖与凤凰山

郢城古遗址东北面约10千米处有座山，山下有个湖，湖旁有个小村庄。相传很早以前，这个村子里每年都有一个十七八岁漂亮的姑娘掉到湖里，任凭人们怎么打捞，连尸体的影子也找不着。

这年，村上有一对青年结婚，新郎叫海子，新娘叫凤凰。结婚后，两人恩恩爱爱，就像湖里的并蒂莲一样谁也离不开谁。谁知好景不长，一天，凤凰姑娘在湖边洗衣裳，突然掉到湖里，海子见后，立即跳下去救他心爱的人儿。他在湖里打捞一天一夜，也没捞上他心爱的凤凰。村里人得知后，都跑过来相助，有的下湖摸捞，有的用渔网拖捞。打捞三天三夜，就是没有见到凤凰姑娘的影子。

失去凤凰姑娘后，海子每天坐在湖边上哭，边哭边喊着凤凰的名字。大约半个月后的一天晚上，凤凰姑娘突然从水里走了出来，轻盈地向海子走来。海子见了又惊又喜，连忙迎上前去，拥抱着凤凰姑娘，问她这是怎么回事。凤凰紧紧抱着海子，伤心地把她的遭遇一五一十地全部讲给海子听。原来，这湖早已被东海的一个龙女所霸占。这龙女性情怪僻，她不用水族的丫头，偏要使唤人间的女子。由此，每年都要在这湖边的岸上找一个漂亮的姑娘给她做丫头。那天凤凰下湖洗衣服，龙女见她长得姿色出众，便把她抢进龙宫。凤凰姑娘不愿意为龙女当丫头，她深爱着她的情郎海子，龙女便把她锁在水牢里。由于海子日夜在湖边哭泣，苦涩的泪水流到湖里，沁进龙宫。因为龙床沾泪水就会腐烂，龙女害怕，这才放凤凰姑娘上岸。但龙女却要凤凰姑娘给她找个替身，否则，就将凤凰姑娘永远囚在水底。小两口久别重逢，喜泪横流，怎么舍得再次分离呢？可又怎么忍心为龙女找替身去害村子里的其他姐妹呢？凤凰对海子说："往后，你就守在这湖边，千万不要让村里姐妹们靠近湖边。"话音未落，突然一阵狂风吹来，凤凰又被龙女吸到湖里去了。从这天起海子就天天坐在湖边，不让村里的姑娘们靠近湖边，他坐着哭啊哭啊，一直坐了七七四十九天。

这天夜里，凤凰又从湖里走出来。原来，龙女到东海赴宴，要凤凰给她看家，凤凰这才趁机盗得龙宫避水珠逃出来。海子见到凤凰姑娘便说："龙女如此狠毒，等她回来后，我去找她拼命。"凤凰说："要报仇，除非填平湖的出口太湖港才行。听说离我们这里不远的西山有座九岭山，我们搬那山上的石头来填湖吧。"海子为难地说："那要搬到何年何月啊？"凤凰说："我们日夜不停地搬，总有一天要把湖填平的。"说完，拉起海子的手就往九岭山跑去。

从此，他们搬啊，搬啊……脚板都磨出泡，双手也磨出血，还是没有填平湖口。这天晚上，两人共同搬动一块大石头，突然整座山都动起来。原来山神知道凤凰和海子坚贞的爱情故事后，很受感动，便给他们移山法来帮助他们移山。山神叫凤凰和海子在前面用手拽着山头的一棵树，使劲地向前跑，不要回头看，直到湖边为止。他们俩把山神的话牢牢地记在心间，一股劲地往湖边奔去。到湖边，他俩回头一看，哇！石山像一条长龙，排山倒海般的浩浩荡荡的朝湖里滚去。就这样，西山的九岭山被搬走一岭，从此九岭山就成八岭山。

再说凤凰和海子。山石刚搬到湖边，恰巧这时候龙女回来。她见凤凰和海子在移山填湖，便抽出头上的金簪向空中一划，那金簪立即变成一柄利剑，向凤凰和海子射来，凤凰躲闪不及，中箭倒下。海子一见肺都快气炸了，他用尽全身力气，将搬来的山岭向湖里推去，只听见"轰隆"一声巨响，湖里的出口处被填个大半边，只留下一窄小湖口（这就是现在的太湖港出口）。龙女一见慌忙奔向缺口想逃回湖里。突然，又是"轰隆"一声，只见凤凰化成一座小山，堵住湖口，把龙女紧紧地压在湖边的山底。

海子失去凤凰，一头扑在湖边的山上痛哭起来。此时，想起两人的恩爱之情，想起同风雨共患难换来的幸福又失去，他痛不欲生，也纵身跳入湖里。

后来，人们为纪念为民除害的凤凰与海子，便把那座山叫做凤凰山，把这个湖叫做海子湖。湖边的这座村庄，也就叫凤凰山村。

五、蛟河

在楚国的都城——纪南城东南，有一条直通长湖的大河，人们都称它为蛟河，传说是楚庄王在位时开挖。楚国在纪南城建都以后，由于地势低洼，水系不通，一遇大雨，城内城外就变成一片泽国。楚国的百姓辛辛苦苦地苗秧下种、耕整栽插，往往不到收割季节，一场大雨全淹光。老百姓们年年联名给王宫上书，请求疏浚河道，改造水利，根治水害，可王宫根本不理。每逢大水成灾，穷人只好背井离乡，出外逃荒讨米。

楚庄王即位以后，他听从贤德妃子樊姬的劝告，不迷恋打猎跳舞，不贪图美酒女色，决心根除水害为民造福。他带领文武大臣到民间调查情况，勘察水系，并亲手绘制治理图，决定先挖一条大河直通长湖，遇大雨洪水就可以从这条大河流到长湖去。百姓们一听说要挖河排水，家家关门闭户，男女老少都到工地上挑土出力。谁知由于水深泥稀，堤一露出水就被浪冲垮了，头天挖出的河道第二天就被稀泥淤满。负责监工的大臣回宫禀报情况，楚庄王急得吃不下饭，睡不好觉。樊姬亲手为他做最喜欢吃的饭菜，亲自跳他最喜欢看的舞，都不能排解庄王的愁闷。

楚庄王的真心感动天上的玉皇大帝，他叫天兵调来王母娘娘瑶池中的小蛟龙，要它下凡帮助楚庄王开通大河，解救楚国的百姓。蛟龙领了玉皇大帝的圣旨，腾云驾雾，一会儿就飞到楚国。他落下云头，潜到水中，用龙头和龙角拱着稀泥，龙翻波逐浪，直向长湖游去。就在他游过的身后，出现两条高高的长堤。楚国的百姓一见天上的蛟龙下凡为民开河，纷纷烧香磕头，感谢龙恩。有些百姓怕蛟龙饿坏身子，从家里拿来最好吃的糯米糍粑、猪油粽子给蛟龙吃。蛟龙为感谢人们的一片真心，就一边挖河，一边抬头向两岸的百姓点头致意。哪知他只顾点头打招呼，忘记看清楚前面的方向，等他游到长湖回头一看，一条大河拐十八个弯，留下十八个滩。纪南城周围的渍水都顺着河流到长湖，蛟龙一看大功告成，就驾着祥云上天复命。楚国的百姓为怀念天上的蛟龙，就把这条大河取名为蛟河。

六、土龙堤

楚国故都纪南城内，有一道长约百丈的土堤，人们都叫它"土龙堤"。土龙堤中段有道约十丈宽的大缺口，人们管它叫"断龙口"。断龙口又名"三段口"，说的是楚庄王为民除害、三斩土龙的故事。

相传，楚庄王登基后，风调雨顺，国强民富。不料有一年六月，一场百年罕见的大雨一连下七天七夜，纪南城方圆几十里都受洪灾。城内的渍水也是陡涨三尺，一片汪洋。黎民百姓只好背井离乡拖儿带女去逃荒。

庄王一面指挥救灾,一面打开粮库救济灾民。虽然如此,纪南城内仍是叫苦连天。一连几日,庄王茶不饮、饭不食,终日坐卧不安。这天,他独自一人闷闷不乐地登上城楼,观望天象。突然,发现城北上空有一团黑雾,庄王掐指一算,不觉大吃一惊。原来,东海有一条修道八百年的金花老龙,见纪南城内风光秀丽,就想霸为己有。它招来四海的虾兵蟹将,将一年的雨水全部泻在纪南城周围。金花老龙又驾起雷霆来到纪南城,变作一条土龙,横卧在城内,堵死排水道,所以,城内的渍水怎么也流不出去。

庄王急令五百名身强力壮的兵士前去斩断土龙,为民除害。兵士们爬上土龙背,决定先斩断龙腰。他们挖的挖、抬的抬、挑的挑、扛的扛,把龙腰挖两丈多深才收兵回朝。可是一夜之间,挖开的缺口又合拢,土龙又恢复原样。庄王得知,又派出一千多名兵士第二次去斩土龙。兵士们挖呀挖呀,又挖开一个几丈深的缺口。可是第二天,挖开的缺口又长平。

第三次,庄王亲自带领三千人马,浩浩荡荡来到断龙口,要与妖龙决一死战。庄王站在龙头上亲自督阵,他接过兵士手中的铁锹,和大家一起挖起来,不一会就挖了几丈深。这时,庄王用一计,他让士兵先回去,自己只带领一名侍从,躲在草丛中,想看看妖龙是如何使妖法让缺口长平的。庄王刚蹲下,就听见缺口下面传出了说话声:"哎呀,好险!只差一锹就要断我腰!"庄王听罢,忙从侍从手里接过铁锹,照着说话的地方一铁锹铲下去,只听"轰隆"一声,一股血水从缺口里喷出来,龙腰终于被斩断,眨眼工夫,龙血就把地面冲成一条小河,城内的渍水便顺着小河流进海子湖,楚都很快恢复原貌,黎民百姓又重返家园,市井又开始热闹起来。

七、马跑泉

荆州城西二十多里,有一座八岭山。山坡上有一眼清泉,泉水清凉,长年不断,暴雨不涨,久旱不枯,提起这泉眼,可有个来历。

传说三国时期,刘备借了荆州,派关羽镇守,关羽能征善战,打过不少胜仗,这得亏他随身的两件宝物,一是青龙偃月刀,二是赤兔马。赤兔马是天庭偷跑下凡的一匹神马,身长一丈几,身高八尺多,毛色火红,四蹄生风,爬山渡水,像走平地,关羽十分喜爱它。

这天早晨,天高气爽,风和日丽,十分凉快。关羽亲自在喂马槽喂过马又到洗马池去给赤兔马洗澡。洗完马,关羽打算遛马回营,他把缰绳甩在马背上,让赤兔马在前面引路,自己在后面跟着。走着走着,马忽然一惊调转头,耳朵直竖,尾巴直摆,四蹄腾空,朝着西边仰天长鸣。关羽连忙转身,只见西边烽火台狼烟滚滚,火光冲天,心想:不好,大哥有难!正在这时,从西边大道跑来一匹战马,马上跳下一个士兵,神色慌张地说:"报告将军,曹操派几万人马偷袭当阳,主公被困,请您亲自解围!"

关羽紧握大刀说:"好,队伍马上动身。"赤兔马将身子一摇,恰好把缰绳甩在关羽手中,关羽一纵,端端正正地跨上了马鞍,向当阳方向跑去。走着走着,风变小,天变热,人马都跑得浑身是汗。

队伍行到八岭山,气象突变,风全停,本来还在东边的太阳一下子移到天顶。暴晒之下,树木变得像烧柴,石头变得像火炭,口口堰塘干得底朝天。队伍人困马乏,时逢天旱,无处取水。

关羽心里万分焦急,翻身下马,抬头望天,只见一朵乌云恰恰遮住太阳的东半边,当阳方向一片火海,荆州方向一片阴凉。前进还是后退?关羽想起和刘备、张飞桃园三结义时的誓言:"不求同年同月同日生,只愿同年同月同日死!"决心单枪匹马,也要救出刘备。他摸摸青龙偃月刀,说:"开弓没有回头箭。"又拍了拍赤兔马,说:"好马不吃回头草。"

关羽扛着刀,牵着马,拼命朝前走。当赤兔马跑到山旁,昂头三声嘶鸣,双蹄飞快刨石头,关公救主心切,忠义感动山神,顷刻涌出一股清甜泉水,三千人马得以解渴。继而取道当阳救主,马跑泉因此得名。

八、孔明桥

八岭山西边有一面石坡,白色的石头一层叠着一层,像一块块豆腐堆积着,人们管它叫豆腐滩;

豆腐滩下有道河，是三国时期荆州城的护城河，河上有一座砖桥，名叫孔明桥。

传说有一次，诸葛亮不远千里从四川前来视察荆州。关羽一听到这个消息，就马上拆除护城河上的吊桥，想给诸葛亮吃闭门羹。一来，他瞧不起诸葛亮，觉得他年纪比自己轻，官做得比自己大，只懂文墨，不会武艺；二来，想出出三顾茅庐时怄的酸气。

诸葛亮来到护城河旁，见关羽拆了吊桥，他二话没说，立即命令随行人员割茅草、砍树木，扳砖烧窑，准备筑桥。

听说诸葛亮要筑桥，关羽哪里肯相信？这天清早，天寒地冻，他换了衣服，头上戴一顶破棉帽，只露出两只眼睛，挑起担子，装扮成一个卖豆腐的小商贩，微服私访。

一路上关羽听到人们议论纷纷，有的责备他个人意气、心胸狭窄，不该拆桥；有的赞扬诸葛亮，顾全大局，高风亮节。关羽听后，心里像打翻五味瓶，什么味道都有。

关羽来到八岭山坡，在离护城河很近的地方，卸下豆腐担子。他睁大眼睛一瞄，不觉大吃一惊，心中又疼又悔。原来诸葛亮打着赤脚，卷着袖子，站在水中和随行人员一道在筑桥。

他火急抓掉头上的破帽，甩出一里多路，又推倒豆腐担，一块块豆腐冻的变成一块块石头，人称豆腐滩。

关羽麻利跑到河边，正好砖桥已经修起，他紧紧拉着诸葛亮的手，向诸葛亮赔礼请罪；又请诸葛亮骑上马，他亲自牵马缰，把军师接回荆州城。

护城河上的砖桥从此称作孔明桥。

九、太白湖

在长湖与海子湖之间有个太白湖，湖面开阔，湖水碧绿，站在湖边，可以闻到一股淡淡的酒香。据说这湖里至今还留有唐代大诗人李白扔下的一个酒壶呢！

相传，李白流放夜郎，中途遇赦，乘船回荆州城。那天，他从沙市上岸，先瞻拜屈原的故居——江渎宫，再到荆州城，游览楚国的渚宫，又看宋玉的故居——宋玉宅，最后游完楚故都纪南城，已是傍晚时分，便雇船载酒从龙桥河出发，慢慢向东划去。一路上，只见两岸绿柳成荫，河中水清透底，月光一照，连游鱼都看得见。李白游兴大发，拔开酒瓶塞子，准备饮酒作诗。哪知船划出一截，船夫突然说："大人，我们转去吧，再往前划，可就什么也看不见呢。"李白哪里肯依，说："往前划吧，我正要作诗呢！"船夫无奈，只好朝前划。

小船刚划进一个大湖，水面突然暗下来。李白抬头一看，见天上没有一丝云彩，月亮还是那么明亮，可这湖中的月亮却黯淡无光。李白问船夫："这是怎么回事？"船夫说："这里的水太浑了。"李白又问："是不是湖水太浅呢？"船夫答道："哪里，这个湖深得很，四两丝线还打不透底哩。"李白正感到奇怪，忽然又闻到一股臭味，更是不解。船夫便说："这湖水浑浊、发臭，都因为他叫瓦子湖的缘故。这湖原来不是叫这个名字，因为楚国有个宰相名叫囊瓦，是个贪官，贪污许多钱财，怕被人发觉，便把钱财埋在湖边。后来，这不义之财把湖水也给染污了。人们痛恨囊瓦，就把这湖叫瓦子湖，是想让他遗臭万年。"

听完这个故事，李白又气又恨，哪里还有饮酒作诗的兴致，就把酒壶扔到湖里。说来也怪，酒壶刚落到湖里，湖水变清，连水底的月亮也变亮。再一闻，湖里还飘来淡淡的酒香呢！李白顿时诗兴大发，忙从湖里舀起碗水，以水当酒，边饮边作起诗来。想起清早从白帝城出发回江陵时的情景，他一气呵成吟出《早发白帝城》这首千古绝唱：

"朝辞白帝彩云间，千里江陵一日还；两岸猿声啼不住，轻舟已过万重山。"

于是后人将此湖改为"太白湖"。

十、李曰湖

在江陵县普济镇西南4千米处也有一湖名叫李曰湖。相传当年李白来到荆州，游历山水，乘船来到此湖，边饮酒边吟诗，临走时将写的一首诗送给船夫。船夫给村里秀才一看，诗后面写着"李白到此一游"。于是，村里人商量要把这个湖起名为"李白湖"，并将李白游湖的诗刻成碑。刻碑的石匠手艺不错，却是个酒鬼。石匠带着浓浓的醉意，刻着刻着就睡着了。到立碑时，村里的人都来了，有人将石匠推醒后说："我说酒鬼，李白的白字，怎么少一撇，该不是你当做下酒菜偷吃了吧？"石匠看后一惊，灵机一动笑对众人说："你们晓得什么，昨晚李大学士托梦给我，说不要用他的名字命名，我说碑已刻成，他又说不要紧，那就改'白'字为'曰'。"石匠这么一说，大家也就相信。石匠暗自好笑，又胡编硬凑几句："李白爱游湖，不爱把名图，白字改为曰，多谢石师傅。"后将"白"误记为"曰"，故名李曰湖至今。

十一、丫角

丫角位于荆州城东北 24 千米处，地处长湖和三湖之间，是四湖上区和中湖的分界点。传说在古代一次发大水，洪水冲来一口大木箱，箱内装有一尊头上雕有两支角的菩萨。人们非常惊奇，于是便在此修庙供奉这尊菩萨，并取名丫角庙。明清时期，丫角是一处驿站，后逐渐形成集镇，沿用其名至今。1964 年 6 月 5 日，四湖工程管理局由监利县毛市镇迁至丫角办公。

十二、岑河

岑河是一条历史久远的古河道。据《江陵县志》载："城河即岑河口，在城东四十里。东南汇郝、化港渚水，东北合白渎渚泽，下汇三湖附近安心港……古安兴县地，故曰城河。唐贞观十七年（643 年）省安兴入江陵县。"在岑河入三湖的河口处，建有一座 1500 年历史的古镇，因地处岑河口，故名岑河口镇。明清时曾在镇上设有田赋征收处，辛亥革命后，皆为区、乡、镇机构所在地。镇内街道纵横，店铺毗邻，三条小河流经镇区，渔舟、商船如梭，码头稻米堆积如山，市场繁荣，素有"小沙市"之称。如今岑河是著名的童装之城。

十三、赤岸（红土坡）

赤岸村位于荆州城东偏北 45 千米处。相传，历史上此处曾是南接洞庭，北连云梦茫茫水城中的高亢之地。因在起伏的岗地中有一条涓涓溪流，水源绵绵，终年不竭，清甜可口。特别是在雨后初晴，彩练当空，景色迷人，故人们称此地为锦溪山。左云梦，右洞庭。长年水拍惊岸，坡岸为红色的土质，故又名红土坡，亦称之为赤岸（今属江陵县白马寺镇）。

锦溪山位居洞庭湖北侧之岔口，东通大海，南极潇湘，西连巴蜀，北望荆襄，四水通达，乃水运停泊之要点。东汉章帝时期（76—88 年），人们在此捐资建起一个寺，名曰"锦溪山寺"。梁宣帝时期（555—561 年），在此建有头陀寺。后建有明月寺、飞来寺、泰山宫等寺庙。故有："上有金枝金果（寺），下有明月头陀（寺）"之说，赤岸街是佛兴盛之地，有九井十八庙之美称，一处小小的地方，竟有如此多的寺庙，并有毕状元墙和官衙遗址的传说（据当地老人回忆，为他们幼时亲眼所见），必有缘故。2016 年 3 月 16 日《楚天民报》刊载《元代荆州城，迁至江陵白马寺赤岸村》一文称：江陵县 2000 多年来的县城，绝大多数时间是荆州城，元代近百年县城却不知去向。经查《江陵志余》、康熙《荆州府志》、乾隆《江陵县志》，均指向元朝江陵县城在荆州城东南"百二十里之赤岸"。后又到赤岸村实地考察。发现此处大约有荆州城面积大小，均高出四周农田 5 米以上。当地老人说，这里古称锦溪山，有头陀寺、毕状元墙，有长百米的青石板街面三条。街道功能明晰，分为商业区、居民区、书院区。村子里到处散落古代砖瓦与雕花柱石。

村民称，耕田时，常常挖出古物，有村民当即拿当地出土的大瓦当予以佐证。据荆州有关专家考证，所见瓦当应当为唐代文物，这种大直径瓦当与大直径多层刻字雕花柱石，只有衙门与大型庙宇才配用。

史载元朝皇帝元文宗图贴睦尔，曾封怀王，藩居江陵至南京地。1328 年，图贴睦尔在江陵隐居 7

个月后，突然发力日夜兼程赶赴京城，当上了皇帝。图贴睦尔称帝后，将江陵府政府行政级别升格，改名为中兴路，仍下辖"三江"即江陵、枝江、潜江等 7 县。

《江陵志余》记载，元朝江陵县城在赤岸"其说凿凿"。忽必烈入主中原建立元朝，荆州城被毁，县城迁至江陵白马寺镇赤岸村确有其事。

十四、菱角湖

菱角湖，古为灵溪水，位于江陵县（现为荆州区）西部。相传，明代以前名叫开盐州，因四十八口盐井而得名。此地盛产楠竹，翠竹挺拔，青松参天，真乃世外桃源，然而此地经常闹灾荒。北山有一个阴阳先生，看出断山口有一条赤龙，若将此龙赶走，北山灾难可免。于是他化作一个算命先生到南山去算命，恰遇一个财主后园竹子开花，他给财主算命说："竹子开花，人要搬家，不祥之兆啊！"财主请先生设法解脱。先生道："办法虽有，只怕人心不齐。"财主再三哀求，先生才说：断山口下有条赤龙，截住了开盐州的气脉，只有挖开断山口出红水，方可消灾。财主立刻召集一伙人到断山口挖了几天几夜，不见红水，人困马乏地回去了。说来也巧，有个人丢了一只鞋，回去寻找，只听地下传出：差一点就挖了我的腰！这个人听后，一锹挖下去，红水直冒，转眼间，成为一片汪洋。从此，北山不再受水灾之苦。而开盐州却成了一片荒湖。有一天，观音菩萨从此经过，看到南山人民无法谋生，便将几粒莲籽、菱角投入湖中，顷刻间，莲菱满湖，荷叶飘香，人们可以采莲摘菱，因此取名菱角湖。

十五、龙湾

龙湾历史悠久，地处龙湖之中，后来地形变得起伏弯曲，远看好似游龙浮水，龙湾之名由此而来。现为潜江市龙湾镇驻地。

龙湾，早在新石器时期，就是一块地势平坦，横亘于云梦泽西北部的陆地，隆起部分与低地之差有 34.0 米左右。既有高岗平地，也有湖泊池沼，森林茂盛，气候宜人。公元前 540 年，楚灵王"穷土木之枝，殚珍府之宝"，花了近 6 年时间，在距龙湾镇 3 千米的马场湖村营造了富丽豪华、规模宏伟的章华离宫。《水经注》载："湖侧有章华台，台高十丈，基宽十五丈。左丘明曰：楚筑台于章华之上。"按古今计量比例计算，台高当在 23.0 米，基广当在 35.0 米左右。后来，随着楚国的灭亡，章华台被毁。东汉马援将军在此修百洲寺，马援是东汉时的著名将军，他的名言："男儿要当死于边野，以马革裹尸还葬耳。何能卧床上在儿女子手中邪？"唐朝时尉迟恭又加以扩建，后毁于水灾。

龙湖镇的设置根据考古资料，当在唐朝初期。龙湖镇的鼎盛时代，大约在明朝中期，当时江陵县为了便于"入户输纳"，正式在这里设置了龙湖镇。1547 年，沙洋汉江堤防溃口，直到 1568 年才将溃口堵塞，龙湖镇淹水 18 载，经此浩劫，虽然建置仍在，但已衰败。而地面却淤高到 28.0～29.0 米，呈北高南低状态，紧靠龙湖镇的三湖（离湖）退缩到西南 15 千米之外。后来外出逃荒的农民纷纷返乡，"今之乡区，非昔矣！所谓我疆我理者，已不可考"。遂结草圈地，挽筑民垸。三湖退缩后，镇的四周已成良田，失去原来湖泊的面貌，街道变得弯曲，于是改"湖"为"湾"，改"镇"为"市"，称龙湾市。清朝顺治年间，在龙湾市设巡检司，为江陵第二巡检司（沙市、龙湾、郝穴和虎渡），管辖范围 600 多平方千米。1954 年 3 月划归潜江县，龙湾仍称为乡。1987 年更名为龙湾镇。

1984 年，潜江县文物普查在龙湾河畔郑家湖发现一处楚文化遗址。遗址以放鹰台为中心，占地面积 130 万平方米。遗址内的沟渠断面上灰坑处处可见，地面上散有大量春秋晚期、战国和汉代的鼎、壶、鬲、罐、豆等残片，绳文筒瓦、板瓦和瓦垱的残片俯拾皆是。建筑布局俨然可辨，古建筑遗址依稀可寻。其面积和文化领域内涵仅次于纪南城。

2007 年 5 月通过持续考察、勘测，确定了一个东西长 1.5 千米、南北宽 1～1.5 千米，总面积 280 多万平方米的楚宫殿遗址。龙湾楚宫殿基址群建筑面积之大、规格之高、建筑形式之独特、保存之完好，在我国先秦建筑史上均独领风骚。据勘测资料，遗址内有离宫、层台、殿堂、寝室、府库、武器库、作坊、码头等，周边有千余间房屋可供万人居住，曾修有人工河道往来于此。根据此发现，复旦大学教授谭其骧将其认定为"楚章华台遗址"。

2001年，潜江楚宫殿遗址被国务院批准为"第五批全国重点文物单位"；2005年12月，被列入国家"十一五"期间大型遗址保护重点项目；2006年7月，遗址的本体保护项目经国家文物局批准立项。

2010年起，潜江市政府重视龙湾遗址保护，规划修建龙湾国家考古遗址公园。

抗日战争期间，国民党军队与日军在龙湾河进行过一次规模较大的战斗，史称"龙湾之役"。民国三十年（1941年）6月，国民党新编二十三师即广仁部队进驻普济观，在龙湾派驻一个连，当月11日得知潜江县城内的日军要下乡"扫荡"。二八七团奉命进入阵地。13日凌晨，日军以一个团的兵力向龙湾进犯，在距龙湾不远的李家祠堂双方发生激战，广仁部队的下级军官身先士卒，同士兵一道与日军拼杀，现场极为壮烈，有一个班16人，除一个副班长外，全部战死，黄昏时日军已死伤200多人，退至民房等待援兵。当得知郝穴方向有日军增援，守军主动撤出战斗，阵亡73人。15日，广仁部队再次回师龙湾，掩埋官兵遗体，集体葬在文昌宫对面，并立碑于此，碑上刻"陆军新编二十三师龙湾战役阵亡将士纪念碑"。此次战役，日军死伤甚多，极大地鼓舞四湖流域人民与日本侵略者作斗争的信心和勇气。

十六、周老嘴

周老嘴位于监利县城东北30千米处，初系内荆河北沿一小荒嘴。据当地周、李、杨等姓氏族谱记载，早在西周宣王时，他们的先祖就开始在这里定居。由于这里是小荆河、胭脂河、内荆河、西荆河、龙潭河的交汇之处，历来有"五龙捧圣"的美称。古时这里有个渡口，人称"周家渡口"，据传因周姓始祖在此摆渡而得名。此处离古华容城不远，五水交汇，濒临大湖，景色极美。相传在楚国时期，有人在这五水交汇之处得一夜明珠献于楚王。楚王便在得珠之处修建一台名曰璇台，因有夜明珠照此而得名。台高约5米，长宽均约10米，三面环水，背坡过曲廊小桥拾级而上，百余步可至台顶。台顶略呈圆形，迎水面陡峭突入胭脂河中，每临中秋月夜，台侧古柳疏竹和明月倒映一汪秋水，清风徐来，月影沉浮，人临之恍然如造仙境。后文人题"璇台涌月"录入同治《监利县志》，被列为"容城八景"之一。

周老嘴以有璇台著称，时有文人墨客临台览胜抒怀，后有不少行商坐贾聚此经商，酒肆齐列，商铺纷陈。据考，大约在秦代即形成集镇，经久不衰。至民国初年，周老嘴沿河已成街道两条。其一伴河北沿东西走向，称河街，长300米，宽约5米；另一称中街，与河街平行走向，长500米，宽约5米。农副产品贸易多集河街。中街两沿除居民户外，多有各类杂货店铺以及茶馆、酒店。第二次国内革命斗争时期，周老嘴曾一度是湘鄂西革命根据地的中心，湘鄂西特委、省委、省苏维埃政府、省军委会，以及红军学校、报社、银行、医院等重要机构均设在此地。贺龙、周逸群、邓中夏、关向应、柳直荀、段德昌、许光达等老一辈无产阶级革命家均在此进行过艰苦卓绝的革命斗争。新中国成立后，为纪念革命先烈，周老嘴先后修复革命旧址40余处，兴建光荣院、柳直荀烈士纪念亭、红军桥、革命纪念馆。人民领袖毛泽东写下《蝶恋花》词，纪念柳直荀烈士。监利县政府分别将原周老嘴中、小学命名为直荀中学、逸群小学。1981年，周老嘴被列为省级重点文物保护单位。1988年1月，周老嘴湘鄂西革命根据地旧址被国务院公布为第三批全国重点文物保护单位。

十七、程家集

程家集位于监利县城西北13.6千米处。此处初系临江小村，因江泓南移留有古河道。南宋嘉定年间（1208—1224年），有一程姓富户临河辟建石基码头，开设店铺，临河一带始成小街，人称程家集。其河也因集镇而得名。至明永乐年间（1403—1424年），有一程姓举子赴京赶考，高中进士。在殿试时，明成祖皇帝以"永乐"为题召其作对，程姓举子上殿即拈得一联："日明月明大明一统，军乐民乐永乐万年。"皇帝见他才华出众，封他做了大官，当即下诏委以重任，并恩准回乡省亲。程家集也因此而名声大振。以后，渐次发展为监利西部的一个较大的集镇。

程家集主街呈东南—西北向布局，街道两旁为清一色的明代穿斗砖木结构建筑，构式多低矮，第一进多为铺房式样，前店后坊。建筑群总体轴线以主街为中心发展。沿街店铺竞列，小巷纵横。街道上铺起 2 里多长、3 米多宽的青石板。后人有诗赞曰："青石长街三里间，商船骛集客留连。东经花谷西营果，江北繁华一市廛。"

程家集还有明代建筑拱形石桥尚存，石桥名魏桥，又称宋桥。始建于明洪武十三年（1380 年），重修于 1936 年。桥形为"敞肩单拱"式，采用方条青石料砌成。南北向，跨老长河，全长 10 米，宽 3 米，净跨 3.5 米，桥面随拱而拱，栏柱仅剩 1 根，高 1.2 米，拱中央嵌一长 0.7 米，宽 0.3 米的石块，上面中间阳刻八卦图一幅，图上方横刻"宋顺成□□□□年重修"，左刻"民国廿五年□□□□"，右刻"丙子年去"。此桥是四湖流域保存为数不多的古桥之一。

程家集古镇有 800 余年历史，明式建筑均保存较完好，具有较高的文物保护价值，为县级文物保护单位，四湖流域的历史文化名镇。

十八、胭脂河

胭脂河，监利北部的一条古河道。西起周老嘴镇罗家湾，东止分盐镇浴中口，全长 17 千米。相传元末农民领袖陈友谅，曾驻兵皇蓬口（亦称"黄蓬"，据传元末起事自称汉皇帝的陈友谅在此落蓬安营。），"以此河渔利，充侍妾脂粉费"（《监利县志》清同治年版），故名胭脂河。清代学者王垂泰曾写诗叹道："胭脂湖上砌高台，昔日黄蓬安在哉？但使鄱阳功一就，汉朝不作伪朝猜。"

十九、望亩垸

元朝末年，荆州府监利县程集镇袁河村村民袁胜祖不满元朝的统治，毅然投身农民起义领袖朱元璋的军中，跟随朱元璋南征北战，因其武功高强，智勇双全，在战斗中屡立战功，从普通士兵一路升至大将军，与朱元璋名将蓝玉、徐达并驾齐名。可惜，在鄱阳湖与陈友谅的最后大决战中战死沙场。

元朝灭亡，大明开国。朱元璋对将士论功行赏。他想到为明朝打江山立下汗马功劳却在最后关头战死的袁胜祖，不胜惋惜，念其功劳便下令寻找其后裔。明朝建立当初，监利沔阳一带累遭战乱，湖区人民生灵涂炭，流离失所，袁胜祖的后人一时难以找到，只查到跟袁胜祖一起参军的堂弟袁继祖的下落。袁继祖因立有战功，任职于山西大同镇守备府，职务平平。朱元璋一面破格提拔袁继祖为兵部郎中授苏州将军，加奉国将军，并获军功世袭厥职，一面命人在鄱阳湖附近的康山修建"忠臣庙"，供奉袁胜祖塑像。

朱元璋后从袁继祖口中得知，袁胜祖有子嗣三人，曰袁必诚、袁必荣、袁必华，在鄱阳湖大战后，袁家人失散，下落不明。朱元璋闻讯后又下圣旨，务必找到忠臣之后。康山的忠臣庙竣工后，朱元璋亲临查验。此时有人来报，袁胜祖的子嗣已回归故里。朱元璋对着跃马挥刀的袁胜祖塑像，感慨万千，命人拿来纸笔，要写诗。朱元璋执笔凝思写下"胜祖大将军，开国有功勋，赐田一望亩，聊以慰英灵"打油诗一首。当这首诗作为圣旨下达到荆州府监利县时，这可让府、县官员为难，不知这"一望亩"究竟为多少田，皇帝的圣旨又不敢不执行，但又不知如何执行。为难之际，府、县官员只得派人火速进京找当朝军师刘伯温求教。刘伯温将来人手中的"打油诗"一看微微一笑，将来人领上自家楼顶，让其向东、南、西、北四方看了一遍说：东有多远，西有多远，南有多远，北有多远，这就是万岁爷的一望亩。

得到启示，府县官员茅塞顿开。他们来到柳河村西头的制高点——高秉楼（此处地名仍有），四周一望，眼所及处，尽为袁胜祖封地。这一望，东抵四车湖，西括永串垸，南到家音路湖，北距何家湾。内含沉湖、西湖、范家湖、长引湖、台家湖和馒头垸、北市垸、张家垸、永丰垸等五湖四垸，面积达 20 多平方千米，这就是望亩垸的来历。

二十、庞公渡

故址位于监利县容城镇西门渊，古太马长河入长江处。相传三国时期，刘备副军师庞统从江夏借兵到此，见江面宽阔，水急浪高，即将铁键拴船，搭浮桥过兵，后在此设船摆渡，人称庞公渡。五代后梁高季兴筑堤至监利，监利县从上坊东村（今分盐境）迁至庞公渡旁，筑城名曰容城。

容城地处长江之滨，是水上交通要冲。水路上承巴蜀，下达吴越；南接洞庭，可到南粤；北经内河，可到襄洛。四面八方的商旅船队，到此进行木材、石料、石灰、药材、瓷器、陶具、谷物、丝绸、鱼莲等农副产品的交易。这样互通有无、调剂余缺的商业活动，使得容城店铺林立、商业繁荣，不仅使容城成为当时全县最大的集镇，也促进全县商业经济的发展。清顺治年间（1644—1661年），监利知县为防长江洪水，率众将庞公渡口堵塞，太马长河遂与长江隔阻。

二十一、洪湖

相传洪湖是由文泉县变迁而来的。文泉县县址就在湖中的清水堡，清水堡原有一泉水，水色格外清亮，味道特别甜，人们称它为文泉，文泉县由此得名。

文泉县有一任县官叫莫昭，贪赃枉法，可恶之极。他上任三天就定文泉为官泉，并勒令填平全城所有水井，用水皆到官泉汲水，每一担水交铜钱五百文。这一年适逢大旱，莫昭因此发财万贯，而老百姓却苦不堪言。城中有一穷秀才叫文云龙，多次科考不中，与老母在家苦度光阴。一天，老母干渴成疾，文云龙当掉家中唯一的长衫换来官泉水一担，归来时老母已渴死在床上。文云龙悲愤交集，一怒之下，跑到县衙门前痛骂贪官莫昭。

莫昭听说文云龙点名骂他，顿时火冒三丈，下令捉住文云龙，严刑拷打后投入到官泉不远处一枯井之中，用铁板将井口盖严并上了铁锁，还在井旁立一根铁柱，上面刻上"铁树开花，逆龙归家"八个大字，妄图以此惩戒百姓。

三天后，百姓云集县衙门口，要求释放文云龙。莫昭闻讯后，纠集衙役、家丁来堵截聚众百姓，扬言要严惩闹事者。这时，只听得霹雳一声响，一道白光冲出枯井，直上云端。原来被关在枯井里的文云龙竟变成一条神龙。一刹那，电闪雷鸣，倾盆大雨从天而降，文泉井水汹涌而出，水势迅猛异常，很快冲垮县衙，莫昭和那些贪官污吏通通葬身鱼腹，而众百姓由于有文云龙在暗中保护，均安然无恙。从此，文泉县便变成一望无际的百里洪湖。

二十二、瞿家湾

瞿家湾地处内荆河南岸，濒临百里洪湖，历史上曾是洪湖边的一渔港码头。相传在明初，瞿姓祖先从沙市迁居此地，插帜为标，挽草为记，垦荒耕田，人丁渐兴，后裔相传，逐渐形成瞿姓人家聚居的村落。因地处内荆河水流弯曲之地，紧邻洪湖，又恰是监利、沔阳两县交界之处，经100多年的发展，明朝中期已成洪湖北岸的重要集镇。

瞿家湾集镇主要分布于内荆河沿岸，呈东西走向，是一条长500多米、宽4米的青石板小街。街道两旁多建有单檐硬山、灰墙玄瓦明清风格的古居，形成独有的四湖水乡古朴小镇的韵味。特别是建于街市的瞿氏祠堂，为明朝正德年间（1506—1521年）所建，房屋长32米、宽21米，为三进二厢房中式砖木结构，白墙青瓦，飞檐卷拱，更是别具一格。

1931—1932年间，这里是湘鄂西革命根据地政治、军事、文化中心，中国共产党湘鄂西分局和湘鄂西苏维埃政府机关就驻在瞿氏祠堂，另有20多处革命旧（遗）址坐落于此街。1977年，在镇内湘鄂西省军委会旧址内增设"洪湖革命历史博物馆"，1984年由国家副主席王震题写"瞿家湾革命纪念馆"馆名。1988年1月，瞿家湾湘鄂西革命根据地旧址被国务院公布为第三批重点文物保护单位，其中包含旧址21处、遗址13处。1988年3月，湖北省人民政府在瞿家湾竖立"全国文物重点保护单位"标志，划定并公布保护范围。

第四节 水 韵 诗 赋

历史上，四湖流域曾是云梦泽，方九百里。继而由云梦泽演变成江汉群湖，继而有大湖者四（长湖、三湖、白鹭湖、洪湖）。四湖之湖，千姿百态，各领风骚。有道是"仁者乐山，智者乐水"。自古以来，骚人墨客，总是和水结下不解之缘，以河湖誉为歌咏的对象。从古至今留下浩若繁星的诗词歌赋，其中不乏名篇绝唱，为后世所传诵。这真可谓："荆楚琼湖绰约姿，江湖灵秀串瑶池。千湖保护千湖靓，剪片湖光都是诗。"

一、古代诗赋

哀 郢（节选）
〔战国〕屈原

皇天之不纯命兮，何百姓之震愆？
民离散而相失兮，方仲春而东迁。

去故都而就远兮，遵江夏以流亡。
出国门而轸怀兮，申之吾以行。
发郢都而去闾兮，怊荒忽其焉极。
楫齐杨以容与兮，哀见君而不再得。
望长楸而太息兮，涕淫淫其若霰。
过夏首而西浮兮，顾龙门而不见。
心婵媛而伤怀兮，眇不知其所。
顺风波以从流兮，焉洋洋而为客。
凌阳侯之氾滥兮，忽翱翔之焉薄。
心絓结而不解兮，思蹇产而不释。

将运舟而下浮兮，上洞庭而下江。
去终古之所居兮，今逍遥而来东。
羌灵魂之欲归兮，何须臾而忘反。
背夏浦而西思兮，哀故都之日远。
登大坟而远望兮，聊以舒吾忧心。
哀州土之平乐兮，悲江介之遗风。

屈原（公元前 340—前 278 年），战国时期楚国诗人，政治家，芈姓，屈氏，名平，字原，又自云名正则。此篇是他在循夏水流亡途中所写。

子虚赋（节选）
〔西汉〕司马相如

"仆对曰：唯唯。臣闻楚有七泽，尝见其一，未睹其余也。臣之所见，盖特其小小耳者，名曰云梦。云梦者，方九百里，其中有山焉。其山则盘纡茀郁，隆崇嵂崒；岑崟参差，日月蔽亏；交错纠纷，上干青云；罢池陂陀，下属江河。其土则丹青赭垩，雌黄白坿，锡碧金银，众色炫耀，照烂龙鳞。其石则赤玉玫瑰，琳珉琨吾，瑊玏玄厉，碝石碔砆。其东则有蕙圃：衡兰芷若，芎藭昌蒲，茳蓠麋芜，诸柘巴苴。其南则有平原广泽，登降陁靡，案衍坛曼。缘以大江，限以巫山。其高燥则生葳菥苞荔，薛莎青薠。其卑湿则生藏莨蒹葭，东蔷雕胡，莲藕觚卢、庵闾轩于，众物居之，不可胜图。其西则有涌泉清池，激水推移，外发芙蓉菱华，内隐钜石白沙。其中则有神龟蛟鼍，瑇瑁鳖鼋。其北则有阴林：其树楩柟豫章，桂椒木兰，蘗离朱杨，櫨梨梬栗，橘柚芬芳；其上则有鹓雏孔鸾，腾远射干；其下则有白虎玄豹，蟃蜒䝍犴。"

司马相如（约公元前 179—前 118 年），字长卿，汉族，巴蜀安汉县（今四川省南充市蓬安县）人，一说蜀都（今四川成都）人，西汉辞赋家。此节选段描写云梦泽的地理风貌和丰富的物产。

云　梦　泽
〔唐〕杜牧

日旗龙旆想飘扬，一索功高缚楚王。

直是超然五湖客，未如终始郭汾阳。

杜牧（803—852 年），字牧之，号樊川居士，京兆万年（今陕西西安）人，晚唐杰出诗人。

渡　荆　门　送　别
〔唐〕李白

渡远荆门外，来从楚国游。

山随平野尽，江入大荒流。

月下飞天镜，云生结海楼。

仍怜故乡水，万里送行舟。

李白（701—762 年），字太白，号青莲居士，陇西成纪人，出生于西域碎叶城，4 岁随父迁至剑南道绵州。早年在四川就学漫游。开元十二年（724 年），李白辞亲远游，由水路乘船经巴渝，出三峡，来到荆州。《渡荆门送别》为此时所作。

梦　泽
〔唐〕李商隐

楚泽悲风动白茅，楚王葬尽满城娇。

未知歌舞能多少？虚减宫厨为细腰。

李商隐（约 813—约 858 年），字义山，号玉溪（谿）生，又号樊南生，原籍怀州河内（今河南沁阳），祖辈迁荥阳（今河南荥阳市）。唐文宗开成二年（837 年），李商隐登进士第，曾任秘书省校书郎、弘农尉等职，因卷入"牛李党争"的政治旋涡而备受排挤，一直没有施展政治抱负的机会。李商隐写过大量政治咏史诗，借古讽今。李商隐是晚唐著名诗人。

自江陵沿流道中
〔唐〕刘禹锡

三千三百西江水，自古如今要路津。

月夜歌谣有渔父，风天气色属商人。

沙村好处多逢寺，山叶红时觉胜春。

行到南朝征战地，古来名将尽为神。

刘禹锡（772—842 年），字梦得，洛阳人。刘禹锡于贞元九年（793 年）进士及第，初在淮南节度使杜佑幕府任记室，为杜佑器重，后从杜佑入朝，为监察御史。长庆元年（821 年）冬，刘禹锡任夔州（今四川奉节县）刺史。据《历阳书事七十韵》序中称："长庆四年八月，予自夔州刺史转任历阳（和州），浮岷山，观洞庭，历夏口，涉浔阳而东"。刘禹锡贬逐南荒，二十年间去来云梦泽、洞庭湖间，故在此留下大量诗篇。刘禹锡诗文俱佳，是唐代文学家、哲学家。

荆 台

〔晚唐〕梁震

桑田一变赋归来，爵禄焉能浼我哉？

黄犊依然花竹外，清风万古凛荆台。

梁震（生卒年不详），邛州依政人。唐末时进士及第。后梁代唐后，梁震不愿为朱全忠效力，于是回归家乡。途经江陵时，荆南节度使高季兴爱其才华，强行将其留下，但梁震不接受高季兴的官职，自称前朝进士自号荆台隐士。高季兴对他非常器重，作为自己的首席智囊，荆南割据政权的所有军政要务和总体规划，大都出于梁震之手。高死后，梁震隐退，有集一卷传世，今存诗一首。

送从弟皮崇归复州

〔唐〕皮日休

羡尔优游正少年，竟陵烟月似吴天。

车鳌近岸无妨取，菇艇随风不费牵。

处处路傍千顷稻，家家门外一渠莲。

殷情莫笑襄阳住，为爱南溪缩项鳊。

皮日休（834年或839—902年后），字袭美，今湖北天门人，咸通八年（867年）进士及第，入京后任著作左郎、太常博士，后参加黄巢起义，不知所踪。皮日休为晚唐著名诗人、散文家。

息 壤 诗

〔北宋〕苏轼

帝息此壤，以藩幽谷。

有神司之，随取而培。

帝敕下民，无敢或开。

惟帝不言，以雷以雨。

惟民知之，幸帝之怒。

帝茫不知，谁敢以告。

帝怒不常，下土是震。

使民前知，是役于民。

无是坟者，谁取谁干？

惟其的之，是以射之。

荆州（十首选二）

〔北宋〕苏轼

（一）

游人出三峡，楚地尽平川。

北客随南贾，吴樯间蜀船。

江侵平野断，风卷白沙旋。

欲问兴亡意，重城自古坚。

（二）

沙头烟漠漠，来往厌喧卑。

野市分獐闹，官帆过渡迟。

游人多问卜，伧叟尽携龟。

日暮江天静，无人唱楚辞。

苏轼（1037—1101年），字子瞻，又字和仲，眉州眉山（今四川眉山市）人，北宋文豪，唐宋八大家之一。其诗、词、赋、散文均成就极高，且善书法和绘画，是中国文学艺术史上罕见的全才，也是中国数千年历史上被公认文学艺术造诣最杰出的大家之一。

哀 郢（二首）
〔宋〕陆游

远接商周祚最长，北盟齐晋势争强。
章华歌舞终萧瑟，云梦风烟旧莽苍。
草合故宫惟雁起，盗穿荒冢有狐藏。
离骚未尽灵均恨，志士千秋泪满裳。

荆州十月早梅春，徂岁真同下阪轮。
天地何心穷壮士，江湖自古著羁臣。
淋漓痛饮长亭暮，慷慨悲歌白发新。
欲吊章华无处问，废城霜露湿荆榛。

陆游（1125—1210 年），字务观，号放翁，越州山阴（今浙江绍兴）人，南宋爱国诗人。少年受家父爱国思想熏陶，高宗时应礼部试，为秦桧所黜，孝宗时赐进士出身，中年入蜀，投身军旅生活，官至宝章阁待制，晚年退居家乡。创作诗歌 9000 多首，内容极为丰富。此诗为宋孝宗乾道六年（1170 年），陆游由山阴（今浙江绍兴）赴任夔州（今重庆奉节）通判，途经江陵时而作。

夜 泊 玉 泉 寺
〔南宋〕王十朋

舟行湖北路千里，家在浙东天一涯；
夜宿玉泉问何处，梅花不见见芦花。

紫 微 寺
〔南宋〕王十朋

高柳何人舍，孤灯此夜舟；
遥从白帝去，少为紫微留。

福 田 寺
〔南宋〕王十朋

魏阙回头远，篷门去路长；
万年天子寿，一瓣福田香。

鸡 鸣 渡
〔南宋〕王十朋

晓起鸡未鸣，晚宿鸡鸣渡；
鸡鸣又还起，扁舟触烟雾。
不作田文奔，不效刘昆舞；
孜孜慕舜徒，去去官夔府。

王十朋（1112—1171 年），字龟龄，号梅溪，温州乐清（今浙江省乐清市）人。因痛恨秦桧误国，在家乡坐馆授徒，直至秦桧死后，应试及第，得中状元。曾知夔州，官至龙图阁学士，卒谥忠义，有《梅溪集》，南宋著名政治家、诗人。以上组诗为王十朋乘舟入蜀，途经四湖流域所写。玉泉寺（今洪湖市境内）、紫微寺（今监利县柳关集附近）、福田寺（今监利县福田寺镇附近）、鸡鸣渡（今称鸡鸣铺，在监利县红城乡境内）均位于古夏水（内荆河）之滨，古代行舟由江浙一带至蜀地，需由夏口进入夏水，逆流而上，由中夏口（或子夏口）再进入长江，是王十朋入蜀途经地。

鲁 袿 江

〔元〕孔思明

吴蜀分争万事休，长河依旧波碧波。

因寻子敬行云处，芦荻萧萧月满洲。

狮 子 山

〔元〕孔思明

狮子山头玉井寒，轩皇曾此炼金丹；

一泓圣泽春溶碧，不似涝池水易干。

孔思明（生卒年不详），元朝诗人，在游览监利县时写下了山水诗篇，另有《监利县学重建大成殿记》，刊载在《湖广通志·艺文志》。

黄 蓬 湖 起 事

〔元〕陈友谅

黄蓬湖中水低吟，渔子弃网魔军寻。

不眠数尽鸡三唱，南人都有驱虏心。

陈友谅（1320—1363年），元玉沙渔家子（一说为今洪湖市黄蓬山人，一说为今监利县陈家村人。洪湖有黄蓬山，监利有黄蓬湖），元末农民起义领袖，大汉政权建立者，后兵败鄱阳湖，为朱元璋所灭。

黄 蓬 湖

〔明〕李濂

谁植垂柳锁钓矶，湖分小港抱柴扉；

雪深渔艇依村泊，天暝鹧鹕逐伴飞。

湘水自通云梦泽，楚人合着芰荷衣；

辋川幽绝真难胜，况复东潭白鳜肥。

李濂（1488—1566年），字川父，祥符（今河南开封）人。明正德九年（1514年），联捷甲戌科二甲进士，授官沔阳知州，此诗为任上所写。著有《医史》十卷，明代官员、学者。

和贞一王孙八岭山韵

〔明〕张居正

千骑霓旌控紫庭，曙烟晴抱日华明。

山蟠王气藏真宅，草缘春心怆孝情。

笙凤度云回仗影，洞龙衔雨听松声。

仙城杳霭何因见，怅望青霄笋翠屏。

张居正（1525—1582年），字叔大，号太岳，别称张江陵、张白圭，湖广江陵（今荆州市荆州区）人。张居正自幼聪颖，十六岁中举，明嘉靖二十六年（1547年）中进士，官至吏部尚书，中极殿大学士兼太子太师。他被誉为明朝首辅，政治改革家，曾推行一条鞭法与考成法，改革赋税与官吏升迁制度。著有《张文忠公全集》。

太 白 湖

〔明〕袁中道

太白自蜀来，江陵当暂止。

应过此湖边，往媾云梦女。

湖 中

〔明〕袁中道

半是征途半当游，一帆自在不惊鸥。

菱蒲满泽围孤渚，杨柳遮门系小舟。

晒网偶成渔聚落，采菱忽动棹歌讴。

沧桑不待麻姑说，弹指红尘换碧流。

沙 桥

〔明〕袁中道

了了见潜鱼，且来桥畔坐。

沙桥名尚存，不见仙嫔墓。

三 湖 泛 舟

〔明〕袁中道

晚风自逆小船行，行过菰蒲乍有声。

共指远林猎火起，不知月向此中生。

由草市至汉口小河舟中杂咏

〔明〕袁中道

（一）

陵谷千年变，川原来可分。

长湖百里水，中有楚王坟。

（二）

日暮黑云生，且依龙口住。

小舟裙作帆，笑语过湖去。

（三）

自发桃花浪，白苹尚满湖。

欲知今岁水，但看垂杨须。

袁中道（1570—1623 年），字小修，一作少修，湖广公安（今荆州市公安县）人。明万历四十四年（1616 年）中进士，授徽州教授，止于吏部郎中，与其兄宗道、宏道并称"三袁"，为公安派中坚，著有《珂雪斋集》20 卷、《袁小修日记》20 卷。袁中道的"灵性说"是明代中后期文坛上的一股新潮流，给近代文艺史开拓了新的创作空间，把文学的主体性——人的情感提高到超过形式的高度。

古 荆 篇（节选）

〔明〕袁宏道

年年三月飞桃花，楚王宫里斗繁华。

云连蜀道三千里，柳拂江堤十万家。

江陵竹枝词（四首）

〔明〕袁宏道

（一）

龙洲江口水如空，龙洲女儿挟巨艟。

奔涛泼面郎惊否？看我船欹八尺风。

（二）

陌上相逢尽楚腰，凉州一曲写吴绡。

鹍弦拨尽西湖月，更与唱歌到板桥。

（三）

贾客相逢倍惘然，楩楠杞梓下西川。

青天处处横珰虎，孀女陪男偿税钱。

（四）

雪里山茶取次红，白头商妇哭春风。

自从貂虎横行后，十室金钱九室空。

袁宏道（1568—1610 年），字中郎，又字无学，号石公，又号六休，湖广公安（今荆州市公安县）人。明万历二十年（1592 年）进士，历任吴县知县、礼部主事、吏部验封司主事、稽勋郎中、国子博士等职。袁宏道提出"独抒灵性，不拘格套"的灵性说，与其兄袁宗道、弟袁中道并有才名，其文学流派世称"公安派"。

瓦　子　湾

〔明〕孙存

三月此湾两度过，江岸渐见倾颓多。

岸上壁立更痕露，豆田半圮萦青沙。

农人初将豆种掷，去江余地犹十尺。

而今苗没浸町畦，若至秋深何止极。

桑田变迁固其常，江端百年殊未央。

膏腴不足填巨浸，贡赋宁免输虚仓。

东消西长吾不计，但欲计亩蠲租税。

吁嗟平地灾犹疑，愁杀江坍无左契。

孙存（生卒年不详），字性甫，安徽滁州人，明正德九年（1514 年）进士，仕至河南左辖。瓦子湾乃监利长江堤防急流顶冲处，堤岸崩塌严重，此诗为孙存所见而作。

荆州水灾（十首选二首）

〔清〕毕沅

（一）

凉飙日暮暗凄其，棺椠纵横满路歧。

饥鼠伏仓餐腐粟，乱鱼吹浪逐浮尸。

神灯示现天开网，息壤难湮地绝维。

那料存亡关片刻，万家骨肉痛流离。

（二）

浪头高厌望江楼，眷属都羁水府囚。

人鬼黄泉争路出，蛟龙白日上城游。

悲哉极目秋为气，逝者伤心泪逆流。

不是乘桴即升屋，此生始信一浮鸥。

毕沅（1730—1797 年），字纕蘅，亦字秋帆，自号灵岩山人，镇洋（今江苏太仓）人。清乾隆二十五年（1760 年）进士，廷试第一，状元及第。乾隆五十一年（1786 年）任湖广总督。乾隆五十三年（1788 年），荆江决口多处，四湖流域一片汪洋，民众溺死无数，《荆州水灾》正是此时所作。

三 湖 雪 钓

〔清〕黄良佐

重湖积水淡无烟，正值苍茫雨雪天。

玉界琼田兰浆泛，青蓑绿笠钓丝悬。

渔翁换米应沽酒，贾客炊菰欲买鲜。

夜半更添霜月冷，移舟还泊柳塘边。

黄良佐（生卒年不详），清代诗人。三湖距荆州城东 50 里，湖光浩渺，景色宜人，为荆州八景之一。

陡螺埠望江水犹壮

〔清〕王柏心

岷山秋纳洞庭雄，黔粤巴巫众壑通。

一气混茫尘壤外，万山浮动晚波中。

村氓市小恒争米，处干荒庐但掩蓬。

目击滔滔思砥柱，几人无愧障川功。

离 湖 读 骚

〔清〕王柏心

庄诵遗篇啸也歌，怀沙人去事如何。

丹忱孤抱天难问，浩气全归死不磨。

听去啼鹃声是血，流来怨水静无波。

椒兰焚罢频浇酒，权向离湖吊泪罗。

王柏心（1799—1873 年），字子寿，号螺洲，湖北监利螺山（今洪湖市螺山镇）人。王柏心于 1843 年中举，次年中进士，授刑部主事。后无心仕途，辞官还乡，主持荆南书院，治学乡民，讲学立著，著有《导江三议》一书，其对江河治理颇有研究，集中论述治水思想和治江策略。离湖读骚为监利八景之一。

又 渡 洪 湖 口

〔清〕洪良品

极目疑无岸，扁舟去渺然；

天围湖势阔，波荡月光圆。

菱叶浮春水，芦林入晚烟。

登橹今夜月，且傍白鸥眠。

洪良品（1827—1897 年），字叙澄，号右臣，别号龙冈山人，出身鄂东南黄冈洪家湾（今武汉新洲）。同治八年（1869 年）进士及第，改庶吉士授编修，历官户科给事中，是晚清政治和学术舞台比较活跃的人物之一，著述较多，编有《龙冈山人诗文集》。

代江陵灾民述怀

〔清〕张圣裁

江陵自昔称泽国，全仗长堤卫江北。

咫尺若少不坚牢，千里汪洋只顷刻。

朝廷特设水利官，民间土费随粮还。

土若归堤堤身固，积久何难成邱山。

争奈职官鲜廉吏，依样葫芦援前例。

高坐衙斋懒查看，割草见新等儿戏。

前年打破郝穴东，田庐飘荡已成空。

可怜疮痍尚未起，平地又复走蛟龙。

吁嗟乎，此间之人命何苦，五年两遭阳侯怒。携妻负子奔他乡。只恐将来没归路。

张圣裁（生卒年不详），清朝人，曾任武昌训导。

二、近现代诗词

咏 洪 湖
周逸群

洪湖万顷时岁长，浊水污泥两混茫。

小试翻天覆地手，白浪唤作红旗扬。

周逸群（1896—1931年），贵州铜仁人，中国工农红军高级将领，中国无产阶级革命家，湘鄂西红军和革命根据地主要创始人之一。

祝观音寺闸竣工
陶述曾

两千英雄齐挥手，荆江孽龙不再吼。

观音大闸闸门开，俯首听命穿闸走！

人民眼中无困难，降龙伏虎只等闲。

水旱消除干劲足，粮棉岁岁获丰收。

陶述曾（1896—1993年），湖北新洲人，著名的水利专家，曾任河南大学教授、武汉大学教授、中国水利学会理事、中国土木工程学会副理事、湖北省水利厅厅长、湖北省副省长等职。

赠潜江张金、老新水利大军
李富伍

张金人民树雄心，腰斩白鹭建奇功。

集体智慧无穷尽，技术革新夺天工。

变难为易施工巧，四个第一满堂红。

共产主义风格高，转移战地援别人。

乘风破浪向前进，二战田关再立功。

一早百早争主动，早奏凯歌迎春耕。

后来居上是老新，改良工具显威风。

提前完成总干渠，田关河上争全胜。

李富伍，山西昔阳县人，此诗为其任荆州专署副专员兼荆州地区四湖排水指挥部指挥长时所作。

祝四湖工程白鹭湖工程早日成功
孟筱澎

茫茫白鹭湖，眼望无边际。

建设新四湖，穿湖挖干渠。

渠长[1]十余里，一河分两堤。

深度近八尺，底宽五八[2]米。

八千英雄将，大战在湖底。

注：①仅指白鹭湖一段。

②底宽58米，后扩挖。

孟筱澎，此诗为其任荆州地委书记时所作。

腰 斩 白 鹭 湖

熊克义

张金人民跨轻骑，白鹭湖中显奇迹。

哪怕水天雾弥漫，巧用淤泥筑成堤。

人雄心红齐竞赛，深沟晾场难变易。

更喜竣工质量好，工程评比数第一。

熊克义，潜江人，此诗为其任潜江县副县长兼潜江县四湖排水工程指挥部指挥长时所作。

文 村 渊 晚 归

陈贻

湖上翔鸥鹭，树中啼千鸡。

绿篁临白水，隐隐见荆堤。

陈贻，北京大学教授，1964—1965年在江陵县马家寨乡文村渊村参加"四清运动"，劳动之余赋诗一首。

第十六章 治 水 人 物

　　伟大的四湖治理工程，是无数四湖人用自己的智慧和才能，甚至是鲜血和生命铸就的，才将著名的"水袋子"改造成良田万顷、道路阡陌、村庄街道棋布而闻名全国的"商品粮生产基地"。抚今追昔，人们无不对那些为四湖建设而献出生命的先烈们充满怀念与尊崇，他们的治水和管水的功绩，将永远铭刻在四湖的丰碑上。

第一节 当代治水人物

一、人物传略

刘 干

　　刘干（1909—1959年），河北省定县人。1939年参加革命，同年加入中国共产党。1947年随刘邓大军南下到湖北。1949年后历任沔阳县社会部长兼公安局长、洪湖县县长、松滋硫磺矿经理、荆州专署财经委员会副主任、荆州专区水利工程处副处长、荆州专署水利局局长。1955年11月，湖北省四湖排水工程指挥部成立。为配合省指挥部工作，同年冬成立荆州地区四湖排水工程指挥部，刘干任指挥长。他带领部分行政干部和工程技术人员在省指挥部的领导下，拉开四湖治理的序幕，开挖内荆河东港口、周家沟、福田寺等河道狭口处。

　　1958年5月，刘干转战漳河水库建设工地任指挥部副指挥长，开始水库建设的施工筹备和物资供应工作。在施工前期准备工作中，他身先士卒，跋山涉水、披荆斩棘，率领民工3万多人，在3个月时间里，修筑施工道路40多千米，搭盖工棚18.6万平方米，储备砂石料100万立方米，为全面施工创造条件。大施工中，刘干经常深入到工地与民工同吃同劳动，及时解决施工中出现的困难。1959年3月29日，漳河水库观音寺大坝工地生产桥因不负重压而断塌，数十民工溺水，刘干带人投入紧急抢救，因其忧劳过度，突发心肌梗死病故，享年50岁。为永远纪念他，漳河工程总指挥部将其安葬在漳河水库观音寺烈士陵园。

涂一元

　　涂一元（1913—1974年），又名涂性初，江陵县沙岗林家垱人。土地革命战争时期参加中国共产党，红军撤离湘鄂西洪湖革命根据地后，他回家乡隐蔽。1941年，重新与党组织取得联系。1945年重新入党，先后任抗日民主政府中心乡乡长、区长。解放战争时期，任江监石联县副县长，县委统战部部长等职。新中国成立后，任荆州地区中级人民法院院长，后调任荆州行署秘书处主任。1960年，任荆州行署水利局局长。1960年1月，任新滩口工程指挥部党委书记兼指挥长，主持修建内荆河入长江的排水闸和船闸。他深入施工现场，与施工人员一道清基挖土，装车抬石。基础浇筑时，发生严重翻砂鼓水现象，他与技术人员反复研究，采用疏沟导流、砂石导渗、铺盖油毡、镇压块石等处理措施，硬行浇筑底板，终于在汛期到来前完成基础浇筑。9月，两闸同时竣工，解除四湖流域多年来的江水倒灌之苦。

　　为加强四湖流域水利配套工程建设，1962年涂一元带领四湖流域各县人民在干、支排水渠上兴建大、中型涵闸 62 座。1963—1966 年春，涂一元由平原湖区转战丘陵山区，先后主持修建京山惠亭水库和松滋洮水水库。《湖北日报》曾以通讯《艰苦之风满惠享》报道他带领群众艰苦奋斗建水库的事迹。

1974 年 6 月 26 日凌晨，涂一元与世长辞，享年 61 岁。

李大汉

李大汉（1918—1974 年），又名李登山，江陵县白马镇青港村人。李大汉是烈士之后，受其父亲的影响，13 岁入湘鄂西联县政府童子军学校学习，后在胡场区游击队担任通信员。1932 年，红军撤离湘鄂西根据地，他被疏散回家。1948 年 1 月重新革命，8 月加入中国共产党。1949 年 7 月，江陵县人民民主政府建立，李大汉任建设科科长，1953 年任江陵县副县长，分管水利工作。

1954 年大水，李大汉负责荆江大堤祁家渊、黄林垱重点险段防守，时间长达 3 个月。7 月 21 日深夜，他在巡堤查险时，发现祁家渊冲和观发生特大浑水漏洞，堤外水面出现旋涡，险情十分危急，他不顾个人安危，纵身下水堵洞，指挥民工抢险，经过 3 个昼夜连续奋战，终于化险为夷。7 月 28 日，中共湖北省委向全省通报表扬李大汉，并号召全省干部向他学习。

1955 年，李大汉调荆州行署工作，先后任荆州地区长江修防处副处长、荆州专署水利局副局长、荆州地区四湖排水工程总指挥部第一副指挥长等职。1959 年秋，测量四湖总干渠，渠线通过三湖、白鹭湖，湖水 1 米多深，蒿排丛生，李大汉带领测量队，淌水涉泥反复勘察，最后选定渠线较规划渠线缩短 6 千米，节省开挖土方 100 余万立方米。经过 1 个冬春的艰苦施工，胜利完成破湖挖渠的任务。工程完工后，群众称赞道："史有汪志伊（清湖广总督），今有李大汉。破湖挖渠道，建成新水系。"

1962 年四湖总干渠开挖工程完成后，李大汉首任四湖工程管理局局长，为管好运用好四湖工程，他身不离工地。心不离群众，一心扑在工作上。新滩口排水闸，是四湖流域排水的总出口，1964 年消力池墙基前移受损，李大汉与民工一道日夜坚守在抢险工地上，向消力池内抛石 1000 多立方米，保证了涵闸的安全。李大汉对职工关心备至，工程师陈启梗 30 多岁还未成家，他亲自出面托媒，帮陈建立小家庭，使之能安心工作。

1964 年冬，省水利厅决定开挖四湖总干渠中段河湖分家渠，接到通知后，李大汉带领四湖工程管理局的工程技术人员赶赴工地勘测渠线。此段渠线要破洪湖而过，茫茫水域无处下脚，只得夜栖小舟，日涉湖水，披星戴月，历时 1 月有余勘测出渠线。在施工中苦战 3 个冬春。

1972 年，洪湖防洪排涝工程动工，李大汉担任工程指挥部副指挥长，主持主隔堤堤线走向的实地考察和规划设计及施工中的综合协调工作。1974 年 4 月，他亲临洪湖分蓄洪工程黄丝南建闸工地，在指挥吊装预制梁时，民工被绞车木杠打伤，正在他抢救民工时，又一根木杠飞来，打中他的右臂，紧急送医院抢救，经医生检查，李右臂主骨被打断。从此，他一伤不起，1974 年 9 月 14 日深夜，突发心肌梗死病逝世于沙市第一人民医院，享年 57 岁。

倪辑伍

倪辑伍（1904—1977 年），潜江龙湾人。1940 年春，利用"黄学会"在三湖一带招收地方武装，成立抗日组织，自任总指挥长，联共抗日。同年秋，率部编入国民政府军 128 师独立团，任团长。128 师被日军击溃后，倪招集旧部成立江陵抗日自卫团，并自任团长。1943 年，任新四军第五师三十二团团长。1944 年后，任江陵县副县长、襄南专署水利科科长等职。在极端困难的环境下，组织修建内荆河堤、吴公沟、红军闸等水利工程。新中国成立后，任荆州专署水利局副局长，实地勘察四湖流域河湖港汊，为治理四湖献言进策。1958 年，加入中国国民党革命委员会，任民革沙市市筹备委员会主任委员。1977 年 3 月 23 日病逝。

饶民太

饶民太（1909—1979年），湖北省安陆县饶家大湾人。1939年2月参加革命，同年10月加入中国共产党。1949年6月，担任松滋县第一任县长，1950年9月，任中共松滋县县委书记。

1952年，饶民太带领松滋县4万民工参加荆江分洪工程建设，承担修筑虎渡河拦河坝的重要任务。虎渡河拦河坝合龙时，遭遇洪水上涨，合龙口洪水汹涌，沉船堵口方案屡次受挫。他与大家一起研究改进办法，提出"八字抛枕法"的堵口方案。在实施过程中，运石堵口的木船不敢靠近口门，饶民太大声呼叫道："要死我先死，不怕死的跟我来！"当即奋不顾身跳上运石木船，在其带领下，民工亦奋勇而上，经数日奋战，终使大坝合龙，为荆江分洪工程顺利完成作出贡献，被评为模范县长。荆江分洪工程总指挥部授予饶民太特等劳模称号，记特等功一次。《人民日报》发表社论，号召向他学习。

1953年，饶民太调任荆州地委常委、荆州专署副专员，分管全地区水利工作。任内带领工程技术人员跋山涉水，对荆州地区的水系情况进行深入调查研究，将其划分为包括四湖水系在内的七大水系，提出分区治理的总体规划和"以排为主，排灌兼顾，内排外引，分层排灌，控制湖面，留湖调蓄"的治理方针，为四湖流域的治理指明了方向。

1960年，饶民太根据四湖水系建设的新情况，又提出"等高截流，分层排蓄"的治水思路，规划开挖四湖总干渠河湖（洪湖）分家渠，他多次带领有关领导和工程技术人员深入监利、洪湖等地踏勘，确定工程线路，督促和指导施工。

1961年3月，饶民太深入洪湖小港建闸工地检查工作，他特别强调要把河湖分家，五口（子贝渊、下新河、小港、张大口、福田寺）节制工程尽快完成。并具有前瞻性地提出，四湖下区水多田低，必须发展电力排灌事业，在他的积极支持和领导下，南套沟、大沙、汉阳沟、螺山等电力排灌泵站相继建成受益。

1969年7月20日，洪湖长江干堤田家口堤段溃决。为降低洪灾损失，省革委会决定抢堵溃口，并指定由饶民太任田家口堵口抢险前线指挥部常务指挥长。他组织干部、群众抢堵"热口"（即溃即堵），将口门两端裹护、抛石抢堵、土方闭气、全面加高加固，使之连贯，创大江大河抗洪抢险史上的先例。

1972年，饶民太任湖北省防洪排涝工程指挥长，不顾身患重疾，带病坚持前往洪湖、监利踏勘主隔堤的走线，最后确定主隔堤终点由花鼓桥移到高潭口，比原方案省工省时，减少挖压面积，在他踏勘线路途经监利时已无法下车，双腿肿胀如柱，在场所见者都双目含泪。此次踏勘主隔堤路线之行，也成了他奉献水利事业的最后一行，从此一病不起。1979年6月11日，时任荆州行署顾问的饶民太因病逝世，享年70岁。

李富伍

李富伍（1907—1984年），山西省昔阳人。1938年参加革命工作，1942年3月加入中国共产党。先后任昔西第一抗日区公所区长、昔阳县副县长等职。1947年随军南下，担任江荆潜县副县长、县长。1949年10月，任潜江县县长、县委书记，1955—1966年，任荆州专员公署副专员。

李富伍到荆州上任伊始，即担任洪湖隔堤工程总指挥部副总指挥长，主持修建洪湖隔堤。洪湖隔堤要穿东荆河洪泛而建，是治理四湖流域的第一项大型工程，施工难度极大。李富伍身先士卒，带头跳入泥水中同民工一起劳动，鼓舞士气。洪湖隔堤是在千年沉睡的湖荒上修筑，堤防屡修屡垮，一时谣言四起，群众畏难情绪蔓延。李富伍带领指挥部干部，深入到群众中，反复宣讲科学道理和修筑洪湖隔堤的重要性，并亲自参加劳动，用实际行动影响群众。经近4个月的辛勤劳动，于1956年1月修成洪湖隔堤。解除四湖流域千百年来江水倒灌之苦。群众歌颂道：洪湖修隔堤，从此不受溃，只有共产党，事事出奇迹。

1957 年 7 月至 1959 年 10 月，李富伍任中共四湖工程委员会书记、荆州地区四湖工程排水指挥部指挥长，领导和主持治理四湖流域第一期的大施工。1984 年病逝，享年 77 岁。

马香魁

马香魁（1930 年 7 月至 2009 年 4 月），湖北省汉川县人。1950 年 2 月加入中国共产党。1976 年 9 月任荆州地区四湖工程管理局革委会主任，1978 年 8 月撤销革委会，恢复荆州地区四湖工程管理局，任局长。

马香魁任职期间，正是四湖治理工程的第二期施工的高潮时期。1978 年冬至 1980 年春，他主持对四湖总干渠习家口至子贝渊长 96 千米的渠道进行大规模疏挖，提高了总干渠的排涝能力。1977 年冬，他组织江陵、监利两县 8 万多劳动力，对四湖西干渠新河桥至泥井口长 24 千米的渠道进行疏挖。渠道疏挖后，实行排灌分家，废除谭彩剅、鲢鱼港、汤河口等 3 座节制闸，消除西干渠上的水事纠纷。1980 年、1983 年四湖流域遭遇大内涝，马香魁任四湖防汛指挥部指挥长，带领指挥部工作人员，精心组织，科学调度，严密防守，保证了长湖、洪湖等堤防的安全。1980 年冬，他组织力量对经历大水后的长湖库堤进行全面加高培厚，提高了长湖库堤的防洪标准。

1984 年 4 月，马香魁调离荆州地区四湖工程管理局，任荆州地区长江修防处处长。2009 年 4 月因病去世，享年 79 岁。

二、人物简介

方先昌

方先昌（1923—1961 年），江陵县普济人。1954 年加入中国共产党，曾任普济区副区长。在四湖总干渠施工中，两次获得荆州地区四湖工程指挥部劳动模范称号。1961 年，方先昌带领民工经过艰苦施工，在四湖西干渠建成谭彩剅闸。同年，四湖流域连降大暴雨，西干渠水位猛涨，渠堤低矮处漫溢。为开闸放水，方先昌只身一人上闸开启闸门，因拴接闸板的缆绳绷断，他被闸板带入水中而牺牲。

张德才

张德才（1935—1964 年），潜江县浩口镇庄场村人。1958 年 10 月参加工作，担任水利技术员。1960 年加入中国共产党。1958 年，张德才参加潜江县腰斩白鹭湖的施工，在白鹭湖茫茫湖水之中，把测量仪器架在蒿排上测量，自己则在水中穿行，穿着湿透的衣服日复一日地完成了测量任务。此后，他又先后参加高场南闸、徐李闸、甩桥闸、浩口闸等工程的勘测和施工。1964 年 4 月，因连续工作，劳累过度，突发食道动脉血管大出血，经抢救无效逝世，年仅 29 岁。

吴志高

吴志高（1935—1964 年），江陵县观音垱（今沙市区）人。1958 年加入中国共产主义青年团。1959 年 10 月，四湖总干渠开挖工程动工，吴志高任岑河公社新民管理区长湖中队副队长，带领队员在七里垸湖中施工，破湖筑堤挖渠。施工地段异常艰苦，但他每天带领队员在淤泥中往返跋涉。挖渠时，淤泥中运土很不方便，他发明一种在淤泥上铺上木板，然后用手推车运土的方法，使全队工效大为提高，并很快在工地上推广。四湖工程指挥部党委号召工地民工"学习吴志高，实现高工效"。湖中夹堤出现崩塌，他冒着风雪带头跳入冰冷的河水中，一面与下水的民工结成人墙，挡住风浪，一面指挥堤上的民工加固堤脚，终于保住夹堤，保证了工程的顺利进行。施工期间，独生子病逝，他忍着悲痛，带口信安慰妻子一番，仍坚持在工地上紧张地施工。1959 年冬，吴志高被评为江陵县劳动模范。1960 年春，荆州地区四湖工程总指挥部将他树为"工地十面红旗"之一，获湖北省劳动模范光荣称号，并被选入湖北省赴京参观团，到北京参观。1964 年 6 月病故。

彭本柱

彭本柱（1955—1979 年），江陵县沙岗和平大队人，曾任沙岗公社和平大队党支部副书记兼民兵连长。1979 年 6 月，四湖流域连降大雨，五岔河水猛涨。6 月 25 日下午，汹涌的河水猛烈地冲击着河北岸堤上的圬工泵，闸口被洪水冲击穿孔，河水涌进堤内，严重威胁着万亩农田。在紧急关头，彭本柱带领民兵赶到，高喊："我来！"便奋不顾身地跳入水中，用自己的身体挡住缺口，这时圬工泵闸突然倒塌，彭本柱被洪水卷入闸内，光荣牺牲。中共江陵县委发出向彭本柱学习的号召，江陵县武装部给他记三等功。

鲁修泉

鲁修泉（1950—1980 年），沙洋县毛李镇瞄集村人。1980 年 7 月，四湖流域上区连降大雨，公议港洪水暴发，四处泛滥，冲毁三坪村的仓库，农具、木料等都被洪水冲走，正在此处参加防洪抢险的鲁修泉纵身跳进激流，奋力抢救集体财产。和他一起防汛的生产队副队长肖辉银也跟着跳下水。但由于洪水浪高流急，肖辉银被洪水卷走，为抢救肖辉银，鲁修泉朝急浪游去，被旋流冲走一里多远，但他奋力拼搏，终将肖辉银抢救上岸，随后他又再次跳入洪水中抢救财产，终因疲劳过度不幸沉没，光荣献身，时年 30 岁。为表彰鲁修泉英勇事迹，荆州军分区授予他"模范民兵"称号，追认他为革命烈士。

李洪贵

李洪贵（1952—1980 年），荆门李市人。1980 年 8 月，四湖流域遭受特大暴雨袭击，荆门县李市公社四湖东干渠姚堤河堤上一个刉管涌水，水往堤内灌注，眼看万亩农田就要被水淹没。紧急关头，李市公社红星四队队长李洪贵腰系绳索，跳入水中用身体堵洞，却不幸被刉管洞的水力所吸，献出了宝贵的生命，年仅 28 岁。1982 年 10 月 27 日，湖北省人民政府追认李洪贵为烈士。

李德培

李德培（1920—1981 年），江陵县郝穴镇人，1958 年任郝穴公社永兴大队党支部书记，1962 年任大兴公社党委书记。

1959 年冬，李德培带领全大队 110 名民工参加四湖总干渠开挖工程施工，为提高工效，他与全队民工一道边劳动、边想办法改良工具，改肩挑为手推车运土，使每人每天土方的工效从 2.3 立方米提高到 5 立方米。

腰斩三湖，是四湖总干渠开挖工程中的难工之一，永兴大队又在难工的险段上，要将白水茫茫的三湖拦腰斩断，形成一渠两堤。由于湖中淤泥深，堤脚不坚实，经常发生崩溃。数九寒冬，李德培数次带头下水护堤。1959 年 12 月 18 日，北风呼啸，雨雪交加，三湖新筑的夹堤溃口，湖水向工地倾注，李德培带领全体民工抢筑半夜仍未合拢。他不顾个人安危，跳入水中，用身体堵住溃口，在他的带领下，参加堵口的民工更是干劲倍增，奋战到天明，终于使溃口合拢，保证"腰斩三湖"施工的正常进行，受到领导和民工的普遍赞扬。1960 年春，他被评为四湖工程特等模范。1981 年病逝，享年 61 岁。

杨书祥

杨书祥（1973—1998 年），监利县朱河镇余杨村人。1996 年，四湖流域连降大到暴雨，监利南部地区一片汪洋。时任村团支部书记的杨书祥带领青年突击队奋斗在排涝抢险的第一线，哪里有险情，他就出现在哪里，一干就是两个多月。1998 年，监利再次遭受洪涝灾害，杨书祥仍一如既往地带领青年突击队参加抗洪排涝。7月30日，在架设抽水机抢排渍水时，不幸触电而献身，年仅25岁。汛后，监利县委、县政府表彰其为"抗洪英雄"，共青团湖北省委授予其"抗洪抢险英雄青年""湖北省优秀共青团干部"的称号，湖北省人民政府批准其为革命烈士。

尹丙成

尹丙成（1956—1999年），洪湖市沙口镇柳口村人。1999年7月1日，洪湖船闸出现闸门漏水险情。在紧急关头，尹丙成主动请缨堵漏，由于水深不幸献身，时年43岁。1999年8月13日湖北省人民政府批准其为革命烈士。

三、人物表

在四湖流域治理工程建设与管理运用中，涌现出不少先进人物，受到上级党委和政府及部门的表彰与奖励。但因受资料所限，仅登录27人（次），见表16-1。

表 16-1　　　　　　　　　　　四湖工程管理单位获奖人员名录表

姓名	工作单位	荣誉称号	授奖单位	获奖时间
张光华	四湖工程管理局	省文教方面社会主义建设先进工作者	省委、省人民委员会	1960年5月
吴年贵	监利段鸡鸣铺闸	先进工作者	荆州行署	1979年3月
赵华清	新滩口水利工程管理处	全国血吸虫防治先进个人	卫生部、水利部、农业部	1993年
韩从浩	四湖工程管理局	全国水利系统先进工作者	人事部、水利部	1995年
丁同昌	高潭口水利工程管理处	全国水利系统模范工人	水利部	1996年
何平	省田关水利工程管理处	全省抗洪救灾个人三等功	省委、省政府、省军区	1996年
郑祖荣	新滩口水利工程管理处	全省水利先进工作者	省水利厅	1989年
郑祖荣	新滩口水利工程管理处	全省抗灾模范	省防汛抗旱指挥部	1989年
宋永俊	新滩口水利工程管理处	全省水利系统先进工作者	省人事厅、省水利厅	1999年
卢进步	四湖工程管理局	荆州市抗洪先进个人	荆州市委、市政府	1999年12月
吴兆龙	四湖工程管理局	荆州市抗洪先进个人	荆州市委、市政府	1999年12月
姚治洪	四湖工程管理局	全省水利系统先进工作者	省人事厅、省水利厅	2002年
刘德福	四湖局排灌试验站	荆州市第三批专业技术拔尖人才	荆州市委、市政府	2007年9月
于洪	四湖工程管理局	全省水利系统先进工作者	省人社厅、省水利厅	2009年12月
刘德福	四湖局排灌试验站	湖北省水利科技教育先进工作者	省水利厅	2009年12月
姚治洪	四湖工程管理局	荆州市防汛抗灾工作先进个人	荆州市委、市政府	2010年
刘德福	四湖局排灌试验站	湖北省水利专业技术拔尖人才	省水利厅	2010年1月
刘德福	四湖局排灌试验站	荆州市五一劳动奖章	荆州市总工会	2010年4月
简文峰	省田关水利工程管理处	全省水利工程管理体制改革工作先进个人	省人民政府	2010年1月
吴兆龙	四湖工程管理局	荆州市防汛抗灾工作先进个人	荆州市委、市政府	2010年11月
陈莉	四湖工程管理局	全省水利新闻宣传工作优秀个人	省水利厅	2011年10月
刘德福	四湖局排灌试验站	荆州市劳动模范	荆州市人民政府	2012年4月
贾振中	四湖工程管理局	全省防汛抗旱先进个人	省防汛抗旱指挥部	2012年5月
刘德福	四湖局排灌试验站	荆州市第四批专业技术拔尖人才	荆州市委、市政府	2012年10月
贾振中	四湖工程管理局	荆州市防汛抗灾工作先进个人	荆州市委、市政府	2012年11月
张宏雄	四湖局习口闸管所	全省水利工作先进个人	省人社厅、省水利厅	2015年1月
刘德福	四湖局排灌试验站	湖北省先进工作者	省人民政府	2015年4月

第二节　历史治水名人

孙叔敖

孙叔敖（约公元前630—前593年），名敖，字孙叔，楚国郢城（今荆州区纪南孙家山）人。官至楚令尹。楚庄王时期（公元前613—前591年）辅佐楚庄王改革内政，整顿吏治，惩治污吏，兴修水利，办教育，劝农桑，强军备。"治楚三年，而楚国霸"（《韩诗外传·卷2》）。

孙叔敖不仅是中国历史上著名的政治家、军事家，还是最早的水利建设的倡导者和实践者。他在主政期间主张："宣导川谷，陂障源泉，堤防湖浦，以为沼池，钟天之美，收九泽之利。"（清乾隆《江陵县志》），因而，在古云梦泽高阜始有堤防之设。"孙叔敖激沮水作云梦大泽之池也"（《皇览》），据《史记·河渠书》记载："于楚，西方则通渠汉水，云楚之野。"这是他在江陵主持兴修的一项水利工程，后人称这项工程为云梦通渠（亦称楚渠）。据考证，通渠的渠首在今荆江大堤刘家堤头与万城闸附近，从这里引沮漳河水进入纪南城，其河道称观桥河（又名太晖港），是古扬水的一支。通渠引沮漳河水济扬水，经江陵、潜江穿过四湖流域，沟通长江和汉水的联系，它不仅沟通江汉之间的航运，还可灌溉两岸农田。西晋时期的扬水运河、宋代的荆南漕河都是在云梦通渠的基础上疏浚而成的，这项水利工程兴建的时间比都江堰和秦国的郑国渠均早300多年，是我国最早有记载的水利工程项目之一。

孙叔敖任令尹期间，家中积蓄很少，楚庄王欲给他以重赠，他坚辞不受，被古代史学家赞誉为"循史良臣"。相传他死后归葬于江陵县白土里，清乾隆二十二（1757年），在今沙市区中山公园东北隅（春秋阁旁）立"楚令尹孙叔敖墓"石碑。

杜　预

杜预（222—284年），字元凯，京兆杜陵（今陕西西安东南）人，两晋著名政治家、文学家，司马懿之婿。司马炎代魏时，任镇南大将军，都督荆州诸军事，继羊祜之后，积极筹划灭吴。

西晋统一后，杜预积极发展水利。据《晋书》本传记载："又修邵信臣遗迹，激用滍淯诸水以浸原田万余顷，分疆刊石，使有定分，公私同利。众庶赖之，号曰'杜父'。旧水道唯沔汉达江陵数百里，北无通路。又巴丘湖，沅湘之会，表里山川，实为险固，荆蛮之所恃也。预乃开扬口，起夏水达巴陵千余里，内泄长江之险，外通零桂之漕。"关于前者，主要是恢复今河南省南阳地区的灌溉工程，此项工程，以引用汉江支流唐白河水系为主要水源，灌溉功效除今河南南阳境外，亦惠及湖北襄阳部分县（区）。

杜预于280年为了平吴定江南、向长沙方面用兵的需要，必须缩短襄阳至江陵、至零桂的航道里程。当时从襄阳至长沙，要经沔水、过夏水入长江，再绕道洪山头或城陵矶才能进入洞庭湖，航道弯曲而且航程远。近路就是利用扬水，扬水虽然不是畅通的，但有故道可寻，只要把扬口（在今泽口至沙洋之间）挖开，再把其他地方加以疏浚就可以通长江。而后又在石首的焦山铺开挖调弦河（华容河），便可进入塌西湖，这是从襄阳至长沙最近的一条水道，而且比较安全。这条"开扬口、起夏水"的运河，后人称之为扬夏运河，宋以后，演变为两沙运河，至1955年以前，还在发挥作用。

明万历《华容县志》载："华容之为邑，故水国也，水四面环焉，其经曰华容河，亦名沱水，是杜预之所通漕道也。"又载："杜预以巴丘沅湘之会，荆蛮所持，乃开扬口，起夏水、达巴陵、内泄长江之险，外通零桂之漕，百姓歌之。今县河自调弦口来，达于洞庭，甚迩也。零桂转漕，至巴陵，经华容诸湖，达县河，至调弦口入江，可以免三江之险，减数日之劳，故县河为预所开无疑。"1955年长江委所编《荆北区防洪排渍方案》载："晋朝杜预开华容河，北接长江、南接洞庭，以通零桂。"调弦河是荆南四河中唯一的人工开挖的河道。

杜预博学多才，于政治、经济、军事、历法、律令、算术、工程诸方面均有研究和著述，被称为"杜武库"，所著《春秋左氏经传集解》30卷，为现存最早之《左传》注本。

桓　温

桓温（312—373年），字元子，谯国龙亢（今安徽怀远）人，荆江大堤肇基时期"金堤"的奠基人。东晋明帝婿，大将，曾任琅琊太守、荆州刺史，都督荆、梁等四州之军事。永和三年（347年），领兵入蜀地，灭成汉，声振一时，归江陵后，进位征西大将军，封临贺郡公。永和十年（354年），自江陵发步骑四万讨前秦，以军粮不济而退师。越二年，收复洛阳。太和四年（369年）复自江陵发步骑五万伐前秦至枋头（河南浚县西南），又因军粮不济而还。两年后，废海西公，立简文帝，以大司马职镇姑孰（安徽当涂），把持朝政，后欲受禅自立，未成病死，死后追谥丞相。

东晋永和年间（345—356年），桓温驻兵江陵，以江水对荆州城威胁甚大，命部将陈遵自江陵城西灵溪起，沿城筑堤防水。清光绪五年（1879年），荆州知府倪文蔚作《荆州万城堤铭》："唯荆有堤，自桓宣武（即桓温），盘折蜿蜒，二百里许，培土增高，绸缪桑土。障川东之，永固吾圉。"从中也可看出该工程之浩大，防洪效益之显著。桓温出于军事目的，还先后开凿巨野运河300余里，为发展航运事业作出了贡献。

高季兴

高季兴（858—928年），本名季昌，字贻孙，陕州硖石（今河南三门峡）人，因避后唐献祖庙讳，更名季兴。五代后梁间拜荆南节度，封南平王，都江陵。他在江陵做过两件大事，对荆州的治水产生深远影响。一则将荆州的土城改为砖城，使荆州城的军事防御能力大大增强，在冷兵器时代，一直是南方的军事重镇；二则沿江汉修筑堤防，906年，派部将倪可福修筑江陵城西门外的寸金堤。后又"筑堤于监利"。清同治丙寅《石首县志》载："东晋始修荆江大堤，唐末五代高季兴割据荆南，将荆江南北大堤基本修成。"917年修汉江右岸堤防，人称"高氏堤"。《读史方舆纪要》载："高氏堤，在潜江县西北五里，起自荆门禄麻山，至县南沱埠渊，延亘一百三十余里，以障襄汉二水，后屡经增筑。"此乃汉江右岸干堤堤防修筑的肇始。从荆门渊头至万寿寺止的汉江干堤和龙头拐至深河潭的东荆河堤，就是在高氏堤的基础上加高培厚和裁弯取直而成。高季兴为江汉堤防修筑的主要奠基者。

吴　猎

吴猎（1130—1213年），字德夫，先后任江西、湖广转运判官，总领湖广、江西京西财赋。宋宁宗即位（1195年）后，任荆州北路安抚司佥事，知江陵府。吴猎继刘甲、李师道之后，再次大修荆州三海。并增修八柜，"筑金鸾、内湖、通济、保安四匮，达于上海而注之中海；拱辰、长林、药山、枣林四匮，达于下海；分高沙、东奖之流，由寸金堤外历南纪、楚望诸门，东汇沙市为南海。又于赤湖城西南遏走马湖、熨斗陂之水，西北置李公匮，水势四合，可限戎马"（《宋史·吴猎传》）。吴猎在任期间主持修建的"三海八匮"，工程规模相当宏大，对江陵附近的自然环境具有深远影响。

孟　珙

孟珙（1195—1246年），字璞玉，枣阳人，其祖父随岳飞出征有军功，全家抗金坚决。南宋嘉定十年（1217年），孟珙随父于襄阳、枣阳一带抗金。嘉定十四年（1221年），任校职，后任京西兵马铃辖、枣阳军驻剳、鄂州江陵府副都统、鄂州诸军都统制等职。封吉国公，谥号忠襄。

孟珙驻荆期间，开展大规模屯田，大力发展屯田水利，修筑荆江堤防。淳祐四年（1244年），他登城遥望三海，叹道："江陵所恃三海，不知沮洳有变为桑田者，敌一鸣鞭，即至城外，于是修外隳十、内隳十有一，又阻沮漳之水东流，俾绕城北入于汉，而三海遂通为一，随其高下为匮蓄泄，三百里间渺然巨浸，土木之工百七十万，民不知役，绘图上之"。孟珙屯兵公安时，为防水患，在四周筑有赵公堤、斗湖堤、仓堤、油河堤和横堤等五堤。

廉希宪

廉希宪（1231—1280年），字善甫，元初大臣，初为忽必烈谋士，忽必烈称他为廉孟子。后因挫败叛乱有功，升中书右丞，平章政事。至元十二年（1275年）奉命行省荆南，在新区内多行善政，颇受称赞。

廉希宪在荆南期间，曾主持把历史上著名的"荆州三海"之水尽行排干，重新开辟几万亩良田，从而结束长达千年的"三海"历史。从当时的情况看，有利于当地农业经济的发展。

储 询

储询，江苏泰州人，生卒年不详，进士出身，以兵部郎中左迁任沔阳知州（洪湖地区原属沔阳管辖）。他重视兴修水利。明正德十一年（1516年）、十二年，汉江连续两年大水后，沔境洪灾深重，"烟火断绝，哀号相闻"。储询关心民众疾苦，于嘉靖三年（1524年）上疏朝廷请求借支"司库官银"，用赈贷蠲租办法，修筑洪湖江汉堤防。朝廷准其奏请，"疏入下抚按举行"，"询迁官去"。嘉靖四年（1525年）初，"询之策"由按察副史刘士元施行，长江堤防自"龙渊、牛埠、竹林、西流、平放、水洪、茅埠、玉沙滨江者为堤，统万有余丈"，均实施大规模修筑，汛前全部完工。当年"夏四月江溢至于六月，五月汉溢于七月，皆不为灾"。储询提出灾后动用司库官银，以工代赈修复堤防的办法，沿袭数百年之久，洪湖人童承叙盛赞其堤防一疏为"万世之利"。

赵 贤

赵贤（1532—1606年），字良弼，号汝泉，明代汝阳（今河南汝南）人。嘉靖四十四年（1565年）出任荆州知府。嘉靖三十九年（1560年）堤决数十处，虎渡、黄潭诸堤频年溃决，随筑随决，房舍倒塌，稻谷淹没，瘟疫横行，死亡无数。赵贤初到任，席不暇暖，即率领属吏查勘灾情，抚恤救灾。他还以工代赈，组织灾民筑堤御水，先后重修江陵、监利、枝江、松滋、公安、石首6县堤防，共长54000余丈，质量务求坚实。经过3个春天（1566—1568年）的努力，6县大堤得以修复。赵贤又主持建立"堤甲法"，规定每千丈堤设立一名"堤老"，500丈设一"堤长"，100丈设一"堤甲"和10名堤夫。共设堤长223人，其中江陵北岸设堤长66人，松滋、公安、石首南岸设堤长77人，监利东西岸设堤长80人。这些人员的职责是"夏秋守御、冬春修补、岁以为常"。堤甲法的建立，对保护大堤的安全发挥了重要作用。

隆庆元年（1567年）大水，黄潭堤将决，赵贤将府库所存银两、谷米散发抢险民工，并顶风冒雨守堤旬余，忽"堤浸如漏卮，不可救"，他站立最险处，率众拼死抢救，军民感动，劝其离开险地，他流着泪说："堤溃则无民，无民安用守！"经过军民奋力抢救，终于化险为夷。万历二年（1574年），赵贤任湖广巡抚，他请减库银2万余两，用于开采穴、新冲、承天、泗港、许家湾穴口，以分泄荆江洪水，保证荆江堤防的安全。

万历元年（1573年），堵筑溃口达26年之久的沙洋大堤。同年，夜汉堤溃。翌年（1574年）四月，赵贤到受灾县视察，深知汉江有此塞彼溃的规律，疏请留夜汉堤溃口（称夜汉口为大泽口），不堵以杀水势。并在夜汉河两岸修筑支堤3500丈，此为东荆河成河和堤防修筑之始。

彭树葵

彭树葵（1710—1775年），字觐之，号水南，河南人。清乾隆五十七年（1792年）中壬子科举人，登嘉庆元年（1796年）丙辰科进士，历任翰林院庶吉士，散馆授修，八旗通光纂修、授侍读、汉讲起居官，擢侍读学士，后任湖北巡抚，署两湖总督，礼部左侍郎，诰封光禄大夫。清代著名学者。

彭树葵在湖北任内，江汉平原的民垸日益增多，人口急剧增加，垸田和人口的增加，一方面带来了农业经济的繁荣，另一方面也引发一系列的社会矛盾，不仅调蓄洪水的湖泊面积减少，水灾增多，而且水事纠纷也日趋频繁和激烈。

乾隆十三年（1748年），彭树葵针对江河湖泊滥围垸田的状况，向朝廷上疏，奏请禁止再筑私垸。彭树葵奏称：荆襄一带，江湖衺延千余里，一遇异涨，必借余地容纳。宋孟珙知江陵时，曾修"三海八柜"以储水，后为地方豪右据为田。又荆州旧有九穴十三口，以疏江流，后因河道变迁，故迹久湮，现在大江南岸只有虎渡、调弦、黄金等口疏江流入洞庭，稍杀水势。汉水由大泽口分流入荆，夏秋汛涨又上承荆门、当阳诸山水汇入长湖，下达潜江监利、弥漫无际。所恃以为蓄泄者，譬诸一人之身，江邑之长湖、桑湖、红马、白鹭等湖就像人的胸膈，潜江、监利、沔阳诸湖下达沌口，尾闾也。其间漾洄盘折之支河港汊，又像人之四肢血脉，胸膈欲其宽，尾闾欲其通，四肢欲其周流无滞。但因水浊易淤，有力者趋利若鹜，始则于岸脚、湖心多方截流，以为成淤，继之四周筑堤以成垸，殊不知人与水争地为利，水必与人争地为殃，水流堵塞，其害无穷……唯有令各州县将所有民垸查造清册，著为定数，听民乐业，此后永远不许私筑新垸，已溃之垸不许修复，一垸之内，也不得再为扩充，以妨水路，而与水争地之锢习或可稍息。彭树葵的治水思路反映盲目围垸的状况和严重后果，提出人水和谐的治水思路，是非常有见地的，清廷准奏，曾下令创毁部分私垸。但是，由于垸田的巨大利益，仍吸引各地豪绅乃至百姓用尽各种办法对付禁令，地方官员往往出于保护一隅之利的目的，也对私垸有所袒护，因而收效甚微。尽管如此，但彭树葵提出的禁垦浚湖的思想对当今四湖治理仍有一定的现实意义。

汪志伊

汪志伊（1743—1818年），字稼门，安徽桐城人，清乾隆三十六年（1771年）举人。历任知县、知州等职，留心水利。嘉庆十一年（1806年），任工部尚书，上任不久便又被授予湖广总督。嘉庆十二年（1807年）春，他自募小舟，从江陵长湖，经监利到洪湖，查勘河流源委、访问灾情。三月，向皇帝奏称："查看堤工，目睹各州县，垸内积水被年，田亩未涸。请将湖北岸商厘费银两，作为防堵、消疏之用。"嘉庆皇帝准奏。当年夏动工，次年秋竣工。江陵疏挖的河道有老关河（今潜江）和李家口，东南行十余里，抵永平垸，出张家湾入白鹭湖的一条河，洪湖境内疏挖柴林河。另建闸多处。其中尤以修建福田寺、新堤茅江口二闸受到百姓赞扬。原来两地为江陵、监利、潜江、沔阳四境积水的出路，因长堤阻挡，水无所泄，境内数百民垸长期受涝。汪志伊请帑银10余万两，组织动员10余州县数万民工，主持修建福田寺、茅江口两座排水涵闸，并规定启闭时间，不得以邻为壑。二闸内泄积涝，外防倒灌，较好地解决了四县渍涝问题。

平子奇

平子奇（1793—1854年），派名德魁，字陡山，号坦夫，监利红城乡同心村人。自幼聪敏，上儒学、进府学，皆品端学优。清嘉庆二十年（1815年）入国子监，嘉庆二十一年（1816年）、嘉庆二十五年（1820年）两次参加乡试均名落孙山。自此，不慕仕途，乐于耕读。他秉性耿直，不事逢迎，仗义执言，扶弱怜贫，为民请命。其传奇故事在湘鄂交界的数府县广为流传，时人尊以"光棍"（没有功名但才智超群者）爱称。

道光七年（1827年）至道光十一年（1831年），监利三溃江堤，百姓流离失所，苦不堪言。平子奇急公好义，自背干粮，走遍江陵、监利大地，察看堤防，了解水系。绘制江陵、监利水系图，写成《江陵监利水利图考记略》上呈县衙，以期除弊兴利，造福桑梓。这次长时间的考察，也使他掌握了官吏借堤防修筑、水系疏导之机而贪赃枉法、从中渔利的不少情况。

道光十二年（1832年）至道光十六年（1836年），平子奇在全面调查长江大堤、东荆河堤修筑情况的基础上，先后写出《历代修防考略》《监邑堤政历年流弊》《驳废江堤议》《论监邑土局之弊》《清粮图条议》《监邑岁修土方历年增派记略》等文章上呈县衙。

他在《监邑堤政历年流弊》一文中指出："包修之工，铲面填洼，毁脚补身，年复一年，低矮单薄，堤之形势，陡如墙壁，虚松之土，无碾坚筑。故经雨成沟，经涨遂崩，一遇狂风悼湍，破如切瓜，其溃必矣。当完竣收验之时，官书亦明知董事潦草，圩役应搪，无奈以陋规到手，而情面殊难破除也。"

他在《论监邑土局之弊》中写道："计土局一岁花用，有不归实用之钱，皆以万计"，"历年上案讼件，出此土费；首士之跟随、人工车舆往来，出此土费；接交五巡官员，馈送节礼，出此土费；邑绅之包粮，半完而半折人情者，此土费；粮书之包粮，半完而半折人情者，此土费；差役之奔走，夤奉求赏赐者，此土费；强绅悍族，清算底账，私地供给，以灭其口者，此土费。"他在《监邑岁修土方历年增派记略》一文中无情揭露："按国初土不满一方，嘉庆不满十方，今派至一百一十方有零，民力其何以堪。"

连篇累牍的弹指堤弊，并未引起官府的重视。当权者采取拖延不办的方法，搁置不理。平子奇看出端倪，但无计可施。此时，他想到了在上乡堤头六任堤董的表兄李赓廷。于是登门造访，动之以骨肉亲情，晓之以乡亲大义，动员李赓廷主持正义，体察百姓疾苦，忠于职守，管好堤政，做出榜样。李赓廷认为表弟此举是书生意气，呆子行为，未予理睬。李赓廷觉得，自己与官吏交往多年，上有县主撑腰，下有朋党维护，不足为虑，依然我行我素。

道光十六年（1836年）秋，朱三弓（今程集镇堤头以西五里）溃口，洪水泛滥，哀鸿遍野。平子奇目睹惨状，义愤填膺，适时写出《告李赓廷疏职状》呈送县衙。状中云："半堤秋水，悠悠微风，日和重阳节，堤溃朱三弓"，"盖此罪过，非堤董李赓廷莫属也"，故而"群起而讨之曰：半堤水，悠悠风，太阳晒倒朱三弓，罪当诛堤董"。诉状进衙，一连数月，杳无音讯。不久，平子奇再以《论李赓廷宜加处置状》指斥"李赓廷朋比为奸，贻害堤政，祸及生民"，揭露"原估堤工，也只是填补浪坎，并无加高培厚……总计本年上乡领修土费，不过一万五千余串，所加派实征四万串有零。赓廷亦明知其太浮，难以弥盖，故尔自创新法，采买木板簟席，以为搪护开销账"。接着写道："查赓廷道光十二年以前，并无多田，亦无货店，今家暴发累万，非得私局公资滚利，声势逼人，残骇乡民，何以致富如此之易。"

看到平子奇连珠炮似的凌厉攻势，李赓廷先是贿赂官吏，狡黠抵赖。后又串通县衙，调动朋党，反告平子奇"编造谎言、捏造事实、污（诬）陷堤政、控告官府"，并请求革除平子奇的功名（监生）。

当平子奇得知湖广总督周天爵将来荆州府巡视的消息后，于道光十九年（1839年）十月初九赶至江陵县长湖，面呈历次文状。总督深感问题严重，十二日，亲率大批官员察看荆江大堤，踏勘朱三弓溃口处，认为平子奇反映的问题具体详细，真实可信。

此时，平子奇守候于荆州府衙前，等候明示，被县衙派去监视的差役抓回，关入县牢，连续审讯五次。平子奇没有屈服，在牢中写成《续禀》，通过友人帮助，送达总督手中。《续禀》在介绍自己被审讯和投入监牢的情况后写道："生身孤危，如鱼在网"，为"维期别弊，以扶命堤于将来耳"而"甘就斧钺"。总督看完呈词，随即批示："仰监利县牢将监生平德魁火速开释，并严拿李赓廷等，解辕深究。"未过多久，李赓廷在省城被处斩，党羽胡光治、胡玉昆被判监禁十年，并没收全部不义之财。历时八年，事经三任知县、两任知府、惊动总督的平子奇弹指堤弊案终于画上句号。

王柏心

王柏心（1799—1873年），字子寿，号螺洲，湖北监利螺山（今洪湖市螺山镇）人，晚清著名学者、治河理论家。幼时勤奋好学，"博稽六艺，粗览传记，时睹秘书纬求之舆"。年甫弱冠，撰著《枢宫》17篇，学使见其作，刻版印行，获颇高声望。道光十八年（1838年），林则徐钦差往广州禁烟，经螺山访王柏心，得益匪浅，遂令其子林凯士拜王为师，并捐款兴建荆南书院。

道光二十四年（1844年），王柏心会试中选，赐进士出身，授刑部主事，因不满官场腐败，任职一年，即辞官回家潜心造学。计有传世著述《导江三议》一卷、《百花棠集》五十三卷、《螺洲文集》二十卷。《导江三议》是王柏心治江方略专著，包括《浚虎渡导江流入洞庭议》和《导江续议》上、下篇。详细阐述他的"南北分流、南分为主"的治江方略。他认为，单靠堤防，则既要防全江，又要防沙洲的逼溜，还要防风雨挟江之势，"一堤而三敌存之，左堤强，则右堤伤，左右俱强，则下堤伤"。所以他主张"放弃二三百里江所蹂躏之地与水，全千余里肥饶之地与民"，即放弃公安、澧县、安乡几处低洼之处行洪。王柏心在《浚虎渡导江流入洞庭议》一文中，充分阐述自己的治水思想，他认为过去治江多留穴口，因而水患较少；后来治江则主要以设堤防水，因而江患频繁发生，从而主张"因其已分者而分之，顺其已导者而导之"。至道光二十八年（1848年）荆江南岸公安涂家港、石首、松滋高家套三处堤决，北岸监利薛家潭亦决，四邑漂庐舍，百姓四处逃亡。王柏心因而又有《导江续议》之作，主张勿塞决口，籍以分流杀势。越一年，荆江又发大水，再决松滋高家套及监利中车湾，庐舍漂荡，浮尸遍野，比道光二十八年（1848年）的水灾还要严重，王柏心因此再作《导江续议》下篇，进一步向当局进言："诚能旷然远览，勿塞决口，顺其势而导之，使水土各遂其性而不相奸，必有成功，而用财力也寡，不然祸未艾"。后来咸丰、同治年间，藕池、松滋先后溃口不堵，致冲成藕池河、松滋河，成为荆江洪水向洞庭湖分流的两条重要洪道，显然就是受其影响。王柏心的治河理论为治理荆江提供了宝贵的经验。

刘棠山

刘棠山（1785—1875年），监利县尺八镇蔡刘村人。清嘉庆二十年（1815年）中武举，次年赴京会试，中副榜，授荆州府防御使（正五品）。他秉性刚烈，不满朝政，于清道光三年（1823年）辞官返乡，坐馆授武为乡人推崇。

清道光十四年（1834年），监利县堤总主持修建桐梓湖、子贝渊两闸，大肆鲸吞建闸经费，致使工程进度缓慢，民怨沸腾。乡人举荐刘棠山出任堤总，主持建闸。他上任后，一面整肃财务，建规立约，一面亲临现场，察看工程。子贝渊闸地处洪湖之滨，属沼泽地带，工区翻砂鼓水之处甚多，堤基寅挽卯淤，很难施工。他走访老民工，求教老堤总，获得镇淤验方。遂调集大批船只，从松滋山区运来原煤数千吨，填淤固基，创湖区闸基施工之先例，终将翻砂鼓水镇住。自此，工程进展加快，次年春，四湖流域一座大型的水利工程子贝渊排渍闸建成，江潜监沔四邑数十万亩农田受益。百姓为感戴其功，在大闸之侧竖立石碑，石勒其功。刘棠山于光绪元年（1875年）冬病逝故里。

季雨霖

季雨霖（1881—1918年），字良轩，湖北荆门人。辛亥革命参加者，民军将领。早年对清廷丧权辱国深为感愤。清末入湖北将弁学堂，后任新军三十一标三营督队官。与六静庵等公结湖北早期革命团体——日知会。1906年日知会被取缔，他被捕入狱，遭严刑审讯。保释后，奔走燕、蜀、辽、黑诸地谋起事，均告败。

辛亥武昌首义爆发时，季绕道回鄂，任民军标统，赴汉口督战时负伤。后任安襄郧荆招讨使，亲率偏师进攻荆州，迫使清荆州将军联魁投降，同时讨平安陆（今钟祥），出兵襄阳。当年12月，挺进河南，克新野、邓县。南北议和后回武昌，所部被改编为第八师，任师长，不久辞职。1913年在汉口密谋第二次革命，失败。曾一度屈服于袁世凯。1917年响应孙中山护法，号召襄阳旧部起兵。辛亥革命后，曾两度涉足湖北的水利建设，1918年被黎天才杀害于钟祥。

1911年10月，季任安襄郧荆招讨使，出兵荆州后班师沙洋时，闻汉江干堤沙洋段系江陵、潜江、沔阳、监利、荆门五邑之门户，但屡屡溃决，害人匪浅，故应人民之望，力主修复沙洋堤，并委派官员督修，还致函沙洋、沙市等商会，计筹堤款39.58万串。工程于次年5月竣工。《湖北堤防纪要》载："沙洋堤自何家嘴起至王家潭止，长二十五里，计五千零七十二丈，连月堤分工十九段。民国元年溃口三百余丈，深五尺。由季招讨使雨霖建议修复，并培修全堤。于顶冲四十一广用方石平铺，修为滑坡；又于堤脚用碎石一丈为护脚工程坚固。二年、三年、四年均有岁修。堤外淤垫日高，河泓北趋，益臻巩固。"堤成不久，即遭洪水袭击而无恙。邑民念其功德，称该堤为"季公堤"。

1913年2月，季任第八师师长时，驻沔阳仙桃镇，潜江大泽口"疏塞纠纷案"发，奉民国政府副总统黎元洪之命前往处理。大泽口又名吴家改口，系分泄汉江水之支流东荆河的进口，"上下南北两岸计修部堤亘八百里，全赖此口分流以杀水势。南岸垸民主塞，北岸垸民主通。塞则钟、京、天、汉、黄、孝、云、夏等县受害，通则潜、沔、监、江等县受害"。两相纷争，历史久远，清道光、咸丰、同治、光绪年间多次调停，迄未终止。是时"潜、沔、江、监四邑合议堵塞，按每亩派夫一人，派费十文，共集万余人，声势汹汹"。"距泽口之龙头拐开工堵塞"。季等奉命遣兵解散，"不服，当开枪毙六十余人，方鸟兽散。嗣由双方协商调解，仍照原开通"。3月12日湖北省督发布《禁塞吴家改口告示》。

大 事 记

商、周 时 期

商后期（约公元前 12 世纪）

商朝分封武丁后裔于汉西建权国，取权水（今沙洋县竹陂河）而名，在马良（今沙洋马良镇）筑权城，此为四湖流域设定的第一个诸侯国。

周前期（约公元前 11 世纪）

西周武王灭商，分封诸侯，洪湖一带为州国，都城设黄蓬山。

周王室封宗室于江汉间，建邿国（今沙洋县十里铺）。

周夷王时期（公元前 869—前 858 年）

楚君熊渠封长子熊康为句亶王，居江陵。

周平王时期（公元前 770—前 718 年）

公元前 741 年，楚熊通自立为国君，自称楚武王。公元前 707 年，楚武王灭权国，在权城设县（今沙洋县马良镇），委任斗緡为县尹（即县长），开中国古县制之先河。权县是四湖流域历史上建立的第一个县。

周庄王八年、楚文王元年（公元前 689 年）

楚文王熊赀即位，楚都由丹阳迁郢。郢即今荆州区纪南城。

周顷王六年、楚庄王元年（公元前 613 年）

楚庄王熊侣即位，执政 23 年，并国（诸侯）26 个，开地 3000 里，楚国成为春秋五霸之一。

周匡王至周定王时期（公元前 612—前 591 年）

公元前 613 年，楚庄王即位。任孙叔敖为楚令尹。孙叔敖在任期间（公元前 591—前 559 年），主持开挖了四湖流域第一条人工运河——扬水运河。《史记·河渠书》载"于楚、西方则通渠汉水、云梦之野。"后人称这项工程为云梦通渠（亦称楚渠）。孙叔敖根据江湖水利条件，采用壅水、挖渠等工程措施，将沮漳河水引入纪南城再入汉水，它不仅沟通江汉之间的航运，还可灌溉两岸农田，这是四湖流域早期的引江河水灌田工程，后演变为两沙运河。

周景王六年（公元前 539 年）

楚子与郑伯于江南之梦。《太平御览》载："楚王好猎事，扬镳驰逐乎华容之下，射光鸿乎夏水之滨。"

周景王十年、楚灵王六年（公元前 535 年）

楚灵王"穷土木之技，单珍府之实，举国营之"，建豪华离宫于四湖流域离湖之旁，称章华台，亦称章华宫，号称"天下第一宫"。其台高十丈，基广十五丈，以石垒城墙，并堵汉水（襄水）环绕章华台。

《湖北通史·先秦篇》载：楚国分田土为九等，其第三等为"原防"之地，即有堤防之田地。

周敬王十四年、楚昭王十年（公元前 506 年）

许国（治今河南许昌），因受郑国（治今河南郑州）侵略，许国求救于楚国，请求迁往楚国境，以避战祸。后几经迁徙，于公元前 506 年迁往楚国容城，又称容城国。据《水经注》载："容城即汉华容，在监利县。"容城国后为楚国所灭。

是年，伍子胥率吴师围楚。据《太平寰宇记》卷 146、盛弘之《荆州记》载："昭王十年，吴通漳水灌纪南入赤湖。进灌城，遂破楚，则是前攻纪南而后破郢也。"吴师在伍子胥率领下攻打郢都时，曾循着故楚运河的旧迹加以疏挖，可从东北直入郢都，后人称为子胥渎（今新桥河）。《水经注·沔水》记载："沔水又东南与扬口台，水上承江陵县赤湖。江陵县西北有纪南城，……楚之都郢也。城西有赤坂岗，岗下有渎水，东北流入城，名曰子胥渎。盖吴师入郢所开也。"子胥渎，即现在的新桥河。源起纪山南，南行抵纪南城西垣域角，绕城东南行进南垣水门（现名新桥）入城，北流与朱河会，东行至龙会桥出城入海子湖，流长 30.5 千米。

周显王四十六年、楚怀王十六年（公元前 323 年）

大工尹昭睢奉命为鄂君启铸造"鄂君启节"，作为鄂君启在楚境内贩运货物通过关卡的免税凭证。其舟节载航程自鄂（今鄂州）上江，庚木关、庚郢。

《史记·张仪列传》载："秦西有进蜀，大船积粟，起于汶山，浮江而下，至楚三千里。"《战国策》亦载："蜀地之甲，轻舟浮于波，乘夏水而上江，五日而至郢（今纪南城）。"

周赧王十九年、楚顷襄王三年（公元前 296 年）

屈原被顷襄王逐离郢，循夏水流放经城陵矶"入湘"。

周赧王三十七年、楚顷襄王二十一年（公元前 278 年）

秦将白起拔郢。楚国历经 20 个国君，延绵 400 余年的国都纪南城，沦为废墟。屈原闻讯，悲愤至极，于 5 月投汨罗江殉国。

秦拔郢后，置南郡，四湖流域为南郡地。

汉 代

汉高祖元年（公元前 206 年）

四月，项羽封共敖为临江国王，都江陵。公元前 202 年汉废临江国，复设南郡，四湖流域内置有江陵（荆门属之）、华容、州陵三县。

汉武帝元封五年（公元前 106 年）

荆州为全国 13 部（州）之一，南郡治所江陵隶属荆州。至东晋太元十四年（389 年）王忱任荆州刺史时定治江陵。

西汉初年（约公元前 200 年）

据考古专家依出土简牍考证，时南郡（治今荆州市）属县醴阳（位于长江之南，醴水之北）筑江堤三十九里二百二十二步。全郡各县共有江堤、河堤一千二百八十三里八十九步（不完全统计），其可治者九百二十一里二百四十步，不可治者三百二十一里二百二十七步。

西汉惠帝五年（公元前 190 年）

五月，江陵旱，"江河水少，溪谷绝"。始有旱灾记载。

汉高后三年至八年（公元前 185—前 180 年）

据《汉书·五行志》载：汉高后八年（公元前 180 年）夏，又有"汉中，南郡大水，流六千余家"的记载。

建安十三年（208 年）

十月，曹操从江陵率师顺江东下，与孙刘联军战于赤壁，大败。曹操率残部经华容道北归，遇泥泞，道不通，天又大风，派士兵负草填路，才得以通过。伤病老弱士兵被人马所蹈藉陷泥中者甚众。

三　　国

吴黄武元年（222 年）

析华容县东境始置监利县，属南郡。监利县以地富鱼稻，吴设派官"监收鱼稻之利"而得名。

魏正始二年（241 年）

据《三国志·魏书·王基传》记载，大约于正始二年（241 年），荆州刺史王基向朝廷上奏伐吴对策说："今江陵有沮漳二水，灌溉膏腴之田以千数。安陆左右，陂池沃衍。若水陆并农，以实军资，然后兵旨江陵、夷陵，分据夏口，顺沮、漳、资水浮谷而下。"引沮漳河水灌溉农田，江陵已成为重要的农业灌区。王基把此灌区作为伐吴的粮食生产基地。

吴赤乌十三年至凤凰二年（250—273 年）

三国时期，孙吴守军引沮漳河水放入江陵县以北的低洼地（今马山、川店、纪南一带），作大堰，以拒魏兵。赤乌十三年（250 年），魏将王昶于北海架浮桥渡水进攻江陵。凤凰二年（273 年），陆抗为荆州牧，治江陵。是时，吴西陵督步阐降晋，陆抗得知后，派兵讨伐。晋武帝泰始五年（269 年），晋车骑将军羊祜，率兵袭江陵。陆抗令江陵督张咸"作大堰遏水，渐渍平土，以绝寇叛"（《三国志·吴书·陆抗传》）。张咸修筑大堰，水域辽阔，形如大海，又处在纪南城之北，故名北海。创引沮漳河水御敌的先例，始有长湖堤防，宋朝时曾多次引沮漳河水御敌，促进长湖的发育。

晋　　代

晋咸宁二年（276 年）

闰九月，荆州大水，漂流房屋四千余家。三年秋七月，荆州大水；冬十月，荆、益、梁州又大水。四年七月，荆州大水，伤秋稼，坏房屋，有死者。

晋泰始八年（272 年）

吴镇军大将军陆抗令江陵督张咸作大堰（今海子湖）蓄水以御晋军，为长湖堤防之肇基。

晋太康元年（280 年）

元月，晋镇南大将军杜预败吴军，克江陵，江陵改属晋。

杜预都督荆州，修渠灌田万余顷。在旧水道"北无通路"的情况下，"开扬口、起夏水、达巴陵千余里，内泄长江之险，外通零桂之漕。"

东晋建武元年（317 年）

始凿大漕河。《读史方舆纪要》卷 78 载："漕河晋元帝时所凿，自罗堰口（今沙洋境内）入大漕河，又由里社穴（今潜江境内）达沔水口直通汉江，后废。端拱元年（988 年）供奉官阁门祗侯阁文逊苗宗请开荆南城东漕河至狮子口（今天门、入汉江口）可通荆峡漕路至襄州，从之。既成，可胜二百斛舟，行旅称便。大漕河即荆门州之建水。"又据《荆门直隶州志·山川》载：建水在州东南，今名建阳河，一名大漕河。此漕河在北宋天禧末年（1021 年），尚书郎吕夷简再行开凿加工（《舆地纪胜》卷 64 江陵府上）。

明朝年间，开凿两沙运河（沙市—沙洋），两沙运河始凿于明代，是沙市与沙洋间通过长湖而连接的航道，全程长 87 千米，分三段：西段为沙市便河段经草市、关沮口入长湖，长 12 千米；中段为长湖，长 22 千米；东段由陈家场、樊家场、李市、高桥至沙洋踏平湖入汉江，长 53 千米。

晋永和元年（345 年）

桓温为荆州刺史，奖励农耕，兴修水利。令陈遵监造金堤（今荆州城西门外堤段），是荆江筑堤之始。

晋永和十年（354 年）

桓温北伐进军关中，后因前秦"芟苗清野军粮不属，（乃）收三千余口而还"，后自江陵北伐，又"迁降人三千家于江汉之间"（《晋书·桓温传》）。淝水之战后，"胡亡氐乱，雍秦流民多南出樊沔"（《晋书·州郡志三》）。同期，由于巴蜀地区战乱不断，当地土著居民大批流亡到荆湘地区，"时流人在荆州十万余户"（《晋书·刘弘传》）。又据《晋书·杜弢传》载："时巴蜀流入汝班，赛硕等万余家布荆、湘间"。荆州刺史荀眺"欲尽诛流人"，以防造反，引发长达数年之久的巴蜀流民起义，后为陶侃所镇压。大量战俘及流民涌入四湖流域，此为第一次人口大迁入，为四湖流域开发引入劳动力资源。

晋孝武帝年间（373—396 年）

析监利、州陵二县境置惠怀县。设治于今监利东境洪湖西南岸，西魏大统十七年（551 年），省州陵、惠怀置建兴县（今仙桃）。

晋武帝太元十九年（394 年）

"蜀水大出，漂浮江陵数千家。"荆州刺史殷仲堪"以堤防不严，事不邓察，降号鹰扬将军"之处分（《晋书·殷仲堪传》）。这是江陵堤防决溢并因此惩处地方官员的最早记载。有人认为晋代江陵县尚无江堤，只有城堤，因此，当时决溢的可能是荆州城堤。

东晋隆安三年（399 年）

据《晋书·五行志》记载：晋安帝隆安三年（399 年），"五月荆州大水，平地三丈。"

南　北　朝

梁天监六年（507 年）

萧憺广辟屯田并修筑荆江堤防。据《梁书》卷 22《太祖五王》记载，天监元年（502 年），萧憺为荆州刺史，封始兴郡王，"时军旅之后，公私空乏，憺励精图治，广辟屯田。""天监六年，荆州大水，江溢堤坏，憺亲率府将吏，冒雨赋尺丈筑治之。"《舆地纪胜》《嘉庆重修大清统一志》亦有类似记载。

南朝陈光大二年（568 年）

吴明彻攻江陵，破江堤引水灌城百日，后梁主出顿纪南城以避之。副总管高琳与仆射王操守江陵三城，昼夜拒战十旬。梁将马武击败吴明彻，吴退保公安，梁主乃得还。此为历史上利用长江水作为军事进攻手段攻城的重要战例之一。

梁大宝年间（550—551 年）

后梁省竟陵、废华容县。

隋 唐 五 代

隋开皇六年（586 年）

二月，荆、浙七州水，遣使赈恤。

唐贞观十六年（642 年）

安史之乱后，北方民众大批避难南迁。四湖流域再次现大批流民涌入。

荆南江溢。贞观三年三月，江陵大水。贞观六年，又溢。

荆南节度使李皋塞北古堤，改洼地为良田，并推广凿井饮水。据《新唐书·地理》记载："贞元八年节度使嗣曹王李皋塞古堤，广良田五千顷，亩收一钟。"（钟，系古代计量单位，一钟为六石四斗，换算成今制，合一亩 331 千克。）又据《嘉庆重修一统志》载："唐李皋，太宗五世孙……德宗时，迁荆南节度使。江陵东北傍汉，有故障不治，负辙溢，皋修塞之，得其下良田五千顷。"所谓"故障""古堤"，即三国时张咸所筑的北海。唐代战事平息，"北海"军事用途消火，李皋主持开辟良田。

唐元和元年（806 年）

夏，荆南大水。元和二年，江陵大水。八年，再次大水。元和十二年六月，江陵水害稼。

唐太和四年（830 年）

荆襄大水，皆害稼。太和五年，大水害稼。太和九年，再次大水。

唐太和四年至六年（830—832 年）

《资治通鉴》卷 244 记载："太和四年（三月）癸卯，加淮南节度使段文昌同平章事，为荆南节度使。"任期内于菩堤寺处筑沙市江堤，因有"段堤"之称。菩提寺又称为段堤寺（菩堤寺乃宋绍兴重建，清朝时名菩仰寺，1991 年迁至荆沙村）。

唐开成二年（838 年）

荆襄大水，民居及田产殆尽。

唐大中十一年（857 年）

《太平寰宇记》载："以人户输纳不便，置征科巡院于白洑（今潜江市西北）。"至宋乾德三年，升白洑巡院为县。因其境内有河道分流汉水入长江，取"汉出为潜"之意，命名潜江县。县治在安远镇（今下蚌湖附近）隶属湖北路江陵府。

后梁太祖开平元年（907年）

五月，朱温拜高季兴为荆南节度使，时仅江陵一城之地。开平三年（909年），高季兴割据荆州，以兵袭取复州（治沔城）三属地监利，及州属之地。开平四年（910年），分沔阳南境设白沙征科巡院，属江陵府。北宋太德乾德三年（965年），改白沙征科巡院为玉沙县。

乾化二年（912年）

高季兴令10万人筑江陵外城砖城墙，城外50里内墓砖皆掘出，以致每到夜间城墙鬼火（实际是磷光）飘荡，阴森恐怖。

乾化四年（914年）

正月，高季兴攻蜀，大败而还。蜀欲以战舰冲荆南城（荆州城），高派驾前指挥使倪可福在城西龙门山外筑堤挡水御蜀。自谓其修筑坚固，"寸寸如金"故称"寸金堤"。后筑堤于监利。可福功多，受赐土田于江陵东30里，子孙聚居，号诸倪冈（今沙市区锣场镇）。

贞明三年（917年）

高季兴为防襄汉之水，令民众筑堤，从荆门禄麻山经江陵延至潜江境内，长130里，称高氏堤，为汉江沙洋堤筑堤之始。

后周显德元年（954年）

南平王高保融，修复纪南城北的江陵大堰，改名北海，长7里余。

宋　代

宋端拱元年（988年）

疏浚荆南城漕河，自沙市至狮子口入汉江，"可胜二百斛重载，行旅者颇便。"

宋皇祐年间（1049—1054年）

四湖流域监利县南沿长江，北沿东荆河"筑堤数百里"。

宋熙宁二年（1069年）

朝廷颁令天下兴修水利，洪湖江堤始创其基。据《读史方舆纪要》卷77《沔阳州下》记载："江水……旧有长官堤起监利县境，东接汉阳，长百数十里，明渐圮。嘉靖初复筑江滨堤，西南起龙渊（界牌），东止玉沙（今洪湖市），万有余丈。"上述记载，说明洪湖市沿江堤防，在明代前即开始修筑。从宋代广筑堤来看，此堤也可能是宋代所筑。

宋熙宁六年（1073年）

省玉沙县为镇，入江陵府监利县。哲宗元祐元年（1086年）复置玉沙县。

宋高宗绍兴四年（1134年）

岳飞任荆南、鄂、岳州制置使，驻江陵，令军民营田，年收粮食可供荆州军食半数。

宋孝宗乾道四年（1168 年）

荆南湖北路安抚使张孝祥将寸金堤延长 20 千米，自荆州城西门外石斗门起，经荆南寺、龙山寺、东至双凤桥、赶马台、青石板、江渎宫、红门路与沙市堤相接，荆江大堤连成一体。

宋乾道七年（1171 年）

李焘主持修筑潜江里社穴堵。据《读史方舆纪要·湖广三》记载："里社穴在潜江县南，有里社穴西南通江陵之漕河。宋乾道七年湖北漕臣李焘修潜江里社穴堤也。"

宋淳熙十二年（1185 年）

九月至十三年七月，安抚使赵雄将靖康之乱倒塌残破的江陵城复修为砖城，周长 21 里，设战楼战屋 1000 余间，是为江陵古城一次大的修复工程。

宋嘉熙四年（1240 年）

孟珙行京西、湖北安抚使，兼知江陵府，"珙大兴屯田，调夫筑堰……"（《宋史·孟珙传》）。经靖康之乱，宋廷南迁，大批北方民众随迁，四湖流域人口剧增，加之要供养军队，四湖流域开始了大规模围垸造田，农田排灌设施亦有所兴起。

宋嘉熙元年至淳祐六年（1237—1246 年）

孟珙兼江陵知府间，修复原吴猎抗金时所建"三海八匮"（今海子湖一带，为上、中、下三海，亦称北海，以别于荆州、沙市南之南海）。旧沮漳水自城西入江，孟障而东之，绕城北入汉，通三海为一，随其高下为八匮，俗名九隔，以蓄水势，成三百里渺然巨浸，遂为江陵天险，以抗蒙守荆。

元　代

元至元十二年（1275 年）

四月，蒙古将阿里海攻破沙市，继占江陵城。世祖忽必烈令廉希宪行中书省于荆南。廉下令开泄城北"三海八匮"，蓄水入江，得良田数万亩，招民众随力耕种。

元至元十三年（1276 年）

十一月，世祖忽必烈下令拆除襄汉、荆湖各地城垣，江陵城被毁。

是年，改江陵府为上路总管府。

元大德九年（1305 年）

重开荆江六穴：江陵郝穴、石首杨林、小岳、采穴、调弦、监利赤剥（今尺八口），六穴重开，分泄长江洪水，加重"众水之汇"的四湖流域洪水危害。加之元人灭金覆宋，战乱数十年，四湖流域承兵燹之灾人物凋零、土地荒芜，堤防败坏（《长江水利史略》）。

明　代

明初（约 1368—1400 年）

明洪武元年（1368 年），明太祖下令"各处荒田，农民垦种后归自己所有，并免征徭役三年"（朱绍侯《中国近代史》）。明政府并从江西、安徽等地大量迁移民众到江汉平原垦荒，"插地为标，插标为业"。据《天下郡国利病书》载："监利县正江湖汇注之势，势甚洼下，乡民皆自筑垸以居，明朝初，以穴口已湮，筑大兴赤射，新兴等二十余垸。成化年间，又修筑黄师庙，龙潭、龟渊等一带诸堤。沔阳县地属泽中，江溢则无东南，汉溢则无西北，江汉溢则洞庭沔湖汇为巨壑，故凡田必因地高下，修堤障之，大者轮广数十里，小者十余里，谓之曰垸，如是百余区，其不可堤者悉弃为芜莱。"

明至正二十四年（1364 年）

湖广行省平章杨景镇江陵，依旧基复筑江陵城，城周长十八里三百八十一步计三千三百九十九丈，高二丈六尺，设六门。

明洪武三年（1370 年）

堵塞尺八穴。据清同治《监利县志》记载：赤剥穴在"县东九十里，上通大江，下通夏水。"南宋嘉泰年间（1201—1204 年）赤剥口第一次堵筑。元至大元年（1308 年）重开，以分泄江流。明洪武二年（1369 年）再次堵筑。

明洪武十八年（1385 年）

正月，明太祖封其第十二子朱柏为湘献王，治江陵修行宫太晖观。至建文元年（1399 年）因惧人告其谋反，阖宫自焚。

永乐二年（1404 年）

湖广水灾。永乐三年，石首、监利、江陵诸县水灾，坏民田稼。

永乐九年（1411 年）

冬十月，筑湖广监利县车木堤（上车湾）四千四百六十丈。

正德年间（1436—1449 年）

江陵、潜江大水，荆州知府钱昕乃筑黄潭堤数十里以捍之。

明天顺二年（1458 年）

芦洑河右岸高家垴堤决，洪涛奔腾，冲成县河。

天顺七年（1463 年）

五月，荆州大雨，二麦腐坏，庐舍漂没，民皆露宿。

明弘治年间（1488—1505 年）

江、潜、监、沔、荆（门）五邑合修汉江仙人堤，计长二千一百五十六丈。乾隆十七年（1752年）荆门知州舒成龙再次加修，至乾隆十八年（1753 年）通工告竣（《荆门直隶州志·仙人堤白鹤寺图说》）。堤绵亘二十余里，为五邑之保障。

明正统十一年至十二年（1516—1517 年）

江汉平原接连发生大水。据嘉靖《沔阳州志》卷 8 载："自正统十一年，大水泛滥南北，江襄大堤冲崩，湖河淤浅，水道闭塞，垸塍倒塌，田地荒芜。即今十年来，水患无岁无之。"正统十一年大水是江汉平原发生在明朝的第一次特大洪灾，枝江、公安、江陵、监利、沔阳、钟祥、天门、汉川、应城等 9 州（县）部分房屋、田产毁于一旦，且水灾接连不断。正统十二年夏，暴雨，江堤、汉堤均溃，城垣倒塌，田庐被淹没，溺死千余人（《湖北通志》卷 75）。

明弘治至正德年间（1488—1521 年）

监利江堤"溃堵相循，洪水涌入沔南，唐公、卓马、南湖诸垸尽没，成为湖泊"，形成上洪湖、下洪湖。清道光年间（1821—1850 年），监利县境子贝渊等处堤溃，上、下洪湖与附近诸湖融为一体，遂成今洪湖。

万城堤至镇流砥（沙市东，清代崩失入江，今已不明其处）六十里，当水势冲之；其李家埠堤溃，淹溺甚众，荆州知府吴彦华重修之。同年九月，辽王朱宪㸅奏："荆州府旧有护城堤岸长五十里，近堤坏岸崩，致江水冲坏城门桥楼房屋，为患甚急，请命官修筑。"工部复奏，上从之。

明弘治十四年（1501 年）

荆州大水溃城，文村夹堤决，知府吴彦华修复，正德十一年（1516 年）又决，荆州知府姚隆重修。

巡抚陆中丞修筑监利城南黄师堤，俗名"陆公堤"。

明嘉靖四年（1525 年）

春，湖广都御史黄衷拨资千金，沔阳知州储洵派艾洪督工，修筑龙渊（今洪湖市界牌）、花坟、牛埠、竹林、西流、平放、水洪、茅埠、玉沙之滨江堤防 9 处，计万余丈。

明嘉靖二十一年（1542 年）

荆江北岸郝穴口堵塞，加修新干堤，荆江大堤自堆金台至拖茅埠约一百二十里堤段连成一体。统称荆州万城堤。

明嘉靖二十二年（1543 年）

筑沙洋汉江大堤。据《荆门州志》记载：沙洋汉堤自沙洋何家嘴起至潜江所属之肖家口止。明弘治年间，江、潜、监、沔、荆五邑合修汉江仙人堤，计长 2156 丈。嘉靖二十二年再修，绵亘二十余里，为五邑之保障。

明嘉靖二十六年（1547 年）

《读史方舆纪要》载：沙洋关庙堤溃。"汉水直趋江陵龙湾寺（今潜江市）而下，分为支流者九，于是下流州县俱被淹没，灾及荆门、潜江、江陵、监利、沔阳五县，波及荆州、沙市。"此次溃决敞口达 21 年之久，直至隆庆元年（1567 年）才堵重筑沙洋堤。

明嘉靖三十四年（1555 年）

翰林院编修张居正回乡休假，主持修建刿涵，开挖渠道，排章寺渊渍水，沟通沙市至丫角庙间水运。后张官至首辅大臣，并为太子太傅，故后人称章寺渊为太师渊。

明嘉靖三十九年（1560 年）

长江发生全流域性大洪水，据长江委调查洪水推算，宜昌洪峰流量 98000 立方米每秒，洪峰水位 58.09 米。七月，江陵寸金堤、黄潭堤等数十处堤溃，水至城（荆州城）下，高近三丈，六门用土填筑，一月方退。

嘉靖四十四年至四十五年（1565—1566 年）

四湖流域接连水灾。嘉靖四十四年六月，监利县黄师堤、朱家埠一带，大抵淹没。四十五年，荆江黄潭堤荡洗殆尽，溺死者不下数十万。接连水灾，损失惨重，朝野震惊。荆州知府赵贤计议重修监利、江陵、枝江、松滋、公安、石首六县江堤。其中，北岸堤四万九千丈，南岸五万四千丈，务期坚厚。同年，朝廷诏加赵贤三品服色及俸禄，后经三冬，六县堤垸初成。

明隆庆元年（1567 年）

荆州知府赵贤修筑沙洋关庙堤，建石牌坊于关庙前，铸二铁中镇之（《荆门州志》）。又据《天下郡国利病书》卷 74 载：此堤于嘉靖二十六年（1547 年）决，汉水直趋江陵龙湾市。二十八年曾议修，因议多异同，未塞决口，隆庆元年春始议修筑，至二年秋八月告成，自北岸何家嘴至南岸新堤头长凡 447.5 丈，阔凡 14 丈余，高凡 5 丈。

隆庆二年（1568 年）

赵贤修就六县堤防后，设立《堤甲法》，建立堤防专人管理制度，规定："每千丈设立一堤老，五百丈设一堤长，百丈设一堤甲和十名堤夫，夏秋防御，冬春修补岁以为常。"（《天下郡国利病书》卷 74、《行水金鉴》卷 79）。时江陵设堤长 65 人，松滋、公安、石首设堤长 80 人，监利设堤长 80 人。

明万历元年（1573 年）

疏浚两沙运河。1547 年沙洋关庙堤溃口，大量泥沙将两沙运河北段部分河段淤塞。为沟通江汉水运，明万历年间疏浚沙市至草市一段。至清光绪二年（1876 年），疏浚过东段，船舶可由沙洋抵沙市码头。至宣统三年（1911 年），沙洋李公堤溃，将沙洋至鄢家闸长约 4 千米一段淤成平地，水运受阻于此（湖北省档案馆《全案水利 1214 号》）。

明万历二年（1574 年）

汉江潜江夜汊口处溃决，洪水直逼潜江、监利、沔阳三县。湖广巡抚赵贤为缓解南堤强则北堤溃，北堤强则南堤溃的窘况，疏请留口不堵，分泄汉江水，逐成东荆河，并沿河筑支堤 3500 丈（即今泽口至田关一段），是为东荆河堤之始。

明万历四年（1576 年）

沔阳人李森然、刘璠议合沿江各县业民，由监邑界牌起，抵沔邑小林（叶塚附近）共一百八十里，将江堤一律修筑之（清光绪《沔阳志》）。此次加培堵口工程完成后，形成洪湖市境界牌（当时为监沔界）至小林长一百八十里的江堤。

明万历十年（1582 年）

沔阳知州史自上堵塞茅江口。沿江而下修筑堤防，民领其德，称史公垸。

明万历三十六年（1608 年）

沙洋堤决，首辅宰相张居正檄荆州府督修南岸沙洋堤（《荆门直隶州志堤防》）。

明崇祯年间（1628—1644 年）

下荆江监利东港湖及湖南华容老河，先后两次发生自然裁弯。

明崇祯十二年 (1639 年)

六月，沔阳知州章旷督工筑监利县境内谭家、谢家、杨家 3 湾堤，加筑北口横堤，植柳护岸。次年冬，新筑泗垴堤，麻港 40 余垸 20 万亩农田受益。

明崇祯年间 (1528—1644 年)

堵塞刘家堤头（今梅家湾附近）。《荆江大堤史料简辑》："沮漳河至柳港后分二支，一支经百里洲鸬子口入江，因修筑百里洲（1597 年）鸬子口淤塞，改由沙市附近学堂洲入江；一支东北流，经保障垸、清滩河绕刘家堤头，屈曲入太湖港，过护城河达关沮口入长湖。明崇祯年间截堵刘家堤头，因而断流。"至此，荆州万城大堤上从堆金台下至拖茅埠连成一体。

清　　代

清顺治七年 (1650 年)

监利大水，堤防溃决。监利知县蔺完煌依粮派土兴工，重修黄师堤，兴筑县东骆家湾堤、县西蒲家台堤，重塞分江穴口——庞公渡。

清顺治十年 (1653 年)

江堤决万城，水淹江陵城脚，西门倾塌。

清康熙十三年 (1674 年)

朝廷议准湖北滨江一带府州县的知府、同知、县丞、主簿、典史等官员，每逢夏秋汛涨，各于所属堤董率堤老、圩甲搭盖棚房，备置桩篓、柴草、芦苇、锹筐等项器物堆贮棚房，昼夜巡逻，看守防护。春冬兴工修筑（《湖北通志》卷 42）。

清康熙十五年 (1676 年)

夏，江决郝穴，江陵、监利、沔阳以下皆大水，民人多死。

清康熙二十一年 (1682 年)

荆江大水，盐卡堤溃，水入城。

改变堤工费制度。吏部给事中王又旦疏称：湖北诸郡堤工费用系由百姓摊派，本来负担就重，地方官吏还要各县互相协济，受苦更甚。如安陆府自铁牛关以下都是钟祥汛地，又要潜江、竟陵负担，潜江自长老垸以下皆为其汛地，又要沔阳负担……这种做法其害有五：一是天气寒冷，老百姓远离家乡，多有冻饿死者；二是民工上堤不免受当地官吏压榨勒索之苦；三是帮助别人修堤使得本地堤工废弛；四是容易给地方官吏贪污私肥以可乘之机；五是常因此闹纠纷，动需时日，贻误修筑时……工部据此下令今后永禁协济，如有不肖官吏借端科派等弊，由湖广总督从重议处。

清康熙二十四年 (1685 年)

钟祥、沔阳、荆门、江陵、监利等地大水（《湖北通志》卷 75）。

清康熙二十五年 (1686 年)

夏，江陵大水，黄潭堤决（《清史稿·灾译》）。枝江大水入城，五月方退，庐舍漂殆尽。潜沔一带尽淹。

清康熙二十八年（1689 年）

清廷设荆州水师营，额兵 300 名，后减为 280 名，战船 34 只，有巡堤之责，隶荆州城守营。创军队协守堤防之始。

清康熙三十五年（1696 年）

沔阳新堤江岸崩溃，派夫修筑横堤，名曰"预备堤"，同年，江水决黄潭堤、监、潜沔一带尽淹（《湖北通志》卷 75）。

清康熙三十九年（1700 年）

朝廷议准湖广修堤制度。是年大水。议准湖广修堤，责令地方官员于每年九月兴工，次年二月告竣，如修筑不坚，以致溃决，将巡抚按总河官例，道府按督催官例，同知以下按承修官例议处（《大清会典事例》）。

清康熙四十四年（1705 年）

清廷作出规定，鼓励围垸垦田。无力之家由官捐给牛、种，滨江修筑堤防占压的田亩，由地方政府赔偿损失。

清康熙五十年（1711 年）

朝廷拨专银 6 万两修筑湖广堤垸。到清代末年，四湖流域各县垸田明显增长。其中，江陵县 179 垸，石首县 48 垸，监利县 198 垸（《中国水利史稿》）。

清乾隆五年（1740 年）

乾隆帝规定："凡边省内地零星土地可以开垦者，嗣后听该地民夷垦种，免其升科，并严禁豪强首告争夺，俾民有鼓舞之心，而野无荒芜之壤。"极大地推动四湖流域围湖造田。

清乾隆八年（1743 年）

加固襄河堤。

清乾隆十二年（1747 年）

湖北巡抚彭树葵奏请永禁私筑堤垸。彭树葵奏称："荆襄一带，江湖袤延千有余里，一遇异涨，必借余地以恣容纳……又荆州旧有九穴十三口，以疏江流，会汉水。是昔之策水利者，大都不越以地予水之说也。自沧桑变易，故迹久湮。现在大江南岸，只有虎渡、调弦、黄金等口，分流江水南入洞庭，当汛涨时，稍杀其势。至汉水由大泽口分流入荆，夏秋汛涨，上承荆门当阳诸山之水，汇入长湖，下达潜、监，弥漫无际……但因性浊多沙，最易淤积。有力者趋利如鹜，始则于岸脚湖心，多方截流以成淤，继则借水粮鱼课，四周筑堤以成垸，小民计图谋生，惟恐不广，而不知人与水争地为利，水必与人争地为殃，川壅而溃，盖有由矣……有令檄饬各州县，于冬春之际，亲自履勘，将阖邑所有现垸若干，各依土名，查清造册由府核定，送各衙厅存案，嗣后即以此次所查，著为定数听其安业，此外永不许私增，即一垸之内，亦不得再为扩充，以妨水路，而与水争地之习或可稍息。"（《湖北通志》卷 42）

清乾隆二十年（1755 年）

襄河堤关沮口、诸倪岗等处溃，同年修复水毁堤段，并在险工险段处加筑撑帮。

清乾隆五十三年（1788 年）

六月二十日，荆江大堤溃口 22 处，水淹荆州城，兵民死万余，荆州城外一片汪洋，成千古奇灾。朝野震惊，乾隆皇帝连下多道谕旨，派大学士阿桂为钦差，到荆州处理水灾善后事宜，惩处 10 年内承修大堤官员舒常等三任湖广总督及六任湖北巡抚等官员 23 人。清廷发帑银 200 万两，调 12 州县民工修复堤防和城垣，并在杨林矶、黑窑厂、观音矶等十余处建石矶。自此，荆江大堤有"皇堤"之称。

清乾隆五十四年（1789 年）

清廷颁布《荆州府堤防岁修条例》，共分 12 条，对堤防岁修的保固期，堤身规模，修堤经费，设立防守卡房，堤上民房拆除，防汛物资都作出规定，是堤防管理规定订立之首。

清嘉庆十二年（1807 年）

湖广总督汪志伊自募小舟，泛长湖、穷源委，并江汉之大利大害而缕分之，疏渠筑堤多处。又以福田寺、新堤为江、监、潜、沔四邑积水出路，长堤阻而水莫能消，被淹者数百垸，乃择定在水港口（今福田寺）、茅江口（今新堤）两处建闸，规定每年十月十五日先开新堤闸，十月二十日次开福田寺闸，翌年三月十五日先闭福田寺闸，三月二十日次闭新堤闸，这样内可宣泄积潦，外可防江水倒灌。此次兴工范围较广，规模较大，涉及十余州县，耗资数十万两，动用民夫数以万计，是四湖流域水系整治的首创。

清嘉庆二十三年（1818 年）

江陵在郝穴建范家堤排水闸，道光六年（1826 年）堤溃闸毁。此乃荆江大堤上早期兴建的排水闸。

清道光三年（1823 年）

荆江大水，堤决郝穴。四湖流域大水。潜江、监利两县豪绅两次聚众，掘开朱麻垸堤，排泄淤泥湖溃水，与沔阳农民发生冲突，酿成械斗流血事件，死伤 30 余人。知州方策履勘，召集潜、监、沔三方士绅议决，由监、沔两方挖横堤至沈家河渠长 40 余里，潜江一方建闸，共同管理，防涝排水。至此，纷争方止。

清道光十年（1830 年）

湖北布政使林则徐颁发《公安监利二县修筑堤工章程十条》，规定："严禁在堤上建房、设榨、埋坟、耕种。"长江堤防开始依规管理。

清道光二十六年（1846 年）

监利螺山进士王柏心就荆江洪水防治著《导江三议》，主张疏导虎渡河，分荆江洪水大半南注入洞庭湖，再分引江水入长湖、白鹭湖、洪湖，对荆江堤岸决口不再堵筑，而留作分泄水口。"南决则留南，北决则留北，并决则并留，因任自然可杀江怒，纾江患，称策无便于此者矣。"

清道光二十七年（1847 年）

江陵县尹双穗主持开挖泥港湖至豉湖水道，长 2 里，乡人称此河道为双新河。

道光二十九年（1849 年）

七月，大雨，内荆河堤溃 48 处，毛家口（今毛市镇）富商黄金万为首捐款，修复"太马长堤"

（内荆河堤），西自火把堤至五公剅，东至子贝渊，全长近百里，73垸受益。

清咸丰八年（1858年）

清廷户部院令荆州府江陵县将中襄河堤改民征民修为官督民修。

清同治二年（1863年）

荆州太守张基建主持浚熊家河至三湖旧水道，泄沿江高地之水。

清同治四年（1865年）

监利杨林堤溃，直冲沔阳潘家坝堤，朱麻、通城破垸成河，由原经辰河、府场河、唐嘴河入邓老湖的故道改道北流，至中革岭分两支东流。

清同治八年（1869年）

夏，霪雨，汉江左岸赵林垸荷叶潭堤溃；汉江梁滩吴宅旁冲开一口，名吴家改口，此后，汉水由此口入夜汉河（即今龙头拐至田关一段的东荆河）。

清光绪二年（1876年）

两沙运河全线经官督民疏一次，水运复畅。

清光绪五年（1879年）

五月，江陵知县吴耀斗率众将子贝渊堤挖开，内荆河水直淹洪湖下垸，使监北沔南近700余垸遭灾，由此引发子贝渊南北两岸民垸之间的械斗，且经年多次，伤亡惨重，惊动朝廷，德宗载怡令军机大臣湖广总督涂宗瀛亲行处理。

清光绪七年（1881年）

湖广总督涂宗瀛为解决洪湖北岸子贝渊堤南北两岸排涝争斗，经奏请朝廷批准，拨银10万两，责成沔阳知州李舟办理，建子贝渊朝天石闸，于当年十月开工，次年五月告竣，并同时疏导柴林河修复新堤龙王庙闸，以泄冬春渍涝之水。子贝渊闸宽3.6米，高4.4米，闸身长33米，时为四湖流域较大规模的石闸。

清宣统元年（1909年）

长江尺八口河湾柳林洲河道发生自然裁弯，主泓道南移，遂使尺八口至红庙、薛家潭地段河道变成故道，故称老江河。1957年堵塞上下口门与长江隔绝，称为三洲联垸。老江河变成老江湖。

是年，襄河堤溃决，沙市周围大水。

清宣统三年（1911年）

汉江李公堤决口，两沙运河沙洋至高桥段几全被淤塞，不能通航。仅存高段至沙市段80千米通航。

中 华 民 国

民国二年（1913年）

1月13日，沔人唐传勋率众数千，堵塞吴家改口，筑成宽3.7丈、长28丈、高5尺的土坝。中华民国临时政府副总统、湖北都督黎元洪，电令师长季雨霖派兵弹压，勒令刨毁。3 月 12 日，省都督、民政长禁塞吴家改口，发布告示。沔阳人唐传勋又复聚众，修筑土坝。都督府又派蒋秉忠等为查勘委员，进行处理。以"改口万不能筑，应成铁案。荆河不能不治，应予筹疏"为定论。

民国五年（1916 年）

6 月，襄河水势大涨，为近数年来所少见。沔阳、监利、潜江各县堤防多处报险。沔阳丁家垸堤落成方两月余，刻已决口。

民国六年（1917 年）

夏季，江水暴涨，四湖流域各县受灾，人民死亡、房屋倒塌，尤难胜计。湖北督军兼省长王占元急电道尹和各县知事，昼夜防守，及时抢险，并派江汉道尹为监护江堤大员，成立防护公所。

民国七年（1918 年）

7 月，以江陵县万城大堤之"万城"二字不能概括全部，且位于荆江北岸，改名为"荆江大堤"。荆江万城堤工总局亦改称为荆江堤工局，原设总理改为局长。

民国十一年（1922 年）

3 月，为加高荆江大堤沙市段，拆除自二郎矶至九杆桅计长 533 尺堤街，中间民房约 390 户，各拆一幢或半幢，约让地 3 丈数尺，堤脚加高 5 尺，培厚 1 丈。民国十四年（1925 年）6 月竣工。

民国十六年（1927 年）

1 月 26 日，《湖北省水利分局暂行条例》经湖北省政府委员会会议审议通过，各分局辖区划分如下：①襄河水利分局，上起襄阳县，下至汉口止；②荆河水利分局，上起荆州，下至新堤上止；③新堤正街起至武汉附近各堤段，由省水利局委派段长主管。3 月，湖北省水利局在监利设上车湾堤工处，委派杨焜为专员，堵修上年洪水溃口，年内工成。

民国十七年（1928 年）

2 月 18 日，湘鄂临时政务委员会令饬裁撤荆河等 3 个水利分局，保留荆州万城堤工局，并拟定《湖北各县堤工修防局章程》颁布实施。

5 月，湖北省水利局拟定《十九年沿江沿襄两岸干堤防汛章程》，规定长江设防汛段 12 处，襄河防汛段 8 处，每防汛段由省水利局委一防汛主任，督率员工负责防护。长江之荆江大堤因有常设专局，不在其内。

是年，峰口镇内荆河五峰桥建成，是四湖流域修建的第一座钢筋混凝土桥梁。

是年，四湖流域特大旱。长湖大部干枯，行人可涉，内荆河断流，湖泊干涸。监利旱灾最重，闹饥荒者 30 余万人，斗米 7000 文，糠秕吃尽，草木无芽。荆门县从清明至处暑无透雨。全县普遍大旱，山丘地区塘干堰涸，河港断流，大部分农户未开"秧门"，冲田里只得种些高粱、黍谷之类。

是年，洪湖宏恩矶护岸由湖北省水利局主持开工，并委派工程专员刘万选督导施工。同年，洪湖石码头至叶家洲抛石护岸工程开工。

是年，湖北水利工程处在沙洋、泽口、监利设置水文站。

民国十八年（1929 年）

四湖流域大旱，长湖可行人，湖底种棉花有收。

民国十九年（1930 年）

3 月，东荆河陶朱埠设立水尺站，属泽口水文站管辖。

夏，襄水泛涨浩大，潜江县孙家拐襄河干堤于 6 月 29 日溃决，口门宽达 1 里有余，被淹有 5 县之多。

民国二十年（1931 年）

7 月上旬，四湖流域阴雨连绵，监利县 7 月的月雨量 782 毫米，超过历年同期平均值的 6 倍，内垸平地水深数尺，7 月 1 日，荆江大堤齐家堤溃口，水头 6～7 米，直泻而下，荆北平原尽成泽国，共淹没农田 124.7 万亩，灾民 214 万人，死亡 33760 人。

8 月 7 日，西荆河北堤谢家剅溃口，同月 8 日，西荆河南堤曾晓湾亦溃决。贺龙率工农红军，发动群众，军民并肩战斗，退挽月堤，堵塞西荆河（今田关），冬季开工，翌年春堵口工程完工；1933 年春退挽月堤竣工。杜绝汉水经西荆河的自由泛滥，使西荆河成为内河水系。

民国二十一年（1932 年）

12 月 29 日，湖北省"筹备工赈会议"决议修筑潜、监、沔三县东荆河堤。工程由江汉工程局负责。工款由"湘鄂赣三省总部农村金融救济处"筹措。同时在沔阳朱家场、潜江许家场、监利新沟嘴分设分所，督修三县东荆河堤。

民国二十二年（1933 年）

11 月，省建设厅在江陵、石首县筹设二等测候所，其他各县设上等测候所，是荆州地区气象观测机构之始。

民国二十三年（1934 年）

12 月 4 日，湖北省政府第 120 次委员会通过《湖北省整理各县民堤办法》《湖北省各县垸修防处组织通则》《湖北省各县水利委员会组织通则》，由省主席张群令颁施行。规定：除沿江沿汉干堤，另设修防处办理干堤修防外，所有各县民堤现有堤工机关，一律撤销，在有水利各区组织水利委员会，由区长兼任委员长，督理各区民堤及农田水利。合各区水利委员会组成县水利委员会，由县长兼任委员长，办理全县民堤及一切水利业务。

民国二十四年（1935 年）

4 月，江汉工程局令派赵承翰查勘沮漳流域，写成《勘查沮漳河报告》，提出包括航运、防水、垦殖等方面的整治意见，对沮漳河的治理颇具参考价值。

7 月，长江、汉江发生区域型特大洪水，造成长江中游和汉江下游 20 世纪最严重的灾害损失。

是年，自入夏以来，鄂西三峡、清江、沮漳河及湖南澧水一带暴雨接连不断，江水陡涨，枝城站洪峰流量 75200 立方米每秒。沮漳河上游山洪暴发，两河口水位 49.87 米，洪峰流量 5530 立方米每秒（有资料载，河溶站洪峰流量 7000 立方米每秒）。7 月 4 日起，江陵县民堤谢古垸、众志垸、阴湘城、吴家大堤等相继溃决，随即荆江大堤上段得胜寺、堆金台溃决，荆州城被洪水围困，草市镇灭顶。7 月荆江大堤下段麻布拐、监利江堤陈公垸溃决。5—17 日，沔南（今洪湖境）长江堤防六合垸、永乐闸、上河口、叶家边、宏恩大木林、五码头等先后溃决。四湖流域全境遭灾。

是年，东荆河南北两岸堤泽口至梅家嘴、李家湾至田关共长 27 千米堤段，准列为干堤，属江汉工程局第六工务所管辖。

是年，湖北省水利厅始在内荆河宦子口、新滩口设置水文站。

民国二十五年（1936 年）

6 月，扬子江水利委员会在新堤设立水文观测站，拟定《修正扬子江防汛办法大纲》，规定沿江堤顶高程，应依照历年各地最高水位以上 1 米为标准，沙市堤顶高度为 11.76 米（海关水尺零点，下同），危险水位为 10.28 米，防汛标准水位为 7.50 米。

8—10 月，荆门县政府及沙市、沙洋两商会等呈函湖北省政府请速疏浚两沙运河。此项工程经省政府饬由第四区专员组织荆门、江陵两县成立两沙便河疏浚工程事务所负责施工，于民国二十七年（1938 年）6 月 1 日动工，原计划 9 月中旬完成，后因资金筹集困难和工地临近战区，被迫停工。

民国三十年（1941 年）

四湖流域大旱，石首、监利、江陵、潜江、荆门 4 县受灾。

民国三十一年（1942 年）

1 月，根据中共鄂豫边区党委《关于经济建设的决定》，边区各县兴修水利"千塘万坝"运动，并组织开荒生产。

7 月，中国近代第一部《水利法》颁布施行。此法共 9 章 71 条，主要包括 4 个方面的内容：①法定水利各级管理机构及相应的权限；②确认水资源为国家自然资源，规定必须依法取得水权方能使用的水源范围及水源登记程序；③水利工程设施的修建、改造及管理申报批准手续；④特殊非工程水体即滞洪湖区、泄洪河道的管理。为配合《水利法》的实施，次年 3 月制定《水利法实施》，共 9 章 62 条，主要是对《水利法》各条款的具体解释。

民国三十四年（1945 年）

1945 年 11 月 22 日，江汉工程局拟定水利复原善后救济补充计划，包括江汉干支民堤堵复工程计划及开辟两沙运河计划等内容。其中，两沙运河长 92 千米，自沙洋镇南辟一新河，经高桥、邓甲州、幺口场、牛马嘴，再经西荆河南行至丫角庙、关沮至沙市观音矶入江。后因战事未能开工。

民国三十五年（1946 年）

6 月，汉江堤、东荆河堤多处溃口。

扬子江水利委员会拟定《汉江初步整理工程计划》，内容包括：①在堵河建高坝 90 米，蓄水 20 亿立方米；②遥堤及小江湖开辟蓄洪垦殖区；③整理天门、牛蹄、东荆河及沿岸湖泊，以增加垦地面积；④东荆、牛蹄两河放淤等工程。计划分 5 年完成。12 月 7 日，扬子江水利委员会派第二测量队队长徐连仲前往查明长江石首东岳山以上至黄水套在当年伏汛中水位特高原因。后向行政院水利委员会提出报告指出：战前洞庭湖湖面约 4700 平方千米，而目前仅有 3100 平方千米，近 10 年来蓄洪能力竟缩减 1/3。

9 月，沔阳县新堤修浚滩闸促进委员会向行政院呈请修复新堤新老二闸。

民国三十六年（1947 年）

3 月，湖北省两沙运河工务所成立，开始办理施工测量及筹备事项。计划挖通高桥至沙洋一段长 8 千米运河，后因战事未开工。

4 月 23 日，颁布实施《湖北省管理各县民堤办法》及《湖北省各县民垸修防处组织规程》。《湖北省管理各县民堤办法》共 12 条，其中规定："各县民堤之管理以江汉工程局为主管机关，受湖北省政府之指挥监督。"各县江湖沿岸农田水利，除事先呈中央水利主管机关核准外，一律不得增挽民垸，如有擅自盗挽者，除勒令自行刨毁外，并严惩其主办人。此办法对奖惩也作了具体规定。

5月20日，江汉工程局奉湖北省府训令，会同省建设厅拟具湘鄂湖江工程方案，报省审核。此方案主要内容是：①整理荆江堤防；②整理荆江水道；③整理洞庭湖；④整理四口；⑤整理两岸湖泊及低地；⑥拦沙保土。并就测绘工作及施工秩序提出具体建议。

民国三十八年（1949 年）

7月9日，沙市站洪峰水位 44.49 米，为有水文记录至当年的最高水位。

7月12日，沔阳甘家码头（今属洪湖）江堤溃决，口门宽 900 米，峰口以下沿江民垸俱溃，受灾人口 64 万人，淹没农田 96 万亩。

7月15日，中国人民解放军第四野战军四十九军中午攻占沙市，21 时攻克江陵城。7月中旬江陵县祁家渊段外滩发生严重崩塌，危及堤身安全，7月17日，人民解放军一部分参加抢险。

7月底，长江石首河段碾子湾道自然裁直，老河长 19.15 千米，新河长 2 千米。自此，石首出现江南、江北两处碾子湾。

是年，夏秋江水暴涨，以秋汛为害尤大，江陵、监利、石首、沔阳等县受灾，洪湖附近几成泽国。

中 华 人 民 共 和 国

1949 年

7月13日，新堤镇上游甘家码头干堤溃决。沔阳专署拨出灾民生活救济款 8 万元。

10月22日至11月18日，湖北省人民政府组成慰问团，由团长王恢率领，前往监利、沔阳等重灾区调查灾情，慰问灾民。

11月6日，湖北省人民政府以〔1949〕农水字第 4 号文批准，设立荆州水利分局江（陵）公（安）松（滋）办事处，驻沙市。

11月24日，荆州专区召开第二次水利会议，提出水利工作的方针是："干堤为主，民堤次之；堵口挽月，重点护岸为主，加培为次；维持现状为主，变革为次。"

1950 年

3月初，省荆州专区水利分局成立。专署专员张海峰兼任局长。水利分局驻荆州城向阳街民房办公。

3月，荆州专署向全区印发关于保护堤防的布告，严禁耕削堤面、铲除堤面坡草皮、建房、葬坟、建厕所、烧窑、挖窑、挖泄水沟等，建者除责令修复外，并依法制裁。

6月20—29日，省防汛总指挥部副总指挥长陶述曾一行 8 人，先后检查长江堤防甘家码头、车湾、监利城南、祁家渊等 21 处险工段，并向当地防汛部门提出整险加固处理意见。

7月7日，东荆河堤沔阳葫芦坝溃口，淹没农田约 15 万亩。

7月10日，荆江大堤外围谢古垸、瓦窑垸溃口。11 日，龙洲垸、突起洲溃口。14 日，众志垸溃口。江陵县受淹面积 51.28 万亩。

10月，东荆河修防处成立，隶属省水利局，处长李知本，下设 4 个县修防段。

11月，监利县人民政府根据人民代表的提议，为排泄天井垸、护城垸等民垸渍水，兴工开挖长 8.3 千米的新林长河。

1951 年

4月，荆州专区的防汛工作会议召开，提出的防汛方针是：大力发动和组织群众，加强防汛防守，战胜洪水，以达到保障农田，发展农业生产的目的。工作任务为：集中统一领导，分层负责；上下游统筹兼顾，左右岸互相支援，民堤服从干堤，部分服从整体；全线防守，重点加强，保证当地出现 1949 年最高洪水位不溃口。

5 月 23 日，监利县余埠至北口一带，发生风暴灾害，房屋倒塌，夏粮减收。24 日 15 时，龙卷风在潜江县三湖生成，损坏房屋 100 余栋，死 7 人，伤 10 余人。

6 月，荆州专区防汛指挥部成立，专署专员张海峰任主任，军分区司令员魏国运、专署水利分局、各修防处领导任副主任。

6 月 4 日，省人民政府决定设立洪湖县。28 日洪湖县人民政府宣告成立，刘干任县长；中共洪湖县委员会也同时成立，王云任书记。

7 月 1 日，沔阳专区撤销，其所属沔阳、监利、洪湖、石首 4 县并入荆州专署。沔阳专区水利分局部分工作人员并入荆州专区水利分局，王建国任荆州水利分局局长。

10 月 20 日，荆州专署颁布《1952 年水利工程负担办法》。

是年，荆州专区抽水机总站分配江陵县两部 8 匹马力抽水机，在泗场乡长湖岸边建抽水示范站。

是年，流域内始设有丫角庙、张金河、余家埠、柳家集、峰口、小港口、张大口、平坊、新滩口等水文测验站，为四湖治理收集水文资料。

1952 年

2 月上旬，为安置荆江分洪区移民，经省政府提议，中南区军政委员会批准，在石首县江北 4 个民垸基础上，动员石首、江陵、监利 5 万多劳力堵塞蛟子渊，扩大围挽成人民大垸，4 月底完工，完成土方 134.8 万立方米。

2 月 17—19 日，由周恩来总理主持讨论通过《政务院关于荆江分洪工程的决定（草案）》。2 月 25 日，毛泽东主席同意荆江分洪工程。

10 月，荆州专署颁布《荆州专区 1953 年水利工程动员民工办法草案》，办法分总则、出工办法、优待和照顾、城镇负担等四大部分，共 11 条。

1953 年

5 月 26 日，东荆河修防处移交荆州专区领导。

10 月，荆州专区抽水机站成立，站长为万寿昌，主管全区机械排灌工作，业务归口荆州专区水利分局。分别在江陵、京山、天门、公安 4 县各建一个抽水机站，总共 23 人。

是年，水利部根据政务院"关于长江北岸的蓄洪问题，应即组织勘察测量工作，并与其他治本计划比较研究后再行决定"的决定，就当时所有资料加以分析，于 1953 年 9 月提出利用长江北岸洼地蓄洪方案，洞庭湖控制蓄洪及荆江北岸与洞庭湖区排水方案。

1954 年

4 月 5 日，监利县桥市发生龙卷风，大树被吹折，倒房 10 余栋。

7 月 5 日，长江上游出现第一次洪峰，下荆江监利河段超过保证水位（7 月 8 日沙市河段出现第一次洪峰，水位 43.85 米），省人民政府发布《关于防汛抢险的紧急命令》。

7 月 13 日，洪湖长江干堤路途湾江堤溃口。

7 月 22 日至 8 月 1 日，经国务院批准，荆江分洪区进洪闸（北闸）于 7 月 22 日、29 日和 8 月 1 日 3 次开闸分洪。

8 月 4—8 日，经国务院批准，先后在虎东肖家嘴、虎西山岗堤、上百里洲、腊林洲、上车湾等处扒口分洪，以缓解荆江分洪区之危。

8 月 7 日 17 时，长江沙市河段洪峰水位 44.67 米，流量 50000 立方米每秒；监利城南水位 36.57 米，超警戒水位 2.57 米。为确保荆江大堤和武汉市的安全，经国务院批准，在监利长江干堤上车湾扒口分洪，分洪口门宽 1026 米，最大进洪流量 9160 立方米每秒，四湖流域中、下区即成为分洪区，淹没面积 8450 平方千米。监利余家埠 8 月 13 日水位 31.81 米，江陵丫角站 8 月 30 日水位 32.30 米，荆州城 10 月初小北门水位 33.34 米，城内低处水深 0.7 米。

8 月 10 日，潜江县东荆河杨家月堤、马家月堤和汉江饶家月堤溃口，15.94 万亩农田被淹、12.6 万人受灾。

8 月，长湖上游荆门县所属 17 个民垸溃决，受灾农田 25.5 万亩，人口 7.9 万人。

11 月，四湖流域普降大雪，最低气温降到零下 15℃，长湖及内荆河水面冰冻，其上可行人。

1955 年

5 月初，成立"湖北省荆州专区水利工程处"，由副专员李富伍兼处长，刘干任副处长，统一管理干、支、民堤和农田水利工程。

7 月，长江、东荆河洪水涌入洪湖，加之内荆河上游溃水下泄，洪湖水位 27.87 米持续 30 天，溃垸 73 个，受灾农田 11.5 万亩，受灾人口 3.4 万人。

11 月 16 日，洪湖隔堤工程开工。为使河、湖分家，让长江和东荆河水不再倒灌进入四湖流域，决定修建 56.12 千米的洪湖隔堤（即隔断江水之意），改东荆河南支洪水由白虎池东北流，至汉阳曲口同北支合流出沌口。由监利、沔阳、洪湖 3 县 12.45 万人参加施工。次年 1 月竣工，历时 75 天，完成土方 514.75 万立方米，完成国家投资 282.59 万元。

11 月，省公安厅、省民政厅共同组建"湖北省四湖排水工程指挥部"，钱运炎任指挥长，指挥部办公地点设在监利县余家埠。从沙洋农场解押劳改犯 1 万余人，在监利县境的东港口、周家沟、福田寺、及潜江县熊口等地局部开挖，拉开了四湖治理的序幕。

12 月初，长江委提出《荆北区防洪排渍方案》。此方案将荆北地区划为 3 部分：荆北平原区、荆江洲滩区以及江湖连接区。荆北平原区又称内荆河流域，因区内有 4 个大型湖泊（长湖、三湖、白鹭湖、洪湖）又称四湖流域。《荆北区防洪排渍方案》分析四湖流域洪涝灾害的成因及其严重后果；阐述治理四湖的重要性及其紧迫性，治理的指导思想、方针和原则；明确治理的具体措施和任务，是治理四湖的大纲。

12 月，荆州专区四湖排水工程指挥部成立，协调省指挥部的工作，由荆州专区水利工程处副处长刘干任指挥长。

是年，四湖流域部分县开始征收农业水费。

1956 年

5 月 19 日，省人民委员会召开全省防汛会议。会议对防洪、防涝、防山洪、防旱（简称四防）工作提出明确要求，要贯彻"全面防守，重点加强"的方针。

7 月 11 日晚，潜江县蚌埠、王家场发生龙卷风和冰雹，倒塌房屋 423 栋，死 36 人，受灾农田 3590 亩。

11 月，湖北省四湖排水工程指挥部撤销，施工任务移交荆州专区四湖排水工程指挥部，副专员李富伍兼任指挥长，荆州水利分局副局长李大汉兼任副指挥长。

12 月，荆州专署决定撤销"荆州专区水利工程处"和"荆州水利分局"，合并组建"荆州专员公署水利局"，负责全区的水利工作，刘干任局长。

冬，荆州专署及四湖流域各县均成立水利血防工程建设指挥部，贯彻"防治工作与农业生产、兴修水利相结合"的方针，开展消灭钉螺、压缩疫区的群众运动。

1957 年

3 月 29 日，省水利厅为贯彻水利部《关于兴修水利结合消灭钉螺的指示》精神，专门发出通知，明确结合兴修水利消灭钉螺是水利部门任务之一，应纳入水利规划及年度计划之内。

7 月，荆州地委、专署批准组成立中共四湖工程委员会、荆州专区四湖工程指挥部。李富伍兼任党委书记、指挥长，王丑仁、宓庆彩任党委副书记，秦思恩、李大汉任党委委员，李大汉、王景祥、秦思恩分别任第一、第二、第三副指挥长。

9月，荆州地委、专署决定在四湖下区大同湖、大沙湖开办农场，成立"洪湖县大同湖、大沙湖围垦工程指挥部"。

10月，东干渠工程全面动工，开挖熊口至新河口段，长7.91千米（利用老河道2.86千米）。同年，沙洋农场开挖熊口以上河道2.82千米和新河口至徐李河河段11.63千米。至1958年春，完成荆门唐家垴至潜江徐李市区58.2千米的河道开挖。1958年11月至1959年3月疏挖徐李市至冉家集长4.49千米的老河道，东干渠形成。

10月5日，荆州专署在总结以往8年建设成就的基础上，提出新的水利工作方针："在保证江汉干堤安全的原则下，大力兴修农田水利，贯彻积极稳步、大力兴建、小型为主、辅以中型，必要和可能兴建大型工程；兴修与管养并重，巩固与发展并重，数量与质量并重，依靠群众，社办为主，全面规划，因地制宜，多种多样，投资省、收效快"。

11月，兴办人民大垸农场，行政范围划归监利县。

11月，荆州地委、专署发出《关于建立国营机械农场、大规模开垦荒地的指示》，随后，各地组织人力、物力围垦开荒，建成荆州地区"国营农场群"。

11月5日，四湖东干渠熊口至新河口长7.91千米渠段开挖，春节前完工，完成土方136万立方米，完成国家投资94.48万元。

冬，江陵县丁家嘴、金家湖、后湖3座水库开工，1958年建成。

12月4日，中央决定从河南（长恒、滑县、杞县、南阳、永城、镇平、唐河7县）灾区调18400人支援湖北四湖流域的水利建设及兴办大型国营农场，其后定居境内。

1958 年

1月，荆州专区水利工作会议确定"以排为主、排灌兼顾、内排外引、分层排灌、控制湖面、留湖调蓄"的四湖水系治理方针，实施洪、涝、旱综合治理。

3月24日，洪湖县燕窝狂风大作，冰雹如注，碗大的冰雹打死小孩2人，伤54人，倒塌房屋265栋，损坏房屋1800余栋，损坏农作物2.7万亩。

4月，潜江县张金、老新等地发生雹灾，倒塌房屋200余栋，死5人，伤14人，受灾农田5.6万亩。

4月20日，江陵县普济区秦市与监利县汪桥区程集乡，在程集河（亦称拖船埠老河）上拦水灌田，引起纠纷，荆州专署水利局进行调解，平息矛盾。

5月，洪湖县五八闸建成，1996年废。

6月5日，省人委发出"关于修建漳河水利工程指示"，并成立"湖北省荆州专署漳河水利工程总指挥部"，荆州专署副专员饶民太任指挥长，荆州地委副书记梁久让任党委书记。

6月29日，荆州专署颁发《湖北省荆州专区水利工程管养暂行办法》（草案）。

四湖排水工程指挥部根据《办法》精神，要求各县四湖工程指挥部既要抓好工程建设，又要抓好工程管理，建一段成一段，管好一段。

7月1日，漳河水库工程全面动工。

7月16—21日，漳河发生大水，沮漳河出口段连接荆江大堤外围垸众志垸、保障垸漫溃多处。

8月6日，新滩口排水闸动工兴建，次年8月建成。

9月24日，荆州地委、专署在四湖总部召开了指挥长会议。会议要求，做好冬春大施工前的准备工作，各级要领导上阵，书记挂帅，进行工具改革，进一步落实好劳力和土方任务。施工中要坚持先下游，后上游，开挖一段，完成一段，受益一方，保证排水通航，多快好省地完成和超额完成任务。

10月，江陵县动员滩桥、郝穴、普济3个公社干部、农民，开挖四湖西干渠彭家河滩至秦家场长22.3千米渠段。次年4月工程基本完工，完成土方164.43万立方米。

10月，潜江县组织2万劳力开挖田关河黄家店至周家矶长7千米河段，完成土方20万立方米。

11月，潜江开挖四湖总干渠赵家湾至外花垸和下西湖至刘家渊两段，长17.8千米，翌年3月完工，完成土方200.9万立方米。12月15日，泽口灌溉闸动工，次年8月建成。

1958年10月至1960年3月，共投入12万劳力（次）先后开挖西干渠彭家河滩至秦家场22.3千米河道、秦家场至泥井口32千米和彭家河滩上段38.4千米河道（其中利用资福寺老河25.0千米、谭彩剅老河6.7千米、汪桥河部分老河），共完成土方803.94万立方米。其中，江陵县完成土方353.94万立方米，监利县完成土方450万立方米。

冬，沮漳河出口改道工程开工，次年5月竣工。

1959 年

1月，荆州专署四湖排水工程指挥部提出《荆北区水利规划补充草案》，其内容为增挖田关河（刘岭至田关，长30.5千米），使长湖渍水由田关河直接排入东荆河，减轻四湖中、下区的排水负担。

1月10—15日，湖北省河网化建设现场会在洪湖峰口沱湖垸召开。各地掀起河网化建设热潮。

春，荆州专署四湖排水工程指挥部组织动员江陵、潜江、监利、洪湖4县及沙洋农场劳力6万余人，以及湖南部分民工、河南长垣等7县以工代赈民工等共8万余人，开挖东干渠和总干渠中下段，施工渠段总长96千米。经过一个冬春的施工，完成土方920万立方米。

3—4月，四湖流域普降大到暴雨，上、中区受渍严重，影响工程施工，情况紧急。3月11日、4月16日，荆州地委、专署在四湖总部先后两次召开江陵、潜江、监利、洪湖等县县委书记、水利局长、技术干部参加的战地紧急会议。会议确定：①对正在施工的渠道采取"暂挖窄，先疏通"的办法，突击排水，限期完成；②舍小救大，破垸排水，彻底清除排水障碍物；③加强领导，按计划上齐劳动力，适当减少土方任务。会后，各县领导亲临前线，增加劳力55900人，抢排渍水，突击施工，缓解灾情，保证正常农业生产。

4月，连通内荆河（四湖总干渠）与长江航道的新滩口船闸动工兴建，次年8月15日建成。

7—8月，四湖流域大旱。由于近百日无透雨，大部分塘堰干涸，受旱农田达357.68万亩。长江、汉江堤均挖明口引水抗旱。虽经全力组织抗旱，但因旱情严重，水源少，农作物大幅度受灾减产。

8月2日，监利县毛市、福田，洪湖县瞿家湾一线雷雨狂风，冰雹大作，部分房屋倒塌，农作物受损。

10月，荆州地委成立四湖工程总指挥部，调整党委成员，地委书记孟筱澎兼任总指挥部党委书记。

10月，荆州地委发出"改造四湖、建设四湖、变四湖为财库"的号召，决定大规模地、高速度地建设四湖，共动员24万人开始全面施工，开挖总干渠、田关渠、西干渠，总长212千米，修建配套排灌涵闸。

10月，螺山新闸动工兴建，次年5月竣工。

10月15日，监利、洪湖两县签订协议，开挖监洪大渠（亦称监北干渠），长22.88千米，从此解决了监洪两县龚场、府场地区的排水矛盾。

11月，江陵观音寺闸开工，1960年4月5日竣工。3孔混凝土拱涵，设计流量56.79立方米每秒。此闸为荆江大堤上最早修建的灌溉闸。

冬，监利县组织汪桥、余埠、红城3区约6万名劳力开挖西干渠长32千米的监利县渠段，完成土方450万立方米。

　　冬，新堤老闸改建在拆除旧闸时出现塌方，死 4 人，伤 8 人。事后，根据有关规定进行善后处理，对伤亡者家属给予抚恤补贴费用。

　　冬，洪湖县组织 3.2 万名劳力，开挖小港（破洋圻湖）至茶壶潭长 25 千米的内荆河河道。

　　11 月，田关闸开工，1960 年竣工。拱涵式钢筋结构共 5 孔，中孔宽 5 米，其余 4 孔各 3.5 米。设计排水流量 187 立方米每秒。

　　12 月 21 日，四湖西干渠雷家垱至张家沟段开挖工程动工。沙市市副市长王正道任工程指挥部指挥长。次年春完工，完成土方 42 万立方米。

　　12 月 24 日，监利县派出 4400 余人赴洪湖新滩口船闸工地参加施工。

1960 年

　　3 月，江陵县在完成四湖总干渠开挖工程后，组织 3 万名劳力转战四湖西干渠，完成土方 198.51 万立方米。

　　3 月，四湖总干渠、东干渠、西干渠、田关河四大干渠开挖工程相继完工。随后，在四大干渠上植树 30 万株，绿化渠堤，保护水土，改善环境。

　　3 月 9 日，荆州专署四湖工程总指挥部在监利南剅沟举行四湖总干渠竣工放水典礼，省、地、县各级领导和社会各界人士亲临致贺，湖北电影制片厂的摄影师用摄影机留下历史难忘的时刻。

　　3 月 11 日，在挖通四大干渠后，四湖工程总指挥部大部工作人员疏散，原抽调来的干部原则上回原单位，少量人员作重新安排。仅留守原党委副书记王丑仁为首的 10 余名干部，主要解决四湖排水工程建设中的遗留问题。指挥部从监利县余家埠迁往沙市中山路 67 号办公。

　　4 月 18 日，四湖工程总指挥部在沙市工人俱乐部召开"荆州专署四湖工程庆功表模大会"。会议历时 3 天。参加大会的有江陵、潜江、监利、洪湖、沙市等县（市）的先进单位和劳模代表 414 人。地委书记、四湖工程总指挥部党委书记孟筱澎，四湖工程总指挥部党委副书记江洪在会上分别讲话。

　　4 月 20 日，东荆河堤田关闸建成。为纪念土地革命战争时期，贺龙领导的工农红军曾在此筑坝防洪，将此闸命名为"红军闸"，并请中共中央政治局委员、国务院副总理贺龙元帅为红军闸纪念碑题写碑文："继承土地革命时期的光荣传统，大搞水利，建设社会主义。"

　　5 月，高场南闸、徐李闸同时动工，翌年 5 月两闸同时竣工。

　　5 月，中央血防领导小组在洪湖县召开南方七省二市的湖沼地水利结合灭螺现场会，与会代表参观了洪湖县沱湖垸、车马垸和五湖垸施工现场，推广洪湖县结合水网化灭螺的经验。

　　5 月 17 日，监利、洪湖部分地区遭暴风雨袭击，伤 457 人，死 54 人，倒塌房屋 4456 栋，损坏 17417 栋，受灾人口 209188 人。

　　7 月中旬至 8 月底，四湖流域降雨偏少，水稻受旱面积达 320.86 万亩。虽经全力抗旱，农田仍然大面积成灾，粮食减产。

　　9 月 6 日，东荆河水猛涨，监利县河段天井剅、刘家拐处抗旱明口严重影响安全度汛。为确保堤防安全，监利县组织劳力日夜堵筑，终于赶在洪峰到来之前 5 小时完成明口堵筑，转危为安。

　　9 月 11 日，田关排水闸引水失事，导致下游甘家塔、史家湖等几处民垸溃决，淹农田 6670 亩。采取沉船和抛掷钢筋石笼紧急措施阻水，抢险耗资 32 万元。这次事故使田关闸受到严重破坏。事后对有关责任人进行处理。

　　11 月，福田寺进湖闸动工兴建，为 11 孔明槽式，设计流量 280 立方米每秒，于 1962 年建成。后洪湖防洪排涝工程兴工，1979 年福田寺防洪闸建成，取代此闸的作用。

　　12 月，荆州地委批转《荆州专区水利工程养护规定》（草案），对堤防、水库、涵闸等 5 个方面提出具体标准与要求。

　　是年冬，进一步对田关渠、西干渠扩宽断面，加高渠堤，对内荆河下段进行疏浚裁弯。

1961 年

3 月，张大口闸动工兴建，1962 年 12 月竣工。

小港湖闸动工兴建，1962 年 12 月竣工。

4 月 30 日，荆州专署水利工程管理会议确定：凡已建成的水利工程要迅速建立管理机构；恢复堤防管理段建制，每段配 3～4 人；大型水库每座配 10～15 人，中型水库每座配 3～7 人，小（1）型水库每座配 1～3 人，小（2）型一般要求配专人管理或交有关生产队管理。

5 月，荆州专区四湖工程总指挥部提出《荆北地区（即四湖流域）河网化规划草案》，其总的原则是：以总干渠、东干渠、西干渠以及田关河四大干渠为纲，打破地域界限、废堤并垸，分区布网，并以排灌为主，兼顾渔业、航运、发电、加工和垦殖。要求做到河湖分家，互不干扰，分片引灌，分区排灌，分区开发，综合利用。

7 月，习家口节制闸破土动工，1962 年 4 月竣工。此闸为连接长湖的四湖总干渠渠首工程，2 孔开敞式结构，设计流量 50 立方米每秒。

8 月 23 日，江陵县在龙洲垸挖堤引水抗旱，造成堤防溃决，口门冲成深潭，淹没农田 3000 亩，受灾 220 户。经全力抢护，于 25 日下午脱险。

10 月，江陵县联合水库开工，1962 年建成。

11 月，观音寺（新闸）动工兴建，次年 5 月建成。该闸由长办设计，江陵县组织施工，建筑工程由湖北省水利厅工程四团承建。

11 月，潜江县兴隆闸动工兴建，1962 年 5 月完工。

11 月，一弓堤灌溉闸动工兴建，次年 5 月竣工。兴隆闸、谢家湾闸开工，翌年 5 月两闸竣工。

12 月，下新河闸动工兴建，1962 年 12 月竣工。

12 月，荆江大堤万城灌溉闸动工兴建，次年 5 月竣工。

12 月，长江干堤王家湾闸动工兴建，次年 5 月建成受益。

12 月，白螺矶闸兴建开工，次年建成。

是年，四湖流域大旱，大部分水库、塘堰干枯，沟渠断流，人畜饮水困难，受旱农田达 324.48 万亩。沿长江、汉江的观音寺、西门渊、王家巷、泽口等灌溉闸引水流量为 30～40 立方米每秒，田关闸引东荆河水灌溉，并分流量 8 立方米每秒灌长湖。但因旱情严重，粮食总产量仍低于 1959 年的水平。

1962 年

2 月 10 日，经省人民委员会批准，成立"荆州专区四湖工程管理局"，并建局党支部。直属地委、专署领导。任命李大汉同志为局党支部书记兼局长。局机关驻江陵县丫角庙街（年内迁江陵县习家口）。内部机构设秘书科、财器科、管养科、工程科。下属单位设潜江、监利、江陵、洪湖管理段和习家口、福田寺、小港、张大口、高家场、谭彩剅闸管所。

6 月，洪湖县长江干堤仰口江灌溉闸建成（桩号 402＋000）。同年建成石码头、苟头闸（1998 年废）。

7 月 9 日，荆州专署以荆秘字 301 号文批转四湖工程管理局《关于加强四大干渠渠堤管养工作的报告》，并转发给江陵、潜江、监利、洪湖、沙市等县（市）及有关部门执行。报告的主要内容是：①干渠两岸平台、迎水坡、堤面要求有关社（场）、队栽树植草，严禁种植农作物及在堤坡铲草皮；②堤上已成活的树，在未成材前，严禁砍伐；③不许在堤上建房，必须要建的建筑物须取得四湖工程管理局的同意；④四大干渠内，严禁打坝，设置大型捕鱼设施。

10 月，东荆河右岸洪湖白庙灌溉闸动工兴建，次年 4 月建成。

10 月 22 日，荆州专区四湖工程管理局制定《四湖工程管理办法（草案）》共 5 章 25 条。根据

"统一领导，分级管理"的原则，明确管理工作的基本任务及局、段、闸、所的职责范围，对渠道、湖泊、涵闸的管理运用作出了规定，对湖泊、涵闸等水工程在排涝抗旱期制定出相应的控制水位，对管理单位和个人制定出奖惩工作办法。因而使管理工作有章可循，逐步走上正轨。

12月，小港湖闸建成，小港湖闸为开敞式，共9孔，中孔净宽6米，两侧边孔每孔净宽4米，底板高程21.50米。

冬，根据荆州专署决定，原由长江修防处负责管理的新滩口排水闸、船闸移交四湖工程管理局管理。

冬，位于内荆河与太马河交汇处的鸡鸣铺闸动工兴建，次年8月竣工。

冬，彭家河滩闸动工兴建，1963年竣工。

1963 年

1月，荆州专区四湖工程管理局由江陵县习家口迁至监利县毛市镇办公。

3月，兴隆河、百里长渠两灌渠全部挖通，兴隆镇和谢家湾两座引水闸开始发挥效益。

春，四湖总干渠、西干渠等骨干排水渠道及支渠上的彭家河滩闸、渡佛寺闸、樊家桥闸等工程先后竣工。

4月，荆州专署以荆秘字〔1963〕163号文下发通知，对流域水利管理体制作出明确的规定：四湖工程管理局由专署领导；江陵、潜江、监利、洪湖4县分别成立四湖工程管理段，由四湖工程管理局及所在县双重领导；江陵习家口闸、彭家河滩闸、谭彩剅闸，潜江高场（南）闸、徐李寺闸，监利福田寺闸、彭家河滩闸、鸡鸣铺闸，洪湖小港闸、张大口闸、子贝渊闸，以及新滩口船闸、排水闸（成立双闸管理处），均属四湖工程管理局直接领导。

夏，四湖流域大旱。4月下旬至7月初，雨量偏少。全流域水稻受旱面积323.8万亩，尤以监利、洪湖两县旱情最重，监利种水稻123.2万亩，受旱严重的占75.2%，洪湖种水稻59.6万亩，受旱严重的占68.6%。

6月15日，洪湖水位22.53米，长湖水位29.94米，两湖出现历史低水位。

6—7月，荆州专区四湖工程管理局派3个工作组参加指导监利、洪湖等地的抗旱工作。通过清淤引流、开源节流、抬高内河水位，开启沿江西门渊闸、观音寺、田关、王家巷、洪湖老闸等闸共引水4.1亿立方米，灌田312万亩（其中自灌186.6万亩，提灌125.4万亩），取得抗旱斗争胜利。

9月19日至10月13日，由副省长、省科协副主席、水利专家陶述曾带领的由水利、农业、农机、农垦、水产、林业、航运、地理、水文、血防等十个部门的技术专家组成考察团，对四湖流域进行综合考察，提出综合开发治理四湖的意见，并向省委提交考察报告。荆州专署副专员饶民太、四湖工程管理局局长李大汉作为考察团的副团长参加领导考察工作。

11月，高场倒虹管工程开工，翌年5月竣工。

是年，四湖流域战胜严重干旱并获得农业大丰收。监利县粮食总产量3.52亿千克，比1962年的2.69亿千克增产0.83亿千克；洪湖县粮食总产量1.98亿千克，比1962年的1.55亿千克增产0.43亿千克。

冬，洪湖县下新河闸、子贝渊闸、白庙闸建成。

1964 年

4月初，省长张体学在省水利厅厅长漆少川、荆州专署副专员饶民太的陪同下，到四湖工程管理单位检查指导工作。

4月20日，荆州专署批转《关于西大垸、六合垸农场与潜江、监利、江陵等县之间有关土地、水利问题的三个会议纪要》，妥善解决农场与相邻县之间的水事纠纷。

5月1日，兴隆闸开闸引水失事。因外引渠停泊一只满载油田钻杆的木船，开闸后木船随湍急的水流冲向闸室，撞到闸墩后立即沉没落入闸孔底内，致使闸门无法关闭。事发后采取紧急措施，终于排除障碍。

6月5日，荆州专区四湖工程管理局由监利县毛市镇迁至江陵县丫角庙办公。

9月，西门渊闸动工兴建，次年6月建成。

9—10月，汉江发生大洪水，东荆河潜江高胡台水位41.16米，10月11日监利新沟水位39.05米。东荆河出现历史上较高的洪水。

10月28日，四湖工程管理局召开全系统工作会议，研究工程建设、管理及生产经营等方面工作，会议明确"整险加固、成龙配套、清查整顿、扩大效益、集中精力打好歼灭战"为四湖后期水利工作的方针。

11月20日，田关新闸开工，次年6月竣工。新闸为8孔箱涵结构，设计流量300立方米每秒。

11月底，荆州专署组织开展对全区水库灌区为期一年的清查整顿工作。

12月，刘岭节制闸动工兴建，1965年5月建成。

12月23日，经荆州专署批准，首次在东荆河龙头拐筑临时性土坝，截汉江来水，降低东荆河水位，有利于四湖流域渍水外排。

是年，东荆河堤、大垸围堤和三洲联垸堤分别兴建杨林关、冯家潭和上河堰3座灌溉涵闸。

1965 年

4月，洪湖县长江干堤（桩号498＋450）石码头建闸，1996年废。

5月，洪湖县长江干堤（桩号454＋720）高桥灌溉闸建成。

5月7—14日，中共中央政治局委员、国家副主席董必武在省长张体学、荆州专署副专员饶民太陪同下，乘舟坐车，分别视察漳河水库、四湖排灌工程。董必武离开时（5月14日）给张体学的信中写道："这两项工程确实伟大，使千万亩旱涝为灾的农田变为旱涝保收的良田，这一广大地区农业用水的问题基本过关。对这两项工程我只有惊叹其伟大，赞扬其成绩，另无他话可说。"

7月21—23日，四湖工程管理局召开全流域水利工程清查整顿工作会议，各县水利局局长、农场场长及局属各管理段、闸管所共48人参加会议。会议主要从总结10年来治理四湖的经验入手，摸清情况，着重解决清查整顿中有关工程规划问题。

10月，刘岭船闸动工兴建，次年7月竣工。

10月，漳河水库二干渠动工兴建，次年4月竣工通水。

11月，荆州专署水利局提出《四湖总干渠中段河湖分家工程规划设计补充报告》。计划从福田寺闸下游的王家港起，沿洪湖的北缘，新开挖排水干渠至小港，使四湖总干渠福田寺闸来水不经洪湖调蓄，实现河湖分家。

11月16—30日，荆州专署分别在洪湖沙口、荆州城召开总干渠与洪湖河湖分家工程动员会。会议确定工程施工线路及任务。

冬，荆州专署组织监利、洪湖两县劳动力破洪湖新挖总干渠中段长42千米。经过艰苦奋斗，至次年春形成一河两堤（南堤，因缺土源未按设计标准完成），共完成土方520万立方米。

12月10日，严家台灌溉闸开工建设，次年5月竣工。

1966 年

2月，东荆河下游改道工程完工。

4月，洪湖县在东荆河堤（桩号95＋050）施港建灌溉闸。

4月，洪湖县东荆河堤（桩号101＋600）万家坝灌溉闸、中革岭灌溉闸建成。

10月8日，荆州专署水利局下发通知，将专署水利局所属的熊河试验站移交四湖工程管理局管理。

11 月，江陵县人民委员会设置万城、观音寺、颜家台 3 个灌区管理所，分别管理所属灌区内的灌溉工程和灌溉用水。

冬，位于孙良洲闸东约 50 米的红卫闸开工，次年春竣工。

是年，兴建三洲联垸枯壳岭、熊家洲两座灌溉闸，兴建丁家洲垸狮子山排灌闸。

是年，部分县春旱继秋旱，塘堰干枯，沟渠裂口，全流域农田受灾面积 34.28 万亩。

1967 年

4 月 30 日，洪湖县燕窝、新滩口一线遭遇大风、冰雹袭击，中心地区风力达 10 级，大风夹着冰雹，大如蚕豆。损坏房屋 60 栋，受灾农作物 16300 亩。

5 月 9 日，荆州专区抓革命促生产办公室以荆发办字〔1967〕033 号文批准荆州专区四湖工程管理局成立"抓革命促生产"领导小组，李大汉同志任领导小组组长。

7 月，荆门少雨，15 万亩农田受旱。

11 月，省水利厅水利勘测设计院根据国家计委 1966 年《四湖地区电力排灌站中下区一期工程规划》审查意见编制《湖北省四湖下区电力排灌站补充规划》。

1968 年

7 月 11 日，荆江大堤盐卡段发生特大管涌险情，出险处距大堤仅 50 米。省革委会副主任张体学乘直升机赶赴出险现场查看并指导抢险。

11 月 2 日，荆州地区革委会正式批准建立"四湖工程管理局革命领导小组"。任命王爱为领导小组组长。

11 月 17 日，洪湖县南套沟电力排灌站破土动工，是四湖流域修建电力排灌站的首创。

12 月，大沙泵站动工兴建，1971 年 5 月投入运行。

冬，洪湖县在长江干堤（桩号 433+050）建成红卫闸，1996 年废。

1969 年

7 月 20 日，洪湖长江干堤田家口桩号 445+790 处，因管涌险情溃口，最大进洪流量 9000 立方米每秒（估算），进水总量 35 亿立方米，淹没面积 1690 平方千米，受灾人口 26 万人。

7 月，四湖流域连降大到暴雨，湖渠水位猛涨。7 月 8 日长湖水位 33.24 米，7 月 31 日洪湖水位 27.46 米。长湖上游拾桥河八湾滩堤段溃决，受渍农田 80 多万亩。

7 月 13 日，田关河高场南闸闸前最高水位 31.97 米，保安闸至刘岭闸两岸堤段面临危险，潜江县组织 4 万名劳力分段防守，抢筑子堤高 0.5~1.0 米挡水，经 7 昼夜抢护，险情得以解除。

10 月，浩口闸开工兴建，翌年 3 月建成放水。

1970 年

5 月，螺山泵站动工兴建，1973 年 7 月建成。螺山泵站装机 6×1600 千瓦，设计排水流量 99 立方米每秒。

5 月，东荆河龙头拐再次打坝，以利田关闸排水入东荆河。

6 月 11 日，长湖水位达 32.32 米，荆襄河水位猛涨，致使河堤多处出现裂缝崩塌，沙市组织万余人修堤抢险。

6 月 17—24 日，荆州地区革委会先后发出通知，将由荆州地区直管的田关排水闸、刘岭节制闸、漳河二干渠、漳河三干渠、漳河四干渠等管理机构，下放到工程所在地管理。

9 月，荆州地区革委会决定，四湖工程管理局、长湖水产管理局、窑湾养殖场、公安处长湖水上分局合并成立"荆州地区四湖管理局革命委员会"，由白鸿任主任。局机关驻关沮口办公。

10月，拾桥河改道工程启动，荆门县成立拾桥河改道工程指挥部，副县长王玉宝任指挥长。是年冬此改道工程全面动工，共上劳力1.8万人挖河筑堤，完成土方311万立方米，童家台至乔子湖出口30千米长弯曲河道缩短为15千米。次年4月工程竣工。

10月28日，新堤排水闸开工兴建，1971年6月竣工。

11月，田关河扩挖工程开工。由潜江县组织施工的荒窑站至田关闸外引渠段，翌年3月竣工，完成土方451.71万立方米；由潜江、荆门两县组织劳力扩挖刘家岭至田关段（渠底宽54米扩宽到84米），次年春完工，完成土方234万立方米。

11月，监利县组织劳力开挖长33.25千米的螺山渠，修筑洪湖西缘围堤，于1972年冬完成渠道工程。

12月23日，荆州地区革委会批准发布《关于拾桥河改道工程会议纪要》指出：荆门、江陵两县本着有利生产、有利团结，识大体、顾大局的精神，共同完成拾桥河改道工程。纪要对工程规模、标准、实施步骤和任务分配等作了明确规定。

冬，荆州地区组织江陵、荆门两县实施拾桥河治理工程，完成河道取直及排灌涵闸配套等项工程，完成土石方591万立方米。

冬，大同湖农场在东荆河堤（桩号162＋700）建成电排站，装机10×155千瓦。南港河破大同湖开挖，淤泥深厚，施工极端艰巨，1971年春基本竣工，完成土方430万立方米。

1971 年

春，长湖库堤实施完成第二次改线工程。沙市段关泪口筑坝后，使沙桥门至关泪口堤段失去挡水作用。

春，太湖港下游改道工程竣工。

5月，大沙湖农场大沙电排站建成，装机20×155千瓦。

6月10日，新堤排水闸建成。

6月，荆州地区革委会批准将田关排水闸、刘岭节制闸、漳河二干渠、四干渠等管理机构收回由地区直管。

10月，荆州地区四湖工程管理局恢复原建制，尹同孝任局长，局机关回原驻地江陵丫角办公。

是年，洪湖县对东荆河堤（桩号86＋080）郭口闸进行扩建。

1972 年

3月，长办、省水利电力局召集四湖流域有关县（市）共同研究洪湖防洪排涝建设规划。会议议定，根据长江中下游防洪及洪湖分蓄洪方案，结合四湖排灌水系需要，调整确定洪湖分蓄洪区分担的分洪量为160亿立方米，增建高潭口、付家湾两处电力排灌站，开挖福田寺至高潭口的排涝河，恢复因洪湖分蓄洪工程施工破坏的水系。

4月24日，监利县城关、红城、毛市、龚场、尺八、朱河、白螺等地遭受10级左右大风袭击，监利港沉没拖轮2艘、机帆船2只、木船10只。5月，监利北部地区再遭8～10级大风和雷、雨、冰雹袭击。倒塌房屋713间，倒树3400多株，伤80人，死10人，冰雹损坏农作物265亩。雷击损坏通信线路26处。7月28日，潜江王场发生龙卷风，中心风力9～10级，降冰雹达10分钟，倒塌房屋11栋，受灾农田2300亩。

5月，省水利电力局修订完善《洪湖防洪排涝工程规划》。

6月，东荆河龙头拐打坝失事。因右岸坝头崩垮，造成8人溺水、2人死亡。

10月24日，荆州地区洪湖防洪排涝工程总指挥部成立，副专员饶民太同志兼任指挥长。

11月，洪湖防洪排涝工程开始清淤，高潭口泵站动工兴建。

冬，东荆河堤谢家湾闸、螺山渠堤桐梓湖闸、长江干堤何王庙新闸动工兴建。

冬，沙螺干渠开挖，监利县组织红城、汊河两区2万多名民工，奋战一个冬春，于1973年3月挖成通水。

1973 年

3—5月，荆州地区四湖工程管理局组织开展流域工程"五查四定"，即：查工程建设投资使用情况，查工程安全，查工程效益，查综合利用，查管理现状；定任务，定措施，定计划，定体制。历时3个月，完成检查任务。

5月，长江干堤何王庙闸竣工。

夏，监利县遭遇大暴雨袭击，103.01万亩农田受渍。监利县组织数百台抽水机（10215马力）在洪湖围堤桐梓湖抽水排渍，恢复生产，时间达两个月。7月下旬，大部分受灾农田赶上插种晚稻，减轻了渍灾造成的损失。这次会战被称为"万匹马力战桐梓湖"。

7月20日，横跨四湖总干渠的周沟大桥动工兴建，次年9月竣工。

11月1日，省革委会决定成立"湖北省洪湖防洪排涝工程总指挥部"，由省革委会副主任夏世厚任总指挥长，荆州地委书记石川任政委。

11月23日，荆州地区革委会通知，新滩口排水闸、船闸移交荆州地区长江修防处管理。

12月底，洪湖主隔堤工程全面动工。荆州地区组织江陵、监利、洪湖、潜江、沔阳、天门等6县民工48万人，修筑主隔堤福田寺至高潭口长48.8千米堤段，兴建福田寺节制闸和船闸。

冬，潜江县组织劳力对四湖总干渠张金河至冉集段实施扩挖工程；江陵县组织11500名劳力对总干渠余家埠段实施扩挖。

冬，四湖流域冬旱，10—12月大部分县降雨在10毫米以下，14万亩农田冬播困难。

是年，省水利厅制定扩大疏挖四湖总干渠和兴建电力排灌站方案。

1974 年

2月，洪湖防洪排涝工程高潭口至监利县福田寺工地发生519例感染由黑线姬鼠传染的出血热病，死亡28人。

4月，洪湖县龙口电排站建成。

6月，高潭口电排站建成。此泵站为洪湖防洪排涝工程之一，于1972年动工，装机10×1600千瓦，设计流量240立方米每秒。

9月，四湖流域发生干旱。由于近60天没有下过透雨，全流域70万人投入抗旱斗争，投入各种机械4000多台，使大部分受旱农田能灌到水，有效缓解了旱情。

9月，洪湖防洪排涝工程黄丝南公路桥施工时，吊装预制梁时发生事故，四湖工程管理局局长李大汉左臂主骨被钢绞线打断，当即住院治疗。9月14日深夜李大汉同志突发心肌梗死，逝世于沙市第一人民医院，享年57岁。

10月，新沟电力排灌站动工兴建，1976年6月建成。

11月，老新电排站工程开工，1976年7月建成试机。

11月，洪湖石码头泵站于11月20日破土动工，1975年8月13日竣工。

1975 年

5月，高潭口东灌溉闸建成。单孔，宽4米，底板高程24.50米，距高潭口电排站700米（桩号130+700）。高潭口西灌溉闸建成。2孔，每孔宽3米，底板高程25.50米，距高潭口电排站380米（桩号129+620）。

5月10日，"荆州地区高潭口电排站"成立，隶属荆州地区水利局领导。

6月11日，荆州地区革委会发出《关于汛期涵闸、水库、泵站启闭运用批准权限的通知》，通知规定按分级管理的原则，各水利工程运用要经上一级主管部门审批。

6月22日，荆州地区革委会在监利县螺山电排站召开会议，主要研究四湖流域的排灌调度措施。会议确定四湖流域调度原则是：以排为主，多排少引；分层排蓄，留湖蓄渍；排水灌溉，上下兼顾，统筹安排；要确保长湖、洪湖围堤安全，渠道畅通。

7月23日，江陵县秦市至监利汪桥、红城一带大风、暴雨、冰雹并至，降雨量达110毫米。沿线倒塌房屋284栋511间，重伤18人，死1人。

8月上旬，新沟泵站防洪闸建设在回填土方期间，由于东荆河水位猛涨，发生险情。经3000余名劳力连续5昼夜抢筑，终于做到水涨堤高，保证安全。

11月，江陵李家嘴电排站动工，1977年5月泵站建成。

1976 年

7月初，新沟嘴电排站建成，装机6×800千瓦，设计流量52立方米每秒。

10月，因规划调整重新择址开工兴建福田寺防洪闸，建闸工程于1976年10月开工，1978年9月竣工。此闸为6孔开敞式箱涵结构，设计流量为384立方米每秒。福田寺进湖闸（老闸）废除。

1977 年

1月，水电部部长钱正英在副省长王利滨陪同下，视察高潭口泵站。

1月27日至2月3日，四湖受严重寒潮影响，大雪纷飞，最大积雪深度15厘米，极端最低气温－16.5℃，大批牲畜冻死。9月5日17时30分至18时20分，龙卷风自洪湖卷入监利桥市，同时降暴雨和大冰块达2小时，3439根树木连根吹翻，1人被风卷入水中溺亡，伤10人。同日雷击刘湾村，5只木船起火烧毁，雷击时可见火球。

4月23日至5月8日，长湖水位高达32.01米，长湖库堤防汛告急，省委书记姜一和省革委会副主任夏世厚到现场指导防汛工作。

9月12日，洪湖分蓄洪工程主隔堤沙螺闸动工，次年12月12日竣工。

9月，为实施省批准的西干渠扩挖、灭螺计划，荆州地委在江陵彭家河滩召开了江陵、监利、沙市及地区水利、血防等部门负责同志会议，安排落实任务，并成立"荆州地区四湖西干渠工程指挥部"，由荆州地区革委会副主任郭兴春兼任指挥长。

10月18日，潜江县组织劳力开挖浩口镇至宋家场长11.8千米的下西荆河，12月25日完工，完成土方81.6万立方米。

10月，冯家潭电排站建成。

11月中旬，西干渠扩挖工程动工。荆州地区组织江陵、监利、沙市劳力共85000人进行施工，至次年1月完工。扩挖工程完成后较好地改善了渠道两岸农田的排水条件。

12月，洪排主隔堤（桩号13+316）黄丝南节制闸建成。洪排主隔堤子贝渊闸（又称新闸）建成（桩号33+189）。洪排主隔堤下新河闸（又称新闸）建成（桩号12+395）。

1978 年

1月15日，四湖西干渠扩挖、阶段性灭螺工程完工。

1月，半路堤泵站破土动工，1980年5月告竣。

7月14日，江陵李家嘴电力灌溉二级站建成。潜江幸福电排站建成。

8月6日，洪湖县小港遭龙卷风袭击，500多根大树连根拔起，130多栋房屋倒塌，死2人，伤108人。

10月27日，四湖总干渠疏挖工程指挥部成立，荆州地委副书记尹朝贵任指挥长，荆州行署副专员徐林茂、荆州地区四湖工程管理局局长马香魁任副指挥长。

11月，四湖总干渠疏挖工程动工。荆州地区组织江陵、潜江、监利等县劳力疏挖总干渠习家口至南刬沟渠段。至12月底完成此段渠道疏挖。

冬，疏挖四湖总干渠时，在位于周家沟东800米处，发现一具长约28米的"龙状"化石，经专家鉴定，系第四纪中更新世中期的拉玛象化石。

冬，监利县监新河北段从新沟泵站至周沟闸长19千米疏挖改道全线告竣。

是年，四湖流域发生干旱。1—8月降雨587毫米，江湖水位下降，沿江涵闸引水困难，受旱农田157.1万亩。各地及时组织引水抗旱，江陵县组织抽水机械到漳河水库抽水9300万立方米，在荆江大堤严家台闸抽长江水300万立方米；高潭口电排站抽洪湖和总干渠的水灌田40万亩。长江、汉江水位上涨后，万城、观音寺、严家台等闸共引水7.98亿立方米。由于抗旱措施有力，四湖流域旱情得以缓解，获得了较好的农业收成。

1979 年

2月27日，荆州行署以荆行〔1979〕14号文印发《四湖总干渠管理试行规定》，对四湖工程管理范围、工程建设等作出明确要求和规定。

3月12日，荆州行署以荆行〔1979〕第12号文通报表彰水利工程管理标兵和先进单位、个人，四湖工程管理局受到表彰的标兵单位1个、先进单位3个、先进工作者1人。

5月，太湖港渠库分家工程竣工。

10月，杨林山深水闸动工，次年5月竣工。

10月23日至12月底，荆州地区组织监利、潜江、江陵等县民工6.7万人疏挖总干渠监利县南刬沟至老河口长4800米渠段。次年2月，疏挖工程完工。

11月，万福闸工程开工，翌年11月竣工。

是年，四湖流域夏、秋连旱。4月12日，潜江遭大风袭击（8～9级），损坏房屋6518栋，4月25日，飑线（指风向突然改变，风速急剧增大的天气现象）和雷暴挟带着冰雹自江陵川店入境，经普济至监利汪桥、大垸、三洲、尺八、白螺进入洪湖至燕窝、新滩一线，冰雹最大直径10.5厘米。三县共损坏房屋33220间（其中江陵县26426间、监利5294间、洪湖1500间）。死1人，伤112人，受灾人口15.3万人，受灾农田34.99万亩。

1980 年

2月25日，成立地辖荆门市，分设荆门市水利局和荆门县水利局。

5月，杨林山深水闸竣工。

5月，荆门县大碑湾泵站一期工程建成。工程包括一级站、二级站、三级站，总装机28台、总容量15150千瓦，设计灌溉面积45.3万亩，保证灌溉面积25万亩。

是年，四湖流域遭遇洪涝灾害。1—8月，全流域平均降雨量1363毫米。7月中旬至8月上旬3次大暴雨总量636毫米。8月14日，长湖水位33.11米，防汛95天；8月24日，洪湖水位26.92米，防汛达4个月之久。上区彭塚湖、中区洪狮垸、新螺垸、土地湖、桐梓湖、幺河口、王小垸等7处堤段实施扒口蓄洪。全流域受灾农田面积263万亩。

8月18—20日，省委、省人大、省政府组成以李夫全为团长的慰问团到监利、洪湖等地慰问灾民。

8月23日，省党政军主要负责人陈丕显、韩宁夫、张秀龙、黄知真、任中林等赴长湖防汛前线指导防汛，视察灾情，慰问灾民及防汛干部、群众。

8月24日，荆州地委召开县委书记会议，研究部署四湖流域抗洪救灾工作。陈丕显、韩宁夫等省领导会上讲话。会议要求，各地积极开展生产自救，把抗灾救灾斗争坚持到底。四湖流域水利建设要在总结抗旱排涝经验的基础上，进一步搞好农田基本建设。要按照自然规律办事，对部分围垦的湖泊要退田还湖，提高调蓄能力。

8月28日，监利县三洲联垸上搭垴堤段发生漏洞溃口，淹没面积186平方千米，受灾人口4.1万人，死亡14人。

10月，玻湖渠疏浚工程开工，次年完工。

是年冬至1981年春，实施长湖堤防整险加固。

1981 年

1月15日，横跨东荆河的监利县北口大桥建成通车。桥全长443米，面宽10米，投资264.8万元。

春，长湖库堤实施第三次改线工程，江陵县组织劳动力16000多人施工。

4月16日，荆州地区四湖工程管理局挖泥船队成立。

5月8—16日，省委第一书记陈丕显、副书记任中林一行到洪湖、监利、江陵等县的重灾区查看灾情，了解灾区群众生活状况、水毁工程修复和救灾、生产恢复等情况。

5月9日23时，监利县分盐、新沟等地遭大风、雷雨袭击达4小时之久，倒塌房屋596栋，折树2040根，伤25人，雷击死1人。10日3时许，大风移至潜江白鹭湖，西入六合垸农场，风带宽1000米左右，受灾范围长11千米，倒房387栋，伤17人。

6月，大同湖鸭耳河电排站建成。

11月，高潭口电排站荣获国家优秀设计项目奖。后又获得施工、安装银质奖。

1982 年

5月，荆州地区防汛指挥部发出通知，对江汉平原干（含确保堤段）、支堤上的排灌涵闸和湖泊重要节制闸以及过闸抽水、翻堤抽水的审批权限作了明确的规定。

7月2日，荆州地委批转地区防汛指挥部《关于清除江河行洪障碍问题的报告》。四湖工程管理局组织潜江四湖管理段，对田关河开展清障工作，拆除拦河渔网20多部。

7月，荆州地区四湖工程管理局完成四湖系统人口普查工作（属"第三次全国人口普查"）。

冬，洪湖燕窝电排站建成。

1983 年

1月，四湖流域大中型水库和重要泵站管理单位开展的"三查三定"工作，即：查安全，定标准；查效益，定措施；查综合经营，定发展计划。全部完成工作任务并建立档案。

3月12日，杨林山泵站破土动工，1985年4月竣工。

4月，太湖港观桥河段被江陵县农药厂流出的废水污染，附近地区1000余人饮水中毒，其中江陵县砖瓦厂300余人住院治疗。

5月14日，江陵县遭受大风袭击，风速9级左右，损坏房屋3159间，树木倒伏35852株，倒电线杆696根。4月15日、25日、28日监利县多地受大风、冰雹袭击，倒塌房屋637栋，树木倒伏38400株，倒电线杆173根，压死1人，雷电击死1人，伤143人。

6月8—15日，省委书记关广富、省军区司令员王申、省水利厅厅长童文辉在荆州地委书记胡恒山、行署副专员徐林茂陪同下，检查高潭口、螺山泵站等水利工程管理单位的防洪排涝准备工作。

8月，省委批准荆门县并入荆门市，荆门市由省直管。

9月，与杨林山电排站配套使用、全长21.04千米的杨林山渠疏挖工程启动。至1985年1月底，疏挖工程竣工。

是年4—10月，四湖流域洪涝灾交替发生。7月17日长江沙市洪峰水位43.67米，10月9日汉江新城水位达44.50米，10月25日长湖水位高达33.30米（系长湖有水文记录至当时的最高值），7

月15日洪湖水位高达26.83米，10月11日，东荆河监利新沟嘴站水位39.05米（系历年来的最高水位）。由于降雨强度大、雨期长，形成外洪内涝，受灾农田263万亩（其中绝收的79.1万亩），占在册耕地面积的46.4%。荆州城道路遭淹约5万平方米，西门、大北门、小北门桥被淹，交通阻塞，东门外至塔儿桥等处水深约0.5米，住宅被淹1297户，倒塌房屋12户，古城墙下陷、倾斜、裂缝计189处。10月26日，荆州地区长湖防汛指挥部下达长湖胜利垸、乔子湖分洪的命令。次日实施炸口分洪，江陵、沙洋两县受灾面积90多万亩，成灾面积52万多亩，受灾人口30多万人，倒塌房屋103859间，因灾死亡3人、伤21人，淹死耕牛452头。

冬，东荆河堤付家湾闸因建造质量差、闸底偏高，予以封闭（新沟电力排灌站建成后此闸基本失去作用）。

12月7日，新滩口电排站破土动工，1986年竣工。

12月，太湖港南干渠改道工程完工。

1984 年

3月26日，后港围堤加固工程动工。

6月30日17时，监利棋盘、朱河、汴河等地遭受风暴灾害，死1人，监利县降特大暴雨，受灾农田28万亩。

7月9日，潜江县奉命炸开阻碍分泄汉江洪水的东荆河龙头拐土坝，使其达到河道正常分流的标准。

7月27日，江陵县谢古垸扒口分洪。

7月28日，荆州行署批转《荆州地区水利工程收费管理补充办法》，以按劳收费与按亩征收相结合、按劳收费与基本水费相结合为核心，制定水利工程的管理使用办法。

8月7日，由专家、学者组成的长江考察团在结束考察活动后，向国务院提出振兴长江航运的报告。其中包括"开挖湖北两沙（沙市、沙洋）运河，开发江汉"的建议。

11月，以哈格尔博士为首的5位联邦德国专家、教授和中国同行一起，冒雨考察规划中的两沙运河线路。

是年，省委提出综合治理江汉平原"水袋子"问题。3月22日，省委在第四次党代会的报告中提出要对江汉平原"水袋子"进行综合治理的决议。会后，荆州地委向省委写专题报告。5月31日，省委经济研究中心经过实地考察后，提出《关于以水为主、综合治理四湖流域"水袋子"问题的报告》。7月21日，省政府党组就此报告进行讨论，同意报告中"分区排水、分区调蓄"和"挖潜配套"的治理原则；同意划定水位线标准，作为综合治理的界限。四湖工程管理局逐步形成责、权、利相结合的经济实体；增加投资，新建田关泵站、东荆河龙头拐节制闸等工程措施。8月20日，省委以鄂文〔1984〕29号文批复同意省政府党组意见。

是年，省水利水电勘测设计院编制完成《四湖流域水利综合利用规划复核要点报告》，为指导流域水利建设和管理发挥重要作用。

是年，全流域春旱、夏旱连秋旱，各县降雨量普遍少于往年，农田受旱面积161.2万亩。

1985 年

3月3日，由武汉水利电力学院主持、荆州地区四湖工程管理局参与的"四湖流域除涝排水系统最优扩建规划研究"成果获省科协一等奖。

4月1日，荆州地区新滩口水利工程管理处成立，属事业单位，级别相当副县级。主要负责管理新滩口电排站、船闸和排水闸。

5月3日，监利县汪桥、红城、余埠、毛市、分盐等地遭受龙卷风、冰雹、暴雨袭击；7月3日，龚场、网市遭风灾。9月15日，红城、朱河等地遭暴风大雨袭击；10月11日，白螺等地风暴持续半小时，降雨量达 200 毫米。4 次受灾农田 6 万亩，倒塌房屋 874 间，折断树木 2 万株，伤 428 人，死 5 人。

5 月 14 日，省水利厅以鄂水总〔1985〕12 号文批复田关泵站兴建，工程于 1986 年 5 月开工，1989 年 5 月完工，装机 6×2800 千瓦，设计流量 220 立方米每秒。

5 月 18 日，荆州行署颁布新的《防汛负担办法》。办法共 6 条，对防汛负担范围、责任和防汛用工、费用征收、器材使用及管理等方面都作了明确的规定。

5 月，后港围堤加固工程竣工。

6 月 11 日，荆州地区水利建设"七五"计划（1986—1990 年）编制完成。此计划提出，在继续搞好堤防整险加固、保证防洪安全的前提下，加速平原湖区建设，治理内涝，重点解决"水袋子"问题；丘陵山区认真抓好水库整险加固和配套煞尾，加强管理，充分发挥工程效益。

7 月，四湖流域发生干旱。各地党委、政府及时采取抗旱保丰收措施，沿长江、汉江引水涵闸开启引水，投入抗旱的发电机、柴油机、水车近 10 万台（套）。

8 月 1 日，东荆河洪湖白庙大桥建成通车。

9 月 8 日，省政府发出《关于减轻农民负担的若干规定》。此规定指出，农民劳务负担包括国家规定的义务工和作为劳动积累工的农田基本建设用工，每年每个劳动力一般控制在 15 个标工以内。防汛抢险用工以及农民联户进行的小型农田水利建设用工不受此限。

10 月 26 日，荆州地区田关泵站工程指挥部成立，副专员喻伦元任指挥长。

11 月 4—14 日，水电部副部长杨振怀在长办副主任文伏波、副省长王汉章、行署副专员徐林茂陪同下，检查高潭口电排站、洪排主隔堤等防洪排涝工程情况。

12 月 25 日，习家口船闸正式动工兴建。

12 月 27 日，荆州行署决定将高潭口电排站和新滩口水利工程管理处交由荆州地区四湖工程管理局管理。

是年，四湖流域开展退田还湖工作，限期 1～2 年完成，以发展水产业。

1986 年

1 月 13 日，宦子口船闸建成通航。

1 月 29 日，在全省水利水电管理工作会议上，荆州地区高潭口电排站、江陵四湖工程管理段等单位被授予三等先进单位称号。

5 月 10 日 21 时，潜江西大垸农场至监利黄歇、荒湖、新沟等地遭受龙卷风袭击，并伴有雷电、冰雹。沿线损坏房屋 312 栋。8 月 6 日，监利县红城、毛市至洪湖县瞿家湾、沙口、万全、汉河等地遭受龙卷风袭击，毁坏农作物 1 万亩，倒塌房屋 271 栋，折断树木 2000 余株，掀翻渔船 317 只，死 2 人，伤 63 人。

5 月 19 日，省防指印发《沮漳河洪水调度方案》，对沮漳河洪水调度方针、基本情况、防御标准、控制水位，洪水设计标准和分蓄洪程序等作出明确规定。

8 月 3 日，新滩口电排站主体工程竣工。

8 月，荆州地区水利局勘测设计室经过一年多时间工作，编制出《荆州地区四级区水资源供需平衡研究报告》。

11 月，观音寺电灌站动工兴建，次年 3 月建成投入运行。

是年，1—6 月四湖流域干旱少雨，东荆河断流，水库、塘堰蓄水量只占有效蓄水量的 37％。6 月全流域受旱面积约 300 万亩，25 万人生活用水困难。6 月，四湖流域陡降暴雨 100～200 毫米，300 万亩农作物受渍。8 月中旬以后，四湖流域又持续干旱。各地及时抽调干部 1.2 万人、劳力 40 万人，架设电机 3605 台、柴油机 16763 台，投入抗旱斗争。5 月下旬从江陵观音寺、颜家台二闸引水 1.25 亿立方米跨灌区送至潜江、监利等地抗旱，电灌站抽水 3.5 亿立方米。解决农田灌溉用水和人畜饮水。

1987 年

2月21日，荆州行署召集财办、财税、物资、水利等部门参加会议，专题研究发展水利综合经营问题。

3月，长湖余家洼民堤加培工程动工，至8月竣工。

5月1日下午，监利、洪湖两县沿洪湖周边的桥市、白螺、沙口、峰口、汉河等地遭受龙卷风袭击，倒塌房屋2669栋，折断水泥电杆120根，折断树木1万株，毁坏围栏养鱼300亩，伤10人，死2人。

5月18日，由荆州地区水利科学研究所组织开展的四湖流域渍害低产田暗管排水的田间试验研究成果——《四湖流域渍害低产田地下排水改良试验研究综合报告》《渍害稻田适宜渗漏量试验研究》等五篇论文获省科技进步一等奖。

5月，杨林山泵站输电线路固定资产移交荆州电力局管理。

7月，四湖上区遭遇大雨，拾桥河堤防八湾滩溃决。

12月24日，水利部在潜江县主持召开南方地区渍害低产田排水改良技术鉴定会，13个省（自治区、直辖市）水利厅及有关科研单位共200余人参加会议。会议鉴定，潜江田湖大垸渍害低产田改造田间暗排技术达到国内同行业先进水平，改造后渍害低产田比未改造渍害低产田连续4年粮食稳定增产25%～30%，可向全国推广应用。

1988 年

5月9日，荆州地区编委以荆编办〔1988〕95号文批复调整四湖工程管理局机构编制。局机关设秘书科、计财科、多种经营科、调度室、政工科。局直属单位设物资站、劳动服务公司、习口闸管所、刘岭闸管所、试验站、船队。定编180人。

5月18日晚8时许，监利县部分地区遭受龙卷风和冰雹的袭击，经济损失达300余万元。

7月23日，荆州行署发出《关于禁止在洪湖调蓄面积内挽堤建鱼池和围湖造田的通告》。此通告对保护现有洪湖调蓄面积、清除调蓄障碍等作出明确规定，并委托荆州地区四湖工程管理局监督执行。

11月20日，四湖东干渠扩挖工程动工，次年1月竣工。

是年，四湖流域先旱后涝。1—4月，全流域降雨量比去年同期少4～7成，比大旱的1978年少3～4成。6—7月少雨、高温，造成春旱连伏旱，受旱面积达100多万亩。8月下旬至9月上旬，连降3次大到暴雨，出现严重涝渍。9月22日，长湖水位32.50米，9月11日，洪湖水位26.05米，9月9日，田关河水位32.42米。各地党委、政府组织防汛干部700余人、劳动力1.2万人，抢排涝水。新滩口泵站提排水3.9亿立方米，高潭口泵站提排水4.6亿立方米。由于抗旱排涝措施及时得力，全流域获得了较好的农业收成。

1989 年

3月1日，荆州地区编委以荆编办〔1989〕9号文批复，调整四湖工程管理局内部机构为：办公室、政工科、工管科、计财科、多种经营科、调度室。

5月8日，荆州行署公安局批复同意，荆州地区四湖工程管理局设保卫科。

5月，省水利厅在江陵县举办全省渍害低产田改造技术培训班，全省各地、市、州和县水利局派员参加。

11月18日，省政府办公厅下发《关于调处荆州地区四湖管理局刘岭闸管所与荆门市毛李镇蝴蝶村土地纠纷问题的通知》。通知指出，刘岭闸兴建时，所占用的700亩土地，经省水利厅批准，按政策规定给予补偿，并由当时的荆州行署责成荆门县调整土地。因此，所占土地权属问题清楚，属国家所有，由刘岭闸管所管理使用，不应再按现行政策给予补偿。荆门市政府应督促土地管理部门尽快核发土地使用证，以保证该工程管理正常进行和财产不受侵犯。

11月29日，省水利厅发出通知，决定在江陵等县（市）开展水利执法体系建设试点工作。

12月，经上级领导同意，荆州地区四湖工程管理局机关由江陵丫角迁荆州城区武德路办公。

是年，四湖流域各县（市）开始渍害低产田的改造活动，渍害低产田的改造主要采用挖深沟大渠，建排渍泵站排地表明水，在田间埋设地下暗管降低地下水水位，解决农田渍害，经此技术改造，渍害低产田平均亩产可增水稻100多千克。

1990 年

2月20日，荆州地区编办批复（荆编办〔1990〕11号）同意四湖工程管理局撤销保卫科，改设公安科。

3月16日，荆州地区编委以荆编办〔1990〕16号文批复，将"荆州地区高潭口电排站"更名为"荆州地区高潭口水利工程管理处"，其隶属关系、机构级别、人员编制不变。

7月27日，龙卷风、雷雨袭击监利柘木、桥市、朱河等地，死2人，伤146人，倒房375间，农作物受灾4825亩。

8月18日，省水利厅以鄂水计〔1990〕380号文通知，引进世界银行贷款，项目以农业灌溉、排水为主体，兼以农业技术、水资源综合利用，建设稳产、高产商品粮（棉）生产基地。四湖排涝区是安排贷款的7个子项目区之一，其范围涉及江陵、监利、潜江、洪湖、沙市等县（市），总工期3～5年。根据省财政厅有关文件精神，"省财政厅负责向项目单位或各级政府转贷""各级政府授权财政局为省的债务、债权代表人，负责向省还本、付息、付费，并对世行贷款的使用进行统一监督"。通知各地编制利用世行贷款项目建议书。

10月4日，荆州地区四湖工程管理局以荆四管〔1990〕85号文下发《关于泵站、涵闸、河道堤防管理达标条件暂行的通知》，对泵站、涵闸及河道堤防管理达标条件、验收评分标准及办法作出规定。

10月17日，中共中央政治局委员、国务委员李铁映在省委副书记钱运录、荆州地委书记王生铁等陪同下，视察监利县红城乡丰收河等工地的灭螺工程。

11月至1993年，江陵县组织10万劳动力扩挖砖桥至蒋家桥、蒋家桥至复兴场西干渠河段，两段共长38.5千米。共投资1692.59万元，完成土方398万立方米。

11月，刘家岭节制闸完成加固工程。

冬，四湖水利建设完成东干渠、西干渠、洪排河、田关河、太湖港渠等骨干渠道扩挖疏浚工程，完成土方1200万立方米，完成投资890多万元。

1991 年

1月19日，省水利厅以鄂水计〔1991〕024号文下达世界银行贷款江汉平原农田水利开发项目前期工作任务，四湖排灌区被列为争取此次世行贷款的子项目之一，开展可行性研究工作。荆州地区四湖工程管理局为承办牵头单位，并与有关县（市）、协作单位组成研究工作小组。

是年，四湖流域发生严重内涝灾害。6月30日至7月13日，流域平均降雨量387毫米，产水量28.8亿立方米。江陵、洪湖、监利部分乡镇还伴有龙卷风袭击。长湖水位7月15日达33.01米，洪湖水位7月18日达26.97米，总干渠福田寺闸上7月13日水位达28.12米。337万亩农田受灾，其中绝收113.81万亩，受灾人口221.4万人，倒塌房屋12820间，有近4万户房屋进水，损坏桥涵81处。荆州地委分别在洪湖、长湖成立前线指挥部。全流域上下奋力抗灾，协同作战，取得了防汛抗灾的胜利。防汛抢险投入68.8万人次，600多处大小泵站全部启动，动用柴油机2.5万台45万马力，抢险加堤完成土方 32 万立方米、砂石 1530 吨。

8 月 30 日，荆州行署对洪湖市、监利县在总干渠泄洪道堤及其附近土地权属争议作出处理，以荆行办函〔1991〕32 号文规定，泄洪道东、西堤和背水面 20 米禁脚属四湖总干渠的配套工程，属国有土地，归荆州地区四湖工程管理局管理；朱家墩以东三角地，以泄洪道堤西 180 米为分界线，东面（除河堤及 20 米禁脚外）由洪湖市管理使用，西面由监利县管理使用。如国家建设需要，各方均应无条件服从。

10 月，省水利厅授予荆州地区新滩口水利工程管理处抗洪抢险"先进集体"称号。

11 月，四湖流域按照建设计划，开展灾后工程整险建设。列入省重点工程的螺山电排渠疏挖、洪湖围堤整治、田关河扩挖三大项目工程，共上劳力近 30 万人，动用各类机械 759 台（套）。经过两个多月的艰苦努力，至次年春完成土方 722.52 万立方米。

冬，荆州地区组织交通、水利部门疏浚总干渠习家口至张金河段，疏挖全长 24.5 千米，按设计最低通航水位 25.50 米控制，河底标高 23.50 米，完成土方 224 万立方米，满足 6 级航道通航要求，解决总干渠上游排水不畅的问题。

1992 年

汛前，田关泵站拦污栅加固工程完成。

6 月初，江汉平原改造渍害低产田科研项目通过国家部委验收。

6 月 3—7 日，水利部在洪湖市召开全国南方地区渍害低产田改造示范区建设经验交流会，四湖流域渍害低产田改造工作得到会议的肯定。

6 月 18 日，省防汛办公室在江陵县召开拾桥河防汛协调会，拾桥河西堤防汛问题取得一致意见。

7 月 6 日，荆州地区四湖工程管理局世界银行贷款项目工作领导小组成立，郭再生任组长，镇英明任副组长。

10 月 5 日，荆州地区水利局以荆行水政字〔1992〕第 174 号文批复设立"湖北省四湖综合开发总公司"。公司为全民所有制企业，独立核算，隶属四湖工程管理局领导。

11 月 6 日，省政府决定，对在"一年受灾、一年恢复"新建水利工程建设中富有成效的洪湖等 10 个县（市）授予"1992 年度全省水利建设先进县"称号。

是年，田关河疏挖工程采取机械化施工节省投资、减轻农民负担，为全省农田水利基本建设机械化施工探索出一条新路。

是年，老新泵站管理达标通过省级验收。

1993 年

3 月 15 日，荆州行署办公室以荆行办发〔1993〕17 号文下达地区水（电）费提成任务，由荆州地区四湖工程管理局计收、管理、使用四湖流域综合基本水费以及统、直排水（电）费。

4 月 22 日，荆州地区四湖工程管理局成立四湖流域水（电）费计收工作组，分洪湖、监利、潜江、江陵 4 个计收工作组，开始征收全年水（电）费。

5 月 12 日，潜江铁匠沟、龙湾及监利等地遭暴雨袭击，最大风力 8 级，倒塌房屋 185 栋，伤 15 人。

11 月 2 日，省政府授予监利 1993 年度水利建设先进县（市）称号，通报表彰潜江等县（市）。

11 月初，四湖总干渠习家口至潜江万福寺闸渠段（长 37.5 千米）疏浚工程开工。

12 月 3 日，省政府颁发《湖北省河道堤防工程维护管理征收、使用和管理办法》。

12 月 25 日，沮漳河下游综合治理第一期工程鸭子口至临江寺出口改道工程破土动工。

1994 年

1 月，四湖西干渠彭家河滩至中江村渠段扩挖工程竣工，完成土方 120 万立方米。

3月15日,田关河疏挖工程完工,完成土方261万立方米。

4月,省计委以鄂计农字〔1995〕第0320号文《湖北省利用世界银行贷款水利综合治理开发项目可行性研究报告》正式批准世行贷款工程,四湖排灌区项目为子项目。

5月16日,荆州地区编委以荆机编〔1994〕22号文批复,成立"荆州四湖排灌区世行贷款项目管理办公室",机构设在四湖工程管理局。

11月,荆州地区与沙市市合并,成立荆沙市。荆州地区四湖工程管理局更名为荆沙市四湖工程管理局。四湖水系内原行政区划被重新划分,形成荆沙市、荆门市两个地级市和一个省直管市潜江市。

11月中旬至12月,四湖排灌区世行贷款项目开工。施工地点为洪湖、长湖堤防,整治工地16处,动用推土机、抽水机、挖泥船等机械80余台,高峰期上劳力2.8万人。次年春,完成洪湖、长湖堤防年度加固任务。

1995 年

2月6日,省政府原则同意:保留原荆州地区四湖工程管理局建制,更名为荆沙市四湖工程管理局,隶属荆沙市管理,原管理体系原则上保持不变。将其中位于荆门市境内的刘岭闸与潜江市境内的田关泵站划归省水利厅直管,原四湖工程管理局潜江管理段由潜江市水利局主管。

2月28日,洪湖湿地被国家环保局列入第一批重点保护名录。

3月,省利用加拿大赠款水利项目四湖排涝系统优化调度第一阶段第一期的研究结束。

3月,省政府以鄂政发〔1995〕11号文批转省水利厅关于荆沙合并后有关几个水利管理单位的管理体制报告,潜江四湖工程管理段移交潜江市水利局管理,不再隶属荆州市四湖工程管理局。原四湖工程管理局江陵长湖管理段与原沙市市长湖管理段合并,成立四湖工程管理局沙市长湖管理段,段机关设在关沮口。同时,设四湖工程管理局荆州长湖管理段,段机关设在荆州荆北路。

春,世行贷款项目洪湖围堤加固工程完成土方56万立方米,其中吹填土方16万立方米;长湖库堤加固工程完成土方12万立方米。

4月11日,荆州地区编委以荆机编办〔1995〕141号文批复,调整设置四湖工程管理局内部机构。调整后的内部科室为:办公室、政工科、计财科、审计科、勘察设计室、经营管理科、工程管理科、保卫科。直属单位为:习口闸管所、挖泥船队、物资站、劳动经营部、排灌试验站。其机构性质、级别不变。

4月26日,荆沙市编委以荆机编办〔1995〕140号文批复,将"荆州地区四湖排灌区世行贷款项目管理办公室"更名为"荆沙市四湖排灌区世行贷款项目管理办公室"。

5月21日,省人民政府以鄂政发〔1995〕68号文批转《省水利厅关于四湖流域防洪排涝调度方案(试行)的通知》。

5月25日,省政府发出《关于新滩口排水闸闸门坠落事故的通报》,对造成事故的责任人予以批评,要求各地以此为鉴。

6月22日,省水利厅成立"湖北省四湖流域防洪排涝协调领导小组",副厅长陈柏槐任组长。办公地点设在荆沙市四湖工程管理局。

7月3日,荆沙市防汛指挥部下达成立荆沙市四湖防汛排涝指挥部通知,副市长郭大孝任指挥长。

7月16—18日,省委书记贾志杰、省长蒋祝平就抓好抗洪救灾和农业生产等问题,到荆沙等地做专题调查研究。

9月8—10日,由省计委、省财政厅、省水利厅、荆沙市水利局、荆沙市四湖工程管理局组成联合检查组一行20人,对利用世界银行贷款所整治的总干渠(桩号109+000~113+000,桩号115+370~117+620)、洪湖围堤(桩号26+927~29+550)进行了全面检查。整治堤段总长8873米,完成土方 30.63 万立方米。之前业已验收合格。

9月25日，荆沙市水利局以荆水政〔1995〕128号文批复，荆沙市四湖工程管理局挖泥船队增挂"湖北省四湖疏浚吹填工程公司"牌子。

10月30日，省水利项目世界银行贷款土建工程招投标会首次在武昌洪山宾馆举行。四湖排灌区洪湖围堤加固项目：土方填筑30万立方米，吹填土方16万立方米，护坡5821平方米，子贝渊整治混凝土护坦、护坡1087平方米。由洪湖四湖工程公司以1132.3157万元的投标金额中标。

是年，四湖流域发生7次大范围的强降雨，受渍农田300多万亩。流域大型电排站共提排涝水33亿多立方米。

1996 年

4月9日，荆沙市水利局召开调整四湖流域部分水工程管理权属会议，专题研究原沙市市、江陵县行政区划变更后，其范围内总干渠、西干渠部分水工程管理权属关系的调整。经行政区划调整后属沙市区范围内的总干渠习家口至桑梓湖畜牧场段（桩号0+000～12+800），西干渠雷家垱至东市桥段东岸（桩号0+000～20+400），西岸（桩号0+000～23+000）的所有水利工程统一由沙市区长湖段管理。江陵区四湖管理段共移交12人给沙市区长湖管理段。

7月3日，省委副书记杨永良一行到高潭口泵站、洪湖等地检查指导防汛排涝工作。

7月15日，省委常委、副省长王生铁，省防指副指挥长徐林茂等到洪湖、长湖指导防汛抗灾工作。

7月16日，监利县沿洪湖三墩塘、东港子、庄河口、幺河口等4个民垸扒口蓄洪，受淹面积47240亩，其中水稻11200亩。

7月18日，洪湖市沿洪湖新螺东垸、植莲场等12民垸扒口蓄洪，调蓄洪水近1亿立方米。

7月26日，长湖三支渠闸口出现跌窝，沙市区防汛指挥部组织锣场乡200多民工填土堵漏，经过6小时的奋战，基本控制险情。

8月2—4日，受第8号台风影响，四湖流域再遇暴雨袭击，加重了内涝。

8月3日，洪湖撮箕湖堤受8号台风影响，堤身发生溃口险情，经紧急动员新堤城区干部群众1000多人，采用编织袋装卵石抢护，险情得到控制。

8月7日，长湖习家口闸出现特大险情。由于闸上、闸下水位落差较大，闸门产生严重变形。险情发现后，省防汛指挥部副指挥长徐林茂带领省、荆州市防汛指挥部有关领导和专家迅速赶到现场，紧急处理。抢护采用三项措施：①抽水反压，提高闸下滚水坝水位减压；②在滚水坝前打坝，再提高闸后水位减压；③在闸门前的预留槽内放入槽钢，形成第二道闸门，以减轻闸门的压力。荆沙市520名武警官兵和沙市区620名基干民兵投入抢险。经24小时的紧张战斗，终于排除险情，保证了涵闸安全。11月习口闸整险改建工程动工，次年6月竣工。

8月10日，卫生部部长陈敏章带领疫病防治专家到洪湖、监利指导救灾防病工作。

8月13日，民政部部长多吉才让深入监利等重灾区查灾情、访灾民。

8月15日，省委书记贾志杰视察荆沙市灾情并现场办公。

10月，螺山泵站改造工程启动，次年春完成改造。

11月，江汉航线经多年建设，全线通航。江汉航线是连接长江和汉江的一条水运捷径，航线北起沙洋新城船闸接汉江，南从洪湖螺山船闸入长江，全长174千米，可通300吨级船舶。

12月3日，荆江大堤观音寺闸加固工程开工，次年5月1日工程竣工。

12月6日，田关河疏挖工程开工。荆门、潜江、沙市3市（区）组织劳力20万人，疏挖田关河上段19.6千米的河道，完成土方510万立方米。省委常委、副省长王生铁到工地现场办公。

12月19日，荆沙市更名为荆州市。"荆沙市四湖工程管理局"更名为"荆州市四湖工程管理局"。

是年，习家口节制闸在长湖水位 33.26 米的高水位情况下，开闸泄洪，因超水头运行，闸门弯曲出险。同年 11 月整险加固，拆除闸上游八字墙，增长闸身，重建闸门槽和启闭机，重置 257 型螺杆启闭机 2 台。1997 年全部竣工，总投资 220.84 万元。

是年，梅雨期形成典型的长江中游区域性大洪水，四湖流域发生自 1954 年以来最严重的洪涝灾害。7 月 1 日至 8 月 5 日，四湖流域累计平均雨量 590 毫米，占全年降雨量的 3/5。8 月 8 日长湖水位达 33.26 米，7 月 25 日，洪湖水位达 27.19 米。长湖 33.00 米以上水位持续 12 天，洪湖 26.50 米以上水位持续 31 天。全流域受灾人口有 186.92 万人，沿洪湖有 28 个乡镇的大部分农田被淹，13 万人被洪水围困，积水城镇 52 个，房屋倒塌 13.86 万间，农田受灾面积 364.2 万亩，成灾面积 235 万亩，其中绝收面积 165.9 万亩。灾情发生后，四湖流域各级防指迅速组织力量投入抗灾斗争。抗洪高峰期组织上领导、劳力共 14.5 万人，其中区县级领导 115 人，乡镇级干部 1422 人，防守劳力 75290 人，整险劳力 40540 人，抢险突击队员 26760 人。防汛耗资 797.73 万元。汛后，全流域及早进行了水毁恢复整治、重建家园建设。

1997 年

1 月 6 日，水利部部长钮茂生、国家计委副主任陈耀邦带领国家水利建设检查组，在省长蒋祝平陪同下检查螺山泵站改造工程。

4 月 4 日，省委常委、副省长王生铁率省政府办公厅、省农委、省财政厅、省水利厅等省直部门领导、专家到高潭口泵站检查汛前准备工作。

6 月 6 日，石首、监利、洪湖 3 县（市）部分乡镇遭受龙卷风袭击，风力达到 10 级以上，34 个乡镇受灾。

8 月 7 日，省防汛抗旱指挥部调整"湖北省四湖流域防洪排涝协调领导小组"成员（鄂汛字〔1997〕26 号），省水利厅副厅长吴克刚任组长，荆州市四湖工程管理局局长杨伏林任副组长兼办公室主任。

10 月 20 日，荆州市委组织部以荆组文〔1997〕68 号文批复，中共荆州市高潭口水利工程管理处支部委员会改建为中共荆州市高潭口水利工程管理处委员会，其隶属关系不变。

10 月 30 日，省水利厅召开了江汉航线北段航道走向研讨会。会议确定北段航道优化方案，即新城—李市—双店—长湖。以西荆河洪水不进入长湖，不增加长湖防汛负担为原则，维持原有防洪格局不变作进一步研究，争取沿线各地各部门的支持，力争早日建成。

11 月 19 日，经省水利世行办审查同意四湖排灌区工程中期项目作适度调整。

是年，长湖抗御大洪水。7 月，长湖流域普降大到暴雨，平均降雨量 297.8 毫米，比历年同期多 136%。7 月 24 日长湖水位达 32.99 米，超警戒 0.99 米，逼近 33.00 米的危险水位。为缓解洪水对长湖的压力，及时运用习家口节制闸、刘岭节制闸、田关泵站、田关排水闸四大工程排水，较快地降低了长湖洪水位。抗洪高峰期间上领导劳力 4390 人，其中领导、干部 999 人。此外，还有抢险预备队员 3000 人。抗洪共用木桩 2 万根、麻袋 1 万条、编织袋 5 万条、粗砂卵石 900 吨、稻草 2.5 万公斤，抽水机 20 台（套），完成土方 12 万立方米，砖、煤渣 1.5 万立方米。

1998 年

1 月 1 日，《中华人民共和国防洪法》颁布实施，四湖流域各地认真学习贯彻。

2 月 12 日，四湖流域最大的橡胶坝——万城橡胶壅水坝竣工。

5 月 6 日，受省涝渍地开发工程技术研究中心的邀请，日本林郁夫教授到荆州市四湖工程管理局丫角排灌试验站就中日合作渍涝改造工程项目进行考察。

7 月 18 日，长江沙市出现第二次洪峰。18 日 8 时，沙市洪峰水位 44.00 米，流量 46100 立方米每秒。荆州市防汛指挥部决定增派第四批防汛工作组支援抗洪前线。荆州市四湖工程管理局派领导和工程技术人员共 4 人，参加此批防汛工作组，赴监利、石首长江堤段防汛。

7 月 27 日、8 月 21 日，新滩口泵站 1 千米长江干堤二次出险告急，解放军某部分别出动 300 名和 150 名官兵抢筑子堤，排除险情。

8 月 5 日，长湖习家口水位 31.87 米，为当年最高水位。洪湖 8 月 2 日挖沟嘴最高水位 26.54 米。

8 月 6 日、9 月 6 日，荆州市四湖工程管理局组织全系统干部职工和离退休人员向洪水受灾地区献爱心活动，两次向灾区捐款 10 万余元，捐衣 450 件，捐棉被 100 床。捐赠活动受到上级主管部门通报表扬。

10 月 15 日，荆州市委机构编制委员会以荆机编〔1998〕119 号文下达《关于印发〈荆州四湖工程管理局机构改革方案〉的通知》，明确局机关内设科室 10 个，局直属机构 5 个，人员编制 220 人，其中局长 1 人，书记或副书记 1 人，副局长 3 人，纪委书记、工会主席各 1 人，科级领导职数 45 名；属自收自支事业单位，经费来源于征收四湖流域水（电）费和经营创收。

11 月 3 日，竘湖渠疏挖整治工程开工，次年春完工。

12 月 25 日，太湖港北渠防洪工程竣工。经过 1 个多月的紧张施工，共完成土方 153 万立方米，完成投资 550 万元。

是年，受长江中下游梅雨和四川、贵州、重庆强降雨影响，长江发生居 20 世纪第二位的全流域大洪水，流量仅次于 1954 年，中下游河段水位居历史记录首位。荆江河段出现 8 次大的洪峰。8 月 17 日，长江第 6 次洪峰进入沙市河段，17 日 9 时沙市站洪峰水位 45.22 米，相应流量 53700 立方米每秒。党中央、国务院和省委、省政府领导在荆州部署指挥长江防汛，经过广大军民团结奋战、顽强拼搏，终于战胜长江大洪水，夺取 1998 年抗洪的伟大胜利。

1999 年

3 月 10 日，中日技术合作四湖治涝综合开发土建工程竣工。此工程为江汉平原涝渍地和中国南方涝渍地开发树立样板。

3 月，荆州市四湖工程管理局出台内部机构改革分流方案。局机关保留原有科室，并增设老干科，机关工作人员作部分调整。局防汛办公室改原与工管科合署办公为与办公室合署办公。另成立"湖北四湖工程有限责任公司"，与局多经科合署办公，下设 5 个分公司。随后，四湖工程管理局根据改革方案进行改革。

4 月 15 日，由日本国际协力事业团和省涝渍地开发工程技术研究中心共同组成的考察团到荆州市四湖工程管理局排灌试验站考察。

5 月 31 日，国务院决定湖北、湖南两省各安排 50 亿立方米的蓄洪区。湖北省确定在洪湖分洪区东部划出一块进行建设，即洪湖东分块蓄洪工程。

7 月 3 日，省长蒋祝平、副省长张洪祥到洪湖检查防汛抗灾工作。

7 月 14 日，荆州市四湖工程管理局排灌试验站增挂"湖北省涝渍地工程技术开发研究中心排灌试验站"的牌匾，其任务主要是完成中日合作项目，由湖北农学院提供技术指导，进行涝渍地开发与治理的试验，并进行省"涝渍相随"项目研究。

8 月 19 日，日本水利专家北岛先生考察四湖排涝事宜。

12 月，杨林山深水闸整险加固工程开工，次年 4 月完工。

是年，受长江中下游梅雨和四川、贵州、重庆强降雨影响，长江中下游继 1998 年之后，又发生了一次较大洪水，沙市至螺山各站的水位达到有水文记录以来仅次于 1998 年的第二次高水位。这是 20 世纪最大的一次"姊妹水"。

2000 年

2 月，省计委下达荆州城市防洪工程建设计划，四湖工程 6 个项目列入其中，即长湖围堤加固、习家口闸二级消力池重建、豉湖渠疏挖加固、雷家垱护坡、荆州泵站增容和柳门泵站二期工程。工程总投资 1400 万元。

3 月 8 日，省委副书记王生铁、省水利厅厅长段安华率省水利厅有关技术负责人检查杨林山深水闸整险工程。

3 月，省计委以鄂计农字〔2000〕第 1044 号文批复洪湖市下内荆河防洪排涝整治工程计划。

4 月 13 日，洪湖市部分地区发生强降雨，倒塌房屋 723 间，伤 23 人，死 2 人；6 月 1 日，江陵县部分地区遭受 8～12 级龙卷风、冰雹、雷雨袭击，熊河、资市、普济、马家寨 4 个镇 13 个村受灾，损毁房屋 215 栋，伤亡 12 人，其中死 2 人。同日，潜江市高石碑、积玉等乡镇遭受龙卷风袭击，损毁房屋 864 栋，折断树木 15500 株，吹倒高低压电杆 155 根，150 千米线路损坏。

4 月，子贝渊闸整险工程得到省水利厅批复。杨林山深水闸整险加固工程完工。

5 月，《湖北省太湖港水库大坝安全论证报告》由武汉水利电力大学勘测设计院编制完成。

6 月 22—24 日，太湖港水库大坝安全鉴定论证会在荆州区召开，参加单位有省水利厅、省水利设计院、武汉水利电力大学、荆州市水利局等。通过鉴定，太湖港水库大坝为三类坝。

7 月 11 日，西干渠彭家河滩闸海漫出现直径 0.1 米、深度 2 米的管涌，荆州市四湖防指、江陵县防指有关领导和技术人员赶赴现场指导抢险，险情得以排除。

7 月，洪湖市自筹资金 450 万元疏挖洪湖通道，疏挖渠长 30 千米，完成土方 90 万立方米。

11 月 25 日，省水利厅组织专家评审通过《湖北省太湖港水库整险加固工程可行性研究报告》，即日省计委以鄂计农〔2001〕116 号文予以批复。

11 月，省计委以鄂计农经〔2000〕1265 号文批准：高潭口泵站 1 号、4 号、9 号、10 号 4 台（套）机组更新改造，总投资 4793 万元（2000 年 1030 万元，2001 年 150 万元）；洪湖南套沟泵站电器设备及其他附属设施改造 1950 万元（2000 年 450 万元，2001 年 60 万元）；洪湖下内荆河整治（河道整治 53 千米），总投资 8784 万元。

是年，四湖流域 8 处 800 千瓦以上大型泵站达到省星级标准，顺利通过省泵站星级管理领导小组的验收。太湖港水库被评为省二级管理单位。

2001 年

5 月 13 日，高潭口泵站 1 号、10 号机组在试车过程中发生水泵叶片擦叶轮外壳的质量事故，18 日实施返厂维修处理，6 月中旬重新安装再试车，运行正常。

6 月，四湖流域普降大到暴雨，部分地区遭受特大暴雨袭击。据统计，此次灾害涉及监利、江陵、石首、沙市、荆州等县（市、区）受灾人口 50 多万人，农作物受灾面积 331 万亩。

6 月下旬至 7 月，四湖流域出现严重干旱，受旱面积 100 余万亩，其中监利、江陵两县旱情最重，监利受旱农田 85 万亩，江陵受旱农田 79 万亩。开启沿江灌溉涵闸 20 多座，引水量 3 亿多立方米。

6 月 5 日，太湖港水库除险加固年度应急工程开工。

7 月 16 日，中日技术合作项目——江汉平原四湖涝渍地综合开发计划通过评估。

7 月 27 日，省水利厅以鄂水水〔2001〕42 号文通知，坚决处理长湖库堤潜江防守段违法耕种问题，要求在 8 月底前清除农作物和填筑禁脚鱼池。由省四湖流域防洪排涝协调小组办公室监督执行，并验收。

7 月，高潭口泵站 1 号、10 号机组增容和中控楼建设改造获省批准。

10 月 8 日，省计委和省水利厅联合发文（鄂计农经〔2001〕1058 号）批准荆州区太湖港流域纳入江汉平原周边浅丘区水土保持项目。

10 月，荆州市四湖工程管理局成立利用日元贷款四湖长湖堤防加围项目管理办公室，荆州市四湖工程管理局副局长肖金竹任办公室主任。

11月10日，国家计委和水利部联合发文（计划投资〔2001〕2345号）下达太湖港水库除险加固工程年度投资计划。

12月，省水利厅以鄂水办〔2001〕70号文批准成立湖北省四湖流域水利管理和可持续发展综合研究项目协调工作领导小组，省水利厅副厅长万汉华任组长，省水利厅各处室、省河道堤防局、省水电勘测设计院、省水科所、荆州市水利局、荆门市水利局、潜江市水利局、荆州市四湖工程管理局为成员单位。荆州市四湖工程管理局派员参与了具体的项目研究工作。

2002 年

1月18日，省四湖流域水利管理和可持续发展综合研究项目协调工作领导小组召开工作会议，正式启动四湖流域水利管理和可持续发展综合研究工作。

2月4日，省水利厅以鄂水水复〔2002〕29号文批准洪湖围堤（东蚂蚁湖）新螺段堤防加固项目计划。

2月9日，太湖港水库除险加固工程动工。

4月3—4日，江陵县部分乡镇遭受龙卷风、冰雹和罕见暴风袭击，最大风力9～10级，最大降雨量181.6毫米。冰雹直径3～4厘米，受灾农田49.5万亩，受灾人口18万人。4月4—5日，监利、洪湖10多个乡镇遭遇大风（8级），最大风速18.8米每秒，并伴有雷电冰雹，倒塌房屋286间，死亡1人，伤126人，受灾面积15.3万亩。

6月，八一电影制片厂在习口闸管所管理范围拍摄故事片《惊涛骇浪》部分场景，历时3个月。

7月16日，四湖流域荆州区马山、菱湖、郢城等乡镇遭遇龙卷风、冰雹袭击，2647间房屋倒塌，重伤38人，死亡5人。副省长苏晓云赴受灾现场查看灾情，安排救灾资金40万元。

8月19日，副省长刘友凡带领省直有关部门负责人及水利专家到洪湖检查防汛工作。

8月27日，省委常委、省军区司令员贾富坤到荆州检查防汛工作。

是年，四湖流域多次发生强降水，平均年降雨量1394毫米，比多年同期多46%。持续降雨使内垸河湖库渠水位不断上涨。长湖设防46天，洪湖设防104天。内涝给全流域农业生产造成重大损失，农作物受灾面积205万亩，减收粮食2亿千克。全流域共投入排涝泵站495处，抢排渍水59.8亿立方米。

2003 年

4月8日，联合水库大坝坝顶填筑工程完工；40天后，此水库溢洪道重建工程完工。

6月2日，彭家河滩闸海漫被水冲坏断裂，经抢修排除险情。

6月11日，水利部以水农〔2003〕252号文下达《关于加强灌溉试验工作的意见》，丫角排灌试验站被选定为省级重点试验站。

7月16日，子贝渊闸在执行调度关闸过程中，东侧第二孔启闭机轴承破裂，闸门卡死，无法运行。经抢修，更换轴承，化险为夷。

8月15日，沙港水库除险加固二期工程动工。

9月6—7日，省水利厅在武汉主持召开《四湖流域水管理和可持续发展综合研究》项目鉴定会。鉴定委员会由国际灌排委员会名誉副主席任评委主任、省防办常务副主任、省厅总工程师、高工等11名人员组成。鉴定委员会对项目研究成果给予充分肯定。

9月30日，全省水利工程管理体制改革工作会议在荆州召开。

10月16日，荆州市水利局以荆水利函〔2003〕45号文批复长湖余家洼堤段应急除险工程实施计划。

11月27日，新华通讯社《国内动态清样》（第4218期）刊登《徐林茂建议加强四湖地区水利建设和管理》一文。省委书记俞正声对此作出重要批示："此问题基层反映强烈，应组织专班调查，系统提出意见，切实解决问题。"省长罗清泉批示："四湖流域的治理应高度重视，组织专班，科学规划。制订方案，有计划地加以解决。"副省长刘友凡批示："此问题涉及粮棉生产区生产能力建设，请按正声、清泉同志批示要求，由省政府办公厅、省水利厅牵头，计委、财政、编制、劳动等部门参加，深入调研，系统提出方案，供省委、省政府决策。"之后，按照省领导的批示，省政府办公厅、省水利厅和其他省直有关部门组织联合调研小组赴实地调研，并形成调研报告报省政府。

12月中旬，洪湖下内荆河高家塔堤段出现整体崩塌险情，崩塌长度110米，崩塌地段堤脚整体塌陷下沉1.8米，并向河心前移1.2米。经抢护，使险情得以控制。

2004 年

4月29日，洪湖市城区及7个乡镇遭遇特大暴风袭击，最大风速22.5米每秒（9级），降雨量91.1毫米，倒塌房屋286间，死1人，伤126人，受灾面积15.3万亩。

5月1日，荆州市四湖工程管理局成立荆州市利用日元贷款四湖（长湖）堤防加固项目管理办公室，荆州市四湖工程管理局副局长曾天喜任办公室主任。

5月17—18日，水利部副部长陈雷抵达荆州检查防汛措施落实情况。

6月2—3日，副省长刘友凡率领省水利厅负责人一行检查四湖流域防汛工作，要求重点抓好病险水库重建工作，防止堤防崩岸险情发生。

6月9日，中共中央政治局常委、国务院总理温家宝到荆州检查防汛工作。中共中央政治局委员、省委书记俞正声，省长罗清泉陪同检查。

6月17日，省委常委、省委组织部长宋育英视察太湖港水库整治工程。

7月7日，省委常委、省军区政委刘勋发少将深入洪湖、监利、江陵、石首、沙市、荆州等县（市、区）检查防汛工作。

7月9日，省委副书记邓道坤、副省长刘友凡带领省水利厅和有关地、市、州负责人，到太湖港工程管理局检查太湖港水库除险加固工程工作。

11月29日，中共中央政治局委员、湖北省委书记俞正声和省长罗清泉带领省直24个厅（局）负责人，在洪湖市召开洪湖生态建设现场办公会。

2005 年

2月24日，荆州区水土保持项目太湖港东桥小流域整治工程通过竣工验收。

3月18日，水利部水利水电规划设计院对引江济汉工程涉及地龙洲垸及沮漳河环境影响进行现场考察。

4月20日，荆州市委机构编制委员会以荆编〔2005〕7号文批准《荆州市四湖工程管理局机构改革方案》。

5月17日，副省长周坚卫、刘友凡主持召开四湖流域水利建设与管理工作会议。会议议定，每年由省对四湖流域8座统排泵站和11座控制涵闸的运行维护补助387万元。

5月，国家发改委、水利部以发改投资〔2005〕2248号文发出《关于下达湖北省2005年水利血防整治项目纳入国家水利血防投资计划的通知》。同年10月，荆州市水利水电勘测设计院编制《湖北省荆州市四湖流域西干渠水利血防工程可行性研究报告》。经审核，2007年3月，湖北省发改委以鄂发改重点〔2007〕150号文发出《关于荆州市四湖流域西干渠水利血防工程初步设计的批复》，计划投资5000万元。

6月15日，省委、省政府决定撤销"湖北省四湖流域防洪排涝协调领导小组"，成立"湖北省四湖流域管理委员会"。省水利厅厅长任主任委员，分管副厅长和荆州、荆门、潜江市政府分管副市长任副主任委员。办公室地点设在荆州市四湖工程管理局。

7月7日，省委、省政府在洪湖市召开加强生态建设现场会，会议决定以拆除围网为突破口，对洪湖湿地进行抢救性保护。

7 月 19 日，荆州市防汛抗旱指挥部以荆汛〔2005〕11 号文明确沿江涵闸和流域控制性涵闸调度运用规定。

8 月，荆州市港航管理局组织实施疏浚总干渠习家口至张金段航道（5 级），航道标准为：（20～25）米×2.0 米×260 米（底宽×水深×弯曲半径）。工期为 1 年。

9 月 8 日，荆州古城护城河整治工程开工。工程利用日本国际协力银行贷款 6060 万元。

10 月 8 日，省发展和改革委员会以鄂发改农经〔2005〕849 号文批准荆州市高潭口泵站更新改造工程可行性研究报告。

10 月 31 日，长江委以长规计〔2005〕600 号文批准《四湖流域西干渠江陵段水利血防工程实施方案》。

2006 年

1 月，四湖工程管理局成立"四湖流域西干渠水利血防工程项目部"，江陵县成立项目协调指挥部。西干渠水利血防治理一期工程为扩挖西干渠中江村（桩号 44＋450）至谭彩刣（桩号 54＋590）长 10.5 千米渠段。工程于 1 月 24 日动工，4 月 29 日完工。完成土方 231.56 立方米，迁移沿渠坟墓 809 座，拆除房屋 1.5 万平方米，砍伐树木 5.26 万株，完成投资 2367 万元。西干渠水利血防综合治理二期工程于 2007 年 2 月 11 日开工，6 月 10 日竣工。扩挖谭彩刣（桩号 54＋591）至红联河（桩号 59＋360）长 4.41 千米河段，完成土方 78 万立方米，迁坟 529 座，砍伐树木 3.1 万株，拆除房屋 12599 平方米，完成投资 2576.22 万元。

2 月 10 日，省水利厅以鄂水利计复〔2006〕34 号文批复《湖北省洪湖市洪湖围堤整险加固及洪湖水生态修复工程规划报告》。

3 月 30 日，省发改委、省水利厅以鄂发改农经〔2006〕203 号文批复《四湖流域西干渠水利血防工程可行性研究报告》。

6 月 3 日，省委常委、副省长周坚卫率防汛检查组赴洪湖、监利两地检查防汛工作。

7 月 27 日，省四湖流域管理委员会在武昌召开全体会议，安排部署四湖流域防汛抗旱工作。

是年入春以来，四湖流域春旱连夏旱，又接秋旱，总降水量较多年平均少 5 成以上，干旱时间达 150 余天，受灾面积 200 多万亩。

11 月 14 日，省水利厅以鄂水利水复〔2006〕224 号文下达《2006 年度水利基础设施专项资金泵站更新改造项目实施方案的批复》。

11 月 28 日，省发改委、省水利厅以鄂发改农经〔2006〕996 号文下达《2006 年水利血防项目中央预算内专项资金（国债）投资计划的通知》，荆州市四湖流域西干渠水利血防工程投资 9671 万元（其中中央预算内专项资金 2901 万元，地方配套 6770 万元）。

是年，省发改委批复同意对田关泵站进行更新改造。工程分两期实施，2015 年完成。

2006—2012 年，利用日本国际协力银行日元贷款荆州城市防洪项目长湖库堤加固工程，按防御长湖 50 年一遇洪水（设计洪水位为 33.50 米）的标准，对长 21.53 千米的堤段进行加高培厚，堤顶高程达到 34.50 米。

2007 年

1 月 22 日，副省长刘友凡率省发改委、省水利厅、省环保局、省国土资源厅等部门负责人到荆州调研四湖流域综合治理工作。

4 月，省财政厅、省水利厅联合以鄂财农发〔2007〕35 号文下达四湖流域西干渠水利血防综合治理 2007 年度资金计划。

5 月 11 日，中共中央政治局委员、省委书记俞正声到荆州检查指导四湖流域综合治理工作。

6月18日，荆州中心城区发生冰雹、龙卷风等强对流天气，最大日降雨量131毫米，风灾造成多处房屋损坏，重伤7人。

7月12日，省发改委、省水利厅以鄂发改农经〔2007〕611号文批复《荆州市四湖流域西干渠水利血防工程2006年度项目实施方案》。

7月16日，省水利厅以鄂水利水复〔2007〕183号文下达《关于洪湖围堤整险加固、四湖流域西干渠水利血防综合治理工程2007年度省级水利专项资金实施方案的批复》，洪湖围堤堤防加固、穿堤建筑物整治、水系恢复等工程投资1000万元，西干渠渠道扩挖及疏挖段流沙滑坡处理等投资1000万元。

9月7日，经省建设厅、省水利厅批准同意成立"湖北四湖水利水电工程建设有限公司"。

9月，受省水利厅委托，由省水利勘测设计院编制完成《四湖流域综合规划》，指导四湖流域水利建设和管理工作。

10月15日，荆州市人民政府办公室以荆政办函〔2007〕57号文同意，四湖工程管理局为荆州市四湖流域总干渠疏挖工程建设项目法人。

12月4日，省水利厅以鄂水利计函〔2007〕744号文下达《四湖流域综合治理总干渠试验段建设实施计划》。主要工程内容为：总干渠习家口至窑湾、福田寺至子贝渊、毛市段疏浚3个试验段工程和彭家河滩闸改扩建。工程投资4500万元（其中省级投资3149万元，荆州市自筹资金1351万元）。

2008 年

1—5月，实施完成四湖流域综合治理总干渠试验段建设工程。对总干渠习家口至何桥段长9.593千米、福田寺闸至子贝渊段长15.898千米进行疏挖，两段均采用围堰断流机械疏挖；毛市段1千米挖泥船带水疏浚。共疏挖渠长26.49千米，完成土方306万立方米。工程总投资0.79亿元。

1月11日，荆州市人民政府办公室以荆政办函〔2008〕2号文明确，荆州市四湖工程管理局为四湖流域总干渠疏挖整治工程（荆州部分）项目法人，郝永耀为项目法人代表。

1月22日，高潭口泵站更新改造工程动工。

2月25日，东荆河监利新沟嘴以上河段发生"水华"，沿线自来水厂停止供水，致人畜饮水发生困难。四湖工程管理局接荆州市防办通知，经5天从长湖紧急调水5000万立方米，缓解东荆河水污染。

3月31日，新滩口泵站更新改造工程动工。

4月22日，荆州市人民政府发文确定：从当年起每年4月1日至10月31日长江、荆南四河、东荆河荆州市段、总干渠、西干渠等河渠全面实施洲滩禁牧。

11月26日，湖北省农田水利建设现场会在洪湖召开。省委常委、副省长汤涛出席会议。会议表彰洪湖市等6个县（市、区）为全省农田水利基本建设先进单位。

12月9日，荆州市人民政府办公室以荆政办发〔2008〕29号文批准成立"荆州市四湖工程管理局改革协调领导小组"。领导小组下设办公室。荆州市副市长刘曾军任领导小组组长，四湖工程管理局局长郝永耀任办公室主任。

12月，荆州市四湖工程管理局实行人事制度改革，历时30天。根据荆州市政府批准的改革实施方案，经竞争上岗、择优聘用230人。实行编制实名制。共精简分流安置136人，其中内部退养80人，自愿弃竞岗分流28人，竞聘落岗分流24人，一次性买断1人，清退3人。

2009 年

1月，开始实施四湖流域综合治理一期工程（荆州部分、潜江部分）。荆州部分疏挖总干渠长37.63千米渠道（桩号45＋845～78＋600、桩号79＋600～84＋475），于2010年1月完工，完成土方586.61万立方米，工程总投资6496万元；对沿渠42座涵闸、21座泵站进行更新改造，新建管护用房 1040 平方米，加固维修管护用房 1700 平方米，于 2011 年 7 月完成，工程总投资 4104.05 万元。2008—2011 年荆州部分共疏挖整治总干渠长 64.12 千米，完成土方 906.31 万立方米，工程总投资 1.85 亿元。

潜江部分疏挖总干渠 38.3 千米渠道（桩号 1＋210～4＋540、桩号 9＋230～17＋902、桩号 21＋744～48＋041），完成土方 354.51 万立方米；整治沿线涵闸 4 座、泵站 11 座，新建整治管护用房 2986 平方米，于 2010 年 12 月完工，工程总投资 1.18 亿元。

1 月 14 日，荆州市四湖工程管理局人事制度改革顺利通过省、市两级组织的验收。

1 月 29 日，东荆河仙桃市河段发生"水华"事件。四湖工程管理局接荆州市防办通知，3 天从长湖紧急调水 3000 万立方米，有效地遏制东荆河"水华"的扩散。

4 月 3 日，省水利厅以鄂水利建复〔2009〕120 号文下达《关于四湖流域综合治理一期工程（分荆州、潜江两部分）开工的批复》，同意主体工程正式开工。

4 月，荆襄河闸开工，同年 10 月竣工，工程总投资 503.66 万元。

5 月 12—14 日，全国人大环境与资源保护委员会委员张洪飙、何少苓一行在省人大常委会副主任蒋大国等领导陪同下，实地考察四湖流域水生态环境保护情况。

9 月 3 日，省委副书记、省长罗清泉主持省政府常务委员会第 93 次会议，决定事项中包括进一步加大四湖（洪湖）流域综合治理力度，争取将四湖（洪湖）流域纳入国家面源污染治理示范区范畴。

9 月 28 日，省政府办公厅以鄂政办发〔2009〕90 号文明确：贯彻落实吴邦国委员长重要批示精神，加大四湖（洪湖）流域综合治理力度。

12 月 23 日，省水利厅以鄂水利财复〔2009〕419 号文下达 2009 年度四湖流域涵闸泵站维修养护定额补助资金实施计划。

12 月 24 日，荆州市委常委、市委组织部部长施政带领市绩考办、市财政局人员一行到荆州市四湖工程管理局调研绩效考核工作，肯定四湖工程管理局在流域防汛抗灾、工程建设和管理等方面取得的成绩。

12 月，刘岭节制闸整险加固工程开工，至 2015 年 8 月完成工程建设任务。

是年，太湖港治理工程被水利部、财政部纳入《全国重点地区中小河流近期治理建设规划》。

是年，三峡水库工程蓄水投入运行。

2010 年

1 月 4 日，南水北调中线一期引江济汉工程开工准备工作座谈会在荆州召开。

1 月 30 日，省人民政府以鄂政函〔2010〕30 号文表彰全省水利工程管理体制改革工作先进集体和先进个人，荆州市四湖工程管理局被评为全省水利工程管理体制改革工作先进集体。

3 月 26 日，南水北调中线一期引江济汉工程开工典礼在荆州区李埠镇龙洲垸举行，国务院南水北调建设委员会办公室主任张基尧、省委书记罗清泉、省长李鸿忠出席开工仪式。工程总投资 85 亿元，工期 4 年。2014 年 9 月 16 日引江济汉渠正式通水。

4 月 6 日，省发展和改革委员会以鄂发改农经函〔2010〕194 号文批复长湖保护治理和利用规划。

5 月，四湖流域综合治理一期总干渠疏挖 2008 年度项目（荆州部分）通过完工验收。

6 月 18—19 日，省人大常委会副主任罗辉带领省人大农村委及省直有关部门负责人专题调研四湖流域农村安全饮水情况。

6 月 26 日，引江济汉通航工程——汉宜大桥正式开工建设。此桥位于荆州市荆州区拍马村，桥长 901 米，为引江济汉通航工程全线最长的桥梁。

6 月 28 日，省委常委、常务副省长李宪生检查四湖流域防汛抗旱工作。

7 月 12 日，长湖、洪湖同时进入设防。长湖汛期设防 25 天，洪湖汛期设防 30 天。

7月13日，东荆河下游洪湖河段进入设防，7月25日东荆河大部超警戒。

7月17日，省长李鸿忠带领省直有关部门负责人到洪湖检查指导抗洪救灾工作，看望慰问受灾群众。

7月20日，省委书记、省人大常委会主任罗清泉到监利县、洪湖市察看灾情，慰问受灾群众。

8月16日，省委书记、省人大常委会主任罗清泉率领省直有关部门负责人到洪湖市、监利县调研灾后重建工作。

8月19日，高潭口泵站完成机组启动技术预验收。通过汛期的运行，泵站10台机组运行效果良好。

10月10日，省人大常委会副主任周坚卫带领省环保厅、省水利厅、省住建委相关负责人视察四湖流域水环境整治工作。

10月19日，省水利厅以鄂水利复〔2011〕759号文批复《荆州市荆州区太湖港二期治理工程初步设计报告》。核定概算总投资2859.98万元。

11月17日，荆州市人力资源和社会保障局以荆人社函〔2010〕88号文批复荆州市四湖工程管理局岗位设置方案：岗位总量136个，其中管理岗位28个，专业技术岗位95个，工勤技能岗位13个。

12月6日，荆州市委、市政府以荆文〔2010〕33号文通报表彰全市2010年度防汛抗灾工作先进单位和先进个人，荆州市四湖工程管理局获评全市防汛抗灾工作先进单位。

12月，省政府办公厅以秘四字〔2010〕520号文批复，"十二五"期间每年从省级征收的堤防维护费中安排200万元用于支持四湖工程建设。

是年，四湖流域发生洪涝灾害。全年降雨量荆州998.5毫米，监利1227.4毫米，洪湖1798.5毫米。7月8—14日，全流域连续7天普降大暴雨，其中洪湖螺山累计降雨量577.7毫米，日降雨量最大228.5毫米，为流域有记录以来最大单日降雨量。全流域受灾人口158.98万人，因灾死亡2人；受灾面积286.6万亩，绝收面积37.19万亩；倒塌房屋1866间，损坏房屋2953间，造成直接经济损失12.17亿元。汛期，全流域河湖堤防布防长474.11千米，其中设防堤长130.33千米，警戒堤防长343.85千米；高峰期共上领导2038人、劳动力57993人；投入编织袋5344174条、木桩1144375根、砂石料47680立方米、稻草2651194千克、船只14167只、彩条布100900米；共发现并及时有效处理险情138处；高潭口、新滩口、螺山、杨林山、半路堤、南套沟、新沟7处统排泵站共开机排水36.4亿立方米。

2011 年

1月5—6日，省委常委、省总工会主席张昌尔率领工作组到荆州调研水利改革发展情况。

1月24日，省财政厅、省水利厅以鄂财农函〔2011〕1号文下达《关于2010年度公益性水利工程维修养护资金使用计划》。四湖流域涵闸泵站省补维修养护资金587万元，其中荆州市四湖工程管理局运行经费200万元（从历年电费结转中安排）。

4—5月，四湖流域春旱连夏旱，降水量少，江河水位低，部分地区人畜饮水困难。

5月6日，国务院南水北调办公室副主任张野一行到荆州检查南水北调中线引江济汉工程建设情况。

6月2日，洪湖水位23.20米；6月9日，长湖水位29.16米。全流域受旱农田200万亩，其中中稻面积60万亩。干旱导致洪湖紧急转移渔民957户、3234人。

6月9—25日，经历4次强降雨过程，四湖流域出现旱涝急转，江陵、监利、洪湖等地部分农田受渍。

6月29日，荆州市委机构编制委员会以荆编〔2011〕15号文批准成立"荆州市四湖工程管理局荆襄河闸管所"。

7月，省财政厅、省水利厅以鄂财农发〔2011〕72号文下达《堤防崩岸应急整治及重点项目建设经费计划》，拨付四湖西干渠水利血防工程资金 1000 万元。

12 月 8 日，四湖流域西干渠水利血防工程年度项目启动。

12 月 30 日，省水利厅、省财政厅以鄂水利复〔2011〕789 号文下达《关于 2011 年公益性水利工程维修养护补助资金使用计划》。

12 月 31 日，省水利厅以鄂水利复〔2011〕797 号文批复《荆州区拾桥河治理工程初步设计报告》。

2012 年

1 月 6 日，省水利厅和荆州市人民政府签署合作备忘录。"十二五"期间，省水利厅支持荆州市争取中央和省级项目投资 197 亿元，为荆州振兴提供水利基础支撑。

1 月 19 日，国务院南水北调办公室副主任于幼军一行到荆州慰问引江济汉工程建设者，检查工程建设情况。

4 月 24—26 日，省人大常委会副主任刘友凡率湖泊保护立法调研组到四湖流域就《湖北省湖泊保护条例》（草案）修改征求意见，调研湖泊保护工作。

5 月 3 日，四湖流域西干渠水利血防综合治理工程项目开工。

5 月 28 日，荆州市委、市政府下发《表彰"全市万名干部进万村挖万塘"活动先进集体和先进个人的通报》（荆文〔2012〕26 号），荆州市四湖工程管理局获评活动先进单位。

5 月 30 日，省人大常委会颁布《湖北省湖泊保护条例》，同年 10 月 1 日起施行。

9 月 20 日，省财政厅以鄂财建发〔2012〕198 号文下达《2012 年重点地区中小河流治理项目中央财政专项补助资金计划》。

10 月 24 日，全国政协人口资源环境委员会副主任张基尧到荆州视察引江济汉工程建设情况。

10 月 25 日，省政府出台《关于加强湖泊保护与管理的实施意见》（鄂政发〔2012〕90 号）。

11 月 7 日，荆州市荆州区拾桥河治理工程开工。

11 月 21 日，荆州市委、市政府以荆文〔2012〕44 号文下发《表彰全市 2012 年度防汛抗灾工作先进单位和先进个人的通报》，高潭口水利工程管理处被评为全市 2012 年度防汛抗灾工作先进单位。

11 月 28—29 日，国务院南水北调办公室副主任蒋旭光率质量监督检查组对南水北调中线引江济汉荆州段工程质量进行检查。

12 月 21 日，省政府办公厅以鄂政发办〔2012〕81 号文公布湖北省第一批湖泊保护名录。

12 月 23 日，省财政厅、省水利厅以鄂财农发〔2012〕210 号文下达《四湖流域 2012 年度水利工程维修养护定额补助资金使用计划》。

2013 年

2 月 27 日，省发展和改革委员会以鄂发改审批〔2013〕210 号文批准《习家口闸除险加固工程初步设计》，工程总投资 662.42 万元，工期为 1 年。

3 月 15 日，荆州市发展和改革委员会以荆发改农经发〔2013〕55 号文批复《关于荆州市外荆襄河水环境综合治理项目可行性研究报告》。

4 月 27 日，省委常委、省委宣传部部长尹汉宁一行在荆州市委书记李新华、市长李建明、副市长王守卫等陪同下，检查四湖流域防汛抗旱工作。

4 月 27 日，荆州市总工会以荆工发〔2013〕8 号文下发《表彰荆州市五一劳动奖状、荆州市五一劳动奖章和荆州市工人先锋号的决定》，荆州市四湖工程管理局排灌试验站获"荆州市工人先锋号"称号。

5 月 14 日，四湖流域综合治理一期工程竣工验收会议召开。省水利厅、省湖泊管理局、省水利水电工程质量监督中心、荆州市水利局等有关领导和专家出席会议。

9月，四湖流域普降暴雨，强降雨导致湖渠水位迅速上涨，流域中、下区部分农田受渍。

11月1日，省财政厅、省水利厅以鄂水利财复〔2013〕145号文下达《关于2013年四湖流域水利工程维修养护定额补助资金使用计划的批复》。

2014 年

3月15日，习家口节制闸、荆襄河闸维修养护项目完工并通过验收。

6月15日，国家发改委副秘书长范恒山在荆州市李建明市长的陪同下到荆州调研四湖流域综合治理情况。

6月下旬，四湖流域受旱，四湖工程管理局加大引江灌湖调度，提引长江水5.5亿立方米，有效遏制长湖、洪湖水位下降过快，为农田灌溉储备应急水源。

7月16日，省人大常委会副主任王玲到荆州调研，对省第十二届人民代表大会第二次会议《关于调整优化长湖保护和四湖流域水利工程管理体制的建议》的建议案进行督办。

8月8日，引江济汉工程启动应急调水，引长江水抗旱。

8月18—19日，副省长梁惠玲率省政府办公厅、省水利厅、省农业厅、省林业厅负责人到洪湖调研湖泊保护情况。

9月26日，国务院南水北调办公室主任鄂竟平、省委书记李鸿忠、省长王国生在荆州共同启动引江济汉工程节制闸闸门按钮，长江水顺利进入穿越四湖流域的引江济汉渠道，并以200立方米每秒的流量向下游奔腾而去。这标志着历经4年建设的南水北调引江济汉工程正式通水通航，当代中国最大的人工运河全线贯通。

9月，经沙洋县政府批准，成立"沙洋县长湖湿地自然保护区管理局"（加挂沙洋县长湖管理局牌）。

12月22日，省水利厅以鄂水利复〔2014〕238号文下达《关于荆州市2014年度四湖流域涵闸泵站维修养护定额补助资金使用计划的批复》。

2015 年

1月，省湖泊志编纂委员会以鄂湖北编发〔2015〕1号文通报表彰《湖北省湖泊志》编纂工作先进集体和先进个人，荆州市四湖工程管理局被评为编志先进集体。

2月10日，龙会桥河综合治理工程开工。工程于2016年12月完工。

4月，荆州市总工会授予荆州市四湖工程管理局排灌试验站"荆州市工人先锋号"称号。

5月，荆州市绩效考核工作领导小组办公室以荆绩考办发〔2015〕5号文表彰2014年度市直二级单位绩效考核先进集体，荆州市四湖工程管理局被评为先进集体。

7月下旬，按照省委、省政府领导的批示，由省政府办公厅、省水利厅、省财政厅、省编办等省直单位组成的联合调研组，就理顺四湖流域水利工程管理体制赴四湖流域实地调研，并形成调研报告。

8月31日，荆州市委办公室以荆办文〔2015〕27号文通报表彰荆州市第五轮"三万"活动先进集体和先进个人，荆州市四湖工程管理局被评为先进市直工作组。

8月，习家口站月雨量24.50毫米，福田寺站月雨量34.50毫米。由于持续高温天气，久晴不雨，四湖流域出现较重旱情。沿江万城、观音寺、严家台等灌溉闸共引水5.43亿立方米；引江济汉渠堤上的太湖港南、庙湖、拾桥3处引水闸引水流量为80～100立方米每秒，为减轻四湖流域旱情、满足农业灌溉和生态补水需要发挥工程作用。

10月27日，荆州市水利局以荆水利函〔2015〕103号文下达《关于利用日元贷款荆州市城市防洪项目主体工程投入使用资产移交的通知》，将荆襄河闸和雷家垱翻板闸移交荆州市四湖工程管理局管理。

11 月 16 日,省水利厅以鄂水利函〔2015〕737 号文通报表扬全省水利新闻宣传成绩突出单位和个人,荆州市四湖工程管理局被评为成绩突出单位。

12 月 3 日,省水利厅以鄂水利复〔2015〕220 号文下达《关于对 2015 年度四湖流域涵闸泵站维修养护定额补助资金计划的批复》。

是年,实施习家口节制闸除险加固工程,完成工程投资 624 万元。

附　　录

附录一　湖北省委对省人民政府党组《关于对省经济研究中心提出的"综合治理四湖的情况报告"的讨论意见》的批复

（鄂文〔1984〕29 号）

省政府党组：

　　省委同意你们关于对省经济研究中心提出的"综合治理四湖的情况报告"的讨论意见。省委不再召开会议讨论，请省政府按常务会议讨论意见组织落实。

1984 年 8 月 21 日

附录二　湖北省人民政府关于对省经济研究中心提出 "综合治理四湖的情况报告" 的讨论意见

省委：

7月15日上午，黄知真同志主持召开省政府常务会议，对经济研究中心提出"以水为主，综合治理四湖地区'水袋子'问题的情况报告"进行了讨论。现将讨论报告如下：

一、经济研究中心经过两个多月的时间，从各个方面对四湖地区进行广泛调查研究。大量事实说明，该地区的生产潜力大、基础强、条件好，是我省农村经济发展的重要战略基地之一。报告中提出的综合治理四湖地区的原则和具体措施，是切实可行的，对全省其他平原河网地区均有一定的参考指导作用。

二、报告中"分区排水，分区调蓄"和"挖潜配套"的治理原则是对的，应当尽快解决上区（长湖）200个流量和中区200～250个流量的出路和工程措施，搞好下区的续建工程。"报告"从生态平衡和实际需要出发，所提出的调蓄范围和要求是适当的。只有采取工程措施和生态措施相结合，实行外排内蓄并重的原则，才能达到工程措施与经济效益的统一。

三、同意"报告"中提出划定水位线的标准，作为综合治理的界线。

四、水管体制应当作出相应改革，四湖管理局作为流域性的综合治理机构，逐步形成权、责、利相结合的经济实体，并实行科学调度，统一管理流域性的湖、闸、站的调度，水费、电费、工程建设和维修。洪湖、长湖等大湖面的管理，应当采取国家、集体、个人一齐上，走经济联营的道路。

为了解决好四湖地区"水袋子"问题，可以适当集中财力，在今后五年内，水利和有关部门保持1983年基础投资数的前提下，每年增加治理四湖资金1500万元，适当加快续建配套工程，有利这一地区的经济开发。

关于上区和中区排水工程问题，上区（长湖）排水工程方案，有三种意见：一是建站，二是建闸，三是闸站都建。常务会议同意闸站都建。由于建站周期短，可以先建，但是闸也同时作施工前准备工作。闸、站规模应由水利设计部门进一步提出具体实施方案。

中区排水工程应走"挖潜配套"的道路，在新沟和老新泵站的基础上扩建增容，解决中区流域性的排水问题。

如以上意见原则可行，建议省委召集一次会议，拟请荆州、孝感及省有关部门参加，听取汇报，共同讨论，然后作出决定。

1984年7月21日

附录三 湖北省经济研究中心关于以水为主、综合治理四湖地区"水袋子"问题的报告

省委、省政府：

关广富同志代表省委在省第四次党代表大会上的报告中指出："要对江汉平原'水袋子'进行综合治理，……。争取用 5 年时间达到：长江防御 1954 年洪水的标准，汉江防御 1964 年的标准，内涝防御十年一遇暴雨的标准"。根据这个基本设想和省政府交办的任务，在王汉章、陈明同志主持下，我们就江汉平原最低洼的四湖"水袋子"问题，于 3 月初至 5 月上旬，采取集中和分散相结合的办法，先后同荆州地区、沙市市、荆门市、省计委、省科委、省区划办和有关厅局多次进行广泛座谈，到荆门市和洪湖、监利、潜江、江陵各县湖区实地进行调查访问，并请省农业现代化战略研究会和有关专家学者，对以水为主、综合治理四湖"水袋子"的有关问题进行多次论证。一致认为，治理四湖"水袋子"，是一项重要战略决策，对于治理类似"水袋子"问题有着现实指导意义。现将了解到的情况和意见报告如下：

一、治理四湖"水袋子"问题的重要性

四湖地区是由长湖、三湖、白鹭湖和洪湖四大湖而得名，地处江汉平原腹地，旁临沙市，东连武汉，据有江陵重镇。辖区内包括沙市市、监利县、洪湖县全境，以及江陵县、潜江县、荆门市、石首县部分地区。总面积 11547 平方千米，在册耕地面积 648 万多亩，共有 387 万人。这里雨量充沛，地势平坦，土壤肥沃，农业自然资源十分丰富，为发展农、林、牧、副、渔、工、商提供了优越的自然条件。

新中国成立以来，广大湖区人民在党和政府的领导下，发扬艰苦创业的精神，对四湖地区进行大规模的开发治理，农牧业、林业、水产、交通、血防和城镇工业都取得很大成绩，收到显著效果。特别是水利工程建设做了大量工作，30 年来，共计完成各项水利工程土方 14.7 亿立方米、石方 115.4 万立方米、混凝土 102.4 万立方米，兴建排灌涵闸 37 座，开挖 2200 余千米长的总干渠和东西干渠，建设电力排灌站 262 处，装机 14.6 万多千瓦，架设上百处桥梁，扩大耕地面积 200 多万亩，开辟 12 处国营农场。在上述建设中，仅水利工程投资达 3.55 亿元（其中各级地方投资达 1.46 亿元）。这样，在辽阔的四湖平原上，初步形成河湖渠相连的平原渠网化，四旁绿树成荫，排灌可以调节，生态环境逐步趋向良性循环，结束过去那种"沙湖沔阳洲，十年九不收"的局面，大量沼泽得到根治，一半以上的农田旱涝保收，工农业生产稳步发展，水陆交通遍及城乡，输电线路星罗密布。为尽快发展四湖地区的经济打下了良好的工作基础和物质技术基础。

四湖地区是全省农业商品生产的重要基地之一，具有总体经济优势，在全省经济发展中占有一定的战略地位。主要表现在四个方面：（一）具有丰富的自然资源和优越的气候条件，蕴藏着很大的生产潜力，而且近期效益快，有较强的总体经济优势，特别是水产优势更大。（二）在全省农业生产中占有重要地位。据近年统计资料分析可知，四湖地区的总土地面积仅占全省总面积的 6%，而粮、棉、油、猪、鱼、禽、蛋的产量和年总产值等七个方面，分别占全省总产量或总产值的 10%～30%，其中粮食产量一般占全省总产量的 10%～12%，大灾减产幅度也占全省减产量的 10% 左右；棉花产量一般占全省总产量的 15% 左右，大灾减产量也占全省的 10%～15%；成鱼 1983 年产量 6370 万斤左右，约占全省总产量 16%；禽蛋 1983 年产量 8300 万斤，占全省总产量 30% 以上。这些比例说明，四湖地区农业生产的起落，对全省农业生产和人民生活影响极大。（三）是发展商品生产的重要基地。四湖地区是全省农业多种商品兼并发展的生产基地，这里正在建设商品粮基地县 4 个，年交售禽蛋

1000 万斤以上的县 4 个，全省 25％的商品猪基地、40％的商品鱼基地以及 30％的畜禽良种基地都在四湖地区。1982 年提供的粮、棉、猪、鱼、蛋的商品量，分别占全省的 16％～24％。（四）具有发展城乡商品经济的优越条件。四湖地区是武汉、沙市的副食品供应基地，是轻纺工业品销售的重要市场，又是武汉、沙市工业品扩散加工和手工业外贸出口产品的生产第二线。目前，四湖流域内有大小市镇 317 个，平均每百平方千米有 2.75 个城镇，城镇人口占总人口的 16.8％，高于全省的城镇人口平均比重。城镇支援农村，工农业相互促进，为实现"农工商"、产供销和大力发展商品经济，展示着广阔的前景。由此可见，四湖地区蕴藏着很大的经济潜力，只要采取综合治理，发挥总体经济优势，将会收到投资小、见效快、收益大的明显效果。

目前，四湖地区的主要问题：一是防洪排涝达不到 10 年一遇的标准，约有 80 万亩农田不保收和 200 亩低产田，粮棉生产的大起大落问题没有解决。四湖地区自 1965 年以来的 19 年中，有 8 年受涝，进入 80 年代，四年淹三水。治水成了当前的突出矛盾。二是过去在治水的同时，缺乏多学科地对生态环境、自然资源的研究和合理的开发利用。三是在管理体制上，长期受"左"的影响，"吃大锅饭"的弊病严重存在，不适应经济发展的要求。因此，尽快综合治理四湖地区"水袋子"问题，是一个十分重要而又迫切的问题。当然解决这个问题是有一定困难，但有利因素是基本的，经过 30 多年的建设，特别是党的三中全会以来该地区各方面工作都有较好的基础和新的起色，只要综合治理，既抓住以水为主，又同时多学科地对四湖自然资源进行合理开发利用，改革管理体制，加强统一调度等措施，经过 5 年努力，基本上达到抗御 10 年一遇洪水的标准，提高农业生产的稳定能力，是完全可能的。

二、综合治理四湖"水袋子"问题的基本原则

治理四湖"水袋子"的指导思想是：实事求是、尊重科学、讲究效益、大胆改革，从实际情况出发，对具体事物进行具体分析，以达到认识自然、改造自然的目的。鉴于四湖地区不同于江淮平原河网地带，这里的地势是西北高、东南低，汛期受长江、汉江、东荆河的洪水顶托，涝渍灾害常年发生。由于治水上有许多问题尚待解决，不能不影响水产、林业、水运和农牧业生产的发展。因此，治水是这个地区的主要矛盾。根据这里的地理位置和水文条件，治理四湖"水袋子"的基本原则，应当实行以水为主、综合治理，进一步发挥总体经济效益。按照自然规律和经济规律办事，既注重工程措施，又注重生态措施，促进农业生产的良性循环。总结治水内部规律以及治水与各业协调发展的问题，研究 10 个方面的关系，也是具体原则：

1. 正确解决江河防洪与内湖治理的关系。四湖全境受江湖两夹地势的影响，汛期外江高水顶托，内外江的水面比地面高出 6～13 米，整个经济区的人民生命财产均系在江汉大堤之上。因此，加固堤防，关好大门，是治理四湖的根本措施。内湖的排涝以及发展农牧业、水产、水运、林业等方面的工作，都要从防洪这个大局出发，避开一切不利因素的影响，免遭重大灾害，这是内湖治理的前提条件。

2. 正确解决排水与调蓄的关系。据有关资料统计，四湖地区现有湖泊水面 125 万亩，比 20 世纪 50 年代的 402 万亩减少 67％左右。过多围湖，在大水年头，曾出现"低湖收稻谷，高田出平湖"的恶性循环，这是违背自然规律的一种惩罚。湖区围垦作为农业发展的措施应当结束，过多围湖减弱灌溉抗旱能力，减少自然水产养殖水面，减少航运调剂水源，特别是降低调蓄能力，使降雨产流与河道排水能力失去平衡，导致一遇大雨就大面积受灾。单纯靠增加装机电排，不可能解决涝灾问题，大量耗电，加重人民负担，也很不经济，只有采取退田还湖调蓄削峰、种草种树等生态措施，加上必要的工程措施，才是适合客观规律，花钱少、见效快，解决"水袋子"问题的正确途径。以上情况说明：搞好调蓄，有利于防渍涝，有利于抗旱灌溉，有利于发展水产和航运，有利于生态平衡，有利于节约能源，错开汛期工农业生产的矛盾。总之，有利于经济翻番。不少同志对适当退田还湖调蓄，解决水涝灾害的生态措施，认识不够，应当加强科学教育。

另外，关于排涝和抗旱的关系，也是要正确解决的问题。四湖地区的春旱和有些年份的伏旱，必须十分注意内湖蓄水抗旱灌溉和人畜用水，减少引江灌溉，力争旱涝保收。

3. 正确解决自排与提排的关系。湖区防洪排涝建设，大体经历了三个阶段：一是 50 年代着重修筑和加固沿江堤防，关好大门，堵挡汛期外江洪水对内湖的倒灌；二是 60 年代着重挖渠建闸，排除渍涝，主要靠自排；三是 70 年代重点兴建电排站，自排与提排相结合。这些措施在实际抗灾中都起到一定作用。目前在湖泊减少，调蓄能力下降的情况下，单纯靠电排装机一条腿的办法，既不经济又不科学。应采取尽力自排，实行提排、调蓄并重的方针。汛前以自排为主，按设计水位降低调蓄湖容；汛期以电排站的统一调度、合理运用作保证，电排与自排、电排与调蓄相结合，才能达到工程建设与经济效益的统一。

4. 正确解决现有工程配套挖潜与新建工程的关系。四湖地区的排灌网络初步形成，骨干工程有了一定基础，目前问题主要是上中区一级站外排能力不足，现有一级站已建工程有的没有发挥应有效能。根据四湖管理局调查，总干渠等主要排水渠道尚有挖河土方 4000 多万立方米，主要建筑物有十多处，目前的突出问题是电排河渠断面偏小，排水流量与电机能力不适应，以及沿渠的涵闸、桥梁等必要建筑物没有兴建，实际过水能力与设计排水流量不适应，预测配套工程潜力约占现有工程的 30%。因此进一步治理四湖，要切实贯彻以内含为主，走"配套挖潜，适当新建"的路子。

5. 正确解决上下兼顾与分区治水的关系。四湖地区上下游的关系有些是协调的，有些流域性的问题未得到兼顾时又出现各自为政的现象。应当看到，四湖地区是一个整体流域，上下游之间，四湖水系和相邻水系之间，有着共同利益和共同命运，因此从整体利益出发，在"统一调度，上下兼顾"的前提下，实行"高水高排、分区治理"和"层层排水、层层调蓄"的原则，防止出现"治上害下"或"治下害上"以邻为壑的不良倾向。

6. 正确解决排地上水与排地下水的关系。垸内治水的当务之急是治涝，这是解决稳产的关键一环。但这个地区农业生产单产不高，中低产田约占三分之二，主要原因是地下水水位高，耕作层下常年积水。这个问题应当引起高度重视。群众反映，湖区不仅要拦大水、排明水，还要"开肠破肚流黄水"。农业科学家建议，农作物生长要求地下水水位降到 0.3～1 米，才能为高产创造条件。因此，在排地上水的同时，必须大力降排地下水，绝对不能机械地分先后，要因地制宜同步进行治理，切实搞好田间水利建设。

7. 正确解决调蓄与发展水产事业的关系。湖北是"鱼米之乡"，四湖地区是我省渔业生产的重要基地，共有总水面 344 万亩，可供养殖水面 237 万多亩，占全省水面三分之一左右。据洪湖水生物资源调查统计，鱼类水产资源 54 种，鸟类资源 167 种，水生植物资源 63 种，浮游生物和动物资源 247 种，各种草类以及水生植物生物量初步测算 157 万吨，为发展水体农业和建立商品生产基地提供良好条件。在适当退田还湖，增加调蓄区之后，应根据不同地区特点，以调蓄为主，综合利用水面，采取多种方式，大力发展渔业和种植莲、菱、藕、茭白、芦苇等经济水生植物，还应利用水利设施引江水纳苗，有些调蓄区还可以种植耐渍的树种，发展林业。湖泊和调蓄区的利用，必须十分注意生态平衡，尊重科学，注重多目标开发的相关性。因此，渔业基本建设，既要做到技术上可行，经济上合理，又要充分注意到后果的无害性，不要在湖汊或湖内筑堤搞精养鱼池，导致调节湖容蓄水面缩小的后果。

8. 正确解决治水与植树造林的关系。林业是实现农业生态系统良性循环的纽带，是造福子孙后代的事业。湖区造林与防浪、防风、防水土流失有着十分密切的关系。据林业部门统计，四湖区域内的长江、汉江，东荆河外滩，共营造防浪林 547 千米，为汛期防浪护堤，起到十分重要的作用。湖区造林最大特点是生长快，轮伐期短，经济效益高。潜江县森林覆盖率已超过 10%，用材基本自给。同时，湖区造林还可以调节气候、保持水土，抗御或减轻水、旱、风、沙灾害，美化环境，促进农村经济的全面发展。

9. 正确解决治水与发展水运事业的关系。四湖地区河渠交织，湖泊相连，水域面积占流域总面积的 25%，具有天然河网水运条件，但是由于注意综合治理不够，目前习家口船闸未建，阻碍总干渠全线畅通，据航运部门反映，在 53 条支流航道上，有碍航闸堤 87 处，干支航道断航里程达 861 千米，严重影响综合经济效益。为充分发挥四湖水运优势，应实行统一协调规划、分期综合治理的原则，进一步发展四湖地区的水运事业，沟通城乡联系，减少运输费用，降低能源消耗，促进商品流通。

10. 正确解决治水与做好血防工作的关系。新中国成立以来，四湖地区血防工作取得很大成绩，但病根未除，1982 年统计尚有钉螺面积 33 万亩，血吸虫病人 11 万多人。由于种种原因的影响，钉螺由片状分布变为线状或点状分布，人畜感染不断增加。为了保证人民健康，针对疫情的新变化，应坚持在疫区治水优先灭螺的原则，做到按水系分块治理，灭一块，清一块，巩固一块。在疫区继续推行水改旱的耕作制度，加强人畜治疗等综合措施，使血防工作取得新的成绩。

以上 10 个方面的关系，是与水有直接牵连的一些问题，是总结探讨"以水为主、综合治理"的一些内在规律，是从多学科综合性的角度研究经济效益。人们说："水多怕水，水少想水"，我们的任务应当研究如何运用水的规律为我所用，为经济建设所用，要善于变水害为水利，趋利避害，研究如何发挥水的优势，为发展大农业生产服务。在实行以水为主、综合治理的同时，要研究四湖地区资源开发利用，研究经济发展的战略方向。洪湖县小港农场根据水乡客观条件，靠水吃水，调整农业内部结构，发展水体农业，取得较好的经济效益，是一个很好的经验。

三、当前要解决的几个问题

根据以上 10 条原则，现就综合治理四湖"水袋子"带共性的问题，提出几点意见：

第一，退田还湖，落实调蓄区，提高调蓄能力。这既是当前解决"水袋子"的一个投资少、见效快的办法，又是利用四湖多水的特点，发挥总体经济效益的重要途径。据省水利设计院演算分析，以大流域计算，按 1980 年相当 10 年一遇的标准，调蓄容积应不小于削减一次暴雨量的 50%；调蓄面积应力求达到占来水面积的 10% 左右。按四湖目前状况，不可能大量地退田还湖调蓄，要采取调蓄区、备蓄区集中与分散相结合的多种形式。荆州地区规划借粮湖（60 平方千米）为长湖调蓄区，彭塚湖（18 平方千米）为田关河调蓄区，监利螺山西、洪湖下万全垸（各 60 平方千米）为洪湖调蓄区，白鹭湖（20 平方千米）为总干渠上段调蓄区（引自 1984 年 3 月 22 日荆州地委、行署关于解决我区平原湖区"水袋子"问题的报告）。加上固定洪湖（402 平方千米）、长湖（150 平方千米）的湖面，总计可有调蓄面积 770 平方千米，占流域面积的 7.4%。其他分片排水区如大沙、大同、西大垸、监北以及每个二级排水站也应划出一部分低湖田调蓄或备蓄，全流域调蓄面积达到 10% 左右是可能的。实施上述调蓄区和备蓄区，加上洪湖、长湖的调蓄，总面积 100 多万亩（其中退田还湖约 40 万亩），初步测算蓄水能力近 20 亿立方米（调蓄区水的容量和深度需制订具体方案）。落实调蓄区，要有具体的措施：

1. 要兴建调蓄区围堤、进洪闸、退洪闸以及安全设施。水利和有关部门共同规划，按水利现行政策，列入水利计划，优先实施。

2. 要把扩大调蓄区和备蓄区当作调整四湖农业经济结构、合理开发利用资源的一个重要措施，充分利用四湖低洼地带，发展适应性的农业，如种青养鱼，植莲、藕、芦苇、席草以及植树造林等，既满足调蓄，又提高经济收入。

3. 调蓄区的公粮、粮食任务要有相应的减免，有的还需给予必要的口粮供应。对改耕发展渔业和水生植物给予一定的资金和物资扶持。今后，按规定水位开闸分蓄、不作受灾对待。

据了解，有些地方不顾三令五申，还在继续围垦或变相围垦，应紧急呼吁，明令制止，甚至给以纪律处分。

第二，优先实施流域性排涝工程的配套，在挖潜上下工夫。这是解决"水袋子"的又一个投资少、见效快的办法。据水利厅规划人员的估算，以 1980 年为例，四湖中区现有大型电排潜力约 3.4

亿立方米，相当于应排水量的 18%，相当于当年四湖汛期多余水量的三分之一。由于枢纽与配套工程长期没有同步建设，尾欠工程量大，需要分先后主次，分年安排。省水利设计院建议，近期在完成新滩口、杨林山电排站建设的同时，先实施新沟、老新、半路堤、南套沟等电排站的配套工程以及总干渠，小港以下琢头沟裁弯（土方约 210 万立米），小港以上王家港至子贝渊（土方约 240 万立米）和习家口至五岔河（土方约 430 万立米）的疏浚工程。同时，继续完成长湖，洪湖湖堤加固以及太湖港荆州城关一段的治理。完成这些配套，不仅提高现有排涝能力，还是改善航运、降低田间地下水水位的一项基本措施。

第三，兴建上中区排涝骨干工程。解决四湖上区排水出路，增加中区一级站排水能力，应是当前解决四湖"水袋子"的关键问题。特别是解决上区排水出路十分紧迫。1983 年长湖周围和潜江县田北一带受灾面积约 40 万亩，省、地领导十分关心，当地群众要求迫切。

长湖不能作为蓄洪水库运用，只能从调洪与灌溉上找出路。对于 32.50 米以上洪水的出路，荆州地区和省水利设计院分别提出了建闸和建站（电排站）两个方案。

荆州地区规划兴建东荆河口（龙头拐）节制闸。规模为 3000 立方米每秒。汛期结合马湖滩泄洪，以保证东荆河通过洪峰流量 5000 立方米每秒。当四湖上区出现暴雨，而汉江新城流量在 6000 立方米每秒时（最大控制流量也不超过 8000 立方米每秒），节制东荆河，增加田关闸抢排，可避免长湖上区 40 万～50 万亩农田淹没损失，还可改善东荆河沿岸 22 处排水闸的自排条件，降低沿岸装机 30000 万余千瓦电排站的抽水扬程 0.5～1 米，可节省电费约 24 万余元。从多方面分析，东荆河口建闸具有排涝、防洪、抗旱综合效益，利远大于弊（引自荆州地委、行署关于解决我区平原湖区"水袋子"问题的报告）。省水利设计院以及沿汉江中下游的县、市对龙头拐建闸有不同的看法。据省水利设计院的演算分析，从 1950 年有长湖水位资料以来，长湖水位超过 32.50 米以上的有 1950 年、1954 年、1969 年、1980 年、1983 年共 5 年，东荆河建闸控制，除 1980 年可使长湖水位由 33.21 米降为 32.80 米外（降低 0.31 米），其余 4 年由于汉江与四湖洪水遭遇，迫使东荆河口闸不能节制，特别是 1983 年型雨情，建闸和不建闸一样，起不到控制作用，不能满足上区排水要求，解决不了上区排水出路。田关河以北低于长湖水位 32.50 米以下有农田 20 余万亩，即使建闸，也不能解决这部分农田（包括江汉油田）的淹没问题。至于建闸对汉江中下游的影响，荆州地区认为虽有影响，但影响不大，可以通过对闸的运用管理来解决，省水利设计院及有的专家估算，建闸控制之后，在新城流量 5000 立方米每秒条件下，减少东荆河分流约 1000 立方米每秒，将抬高汉江下游汉川水位 0.8 米。将减少沿汉江中下游新沟等排水闸的自排概率，增大沿江电排站的提水扬程，增加电费 19 万余元。特别是将增加沔阳排湖电排站超驼峰的概率，防汛部门的工程师认为建闸造成东荆河口淤积的可能性很大，必须做分析和模型试验，得出定量论证，才能放心，如要建闸，只能按 5000 立方米每秒流量建大闸，不同意建小闸（引自东荆河口建闸可行性研究座谈会简报）。

省水利厅设计院规划兴建田关电排站，规模为 6 台、2800 千瓦。建站方案的优点是保证率高。无论汉江与四湖洪水遭遇与否，只要长湖超过运用水位，即可开机抽水，同时可以解决田北河以北 20 余万亩低田和江汉油田的渍涝问题。据省水利设计院的演算，如遇 1983 年型雨情，长湖 7 月水位可降至 32.50 米，10 月可降至 32.57 米（比 1983 年实际最高水位 33.30 米低 0.73 米），不仅可以解决上区排水出路，降低长湖水位，而且避开了与汉江下游的矛盾和影响。建站的主要问题是电费问题，平均年耗电约 24 万元，大汛年如 1980 年，一次电费约 60 万元。荆州地区和江陵、潜江、荆门水利部门对电费问题反映强烈，他们认为历来水往下流，上游出排水电费不合理。此外，据荆州地区反映，电排站在一般平水年利用率不高。多年平均经济效益不如建闸优越。

建闸还是建站，已经过三次有关单位和部门的专家论证会，都未取得一致的意见。第三次论证会要求有关方面对建闸的可行性再做进一步的工作，并请长办能提出正式论证意见。

在解决上区排水过程中，应当注意由于长湖水位抬高，荆、江、潜部分受淹的农田，要适当采取工程措施，并分情况实施补偿或减免政策。

中区排水工程，也有三个方案。省水利设计院规划兴建付家湾电排站，装机设计流量 150 立方米每秒，荆州地区最近提出分建洪湖县陶家坝电排站（规模为 10 台、800 千瓦）和监利县北口电排站（规模为 4 台、2800 千瓦，流量 120 立方米每秒）；四湖管理局在上报计划项目中，规划付家湾（规模同省水利设计院的方案）和洪湖县陶家坝电排站（流量 80 立方米每秒）。中区的主要矛盾是二级电排装机大于一级电排，迫使总干渠上中段（福田寺闸以上）的水位过高，因此，中区要增加一级电排能力，主要的任务为在排流域来水降低总干渠水位的同时兼顾排水区域渍水。目前，中区已有新沟嘴、老新两处流域性的一级电排站，未按原规划配套，渠道不通畅，有一半的效益没有发挥。潜江县水利局提出，完善两站配套，增加装机，挖潜与扩建相结合的方案，是可以考虑的。但是，在配套中要解决两个问题：一是老新电排站的渠道要与东干渠相通，参加流域统排；二是新沟电排站的渠道要按原规划开挖，穿荒湖农场，接五岔河口，然后增容。使新沟电排站发挥流域统排的主要作用，这样，既解决沙市、江陵、潜江排水出路，也提高监北片排水能力。

第四，综合治理，协调发展，促进农牧业、水产、航运和林业的发展。

根据 1984 年中央一号文件精神，四湖地区应当迅速调整农业内部结构，继续贯彻执行"决不放松粮食生产，积极开展多种经营"的方针，大力发展商品生产，进一步放宽政策，注重科学技术，使传统农业转化为现代化农业，并总结本地的实际经验，在田间水利建设和农业技术改造上，采用"大渠降，小渠排，排灌分，水旱轮，肥配方，种改良，效益好，门路广"的办法，进行农业科学研究，加强科教宣传和培训，实行水肥土综合技术治理，大力改善农业生产条件，促进农业生产发展。

水产是四湖的优势产品，大力开发水产是发展四湖商品经济，发挥总体经济效益的重点。四湖水产应以鱼为主，增殖为主，增殖与养殖、种植相结合。科学、合理地运用涵闸灌江纳苗，水产与水利协商办理，受益比例分成，保护天然水生植物，做到合理利用。洪湖有 50 余万亩水面，单产低、潜力大，重点抓好洪湖的养鱼和其他水产品生产，对于四湖水产的发展有重要的作用。开发洪湖水产，当前要解决两个突出问题：一是河湖分家，保持洪湖最低水位；二是管理体制。河湖分家工程包括总干渠中段小港至螺山渠口一段的南堤修筑（土方约 90 万立方米）和 21 处口门的拦鱼设施。建议土方由水利部门安排，拦鱼设施由水产部门实施。管理体制，建议由省水产局与荆州地区商定，可考虑在行政区划不变的前提下，搞经济实体，国家、集体、个人一起上，成立经济开发公司，走经济联营的道路。

其他调蓄区、备蓄区和低洼水面的水产也应有大的发展。提倡在调蓄区发展粗养，在备蓄区发展精养鱼池和莲、藕、草等水生植物。四湖约有几十万亩低洼的荒湖，不适宜种植，又未充分放养，可以种青养鱼，冬季放水种青，汛期纳洪放养，成鱼产量每亩可达 100 斤左右。四湖 10 余个国营农场，如能将现有 10 余万亩低产田划出一部分发展水产，结合水产品加工工业，对于农场经济的发展和调蓄都将产生显著的效益。

近期内，四湖航运重点放在总干渠干线和通往县镇主航道的改善，提高通航能力方面。水利、航运和地县有关部门共同协商，分别或联合疏浚总干渠上段，实施内荆河下段裁弯，兴建习家口、宜子口，鸡鸣铺船闸；至于与总干渠相通又有通航水源的主要支渠口门的碍航建筑，水利部门在进行配套建设时，要增建通航设施。为了提高内荆河冬季通航能力，建议航运部门尽早安排新滩口二级船闸的兴建。从目前济航水源和渠道条件出发，建议近期内枯水期通航吨位以小泊位为主，高水期以中泊位（100～200 吨）为主。同时大力发展有通航条件的区镇之间的民间航运。水利、航运要协同管好通航渠道、过航设施的维护和运用。本着谁建、谁有、谁管的原则，既要分头管理，又要协同配合，调动有关部门共同发展航运的积极性。

治水结合造林，建设湖区林网。除继续发展四旁的防浪、防风林带外，结合田间深沟大渠和改造低产田，大兴农田防护林网，小网格，窄林带，由于调节小气候，对促进农业生产有很好的作用。四旁植树，田间林网，这是近期发展湖区林业的重点。按村、镇区划或在备蓄区分散建设小片林场，栽种耐淹速生的用材林和经济林如池杉、落羽松、意杨和乡土林种，结合发展利用这些材质办工业。为全面发展四湖林业形成带、网、点、片相结合的农田防护体系，建立良好的生态环境，保障农业的发展打下基础。目前，四湖森林覆盖率只有 7.9%，随着林业政策进一步放宽，利用湖区发展林业的有利条件，覆盖率提高到 15% 左右是可能的。

气象工作要为抗洪防汛当好耳目。为了及时掌握长江、汉江中上游暴雨天气的变化，应建立四湖地区的暴雨预警报系统和雨量自动遥测网，建立郧阳、恩施天气雷达站。

第五，需要与可能相适应，解决治理资金问题。

解决建设资金的基本原则是：力求用较小的投资，取得最大的效益。要求按照效益大小，分轻重缓急，依靠群众，自力更生，采取劳动积累、集资办和国家扶持相结合，集中财力，建设一处，受益一处。目前，对治理四湖的资金问题，有关方面都提出基建投资的设想方案，荆州地区希望"七五"期间安排 1.8 亿元资金，省直有关厅局提出两亿元以上的投资项目，根据当前国家财力，这些投资设想近期内难以完全实现。我们认为要解决四湖"水袋子"问题，财力是要适当集中的。1982 年用于四湖地区的基建投资约 1500 万元，有关部门除保持或适当增加这个投资数外，建议省财政在近 5 年内，每年增加治理四湖资金 1000 万～1500 万元。水利部门的投资和增加的部分专款，除用于加快新滩口和杨林山续建工程建设外，要重点解决上、中区的排水出路。上区无论是建站还是建闸，中区是配套挖潜还是搞新建工程，以及借粮湖、彭塚湖的调蓄设施和洪湖的河湖分家等工程，应当及早准备，优先安排。增加专款内要妥善安排用于水产、农业、林业、农垦、水运、科学、气象等事业的资金。

凡建成后有直接收入的或者与群众有直接受益关系的工程，如水产、林业、田间水利配套以及改造低产田等建设资金，主要依靠群众集资和贷款，有关这方面的事业费，也要逐步改无偿为有偿，国家应在技术和物资上给予支持。同时，也要积极争取外资、外贸、外地的资金，共同开发利用四湖的资源。建议航运部门向国家争取将内荆河作为近期开辟通航的重点。

实施上述方案，应加强领导，组织强有力的协调措施，应在坚定统一规划、合理布局、先急后缓、综合治理的原则下，根据实际工作情况和国家财力，有计划有步骤地分别实施。荆州地区和省直有关厅局要协同作出通盘安排设想和年度计划。对于一些重大工程，要组织各方面专家进行科学论证。目前，重点解决水利管理体制改革和长湖水的出路以及退田还湖调蓄等问题十分紧迫，应作为一个突破口，优先作出具体部署，具体落实，从始至终一抓到底。

四、改革水利管理体制，加强统一管理和科学调度

加强科学管理，改革管理体制，是充分发挥总体效益的重要环节。其他专业，如水产、林业、航运等在管理上已有分述，现就水利管理体制的改革问题，提出如下意见。在水利管理上，由于受"左"的思想影响，目前存在比较突出的问题是：（一）在管理体制上吃大锅饭，缺乏按照经济规律办事。管理人员靠吃基本资金过日子，管理资金无来源，连简单再生产也不能维持，浪费大，经济效益很低。（二）一级电排站没有按照水系集中统一调度，把流域性的问题当作区域性问题处理，管理单位不能统一调度，由市、县、农场、油田分块自行管理，加之收水费、交电费缺乏合理制度，而是谁抽水谁交电费，曾出现该抽水的不抽，该早抽的晚抽，延误抽排时机，造成不必要的损失。（三）缺乏统一的带立法性质的具体规章制度，如水位线划分和调度运行等都没有明确的章法，造成一些混乱和损失。1980 年，由于多种原因，洪湖汛前多蓄，大型泵站少排，当年土地湖、桐梓湖分洪 7.14 亿立方米，洪湖水位达到 26.93 米。1983 年加强统一调度和管理，洪湖汛前按规定蓄水，大型泵站比 1980 年多排水 7 亿立方米，当年没有分洪，洪湖水位达到 26.83 米，比 1980 年还低 9 厘米。当前水利管理上存在的问题和实际工作中的经验教训，都说明管理体制改革和科学调度的重要性和必要性。因此，要树立一种创新的精神，坚持实事求是，解放思想，打破框框，大胆改革，建立一套切实可行的制度和章法，才能有效地发挥工程效益和生态效益。为此：

（1）划定水线。水位线、种植线、养殖线和航运线是作为治理和防洪排渍的界线。经各方面商议

确定；长湖控制枯水位不低于 30.00 米，设计高水位控制在 32.50 米；洪湖枯水位不低于 24.00 米，汛前水位控制在 24.50 米，设计高水位控制在 26.00 米以下；总干渠福田寺闸上枯水位不低于 25.00 米，设计高水位不超过 26.50 米或 27.00 米；新滩口闸上水位不低于 21.00 米。这些水位界线要以立法形式确定下来，严格遵守。

（2）科学调度，实行分级管理。四湖地区水利工程的调度和运用，要从全流域的大局出发，以统一为主，统一与分散相结合。流域性的工程，由四湖管理局统管；区域性的工程，由所在县分管；分片排灌工程，由区、乡管理；小型和田间工程，包给水利专业户管理。流域性的大电排站的水费、电费，统一收费、统一支付，具体办法按照省政府鄂政发〔1984〕44 号文件办理。

（3）按照经济管理办法，解决水电费问题。排水或灌溉不仅具有服务性的一面，还具有商品性的一面。工程管理要有明确的经齐效益观点和成本核算观点。要合理收取水费、电费，不能无偿服务，大涝之年，电排站的当年排水电费较大，群众负担或国家全包都有困难，根据外地经验，可采取每年收取基本排涝电费，平水年结余，专款存储；丰水年，以存补欠；大水年，国家从防汛救灾专款或由省里另列专款补助的办法，来解决排水电费问题。漳河水库由不收水费改为按亩配水按方收费，管理局由行政管理改为经济管理，有了自主权，经济上增加了活力，200 余万亩灌区节约了大量用水，出现了新局面。这一事例很有说服力。

（4）扩大管理单位的自主权。四湖管理局是流域管理机构，应形成建、管、经营和责、权、利相结合的经济实体，成为治理四湖的经营公司，统一管理流域性的水费、电费，统一管理流域性的湖、闸、站的调度，统一管理流域性的工程规划建设。采取企业管理形式定额补贴，单独核算，以水养水，以收促管，可以在搞好工程调度维护的前提下，利用水利工程的有利条件，广开生产门路，发展养殖、加工和其他为社会服务的行业，积极组织多种收入，搞活经济。内部管理可以实行承包责任制，调动管理人员的积极性。这样，既提高技术业务水平，又能巩固水利管理队伍，有关单位要制定水利具体管理的规章制度，不断把水利管理工作提高到一个新的水平。

五、四湖地区经济发展目标的设想

按照自然规律和经济规律的原则，以提高综合经济效益为核心，经过 5 年奋斗完成上述工程措施和生态措施之后，四湖地区基本上达到抗御 10 年一遇排涝的标准，大部分农田旱涝保收，因灾减产和个人集体损失，以及防汛救灾等方面节省的经济效益，按大灾年计算约 2 亿元。其他经济效益、生态效益和社会效益等方面都有显著成效。初步测算到 1986 年四湖地区工农业总产值达到 33 亿元（均不包括沙市），在 1980 年年总产值 16 亿元的基础上翻一番，到 1990 年年总产值可能实现翻两番，达到 66 亿元，提前 10 年实现党的十二大提出的战略目标，力争在速度和效益上均走在全省经济发展的最前列。根据估算，各方面的产品产量到 1990 年分别达到：

粮食总产量：由 1983 年的 49 亿斤，发展到 70 亿斤，增加 21 亿斤，增长 43％。

棉花总产量：由 1983 年的 108 万担，发展到 150 万担，增加 42 万担，增长 39％。

油料总产量：由 1983 年的 55 万担，发展到 198 万担，增加 143 万担，增长 260％。

成鱼产量：由 1983 年的 6369 万斤，发展到 2 亿斤左右，增加 1.3 亿斤以上，增长 214％。莲、藕、芦苇、芡实、虾、蟹、贝、水禽等项都有较大发展。

生猪出栏数：由 1983 年的 82 万头，发展到 154 万头，增加 72 万头，增长 88％。

家禽饲养量：由 1983 年的 1313 万只，发展到 2450 万只，增加 1137 万只，增长 87％。

木材采伐量：预计到 1990 年，速生丰产林和四旁树木年产材 80 万立方米左右，经济林和薪炭林有较大发展。

整治内荆河航道，水运事业会发展很快，并能节约物资流转费和能源。

乡镇经济可望出现一个突破性的大发展，商品流通和科学教育事业一定能够飞速前进。

为了实现上述经济发展目标，从四湖地区的实际情况出发，根据本地自然资源条件，以大规模发展商品生产为中心，运用价值规律，放宽政策，放开手脚，突破自然经济和单一经济的旧经济模式，向着农、林、牧、副、渔综合经营的方向转移，向着农、工、商协调发展的目标转移，向着生产、加工和流通三立一体的格局转移，按照少投入、多产出、高效益的原则，经过各方面努力工作，四湖地区将会逐步形成具有特色的经济模式：以农、渔、牧业为主体，多种经营和加工业、运输业、建筑业、服务业为支柱，以城镇经济为中心，农、工、商协调发展，形成粮、棉、鱼、猪、蛋、禽的综合农业商品生产基地，成为新型的、富庶的"鱼米之乡"。

这个调查报告，是在过去各方面工作的基础上，经过再次调查研究而形成的。为了使四湖地区的经济发展研究工作不断深化，建议省直有关单位的理论工作者和实际工作同志继续与荆州地区一起，对这个地区经济发展的战略目标、经济结构和战略措施，以及如何利用有利的自然资源，大力发展农牧业、水产业、工业、商业、加工业、食品业、建筑业、服务业、城镇经济、商品流通和科学教育事业等多方面的问题，进一步认真研究探讨，为加速发展四湖地区的经济作出新贡献。

以上报告，妥否，请批示。

1984 年 5 月 31 日

附录四　湖北省人民政府专题会议纪要（14）：省环境保护委员会第一次会议纪要

（2007 年 1 月 27 日）

2007 年 1 月 17 日上午，罗清泉省长主持召开省环委会第一次会议，专题研究环境保护"五个专项治理"工作。常务副省长周坚卫、副省长刘友凡、阮成发参加会议。会议听取省发改委、省经委、省环保局、省建设厅、省水利厅等牵头单位就小水泥、小火电、小造纸、污水处理和四湖流域专项治理工作情况汇报，并就有关问题进行认真研究。纪要如下：

会议指出，近几年来，我省经济社会发展取得巨大成就，但在环境保护方面还存在不少问题，全省还有不少不符合国家产业政策的"小造纸、小水泥、小火电"等高污染、高能耗的企业，资源利用效率低、运行质量和效益不高，对生态环境污染严重；城市环保基础设施建设滞后，污水处理率较低；四湖流域污染严重、排涝能力不足、血吸虫疫情严重，危害人民群众健康，必须采取切实措施加以解决。

会议强调，"五个专项治理"是省委、省政府为加快经济结构调整、转变经济增长方式、保护生态环境、促进科学发展作出的一项重要决策。各地、各有关部门要从落实科学发展观、构建"和谐湖北"的高度，充分认识开展"五个专项治理"的重要性和必要性，统一思想，制订方案，明确职责，精心组织，大力推进，狠抓落实，务求必胜。各部门、各地区的行政主要领导是第一责任人，要切实担负起这副担子。有关部门要积极配合，主动加强衔接，共同做好工作。有关方面要积极行动起来，尽早部署，抓紧落实，认真督办，确保"十一五"期间完成治理工作任务。在工作中，要坚持依法办事，做过细的工作；要坚决执行国家产业政策，坚持关停与并转相结合，"压小"与"上大"相结合，淘汰与发展相结合，安排好下岗职工的生活与再就业等问题，切实维护社会稳定。

会议议定：

一、进一步完善工作方案。由各牵头单位负责，组织做好全省"小水泥、小火电、小造纸"等重污染行业和城市污水处理厂建设和运行情况调查，切实摸清行业污染物排放总量、行业发展趋势、从业人员数量、资产和经营等方面的信息，确保情况明、数据实。各地、各部门要按照会议要求，认真做好"五个专项治理"准备工作，由各牵头单位设计印制调查表格，由各地负责组织做好调查摸底工作。在此基础上，进一步完善工作方案，列出工作进度和关闭"三小"、建设污水处理厂的时间表，明确单位和责任人。省水利厅要组织做好四湖流域治理规划的编修工作，尽快组织评审，按程序报批，确保 2007 年冬季开始组织实施。其中，洪湖围堤加固工程要与洪湖清淤工程相结合，内荆河疏挖工程要和高产农田建设相结合，总干渠疏挖整治要与国土整治相结合。荆州市要抓紧做好相关国土整治项目的前期工作，编制实施方案，由省水利厅按防洪排涝的要求进行审查后，按照国土整治项目的建设管理实施要求报省国土资源厅审批，尽快组织实施。

二、研究制定相关政策。要研究制订包括压小上大政策、差别电价政策、财政支持政策、排污费政策、奖励政策等在内的一系列政策措施，推进专项治理工作。由省物价局牵头，省发改委、财政厅、建设厅、环保局等单位参加，2007 年 3 月底前制订出全省污水处理费征收管理办法，2007 年内所有城镇都要开征污水处理费，并逐步提高收费标准，2008 年达到每吨污水收费 0.8 元。省财政厅要加强对污水处理费使用情况的监管，确保污水处理费专款专用。要引入市场机制，加快城市污水处理厂改制步伐，实现政企、政事分开。由省环委会办公室牵头，会同相关部门制订"四个专项治理"的考核办法，明确工作目标，细化考核标准，规范考核程序，定期组织检查考核，省政府对完成任务好的部门、地方和责任人给予表彰奖励，对工作不力的有关人员要严肃追究责任。

三、积极筹措建设资金。"十一五"期间，省财政在预算内安排资金4亿元用于四湖流域综合治理，其中3亿元用于总干渠疏挖整治等，1亿元作为四湖流域内有关市县的重点城镇污水处理设施建设资本金（由省水利厅、环保局、建设厅、荆州市政府共同商量方案报批），不足部分采取争取国家投资、市县配套、水资源费结余资金等多渠道解决。省财政2007年在预算内资金安排4000万元用于四湖流域治理，其中：四湖流域西干渠水利血防治理工程安排1000万元，洪湖围堤加固工程安排1000万元，总干渠疏挖整治工程安排2000万元。

四、切实加强组织领导。一是加强领导。为加强对"五个专项治理"的领导，省政府成立小水泥、小火电、小纸厂、城市污水处理专项治理工作领导小组，周坚卫常务副省长任组长，阮成发副省长任副组长，下设四个工作专班，分别由省发改委、经委、环保局、建设厅为牵头单位，具体负责组织协调和政策指导，选派政治素质高、业务水平高、奉献精神强的同志充实专班力量；成立四湖流域综合治理领导小组，刘友凡副省长任组长，由省水利厅、发改委、财政厅、国土资源厅、卫生厅、交通厅、建设厅、环保局、林业局和荆州市政府参加，具体工作由省水利厅牵头，荆州市政府是实施四湖流域治理的责任主体，要组织工作专班，各相关部门、流域内各市县要加强协调，相互支持。要加大流域内管理机构人员的改革分流力度。全流域要上下一盘棋，共同努力搞好四湖流域治理。二是强化责任。要将"五个专项治理"纳入省政府与各地签订的年度工作目标责任书，考核结果与政绩考核挂钩。在今年省政府全会期间，召开专门会议对专项治理工作进行动员部署，各牵头单位汇报工作安排，各市州主要负责同志汇报工作措施。三是保障经费。省政府成立的领导小组办公室和五个工作专班的工作经费以及每年评比表彰的奖励经费，由省财政厅列入预算。

参加会议的有：省政府李新华、杜祖森、邹贤启，省委宣传部张永忠，省发改委李宗柏，省经委王建鸣，省教育厅路钢，省科技厅王东风，省公安厅夏孝勤，省监察厅李述永，省财政厅周顺明，省国土资源厅杜云生，省建设厅毛传强，省交通厅龙传华，省水利厅王忠法，省农业厅邓干生，省商务厅吴福海，省卫生厅朱忠华，省环保局吕文艳，省工商局刘贤木，省林业局祝金水，省质监局卢其源，省旅游局刘俊刚，省物价局韩德润，省政府法制办章新生，省三峡办毛池贵，省南水北调办吴克刚，省出入境检验检疫局严志刚等同志。

附录五　湖北省人民政府专题会议纪要（15）：
关于研究四湖流域综合治理和洪湖生态建设保护的会议纪要

（2007 年 1 月 30 日）

　　根据省委、省政府关于五个专项治理工作的要求和 1 月 17 日省政府专题会议精神，1 月 22—23 日，刘友凡副省长率省有关部门的负责人赴荆州市现场调研，专题研究四湖流域综合治理和洪湖生态建设保护的有关问题。会议听取荆州市的工作汇报，进行认真讨论。现纪要如下：

　　会议指出，四湖流域地处江汉平原腹地，水系复杂，河网纵横，是全省重要的农产品生产基地，但也是有名的"水袋子""虫窝子"，洪涝危害、血吸虫病害、水污染毒害严重，严重影响该区域人民群众身体健康和经济社会发展。虽然流域内兴修一大批水利工程，但由于特殊的地理环境和当时工程建设标准偏低，四湖流域洪涝灾害仍然频繁，涵闸泵站老化失修，血防工作形势严峻，河湖渠水体污染日趋严重。省委、省政府对此高度关注，十分重视，决定在"十一五"期间对四湖流域进行综合治理。

　　会议要求，四湖流域各市、县和省有关部门要从落实科学发展观、构建和谐社会的高度，按照省委、省政府的部署，总体规划、综合治理、部门配合、联合攻坚、分步实施、务求实效，打好四湖流域综合治理攻坚战，通过"十一五"期间的努力，使四湖流域的防洪排涝能力有显著提高，水污染防治和水环境建设有明显改善，血吸虫疫情得到有效控制，努力降伏洪涝、送走"瘟神"、治理污水，基本完成四湖流域综合治理任务，把四湖流域变成人民群众安居乐业的美好家园。

　　会议议定如下事项：

　　一、关于总体规划问题。四湖流域综合治理工程总体规划包括水利、水污染治理、血吸虫病防治、农业生态家园建设和以机代牛、国土整治、林业、交通等多个方面的专项规划，省发改委、水利厅要会同省有关部门迅速组织力量，加大工作力度，认真做好规划的编修工作，尽快组织评审。一方面，按程序报批，确保 2007 年冬季按照新规划开始实施；另一方面，上报国家争取支持，争取引资。

　　二、关于工程实施问题。要抓紧做好四湖流域综合治理工程的组织实施工作。西干渠水利血防工程和洪湖围堤加固工程要确保在春节前开工建设。洪湖围堤加固工程要与清淤工程相结合，西干渠要按设计批复的方案完建。总干渠疏挖整治工程要加快前期工作进度，确保在 2007 年冬季开工建设。下内荆河裁弯取直工程要和高产农田建设相结合，荆州市要抓紧做好相关国土整治项目的前期工作，编制实施方案，由省水利厅按防洪排涝的要求进行审查后，按照国土整治项目的建设管理实施要求报省国土资源厅审批，尽快组织实施。四湖流域水污染治理工程，由省水利厅、省建设厅、环保局、荆州市政府共同制订方案，按程序报批后，尽快开工建设。要加大督办力度，2007 年，省对市一季度进行一次工作督办，市对县一个月进行一次工作督办，加快工作进度。

　　三、关于组织领导问题。要进一步加强对四湖流域综合治理工作的领导，省政府成立以刘友凡副省长为组长的四湖流域综合治理领导小组，由省水利厅、发改委、财政厅、国土资源厅、农业厅、卫生厅、交通厅、建设厅、环保局、林业局负责人为成员，具体工作由省水利厅牵头。荆州市政府是实施四湖流域综合治理的责任主体，要组织工作专班，各相关部门、流域内各县（市、区）要加强协调，相互支持。同时，要加大流域内管理机构人员的改革分流力度，创新建管机制。全流域要上下一盘棋，共同搞好四湖流域综合治理。

　　四、关于洪湖生态建设和保护问题。省委、省政府对洪湖生态建设极其重视和支持，投巨资开展围网拆除和渔民安置工作。当前，洪湖湿地自然保护区的管理体制基本理顺，围网拆除工作进展顺利，即将全部完成，示范区建设成效显著，下一步工作重点要转向洪湖生态恢复建设和保护。鉴于目前洪湖生态建设和保护情况已发生较大变化，由省发改委会同省林业局、荆州市政府在充分征求省有关部门意见的基础上，重新编制《洪湖生态建设和保护规划纲要》，报省政府批准。省有关部门要大力支持洪湖自然保护区申报国家级自然保护区的工作，省农业厅要积极向农业部汇报，争取支持；荆州市政府要加大工作力度，加强保护区的硬件建设，加强新闻宣传，高质量地做好具体申报工作，力争今年内申报成功。荆州市政府要妥善解决好原洪湖渔管局的历史债务问题，要进一步强化措施，坚定不移地完成拆围任务，稳妥安置好渔民，努力建设国内一流的自然保护区。

参加会议的有：省政府杜祖森，省发改委王玉祥、省财政厅周承嘉、省水利厅王忠法、省国土资源厅董卫民、省农业厅徐汉涛、省卫生厅姚云、省环保局彭丽敏、省林业局王述华，荆州市应代明、王祥喜、刘曾君、吴方军、王守卫等。

附录六　湖北省人民政府关于四湖流域综合治理
总体方案的批复

（鄂政函〔2016〕68 号）

省发展改革委《关于批复四湖流域综合治理总体方案的请示》（鄂发改文〔2016〕86 号）收悉。现批复如下：

一、原则同意《四湖流域综合治理总体方案》（以下简称《方案》），请认真组织实施。

二、《方案》实施要贯彻落实党的十八大和十八届三中、四中、五中全会精神，牢固树立创新、协调、绿色、开放、共享的发展理念，以生态优先、绿色发展和建设山水林田湖生命共同体为指引，以治理水患为龙头、以修复生态为重点、以创新机制为动力，统筹谋划、综合施策、整合资源、重点突破，推进治水、治虫、治土、促粮食安全的"三治一促"工程建设，努力将四湖流域打造成为长江经济带生态环境保护的示范区。

三、通过综合治理，到 2020 年，四湖流域水环境质量持续改善，水质优良（达到或优于Ⅲ类）比例总体稳定保持在 75％以上；长湖荆州主城区防洪标准达到 100 年一遇、其他堤段达到 50 年一遇标准，洪湖在不向围堤外分洪的条件下安全防御 1996 年型洪水（约 35 年一遇），总干渠在沿程二级泵站不超过 10 年一遇排水流量的条件下安全防御 1996 年型洪水，增加排区蓄涝率，达到 10 年一遇排涝标准，防洪排涝体系更加完善，标准进一步提高，洪涝灾害造成的危害基本消除；四湖流域所有县（市、区）全部达到国家血吸虫病传播阻断标准，血吸虫病人得到治疗保障，防控体系更加完善；建成 512 万亩旱涝保收的高标准基本农田，农业特别是粮食生产迈上新台阶，现代农业发展取得显著进展。

四、四湖流域各市、县（市、区）人民政府要切实履行流域综合治理的主体责任，加强组织领导，强化工作措施，主动作为，积极推进，形成自上而下、区域联动的合作机制。荆州市作为四湖流域的主要区域，要将流域综合治理摆上重要议事日程，与实施"壮腰工程"结合起来、扎实推进，荆门市、潜江市要积极跟进，形成"三市"协同、整体推进的工作格局。

五、省发展改革委要会同省有关部门，按照职责分工，建立部门协商、密切协作、相互支持的工作机制，加强对《方案》实施的统筹协调；做好《方案》与国家相关规划及投资专项的对接，积极争取纳入国家规划并获得支持。

2016 年 5 月 13 日

附件：

四湖流域综合治理总体方案（节选）

四湖流域位于长江中游、江汉平原腹地，是全省乃至全国重要的粮油等大宗农产品生产基地。为贯彻落实党中央关于"把修复长江生态环境摆在重要位置，坚持生态优先、绿色发展"的方针，国务院《关于依托黄金水道推动长江经济带发展的指导意见》（国发〔2014〕39号）和省委、省政府"建设生态长江、涵养文化长江、繁荣经济长江"的思路，在四湖流域实施以治水为龙头的综合治理，将四湖流域打造成长江经济带生态环境保护的示范区，特制定本方案。

一、四湖流域基本情况

四湖流域南滨长江、北临汉江及东荆河，西北部与宜漳山区接壤，地势由北向南从丘陵低山过渡为低洼的平原湖区。因境内原有四个大型湖泊（长湖、三湖、白鹭湖和洪湖）而得名。全流域总面积11547.5km²。四湖流域在行政区划上包括荆门市的沙洋县、掇刀区，潜江市的一部分及荆州市的荆州区、沙市区、江陵县、监利县、洪湖市和石首市的一部分，共有111个乡（镇、办事处、农场），2237个行政村（居委会）。2014年末，四湖流域地区总人口473.12万人，占全省总人口的8.1%；该地区生产总值1500.86亿元。四湖流域是我省重要的农业生产基地，常年粮食总产量占全省15%左右，棉花总产量占全省20%以上，油料总产量占全省15%左右，水产品总产量占全省20%以上。

二、四湖流域存在的主要问题

虽然四湖流域经济和社会发展取得显著成绩，但由于历史和人为的原因，欠账太多，投入不足，综合治理不够，仍存在生态环境恶化、洪涝灾害频发、血吸虫病疫情未除等突出问题，严重制约当地经济社会的发展。

一是资源过度开发，生态环境趋于恶化。目前，流域内现存湖泊38个，面积733km²，较1949年减少73%。同时，由于人口快速增长、生产方式不合理，大量城市污水、工业废水、规模化畜禽养殖污水以及含有农药、化肥的农田用水直接排入湖、渠之中，使得四湖流域生态环境日益恶化，湖泊、河渠水质综合评价为Ⅳ类及以下，湖泊总体上呈中营养型和富营养型，已严重威胁到流域内粮棉油生产和长江水质安全。

二是洪涝灾害频发，防洪保安形势严峻。目前四湖流域防洪排涝标准整体偏低，洪涝灾害时常发生，自1954年以来，流域内共发生12次严重内涝。四湖上区的突出问题是防洪，长湖现状防洪标准约20年一遇，很多堤段由于垮塌等原因未达到设计标准，拾桥河、太湖港、殷家河等主要入湖河流防洪问题突出，对中、下区，特别是对荆州城区防洪保安造成严重威胁；中区的突出问题是"肠梗阻"，流经中区的六大干渠和诸多支渠存在渠道淤塞、渠堤不达标等问题，洪湖围堤很多堤段不达标，防洪标准为15～25年一遇；下区存在的突出问题是内涝，自排通道不畅，泵站外排能力不足，排涝标准为7～10年一遇。

三是"瘟神"尚未根除，血防任务依然艰巨。经多年综合防治，血吸虫病人有所下降，但人畜血吸虫病感染率仍然较高。截至2014年末，四湖流域有1624个村流行血吸虫病，占全流域的72.59%；血吸虫病人20757人，占全省病人总数的60.23%。

四是管理条块分割，体制不畅、机制不活。目前四湖流域属三个市管辖，按各行政区域、各部门、各专业分割管理，缺乏流域性的权威管理机构。由于管理多头多层，造成流域性系统工程不能统一规划、统一建设、统一调度、统一管理，致使上下游之间、区域之间矛盾突出，工程综合效益难以充分发挥。

三、实施四湖流域综合治理的重要意义

一是保护和改善长江流域水生态环境的重大举措。

二是实现区域安澜和居民健康的重要保障。

三是保障粮食安全的必然选择。

四是实施"两圈两带"战略的重要内容。

四、四湖流域综合治理的总体思路及目标

四湖流域综合治理要以生态优先、绿色发展和建设山水林田湖生命共同体为指引，以治理水患为龙头、以修复生态为重点、以创新机制为动力，统筹谋划、综合施策、整合资源、重点突破，推进治水、治虫、治土、促粮食安全的"三治一促"工程建设，努力将四湖流域打造成为长江经济带生态环境保护的示范区。

坚持综合施策与重点突破相结合。针对四湖流域及其上、中、下区存在的主要问题，以治水为龙头，妥善处理江河（渠）湖泊关系，重点实施防洪排涝灌溉、水污染防治与水生态修复工程，带动和配套实施血防综合治理、高标准基本农田建设，并相应实施新农村建设。

坚持示范引领与全域治理相结合。在区域内选择一处能够反映流域综合治理特点与综合效益的片块，以水利建设为龙头，以生态保护和修复为支撑，集中投入，以治水带动治土、治虫，为全域治理探索路子、积累经验。

坚持近期目标与远期目标相结合。根据轻重缓急，突出应急、保安，逐年安排、分步实施，做到在有限时间内解决一些关键、重大、突出的问题。

坚持流域统筹与分区治理相结合。从全流域着眼着手，并根据上、中、下区的特点和各自存在的突出问题，采取针对性措施，优先考虑长湖、洪湖围堤整治与加固、干渠和入湖河流综合整治、洪湖分蓄洪区东分块建设等重大工程与项目，并与全流域的综合治理紧密结合，发挥重大骨干工程和项目的带动、支撑作用。

坚持政府引导与社会参与相结合。发挥财政投入的引导作用，鼓励吸引社会资本共同参与治理建设，构建"投资主体多元化、融资方式多样化、运作方式市场化"的新机制。特别是要充分发挥龙头企业、农民专业合作社的作用，努力形成四湖流域治理保护与开发利用的合力。

通过综合治理，到 2020 年，水环境质量持续改善，水质优良（达到或优于Ⅲ类）比例总体稳定保持在 75％以上；长湖荆州主城区防洪标准达到 100 年一遇、其他堤段达到 50 年一遇标准，洪湖在不向围堤外分洪的条件下安全防御 1996 年型洪水（约 35 年一遇），总干渠在沿程二级泵站不超过 10 年一遇排水流量的条件下安全防御 1996 年型洪水，增加排区蓄涝率，达到 10 年一遇排涝标准，防洪排涝体系更加完善，标准进一步提高，洪涝灾害造成的危害基本消除；流域所有县（市、区）全部达到国家血吸虫病传播阻断标准，血吸虫病人得到治疗保障，防控体系更加完善；建成 512 万亩旱涝保收的高标准基本农田，农业特别是粮食生产迈上新台阶，现代农业发展取得显著进展。

五、主要建设任务

四湖流域综合治理以水利工程和环境治理工程的实施为重点和牵引，带动血吸虫病防治、土地整治工程及措施的实施，形成片块联动、相互呼应、共同发力的推进态势。

（一）防洪排涝灌溉工程

针对四湖上、中、下区的特点与情况，采取蓄泄兼顾的治理措施。四湖上区要将长湖围堤整治加固和开辟长湖的排水出路作为治理重点，实施长湖及其支流堤防加固等措施，确保全流域尤其是中、下区防洪安全。四湖中区要将干渠综合整治和洪湖围堤整治加固作为重点，并实施洪湖内垸退田还湖，以利来水能顺利下泄并保证洪湖防洪安全。四湖下区要新建外排泵站，实施下内荆河综合治理，

确保中、上区来水能顺利排入长江。

1. 湖堤整治加固

（1）长湖湖堤整治加固。长湖湖堤总长 49.4km，根据已经实施情况，本次主要建设内容包括分段对长湖围堤 30.97km 进行整治，建设护坡工程 3.98km，建设堤顶路面 3.47km，整治涵闸 22 座。纪南防洪堤和荆门市后港围堤作为长湖湖堤的重要组成部分，一并纳入整治范围。

（2）洪湖围堤整治加固。洪湖围堤全长 149.13km（洪湖市 93.14km、监利县 55.99km），担负着洪湖、监利等周边地区的防洪安全。根据已经实施情况，本次需加高培厚的围堤长 102.82km，其中洪湖市 75.5km、监利县 27.32km，整险加固堤身涵闸 39 座，更新改造泵站 8 座。

2. 干渠、河道综合整治

（1）骨干排水干渠整治。骨干排水渠道主要包括总干渠、西干渠、东干渠、田关河、洪排河、螺山干渠以及下内荆河、老内荆河、蔡家河等。主要建设内容见表 1。

表 1　　　　　　　　　　　　四湖流域主要排水河渠整治项目表

序号	渠系名称	主要建设内容
1	总干渠	总干渠长 185km，其中习口—子贝渊段长 101km，已于 2008 年进行了渠道疏浚、河堤加固，但穿堤建筑物及配套工程的改造尚未完工，总干渠贾家堰段河道 2008 年疏浚后，近年堤防崩岸严重。此次建设内容：习口—子贝渊段穿堤建筑物及配套工程改造，贾家堰段河道堤防崩岸整治
2	西干渠	疏浚整治河道 90.5km，加固堤防；整治涵闸 40 座，更新改造泵站 12 座
3	东干渠	整治渠道 53.16km，其中东干渠 18.8km、下东干渠高场南闸至出口段 34.36km；整治涵闸 30 座，更新改造泵站 40 座
4	田关河	1991 年、1996 年对部分河道进行疏挖，此次建设内容：红军桥—田关闸段渠道疏浚 10.3km；加固堤防 9.3km；穿堤水工建筑物除险加固（涵闸 17 座、泵站 13 座）
5	洪排河	福田寺—高潭口段 48.48km 列入洪湖东分块蓄洪工程，此次整治福寺—半路堤段 15.48km；重建涵闸 13 座，新建何场节制闸 1 座；整治加固泵站 4 座
6	下内荆河	扩挖疏浚河道 47km，加培河道堤防 105km，整治崩岸 11km，整治加固泵站、涵闸、刮管等穿堤建筑物 161 座
7	老内荆河	黄丝南闸—小港河闸疏挖河段长 16.5km，整治涵闸 5 座（加固 4 座、小型刮管改造 1 座）；疏挖整治福田寺镇月拱桥至洪湖沙口 18km 河段，穿堤建筑物整治配套
8	蔡家河	张大口闸—十字河段长 12.24km，加高培厚堤防 24km，整治加固涵闸 6 座（重建 1 座、加固 2 座、小型刮管改造 3 座）
9	螺山电排渠	整治渠道 33.34km，配套建设穿堤建筑物

（2）主要入湖河流整治。主要入湖河流包括太湖港、拾桥河、龙会桥河、夏桥河、上西荆河、郑家套河、官垱河、殷家河、双店渠、广坪河、孙桥河、子贝渊河、下新河、新堤排渠、内荆河、龙湖河、新干渠、万福河等。主要建设内容见表 2。

表 2　　　　　　　　　　　　四湖流域主要入湖河流整治项目表

序号	河流名称	主要建设内容
1	太湖港	港南渠治理长度为 28.3km，清障、清淤及洪涝结合，河道清淤疏浚，加固堤防、护岸 4km，新建堤防、护岸 6km，新建穿堤建筑物 12 座、桥涵及其他 19 处；港中渠治理长度为 25km，清障、清淤及洪涝结合，河道清淤疏浚，加固堤防、护岸 4km，新建堤防、护岸 2km，新建穿堤建筑物 8 座、桥涵及其他 6 处；太湖港三期治理工程治理长度为 5.8km
2	拾桥河	沙洋段治理长度为 51.4km，荆州段治理长度为 5.5km，堤身加培草皮护坡、局部堤段进行混凝土护坡护脚，修建堤顶公路（荆州段 16.5km），更新改造闸站 42 座（涵闸 29 处、泵站 13 处）
3	龙会桥河	治理河道 31km（其中荆州区段 23km、沙洋县段 8km），清淤河道、加高培厚堤身、加固护岸、修建堤顶公路等；更新改造涵闸 20 座（荆州区穿堤建筑物 12 处、桥涵 8 处）

续表

序号	河流名称	主 要 建 设 内 容
4	夏桥河	治理长度为 15.4km，清障、清淤及洪涝结合，疏浚河道，加固堤防护岸 7.1km；新建建筑物 4 处，其中泵站 2 处、涵闸 2 处
5	上西荆河	疏浚河道 35.5km（其中潜江市段 12km、沙洋县段 23.5km），加高培厚堤防 59km（其中潜江市段 12km、沙洋县段 47km），新建防洪道路长 71km（其中潜江市段 24km、沙洋县段 47km）；维修改造闸站 35 处、泵站 45 座
6	郑家套河	疏浚河道 22.25km，加高培厚堤防 22.25km，新建堤顶防汛道路 15.4km；维修涵闸 8 处，新建涵闸 14 处，更新改造泵站 14 处
7	官垱河	疏浚河道 24.75km，加高培厚堤防 14km，新建堤顶防汛道路 7km；维修涵闸 6 处，新建涵闸 8 处，更新改造泵站 12 处
8	殷家河	治理长度为 27.5km，清淤及洪涝结合，疏浚河道 8km，加固堤防护岸 15km；更新改造闸站 24 座（涵闸 16 处、泵站 8 处）
9	双店渠	治理渠道 4.5km，清淤渠道、加高培厚堤身、加固护岸、修建堤顶公路等；更新改造泵 7 处（灌溉泵 5 处、排水泵 2 处）、涵闸 3 处
10	广坪河	治理河道 16km，清淤河道、加高培厚堤身、加固护岸、修建堤顶公路等；更新改造泵站 9 座
11	孙桥河	治理河道 4.5km，清淤河道、加高培厚堤身、加固护岸、修建堤顶公路等；更新改造泵站 2 座、涵闸 3 处
12	子贝渊河、下新河、新堤排渠	疏浚子贝渊河引河 3.5km、下新河引河 4km、新堤排渠 4.5km 河道，加固堤防，整治岸坡
13	内荆河	疏浚河道 25.3km，扩岸加固，更新改造泵站 5 座、涵闸 10 处
14	龙湖河、新干渠、万福河	龙湖河整治河道 18km、涵闸 15 座、泵站 18 座，新干渠整治渠道 19.1km、涵闸 12 座、泵站 7 座，万福河整治渠道 23.5km、涵闸 20 座、泵站 35 座

3. 重点蓄滞洪区建设

（1）洪湖分蓄洪区东分块蓄洪工程。新建堤防 27.15km，加固堤防 54.75km，新建护坡 176.09km、护岸 11.58km 等。

（2）洪湖分蓄洪区东分块安全建设工程。建设安全区围堤 52.43km、转移道路 199.38km、电排站 7 处等。

（3）借粮湖、彭塚湖蓄滞洪区建设。借粮湖蓄滞洪区需在窑场村附近开挖 1.2km 分洪道与借粮湖水面相连，并配套兴建新运河、四望湖两座退水闸，完善内部配套设施；彭塚湖蓄滞洪区配套兴建潘家河、宋湖两座分洪闸，完善内部配套设施。

（4）白鹭湖退田（垸）还湖。新建白鹭湖围堤及进湖闸，退田还湖 3 万亩，恢复白鹭湖基本调蓄功能。

（5）洪湖内垸退垸还湖。洪湖现有 42 个内垸，正常情况下水面面积为 332.72km²。逐步退出 40 个内垸（洪狮大垸及王小垸为老围垸，退垸难度大），使洪湖水面面积恢复至 444.14km²。

4. 重点泵站建设

（1）新建老新二泵站。为改善中区的排涝条件，减轻中下区排涝负担，建设老新二泵站，设计流量为 80m³/s。

（2）新建高潭口二泵站。高潭口二泵站按 10 年一遇排涝标准规划，设计流量为 90m³/s。该泵站已纳入洪湖分蓄洪区东分块蓄洪工程。

（3）新建腰口泵站。腰口泵站按 10 年一遇排涝标准规划，设计流量为 110m³/s。该泵站已纳入洪湖分蓄洪区东分块蓄洪工程。

（4）新建盐卡泵站。为满足荆州市城市发展需要，新建盐卡泵站，设计流量为 55m³/s。

（5）流域一级泵站改造。四湖流域现有 17 座一级外排泵站。根据各泵站运行情况及重要性，重点对流域统排起关键作用的、外排流量大于 50m³/s 或者装机大于 10000kW 的田关、新沟、高潭口、螺山、杨林山、半路堤、南套沟、新滩口8处流域一级泵站进行更新改造。

5. 中小型骨干灌区建设

对未纳入国家大型灌区续建配套与节水改造规划的中小型灌区进行升级改造，优先实施弥市、太湖港等9个中小型灌区建设。

（二）环境治理与恢复工程

把水质"只能更好，不能变坏"作为流域环境质量的责任底线，以长湖、洪湖水质保护和水生态修复为中心，实行污染控制，点面结合有效削减入湖、渠（河）污染物。

1. 产业结构调整。实施创新驱动发展战略，推动战略性新兴产业和先进制造业健康发展，发展壮大服务业，有序开发水乡旅游资源。大力发展低耗水、低排放、低污染、无毒无害产业，推进传统产业清洁生产和循环化改造。制定实施分年度落后产能淘汰方案，2016年底前，全面取缔"十小"企业。新建、改建、扩建重点行业项目实行主要水污染物排放减量置换，严控新增污染物排放。

2. 水生态修复。重点实施洪湖—长江连通工程，修复和保护洪湖、长湖、白鹭湖湿地，疏浚主要入湖口、湖汊污泥，拆除长湖、洪湖养殖围网，逐步解决四湖流域的水污染和水生态系统破坏问题，恢复水生态系统健康。

3. 工业污染防治。全面排查流域工业污染源，对不能达标排放的企业一律停产整顿，限期治理后仍不能达标的，依法关闭。2016年底前，完成造纸、制革、电镀、印染、有色金属等重点行业专项治理任务。强化工业集聚区污染治理，引导工业企业向产业园区集中。2017年底前，流域全部工业集聚（园）区必须建成污水集中处理设施及在线监测装置，并稳定运行。

4. 生活污染治理。加快城镇污水处理及配套管网建设，2017年底前，流域县级以上城市（区）污水处理设施全部达到一级A排放标准，实现稳定运行。2020年，流域所有县城和建制镇具备污水收集处理能力，县城污水处理率达到85%左右。加快城镇垃圾接收、转运及处理处置设施建设，2020年，流域所有县城和建制镇具备垃圾收集处理能力。

5. 农业污染控制。大力实施农村清洁工程和农村环境连片整治。加大畜禽养殖污染防治力度，2017年底前，完成流域禁养区内的畜禽养殖场（小区）关闭搬迁任务。推广清水养殖、虾稻共作、秸秆粉碎还田等农业生产技术，落实农业面源污染综合防治方案，积极开展农作物病虫害绿色防治和统防统治。2020年，流域测土配方施肥技术推广覆盖率达到93%以上，化肥利用率提高到40%以上。

（三）血吸虫病综合治理工程

根据"按水系、分片块，先上游、后下游"的原则，结合水利工程建设，整合农业、水利、林业、国土、卫生等血防措施，实施综合治理。

1. 水利血防。在防洪排涝灌溉工程建设中，针对钉螺分布特点，因地制宜采取河道护坡、渠道硬化、在堤防外侧修筑防护平台、涵闸设沉螺池等不同的水利血防措施，使水利血防设施与水利工程建设同时设计、同时施工、同时投入运行、同时发挥效益。

2. 卫生血防。加大对易感人群，特别是渔民、船民、工程建设施工人员等流动人口的筛查、治疗力度，进一步强化对血吸虫病晚期病人的救治。实施传染源控制、钉螺调查与控制、健康教育、疫情监测与应急处置、能力建设等五大工程。优先建设四湖流域血吸虫病疫情监测诊疗中心。

3. 农业血防。重点实施家畜血吸虫病防治、家畜养殖结构调整、家畜圈养、洲滩禁牧、水改旱、农业综合灭螺和能力建设等项目，改善疫区生产生活环境，切断血吸虫病传播途径。

4. 林业血防。按照"相对集中、集中连片"布局要求，在符合条件的有螺区域，因地制宜采取工程造林模式，实施以杨树、柳树、松类等适宜树种为主的林业生态工程，翻耕套种农作物，建立林农复合生态系统，有效压缩钉螺面积。

5. 国土血防。将土地整理项目优先安排到传播控制地区，重点向达到传播控制不足10年的地区倾斜；把土地整理与解决以机代牛后田块分散、农机下田不方便等问题紧密结合，解决血吸虫病流行县（市、区）以机代牛地区土地整理问题。

（四）土地整治及粮食安全工程

根据中央"藏粮于地"战略部署，按照国家和省整合资金推进高标准基本农田建设的要求，坚持"统筹规划、联动整合，提高质量、提升效率，渠道不乱、用途不变"的原则，整合发改、财政、国土、水利、农业等部门项目资金，到2020年，在四湖流域建成土地平整、土壤肥沃、集中连片、设施完善、农电配套、旱涝保收、稳产高产、生态良好的高标准基本农田512万亩。

1. 整治田块。根据土地利用总体规划确定的耕地和基本农田布局，充分考虑四湖流域水系特点，结合特色产业基地和设施农业建设，进一步优化农田结构布局。合理划分和适度归并田块，重点打造一批5万亩以上的区域化、规模化、集中连片的高标准基本农田。

2. 改良土壤。采用农艺、生物等各类措施，对田间基础设施配套建设后的耕地，进行土壤改良、地力培肥。通过施用农家肥、秸秆还田、种植绿肥翻埋还田，提升土壤有机质含量。推广测土配方施肥，促进土壤养分平衡。开展污染土壤风险评估，建立污染土壤档案。对重要地区和人口稠密区的土壤进行长期定点监测。开展污染土壤修复与综合治理试点示范。重度污染区可按照国家有关土壤污染防治要求，在充分调查认定的基础上实行休耕。通过治理，使土壤有机质含量达到20g/kg以上，土壤pH值保持在5.5以上。

3. 建设灌排设施。整治现有圩（垸）区，按照灌溉与排水并重、骨干工程与田间工程并进的要求，配套改造和建设输配水渠（管）道和排水沟（管）道、泵站及渠系建筑物。使水稻区灌溉保证率达到90%以上，农田排水设计暴雨重现期达到10年一遇1日暴雨量3日排至农作物耐淹深度或10年一遇3日暴雨量5日排至农作物耐淹深度。

4. 完善配套设施。合理确定田间道路的密度和宽度，整修和新建田间道路、生产路，使田间道路通达度达到100%。新建、修复防护林网，保持和改善农业生态条件，农田防护控制率不低于90%。对适合电力灌排和信息化管理的农田，铺设高压和低压输电线路，配套建设变配电设施，为泵站、机井以及信息化工程等提供电力保障。

综上所述，四湖流域综合治理包括防洪排涝灌溉、血吸虫病综合治理、土地整治及粮食安全、环境治理与恢复四大工程共39项重点建设任务（见项目表），匡算总投资258亿元。资金筹措为申请国家投资补助、省级投资补助、市（县、区）投资，市场化融资和引入社会资本等。

六、保障措施

四湖流域综合治理是一项跨市（县、区）、跨部门的综合性工程，必须切实加强领导，加快推进项目前期工作，拓宽投融资渠道，健全管理机制。

（一）加强组织领导，统筹协调推进。建立省四湖流域综合治理领导小组，由省政府分管副省长任组长，省发展改革委、卫生计生委、财政厅、水利厅、农业厅、林业厅、国土资源厅、环境保护厅、住房和城乡建设厅，以及荆州市、荆门市、潜江市政府负责人为成员。领导小组定期召开会议，统筹研究解决四湖流域综合治理的重大事项，协调推进重大项目建设，商讨地区之间的协作。流域内的各级政府应切实履行流域综合治理的主体责任，明确分管领导和工作专班，主动作为，积极推进，形成自上而下、区域联动的合作机制。荆州市作为四湖流域的主要区域，要把综合治理工程摆到重要议事日程，与实施"壮腰工程"结合起来，扎实推进，荆门市、潜江市要积极跟进，形成三市协同、整体推进的态势。

（二）加强规划衔接，争取国家支持。加强政策研究，做好四湖流域综合治理总体方案和重大项目论证工作，并与国家相关规划及投资专项对接，积极争取纳入国家相关规划并获得支持。

（三）创新投融资机制，加大资金投入力度。四湖流域综合治理工程为基础性、公益性项目，要探索推行PPP模式，既要发挥政府投资的引导作用，又要充分吸收、鼓励和支持社会资本投入，努力实现政府投资与社会投资的融合。一是搭建四湖流域综合治理投融资平台，运用市场机制支持、鼓励社会资金和涉农金融机构投资四湖流域综合治理和开发利用。通过工程股权转让、委托经营、整合改制等方式，以及允许分享工程周边土地增值开发收益、与经营性较强项目组合开发等方式，吸引社会资本参与。二是鼓励利用地方债券和企业债券，争取中央专项建设基金支持，融资用于相关工程建设。三是积极争取国家项目资金投入，落实地方配套资金，按照"规划标准统一、资金渠道不变、相互协调配合、信息互通共享、积极推进整合、共同完成目标"的要求，推进不同渠道的资金有机整合，集中投入，提高资金使用效益。

（四）理顺管理体制，建立长效运行机制。一是按照"统一、效能、精简"的原则，创新四湖流域管理体制，实现流域管理与行政区域相结合，明确流域与区域管理事权划分，强化流域管理机构的协调职能，坚持"统一规划、统一建设、统一调度、统一管理"。二是坚持政府宏观指导、水管单位负责管理、用户参与管理，建立职能清晰、权责明确的水利工程管理体制，管理科学、经营规范的水管单位运行机制，市场化、专业化和社会化的水利工程维修养护体系。

附：四湖流域综合治理工程重点项目表（略）

附录七　徐林茂建议加强四湖地区水利建设和管理

新华社武汉讯　江汉平原腹地四湖地区水利建设和管理滞后，严重阻碍四湖水利工程体系作用发挥。这项累计投资 20 多亿元的富民工程，现在水渠淤塞、河网水系紊乱、泵站损坏严重，亟待加强整治。

四湖地区位于长江荆江河段以北、汉江及其支流东荆河以南，因 20 世纪 50 年代开挖总干渠贯穿长湖、三湖、白鹭湖和洪湖四个淡水湖泊而得名。流域地跨湖北的荆州、荆门、潜江三市，总面积 11547.5 平方千米，在册耕地面积 650 万亩，水域面积 344 万亩，人口 500 万人，是湖北省重要的粮、棉、油生产基地。

原荆州地区行署专员徐林茂从事水利工作 50 年，曾担任过荆州水利局局长。他最近告诉记者，50 多年来，四湖地区的水利建设标本兼治，基本形成江湖分开、河湖分家、以湖连渠、渠连闸站、排涝自如的防洪、排涝、灌溉工程体系，为减轻洪涝旱灾害，保障农业生产丰收发挥重要作用。20 世纪 80 年代以来，四湖流域先后战胜数次特大洪涝灾害。

徐林茂经过长期调查后认为，四湖地区的水利建设和管理近年来有所放松，主要表现在以下几个方面：

一、工程老化失修。一是主要排水渠道淤塞严重，排水不畅。总干渠全长 185 千米，河底淤泥高达 0.5～1 米；流量减少三分之一。西干渠上首通过沙市城区多处滥建箱涵和打坝，减少了过水面积。东干渠严重淤塞，上游基本排不出水。内垸河网水系紊乱，多为"乡自为战、村自为战"，互设挡坝，水流极不畅通；上游不顾下游，左岸不顾右岸，防汛不顾抗旱，抗旱不顾防汛。二是涵闸、泵站因设施老化，影响安全运行。小港湖闸、张大口闸、子贝渊闸、彭家河闸等一批流域性涵闸，大部分设备还是 20 世纪 50 年代建造的，启闭失灵，闸门锈蚀，多年带病运行，亟待整治。三是泵站特别是二级泵站损坏严重。高潭口泵站更新改造已有 4 年，尚未完成。新滩口泵站机组运行工况不稳定、效益低，6 号机组今年因故障未能参加排涝运行。二级泵站现有 571 处，总装机 130926 千瓦，大部分设备严重老化，根本不能运用。

二、流域管理不统一。1983 年以前，四湖流域水利工程实行的是原荆州地区的统一管理，1983 年、1994 年，荆门、潜江两市分别从荆州划出成为省直管行政区域，使流域的统一管理被打乱。由于四湖流域的管理机构四湖工程管理局在区划调整后，没有变更行政隶属关系，四湖工程管理局作为荆州市的一个市直单位，难以行使对全流域的管理。目前四湖流域的水利工程管理现状是：上区以荆门市为主，中区以潜江市为主，下区以荆州市为主。各行政区域管理各自的流域工程，各自为政，各行其是，致使流域规划、建设、管理和调度难以统一；各区域过多地考虑本辖区的利益，工程建设不严格按规定执行，造成以邻为壑、重复建设、大量资源浪费；水费征收不到位，流域性的工程得不到应有的更新改造和维护。

三、管理、运行维护经费严重不足。四湖流域过去实行统一管理，统一征收、使用水费，水管单位不用担心管理、运行维护费不落实，更不用担心"吃饭"问题。2003 年实行新的水费政策后，水费不能用于"吃饭"，目前四湖水管单位的日常运行经费得不到很好的落实，职工工资严重拖欠，有的职工近一年未发工资，有的离退休同志连生活费也得不到保障。工程运行维护经费更难落实。

在规划方面，四湖流域工程建设明显跟不上发展的要求。排涝系统虽初具规模，但中区排涝能力不足，尚缺 200 立方米每秒的外排流量，需要配套建设。

同时，四湖是血吸虫病流行地区，血吸虫病及钉螺曾结合水利建设得到了有效防治和控制，但由于近年来管理工作抓得不紧，现在血吸虫病、钉螺又死灰复燃。徐林茂建议有关部门从理顺管理体制入手，采取有效措施，切实解决四湖问题。（记者詹国强）

注：徐林茂，原荆州地区行署专员。此文原载于新华通讯社《国内动态清样》2003 年 11 月 27 日第 4218 期。

附录八　四湖地区 1996 年排涝斗争和今后的治理任务

易 光 曙

1996 年四湖地区遭受了自 1954 年以来最严重的一次内涝灾害，有 165.9 万亩农田绝收，各类水利工程经受严峻的考验。对灾害成因的分析、调度措施的评估以及四湖地区今后如何治理等是需要认真探讨的问题。

一、基本情况

四湖地区地处江汉平原的腹部，因洪湖、白鹭湖、三湖、长湖而得名，是江汉平原的主体。它含四市（荆门、潜江、洪湖、石首）三区（荆州、沙市、江陵）一县（监利），总面积（含荆江大堤、长江干堤外滩）为 11547 平方千米，通常所说的四湖地区统一排水面积为 10375.3 平方千米，其中上区长湖片 2265.5 平方千米、田北片 974.5 平方千米、中区福田寺片 2816 平方千米、洪湖周边 695 平方千米、高潭口排区 986 平方千米、其他排区 548 平方千米（含洪湖水面），螺山区 935.3 平方千米，下区（指小港以下）1155 平方千米。现有人口 500 万，耕地 650 万亩，水域面积 344 万亩，是一个自然资源丰富，地形地貌复杂，水网密度居全国之冠，经济优势明显，内涵潜力巨大的平原湖区，但又是一个受洪涝灾害困扰的地区。

四湖原与江、汉相通。为根治四湖的洪涝灾害，经国务院批准，1955 年动工修建沿江堤防，1960 年修建新滩口排水闸，至此整个四湖地区构成一个封闭整体。随后进行大规模的修堤，开挖深沟大渠，修建涵闸、电力排水泵站，取得巨大的成就。

因为四湖地区的范围在 20 世纪 50 年代行政区划是统一的，因而治理是本着统一规划、统一治理、统一调度这个原则进行的。经过几十年的运用，证明在防洪、排涝、抗旱等方面取得了显著的效益，促进了农业生产的发展。

二、对四湖地区灾害成因的分析

1996 年 7—8 月，由于连续降大到暴雨，长湖 8 月 8 日最高水位为 33.26 米，仅次于 1983 年的 33.30 米，创有记录以来的第二位。洪湖水位 7 月 25 日最高达 27.19 米，比历史最高的 1991 年的水位（26.95 米）还高 0.22 米。长湖水位最高日涨幅 0.32 米，洪湖水位最高日涨幅 0.39 米，洪湖水位在 26.50 米以上持续 31 天。总干渠福田寺拦洪闸上游水位超过 28.00 米持续 9 天，最高达 28.32 米，比历史最高的 1991 年 7 月的水位（28.12 米）还高 0.2 米，下内荆河小港湖闸下游水位超过 26.5 米持续 24 天，最高达 26.76 米，比历史最高的 1991 年 7 月的水位（26.72 米）还高 0.04 米，高潭口站前水位为 26.74 米（7 月 19 日），新滩口泵站站前水位为 26.52 米（7 月 27 日），螺山泵站站前水位为 26.56 米，外江最高水位为 34.17 米，超驼峰 2.47 米，超 1954 年最高水位 1 米，被迫停机 12 天，半路堤泵站因外江水位高（36.95 米），被迫停机 11 天（7 月 21 日至 8 月 2 日）。

由于外洪内涝，造成了严重的损失。四湖地区普遍受灾，以中、下区最为严重，其受灾程度仅次于 1954 年。据统计，有 186.92 万人受灾，灾情以监利、洪湖最重。28 个乡镇的大部分农田尽成泽国，17 个乡镇的 13 万人被洪水围困。排区内积水城镇 52 个，房屋损坏 32.47 万间、倒塌 13.86 万间。受灾农田面积 364.2 万亩，成灾面积 235 万亩，其中绝收面积 165.9 万亩（见下表），毁林 3.2 万亩，放养水面串溃 155 万亩，其中精养鱼池 112.56 万亩，损失成鱼 1.5 亿斤，受灾企业 867 家，其中停产半停产企业 483 家，损坏水闸 47 座、桥涵 90 座，受损机电泵站 252 座，装机 5.93 万千瓦，损坏输电杆塔 967 根，受损电线 9.52 万米，据不完全统计，因灾造成直接经济损失 30 亿元以上。灾情主要集中在三大片：螺山片、高潭口排区的上片和下内荆河的上段两岸地区。

1996 年灾情同 1980 年、1983 年对比情况

年份	受灾面积 /万亩	成灾面积 /万亩	绝收面积 /万亩	减产粮食 /亿斤	备　　注
1980	336.7	266.28	126.0	7.13	含潜江、石首江北部分
1983	341.29	174.76	75.23		含潜江上区部分
1996	364.2	235.00	165.9		不含上区部分

1996 年的涝灾为什么会如此严重？

（1）降水范围大、强度大、产水量大。四湖地区从 7 月 1 日至 8 月 10 日的降雨分为三个时段，7 月 1—12 日为第一次降雨过程，7 月 13—31 日为第二次降雨过程，8 号台风登陆后 8 月 4 日四湖地区普遍发生强降雨过程。这三次降雨过程，前两次中、下区大，上区次之；后一次降雨过程，上区大，中、下区次之。全流域有两个暴雨中心：①从荆沙城区北至习家口，东至熊河，南抵荆江大堤，普遍降雨量在 500 毫米以上，以滩桥 620 毫米为最大，面积约 900 平方千米；②从监利容城北至龚场、曹市、峰口抵东荆河，东至新滩口，南抵长江，普遍降雨量在 550 毫米以上，以尺八口站 899 毫米为最大，新堤点 788 毫米次之，面积约 4200 平方千米。由水情资料分析可知，以第二次降雨过程降雨量为最大，7 月 14 日 2 时至 17 日 2 时，四湖地区 3 天暴雨重现期为：中区为 5～10 年一遇，螺山区为 30 年一遇，高潭口区为 10～20 年一遇，洪湖周边 50 年一遇，下区为 25 年一遇，新堤点雨量 445 毫米为 200 年一遇，桐梓湖点雨量 354 毫米为 80 年一遇，螺山点雨量 384 毫米为 100 年一遇，监利点雨量 433 毫米为 300 年一遇。

若以 7 月降雨量同 1980 年、1983 年、1991 年相比较，江陵 1996 年为 313 毫米，比 1980 年（302 毫米）多 4%，比 1983 年（247 毫米）多 27%，比 1991 年（372 毫米）少 16%；监利站 1996 年为 517 毫米，比 1980 年（309 毫米）多 67%，比 1983 年（252 毫米）多 105%，比 1991 年（398 毫米）多 30%；洪湖 1996 年为 723 毫米，比 1980 年（232 毫米）多 212%，比 1983 年（215 毫米）多 235%，比 1991 年（375 毫米）多 93%。

由于长时间、大范围普降大雨，产水量猛增，造成严重的内涝灾害。按上、中、下区降雨情况，各区产水量为：田北片 2.365 亿立方米，长湖片 5.495 亿立方米，福田寺以上中区部分 12.067 亿立方米，高潭口排区 4.225 亿立方米，洪湖及周边 4.78 亿立方米，下区 6.295 亿立方米，螺山区 5827 亿立方米，全流域合计产水量为 42.7 亿立方米。同 1980 年比较（41.26 亿立方米）多 1.44 亿立方米，同 1983 年比较（34.125 亿立方米）多 8.575 亿立方米，同 1991 年相比较（31.78 亿立方米）多 10.92 亿立方米。

不能仅仅只看产水量的多少，这虽然是非常重要的，但还应看产水量过程中时间的长短以及降雨时空分布是否均匀，以及降雨对农作物的影响。例如，1980 年统计的产水总量是从 7 月 16 日至 8 月 25 日，时间是 42 天，降雨过程是 6 次，其间以 7 月 31 日至 8 月 4 日共 5 天时间，四湖地区面雨量 195 毫米。1983 年统计的产水总量是从 6 月 10 日至 7 月 18 日，历时 38 天，以 6 月降雨量为最大，例如，监利站 6 月为 437 毫米，洪湖站 6 月为 483 毫米。1991 年则与 1980 年和 1983 年不同，降雨过程比较短，主要从 6 月 30 日至 7 月 12 日，历时 12 天，其间从 6 月 30 日至 7 月 2 日和 7 月 8—9 日两次降雨量最大。

（2）外江水位高，抬高了电排站扬程，迫使一部分一级电排站停机，电排站未能全部有效地发挥作用，加重了内涝灾害。

四湖地区共有单机容量 800 千瓦以上大型一级电排站 8 处（不含田关泵站），装机 53 台 72400 千瓦，可排流量为 924.5 立方米每秒，日排水量为 7980 万立方米。另有单机容量 155 千瓦一级电排站

8 处，装机 80 台 12400 千瓦，可排流量为 120 立方米每秒，日排水量为 1030 万立方米（见下表）。

大型泵站基本情况统计表

站名	装机容量 /(台×kW)	设计扬程 /m	设计流量 /(m³/s)	内湖起排水位 /m	外江最高工作水位 /m	驼峰高程 /m	1996 年外江最高水位 /m
高潭口	10×1600	4.70	240	24.50	31.90	32.00	31.15
新滩口	10×1600	5.62	220	24.50	30.98	27.80	31.06
南套沟	4×1600	7.50	80	23.50	31.60	31.50	
螺山	6×1600	6.16	128	23.40	31.40	31.70	34.17
杨林山	10×800	7.48	88.2	24.50	34.14		
半路堤	3×2800	8.30	96.5	25.00	36.43	36.95	
新沟嘴	6×800	4.70	52.0	25.00	32.50		
老新	4×800	5.00	35.0	26.70	33.00		
合计	53 台×72400kW						

注　螺山泵站原单机容量为 1600 千瓦，现改装为 2200 千瓦，水头增加 1.4 米，流量增加 5～7 立方米每秒。

小型电排站基本情况统计表

站名	装机容量/(台×kW)	设计流量/(m³/s)
石码头	10×155	15.0
龙口	12×155	15.0
高桥	6×155	9.0
燕窝	10×155	15.0
大沙	20×155	30.0
大同	10×155	16.4
鸭耳河	6×155	9.0
仰口	6×155	10.2
合计	80 台×12400kW	

自 7 月 19 日以后，长江从监利以下至新滩口的外江水位均超过有水文记录以来的最高水位，大部分沿江泵站被迫先后停机，加重了内涝灾害。例如，螺山电排站 18 日起被迫停机，即使未停机以前（7 月 14—18 日），由于扬程不断增大，排水流量减少，据分析，出力仅为设计的 40%～50%。洪湖市沿江一级电排站也被迫停机。据统计，单机容量 155 千瓦一级电排站在 7—8 月实际排水量为 18474.4 万立方米，有效工作天数仅占 50% 左右。又如螺山泵站，汛期共排水 5.56 亿立方米，而 7 月 21 日以前只排水 2.43 亿立方米，7 月 18 日被迫停机 2 台，19 日停机 3 台，21 日停机 1 台，至 7 月 30 日才恢复开机。在排涝最紧张的 7 月中旬至 7 月底，四湖地区（不含田关泵站）一级外排站装机 86800 千瓦，实际处在有效状态运行的只有 53400 千瓦，仅占 62%，说明有近一半的装机闲置起来，无力参加抢排，这自然加重内涝灾害，这也是 1980 年、1983 年和 1991 年没有出现过的情况。这个事实告诉我们，尽管四湖地区外排装机量可观，但一遇外江大水，能运行的机组不多，这是需要我们认真思考并切实抓紧解决的问题。

（3）排涝标准偏低。四湖中、下区排水面积 7135 平方千米，按 10 年一遇的标准，排涝模数为 0.25，现有外排站装机 86800 千瓦，在考虑充分利用渠、湖调蓄之后，也未达到 10 年一遇的标准。更何况 1996 年降雨多数地方都超过 10 年一遇的标准。

造成四湖地区严重内涝是从 7 月 13—21 日的降雨，降雨量最大、最集中，其中 16 日监利、洪湖为特大暴雨。这期间中、下区共产水 13.57 亿立方米，7 月 13 日洪湖水位达到 25.91 米，按 402 平方千米湖面面积计算，调蓄到 27.00 米，也只能调蓄 4 亿立方米。从 13 日至 21 日 9 天的时间，一级电排站高潭口、新滩口、南套沟、新沟共排水 3.71 亿立方米，螺山、杨林山、半路堤共排水 1.42 亿立方米，其他电排站排水 0.15 亿立方米，共计排水 5.28 亿立方米，还有余水 7.923 亿立方米没有出路，主要靠淹田来分散调蓄，虽说当时洪湖可以调蓄，但 21 日以后又连降大雨，7 月 22 日洪湖水位已达 27.15 米，已近极限，再无力增加调蓄容量，所以实际淹田水量在 8 亿立方米左右。调蓄容量不足，这是造成四湖地区严重涝灾的另一重要原因。

根据 7 月 14 日 8 时至 7 月 17 日 8 时四湖中、下区的产水计算，共产水 12.833 亿立方米，前期存水 0.6581 亿立方米，当时分析，向外江提排水 3.56 亿立方米，区内存水 6.892 亿立方米。按照这个方案，7 月 14 日至 17 日 8 时福田寺入湖水量为 1.32 亿立方米，同期湖面降水 1.286 亿立方米，周围二级站抽入洪湖 0.3283 亿立方米，合计 2.9343 亿立方米，洪湖水位为 26.67 米，按 17 日 8 时福田寺入湖流量 580 立方米每秒为上限控制，逐日降低至 8 天后（25 日），入湖流量控制在只有 80 立方米每秒，入湖总水量为 2.42 亿立方米，洪湖水位可达 27.44～27.47 米，此时福田寺以上（不含螺山排区）还存水 2.56 亿立方米。实际四湖中、下区区间存水 6.892 亿立方米，全部由农田承担，这并不包括以后的几次降雨（福田寺排区 2.564 亿立方米，洪湖周围地区 0.472 亿立方米，高潭口排区 0.85 亿立方米，新滩口排区 1.411 亿立方米，螺山区 1.49 亿立方米）。

对于四湖地区的水量平衡分析，决不能只从一次过程来分析。因为农田作物的耐淹时间只有 4～5 天，最多也不过是 7 天的时间，超过这个时间，即使是排出来，也是等于绝收。这是在估算排涝效益时最主要的标准，至于可以复种，把淹没的墩台、道路排出来，当然也算效益，但与排田的意义是不一样的。

1996 年 7—8 月，尽管沿江一级电排站共抽水 46.27 亿立方米，因为这个过程太长，最后还是有 165 万亩农田绝收。如前所述，农作物耐淹的时间是有限的，超过这个时限，受灾已成定局。

例如，1980 年 7 月中旬至 8 月底止，四湖地区共产水 41.26 亿立方米，自排入江 3.5 亿立方米，一级电排站排水 19.71 亿立方米，河湖调蓄 9.18 亿立方米，分洪 7.15 亿立方米，分散调蓄 1.72 亿立方米。绝收面积 126 万亩，造成绝收的水量就是分洪加分散调蓄，即 7.15＋1.72＝8.87 亿立方米。

按照 1996 年 7 月 1 日至 8 月 6 日四湖中下区（不含螺山区）产水量 29.72 亿立方米，上区进入中区水量为 0.465 亿立方米，共产水 30.19 亿立方米，同期沿江各外排站排水量为 17.39 亿立方米（含洪湖沿江小站），洪湖从 7 月 1 日水位 25.23 米起调至 27.19 米，水量为 8 亿立方米，合计 25.39 亿立方米，剩余水量为 4.8 亿立方米，加上螺山排区同期存水量 4.8 亿立方米，四湖中下区共存水量 9.6 亿立方米，全靠淹田来安排。这里有两个问题值得我们思考：一是如果同期外江电排站能有 80% 的有效出力，则可多排水 8.51 亿立方米，灾害自可减轻；二是按照 1980 年和 1996 年两年受涝成灾分析，大约每 1 亿立方米成灾水量可淹田 10 万～15 万亩，等于平均水深 1～1.4 米。

三、对 1996 年汛期排涝调度的评价

1996 年四湖地区的调度历时 80 天，总的评价是，在重大调度措施上所采取的方案是正确的，把损失减少到了最低的限度。调度的原则是：统一调度，分区抢排，分层控制，先田后湖，留湖调蓄。

（1）提前抢排。6 月 5 日当洪湖水位尚在 24.37 米时，高潭口泵站即开机 7 台向外江抢排至 8 日停机。6 月 10 日第二次开机。6 月 9 日洪湖水位 24.80 米时，新滩口泵站开机抢排，使洪湖水位上涨速度减缓，至 6 月 19 日洪湖水位只达到 24.79 米，6 月 30 日达到 25.15 米，相应福田寺防洪闸上游水位稳定在 26.3 米左右，这对于中下区的排涝十分有利，而洪湖的调蓄库容也损失较少，争取了主动。

（2）前期以先田后湖为主，后期以排湖保围堤安全为主。从时间上划分，7 月 21 日以前以排田为主，限制进入高潭口排区的流量，限制进入小港湖闸以下的流量。同时也限制福田寺防洪大闸入湖的流量，不使洪湖的水位上涨过快而影响排田。当洪湖水位有可能达到和超过历史最高水位时，排田

服从排湖,以限制洪湖水位不超过 27.30 米为最高上限,确保洪湖围堤的安全。既限制福田寺防洪闸入湖流量,又加大向高潭口排区和下内荆河排区的流量,最终洪湖最高水位为 27.19 米。

(3) 统一调度,分层控制,分散调蓄,风险共担。四湖中下区的排水是通过洪湖调蓄来实现的。多年经验证明,洪湖的调蓄功能是有限的,但也有一个如何重复利用的问题。首先各地的外排站应积极向外江抢排,不要抢占洪湖库容,这是很重要的一条原则。当各地外排站无力参与统排的时候,就要充分发挥洪湖的调蓄作用,保证农田不受淹。当外江站不需排田或者排田任务减轻时,便应及时转入参与排湖,以便使洪湖能腾出更多的库容进行调蓄。外排站可以参与排湖而没参与,失去时机,一旦降雨,洪湖调蓄功能便会受到损失,农田也会造成损失。这是四湖排涝调度的成败关键。当看到洪湖调蓄能力已十分有限的时候,便应采取分层控制的办法,即分散调蓄,尽量利用河渠、沟汊、湖泊的调蓄作用,上下区都承担风险、承担损失。

1996 年同 1991 年一样,也采取限制二级站排水的办法,尽管限制的难度很大,但还是收到一定的效果,减少了福田寺入洪湖的流量,保证了洪湖水位上涨缓慢,而且是有计划地控制上涨。

四湖地区(不含上区),共有二级站 475 处,装机 1004 台,容量 101438 千瓦,流量 990 立方米每秒(见下表)。

四湖地区二级站情况表

县(市、区)	泵站/处	装机/台	容量/kW	设计流量/(m³/s)
沙市区	83	179	13324	130
江陵区	10	223	9869	95
监利县	114	273	28225	275
洪湖市	124	295	35615	345
潜江市	53	134	14405	145
合 计	475	1004	101438	990

当时决定,福田寺以上二级电排站全部停排,以下部分停排。7 月 18 日福田寺防洪闸上游最高水位(8 时)为 28.32 米,下泄流量为 522 立方米每秒,7 月 19 日福田寺防洪大闸水位为 28.16 米,下泄流量为 543 立方米每秒,很明显,如不控制二级电排站,要控制福田寺防洪闸上游的水位是难以实现的,主要困难在于既要降低上游水位,又不能扩大下泄流量,见下表。

当时预测的情况表

日 期	预测入湖流量/(m³/s)	实际入湖流量/(m³/s)	预测洪湖水位/m	实际洪湖水位/m
7 月 18 日	584	522	26.77	
7 月 19 日	540	543	26.88	26.82
7 月 20 日	460	483	26.96	26.92
7 月 22 日	400	530	27.02	27.04
7 月 23 日	240	448	27.11	27.14
7 月 24 日	160	365	27.13	27.18
7 月 25 日	80	288	27.18	

当 7 月 25 日福田寺入湖流量还有 288 立方米每秒时,小港、夏新河、子贝渊等闸出湖流量已有 254.4 立方米每秒,进出差距不大。25 日洪湖水位达到最高水位 27.19 米,由于福田寺入湖流量继续减少,洪湖水位缓慢回落。很明显,在上、中、下游普遍降雨的情况下,控制福田寺闸以上的入湖流量是十分困难的。唯一的办法就是采取限制二级站的办法,延长汇流的时间,否则洪湖水位一定会突破 27.30 米以上(1980 年 7 月 20 日 20 时 8 分王老河站流量为 791 立方米每秒,水位为 27.22 米,8 月 6 日流量为 727 立方米每秒,水位为 27.93 米;1991 年 7 月 11 日 17 时,王老河流量为 820 立方米

每秒，水位为 28.17 米；1996 年 7 月 19 日 8 时流量为 597 立方米每秒，水位为 28.10 米），洪湖围堤有可能漫溃，造成巨大的损失。如要保证洪湖水位不超过 27.30 米以上，则要找一块地方分洪，其损失也是很重的。总而言之，要给多余的涝水找一条出路，是它自己去找？还是我们主动安排。既然不能分洪，洪湖水位又不能再提高，电排站又只有这样的能力，天空又在不停的降雨，那就只有分散调蓄，拿一部分农田来蓄水取得平衡。

（4）充分发挥洪湖的调蓄作用。洪湖的调蓄作用对于四湖地区的排涝所起的作用是至关重要的。没有洪湖的调蓄，四湖地区即使是再增加与现在相等的外排能力也不能解决问题。一次降雨，不经河湖调蓄，而想在 3～5 天全部排完，这是不现实的。洪湖从 24.50 米起调至 27.00 米，净湖容（面积 402 平方千米）为 9.5 亿立方米。当新滩口排水闸关闭以后，如果外排站（或排水闸抢排）抽湖水 1 亿立方米，那么洪湖的调蓄容积就增加到 10.5 亿立方米。要充分发挥洪湖的有效调蓄作用，就在于如何保证排田的同时，尽量兼顾排湖，扩大调蓄容积，当二者发生矛盾的时候，以保证不超过最高水位和不开辟分洪区为前提兼顾排田。排田不忘排湖，排湖照顾排田。例如，高潭口排区，尽管洪湖水位上涨已近最高水位，防守任务十分艰巨，但仍坚持到 7 月 22 日才分流 50 立方米每秒左右的流量入高潭口排区，尽量减少农田淹没损失，效果较好。根据监利县提供的资料，该县属于高潭口排区范围的农田 1980 年因涝成灾面积 17.63 万亩，减产粮食 4851.9 万斤、棉花 26841 担、油料 14730 担，共损失 5000 多万元。1991年因涝成灾面积 25.2 万亩，其中绝收面积 7.82 万亩，减产粮食 6935 万斤、棉花 24800 担，共损失 6000多万元。1996 年因涝成灾面积 16.6 万亩，其中绝收面积 4.2 万亩，粮棉减产损失达 4000 万元以上。这个地区 1996 年的降水量（7—8 月）比 1980 年、1991 年都要多，但损失相对要少，这是排湖照顾排田的结果，说明了洪湖的调蓄作用。如果洪湖提前要求高潭口参加统排，显然这个地区的灾害比 1980 年和1991 年要大得多，充分说明排湖是为排田、排田和排湖的利益是完全一致的，把它对立起来是错误的。鉴于四湖地区行政体制发生变化，增加了排涝调度的难度。范围大，降雨在时间、空间分布不均（预见性差以及水文的随机性），要求调度具有一定的灵活性。在现状条件下，如何充分发挥"统"的功能，充分发挥水利工程的联合作用，是需要进一步研究的问题。

四、存在的主要问题和教训

（1）洪湖围堤防高水位困难。洪湖水位原计划达到 27.30 米，由于有一部分围堤依靠加做子埝挡水，防守十分困难。而且洪湖湖面大、风浪的吹程长，风浪也是溃堤的主要威胁。通过福田寺闸以上拦蓄，加大出湖流量，高水位达到 27.19 米（洪湖达到水位 26.50 米以上有 31 天），风险很大，出现了脱坡、裂缝、大面积浪坎等险情，实践证明，洪湖围堤还需要大力进行加固，做好防浪工作（包括涵闸、泵站加固改造），尽快达到防御水位 27.50 米的能力。近期安全防御只能控制在水位 27.00 米左右。如遇特殊情况需要超标准运用，一定要有超标准运用相适应的措施，否则会出乱子。

（2）四湖上区（长湖片、田北片）汛期（新滩口关闭期间）产水未能全部拦蓄在上游，做到高水高排，加重了中、下游排涝的负担。根据张义嘴等工程的记录资料，从 6 月 9 日至 9 月 4 日田北片共下泄水量 4659.55 万立方米。

（3）下内荆河过流能力有限。当沿长江的一级站停排之后，沿下内荆河的二级站或临时架设的抽水站与小港湖闸下泄的流量共同争夺下内荆河水道（建有二级站 164 处，排水流量为 207.5 立方米每秒），互相顶托，抬高水位（小港湖闸下游最高水位为 26.76 米，当小港湖闸下游水位控制在 26.00米以下时，下内荆河安全过流约 150 立方米每秒），为避免下内荆河两岸堤防溃口，一方面限制二级站出流，另一方面控制小港湖闸下泄流量，但影响了降低洪湖水位。

（4）一定要抓好预排。所谓预排，就是雨季已经到来的时候，根据天气预报，进行"预报调度"。当河湖水位已经达到或尚未超过起排水位时，虽气候正常，也应开机抢排，腾空库容，可以多调蓄一部分产水，可以提高抗御灾害的能力。例如，洪湖降低 0.5 米，就可以多蓄水 2 亿立方米，相当于中区一次降雨 50 毫米的产水，又如螺山排区河渠（正常水位以下），可以调蓄 2500 万立方米水量，相当于全区降雨 40 毫米的产水。如果各个排区能在降雨的前几天预排，排涝能力自可增强。

四湖地区在汛期务必坚持"少引多排，以排为主"的原则。即使是干旱也应采取"半肚子"的政策。否则，一遇降雨，便会成灾。总之四湖地区在汛期始终不要忘记排涝。多年经验证明，洪湖以及其他排区在每一次降雨之前，能否将水位控制在调蓄水位以内，或者尽量降低调蓄水位，是四湖地区排涝的关键。

根据多年运用的情况，福田寺防洪大闸（总干渠）的水位平时应控制在 25.50～26.00 米，当达到 27.00 米时，有一部分农田将失去自排能力。洪湖挖沟嘴的水位 5 月以前一定要控制在 24.50 米以内。小港湖闸下游水位，当新滩口泵站停机期间，尽可能保持在 25.50 米左右。切忌利用四湖总干渠和下内荆河蓄水灌溉，历史证明，害多利少。螺山排区水位应控制在 23.50～24.50 米，高潭口排区水位应控制在 24.00 米以内。采取预排，严格控制水位，汛前可以减轻灾害。

（5）四湖地区的排涝调度必须着眼于整个汛期。特别是 7—8 月，在这一个比较长的过程中，要统筹考虑，上、中、下兼顾，进行优化调度，这是多年的抗灾斗争经验一再证明了的。所谓优化调度，就是提出多种调度方案，能把损失减少到最低的方案。1980 年以来的 4 次大涝灾都是二次、三次甚至四次连续降雨才造成灾害的。我们现在修建工程设想的是一次降雨之后，5～7 天排完，这只是我们办事的标准，老天怎么降雨则是另外一回事，它不会按照我们的设想办事。而且我们设想的一次降雨并不是所有的涝水都排出外江，还有一部分调蓄在河湖渠道内。如果接着又发生第二次降雨，就很可能没有多少地方调蓄了，就会发生淹田。所以我们在考虑排涝的时候，不要只看到把田排出来就没有事了。要考虑如何将储存在湖、渠内多余的水尽量排走，腾出库容，为第二次降雨做好准备。只考虑一次降雨过程，我们的排涝能力比较高，要是接着发生第二次、第三次降雨，喘不过气来，标准就低了。每次暴雨过程的间隔时间越短，损失就可能越大。但是经过第一次暴雨过程以后，如果抓紧准备迎接可能发生的第二次暴雨，损失可能减少。究竟如何看待我们现有排涝工程的标准，是需要我们更深入探讨的问题。

五、螺山排区严重受灾成因分析

螺山排区面积 935.3 平方千米，有耕地 60 万亩，1996 年绝收面积 35 万亩，是建站以来受灾最严重的一年。降雨量大，超过了现有河渠的调蓄能力和电力排水站的外排能力，是造成严重灾害的主要原因，外江水位超过电排站允许最高工作水位被迫停机，更加重了内涝灾害。

7 月 1 日至 8 月 6 日螺山排区平均降雨量为 732.9 毫米（其中 7 月 21 日至 8 月 6 日约占 25%），按径流系数 0.85 计，产水量为 5.83 亿立方米。前期从 6 月 3 日至 7 月 1 日螺山排区平均降雨量为 397 毫米，产水量为 3.33 亿立方米，两次共产水 9.16 亿立方米。

螺山泵站从 6 月 3 日开机至 7 月 21 日全部停机，共排水 2.43 亿立方米，杨林山泵站从 6 月 3 日开机至 7 月 21 日全部停机，共排水 1.88 亿立方米，两站共排水 4.31 亿立方米（张家湖等泵站排水量未计入），排区内余水 3.391 亿立方米（7 月 21 日至 8 月 6 日产水 1.456 亿立方米），如果考虑两站排水量计算值偏高，误差约为 15%，故排区实际余水量有 4.2 亿立方米左右，按 400 平方千米平摊，平均水深也有 1.0 米，可见其受灾之严重程度（6 月 20 日至 7 月 13 日共产水 2.77 亿立方米）。尽管两站在汛期共排水 11.36 亿立方米（螺山站 5.56 亿立方米、杨林山 5.8 亿立方米），但因抽水过程太长（螺山站 9 月 15 日停机，杨林山 9 月 9 日停机），没有能够保证农作物不受损失。

以螺山站为例，设计外江最高工作水位为 31.4 米，驼峰高程为 31.7 米。7 月 18 日外江水位为 33.35 米，内水位为 26.45 米，水头为 6.9 米，停机 2 台，7 月 18 日外江水位为 33.61 米，停机 3 台，7 月 21 日外江水位为 33.97 米，停机 1 台。此时螺山排区尚余水 4.2 亿立方米，如果要求 5 天之内全部排完，每天需排水约 0.8 亿立方米，需要有 1000 个流量的装机能力，这显然是不可能的。就是螺山站不受外江水位影响，正常出力，日排水量也只有 1100 万立方米左右，5 天的时间也只能排 5500 万立方米左右，只占排区内存水的 12% 左右，固然可以减少损失，但大面积成灾已成定局。如果从 7 月 18 日到 8 月 6 日止，两站全部正常出力，螺山站排水 1.85 亿立方米，杨林山站排水 1.24 亿立方米，两站共排水 3.09 亿立方米，排区内还余水 1.75 亿立方米。虽然可以减少损失，但因排水时间过长，农田仍不可避免地要遭受损失。可见降雨强度大，外排能力不足，是造成螺山区受涝的根本原因。今后就是螺山泵站改造了，再遇到 1996 年这样的降雨，虽然可以减少损失，但仍有一部分农田受灾。

六、四湖治理的任务

四湖治理的任务从根本上讲，就是治水、治土。四湖地区目前的排涝标准不足 10 年一遇，从 1980 年至今遭受 4 次严重的涝灾，每次涝灾都给工农业生产造成巨大的损失。每一次造成灾害的主要原因都是外排能力标准偏低（调蓄面积不断缩小，也是一个重要原因），因此适当增加四湖地区的外排能力是治理四湖的主要任务之一，同时也应做好其他方面的工作，提高四湖地区抗御灾害的能力。

（1）首先应将排涝标准达到 10 年一遇。据统计，农田排涝能力在 10 年一遇以下的有 185.48 万亩，渍害低产田没有得到治理的有 172.23 万亩（见下表）。

四湖区域低渍易涝、渍害低产田面积表   单位：万亩

单位	低渍易涝农田			渍害低产田		
	小计	除涝能力（5 年一遇以下）	除涝能力（5～10 年一遇）	小计	尚未治理	初步治理
合计	185.48	55.08	130.40	258.49	172.23	86.26
市郊三区	33.39	5.49	27.90	49.76	36.15	13.61
监利县	109.90	38.58	71.32	128.03	78.78	49.25
洪湖市	42.19	11.01	31.18	80.70	57.30	23.40

按照规划，四湖地区按 10 年一遇排涝标准，外排流量能力还缺 180～200 立方米每秒，例如，王老河站控制的面积为 3138 平方千米，按 10 年一遇 3 日暴雨 187 毫米，径流系数 0.77，5 日排完计算，王老河站平均流量为 1045.9 立方米每秒，这显然是现有的水利设施所不能承受的。就目前四湖地区的现状，不可能只建一处大站来解决问题。这是因为目前排涝标准偏低的农田并非集中在一起，比较分散但大致是三个地方相对集中。一是螺山排区；二是高潭口排区的分盐、龚场；三是下内荆河的汊河、石码头、老湾等地。螺山排区通过对螺山泵站增容改造，可以增加流量 30～35 立方米每秒，但是如果排区内不保留一部分调蓄面积，也只是接近 10 年一遇的标准。高潭口排区根据多年运用的结果证明，每平方千米电排流量仅 0.2 立方米每秒，低于 10 年一遇的标准，不能满足排田的要求。一旦排田与排涝发生矛盾时，就会出现大面积农田受淹。如能在北口建站，设计流量 80～100 立方米每秒，既可以排田也可以通过子贝渊闸排湖。下内荆河两岸地区（分南北两片，南片承雨面积 630 平方千米，北片承雨面积 525 平方千米），排涝能力大于中区，如果小港湖闸参加排湖，沿长江一级站受长江水位影响停机或降低标准运行，下内荆河两岸农田便会受涝。解决的办法是，可在新堤老闸建站，设计流量为 60～80 立方米每秒，与张大口闸联合运用，平时排田，需要时排湖。或者改造石码头、龙口等站（不论新堤是否建站，改造沿江一级电排站，提高机组扬程，势在必行）。例如，1996 年高潭口从 6 月 4 日至 9 月 1 日共排水 15.5 亿立方米，其中排湖水 4.64 亿立方米，约占 30%（子贝渊闸 1.13 亿立方米、下新河闸 3.51 亿立方米）。新滩口泵站从 6 月 10 日至 9 月 3 日共排水 12.63 亿立方米，其中排湖 8.03 亿立方米，约占 70%（其中小港湖闸 6.31 亿立方米、张大口闸 1.72 亿立方米）。至于设想扩大高潭口泵站的流量，这需要将洪排河扩宽，无论是挖左岸还是右岸都是不可能的。有大量的房屋需要拆迁，道路、水利工程毁坏需要恢复，且对洪排主隔堤防洪不利。至于在中区的付家湾或者老新等地建站，因受调蓄限制，泵站难以发挥作用，排湖的作用更小。

不论是在新堤附近建站还是在北口建站，它们的作用是既可以排田也可以排湖，提高了四湖地区的排涝标准。但是绝不可以认为建了新堤泵站可以取代北口泵站，或者建了北口泵站可以取代新堤泵站。

由于下荆江实施裁弯取直工程，城陵矶上下河段的水位有所抬高，这对四湖地区排涝是不利的。尤其是洪湖市沿长江、东荆河的小泵站应尽快改造，适应水头增高的要求，否则就会经常"吃亏"。四湖地区面积仅占全省的 5%，每年向国家交售的商品粮一般年份有 15 亿斤左右，商品棉 120 万担，商品禽 2000 万只，商品鱼 1.7 亿斤，商品蛋 1.1 亿斤，分别占全省的 14.2%，12.2%，7.4%、32% 和 16.9%。目前有人口 500 万人，耕地 649 万亩。像这样一个人口比较集中、重要的粮棉生产基地，而排涝标准不足 10 年一遇，这与这个地区的重要性是不相称的。制订排涝标准应与这个地方的经济发展相适应，应当保护和促进这个地区的经济发展，而不是影响经济发展。从 1980 年至今 16 年时间，发生了 4 次较大的渍涝灾害，就足以说明提高这个地区排涝标准的重要性了。"要生存，修堤防，要吃饭，修泵站"，这是相辅相成的事。没有安全的堤防，谈不上吃饭，但是有了安全的堤防，不修泵站，不提高排涝标准，同样也没有饭吃，或者吃饭很困难。假如有了北口站、新堤站，螺山站又已改造，在遇到 1996 年那样的降雨时，中下区会是一个什么样子？不妨比较一下。北口、新堤 2 站按流量 160 立方米每秒计算，从 7 月 1 日至 21 日可以排水 2.9 亿立方米，螺山站可以多排 0.91 亿立方米（增容部分 0.54 亿立方米，不停机部分 0.37 亿立方米）。3 站合计可以多排水 3.81 亿立方米。如果北口、新堤 2 站从 6 月 10 日起参与统排，还可以多排水 2.8 亿立方米，前后共多排水 7.61 亿立方米。那损失就小得多了。

（2）必须坚持留湖调蓄的措施。四湖地区在 20 世纪 50 年代湖面面积占 16.1%，由于过量围垦，目前剩下的湖面面积只有 5%，还在继续减少，在外排能力增加有限的情况下，调蓄容积越小，排涝标准就越低，农田受淹面积也就越大。不能设想，四湖地区的降水不通过一定的调蓄而全靠电排站在 5～7 天内全部排入外江，这是办不到的。

洪湖调蓄湖面面积必须严格控制在 402 平方千米，在这个范围内已围挽的小民垸到汛期应无条件地服从安排，扒口蓄洪。洪湖围堤（包括建筑物）应按安全蓄水 27.50 米进行加固（包括防浪）。其他小型湖泊如大同、大沙、白鹭湖等也应固定湖面，严禁围垦。有的地方把湖面改挖成精养鱼池，这是变相围垦，对调蓄没有好处。

（3）疏挖下内荆河。下内荆河从小港至新滩口闸全长 61.5 千米，是四湖地区排水入江的主河道。现状是，一方面小港以上的来水量大，需要尽快排入长江，而新滩口闸抢排的机遇又多；但是另一方面下内荆河通过的流量有限（正常情况可以通过流量 150～180 立方米每秒），无法适应小港以上排水的要求，两头大、中间小。下内荆河是四湖地区排水的"肠梗阻"地段（新滩口闸设计排水流量为 460 立方米每秒，小港湖闸设计排水流量为 214 立方米每秒，张大口闸设计排水流量为 120 立方米每秒）。由于弯曲多，断面小，加之泥沙淤积，过流能力萎缩，尤其是茶壶潭至琢头沟长 9.7 千米的河道狭窄弯曲，严重阻水，必须裁弯取直，计划长度为 5 千米，底宽为 65 米（高程为 17.70 米），土方量为 268.5 万立方米。新滩口闸设计自排流量为 460 立方米每秒，下内荆河如果裁弯取直，加上对淤积严重的河段进行疏挖（估计土方量为 500 万立方米）之后，正常情况下（小港湖闸下游水位为 25.80 米左右，新滩口上游水位为 24.00 米左右）可通过流量 300～350 立方米每秒（全部工程土方量为 1100 万立方米）。

（4）加固四湖总干渠、下内荆河两岸的配套建筑物。沿岸电排站、涵闸、桥梁、公路、堤埂等应按历史上已经出现的高水位进行加固。

（5）治理中、低产田。四湖地区有渍害低产田 258.49 万亩，初步治理了 86.26 万亩，尚未治理的有 172.23 万亩。改造中、低产田不但是农业综合开发的主体，也是今后四湖治理的一项重要任务，增产潜力很大，是四湖地区农业生产的后劲。治理中、低产田的主要任务是除渍，因此它的外部条件必须是先解决好大排大灌，治涝在先，除渍在后。没有这个条件或不遵循这个治理顺序，中、低产田的治理就难以收到预期的效果。因为中、低产田在四湖地区所占的比重很大，如不切实加强这方面的工作，四湖地区农业生产的发展就一定会受到严重影响。

七、治理四湖必须处理好 9 个方面的关系

四湖治理，经过几十年的努力，取得了巨大的成就，这已被实践所证明。但是也还存在一些有待进一步解决的问题。四湖工程的范围在 20 世纪 50 年代行政区划是统一的。因而治理是本着统一规划、统一治理、统一调度（简称"三统一"）这个原则进行的。经过几十年的运用，证明在防洪、排涝、抗旱等方面取得了显著的效益。随着行政区划的多次变动，"三统一"正在受到挑战，尤其是统一调度变得更为困难。1996 年的调度就证明了这个问题。但是历史已经证明"三统一"治理四湖的原则对于发展经济是有利的，应当根据已经变化的情况，完善管理办法，提高水利工程的抗灾效益。

（1）上、中、下游的关系。四湖水系由上、中、下三大块构成，既是一个整体，又各自具有一定的独立性。过去制定的"高水高排，分层排蓄"的原则，对于处理上、中、下游的关系是成功的。行政体制变动以后，四湖地区的调度方案对于如何处理好这方面的关系已有规定。在新滩口闸关闭以后，充分利用长湖、洪湖调蓄，尽量发挥一级电排的作用，争取多向外江抢排，在采取这些措施以后，如果还要遭受损失，则是风险共担，这是维持四湖地区整体的基础。

例如，1980 年和 1983 年两个大涝年，当时田关没有建站，1980 年上区放入中区水量为 3.3 亿立方米，中区放入螺山排区水量为 1.3 亿立方米、放入下区水量为 0.98 亿立方米。1983 年上区放入中区水量为 1.94 亿立方米，中区放入螺山排区水量为 0.53 亿立方米、放入下区水量为 1.38 亿立方米（当时没有新滩口电排站）。1991 年由于有田关泵站和新滩口泵站，运用情况发生了变化。当年上区总产水量为 6.96 亿立方米，没有进入中区。长湖最大调蓄洪量为 4.01 亿立方米（含 7 月 2—6 日刘岭闸倒灌入长湖 0.193 亿立方米）。田关泵站从 7 月 5 日 22 时长湖水位 31.22 米时起排至 8 月 13 日停止，共提排水量 2.68 亿立方米（其中长湖达到最高水位 33.01 米时已排水量 1.28 亿立方米）。中区通过小港、张大口两闸放入下区水量为 2.49 亿立方米，而新滩口电排站向外排水 6.37 亿立方米。

既统一又各自具有一定的独立性，既划分排水范围，又统一调配，既集中利用大型湖泊调蓄，又安排分散调蓄，这就上、中、下游互相依存、互相制约的关系。

（2）一级站和二级站的关系。四湖地区（不含田关泵站）现有外排一级站（含洪湖市单机容量 155 千瓦站）装机容量为 86800 千瓦，设计流量为 1044.5 立方米每秒，现有二级站装机容量为 101438 千瓦，设计流量为 990 立方米每秒。一级站和二级站的流量关系是基本相等。但二级站的分布各排区差别较大，以中区为例，福田寺以上有二级站 229 处，装机容量为 61154 千瓦，设计流量为 600 立方米每秒，二级站流量是一级站的 4 倍。

由于二级站具有启动灵便，运用程序简单，且能收到立竿见影的效果，因而受到群众拥护，成为一级站的补充。问题很清楚，四湖地区无论是从总体上讲，还是从划分的各个排区来看，一级站的外排能力都是不够的，当一级站开机 3～5 天时，如果农田涝水无法排出，受淹地区必须采取临时措施，把田里的水抢排出来，放在河湖渠道内，再让一级站抽至外江。很清楚，如果全靠一级站抽水，一部分农田必然超过耐淹时间造成损失。结果大量的二级站乃至三级站便出现，这是一种必然趋势，无可指责。但是没有一级站把水抽到外江去，完全靠二级站、三级站各自为政，其结果必然是渠满、湖满，把肚子胀破同归于尽。这是全局利益同局部利益的关系。一级站作为骨干，二级站作为补充。只要一级站没有能力把水排出至外江，或者排得很慢，二级站便会利用自身的优势，争夺河湖渠道，力争保证自己排区的安全。1996 年排涝斗争证明，尽管对四湖地区的二级站采取限排停电等措施，凡有二级站的地方，只要围堤没有垮，大多数都获得了一定的收成，而免于全部绝收，比没有二级站的地方要好。靠行政命令限制二级站并不是一个好办法，放任自流也不行，现在农村拥有机电设备多，没有固定电排站临时架机也可以。调蓄面积越来越少、人口不断增加、复种面积多、耐淹作物少、矮秆作物多、投入增多等因素，使农民抗灾的积极性很高。所以增加一级电排站能力的办法，是控制二级站的唯一办法，越是一级站能力差，二级站便会不停地增加，这种比例失调的现象是明摆着的。因

为前者是国家（流域）的事，后者是地方的事。

（3）排田与排湖的关系。修建泵站的目的是为了排田，留湖调蓄也是为了排田，目标是一致的。如果弄不清这个关系，认为排湖与排田没有关系，排田积极，排湖消极，最后还是淹田。虽说排田与排湖在时间上、用电的安排上常常发生矛盾，但根本利益是一致的。先田后湖不等于只排田不排湖。这个时机的把握就要根据具体情况而定，必须十分谨慎，统筹安排。过去调度的经验证明，当排田到一定的时候，则应转入排湖，不应当只强调排田而忽视排湖，当排田尚处在紧张阶段的时候转入排湖，影响排田都是片面的。四湖地区除开个别偏旱的年份，如何调整排田与排湖的关系，防止顾此失彼，是调度的关键所在。这就要求及时掌握水雨情况，认真分析，摸底算账，千万不可以错过时机。

（4）大排区与小排区的关系。四湖地区从整体上讲是一个大排区，然后又根据水系、行政区划情况分为若干小排区（小排区内又有若干个再小一级的排区），但小排区不能离开大排区而单独存在。1996 年排涝斗争的实践证明，小排区要求具有能独立生存的能力，这种观念是建立在拼实力的基础之上，当一个排区的外排能力无法满足农田排涝时，于是分割成许多较小的排区以求保一方平安的现象就发生了，加做围埂，利用一切手段保存自己。出现这种情况，除了降水量大、外排不能满足这一主要原因之外，就是一个排区内没有安排在遇到较大洪水时应由哪一块地方来处理超额洪水，以局部的损失换取全局的安全。因为安排谁来承担超额涝水，有一个负责赔偿的问题。这同大江大河的处理超额洪水的道理是一样的。不论排区的大小，在遇到较大降雨时，总有一个保谁舍谁的问题，与其各自为政，不如主动引导为好，要防止一淹俱淹。

（5）四湖治理同发展水产的关系。四湖地区水域面积（不含上区）有 200 多万亩，是发展水产养殖的好地方。尤以洪湖出产 70 多种淡水鱼类、30 多种水禽，盛产鱼、虾、菱、莲、藕，是我国重要的商品鱼基地之一。水产养殖同排涝常有矛盾，例如，洪湖越冬水位太低不利于水产养殖，却有利于排涝，不需要灌溉时，不便灌江纳苗，开挖精养鱼池，减少调蓄面积。由于几次高水位的影响，一部分低矮围挽鱼池不断加高，在需要调蓄时扒口困难。水产养殖应服从于排涝的要求，以不损失现有调蓄面积寻找适合的养殖方法。不能把开挖精养鱼池都视为挤占调蓄容积。如利用低洼农田改造成鱼池，并不影响调蓄。荒废水面肯定是不行的。在不影响排涝的同时，适时灌江纳苗还是可行的，什么时候，引水量的大小则视情况而定。

（6）四湖治理与航运的关系。四湖是一个水网地带，河渠纵横，内河航运是水资源的重要功能之一。过去水运十分发达。"上天下天水，出地入地舟"。内河航运对四湖地区经济与文化的发展起了重要作用。随着四湖工程的实施，原有的老河道废弃。代之而起的是一个以上自习家口下至新滩口的总干渠（全长 203.5 千米，习家口至福田寺 97 千米，福田寺至小港 42 千米，小港至新滩口 64.5 千米）和东干渠（李家市至冉家渠长 62 千米）、西干渠（雷家垱至泥井口长 97.7 千米）为骨干组成的排水系统。再加上 20 世纪 80 年代后，公路建设得到很快的发展，内河水运不断萎缩。因为内河航运，水深得不到保障（同农业生产有矛盾），局部河段还能季节通航，大部分河段则时通时断，交通意义被现代陆路运输取代。如今想要恢复昔日那种水运盛世，困难很大，也许是不可能的事。一是公路运输省时、速度快，虽然价格比水运高；二是同农业生产有矛盾，农业生产要求河渠水位控制在较低水位以下，以利于排涝和降低地下水水位；三是主要渠道开挖都是有一定坡比的，如果下游的节制闸不加以控制，上端的渠道水深明显降低，不利于通航；四是冬季引水济航的问题无法解决；五是利用通航的渠道尚需开挖大量的土方，如果打通新滩口至习家口、螺山至习家口的航线估计土方量在 2700 万立方米左右（习家口至福田寺 700 万立方米，福田寺至小港 675 万立方米，小港至新滩口 1100 万立方米，螺山至宦子口 200 万立方米）。六是有一批水工建筑物需要重建，实施的难度极大。如若拟议中的南水北调工程实施的话（从沙市盐卡至潜江兴隆），内河航运还会出现新的问题。

（7）灌溉和排水的关系。四湖地区为了解决农田灌溉和人民生产生活用水问题，在长江和东荆河的堤上建有引水涵闸 28 座，可引流量 518.75 立方米每秒。一般年份灌溉引水量在 8 亿～10 亿立方米，对于保证四湖地区工农业生产起到很重要的作用。但是多年的经验证明，灌溉和排水常常发生矛盾，表现在灌溉时不考虑排水，将沟渠灌得满满的，一遇降雨，全部下泄，增加了排水的难度。排水时不考虑灌溉，明知天气已经转好，农田应蓄点水，还是全部排完，很快又引水灌溉。更有甚者，有的地方一边引水灌溉，一边又在排水。四湖地区的灌溉方法还是采用漫灌、深灌的落后办法，既影响农作物生长，又浪费水，之所以灌溉时不考虑排水，是因为四湖地区多数灌溉地方对排水所需的费用和淹没损失并不承担直接责任。再就是灌溉调度也有失误的时候，由于四湖地区的排水灌溉渠道及其配套建筑物并不完善，也有地势低平和引水水源的原因，大部分地方并没有利用工程做到排灌分家，而是排灌一体，加重了内涝灾害。少引多排，排灌分家，主要渠道严格实行"半肚子"的政策，是解决灌溉和排水矛盾的办法，也是今后在调度中必须严格遵守的准则。

（8）四湖治理同防治血吸虫病的关系。四湖地区众多的河湖港汊，低洼易涝地区，大面积的洲滩，是钉螺的孳生繁衍场所，据统计，现有钉螺面积 23.57 万亩，其中内垸有 4.9 万亩，血吸虫病人 50356 人，病牛 2018 头。四湖地区的钉螺分布由过去的单一湖沼型变成复杂的湖沼渠网型，钉螺分布由大面积的片状、块状，变成线状、带状。加之从外江灌溉引水以及人民群众在外滩进行生产活动（包括防汛排涝）把外滩钉螺带到内垸，形成水利结合灭螺工作的特殊性，四湖地区的许多水利工程已经定型，不可能沿用过去挖新沟填旧沟的办法来灭螺，增加了灭螺工作的复杂性。消灭钉螺最根本的是要改变它赖以生存的条件，这是治本的办法。必须对外滩的钉螺采取综合措施进行防治，尽量减少其进入垸内。在垸内必须坚持从上而下，管住源头、灭一块、巩固一块。安排水利工程必先灭螺，集中力量打歼灭战。要有效地防止钉螺利用水利工程进行扩散，否则渠道越多，钉螺扩散就越快，危害也就越大。水利将变成水害。

过去同钉螺作斗争的经验证明，虽然血吸虫、钉螺作为生物物种要想灭绝并非易事，但只要我们坚持不懈努力，其是可以得到有效的控制的。

（9）四湖治理与保护水资源的关系。四湖水资源丰富，但随着经济的不断发展，四湖地区河流、沟渠、湖泊受到不同程度的污染，这种趋势正在日益扩大。不但对农业生产造成一定损失，而且对人民群众的生活构成威胁。四湖水质受到的污染主要来自 4 个方面：一是工业污染，主要是废水；二是交通运输污染，主要是内河航行的小型机动船只排放和倾倒的废油废渣；三是农药、化肥污染，以及沤泡黄麻（土法脱胶）的污染；四是生活污染，主要是城乡的生活用水和生活垃圾，洪湖长期生活在渔船上的渔民生活垃圾和捕鱼行船排放的废油废渣也成为一个不可忽视的问题。四湖地区水质污染源主要来自上游，以荆沙城区和油田为最严重，每年冬季废水通过大小渠道向总干渠汇流，近年前锋已过福田寺防洪大闸，污染最严重的时候，水质变黑，恶臭难闻，人畜不能饮用，水生浮游生物、底栖生物大批死亡。如不认真治理，后果是十分严重的。这件事，还没有引起有关部门的高度重视。

很清楚，四湖地区今后一个时期，水质污染、血吸虫病将是两大公害。它对经济发展的潜在威胁是不容忽视的。

1992 年江汉平原区域开发与灾害对策学术研讨会的意见中指出："任何一个整体上相对强大而稳定的区域经济系统，总应是以有一个强大而稳定的农业系统以及某些特定资源或者区位环境上的优势为基础的"。四湖是著名的"鱼米之乡"，就是因为它可以永续利用的基本资源是水与土，这个基本格局，即使再过几百年，也是难以改变的。修堤、挖渠、建泵站、防洪、排涝、抗旱这个格局也不可能在短时期内改变。四湖的水土资源并未得到充分利用，四湖地区的开发具有巨大的潜力。这就决定四湖地区治理任务将是长期的，排涝调度也将是长期的。不会因为三峡工程建成而变为终年可以自排，那是不可能的事。我们必须随着国民经济的不断发展坚持不懈，把四湖的事情办好。

注：易光曙，原荆州市水利局局长。

附录九　关于湖北省四湖流域推进水生态文明建设的几点思考

卢进步

　　四湖流域是湖北省最大的内河流域，地处长江中游、江汉平原腹地，跨荆州、荆门、潜江三个地市，因境内原有洪湖、长湖、三湖、白鹭湖四个大型湖泊而得名。现有面积 11547.5 平方千米，人口510 多万人，耕地面积 650 多万亩，水域面积 344 万亩，是全省乃至全国重要的粮、棉、油和水产品基地，素有"鱼米之乡"和"天下粮仓"的美誉。

　　四湖流域河网纵横交错，水系十分复杂，水利工程众多，综合利用好区内丰富的水资源、促进人水和谐、保障粮食安全、服务经济社会发展，历来受到党和政府的高度重视和社会各界广泛关注。经过 60 多年的治理和建设，四湖流域的防洪抗灾能力有很大的提高，但规划内的水利建设任务远未完成，"水袋子""虫窝子"等问题还没有从根本上解决。贯彻落实党的十八大和十八届三中全会精神，按照中央一系列会议的要求，当前四湖地区的水利工作必须优先解决人民群众生命安全、生活保障、生产条件、人居环境等方面的突出问题，进一步增强防洪保安能力、供水保障能力和生态保护能力，让"鱼米之乡"水清岸绿，让"天下粮仓"保障有力，让四湖地区永葆生机。

一、推进四湖流域水生态文明建设意义特殊

　　四湖流域区位优势独特，水利资源丰富，社会贡献巨大，发展前景广阔，推进四湖流域水生态文明建设意义重大、影响深远。

（一）地理位置十分特殊

　　四湖流域属古云梦泽，东望武汉，西接三峡，北临汉水，南抵长江，为长江中游一级支流内荆河流域。"万里长江，险在荆江"。四湖地区位于长江中游最为险要的荆江北岸，西北部为荆江大堤与丘陵、山地相连，其他区域被"两江两河（长江、汉江，沮漳河、东荆河）"环绕。区内湖泊众多，河渠密布，堤垸纵横，地势平坦，自西北向东南倾斜，海拔最高点为 136.50 米，最低点为 20.00 米，地面高程在 34.00 米以下的地区约占全流域总面积的 75%。由于长江、汉水和东荆河长期受泥沙冲积的影响，形成两边高、中间低的槽形地势。四湖地区长湖以北为丘陵岗地，中下区主要是冲积平原，区内广泛沉积了第四纪全新统的松散堆积物，属于江汉断陷盆地。

　　四湖地区具有悠久的历史文化遗产和丰富的人文地理景观，是楚文化的重要发祥地和著名的三国古战场。区内拥有中国优秀旅游城市和全国大遗址保护示范区；同时还拥有江汉油田、沙市电厂等多个大型中央企业，发展数家实力雄厚的上市公司，汇聚一大批蓬勃发展的中小企业，近几年还引进一批世界 500 强和国内知名企业投资兴业；高速公路、高速铁路和国道、省道纵横其间，古老文化与现代文明交相辉映，是湖北省"建成支点，走在前列"的重要支撑。

（二）自然灾害十分频繁

　　四湖流域属亚热带湿润季风气候，冬季寒冷，夏季炎热，具有四季分明，热量丰富，光照适宜，雨水充沛，光、温、水同季的特点。四湖地区多年平均年降水量为 1203 毫米，降雨时空分布不均，其中监利、洪湖达 1270～1370 毫米；一般年景在流域的主汛期 6—8 月，特别是梅雨季节降雨集中。四湖地区外围受长江、汉水、东荆河环绕，区内以内荆河为骨干，上承丘陵岗地来水，下汇平原湖区渍水，汛期江河洪水常常高出内垸几米甚至十多米，时间长达两三个月，丰水年份时间更长。由于特殊的地理环境，区内暴雨、大风、干旱、寒潮、冰雹等自然灾害性天气时有发生，特别是外洪内涝经常遭遇，洪涝灾害十分频繁。1954 年长江流域大洪水以后，严重内涝灾害的年份仍有 1964 年、1970

年、1973 年、1980 年、1981 年、1983 年、1991 年、1996 年、1998 年、1999 年、2008 年、2010 年 12 次；受旱严重的年份也有 1957 年、1959 年、1960 年、1972 年、1978 年、1988 年、2000 年、2011 年 8 次。

同时，四湖地区因水系纵横交错、相互串通，极易导致钉螺孳生和蔓延，一直以来是湖北省乃至全国血吸虫病最为严重的地区，素有"全国血防看两湖（湖南、湖北），两湖重点在四湖"之说。2009 年 5 月，全国人大环资委到四湖流域调研，8 月，水利部与湖北省政府签订水利建设合作备忘录，均对以水利和血防为重点的四湖流域治理提出了明确要求。

（三）水利地位十分重要

四湖流域在原荆州地区行政区划内，是全国防洪的重点、荆州治水的难点、防汛抗灾的焦点。治荆楚必先治水患，兴水利才能兴荆州。新中国成立后，党和政府按照"统一规划，统一治理，统一管理，统一调度"的原则，带领人民群众筑堤防、疏沟渠、建闸站、修水库，持续开展大规模的水利建设。整修加固荆江大堤 182.4 千米、洪湖监利长江干堤 231.73 千米、汉江干堤 65.13 千米、东荆河堤 160.3 千米，同时还在这一地区建成长江流域容积最大的洪湖分蓄洪工程。国家对四湖流域的综合治理自 1954 年大洪水以后全面启动，大致可分为四个阶段：第一阶段修筑堤防，"关好大门"；第二阶段开渠建闸，治理内涝；第三阶段兴建泵站，提高标准；第四阶段续建配套，巩固效益。经过 60 多年的治理和建设，四湖地区建成比较完整的防洪、排涝、灌溉工程体系。"水利兴，农业稳，荆州定"。四湖地区水利工程为区域经济社会发展发挥举足轻重的作用。

（四）历年贡献十分突出

四湖地区土地面积仅占全省的 6%，粮食总产占全省的 15%，棉花总产占全省的 20% 以上，油料总产占全省的 15%，水产品总产占全省的 23% 以上，禽蛋总产占全省的 30%，生猪总产占全省的 25%，成为湖北省重要农业商品基地，为保障国家粮食安全作出巨大贡献。四湖流域除农业生产外，区内工业在全省也占有重要地位，在纺织、化工、农药、轻工业、制盐和石油开发等方面有着较快的发展。在历次防洪抗灾的斗争中，四湖流域广大干部群众发扬特别能吃苦、特别能战斗的精神，舍小家、顾大家，全面防守、重点加强，保障荆江大堤、长江汉江干堤和重要连江支堤安全，保障江汉平原和大武汉的防洪安全。同时精心调度水利工程，全力以赴抗灾生产，保障了国家粮食安全。在这块土地上，还兴建分蓄洪区、实施南水北调引江济汉工程，为保长江中下游防洪安全、保水资源可持续利用作出牺牲和奉献。

二、推进四湖流域水生态文明建设刻不容缓

四湖流域自形成以来，水利工程一直处于超负荷运转之中。由于规划建设任务尚未完成，防洪排涝能力不足，粮食安全问题依然突出；同时河湖水体污染严重，水环境治理、水生态修复任务艰巨。

（一）湖泊治理保护严重滞后

长期以来，由于阻断江湖、围垦造田、拦湖筑汊，管理无序、开发过度、保护不力等因素叠加，导致湖泊数量锐减、面积萎缩、水体污染、环境恶化、生态脆弱、功能退化等问题突出。1949 年，四湖流域面积在 1000 亩以上的湖泊有 195 个，总面积 2726 平方千米。目前，流域内有湖泊 38 个，面积 733 平方千米，减少 73%。四湖流域的四大湖泊原有面积 1158.8 平方千米，现在不足 500 平方千米。洪湖是我国列入中国重要湿地名录的第 58 个湿地，1950 年面积 750 平方千米，现确认其多年平均面积 308 平方千米，确定调蓄面积 402 平方千米。长湖是湖北省第三大湖泊，由于过度围垦，水面面积由 229.38 平方千米缩至 157.5 平方千米，减少 31.3%，确认多年平均面积为 131 平方千米。

长湖、洪湖两大湖泊治理由于未纳入国家计划"笼子"，地方财力十分有限，防洪与排涝、开发与保护问题一直没有解决好。特别是长湖，直接关系到荆州市主城区防洪安全，对流域供水、粮食、生态安全影响非常之大。2008 年 7 月，国务院以国函〔2008〕62 号文正式批复《长江流域防洪规划》，明确要求"按 100 年一遇洪水标准加高加固荆州北面滨临长湖的长湖湖堤、太湖港堤。"但目

前，长湖防洪标准约 20 年一遇。造成枯水期水资源储备不足，水环境恶化、水生态退化。同时，由于湖泊管理体制复杂，管堤防不管水面，管水面不管水质，管水质不管功能，湖泊的保护和可持续利用缺乏联动机制、缺少综合执法，水事违法案件时有发生，致使湖泊调蓄功能减退，防汛压力增大，形势日趋严峻。

（二）粮食生产安全令人担忧

根据 2007 年湖北省政府批转的《四湖流域综合规划》，四湖中下区排涝能力应达到 10 年一遇、防洪能力达到 35 年一遇的标准（1996 年型洪水），需采取加固洪湖围堤、疏挖排水干渠、实施退田还湖、中区截排分蓄、中区增建泵站、改造排灌涵闸等综合措施。2008—2010 年，湖北省安排 3 亿元专项资金，实施了部分洪湖围堤加固、部分区段干渠疏挖等规划建设任务。2010 年 4 月，湖北省发改委、省水利厅向国家报送《湖北省四湖流域综合治理工程可行性研究报告》，项目计划总投资25.28 亿元。

目前，国家尚未安排专项投入，省级财力有限，四湖流域防洪排涝标准整体偏低：中下区排水系统防洪标准为 15～25 年一遇，排涝标准为 6～8 年一遇，有的地方只有 3～5 年一遇。由于历史原因造成过度开发围垦，使蓄泄格局恶化，一、二级排涝泵站比例失调，排水渠道淤塞严重，一些内垸河、湖、渠堤身单薄矮小，洪涝灾害发生频繁，给粮食生产安全带来极大威胁。

（三）环境污染问题日益突出

根据湖北省政府批复的《湖北省水功能区划》，洪湖湿地自然保护区、长湖保留区、四湖总干渠保留区的水质管理目标均为Ⅲ类。随着经济社会发展和城市化的推进，大量的工业废水、生活污染物以及农业面源污染物等超标排入湖泊，加之农业结构不够合理，湖泊水产养殖的无序过度发展，以及水利工程设施标准不高等诸多因素，导致河湖水质整体下降，局部水域污染严重。

据统计，四湖流域年排放工业废水 4000 多万吨，排放生活污水 8000 多万吨，加上农药化肥污染、畜禽养殖污染、水产养殖污染等，使流域纳污负荷量大大超过环境承载力。近几年监测结果表明，四湖流域地表水体水质均不能满足水环境功能区划要求，长湖水质为Ⅳ～Ⅴ类，洪湖水质为Ⅲ～Ⅴ类；四湖总干渠习家口至洪湖市瞿家湾段水质为Ⅲ～Ⅴ类，局部水域为劣Ⅴ类；西干渠荆州城区段水质为劣Ⅴ类；豉湖渠荆州段水质为劣Ⅴ类。流域水环境的持续恶化，给人民群众的生产生活和身心健康带来严重影响。

（四）生态修复改善亟待加强

四湖地区由于历史原因使江、湖隔断，破坏洄游性鱼类的繁衍和生活环境。湖泊的萎缩和容积减少，使得湖泊湿地植被资源和水生野生动物的生境进一步受限，湖区水生生态系统破坏明显加剧，也相应带来生物量减少、生物多样性减少、物种结构发生改变等一系列生态环境问题。同时，围湖网箱养殖、人工投饵（肥），致使水体透明度下降，底层植被死亡。加上人为捕草，湖面近 70% 的植被遭到破坏，水体自净能力几近丧失。

据调查，在洪湖栖息的水鸟由原来的 167 种减少到 40 种左右，来洪湖越冬的候鸟由原来的数万只锐减到约 2000 只，鱼类品种也由 1964 年的 74 种减少到现在的 50 余种；洪湖水生植物由 20 世纪 60 年代的 472 种下降到现在的 98 种，水草覆盖率由 98.6% 下降到只有少数水域有水草，蓝藻水华泛滥。20 世纪 80 年代初，长湖水生植被覆盖率为 100%，目前减少到 30%；1985 年长湖的鱼类有 60 多种，2005 年只剩下 30 多种。目前长湖的养殖面积达 9.8 万亩（其中大湖围栏、网养殖 8.5 万亩，湖边精养鱼池 1.3 万亩），占湖面面积的 46.3%，养殖密度大大超过湖泊的生态环境承载能力。这种缺乏科学规划与管理、单纯追求养殖经济效益的结果，造成严重的湖泊湿地生态灾难，既影响生态生物多样性，也制约水产养殖资源的可持续利用。

三、推进四湖流域水生态文明建设条件成熟

四湖地区经过多年的治理，水安全保障能力不断提升，水资源保护管理得到加强，加强水生态治

理条件十分成熟。

（一）江河防洪能力大为提高

四湖地区原与长江、汉水、东荆河相串通，一直延续到 1956 年 4 月完成洪湖新滩口堵口工程后，四湖地区才构成一个整体。经过多年的治理和建设，江河防洪体系逐步完善。1998 年大水后国家投巨资对洪湖监利长江干堤进行全面整修加固，随着三峡工程的建成投运，荆江河段的防洪能力已提高到百年一遇的标准。目前，直接保护四湖地区的荆江大堤正在实施第三期综合治理工程。南水北调工程的顺利推进和汉江中下游治理工程的实施，使汉江、东荆河的防洪能力也有很大提高。沮漳河改道工程实施多年后，即将进行全面治理。与此同时，四湖上区的病险水库完成除险加固。曾经的水乡泽国形成了十分完整的防洪保护圈，构筑了比较坚固的江河防洪屏障。

（二）排涝抗旱体系不断完善

四湖流域的治理一直受到国家、长江委、省委省政府及历届地方党委、政府的高度重视，同时还得到世界银行的重点关注和大力支持。在统一规划的前提下，建成以总干渠、西干渠、东干渠、田关河等 6 大干渠为骨干的排水渠系；建成以新滩口、田关排水闸为主，辅以新堤排水闸、杨林山深水闸联合运用的自排系统；建成以高潭口、新滩口、螺山、田关等 17 座一级泵站为主的电力外排工程；对长湖、洪湖进行重点整治，加固湖堤、固定湖面、确定调蓄面积和备蓄区。经过 60 多年的统一治理和持续建设，四湖流域形成了由湖泊、河渠、堤防、涵闸、泵站组成的、比较完整的排涝、灌溉工程体系。

近些年来，在国家和省的关心重视下，实施四湖西干渠水利血防治理工程，完成四湖流域综合治理总干渠一期工程，对流域 800 千瓦以上大型排涝泵站和部分中小泵站进行更新改造，大型水闸的除险加固纳入国家计划。同时，灌区建设、安全饮水工程全面推进，四湖地区的排涝抗旱体系不断完善。

（三）湖泊保护管理受到重视

湖北省将湖泊保护纳入全省发展战略，2012 年《湖北省湖泊保护条例》正式实施，强力约束和规范全省湖泊保护管理工作，以有效维护湖泊生命健康，促进湖泊资源可持续利用，保障经济社会跨越式发展。湖北省政府还明确湖泊保护的远期目标，要求湖泊经济社会功能与自然生态系统协调，人湖和谐共处。近期要利用 3～5 年时间，基本遏制湖泊面积萎缩、数量减少的局面；主要湖泊污染排放总量、富营养化的趋势得到有效控制，水功能区划达标率达 70% 以上，具有饮用水源功能和重要生态功能的湖泊水质达到Ⅲ类及以上；理顺湖泊保护管理体制，完善保护机构，健全工作机制。

2013 年，湖北省在开展"一湖一勘"的基础上，公布湖泊保护名录。对列入全省湖泊保护名录的湖泊，逐个编制详细规划，界定湖泊保护范围，加强湖泊水污染防治，推进湖泊生态修复，实施湖泊保护生态移民。湖北省水行政主管部门按照职责分工，加强湖泊保护的监管，加大违法行为的查处力度，并建立了湖泊保护的联席会议制度。市、县各级的湖泊保护管理工作也正有序推进。

（四）引江济汉工程造福民生

南水北调工程是党中央、国务院关注民生，优化我国水资源时空配置的重大举措，是解决我国北方水资源严重短缺问题的特大型基础设施项目，是未来我国可持续发展和整个国土整治的关键性工程。引江济汉工程横跨四湖流域上区，全长 67.23 千米，作为南水北调中线汉江中下游四项治理工程之一和湖北省最大的水资源优化配置工程，可极大地改善和保障汉江中下游的生态环境、灌溉引水、城乡供水和航运条件，对促进整个汉江中下游地区乃至湖北省经济社会的可持续发展都具有极其重大和深远的意义。

引江济汉工程的实施对四湖地区及工程沿线地区带来的影响巨大而深远。必将有利于四湖流域防洪排涝抗灾能力的提高，有利于"两江"航运条件的改善和文化旅游的繁荣，有利于城乡水环境的治理和水生态的修复，有利于区域经济社会的又好又快发展。

四、推进四湖流域水生态文明建设大有可为

四湖流域在湖北省独特的地理位置及在经济社会中的重要作用，决定其水生态文明建设直接关系

到人民群众的生产生活、关系到国家粮食安全、关系到区域经济社会的健康发展，必须高度重视水问题，全力做好水文章。

（一）加快水工程建设

按照《四湖流域综合规划》，加快推进防洪排涝工程建设。一是长湖治理。目前长湖防洪能力约20年一遇，近期急需按50年一遇的标准加固长湖湖堤，对入湖支流进行治理，对穿堤建筑物进行整险加固。二是洪湖治理。洪湖围堤未达标堤段有76千米，其中高程在27.50米以下的低矮堤段有16千米。洪湖围堤因风浪冲刷形成的浪坎达30千米，特别严重的地方已危及堤身安全；洪湖围堤上的穿堤建筑物设计标准低，配套设施差，运用时间长，需要按照规划尽快除险加固。三是闸站建设。依据《四湖流域综合规划》，为保证洪湖在不向围堤外分洪的情况下安全防御1996年型洪水，需要尽快启动四湖中区规划100立方米每秒流量的泵站建设。同时，对四湖流域控制性涵闸全面整险加固或改建重建。四是渠系整治。流域内六大骨干排水渠，除总干渠进行一期治理、西干渠部分断面实施水利血防工程外，其余骨干渠道均未进行全面治理。特别是下内荆河、西干渠上下两段、洪排河、螺山排渠等也亟待进行疏浚。四湖流域的水利工程是保障粮食安全的命脉工程，需要按照已经批复的规划，抓紧立项，尽快建设，进一步提高湖区防洪排涝抗灾能力。

（二）统筹水环境治理

从20世纪80年代末期开始，四湖流域的水环境治理逐步得到社会的关注和政府的重视。几十年来特别是2004年至今，实施一系列工程和非工程措施，加强流域水污染的防治和水资源的保护，水环境治理取得一定成效。几十年的实践表明，流域水环境治理必须采取综合措施：要进一步完善集中和分散点源控制，不断削减主要污染负荷；加强工业废水监管，实现工业污水达标排放；结合新区开发、旧城改造创新雨水收集、输送、处理新模式，控制城市面源污染；加快新农村建设、"城中村"改造，调整农村产业结构，减少农村面源污染；实施湖泊、河渠底泥清淤、生态修复工程，恢复水体生态功能；实施江河湖库水系连通工程，构建生态水网，优化水资源配置；加强法制建设，创新体制机制，全力维护河湖生命健康，为经济社会又好又快发展奠定基础。

（三）优化水资源配置

当前，四湖流域水资源配置有几个比较突出的问题：一是三峡工程建成运用后清水下泄，河床下切，影响沿江各涵闸的春灌甚至夏灌引水条件；二是四湖上区长湖流域径流深相对较小，长湖的有效调蓄容积也较小，难以为四湖中区提供足够的补充水源，影响总干渠水体的流动性；三是四湖中区主隔堤以上自然面积有4425千米，地势平坦低洼，没有大的调蓄容积，雨洪资源难以有效利用；四是兴隆枢纽、引江济汉工程建成后，四湖流域水资源调度管理体系将更加复杂。鉴于这些新情况，应尽快实施四湖流域江河湖库水系连通工程，增加流域水资源的供给。同时，统筹考虑区域降雨、河湖水位水质、外江水位水质情况，制定科学的运行调度规程，合理安排调水时间、线路和水量，优化水资源配置，提高流域排涝抗旱能力，提升水体环境承载能力。

（四）推进水生态修复

在优化水资源配置、实施生态补水的情况下，因地制宜推进水生态修复，努力构建良性水生态系统。一是退田还湖，疏浚湖、渠。对非法围垦面积逐步实施退田还湖，对污染严重的湖泊全面清淤，污染较轻的局部清淤。二是水生植物恢复重建。针对不同污染程度和水深条件的区域，以本地植物为主，直接引种可有效控污、观赏性较强的水生植物。三是水生动物恢复保护。通过生态渔业工程，控制投放鱼苗数量、种类等措施，实施种群结构由单一向多样转变，重建和恢复鱼类群落结构。四是河湖岸线建设。通过人工辅助，对不同地貌和用地条件的河湖岸线进行改良，建设滨湖植被保护与修复工程，提高河湖岸线对径流污染物的截留作用，增加水生动植物的栖息场所，增加水陆交接界面，增强河湖自身应有的活力与生命。五是建设生态示范工程。建设生态修复示范基地和生态保护核心区，实施汇水区生态修复，推动全流域生态治理和建设。

（五）完善水管理体系

政府及有关部门要把四湖流域水生态文明建设列入重要议事日程，不断完善"政府领导、部门负责、社会参与、目标明确、责任落实、奖惩分明"的工作机制。要严守"三条红线"，建立事权清晰、分工明确、运转协调的四湖流域水资源管理体制。要健全水资源有偿使用制度与水生态补偿机制，促进四湖地区水生态系统保护与修复。要健全河湖规划约束机制，按照《湖北省湖泊保护条例》和《湖北省人民政府关于加强湖泊保护与管理的实施意见》，理顺四湖流域河湖管理体制；尽快制订出台洪湖、长湖治理与保护的详规，搞好划界确权。要加强流域职工队伍建设，提高管理人员综合素质；建立和完善湖泊巡查、安全管理等各项湖泊管理规章制度；加强涉湖建设项目审批和后期监管工作，及时查处水事案件。要加大对湖泊保护意识和湖泊资源忧患意识的宣传教育，营造全社会保护河湖的强势氛围。要建立公众参与的湖泊保护、管理和监督机制，定期发布湖泊保护的相关信息，保障公众知情权；鼓励社会各界、非政府组织、湖泊保护志愿者参与湖泊保护、管理和监督工作，并建立、完善湖泊保护的举报和奖励制度。总之，要完善体制机制，强化河湖管理与保护，全力维护四湖流域河湖资源功能和生态功能。

（六）打造水文化品牌

四湖流域水自然资源丰富，长江、汉水相互连通，几大湖库合理布局，河渠纵横排引得当，水生态景观众多，水文化历史沉积厚重，文化旅游资源十分丰富。从大禹父亲鲧治水留下的息壤，到屈原湖畔行吟的文星楼，四湖地区有史可查的水事活动不胜枚举。春秋楚庄王时期，楚令尹孙叔敖开"云梦通渠"，勾通江汉航运，同时主张"堤防湖浦，收九泽之利"，形成最早的堤垸。在此后长达2000多年的历史中，四湖地区人民群众与水斗争留下丰富的历史遗存。从工程上讲，大致可以分为防洪、排涝、抗旱、通航、通路、军事、生活等，其中记载最全、影响最大的当属堤防建设。荆江大堤自东晋年间肇基以来，一直是水利建设记载的核心。与水文化有关的龙舟竞渡、采莲船、端午粽子、民歌民谣和水上祭祀活动等，在民间为老百姓喜闻乐见并代代相续。荆河戏、鼓盆歌、放河灯、摆龙灯、做堤时的打夯歌、狮子舞等传统习俗流传至今。

人类逐水而居，城市因水而兴。对四湖流域而言，是在洪泛区治水，沼泽地求生。"楚国故都"曾经挺立华夏400余年，"三国名城"更令无数英雄折腰、墨客景仰。一部四湖的历史就是人与水斗争、人与水依存的历史。新时期，在荆江之滨还孕育伟大的'98抗洪精神，可以和楚人"筚路蓝缕，以启山林"一道留传给子孙后代，成为一笔宝贵的精神财富。今天的四湖，引江济汉大运河润泽荆楚大地，蔚为壮观；兴隆枢纽水电站创造平原奇迹，世人瞩目。水文化是四湖流域水生态文明建设的重要组成部分，人们畏水、御水、治水、伴水度日，铸就安澜江河、守卫家园的水利丰碑；人们亲水、爱水、护水、和谐相处，留下了数不胜数、可歌可敬的精神食粮。水之形、水之神、水之韵、水之魂在四湖流域不断丰富、延展，需要深入发掘、精心打造、大力宣传、永久传承。

国家确定将中西部沿长江区域打造成新的经济支撑带，湖北省已将"两圈一带"战略升级为"两圈两带"。四湖流域正处于这一开放开发的中心区、连接区，区位优势十分明显，开展水生态文明建设基础较好、条件成熟、代表性强、辐射面广，既可为粮食安全提供有力支撑，又能为经济社会发展提供重要保障；纵可影响南水北调沿线，横可示范长江汉水流域。面临当前促进新型城镇化、实现农业现代化的新形势、新要求，推进四湖流域水生态文明建设势在必行、刻不容缓！

2013 年 7 月

注：卢进步，荆州市四湖工程管理局局长。此文原由《中国水利报》发表，《中办信息》《内部参阅》《中国水利》《人民长江》等报刊转载，并收录于《湖泊保护与生态文明建设——第四届中国湖泊论坛论文集》，曾获评2013年度湖北省水利优秀调研成果二等奖。

附录十　荆州地区四湖水系演变与治理过程

郑光序

一、概述

　　四湖地区位于江汉平原，东经 112°00′~114°00′和北纬 29°21′~30°00′之间。总面积 11547 平方千米，其中内垸 10375 平方千米、外滩 1172 平方千米。在行政区划上包括沙市市，监利、洪湖两个整县，江陵、潜江两县的大部分，荆门县的一部分，以及石首的人民大垸，现有在册耕地面积 566.7 万亩，人口 327.1 人。

　　本地区东、南、西三面滨长江，北临汉江及其支流东荆河，西北接荆山山脉，以漳河为分水线。流域内河流纵横，湖泊棋布，气候温和，土地肥沃，适宜耕种，为江汉平原粮棉重要产地，素称"鱼米之乡"。此外，本地区还盛产石油，为工业建设、国防建设提供资源。新中国成立前，水利失修，上受山洪威胁，下受长江水倒灌，渍荒成灾，钉螺孳生，更加上洪灾频繁，人民生活极端贫苦。新中国成立后，在各级党委的重视下，在 20 余年来，治理四湖水系共完成土方 13.6 亿立方米，在江汉干堤上兴建排灌涵闸 44 座，流量 2360 立方米每秒，一级电力排灌站 8 处，流量 744 立方米每秒，到 1981 年止消灭钉螺面积 135 万亩，占原有面积的 81.8%，治愈血吸虫病人 49 万，占原有病人的 80.5%，改善和增加了航运里程。由于水利工程的兴建提高了农业生产的抗灾能力，1979 年粮食产量达 18.25 亿千克，为新中国成立初期的 3.88 倍，1980 年大涝的情况下，粮食产量仍达到 15.15 亿千克，改变了过去"沙湖沔阳洲，十年九不收"的旧面貌。

　　流域内的排灌与管理应用都是不可分割的一个整体。如排水方面，四湖总干渠（即内荆河）全长 185 千米，上自江陵习家口起，经潜江、监利、洪湖，沿程汇流主要排水支渠 61 条，承纳 6180 平方千米渍水到洪湖新滩口排入长江，是四湖地区统一自排的骨干渠道之一；高潭口泵站设计流量 220 立方米每秒，在现阶段是四湖地区统一调度的唯一电力排灌站。灌溉方面，四湖地区灌溉引水，一自长江，一自汉江，多年引水的实践经验证明，春灌时期，外江水位较低，长江严家台一带，按 75%的保证率，4 月平均水位仅 31.14 米，所以从长江引水地点，必须在严家台或严家台以上。严家台以下，如监利境内沿长江干堤修建的一弓堤、西门渊、王家巷、北王家等灌河，都不能进水。汉江在兴隆镇一带，按灌溉保证率，4 月平均水位仅 33.02 米，从汉江引水，必须在兴隆镇一带。也就是按自然规律，四湖地区在主隔堤以上，江、监、潜、洪四县共 400 多万亩农田的春灌用水，除漳河水库与万城闸供水范围外，具有一定的统一性。管理应用方面，全流域的管理应用，本着全国一盘棋的精神，统筹兼顾，灵活调度，如长湖与洪湖是根据上中区的降雨径流与两湖的水位情况灵活调度的调蓄湖泊。

二、四湖水系的历史面貌

（一）湖泊

　　四湖地区，在远古时代，就是一个巨大的湖泊，有"云梦泽"之称。《水经·沔水注》载：东晋时期，有赤湖、离湖、船官湖、女观湖等。这些湖泊，相当于现在的长湖、借粮湖、野猪湖一带。魏晋南北朝时，现在的洪湖及其周围地区，沦为马骨湖，号称"周三四百里，及其夏水来会，渺若沧海，洪潭巨浪，萦连江沔"。唐大历年中，四湖中区即有白鹭湖，王栖霞曾隐居于此。在这个广阔的区域上，由于人类生产活动，以及新构造运动长期下沉的结果，逐渐演变成为一连串的大小湖泊群。新中国成立初期，共有大小湖泊百余个，其中较大的湖泊有长湖、借粮湖、三湖、玻湖、返湾湖、白鹭湖、洪湖、大同湖、大沙湖等。湖泊总面积 1645.4 平方千米，见表 1。

表 1　　　　　　　　　　　　　　四湖地区主要湖泊水位、面积表

湖名	水位/m	面积/km²
长湖	32.50	205.2
借粮湖	32.50	57.0
豉湖、返湾湖	30.50	135.0
三湖	29.00	94.0
白鹭湖	27.50	68.0
洪湖	26.50	706.0
大同湖	25.50	203.0
大沙湖	25.50	177.2
合计		1645.4

（二）四湖水系与江汉河流的关系

1. 长江方面

在秦汉时代，长江江陵以东，即有夏水分流，《嘉靖沔阳志》载："夏水首出于江，尾入沔，亦谓之沱"。沱即夏水，即内荆河。夏首位于何处？流经哪些地方？据《水经注》载："夏水出于江津（沙市），江津豫章口东有中夏口，即夏水之首。"其流地点，从江水分出后经监利过沙口，又东北过柴林河，至直步与汉水合。

南宋时期，长江干堤有九穴十三口（即九穴加四口合为十三），即獐卜穴（江陵观音寺）、郝穴、赤剥穴（监利尺八口）、里社穴、彩穴、杨林穴、宋穴、小岳穴、调弦穴、虎渡口、罗堰口、油河口、柳子口。堵了以后又挖开或冲开，直到是嘉靖年间，最后称为郝穴（亦说最后堵塞的是獐卜穴）。以上穴口，与四湖相通的有獐卜、郝穴、赤剥等穴，江水从这些穴口分流入四湖内地，从南宋到明嘉靖时期，历时 400 余年。

明朝以前，沮漳河下游一支流，经江陵保障垸、清滩河绕刘家堤头经万城镇北门外屈曲入太晖港，注城河达草市外关嘴口，汇长湖水入汉。明末堵塞刘家堤头。

2. 汉江方面

汉江有两汊分流入四湖。据《潜江县志》载："汉江在泽口以下，杨林洲以上有两汊，其一汊为夜汊河（即泽口），过双雁，直迳其南流，过直路到新口为江陵境，下交监利境，自双雁以下，西折一支为菱芭河（即田关河），历周家矶，直迳其西流至腰口（即田关河下游的幺口），分南北汊，南汊至丫角，交江陵境，北汊交荆门境。其二汊自芦洑入杨林，直迳其南流为排沙渡，又直迳其南流为县，县城廓庐舍滨矶岸，岁苦河水，撼荡过县为斑家渡，又直迳其南流为总口，又直径其南为许家口，下出杨林口为监利境，自此以下到新滩口出江"。"汉江至芦洑，分流为潜"。故第二汊亦名潜水。

根据上述情况，四湖地区从秦汉到明末，历时 1000 多年，由于江湖相通，穴口分流，是泥沙不断淤积而形成的湖积冲积平原。

（三）内部水系

分上区、中下区两大片，简述如下：

1. 四湖上区

四湖上区主要有拾回桥河、观桥河、龙会桥河，俗称"三桥"。

（1）拾回桥河：历史上称为大漕河，发源于荆门城西罗汉山，支流多，沿程因地命名，有李家河、柳林河、新埠河以及拾回桥河等，实际上，都是一条河流。在老关嘴口入长湖，迂回曲折，全长约 90 千米。入长湖后，经罗堰口到里社穴达于沔入襄江。流域面积 1293 平方千米，1971 年流量达 629 立方米每秒，下游河宽仅 20 米，每逢山洪暴发，宣泄不及，沿河两岸农田即被淹没。群众反映：

"九十九道湾，九十九道滩，十年九下雨，下雨就遭殃。"据调查，1745—1954年，200多年内发生6次大洪水〔即乾隆十年（1745年）、道光六年（1826年）、民国二十四年（1935年）、民国二十六年（1937年）、1950年及1954年〕，江陵、荆门两县沿河一带人民深受其害。其中，1937年江陵县沿河聂家垸堤溃口，垸内20户，除一户地主外，其余都外出逃荒谋生。

（2）观桥河：又名太晖港，发源于江陵八宝山西北川心店，流经梅槐桥、秘师桥到关沮口注入海子湖，再东经打锣场、观音垱出龙口入长湖。该河属内荆河上段。流域内上游江陵地区，旱灾频繁，中下游属平原湖区，由于水利失修；荆江大堤多次溃口，加上沮漳河下游一支从刘家堤头经梅槐港、秘师桥排入长湖，沿河一带连年都有不同程度的涝灾，低洼地区，常年积水，钉螺孳生，血吸虫病患流行。

（3）龙会桥河：发源于荆门、江陵两县交界之纪山分东西二支，东支为砖桥河，西为板桥河，两支在板桥下游汇合，流经望山、丰店、王场、纪南城经龙会桥入海子湖，经打锣场、观音垱，出龙口入长湖。该河上游属丘陵地区，河床地势较高，水面落差较大，灌溉水源缺乏。中下区属平原湖区，河底一般10～20米宽，排水不畅，两岸无堤，一旦山洪暴发，沿河农田淹没成灾。

2. 四湖中下区

内荆河是四湖中下区的排水骨干。由于上述四湖水系与江汉河流的关系，导致本区域的水系特别紊乱，从内荆河两岸支流的流向看，即可说明。

首先，将内荆河的情况简述如下：内荆河的上段为太晖港，已如上述。该河的道段从长湖南岸习家口起，经丫角庙、张金河到清水口入三湖。三湖以下分为二支，一支从张金河起，经横石剅、易家口、小河口、高河口到彭家台入白鹭湖；另一支从新河口起，经铁匠沟、下垸湖入白鹭湖，过白鹭湖以后又分为二支，一支从余家埠起经东港口、黄穴口、陈沱口、碟子湖、关王庙到彭家口；另一支从古井口起，经辣树嘴、黄潦潭、西湖嘴、鸡鸣铺、卸甲河、南剅沟、毛家口、福田寺到彭家口汇合，再经柳关、瞿家湾、小沙口，再东北流至丰口，折向东南经简家口、汉河口、小港，再东流经黄蓬山、珂理湾、坪坊、宦子口到新滩口入长江。从习家口到新滩口全长243千米，河道曲折率1.8。

其次，在这条排水骨干两侧的支流中呈逆流的有岑河、胡家桥水、太马河三条。

（1）岑河：发源于江陵郝穴，由于郝穴分泄江流，向东流为熊家河，又东北流会汤家板桥河来水，再北流至蒋家桥，南北柳河之水，自西来会合，再西北流至资福寺，有源出新杨场之水自西来会合，又西北流至岑河口，砖桥河之水自西来会合，再由岑河口折而东流至朱家湾南入童家河，流入桑梓湖转三湖，逆流长约40千米。

（2）胡家桥水：亦名流河，发源于江陵南北湖的周公堤，西北流经胡家桥，再西流折而东北流至花桥、白马寺，由白马寺再北流到胡家场，转而西流到大河口，再北流经王家湾到汪家垸东入三湖，逆流长约42千米。

（3）太马河：由于长江庞公渡溃口，与长江相通，上段自监利城北经火把堤、刘家铺到太马河，长45华里，呈西流。故又名西流河。下段从太马河起经观音寺到鸡鸣铺入内荆河。明万历八年（1580年）堵筑庞公渡。

府场河也是内荆河的支流之一，据《沔阳县志》载，旧名易家河，襄水自潜江夜汊口到监利所属杨林关入境，经北口、预备堤到府场，府场以下40千米抵唐嘴河，在丰口与夏水会合，东流分南北两支，北支出汉阳沟到湘口与通顺河会台，南支出坪坊到新滩口入江。

据上述潜水与府场河的流向，不难看出，沱潜二水，大致也在丰口会合。还有宗港、广平（属上区）、龙湾河、熊口河、汪桥河、程集河、莲台河、老林长河、朱河、周老嘴河（属中区）等，不一一叙述。

根据上述主要水系，四湖地区在历史上，南有沱水，北有潜水，正如《嘉靖沔阳县志》云："跨江汉云梦之间，沱潜之地，沮洳之区"。明成化七年（1471年）华容学士黎淳亦有诗云："既道沱潜又作灾。"这都说明四湖地区受沱潜二水之危害。

三、治理过程

(一) 规划方面

1. 1955年，长江水利委员会编制荆北防洪排涝方案，规划有总干渠、东干渠、西干渠三大干渠，总长为256.7千米。其中，总干渠在原内荆河的基础上，新开与利用老河，从习家口起到福田寺止，全长97千米，东干渠从荆门唐家垴起到冉家集止，新开与利用老河，全长62千米。西干渠从沙市石坎门起到监利南剅沟止，全长97.7千米。

1958年冬，据广大干群与工程技术人员的合理化建议，经省水利厅批准，在长江水利委员会规划的基础上，增加一条田关渠，从刘家岭起到东荆河田关止，全长30.56千米。

2. 1964年，省水利厅会同荆州地区水利局，四湖管理局，荆门、江陵、监利、潜江、洪湖、沔阳、汉阳、汉川八县及武汉市，又编制了四湖地区排涝灌溉补充规划。

3. 1973年，以长办、省水利局为主，会同四湖管理局及江陵、监利、潜江、洪湖四县，在以下荆江分洪工程为主的规划中，又编制出四湖地区排涝灌溉综合利用规划，增加福田寺到高潭口大型排涝河及盐卡灌溉渠闸等规划。

(二) 水系治理

1. 四湖上区水系治理

(1) 拾回桥河：从1956年到1981年，江陵、荆门两县先后将该河下游从拾回桥到长湖裁湾多处，缩短流程15千米，将原宽20米的老河道加到30～100米宽的新河道，挖河结合筑堤，下游从童家台到长湖堤顶高程已达39.00～34.00米，基本解除了过去洪水对两岸农田的威胁。

(2) 观桥河：从1955—1956年，由省农业厅与专、县水利局进行查勘规划，1957—1970年以后新建了丁家嘴、金家湾、后湖、联合四座水库，兴办太湖农场，对渠道多次进行裁弯扩宽，今日的太湖流域，排水畅通，利用水库拦洪灌溉，基本改变了过去渍荒灾害、钉螺孳生的旧面貌。

(3) 龙会桥河：1957年冬，江陵县从板桥到龙会桥将原老河道裁弯取直，并将河底从10米扩宽到40米，挖河结合筑堤，对两岸农田防洪起了一定作用。

2. 四湖中下区水系治理

第一阶段：从1955年到1959年春，关好大门，兴修洪湖隔堤与新滩口排水闸，1955年11月到1956年1月，监利、洪湖、沔阳三县8万人，兴修东荆河下游中革岭到胡家湾长达56.2千米的洪湖隔堤，同年4月又完成新滩口堵口工程，制止江水从高潭口、汉阳沟、柳家口等处向洪湖倒灌，改变几千年来的历史面貌。群众歌颂道："洪湖修隔堤。从此不受渍，只有共产党，事事出奇迹"。1958年冬到1959年春又兴修新滩口排水大闸，不仅避免每年汛前堵口，汛后挖坝排水之烦，而且减少每年堵口挖坝经费十余万元。

第二阶段：1956—1966年，这十年是治理四湖内部水系的高潮阶段。1956年冬利用沙洋农场一部分劳改犯，在总干渠周家沟、福田寺等处局部开挖。1957年冬到1958年春，江陵、潜江、监利、洪湖四县民工62060人，加上河南省南阳、镇平、长恒、永城、杞县、滑县、唐河等七县以工代赈民工共17884人，总共80944人，分布在总干渠、东干渠共长96.6千米（其中总干渠长38.4千米、东干渠长58.2千米）的战线上，实施了一部分新开与裁弯取直工程，其中，总干渠福田寺以下开挖到洪湖何家倒口，使四湖中区渍水直入洪湖，从而解决了百年来福田寺与子贝渊两旧闸（清嘉庆年间在内荆河右岸兴建两座入洪湖的排水闸）在封建社会制度下三月三日关、九月九日开不合理的规章制度而造成的水利矛盾。1958—1959年，正逢"大跃进"的高潮中，江陵、监利、潜江三县55900人，分布在总干渠、东干渠、西干渠，田关渠四大干渠总长102.1千米的战线上（其中总干渠从杜佛寺到福田寺长66.6千米，西干渠从朱河口到西湖嘴长31千米，东干渠从板剅到冉家集长4.5千米），时间紧，任务重，施工难，但群众亲身体会到建设四湖的甜头，当时在工具改革，献技献料，夺高产，抢红旗的热潮中，人人争先恐后，夜以继日，忘我劳动，虽然犯了一些错误，但促进了四湖水系的治理，起到了一定的推动作用。1959—1960年，江陵、监利、潜江、洪湖四县及沙市市共38个公社20万大军，分布在总干渠、西干渠、田关渠三大干渠总长196.2千米的战线上（其中总干渠长96.5千米，包括小港到茶壶滩11.5千米，西干渠长71千米，田关渠长28.7千米），较往年战线长，劳力多，而且沿老河疏浚的工段也较长，特别是总干渠破三湖、白鹭湖共长11.7千米，浮水淤泥蒿排共两米多深，望而生畏。当时，潜江张金公社民工说："破湖开渠，是异想天开"。一个70岁的田老头，看见这种情况打赌说："你们开成了，我跳河死它。"通过研究，群策群力，整天激战，在淤泥湖中筑起两道夹堤，在施工十分艰巨的情况下，发挥苦干加巧干的精神，完成原计划的任务。张金公社民工写了一首赞歌：

> 白鹭湖中浪滔滔，五天出现龙两条，
> 十月都是大荒郊，而今修成新渠道，
> 红旗英雄显身手，胜利歌声冲九霄。
> 多亏党的好领导，永远幸福乐逍遥。
> （注：龙两条指两道夹堤）

1963年度计划西干渠中段王家窑到彭家河滩1.5千米及下段汤河口到泥井口3千米两处裁弯取直，施工中，发现前一段土质属流沙，施工困难，仍沿老河疏浚，后一段按计划施工，规划利用老河疏浚绕道鸡鸣铺，缩短里程8千米。通过运用实践，凡属流沙层地带，渠道边坡有不同程度的崩塌，今后在这样土质地方开渠，渠道边坡应适当放平，以1:3～1:5为宜。为有利排水，节约开挖土方，缩短排水里程，1966年冬，新开总干渠中段，从福田寺起沿洪湖北岸边缘经李家老台、麻雀岭、土地湖、东湾、麻田口直达小港长42千米的河湖分家渠（渠底宽70～80米），这段渠开通后，较原利用内荆河绕道丰口缩短排水里程约28千米。修筑北堤堤顶高程已达27.50米，仅南堤尚未达到防御洪湖设计水位，今后需扩大渠道断面，加筑南堤，在汛期新滩口能抢排的条件下，使中区渍水不经洪湖吞吐，抢排出江，每年汛期能多排水3亿～4亿立方米，降低洪湖水位0.8～1.0米。至此，原规划的总干渠、东干渠、西干渠三大干渠加上田关渠及福田寺到小港的河湖分家渠，共长307.89千米，已初步形成，改变了过去水系紊乱面貌，基本实现等高截流，分层排蓄，河湖分家，裁弯取直，弱支强干，提高了排水效能。

第三阶段：充实提高。监利螺山一片，总排水面积955平方千米，西滨洪湖，地势低洼，洪湖水涨，一部分低田即被淹没，过去每年都有不同程度的涝灾。1973年，监利县开始新开宦子口到螺山32千米长的螺山电排渠，同时兴建螺山一级电排站（装机6台×1600千瓦），基本保证朱河、白螺、汴河等公社滨湖一带低洼农田的生产。同年冬开始新开福田寺到高潭口49.05千米长的排涝河，在开河的同时，兴建高潭口一级电排站（装机10台×1600千瓦），为四湖中区增加一个排水出路，1977年冬到1980年，除继续开挖螺山渠与排涝河外，先后将西干渠（从监利红联渠到泥井口29.8千米）与总干渠（从习家口到福田寺85千米）渠道断面扩大疏浚。通过上述各项工程兴建，更进一步提高了排水效能。恩格斯有一句名言："科学的发生和发展，一开始就是由生产决定的。"四湖地区的水系规划与治理，就是随着生产的需要而逐步提高和深化的过程。

上述三个阶段，历时20余年，建成总干渠、东干渠、西干渠、田关渠、螺山渠、排涝河六大干渠，共长388.94千米，在开挖六大干渠的同时，新开和疏浚主要排灌支渠138条，共长1802.46千米，干、支渠总长2191.4千米（见表2），河网密度为每平方千米0.315千米。

表2　　　　　　　　　　　　　　　**干、支渠规划与实施表**

渠名	起讫地点	长度/km		已达底宽 /m	备　　注
		原规划	实施		
总干渠	习家口—福田寺	97	85	15～126	该段尚待扩宽疏浚
总干渠	福田寺—小港	42	45	70～80	

渠名	起讫地点	长度/km		已达底宽 /m	备　注
		原规划	实施		
总干渠	小港—新滩口	64.5	58	30～40	
东干渠	李家市—冉集	62	60.265	5～35.6	
西干渠	雷家垱—泥井口	97.7	90.065	20～46	
田关渠	刘岭—田关	30	30.56	84	
小计	4 条		307.89 (365.89)		括弧内含小港—新滩口 58km
螺山渠	宦子口—螺山	32	32	50～100	
排涝河	福田寺—高潭口	49.05	49.05	67	支渠共 138 条，其中江陵 42 条（563.94km）、潜江 24 条（434.9km）、监利 40 条（472.2km）、洪湖 32 条（331.42km）
连前小计	6 条	474.25	388.94 (446.94)		
支渠	138 条		1802.46		
干支渠总计	144 条		2191.4 (2249.4)		

四、主要经验教训

（一）治理四湖水系是人定胜天，改造客观世界的过程。回顾过去，洪涝灾害，史不绝书。通过 20 多年来一系列的治理后，现在旱涝保收农田面积已达 357.7 万亩，占在册耕地面积的 63.1%，农村社员人均收入 86～112 元，人民生活水平显著提高，过去的洪涝灾害，人民贫病交加的旧面貌一去不复返。

（二）等高截流，分层排蓄，内排外引，河湖分家，江湖分家，排灌分家，留湖调蓄，是平原湖区治水的基本经验之一。四湖上区田关河的开挖，基本达到等高截流、分层排蓄的作用，1980 年汛期，利用田关闸向东荆河抢排渍水 3 亿～5 亿立方米，大大减轻四湖中下区的压力。排灌分家，河湖分家，目前还做得不够，尚待今后进一步的努力。湖泊围垦过多，已围湖面面积 922 平方千米，占原有湖面面积 1645.4 平方千米的 56.0%，在特大降雨情况下，一部分渍水，无处调蓄，造成人为的涝灾。如退田还湖，群众生活安排，移民搬迁经费，问题多，困难大，这是一个深刻的教训。

（三）规划是一个战略部署。四湖地区通过三次主要规划，为治理四湖指出明确方向，这是成功的一面。但远景规划与近期规划，流域规划与局部规划，考虑得不够，如果在每一段时期规划内部水系结合考虑下荆江分洪工程，可避免流域规划与局部规划的矛盾。

（四）要科学治水。在治理水系过程中，为在汛期抢排洪湖渍水，20 世纪 70 年代，在洪湖县属长江干堤新堤镇附近建一座大型排水闸，设计流量 800 立方米每秒，国家投资 753.2 万元。建之前，由于行政领导与规划设计人员存在着一些主观倾向性，臆断可以发挥汛期抢排作用，加之水文分析做得不够细致，闸已建成，排水引渠也挖了一部分，多年来，基本没有发挥汛期抢排渍水的作用。

注：郑光序，原荆州地区四湖工程管理局工程师。此文原载于《湖北水利》（1985 年）。

附录十一　二十五史中有关江汉地区治水言论（摘录）

《宋史·河渠志》载：宋太平兴国三年（978年）正月，西京转运使程能献议，请自南阳下向口置堰，迴水入石塘、沙河，合蔡河达于京师，以通湘潭之漕。诏发唐、邓、汝、颖、许、蔡、郑丁夫及诸州兵，凡数万人，以弓箭库使王文宝、六宅使李继隆、内作场副使李神祐、刘承珪等护其后。堑山陻谷，历博望、罗渠、少拓山，凡百余里，月余，抵方城，地势高，水不能至。能献复多役人以致水，然不可通漕运。会上水暴涨，石堰坏，河不克就、卒陻废焉。

宋端拱元年（988年），供奉官閤门祗候阎文逊、苗忠上言："开荆南城东漕河，至狮子口入汉江，可通荆、峡漕路至襄州；又开古河，可通襄汉漕路至京。"诏八作使石全振往视之，遂发丁夫治荆南漕河至汉江，可胜二百斛重载，行旅者颇便，而古白河终不可开。

注：湘潭不是专指湘潭一县，而是以湘江和潭州（治长沙）代表的湖南湖北一带。宋代所开的这条连接白河和蔡河的运河，将长江和淮河流域联系起来，以使湖广地区的贡赋直达都城东京。但未成功。只开通沙市至狮子口入汉江的路线。

宋神宗熙宁二年（1069年）十一月，制置三司条例司具《农田利害条约》，诏颁诸路："凡有能知土地所宜种植之法，及修复陂湖河港，或原无陂塘、圩垾、堤堰、沟洫而可以创修，或水利可及众而为人所擅有，或因去河港不远。为地界所隔，可以均济流通者；县有废田旷土，可结合兴修，大川沟渎浅塞废秽，合则濬导，及陂塘堰埭可以取水灌溉，若废坏可兴治者；各述所见，编为图藉，上之有司。其土田迫大川，数经水害，或地势圩下，雨潦所钟，要在修筑圩垾，堤防之类，以障水潦，或疏导沟洫、畎浍，以泄积水。县不能办，州为遣官，事关数州，县奏取旨。民修水利，许贷常平钱谷给用。"初，修例司奏遣刘彝等八人行天下，相视农田水利，又下诸路转运司各条上利害，又诏诸路各置相度农田水利官。至是，以《条约》颁焉。

注：《农田利害条约》又称《农田水利约束》。

宋绍兴二十八年（1158年），监察御史都民望言："荆南江陵县东三十里，沿江北岸古堤一处，地名黄潭。建炎间，邑官开决，放入江水，设以为险阻以御盗。既而夏潦涨溢，荆南、复州千余里，皆被其害。去年因民诉，乞令知县迁农隙随力修补，勿致损坏。"从之。

宋庆元三年（1197年），臣僚言："江陵府云城十余里，有沙市镇，据水陆之冲，熙宁中，郑獬作守，始筑长堤捍水。缘地本沙渚，当蜀江下流，每迁涨潦奔冲，沙水相荡，摧圮动辄数十丈，见存民屋，岌岌危难。乞下江陵府同驻劄副都统制司发卒修筑，庶几远民安堵，免被垫溺。"从之。

《元史·河渠志》载："水为中国患，尚矣。知其所以为患，则知其所以为利，因其患之不可测，而能先事而为之备。或后事而有其功，斯可谓善治水而能通其利者也。……夫润下，水之性也，而欲为之防，以杀其怒，遏其冲，不亦甚难矣哉。惟能因其势而导之，可蓄可储水以备旱暵之灾。可洿则洿水以防水源之溢，则水之患息，而於是盖有无穷之利焉。"

《明史·河渠志》载：明宣德四年（1429年），潜江民言："蚌湖、阳湖皆临襄河，水涨岸决，害荆州三卫、荆门、江陵诸州县官民屯田无算。乞发军民筑治。"从之。

明正统四年（1439年），荆州民言："城西江水高城十余丈，霖潦坏堤，水即灌城。请先事修治。"从之。

《清史·河渠志》载：清乾隆九年（1745年），……御史张汉疏陈湖广水利，命总督鄂弥查勘。至是疏言："治水之法，有不可与水争地者，有不能弃地就水者。三楚之水，百派千条，其江边湖岸未开之隙地，须严禁私筑小垸，俾水有所汇，以缓其流，所谓不可争者也，其倚江傍湖已闢之沃壤，须加谨防护堤塍，俾民有所依以资其生，所谓不能弃者也。其各属迎溜顶冲处，长堤连接，责令每岁增高培厚，寓疏濬於壅筑之中。"报闻。

清乾隆十三年（1748年），湖北巡抚彭树葵言："荆襄一带、江湖袤延千余里，一遇异涨，必借余地容纳。宋孟琪於知江陵时，曾修三海八柜以潴水。无如水浊易淤，小民趋利者，因於岸脚湖心，多方截流以成淤，随借水粮鱼课，四围筑以成垸，人与水争地为利，以致水与人争地为殃，惟有杜其将来，将现垸若干，著为定数，此外不许私自增加。"报闻。

清乾隆五十三年（1788年），荆州万城堤溃，水从西北两门入，命大学士阿桂往勘。寻疏言："此次被水较重，土人多以下游之窖金洲沙涨逼溜所致，恐开挑引河，江水平漾无势，仍至淤开。请於对岸杨林洲，靠先筑土坝，再接筑鸡嘴石坝，逐步前进，激溜向南，俟洲坳刷成兜湾，再趋势酌挑引河、较为得力。"报闻。

清乾隆五十九年（1794年），荆州沙市大坝，因江流激射，势露顶冲，添建草坝。

清嘉庆十二年（1807年），湖广总督汪志伊言："堤垸保卫田庐，关系紧要。汉阳等州县均有未涸田亩，未筑堤塍。应亟筹勘办，以兴水利而卫民田。"从之。

清道光十三年（1833年），御史朱逵吉言，湖北连年被水，请疏江水支河，使南汇洞庭湖，疏汉水支河，使北汇三台等湖，并疏江、汉支河，使分汇云梦，七泽间堤防可固，水患可息。

清道光二十年（1840年），总督周天爵疏报江、汉情形，拟疏堵章程六：沙滩上游作一引坝，拦入湖口，再作沙堤障其外面，以堵旁泻；江之南岸改虎渡口东支堤为西堤，别添新东堤，留宽水路四里余，下达黄金口，归于洞庭，再於石首调弦口留三四十里沮洳之地，泻入洞庭；江之北岸旧有闸门，应改为滚坝，冬启夏闭。是年又修荆州大堤，及公安、监利、江陵、潜江四县堤工。

《地理四·卷40》载：江陵，唐贞元八年（792年），节度使嗣曹王李皋塞古堤，广良田五千顷，亩收一钟。又规江南废洲为庐舍，架江为二桥。荆俗饮陂泽，乃教人凿井、人以为便。

注：嗣曹王李皋，贞元初为荆南节度使，江陵东北有废田，傍汉水有古堤二处，每夏则溢，李皋始塞之。其地就是三国时孙吴壅水御魏所筑的"三海八柜"。南北朝时仍有壅水防守的设施。李皋时排干、开田。五代时高氏政权又蓄水为海，防北兵。南宋抵御蒙古南侵，又蓄水。元灭宋，决堤排水，开田。自江陵至乐乡（钟祥省西北、汉水西岸），凡二百里，旅舍乡村数十处，大村均数百户，民俗不凿井，皋教人集资开井。

参 考 文 献

［1］ 湖北省湖泊志编纂委员会. 湖北省湖泊志［M］. 武汉：湖北科学技术出版社，2014.
［2］ 荆州市地方志编纂委员会. 荆州市志［M］. 北京：中国文史出版社，2015.
［3］ 荆州水利志编纂委员会. 荆州水利志［M］. 北京：中国水利水电出版社，2016.
［4］ 荆州市长江河道管理局. 荆江堤防志［M］. 北京：中国水利水电出版社，2012.
［5］ 汉江堤防志编纂委员会. 汉江堤防志［M］. 武汉：长江出版社，2015.
［6］ 洪湖分蓄洪工程志编纂办公室. 洪湖分蓄洪工程志［M］. 北京：中国水利水电出版社，2016.
［7］ 荆门市水利志编纂委员会. 荆门市水利志［M］. 武汉：长江出版社，2008.
［8］ 洞庭湖志编纂委员会. 洞庭湖志［M］. 长沙：湖南人民出版社，2013.
［9］ 潜江市地方志编纂委员会. 潜江市志［M］. 武汉：长江出版社，2017.
［10］ 江陵县志编纂委员会. 江陵县志［M］. 武汉：湖北人民出版社，1990.
［11］ 监利县志编纂委员会. 监利县志［M］. 武汉：湖北人民出版社，1994.
［12］ 洪湖县地方志编纂委员会. 洪湖县志［M］. 武汉：武汉大学出版社，1992.
［13］ 江陵县地方志编纂委员会. 江陵县志［M］. 武汉：崇文书局，2015.
［14］ 潜江县水利志编纂委员会. 潜江水利志［M］. 北京：中国水利水电出版社，1997.
［15］ 监利县水利志编纂委员会. 监利水利志［M］. 北京：中国水利水电出版社，2005.
［16］ 沙市市水利堤防志编纂委员会. 沙市水利堤防志［M］. 太原：山西高校联合出版社，1994.
［17］ 易光曙. 四湖——江汉平原的一颗明珠［M］. 北京：中国水利水电出版社，2008.
［18］ 张修桂. 中国历史地貌与古地图研究［M］. 北京：社会科学文献出版社，2006.
［19］ 姜加虎，窦鸿身，苏守德. 江淮中下游淡水湖群［M］. 武汉：长江出版社，2009.
［20］ 华平. 湖北湖泊［M］. 武汉：湖北科学技术出版社，2017.

后　　记

《湖北四湖工程志》历经三载，于2018年3月9日在荆州通过了评审委员会的评审。

2015年10月，湖北省水利厅研究决定，由荆州市四湖工程管理局承担本志的编纂任务。为了顺利推进编志工作，2016年4月，湖北省水利厅成立以湖北省湖泊局专职副局长熊春茂为主任的编纂委员会，同时组建编写专班开始编纂工作。熊春茂多次到荆州检查指导编纂工作。荆州市四湖工程管理局党委高度重视编志工作，局党委书记、局长、编纂办公室主任卢进步多次主持会议研究编志工作，并聘请易光曙等4名水利部门老领导、老专家任编纂顾问，局党委委员、工会主席吴兆龙任本志主编，编辑人员主要从局机关科室人员中选配。

按照"众手编志，一人成书"的要求，编纂办公室将资料搜集及初编任务分解到各单位（科室），由各单位（科室）安排专人具体承担完成。根据编写内容，将编写人员划分为综合类、工程类、财务类3个小组，并指定小组召集人协调具体编写工作。编辑专班根据编写大纲制定编纂规划和年度、句度、月度计划，分阶段、分步骤实施，循序渐进，并多次召开调度会、例会，督促计划落实。2016—2018年将年度编纂工作纳入全局工作目标任务考核之中。

编写过程中，编纂工作者认真履行编纂审查程序，坚持做到以质量为主。搜集资料和编写分3个阶段进行：第一阶段（2016年1—6月）由承编单位（科室）和编辑人员共同搜集资料，对有疑问的资料由编辑人员甄别其真实性；第二阶段（2016年7月至2018年2月）由编纂办公室对资料进行审查编排选用，按照篇目由编辑对号入座进行编写，完成初稿后在单位内部范围征求意见作修改，将修改稿送编纂办公室审阅、统稿，形成送审稿呈领导、专家审查；第三阶段（2018年3—9月）编纂办公室在志稿评审会议后根据各领导、专家提出的宝贵意见，对志稿进行认真修改和完善。2018年6月将修改后的第二稿分送省、市及有关县（市、区）的领导和专家进行审查，9月，由卢进步同志主持召开编纂人员会议，根据省、市及县（市、区）领导和专家所提的修改意见，对全书进行终审定稿。

本志的编纂出版，是湖北省水利厅、湖北省湖泊局和荆州市政府领导和支持的结果，也是编委会成员单位，有关专家、学者，编纂工作专班人员共同努力的结果。在编写过程中，曾得到荆州市水利局、荆州市水文水资源勘测局、荆州市长江河道管理局、湖北省洪湖分蓄洪区工程管理局、荆州长湖湿地自然保护区管理局、荆门长湖湿地自然保护区管理局、荆州市气象局、荆州市洪湖湿地自然保护区管理局、荆州市农垦局等单位的大力支持。本志的照片由王子瑶、马齐鸣、杜又生提供。在此，谨向关心、支持本志编纂出版工作的各级领导、各有关单位及社会各界有关专家、学者和朋友表示衷心的感谢！

四湖流域的行政区划范围涉及3个地级市、9个县（市、区），面积大，人物事件多，工程门类全，由于流域水利工程管理机构归属不一，档案资料分散欠缺，仅凭一家单位组织人员编写，其难度是非常大的，加之编纂人员的经验和水平有限，书中难免存在疏漏和差错，欢迎大家批评指正，并请谅解。

编者

2018年9月